Biologie von Parasiten

Biologie von Parasiten

Richard Lucius · Brigitte Loos-Frank · Richard P. Lane

3., aktualisierte und überarbeitete Auflage

Springer Spektrum

Richard Lucius
LS für Molekulare Parasitologie
Humboldt-Universität zu Berlin
Berlin, Deutschland

Brigitte Loos-Frank
Institut für Parasitologie
Universität Hohenheim
Stuttgart, Deutschland

Richard P. Lane
Kilmington, Großbritannien

ISBN 978-3-662-54861-5   ISBN 978-3-662-54862-2 (eBook)
https://doi.org/10.1007/978-3-662-54862-2

Die Deutsche Nationalbibliothek verzeichnet diese Publikation in der Deutschen Nationalbibliografie; detaillierte bibliografische Daten sind im Internet über http://dnb.d-nb.de abrufbar.

Springer Spektrum
Ursprünglich erschienen bei Spektrum, 1997
© Springer-Verlag GmbH Deutschland 1997, 2008, 2018

Planung: Stefanie Wolf

Gedruckt auf säurefreiem und chlorfrei gebleichtem Papier

Springer Spektrum ist Teil von Springer Nature
Die eingetragene Gesellschaft ist Springer-Verlag GmbH Deutschland
Die Anschrift der Gesellschaft ist: Heidelberger Platz 3, 14197 Berlin, Germany

Parasiten sind hoch spezialisierte Lebewesen, die im Lauf der Evolution die Fähigkeit erworben haben, langfristig auf Kosten eines Wirtes zu leben. Der Parasitismus als Lebensform ist enorm erfolgreich, leben doch nach Schätzung mancher Spezialisten mehr als die Hälfte aller Tierarten zumindest zeitweilig parasitär. Parasiten haben eine faszinierende Biologie, da sie sich in extremer Weise an diese außergewöhnliche Lebensform angepasst und teilweise bizarre Eigenschaften entwickelt haben, um ihre Wirte zu erreichen, in ihnen zu überleben und Nachwuchs zu produzieren. Um einen Wirt auszunutzen, können Parasiten etwa ihre Morphologie vollständig verändern, sich verkleiden und die Stoffwechselwege ihres Wirtes oder sogar sein Verhalten manipulieren: Die Trickkiste von Parasiten ist schier unerschöpflich. Jeder Wirt versucht jedoch, Schmarotzer abzuwehren, um selbst überleben zu können; so sind die „Erfindung" des angeborenen und des adaptiven Immunsystems auf den Evolutionsdruck durch Pathogene zurückzuführen. Parasiten können nur gedeihen, wenn sie diese Abwehrsysteme des Wirtes effizient unterlaufen und seine Ressourcen geschickt nutzen. Folglich ist das Verhältnis von Parasit und Wirt durch einen starken Antagonismus geprägt, der beide Partner in einen evolutionären Wettlauf zwingt, den keiner von beiden gewinnt. Dieses Buch möchte die unterschiedlichen Strategien der wichtigsten Parasiten aufzeigen, ihre Lebenskreisläufe und ihre pathogene Wirkung beschreiben und insbesondere auch anhand von Beispielen belegen, wie Parasiten und ihre Wirte auf molekularer und immunologischer Ebene interagieren.

Bei dieser Beschreibung beschränken wir uns auf die eukaryotischen Parasiten, also parasitische Protozoen, Würmer und Arthropoden. Dies entspricht dem Begriff, wie er durch die Fachdisziplin der Parasitologie im deutschen Sprachraum belegt ist. Natürlich führen auch andere Pathogene, die auf Kosten eines Wirtes leben, wie etwa Viren, Bakterien oder pathogene Pilze, eine parasitäre Lebensweise. Es gibt zwischen diesen Gruppen aber bedeutende Unterschiede, die es sinnvoll machen, die eukaryotischen Parasiten getrennt von den anderen Erregern zu behandeln. Zum Beispiel sind eukaryotische Parasiten genetisch viel komplexer als Viren und Bakterien und sie nutzen meist längerfristige Strategien, um ihre Wirte auszubeuten, was in anderen Krankheitsbildern resultiert. Parasiten in diesem engeren Sinne sind eine enorme Bürde für die Menschheit, da Milliarden von Menschen und ihre Nutztiere – besonders in unterentwickelten Ländern mit geringer Hygiene – mit einer Vielzahl von Parasiten infiziert sind, die ihre Leistungsfähigkeit herabsetzen und ihr Wohlbefinden schmälern. Parasitologie hat deshalb immer die Mission, durch ein besseres Verständnis zur Bekämpfung von menschlichen Erkrankungen und Tierseuchen beizutragen. Die meiste Forschung in unserer Fachdisziplin fokussiert sich deshalb auf bedeutende Krankheitserreger, sodass hier sehr viele Informationen vorliegen, die ein umfassendes Verständnis der parasitären Lebensweise erlauben.

Es wäre jedoch zu kurz gegriffen, in einem Lehrbuch nur die medizinisch und ökonomisch wichtigen Erreger abzuhandeln. Die faszinierende Biologie der Parasiten erschließt sich erst voll, wenn man auch bisher wenig erforschte Arten betrachtet, deren Bau oder Lebensweise Hinweise auf die Entwicklung bestimmter Merkmale von Parasiten geben, die Übergänge darstellen oder exemplarisch bestimmte Fähigkeiten verkörpern. Zum Verständnis der Biologie von Parasiten haben jüngst auch die molekulare Phylogenie und unsere verbesserten Kenntnisse von Genomen viel beigetragen. So wurde klar, dass viele Protozoen und Würmer eine reduktive Evolution durchlaufen haben, indem sie Produkte des Wirtes nutzen und deshalb die entsprechenden eigenen Stoffwechselwege eingeschmolzen haben. Allerdings wurden dafür andererseits Genfamilien expandiert, die in Funktionen, wie z. B. Wirtsmanipulation, involviert sind. Deshalb sind Parasiten mitnichten primitive, reduzierte Lebewesen, sondern von der Evolution auf höchste Effizienz optimierte Naturwunder. Die Explosion genomischer Daten hat auch erlaubt molekulare Mechanismen zu beschreiben, mit denen Parasiten ihre Wirte orten, Wirtszellen invadieren oder Immunantworten unterlaufen. All dies sind Ansatzpunkte zur Entwicklung neuer Strategien, um spezifische Maßnahmen gegen Parasiten und ihre Überträger zu entwickeln, um parasitenspezifische Moleküle oder Stoffwechselwege durch maßgeschneiderte Inhibitoren zu blockieren oder neue Impfstoffe zu entwickeln.

So wichtig die Bekämpfung von Krankheiten auch ist, sollten wir doch auch ein Auge für die Besonderheiten der parasitischen Lebensweise haben, um Parasiten in einen größeren biologischen Kontext stellen zu können. Ihre Rolle in der Ökologie ist enorm wichtig, sie sind eine treibende Kraft der Evolution und ein bedeutender Faktor bei der Generierung von Biodiversität. Abgesehen davon hat auch allein das Staunen über die evolutionären Leistungen, die der Wettlauf zwischen Parasiten und ihren Wirten hervorgebracht hat, eine Berechtigung an sich. Und: Manchmal können wir sogar von Parasiten profitieren, denn in bestimmten Fällen scheinen sie entzündliche Erkrankungen zu bessern, die in unserer modernen Welt mit ihrer ausgeprägten Hygiene mancherorts überhandgenommen haben.

Dieses Buch soll Studierenden der Biologie den Lehrstoff der Parasitologie vermitteln und gleichzeitig zum vertieften Lesen einladen. Es spricht auch Tiermediziner, Mediziner und Laien an, die an umfassenden Informationen über Parasiteninfektionen interessiert sind. Wie auch in der zweiten Auflage sprechen wir im ersten Teil „Allgemeine Aspekte" wichtige Querschnittsthemen der Parasitologie an, um das Verständnis für übergreifende Zusammenhänge zu schaffen. In den darauffolgenden Kapiteln „Protozoen", „Helminthen" und „Arthropoden" werden vor allem die medizinisch und veterinärmedizinisch wichtigen Parasiten dargestellt, über deren Lebensweise wir dank intensiver Forschung am besten informiert sind. Ebenso behandeln wir aber auch Parasiten, die das Verständnis der parasitären Lebensweise erleichtern. Dabei stellen wir einzelne Arten als Beispiel vor und handeln dann weitere Vertreter derselben Parasitengruppe kurz ab oder vermitteln die wichtigsten Daten in Tabellenform. Zwangsläufig kann die Darstellung nicht erschöpfend sein, sondern nur selektiv wichtige Pathogene und Prinzipien herausgreifen, um Muster aufzuzeigen. So hätte eine Darstellung der Therapie von Parasitosen und der Bekämpfung von Parasiten ebenso wie eine Behandlung von Ökologie und Evolution den Rahmen dieses Buches gesprengt. Auch konnten wir marine Parasiten nicht ausführlich behandeln, sondern sprechen aus der Fülle parasitischer Krebse nur wenige Formen an und ebenso klammern wir Parasitoide mit ihrer sehr interessanten Biologie aus. Hier sei auf die entsprechende Fachliteratur verwiesen.

Für Hilfestellungen und konstruktive Kritik möchten wir uns bei vielen Kollegen bedanken. Ein besonderer Dank gilt Prof. Kai Matuschewski, der als Gastautor einen Text zu Impfstoffen gegen Malaria beisteuerte und das „Plasmodium"-Kapitel durchsah. Wir bedanken uns sehr herzlich bei allen, die Abbildungen beitrugen oder deren Nutzung erlaubten, insbesondere bei Oliver Meckes und Nicole Ottawa von „Eye of Science" für die hervorragenden elektronenmikroskopischen Aufnahmen von Parasiten, Prof. Egbert Tannich für Abbildungen von Amöben und Dr. Heiko Bellmann für Makroaufnahmen von Insekten. Unser Dank gilt auch den Illustratorinnen Flavia Wolf, Dr. J. Gelnar und Hanna Zeckau, deren Zeichnungen Grundlage vieler Abbildungen der Neuauflage waren. Dieses Buch wäre nicht zustande gekommen ohne den engagierten Einsatz von Frau Stefanie Wolf und ihrem Team, die das Projekt beim Springer-Verlag betreuten. Für ihre Unterstützung bedanken wir uns ebenfalls sehr herzlich.

Wir wünschen eine spannende Lektüre!

Im Februar 2018 Richard Lucius

Inhaltsverzeichnis

Boxenverzeichnis

Allgemeine Aspekte der Biologie von Parasiten 1

Inhaltsverzeichnis

© Springer-Verlag GmbH Deutschland 2018
R. Lucius et al., *Biologie von Parasiten*, https://doi.org/10.1007/978-3-662-54862-2_1

1.1   Die Begriffswelt der Parasitologie

1.1.1   Der Begriff „Parasit"

Parasiten sind Lebewesen, die in oder auf einem artfremden Organismus leben, von ihm Nahrung beziehen und ihn schädigen. Diese Definition wird auf Tiere, Pflanzen, Pilze, Bakterien und Viren angewendet, die als Gast in Abhängigkeit von einem Wirt leben. Dabei wird der Wirt geschädigt. Im Deutschen entspricht das Wort „Schmarotzer" dem Begriff des Parasiten. Der Parasitismus ist eine der erfolgreichsten und am weitesten verbreiteten Lebensweisen. Manche Autoren schätzen, dass mehr als 50 % aller Lebewesen parasitär sind oder zumindest eine parasitische Phase in ihrem Leben haben. Dafür fehlen zwar exakte Belege, aber die Annahme leuchtet ein angesichts der Tatsache, dass in oder an fast jedem mehrzelligen Tier mehrere Parasiten leben, die spezifisch an diesen Wirt angepasst sind. Einige der wichtigsten Humanparasiten sind in Tab. 1.1 aufgeführt.

Der Begriff des Parasiten entstand in der griechischen Antike und leitet sich von der griechischen Wortwurzel „parasitos" (gr. „pará" = bei, neben, „sítos" = Essen) her. Als Parasiten bezeichnete man zunächst gewählte Opferbeamte, die stellvertretend für die Allgemeinheit an Opfermahlen teilnahmen und auf deren Kosten

Tab. 1.1 Auftreten und Verbreitung häufiger Humanparasiten. (Kombiniert nach verschiedenen Autoren)

Parasit	Infizierte (in Mio.)	Verbreitung
Trypanosoma brucei	0,01	Afrika südlich der Sahara („Tsetsegürtel")
Trypanosoma cruzi	7	Zentral- und Südamerika
Leishmania ssp.	2	Naher + Mittlerer Osten, Asien, Afrika, Zentral- und Südamerika
Giardia lamblia	>200	Weltweit
Trichomonas vaginalis	173	Weltweit
Entamoeba histolytica	50	Weltweit
Toxoplasma gondii	>1500	Weltweit
Plasmodium spp.	>200	Afrika, Asien, Zentral- und Südamerika
Paragonimus spp.	20	Afrika, Asien, Südamerika
Schistosoma spp.	>200	Asien, Afrika, Südamerika
Hymenolepis nana	75	Amerika, Australien
Taenia saginata	77	Weltweit
Trichuris trichiura	902	Weltweit in warmen Klimaten
Strongyloides stercoralis	70	Weltweit
Enterobius vermicularis	400	Weltweit
Ascaris lumbricoides	1273	Weltweit
Ancylostoma duodenale und *Necator americanus*	900	Weltweit in warmen Klimaten
Onchocerca volvulus	17	Afrika südlich der Sahara, Zentral- und Südamerika
Wuchereria bancrofti	107	Weltweit in den Tropen

verpflegt wurden. Der Begriff wurde dann aber auch auf Günstlinge angewendet, die sich bei reichen Leuten einschmeichelten, ihnen Komplimente machten und Possen rissen, um sich Zutritt zu Gastmahlen zu verschaffen und dort Essen zu ergattern. Damit entstand eine Charakterfigur, eine Art von Harlekin, der in der griechischen Komödie des klassischen Altertums einen festen Platz hatte (Abb. 1.1). Plato bezeichnete den „parasitos" sehr treffend als liebenswertes Scheusal. Später war der „parasitus" dann auch in der römischen Antike fester Bestandteil des Gesellschaftslebens und tauchte in europäischen Theaterstücken wieder auf, z. B. in Friedrich Schillers Stück *Der Parasit*. Im 17. Jahrhundert bezeichnen Botaniker Schmarotzerpflanzen wie die Mistel als parasitisch. Linné wendete 1735 in seinem fundamentalen Werk *Systema naturae* den Begriff „specie parasitica" auf Bandwürmer an und nutzte ihn damit im modernen biologischen Sinn.

Die Eingrenzung des Begriffes „Parasit" auf Organismen, die von einem **artfremden** Wirt profitieren, ist für die Definition sehr wichtig. Auf diese Weise werden Interaktionen zwischen artgleichen Individuen von der Betrachtung ausgeschlossen, bei denen auf den ersten Blick der Vorteil ja oft sehr ungleich verteilt ist, wie z. B. in Staaten von sozialen Insekten, Kolonien von Nacktmullen oder in menschlichen Gesellschaften. Auch die Interaktion zwischen Eltern und ihren Nachkommen fällt demnach nicht in diese Rubrik, obwohl das direkte oder indirekte Zehren der Nachkommen vom elterlichen Organismus manchmal durchaus an Parasitismus erinnert.

Die einseitige Vorteilsnahme auf Kosten eines Wirtes trifft im Prinzip auf Viren, alle Gruppen von pathogenen Mikroorganismen und auf vielzellige Parasiten zu. Deshalb wird besonders im anglophonen Sprachbereich oft nicht exakt zwischen prokaryotischen und eukaryotischen Parasiten unterschieden. Wenn man von „parasite" spricht, differenziert man damit meist nicht zwischen Viren, Bakterien sowie Pilzen einerseits und tierischen Parasiten andererseits, sondern sieht als Gemeinsamkeit die parasitäre Lebensweise. Manchmal werden auch Moleküle als

Abb. 1.1 Parasitos-Maske. Miniatur einer Theatermaske der griechischen Komödie. Terrakotta, um 100 v. Chr. aus Myrine (Kleinasien). (Antikensammlung der Staatlichen Museen zu Berlin. Aufnahme: Thomas Schmid-Dankward)

parasitär bezeichnet, denen man im Organismus keine Funktion zuweisen kann, z. B. Prionen (ursächliches Agens spongiformer Enzephalopathie) oder offenbar funktionslose „egoistische" DNA-Plasmide, wie sie im Genom vieler Pflanzen mitgeschleppt werden. Im deutschen Sprachraum herrscht das Verständnis vor, dass zu den Parasiten im engeren Sinne im Wesentlichen parasitische Einzeller (Protozoen), parasitische Würmer (Helminthen) und parasitische Arthropoden gehören. Die Parasitologie als Fach beschäftigt sich nur mit diesen Gruppen, während Viren, Bakterien, Pilze und auch parasitäre Pflanzen von anderen Disziplinen bearbeitet werden. Dies hat eine gewisse Berechtigung, da sich eukaryotische Parasiten durch die größere Komplexität ihrer Genome von den Viren und Bakterien unterscheiden, was zu langsamerer Reproduktion und geringerer genetischer Flexibilität führt. Im Zeitalter der modernen Biologie, in dem alle Vorgänge auf die DNA zurückgeführt werden können, haben sich diese Abgrenzungen zwischen den Arbeitsfeldern der Infektionsbiologie erfreulicherweise gelockert. Allerdings bietet die Abgrenzung als eigene Disziplin den Vorteil, dass die Parasitologie in diesem engeren Sinn ein Forschungs- und Lehrgebiet abdeckt, dessen Organismen zahlreiche gemeinsame Züge aufweisen. So haben die meisten eukaryotischen Parasiten die Tendenz, ein stabiles Wirt-Parasit-Gleichgewicht aufzubauen, mit dem sie – im Gegensatz zur Hit-and-run-Strategie vieler Viren und Bakterien – ihre Wirte langfristig ausnutzen. Diese Lebensweise bedingt z. B. Gemeinsamkeiten hinsichtlich der verursachten Krankheiten, der Verbreitungswege und der Bekämpfungsstrategien. Deshalb werden im vorliegenden Buch nur die Parasiten im engeren Sinne behandelt, also im Wesentlichen die parasitischen Protozoen, die parasitischen Würmer (= Helminthen) und die parasitischen Arthropoden.

1.1.2 Formen des Zusammenlebens artverschiedener Organismen

Das Zusammenleben artverschiedener Organismen weist sehr unterschiedliche Formen auf, wobei der Nutzen oft sehr ungleich verteilt ist. Bei mutualistischen Beziehungen profitieren beide Partner, während bei antagonistischen Beziehungen der Vorteil auf einer Seite liegt. Nur selten wird eine Beziehung vollkommen neutral sein. Oft sind die Übergänge fließend und die Unterschiede subtil, sodass sich das Spektrum der Partnerschaften artfremder Organismen am besten anhand konkreter Beispiele darstellen lässt.

Mutualistische Beziehungen Sind artfremde Partner auf das Zusammenleben angewiesen und in ihrer Lebensfähigkeit eingeschränkt oder nicht lebensfähig, sobald sie getrennt werden, so wird diese Lebensgemeinschaft im deutschen Sprachgebrauch als **Symbiose** (gr. „sym" = zusammen, „bíos" = Leben) bezeichnet. Zum Beispiel können Flechten, die einen Zusammenschluss von Pilzen und photosynthetisch aktiven Algen darstellen, erst in dieser Kombination vollkommen neue Lebensräume besiedeln. Ein anderes Beispiel ist die Partnerschaft von Termiten mit Zellulose verdauenden Protozoen, die in den Darmblindsäcken der Wirte leben und mit ihren Stoffwechselprodukten deren einseitige Nahrung komplettieren.

Abb. 1.2 Clownfisch in den Tentakeln einer Seeanemone. Die Partner bilden eine mutualistische Lebensgemeinschaft, können aber unabhängig voneinander überleben. (Grafik von Richard Orr, mit freundlicher Genehmigung des Verlags Random House)

Bringt ein Zusammenleben zwei artverschiedenen Partnern Nutzen, ohne dass sie jedoch die Fähigkeit zum eigenständigen Leben verloren haben, wird dies als Mutualismus bezeichnet. Eine mutualistische Beziehung liegt z. B. zwischen Clownfischen (Anemonenfischen) und Seeanemonen vor: Die Fische kuscheln sich in die Fangarme von Seeanemonen, ohne von den giftigen Nesselzellen angegriffen zu werden (Abb. 1.2) und ziehen sich bei Gefahr in die Aktinie zurück. Die Seeanemone ihrerseits profitiert von Nahrungsresten des Fisches. Ein Beispiel für ein weniger enges Zusammenleben zu beiderseitigem Vorteil ist die Interaktion von Kaffernbüffeln und Kuhreihern: Die Kaffernbüffel scheuchen beim Weidegang Insekten auf, die von den Vögeln erbeutet werden, während die sensiblen Kuhreiher durch frühzeitiges Auffliegen vor herannahenden Feinden warnen.

Der **Kommensalismus** beschreibt eine Nahrungsbeziehung, bei der ein Partner von Abfallstoffen eines Wirtes oder von Bestandteilen von dessen Nahrung lebt, die für ihn nicht von Wert sind. Als Beispiel können Aasgeier gelten, die sich von den Nahrungsresten großer Landraubtiere ernähren, aber auch Einzeller im Enddarm von Arthropoden, die in Bereichen leben, wo keine Nahrungsresorption mehr stattfindet.

Es kann aber auch ein Zusammenleben vorliegen, in dem ein Wirt lediglich als Biotop genutzt wird. So können sich Organismen auf der Oberfläche einer anderen Art ansiedeln (z. B. Seepocken auf Krabben oder Muscheln) oder sogar im Inneren eines Wirtes. Ein Beispiel ist hier der zu den Dorschartigen gehörenden ca. 20 cm lange Perlfisch. Er lebt in der Wasserlunge von Seegurken, in die er sehr geschickt mit dem spitzen Schwanz voran hineinschlüpft (Abb. 1.3, www.youtube.com/watch?v=5Uid6KZZ15Q). Seinen Wirt verlässt er nur zur Nahrungssuche und Fortpflanzung.

Antagonistische Beziehungen   Entzieht ein Gastorganismus seinem Wirt Nährstoffe oder Energie in anderer Form, ohne dass dieser von dem Zusammenleben einen gleichrangigen Vorteil hat, handelt es sich um **Parasitismus**. Die schädigende Wirkung von Parasiten kann außerdem auch auf Verletzungen, Entzündungen,

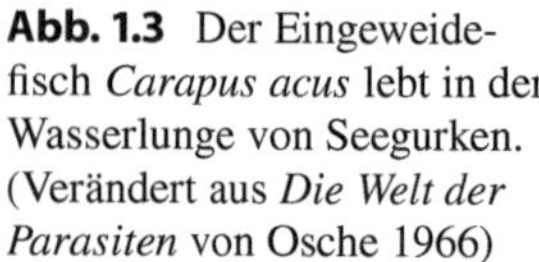

Abb. 1.3 Der Eingeweide-fisch *Carapus acus* lebt in der Wasserlunge von Seegurken. (Verändert aus *Die Welt der Parasiten* von Osche 1966)

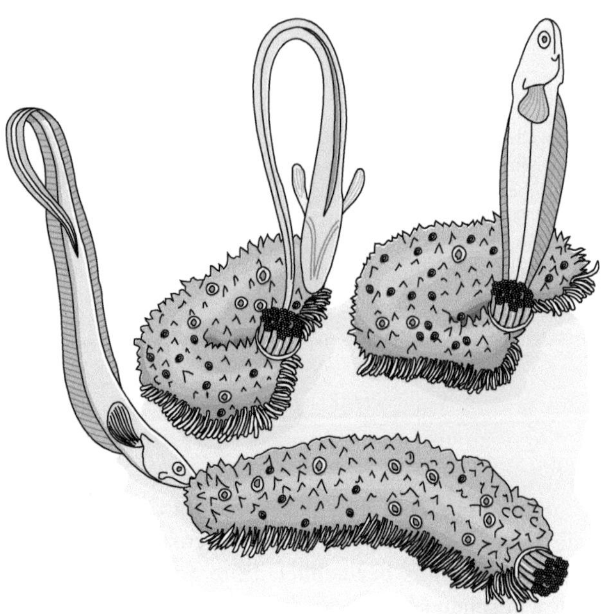

raumfordernden Prozessen, toxischen Stoffwechselprodukten und anderen Faktoren beruhen. Die Schadwirkung führt zu reduzierter evolutionärer Fitness des Wirtes, selbst wenn die Effekte nur gering sind. Als typisch kann man adulte Bandwürmer betrachten, die ihre Nährstoffe aus dem Nahrungsbrei im Dünndarm des Wirtes beziehen und ihn zwar schädigen, aber seine Körpersubstanz nicht angreifen. Damit wird der Wirt geschwächt, aber nicht getötet; der Parasit lebt sozusagen von den Zinsen, ohne aber das Kapital anzugreifen. Claude Serre hat all diese Eigenschaften in seiner Karikatur (Abb. 1.4) sehr treffend zum Ausdruck gebracht. In der Regel sind Parasiten kleiner und zahlreicher als ihr Wirt, im Gegensatz zu Räubern, die größer und weniger zahlreich sind als deren Beute. Besiedelt ein Parasit einen anderen Parasiten, spricht man von **Hyperparasitismus**. So parasitiert *Nosema algerae*, ein Einzeller des Stammes Microspora, in *Anopheles*-Mücken.

Üblicherweise assoziieren wir mit dem Begriff des Parasitismus einen engen körperlichen Kontakt von Parasit und Wirt. Dies ist der Fall beim Endoparasitismus und in vielen Fällen beim Ektoparasitismus. Es gibt aber auch Formen des Parasitismus, bei denen der körperliche Kontakt zwischen den Partnern weniger eng ist und der Parasit nicht als Krankheitserreger in Erscheinung tritt, sondern den Wirt in anderer Weise ausnutzt. Eine Ausnutzung sozialer Leistungen wird als **Sozialparasitismus** bezeichnet. Bei sozialen Insekten, wie z. B. Ameisen, werden häufig Leistungen einer Wirtsart von einer parasitären Art in Anspruch genommen. Das Spektrum reicht vom Futterdiebstahl über Sklavenhaltung bis hin zum gezielten Mord der Königin, an deren Stelle sich die Königin einer parasitischen Art etabliert. Eine spezifische Spielart des Sozialparasitismus ist das Ausnutzen artfremder Wirte zur Aufzucht der

Abb. 1.4 Zusammenleben eines typischen Parasiten mit seinem Wirt. Bandwürmer beziehen Nahrung von ihrem Wirt und nutzen ihn langfristig aus, sind aber nur mäßig pathogen. (Zeichnung von Claude Serre „Nimmersatt", mit freundlicher Genehmigung des Ehapa-Verlages)

eigenen Nachkommen, das man als **Brutparasitismus** bezeichnet. Ein bekannter Vertreter der Brutparasiten ist unser Kuckuck (*Cuculus canorus*), dessen Weibchen ihre Eier in Nester kleinerer Singvögel legen, um die Nachkommen von diesen aufziehen lassen (Abb. 1.5). Ganz ähnlich gehen auch Kuckucksbienen vor, die 125 von insgesamt 547 Bienenarten in Deutschland stellen, was sehr für den Erfolg dieser Form von Parasitismus spricht. Aber nicht nur Nahrung, sondern auch Leistungen wie Transport können von Parasiten in Anspruch genommen werden. So heften sich manche Milben und bestimmte Nematoden an Insekten fest und lassen sich tragen. Bei dieser **Phoresie** bezeichnet man die Träger als Transportwirte (Abb. 1.6).

Abb. 1.5 Brutparasitismus: Ein junger Kuckuck wird von einem Teichrohrsänger gefüttert. (Foto: Oldrich Mikulica)

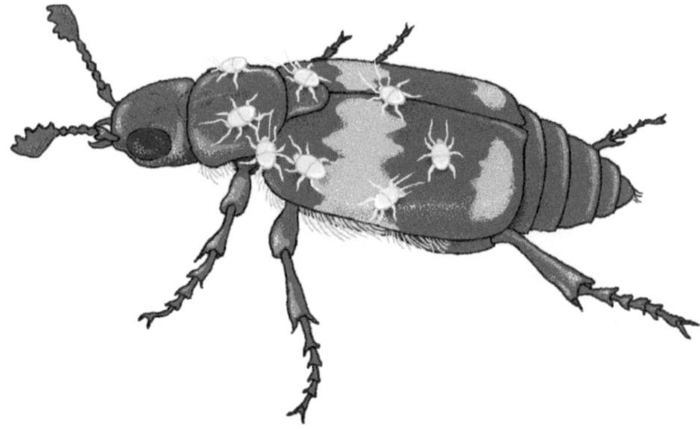

Abb. 1.6 Phoresie: Milben lassen sich von einem Totengräberkäfer zum nächsten Aas tragen. (Zeichnung nach einem Foto von Frank Köhler. Mit freundlicher Genehmigung von Wiley-VCH)

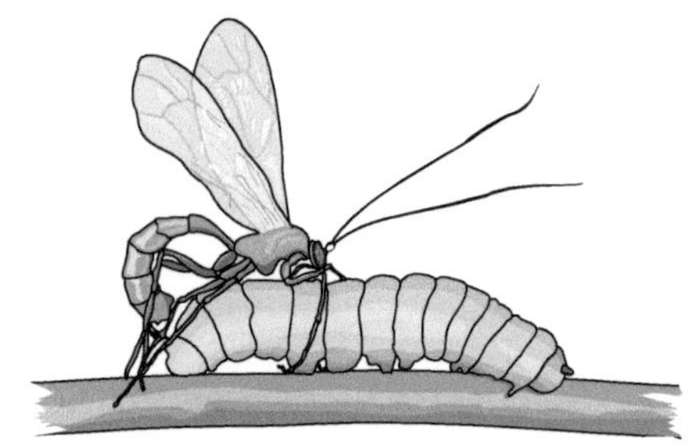

Abb. 1.7 Raubparasitismus: Eine Schlupfwespe der Gattung *Ichneumon* legt ihre Eier in einer Raupe ab. (Nach einem Foto aus *The Animal Kingdom* mit freundlicher Genehmigung von Marshall Cavendish Books Ltd)

Abb. 1.8 Räuber-Beute-Beziehung: Ein Löwe erbeutet ein Gnu. (Foto: Ingo Gerlach, www.tierphoto.de)

Raubparasitismus (Parasitoidismus) liegt vor, wenn der Tod des Wirtes durch die parasitäre Ausnutzung vorprogrammiert ist. Ein typisches Beispiel sind Schlupfwespen, die ihre Eier in Schmetterlingsraupen ablegen, von deren Substanz die Nachkommen leben (Abb. 1.7). Die Schlupfwespenlarven parasitieren zunächst im Fettkörper, fressen dann die Muskulatur und töten ihre Wirte gegen Ende ihrer Entwicklung durch das Verzehren von Nervengewebe, um schließlich aus der Raupe auszubrechen und sich zu verpuppen. Ein solcher Parasitoid greift also das Kapital an, anstatt von den Zinsen zu leben, nutzt den Wirt aber eine Zeit lang aus und tötet ihn erst, wenn er nicht mehr benötigt wird.

Die Interaktion zwischen Parasiten und ihren Wirten zeigt einige Gemeinsamkeiten mit dem **Räuber-Beute-Verhältnis (= Episitismus)**, wie z. B. die Beziehung zwischen Löwe und Gnu (Abb. 1.8). Typische Räuber töten ihre Beute aber sofort und verzehren sie. Außerdem sind typische Räuber größer als die Beute, ihre Population ist weniger zahlreich als die der Beutetiere und sie konsumieren in ihrem Leben mehr als ein Beutetier.

1.1.3 Formen des Parasitismus

Organismen, die nicht zwangsläufig auf die parasitische Lebensweise angewiesen sind, aber als Parasiten leben können, bezeichnet man als **fakultative Parasiten**, wie die blutsaugende Raubwanze *Triatoma infestans*, die auch räuberisch leben kann, indem sie Insekten aussaugt. **Obligate Parasiten** haben keine Alternative zu ihrer Lebensweise. Bei manchen Organismen lebt nur ein Geschlecht parasitisch. So benötigen bei Stechmücken nur die weiblichen Tiere zur Produktion der Eier eine Blutmahlzeit, während männliche Stechmücken Pflanzensaftsauger sind. **Permanente Parasiten** leben in allen Entwicklungsstadien parasitisch, während **temporäre Parasiten** nur bestimmte Phasen ihres Lebens in oder an einem Wirt verbringen.

Parasiten, die auf der Haut ihres Wirtes schmarotzen, werden **Ektoparasiten** genannt. Sie leben dort vom Haar- bzw. Federkleid, fressen von der Hautsubstanz oder saugen Blut bzw. Gewebsflüssigkeit. Unter diesen Ektoparasiten gibt es zahlreiche temporäre Parasiten, die ihren Wirt nur zur Nahrungsaufnahme aufsuchen (z. B. blutsaugende Mücken), während permanente Parasiten ständig im Kontakt mit ihrem Wirt sind (z. B. Läuse). Parasiten, die im Wirtsinneren leben, werden als **Endoparasiten** bezeichnet. Die einfachste Form des Endoparasitismus liegt bei Darmlumenparasiten vor. Der Unterschied zwischen verrottenden Substanzen in der Außenwelt und dem Inhalt des Enddarmes ist nicht sehr bedeutend und so sind relativ häufig frei lebende Organismen zum Endoparasitismus dieser Ausprägung übergegangen. Zu solchen Bewohnern des Darmlumens gehört z. B. der Nematode *Strongyloides stercoralis*, dessen Lebenszyklus sogar die Optionen der frei lebenden und der parasitischen Lebensweise aufweist. Andere Endoparasiten leben in Organen (z. B. der große Leberegel *Fasciola hepatica*), frei im Blut ihres Wirtes (z. B. *Trypanosoma brucei*) oder direkt in Körpergeweben (z. B. die Filarie *Onchocerca volvulus*). Sehr ausgeprägte Anpassungen weisen **intrazelluläre Parasiten** auf, die mithilfe hochspezifischer Mechanismen Wirtszellen invadieren (z. B. Leishmanien und Plasmodien) und diese extreme ökologische Nische dank einer Vielzahl von Adaptationen ausnutzen können.

Parasiten haben als Anpassung an ihre Lebensweise häufig komplexe Lebenszyklen entwickelt, die einen Wechsel zwischen mehreren Wirten sowie geschlechtliche und ungeschlechtliche Fortpflanzung einschließen (Abb. 1.9). Bei den einfachsten Formen des Parasitismus wird nur ein Wirt genutzt, man bezeichnet die Parasiten als **monoxen** (gr. „mónos" = einzeln, „xénos" = fremd). In diesem Fall erfolgt die Übertragung von einem Wirt auf den nächsten, ohne eingeschaltete andere Wirtsarten. Man bezeichnet dies als **direkte Übertragung**. Im Gegensatz dazu steht die **indirekte Übertragung**, bei der ein Wechsel zwischen zwei oder mehreren Wirtsarten stattfindet. Man nennt diese Parasiten **heteroxen** („hetero" = unterschiedlich); ihre komplexen Lebenszyklen schließen – entsprechend der jeweiligen Parasitenart – zwei, drei oder manchmal sogar vier Wirtsarten ein. Durch Wirtswechsel erzielen heteroxene Parasiten Fitnessvorteile, indem sie Übertragungseffizienz steigern. Zum Beispiel bewirkt die Einschaltung blutsaugender Mücken als Zwischenwirte von Plasmodien eine weitaus höhere Übertragungseffizienz der Malaria, als sie bei hoch ansteckenden Viruserkrankungen mit direkter Übertragung gemessen wird. Die Evolution komplexer Lebenszyklen aus vormals einfacheren ist immer dann aufgetreten, wenn die natürliche Selektion die Einbeziehung eines zusätzlichen Wirtes begünstigte.

Die Formen der Fortpflanzung unterscheiden sich stark zwischen Parasiten, und einige Arten können während ihres Lebenszyklus von einer Fortpflanzungsform zur anderen wechseln. Ein Wechsel zwischen verschiedenen Modi der Fortpflanzung eines Parasiten wird mit einem allgemeinen Ausdruck als **Generationswechsel** bezeichnet. Wechseln sich geschlechtliche und ungeschlechtliche Fortpflanzung ab, so handelt es sich um **Metagenese**. Als Beispiel können hier die Apicomplexa mit ihrem Wechsel zwischen Schizogonie (ungeschlechtlich), Gamogonie (geschlechtlich) und Sporogonie (ungeschlechtlich) dienen. Viele parasitische Würmer sind

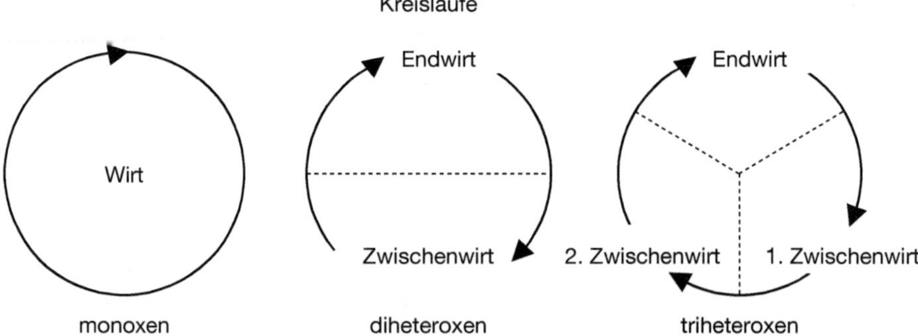

Abb. 1.9 Lebenszyklen von Parasiten. *Links*: Monoxener Zyklus mit einem Wirt. *Mitte*: Diheteroxener Zyklus mit End- und Zwischenwirt. *Rechts*: Triheteroxener Zyklus mit End- und zwei Zwischenwirten

Hermaphroditen (= Zwitter), wobei jedes Individuum sowohl weibliche als auch männliche Reproduktionsorgane aufweist. Dies ist der Fall bei Bandwürmern und – mit Ausnahme der Schistosomen – bei Trematoden. Hermaphroditismus hat den großen Vorteil, dass man auch als Einzelindividuum durch Selbstbefruchtung Nachkommen erzeugen kann, falls man keinen Partner der gleichen Art findet. Auch Parthenogenese („Jungfernzeugung") als Modus der Fortpflanzung findet sich bei einigen Parasiten, z. B. bei dem Nematoden *Strongyloides stercoralis*.

1.1.4 Parasiten und Wirte

Bei der Betrachtung heteroxener Lebenszyklen unterscheidet man zunächst zwischen Endwirt und Zwischenwirt. Im **Endwirt** findet die sexuelle Vermehrung statt; oft ist dieser Wirt der phylogenetisch ältere. Gelegentlich herrscht eine Begriffsverwirrung, wenn z. B. bei Plasmodien der aus anthropozentrischer Sicht wichtigere Wirt, der Mensch, als Endwirt bezeichnet wird. Da die Befruchtung in der Mücke stattfindet, ist diese jedoch als Endwirt anzusehen. Diese Schwierigkeit kann durch die Verwendung von Begriffen wie Arthropoden- bzw. Vertebratenwirt vermieden werden. Im **Zwischenwirt** läuft ein Teil des Lebenszyklus von Parasiten ab, d. h., es finden wichtige Entwicklungsvorgänge und/oder eine asexuelle Vermehrung statt. Dies unterscheidet Zwischenwirte von reinen Überträgern (Vektoren), die Erreger mechanisch übertragen (z. B. Transmission mit den Stechborsten blutsaugender Insekten). Es können mehrere Zwischenwirte in einen Lebenszyklus eingeschaltet sein, die man dann als 1. bzw. 2. Zwischenwirt bezeichnet. In manchen Lebenszyklen hat ein Wirtsindividuum gleichzeitig die Rolle des End- und des Zwischenwirtes, so z. B. bei dem Nematoden *Trichinella spiralis*. Die Trichine vermehrt sich geschlechtlich im Darm ihres Wirtes (Funktion als Endwirt), um dann in einem vollständig anderen Kompartiment, der Muskelzelle, infektöse Dauerstadien zu bilden (Funktion als Zwischenwirt). In vielen Fällen erfolgt die Übertragung von Zwischen- zu Endwirt über Erbeutung des Ersteren durch den Letzteren. Bei manchen Parasiten können Larvenstadien mit der Nahrungskette von kleineren Zwischenwirten auf größere übertragen werden, ohne dass wesentliche morphologische Veränderungen stattfinden. Solche Wirte akkumulieren die Larven und werden deshalb als **Sammel- oder Stapelwirte** (paratenische Wirte) bezeichnet.

Viele Parasiten sind optimal an eine Wirtsart adaptiert, die dann als **Hauptwirt** bezeichnet wird. Oft ist dies der Wirt, mit dem sie eine lange Koevolution verbindet. Hier sind Wachstum und Reproduktion optimal und der Parasit lebt lange. Im **Nebenwirt**, oft auch als „Reservoirwirt" bezeichnet, sind die Lebensbedingungen für den Parasiten dagegen schlechter und er spielt für die Aufrechterhaltung des Lebenskreislaufes eine weniger bedeutende Rolle. Oft sind Nebenwirte aber epidemiologisch von großer Bedeutung, da nach Bekämpfungsmaßnahmen im Hauptwirt, z. B. durch Chemotherapie von Nutztieren, der Parasitenzyklus in Nebenwirten nicht ausgeschaltet werden kann und über diese eine erneute Ausbreitung der Parasitose erfolgt. Wirte, die äußerst selten befallen werden, aber eine vollständige Entwicklung des Parasiten erlauben, sind **Gelegenheitswirte**. Im Gegensatz dazu findet in **Fehlwirten** keine vollständige Entwicklung statt. Manchmal kann eine Entwicklung von Parasitenstadien in einem Wirt stattfinden, ohne dass eine Weiterverbreitung stattfinden kann. Man spricht dann von einem **Irrwirt** (Beispiel: *Toxoplasma gondii* im Menschen). Die Gesamtheit der Wirte wird oft als **Wirtsreservoir** bezeichnet.

Eine unerlässliche Grundlage für das Zustandekommen einer Parasit-Wirt-Beziehung ist die **Empfänglichkeit (Suszeptibilität)** des Wirtes. Sie wird ganz wesentlich bestimmt durch das Verhalten und die physiologischen und morphologischen Gegebenheiten des Wirtes, aber auch durch seine angeborenen und erworbenen Immunantworten. Innerhalb einer Population bestimmt deshalb oft der Genotyp über den individuellen Grad der Empfänglichkeit, was als **Prädisposition** bezeichnet wird. Aber auch erworbene Eigenschaften, wie z. B. die körperliche Kondition, das Alter oder vorangegangene Infektionen, können die Empfänglichkeit eines Wirtsindividuums für Parasiten beeinflussen.

Die Widerstandsfähigkeit gegen eine Parasiteninfektion wird als **Resistenz** bezeichnet und kann durch unterschiedlichste Faktoren definiert sein. Zeigen potenzielle Wirte Verhaltensweisen, die eine Übertragung ausschließen (z. B. Biotopwahl), spricht man von Verhaltensresistenz. Oft wird Resistenz durch biochemische Faktoren bestimmt, so wird *Trypanosoma brucei brucei* durch ein Protein im menschlichen Serum abgetötet, das mit *High-Density*-Lipoproteinen assoziiert ist. In vielen Fällen sind Immunantworten bestimmend für die Parasit-Wirt-Interaktion. Dies wird deutlich, wenn Wirte erst nach Ausschaltung von Teilen des Immunsystems empfänglich sind. Zum Beispiel können Aotus-Affen, die man als Versuchstiere in der Malariaimpfstoffforschung nutzt, erst nach Splenektomie zuverlässig infiziert werden. Hinterlässt eine ausgeheilte Infektion schützende Immunantworten, so sprechen wir von **Immunität**. Bei Parasiteninfektionen verleiht häufig eine bereits bestehende Infektion Immunität gegen weitere Infektionen mit derselben Parasitenart. Eine solche **Prämunität** (engl. „concomitant immunity") erlaubt den bereits etablierten Parasiten das Überleben, führt aber zur Eliminierung von neu invadierenden Infektionsstadien. Diese Konstellation kann eine Regulation der Parasitendichte auf ein für den Wirt tolerables Ausmaß bewirken und der Parasit schaltet artgleiche Konkurrenten aus. Wirte mit defektem Immunsystem haben oft eine größere Empfänglichkeit für Parasiten, sodass sich bei ihnen **opportunistische Erreger** ansiedeln, die bei immunkompetenten Individuen nicht oder nur in geringer Dichte vorkommen. Bei Aidspatienten sind solche opportunistischen Parasiteninfektionen häufig und in vielen Fällen die direkte Todesursache. Als Beispiel kann das häufige Vorkommen von *Toxoplasma gondii* oder *Cryptosporidium parvum* bei Aidspatienten gelten.

Parasiten können in unterschiedlichem Maß auf ein Zusammenleben mit ihrem Wirt spezialisiert sein. Der Grad der Spezialisierung kommt in der **Wirtsspezifität** zum Ausdruck, die durch die Prävalenz der Infektion und die Intensität des Befalls von Wirten beschrieben wird (s. Abschn. 1.1.5). Zum Beispiel haben Parasiten, die nur bei einer Wirtsart einen bedeutenden Anteil der Population befallen können und dort in großer Anzahl vorkommen, eine ausgeprägte Wirtsspezifität („hohe Wirtsspezifität"). Als Beispiel können Federlinge (Mallophagen) gelten, die nicht nur

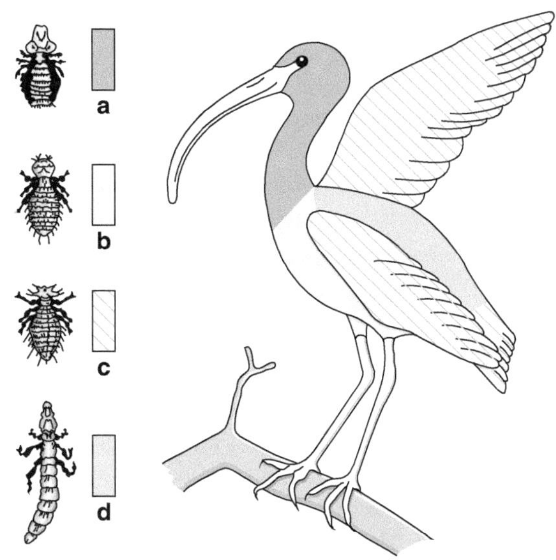

Abb. 1.10 Verteilung verschiedener Mallophagenarten auf einem Ibis (*Ibis falcinellus*) als Beispiel enger Anpassung an bestimmte Habitate. **a** *Ibidoecus bisignatus*; **b** *Menopon plegradis*; **c** *Colpocephalum* und *Ferribia*-Arten; **d** *Esthiopterum raphidium*. (Aus Dogiel 1963)

äußerst wirtsspezifisch an eine bestimmte Vogelart angepasst sind, sondern auf ihrem Wirtsvogel nur ganz bestimmte Körperpartien besiedeln können (Abb. 1.10). Im Gegensatz dazu können Parasiten mit geringer Wirtsspezifität („niedrige Wirtsspezifität") ein breites Spektrum von Wirten erfolgreich besiedeln. Man wird in diesem Fall also zahlreiche Wirtsarten finden, in denen eine große Anzahl von Individuen stark befallen ist. So können bestimmte Stadien von *Trypanosoma cruzi* und *Toxoplasma gondii* wohl nahezu alle Säugetiere als Wirte nutzen und dort auch fast alle Typen von kernhaltigen Zellen invadieren. Auch der Begriff **Wirtsspektrum** erlaubt eine Aussage über die Spezialisierung: Parasiten mit breitem Wirtsspektrum nutzen viele Wirtsarten; ein enges Wirtsspektrum liegt hingegen bei Parasiten vor, die nur wenige oder eine einzige Wirtsspezies befallen.

Wirtsspezifität ist das Ergebnis der evolutiven Anpassung an Wirte im Verlauf der Zeit. Je höher die Wirtsspezifität von Parasiten ist, desto unwahrscheinlicher ist es, dass sie den großen „Sprung" machen können, der nötig ist, um eine neue Wirtsart zu besiedeln, die mit dem eigenen Wirt nicht verwandt ist. Deshalb befallen nur wenige Parasiten sowohl Wild- oder Haustiere als auch den Menschen und verursachen Krankheiten, die zwischen Tieren und Menschen übertragen werden. Diese Krankheiten werden als **Zoonosen** bezeichnet. Als Beispiele können *Trichinella spiralis* oder *Taenia solium* genannt werden, die beide vom Schwein auf den Menschen übertragen werden können.

Durch das Eindringen und die Etablierung von Parasiten in einen empfänglichen Wirt kommt eine **Infektion** zustande. Streng genommen gilt dieser Begriff nur, wenn – wie im Fall von Protozoen – eine Vermehrung von Parasiten im Wirt erfolgt, sodass ohne Neuinfektion eine Population von Parasiten entsteht. Jedoch wird die Bezeichnung auch weniger stringent verwendet und auf parasitische Würmer und Arthropoden bezogen, bei denen aus einem Infektionsstadium nur ein einziger Parasit hervorgeht. Die formal korrekte Bezeichnung dafür ist jedoch „Infestation". Die Periode, in der diagnostisch relevante Parasitenstadien auftreten, z. B. Plasmodien im Blut oder Nematodeneier im Kot, wird als **Patenz** (lat. „patere" = erscheinen) bezeichnet. Der Zeitraum von der Infektion bis zur Patenz ist die **Präpatenz** oder Präpatenzzeit, während der Zeitraum bis zum Auftreten der ersten Krankheitserscheinungen als **Inkubationszeit** bezeichnet wird. Die Infektion und die daraus resultierende Erkrankung werden nach einer internationalen Übereinkunft mit dem Namen des Parasiten sowie der Nachsilbe **-ose** bezeichnet, z. B. Toxoplasmose.

Erfolgt nach Ausheilung einer Parasitose eine erneute Infektion mit demselben Erreger, wird sie als **Reinfektion** bezeichnet. Eine zusätzlich zu einer bereits bestehenden Parasitose erworbene Infektion mit derselben Art von Parasiten wird mit dem Begriff **Superinfektion** belegt. Gleichzeitige Infektionen mit mehreren Krankheitserregerarten heißen **Mischinfektionen**. Sowohl Super- als auch Mischinfektionen haben Konsequenzen für das Wohlergehen das Wirtes, da es zu additiven oder synergistischen Effekten zwischen den verschiedenen Infektionen kommen kann. Infiziert sich ein Wirtsindividuum mit Stadien, die aus seiner eigenen Infektion stammen, so spricht man von **Autoinfektion**, z. B. bei Befall mit dem Madenwurm *Enterobius vermicularis* oder dem Einzeller *Cryptosporidium parvum*.

Die **Schadwirkung**, die der Wirt durch Parasiten erleidet, kann unterschiedliche Ursachen und Ausprägungen haben. Als Maß der Beeinträchtigung durch Parasiten verwenden Evolutionsbiologen die **genetische Fitness**, die die Reproduktionskapazität der Wirte ausdrückt und durch Parasiteninfektionen massiv beeinflusst werden kann. Diese Verringerung der Wirtsfitness wird als **Virulenz** (lat. „virulentus" = voller Gift) des Parasiten bezeichnet. Die Virulenz wird quantifiziert als die relative Differenz zwischen der Reproduktionskapazität von Wirten mit und ohne Infektion. In die Beurteilung der medizinischen Bedeutung fließen die Parameter der **Morbidität** (Häufigkeit von Erkrankungen) und die **Mortalität** (Häufigkeit von Todesfällen) mit ein. Eine Quantifizierung wird durch die Berechnung der „disability adjusted life years" (**DALYs**) erreicht, eines von der WHO verwendeten Index, bei dem bis zu 140 Einzelparameter in die Bewertung einer Krankheit eingehen. Die **Schadwirkung** von Parasiteninfektionen bei Nutztieren wird berechnet, indem der entgangene Nutzen (z. B. Milchleistung bei Kühen, Fleischansatz bei Masttieren) und der Aufwand für die Bekämpfung von Infektionen ermittelt werden.

Parasiteninfektionen haben in der Regel eine krankheitserregende Wirkung, die man insgesamt als **Pathogenität** bezeichnet; molekular definierte Faktoren, die in diesem Zusammenhang wichtig sind, nennt man **Pathogenitätsfaktoren**. So ist das Amoebapore-Protein von *Entamoeba histolytica* ein Pathogenitätsfaktor, da es bei der Gewebsinvasion eine entscheidende Rolle spielt. Als quantitativen Ausdruck der Pathogenität verwendet man im medizinischen Bereich die **Virulenz.** Dies ist unglücklicherweise derselbe Begriff, der von Evolutionsbiologen genutzt wird, um die schädigende Wirkung von Parasiten auf die Wirtsfitness zu beschreiben. Eine Schädigung des Wirtes erfolgt nicht nur durch Nahrungsentzug, sondern auch durch Zerstörung von Zellen oder Geweben, durch Einwirkung toxischer Stoffwechselprodukte sowie durch Immunreaktionen, die wirtseigenes Gewebe schädigen (Immunpathologie). Phylogenetisch alte Parasit-Wirt-Beziehungen zeichnen sich meist durch eine relativ geringe Pathogenität aus, da sich im Verlauf der Evolution typischerweise Parasiten durchsetzen, die ihren Wirt relativ wenig schädigen. Eine wesentliche Schadwirkung von Parasiten, besonders von blutsaugenden Arthropoden, besteht auch in ihrer **Vektorkapazität**, d. h. in ihrer Fähigkeit, Krankheitserreger zu übertragen.

1.1.5 Übertragungswege

Entsprechend der Vielfalt der parasitischen Organismen sind auch die Wege der Übertragung (Transmission) sehr unterschiedlich. Die einfachste Form der Übertragung bildet die **Kontaktinfektion**, z. B. durch Hautkontakt, wie etwa bei Krätzmilben oder Läusen. Ein Sonderfall der Kontaktinfektion ist die **sexuelle Übertragung**, wie z. B. im Fall von Infektionen mit *Trichomonas vaginalis* oder *Trypanosoma equiperdum*.

Viele Lebenszyklen von Parasiten beruhen auf **oraler Infektion**, d. h. Aufnahme von Infektionsstadien über die Mundöffnung. Dabei können Infektionsstadien über die Nahrungskette bzw. über Lebensmittel aufgenommen werden, sodass man von **oral-alimentärer Infektion** oder **trophischer Transmission** spricht. Manche dieser Zyklen beruhen auf einem Räuber-Beute-Verhältnis der Wirte (z. B. Erbeutung von Mäusen, die mit Metazestoden des Fuchsbandwurmes *Echinococcus multilocularis* befallen sind, durch den Endwirt Fuchs). Seltener wird der Wechsel zu einem pflanzenfressenden Wirt ermöglicht, indem Parasitenstadien sich an Nahrungspflanzen enzystieren (*Fasciola hepatica*: Enzystierung an Feuchtbiotoppflanzen). Die **fäko-orale Infektion** oder **orale Schmutzinfektion** erfolgt durch Infektionsstadien, die aus dem Kot stammen (z. B. Amöbenzysten, Kokzidienoozysten, Wurmeier) und zufällig oral aufgenommen werden. Dabei können verschiedene Übertragungsmedien, wie z. B. verschmutztes Wasser, kontaminierte Lebensmittel oder Luft (aerogene Übertragung) eingeschaltet sein. Da die Übertragung bei der fäko-oralen Infektion in der Regel auf Zufall beruht, werden große Mengen von Infektionsstadien gebildet (z. B. mehrere Milliarden Oozysten von *Cryptosporidium parvum* pro kg Rinderkot). Seltener erfolgen Infektionen auch über andere Körperöffnungen wie Nase, Ohr, Auge, Rektum, Genitalöffnungen oder Wunden. Entscheidend für den Übertragungserfolg von Infektionsstadien ist ihre **Tenazität**, d. h. ihre Resistenz gegen Umwelteinflüsse, wie z. B. Austrocknung, UV-Strahlung, Salzgehalt oder Chemikalieneinwirkung.

Die **perkutane Infektion** spielt vor allem bei Helmintheninfektionen eine Rolle. Dabei bohren sich die in Boden oder Wasser befindlichen Infektionsstadien aktiv in die Haut des End- oder Zwischenwirtes ein (Zerkarien von Schistosomen, Infektionslarven des Hakenwurms *Ancylostoma duodenale*).

Eine sehr gezielte und daher hocheffiziente Übertragung findet durch Einschaltung von **Vektoren** (lat. „vectus" = getragen) in den Lebenszyklus von Parasiten statt. Dabei kann es sich um eine rein mechanische Übertragung handeln (z. B. Übertragung von *Trypanosoma evansi* an den Stechborsten von Tabaniden). Häufiger ist eine „**zyklisch alimentäre Übertragung**" (lat. „alimentum" = Blut als Nahrung) durch blutsaugende Arthropodenwirte, in denen ein Teil des Entwicklungszyklus des Parasiten abläuft, sodass diese Überträger nicht nur „Vektoren" im engeren Sinne sind, sondern gleichzeitig auch (Zwischen-)Wirte. Andere blutsaugende Tiere, wie Blutegel und Vampirfledermäuse, können ebenfalls als Vektoren für Parasiten dienen.

Die oben genannten Übertragungswege bewirken eine Transmission innerhalb einer Population von einem Wirtsindividuum zu einem beliebigen anderen. Dies bezeichnet man als **horizontale Übertragung**. Eine **vertikale Übertragung** dagegen liegt vor, wenn die Infektion von der Mutter auf die Nachkommen übergeht. Bei der **konnatalen Infektion** befallen Parasiten die Nachkommen eines Wirtes im Mutterleib oder während der Geburt. Ein spezifischer Fall liegt bei der **diaplazentaren Übertragung** vor. Hier wandern Parasiten durch die Plazenta in den Fetus (Beispiel: *Toxoplasma gondii*). Bei der laktogenen Übertragung erfolgt die Infektion über die Milch (Beispiel: *Toxocara canis*).

Die Untersuchung der Übertragung und der Ausbreitungsmuster von Krankheiten und die Quantifizierung dieser Vorgänge erfolgt bei Humanparasiten durch die Wissenschaftsrichtung der **Epidemiologie** (gr. „epí" = über, „dēmos" = Volk). Handelt es sich um die Untersuchung von Tierkrankheiten, so wird auch der veterinärmedizinische Begriff **Epizootiologie** (gr. „zōon" = Lebewesen) verwendet. Ein häufig benutztes Maß ist die **Prävalenz** einer Infektion, d. h. ihr Vorkommen in einer Population zu einem bestimmten Zeitpunkt. Die **Inzidenz** gibt dagegen die Anzahl der jährlich auftretenden Neuerkrankungen an. Die **Befallsintensität** gibt die Anzahl von Parasitenstadien pro Wirt an. Die **Befallsextensität** gibt Auskunft über die Anzahl befallener Individuen in einer Gemeinde oder in einem Bestand. Oft stützt sich die Epidemiologie auf mathematische Modelle, um die Verbreitung von Krankheiten innerhalb einer Population vorherzusagen. Dazu werden Parameter wie Populationsdichte und Befallsintensität im zeitlichen Verlauf betrachtet, um z. B. mögliche Einflüsse von Klima- und anderen Umweltveränderungen auf die zukünftige Dynamik von Krankheiten vorherzusagen.

1.1.6 Kontrollfragen zum Verständnis

1. Wie ist der Begriff Parasit definiert?
2. Welche großen Gruppen eukaryotischer Parasiten unterscheidet man?
3. Was ist der Unterschied zwischen Symbiose und Parasitismus?
4. Nennen Sie Beispiele für temporäre Parasiten bzw. permanente Parasiten.
5. Was ist der Unterschied zwischen monoxenen und heteroxenen Parasiten?
6. Welche Phase eines Lebenszyklus findet im Endwirt statt?
7. Was ist ein Stapelwirt (paratenischer Wirt)?
8. Befällt ein Parasit mit hoher Wirtsspezifität viele Wirtsarten oder wenige Wirtsarten?
9. Wie wird die Phase der Nachweisbarkeit von Parasitenstadien z. B. im Blut bezeichnet?
10. Was ist eine Zoonose?
11. Wann bezeichnet man eine Übertragung als zyklisch alimentär?

1.2   Was ist das Besondere an Parasiten?

1.2.1   Ein ganz spezifischer Lebensraum: Der lebende Wirt

Parasiten besiedeln im Gegensatz zu frei lebenden Organismen eine ganz besondere ökologische Nische, nämlich einen lebenden Wirt. Bei genauer Betrachtung ist der Wirt, besonders bei Endoparasiten, ein **extremer Lebensraum**, den man in Bezug auf Unwirtlichkeit durchaus mit einer Salzquelle oder einem Tiefseeschlot vergleichen kann. So ist z. B. das Milieu des Dünndarms, in dem Bandwürmer siedeln, unter anderem gekennzeichnet durch Sauerstoffarmut, hohe Konzentration an aktiven Verdauungsenzymen, hohe Osmolarität und Immunantworten des Wirtes. Attraktiv an einem solchen Lebensraum ist der Überfluss an Nährstoffen. Um ein derartig extremes Habitat langfristig ausnutzen zu können, sind morphologische, physiologische und andere Anpassungen notwendig, die meist schrittweise im Lauf von langen Evolutionsperioden zustande kommen. Deshalb ist ein Merkmal der meisten Parasiten die **starke Spezialisierung**. Als Spezialisten weisen sie eine **enge Bindung an den Wirt** auf, sodass eine Parasit-Wirt-Beziehung resultiert. Die Evolution von Parasiten vollzieht sich deshalb gemeinsam mit den Wirten, aber auch die Wirte werden in ihrer Evolution untrennbar von Parasiten beeinflusst, sodass eine **Koevolution von Parasit und Wirt** vorliegt. In manchen frei lebenden Tiergruppen bestehen Merkmale, die einen Übergang zum Parasitismus erleichtern und die als **Präadaptationen** bezeichnet werden. Solche Merkmale haben sich als Antwort auf die Anforderungen eines speziellen Habitats entwickelt und können z. B. in morphologischen Strukturen bestehen, die ein Anheften im Inneren des Wirtes erlauben, oder in einem Stoffwechsel, der ein Überleben bei niedrigen Sauerstoffkonzentrationen ermöglicht.

Die Besonderheit der Parasit-Wirt-Koevolution besteht in der Tatsache, dass Wirte auf den Befall mit Parasiten reagieren, z. B. indem sie gezielte Abwehrreaktionen entwickeln. Deshalb müssen Parasiten sich nicht nur an eine unwirtliche Umwelt anpassen, sondern zusätzlich auch den Abwehrreaktionen des Wirtes ausweichen, wenn sie überleben und sich fortpflanzen wollen. Auf Parasiten wirkt also ein besonders starker Evolutionsdruck. Da sie hochspezifisch an ihren Wirt angepasst sind, können sie diesem Evolutionsdruck nicht ohne Weiteres ausweichen, indem sie z. B. eine andere Wirtsart befallen, die weniger Abwehrreaktionen aufweist. Deshalb sind Parasiten gezwungen, sich nicht nur an die räumlichen, physikalischen und physiologischen Bedingungen des Wirtes anzupassen, sondern zusätzlich auch noch an seine antagonistischen Reaktionen, die sich zudem im Lauf der Zeit verändern (s. Abschn. 1.6). Typisch für die Parasit-Wirt-Interaktion ist deshalb der Antagonismus zwischen den Partnern.

Parasiten beeinträchtigen die Produktivität und Lebensqualität ihrer Wirte, indem sie als Nahrungskonkurrenten fungieren und weitere pathogene Wirkungen (Verletzungen, Entzündungen, raumfordernde Prozesse, toxische Stoffwechselprodukte) haben. Im Gegensatz zu den meisten viralen und bakteriellen Pathogenen, die ihren Wirt kurzfristig besiedeln, verfolgen typische eukaryotische Parasiten als Strategie eine **langfristige Besiedlung (Persistenz)**. Als Beispiele kann man hier

Darmnematoden anführen, die oft über mehrere Jahre hinweg in ihren Wirten leben und meist nur wenig pathogen sind, solange die Wurmbürde niedrig ist. Charakteristisch für solche Parasiten ist die **hohe Prävalenz**, d. h. ein hoher Prozentsatz befallener Individuen in der Wirtspopulation oftmals über lange Zeiträume hinweg. Im Gegensatz dazu steht z. B. eine Grippewelle, bei der die empfänglichen Individuen einer Population befallen werden, während einiger Tage oder Wochen Viren produzieren und diese auf ihre Artgenossen übertragen, bis das Immunsystem die Erreger eliminiert. Wenn eine genügend große Anzahl von Individuen schützende Immunantworten aufgebaut hat, bricht die Übertragung aber ab und der Erreger verschwindet aus der Population, um bei einer späteren Grippewelle, möglicherweise in veränderter Form, wieder aufzutreten.

Die typische Langfriststrategie von Parasiten steht also im Gegensatz zu der *Hit-and-run*-Strategie vieler kleinerer Pathogene. Allerdings ist diese Persistenz von Parasiten im Wirt kein Alleinstellungsmerkmal, denn es gibt auch Parasiten, die auf kurzfristige Ausnutzung setzen, während andererseits bestimmte Viren und Bakterien ihre Wirte langfristig besiedeln.

Weshalb bevorzugen typische eukaryotische Parasiten Langfriststrategien? Häufig wird angeführt, dass Protozoen und Helminthen aufgrund ihrer relativ großen Biomasse und ihrer komplexen Genome lange Replikationszeiten haben und deshalb genetisch weniger flexibel sind als Viren oder Bakterien. Obwohl es auch hier Gegenbeispiele gibt, ist auf den ersten Blick einleuchtend, dass sich Organismen mit kleinem Genom und geringer Biomasse schneller vermehren – und damit ihr Genom auch schneller ändern können – als sehr große Lebewesen (Abb. 1.11). Als groben Anhaltspunkt kann man annehmen, dass Viren meist einige Dutzend Gene, Bakterien meist wenige Tausend und Eukaryoten meist 10.000 oder mehr Gene haben (s. auch Tab. 1.2). Während *Escherichia coli* eine Generationszeit von 20 min hat, teilen Trypanosomen sich etwa alle 6 h einmal, und manche Nematoden brauchen mehr als ein Jahr, um geschlechtsreif zu werden. Die kurze Generationenfolge kleinerer Pathogene ergibt demnach viele Gelegenheiten zur Einführung von Mutationen, sodass Viren und Bakterien eine größere Chance haben, sich durch Änderung ihres Genoms an Wirte anzupassen. Für die genetisch weniger flexiblen eukaryotischen Parasiten ist dagegen eher die Strategie einer langfristigen Ausnutzung des Wirtes sinnvoll.

Zu einer langfristigen Parasitierung gehört die **schonende Nutzung des Wirtes**. Überspitzt formuliert, könnte man sagen, dass Parasiten, die ihren Wirt vernichten, sich selbst umbringen. Parasiten mit hoher Pathogenität haben nur geringe Chancen, ihren Wirt lange genug bewohnen zu können, um viele Nachkommen zu produzieren. Deshalb setzen sich langfristig eher Parasiten durch, die ihren Wirt relativ wenig schädigen. Bei Parasitosen, die durch eine lange Koevolution geprägt sind, besteht eine Tendenz zu weniger starken pathologischen Veränderungen und man spricht von „ausgeglichenen" Parasit-Wirt-Beziehungen. Die optimal an einen Wirt angepasste Virulenz eines Parasiten kann sich allerdings vollkommen verändern, wenn er auf eine neue Wirtsart trifft. Dies wird deutlich, wenn man Parasiten betrachtet, die unterschiedliche Wirte nutzen. So verläuft eine Infektion mit *Trypanosoma brucei brucei*, dem Erreger der „Nagana", bei wilden Huftieren, mit denen

Abb. 1.11 Größenordnungen unterschiedlicher pathogener Mikroorganismen

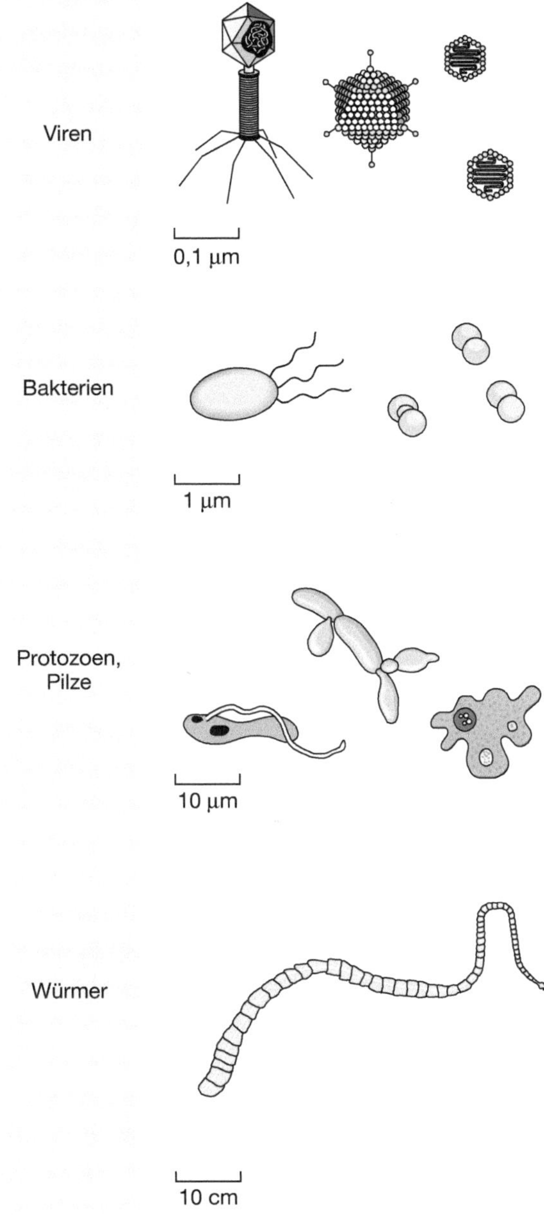

Tab. 1.2 Anzahl von Genen und Genomgrößen einiger Viren, Bakterien und Eukaryoten

Organismus	Anzahl vorhergesagter proteincodierender Gene	Genomgröße
Hantavirus	3	12,2 kb
Herpes-simplex-Virus	74	152 kb
Smallpox	187	186 kb
Escherichia coli (K12)	4377	4,6 Mb
Bacillus subtilis	4221	4,2 Mb
Helicobacter pylori	1589	1,6 Mb
Encephalitozoon cuniculi	1997	2,9 Mb
Giardia lamblia	5012	11,7 Mb
Entamoeba histolytica	9938	24 Mb
Trypanosoma brucei	9068	36 Mb
Leishmania major	8311	32,8 Mb
Cryptosporidium parvum	3807	9,1 Mb
Toxoplasma gondii	8707	63 Mb
Plasmodium falciparum	5268	22,8 Mb
Babesia bovis	3671	8,2 Mb
Theileria parva	4035	8,3 Mb
Schistosoma mansoni	>11.809	363 Mb
Caenorhabditis elegans	21.733	100 Mb
Haemonchus contortus	23.610	320 Mb
Brugia malayi	~11.500	90 Mb
Anopheles gambiae	13.683	278 Mb
Mus musculus	24.174	2,8 Gb
Homo sapiens	~24.000	3,3 Gb

der Parasit eine lange Koevolution durchlaufen hat, in der Regel symptomlos oder -arm. Bei Pferden und Eseln, die neu in das Verbreitungsgebiet eingeführt wurden, führt die Infektion dagegen häufig zum Tod.

Zur schonenden Nutzung der Ressource Wirt gehört die **Regulation der Populationsdichte** von Parasiten, um eine Übervölkerung des Wirtes zu verhindern. Von manchen einzelligen Parasiten (z. B. Plasmodien und Trypanosomen) wird angenommen, dass sie ihre Populationsdichte im Sinne einer optimalen Ausnutzung des Wirtes selbst regulieren, ohne dass bislang die auslösenden Mechanismen und Moleküle identifiziert wurden. Bei Bandwürmern greifen dichteregulierende Mechanismen, die die Anzahl der Würmer oder deren Größe regulieren. Dabei funktionieren diese vermutlich durch Induktion von Immunantworten des Wirtes oder werden durch Moleküle vermittelt, die vom Parasiten selbst sezerniert werden und gegen Artgenossen wirken. Bei manchen Bandwurmarten entwickeln sich deshalb bei Infektionen mit wenigen Würmern hauptsächlich große Würmer, während bei einer Infektion mit vielen Würmern sehr kleine Individuen vorliegen („crowding effect"). Außerdem wurde bei vielen Wurminfektionen nachgewiesen, dass etablierte, adulte Parasiten Immunreaktionen induzieren, die eine Abwehr von Superinfektionen bewirken, ohne dass sie selbst geschädigt werden. Diese **Prämunität** (engl.

„concomitant immunity") schützt vor arteigenen Konkurrenten und schont gleichzeitig den Wirt.

Die für eukaryotische Parasiten typischen chronischen Infektionen sind das Ergebnis einer Balance zwischen schonender Ausbeutung der Wirtsressourcen auf der einen Seite und Parasitenwachstum sowie Reproduktion des Parasiten auf der anderen Seite. Hochpathogene Parasiten, die ihren Wirt sehr schnell töten, können als Art nur überleben, wenn sie während ihrer kurzen Zeit der Wirtsnutzung viele erfolgreiche Nachkommen produzieren. Im Gegensatz dazu können Parasiten, die ihren Wirt wenig beeinträchtigen, ihn längere Zeit nutzen, jedoch führt ihre wenig aggressive Ausbeutung der Wirtsressourcen zu bescheideneren Vermehrungsraten. Zwischen diesen beiden Extremen pendeln sich, abhängig von den Reaktionen beider Partner, mehr oder weniger stabile Parasit-Wirt-Assoziationen ein.

Auch wenn viele Parasiten erstaunlich gut an ihre Wirte angepasst sind, stellt der Befall in der Regel eine erhebliche Beeinträchtigung dar, wie sich z. B. bei einer Untersuchung der genetischen Fitness von Wirten zeigt (Abschn. 1.3). Demzufolge müssen Wirte komplexe Abwehrsysteme entwickeln, wie z. B. angeborene Immunantworten oder das adaptive Immunsystem, die allerdings keinen lückenlosen Schutz bieten können. Wirte sind also **nicht** auf Parasiten angewiesen, sondern versuchen sie abzuwehren. Im Gegensatz dazu benötigen obligate Parasiten ihre Wirte zwingend als Lebensgrundlage und ihre Existenz ist ein Beweis dafür, dass die Wirtsimmunantwort nicht perfekt ist. Die Parasit-Wirt-Beziehung ist also eine **Partnerschaft mit entgegengesetzter Interessenlage**. Wie oben ausgeführt, hat dieser Zwang zur Anpassung an ihren Wirt bei vielen Parasiten zu einer so ausgeprägten Spezialisierung geführt, dass ein Leben mit einer anderen Wirtsspezies nicht mehr möglich ist, geschweige denn eine Existenz als frei lebender Organismus. Den meisten Parasiten ist also der Rückweg abgeschnitten, sie sind auf Gedeih und Verderb auf ihren Wirt angewiesen, was einen sehr hohen Evolutionsdruck bedingt. Dieser Druck hat zur Entwicklung der bewundernswerten evolutionären Leistungen geführt, für die Parasiten bekannt geworden sind, wie z. B. ihre morphologischen und physiologischen Anpassungen, die hohe Reproduktionsleistung, die komplexen Lebenszyklen sowie die gezielten Eingriffe in das Verhalten oder in die Immunantwort ihrer Wirte.

1.2.2 Spezifische morphologische und physiologische Anpassungen

Parasiten haben sich sehr erfolgreich spezialisiert und dabei erstaunliche Leistungen vollbracht. Allerdings sind diese Errungenschaften mit den gängigen Maßstäben meist schlecht zu messen und werden deshalb oft nicht gewürdigt. Nach einer Feststellung von Konrad Lorenz brauchen Parasiten nämlich Eigenschaften, die ihre Wirte entwickelt haben, nicht zu erwerben. Sie müssen also z. B. nicht gut singen, attraktiv aussehen oder erfolgreich Beute greifen können, sondern weisen subtilere Fähigkeiten auf, die bei genauerer Betrachtung aber ebenso beeindruckend sind wie diejenigen ihrer Wirte. Die Antigenvariation der Trypanosomen oder die induzierten Verhaltensänderungen des Zwischenwirtes, die erst den Wirtswechsel des Kleinen Leberegels *Dicrocoelium dendriticum* ermöglichen, verdienen bei genauer Betrachtung die gleiche Bewunderung, die wir den Evolutionsleistungen höherer Organismen zollen. Häufig haben Parasiten von ihren frei lebenden Vorfahren benötigte Eigenschaften aufgegeben, da der Wirt die entsprechenden Aufgaben für sie übernimmt. Man denke z. B. an den Verlust des Darmtraktes bei Bandwürmern, die ihre Nahrung in aufgeschlossener Form über die Oberfläche vom Wirt übernehmen können. Diese **Reduktion von Merkmalen** hat oft zu der Annahme geführt, dass Parasiten primitiver seien als ihre frei lebenden Verwandten. Bei intrazellulären Parasiten haben Genomprojekte tatsächlich gezeigt, dass mit zunehmender Spezialisierung eine Reduktion der Genomgröße und der Anzahl von Genen einhergeht, d. h., gut angepasste Parasiten verlagern mehr und mehr Aufgaben zum Wirt. So können z. B. eigene aufwendige Stoffwechselwege verloren gehen, wenn stattdessen Substanzen vom Wirt genutzt werden können, die dessen Stoffwechselwege produzieren. Andererseits geht eine Reduktion bestimmter Merkmale aber oft einher mit der **Ausbildung neuer Merkmale**. So besitzt der intrazelluläre Parasit *Toxoplasma gondii* eine viel höhere Anzahl von Myosingenen als frei lebende Organismen, was mit seiner hoch spezialisierten Form der Bewegung und Zellinvasion in Zusammenhang gebracht wird.

Viele Parasiten haben im Verlauf der Koevolution mit ihren Wirten Strukturen eingebüßt, die ihre frei lebenden Vorfahren noch benötigten. Je enger und länger anhaltend eine Parasit-Wirt-Assoziation ist, desto ausgeprägter sind die Veränderungen. So weisen temporäre Ektoparasiten in der Regel alle Bewegungsorgane ihrer nichtparasitischen Verwandten auf, während permanente Ektoparasiten z. B. dazu tendieren, Flügel zu reduzieren und Beine entweder zu Klammerorganen umzurüsten oder einzuschmelzen. Als Beispiel für eine solche Entwicklungsreihe können Lausfliegen dienen: Während die Taubenlausfliege *Lynchia maura* durchgehend beflügelt bleibt und deshalb auch als Adulttier den Wirt noch wechselt, wirft die Hirschlausfliege *Lipoptena cervi* ihre Flügel ab, wenn sie einen Wirt gefunden hat. Die Schaflausfliege *Melophagus ovinus* ist stationär, verbringt ihre gesamte Entwicklung auf dem Wirt und wird durch direkten Kontakt übertragen. Sie entwickelt deshalb überhaupt keine Flügel mehr (Abb. 1.12). Ganz ähnlich können mit zunehmender Enge der Assoziation auch die Extremitäten von Arthropoden verändert werden und schließlich weitgehend verloren gehen, wie man an der Haarbalgmilbe *Demodex folliculorum* nachvollziehen kann, die nur stummelartige Extremitäten an ihrem madenförmigen Körper hat.

Das anschaulichste Beispiel für eine extreme Reduktion morphologischer Merkmale ist der parasitische Krebs *Sacculina carcini* aus der Ordnung der Cirripedia (Rankenfußkrebse), der die europäische Strandkrabbe *Carcinus maenas* befällt. Das weibliche Tier besteht aus einem wurzelartigen Geflecht, das den gesamten Körper der Krabbe durchzieht, Nährstoffe aufnimmt und einen Brutsack, die Externa, ausbildet. Dieses sackförmige Organ enthält die Reproduktionsorgane des Parasiten und sitzt anstelle des Eipaketes weiblicher Krebse unter deren Analsegmenten. Die Externa wird von der Wirtskrabbe auch wie ein Eipaket sauber gehalten und mit frischem Atemwasser versorgt (Abb. 1.13). Männliche *Sacculina*-Larven dringen

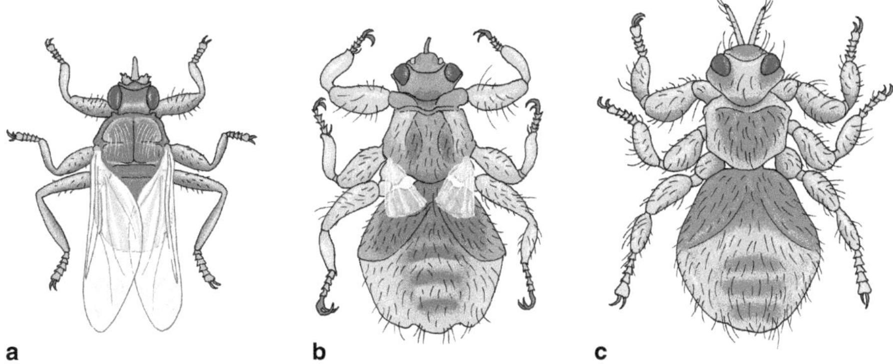

Abb. 1.12 Lausfliegen mit unterschiedlich stark reduzierten Flügeln. **a** *Lynchia maura*, durchgehend flugfähig; **b** *Lipoptena cervi*, wirft Flügel ab, nachdem sie einen Wirt angeflogen hat; **c** *Melophagus ovinus*, flügellos. Kombiniert nach verschiedenen Autoren. (Mit freundlicher Genehmigung von Wiley-VCH)

in die junge Externa ein und wandeln sich im Inneren der Weibchen zu extrem reduzierten Zwergmännchen um (s. auch Abschn. 4.3.2). Im Adultstadium weist *Sacculina* also keinerlei morphologische Merkmale eines frei lebenden Krebses mehr auf. Man hat diese Reduktion als typisch für Parasiten betrachtet und sie mit dem Stichwort „Sacculinisierung" bezeichnet. Wenn man aber den komplexen Lebenszyklus von *Sacculina* betrachtet, begreift man, dass dieses Tier nicht primitiv, sondern hoch spezialisiert ist. Die Lebensweise von *Sacculina* ist die extreme Ausprägung einer Entwicklung, die auch bei anderen Cirripedia zu finden ist (Abb. 1.14). Viele dieser Rankenfußkrebse sitzen an Steinen und anderen Unterlagen fest und strudeln ihre Nahrung ein, wie etwa die Seepocke *Chthamalus stellatus*. Verwandte Arten haben sich auf bewegliche Oberflächen spezialisiert, wie etwa die „Königskrone" *Coronula diadema* auf die Haut von Walen. Andere Cirripedia, z. B. *Anelasma squalicola*, der die Haut von Haien bewohnt, haben sich zu echten Parasiten entwickelt und bilden Ausläufer in das Wirtsgewebe, um damit

Abb. 1.13 Strandkrabbe mit Externa von *Sacculina carcini*. Als einziger von außen sichtbarer Teil dieses extrem reduzierten Rankenfußkrebses ragt der Brutsack unter den Analsegmenten des Krebses hervor. (Foto: M. Grabert, aus Stuttgarter Beiträge zur Naturkunde 1998 mit freundlicher Genehmigung des Herausgebers)

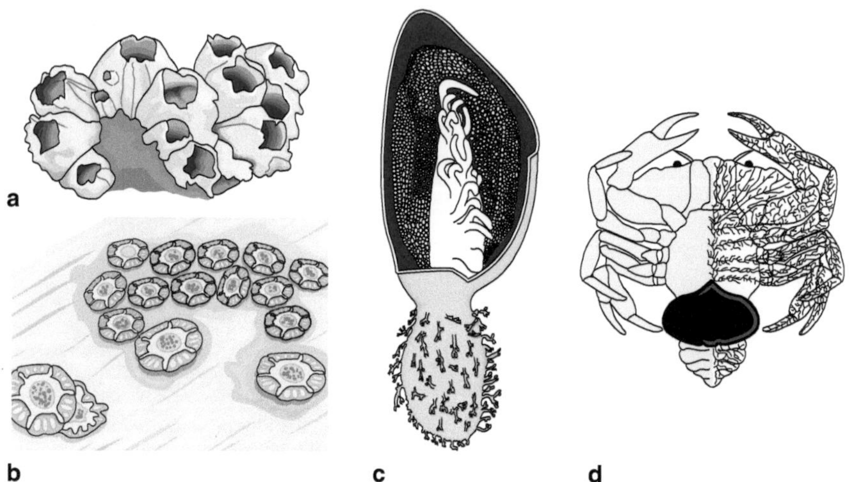

Abb. 1.14 Übergang zum Endoparasitismus bei Rankenfußkrebsen. **a** Seepocke auf fester Unterlage; **b** „Königskrone" auf Walhaut; **c** Haiparasit *Anelasma squalicola* bildet wurzelartige Ausläufer, die in die Wirtshaut hineinreichen und Nährstoffe aufnehmen; **d** das Wurzelgeflecht von *Sacculina carcini* durchzieht den gesamten Körper des Wirtes, unter den Analsegmenten die Externa. (Kombiniert aus verschiedenen Quellen)

Nahrung aufzunehmen. In ähnlichen Schritten dürfte sich die hoch spezialisierte endoparasitische Lebensweise bei *Sacculina* entwickelt haben.

Reduktion von Organen ist allerdings kein ausschließliches Merkmal von Parasiten, sondern tritt auch bei frei lebenden Tieren auf. So ist der Verlust der Beine bei Walen und Schlangen oder der Verlust des Schwanzes bei Menschenaffen mit Evolutionsvorteilen im Zusammenhang mit ihrer spezifischen Lebensweise zu erklären, ebenso wie dies bei Parasiten der Fall ist. Sogar der Darm kann bei frei lebenden Tieren reduziert werden, wie das Beispiel der Pogonophoren zeigt. Diese mit den Eichelwürmern verwandten marinen Röhrenwürmer sind als Teil der Lebensgemeinschaft von Tiefseeschloten bekannt geworden, deren Nahrungsgrundlage chemotrope Bakterien sind. Pogonophoren haben den Darm verloren und nehmen ihre Nahrung über eine Tentakelkrone auf. Reduktion von Merkmalen gibt es also überall im Organismenreich und ist immer zu beobachten, wenn eine einst sinnvolle Struktur aufgrund einer neuen Lebensweise unnützer Ballast geworden ist. Parasiten sind daher nicht weniger komplex als frei lebende Organismen, sondern nur auf eine andere Art komplex.

Tatsächlich haben Parasiten manchmal Merkmale entwickelt, die frei lebenden Verwandten fehlen, z. B. Strukturen, die dem **Festheften oder Festklammern** dienen. Quer durch die Taxa findet man bei vielen Parasiten beeindruckende Haken- und Ankerstrukturen, Haftscheiben und Saugnäpfe, mit denen Parasiten sich an der Oberfläche ihrer Wirte, in Schleimhäuten oder innerhalb von Zellen verankern (Abb. 1.15). Oft wird der gesamte Körper abgeflacht, um möglichst wenig Widerstand zu bieten. Auffällig ist dabei die Bildung analoger Strukturen bei Parasiten

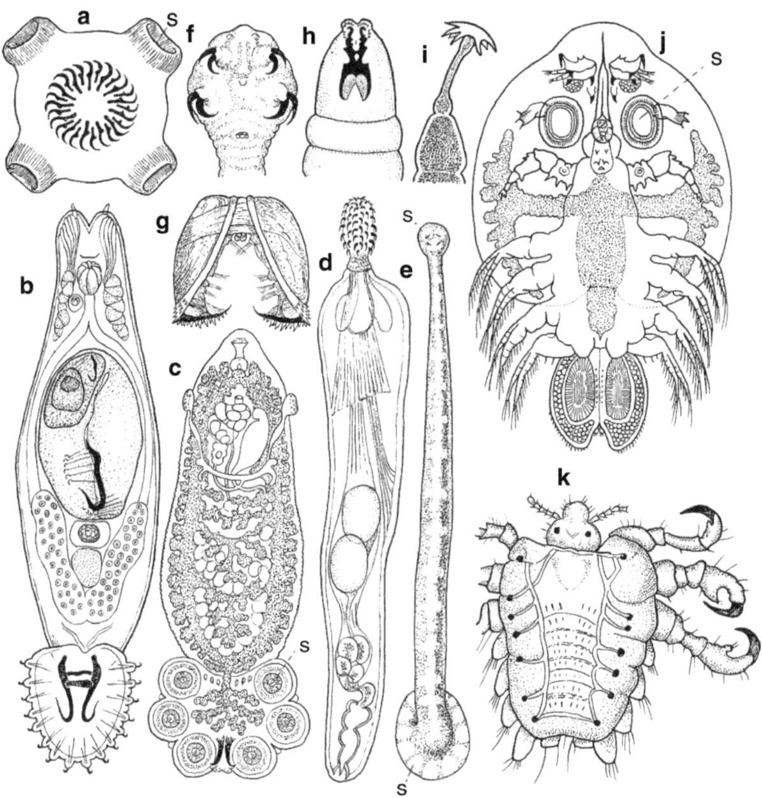

Abb. 1.15 Haft- und Klammerorgane bei Parasiten. **a** Kopf des Schweinebandwurmes *Taenia solium*, von vorn; **b** monogener Trematode *Gyrodactylus elegans*; **c** *Polystomum integerrimum* (Monogenea); **d** Kratzer *Acanthorhynchus*; **e** Fischegel *Piscicola geometrica*; **f** Vorderende des Zungenwurmes *Leiperia gracilis* von der Bauchseite; **g** Larve der Teichmuschel *Anodonta cygnea*; **h** Vorderende der Larve einer Rachenbremse (*Cephenomyia*); **i** Vorderende einer Gregarine (*Stylorhynchus*) aus dem Darm einer Libellenlarve; **j** Karpfenlaus *Argulus foliaceus*, ein Krebstier; **k** Filzlaus des Menschen (*Phthirus pubis*). *s* Saugnapf. (Aus Hesse und Doflein 1943)

ganz unterschiedlicher Taxa. So haben sowohl die „Karpfenlaus" *Argulus*, ein ektoparasitischer Krebs, als auch der einzellige Darmparasit *Giardia lamblia* einen tellerförmig abgeflachten Körper, der von Saugnäpfen bzw. einer Saugscheibe auf der Unterlage festgehalten wird. Eine ganz andere konvergente Entwicklung findet man bei den Klammerbeinen von echten Läusen und „Walläusen", d. h. ektoparasitischen Krebsen von Walen. Auch diese analogen Strukturen reflektieren die Notwendigkeit, sich am Wirtstier zu verankern. Dies sind nur einige Beispiele von deutlicher morphologischer Konvergenz unter nicht verwandten Parasiten, die ähnlichen Herausforderungen gegenüberstehen.

Bei vielen Taxa von Helminthen ist eine weitere Auffälligkeit die **Zunahme der Körpergröße**, manchmal um ein Vielfaches, im Vergleich zu frei lebenden Verwandten. Während z. B. Boden bewohnende Nematoden selten größer werden als wenige mm, erreicht *Placentonema gigantissima*, ein Parasit der Plazenta des Pottwales, eine Größe zwischen 6 und 9 m. Die Nematoden *Dioctophyme renale* aus der Niere des Hundes und der Medinawurm *Dracunculus medinensis* werden bis zu 1 m lang. Bei den Bandwürmern ist der breite Fischbandwurm *Diphyllobothrium latum* mit bis zu 20 m Länge einer der Rekordhalter (Abb. 1.16). In ähnlicher Weise erreicht eine Trematode des Mondfisches *Mola mola* eine Länge von mehr als 10 m und stellt damit frei lebende Plathelminthen bei weitem in den Schatten. Diese evolutive Zunahme der Körpergröße ist bei Helminthen am auffälligsten, tritt aber auch bei Copepoden auf, wo die auf Fischen ektoparasitisch lebenden Taxa um Größenordnungen größer sind als frei lebende Verwandte. Eine solche außergewöhnliche Körpergröße kann nur zustande kommen, wenn Nährstoffe im Überfluss vorhanden sind. Sie wird zurückgeführt auf die Vergrößerung der Gonaden bei Endoparasiten, deren Fortpflanzungsstrategie die **Massenproduktion von Nachwuchs** ist. In seinem Buch *Die Welt der Parasiten* berechnete Günter Osche, dass ein Weibchen des Spulwurms *Ascaris suum* am Tag bis zu 200.000 Eier legt, d. h. ca. 70 Mio./Jahr. Das entspricht dem 1700-fachen des Körpergewichts. Rechnet man diese Proportionen auf den Menschen um, müsste eine Frau von 60 kg Gewicht 102 t Nachwuchs/Jahr produzieren, was ca. 25.000 Babys von 4 kg oder dem Gewicht eines mittelgroßen Blauwals entsprechen würde.

Der Rinderbandwurm *Taenia saginata* produziert in seinem 20-jährigen Leben bis zu 10 Mrd. Eier. Für eine solche Massenproduktion wird ein großer Körper benötigt. Parasiten, die nur wenige Nachkommen erzeugen, sind in der Regel kleiner,

Abb. 1.16 Länge von *Diphyllobothrium latum* im Vergleich zu einer mittelgroßen Frau. (Foto: Archiv des Lehrstuhls für Molekulare Parasitologie, Humboldt-Universität zu Berlin)

wie z. B. die Darmtrichine, bei der die Weibchen maximal 3 mm lang werden und nur bis zu 2500 Larven produzieren. Für die Massenproduktion von Nachkommen ist allerdings nicht die Körpergröße selbst, sondern die Masse der Reproduktionsorgane ausschlaggebend. Dies wird am Beispiel des Nematoden *Sphaerularia bombi* deutlich, der in der Leibeshöhle der Hummel lebt. In dieser geschützten Umgebung wächst der Uterus außerhalb des Weibchens und wird riesig, während der restliche Körper winzig bleibt. Dass die Größe mit der Produktion von Eiern korreliert ist, erklärt auch, dass männliche Würmer oft kleiner sind. Ein bekanntes Beispiel für Zwergmännchen ist der in der Harnblase der Ratte vorkommende Nematode *Trichosomoides crassicauda*, bei dem das winzige Männchen im Uterus des Weibchens festgewachsen ist. Ähnlich ist es bei parasitischen Krebsen, wo die Männchen verglichen mit den Weibchen oft winzig sind und im Grunde als bewegliche Hoden betrachtet werden können.

1.2.3 Flexible Fortpflanzungsstrategien

Parasiten, die einen passenden Wirt gefunden haben, leben üblicherweise in Bezug auf Nahrung für den Rest ihres Lebens im Überfluss. Angesichts der relativen Seltenheit von Wirten und der Schwierigkeit, diese zu infizieren, gelingt es oft allerdings nur einem einzelnen Parasiten, einen Wirt zu befallen. Ein solches Einsiedlerdasein ist im Prinzip wenig problematisch für Einzeller, die sich ungeschlechtlich fortpflanzen können. Für vielzellige Parasiten mit sexueller Fortpflanzung kann das Finden eines Partners jedoch zur Herausforderung werden und die Evolution hat daher verschiedene Lösungen in den unterschiedlichen Taxa gefunden. Bei einigen Helminthen und Arthropoden bleiben zwei Partner, sobald sie sich einmal gefunden haben, für immer zusammen. Bei Schistosomen umschließt der größere männliche Wurm das kleinere Weibchen dauerhaft und befähigt das Paar so zu vielen Befruchtungen. Bei manchen Fischparasiten liegt eine noch engere Partnerschaftsassoziation vor, indem die Partner physisch miteinander verschmelzen, wenn sie sich das erste Mal treffen, z. B. bei dem zu den Monogenea gehörenden *Diplozoon paradoxum*. Manche vielzelligen Parasiten mit geschlechtlicher Vermehrung lösen das Problem der Partnerfindung, indem sie zwittrige, zur Selbstbefruchtung (Selbstung) fähige Adulti ausbilden oder bei Bedarf auf Parthenogenese umschalten. Diese Art der Vermehrung kann zudem zum schnellen Aufbau einer Population beitragen, da nicht in die Produktion von Männchen investiert werden muss, die ja selbst keine Nachkommen hervorbringen.

Als Beispiel für **Zwittrigkeit** seien hier Bandwürmer angeführt. Als protandrische Zwitter entwickeln sich in den jungen proximalen Proglottiden zuerst die männlichen Geschlechtsorgane, während der weibliche Reproduktionsapparat erst in älteren distalen Proglottiden begattungsreif ist. Deshalb kann sich ein einzelner Bandwurm mit sich selbst paaren. Der Fortpflanzungserfolg bei Selbstung und Fremdbefruchtung wurde vergleichend bei *Schistocephalus solidus* untersucht, einem Bandwurm der Ordnung Diphyllobothriidea (s. Abschn. 3.2.3.5), der als Adultus im Darm fischfressender Vögel lebt und zwei Zwischenwirte hat. Die vom

Vogel mit dem Kot abgegebenen Eier enthalten eine Wimperlarve, die im Wasser frei wird und von einem Copepoden (Kleinkrebs) gefressen wird, in dem sich ein Prozerkoid entwickelt. Wird das Krebschen von einem Fisch gefressen, differenziert sich in dessen Leibeshöhle ein Plerozerkoid, das infektiös für Vögel ist. Diese Plerozerkoide sind bereits sehr weit entwickelt und werden nach kurzer Zeit im Vogel geschlechtsreif. Deshalb kann man den Vogeldarm auch durch einen Gazestrumpf ersetzen, der in ein Reagenzglas mit Kulturmedium von 37 °C eingehängt ist. Hier reifen die Bandwürmer heran, paaren sich, produzieren Eier und können beobachtet werden. Dabei zeigt sich, dass Einzelindividuen sich selbst befruchten, paarweise gehaltene Würmer jedoch Fremdbefruchtung bevorzugen. Aus Selbstung hervorgegangene Wimperlarven von *S. solidus* waren im Vergleich mit Parasiten aus Fremdbefruchtung weniger erfolgreich bei der Infektion von Zwischenwirten. Sie erreichten bei Infektionen von Krebschen nur eine niedrigere Prävalenz und Befallsintensität sowie ein geringeres Körpervolumen als Nachkommen, die aus Fremdbefruchtung hervorgegangen waren. Dieser Unterschied zeigt, dass die genetische Qualität bei Selbstung schlechter ist, diese Art der Fortpflanzung aber als Notbehelf dienen kann, um als isolierter Bandwurm in einem Wirt ohne Partner Nachkommen zu erzeugen.

Verschiedene Parasiten können ihre Fortpflanzung durch **Parthenogenese** flexibilisieren, wie z. B. Nematoden der Gattung *Strongyloides*. Diese Parasiten stellen innerhalb der Helminthen eine Ausnahme dar, da sie zur Autoinfektion des Wirtes befähigt sind. Auf diese Weise kann eine sich selbst erneuernde Population im gleichen Wirt persistieren. Der Zwergfadenwurm der Ratte, *Strongyloides ratti*, bewohnt die Mukosa des oberen Dünndarmes und kann seinen Reproduktionsmodus je nach Erfordernissen umschalten von der Produktion parthenogenetischer parasitischer Weibchen auf getrennt geschlechtliche Nematoden. Zu Beginn der Infektionen werden fast ausschließlich parthenogenetische Weibchen gebildet, sodass bei optimalem Nahrungsangebot und geringen Immunantworten viele Nachkommen gebildet werden können. Mit zunehmender Dauer der Infektion steigt der Anteil getrenntgeschlechtlicher Würmer. Als Begründung wird angegeben, dass die zunehmenden Immunantworten jetzt eine größere genetische Flexibilität erfordern. Dies lässt sich durch Behandlung mit immunsupprimierenden Corticosteroiden experimentell untermauern: In immunsupprimierten Ratten produziert *S. ratti* mehr Nachkommen, bei denen der Anteil parthenogenetischer Formen signifikant größer ist als bei unbehandelten Ratten. Dieser Nematode kann also durch Flexibilität seiner Vermehrungsstrategie den Wirt optimal ausnutzen.

Ungeschlechtliche Vermehrung ist ebenfalls eine häufige Fortpflanzungsstrategie von Parasiten. Sie überwiegt bei vielen Einzellern und führt zu einer Vielzahl von Nachkommen. Zum Beispiel kann die Infektion mit einigen wenigen Sporozoiten von *Plasmodium falciparum*, dem Auslöser der Malaria tropica, zur Entwicklung von 10^{11} Merozoitenstadien führen. Bei anderen Einzellern wurde asexuelle Fortpflanzung als einziger Weg der Reproduktion angesehen, jedoch hat die Entdeckung von meioseassoziierten Genen bei einigen dieser Protozoen diese Sichtweise verändert. Asexuelle Reproduktion ist nicht nur auf Einzeller reduziert. Bei vielen Plathelminthen wird sie genutzt, um die Zahl der Nachkommen im Zwischenwirt zu erhöhen, eventuell als Anpassung auf den großen Verlust, der durch die Übertragungsschritte in komplexen Lebenszyklen zustande kommt. So hat man für *Schistosoma mansoni* berechnet, dass durch ungeschlechtliche Vermehrungsschritte in der Zwischenwirtsschnecke aus einem Mirazidium 40.000 Zerkarien hervorgehen können. Bei manchen Bandwürmern weisen die Metazestoden die Fähigkeit zur ungeschlechtlichen Vermehrung auf, wie z. B. beim Fuchsbandwurm *Echinococcus multilocularis*, in dessen Larvenmasse mehrere Tausend Kopfanlagen entstehen können (s. Abschn. 3.2.3.7.8). Jede dieser Kopfanlagen bildet im Darm eines Fuchses, der eine infizierte Feldmaus frisst, einen sehr kleinen und relativ kurzlebigen Bandwurm aus. In diesem Fall hat ein Parasit also einen bedeutenden Anteil der Vermehrung in die ungeschlechtliche Phase im Zwischenwirt verlagert.

1.2.4 Kontrollfragen zum Verständnis

1. Welchen Einfluss hat die Genomgröße auf das Fortpflanzungsverhalten von Parasiten?
2. Mit welchen Mechanismen regulieren Wirte die Populationsdichte von Parasiten?
3. Nennen Sie Beispiele für eine Reduktion von morphologischen Strukturen bei Parasiten.
4. Weshalb wird *Sacculina carcini* als ein extrem reduzierter Parasit angesehen?
5. Welche Möglichkeit eröffnet die Zunahme der Körpergröße bei parasitischen Würmern?
6. Welchen Nachteil hat Parthenogenese?

1.3 Belastung von Wirtsindividuen und -populationen durch Parasiten

Viele Ökologen glauben noch immer, dass die Größe von Tierpopulationen hauptsächlich durch Nahrungsangebot, Konkurrenz, Prädatoren und abiotische Faktoren bestimmt wird. Sie tendieren dazu, Parasiten als unwichtig zu betrachten, da nach landläufiger Meinung Parasiten, die sehr gut an ihre Wirte angepasst sind, nur wenig pathogen sind und damit für den Wirt keine allzu große Belastung darstellen. Das Gegenteil ist der Fall, wie durch aktuelle Forschungen überzeugend nachgewiesen werden konnte. Selbst Parasitosen mit geringer Mortalität und Morbidität, wie z. B. Flohbefall und Nematodeninfektionen, können einen massiven Einfluss auf den Wirt und seinen Reproduktionserfolg haben und damit sogar die Struktur von Wirtspopulationen beeinflussen. Erst wenn man das Ausmaß dieser Belastung erkennt, kann man den Evolutionsdruck nachvollziehen, den Parasiten auf ihre Wirte ausüben und kann damit auch die Vorgänge der Koevolution von Parasiten und Wirten verstehen.

Die Auswirkung einer Parasitose variiert in Abhängigkeit von der jeweiligen Parasitenart und der Befallsintensität. Sie wird ganz wesentlich durch die Empfänglichkeit der Wirtsart, die genetisch bedingte Prädisposition eines Wirtsindividuums und seine augenblickliche Reaktionslage bestimmt. Während manche Parasitosen, wie z. B. die Schlafkrankheit des Menschen (ausgelöst durch *Trypanosoma brucei*), eine überaus hohe Mortalität zur Folge haben können, beeinträchtigt der Befall mit anderen Parasiten den Wirt in der Regel so wenig, dass er unbemerkt bleibt. So beherbergen ca. 30 % aller Menschen in ihrer Haut Haarbalgmilben (*Demodex folliculorum*), die kaum je wahrgenommen werden. Bei derartigen Unterschieden lassen sich nur schwer allgemeingültige Aussagen zur Schadwirkung von Parasiten ableiten. Hier soll deshalb anhand einiger Beispiele dargestellt werden, wie Parasiten die Leistungsfähigkeit ihrer Wirte und deren Nachkommen beeinträchtigen und damit auch gesamte Populationen beeinflussen.

In einer Serie von Untersuchungen hat die Arbeitsgruppe von H. Richner aus Bern beispielhaft die Auswirkungen eines Befalls von Kohlmeisen mit dem Vogelfloh *Ceratophyllus gallinae* dargestellt. Kohlmeisen eignen sich für diese Untersuchungen besonders gut, da diese Höhlenbrüter häufig von Flöhen geplagt werden und ihre Gelegegröße leicht manipulierbar ist. Unter natürlichen Bedingungen variiert die Anzahl der Eier zwischen 6 und 12 und es können leicht Eier entfernt oder zugefügt werden. Zudem nehmen die Meisen gern künstliche Nisthöhlen an, die man in einem Mikrowellengerät komplett entflohen kann, um sie dann experimentell mit einer definierten Anzahl von Flöhen neu zu besetzen.

Die Auswirkungen eines Befalls mit Ektoparasiten werden meist als relativ gering eingeschätzt. Bereits das Verhalten von Meisen, die auf der Suche nach Nisthöhlen sind, zeigt jedoch, dass der Flohbefall einer Nisthöhle deren Attraktivität deutlich herabsetzt. Bei stark verflohten Nisthöhlen umgeben im Frühjahr wartende Flöhe die Einflugöffnung bereits als dunkler Ring, um ihre Wirte sofort anfallen zu können. Meisen, die auf der Suche nach Nistgelegenheiten sind, versuchen solche Nistkästen zu meiden. Zwingt die Knappheit an Nistplätzen sie dennoch, solche verflohten Höhlen anzunehmen, haben ihre Jungen signifikant weniger rote Blutkörperchen, sind magerer und ihre Sterblichkeit liegt höher als beim Nachwuchs aus Nestern ohne Flohbefall (Abb. 1.17). Dabei ist die Sterblichkeit der Jungmeisen kurz vor dem Flüggewerden am höchsten. Interessanterweise kompensiert das Meisenweibchen die hohe Sterblichkeit der Jungen, indem es durchschnittlich ein zusätzliches Ei legt. Aus einem verflohten Nest fliegt aber trotzdem durchschnittlich ein Jungvogel weniger aus als aus einem Kontrollnest. Bei infizierten Nestern liegt der Bruterfolg (gemessen an der Anzahl flügger Junger) nur bei 53 %, während er bei Kontrollnestern 83 % erreicht. Ein Meisenpärchen, das eine verflohte Nisthöhle annimmt, hat demnach trotz des erhöhten Aufwandes signifikant weniger Nachkommen, d. h., der Befall mit den meist für relativ harmlos gehaltenen Ektoparasiten setzt die genetische Fitness ihrer Wirte deutlich herab.

Aber auch die Elterntiere leiden unter dem Flohbefall und seinen Folgen. In den publizierten Experimenten wurden indirekte Effekte untersucht, indem man Meisenweibchen experimentell dazu brachte, ein zusätzliches Ei zu legen, wie dies bei Nutzung von verflohten Nisthöhlen geschieht. Der zusätzliche Stress führte bei den Meisenweibchen zu einem Anstieg der Prävalenz von Vogelmalaria von 20 auf 50 %. Auch bei männlichen Meisen wurde gezeigt, dass bei einer künstlichen Ver-

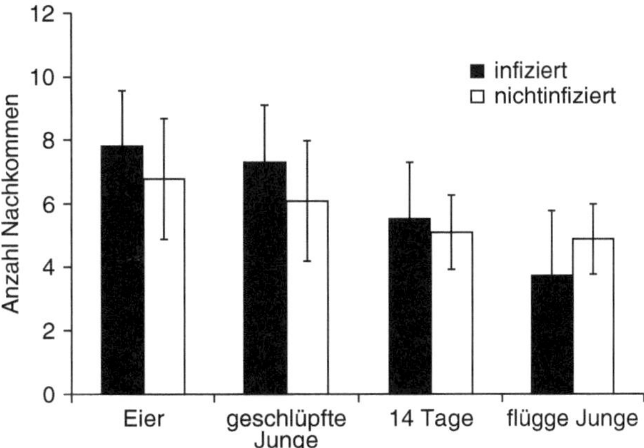

Abb. 1.17 Fortpflanzungserfolg von Kohlmeisen aus Nestern, die mit *Ceratophyllus gallinae* infiziert bzw. nichtinfiziert sind. (Nach Daten aus Richner et al. 1993)

größerung der Brut die zusätzlichen Anstrengungen der Brutpflege zu einem Hochschnellen der Prävalenz von Vogelmalaria führte. Waren zwei zusätzliche Junge zu versorgen, waren 80 % der Meisenmännchen aus verflohten Nisthöhlen mit Plasmodien infiziert, während nur 40 % der Tiere aus infektionsfreien Nistkästen infiziert waren. Außerdem schienen nur wenige der Männchen, die in verflohten Nistkästen brüteten, bis zum Folgejahr zu überleben und erlebten damit keine zweite Brutsaison, wie dies bei Kohlmeisen häufig der Fall ist. Diese Experimente zeigen, dass selbst Ektoparasiten, die man üblicherweise für relativ harmlos hält, die Chancen auf Reproduktion ihrer Wirte drastisch vermindern können. Dass es sich bei den schweizerischen Kohlmeisen nicht um Ausnahmen handelt, zeigen ähnliche Experimente mit Rauchschwalben und anderen Vögeln.

Die oben dargestellten Versuche zeigen den Effekt einer Parasitierung auf der Ebene von Individuen, beeindruckend sind jedoch auch die Auswirkungen auf der Ebene von Populationen. Ein berühmtes Experiment zu dieser Frage wurde mit Schottischen Moorschneehühnern (*Lagopus lagopus scoticus*) durchgeführt, die in Bergheiden des schottischen Hochlandes verbreitet sind (Abb. 1.18). Die Jagd auf die *Red Grouse* ist ein beliebtes gesellschaftliches Ereignis, das schottische Grundbesitzer seit jeher zelebrieren und an dem sie im Rahmen des Jagdtourismus gut verdienen können. Allerdings kann die Populationsdichte der Schneehühner erheblich variieren, sodass in manchen Jahren die Jagd ziemlich aussichtslos ist. Eine langfristige Untersuchung von 175 Populationen von Moorschneehühnern in verschiedenen Regionen Schottlands zeigte, dass sich bei 77 % der Populationen die Dichte periodisch veränderte, wobei die Länge der Perioden zwischen 4 und 8 Jahren variierte (Abb. 1.19a). Dabei war die Populationsdichte der Schneehühner negativ korreliert mit dem Befall durch den Blinddarmnematoden *Trichostrongylus tenuis*. Dieser Parasit ist monoxen, sodass die Übertragung wesentlich von der Befallsdichte der Vogelpopulation abhängt. Von entscheidendem Einfluss war die Parasitenbürde der adulten Vögel: Starker Wurmbefall, wie er in dichten Wirtspopulationen dank guter Übertragungsbedingungen zustande kommt, führte zu hoher Sterblichkeit der Jungvögel. Offensichtlich erreichte die Intensität des Befalls mit

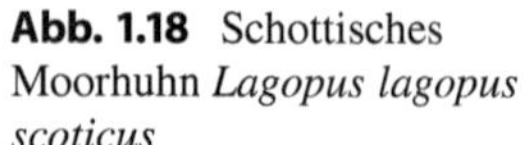

Abb. 1.18 Schottisches Moorhuhn *Lagopus lagopus scoticus*

T. tenuis dann einen Wert, bei dem die Fitness der Vögel so stark reduziert war, dass die Population zusammenbrach.

Um diese Zusammenhänge experimentell zu überprüfen, wurden bei 6 exemplarischen Schneehuhnpopulationen adulte Tiere vor der Brutzeit mit Netzen gefangen und durch Verabreichung eines Medikamentes entwurmt. Man erreichte hier zwischen 15 und 50 % der Tiere. Aber auch dieser begrenzte Eingriff erbrachte erstaunliche Ergebnisse, indem die Entwurmung eines Teils der Tiere den Zusammenbruch der Populationen verhinderte (Abb. 1.19b). Eine mathematische Modellierung ergab, dass eine einmalige jährliche Entwurmung von >20 % der Tiere ausreichte, um Populationseinbrüche zu verhindern und eine relativ hohe Populationsdichte zu gewährleisten (Abb. 1.19c). Es scheint also einen kritischen Schwellenwert zu geben, dessen Überschreitung zur Instabilität der Wirtstierpopulation führt. Damit wird klar, dass in diesem Wirt-Parasit-System in der gegebenen modellhaften Situation der Parasit die Dichte der Wirtspopulation regulierte. Eine vergleichbare Periodizität findet sich auch bei Populationen mancher Insekten, die hohe Dichten erreichen, dann aber nach dem Auftreten von Parasitoiden zusammenbrechen. Diese durch Parasiten bedingte Populationsregulation ähnelt den Verhältnissen in Räuber-Beute-Systemen, wo nach den Beobachtungen von Lotka und Volterra aus den 1920er-Jahren die Dichte von Beutetieren ganz wesentlich durch Prädatoren bestimmt werden kann.

Bei Populationsregulationen durch Parasiten findet man die oben gezeigte ausgeprägte Periodizität allerdings nur selten. Dies liegt unter anderem am Einfluss verschleiernder Faktoren, wie die Rolle von Zwischenwirten, Klima, Vegetation oder menschlichen Eingriffen. Insgesamt kann die Dichteregulation durch Parasiten und andere Pathogene aber eine wichtige Rolle spielen. Dabei ist bemerkenswert, dass unter Umständen relativ geringfügige Veränderungen unproportional stark erscheinende Folgen für die Balance haben können. Diese Erkenntnis ist wichtig für die Konzeption von Kontrollprogrammen: Wenn es gelingt, die Prävalenz eines Pa-

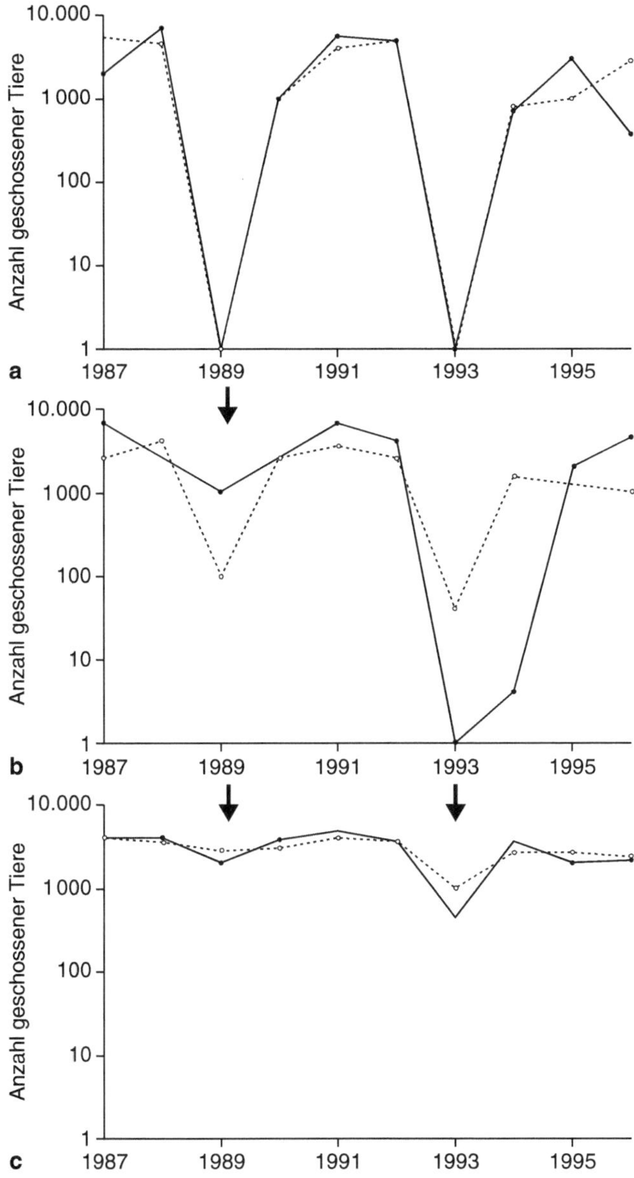

Abb. 1.19 Fluktuation der Population von schottischen Moorhühnern aufgrund von Befall mit dem Darmnematoden *Trichostrongylus tenuis*. Entwurmung (*Pfeil*) eines Teils der Tiere verhindert Populationseinbrüche. **a** Verlauf bei zwei Kontrollpopulationen; **b** Verlauf bei zwei Populationen nach einmaliger Behandlung; **c** Verlauf bei zwei Populationen nach zweimaliger Behandlung. (Aus Hudson et al. 1998, mit freundlicher Genehmigung des Verlages)

rasiten unter eine bestimmte Schwelle zu drücken und damit die Transmission zu verringern, kann unter Umständen mit relativ wenig Aufwand ein erheblicher Rückgang der Parasitose oder sogar eine Tilgung erzielt werden.

Angesichts des oben dargestellten starken Einflusses von Parasiteninfektionen auf die Fitness von Wirten verwundert es nicht, dass der Verlust eines Parasiten einen massiven Vorteil für eine Population darstellen kann. Eingeschleppte Wirtsarten bringen oft weniger Parasiten mit als sie in ihrem ursprünglichen Herkunftsgebiet beherbergen. So wird der nach Nordamerika eingeschleppte Haussperling von nur 35 Ektoparasitenarten infiziert anstelle von 69 Arten in seinem Herkunftsgebiet Europa. Wegen dieses Fitnessgewinns sind Neozoen oft erfolgreicher als in ihrem ursprünglichen Herkunftsgebiet und können sich rasch ausbreiten. Ein eindrucksvolles Beispiel dafür liefert die Europäische Strandkrabbe *Carcinus maenas*, die sich ausgehend von ihrem Verbreitungsgebiet an Nordsee- und Atlantikküste global ausgebreitet hat. In Europa begrenzen vor allem der kastrierende parasitische Rankenfußkrebs *Sacculina carcini* und die feminisierende parasitische Assel *Portunion maenada* Wachstum und Ausbreitung der Strandkrabbe. Diese Parasiten treten in den neuen Verbreitungsgebieten nicht auf und bisher sind dort einheimische parasitische Krebse nicht auf *C. maenas* übergegangen. Auch bestimmte Trematoden, Zestoden und Acanthocephalen, deren Larven *C. maenas* als Zwischenwirt nutzen, entfallen in den neuen Verbreitungsgebieten ebenso wie Copepoden und Schnurwürmer (Nemertini), die von den Eiern der Strandkrabbe leben. Der Verlust dieser diversen Parasitenfauna wird als Grund dafür angesehen, dass die Strandkrabbe in neuen Verbreitungsgebieten bis zu 30 % größer wird als in Europa, sich erfolgreich ausbreitet und in manchen Gebieten einheimische Arten verdrängt (Abb. 1.20).

Umgekehrt kann die Einschleppung eines Parasiten Wirtspopulationen bedrohen, die ihm bisher nicht ausgesetzt waren. Die Milbe *Varroa destructor* war ursprünglich ein Ektoparasit der östlichen Honigbiene *Apis cerana*, die relativ resistent gegen den

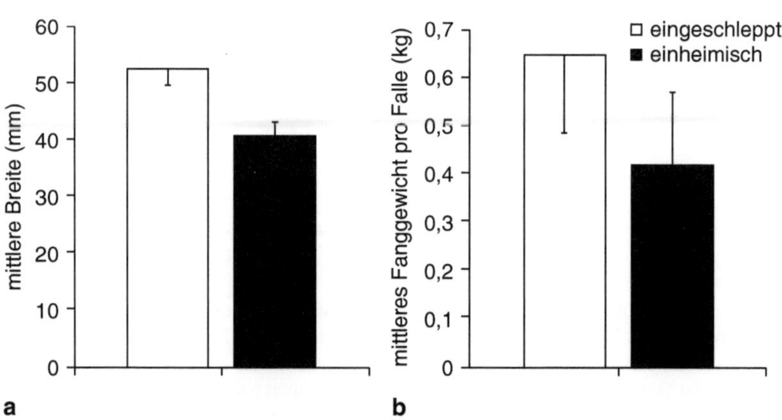

Abb. 1.20 Entwicklung von Strandkrabben mit oder ohne Parasitenbelastung. **a** Breite des Panzers; **b** mittleres Fanggewicht/Falle. (Aus Torchin et al. 2001, mit freundlicher Genehmigung des Herausgebers)

Befall ist. Mit asiatischen Bienen in den 1970er-Jahren nach Europa eingeschleppt, breitete *V. destructor* sich rasch in den Populationen der hoch empfänglichen Westlichen Honigbiene *Apis mellifera* aus. Die Milben saugen an Bienenlarven, beeinträchtigen deren Entwicklung und übertragen außerdem unter anderem Viren wie das Deformed-Wing-Virus, den Auslöser einer bedeutenden Bienenkrankheit. Ein wesentlicher Unterschied in der Schädigung des Wirtes beruht darauf, dass *V. destructor* sich bei *A. cerana* fast ausschließlich auf männliche Bienenlarven beschränkt und sich auf weiblicher Bienenbrut (Arbeiterinnen) nicht entwickeln kann. Deshalb erreicht die Milbe auf *A. cerana* niemals hohe Populationsdichten. Im Gegensatz dazu haben die sich entwickelnden Arbeiterinnen von *A. mellifera* keine Resistenz gegen *V. destructor*, sodass die gesamte Brut befallen werden kann und der Stock ausstirbt. Allerdings hat sich gezeigt, dass sich in Populationen westlicher Honigbienen, die der Milbe lange Zeit ausgesetzt sind, resistente Genotypen herausselektieren können. Ein eindrucksvolles Beispiel sind die „Primorsky-Bienen", d. h. Honigbienen, die von europäischen Siedlern in der Mitte des 19. Jahrhunderts in fernöstliche Gebiete Russlands eingeführt wurden. Diese Bienenpopulationen erwarben Resistenzen gegen *V. destructor*, sodass die Entwicklung der Varroatose in Stöcken dieser angepassten Bienen weniger gravierend verläuft als bei empfänglichen Bienen (Abb. 1.21). Heute laufen in den USA Versuche, Primorsky-Bienen als Ausgangsmaterial zur Züchtung *Varroa*-resistenter Hochleistungsstämme zu verwenden.

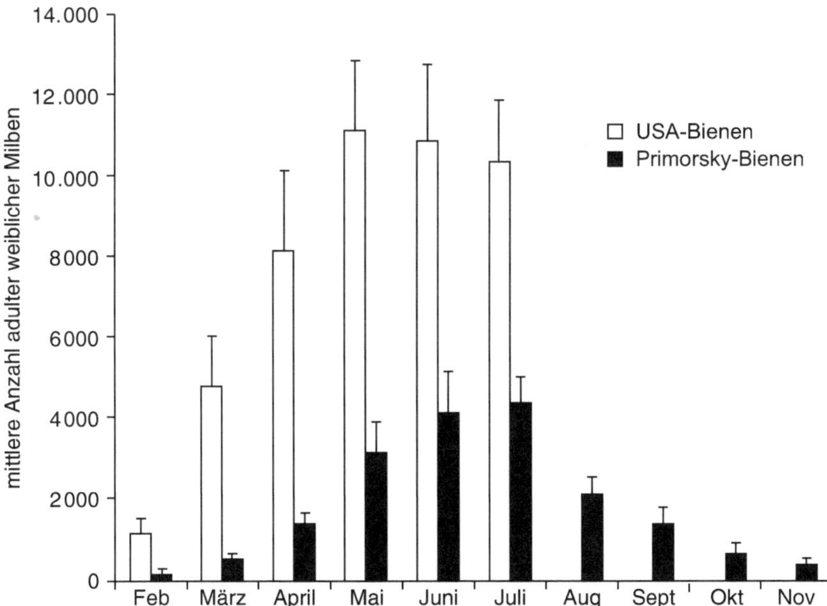

Abb. 1.21 Befall mit *Varroa destructor* bei Bienenvölkern unterschiedlicher Empfänglichkeit. *Weiße Balken*: amerikanische Landbiene; *schwarze Balken*: Primorsky-Biene. (Nach Daten aus Rinderer et al. 2001, mit freundlicher Genehmigung des Verlages)

Eine neue Parasit-Wirt-Assoziation liegt auch beim Aalnematoden *Anguillicola crassus* (Ordnung Spirurida) vor, der in den frühen 1980er-Jahren aus Asien nach Europa eingeschleppt wurde, sich sehr schnell ausgebreitet hat und in den letzten Jahrzehnten die Populationen des Europäischen Aals *Anguilla anguilla* bedroht (Abb. 1.22). Von dort wurde der Parasit in die USA eingeschleppt, wo er den amerikanischen Aal *Anguilla rostrata* infiziert. *A. crassus* ist ursprünglich ein Parasit des japanischen Aals *Anguilla japonicum*, in dessen Schwimmblase er als Adultus lebt. Der Lebenszyklus von *A. crassus* schließt als Zwischenwirt Copepoden und darüber hinaus fakultative Stapelwirte ein. In einer experimentellen Studie beherbergten japanische Aale nach einer Infektion mit einer standardisierten Dosis von Infektionslarven im Durchschnitt 7,5 Würmer mit einem mittleren Trockengewicht von je 11,8 mg. Die europäischen Aale beherbergten im Durchschnitt dagegen wesentlich mehr und deutlich größere Würmer, nämlich 24 Nematoden mit einem mittleren Gewicht von je 98,3 mg, ein Beleg für die wesentlich besseren Entwicklungsbedingungen im neuen Wirt. Im europäischen Aal ist auch die Pathogenität der Infektion wesentlich stärker, sodass der Befall mit *A. crassus* als ein Faktor angesehen wird, der für den drastischen Rückgang unserer Aalpopulationen verantwortlich ist. Besonders bei der Wanderung in die Laichgebiete in der Sargassosee dürfte die Schwimmblase als Druckausgleichsorgan lebenswichtig sein, da die Tiere Strömungen in sehr unterschiedlichen Wassertiefen nutzen müssen. Für parasitierte Aale mit defekter Schwimmblase dürfte diese Wanderung kaum möglich sein. Interessant an der Bedrohung durch einen asiatischen Parasiten ist die Tatsache, dass die Radiation des Aals von Asien aus erfolgte. Der europäische Aal hat sich von seiner asiatischen Stammart abgespalten und westliche Verbreitungsgebiete besiedelt. Bei dieser Ausbreitung hat er vermutlich seinen Nematodenparasiten verloren. Mit erheblicher Verspätung hat jetzt *A. crassus* seinen Wirt wieder einge-

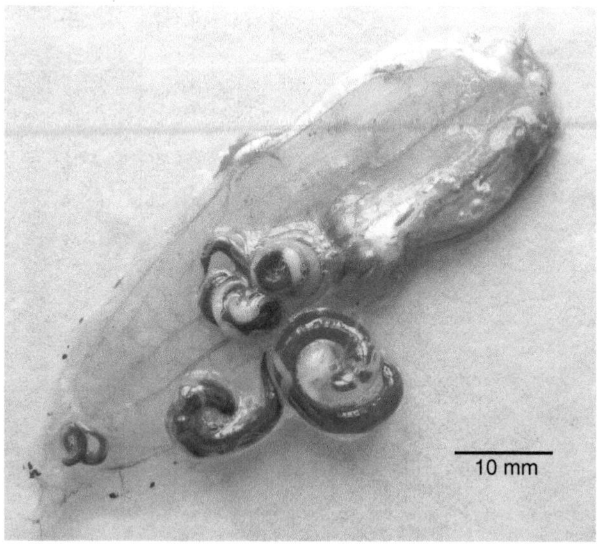

Abb. 1.22 *Anguillicola crassus* in der Schwimmblase eines Europäischen Aals (*Anguilla anguilla*). (Foto: Klaus Knopf)

holt und bedroht dessen Populationen, da die Aale in der Zwischenzeit ihre relative Resistenz gegen diesen Nematoden weitgehend eingebüßt haben.

1.3.1 Kontrollfragen zum Verständnis

1. Welchen Einfluss hat Flohbefall auf die Fitness von Höhlenbrütern?
2. Weshalb brechen Moorschneehuhnpopulationen in Schottland regelmäßig zusammen?
3. Weshalb haben eingeschleppte Tierarten u. U. einen Überlebensvorteil gegenüber einheimischen Arten?
4. Weshalb ist *Anguillicola crassus* bedrohlich für europäische Aale?

1.4 Parasit-Wirt-Koevolution

1.4.1 Grundzüge der Koevolution von Parasiten und Wirten

Der Begriff **Koevolution** beschreibt die Evolution artverschiedener Organismen, die in enger Gemeinschaft leben und sich gegenseitig beeinflussen. Die Evolution einer Art findet nicht isoliert statt, sondern vollzieht sich gemeinsam mit anderen Arten innerhalb von Ökosystemen. Man stelle sich einen Laubwald oder ein Korallenriff vor: In einem solchen Biotop leben Pflanzen, Tiere, Einzeller, Pilze und Bakterien nicht nur nebeneinander, sondern sie interagieren und beeinflussen sich gegenseitig. Manche dieser Arten sind besonders eng miteinander verbunden, wie z. B. Parasit und Wirt, sodass die Evolution des einen den anderen sehr stark beeinflusst und umgekehrt.

Ein oft verwendetes Beispiel für Koevolution ist die gemeinsame Entwicklung von Blütenpflanzen mit ihren Bestäubern, die zu außerordentlich spezialisierten reziproken Anpassungen geführt hat. So haben bestimmte Pflanzen Blütenformen ausgebildet, die nur ganz bestimmten Bestäubern Zutritt erlauben. Wenn diese Bestäuber sich ihrerseits auf Nahrungssuche an eben dieser Pflanze spezialisieren, resultiert eine effiziente, spezifische Bestäubung. Von der Partnerschaft profitieren beide Seiten (auch wenn über das genaue Ausmaß der gegenseitigen Dienste ein Konflikt bestehen kann), sodass eine mutualistische Beziehung vorliegt. Zwischen Parasit und Wirt besteht dagegen eine **antagonistische Beziehung**, da der Vorteil vor allem aufseiten des Parasiten liegt, während der Wirt versucht, den Parasiten auszuschalten. Durch den Antagonismus der koevolutionären Beziehung entsteht ein einzigartiger Selektionsdruck, der Parasit und Wirt nachhaltig prägt und den Parasiten zu extremer Spezialisierung zwingt. Eine solche extreme Spezialisierung ist in Parasit-Wirt-Beziehungen nicht die Ausnahme, sondern eher die Regel. Allerdings muss gesagt werden, dass auch „Generalisten", d. h. Parasiten mit sehr breitem Wirtsspektrum, sehr erfolgreich sein können, wie z. B. die sich ungeschlechtlich vermehrenden Stadien von *Toxoplasma gondii*.

Ein entscheidender Unterschied zwischen frei lebenden und parasitischen Organismen mit hoher Wirtsspezifität besteht in der Tatsache, dass die Evolution von

Parasiten sich nicht in einer vielschichtigen Umwelt vollzieht, die aufgrund der Vielzahl von Partnern und deren Interaktionen relativ stabil ist. So kann eine Population von Luchsen, die auf Schneehasen als Beute spezialisiert ist, auf Schneehühner oder andere Beutetiere ausweichen, wenn die Hasenpopulation dezimiert ist. Im Gegensatz dazu ist die Umwelt vieler Parasiten sehr einseitig, da die meisten Schmarotzer auf wenige oder oft nur eine einzige Wirtsart spezialisiert sind. Ein Ausweichen auf eine andere Wirtsart ist für diese hoch spezialisierten Schmarotzer – zumindest kurzfristig – nicht möglich; deshalb sind solche Parasiten auf Gedeih und Verderb zur Anpassung an ihren Wirt gezwungen. Hinzu kommt, dass sie ihren Wirt belasten und damit indirekt zwingen, Abwehrreaktionen zu entwickeln. Diesen Reaktionen können sie nur durch „Erfindung" neuer Ausweichstrategien entkommen. In der Parasit-Wirt-Beziehung üben also evolutionäre Veränderungen eines Partners einen Selektionsdruck auf den anderen Partner aus. Dieser **reziproke Selektionsdruck** treibt das evolutionäre Wettrüsten zwischen beiden Antagonisten an, was dazu führt, dass die unter Selektionsdruck stehenden Merkmale von Pathogenen sich mit sehr großer Geschwindigkeit verändern. Zusammen mit dem hohen Reproduktionspotenzial bewirkt der reziproke Selektionsdruck, dass Parasiten zu den Organismen mit der höchsten Evolutionsgeschwindigkeit gehören.

Ein wichtiger Aspekt bei der Betrachtung der Koevolution in der antagonistischen Parasit-Wirt-Beziehung besteht in der Tatsache, dass der hier bestehende Selektionsdruck sich für beide Gegner aus mehreren Quellen speist:

- Einerseits unterliegen Parasiten einem **Selektionsdruck durch Abwehrmechanismen des Wirtes**. Eine wahrscheinliche Reaktion ist die Entwicklung von Evasionsmechanismen im Verlauf der Evolution, welche die Abwehr des Wirtes unwirksam machen, unterlaufen oder beeinflussen. Der Wirt hingegen ist einem **Selektionsdruck durch Pathogenität des Parasiten** ausgesetzt, auf den er reagieren muss, z. B. mit der Entwicklung neuer Abwehrmechanismen.
- Andererseits unterliegen Parasiten und Wirte aber auch, wie jeder Organismus, dem **Evolutionsdruck durch intraspezifische Konkurrenten**, die um dieselbe ökologische Nische und um Sexualpartner konkurrieren. Zusätzlich wird ein **Evolutionsdruck auch durch interspezifische Konkurrenten, Prädatoren und Umweltfaktoren** ausgeübt.

Die Kombination von Evolutionsdruck durch den Gegner und durch Kompetition mit Konkurrenten hat weitreichende Auswirkungen: Selbst geringe Nachteile, die durch den Gegner verursacht werden, werfen den Organismus im Wettrennen mit seinen Konkurrenten zurück und haben dadurch ggf. einen weitaus stärkeren Effekt auf die Fitness, als wenn sie allein wirken würden.

In der Koevolution treibt die ständige Bedrohung, Fitnessnachteile durch den Gegner zu erleiden, sowohl den Parasiten als auch den Wirt dazu an, sich permanent und schnell zu verändern. Dies ist ein aktiver Prozess, da jeder der Gegner den anderen zur Reaktion zwingt, die ihrerseits wieder zu einer Gegenreaktion führt. Eigenschaften, die dem Gegner eine Achillesferse bieten, müssen dabei verändert werden. Aus Sicht des Parasiten ist z. B. überlebensnotwendig, als Reaktion auf den Wirt eine Oberflächenstruktur zu verändern, die von Antikörpern des Wirtes erkannt wird und dadurch eine Einleitung von Immunantworten erlaubt. Es können nur diejenigen Parasiten überleben, die ihre Oberfläche verändert haben. Aus Sicht des Wirtes erfolgt eine Reaktion auf den Parasiten, indem er einen neuen Abwehrmechanismus „erfindet", um den Parasiten trotz seiner neuen Oberflächenstruktur angreifen zu können. Sowohl der Parasit als auch der Wirt befinden sich also in einem evolutionären Wettrennen, bei dem keine Seite einen dauerhaften Vorteil erringt. Sie sind sozusagen in ständiger Bewegung, ohne dabei ihr ausbalanciertes Gleichgewicht wesentlich zu verändern. Würde eine Seite aber in ihren Bemühungen nachlassen, würde der Gegner die Oberhand gewinnen. Man beschreibt diese Situation mit der **Red-Queen-Hypothese** nach einem Zitat aus Lewis Carrols Klassiker *Alice hinter den Spiegeln*, in dem die Rote Königin zu Alice sagt, dass man sehr schnell laufen müsse, um angesichts einer sich sehr schnell verändernden Umgebung auf der Stelle zu bleiben. Aufgrund dieser Dynamik gilt die Koevolution von Parasiten und Wirten als eines der am schnellsten ablaufenden evolutionären Wettrennen.

Die Bedeutung der Parasit-Wirt-Beziehung hat für die beiden Gegner allerdings eine unterschiedliche Dimension: Parasiten sind vollkommen von ihrem Wirt abhängig und können ohne ihn nicht existieren, sodass sie sich keine Fehler leisten können. Ein einmaliger Fehlschlag z. B. eines Invasionsversuches oder das Versagen eines Schutzes gegen Immunmechanismen führt in der Regel zum Tod des Parasiten. Im Gegensatz dazu bedeutet für den Wirt das einmalige Versagen der Abwehr eines Infektionsstadiums eines Parasiten nicht notwendigerweise den Tod, sondern meist nur eine graduelle Minderung seiner Fitness. Richard Dawkins hat in seinem Buch *Das egoistische Gen* diesen Unterschied als das **Life/dinner-Prinzip** bezeichnet und vergleicht die Situation (nicht ganz treffend) mit der Beziehung zwischen Hase und Fuchs: Während der Hase bei einmaligem Fehlschlag seiner Flucht vom Fuchs gefressen wird, geht es für den Fuchs lediglich um eine Mahlzeit. Diese Darstellung ist überspitzt, es trifft aber zu, dass Parasiten unter einem ungleich höheren Evolutionsdruck stehen als die Wirte und sich deshalb noch schneller und präziser anpassen müssen als diese.

Schauplatz dieser antagonistischen Interaktion sind Parasit und Wirt als Individuen. Evolution, also auch Koevolution, spielt sich jedoch in Populationen ab. In einer von Parasiten befallenen Population werden empfängliche Genotypen aufgrund ihrer Fitnesseinbußen selten, während sich Genotypen durchsetzen, die eine Besiedlung mit Parasiten erschweren. Damit verändert sich unter dem Evolutionsdruck von Parasiten das Verteilungsmuster der in der Population vorhandenen Genotypen von Wirten. Parasiten müssen sich auf solche Änderungen einstellen und in ihrer Population werden sich im Lauf der Zeit Genotypen durchsetzen, die an den veränderten Wirtstyp angepasst sind. Koevolution in kurzen Zeiträumen wird also bestimmt von Veränderungen der Frequenz von Genotypen innerhalb von Populationen.

Auch wenn Parasit und Wirt sich in einem permanenten Wettbewerb befinden, so kann die Dynamik des Evolutionsprozesses unter bestimmten Bedingungen ein labiles Gleichgewicht erreichen. Vonseiten des Wirtes trägt zum Kompromiss bei, dass es weniger aufwendig ist, ein gewisses Ausmaß an Infektion zuzulassen, als lückenlose Abwehrmechanismen zu entwickeln. Aufseiten des Parasiten besteht die

Tendenz, dass sich Stämme mit geringerer Virulenz durchsetzen, besonders wenn hohe Virulenz zum frühen Tod der Wirte führt und damit die Übertragung beeinträchtigt. Ein relativ ausgewogenes Gleichgewicht stellt sich bevorzugt ein, wenn Parasiten durch lange Koevolution sehr spezifisch an ihre Wirte angepasst sind und zudem die Übertragungsrate niedrig ist. Umgekehrt ist die Wahrscheinlichkeit groß, dass ein Parasit sehr virulent ist, wenn er noch keine sehr lange Phase der Koevolution mit seinem Wirt durchlaufen hat und die Übertragungsrate sehr hoch ist, wie dies z. B. bei der Infektion des Menschen mit *Plasmodium falciparum* der Fall ist.

Resultat dieser wechselseitigen Beeinflussung ist oft eine extreme Spezialisierung von Parasiten auf eine Wirtsart, an deren Eigenheiten sie hochgradig angepasst sind. Typisch für diese Arten ist eine **Kospeziation** mit ihrem Wirt, d. h., bei Aufspaltung von Arten folgen die Parasiten ihren Wirtsarten (Abb. 1.23). Wenn durch geografische Isolation oder andere Einflüsse, die den Genfluss unterbrechen, neue Wirtsarten entstehen, passen deren Parasiten sich im Verlauf der Evolution so stark an die jeweiligen Eigenschaften der neuen Wirtsarten an, dass sie selbst neue Arten bilden. In solchen Fällen folgt die Phylogenie der Parasiten zeitversetzt der Wirtsphylogenie, eine Beobachtung, die in der „Fahrenholz'schen Regel" zusammengefasst wird. Deshalb lässt die Verwandtschaft von Parasiten unter Umständen Rückschlüsse auf die Verwandtschaft von Wirten zu, was man sich vor Beginn der modernen Phylogenie zunutze machte. So konnte die Verwandtschaft von Entenvögeln mit Flamingos sowie von altweltlichen Kamelen und neuweltlichen lamaartigen Kameliden unter anderem durch die nachweisliche Verwandtschaft ihrer Ektoparasiten untermauert werden.

Nicht immer allerdings können Parasiten ihrer Wirtsart folgen: Da die Verteilung von Parasiten in Wirtspopulationen nicht einheitlich ist, können die wenigen Individuen einer kleinen Gründerpopulation frei von einem bestimmten Parasiten sein. Dass dieses Ereignis sehr häufig ist, zeigt eine Untersuchung an Vögeln, die als Faunenfremdlinge nach Neuseeland eingeschleppt wurden: Nur 3 von 18 durch den Menschen eingeschleppten Vogelarten hatten die gleiche Anzahl von Feder-

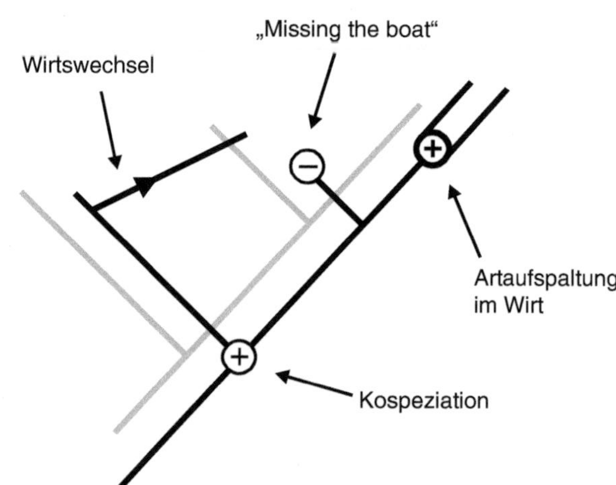

Abb. 1.23 Verschiedene Szenarien der Koevolution von Wirten und ihren Parasiten. Details siehe Text. *Schwarz*: Entwicklungslinie von Parasitenarten; *grau*: Entwicklungslinie von Wirtsarten. (Aus Paterson und Banks 2001, mit freundlicher Genehmigung des Verlages)

lingsarten wie im Ursprungsgebiet, alle anderen wiesen weniger Parasitenarten auf. Wirtsarten, die sich aus solchen Gründerpopulationen entwickeln, können gänzlich frei von einer bestimmten Parasitenart sein, d. h., der Parasit hat „den Anschluss verloren". Im Englischen wird dies mit dem Fachbegriff „missing the boat" bezeichnet. Andererseits können unter Umständen aber auch sehr spezialisierte Parasiten auf eine neue Wirtsart übergehen, besonders wenn diese mit dem eigenen Wirt eng verwandt ist. In diesem Fall spricht man von „Wirtswechsel" („host switch"), wobei in diesem Fall der Begriff einen anderen Sachverhalt darstellt, als wenn man ihn auf den Wirtswechsel innerhalb des Lebenszyklus eines Parasiten anwendet.

Die meisten Erkenntnisse zur Phylogenie im Zusammenhang mit Koevolution gehen auf Untersuchungen über Ektoparasitenbefall zurück, z. B. über Federlinge, die extrem spezialisiert auf ihre jeweilige Wirtsart sind. Sie treffen aber auch auf andere Parasiten zu, wie z. B. die Daten zu *Anguillicola crassus* (s. Abschn. 1.3) zeigen.

Bei Wirten hat die Koevolution mit Pathogenen nach Aussagen vieler Evolutionsforscher in einem noch umfassenderen Sinn entscheidend zur Veränderung von Lebensformen beigetragen: Eine lebhaft diskutierte Hypothese besagt, dass der von Pathogenen ausgehende Selektionsdruck Wirte zu genetischer Flexibilität zwingt und unter anderem die **Entwicklung der sexuellen Vermehrung** bewirkt hat. Nach der konkurrierenden Hypothese wird die durch Sex erzielte genetische Rekombination hauptsächlich zur Aussortierung nachteiliger Mutationen benötigt. Ohne sich für eine dieser Hypothesen entscheiden zu müssen, kann man sagen, dass die bei der sexuellen Fortpflanzung resultierende Durchmischung der Genome zweier verschiedener Individuen die Chance bietet, durch Rekombination neue genetische Qualitäten zu schaffen. Dies ist unerlässlich für die fortwährende erforderliche Optimierung der Abwehr gegen Pathogene. Die getrenntgeschlechtliche Sexualität hat aber nicht nur Vorteile, sondern einen eminenten Nachteil: 50 % der Population, die Männchen, produzieren nicht selbst Nachkommen, sondern stellen im Wesentlichen nur ihre Spermien zur Verfügung. Die Tatsache, dass sexuelle Fortpflanzung sich trotz dieses enormen Nachteiles bei den meisten höheren Organismen durchgesetzt hat, weist auf die außerordentlich große Bedeutung von genetischer Flexibilität hin, die für die Abwehr von Pathogenen benötigt wird.

1.4.2 Die Rolle von Allelen in der Koevolution

Nach Charles Darwin erfolgt die Anpassung im Verlauf der Evolution durch **Mutation und Selektion**. Dabei verlaufen die Mutationen ungerichtet, haben meistens störenden Charakter und Mutanten haben deshalb meist eine geringere Fitness als der Wildtyp. Die relativ wenigen erfolgreichen Mutationen, die einen Selektionsvorteil verleihen, sind allerdings von großer Wichtigkeit. Betrachtet man allerdings kurze Zeiträume, so erfolgen stabile Mutationen, die Selektionsvorteile verleihen, nicht häufig genug, um die rasche Anpassung von Parasiten an ihre Wirte zu erklären. Hinzu kommt, dass in vielen Fällen erst eine Kombination mehrerer Mutationen zu einer nachhaltigen Beeinflussung des Parasit-Wirt-Verhältnisses führt; solche Kombinationen entstehen viel seltener als erfolgreiche Einzelmutationen. Entscheidend für die Koevolution ist deshalb neben dem Entstehen von Mutationen deren Ausbreitung in der Population. Dank effizienter Ausbreitung nutzbringender Mutationen können Populationen von Parasiten bzw. Wirten sich schnell auf neue Bedingungen einstellen.

Zum Verständnis der schnellen Adaptionen im Verlauf eines koevolutiven Prozesses reicht es deshalb nicht aus, Gene einzelner Individuen zu analysieren, vielmehr muss man deren Häufigkeitsverteilung in Populationen von Parasiten bzw. von Wirten untersuchen. Solche Studien zeigen, dass Populationen sich aus Individuen mit sehr unterschiedlichen Genotypen zusammensetzen. Für ein einzelnes Gen existieren typischerweise unterschiedliche Allele. Anpassungen an den Koevolutionspartner erfolgen durch **Selektion von Allelen** innerhalb einer Population, sodass man ständig **Veränderungen von Allelfrequenzen** beobachtet, während neue, nutzbringende Mutationen nur relativ selten auftreten.

Wirtspopulationen bestehen aus Individuen, die ein Spektrum von Wirtseigenschaften aufweisen, die für einen individuellen Parasiten mehr oder weniger passend sind. Umgekehrt nimmt man an, dass auch die Parasitenpopulation ein Spektrum unterschiedlicher Genotypen aufweist (hierzu gibt es allerdings nur wenige Untersuchungen). Man stellt sich deshalb vor, dass der Erfolg einer Infektion und der Verlauf einer Parasitose davon abhängen, welche Kombinationen von Genotypen vonseiten des Parasiten und des Wirtes aufeinandertreffen. Modellexperimente mit bakteriellen Pathogenen bestätigen die Hypothese von einer solchen „Passfähigkeit" von Genomen.

Überprüft man z. B. den Infektionserfolg parasitischer Würmer in einer Population von Wirten, so zeigt sich eine Ungleichheit der Wirte. Typisch ist eine negativ binomiale Verteilung der Wurmlast: Während nur wenige Wirte eine große Anzahl von Würmern beherbergen, haben die meisten Wirtsindividuen wenige oder sehr wenige Würmer (Abb. 1.24). Die erhöhte Empfänglichkeit für Wurminfektionen

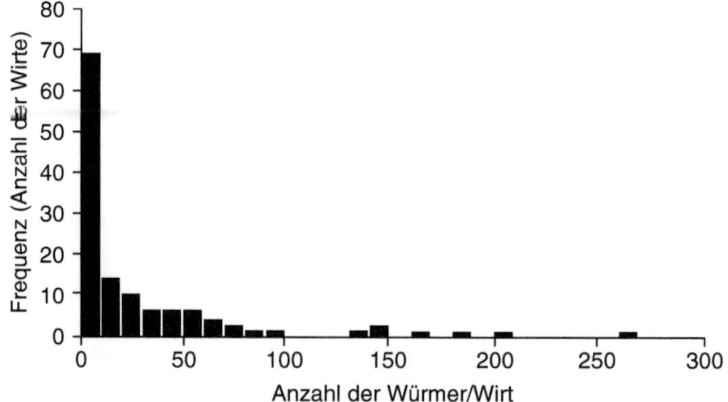

Abb. 1.24 Negativ binomiale Häufigkeitsverteilung von Hakenwürmern in einer menschlichen Population in Neuguinea. Die Mehrzahl der Individuen hat keine oder wenige Würmer, während nur wenige Individuen stark infiziert sind. (Aus Pritchard 1990, mit freundlicher Genehmigung des Herausgebers)

findet sich gehäuft in bestimmten Familien, ein Zeichen für eine genetisch bedingte Prädisposition. In einer Wirtspopulation existiert also ein Pool unterschiedlicher Allele, die die Wirtsqualitäten eines Individuums bestimmen. Diese erblichen Eigenschaften werden durch weitere Faktoren, wie z. B. Umwelteinflüsse oder die augenblickliche Konstitution, modifiziert.

Die Analyse der Passfähigkeit einer Parasit-Wirt-Kombination wird erschwert durch die Tatsache, dass sich in den meisten Fällen mehrere Gene gleichzeitig auswirken. Deshalb ist es für das grundlegende Verständnis sinnvoll, zunächst Situationen zu besprechen, in denen ein einzelnes Gen von entscheidender Bedeutung ist. Eine modellartige Situation, bei der Einzelgene eine entscheidende Rolle spielen, besteht bei Medikamentenresistenzen von Parasiten oder bei monogenetischen Erkrankungen von Wirten, wie etwa der Sichelzellenanämie (s. unten). Hier kann man die Ausbreitung der entsprechenden Allele in einer Population verfolgen. Anhand solcher Studien bestätigte sich, dass eine rasche Anpassung an ein neues Medikament/einen neuen Erreger innerhalb weniger Generationen durch Änderung von Allelfrequenzen erfolgen kann.

Die Änderung von Allelfrequenzen in Parasitenpopulationen unter Evolutionsdruck lässt sich gut am Beispiel der Resistenz von Magen-Darm-Nematoden gegen Benzimidazole aufzeigen (Abb. 1.25). Diese Wirkstoffe beruhen auf einer lang anhaltenden Bindung an das β-Tubulin der Parasiten, was den Aufbau der Mikrotubuli stört und letztendlich zum Tod der Würmer führt. Dabei ist die Aminosäure 200 des β-Tubulins, ein Phenylalanin, von großer Bedeutung für die Bindung. In einer Population kleiner Strongyliden von Pferden, die noch nie mit Benzimidazolen behandelt wurden, gibt es stets einen hohen Prozentsatz von Würmern, deren β-Tubulin-Gen in beiden Allelen an der Position 200 ein Phenylalanin (TTC/TTC) aufweist. Ein weitaus geringerer Prozentsatz von Nematoden ist heterozygot, sodass ein Allel für Phenylalanin codiert und das andere für Tyrosin (TTC/TAC), während nur sehr wenige Individuen homozygot Tyrosin in der Position 200 exprimieren (TAC/TAC). Wenn man infizierte Pferde mit Benzimidazolen behandelt und

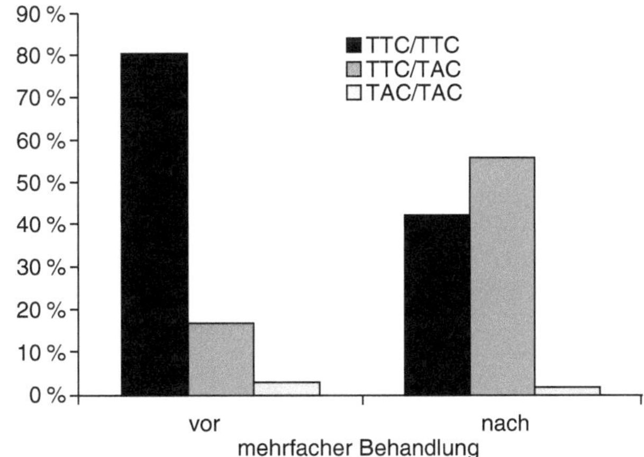

Abb. 1.25 Verschiebung von Allelfrequenzen des β-Tubulin-Gens von kleinen Strongyliden des Pferdes nach Selektion der Würmer durch Behandlung mit Benzimidazolen. Der Ersatz von Phenylalanin durch Tyrosin in der Position 200 des Proteins führt zu Medikamentenresistenz. Unter dem Druck der Medikamentenbehandlung nehmen heterozygote Genotypen zu. (Nach Daten von G. Samson-Himmelstjerna)

die von den überlebenden (= resistenten) Würmern ausgeschiedenen Eier für Neuinfektionen verwendet, ändert sich dieses Gleichgewicht sehr schnell. Schon nach
wenigen Generationen hat in der Population der Würmer die Anzahl der homozygoten TTC/TTC-Parasiten drastisch abgenommen, die Frequenz der heterozygoten
TTC/TAC-Würmer hat stark zugenommen, während der homozygote TAC/TAC-
Typ etwa gleich häufig bleibt. Ganz offensichtlich verleiht unter dem Druck der Medikamentenbehandlung das β-Tubulin-Allel mit Tyrosin an der Position 200 einen
deutlichen Vorteil, wenn es heterozygot vorliegt, sodass sich Würmer mit dieser
Konstellation von Genen durchsetzen können. Es wird also ein in der Parasitenpopulation bereits in niedriger Frequenz vorliegendes Allel „hervorgeholt" und kann
sich – weil es bei Anwesenheit des Medikaments einen Selektionsvorteil bietet –
durch sexuelle Rekombination schnell ausbreiten.

1.4.3   Seltenheit ist ein Vorteil

Individuen einer Population weisen unterschiedliche Allele auf, wie das obige Beispiel der β-Tubulin-Allele zeigt. Häufig auftretende Allele verleihen vermutlich
einen Selektionsvorteil, während die Seltenheit von Allelen dafür spricht, dass sie
im Augenblick keinen Vorteil verleihen. Weshalb gehen aber die in einer Population
vorkommenden seltenen Allele nicht verloren? Ein „Aufbewahren" von minderwer-
tigen Allelen nur für den Fall eines später eventuell auftretenden Bedarfs wäre nicht
kompatibel mit dem Selektionsdruck, unter dem alle Organismen stehen. Die Betrachtung dieser Frage liefert einen grundlegenden Baustein zum Verständnis der
Koevolution.

Bei näherer Betrachtung zeigt sich, dass seltene, unkonventionelle Allele eines
Wirtes auch in einer aktuellen Situation allein dadurch Selektionsvorteile verleihen
können, dass sie nicht in das Raster von Pathogenen passen. Man geht dabei davon aus, dass Parasiten zwei wesentliche Klippen überwinden müssen, um sich zu
fortzupflanzen:

- Infektionserfolg, Persistenz und Reproduktion im Wirt,
- Übergang der Nachkommen auf einen neuen Wirt.

Die Chance der Nachkommen, einen geeigneten neuen Wirt zu finden, ist bei
den meisten Parasiten sehr klein. Sie wächst, wenn der Genotyp des Parasiten es
erlaubt, einen häufigen Typ von Wirt zu infizieren. Dies führt dazu, dass sich Pathogene durchsetzen, die mit einem häufig vorkommenden Wirtstyp kompatibel sind
und sich auf diesen Typ spezialisieren. Aberrante Typen von Wirten genießen deshalb einen relativen Schutz vor Pathogenen. Der Selektionsdruck, den Pathogene
auf den „Normaltypus" ausüben, verleiht aberranten Wirten also einen Selektionsvorteil im intraspezifischen Wettbewerb. Diese Verhältnisse können eine Dynamik
in Gang setzen, wie sie in der „Red-Queen-Hypothese" beschrieben ist. Ein derarti-
ger Vorteil für seltene Genotypen bedingt einen zyklischen Wechsel von Genotypen

in den Populationen von Wirt und Parasit, wie er von Schmid-Hempel schematisch in einem „Koevolutionsrad" dargestellt wird (Abb. 1.26).

Unter Umständen können Pathogene den in der Population häufig vorkommenden Genotyp, auf den sie sich spezialisiert haben, so stark dezimieren, dass dieser selten wird. In einem solchen Fall ist zu erwarten, dass ehemals aberrante Wirtstypen in den Vordergrund treten und sich vermehren können, sodass sie jetzt einen großen Anteil der Population bilden. Parasiten, die auf den zurückgedrängten Wirtstyp spezialisiert sind, haben jetzt geringere Chancen auf Auffindung eines geeigneten Wirtes und müssen sich nun auf den unter aktuellen Bedingungen vorherrschenden Wirtstyp spezialisieren. Die Parasiten wechseln sozusagen ihr Zielobjekt. Nach einem solchen Umschwung ist der ehemals vorherrschende und jetzt in der Minderheit befindliche Wirtstyp vom Druck des Parasitenbefalls entlastet und genießt wieder den Selektionsvorteil. Diesen Vorteil der Seltenheit postuliert man auch auf der Seite des Parasiten. Auch hier gilt, dass sich die Abwehr des Wirtes auf den vorherrschenden Parasitentyp konzentrieren muss, sodass seltene Parasitentypen einen Selektionsvorteil genießen. Man kann Aspekte dieser Konstellation mit einem

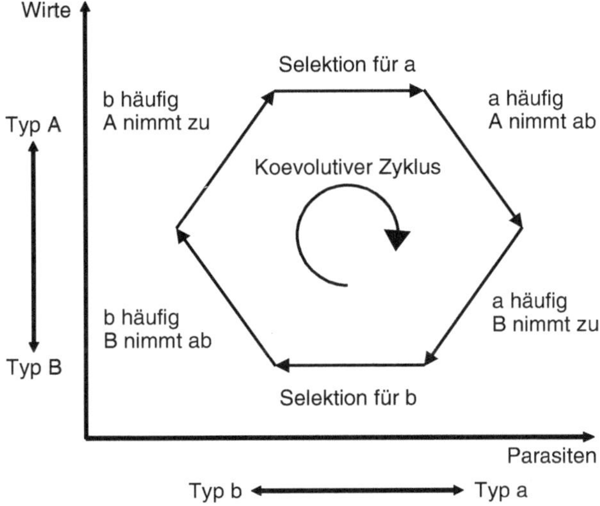

Abb. 1.26 Koevolution von Parasiten und Wirten. Im hier angenommenen einfachsten Fall von jeweils zwei Typen von Wirten (A, B) und Parasiten (a, b), können Parasiten des Typs a die Wirte des Wirtes A infizieren und sinngemäß Typ b den Wirtstyp B. Infektion führt zu Abnahme der Frequenz des entsprechenden Typs in der Wirtspopulation (Fitnessverlust) und zur Zunahme des entsprechenden Typs in der Parasitenpopulation (Fitnessgewinn). Gibt es z. B. momentan viele Wirte des Typs B, aber wenige Parasiten des Typs b, so werden Parasiten dieses Typs einen hohen Selektionsvorteil besitzen. Es kommt zur Selektion für den Typ b und mit Zeitverzögerung zur Zunahme von deren Frequenz in der Population. Entsprechend wechseln sich die jeweils verschiedenen Häufigkeiten von Wirt- und Parasittypen im Laufe eines Zyklus ab. Längerfristig gesehen verschwindet aber keiner der Typen aus der Population, da jeder Typ durch negativ frequenzabhängige Selektion gegen Elimination „geschützt" ist. (Abbildung von Richner und Schmid-Hempel 2006, mit freundlicher Genehmigung des Parey-Verlages)

Räuber-Beute-Verhältnis vergleichen, bei dem sich Prädatoren auf eine bestimmte häufig vorkommende Beute spezialisieren und deren Population dezimieren, um dann auf eine andere Spezies von Beutetier umzusteigen. Daraufhin kann sich die ursprünglich stark bejagte Beutetierart wieder erholen. Im Fall der Parasit-Wirt-Beziehung ist der Evolutionsdruck allerdings wechselseitig, d. h., Allelfrequenzen von Parasit **und** Wirt sind Veränderungen unterworfen.

1.4.4   Malaria als Beispiel für Koevolution

Kaum eine Krankheit verdeutlicht den Ablauf und die Konsequenzen von Parasit-Wirt-Koevolution besser als die Malaria. Die vier wichtigsten *Plasmodium*-Arten *P. vivax*, *P. ovale*, *P. malariae* und *P. falciparum* sind humanspezifisch und deshalb in ihrer Evolution ausschließlich an den Menschen gebunden. Wenn früher nur natürliche Abwehrmechanismen des Menschen die Parasiten in Schach hielten, so wird heute das Verteidigungsarsenal durch Malariamedikamente erweitert, gegen die die Parasiten Evasionsmechanismen evolvieren. Die Entwicklung von Medikamentenresistenzen liefert ein sehr gutes Beispiel dafür, wie Parasiten dem durch den Wirt ausgeübten Selektionsdruck ausweichen.

Die Geschichte der Medikamentenresistenzen von Plasmodien beginnt mit dem Einsatz von Chloroquin, das 1934 von dem deutschen Chemiker Andersag erstmals synthetisiert wurde. Chloroquin wird in der Nahrungsvakuole des Parasiten akkumuliert und verhindert die Neutralisierung von toxischem Häm, das beim Abbau von Hämoglobin durch den Parasiten entsteht. Normalerweise wird Häm als Komplex mit Proteinen in unlöslicher Form in der Nahrungsvakuole gespeichert. Im Elektronenmikroskop ist dieses „Malariapigment" in Form von Kristallen dort sichtbar. Chloroquin inhibiert den Vorgang der Polymerisation, sodass das freie Häm toxisch für die Parasiten ist. Die Resistenz gegen Chloroquin wird durch Mutationen im Gen des Transporterproteins cg2 (= crt) bewirkt, welche die Ausschleusung des Wirkstoffes verstärken und damit den Parasiten entgiften. Nach gängiger Meinung leiten sich die bisher bekannten Chloroquinresistenzen von zwei unabhängig voneinander entstandenen Resistenzallelen ab, die 1957 in Asien bzw. 1959 in Südamerika entstanden sind und sich seitdem weltweit ausgebreitet haben (Abb. 1.27). Diese Resistenzallele enthalten jeweils mehrere Mutationen im Vergleich zum medikamentensensitiven Wildtyp.

Da die Parasiten sich der Wirkung von Medikamenten, die nur einen Stoffwechselweg des Parasiten inhibieren, relativ leicht durch Resistenzbildung entziehen können, ist man zunehmend dazu übergegangen, Kombinationspräparate zu verwenden. Diese Präparate enthalten mehrere Wirkstoffe, die gleichzeitig unterschiedliche Schlüsselmechanismen des Parasiten inhibieren. Aber auch gegen solche Präparate treten Resistenzen auf, die durch multiple Mutationen und Kombination von Resistenzallelen bedingt sind.

Ähnlich wie sich bei Plasmodien unter Selektionsdruck medikamentenresistente Genotypen in der Population durchsetzen, breiten sich in Malaria-Endemiegebieten in menschlichen Populationen Mutationen aus, die Resistenz gegen Plasmodien ver-

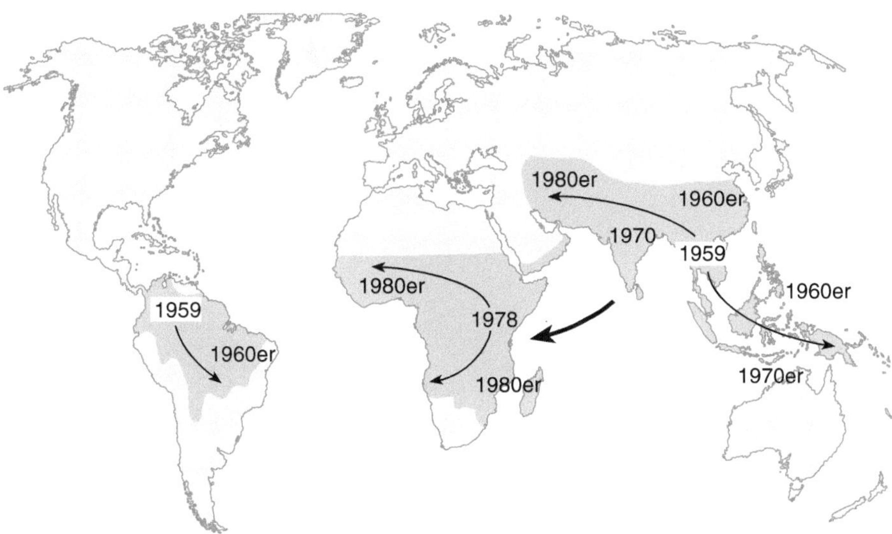

Abb. 1.27 Zeitlicher Verlauf der weltweiten Ausbreitung der Chloroquin-Resistenz von *Plasmodium falciparum*. (Nach Daten aus Su et al. 1997, mit freundlicher Genehmigung des Verlages)

leihen. Einen besonders starken Selektionsdruck übt wegen ihrer hohen Letalität die *Plasmodium falciparum*-Infektion aus, die in manchen Gebieten Afrikas für bis zu 40 % der Kindersterblichkeit verantwortlich ist. In solchen Regionen hat die Malaria tropica als Selektionsfaktor den Menschen wohl ebenso stark geprägt wie die Tuberkulose das Genom der Bewohner gemäßigter Klimate. Ein eindrucksvolles Beispiel für die Änderung von Allelfrequenzen beim Menschen als Anpassung an Malaria tropica liefert die **Sichelzellanämie**. Die Erbkrankheit beruht auf einem Austausch des Glutamins an der Position 6 der β-Kette des Hämoglobins gegen Valin. Bei verminderter Sauerstoffspannung bilden die Peptidketten des Sichelzellhämoglobins langgestreckte Polymere und führen zur Verformung der Erythrozyten, die dann eine sichelförmige Gestalt annehmen (Abb. 1.28). Rote Blutkörperchen von Sichelzellanämikern weisen außerdem Membranveränderungen auf und sind relativ starr, sodass sie leichter als normale Erythrozyten in Kapillaren stecken bleiben. Plasmodien können Sichelzellhämoglobin nicht effizient verwerten und wachsen deshalb schlechter.

Personen, die homozygot in Bezug auf das Sichelzellgen sind (HbSS), leiden unter chronischer hämolytischer Anämie, Verschluss von Kapillaren, Infarkten und stark erhöhter Anfälligkeit für bakterielle Infektionen. Diese Krankheitserscheinungen sind so gravierend, dass vor der Einrichtung spezialisierter Zentren in Afrika nur ca. 20 % von HbSS-Patienten das Erwachsenenalter erreichten. Im Gegensatz dazu sind Heterozygote (HbAS) klinisch kaum auffällig im Vergleich zu Personen mit normalem Hämoglobin (HbAA). Sie weisen aber einen 60–90 %igen Schutz vor dem Krankheitsbild der „Schweren Malaria" auf. Auch haben sie weniger Parasiten im Blut und die Prävalenz der Parasitämie ist geringer. Man geht deshalb

Abb. 1.28 Sichelzell-
erythrozyt. (EM-Aufnahme:
Eye of Science)

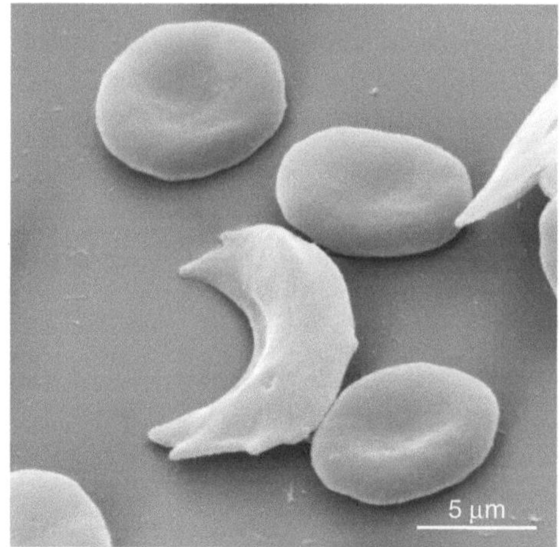

davon aus, dass die Blutstadien von Plasmodien in Sichelzellanämikern schlechtere Wachstumsbedingungen antreffen. Ihren wichtigsten Effekt hat die heterozygote
Erbanlage wahrscheinlich im Kleinkindalter: Man vermutet, dass das schlechtere
Wachstum der Parasiten Kleinkindern im Alter bis zu 16 Monaten den Aufbau eines besseren Immunschutzes erlaubt.

Die Häufigkeit der Sichelzellanämie korreliert mit der Verbreitung der Malaria
tropica (Abb. 1.29). In manchen endemischen Gebieten weisen bis zu 40 % der
Bevölkerung die HbS-Anlage heterozygot auf. Die Prävalenz der HbS-Anlage in
malariafreien Gebieten ist dagegen vernachlässigbar niedrig. Weshalb ist die Frequenz des Sichelzellgens in endemischen Gebieten nicht noch viel höher? Man

Abb. 1.29 Weltweite Verbreitung der Sichelzellanämie
(in %). Die Häufigkeit der
Sichelzellanämie korreliert
mit der Verbreitung von
Plasmodium falciparum.
(Zusammengestellt aus verschiedenen Quellen)

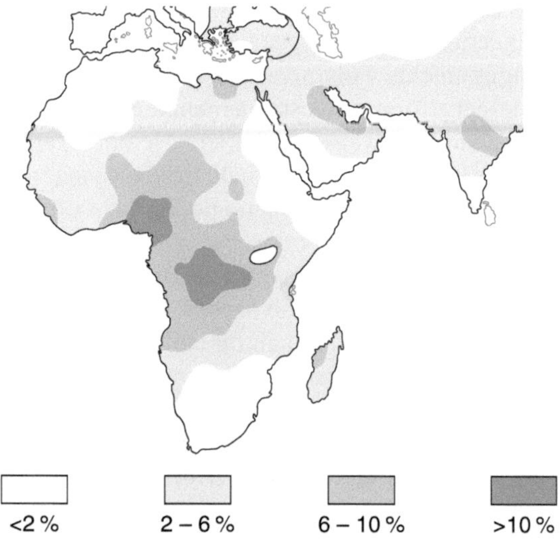

Tab. 1.3 Einige Genpolymorphismen, die Resistenz gegen *Plasmodium*-Infektionen des Menschen bedingen

Protein	Krankheit	Mutation	Schutz
Hämoglobin	Sichelzellanämie	Austausch in β-Kette an Position 6 (Valin)	Heterozygote: 60–90 %
Hämoglobin	Hämolytische Anämie	Austausch in β-Kette an Position 6 (Lysin)	Heterozygote: bis zu 74 % Homozygote: bis zu 86 %
Hämoglobin	α^+-Thalassämie	Deletion, eingeschränkte Produktion der α-Kette	Heterozygote: bis zu 34 % Homozygote: bis zu 60 %
Glucose-6-Phosphat-Dehydrogenase	Favismus (konditionelle hämolytische Anämie)	Verschiedene Mutationen im Gen der G-6-PD	Heterozygote: bis zu 46 % Hemizygote: bis zu 58 %
Bande-3-Protein	Melanesische Ovalozytose	N-terminal-verlängertes CD233 (Bicarbonattransporter)	Schutz vor schwerer Malaria

hat in Modellen errechnet, dass es sich um einen balancierten Polymorphismus handelt: In Malariagebieten profitieren heterozygote Träger des Gens von ihrem Schutz gegen Malaria und haben einen selektiven Vorteil, sodass ihre Fitness relativ hoch ist. Deshalb nimmt die Frequenz des Gens zu. Mit zunehmendem Anteil von HbAS-Individuen steigt aber die Wahrscheinlichkeit, dass diese miteinander Nachkommen vom HbSS-Typ produzieren, die nicht überlebensfähig sind. Damit sinkt die genetische Fitness der HbAS-Individuen und unter diesen Bedingungen ist es vergleichsweise vorteilhaft, den Genotyp HbAA aufzuweisen, auch wenn dieser Empfänglichkeit für Malaria bedingt. Dieses Wechselspiel resultiert in einer Balance, bei welcher der Anteil an Personen mit Sichelzellanämie in einer Bevölkerung mit dem Selektionsdruck durch *P. falciparum* korreliert.

Andere Mutationen, die Erythrozyten betreffen, haben einen ähnlichen Effekt: Anomalien des Hämoglobins (z. B. Hämoglobin C, verschiedene Formen der Thalassämie), Enzymdefekte (Glucose-6-Phosphat-Dehydrogenase-Mangel) oder Veränderungen von Transportproteinen (im Fall der melanesischen Ovalozytose) führen bei Homozygoten zu starken Nachteilen oder sind letal, während Heterozygote gegenüber nicht veränderten Genotypen den Vorteil der Malariaresistenz haben (Tab. 1.3). In endemischen Gebieten breiten sich solche Allele aus und sind in menschlichen Populationen ehemaliger Verbreitungsgebiete auch noch längere Zeit nach dem Verschwinden der Infektion in der Population häufig, um dann zurückzugehen. So ist die α^+-**Thalassämie** (gr. „thálassa" = das [Mittel-]Meer), die häufigste monogene Erbkrankheit des Menschen in den ehemaligen Verbreitungsgebieten der Malaria, im Mittelmeerraum weitverbreitet.

Die Empfänglichkeit für Malaria wird aber nicht nur durch Polymorphismen des Hämoglobins bestimmt, sondern auch durch Immunantworten. Dies spiegelt sich wider in **Polymorphismen von Zytokingenen**, z. B. Mutationen im Promotorbereich der Zytokine TNF-α und IL-10 oder der induzierbaren Stickstoffmonoxidsynthetase. Zudem hat die Malaria einen prägenden Einfluss auf die **MHC-Ausstattung** des Menschen in endemischen Gebieten. In Übertragungsgebieten kommen gehäuft Allele vor, die eine effiziente Präsentation von Plasmodienpeptiden erlauben. So bindet das Allel HLA B53 mit besonderer Effizienz ein Peptid des Antigens LSA1 von *P. falciparum*, das von Leberzellstadien gebildet wird. Dies erlaubt eine Sensibilisierung von zytotoxischen T-Zellen, die infizierte Leberzellen abtöten können. Dieser in Europa seltene MHC-Typ ist assoziiert mit einem Schutz vor dem Krankheitsbild der schweren Malaria.

1.4.5 Kontrollfragen zum Verständnis

1.   Auf welche Weise üben Parasiten Selektionsdruck auf ihre Wirte aus?
2.   Auf welche Weise üben Wirte Selektionsdruck auf Parasiten aus?
3.   Weshalb sind intraspezifische Konkurrenten die schärfsten Konkurrenten?
4.   Weshalb sind Parasiten wesentlich stärker abhängig von ihrem Wirt als umgekehrt?
5.   Welche Umstände bewirken, dass Parasiten sich schneller an ihre Wirte anpassen können als umgekehrt?
6.   Was besagt die „Red-Queen-Hypothese"?
7.   Nennen Sie ein Beispiel für Host Switch.
8.   Welcher Mechanismus sorgt am schnellsten für die Verbreitung von Resistenzen in Wirts- oder Parasitenpopulationen?
9.   Weshalb gehen in einer Wirtspopulation vorkommende seltene Allele unter Umständen nicht verloren?
10. Welche Erbkrankheiten bewirken eine Resistenz gegen Malaria?

1.5   Einfluss von Parasiten auf die Wahl von Sexualpartnern

In den vorhergehenden Abschnitten ist deutlich geworden, dass Parasiten die Kondition ihrer Wirte beeinträchtigen und deren Reproduktionserfolg schmälern. Deshalb ist es sinnvoll, infizierte Artgenossen zu meiden, um einer Ansteckung zu entgehen. Auch als Geschlechtspartner sind infizierte Tiere weniger geeignet als gesunde, da sie bei der Brutpflege weniger leistungsstark sein und den Nachkommen die Empfänglichkeit für Parasiten vererben könnten. Woran aber können Tiere erkennen, welcher potenzielle Geschlechtspartner infiziert ist und/oder günstige bzw. ungünstige Erbanlagen trägt? Hier kommt die **sexuelle Selektion** ins Spiel, ein Auswahlmechanismus, der unter anderem auf auffälligen Merkmalen beruht. Schon Darwin beschrieb, dass manche Tiere auffällige Merkmale stark ausgeprägt haben, die ihnen eigentlich zum Nachteil gereichen und deshalb durch Selektion zurückgedrängt werden müssten. Die Ausbildung solcher **Ornamente**, wie z. B. Hirschgeweih oder Pfauenschwanz (Abb. 1.30), kostet viel Energie, macht den Träger auffälliger für Prädatoren und leichter ermüdbar. Ornamente sind also eine Behinderung („handicap") und setzen sich bei manchen Tiergruppen dennoch durch, da sie dem Träger bei der Partnerwahl einen Vorteil verschaffen.

Abb. 1.30 Ornamente wie der Pfauenschwanz oder das Hirschgeweih signalisieren weiblichen Tieren die genetischen Qualitäten des Männchens, unter anderem dessen Resistenz gegen Infektionserreger

Nach einer weithin akzeptierten Hypothese zeichnen energieaufwendige Ornamente Männchen aus, die aufgrund guter Erbanlagen (genetische Konstitution) trotz des Handicaps überleben und sich durchsetzen (**Handicap-Prinzip**). Auffällige Zierfedern, leuchtende Farben oder ausdauernder Gesang der Männchen entscheiden bei vielen Tieren, welchen Männchen die weibliche Gunst zufällt („female choice"). Bei Tiergruppen, die eine andere Strategie der Partnerwahl verfolgen, wie z. B. bei Huftieren oder Robben, erfolgt die Selektion hauptsächlich über Rivalenkämpfe, deren Gewinner die Weibchen begattet („male dominance"). Diese beiden Strategien schließen sich nicht gegenseitig aus und sind nicht strikt trennbar, denn z. B. hat der Balztanz von Hühnervögeln, bei dem das Vorzeigen von Zierfedern eine wichtige Rolle spielt, keinen friedlichen Charakter und umgekehrt beinhalten die aggressiven Auseinandersetzungen von Hirschen auch ein Element von Schaukämpfen, mit denen sich die Männchen den Weibchen präsentieren. In beiden Fällen ist jedoch ein guter körperlicher Zustand (Kondition) Voraussetzung, die Gunst der Weibchen zu gewinnen. Männchen mit schlechter Kondition aufgrund von Mangelernährung oder Infektionen sind im Nachteil und ihre Erbanlagen setzen sich nicht durch. Insofern sind die Ornamente ein „ehrliches Signal" („honest signal"), anhand dessen die Weibchen eine gezielte Auswahl zwischen Bewerbern treffen können. Eine Parasitierung setzt in vielen Fällen die Kondition herab und vermindert die Ausbildung intensiver Schmuckfarben oder anderer Ornamente. Die Präferenz der Weibchen für attraktive Partner bewirkt, dass bevorzugt Männchen zur Vermehrung kommen, die resistent gegen Infektionen sind und diese Fähigkeit mit ihren Genen weitergeben.

Bevor wir näher auf Auswahlmechanismen eingehen, sollte aber noch geklärt werden, weshalb in vielen Fällen den Weibchen eine entscheidende Rolle bei der Wahl des Geschlechtspartners zukommt. Unabhängig vom Geschlecht hat ja jedes Individuum das Bestreben, möglichst viele seiner Gene in die nächste Generation zu bringen. Weibchen der meisten Wirbeltiere tätigen allerdings eine relativ große Investition in jeden einzelnen Nachkommen, indem sie im Vergleich zum Männchen relativ wenige, dafür aber große Eizellen, Eier oder lebende Junge produzieren. Dementsprechend sind sie darauf angewiesen, den Vater ihrer Nachkommen sorgfältig auszusuchen, um sicherzustellen, dass ihre wenigen Nachkommen gute Überlebens- und Fortpflanzungschancen haben. Mit dieser Auswahl optimieren Weibchen also ihre genetische Fitness. Entsprechend dieser Sichtweise besteht die Strategie der Männchen darin, ihre Spermien, die ja wegen der weitaus geringeren Größe eine geringere Investition beinhalten, relativ wahllos zu streuen und möglichst mehrere Weibchen zu befruchten, um auf diese Weise viele Nachkommen zu produzieren. Überspitzt könnte man sagen, dass bei der Auswahl der Sexualpartner die Weibchen auf Qualität, die Männchen aber eher auf Quantität achten. In diesem Zusammenhang ist es sinnvoll, dass Weibchen den Gesundheitszustand eines Männchens abschätzen, ähnlich wie ein Arzt bei der Musterung von Rekruten.

Das Wahlverhalten weiblicher Tiere wird unterschiedlich begründet:

- Vermeidung einer Ansteckungsgefahr für das Weibchen und die Nachkommen („transmission avoidance model"),
- bessere Absicherung der Familie und effizientere Nahrungsbeschaffung durch ein gesundes Männchen („ressource provisioning model"),
- Optimierung der genetischen Qualität („good genes model").

Der Optimierung der genetischen Qualität entsprechend dem *Good-genes*-Modell wird eine sehr wichtige Bedeutung beigemessen. Man geht heute davon aus, dass Weibchen aufgrund verschiedener Signale die Qualität der Männchen abschätzen und dann Geschlechtspartner wählen, deren Erbanlagen zur Erzeugung von erfolgreichem Nachwuchs geeignet sind. Im Spektrum dieser Erbanlagen nimmt Resistenz gegen Parasiten einen wichtigen Stellenwert ein. Die Information über die genetische Qualität wird unter anderem durch optische und akustische Reize, aber z. B. auch durch Gerüche vermittelt. Wichtig an solchen Schlüsselreizen ist, dass sie nicht nur eine Aussage über den aktuellen Gesundheitszustand eines Männchens machen, sondern auch über die genetischen Qualitäten eines Bewerbers. Sie erlauben einem Weibchen Bewerber zu taxieren, um einen zu ihrem Genotyp optimal passenden Sexualpartner zu finden und Nachkommen zu erzeugen, die gute Resistenzeigenschaften gegen Parasiten aufweisen.

Bei der Unterscheidung infizierter von nichtinfizierten Tieren spielen bei vielen Tierarten olfaktorische Reize eine wichtige Rolle. Mäuse entnehmen viele soziale Signale aus dem Urin ihrer Artgenossen; unter anderem ist auch der Infektionsstatus eines Tieres aus dem Geruch des Urins erkennbar. In Versuchen mit Mäusen zeigte sich z. B., dass Weibchen am Geruch des Urins erkennen können, ob männliche Mäuse mit dem Nematoden *Heligmosomoides polygyrus* bzw. mit dem Apicomplexaparasiten *Eimeria vermiformis* befallen sind. Es wurde gezeigt, dass gesunde Weibchen eine Abneigung gegen Urin infizierter Männchen haben, diese meiden und für die Paarung infektionsfreie Tiere vorziehen (Abb. 1.31). Durch Verwendung von *Knock-out*-Mutanten konnte man Schlüsselgene identifizieren, die an der Analyse des Infektionsstatus beteiligt sind. Mausweibchen mit Defekten im Oxytocingen konnten mit *H. polygyrus* infizierte Männchen nicht aufgrund ihres Geruches erkennen. Oxytocin ist ein Neurohormon, das an der emotionalen Bewertung von Signalen beteiligt ist und dessen Ausschüttung unter anderem eine Bindung an den Sexualpartner oder an Nachkommen bewirkt. Anscheinend ist also der Geruchswahrnehmung eine durch Oxytocin beeinflusste Bewertung nachgeschaltet, die über Zu- oder Abneigung entscheidet. Oxytocindefiziente Mausweibchen können diese Bewertung nicht vornehmen. Im Fall der *H. polygyrus*-Infektionen fand man, dass solche oxytocindefizienten Tiere sich bezüglich der Auswahl von Männchen am Verhalten anderer Weibchen orientieren. Allerdings können nicht nur weibliche Mäuse anhand des Geruches direkt zwischen infizierten und gesunden Männchen unterscheiden, sondern ganz ähnlich differenzieren auch Männchen zwischen Weibchen. In Versuchen mit *E. falciformis*-Infektionen wurde gezeigt, dass männliche Mäuse infektionsfreie Partnerinnen bevorzugen; da den Weibchen aber die wichtigere Rolle bei der Partnerwahl zukommt, ist ihr Verhalten entscheidend für die Paarung und Fortpflanzung.

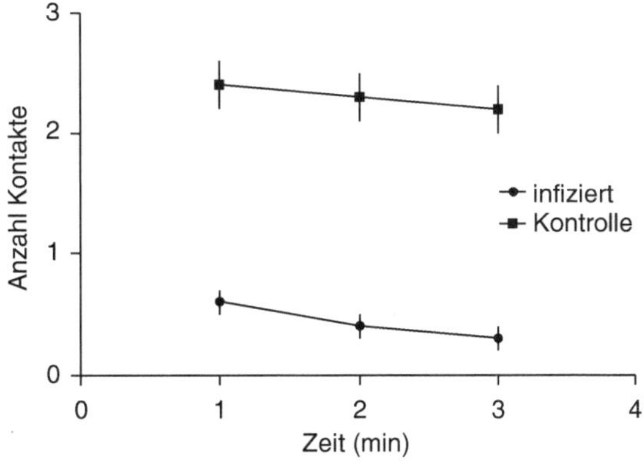

Abb. 1.31 Geringe Attraktivität infizierter Männchen: Weibliche Mäuse beschnüffeln Urin gesunder Mäuse signifikant häufiger als Urin von Mausmännchen, die mit *Eimeria vermiformis* infiziert sind. (Aus Kavaliers und Colwell 1995, mit freundlicher Genehmigung des Verlages)

Bei zahlreichen Tierarten spielen Ornamente eine wichtige Rolle bei der Beurteilung der genetischen Qualität von Sexualpartnern. Die bekanntesten Beispiele sind die Schmuckfedern von Paradiesvögeln oder des Pfaus oder die aufwendigen Geweihe von Hirschen. Die Anlagen zur Ausbildung von Ornamenten sind gekoppelt mit Genen, die bei der Resistenz gegen Parasiten bedeutend sind. So geben Ornamente einerseits Auskunft über den aktuellen Gesundheitszustand eines Tieres, darüber hinaus aber auch über die genetische Qualität eines Tieres. Ein Weibchen, das ein attraktives Männchen aussucht, entscheidet sich damit also gleichzeitig für einen Partner, der den gemeinsamen Nachkommen Resistenz gegen Parasiten vererbt. Diese bei vielen Tieren nachweisbare **durch Parasiten vermittelte sexuelle Selektion** („parasite mediated sexual selection") wird als eine der treibenden Kräfte in der Koevolution von Parasiten und ihren Wirten angesehen (Abb. 1.32).

Durch Parasiten vermittelte sexuelle Selektion wurde erstmals 1982 von Hamilton und Zuk überzeugend nachgewiesen. Eine Auswertung dieser Autoren von Datensätzen zum Parasitenbefall amerikanischer Sperlingsvögel ergab, dass Männchen derjenigen Arten, die am meisten von bestimmten Parasiten (Plasmodien und verwandten Haematozoea sowie Filarien) bedroht sind, auch die am stärksten ausgeprägten Färbungen aufweisen. Inzwischen gibt es eine Vielzahl von Publikationen, die den Zusammenhang zwischen der Ausprägung von Ornamenten und der Resistenz gegen Parasiten experimentell bestätigen. Einige der bekanntesten Versuche zu dieser Frage wurden von Milinski mit seiner Gruppe beim dreistachligen Stichling, einem Kleinfisch, durchgeführt. Hier wurde gezeigt, dass Prachtfärbung und Parasitenbefall miteinander korreliert sind und dass die Ausprägung des Ornaments von entscheidender Bedeutung für die Partnerwahl durch das Weibchen ist.

Beim dreistachligen Stichling baut das Männchen ein Nest aus Pflanzenteilen und Schaum, in das es das Weibchen zur Eiablage lockt. Dazu führt es einen Balz-

Abb. 1.32 Durch Parasiten vermittelte Wahl des Geschlechtspartners. Ein Weibchen weist das Männchen 1 zurück, da dessen wenig ausgeprägter Schwanz keine Aussage über seine Parasitenlast zulässt. Das Weibchen weist Männchen 2 zurück, da dessen zerzauster Schwanz einen schlechten Gesundheitszustand signalisiert. Männchen 3 wird gewählt wegen des guten Gesundheitszustandes, der sich über den Zustand des Schwanzes mitteilt. (Verändert nach Clayton 1991, mit freundlicher Genehmigung des Verlages)

tanz auf, der aus einer festgelegten Abfolge von Verhaltenselementen besteht: In Gegenwart eines zur Eiablage bereiten Weibchens schwimmt das Männchen steil aufwärts, um sich dann mit taumelnder Bewegung in Richtung des Nestes absinken zu lassen, wobei es dem Weibchen die lebhaft rot gefärbten Flanken präsentiert. Mit diesem Werbungstanz wird das Weibchen immer näher an das Nest gelockt und legt im Erfolgsfall seine Eier dort ab, die dann vom Männchen besamt werden (Abb. 1.33). Ist das Weibchen nicht am Männchen interessiert, dreht es nach einer Weile ab und schwimmt davon.

In Laborexperimenten drückt sich die Attraktivität eines Männchens für ein Weibchen durch die Zeitdauer aus, während der es Interesse am Zickzacktanz eines Männchens hat, von dem es durch eine Glasscheibe getrennt ist. Männchen mit starker Rotfärbung erregen die Aufmerksamkeit paarungsbereiter Stichlingsweibchen signifikant länger als schwach gefärbte Männchen. Diese Rotfärbung ist ein variables Merkmal, das sich mit dem Gesundheitszustand der Tiere ändert. Wurden männliche Stichlinge mit dem einzelligen Parasiten *Ichthyophthirius multifiliis* (Erreger der Weißpünktchenkrankheit, s. Abschn. 2.6.2.2) infiziert, so nahm die Intensität ihrer Färbung ab. Der entscheidende Versuch bestand in der Beobachtung der Reaktion von Stichlingsweibchen auf -männchen, vergleichend vor und nach einer Infektion mit *I. multifiliis*: Für Männchen, deren Farbintensität durch die Parasiteninfektion abgenommen hatte, zeigten Weibchen deutlich weniger Interesse als vor der Infektion (Abb. 1.34). Folglich unterliegen infizierte Männchen im Wettbewerb um Sexualpartner gegen ihre nichtinfizierten Artgenossen. Auf diese Weise haben Genotypen, die für die Krankheit empfänglich sind, eine geringere Chance, sich in der Population auszubreiten.

Die Rotfärbung der Stichlinge stellt ein Ornament dar, das durch die Einlagerung von Carotinoiden zustande kommt, deren Biosynthese relativ energieaufwendig ist

Abb. 1.33 Stichlingstanz: Das Stichlingsmännchen versucht das legebereite Weibchen (erkennbar an seinem prall gefüllten Bauch) durch seine rote Unterseite zu beeindrucken und lockt es zur Eiablage ins Nest. (Verändert nach Münzing 1970)

Abb. 1.34 Verweildauer weiblicher Stichlinge bei Männchen vor und nach Parasitierung. Im weißen Licht sind parasitierte Männchen wenig attraktiv, da sie keine auffallende rote Farbe aufweisen, im grünen Licht ist dieser Unterschied nicht sichtbar, sodass die Stichlingsweibchen die Männchen nicht unterscheiden können. (Erstellt nach Daten aus Milinski und Bakker 1990, mit freundlicher Genehmigung des Verlages)

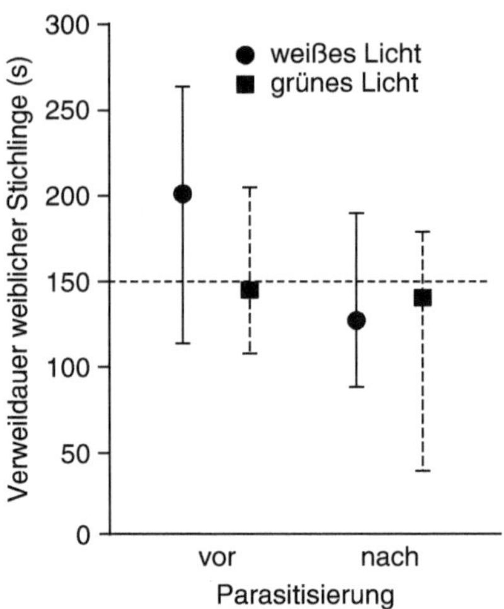

und deshalb vorwiegend von gesunden Tieren geleistet wird. Das Verblassen der Rotfärbung signalisiert eine Infektion und spiegelt den aktuellen schlechten Gesundheitszustand der Männchen wider. Die Farbintensität ist also ein „ehrliches Signal" und erlaubt die Auswahl gesunder Sexualpartner.

Weitere Versuche mit Stichlingen zeigten, dass Weibchen ihre Partnerwahl nicht nur nach der Färbung ausrichten, sondern dazu auch olfaktorische Signale nutzen. In Wahlversuchen wurden Stichlingsmännchen in Aquarien gehältert und dieses konditionierte Wasser wurde Weibchen angeboten. Es zeigte sich, dass Weibchen individuell unterschiedlich Wasser bevorzugten, in dem bestimmte Männchen gehalten worden waren. Ausschlaggebend für die Wahl sind wahrscheinlich Geruchsstoffe der Männchen. Analysen der Immunantwortgene, die vom Haupthistokompatibilitätskomplex codiert werden (MHC-Gene) zeigten, dass die Stichlingsweibchen Männchen bevorzugten, deren MHC-Gene den eigenen Genotyp vorteilhaft ergänzten, sodass die Wahrscheinlichkeit erhöht wird, Nachkommen zu produzieren, die gegen Parasiten resistent sind. Eine solche Beeinflussung der Partnerwahl durch olfaktorische Signale ist nicht auf Fische beschränkt, sondern wurde auch bei Säugetieren und sogar beim Menschen nachgewiesen. Hier können offensichtlich Gerüche Informationen über den MHC-Typ eines potenziellen Partners transportieren. Bei Wahlversuchen bevorzugten Frauen Gerüche von Männern, deren MHC-Gene optimal zum eigenen Genotyp passten, sodass potenzielle Nachkommen „gute Gene" für die effiziente Abwehr von Pathogenen hätten.

Die Partnerwahl nach Kriterien, die eine Aussage über eine Infektion mit Parasiten und/oder Genotyp machen, erlaubt die Produktion von Nachkommen, die eine bessere Chance auf Resistenz gegen Parasiten haben, als bei reiner Zufallsverteilung möglich wäre. Dabei spielen nicht nur die hier angeführten Reize wie Geruch und Ornamente eine Rolle, sondern auch viele andere. Unter anderem haben sicherlich beim Menschen nicht zuletzt Statussymbole eine wichtige Funktion bei der Partnerwahl. Insgesamt zeigt aber die Existenz hochsensibler Kommunikationssysteme zur Auswahl gesunder Partner mit passenden Erbanlagen, welch entscheidenden Stellenwert die Resistenz gegen Parasiten in der Evolution hat.

1.5.1   Kontrollfragen zum Verständnis

1. Welche Funktion haben Ornamente?
2. Was versteht man unter dem Handicap-Prinzip?
3. Welche potenziellen Nachteile für Weibchen und Nachkommen hat ein Männchen mit schwach ausgebildeten Ornamenten?
4. Wie signalisiert ein Stichlingsmännchen einem Weibchen seinen Gesundheitszustand?
5. Wie kann die Passfähigkeit von MHC-Genen eines potenziellen Partners eingeschätzt werden?

1.6   Immunbiologie von Parasiten

Alle Parasiten induzieren eine Vielzahl von angeborenen oder/und erworbenen Immunantworten, werden von diesen Abwehrreaktionen der Wirte aber nicht notwendigerweise eliminiert. Offensichtlich können „erfolgreiche" Parasiten, die gut an ihre Wirte adaptiert sind, die immunologischen **Effektormechanismen** ihrer Wirte durch effiziente **Evasionsmechanismen** konterkarieren, d. h., Immunantworten werden vermieden, blockiert oder verändert, sodass eine Pattsituation resultiert. Wenn dieses Gleichgewicht bei Defekten des Immunsystems gestört ist, können manche Erreger sich ungehindert vermehren, und im Normalfall harmlose Infektionen können schwere Krankheiten verursachen („opportunistische Infektionen") oder sogar zum Tod führen. Über die Immunbiologie von Parasitosen liegen bei Wirbeltieren viele Informationen vor, während antiparasitäre Immunantworten von Wirbellosen bis auf wenige Ausnahmen noch relativ wenig untersucht sind. Deshalb konzentrieren wir uns hier auf die Immunbiologie von Parasitosen von Wirbeltieren. Viele dieser Daten stammen aus Experimenten in Mausmodellen.

Zum Verständnis der Immunbiologie von Parasitosen ist es wichtig zu berücksichtigen, dass innerhalb von Populationen stets genetisch bedingte individuelle Unterschiede auftreten. Aufseiten des Wirtes variieren deshalb die Immuneffektormechanismen und dadurch bedingt die Fähigkeit, Parasiten abzuwehren. Innerhalb einer Parasitenpopulation variiert wahrscheinlich die individuelle Effizienz der Evasionsmechanismen. Entsprechend der unterschiedlichen „Passfähigkeit" von Parasit und Wirt variiert deshalb der Infektionsverlauf bei vielen Parasitosen individuell sehr stark. Bei manchen Parasit-Wirt-Assoziationen treten klinisch apparente Infektionen nur relativ selten auf, während der größte Teil der Wirtspopulation die Infektion auf subklinischem Niveau begrenzt (z. B. bei Infektionen mit *Leishmania donovani*). Bei Befall mit den Filarien *Onchocerca volvulus* hat hingegen in Hochendemiegebieten ein Großteil der Wirtspopulation klinisch relevante Infektionen, allerdings in sehr unterschiedlichem Ausmaß: Während die meisten Individuen relativ geringe Wurmbürden aufweisen, gibt es einige wenige sehr stark befallene Wirte. Diese Beispiele legen nahe, dass Parasiten immer auf ein Spektrum unterschiedlich empfänglicher Wirte treffen. Umgekehrt sind Wirte mit einem Spektrum unterschiedlich virulenter Parasiten konfrontiert. Entsprechend dieser Unterschiede können Krankheitsbilder von Parasitosen stark variieren. Besonders starke individuelle Unterschiede treten auf, wenn pathologische Erscheinungen durch Immunantworten (z. B. Entzündungen) hervorgerufen werden, da diese ja individuell sehr unterschiedlich ausgeprägt sind. Man spricht dann von **Immunpathologie.**

Parasiten sind dem Immunsystem aber nicht nur ausgeliefert, sondern nutzen es in vielen Fällen für ihre Zwecke, z. B. für die Regulation ihrer Populationsdichte. Bei einem besonderen Typ der Immunität, der **Prämunität**, besteht in Gegenwart einer Infektion ein Schutz gegen Superinfektionen mit demselben Parasiten (Abb. 1.35). Bei vielen Helmintheninfektionen können die etablierten Würmer Immunantworten des Wirtes unterlaufen, während Infektionsstadien diese Fähigkeit noch nicht aufweisen, sodass sie eliminiert werden. In ganz ähnlicher Weise bewirken bei *Toxoplasma gondii*-Infektionen Immunantworten, die von Gewebezysten induziert werden, einen Schutz vor Neuinfektionen, sodass konkurrierende Artgenossen sich nicht ansiedeln können und die Parasitenbürde des Wirtes begrenzt bleibt. Für diese Prämunität hat sich in der Helminthologie der Begriff *Concomitant Immunity* eingebürgert, ein Terminus, der ursprünglich aus der Tumorforschung stammt. Ein weiterer Mechanismus der Populationsregulation führt dazu, dass bei intensivem Befall mit Würmern die einzelnen Parasiten klein bleiben und nur wenig Nachwuchs produzieren, was den Wirt schont und damit längerfristig auch den Parasiten nützt („crowding effect"). Immunantworten können von Parasiten aber auch ausgenutzt werden, um Nachkommen in die Außenwelt zu transportieren (s. *Schistosoma mansoni*) und bei manchen Parasitosen wurde nachgewiesen, dass Wirtszytokine als Wachstumsfaktoren für die Parasiten wirken. Damit parasitieren gut angepasste Pathogene nicht nur den Wirt, sondern sogar dessen Immunsystem.

Die nachfolgende Darstellung des Zusammenspiels von Parasit und Wirt auf der Ebene des Immunsystems beschränkt sich auf Parasitosen von Wirbeltieren. Am

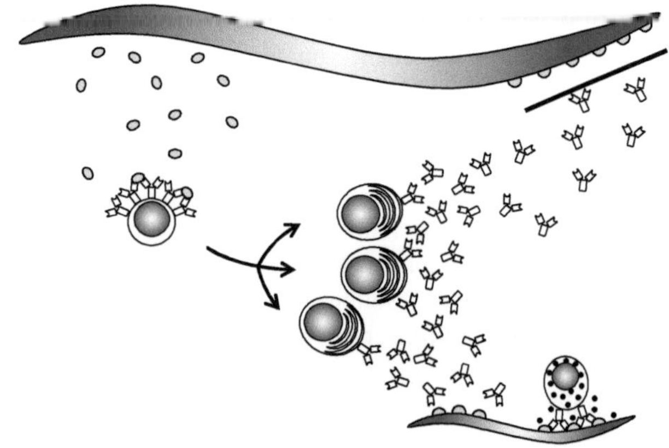

Abb. 1.35 Schematische Darstellung von Prämunität. Die Antigene (*graue Ovale*) von Würmern induzieren Immunantworten, die zwar neu invadierende Würmer eliminieren, etablierte Würmer aber aufgrund von Immunevasionsmechanismen (*dargestellt durch einen Balken*) nicht angreifen können. (Aus Lucius 2006, mit freundlicher Genehmigung von Parey)

Beispiel von Infektionen, die aufgrund ihrer medizinischen bzw. wirtschaftlichen Relevanz gut untersucht sind, sollen dabei typische Muster aufgezeigt werden. Da eine umfassende Darstellung der Funktionsweise des Immunsystems den Rahmen dieses Kapitels sprengen würde, sollte bei Bedarf ein immunologisches Lehrbuch herangezogen werden.

1.6.1 Abwehrmechanismen von Wirten

Im Folgenden sollen immunologische Abwehrmechanismen von Wirbeltieren gegen Parasiten dargestellt werden, während Immunantworten von Arthropoden kurz im Kap. 4 behandelt werden. Wirbeltierwirte entwickeln ganz unterschiedliche „unspezifische" und „spezifische" Immunantworten gegen verschiedene Parasiten. Dabei bestimmen die jeweils spezifischen molekularen Stimuli der Erreger, die Eigenschaften der besiedelten Zellen oder Organe, die Dauer des Befalls, die Vorgeschichte des Wirtes und andere Faktoren die Ausprägung der Immunreaktionen. Selbst bei Befall mit einer einzigen Parasitenart können verschiedene Immunantworten hervorgerufen werden, da die Entwicklungsstadien jeweils spezifische Reaktionen auslösen oder immunologisch distinkte Kompartimente innerhalb des Wirtes besiedeln können. So infizieren die Sporozoiten des Malariaerregers *Plasmodium falciparum* Leberzellen und können von zytotoxischen T-Zellen eliminiert werden, während die im Blut auftretenden Merozoiten desselben Parasiten von Antikörpern angegriffen werden. Gleichzeitig lösen alle Stadien aber auch angeborene Immunantworten aus. Insgesamt resultiert deshalb bei Parasiteninfektionen meist eine sehr vielschichtige Immunbiologie.

Angeborene Immunantworten Die Infektionsstadien von Parasiten lösen in einem Wirt zunächst angeborene Immunantworten (auch „innate" oder „unspezifische" Immunantworten) aus. Dabei werden molekulare Strukturen erkannt, die bei Pathogenen weitverbreitet sind, z. B. Zellwandbestandteile bzw. charakteristische DNA-Sequenzen von Bakterien oder doppelsträngige RNA von Viren. Die Bezeichnung „angeboren" trifft zu, da die Erkennung durch unterschiedliche Familien von im Genom codierten Rezeptoren (z. B. Toll-like-Rezeptoren, NOD-like-Rezeptoren) erfolgt, die auf ein begrenztes Repertoire molekularer Strukturen von Pathogenen reagieren. Solche Strukturen werden als „pathogen associated molecular patterns" (PAMPs) bezeichnet. Die sie erkennenden Rezeptoren an der Zelloberfläche oder im Zellinnern werden als **Pattern-recognition-Rezeptoren** (PRRs) bezeichnet. Die Bindung von PAMPs an PRRs setzt Signalketten in Gang, was zur Aktivierung der Zellen und damit zur Auslösung von Effektorreaktionen und Anlockung von Entzündungszellen führt. Pathogenstrukturen können aber auch vom Komplementsystem erkannt werden, was über lösliche Faktoren zur Anlockung von Entzündungszellen und zur Zerstörung von fremden Zellen führen kann. Häufig wird durch solche Reaktionen der angeborenen Immunantwort bereits ein Großteil der Parasiten abgetötet. So werden bei manchen Helmintheninfektionen wahrscheinlich ca. 80 % der Infektionslarven durch angeborene Immunantworten eliminiert. Gleichzeitig werden durch diese frühen, angeborenen Immunantworten auch die Weichen für die Ausprägung der später einsetzenden spezifischen Immunantwort gestellt.

Eine typische Konstellation der angeborenen Immunantwort gegen Parasiten ist die Aktivierung von dendritischen Zellen des Wirtes, die eine Kette von Reaktionen in Gang setzt (Abb. 1.36). Durch PAMPs aktivierte dendritische Zellen produzieren Zytokine (IL-12, IL-18, TNF-α, eventuell aber auch IL-4), Chemokine und weitere Faktoren, die andere Zellen chemotaktisch anlocken und prägen. Häufig aktivieren die von dendritischen Zellen produzierten Zytokine Natural-Killerzellen, die ihrerseits IFN-γ sezernieren und damit weitere Zellen aktivieren. Bislang sind nur relativ wenige PAMPs von Parasiten bekannt. Bei Trypanosomen, Plasmodien und Toxoplasmen wurden Glykolipidanker von Proteinen als Auslöser identifiziert, die durch Bindung an TLRs zur Produktion von IL-12, IL-18 und TNF-α führen. IL-12 und IL-18 regen Natural-Killerzellen zur Produktion von IFN-γ an. Dieses Zytokin kann, verstärkt durch TNF-α, parasitenbefallene Zellen zur Abtötung ihrer intrazellulären Erreger aktivieren. Gleichzeitig werden dabei die im Entstehen begriffenen erworbenen Immunantworten in entzündungsfördernde Th1-Richtung angestoßen (s. unten). Es gibt aber auch PAMPs, wie z. B. bestimmte Lipide von Schistosomen, die zu einer Produktion von IL-4 durch dendritische Zellen führen, was den weniger stark entzündlichen Th2-Typ von Immunantworten fördert.

Die Auswirkung einer Aktivierung von Effektorzellen durch IFN-γ und andere Zytokine variiert je nach Zelltyp. Bei Makrophagen werden durch Aktivierung unter anderem die Phagozytose und die Produktion von reaktiven Sauerstoffprodukten hochreguliert („oxidative burst"). Neutrophile und Eosinophile schütten den Inhalt von Granula aus, deren zytotoxische Moleküle die Erreger angreifen, allerdings auch das wirtseigene Gewebe schädigen. Durch Zytokinaktivierung erfolgen aber auch bei normalen Körperzellen, z. B. Epithelzellen oder Fibroblasten, Umstellungen des Zellstoffwechsels, die zur Abtötung von Parasiten führen. So können durch Veränderungen z. B. des Tryptophan- und Eisenmetabolismus sowie des Vesikeltransports intrazelluläre Parasiten abgewehrt werden. Dabei kann schon durch ein einziges Zytokin ein umfangreiches Abwehrprogramm angeschaltet werden, z. B. werden durch Einwirkung von IFN-γ mehrere hundert Gene von Wirtszellen reguliert.

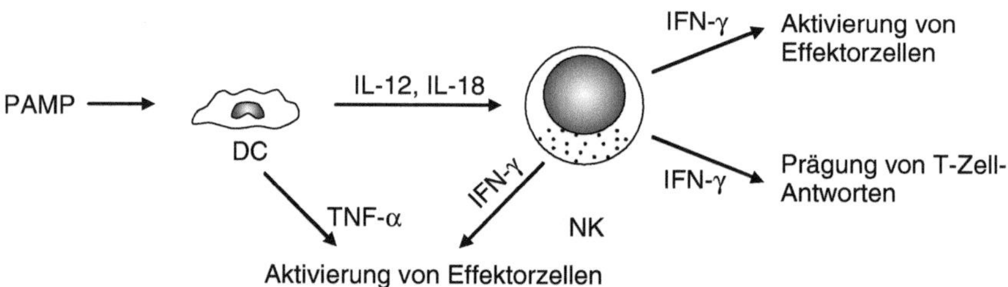

Abb. 1.36 Beispiel für die Auslösung angeborener Immunantworten. Parasitenmoleküle (PAMP) bewirken bei dendritischen Zellen (DC) eine Aktivierung, die zur Bildung von IL-12, IL-18 und TNF-α führt. Diese führt in Natural-Killerzellen (NK) zur Bildung von Zytokinen, die weitere Zellen beeinflussen. *DC* dentritische Zelle; weitere Details siehe Text. (Aus Lucius 2006, mit freundlicher Genehmigung von Parey)

Erworbene Immunantworten Art und Intensität der initialen angeborenen Immunreaktionen haben prägenden Einfluss auf die Ausrichtung der sich in den nachfolgenden Tagen entwickelnden erworbenen Immunantwort („adaptive" oder „spezifische" Immunantwort). Unter anderem prägt die frühe Zytokinantwort auch die Reaktion von T-Zellen, die in Lymphknoten nahe dem Infektionsort sensibilisiert werden. Diesen T-Zellen werden von dendritischen Zellen und anderen antigenpräsentierenden Zellen im MHC-Zusammenhang Peptide präsentiert, die von phagozytierten Pathogenen oder deren Komponenten stammen. Die Präsentation solcher Peptide im MHC-Zusammenhang an den T-Zell-Rezeptor bewirkt zusammen mit Kostimulation durch weitere Moleküle eine Aktivierung der T-Zellen zur Teilung. Im Fall von Parasitosen sind hauptsächlich die T-Helferzellen zu berücksichtigen, da bei Parasiteninfektionen zytotoxische T-Zellen nur eine untergeordnete Rolle spielen.

Je nachdem, wie eine dendritische Zelle in der frühen Phase der Infektion durch PAMPs getriggert wurde, lenkt sie nachfolgend die Differenzierung von Zellen in unterschiedliche Richtungen und die sich teilenden T-Helferzellen (Th) nehmen einen unterschiedlichen Phänotyp an (Abb. 1.37):

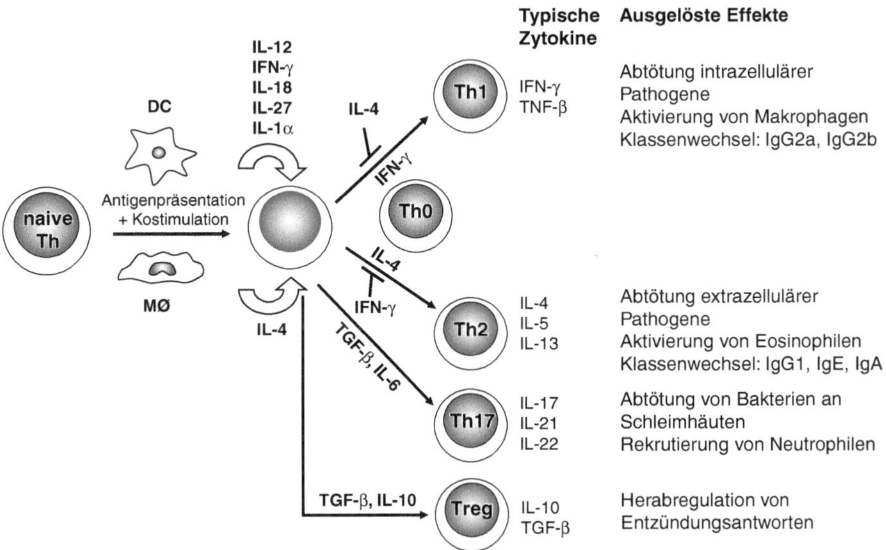

Abb. 1.37 Differenzierung von T-Helferzellsubpopulationen in der Maus. Die Differenzierung wird wesentlich beeinflusst durch den Kontext der Antigenpräsentation, insbesondere durch Zytokinsignale von antigenpräsentierenden Zellen während der Sensibilisierung von T-Zellen. Zum Beispiel besteht bei Anwesenheit von IL-4 die Tendenz zur Ausprägung von Th2-Zellen, die ein spezifisches Muster von Zytokinen produzieren. Analog dazu führt die Anwesenheit anderer Zytokine zu Th1, Th17 und Treg-Antworten. *DC* dendritische Zelle; *MO* Makrophage; weitere Details siehe Text. (Aus Lucius 2006, mit freundlicher Genehmigung von Parey)

- Th1-Zellen sind gekennzeichnet durch die Produktion von IFN-γ und anderen Zytokinen. Sie aktivieren Makrophagen und andere Zellen zur Abtötung intrazellulärer Pathogene und führen beim Menschen zur Bildung der Antikörperklassen IgG2 und IgG3 (bei der Maus IgG2a und IgG2b), die ihrerseits effizient von vielen Effektorzellen erkannt werden. Damit resultieren insgesamt starke Entzündungsantworten, die oft auch zur Schädigung des wirtseigenen Gewebes führen („Immunpathologie").
- Th17-Zellen produzieren verschiedene Formen des Zytokins IL-17 sowie TNF-α und IL6. Das IL-17 aktiviert Neutrophile und weitere Zielzellen und bewirkt die Ausschüttung entzündungsfördernder Zytokine und weiterer Stoffe. Es resultieren starke Entzündungen, die von Neutrophilen dominiert werden und zur Abtötung extrazellulärer Erreger führen können, aber auch starke Immunpathologie bedingen können. Th17-Antworten inhibieren Th1-Antworten und können damit der Abtötung intrazellulärer Pathogene entgegenwirken.
- Th2-Zellen produzieren neben anderen Botenstoffen als typisches Zytokin IL-4, das hauptsächlich B-Zellen zum Wachstum stimuliert und damit die Antikörperproduktion stark anregt, besonders von Antikörpern der Klassen IgG1, IgG4, IgA und IgE beim Menschen (bei der Maus IgG1, IgE, IgA). Zudem werden Mastzellen und Eosinophile zur Teilung angeregt und aktiviert. Th2-Antworten verschieben die Immunantwort damit in eine Richtung, die besonders geeignet ist zur Abtötung von Würmern, z. B. durch IgE und Eosinophile. Auch hierbei kann es zur Schädigung von wirtseigenem Gewebe kommen („Th2-Inflammation"). Insgesamt sind die Entzündungsantworten aber tendenziell schwächer ausgeprägt als bei Th1-Antworten.
- Regulatorische T-Zellen produzieren entzündungshemmende Zytokine wie IL-10 und TGF-β. Ihre Hauptaufgabe ist die spezifische Herabregulation von Immunantworten.

Meist entwickeln sich in der frühen Phase einer Parasiteninfektion zunächst Th1-Antworten, welche die Ausbreitung der Parasiten begrenzen, im chronischen Verlauf einer Infektion aber in Antworten des Th2-Typs übergehen. Entscheidend für den Verlauf einer Infektion ist oft die korrekte Sequenz von Immunantworten. Erfolgt z. B. in der chronischen Phase einer Infektion nur eine unzureichende Umschaltung auf entzündungshemmende Th2-Antworten, so können die Tiere an ausgeprägter Immunpathologie sterben.

Szenarien von Abwehrreaktionen gegen Parasiten Durch welche Effektormechanismen Parasiten angegriffen und eliminiert werden, hängt stark von der Größe und Lokalisation der Erreger ab und wird auch durch das Kompartiment (z. B. Haut, Darm, Blut) bestimmt, in dem sie leben. So werden intrazelluläre Protozoen durch andere Immunantworten begrenzt als große extrazelluläre Parasiten, wie z. B. Helminthen. In den meisten Fällen gibt es nicht einen einzelnen wirksamen Effektormechanismus, sondern mehrere oder viele Komponenten des Immunsystems arbeiten zusammen. Die Wirksamkeit von Immunantworten wird aber auch entscheidend durch eventuelle Immunevasionsmechanismen der Parasiten bestimmt (s. unten):

- Kleine extrazelluläre Parasiten können oft allein durch humorale Immunreaktionen abgewehrt werden (Abb. 1.38a). So wird durch Aktivierung von Komplement auf dem alternativen Weg wahrscheinlich der Großteil der Leishmanien einer frühen Infektion abgewehrt. Antikörper können die Anheftung der Erreger an Wirtszellen verhindern, Parasiten agglutinieren oder für Phagozyten opsonieren, ein Mechanismus, der z. B. viele Merozoiten von Plasmodien ausschaltet. Sehr effizient sind komplementaktivierende Antikörper bei der Beseitigung von *Trypanosoma brucei*-Trypomastigoten im Blut durch Phagozyten.
- Intrazelluläre Parasiten sind zwar gegen Komplement und Antikörper abgeschirmt, werden aber trotzdem von mehreren Effektormechanismen erreicht. Kommt es beim Befall von Zellen zur Präsentation von Parasitenepitopen im MHC-I-Kontext an der Oberfläche der Wirtszelle, kann diese von zytotoxischen T-Zellen abgetötet werden. Auf diese Weise können z. B. Leberstadien von Plas-

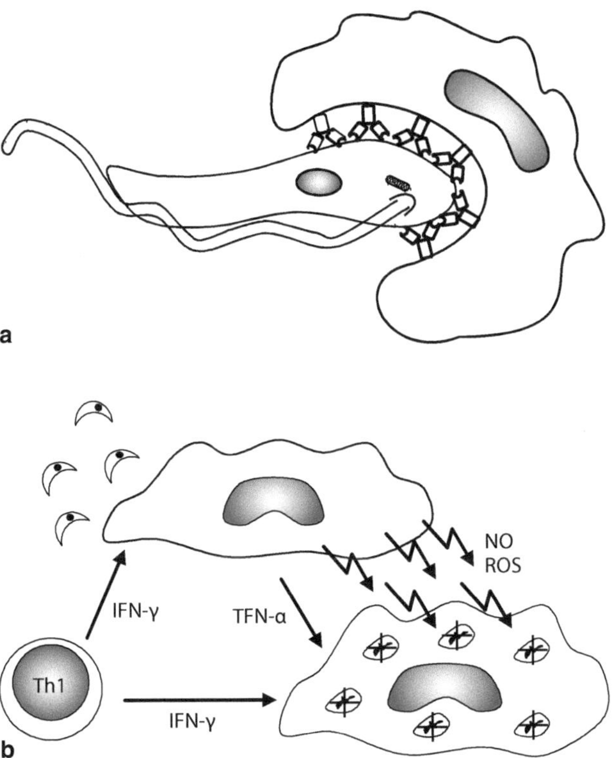

Abb. 1.38 Immunangriff auf einzellige Parasiten. **a** Abtötung extrazellulärer Protozoenparasiten. An die Oberfläche gebundene Antikörper machen den Parasiten für Effektorzellen erkennbar und führen zur Phagozytose. Dieser Vorgang kann durch Komplementaktivierung verstärkt werden. **b** Abtötung intrazellulärer Parasiten. Th1-Zellen aktivieren durch Interferon-γ die Wirtszelle zur Abtötung ihrer intrazellulären Parasiten. (Aus Lucius 2006, mit freundlicher Genehmigung von Parey)

modium eliminiert werden. Befallene Wirtszellen können die intrazellulären Erreger unter Umständen auch selbst durch Produktion zytotoxischer Moleküle (z. B. reaktive Sauerstoffprodukte oder NO) oder durch Veränderung des Vesikeltransports oder von Stoffwechselwegen abtöten, wenn sie durch exogene Faktoren, wie z. B. IFN-γ oder TNF-α, aktiviert wurden (Abb. 1.38b). Eine Abtötung von außen kann auch erfolgen, indem Effektorzellen der Umgebung zytotoxische Moleküle abgeben, die in die befallene Zelle diffundieren und intrazelluläre Parasiten abtöten (Abb. 1.38b).

- Zur Abwehr der relativ großen Helminthen ist meist eine Kooperation mehrerer Komponenten der Immunantwort notwendig. Die klassische Abwehrreaktion gegen Würmer ist die antikörpervermittelte zelluläre Zytotoxizität („antibody dependent cellular cytotoxicity", ADCC). Hier opsonieren Antikörper, eventuell verstärkt durch Komplementaktivierung auf dem klassischen Weg, die Oberfläche der Parasiten, die daraufhin von Effektorzellen angegriffen werden kann. Eosinophile oder Neutrophile binden an die von Antikörpern opsonierten Würmer, entlassen den Inhalt ihrer Granula, d. h. hochreaktive Proteine und andere Faktoren, auf die Parasitenoberfläche und schädigen sie (Abb. 1.39, 1.40). Helminthen sind aber auch angreifbar durch aktivierte Makrophagen, die sich eng an die Parasitenoberfläche anlagern und zytotoxische Moleküle (z. B. NO) entlassen, die das Innere der Würmer schädigen.
Bei der Abwehr von Helminthen im Darm spielt die IgE-vermittelte Degranulation von Mastzellen eine wichtige Rolle. Produkte von Mastzellgranula, vor allem

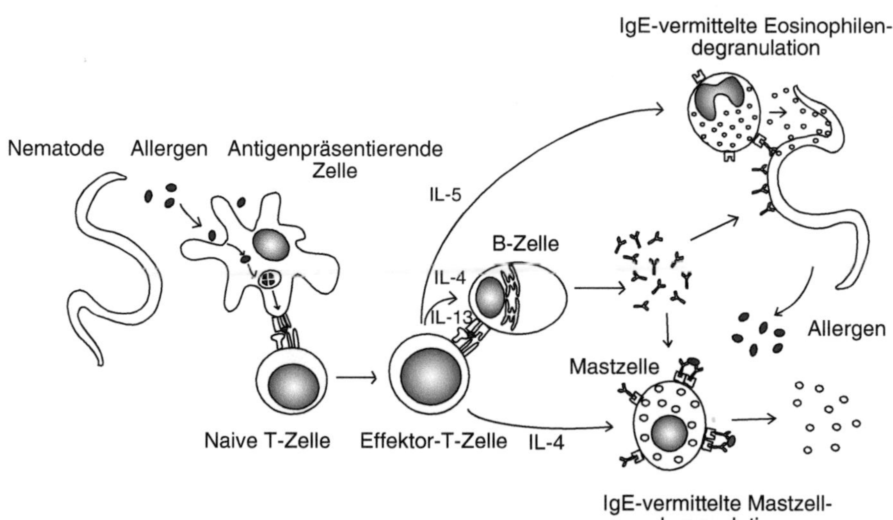

Abb. 1.39 Immunangriff auf Würmer im Gewebe. Von den Würmern abgegebene Allergene induzieren IgE-Antikörper, die Würmer opsonieren und damit für den Angriff von Eosinophilen kenntlich machen. Die IgE-vermittelte Degranulation von Mastzellen erleichtert die Rekrutierung von Eosinophilen. Details siehe Text

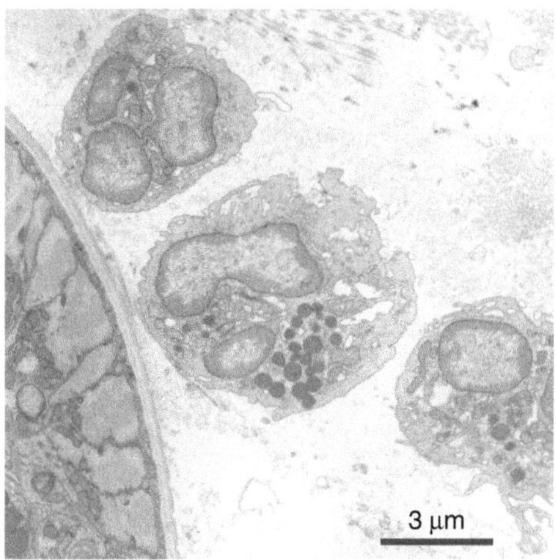

Abb. 1.40 Eosinophile greifen eine Drittlarve der Filarie *Acanthocheilonema viteae* im Gewebe einer Wüstenrennmaus an. (EM-Aufnahme: Lehrstuhl für Molekulare Parasitologie, Humboldt-Universität zu Berlin)

Histamin, machen Kapillaren und Epithelien durchlässig und locken Eosinophile an, die die Würmer angreifen. Auch myeloide Zellen und die von ihnen produzierten Zytokine spielen eine wichtige Rolle. Durch Ausschüttung bestimmter Peptide kann es im Darm zu einer Aktivierung der Peristaltik und zu massiver Schleimproduktion kommen, sodass parasitische Würmer mit einem Mechanismus aus

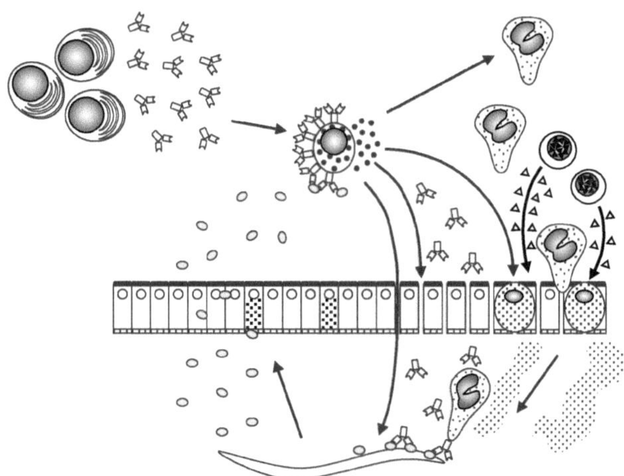

Abb. 1.41 Immunangriff auf Nematoden im Darm. Ein Übertritt von Wurmantigenen (*graue Ovale*) in das Gewebe führt bei sensibilisierten Wirten, die bereits IgE-Antikörper gebildet haben, zur Degranulation von Mastzellen. Die entlassenen Mastzellprodukte locken Granulozyten und myeloide Zellen an, die Zytokine (*Dreiecke*) entlassen, Becherzellen des Epithels zur Schleimproduktion stimulieren, den Verband von Epithelzellen lockern und damit eine Durchlässigkeit für Antikörper, Eosinophile und Effektormoleküle der Mastzellen bewirken. Manche Mastzellprodukte wirken auch direkt auf Würmer. Die Kombination dieser Effekte führt zur schnellen Austreibung von Nematoden. Details siehe Text. (Aus Lucius 2006, mit freundlicher Genehmigung von Parey)

dem Darm ausgetrieben werden, der Parallelen zu allergischen Reaktionen aufweist („rapid expulsion") (Abb. 1.41). Zudem können in den Darm ausgetretene Antikörper auch zu ADCC-Reaktionen führen.

- Blutsaugende Arthropoden geben mit ihrem Speichel zahlreiche Wirkstoffe ab, die allergische Reaktionen vom Soforttyp und vom verzögerten Typ auslösen können. Diese behindern die Blutaufnahme durch die Parasiten.

Immunpathologie Das Krankheitsbild vieler Parasitosen wird durch Schädigungen geprägt, die von Immunantworten hervorgerufen werden, welche von Parasiten induziert wurden. Da die Immunreaktivität von Individuen entsprechend ihrer jeweiligen genetischen Prädisposition und der Umgebungseinflüsse sehr unterschiedlich ist, variiert auch die Immunpathologie und damit das klinische Bild der Infektion. Bei evolutionär alten und deshalb ausbalancierten Parasitosen sind die Reaktionen in der Regel begrenzt, sodass schwere Erkrankungen selten sind.

Eine häufige Ursache von Immunpathologie sind **überschießende Entzündungsreaktionen**, bei denen toxische Effektormoleküle frei werden und nicht nur die Parasiten schädigen, sondern auch das umliegende Wirtsgewebe im Sinne von Kollateralschäden in Mitleidenschaft ziehen. So kann der ständige Reiz durch PAMPs, die von persistierenden Parasiten stammen, chronische Entzündungsreaktionen hervorrufen, die zur pathologischen Veränderung des Wirtsgewebes führen. Als Beispiel kann der chronische Befall von Herzmuskelzellen mit *Trypanosoma cruzi* gelten, der zu einer chronischen Myokarditis (Abb. 1.42) führt. Diese bedingt längerfristig eine Degeneration von Bereichen des Herzmuskels, was zur Verdünnung der Herzwand und schließlich zu deren Bruch führen kann.

Eine weitere, häufige Ausprägung von Immunpathologie sind **Immunkomplexerkrankungen**. Dabei binden Antikörper an Parasitenantigene, wie sie z. B. bei Malariainfektionen in großer Menge freigesetzt werden. Diese Immunkomplexe zirkulieren im Blut, werden vorzugsweise in engen Gefäßen mit hohem Druck und großer Strömungsgeschwindigkeit abgelagert und aktivieren dann Komplement, sodass es zur Anlockung von Entzündungszellen und Schädigung der Gefäßwandungen kommt. In den Glomeruli der Niere kann es durch diesen Vorgang zur Im-

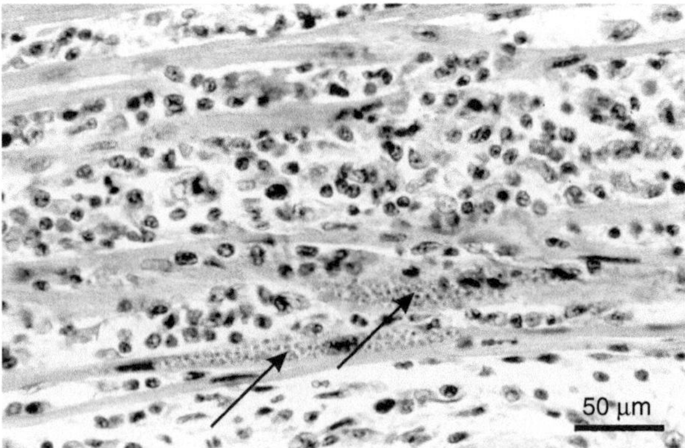

Abb. 1.42 Herzmuskelentzündung bei der Chagas-Erkrankung. Die Muskelfasern sind durchsetzt von Entzündungszellen. *Pfeil*: amastigote Stadien von *Trypanosoma cruzi* in Muskelzellen. (Foto: Archiv des Lehrstuhls für Molekulare Parasitologie, Humboldt-Universität zu Berlin)

Abb. 1.43 Nierenschäden aufgrund von Immunkomplexen bei Wüstenrennmäusen, die mit der Filarie *Acanthocheilonema viteae* infiziert sind. *Links*: geschädigte Niere; *rechts*: Niere eines gesunden Tieres. (Foto: Richard Lucius)

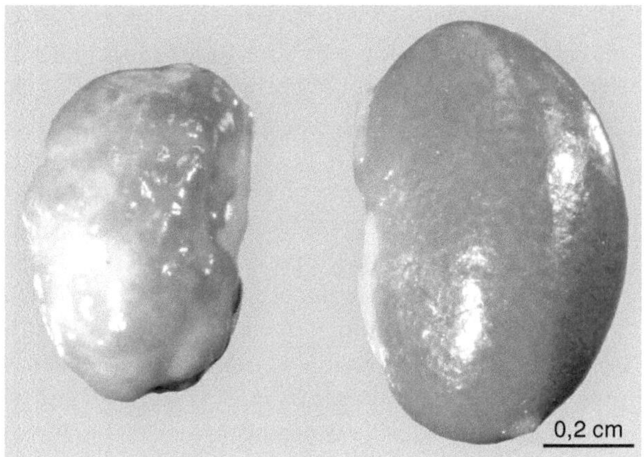

munkomplexglomerulonephritis mit chronischen, schweren Nierenschäden kommen, wie sie z. B. bei Malaria oder Filarieninfektionen häufig auftreten (Abb. 1.43). Kleine Immunkomplexe können aber auch aus Kapillaren austreten und im Gewebe Komplement aktivieren, sodass perivaskuläre Entzündungen resultieren. Bei *Trypanosoma brucei*-Infektionen werden solche perivaskulären Inflammationen als Ursache für das klinische Bild der Schlafkrankheit angenommen.

Bei vielen Parasitosen resultiert **Immunsuppression** als Folge von Defekten in der Leukozytenbildung, durch parasitenbedingte Immunmodulation oder durch Erschöpfung der spezifischen Immunantwort. So liegt die Todesursache von *Leishmania donovani*-Infekten in der Unfähigkeit, banale Erreger abzuwehren. Bedingt ist diese Störung durch die massive Verschiebung der Zellpopulationen des Knochenmarks, was die Differenzierung von Abwehrzellen beeinträchtigt. Bei Infektionen mit Trypanosomen und Leishmanien treten Makrophagen mit starken immunsuppressiven Eigenschaften auf, die z. B. Prostaglandin E2 produzieren, sodass Lymphozyten infizierter Individuen stark in ihrer Proliferationsfähigkeit beeinträchtigt sind. Eine weitere Art von Immunsuppression erfolgt nach massiver Stimulation von B-Zellen durch B-Zell-Mitogene von *Trypanosoma cruzi*. Die parallele Stimulation aller B-Zellen bewirkt hier, dass die Bildung spezifischer Antikörperantworten eingeschränkt ist. Auch kann eine ständige Stimulation von T- oder B-Zellen durch das spezifische Antigen zu einer Erschöpfung der Klone führen, ein Mechanismus, der für Immunsuppression bei Malariakranken verantwortlich gemacht wurde.

1.6.2 Evasionsmechanismen von Parasiten

Parasiten können immunkompetente Wirte, die ja über eine Vielzahl von Abwehrmechanismen verfügen, nur besiedeln, wenn sie deren Immunantworten erfolgreich vermeiden, unterlaufen oder verändern. Dies wird als **Immunevasion** bezeichnet. In ausgewogenen Parasit-Wirt-Systemen existiert wohl gegen jeden Effektormechanismus eines Wirtes auch ein Evasionsmechanismus der Parasiten, sodass Effektor- und Evasionsmechanismen sich in einem gewissen Ausmaß gegenseitig neutralisieren.

Dieses Gleichgewicht, das beiden Gegnern ein Überleben ermöglicht, lässt sich leicht aus evolutionärer Sicht erklären. Beide Gegenspieler, Wirt und Parasit, müssen den Kontrahenten zwar abwehren, den Aufwand zur Abwehr der gegnerischen Mechanismen aber begrenzen, weil sie sonst Gefahr laufen, in der Konkurrenz gegen ihre Artgenossen zu unterliegen (s. Abschn. 1.4). Ein Wirt, der seine Abwehrsysteme auf Kosten der Reproduktion perfektioniert, hat wahrscheinlich eine geringere Fitness als ein Artgenosse, der das Restrisiko einer Infektion in Kauf nimmt. Ganz ähnlich kann – ebenfalls aus Gründen der intraspezifischen Konkurrenz – ein Parasit nur begrenzt in Evasionsmechanismen investieren.

Das Spektrum der Evasionsmechanismen reicht von einfachen Taktiken der Vermeidung von Immunantworten über ein Unterlaufen von Effektormechanismen bis hin zu Eingriffen in die Steuerung des Immunsystems (Tab. 1.4). Als eine Vermeidungsstrategie wird die Ansiedlung von Parasiten in Zellen, Geweben oder Organen angesehen, die arm an Immunantworten sind. So wird die bevorzugte Adhäsion an Kapillarwände der Plazenta durch Erythrozyten, die mit *Plasmodium falciparum* befallen sind, darauf zurückgeführt, dass diese Umgebung arm an Immunantworten ist (Abb. 1.44). In der Plazenta werden hohe Spiegel an antiinflammatorischen Zytokinen erreicht, was zusammen mit anderen Mechanismen der Immunsuppression die Abstoßung des Fetus verhindert. Ganz ähnlich wird auch die Besiedelung des Zentralnervensystems durch manche Parasiten (z. B. Metazestoden von *Taenia solium*) darauf zurückgeführt, dass Immunantworten hier weniger effizient ablaufen.

Auch durch räumliche Abschottung (Sequestrierung) können Parasiten nach Meinung vieler Autoren Immunantworten vermeiden. So sind Pathogene im Inneren von Wirtszellen vor Antikörpern geschützt. Durch Gewebsbarrieren können in gewissem Ausmaß Entzündungszellen ferngehalten werden, eine Strategie, die von manchen parasitischen Würmern verfolgt wird. So induziert die Filarie *Onchocerca volvulus* die Bildung von derben Bindegewebsknoten, in welche die aufgeknäuelten, bis zu 50 cm langen, weiblichen Würmer eingewachsen sind, während die

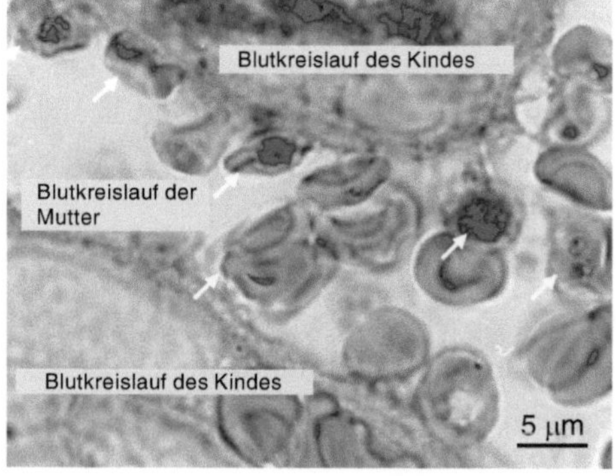

Abb. 1.44 Zytoadhärenz *Plasmodium falciparum*-infizierter Erythrozyten (*Pfeile*) in einem mütterlichen Blutgefäß der Plazenta. (Foto: Mats Wahlgren)

Tab. 1.4 Beispiele für Effektormechanismen von Wirten und entsprechende Immunevasionsmechanismen von Parasiten

Effektormechanismus	Evasionsmechanismus	Erreger
Aktivierung von Komplement	Komplementinhibitoren in der Oberflächenmembran	*Trypanosoma cruzi, Schistosoma mansoni*
Oxidative Burst von Makrophagen	Inhibition der Makrophagenaktivierung und Entgiftung von reaktiven Produkten durch LPG	Leishmanien
Antikörper	Intrazelluläre Lebensweise	Microspora, *Trypanosoma cruzi,* Leishmanien, Apicomplexa, *Trichinella*
Antikörper	Abschneiden der FC-Enden durch spezifische Proteasen	*Schistosoma mansoni*
Antikörperabhängige komplementvermittelte Zytotoxizität durch Kupffer'sche Sternzellen	Antigenvariation	*Trypanosoma brucei*
Antikörpervermittelte zelluläre Zytotoxizität durch Eosinophile	Induktion eines Bindegewebsknotens, permanente Wanderung durch das Gewebe	*Onchocerca volvulus* bzw. *Loa loa*
Zytotoxische T-Zell-Antworten	Überleben in Zellen ohne bzw. mit wenig MHC I an der Oberfläche, Verringerung von MHC I	*Plasmodium* (Erythrozyten), *Toxoplasma* (Neuronen)
Entzündungen, bedingt durch Th1-Antworten	Polarisierung der T-Zell-Antwort zu Th2	*Schistosoma mansoni*, Filarien
Entzündungen, bedingt durch Th2-Antworten	Hemmung von Zellaktivierung durch IL-10 von Makrophagen	Filarien

Männchen durch das subkutane Bindegewebe wandern können, um die Weibchen zu befruchten. Üblicherweise finden sich kaum Entzündungszellen in den Knoten, sodass man vermutet, dass das dichte Gewebe – vielleicht in Kombination mit anderen Mechanismen – den Zugang von Effektorzellen behindert (Abb. 1.45).

Effektormechanismen können aber auch vermieden werden, indem sich Parasiten ständig bewegen, sodass Effektorzellen nicht effizient angreifen können. Es ist gut vorstellbar, dass die in der Haut lebenden Mikrofilarien mancher Filarienarten (z. B. von *Onchocerca volvulus* oder *Mansonella streptocerca*) bei ihrer ständigen Wanderung durch das Bindegewebe Effektorzellen abstreifen. Gleiches dürfte auf die im Unterhautbindegewebe wandernden Adulti der Filarie *Loa loa* zutreffen.

Parasiten können auch Wirtsmoleküle in ihre Oberfläche einlagern und sich damit der Erkennung durch das Immunsystem entziehen. Das bekannteste Beispiel für eine solche Verkleidung („antigen disguise") sind Adulti von *Schistosoma mansoni*, in deren Oberflächenmembran unter anderem MHC-Moleküle, Blutgruppenantigene und Komplementproteine des Wirtes nachgewiesen wurden.

Manche kleine Parasiten, die aufgrund schneller Teilungsraten genetisch flexibel sind, haben die Fähigkeit, Antikörperantworten der Wirte durch Variation ihrer

Abb. 1.45 Quergeschnittene *Onchocerca volvulus*-Weibchen in einem Hautknoten. Man beachte das Fehlen von Entzündungszellen im Bindegewebe. (Foto: Lehrstuhl für Molekulare Parasitologie, Humboldt-Universität zu Berlin)

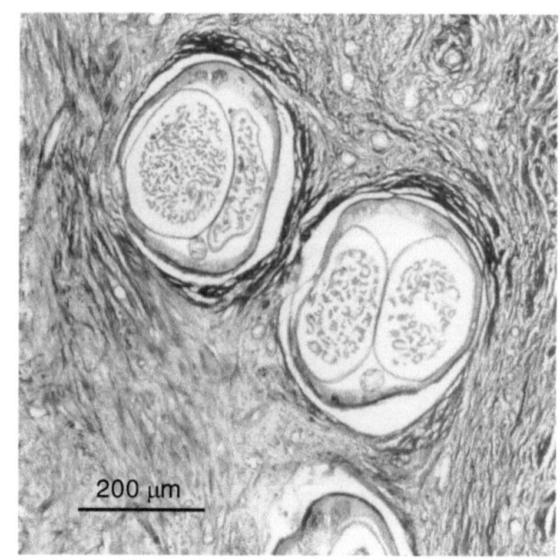

Oberflächenantigene zu entgehen (z. B. Trypanosomen, Plasmodien, *Giardia*). Das Paradebeispiel für Antigenvariation ist *Trypanosoma brucei* mit einer großen Familie von Genen, die für variable Oberflächenantigene codieren. Diese Proteine sind Zielstrukturen für effiziente Antikörperantworten. Allerdings werden innerhalb eines Parasitenklons immer wieder neue Oberflächenantigene exprimiert, die dem Immunsystem noch nicht bekannt sind, sodass deren Träger für eine begrenzte Zeit bis zum Anlaufen neuer Antikörperantworten geschützt sind. Dadurch sind die Parasiten der Immunantwort jeweils ein Stück voraus. Die Aspekte der Antigenvariation werden bei den jeweiligen Parasiten besprochen.

Eine wichtige Strategie der Immunevasion ist die Inaktivierung von Effektormolekülen. Die Inhibition der Komplementaktivierung ist überlebenswichtig für viele Einzeller und Würmer; z. B. wurden allein bei *Trypanosoma cruzi* drei unterschiedliche Komplementinhibitoren beschrieben. Antikörper können durch von Parasiten sezernierte hochspezifische Proteasen unwirksam gemacht werden. Zytotoxische Effektormoleküle von Immunzellen, wie z. B. reaktive Sauerstoff- oder Stickstoffprodukte, werden abgewehrt, indem Parasiten ihre Produktion entgiftender Enzyme (Glutathion-S-Transferase, Glutathion-Peroxidase, Katalase etc.) steigern.

Durch Ausscheidung spezifisch wirkender Produkte können Parasiten steuernd in das Zytokinnetzwerk eingreifen und lokal oder systemisch Wirtsimmunantworten modulieren. Manchen Parasiten gelingt es, die entzündungsfördernden und damit für die Erreger potenziell gefährlichen Th1-Immunantworten zugunsten von Th2-Immunantworten zurückzudrängen (s. *Taenia crassiceps*, Abschn. 1.7.2). Bei Filarieninfektionen wurden mehrere sezernierte Parasitenprodukte identifiziert, die die Aktivierung und Zytokinproduktion von Immunzellen verändern und damit Entzündungsantworten herabregulieren. Man nimmt deshalb an, dass Helminthen, aber auch andere Parasiten, in zentrale Schaltstellen des Immunsystems eingreifen, um den „immunologischen Phänotyp" des Wirtes in ihrem Sinne zu verändern.

1.6.3 Parasiten als opportunistische Erreger

Individuen mit intaktem Immunsystem („Immunkompetente") können eine Vielzahl von potenziell pathogenen Erregern abwehren oder begrenzen. Bei Schwächung oder Ausfall wichtiger Komponenten des Immunsystems können sich dagegen manche Protozoen, Helminthen oder Arthropoden etablieren und Krankheiten hervorrufen, die bei Immunkompetenten entweder gar nicht auftreten oder vom Immunsystem kontrolliert werden. Solche Erreger, die ausschließlich oder überwiegend bei Immungeschwächten auftreten, werden als **opportunistische Erreger** bezeichnet. In diese Kategorie gehören auch viele Parasiten des Menschen und von Tieren.

Mit der Ausbreitung von HIV/Aids in den 1980er-Jahren hat die Bedeutung opportunistischer Erreger stark zugenommen, da Aidspatienten meist durch Infektionen sterben, die für Immunkompetente keine Bedrohung darstellen. Im Fall von Aids ist die Abnahme von T-Helferzellen, die durch das Virus besiedelt und zerstört werden, die wesentliche Ursache für die Immunsuppression der HIV-Infizierten.

Dabei besteht eine deutliche Korrelation zwischen der Anzahl von $CD4^+$-Zellen und der Empfänglichkeit für unterschiedliche Pathogene (Abb. 1.46). Ebenso kann aber auch Immunsuppression anderer Genese die Empfänglichkeit für Pathogene erhöhen. Bedroht sind z. B. Transplantatempfänger, die zur Verminderung von Abstoßungsreaktionen immunsupprimiert werden. Auch Chemo- oder Strahlentherapie von Tumoren kann mit Immunsuppression einhergehen und damit die Infektionsgefahr erhöhen. Da das Immunsystem von Feten noch nicht ausgereift ist und seine Leistungsfähigkeit bei alternden Individuen nachlässt, sind diese an-

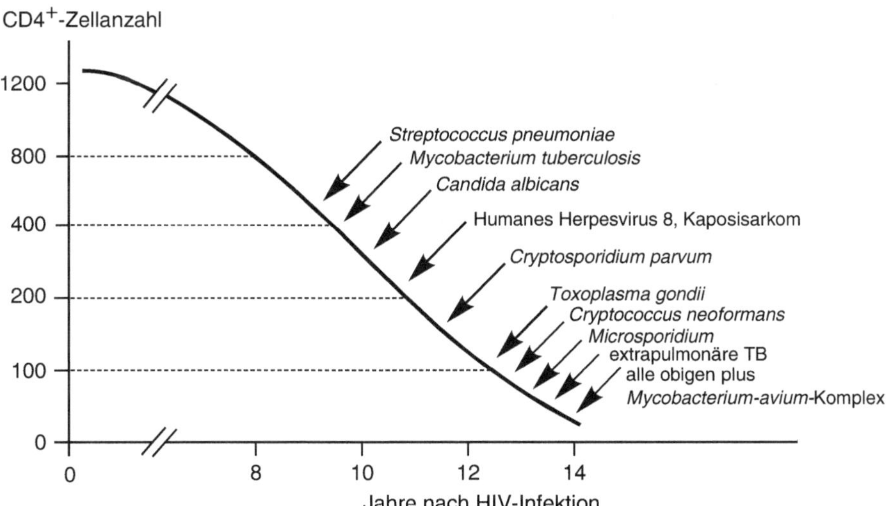

Abb. 1.46 Auftreten opportunistischer Infektionen in Abhängigkeit der Dichte von $CD4^+$-T-Zellen/ul Blut. (Verändert nach Presber 2006, mit freundlicher Genehmigung von Parey)

fälliger für bestimmte Infektionen. Auch Unterernährung, besonders der damit in der Regel verbundene Proteinmangel, ist eine weitverbreitete Ursache für Abwehrschwäche, weshalb viele Infektionskrankheiten in tropischen Entwicklungsländern schwerer verlaufen.

Opportunistische Protozoen Die weitaus meisten Infektionen des Menschen mit **Microspora**, z. B. *Enterocytozoon bieneusi* bei Aidspatienten, sind von Immungeschwächten beschrieben worden. Viele dieser Beschreibungen gehen sicherlich auf eine besonders intensive Diagnostik bei diesen Personen zurück, denn anfängliche Befürchtungen, dass opportunistische Microspora eine massive Bedrohung z. B. für Aidspatienten darstellen würden, haben sich nicht bewahrheitet.

In Zusammenhang mit der Aidspandemie sind **Leishmanien** als opportunistische Erreger wichtig geworden. Wahrscheinlich sind in endemischen Gebieten viele Personen einer Infektion exponiert, allerdings können sich die Parasiten unter dem Druck der Immunantwort nicht etablieren und ausbreiten. Immunsupprimierte Personen sind hingegen weitaus empfänglicher. Deshalb ist die Wahrscheinlichkeit, eine viszerale Leishmaniose zu entwickeln, bei Aidspatienten 50- bis 100-mal größer als bei immunkompetenten Personen. Dies erklärt auch die Tatsache, dass in Spanien und Portugal ca. 80 % aller Leishmaniose-Fälle bei HIV-Patienten beschrieben worden sind.

Bei den Apicomplexa ist *Cryptosporidium parvum* ein wichtiger Erreger opportunistischer Infektionen. Dieser Parasit kann bei Aidspatienten schwerste Durchfälle hervorrufen, die direkte Todesursache sein können. Erschwerend kommt hinzu, dass es keine spezifische Therapie für Cryptosporidiose gibt, da die gegen andere Apicomplexa wirkenden Mittel hier nicht greifen. Auch *Cyclospora cayetanensis*, ein erst kürzlich beschriebener *Isospora*-ähnlicher Parasit tropischer Klimate, kann bei immunkompromittierten Personen schwere Durchfälle hervorrufen. Infektionen mit *Toxoplasma gondii* führen bei gesunden Personen meistens nur zu subklinischen Verläufen mit grippeähnlichen Symptomen, die nach mehreren Wochen ausheilen. Dabei bilden sich, vorzugsweise im Gehirn, unter dem Druck der Immunantwort Gewebezysten, die als langlebige Dauerstadien Bradyzoiten enthalten. Bei Nachlassen von Immunantworten, z. B. in der Folge von HIV-Infektionen, können diese Ruhestadien aktiviert werden und es differenzieren sich Tachyzoiten, die sich lokal im Gewebe ausbreiten. Durch Entzündungen und Gewebezerstörungen kann es im Gehirn zu großen, potenziell letalen Läsionen kommen (Abb. 1.47). Auch im Fetus, dessen Immunantworten ja noch nicht voll funktionsfähig sind, können *Toxoplasma*-Infektionen, die von der Mutter auf das ungeborene Kind übergegangen sind, Schäden unterschiedlichen Ausmaßes verursachen. Im ersten Dreimonatszeitraum (Trimenon) führt eine *Toxoplasma*-Infektion meist zu Embryonaltod oder Abort, während Infektionen zu späteren Zeitpunkten unterschiedlich ausgeprägte Schäden bedingen können.

Infektionen mit *Balantidium coli* und *Entamoeba histolytica* können bei immunkompromittierten Personen schwerere Durchfälle verursachen und bei Amöbeninfektionen können extraintestinale Infektionen bei HIV-Infizierten häufiger auftreten als bei immunologisch gesunden. Auch **Acanthamöben**, die Erreger von granulo-

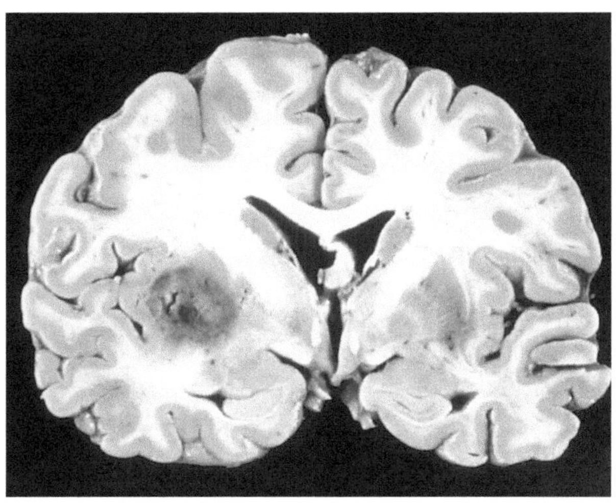

Abb. 1.47 Reaktivierte Toxoplasmose im Gehirn eines Aidspatienten. Man beachte den nekrotischen Bereich in der linken Gehirnhälfte. (Foto: Julio Martinez)

matöser Meningoenzephalitis, kommen bei immunkompromittierten Personen häufiger vor.

Opportunistische Helminthen und Arthropoden Der Nematode *Strongyloides stercoralis* kann bei immunkompromittierten Personen zu massiven Infektionen führen. Dabei spielt eine Besonderheit im Lebenszyklus dieses Parasiten eine Rolle, nämlich seine für Helminthen untypische Fähigkeit zur Autoinfektion. Die bei Immunsupprimierten in großen Mengen auftretenden Larven können während ihrer Körperwanderung lebensbedrohliche Entzündungen und andere Veränderungen hervorrufen, unter anderem in Lunge und Gehirn.

Auch die Haarbalgmilben *Demodex folliculorum* und *D. brevis* können als Opportunisten in Erscheinung treten. Während diese Milben normalerweise unauffällig in Haarfollikeln leben, kann es bei immunsupprimierten Personen zu Hauterkrankungen kommen. Die Krätzmilbe *Sarcoptes scabiei* verursacht bei immunkompromittierten Patienten eine stärkere Erkrankung als bei Immunkompetenten, u. a. sind größere Körperpartien betroffen, und es kann sich als schwere Verlaufsform die Borkenkrätze entwickeln.

1.6.4 Impfstoffe gegen Parasiten

Angesichts des Fehlens von Medikamenten gegen viele Parasiten und des Auftretens von Resistenzen gegen vorhandene Medikamente könnten Impfstoffe gegen Parasiten eine Alternative oder wertvolle Ergänzung zur medikamentösen Bekämpfung sein. Generell sind Impfstoffe außerdem vergleichsweise kostengünstig, sodass ein Einsatz gerade auch in Entwicklungsländern sehr attraktiv wäre. Entgegen früherer optimistischer Annahmen hat sich jedoch gezeigt, dass die Immunbiologie von Parasiten so komplex ist, dass einfache Konzepte der Impfstoffentwicklung nur in seltenen Fällen greifen. Deshalb gibt es heute erst wenige verfügbare Impfstoffe gegen Parasiten und es wird noch großer Anstrengungen bedürfen, bis Erkrankungen, wie z. B. Malaria, durch Vakzinen verhindert werden können.

Eine besondere Herausforderung für die Entwicklung antiparasitärer Impfstoffe besteht in der Tatsache, dass durchstandene Parasiteninfektionen in der Regel keine effiziente, lange anhaltende Immunität hervorrufen. Parasitosen induzieren im typischen Fall eine Prämunität („concomitant immunity"), d. h., in Gegenwart einer Infektion besteht eine weitgehende Immunität gegen Superinfektionen. Mit dem Erlöschen der Infektion geht diese Immunität zurück, sodass bald wieder Neuinfektionen möglich werden. Es liegt also eine vollkommen andere Ausgangssituation vor als bei vielen Virusinfektionen (z. B. Masern, Mumps, Röteln), die natürlicherweise eine „sterile Immunität" hervorrufen, sodass eine Person die Krankheit in der Regel trotz wiederholter Exposition nur ein einziges Mal durchmacht. Dennoch gibt es viele ermutigende Argumente: Unter anderem beobachtet man in experimentellen Systemen einen ausgezeichneten Schutz durch Immunisierung mit abgeschwächten („attenuierten") Parasiten. Parasitenstadien, wie z. B. Plasmodiensporozoiten oder Infektionslarven von Nematoden oder Schistosomen, die mit einer subletalen Dosis radioaktiver Strahlung attenuiert wurden, können sich nicht mehr weiterentwickeln, induzieren im Wirt aber eine weitgehende Immunität. Auch attenuierte Parasitenstämme, die durch Selektion einen verkürzten Lebenszyklus aufweisen („frühreife Stämme"), können schützende Immunantworten hervorrufen. Genetisch attenuierte Stämme einiger Parasiten können mittlerweile durch Deletion spezifischer Gene hergestellt werden, befinden sich aber noch im Experimentalstadium. Die bisher vermarkteten Impfstoffe beruhen meist auf attenuierten Parasitenstadien, in seltenen Fällen auch auf sezernierten Parasitenprodukten, die durch *In vitro*-Kultur erzeugt wurden, bzw. auf rekombinanten Proteinen.

Kommerzialisierte Impfstoffe Da *Eimeria*-Infektionen in der kommerziellen Hühnerhaltung eine sehr große Bedeutung haben und es erforderlich machen, industriell aufgezogene Hühnchen prophylaktisch mit Antikokzidien zu behandeln, sind Impfstoffe hier besonders wünschenswert. Günstig ist, dass die meisten *Eimeria*-Infektionen eine relativ solide Immunität induzieren, die allerdings in der Regel artspezifisch ist. Verabreicht werden niedrig dosierte lebende Oozysten virulenter *Eimeria*-Arten und höher dosierte Oozysten frühreifer Stämme. Wegen der relativ hohen Kosten ist der Einsatz dieser Vakzine meist begrenzt auf Legehühner. Eine Immunisierung von Legehennen kann die Bildung von IgY im Ei induzieren, das den schlüpfenden Küken einen gewissen Schutz gegen Eimerien verleiht.

Gegen Toxoplasmose wird ein Lebendimpfstoff („Toxovax") auf der Basis von Tachyzoiten des attenuierten Stammes S48 angeboten. Er wird zur Immunisierung von Schafen eingesetzt, verhindert eine Infektion von Muttertieren und schützt damit vor dem „Verlammen" (Abort).

Zum Schutz gegen Theileriose (*Theileria parva*, *T. annulata*) und Babesiose (*Babesia bovis*, *B. divergens*) wurden experimentelle Impfstoffe auf der Basis attenuierter Parasitenstadien entwickelt. Einer dieser Impfstoffe ist kommerzialisiert.

Ein kommerzialisierter Impfstoff gegen Babesiose von Hunden beruht auf Antigenen aus Kulturmerozoiten von *B. canis,* wurde aber wieder vom Markt genommen.

Gegen Giardiose der Hunde soll ein Impfstoff aus Kulturtrophozoiten von *Giardia lamblia* schützen.

Die einzige Helminthenvakzine auf der Basis attenuierter Stadien ist gegen *Dictyocaulus*-Infektionen des Rindes entwickelt worden. Sie besteht aus bestrahlungsattenuierten dritten Larvenstadien, die lebend verabreicht werden. Diese Vakzine ist relativ teuer und logistisch aufwendig, da die Larven per Kühlkette zum Verbraucher gebracht werden müssen. Sie wirkt aber zuverlässig und wird in der Schweiz subventioniert, um in Alpenweidebetrieben die Dictyocaulose einzudämmen. Eine bestrahlte Vakzine gegen *Ancylostoma caninum*, den Hakenwurm des Hundes, wurde in den 1970er-Jahren kommerzialisiert, dann aber wieder vom Markt genommen.

Der einzige kommerzialisierte rekombinante Impfstoff gegen Parasiten richtet sich gegen Zecken, insbesondere gegen *Boophilus microplus*, die in tropischen Ländern als Überträger von Babesiose eine große Bedeutung hat. Man immunisiert Rinder mit einem rekombinant hergestellten Glykoprotein mit einem Molekulargewicht von 86KD (BM86) von *B. microplus*, das auf der Oberfläche der Mikrovilli im Darmlumen der Parasiten exponiert ist. Dieses Antigen kommt bei einer Infektion nicht in Kontakt mit dem Immunsystem des Wirtes („hidden antigen"), sodass unter natürlichen Bedingungen keine Immunreaktionen resultieren und deshalb auch keine Evasionsmechanismen gegen vakzineinduzierte Immunantworten existieren. Nach einer Impfung bildet der Wirt Antikörper gegen BM86, die im Darm der Zecke die Nahrungsaufnahme behindern, indem sie die endozytotische Aktivität der Darmzellen inhibieren. Sie können auch zur Schädigung des Darmes und damit zum Tod der Zecken führen. Der Schutz ist allerdings nicht komplett, denn eine Immunisierung mit dem Protein führt nur zu einer Reduktion der Saugaktivität und einer starken Verminderung der Eiproduktion. Wegen dieser Nachteile fand diese Vakzine, die z. B. in Australien unter dem Namen *Tick-GUARD* kommerzialisiert wird, keine breite Akzeptanz, obwohl ihr Einsatz rein rechnerisch einen Nutzen bringt.

1.6.5 Die Hygienehypothese: Haben Parasiten auch eine gute Seite?

Im letzten halben Jahrhundert beobachtete man in Industrieländern, nicht aber in weniger entwickelten Ländern, eine stetige Zunahme von Allergien und entzündlichen Erkrankungen, wie z. B. chronischen Darmentzündungen, Erkrankungen des rheumatischen Formenkreises und andere Autoimmunerkrankungen. Dieser Unterschied wird unter anderem auf den Rückgang von Infektionen in Ländern mit hoch entwickelter Hygiene und auf geringeren Kontakt mit Umweltbakterien zurückgeführt („Hygienehypothese"). Viele Studien weisen darauf hin, dass häufiger Kontakt mit bakteriellen und viralen Erregern in der frühen Kindheit und Kontakt mit Umweltbakterien regulatorische Immunantworten trainiert, die im späteren Leben überschießende Immunantworten verhindern. Aber auch Wurminfektionen regulieren Entzündungsantworten des Wirtes herab und ihr Wegfall in Ländern mit ausgeprägter Hygiene könnte einen wichtigen Anteil am Anstieg entzündlicher Erkrankungen haben. Epidemiologische Daten, Versuche in Tiermodellen und klinische Studien am Menschen zeigen, dass viele parasitische Würmer eine ausgeprägte Fähigkeit besitzen, das Immunsystem ihrer Wirte zu manipulieren. Deshalb gibt es klinische Studien, die das Potenzial von Helminthen für die Therapie entzündlicher Erkrankungen prüfen, und man versucht, die molekularen Mechanismen von Würmern bei der Entwicklung neuer Medikamente zu nutzen.

Die Auswirkung von Wurminfektionen auf Immunantworten von Patienten wurde zunächst durch Vergleiche von infizierten und wurmfreien Personen geprüft. So wurden in Afrika und Südamerika Kinder, die mit *Schistosoma mansoni* bzw. mit dem Hakenwurm *Necator americanus* befallen waren, in sorgfältig kontrollierten Studien entwurmt und dabei in Bezug auf Allergien untersucht. Entwurmte Kinder wiesen signifikant häufiger allergische Hautreaktionen gegen Hausstaubmilbenallergen auf, sodass der Befall mit parasitischen Würmern nachweislich vor diesem Typ von Allergien schützt. Allerdings haben nur chronische Wurminfektionen diesen Effekt, während schwache, vorübergehende Wurminfektionen die Neigung zu Allergien sogar verstärken können. Offensichtlich können lang andauernde Wurminfektionen die Regulation des Immunsystems so verändern, dass unter anderem auch die Neigung zu Allergien vermindert wird, für die ja hohe Spiegel von IgE und große Mengen von Eosinophilen charakteristisch sind.

Diese Milderung allergischer Erkrankungen wird auf Evasionsmechanismen zurückgeführt, mit denen die Würmer IgE-vermittelte Immunangriffe des Wirtes blockieren. IgE-vermittelte Mastzelldegranulation und IgE-vermittelte Bindung und Degranulation von Eosinophilen gehören zu den klassischen Abwehrmechanismen gegen Würmer. Bei allergischen Erkrankungen werden dieselben Veränderungen – hohe Spiegel von IgE, Eosinophilie und Aktivierung von Mastzellen – durch Umweltallergene wie Pollen, Bestandteile von Katzenhaaren oder Hausstaubmilben hervorgerufen. Wenn bei einem sensibilisierten Individuum solche Allergene von IgE-Antikörpern auf der Oberfläche von Mastzellen erkannt werden, so kommt es zu einer Sofortreaktion, bei der die Zellen unter anderem Histamin, chemotaktische Stoffe und Zytokine ausschütten. Die nachfolgenden Reaktionen führen zu Schwellung, Rötung und Juckreiz. Spätere Phasen der Allergie sind gekennzeichnet durch Ansammlung von Zellen, hauptsächlich von eosinophilen Granulozyten, die durch Ausschüttung ihrer Granula Gewebszerstörungen bedingen. Diese allergischen Erscheinungen können die Haut, Schleimhäute z. B. von Augen und Nase oder in Form von allergischem Asthma auch die Lunge betreffen. Bei Personen, die mit Würmern infiziert sind, sind solche Reaktionen eigentlich auch zu erwarten, finden aber aufgrund der Veränderungen des Immunsystems durch die Würmer nicht oder nur in geringem Umfang statt.

Welche Evasionsmechanismen von Würmern könnten den Ausbruch von allergischen Reaktionen bei mit Würmern infizierten Personen verhindern? Dazu werden hauptsächlich drei Ursachen diskutiert:

- Ineffiziente Degranulation von Mastzellen aufgrund veränderter Antikörperantworten. Manche Infektionen mit Würmern stimulieren die Produktion unspezifischer IgE-Antikörper, sodass die allergenspezifischen IgEs auf der Oberfläche der Effektorzellen „verdünnt" werden. Es kann auch die Produktion von IgG4 stark stimuliert werden, sodass diese als „blockierende Antikörper" um Epitope konkurrieren und Antigene abfangen, ehe sie mit Mastzellen bzw. Basophilen in Kontakt kommen.

- Sezernierte Produkte der Parasiten könnten die Anlockung und Aktivierung von Effektorzellen unterbinden, z. B. indem sie spezifisch Eotaxin spalten, einen Lockstoff und Aktivator von Eosinophilen.
- Induktion regulatorischer T-Zellen, die mit den von ihnen produzierten Zytokinen IL-10 und TGF-β Entzündungsantworten herabregulieren.
- Induktion regulatorischer Makrophagen.

Lässt sich die durch Helmintheninfektionen hervorgerufene Entzündungshemmung vielleicht sogar nutzen, um unerwünschte Immunreaktionen wie Allergien und Entzündungen zu beeinflussen? In unterschiedlichen Tiermodellen wurde nachgewiesen, dass Darmentzündungen, Autoimmundiabetes, Asthma, Magenschleimhautentzündungen und experimentell induzierte Hirnentzündungen durch Nematodeninfektionen oder -produkte herabgesetzt werden. Solche positiven Effekte könnten nutzbar gemacht werden, wenn es gelingt, sie von den Schadwirkungen einer Parasiteninfektion zu entkoppeln.

Dass dies möglich ist, zeigt das folgende Beispiel: Auf der Basis von Daten aus Studien in Tiermodellen wurden 2005 klinische Studien mit Patienten publiziert, die an den chronischen Darmentzündungen Colitis ulcerosa bzw. Morbus Crohn litten. Diesen Menschen wurden in regelmäßigen Abständen Eier des Schweinepeitschenwurmes *Trichuris suis* verabreicht (Abb. 1.48). Die Larven von *T. suis* schlüpfen im menschlichen Darm, können sich aber in dem für sie ungeeigneten Wirt nicht zur Geschlechtsreife entwickeln und sterben ab. Im Lauf ihrer Entwicklung setzen sie aber Entzündungsreaktionen herab, sodass bei einem signifikanten Anteil der Patienten eine deutliche Besserung der Krankheit zu beobachten war. Diese Patienten leiden nicht unter den Parasiten, da die Larven in einem frühen Stadium absterben. Zudem ist eine Weiterverbreitung der Parasiten ausgeschlossen, da die Würmer keine Eier produzieren. Damit gelingt es hier, den positiven Effekt

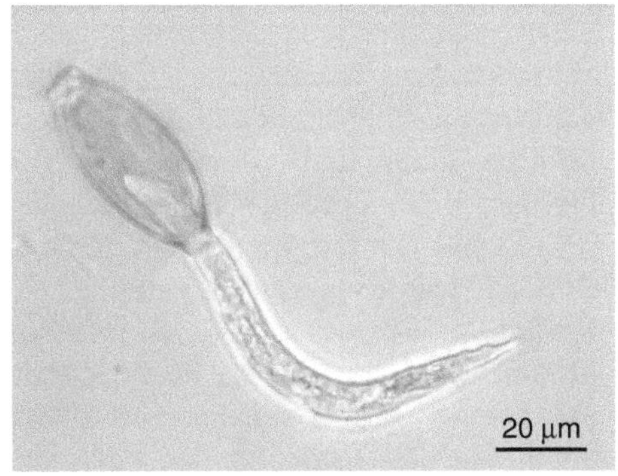

Abb. 1.48 Schlüpfende Larve von *Trichuris suis*. (Foto: Ovamed)

einer Parasitose zu nutzen, ohne deren negative Auswirkungen in Kauf zu nehmen. Weitere Studien müssen zeigen, ob sich die positiven Wirkungen auch bei größeren Patientengruppen bestätigen lassen und mit einer ähnlichen Behandlung auch bei anderen entzündungsbedingten Erkrankungen eine Besserung erzielen lässt.

Mittlerweile wurden mehrere Proteine parasitischer Nematoden charakterisiert, die in rekombinanter Form eine starke immunregulierende Wirkung in Tiermodellen zeigten, wo sie experimentell hervorgerufene allergische und entzündliche Erkrankungen verhindern oder lindern konnten. Solche Moleküle könnten entweder direkt als Therapeutika eingesetzt werden oder von ihnen abgeleitete Wirkprinzipien könnten zur Entwicklung neuer Medikamente führen.

1.6.6 Kontrollfragen zum Verständnis

1. Wie werden Pathogene durch das angeborene Immunsystem erkannt?
2. Wie können intrazelluläre Parasiten von ihrer Wirtszelle abgetötet werden?
3. Wie können Darmhelminthen sehr schnell ausgetrieben werden?
4. Welchen Typ von Immunreaktion induziert Insektenspeichel?
5. Nennen Sie ein Beispiel für entzündliche Erkrankung aufgrund von persistierenden Parasiten.
6. Welches Organ wird durch Immunkomplexerkrankungen häufig geschädigt?
7. Wie können sich Nematoden räumlich von immunreaktiven Kompartimenten des Körpers abschotten?
8. Nennen Sie ein Beispiel für Verkleidung mit Wirtsantigenen und ein Beispiel für Antigenvariation.
9. Welche Folgen sind zu erwarten, wenn eine Person mit bestehender Toxoplasmose eine Immunschwäche erwirbt?
10. Welcher Zusammenhang besteht zwischen Allergie und Wurmbefall?

1.7 Wie Parasiten ihre Wirte verändern

Eukaryotische Parasiten mit ihren relativ langen Generationszeiten haben die Tendenz, ihre Wirte langfristig auszunutzen. Um dafür optimale Bedingungen zu schaffen, modifizieren sie Morphologie, Stoffwechsel, Abwehrreaktionen und/oder Verhalten ihrer Wirte. Parasiten prägen also ihren eigenen Phänotyp aus, greifen darüber hinaus aber auch in den Phänotyp des Wirtes ein und gestalten damit ihren Lebensraum aktiv um. Diese im Tierreich sehr seltene Fähigkeit hat Richard Dawkins in seinem Buch *The extended phenotype* mit der Kunstfertigkeit von Bibern verglichen, ihre Landschaft durch den Bau von Dämmen umzugestalten. Als Beispiele werden meist sehr auffällige Veränderungen genannt, wie z. B. parasitäre Kastration oder durch Parasiten induzierte bizarre Verhaltensänderungen. Subtile Modifikationen des Wirtsphänotyps finden sich aber bei fast allen Parasitosen, sodass man davon ausgehen kann, dass Parasiten sehr häufig ihre Wirte manipulieren, um ihr eigenes Überleben, ihre Reproduktion und Übertragung zu optimieren. Der folgende Abschnitt zeigt dafür Beispiele auf.

1.7.1 Veränderungen von Wirtszellen

Viele intrazelluläre Parasiten verändern ihre Wirtszelle in spektakulärer Weise, ohne dass bislang die zugrunde liegenden Mechanismen bekannt sind. Deshalb werden hier einige Beispiele beschrieben, ohne molekulare Abläufe erklären zu können. Viele einzellige Parasiten bieten spektakuläre Beispiele der Umgestaltung von Wirtszellen: Der zu den Microspora gehörende Fischparasit *Glugea anomala* wandelt seine Wirtszelle in ein Xenom um, d. h. in ein etwa hirsekorngroßes, hoch organisiertes Gebilde mit einer mehrschichtigen Membran und sehr aktivem Stoffwechsel, in dem Tausende von Sporen entstehen. *Leukocytozoon*, ein zu den Apicomplexa gehöriger Einzeller, befällt als Merozoit Makrophagen von Wirtsvögeln und programmiert diese Zellen vollkommen um, sodass sie eine Größe von mehr als 1 mm erreichen. In ihnen entwickeln sich Megaloschizonten, aus denen mehrere Hunderttausend Merozoiten entstehen. Ebenfalls erstaunlich ist das Wachstum von Stadien der zystenbildenden Kokzidien in veränderten Wirtszellen. So produziert *Sarcocystis gigantea* am Schlund von Schafen aus Muskelzellen entstehende Gewebezysten, die bis zu 15 mm lang sind (Abb. 1.49). Das Überleben derart modifizierter Zellen, die auf ein Vielfaches ihrer ursprünglichen Größe angewachsen sind und fast vollständig von einem fremden Organismus ausgefüllt werden, setzt eine weitgehende Umprogrammierung des Stoffwechsels der Wirtszelle voraus, deren Details aber im Dunkeln liegen.

Diese Fähigkeit zur Veränderung von Wirtszellen ist nicht nur auf Einzeller beschränkt. Der Nematode *Trichinella spiralis* dringt als erstes Larvenstadium in eine Muskelfaser ein und organisiert sie um, sodass sie ein Mehrfaches ihrer ursprünglichen Größe annimmt (Abb. 1.50). Zusätzlich bildet sich eine Kollagenhülle aus und der entstehende Ammenzell-Erstlarvenkomplex wird von neu gebildeten Blutgefäßen mit Nährstoffen versorgt. Im Fall von *T. spiralis* hat man Parasitenproteine im Kern der Wirtszelle nachgewiesen und nimmt deshalb an, dass die intrazelluläre Nematodenlarve Transkriptionsfaktoren beeinflusst oder produziert, welche die Zellaktivität ändern. Ob dies auch für andere intrazelluläre Parasiten zutrifft, muss sich noch zeigen. In jedem Fall verfügen die Erreger aber über Mechanismen, den Zellstoffwechsel sehr gezielt zu manipulieren.

Abb. 1.49 Muskelzyste von *Sarcocystis gigantea* auf dem Schlund eines Schafes. (Foto: Archiv des Lehrstuhls für Molekulare Parasitologie, Humboldt-Universität zu Berlin)

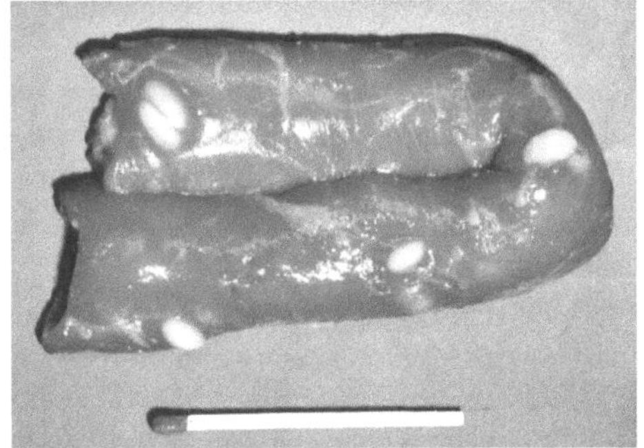

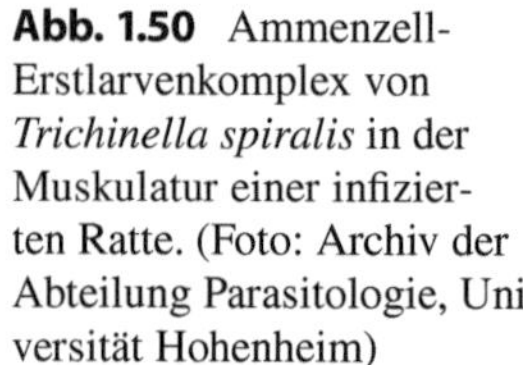

Abb. 1.50 Ammenzell-Erstlarvenkomplex von *Trichinella spiralis* in der Muskulatur einer infizierten Ratte. (Foto: Archiv der Abteilung Parasitologie, Universität Hohenheim)

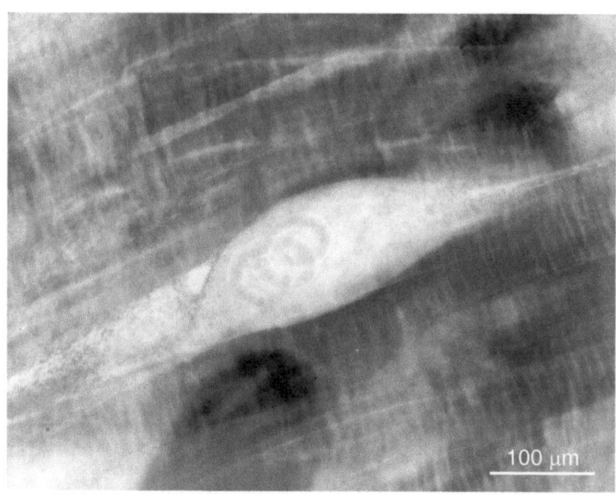

1.7.2 Eingriffe in das Hormonsystem

Besonders überzeugende Beispiele für Eingriffe von Parasiten in den Hormonstoffwechsel ihrer Wirte liegen von digenen Trematoden vor. Aufgrund der lang anhaltenden Koevolution können Trematoden ihre Molluskenwirte, die sie seit dem Paläozoikum vor etwa 540 Mio. Jahren besiedeln, sehr weitgehend ausnutzen. Dies zeigt sich eindrucksvoll bei der Untersuchung infizierter Schnecken. Hier fällt auf, dass die eigentlich braune Mitteldarmdrüse, das größte Organ der Mollusken, bei infizierten Tieren sehr hell ist. Grund dafür ist der fast vollständige Ersatz des Gewebes durch Trematodenstadien (Sporozysten bzw. Redien, Zerkarien; Abb. 1.51). Die Gonaden infizierter Tiere sind häufig verkleinert oder fehlen, da die Parasiten ihre Wirte auf hormonellem Weg oder mechanisch kastriert haben. Bei Digenea mit Sporozystenentwicklungsgang liegt meist hormonelle Kastration vor, während Redien die Gonade auffressen können. Diese „parasitäre Kastration" lenkt Ressourcen der Wirtsschnecke von der eigenen Reproduktion zur Produktion von Parasitenstadien um. Die Ablage von Eiern wird eingeschränkt oder unterbleibt ganz zugunsten der Produktion von Zerkarien.

Bei der Zwergschlammschnecke *Galba truncatula* führt die Infektion mit *Fasciola hepatica*-Larven zu einer vollständigen Kastration. Gleichzeitig erfolgt ein verstärktes Wachstum, sodass parasitierte Schnecken ein signifikant größeres Gewicht erreichen als nichtinfizierte Kontrolltiere („parasitärer Riesenwuchs"; Abb. 1.52). Dies erscheint paradox, da die Redien von *F. hepatica* aktiv Wirtsgewebe fressen, offensichtlich wird aber der Verlust von Wirtsanteilen wettgemacht durch Biomasse des Parasiten. Wie effizient dieser Prozess ist, geht aus der Tatsache hervor, dass die winzige, nur 6–8 mm hohe *G. truncatula* nach Infektion durch ein einziges Mirazidium bis zu 350–500 *F. hepatica*-Zerkarien produzieren kann.

Hinweise auf molekulare Mechanismen, die hormonelle Kastration bewirken, stammen aus Infektionen von *Lymnaea stagnalis* mit dem Entenschistosom *Tricho-*

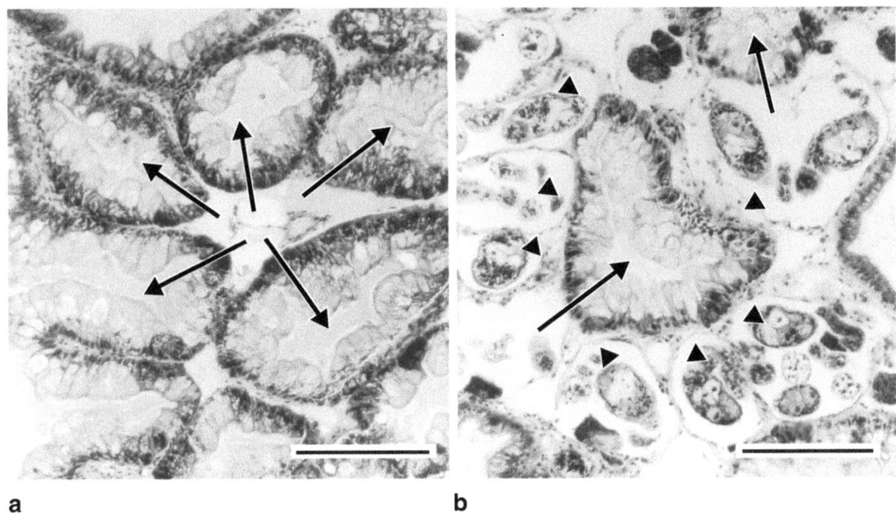

a   b

Abb. 1.51 Querschnitt durch die Leber einer mit *Schistosoma mansoni* infizierten *Biomphalaria glabrata*-Schnecke (**b**) und eines Kontrolltieres (**a**). Man beachte die weitgehende Ersetzung der Leberfollikel (*Pfeile*) durch Parasitenstadien (*Pfeilköpfe*) (Maßstab = 150 µm). (Foto: Lehrstuhl für Molekulare Parasitologie, Humboldt-Universität zu Berlin)

bilharzia ocellata. Die Schlammschnecke reguliert Wachstum, Stoffwechselaktivität und Reproduktionsaktivität über Peptidhormone, die von jeweils spezialisierten Nervenzellen im Gehirn produziert werden. Infektionen mit Mirazidien bewirken eine starke Veränderung des Hormonmusters, indem die Produktion des weiblichen gonadotropen Neurohormons Calfluxin unterdrückt wird. In der Folge sinkt die Syntheserate von Proteinen in der Eiweißdrüse der Schnecken auf <1 % des Ausgangswertes. Da die Eiweißdrüse den größten Anteil der Eiproteine produziert,

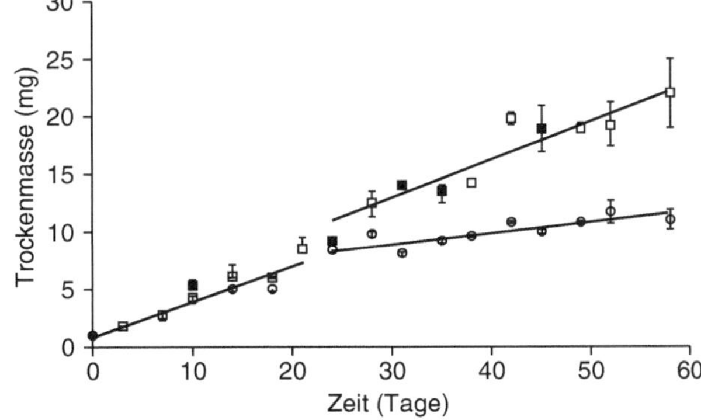

Abb. 1.52 Wachstum der Schnecke *Galba truncatula* nach Infektion mit *Fasciola hepatica*, ausgedrückt durch Zunahme an Trockenmasse. Nichtinfizierte Schnecken (*Kreise*) beginnen nach 20 Tagen mit der Produktion von Eiern und wachsen nur noch geringfügig. Infizierte Schnecken (*Quadrate*) sind kastriert, produzieren keine Eier und wachsen weiter. (Aus Wilson und Denison 1980)

führt dieser Eingriff zu einer drastischen Verringerung der Eiproduktion. Auslöser für die Änderung des Hormonmusters ist das Abwehrpeptid Schistosomin, das von Bindegewebszellen und Hämozyten der Schnecke als Reaktion auf die Infektion produziert und in die Hämolymphe ausgeschüttet wird.

Auch der Zestode *Hymenolepis diminuta* stellt den Stoffwechsel seines Wirtes um. Während der adulte Bandwurm im Darm von Ratten lebt, entwickeln sich die Metazestoden im Hämozöl von Käfern. Ein Vergleich zwischen befallenen Mehlkäfern (*Tenebrio molitor*) und Kontrolltieren ergab, dass bei infizierten Käfern die Produktion des Proteins Vitellogenin, das den Hauptbestandteil der Eier bildet, herabgesetzt ist. Als Resultat legen infizierte Zwischenwirte weniger Eier ab. Die normalerweise in die Reproduktion investierte Energie kommt bei infizierten Käfern den Parasiten zugute. Außerdem verlängert die Reduktion der Eiablage nachweislich die Lebensdauer der Wirte und steigert so für den Parasiten die Wahrscheinlichkeit eines Wirtswechsels.

Metazestoden greifen auch effizient in das Hormonsystem von Säugetierwirten ein, wie eine Serie von Arbeiten in der Gruppe von Morales-Montor über die *Taenia crassiceps*-Infektion der Maus zeigt (Abb. 1.53). *T. crassiceps* ist eine Zestode von Füchsen und Hunden, deren Metazestoden sich im Bauchraum von Nagetieren entwickeln und sich dort ungeschlechtlich vermehren. Man kann deshalb Mäuse auf einfachem Weg intraperitoneal mit Metazestoden infizieren und deren Vermehrung und die Auswirkungen auf den Wirt untersuchen. In frühen Stadien der Infektion vermehrt *T. crassiceps* sich in Mausweibchen schneller als in Männchen. In späteren Stadien der Infektion bieten die Männchen jedoch ebenso gute Bedingungen für den Parasiten. Dieser Umschwung liegt an der Feminisierung der männlichen Tiere durch die Parasiten. Bei länger anhaltender Infektion sinkt der Testosteronspiegel von Mausmännchen auf 10 % des Ausgangswertes, während der Östradiolspiegel

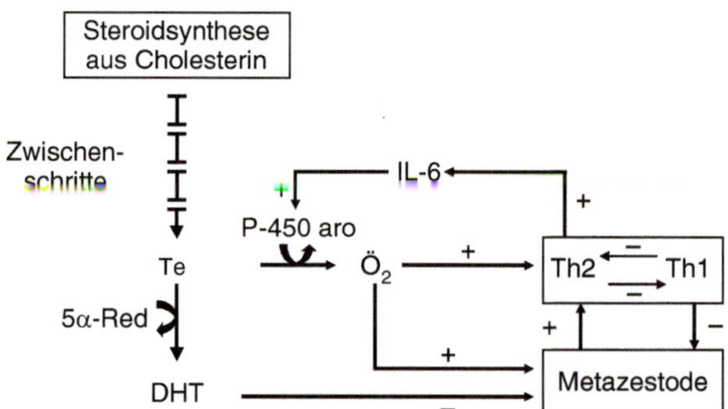

Abb. 1.53 Mechanismus der Feminisierung männlicher Mäuse durch Metazestoden von *Taenia crassiceps*. Die Metazestoden stimulieren das Immunsystem in Richtung einer Th2-Reaktion, die zur Expression von IL-6 in Zellen des Hodens führt. IL-6 stimuliert die Expression des Enzyms Aromatase p-450 (P-450 aro), die Testosteron (Te) in Östradiol (Ö2) umwandelt, anstatt es durch 5α-Reduktase (5α-Red) in Dihydroxytestosteron (DHT) zu konvertieren. Östradiol fungiert als Wachstumsfaktor für Metazestoden und begünstigt Th2-Immunreaktionen. (Aus Morales-Montor und Larralde 2005, mit freundlicher Genehmigung des Verlages)

bis zum 200-Fachen des Normalwertes ansteigt. Der Nutzen für die Parasiten besteht in der Modulation von Immunantworten, die z. T. über das endokrine System gesteuert werden. Ein weiblich ausgerichtetes Hormonsystem begünstigt die Entwicklung von Entzündungsantworten des weniger reaktiven Th2-Typs. Dieser Typ erlaubt ein besseres Wachstum der Metazestoden als die in Th1-Richtung polarisierten Immunantworten nichtinfizierter Männchen. Zusätzlich wirkt Östradiol als Wachstumsfaktor, indem es das Wachstum der Metazestoden begünstigt.

Beim Zustandekommen der Feminisierung durch *T. crassiceps* greifen Immun- und Hormonsystem ineinander, sodass Tiere, deren Immunsystem durch Bestrahlung experimentell ausgeschaltet wurde, nicht feminisiert werden können. Ein Schlüsselereignis ist die Produktion von IL-6 in Zellen der Hoden, das seinerseits die Expression der Aromatase P-450 induziert. Dieses Enzym bewirkt die Konversion von Testosteron zu Östradiol. IL-6 steigert auch die Produktion von follikelstimulierendem Hormon, das ebenfalls die Expression von Aromatase steigert. IL-6-*Knock-out*-Mäuse werden nicht vom Parasiten feminisiert.

Die Konsequenzen der Infektion mit *T. crassiceps*-Metazestoden sind für die Mausmännchen gravierend: Sexualaktivität und Dominanzverhalten der Männchen ändern sich vollständig. Abb. 1.54 zeigt, dass ab der 6. Woche nach der Infektion bei der Paarung es zu keiner Ejakulation mehr kommt, später unterbleibt auch die Intromission und das Besteigen der Weibchen, bis schließlich überhaupt keine Reaktion mehr auf Weibchen erfolgt. Männchen mit einer Infektion nehmen häufiger eine untergeordnete Rangfolge ein als nichtinfizierte Tiere und haben so von vornherein geringere Paarungschancen. Dieses Verhalten wird vermutlich über

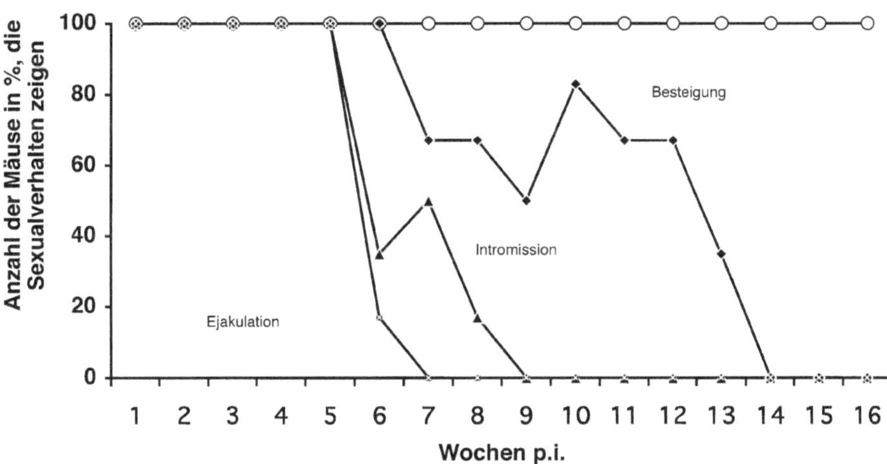

Abb. 1.54 Beeinflussung des *Sexualverhaltens* männlicher Mäuse durch Metazestoden von *Taenia crassiceps* im Verlauf von 15 Wochen einer Infektion. Durch hormonelle Veränderungen stellen infizierte Tiere zunächst die Ejakulation, dann die Intromission und schließlich die Besteigung der Weibchen ein, während Kontrolltiere weiterhin normales Paarungsverhalten zeigen. (Aus Morales 1996, mit freundlicher Genehmigung des Verlages)

östradiolgesteuerte Prozesse im Gehirn induziert. Die Feminisierung stellt also eine hormonelle Kastration dar, die zur Optimierung der ungeschlechtlichen Vermehrung der Metazestoden in der Bauchhöhle der Mäuse führt.

Dass auch Metazestoden anderer Bandwürmer vom Hormonspiegel ihrer Wirte abhängig sind, legen Daten z. B. von *Taenia solium*-Infektionen nahe. Bei männlichen Schweinen ist die Prävalenz und Intensität des Metazestodenbefalls deutlich niedriger als bei weiblichen Tieren. In Experimenten gleicht sich dieses Verhältnis an, wenn man Eber kastriert. Dass Hormonstatus und Metazestodenbefall auch beim Menschen zusammenhängen, zeigen Studien: In Endemiegebieten sind Frauen häufiger seropositiv und haben höhere Antikörpertiter, ein Hinweis auf ein häufigeres Vorkommen von Zystizerkose.

Mit Eingriffen in das Hormonsystem können Parasiten auch ihre Übertragung verbessern. Eine der effizientesten Übertragungsweisen ist die direkte Infektion der Nachkommen des Wirtes („vertikale Übertragung") noch im Mutterorganismus. Einige intrazelluläre Protozoen (z. B. Microspora und Babesien) nutzen diesen Mechanismus und befallen das Ei, um sich später in den Nachkommen zu entwickeln („transovarielle Übertragung"). Im Gegensatz dazu kann durch Männchen in der Regel keine Übertragung auf die nächste Generation erfolgen, wahrscheinlich da die kleinen und fragilen Spermien bei Parasitenbefall nicht erfolgreich wären. Parasiten, deren Nachkommen mit dem Ei ihres Wirtes die nächste Wirtsgeneration erreichen, haben daher ein Interesse, dass möglichst viele Weibchen entstehen. Dementsprechend beobachtet man bei manchen Microspora eine Feminisierung von Krebsen.

Relativ gut untersucht ist die Art *Nosema granulosis*, die den Flohkrebs *Gammarus duebeni* befällt. *N. granulosis* verschiebt das Geschlechterverhältnis seines Wirtes in Richtung erhöhter Weibchenzahlen. Normalerweise ist das Geschlechterverhältnis der Flohkrebse ausgeglichen, ist aber relativ flexibel und kann, z. B. bedingt durch unterschiedliche Tageslängen, jahreszeitlich schwanken. Bei Populationen von *G. duebeni*, die mit den feminisierenden *N. granulosis* infiziert sind, werden unabhängig von Außenreizen ca. 90 % der Flohkrebse zu Weibchen. Bei weiblichen Flohkrebsen treten die Sporen in die Eier über und infizieren auf diesem Weg die nächste Generation. Ein einzelnes Ei kann mehr als 1000 *Nosema*-Stadien enthalten. Die Feminisierung erfolgt wahrscheinlich durch Manipulation der „androgenen Drüse", in der maskulinisierendes Hormon gebildet wird. Diese Drüse ist bei den infizierten feminisierten Tieren atrophiert, wahrscheinlich durch die Einwirkung von Stoffwechselprodukten der Parasiten. Man vermutet, dass die Feminisierung durch Microspora weiter verbreitet ist, als bisher angenommen wurde.

1.7.3 Manipulation des Verhaltens von Wirten

Viele Parasiteninfektionen haben Änderungen des Verhaltens von Wirten zur Folge. Besonders häufig treten Verhaltensänderungen infizierter Zwischenwirte auf, die dazu führen, dass diese leichter vom Endwirt erbeutet werden. In manchen Fällen sind infizierte Zwischenwirte durch die Infektion wahrscheinlich einfach nur erschöpft und haben herabgesetzte Fluchtreaktionen, sodass sie wohl aufgrund ihrer schlechteren Kondition leichter erbeutet werden. Wenn aber sehr untypische Verhaltensänderungen auftreten und aus dem veränderten Verhalten infizierter Wirte ein Fitnesszuwachs für Parasiten resultiert, steckt in vielen Fällen eine gezielte Manipulation von Wirtsreaktionen dahinter. Eine genauere Analyse zeigt auf, dass in solchen Fällen Parasiten Reaktionen des Wirtes, die eigentlich der Abwehr, Heilung oder Wiederherstellung dienen, ausnutzen oder zu ihren Gunsten umfunktionieren. Häufig greifen Pathogene dabei in die Reizverarbeitung ihrer Wirte ein, sodass untypische Reaktionen wie gestörte Bewegungsabläufe, eine Herabsetzung der Reaktionsgeschwindigkeit oder verringerte Photophobie resultieren.

1.7.3.1 Steigerung der Übertragungseffizienz von blutsaugenden Insekten

Bei Insekten, die als Überträger von Plasmodien, Leishmanien bzw. Trypanosomen dienen, wurde nachgewiesen, dass die Wahrscheinlichkeit einer Übertragung durch von den Parasiten induzierte Verhaltensänderungen der Arthropoden stark erhöht wird. Bedingt durch spezifische Einwirkung von Parasiten stechen infizierte Insekten häufiger, sodass insgesamt mehr Wirbeltierwirte angeflogen und dabei die Übertragungswahrscheinlichkeit erhöht wird.

Leishmanien entwickeln sich im Mitteldarm von Sandmücken zu infektionsfähigen promastigoten Formen und müssen bei der Blutmahlzeit entgegen der Richtung des eingesogenen Blutes in die Haut des Wirbeltierwirtes gelangen. Diese schwierige Wanderung wird durch Manipulation des Ventilabschnittes (*Valvula cardiaca*) ermöglicht, der zwischen Pharynx und Mitteldarm liegt. Dieser Teil des Darmtraktes gehört zum Vorderdarm und ist mit einer chitinösen Membran ausgekleidet. Durch ausgeschiedene Chitinasen der Parasiten wird diese Auskleidung geschädigt und das Ventil schließt nicht mehr korrekt. Durch diesen Defekt der *Valvula cardiaca* gelangen einerseits Parasiten vom Mitteldarm in den Vorderdarm und von dort mit dem Speichel in die Stichwunde. Andererseits vermindert der Defekt die Effizienz der Blutaufnahme und die Blutmahlzeit wird nach kurzer Zeit abgebrochen. Da die Sandmücken nicht gesättigt sind, fliegen sie neue Wirte an und starten weitere Versuche, Blut zu saugen. Experimente zeigten, dass nichtparasitierte Tiere nur ein oder zwei Mal stachen und sich innerhalb von 10 min vollsaugten, während infizierte Sandmücken mindestens dreimal stachen. Die maximal gemessene Anzahl von Stichen einer einzelnen infizierten Sandmücke war 26, aus denen 11 *Leishmania*-Infektionen von Versuchstieren resultierten.

Auch *Plasmodium*-infizierte *Anopheles*-Mücken saugen häufiger als nichtinfizierte Kontrollmücken. Dabei steigt die Anzahl der Stiche einer Mücke mit der Menge von in den Speicheldrüsen enthaltenen Sporozoiten. Es wurde beschrieben, dass bei infizierten Mücken der Gehalt des Mückenspeichels an Apyrase signifikant vermindert war. Dieses Enzym hemmt die Aggregation von Blutplättchen, den ersten Schritt der Blutgerinnung. Apyrase ist damit von wesentlicher Bedeutung für einen erfolgreichen Saugakt. Wahrscheinlich führt die Verringerung des Apyrasegehaltes dazu, dass viele Saugversuche erfolglos sind. Da aber mit jeder Injektion von Speichel zu Beginn des Saugversuches Sporozoiten übertragen werden, wird das Transmissionspotenzial der Mücken durch Einwirkung der Parasiten erhöht.

1.7.3.2 Steigerung der Übertragung mit der Nahrungskette

In vielen Lebenszyklen von Parasiten erfolgt die Infektion des Endwirtes durch Verzehr infizierter Zwischenwirte, die in das natürliche Beutespektrum der Endwirte gehören. Bei genauer Analyse zeigt sich, dass viele Parasiten nicht passiv auf die Erbeutung des Zwischenwirtes warten, sondern die Wahrscheinlichkeit eines Wirtswechsels erhöhen, indem sie sein Verhalten ändern.

Eine einfache Weise, zu vermehrter Erbeutung eines Zwischenwirtes zu führen, besteht in dessen Schwächung. Schwache Tiere klinken sich oft aus dem Sozialverband aus, reagieren langsamer und haben weniger ausgeprägte Abwehrreaktionen, sodass sie Beutegreifern leichter zum Opfer fallen. Metazestoden des Kleinen Fuchsbandwurmes *Echinococcus multilocularis* wachsen zunächst in der Leber, dann aber auch in anderen Organen des Bauchraumes von Feldmäusen, Wühlmäusen und Bisamen. Tiere mit Infektionen im fortgeschrittenen Stadium zeigen verminderte Beweglichkeit und weniger ausgeprägte Fluchtreaktionen, sodass die Wahrscheinlichkeit einer Erbeutung durch den Endwirt Fuchs stark erhöht sein dürfte. Ganz ähnlich wird auch von *E. granulosus* beschrieben, dass im Winter der Befall von Elchen mit Metazestoden des Hundebandwurmes zu vermehrter Erbeutung durch Wölfe führt. Dies ist besonders ausgeprägt, wenn Hydatiden in der Lunge der Elche angesiedelt sind, sodass deren Atmung während der Flucht erschwert wird.

Im Einzelfall ist schwer zu entscheiden, ob die Verminderung der Kondition eines Zwischenwirtes nur ein Nebenprodukt des Befalls mit Parasiten ist. Oft legen aber die Lokalisation der Parasitenstadien und die Ausprägung der pathologischen Veränderungen nahe, dass der Parasit eine gezielte Behinderung des Zwischenwirtes induziert. So enzystieren sich Larven des Nematoden *Tetrameres americana* in der Muskulatur von Heuschrecken und führen zu einer Einschränkung ihrer Beweglichkeit, sodass sie leichter als Kontrolltiere vom Endwirt Huhn erbeutet werden. Auch der Befall des Zentralnervensystems kann zu Verhaltensänderungen führen, die den Wirtswechsel erleichtern. Der Metazestode des Bandwurmes *Taenia multiceps* siedelt sich im Gehirn oder Rückenmarkskanal von Schafen an und führt zur Drehkrankheit. Befallene Schafe sondern sich von der Herde ab und laufen mit schwankenden Bewegungen im Kreis herum, sodass sie leicht den Endwirten, Wölfen oder wild lebenden Hunden, zum Opfer fallen. Der Metazestode, als *Coenurus cerebralis* bezeichnet, besteht aus einer pflaumen- bis hühnereigroßen Blase mit darin sprossenden multiplen Kopfanlagen. Dieser Raum fordernde Prozess im Zentralnervensystem führt zu Druckatrophie und nachfolgenden Ausfallerscheinungen, welche die Verhaltensänderungen bedingen.

Ein Befall des Gehirns von Zwischenwirten kann aber auch ohne massiven Raum fordernden Prozess zu sehr spezifischen Verhaltensänderungen führen, z. B. bei Infektionen mit *Toxoplasma gondii*. Als langlebige Dauerstadien von *T. gondii* fungieren Bradyzoiten, die innerhalb modifizierter Wirtszellen („Gewebezysten") typischerweise im Gehirn liegen (Abb. 1.55). Befallene Mäuse lernen in Labyrinthversuchen deutlich langsamer als Kontrolltiere eine Futterbelohnung zu finden und ha-

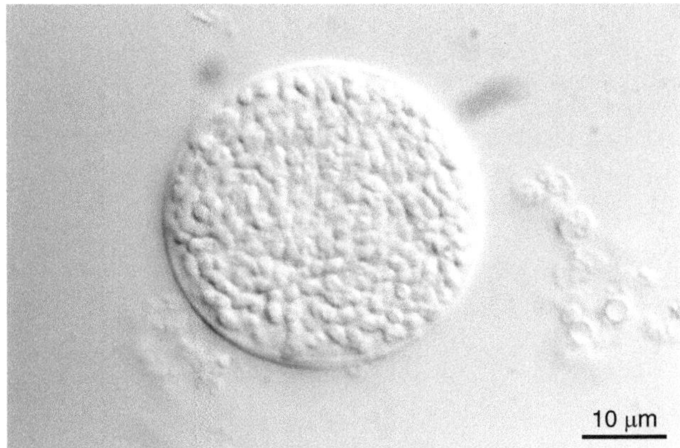

Abb. 1.55 Bradyzoiten von *Toxoplasma gondii* in einer Gewebezyste aus dem Gehirn einer Maus. (Foto: Archiv des Lehrstuhls für Molekulare Parasitologie, Humboldt-Universität zu Berlin)

ben ein weniger gutes Gedächtnis. Sie sind bewegungsaktiver, neugieriger und weniger lichtscheu als Kontrolltiere. Mit *T. gondii* infizierte Ratten waren aktiver und hatten weniger Scheu vor neuen Gegenständen in ihrer Umgebung. Zudem hatten sie ihre sonst vorhandene Scheu vor dem Geruch von Katzen verloren und suchten verstärkt Areale auf, die mit Katzenurin besprüht worden waren (Abb. 1.56). Daraus wird geschlossen, dass die infizierten Nagetiere leichter durch Katzen erbeutet werden. Da die Gewebezysten relativ klein sind und ihre Dichte im Gehirn gering ist, wird angenommen, dass *T. gondii* seinen Wirt auf indirekte Art beeinflusst, z. B. durch Substanzen, die in sensible Regulationsvorgänge eingreifen. Selbst bei Menschen wurden Befunde veröffentlicht, die einen Zusammenhang zwischen *Toxoplasma*-Befall und Persönlichkeitsveränderungen herstellen. Allerdings bleibt abzuwarten, ob solche Publikationen durch weitere Daten untermauert werden.

Eine Änderung des Verhaltens kann aber auch erreicht werden, ohne dass das Gehirn des Wirtes direkt betroffen ist. Acanthocephalen (Kratzer) leben als Adulti im Darm von Wirbeltieren, während die Cystacanthlarven sich im Hämozöl von Wirbellosen entwickeln. Diese Cystacanthstadien können ausgeprägte Verhaltensänderungen induzieren, die den Wirtswechsel erleichtern. Bei Infektionen mit *Plagiorhynchus cylindraceus* (Endwirt: Vögel, z. B. Stare, Zwischenwirt: Rollasseln) verlassen infizierte Zwischenwirte häufiger ihre feuchten Bodenverstecke und suchen helle Flächen mit niedriger Luftfeuchtigkeit auf, wo sie viel leichter von Staren erbeutet werden als uninfizierte Asseln. Mit dem Rattenkratzer *Moniliformis moniliformis* (Endwirt: Ratte; Zwischenwirt: Schaben) infizierte Schaben laufen langsamer, sind aber länger aktiv und bewegen sich bei plötzlichem Lichteinfall mehr als infektionsfreie Zwischenwirte, sodass sie leichter von Ratten erbeutet werden.

Solche Verhaltensänderungen werden von Parasiten exakt gesteuert, wie eindrucksvolle vergleichende Versuche zeigten. Bethel und Holmes (1977) analysierten Verhaltensänderungen von drei Entenkratzern, die als Endwirte Schwimm-

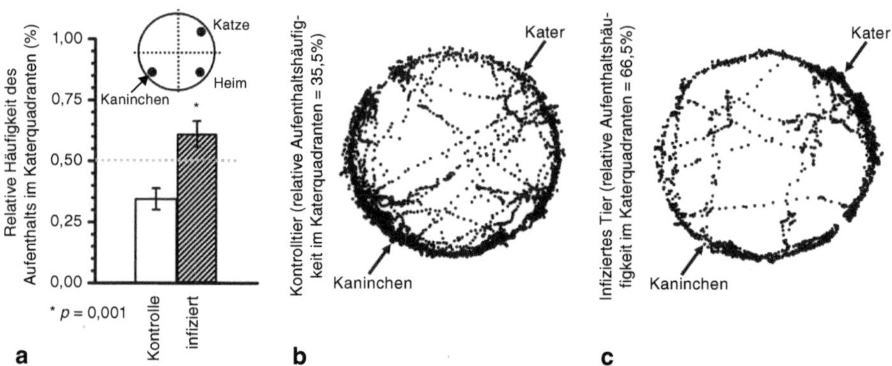

Abb. 1.56 Verhaltensänderungen von Ratten nach Infektion mit *Toxoplasma gondii*. Nichtinfizierte und infizierte Ratten wurden in einer runden Umzäunung dem Urin von Katern und Kaninchen ausgesetzt. (**a**) Kontrolltiere besuchten den mit Katerurin getränkten Quadranten signifikant seltener als infizierte Tiere. Repräsentative Bewegungsdaten einer Kontrollratte (**b**) und einer infizierten Ratte (**c**). (Aus Vyas et al. 2007, mit freundlicher Genehmigung des Verlages)

oder/und Tauchenten nutzen. Zwischenwirt für alle drei untersuchten Acanthocephalen ist der Bachflohkrebs *Gammarus lacustris*. Cystacanthstadien dreier Kratzer induzieren in derselben Copepodenart eine jeweils unterschiedliche Verhaltensänderung, die den Wirtswechsel erleichtert (Abb. 1.57). Nichtinfizierte Krebschen vermeiden Licht und wühlen sich bei Störungen in den Bodenschlamm ein, während infizierte Tiere ihre Lichtscheu verlieren und belichtete höhere Wasserschichten aufsuchen. Mit *Polymorphus paradoxus* infizierte *G. lacustris* halten sich bevorzugt an der Wasseroberfläche auf. Bei Störungen schwimmen sie an der Wasseroberfläche entlang oder klammern sich mit gestreckter, angespannter Körperhaltung an Pflanzenteile. Dabei werden sie von Schwimmenten oder Bisamen erbeutet. Krebschen, die mit *P. marilis* infiziert sind, halten sich dagegen in mittleren Wasserschichten auf und flüchten bei Störungen nach unten, ohne sich aber im Schlamm zu verstecken. Sie werden deshalb leicht von Tauchenten, ihren Endwirten, erbeutet. Bei Infektionen mit der dritten Art, *Corynosoma constrictum*, schwimmen einige der Gammariden an der Gewässeroberfläche und einige der Tiere flüchten bei Störungen nach unten, sodass diese Art von Schwimm- und Tauchenten erbeutet wird, in deren Darm sie die Geschlechtsreife erlangen. Das jeweils infektionstypische, auf den Hauptwirt abgestimmte Verhalten zeigt, dass die Parasiten sehr spezifisch auf ihre Wirte einwirken.

Auf der Suche nach den Mechanismen dieser Verhaltensänderung wurde man bei *P. paradoxus* fündig. Injektionen mit Serotonin, einem Neurotransmitter, induzierten bei nichtinfizierten Flohkrebsen das gleiche Starreverhalten, wie es die geflüchteten infizierten Tiere zeigten, während andere Neurotransmitter keinen Effekt hatten. Als man daraufhin die Neuronen der infizierten Gammariden untersuchte, fand man an bestimmten Synapsen eine starke Vermehrung von Serotonin enthaltenden Vesikeln. Da Acanthocephalen normalerweise selbst sehr wenig Serotonin synthetisieren, deutet dieser Befund darauf hin, dass *P. paradoxus* eine

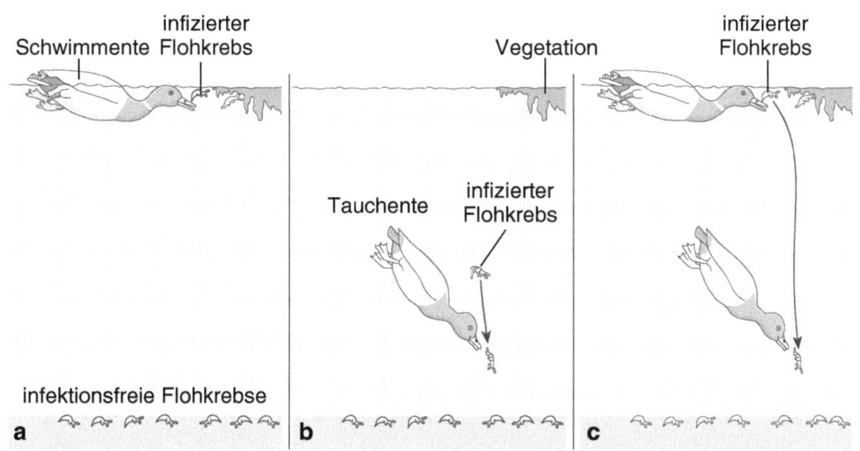

Abb. 1.57 Verhaltensänderungen von Flohkrebsen nach Befall mit Larven von drei verschiedenen Kratzerarten. Nichtinfizierte Krebse graben sich vorwiegend im Bodenschlamm ein. **a** Flohkrebse mit Befall von *Polymorphus paradoxus* bevorzugen die Wasseroberfläche, verankern sich bei Gefahr in der Wasservegetation und werden von Schwimmenten (z. B. Stockente) erbeutet. **b** Flohkrebse, die mit *P. marilis* infiziert sind, bevorzugen hellere Bereiche in mittlerer Wassertiefe und werden deshalb von Tauchenten erbeutet. **c** Flohkrebse mit Infektion durch *Corynosoma constrictum* schwimmen an der Oberfläche, suchen bei Gefahr aber tiefere Zonen auf und werden deshalb sowohl von Schwimm- als auch von Tauchenten erbeutet. (Aus Moore 1984. Copyright 1984 Scientific American, a division of Nature America, Inc. All rights reserved)

verstärkte Serotoninsynthese des Wirtes induziert. Da bei anderen Wirbellosen der Serotoninspiegel in der Folge von Immunreaktionen ansteigt, vermutet man, dass *P. paradoxus* diese Reaktion ausnutzt und verstärkt, um das Verhalten seines Zwischenwirtes spezifisch zu manipulieren.

Ein weiteres Beispiel für die gezielte Manipulation von Zwischenwirten durch Kratzer liegt vor für *Pomphorhynchus laevis*, einen Kratzer von Raubfischen, der durch den Flohkrebs *Gammarus pulex* übertragen wird. In Versuchen bevorzugten infizierte Zwischenwirte den Teil eines Aquariums, in dem sich ein Barsch aufhielt, während infektionsfreie Flohkrebse eine starke Aversion zeigten. Die Präferenz war durch olfaktorische Reize, aber nicht durch visuelle Reize bedingt. Dies lässt auf eine Veränderung der Geruchswahrnehmung schließen, die in der Natur zu einer effizienteren Übertragung der Cystacanthstadien auf den Raubfisch führt.

1.7.3.3 Einschleusung in die Nahrungskette

Eine erstaunliche evolutionäre Leistung liegt vor, wenn Parasiten Zwischenwirte, die eigentlich nicht in das Nahrungsspektrum der Endwirte gehören, zu Verhaltensänderungen zwingen, die den Wirtswechsel ermöglichen. Ein solches „fremddienliches Verhalten" wurde z. B. bei Trematoden der Familie Dicrocoeliidae nachgewiesen. *Dicrocoelium dendriticum*, der in Europa und Nordamerika verbreitete Kleine Leberegel, bewohnt als Adultus die Gallengänge von Pflanzenfressern, meist von Wiederkäuern (s. Abschn. 3.2.1.2.13). Der erste Zwischenwirt ist eine Landschnecke, die in Schleim eingehüllte Zerkarienpakete ausstößt. Diese sind attraktiv für Ameisen, die als zweite Zwischenwirte fungieren. Da Wiederkäuer Ameisen höchstens zufällig aufnehmen, wird der Wirtswechsel erst durch ein verändertes Verhalten der Ameisen ermöglicht. Während nicht befallene Ameisen bei geeignetem Wetter tagsüber im Freien herumstreifen und bei Einbruch der Dämmerung ins Nest heimkehren, zeigen infizierte Ameisen eine jeweils infektionstypische Verhaltensänderung.

Mit *D. dendriticum* infizierte Ameisen der Gattung *Formica* kehren mit Einbruch der kühlen Nachtstunden nicht ins Nest zurück, sondern suchen erhöhte Pflanzenteile in der Nähe des Nestes auf und verbeißen sich hier mit den Mandibeln (Abb. 1.58). Bei Störungen können sie sich nicht lösen, sondern sind durch ihren Mandibelkrampf gezwungen, an der Pflanze zu verharren, sodass in den frühen Morgenstunden eine erhöhte Wahrscheinlichkeit besteht, von Pflanzenfressern zufällig aufgenommen zu werden, in deren Darm die Infektionsstadien schlüpfen, um dann die Gallengänge zu besiedeln. Erst bei höheren Temperaturen löst sich der Mandibelkrampf der infizierten Ameisen, die sich dann unter ihre Nestgenossen mischen und ein unauffälliges Verhalten an den Tag legen. Verantwortlich für die Verhaltensänderung ist der „Hirnwurm", eine Zerkarie, die in das Unterschlundganglion des Ameisengehirns eindringt und ohne Zystenhülle im Nervengewebe dieser ganz spezifischen Region liegt (Abb. 1.59). Die anderen von der Ameise aufgenommenen Zerkarien enzystieren sich im Abdomen und sind nach ca. 30 Tagen infektiös. Zu diesem Zeitpunkt setzt auch die typische Verhaltensänderung der Ameise ein.

Exakte Untersuchungen zum Ablauf einer *D. dendriticum*-Infektion von *Formica pratensis* zeigten, dass sich von der Ameise aufgenommene Zerkarien durch

Abb. 1.58 An einem Grashalm festgebissene *Formica* sp. mit Befall durch *Dicrocoelium dendriticum*. (Foto: Eye of Science)

Abb. 1.59 Spezifische Loka-
lisation der Hirnwürmer von
Dicrocoelium dendriticum
und *D. hospes*. Während bei
Befall mit *D. dendriticum*
meist ein Hirnwurm in das
Unterschlundganglion ein-
dringt (**a**), liegen bei Befall
mit *D. hospes* meist zwei
Hirnwürmer in den paarigen
Antennalloben des Ober-
schlundganglions (**b**). *Pfeil*:
Hirnwurm. (Fotos: Thomas
Romig)

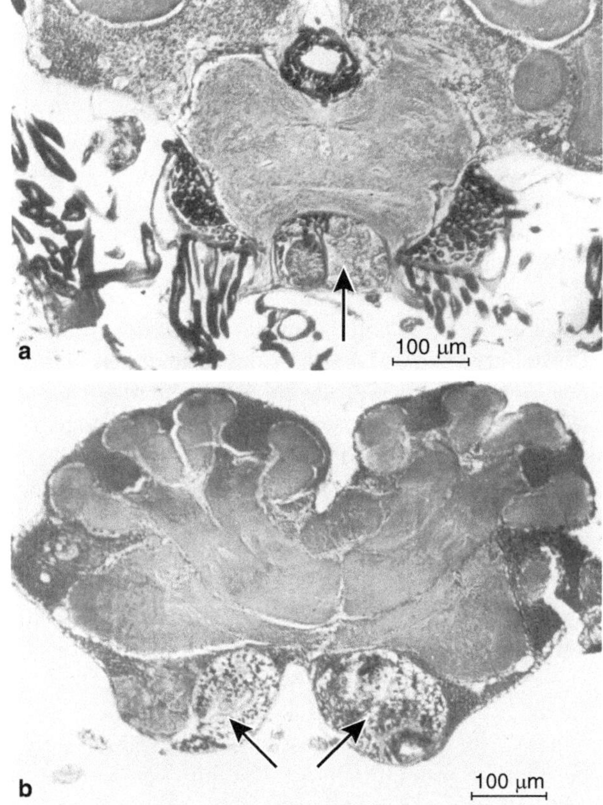

die Wandung des Sozialmagens bohren und die entstehende Wunde wieder verschließen. Zunächst wandern alle Zerkarien in Richtung des Kopfes. Wenn sich
eine Larve in das Gehirn der Ameise eingebohrt hat, wandern die anderen in das
Abdomen zurück, um sich dort zu enzystieren.

Wie spezifisch die Lokalisation des Hirnwurms und die induzierten Verhaltensänderungen sind, zeigen Vergleiche mit einem nah verwandten Parasiten,
dem in Afrika südlich der Sahara vorkommenden Leberegel *Dicrocoelium hospes*
(Abb. 1.59). Mit *D. hospes* infizierte Ameisen weisen je zwei Hirnwürmer auf, die
in den paarigen Antennalloben des Oberschlundganglions liegen. Mit *D. hospes*
infizierte Ameisen der Gattung *Camponotus* suchen ebenfalls erhöhte Pflanzenteile
auf, verbeißen sich dort aber nicht, sondern bleiben Tag und Nacht dort sitzen.
Sie werden von passierenden Nestgenossen gefüttert und verlassen allenfalls bei
stärkeren Störungen vorübergehend ihre Warte. Damit ist die Wahrscheinlichkeit,
von einem Endwirt gefressen zu werden, gegenüber nichtinfizierten Tieren stark
erhöht.

Bei Befall mit dem in Nordamerika vorkommenden Dicrocoeliiden *Brachyle-
cithum mosquensis* (Endwirt: Wanderdrossel; erster Zwischenwirt: Landschnecke;

zweiter Zwischenwirt: *Camponotus*-Ameise) resultiert aus dem Befall ein vollkommen anderes Verhalten der Zwischenwirtsameise. Während nichtinfizierte Ameisen das Licht strikt meiden, laufen infizierte Zwischenwirte auffällig auf besonnten Steinen im Kreis herum. Sie haben außerdem ein stark aufgetriebenes Abdomen, dessen helles Bindegewebe zwischen den Segmentgrenzen hervorschimmert. Die auffälligen Ameisen werden von Wanderdrosseln erbeutet, die normalerweise keine Ameisenfresser sind. Auch bei *B. mosquensis* wurde beschrieben, dass eine Metazerkarie mit abweichender Morphologie im Gehirn oder in dessen Nähe liegt.

Wie haben sich solche komplexen Verhaltensänderungen infizierter Ameisen entwickelt? Besonders erstaunlich, weil dem üblichen Schema der Darwin'schen Evolution scheinbar entgegenlaufend, ist der altruistische Opfertod des Hirnwurms. Diese Larve ist zwar Auslöser des veränderten Verhaltens, erlangt für sich aber keinen Fitnessvorteil, weil sie keine Zystenhülle hat und deshalb verdaut wird, sodass sie sich nicht fortpflanzen kann. Dieser scheinbare Widerspruch löst sich auf, wenn man bedenkt, dass mit gewisser Wahrscheinlichkeit alle Zerkarien einer Ameise vom gleichen Mirazidium abstammen und damit genetisch identisch sind. In solchen Fällen zählt der Fitnessvorteil des gesamten Klons („inklusive Fitness"), der durch die Aufopferung eines einzelnen Individuums mit identischem Genotyp erzielt wird.

Aber auch die Verhaltensänderung der Ameise hat möglicherweise mit Selbstaufopferung unter nahen Verwandten zu tun. Da alle Arbeiterinnen eines Volkes von einer Königin abstammen, die sich mit einem Männchen gepaart hat, haben sie einen sehr hohen Grad an Verwandtschaft. Bei Hymenopteren haben die weiblichen Tiere zwei Chromosomensätze, während die Männchen haploid sind. Bei der Reduktionsteilung in der Königin werden die Chromosomen der beiden Sätze – statistisch gesehen – gleich auf die Nachkommen verteilt, diese sind also zu 50 % identisch in Bezug auf die von der Mutter stammenden Chromosomen. In Bezug auf die vom Vater stammenden Chromosomen sind sie zu 100 % identisch, sodass die Nachkommen im Mittel zu 75 % identisch sind. Wenn sich bei dieser Konstellation ein Tier opfert und eine Rettung von nur 1,33 Geschwistern erzielt, bleibt der eigene Genotyp mit der gleichen Frequenz in der Population erhalten. Deshalb ist bei sozialen Insekten Altruismus weitverbreitet. Auch bei Infektionen mit bestimmten Bakterien und Pilzen exponieren sich Ameisen an der Spitze von Pflanzen („Wipfeln"). Es wird diskutiert, dass sie sich damit dem Risiko der Erbeutung durch Räuber aussetzen, um ein Übergreifen der Infektion auf andere Mitglieder des Volkes zu verhindern. Dieses altruistische Verhalten ist geeignet, die inklusive Fitness des Volkes zu steigern. Damit ist der Suizid eine Strategie aus dem Verhaltensrepertoire sozialer Insekten. Dicrocoeliiden scheinen dieses ursprüngliche Verhalten zur Optimierung des Wirtswechsels auszunutzen. Die soziale Abwehrreaktion der Insekten kann wohl aber nur parasitiert werden, weil die genetische Identität der Trematodenlarven eine noch engere Kooperation als die der Wirte gestattet.

In anderen Fällen können Parasiten eine neues Räuber-Beute-Verhältnis schaffen, um ihre Übertragung zu gewährleisten, indem sie einem Räuber vorspiegeln, dass ein infizierter Zwischenwirt eine attraktive Beute darstellt. Zum Beispiel müssen Trematoden der Gattung *Leucochloridium* (s. Abschn. 3.2.1.2.5) von Schnecken auf Insekten fressende Vögel übertragen werden, die normalerweise keine Schnecken fressen. Um diese Schwierigkeit zu überwinden, ändert der Parasit das Erscheinungsbild des Wirtes: Seine Larvenstadien wandern in die Fühler der Schnecke und verwandeln sie in pulsierende, farbig geringelte Gebilde. Auf Futter suchende Vögel wirken diese veränderten Schneckenfühler wie Raupen, sodass sie abgepickt werden. Damit ist die Übertragung auf den Endwirt gewährleistet. In ähnlicher Weise muss der Nematode *Myrmeconema neotropicum* aus dem südamerikanischen Regenwald von einer Zwischenwirtsameise auf einen Endwirt übertragen werden, wahrscheinlich einen Früchte fressenden Vogel, der die Nematodeneier mit dem Kot verbreitet. Um den Übergang von der Ameise zum Vogel zu erreichen, verändert der Parasit seinen Zwischenwirt drastisch: Der Hinterleib der üblicherweise schwarzen Ameisen färbt sich bei infizierten Insekten leuchtend rot und wird außerdem in untypischer Weise steil nach oben gestreckt. Auf diese Weise ähnelt das Ameisenabdomen einer reifen Beere, die für hungrige Vögel attraktiv ist. Diese Beispiele zeigen, wie durch den bestehenden, starken Evolutionsdruck Parasiten den Phänotyp ihres Wirtes im Sinne des „extended phenotype" verändern können.

1.7.3.4 Änderungen der Biotoppräferenz

Die zu den Nematomorpha gehörenden Saitenwürmer (s. Abschn. 3.5) sind Larvalparasiten, die sich in Arthropoden entwickeln, während die Adulti sich im Wasser paaren. Zwischenwirte der an Süßwasser gebundenen Gordiida sind in vielen Fällen terrestrische Arthropoden, wie z. B. Käfer, Heuschrecken oder Gottesanbeterinnen. Der Übergang ins Wasser wird sichergestellt, indem die ausgereiften Parasiten, die drei- bis viermal so lang sind wie ihre Wirte, die Arthropoden zwingen, Wasser aufzusuchen (Abb. 1.60). Daraufhin brechen die Würmer aus dem Wirt hervor und suchen am Boden des Gewässers einen Sexualpartner, wo sich „gordische Knoten" aus mehreren Würmern bilden können. Aus den produzierten Eiern schlüpfen Larven, die direkt oder über einen paratenischen Wirt ihren Arthropodenwirt erreichen. Das Bemerkenswerte bei Infektionen mit Gordiida ist die Induktion eines Verhaltens, das im Verhaltensspektrum der normalen Tiere nicht auftritt. Ein gut untersuchtes Modellsystem ist die Infektion der in Südfrankreich häufigen Eichenheuschrecke *Meconema thalassinum* mit dem Saitenwurm *Spinochordodes tellinii*. In diesem Parasit-Wirt-System tritt die durch den Parasiten induzierte Verhaltensänderung der Heuschrecken ausschließlich nachts auf. Infizierte Heuschrecken springen dann ins Wasser, sodass man die auslösenden Faktoren relativ exakt eingrenzen kann.

Proteomuntersuchungen von Heuschreckengehirnen zeigten bei zahlreichen Proteinen quantitative Unterschiede im Vergleich zu Gehirnen nichtinfizierter Tiere. Im Gehirn von Heuschrecken während der Manipulationsphase fiel vor allem die quantitative Veränderung eines Proteins auf, das eine Beziehung zur Antwort auf Schwerkraftreize hat. Außerdem unterschieden sich auch Proteine des Wnt-Signalweges, mit dem die Zelle auf bestimmte Außensignale reagiert. Die Proteomanalyse der Würmer ergab, dass die Parasiten mehrere Proteine mit Ähnlichkeit zu Signaltransduktionsmolekülen produzieren, die wichtige Hirnfunktionen steuern. Daher wird vermutet, dass die Nematomorpha durch sezernierte Produkte das Zentralnervensystem der Heuschrecken direkt beeinflussen.

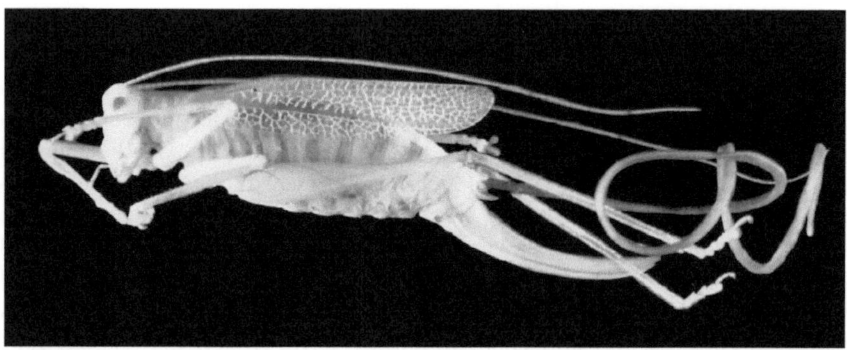

Abb. 1.60 Eichenschrecke *Meconema thalassinum*, aus der der Saitenwurm *Spinochordodes tellinii* austritt. (Foto aus: http://de.wikipedia.org/wiki/Saitenwürmer)

1.7.4 Kontrollfragen zum Verständnis

1. Wie bezeichnet man die über den Phänotyp hinausreichende Prägung von Merkmalen des Wirtes durch einen Parasiten?
2. Nennen Sie Beispiele für die Veränderung von Wirtszellen durch intrazelluläre Parasiten.
3. Welche Arten von parasitärer Kastration findet man bei Schnecken?
4. Weshalb können durch Trematoden infizierte Schnecken u. U. größer werden als nichtinfizierte Individuen?
5. Wie verändert *Taenia crassiceps* den Phänotyp seines Wirtes?
6. Weshalb verschieben manche Microspora das Geschlechterverhältnis ihrer Wirte?
7. Auf welche Weise kann eine Schädigung des Saugmechanismus von blutsaugenden Insekten zu einer erhöhten Übertragung von Parasiten führen?
8. Auf welche Weise kann ein Befall mit Bandwurmlarven zu einer leichteren Erbeutung des Wirtes führen?
9. Wie manipuliert *Toxoplasma gondii* seinen Nagetierwirt?
10. Wie manipulieren Cystacanthlarven bestimmter Kratzerarten Flohkrebse?
11. Welches Stadium bewirkt die Verhaltensveränderung der Zwischenwirtsameise im Lebenszyklus des kleinen Leberegels?

Literatur

Abschnitt 1.1

Goater TM, Goater CP, Esch GW (2014) Parasitism: the diversity and ecology of animal parasites, 2. Aufl. Cambridge University Press, Cambridge
Loker ES, Hofkin V (2015) Parasitology: a conceptual approach. Garland Science, New York
Mehlhorn H (Hrsg) (2007) Encyclopedia of parasitology. Springer, Berlin, Heidelberg, New York
Poulin R (2007) Evolutionary ecology of parasites. Princeton University Press, Princeton
Poulin R (2011) The many roads to parasitism: a tale of convergence. Adv Parasitol 74:1–40

Abschnitt 1.2

Combes C (2005) The art of being a parasite. University of Chicago Press, Chicago

Dogiel VA (1963) Allgemeine Parasitologie. VEB Gustav Fischer Verlag, Jena

Harvey SC, Gemmill AW, Read AF, Viney ME (2000) The control of morph development in the parasitic nematode *Strongyloides ratti*. Proc R Soc Lond Ser B 267:2057–2063

Hesse R, Doflein F (1943) Tierbau und Tierleben. Verlag Gustav Fischer, Jena

Kurtz J (2003) Sex, parasites and resistance–an evolutionary approach. Zoology 106:327–339

Osche G (1966) Die Welt der Parasiten. Zur Naturgeschichte des Schmarotzertums. Verständliche Wissenschaft 87. Springer, Berlin, Heidelberg, New York

Poulin R (2007) Evolutionary ecology of parasites. Princeton University Press, Princeton

Toft CA, Aeschlimann A, Bolis L (1991) Parasite-host-associations. Coexis- tence or conflict? Oxford University Press, London

Wedekind C, Strahm D, Schärer L (1998) Evidence for strategic egg production in a hermaphoditic cestode. Parasitology 117:373–382

Abschnitt 1.3

Hatcher MJ, Dunn AM (2011) Parasites in ecological communities. Cambridge University Press, Cambridge

Hudson PJ, Dobson AP, Newborn D (1998) Prevention of population cycles by parasite removal. Science 282:2256–2258

Knopf K, Mahnke M (2004) Differences in susceptibility of the European eel (*Anguilla anguilla*) and the japanese eel (*Anguilla japonica*) to the swim- bladder nematode *Anguillicola crassus*. Parasitology 129:49–96

Oldroyd BP (1999) Coevolution while you wait: *Varroa jacobsoni*, a new parasite of Western honeybees. Trends Ecol Evol 14:312–315

Richner H, Oppliger A, Christie P (1993) Effect of an ectoparasite on reproduction in great tits. J Animal Ecol 62:703–710

Rinderer TE et al. (2001) Resistance to the parasitic mite Varroa destructor in honey bees from far-eastern Russia. Apidology 32:381–394

Taraschewski H (2006) Hosts and parasites as aliens. J Helminthol 80:99–128

Torchin ME, Lafferty KD, Kuris AM (2001) Release from parasites as natural enemies: increased performance of a globally introduced marine crab. Biol Invas 3:333–345

Abschnitt 1.4

Dawkins R (1994) Das egoistische Gen. Rowohlt, Reinbeck

Dawkins R, Krebs JR (1979) Arms races between and within species. Proc R Soc Lond B 205:489–511

Howard RS, Lively CM (1994) Parasitism, mutation and the maintenance of sex. Nature 367:554–557

Liu W, Li Y, Learn GH et al (2010) Origin of the human malaria parasite plasmodium falciparum in Gorillas. Nature 467:420–425

Loker ES, Hofkin V (2015) Parasitology: a conceptual approach. Garland Science, New York

Morran LT, Schmidt OG, Gelarden IA et al (2011) Running with the Red Queen: host-parasite coevolution selects for biparental sex. Science 333:216–221

Paterson AM, Banks J (2001) Analytical approaches to measuring cospeciation of hosts and parasites: through a glass, darkly. Int J Parasitol 9:1012–1022

Poulin R, Skorping R, Poulin R (Hrsg) (2000) Evolutionary biology of host- parasite-relationships: theory meets reality. Developments in animal and veterinary sciences. Elsevier, Amsterdam

Price PW (1980) Evolutionary biology of parasites. Princeton University Press, Princeton

Pritchard DI et al (1990) Epidemiology and immunology of Necator americanus infection in a community in Papua New Guinea: humoral responses to excretorysecretory and cuticular antigens. Parasitology 100:259–267

Richner H, Schmid-Hempel P (2006) Grundlagen der Parasit-Wirt-Koevolution. In: Hiepe T, Lucius R, Gottstein B (Hrsg) Allgemeine Parasitologie. Parey, MVS Medizinverlage, Stuttgart
Schmid-Hempel P (2011) Evolutionary parasitology. Oxford University Press, Oxford
Hill SSAVS (2003) Genetic susceptibility to infectious disease. Trends Microbiol 11:445–448
Su X et al (1997) Complex polymorphisms in an approximately 330 kDa protein are linked to chloroquine-resistant P. falciparum in Southeast Asia and Africa. Cell 91:593–603
Thompson JN (1994) The coevolutionary process. Univ of Chicago Press, Chicago, London
de Vienne DM, Refrégier G, López-Villavicencio M et al (2013) Cospeciation vs host-shift speciation: methods for testing, evidence from natural associations and relation to coevolution. New Phytol 198:347–385

Abschnitt 1.5

Andersson M, Simmons LW (2006) Sexual selection and mate choice. Trends Ecol Evol 21:296–302
Beltran-Bech S, Richard FJ (2014) Impact of infection on mate choice. Anim Behav 90:159–170
Clayton DH (1991) The influence of parasites on host sexual selection. Parasitology Today 7:329–334
Ehmann KD, Scott ME (2002) Female mice mate preferentially with non-parasitized males. Parasitology 125:461–466
Hamilton WD, Zuk M (1982) Heritable true fitness and bright birds: a role for parasites? Science 218:384–387
Kavaliers M, Colwell DD (1995) Discrimination by female mice between the odours of parasitzed and non-parasitized males. Proc Biol Sci 261:31–35
Kavaliers M, Choleris E, Agmo A, Pfaff DE (2004) Olfactory-mediated parasite recognition and avoidance: linking genes to behaviour. Horm Behav 46:272–283
Milinski M, Bakker TCM (1990) Female sticklebacks use male coloration in mate choice and hence avoid parasitized males. Nature 344:330–333
Möller AP (1994) Sexual selection and the barn swallow. Oxford University Press, Oxford
Münzing J (1970) Stichlinge. In: Grzimek B et al (Hrsg) Fische II und Lurche. Grzimeks Tierleben, Bd. 5. Kindler, Zürich
Vyas A (2013) Parasite-augmented mate choice and reduction in innate fear in rats induced by *Toxoplasma gondii*. J Exp Biol 216:120–126

Abschnitt 1.6

van den Biggelaar AH, van Ree R, Rodrigues LC, Lell B, Deelder AM, Kremsner PG, Yazdanbakhsh M (2000) Decreased atopy in children infected with *Schistosoma haematobium*: a role for parasite-induced interleukin-10. Lancet 356:1723–1727
Crompton PD, Moebius J, Portugal S, Waisberg M, Hart G, Garver LS, Miller LH, Barillas-Mury C, Pierce SK (2014) Malaria immunity in man and mosquito: insights into unresolved mysteries of a deadly infectious diseases. Annu Rev Immunol 32:157–187
Grencis RK (2015) Immunity to helminths: resistance, regulation, and susceptibilityto gastrointestinal nematodes. Annu Rev Immunol 33:201–225
Hewitson JP, Maizels RM (2014) Vaccination against helminth parasite infections. Expert Rev Vaccines 13:473–487
Lucius R (2006) Immunbiologie von Parasiteninfektionen. In: Hiepe, Lucius, Gottstein (Hrsg) Allgemeine Parasitologie. Parey, MVS, Stuttgart
Lynch NR, Hagel I, Perez M, Prisco MC, Lopez R, Alvarez N (1993) Effect of anthelminthic treatment on the allergic reactivity of children in a tropical slum. J Allergy Clin Immunol 92:404–411
Maizels RM, McSorley HJ (2016) Regulation of the host immune system by helminth parasites. J Allergy Clin Immunol 138:666–675
McKenzie AN, Spits H, Eberl G (2014) Innate lymphoid cells in inflammation and immunity. Immunity 41:366–374

Melendez AJ, Harnett MM, Pushparaj PN, Wong WSF, Tay HK, McSharry CP, Harnett W (2007) Inhibitionof FceRI-mediated mast cell responses by ES-62, a product of parasitic filarial nema- todes. Nat Med 13:1375–1381

Presber W (2006) Opportunistische Erreger. In: Hiepe, Lucius, Gottstein (Hrsg) Allgemeine Parasitologie. Parey, MVS, Stuttgart

Summers RW, Elliott DE, Urban JF, Tompson RA, Weinstock JV (2005a) Trichuris suis therapy for active ulcerative colitis: a randomized controlled trial. Gastroenterology 128:825–832

Summers RW, Elliott DE, Urban JR, Tompson R, Weinstock JV (2005b) Trichuris suis therapy in Crohn's disease. Gut 54:87–90

Ziegler T, Rausch S, Steinfelder S et al (2015) A novel regularory macrophage induced by a helminth molecule instructs IL-10 in CD4+ T cells ans protects against mucosal inflammation. J Immunol 194:1555–1564

Abschnitt 1.7

Adamo SA (2013) Parasites: evolution's neurobiologists. J Exp Biol 216:3–10

Baldauf AS, Thünken T, Frommen JG et al (2007) Infection with an acanthocephalan manipulates an amphipod's reaction to a fish predator's odours. Int J Parasitol 37:61–65

Bethel WM, Holmes JC (1977) Increased vulnerability of amphipods to predation owing to altered behaviour induced by larval acanthocephalans. Can J Zool 55:110–115

Biron DG, Marché L, Ponton F et al (2005) Behavioural manipulation in a grasshopper harbouring hairworm: a proteomics approach. Proc R Soc Lond Ser B 272:2117–2126

Dunn AM, Adams J, Smith JE (1993) Transovarial transmission and sex ratio distortion by a microsporidian parasite in a shrimp. J Invertebr Pathol 61:248–252

Flegr J (2013) Influence of latent *Toxoplasma* infection on human personality, physiology and morphology: pros and cons of the *Toxoplasma*-human model in studying the manipulation hypothesis. J Exp Biol 216:127–133

Hoek RM, van Kesteren RE, Smit AB et al (1997) Altered gene expression in thehost brain caused by a trematode parasite: neuropeptides are preferentially affected during parasitosis. Proc Natl Acad Sci USA 94:14072–14076

Hughes DP, Brodeur J, Thomas F (Hrsg) (2012) Host manipulation by parasites. Oxford University Press, Oxford

Koella JC (1999) An evolutionary view of the interactions between anopheline mosquitoes and malaria parasites. Microbes Infect 1:303–308

Moore J (1984) Parasites that change the bahaviour of their host. Sci Amer 250:82–89

Moore J (2013) An overview of parasite-induced behavioral alterations – and some lessons from bats. J Exp Biol 216:11–17

Morales J et al (1996) Inhibition of sexual behaviour in male mice infected with Taenia crassiceps cysticerci. J Parasitol 82:589–593

Morales-Montor J, Larralde C (2005) The role of sex steroids in the complex physiology of the host-parasite-relationship: the case of the larval cestode *Taeniacrassiceps*. Parasitol 131:287–294

Poulin R (2010) Parasite manipulation of host behavior: an update and frequently asked questions. Adv Study Behav 41:151–186

Romig T, Lucius R, Frank W (1980) Cerebral larvae in the second intermediate host of *Dicrocoelium dendriticum* (Rudolphi, 1816) and *Dicrocoelium hospes* Looss, 1907 (Trematodes, Dicrocoeliidae). Z Parasitenkd 63:277–286

Thomas F, Poulin R (1998) Manipulation of a mollusc by a trophically transmitted parasite: convergent evolution or phylogenetic inheritance? Parasitology 116:431–436

Vyas A, Kim S-K, Giacomini M, Boothroydt JC, Sapolsky RM (2007) Behavioral changes induced by *Toxoplasma* infection of rodents are highly specific to aversion of cat odor. PNAS 104:6442–6447

Wilson RA, Denison J (1980) The parasitic castration and gigantism of Lymnea truncatula infected with the larval stages of fasciola hepatica. Z Parasitenkd 61:109–119

Yanoviak SP, Kaspari M, Dudley R, Poinar G (2008) Parasite-induced fruit mimicry in a tropical canopy ant. Am Nat 171:536–544

Parasitische Protozoen

2

Inhaltsverzeichnis

© Springer-Verlag GmbH Deutschland 2018

R. Lucius et al., *Biologie von Parasiten*, https://doi.org/10.1007/978-3-662-54862-2_2

Der Begriff „Protozoen" (gr. „proto" = zuerst, „zoon" = Tier) wird als Sammelbezeichnung für heterotrophe, eukaryotische Einzeller unterschiedlichen Ursprungs verwendet (Abb. 2.1, Tab. 2.1). Die Bezeichnung ist keine Kategorie der Systematik, wird in der Parasitologie aber eingesetzt, um einzellige Parasiten von Helminthen und Arthropoden abzugrenzen. Diesem Konzept wird hier Rechnung getragen, indem die Protozoen als eigenes Kapitel behandelt werden. Die Bedeutung des Parasitismus wird deutlich, wenn man betrachtet, dass von ca. 40.000 beschriebenen Protozoenarten etwa 8000 Parasiten sind. Dazu gehören die Erreger wichtiger Krankheiten des Menschen wie Malaria, Schlafkrankheit, Chagas, Leishmaniose, Amöbiose oder Toxoplasmose und bedeutender Tierkrankheiten wie Nagana, Theileriose, Babesiose oder Eimeriose.

Beim Blick auf den phylogenetischen Baum der Eukaryoten (Abb. 2.1) sollte man sich bewusst machen, dass die phylogenetische Distanz zwischen den einzelnen in diesem Kapitel behandelten Taxa enorm groß ist. Tatsächlich haben Genomdaten und Erkenntnisse der Zellbiologie gezeigt, dass – bezogen auf die Phylogenie – der Mensch und die Maispflanze weit enger miteinander verwandt sind als z. B. Trypanosomen und *Plasmodium*, der Erreger der Malaria. Die Protozoen – und insbesondere die Formen an der Basis des Lebensbaumes – sind nicht „primitiv". Neuere Analysen haben gezeigt, dass entgegen früherer Annahmen auch die früh abzweigenden Protozoenstämme Merkmale höherer Organismen aufweisen,

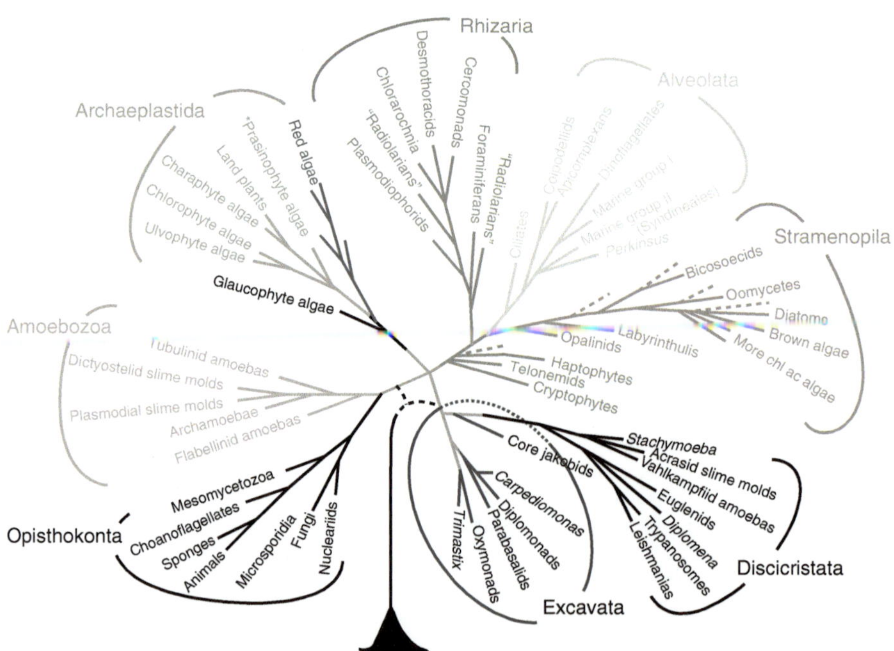

Abb. 2.1 Phylogenetischer Baum der Eukaryoten. (Aus Baldauf 2003, mit freundlicher Genehmigung des Verlages)

Tab. 2.1 Systematik der im Buch erwähnten parasitischen Protozoen. (Nach Tenter 2006)

Stamm[a]/ Unterstamm	Klasse/ Unterklasse	Ordnung	Familie	Gattung
Microspora	Microsporea	Microsporida[b]	Nosematidae	*Encephalitozoon, Enterocytozoon, Nosema*
			Pleistophoridae	*Glugea*
Metamonada	Trepomonadea	Diplomonadida	Hexamitidae	*Giardia*
Parabasala	Trichomonadea	Trichomonadida	Monocerco-monadidae	*Dientamoeba, Histomonas*
			Trichomonadidae	*Trichomonas, Tritrichomonas*
Euglenozoa	Kinetoplastea	Trypanosomatida	Trypanosomatidae	*Trypanosoma*
				Leishmania
Amoebozoa	Entamoebidea	Entamoebida	Copromyxidae Entamoebidae	*Endolimax Entamoeba*
	Lobosea	Centramoebida	Acanthamoebidae	*Acanthamoeba*
Alveolata				
– Apicomplexa (syn. Sporozoa)	Gregarinea	Eugregarinida	Gregarinidae	*Gregarina, Monocystis*
		Incertae sedis[c]	Cryptosporidiidae	*Cryptosporidium*
	Coccidea	Eimeriida	Eimeriidae	*Cyclospora, Eimeria, Isospora*[d]
			Sarcocystidae	*Besnoitia, Isospora*[c]*, Neospora, Sarcocystis, Toxoplasma*
	Haematozoea	Haemosporida	Plasmodiidae	*Plasmodium, Leucocytozoon*
		Piroplasmida	Babesiidae Theileriidae	*Babesia Theileria*
– Ciliophora	Litostomatea Oligohymeno-phorea	Vestibuliferida	Balantidiidae	*Balantidium*
	– Hymeno-stomatia	Hymeno-stomatida	Ichthyophthiriidae	*Ichthyophthirius*
	– Peritrichia	Mobilida	Trichodinidae	*Trichodina*

[a] Die Anordnung der Stämme in dieser Systematik spiegelt keine phylogenetischen Verwandtschaften wider, da die Protozoen keine monophyletische Gruppe sind. Auf den anderen höheren taxonomischen Ebenen (Unterstamm bis Unterordnung) entspricht die hier gewählte Anordnung weitgehend den zurzeit bekannten phylogenetischen Verwandtschaften. Auf den niederen taxonomischen Ebenen (Familie bis Gattung) sind die Taxa aus didaktischen Gründen alphabetisch und nicht nach ihren phylogenetischen Verwandtschaften geordnet.

[b] Eine genaue Klassifizierung der Microsporida in Ordnungen, Unterordnungen und Familien ist zurzeit nicht möglich, da viele der dazu benötigten phänotypischen und genotypischen Merkmale unbekannt sind.

[c] Die Arten der Gattung *Cryptosporidium* ähneln phänotypisch den Angehörigen der Coccidea, phylogenetisch scheinen sie jedoch enger mit den Gregarinea verwandt zu sein. Die systematische Stellung dieser Gattung ist daher zurzeit unklar.

[d] Die Gattung *Isospora* ist paraphyletisch. Über eine Benennung der verschiedenen Linien gibt es zurzeit jedoch keinen Konsens.

z. B. den Besitz von Endosymbiontenorganellen oder zumindest von Genen, die auf einen früheren Besitz von Endosymbionten hinweisen. Viele parasitische Einzeller haben ein relativ kleines Genom, was aber nicht unbedingt ein ursprüngliches Merkmal, sondern ein Resultat des parasitischen Lebensstils ist, der die Reduktion von Stoffwechselwegen durch Ausnutzen des Wirtes ermöglicht. Es gibt jedoch keinen strikten Zusammenhang zwischen der Genomgröße und der parasitischen Lebensweise, da einige Parasiten bemerkenswert große Genome besitzen. So zählt z. B. das Genom von *Trichomonas vaginalis* (Größe: 176 Mb, 59.000 proteincodierende Gene) zu den größeren Genomen der Protozoen, wird aber von anderen noch übertroffen. Auch in anderer Hinsicht widersetzen sich die Protozoen einer einfachen Schematisierung: Viele Apicomplexa enthalten ein Plastidorganell („Apicoplast") und sind damit eigentlich sowohl bei den Pflanzen als auch bei den Tieren einzuordnen.

Folglich behandelt dieses Kapitel Organismen mit starken Unterschieden in Bezug auf Morphologie, Metabolismus, Gewebetropismus und Pathogenität. Trotz der großen Unterschiede weist die Biologie parasitischer Protozoen aber einige Gemeinsamkeiten auf, die eine gemeinsame Betrachtung rechtfertigen: Die Erreger replizieren sich im Vergleich zu parasitischen Würmern relativ schnell, treten im Wirt in großer Anzahl auf und sind genetisch relativ plastisch. Damit sind sie sehr anpassungsfähig und können auf die Abwehr von Wirten oder andere Veränderungen erfolgreich reagieren. Außerdem führt die Tatsache, dass alle Parasiten die gleiche Nische, nämlich einen lebenden Wirt, besetzen häufig zu interessanten Konvergenzen. Trotz allem ist es bemerkenswert, wie unterschiedlich die Lebenszyklen und Lebensweisen sowie die Mechanismen der Wirtsausbeutung sind. Ein Alptraum für jeden Studenten, der versucht, das Gebiet der Parasitologie in seiner ganzen Breite zu ergründen. Einen solchen Überblick zu erhalten ist aufgrund von moderner Systematik auf der Basis von Genomvergleichen möglich, doch die Phylogenie der Protozoen ist bis heute nicht vollständig erfasst. Aufgrund von neuen Datensätzen und besseren Berechnungsmethoden werden immer noch Umgruppierungen erfolgen. Außerdem sind auch die taxonomischen Kategorien einiger Gruppen unklar. Aus diesem Grund legen wir den Schwerpunkt in diesem Kapitel nicht auf die Systematik, sondern befassen uns hauptsächlich mit den verhältnismäßig homogenen großen Gruppen der Protozoen (Microspora, Metamonada, Parabasala, Euglenozoa und Alveolata), ohne uns in die Details der Taxonomie und Systematik zu vertiefen.

2.1 Microspora

- Sehr kleine, obligat intrazelluläre Parasiten bei allen Tiergruppen
- Mitochondrien fehlen
- Primitiver Golgi-Apparat vorhanden
- Verbreitung durch Sporen mit aufgewundenem Polfaden
- Wahrscheinlich verwandt mit Pilzen

Die bislang beschriebenen ca. 1300 Arten von Microspora (es existieren aber wahrscheinlich weit mehr) kommen als intrazelluläre Parasiten bei allen Tierstämmen vor, von den Protozoen (z. B. bei Gregarinen) bis zu den Säugetieren. Arthropoden und Fische sind die am häufigsten beschriebenen Wirte. Viele Microspora sind als Pathogene von Arthropoden bekannt, bei Menschen ist man im Zuge der Aidspandemie auf dieses Taxon aufmerksam geworden und hat mehrere Arten meist bei immunkompromittierten Patienten gefunden. Trotz anfänglicher Befürchtungen sind Microspora aber nicht in größerem Umfang als opportunistische Erreger in Erscheinung getreten. Analysen der Genome mehrerer Microspora zeigen, dass diese Parasiten in die Verwandtschaft der Pilze zu stellen sind, deshalb könnte man argumentieren, sie seien in einem Lehrbuch der Parasitologie fehl am Platz. Im deutschsprachigen Raum zählen diese Organismen jedoch traditionell als Parasiten im engeren Sinn und werden deshalb hier mitbehandelt.

Die Microspora gelten als sehr ursprüngliche Eukaryoten, da sie keine Organellen endosymbiontischen Ursprungs und keinen typischen Golgi-Apparat aufweisen. Ehemals mitochondriale Gene im Kern deuten allerdings darauf hin, dass Endosymbiontenorganellen vorhanden waren, aber reduziert wurden. Die RNA hat eine Größe, wie sie sonst nur bei Prokaryoten gefunden wird, und auch das Auftreten paariger Kerne bei vielen Taxa – analog zu primitiven Pilzen – wird als Merkmal der Ursprünglichkeit gewertet. Das Genom von *Encephalitozoon cuniculi* besteht aus nur 2,9 Mb und codiert für lediglich 1997 Gene, die verteilt sind auf elf Chromosomen. Damit ist es kleiner als viele bakterielle Genome. Es ist extrem komprimiert; so sind nicht nur die Abstände zwischen Genen kleiner als bei anderen Eukaryoten, sondern auch die Gene selbst sind kürzer. Die Genomdaten zeigen auch, dass viele Stoffwechselwege aufgegeben worden sind zugunsten eines Imports von Nährstoffen aus dem Wirt. Microspora können also als Prototypen von parasitischen Organismen betrachtet werden, die aufgrund ihrer langen Assoziation mit dem Wirt extrem reduziert sind.

Entwicklung und Morphologie Die Infektion erfolgt durch **Sporen**, die elliptisch, 1–5 µm lang, stark lichtbrechend und grampositiv sind. Die Sporenhülle besteht aus einer Außenschicht (Exospore) und einer chitinhaltigen Innenschicht (Endospore). Im Inneren der Spore liegt das infektiöse Sporoplasma mit einem oder zwei Kernen sowie Membranstapeln (Abb. 2.2). Am Vorderpol liegt eine Ankerscheibe (Polsack), aus der, wie ein Stiel aus dem Pilzhut, der hohle Polfaden entspringt. Dieser zieht schräg nach hinten und liegt in regelmäßigen Windungen der Sporenwandung an. Bei einem Durchmesser von nur 0,1 µm kann der Polfaden mehr als 100 µm lang sein (Abb. 2.2). Die Basis des Polfadens ist umgeben vom Polaroplasten, einem aus Membranvesikeln aufgebauten Organell, das wahrscheinlich bei Aktivierung der Sporen aufquillt und damit den zum Ausstülpen des Polfadens benötigten Druck aufbaut. Zusätzlich kann die Spore eine am hinteren Zellpol liegende Vakuole unbekannter Funktion (posteriore Vakuole) enthalten. Bei der Infektion wird der Polfaden nach Art eines Handschuhfingers ausgestülpt. Wie kompliziert dieser Vorgang ist, kann man sich durch den Vergleich mit einem Gartenschlauch vorstellen, der von innen nach außen umgestülpt werden soll! Der

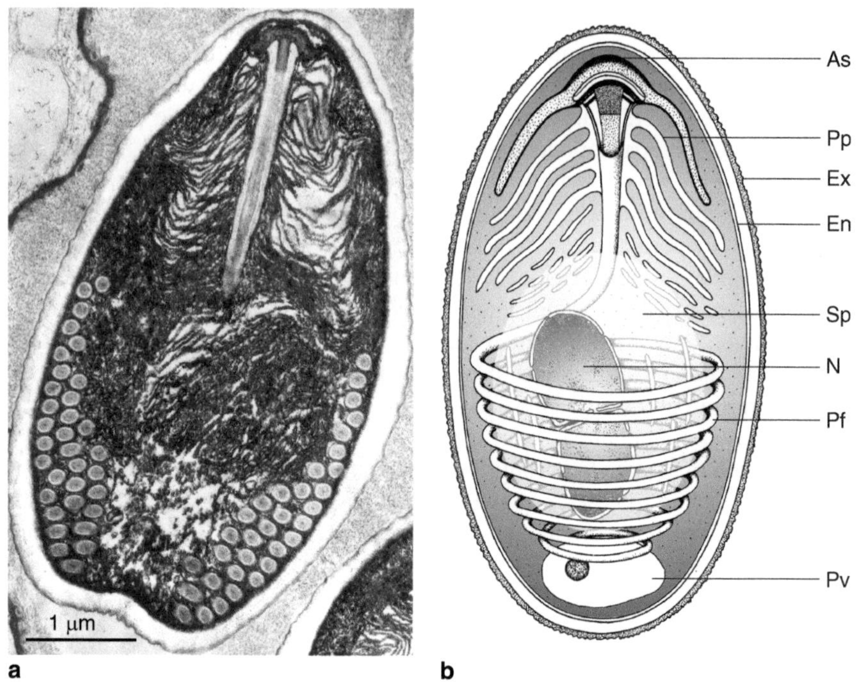

a   b

Abb. 2.2 Spore von Microspora. **a** Querschnitt durch eine Spore von *Pleistophora hyphessobryconis* mit aufgewundenem Polfaden und lamellenartigem Polaroplasten. **b** Schema einer Spore.
As Ankerscheibe, *En* Endospore, *Ex* Exospore, *N* Kern, *Pf* Polfaden, *Pp* Polaroplast, *Pv* posteriore Vakuole, *Sp* Sporoplasma. (Aus Hausmann et al. 2003, mit freundlicher Genehmigung der Schweizerbartschen Verlagshandlung, Stuttgart. www.schweizerbart.de)

Polfaden durchdringt die Membran der Wirtszelle wie eine Injektionsnadel. Das eigentliche Infektionsstadium, das **Sporoplasma**, kriecht durch den Polfaden direkt in das Plasma der Wirtszelle (Abb. 2.3). Es wächst dort heran und durchläuft in der Zelle eine ungeschlechtliche Vermehrung, die als Merogonie bezeichnet wird. Dabei entstehen aus dem Mutterorganismus durch Zwei- oder Vielfachteilung zahlreiche **Merozoiten**, die weitere Merogoniezyklen einleiten können.

Nach der Phase der Merogonie beginnt die Sporogonie, gekennzeichnet durch die Abscheidung von Sporenwandmaterial durch die Stadien, die zunächst als **Sporonten** bezeichnet werden. Sexualvorgänge, die bei einigen Microspora beobachtet wurden, finden zu Beginn der Sporogonie statt. Sie umfassen Kernverschmelzung und meioseähnliche Reduktionsteilungen. Die Sporonten können sich direkt zu **Sporoblasten** weiterentwickeln, aus denen schließlich die Sporen entstehen. Bei einigen Gruppen verläuft diese Entwicklung über ein mehrkerniges Synzytium, das **sporogone Plasmodium**, das sich in Sporoblasten aufteilen kann. Einige Microspora verändern ihre Wirtszelle, sodass diese zu riesiger Größe heranwächst. Diese Gebilde werden als „Xenome" (gr. „xenos" = fremd) bezeichnet. Die Sporen gelangen durch Kot, Urin oder Verwesung in die Außenwelt, können bei einigen

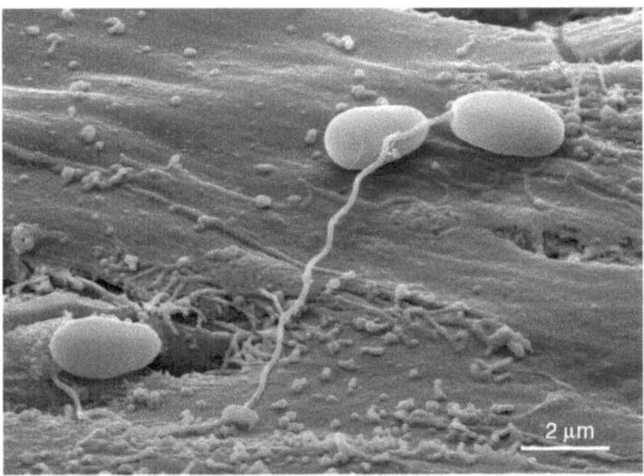

Abb. 2.3 Spore von *Tubulinosema ratisbonensis*, eines potenziell humanpathogenen Microsporaidiers-Parasiten, mit ausgestülptem Polfaden. (Aufnahme: Lehrstuhl für Molekulare Parasitologie, Humboldt-Universität zu Berlin)

Arten aber auch Zellen desselben Wirtes befallen. Die meisten Lebenszyklen von Microspora sind monoxen, es gibt aber auch Arten mit obligatorischen Zwischenwirten. Manche Microspora von Kleinkrebsen werden vertikal übertragen, indem Infektionsstadien direkt vom mütterlichen Wirtsorganismus in die Nachkommen übergehen. Um ihre Chance auf Übertragung zu erhöhen, manipulieren manche dieser Parasiten das Hormonsystem ihrer Wirte und verändern die Geschlechtsausprägung von Männchen. Dann entstehen funktionelle Weibchen, deren Eizellen die Microspora befallen, um die nächste Wirtsgeneration zu erreichen.

2.1.1 *Glugea anomala*

Dieser Parasit gehört in eine Gruppe von Microspora, deren Sporonten Material nach außen abscheiden, das den Parasiten gegen das Wirtsplasma abgrenzt. Damit entsteht ein sporophorer Vesikel, dessen Wandung je nach Parasitenart membranartig dünn oder kompakt ist und innerhalb dessen die weitere Entwicklung abläuft. Deshalb sind alle Sporen zunächst von einer gemeinsamen Wandung umgeben.

G. anomala kommt im dreistachligen und im neunstachligen Stichling vor, die Kleinfische der kalten und gemäßigten Zonen der Nordhalbkugel sind. In manchen Stichlingspopulationen sind mehr als 50 % der Tiere befallen. Die Infektion erfolgt durch orale Aufnahme der Sporen. Im Dünndarm der Fische wird der Polfaden ausgestülpt und das einkernige Sporoplasma wandert in eine Wirtszelle ein. Die Parasiten entwickeln sich primär in Bindegewebszellen des Dünndarms, aber auch im Bindegewebe anderer Körperteile. Dabei können bis zu erbsengroße Xenome entstehen (Abb. 2.4).

Aus dem in die Wirtszelle eingedrungenen Sporoplasma entsteht ein lang gestreckter Organismus mit bis zu 32 Kernen, der direkt im Zytoplasma der Wirtszelle liegt und bis zu $2 \times 50\,\mu m$ misst. Er wird dicht von Zisternen des endoplasmatischen Retikulums der Wirtszelle umgeben. Innerhalb der sich stark vergrößernden Wirtszelle entstehen Merozoiten, die zu Sporonten und schließlich zu mehrkernigen sporogonen Plasmodien heranwachsen, die eine Zystenhülle abscheiden. Deshalb werden diese Gebilde jetzt als sporogone Vesikel bezeichnet. Das Plasmodium teilt

Abb. 2.4 Dreistachliger Stichling mit Xenomen von *Glugea anomala*. Aufnahme: H. Taraschewski. Ausschnitt: Sporen von *G. anomala*. (Aufnahme: Jiri Lom)

sich in Sporoblastenmutterzellen, die an der Oberfläche das Material der späteren Exospore abscheiden. Jede Mutterzelle teilt sich dann nochmals in zwei Sporoblasten, die sich zu Sporen weiterentwickeln. Jeder der sporogonen Vesikel enthält 10–100 Sporen. Da ihre Wandung nicht stabil ist, brechen die Vesikel auf, sodass die Sporen meist frei in der Zelle liegen.

G. anomala induziert in der Wirtszelle dramatische Veränderungen des Stoffwechsels und der Zellstrukturen: Es kommt zur Bildung von Xenomen, d. h., der Zellkern vergrößert sich und ist hochaktiv, das Volumen der Zelle nimmt um ein Vielfaches zu und von der Oberfläche wird geschichtetes Material abgegeben. Die hirsekorn- bis erbsengroßen Xenome wölben sich nach außen vor, wenn sie an der Oberfläche liegen. Später entwickelt sich bei *G. anomala* regelmäßig eine Entzündungsreaktion, bei der Phagozyten des Wirtes das Xenom angreifen und abbauen. Beim Tod des Stichlings oder beim Aufbrechen des Xenoms nach außen oder in den Darm werden die Sporen frei.

2.1.2 *Nosema apis*

N. apis gehört zu der Gruppe von Microspora, bei denen die Sporonten keine sporophoren Vesikel ausbilden. Deshalb liegen alle Stadien des Parasiten frei im Plasma der Wirtszelle.

N. apis ist der weltweit verbreitete Erreger der Bienenruhr (Nosematose) unserer Honigbiene *Apis mellifera*. Die Infektion erfolgt durch orale Aufnahme von Sporen (Abb. 2.5). Im Darm der Biene stülpt sich der sehr lange Polfaden aus und das doppelkernige Sporoplasma wandert durch ihn hindurch in eine Darmepithelzelle ein. Dort wächst es zum lang gestreckten, mehrkernigen Organismus heran, aus dem Merozoiten entstehen. Diese leiten einen zweiten Merogoniezyklus ein. Die Merozoiten dieser zweiten Generation werden zu Sporonten, die sich in je zwei Sporoblasten teilen, welche sich weiter zu Sporen differenzieren. Dabei können zwei Typen von Sporen entstehen, die etwa $7 \times 3{,}5\,\mu$m messen. Sporen mit dicker Endospore werden mit dem Kot ausgeschieden, sind resistent gegen niedrige Temperaturen, bis zu zwei Jahre infektiös und infizieren neue Wirtstiere. Sporen mit dünner Endospore infizieren bereits innerhalb des Wirtes benachbarte Zellen. Da-

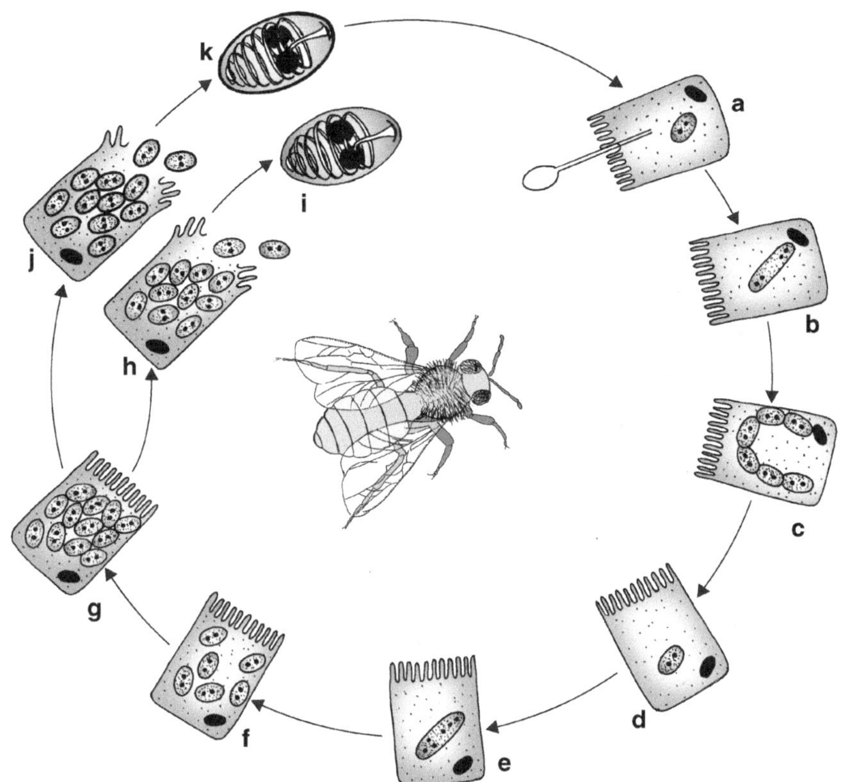

Abb. 2.5 Lebenszyklus von *Nosema apis* in der Honigbiene *Apis mellifera*. **a** Durch den ausgestülpten Polfaden der Spore wandert das zweikernige Sporoplasma in das Zytoplasma einer Darmepithelzelle. **b, c** Entstehung eines vielkernigen Organismus. **d** Einzelner Merozoit. (Die anderen Merozoiten, die aus demselben Mutterorganismus entstanden sind, und ihre weitere Entwicklung innerhalb derselben Zelle werden nicht gezeigt.) **e** Zweite Merogonie. **f** Merozoiten der zweiten Generation werden zu Sporonten. **g** Sporoblasten. **h, i** Dünnwandige Sporen, die innerhalb derselben Biene weitere Zellen infizieren. **j, k** Dickwandige Sporen, die ausgeschieden werden und weitere Bienen infizieren. (Nach verschiedenen Autoren)

bei können außer dem Darm auch andere Organe der Biene von der Infektion erfasst werden. Die Zeit von der Aufnahme infektiöser Sporen bis zur Ausscheidung neuer Sporen beträgt bei optimaler Temperatur (zwischen 30 und 35 °C) 48–60 h; die dünnwandigen Sporen werden bereits nach 36 h gebildet. Während der Entwicklung bleibt die Zweikernigkeit der Parasiten durchgehend erhalten.

N. apis kann alle adulten Bienen befallen, tritt aber hauptsächlich bei Arbeiterinnen auf. Wahrscheinlich infizieren sich diese bei Putzarbeiten am leichtesten. Die Bienenruhr äußert sich in starkem Durchfall mit gelblich flüssigem Kot, der an seinem eigentümlichen Geruch zu erkennen ist. Das Darmepithel befallener Bienen ist zerstört; es kommt zu Resorptionsstörungen, Schwächung, frühem Altern und Tod. Besonders starke Verluste unter den Arbeiterinnen treten im Frühjahr auf. Bei infizierten Königinnen degenerieren die Ovarien und die Königin wird ersetzt. Die Kombination von reduzierter Lebensspanne, höheren Winterverlusten und erniedrigter Brutkapazität führt zu schwachen Bienenvölkern und damit zu verminderter Honigproduktion. Beim Zusammentreffen mit weiteren ungünstigen Faktoren können Bienenvölker aussterben. So führt das gemeinsame Auftreten von *N. apis* mit verschiedenen Bienenviren zu starken Ausfällen. Bienen sind eine gute Quelle zur Demonstration von Microspora in Praktika, da in den meisten Populationen infizierte Tiere zu finden sind. Bei massiven Infektionen enthalten die Insekten bis zu 200 Mio. Sporen. Eine nahe verwandte Art, *Nosema ceranae*, wurde 1996 in Asien aus der Östlichen Honigbiene *Apis cerana* beschrieben und hat sich seitdem weltweit ausgebreitet. Die Biologie ist sehr ähnlich, aber *N. ceranae* bleibt nicht auf den Verdauungsapparat beschränkt, sondern befällt auch andere Organe.

Nosema algerae parasitiert bei Stechmücken und wurde versuchsweise zur biologischen Schädlingsbekämpfung eingesetzt, ebenso wie *Nosema locustae* zur Bekämpfung von Wanderheuschrecken.

2.1.3 Potenziell humanpathogene Microspora

Seit Beginn der Aidspandemie wurden vermehrt Befälle mit Microspora bei immunkompromittierten Personen beschrieben. Bisher wurden etwa ein Dutzend Microspora-Arten aus fünf Gattungen als opportunistische Erreger festgestellt, die bei Immunsupprimierten mit Erkrankungen assoziiert sind, während von immunkompetenten Personen klinische Fälle weitgehend unbekannt sind. Insgesamt ist die Anzahl von Infektionen allerdings so gering, dass Microspora keineswegs eine generelle Bedrohung als opportunistische Erreger darstellen. *Encephalitozoon cuniculi* (Abb. 2.6) tritt häufig in Kaninchen, aber auch in zahlreichen anderen Tierarten auf und kann auch den Menschen infizieren. Bei Versuchstieren werden vor allem Zellen der Niere und des zentralen Nervensystems befallen. Die Sporogonie führt zu dickwandigen Sporen, die über den Urin ausgeschieden werden. *E. cuniculi* wird bei Personen gefunden, die unter zentralnervösen Störungen bzw. Peritonitis leiden, und kann auch zu Durchfall und generalisierten Infektionen führen. Gleiches

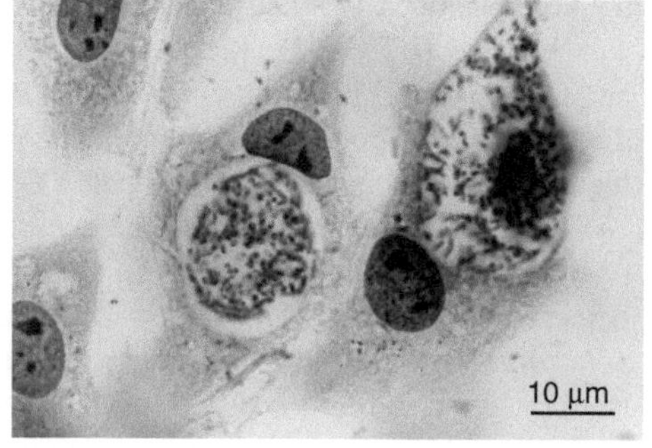

Abb. 2.6 *Encephalitozoon cuniculi* in Fibroblasten einer Zellkultur. Die Parasiten liegen in einer Vakuole, an die der *dunkel gefärbte Zellkern* angrenzt. (Aufnahme: Jiri Lom)

gilt für *Encephalitozoon hellem* und *Encephalitozoon intestinalis*. *Enterocytozoon bieneusi* wurde aus Darmzellen von Aidspatienten beschrieben, die unter schwerem Durchfall litten. Es wird diskutiert, dass diese Art für den Menschen apathogen sein könnte und deshalb in der Regel unbemerkt bleibt. *Microsporidium ceylonensis* und *Microsporidium africanum* wurden in Hornhautläsionen des Auges von Menschen nachgewiesen.

2.1.4 Kontrollfragen zum Verständnis

1. Welche Organismen sind am engsten mit Microspora verwandt?
2. Wie ist der Infektionsmodus von Microspora?
3. Wie heißen die enorm vergrößerten Wirtszellen, die aufgrund einer Infektion mit bestimmten Microspora entstehen?
4. Welche Krankheit verursacht *Nosema apis*?
5. Weshalb kann *Nosema apis* sowohl zu Autoinfektion führen als auch auf andere Bienen übertragen werden?
6. Welche Microspora treten bei immunsupprimierten Personen auf?

2.2 Metamonada

- Darmparasiten oder frei lebend in sauerstoffarmer Umgebung
- Gerade Anzahl von Geißeln
- Rudimentäres Mitochondrium („Mitosom") kann vorhanden sein
- Golgi-Apparat nicht vorhanden
- Verdopplung der Organellen bei einigen Taxa

Die Metamonada gehören zu den ursprünglichsten Einzellern und werden oft als Modell für die frühe Entwicklung der Eukaryotenzelle betrachtet. Dieser Stamm enthält frei lebende Organismen sowie Parasiten. Die Arten können mit unterschiedlichen geraden Anzahlen von Geißeln ausgestattet sein. Die Metamonada sind aerotolerante Anaerobier. Sie besitzen keine funktionell aktiven Mitochondrien, weisen zum Teil aber ein Mitosom auf, d. h. ein reduziertes Organell ohne mitochondriales Genom. Dies ist ein Hinweis auf einen sekundären Verlust des Mitochondriums, die entsprechenden mitochondrialen Gene wurden in den Kern übernommen. Ähnlich sind auch Golgi-Strukturen nicht ohne weiteres zu erkennen, doch die Metamonada besitzen Gene, die für Golgi-Proteine codieren. Die in der Ordnung Diplomonadida zusammengefassten Parasiten sind durch eine **Verdopplung der Organellen** gekennzeichnet.

2.2.1 *Giardia lamblia* (Syn.: *G. duodenalis, G. intestinalis*)

Giardien gehören zu den parasitischen Einzellern mit weltweiter Verbreitung in Menschen, Haus- und Wildtieren. Gegenwärtig werden acht Genotypen A–H unterschieden, die z. T. auch mit Artnamen bezeichnet werden. Keiner dieser Genotypen ist besonders wirtsspezifisch. Wir verwenden hier für den Humanparasiten den in der biologischen Literatur üblichen Artnamen *G. lamblia* (synonym zu *G. duodenalis* und *G. intestinalis*).

Die Parasiten bewohnen die Oberfläche des oberen Dünndarms, wo sie sich mit einer ventralen Haftscheibe aus fibrillärem Material an das Darmepithel heften (Abb. 2.7). Die Genotypen A und B treten parallel im Menschen und in Tieren (Hunden, Katzen, Wiederkäuern, Schweinen, Pferden) auf, sodass eine zoonotische Übertragung angenommen wird. Die Genotypen C–G wurden nur sehr selten in Menschen und der Genotyp H nur in marinen Säugern gefunden. Etwa 3 % der gesund erscheinenden europäischen Normalbevölkerung scheidet Zysten aus und 3–7 % der Hunde sind infiziert. Die Infektion erfolgt fäko-oral und die Prävalenz variiert geografisch. In warmen Klimaten und bei schlechter sanitärer Versorgung liegen die Infektionsraten am höchsten.

Entwicklung und Morphologie Die Infektion erfolgt durch vierkernige Zysten, aus denen im Duodenum je zwei Trophozoiten schlüpfen (Abb. 2.8). Sie haben die Form einer längs gespaltenen Birne und sind 10–20 µm lang. Sie besitzen vier Geißelpaare mit $9 \times 2 + 2$ Mikrotubulistruktur, die in der Nähe des vorderen Zellpoles entspringen und zunächst innerhalb der Zelle verlaufen. Zwei treten am apikalen Ende und eines seitlich aus, während das vierte auf der Ventralseite in einem Schlitz verläuft, der als Cytostom fungiert, in das Stoffe aufgenommen werden. Dieses Geißelpaar ist verbreitert und führt durch seine Bewegungen dem Cytostom Nahrung zu. Die drei anderen Geißelpaare erlauben taumelnde, drehende Bewegungen, die

Abb. 2.7 Trophozoiten von
Giardia lamblia auf dem
Darmepithel einer Maus.
Ausschnitt: Unterseite des
Parasiten. (Aufnahme:
Lehrstuhl für Molekulare
Parasitologie, Humboldt-
Universität zu Berlin)

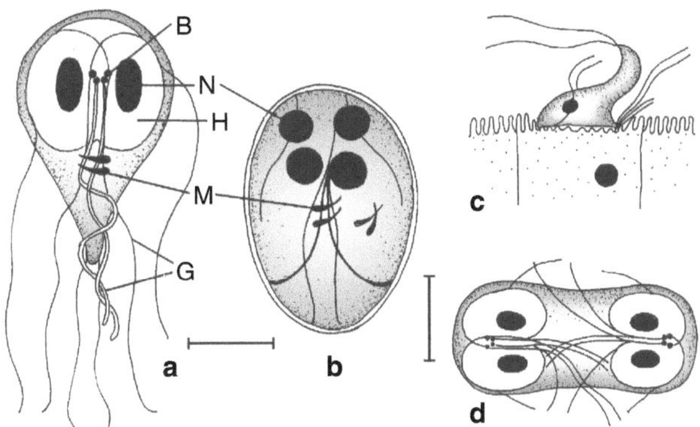

Abb. 2.8 *Giardia lamblia.* **a** Trophozoit. **b** vierkernige Zyste. **c** Trophozoit, der mit der Haftscheibe auf dem Mikrovillisaum einer Darmepithelzelle sitzt. **d** Trophozoit, in Teilung begriffen. *B* Basalkörper der Geißel, *G* Geißeln, *H* Haftscheibe, *M* Mediankörper, *N* Nucleus. Der Maßstab beträgt bei **a** und **b** 5 µm, bei **d** 10 µm. (Nach verschiedenen Autoren)

an fallende Blätter erinnern. Zwei sichelförmige Einschlüsse, die Mediankörper, bestehen aus tubulinähnlichem Material. Es wird angenommen, dass Giardien von Schleimsubstanzen des Epithels, Bakterien und Detritus leben. Sie vermehren sich durch Längsteilung.

Wenn die Trophozoiten mit dem Darminhalt abwärts wandern, werden als Reaktion auf alkalischen pH und Gallensalze 8–18 µm lange, ovale Zysten gebildet, die nach einer kurzen Phase der Reifung infektiös sind und aus denen zwei Trophozoiten schlüpfen. In der Umwelt sind sie mehrere Monate lebensfähig. Die Zysten sind zunächst zweikernig – später vierkernig – und enthalten sichelförmige Mediankörper und Geißelfragmente. Die Zystenwand enthält einen hohen Anteil an N-Acetylgalactosamin. Zysten sind widerstandsfähig gegen Umweltbedingungen und werden entweder durch verschmutztes Oberflächenwasser oder durch Kontakt von Person zu Person übertragen.

Giardiose Die Pathogenität der Infektion variiert sehr stark. Die meisten *Giardia*-Infektionen verlaufen subklinisch, einige Patienten entwickeln akute, andere chronische Diarrhöe. Typischerweise dauert die akute Diarrhöe etwa eine Woche, in der mehrere Mio. Zysten/Stuhl ausgeschieden werden. Chronische Erkrankungen können mehrere Monate andauern. In den meisten Fällen erfolgt eine komplette Ausheilung. Es können aber auch schwere Durchfälle mit Blähungen, Bauchschmerzen und Resorptionsstörungen auftreten, die zu Gewichtsverlust führen. Besonders scheint die Fettresorption verändert zu sein. Auch die Gallenblase kann besiedelt werden. In Einzelfällen können chronische Giardieninfektionen jahrelang bestehen bleiben und das Krankheitsbild der tropischen Sprue hervorrufen.

Zell- und Immunbiologie Das Genom von *G. lamblia* enthält 6470 proteincodierende Gene, die in fünf Chromosomen organisiert sind. Der Organismus ist tetraploid, wobei beide Kerne identische Sätze von Genen enthalten und transkriptionell aktiv sind. Bei der Zellteilung werden die Tochterkerne jeweils gleichmäßig auf die Tochterzellen verteilt. Obwohl bei dieser Konstellation denkbar ist, dass einer der Kerne überflüssig ist, wurden auch bei längerer Kultivierung niemals einkernige Giardien gefunden. Die Energiegewinnung erfolgt über Fermentation von Glucose und Abbau von Aminosäuren, besonders Arginin und Aspartat. Die Mitosomen (reduzierte Mitochondrien) scheinen wichtig für die Assemblierung von Fe-S-Clustern zu sein. Das Genom weist Gene auf, die an der Meiose beteiligt sind, dennoch wurden bei *G. lamblia* bislang keine sexuellen Vorgänge beobachtet, sodass eine weitgehend klonale Vermehrung angenommen wird. Giardien sind mit unterschiedlichen Methoden transformierbar, sodass Proteine ausgeknockt, überexprimiert und farbmarkiert werden konnten.

Eine durchstandene Infektion mit *Giardia* reduziert beim Menschen die Wahrscheinlichkeit einer erneuten Infektion und führt zu weniger starken Symptomen der Reinfektion. Dies lässt eine schützende Rolle des adaptiven Immunsystems vermuten. Menschen, die aufgrund der Erbkrankheit Brutons-X-linked-Agammaglobulinämie keine Antikörper bilden können, sind hoch anfällig für die Krankheit, was ebenfalls auf die begrenzende Rolle von Immunantworten hinweist. Die Infektion von Mäusen mit *G. muris* wird häufig als Tiermodell verwendet, um die Immunantwort zu untersuchen. In diesem Modell sind sezernierte IgA-Antikörper wichtig, die Trophozoiten töten, außerdem spielen IL-4 und Mastzellen eine Rolle beim Schutz vor der Infektion.

Giardien unterlaufen das Immunsystem durch Antigenvariation: Die Oberfläche des Trophozoiten und der Flagellen ist mit einer Schicht eines variablen Oberflächenproteins (VSP = „variant surface protein") bedeckt, für das im Genom ca. 250 Gene vorliegen. Auf der Oberfläche eines Klons von Giardien ist jeweils eine Variante des Oberflächenantigens exprimiert, die unter dem Druck der Antikörperantwort variiert. Die Population der Giardien im Darm zeigt eine gewisse Diversität, indem gleichzeitig mehrere Parasitenklone mit unterschiedlichen VSP vorliegen. Die VSP sind von sehr unterschiedlicher Größe (20–200 kDa) und weisen Tandem Repeats von Aminosäuren auf. Das VSP von *G. lamblia* bindet Zink- und andere Metallionen und ist extrem widerstandsfähig gegen Proteasen.

2.2.2 Kontrollfragen zum Verständnis

1. Wie viele Geißeln besitzt *Giardia*?
2. Wie heftet sich *Giardia* an die Oberfläche des Darmepithels?
3. Wie nimmt *Giardia* Nahrung auf?
4. Welche Eigenschaften hat das Hauptoberflächenantigen von *Giardia*?
5. Wie vermeidet *Giardia* Antikörperantworten?
6. Welche Immunantworten eliminieren *Giardia*?
7. Wie wird *Giardia* übertragen?

2.3 Parabasala

- Kommensalen oder Parasiten im Darm und Urogenitaltrakt
- Axostyl (= Achsenstab) als Bewegungs- und Stützorganell
- Geißeln, z. T. mit undulierender Membran
- Mitochondrien fehlen, Hydrogenosomen vorhanden
- Nahrungsaufnahme durch Pinozytose

Die Parabasala sind aerotolerante Anaerobier und haben damit gute Voraussetzungen für ein Leben als Symbionten oder Parasiten im Darmtrakt oder Urogenitalsystem. Viele Vertreter dieses Stammes sind Endosymbionten von Insekten, so gehören z. B. Holz verdauende Einzeller von Termiten in dieses Taxon, aber auch Erreger weitverbreiteter Erkrankungen. Charakteristisch ist der Parabasalkörper, bestehend aus Filamenten und einem modifizierten Golgi-Apparat. Parabasala haben eine unterschiedliche Anzahl von Flagellen. Typischerweise ist eine Geißel mit der Zelloberfläche verbunden, sodass diese bei Schlagen der Geißel in wellenförmige Bewegungen versetzt wird. Daher rührt der Name „undulierende Membran" (lat. „unda" = Welle). Diese einzelne Geißel fungiert als Schleppgeißel, die anderen sind meist frei. In Längsrichtung wird die Zelle vom Axostyl durchzogen, einem Stab, der aus Tausenden von Mikrotubuli aufgebaut ist und den Kern teilweise umgibt. Das Axostyl kann allerdings auch sekundär reduziert sein. Weitere intrazelluläre Stütz- und Bewegungsapparate können ausgebildet sein. Die Parasiten beziehen Energie durch Fermentierung von Zucker und nutzen auch einige Aminosäuren als Energiequelle. Es sind keine Mitochondrien vorhanden, dafür sind aber Hydrogenosomen ausgebildet, d. h. kleine, von einer Doppelmembran umgebene Organellen endosymbiontischen Ursprungs, in denen zur Energiegewinnung fermentativ Pyruvat abgebaut wird. Dabei wird elementarer Wasserstoff freigesetzt. Die Übertragung erfolgt meist durch direkten Kontakt. Bei einigen Arten sind Pseudozysten beschrieben worden, die wenig resistent gegen Austrocknung sind, aber eine fäko-orale Übertragung erlauben könnten. Die Lebenszyklen sind monoxen, es können aber Transportwirte eingeschaltet sein.

2.3.1 *Trichomonas vaginalis*

T. vaginalis kommt beim Menschen in den Genitalien (Scheide, Harnröhre, Prostata) vor, wo die Oberfläche der Schleimhäute besiedelt wird. Wenn die begeißelten Trophozoiten sich im flüssigen Milieu bewegen, sind sie tropfenförmig (Abb. 2.9a), in enger Assoziation mit Epithelzellen flachen sie sich ab, schmiegen sich eng an die Zelloberfläche und nehmen dabei amöboide Gestalt an (Abb. 2.9b). Die Infektion erfolgt durch direkten Kontakt, sodass Trichomonose eine echte Geschlechtskrankheit ist. Es ist höchst unwahrscheinlich, dass gemeinsam benützte Handtücher, Toiletten u. a. für eine Infektion infrage kommen, und es konnte experimentell aus-

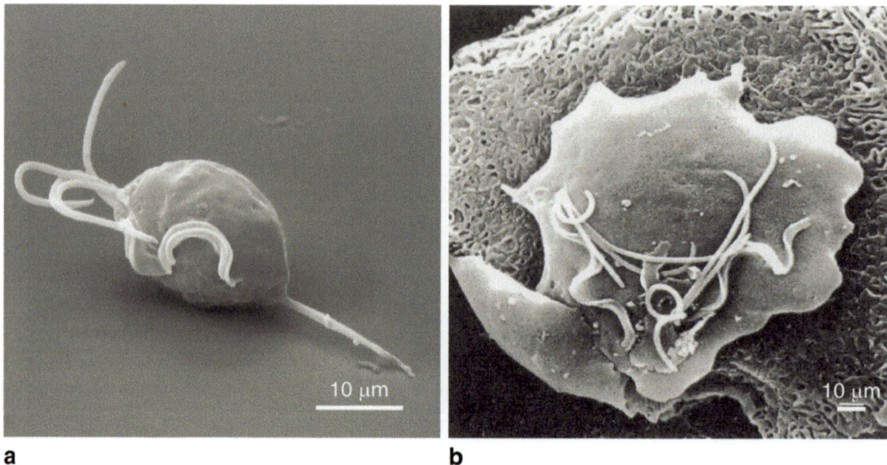

Abb. 2.9 **a** Frei schwimmender, tropfenförmiger *Trichomonas vaginalis*-Trophozoit aus Flüssig-kultur. EM-Aufnahme: Eye of Science. **b** Abgeflachter Trophozoit von *Trichomonas vaginalis* in enger Assoziation mit vaginalen Epithelzellen. (EM-Aufnahme: Redon-Maldonaldo et al. 1998, mit freundlicher Genehmigung von Elsevier)

geschlossen werden, dass eine indirekte Übertragung, z. B. durch das Wasser von Schwimmbädern, erfolgt.

Entwicklung und Morphologie Die Trichomonaden vermehren sich durch Längs-teilung. Sie bilden keine Zysten aus und sind deshalb empfindlich gegen Austrock-nung. *T. vaginalis* nimmt durch Phagozytose in der hinteren Region der Zelle durch pseudopodienähnliche Fortsätze Bakterien, Epithelzellen und rote Blutkörperchen auf. Die Organismen sind oval oder tropfenförmig; sie können sich verformen und haben eine Größe von $10–25 \times 8–15\,\mu m$ (Abb. 2.9). Am apikalen Pol entspringen fünf Geißeln, von denen vier frei sind und als Zuggeißeln fungieren. Die längste Geißel arbeitet als Schleppgeißel, sie zieht an der Zelloberfläche entlang und ist mit ihr durch eine undulierende Membran verbunden. Unterhalb der Berührungslinie der undulierenden Membran liegt ein lang gezogenes Stützelement, die Costa. Das Schlagen der Geißeln bewirkt eine taumelnde, schwerfällige Bewegung.

Die Zelle wird in Längsrichtung vom Axostyl durchzogen (Abb. 2.10). Dessen unteres, spitz zulaufendes Ende tritt aus der Zelle aus und hat möglicherweise ei-ne Funktion bei der Anheftung des Parasiten an Epithelzellen. Die apikale Partie des Axostyls ist zu einer kragenartigen Pelta umgebildet, die die Basalkörper der Geißeln teilweise umschließt, ohne aber direkten Kontakt mit ihnen aufzunehmen. Der Golgi-Apparat ist eng mit zwei wurstförmigen Parabasalfilamenten assoziiert, zusammen bilden diese Organellen den Parabasalapparat. *T. vaginalis* hat keine Mitochondrien, besitzt aber zahlreiche Hydrogenosomen. Diese $200\,nm$ bis $1\,\mu m$ messenden Organellen sind endosymbiontischen Ursprungs, weisen kein eigenes Genom auf und unter anaeroben Bedingungen entsteht in ihnen Wasserstoff.

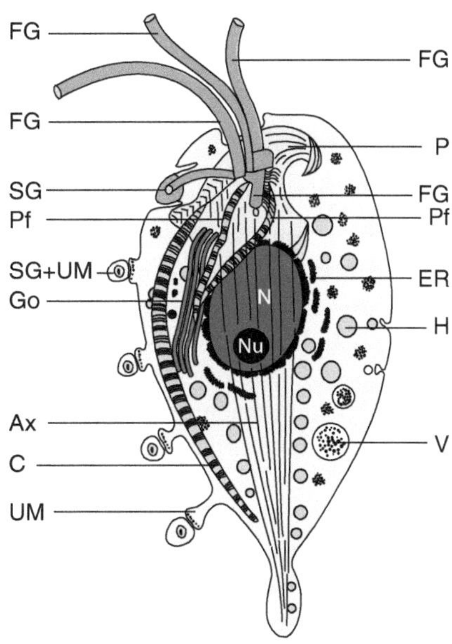

Abb. 2.10 Ultrastruktur von *Trichomonas vaginalis*. *Ax* Axostyl, *C* Costa, *ER* endoplasmatisches Retikulum, *FG* freie Geißeln, *Go* Golgi-Apparat, *H* Hydrogenosomen, *N* Nucleus, *P* Pelta, *Pf* Parabasalfilament, *SG* Schleppgeißel, *UM* undulierende Membran, *V* Vakuole. (Verändert aus Benchimol 2004, mit freundlicher Genehmigung der Cambridge University Press)

Trichomonose *T. vaginalis* ist humanspezifisch; die Anzahl klinischer Fälle wird auf >250 Mio. Fälle jährlich geschätzt. *T. vaginalis*-Infektionen verursachen bei ca. 80 % der befallenen Frauen unangenehme Erkrankungen. Im akuten Stadium der Infektion kommt es zu einer Massenvermehrung der Trichomonaden in Vagina und Harnröhre. Es resultieren Entzündungen mit Schleimhauterosionen und häufig entsteht grünlich-gelber, meist stark riechender Ausfluss („fluor vaginalis"). Dabei jucken und brennen die Genitalien. Die Infektion kann chronisch werden, wenn keine Therapie erfolgt. Es wurde berichtet, dass *T. vaginalis* temporäre Sterilität verursachen kann. Die Empfänglichkeit für HIV ist bei Frauen mit Trichomonose erhöht. Bei Männern leben die Trichomonaden unter der Vorhaut, in der Harnröhre und in der Prostata. Obwohl 50 % der Männer keine Symptome erleiden, können Nässen des Penis, Schmerzen beim Urinieren und selten auch eine Prostatitis auftreten. Männer leiden weniger unter dem Befall, spielen aber als Überträger eine wichtige Rolle. Trichomonose ist in ca. 80 % der Fälle assoziiert mit einer *Mycoplasma hominis*-Infektion. Mykoplasmen treten in den Trichomonaden auf und vermehren sich; deshalb wird es für wahrscheinlich gehalten, dass beide Pathogene nicht nur dieselbe Nische im Wirt nutzen, sondern dass die Trichomonaden auch eine Rolle bei der Übertragung der Bakterien spielen. Es wurde beobachtet, dass die Mykoplasmen den Stoffwechsel der Trichomonaden verändern, sodass im Wirt stärkere Entzündungsantworten resultieren.

Zellbiologie *T. vaginalis* hat mit 176 Mb und 59.681 vorhergesagten proteincodierenden Genen ein sehr großes Genom. Es existieren sechs Chromosomen. Zwei Drittel des Genoms bestehen aus repetitiven Elementen und transposonähnlichen Sequenzen. Da die verwandte Art *T. tenax* ein deutlich kleineres Genom aufweist, nimmt man an, dass die Expansion des *T. vaginalis*-Genoms nach der Trennung der Arten erfolgte und mit dem Übergang von der Lebensweise im Darm, die typisch für die meisten Trichomonaden ist, in die Genitalschleimhaut zusammenhängt. Es wird diskutiert, dass eine partielle Verdopplung des Genoms erfolgte. Genomanalysen zeigen, dass über 150 Gene bakteriellen Ursprungs sind und wahrscheinlich durch horizontalen Gentransfer aufgenommen wurden, möglicherweise von Darmbakterien. Die Oberfläche ist mit einer dichten Glykokalix von Lipophosphoglycane bedeckt und weist in der Membran verankerte Oberflächenproteasen vom Typ der bei Leishmanien vorkommenden GP63 auf. Da *T. vaginalis* als einziger bekannter Eukaryot keine GPI-Anker (s. Abschn. 2.5.2) synthetisieren kann, müssen die Oberflächenproteine durch hydrophobe Sequenzen in die Membran inseriert sein. Trichomonaden weisen 12 Gene für porenbildende Proteine mit Homologie zu Amoebaporeproteinen auf (s. Abschn. 2.4) und besitzen >40 Cysteinproteinasen, die wahrscheinlich wesentliche Pathogenitätsfaktoren sind. Viele Stämme von *T. vaginalis* sind infiziert mit *Mycoplasma hominis* und einige mit einem oder mehreren Doppelstrang-RNA-Viren des Genus *Trichomonasvirus*.

Trichomonas hominis kommt als harmloser Kommensale im Dickdarm des Menschen vor, wird aber gelegentlich mit Durchfällen in Verbindung gebracht. Die dritte Trichomonade des Menschen, *Trichomonas tenax*, besiedelt die Mundhöhle und ernährt sich vorwiegend von der Bakterienflora. *Trichomonas gallinae*, der Erreger des „Gelben Knopfes", ist für Vögel pathogen und kann in Taubenbeständen zu schweren Verlusten führen. Der Name rührt von gelben, membranösen Belägen her, die sich in der Schleimhaut am Übergang vom Rachen zum Ösophagus und im Kropf bilden (Abb. 2.11). Die Erreger können aber auch in innere Organe vordringen, vor allem in die Leber, und sind dann hoch pathogen. Die Infektion der Jungtauben erfolgt durch latent infizierte Alttiere mit der Kropfmilch oder über verschmutzte Futter- oder Wassergeschirre. Da Wasser- und Nahrungsaufnahme stark behindert sind, magern besonders Jungtauben in den ersten Lebenswochen stark ab und sterben. Überlebende Tiere können zu Dauerausscheidern werden. Es kann eine Übertragung auf Greifvögel erfolgen, besonders bei jungen Habichten kommt es zu Todesfällen durch den „Gelben Knopf". *T. gallinae* kommt auch bei Hühnern und Truthühnern vor.

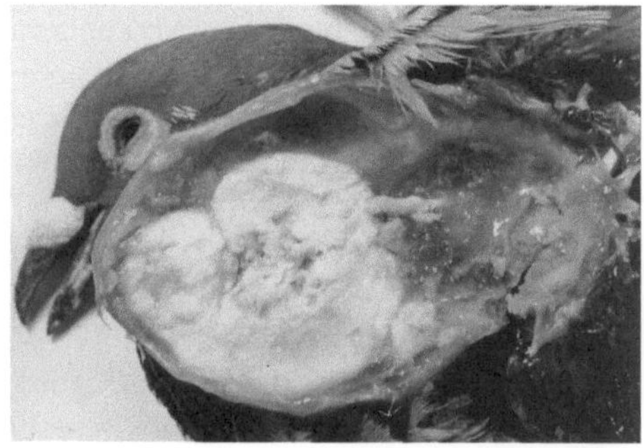

Abb. 2.11 Membranöse Beläge durch *Trichomonas gallinae* („Gelber Knopf") im Kropf einer Taube. (Aufnahme: T. Hiepe und S. Jungmann)

2.3.2 *Tritrichomonas foetus*

T. foetus verursacht die Deckseuche des Rindes, eine weltweit verbreitete Geschlechtskrankheit, die in vielen Ländern meldepflichtig ist. Die birnenförmigen Erreger (14 × 8 µm) haben drei freie Geißeln sowie eine Schleppgeißel, die über eine undulierende Membran mit der Zelloberfläche verbunden ist. Sie parasitieren in Vagina und Uterus der weiblichen Rinder, bei Bullen unter der Vorhaut und in der Harnröhre. Bei weiblichen Tieren sind die Tritrichomonaden hoch pathogen, während Bullen fast ohne Symptome bleiben. Bald nach der Übertragung kommt es bei der Kuh zu Entzündungen der Vaginalschleimhaut, des Uterus und der Eileiter mit gleichzeitigem Ausfluss schleimigen Sekrets. Häufig führen 6–16 Wochen nach dem Deckakt Entzündungen zum Absterben des Fetus und zum Frühabort. Die Infektion heilt spontan aus, allerdings werden die Kühe durch die Infektion unfruchtbar. Durch die Einführung der künstlichen Besamung ist die Deckseuche in Europa selten geworden. In Südamerika und anderen Teilen der Welt bleibt sie jedoch weiterhin ein großes Problem.

2.3.3 *Histomonas meleagridis*

H. meleagridis ist der weltweit verbreitete Erreger der Typhlohepatitis oder „blackhead disease" bei Truthühnern, kommt aber auch bei anderen Hühnervögeln vor. Die 8–19 µm großen Parasiten sind rund oder oval und treten im Darmlumen und Gewebe von Hühnervögeln auf. Nach der Infektion erscheinen im Blinddarm zunächst Formen mit einer oder seltener zwei Geißeln. Wenige Tage später dringen die Parasiten in die Blinddarmwandung ein und verursachen Geschwüre, in denen die Histomonaden nachweisbar sind. Es bilden sich gelbliche Beläge, die schließlich das Blinddarmlumen ausfüllen. Über das Pfortaderblut gelangen die Erreger in die Leber (Abb. 2.12), wo sich in nekrotischen Herden unbegeißelte Formen finden, die amöboid beweglich sind. Zur Übertragung ist als Transportwirt der Darmnematode *Heterakis gallinarum* eingeschaltet. Es wurde berichtet, dass im Ovar der

Abb. 2.12 Leber eines mit *Histomonas meleagridis* befallenen Truthahns. Die nekrotischen Bereiche enthalten Histomonaden. (Aufnahme: Kansas State University)

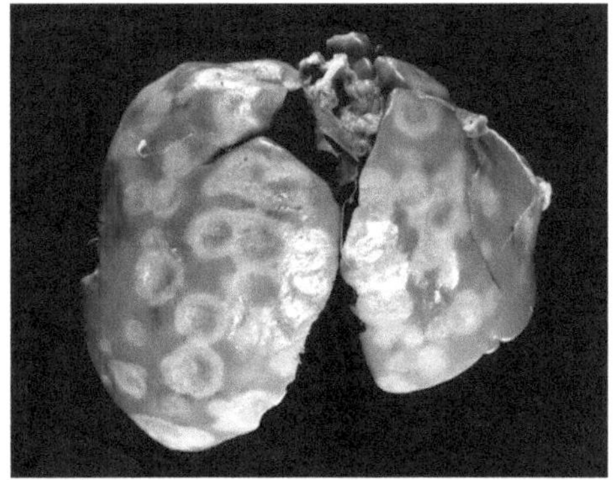

Nematoden eine Vermehrung stattfindet, sodass es sich auch um echte Zwischenwirte handeln könnte. Die Histomonaden gelangen in die *Heterakis*-Eier, wo sie bis zu vier Jahre infektionsfähig sind. Mit dem Ausschlüpfen der Nematodenlarve im Dünndarm des nächsten Wirtes werden auch die Histomonaden frei und können eine neue Infektion verursachen.

Befallene Puten, vor allem Jungtiere, haben zunächst Durchfälle mit dünnflüssigem, gelbem Kot. Die Tiere werden immer schwächer und sterben oft nach wenigen Tagen. Durchblutungsstörungen der nackten Kopfhaut der Puten führen zu der namengebenden Schwarzfärbung. Bei Intensivhaltung müssen Puten unter Medikamentenschutz aufgezogen werden.

2.3.4　*Dientamoeba fragilis*

D. fragilis ist ein Darmlumenbewohner von Mensch und Primaten. Diese Art hat keine Geißeln und wurde deshalb früher zu den Amöben gezählt. Die Parasiten sind 5–12 µm groß; fast immer sind zwei Kerne vorhanden. Die Übertragung ist nicht exakt geklärt. Es wird vermutet, dass *D. fragilis* – ähnlich wie oben für *H. meleagridis* beschrieben – durch Eier eines Nematoden, in diesem Fall des Madenwurmes *Enterobius vermicularis,* übertragen wird. Ein Befall ist bei 1–5 % der Bevölkerung nachweisbar. *D. fragilis*-Befall ist mit Durchfall, vermehrter Schleimabsonderung und abdominalen Beschwerden assoziiert worden.

2.3.5　Kontrollfragen zum Verständnis

1. Wo lebt *Trichomonas vaginalis* und wie erfolgt die Übertragung?
2. Wo lebt *Trichomonas tenax?*
3. Wie bewegt sich *Trichomonas vaginalis?*
4. Welchen Typ von Endosymbiontenorganell hat *Trichomonas vaginalis?*
5. Welche bakterielle Infektion ist meist mit Trichomonose assoziiert?
6. Welche Trichomonade kann bei Vögeln schwere Erkrankungen hervorrufen?
7. Wie wird *Histomonas meleagridis* übertragen und welche Krankheit verursacht dieser Parasit?
8. Welchen Langzeiteffekt kann eine Infektion mit *Tritrichomonas foetus* des Rindes haben?
9. Wie wird *Dientamoeba fragilis* wahrscheinlich übertragen?

2.4 Amoebozoa

- Meist saprophytisch, einige Taxa parasitisch
- Variable Gestalt, Fortbewegung durch Pseudopodien
- Keine Geißeln, keine Tubulinstrukturen außer in Zentriolen
- Monoxener Zyklus, Verbreitung durch Zysten
- Vermehrung durch Teilung, sexuelle Prozesse nicht bekannt

Die Amöben (gr. „amoibe" = Wechsel, Veränderung) sind eine polyphyletische Gruppe, die aufgrund ihrer Fortbewegungsweise und des Fehlens hoch entwickelter Merkmale zusammengefasst wird. Sie besiedeln alle aquatischen und terrestrischen Lebensräume, einige sind Endoparasiten. Die vegetativen Stadien (Trophozoiten) haben als Außenbegrenzung eine Einheitsmembran mit einer darunterliegenden Schicht zähen Ektoplasmas. Im Zellinneren befindet sich dünnflüssiges, granuläres Endoplasma, das zahlreiche Nahrungsvakuolen, endozytotische Bläschen, Ribosomen, Glykogengranula und den Kern enthält. Die Amöben bewegen sich durch Bildung von Pseudopodien gerichtet fort. Dabei werden am Vorderpol der Amöbe Aussackungen des Ektoplasmas gebildet, in die Endoplasma einfließt. Am hinteren Pol wird entsprechend viel Material eingeschmolzen. Die Pseudopodien umfließen Nahrungspartikel, wie z. B. Bakterien, die dann in Nahrungsvakuolen eingeschlossen werden. Entsprechend der unterschiedlichen Form werden die Pseudopodien als Lobopodien (lappenförmig), Filopodien (fadenförmig) oder Acanthopodien (stachelförmig) bezeichnet. Amöben vermehren sich durch Zweiteilung; sexuelle Vermehrung ist nicht bekannt. Viele Amöben haben die Fähigkeit, umweltresistente Zysten zu bilden, wenn sich die Lebensbedingungen verschlechtern.

Die wohl bekannteste Amöbe ist die frei lebende *Amoeba proteus*, die sich in der Kahmhaut von Heuaufgüssen leicht demonstrieren lässt. Von dieser saprophytischen Lebensweise in verrottendem Milieu zum Endoparasitismus im Darm ist es nur ein kleiner Schritt. Bei den gut untersuchten medizinisch relevanten Arten konnten keine Mitochondrien nachgewiesen werden, es existiert aber ein stark reduziertes Endosymbiontenorganell, das Mitosom. Einige im Kern lokalisierte Gene codieren für Proteine, die evolutionär mit Mitochondriengenen verwandt sind. Die dazu gehörigen Proteine werden ins Mitosom transportiert, wo sie Funktionen beim Aufbau von Fe-S-Clustern übernehmen. Wahrscheinlich hatten die Vorläufer der heutigen Entamöben noch einen an das Endosymbiontenorganell gebundenen oxidativen Stoffwechsel. Golgi-Apparat und raues ER sind in reduzierter Form vorhanden. Es wird angenommen, dass diese Reduktionen bei den Entamöben eine Anpassung an die parasitische Lebensweise darstellen. Das Zytoskelett der Amoebozoa ist ungewöhnlich, indem es außer in den Zentriolen keine Mikrotubuli aufweist, deshalb finden sich auch keine Flagellen oder Zilien.

2.4.1 *Entamoeba histolytica*

E. histolytica („histion" = Gewebe, „lysis" = Auflösung) ist der Erreger der Amöbenruhr, einer der wichtigsten Tropenkrankheiten, an der jährlich schätzungsweise 50 Mio. Menschen erkranken und etwa 100.000 Menschen sterben. Der Parasit kann starke Durchfälle hervorrufen, lebt in den meisten Fällen aber als Kommensale. Nur ca. 10 % aller Personen, in deren Stuhl Zysten von *E. histolytica* nachgewiesen werden, zeigen Krankheitssymptome. Der Mensch ist der einzige Wirt von Bedeutung, obwohl experimentelle Infektionen anderer Tiere (Hund, Katze) möglich sind. *E. histolytica* ist weltweit verbreitet und wurde zuerst in St. Petersburg (1886) aus dem Stuhl eines an Durchfall erkrankten Patienten beschrieben. Aufgrund der hoch entwickelten Hygiene spielt *E. histolytica* heute in gemäßigten Breiten kaum noch eine Rolle als Krankheitserreger. Ebenfalls weltweit verbreitet ist *Entamoeba dispar*, eine apathogene, morphologisch nicht unterscheidbare und deshalb erst 1992 exakt beschriebene Schwesterart. Bei alten Angaben zu Verbreitung und Pathologie von „Ruhramöben" sollte man die Existenz von *E. dispar* berücksichtigen.

Entwicklung Die Infektion erfolgt durch vierkernige Zysten (Abb. 2.13), aus denen im unteren Dünndarm eine vierkernige Amöbe schlüpft. Daraus entwickeln sich durch weitere Kern- und Plasmateilungen acht kleine Trophozoiten (Amoebulae). Die Trophozoiten besiedeln den oberen Dickdarm des Menschen. Sie können hier als Kommensalen leben, ohne das Wirtsgewebe anzugreifen, und vermehren sich durch Zweiteilung alle 12–24 h. Zur Zystenbildung stellen die Trophozoiten die Nahrungsaufnahme ein, schmelzen die Vakuolen ein, runden sich ab und scheiden eine Zystenwandung ab, die Chitin enthält. Im Lauf der Zystenreifung führen Kernteilungen zur Bildung von vier Kernen. Die äußerst widerstandsfähigen, durchscheinenden Zysten werden mit dem Stuhl ausgeschieden. Eine infizierte Person kann bis zu 45 Mio. Zysten pro Tag ausscheiden, sodass große Mengen von Infektionsstadien frei werden.

Durch noch nicht geklärte Einflüsse können sich aus den kommensalisch lebenden Formen größere Trophozoiten mit aktiverem Stoffwechsel entwickeln. Diese Formen lysieren Epithelzellen des Darmes und dringen in die Schleimhaut ein, wo auch Blutgefäße angegriffen werden. Es resultieren schwere, blutige Durchfälle, in denen sich Trophozoiten finden. Mit dem Blutstrom können die Amöben im Körper verschleppt werden, wo sie in inneren Organen, hauptsächlich in der Leber, Abszesse hervorrufen. Die in Abszessen vorhandenen Amöben bilden keine Zysten, sodass die Invasion für den Parasiten eine Sackgasse darstellt. In der deutschsprachigen Literatur, nicht aber im internationalen Schrifttum, werden die kleinen bzw. großen Formen oft als Minuta- bzw. Magnaform bezeichnet. Angesichts des Fehlens klarer Abgrenzungsmerkmale ist diese Unterscheidung aber wenig sinnvoll.

Morphologie Der Durchmesser der Trophozoiten variiert zwischen 20 und 60 µm (Abb. 2.14). Das Ektoplasma ist deutlich vom Endoplasma abgesetzt. Das Endoplasma enthält zahlreiche Vakuolen (Abb. 2.15). Der Kern ist 3–5 µm groß, er besitzt wie bei allen Entamöben einen deutlichen, zentralen Nucleolus und periphere, der

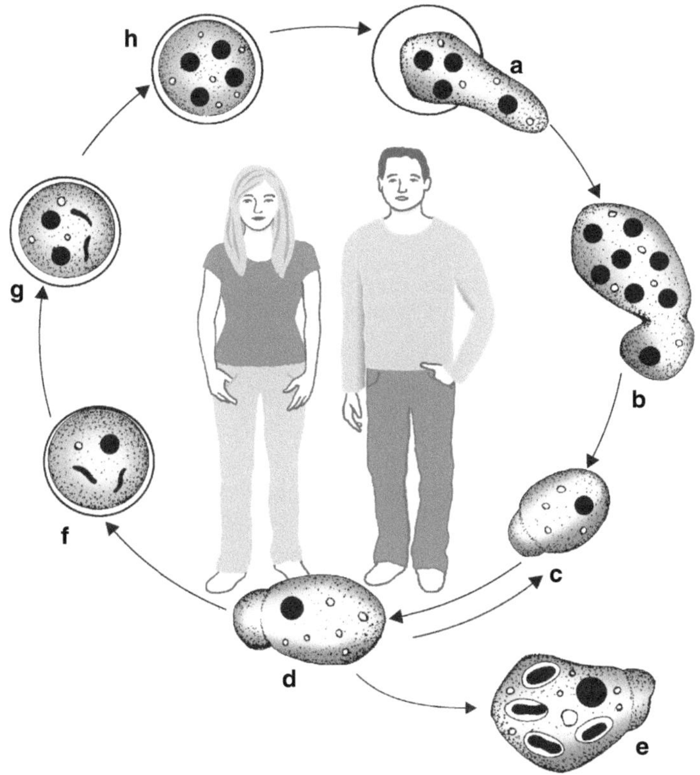

Abb. 2.13 Lebenszyklus von *Entamoeba histolytica*. **a** Schlüpfen der vierkernigen Amöbe.
b Achtkernige Amöbe, dabei Abtrennung eines Amoebulums. **c** Amoebulum. **d** Trophozoit. **e** Gewebsinvasiver Trophozoit mit aufgenommenen Erythrozyten. **f** Einkernige Zyste. **g** Zweikernige
Zyste. **h** Vierkernige Zyste

Kernmembran anliegende Chromatinverdichtungen („Radspeichenkern"). Der Trophozoit zeigt ständige Oberflächen- und Zytoplasmabewegungen. Durch fingerförmige Pseudopodien, die plötzlich hervorbrechen („Bruchsackpseudopodien"), ist
eine rasche, gerichtete Bewegung möglich. Die dünnwandigen Zysten sind rund bis
leicht oval, mit einem Durchmesser von 10–15 µm (Abb. 2.14). Die unreife Zyste
enthält nur einen Kern. Eine Glykogenvakuole und ein bis mehrere zigarrenförmige
Chromoidalkörper, die vermutlich aus aggregierter RNA bestehen, sind zunächst
vorhanden, werden aber während der Reifung absorbiert. Reife Zysten enthalten
vier Kerne.

Amöbenruhr   In der überwiegenden Anzahl der Fälle ist die Amöbenruhr (auch
als Amöbiose oder Amöbiasis bezeichnet) eine Infektion des Darmes. Oft treten
subklinisch verlaufende Durchfälle auf, die spontan abheilen können. Klinisch gesunde Personen können nach durchlaufener Infektion aber noch bis zu fünf Jahren
Zysten ausscheiden. Die relativ selten auftretende Amöbenruhr ist eine Colitis mit

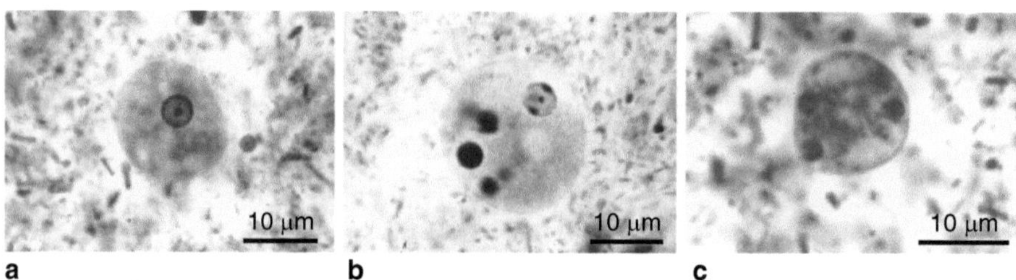

Abb. 2.14 Mikroskopische Aufnahmen von *Entamoeba histolytica*. **a** Trophozoit; **b** gewebsinvasiver Trophozoit mit aufgenommenen Erythrozyten; **c** vierkernige Zyste. (Aufnahme: E. Tannich)

schweren, teilweise blutigen Durchfällen. Typisch sind himbeergeleeartige blutige Beimengungen im Stuhl. Bei dieser Form der Krankheit lysieren die Trophozoiten Zellen des Dickdarmepithels, dringen in die Schleimhaut ein und breiten sich in der Submukosa lateral aus. Dabei entstehen charakteristische, umgekehrt trichterförmige, blutige Läsionen. Gewebsinvasive Trophozoiten sind vergrößert und enthalten oft aufgenommene Erythrozyten in ihren Phagosomen. Klinische Symptome der intestinalen Amöbiose sind neben dem Durchfall auch abdominale Schmerzen, während nur ca. 1/3 der Patienten Fieber hat.

Die Amöbenruhr ist in den meisten Fällen selbstlimitierend, auf den Darm beschränkt und heilt nach einiger Zeit vollständig aus. Wenn die Trophozoiten jedoch mit dem Blut in den Körper getragen werden, können sich Abszesse in verschiedenen Organen entwickeln (Abb. 2.16). Aufgrund ihrer Filterfunktion finden sich die meisten Abszesse in der Leber; aber auch Lungen, Gehirn, Haut oder andere Organe können betroffen sein. Die Amöben lysieren Wirtszellen und locken gleichzeitig große Mengen neutrophiler Granulozyten an. Diese Abwehrzellen werden von den Amöben abgetötet, sodass ihre aggressiven Inhaltsstoffe frei werden und zur Lyse des Wirtsgewebes beitragen. Typische Amöbenleberabszesse bestehen deshalb aus einer flüssigkeitsgefüllten Höhle, in deren Randbereichen Trophozoiten liegen, die Zelltrümmer und Erythrozyten aufnehmen. Häufig fehlt eine ausgeprägte Entzündungsreaktion, sodass nekrotische Areale unmittelbar neben dem gesunden

Abb. 2.15 Trophozoit von *Entamoeba histolytica* mit zahlreichen Vakuolen. (EM-Aufnahme: E. Tannich)

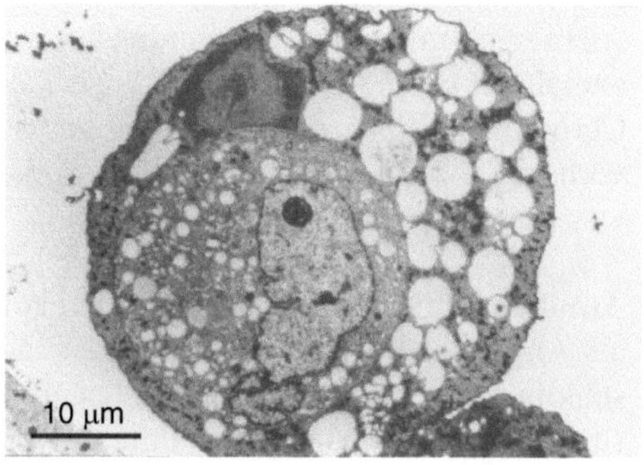

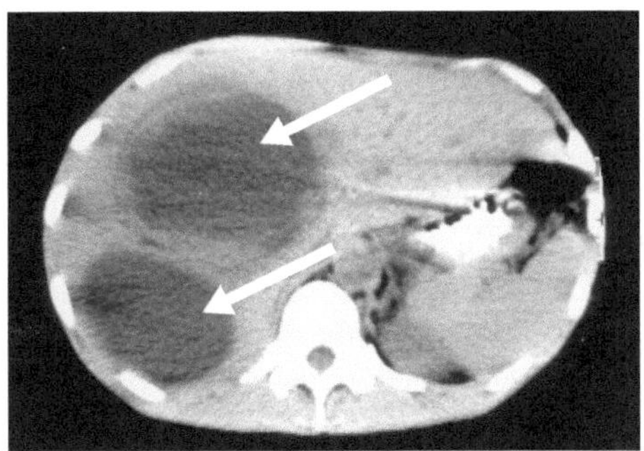

Abb. 2.16 Leberabszesse aufgrund einer *Entamoeba histolytica*-Infektion. Die Computertomographie zeigt zwei Abszesse in der Leber als unscharf abgegrenzte, helle Bereiche (siehe *Pfeile*). (Aufnahme: E. Tannich)

Wirtsgewebe liegen können. Große Abszesse können mehr als einen Liter Material enthalten und führen zur weitgehenden Funktionseinbuße der Leber. Abszesse können sich sehr schnell entwickeln und die Gewebsinvasion kann innerhalb weniger Tage zum Tod führen, besonders bei Befall des Gehirnes. Amöbenabszesse treten häufig erst mehrere Monate nach dem Ausheilen der Darminfektion auf, was die Diagnose erschwert. Sie können aber wirksam chemotherapeutisch behandelt werden.

Als fäko-orale Infektion ist die Amöbiose hauptsächlich in Ländern mit geringem Hygienestandard, insbesondere in warmen Klimaten, verbreitet, in denen die Zysten leicht von Exkrementen auf Nahrungsmittel gelangen. Die Übertragung erfolgt aber auch mit dem Trinkwasser. Zysten können auch durch Insekten verschleppt oder mit Staub eingeatmet und geschluckt werden. Sie bleiben Wochen bis Monate infektiös und überstehen Temperaturen bis 55 °C sowie die Chlorkonzentrationen städtischen Trinkwassers.

Zell- und Immunbiologie *E. histolytica* besitzt $2n = 14$ Chromosomen. Das Genom des sequenzierten Stammes HM1:IMSS hat eine Größe von ungefähr 20 Mb. Es wurden ca. 8200 offene Leseraster gefunden. Circa 20 % des Genoms bestehen aus transposonähnlichen Sequenzen. Im Genom von *E. histolytica* finden sich 96 Gene, die durch horizontalen Gentransfer von Prokaryoten übernommen wurden. *E. histolytica* hat ein reduziertes, mitochondrienähnliches Organell, das Mitosom. *E. histolytica* hat in Kultur eine Generationszeit von durchschnittlich 18 h. Bei der Zellteilung existiert kein Spindelapparat, sodass sich der Mechanismus von der Mitose der höher entwickelten Eukaryoten unterscheidet. Obwohl die Amöbe die für sexuelle Reproduktion benötigten Gene der Meiose aufweist, liegen bisher keine konsistenten Beobachtungen über genetische Rekombination vor, sodass man von einer überwiegend klonalen Vermehrung ausgeht. Bakterien sind anscheinend als Nahrung wichtig; es wurde gezeigt, dass *E. histolytica* einen G-Protein-gebundenen Rezeptor besitzt, der Lipopolysaccharid von Bakterien erkennen und ihre Aufnahme erleichtern kann. Aus *E. histolytica* wurden drei unterschiedliche Viren beschrieben, über deren Rolle allerdings wenig bekannt ist.

Bis heute ist nicht exakt geklärt, welche Vorgänge dazu führen, dass *E. histolytica* gewebsinvasiv wird. Es wurde vermutet, dass bakterielle Faktoren, die der

Amöbe ein gutes Nahrungsangebot und damit günstige Reproduktionsbedingungen signalisieren, zu einer Aktivierung führen. Von gewebsinvasiven Amöben wurden auch genetische Veränderungen beschrieben, z. B. Genverdopplungen und Polyploidie. Es ist deshalb nicht ausgeschlossen, dass *E. histolytica* mit genetischen Änderungen auf Umweltbedingungen reagiert. Die Ausbildung gewebsinvasiver Formen, die keine Zysten bilden können, bedeutet für den Parasiten aber letztendlich eine Sackgasse, da diese nicht zur Verbreitung des Erregers beitragen können und den Wirt unnötig gefährden. *E. histolytica* scheint deshalb im Vergleich zur apathogenen Schwesterart *E. dispar* ein relativ schlecht angepasster Parasit zu sein.

Bei der Gewebsinvasion nehmen die Amöben Kontakt mit der Schleimschicht auf, die das Darmepithel überlagert und binden daran mit einem Lektin, das sich an der Oberfläche des Trophozoiten befindet. Dieses oberflächenständige, GPI-verankerte Lektin ist aus drei unterschiedlichen Peptidketten aufgebaut, für die insgesamt ca. 30 unterschiedliche Gene vorliegen. Damit dürfte *E. histolytica* eine gewisse Flexibilität bezüglich der Bindung an die Darmoberfläche haben. Nachdem Kontakt mit einer Zielzelle besteht, wird diese in einem Ca^{2+}-abhängigen Mechanismus innerhalb kurzer Zeit abgetötet (Abb. 2.17, 2.18). Dabei wird das porenbildende Peptid Amoebapore eingesetzt, ein Molekül, das auch in die Nahrungsvakuole abgegeben wird und dort die Abtötung aufgenommener Bakterien bewirkt. Dieses Effektormolekül hat Homologien mit Abwehrpeptiden von natürlichen Killerzellen, die sich in die Membran der Zielzelle einlagern und durch Polymerisierung Poren bilden. Die Einlagerung von Amoebapore in die Membran der Zielzelle führt anscheinend zum ungerichteten Einstrom von Ionen und damit zum osmotischen Tod

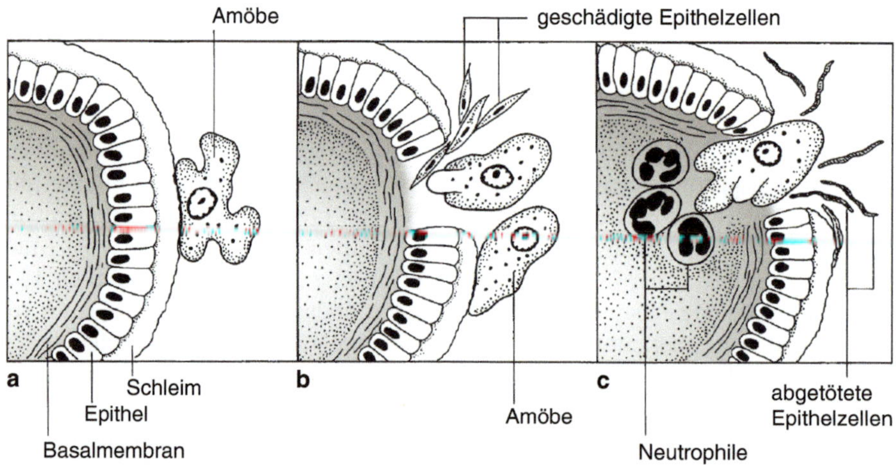

Abb. 2.17 Beginn der Gewebsinvasion von *Entamoeba histolytica*. **a** Trophozoiten adhärieren und **b** töten Darmepithelzellen ab. **c** Sie wandern durch die entstandenen Gewebslücken in die tieferen Bereiche der Schleimhaut. Die angelockten Neutrophilen werden ebenfalls abgetötet und ihre lytischen Inhaltsstoffe tragen zur Gewebsauflösung bei. (Aus Wyler 1990, mit freundlicher Genehmigung)

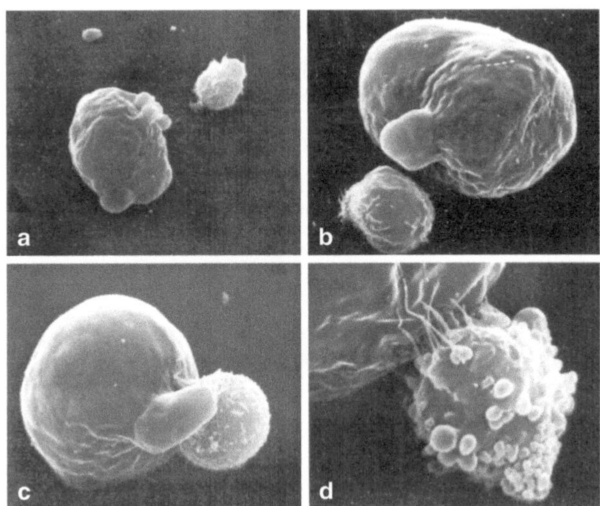

Abb. 2.18 Abtötung von Wirtszellen durch *Entamoeba histolytica*-Trophozoiten. Der Trophozoit nimmt mit einem Pseudopodium Kontakt mit der Zielzelle auf und tötet sie durch Übertragung von Amöbapore ab. Die sterbende Zelle bildet Blasen. (EM-Aufnahme: mit freundlicher Genehmigung von G. Kaplan, aus Young und Cohn 1988)

der Wirtszelle. *E. histolytica* hat außerdem eine üppige Ausstattung an Proteasen, die auch bei der Gewebsinvasion eine Rolle spielen. Bislang wurden 20 verschiedene Cysteinproteasen beschrieben, die teilweise mit GPI-Ankern in der Oberflächenmembran verankert sind. Die in der Pathogenese wichtigste Oberflächenprotease CP5 wird vorwiegend in den Pseudopodien exprimiert, andere Proteasen werden in das Phagosom abgegeben oder haben Funktionen bei der Zystenbildung. Die Gewebsinvasion beruht also auf Mechanismen und Molekülen (Lektin, Amoebapore, Cysteinproteasen), die auch für die kommensalische Lebensweise benötigt werden. Allerdings kann die apathogene Schwesterart *E. dispar* die Cysteinprotease CP5 nicht exprimieren, da das entsprechende Gen nicht mehr funktional ist – möglicherweise liegt hier ein entscheidender Grund für die unterschiedliche Pathogenität.

Epidemiologische Daten und Ergebnisse von Tierversuchen sprechen dafür, dass Amöbeninfektionen von der Immunantwort des Wirtes begrenzt werden und IgA-Antikörper der Schleimhaut eine bedeutende Rolle spielen. 85 % der Patienten mit Amöbenabszess sind Männer, obwohl in der Wirtspopulation die Frauen einen höheren Anteil an Zystenausscheidern stellen. Bei Patienten mit immunsuppressiver Behandlung können sich Amöbenabszesse sehr schnell entwickeln, trotzdem ist Amöbiose aber nicht in größerem Umfang als opportunistische Infektion in Erscheinung getreten. In Tiermodellen konnte gezeigt werden, dass eine Impfung mit Amöbenextrakten oder dem gereinigten Lektin einen partiellen Schutz vor einer Belastungsinfektion bewirkt.

2.4.2 Entamoeba dispar

E. dispar lebt als Kommensale im Dickdarm des Menschen und ist morphologisch nicht von Trophozoiten von *E. histolytica* zu unterscheiden (Abb. 2.19). Abgesehen

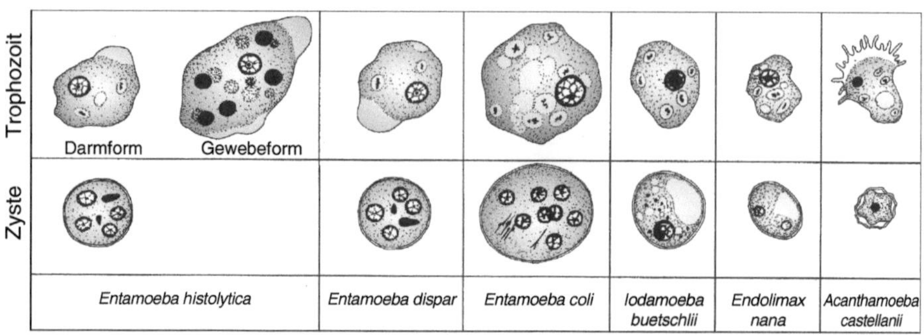

Abb. 2.19 Humanpathogene Amöben. (Verändert nach Eckert 2005, mit freundlicher Genehmigung des Verlages)

von der Fähigkeit zur Gewebsinvasion treffen fast alle Aussagen über *E. histolytica* auch auf *E. dispar* zu. Aufgrund genetischer Unterschiede wurde *E. dispar* 1992 als eigene Art beschrieben, nachdem man die Amöbe vorher als nichtpathogenen Stamm von *E. histolytica* angesehen hatte. Die Sequenzunterschiede zu *E. histolytica* betragen bei codierenden Genregionen ca. 5 %, während sich ca. 20 % der Basenpaare der Introns unterscheiden. Dies lässt auf eine Trennung der beiden Arten vor etwa 5 Mio. Jahren schließen. Einer der wesentlichen genetischen Unterschiede scheint der Ausfall von Genen zu sein, die die Gewebsinvasion ermöglichen, so hat *E. dispar* keine funktionsfähige CP5-Protease. *E. dispar* kann nicht in Kultur gehalten werden.

Es wird geschätzt, dass etwa 90 % aller Infektionen mit *E. histolytica*-ähnlichen Amöben (insgesamt ca. 450 Mio. Infektionen jährlich) auf *E. dispar* zurückgehen. Damit ist *E. dispar* die erfolgreichere Amöbe, die anscheinend durch Verlust pathogenitätsassoziierter Gene Virulenz eingebüßt hat und besser an ihren Wirt angepasst ist.

2.4.3 Andere *Entamoeba*-Arten

Entamoeba coli ist eine weltweit verbreitete, nichtpathogene Amöbe, die kommensalisch im Dickdarm bei ca. 30 % aller Menschen lebt. Die Trophozoiten unterscheiden sich von *E. histolytica* bzw. *E. dispar* unter anderem durch langsamere Bewegungen und ein stärker granuliertes Plasma. Die ausgereifte Zyste von *E. coli* enthält acht Kerne (Abb. 2.19). *Entamoeba hartmanni* und *Entamoeba moshkovskii* sind vergleichsweise selten auftretende Amöben des Dickdarmes, die sich nur durch ihre etwas geringere Größe von *E. histolytica/E. dispar* unterscheiden. Die Zysten der ähnlich seltenen *Entamoeba polecki* haben nur einen Kern. *Entamoeba gingivalis* bewohnt den Mundraum des Menschen, besonders die Zahnzwischenräume und Zahnfleischtaschen. Diese Amöbe ist weitverbreitet und kommt besonders bei mangelhafter Mundhygiene und kariösen Zähnen vor. Da keine Bildung von Zysten bekannt ist, geht man von einer direkten Übertragung, z. B. durch Nahrungsmittel oder durch Mund-zu-Mund-Kontakt, aus. *Entamoeba invadens* kann bei Reptilien Amöbenruhr und Amöbenabszesse verursachen. Diese Art ist morphologisch nicht von *E. histolytica* zu unterscheiden, hat ihr Temperaturoptimum aber bei 28 °C.

2.4.4 Weitere intestinale Amöben

Endolimax nana ist eine relativ kleine, apathogene Amöbenart des menschlichen Darms, deren Trophozoiten 6–15 µm Durchmesser haben (Abb. 2.19). Die Bewegung ist langsam. Zwischen 15 und 30 % der Weltbevölkerung sind befallen. *Iodamoeba buetschlii* kommt hauptsächlich bei Schweinen, aber auch in Affen und Menschen vor. Die Zysten haben meist einen, gelegentlich aber auch zwei oder drei Kerne und eine deutlich abgegrenzte Glykogenvakuole. Eine Blaufärbung der Stärke mit Jod (namengebend) wird als Bestimmungsmerkmal verwendet.

2.4.5 Acanthamöben

Acanthamöben sind frei lebende, aber potenziell pathogene Amöben, die unter bestimmten Umständen fähig sind den Menschen zu befallen. Sie besitzen viele dorn- oder fadenförmige Pseudopodien (Acanthopodien). Die Acanthamöben haben konventionelle Mitochondrien, ER und Golgi und sind fähig verschiedenste Lebensräume zu besiedeln. Die Trophozoiten erreichen 25–40 µm, während die Zysten, die bei ungünstigen Bedingungen gebildet werden, ungefähr zylindrisch sind und 8–30 µm messen (Abb. 2.19). Acanthamöben verursachen gelegentlich Probleme bei Kontaktlinsenträgern, da sie sich bei schlechter Hygiene in den Linsen halten und dann Hornhautentzündungen verursachen können. Einige Arten, z. B. *Acanthamoeba culbertsoni* und *Acanthamoeba castellanii*, können unter bestimmten Umständen opportunistische Erreger sein und können „granulomatöse Amöbenenzephalitis" (GAE) verursachen, eine meist tödlich verlaufende Krankheit. Pathogene Amöbenstämme invadieren den Körper über Schleimhäute oder über die Haut, eine wichtige Voraussetzung für ihre Pathogenität ist die wohl eher selten auftretende Toleranz der relativ hohen Körpertemperatur des Menschen.

Acanthamöben können zahlreiche intrazelluläre Bakterien beherbergen, unter anderem kommt das Pathogen *Legionella pneumophila* (Erreger der Legionärskrankheit) in Acanthamöben vor. Es wird angenommen, dass die Amöben als Reservoirwirt eine Rolle bei der Übertragung spielen können. Acanthamöben beherbergen zudem mehrere Viren, darunter Mimiviren, die größten bekannten Viren, die eine für Viren astronomische Genomgröße von 1,2 Mb aufweisen und ca. 1300 proteincodierende Gene haben.

2.4.6 Kontrollfragen zum Verständnis

1. Wie bewegen sich Amöben fort?
2. Wo ist *Entamoeba histolytica* verbreitet?
3. Weshalb ist *Entamoeba dispar* apathogen?
4. Wie kommt es zur Ausbildung von Leberabszessen durch *Entamoeba histolytica*?
5. Welches sind die Übertragungsstadien von *Entamoeba histolytica*?
6. Wie heißt das reduzierte Mitochondrienorganell von *Entamoeba histolytica*?
7. Welche Moleküle sind an der Gewebsinvasion von *Entamoeba histolytica* beteiligt?
8. Welche bakteriellen Erreger treten in Acanthamöben auf?

2.5 Euglenozoa

- Monoxene Zyklen oder heteroxene Zyklen unter Einschluss eines Wirbeltieres
- Ursprünglich Parasiten von Arthropoden
- Fortbewegung durch Geißeln
- Vermehrung durch Längsteilung
- Sexuelle Prozesse im Arthropodenwirt bei einigen Arten
- Nahrungsaufnahme durch Pinozytose in der Geißeltasche

Die Euglenozoa sind ein Stamm sehr ursprünglicher, begeißelter Einzeller, zu denen sowohl photosynthetisch aktive als auch heterotrophe Organismen gehören. Die **Klasse Kinetoplastea**, zu der einige der wichtigsten Erreger von Tropenkrankheiten gehören, zweigte vor etwa 1 Mrd. Jahren von einem gemeinsamen Vorläufer ab. Namengebend für diese Klasse ist der **Kinetoplast**, eine hoch organisierte Ansammlung mitochondrialer DNA, die in der Nähe des Geißelursprunges liegt.

2.5.1 Entwicklung und Morphologie

Die wirtschaftlich und medizinisch wichtigsten Kinetoplastea gehören zur **Familie Trypanosomatidae**. Bei dieser Gruppe haben fast alle Parasiten einen Wirtswechsel zwischen Arthropoden- und Wirbeltierwirten, wobei Arthropoden die ursprünglichen Wirte sind, in denen auch bislang nur wenig bekannte Sexualvorgänge ablaufen. Nur stark abgeleitete Formen weisen sekundär reduzierte Lebenszyklen ohne Arthropodenwirte auf. Viele Kinetoplastea leben ausschließlich im Insektendarm, z. B. *Crithidia* und *Leptomonas* (s. Abb. 2.21). Die Gattung *Phytomonas* nutzt Insekten, oft Wanzen, als Endwirt und hat pflanzliche Zwischenwirte, in deren saftführenden Leitungsgefäßen der Einzeller lebt. Diese Protozoen sind als Phytopathogene weltweit verbreitet und befallen so unterschiedliche Pflanzen wie Wolfsmilchgewächse, Tomaten, Apfelbäume, Kaffeesträucher und Palmen. Andere Taxa, z. B. *Trypanosoma* und *Leishmania* haben sich auf Wirbeltierwirte als Zwischenwirte spezialisiert; manche dieser Parasiten verursachen bedeutende Tropenkrankheiten wie Schlafkrankheit, Chagas-Krankheit und Leishmaniose bzw. Viehseuchen, wie z. B. Nagana oder Beschälseuche.

Im typischen Fall sind die Parasiten lang gestreckt und schlank. Unter dem Plasmalemma ziehen Mikrotubuli vom vorderen zum hinteren Zellpol, die der Zelle eine feste Form verleihen, gleichzeitig aber Flexibilität zulassen. Die Euglenozoa sind diploid. Sie besitzen ein wohl ausgebildetes Mitochondrium mit Cristae, einen Golgi-Apparat und ein endoplasmatisches Retikulum. Die Glykolyse läuft bei Kinetoplastea in Glykosomen ab, die die meisten Enzyme der Glykolyse enthalten. Polyphosphate und Kalzium werden in einem sauren Kompartiment, den Acidocalcisomen gespeichert. Die Geißeln (einzeln oder in Zweizahl vorhanden) sind als Zuggeißeln ausgebildet und entspringen einer apikalen Grube, der Geißeltasche. In der Geißel verläuft parallel zu den Mikrotubuli ($9 \times 2 + 2$ Muster) ein stabilisierendes Netzwerk aus Proteinfilamenten, der Paraxialstab.

Viele Trypanosomatidae machen im Verlauf ihres Lebenszyklus einen ausgeprägten Gestaltwechsel durch, bei dem unter anderem die Lage der Geißel relativ zum Kern variiert (Abb. 2.20). Bei der **trypomastigoten Form** entspringt die Geißel hinter dem Kern und zieht entlang der Zelloberfläche nach vorn. Dabei haftet sie an der Oberfläche, sodass diese durch die Geißelbewegung in wellenförmige Bewegungen versetzt wird und der Eindruck einer „undulierenden Membran" entsteht. Bei der **epimastigoten Form** entspringt die Geißel kurz vor dem Kern, eine kurze undulierende Membran ist ausgebildet. Bei der **promastigoten Form** liegt der Geißelursprung am vorderen Zellpol. Bei **amastigoten Formen**, die an eine intrazelluläre Lebensweise angepasst sind, ist die Geißel so stark verkürzt, dass sie nur elektronenmikroskopisch sichtbar ist. Pro- und epimastigote Formen leben im Arthropodenwirt, trypo- und amastigote Formen im Wirbeltierwirt.

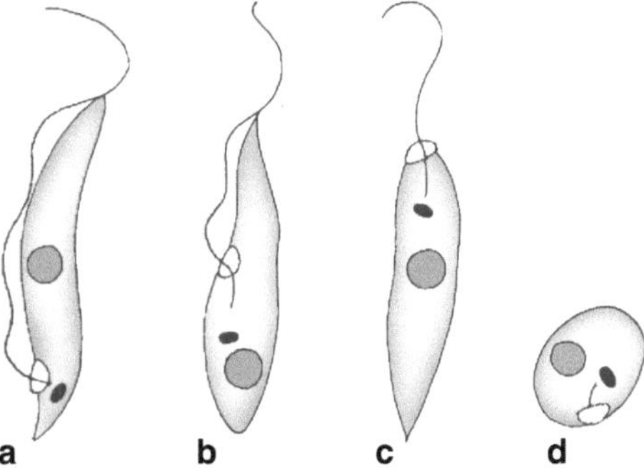

Abb. 2.20 Schematische Darstellung der Lage der Geißel relativ zum Kern bei Trypanosomatidae. **a** trypomastigot; **b** epimastigot; **c** promastigot; **d** amastigot

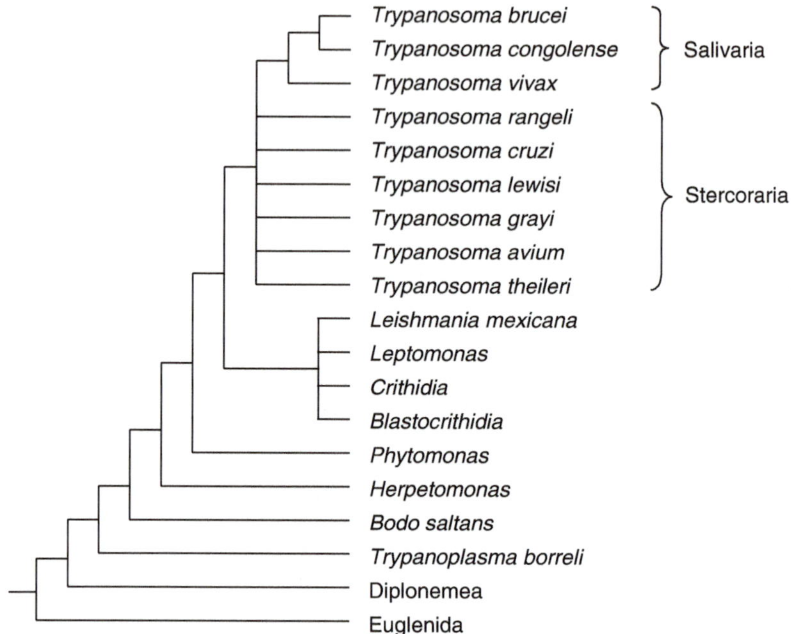

Abb. 2.21 Stammbaum der Kinetoplastea und von Außengruppenvertretern, kombiniert nach phylogenetischen Analysen der Trypanosomatidae (nach Hamilton et al. 2004) und Analysen für Kinetoplastea (nach Simpson et al. 2004). Man beachte, dass die Stercoraria (u. a. *Trypanosoma cruzi*), die Salivaria (u. a. *Trypanosoma brucei*) und die Leishmanien sich auf getrennten Zweigen des phylogenetischen Baumes in jeweils großer Distanz zueinander befinden

2.5.2 Genom und Zellbiologie

Die parallele Genomsequenzierung der drei wichtigen Erreger *Trypanosoma brucei*, *Trypanosoma cruzi* und *Leishmania major* hat wichtige Einblicke in die Funktionsweise relativ ursprünglicher Einzeller erbracht. Alle drei Parasiten haben ein stark segmentiertes Kerngenom, das aus Großchromosomen, mittelgroßen Chromosomen und Minichromosomen besteht (Tab. 2.2). Von den ca. 10.000 proteincodierenden Genen weisen ca. 6000 Gene innerhalb der Trypanosomatidae ausgeprägte Homologien auf, während relativ wenige Gene artspezifisch sind. Diese liegen überwiegend in Telomernähe und codieren meist für Oberflächenproteine. Die Transkription erfolgt weitgehend polycistronisch, d. h., mehrere – manchmal hundert und mehr – der fast ausnahmslos intronfreien Gene werden durch eine gemeinsame Promotorsequenz gesteuert. Die entstandenen Transkripte werden dann prozessiert, indem zunächst die individuellen RNAs aus dem polycistronischen Transkript ausgeschnitten werden, durch Trans-Splicing am 5'-Ende mit einer Sequenz von 39 bp („spliced leader") angefügt und schließlich wird das 3'-Ende polyadenyliert (s. Box 2.1). Die Kontrolle der Genexpression erfolgt weitgehend posttranskriptio-

Tab. 2.2 Genomdaten von *Trypanosoma brucei*, *Trypanosoma cruzi* und *Leishmania major*

	Trypanosoma brucei	*Trypanosoma cruzi*	*Leishmania major*
Größe des haploiden Genoms (MB)	26	55	33
Anzahl von Chromosomen (haploider Satz)	11[a]	28	36
Anzahl proteincodierender Gene (haploider Satz)	9068, inkl. 904 Pseudogene	ca. 12.000, inkl. 2271 Pseudogene	8311, inkl. 34 Pseudogene

[a] Plus 100 Mini- und Kleinchromosomen (insgesamt ca. 10 MB)

nell, wahrscheinlich spielt die Regulation der mRNA-Stabilität durch spezifische Sequenzen in der 3'-untranslatierten Region der mRNA eine große Rolle.

Das mitochondriale Genom der Trypanosomatidae weist zahlreiche Besonderheiten auf. Es besteht aus Tausenden eng miteinander verwobener DNA-Ringe unterschiedlicher Größe, die insgesamt den mit DNA-Farbstoffen gut anfärbbaren Kinetoplasten bilden. Circa 30 „maxicircles" (21–38 kb) codieren hauptsächlich für mitochondriale Gene, während 5000–10.000 „minicircles" (0,9–2,5 kb) für Guide-RNAs codieren. Die Guide-RNAs sind die Schlüsselelemente der RNA-Editierung, eines sehr komplexen Vorganges, durch den die Transkripte der mitochondrialen Proteine vor der Translation durch Entfernen oder Einfügen von Uridinen stark modifiziert werden.

Die Oberfläche der Parasiten ist mit Glykolipiden und/oder Glykoproteinen bedeckt, die über Glycosylphosphatidylinositolanker in der Membran verankert sind und eine dichte Oberflächenschicht bilden, die auch als Glykokalix bezeichnet wird. Der Stoffwechselaustausch erfolgt deshalb nur in der Geißeltasche. Im Säugetierblut beziehen die Trypanosomatiden ihre Energie aus der Glykolyse, einem Verfahren, das relativ wenig Energie erzeugt, dafür aber die Produktion von Biomasse begünstigt. Sie benötigen täglich bis zum 10-Fachen ihres Eigengewichtes an Zucker. Die Glykolyse läuft in Glykosomen (peroxisomenähnlichen Organellen) ab, während das Mitochondrium nur wenig aktiv ist (Abb. 2.22). Die Insektenformen haben dagegen einen oxidativen Stoffwechsel, der im Mitochondrium abläuft, das deshalb hochaktiv und stark vergrößert ist. Als Energiequelle dient ihnen vorwiegend Prolin. Trotz dieser Besonderheiten des Stoffwechsels ist es bisher nicht gelungen, einfach zu verabreichende, kostengünstige Medikamente gegen Trypanosomatidae zu entwickeln.

2.5.3 Phylogenie

Die Trypanosomatidae sind monophyletisch und trennten sich vor ca. 400–600 Mio. Jahren von den anderen Kinetoplastea. Ausgehend von einem parasitären Leben im Arthropodendarm hat es innerhalb der Trypanosomatidae vor 200–300 Mio. Jahren mindestens zwei unabhängige Übergänge zum Wirbeltierparasitismus gegeben, da die Gattungen *Leishmania* bzw. *Trypanosoma* sich auf vollkommen getrennten

Zweigen eines phylogenetischen Baumes befinden (Abb. 2.21). Die Leishmanien gehören zu einer Gruppe von Parasiten, in der sowohl Pflanzen als auch Tiere als Zwischenwirte auftreten. Innerhalb des Wirbeltierwirtes leben alle Leishmanien intrazellulär. Die Gattung *Trypanosoma* ist sehr divers und besteht aus mehreren Untergattungen, die sich hinsichtlich der Übertragung unterscheiden. Die ursprünglicheren **Stercoraria** werden mit dem Kot der Arthropodenwirte übertragen. Ihre Oberfläche besteht aus muzinähnlichen, stark glykosilierten Proteinen. Die **Salivaria** werden mit dem Speichel übertragen. Sie haben variable Oberflächenglykoproteine entwickelt, die zur Antigenvariation befähigen. *Trypanosoma equiperdum*, ein sexuell übertragener Parasit, hat seinen ursprünglichen Insektenwirt sekundär verloren und hat Funktionen eingebüßt, die zum Leben im Insektendarm befähigen.

2.5.4 Trypanosomen

2.5.4.1 *Trypanosoma brucei*

T. brucei (gr. „trypanon" = Bohrer, „soma" = Körper) verursacht die Schlafkrankheit des Menschen und ist einer der Erreger der Viehseuche „Nagana". Als Wirbeltierwirte fungieren unterschiedliche Säugetiere, Insektenwirte sind Tsetsefliegen, d. h. blutsaugende Musciden der Fam. Glossinidae. *T. brucei* bezeichnet einen Artenkomplex mit drei Unterarten (s. Tab. 2.3). Die Unterarten *T. b. gambiense, T. b. rhodesiense* und *T. b. brucei* unterscheiden sich hinsichtlich der Verbreitung, des Wirtsspektrums und der Pathogenität voneinander, sind morphologisch und biochemisch aber nicht klar abzugrenzen. *T. b. brucei* und *T. b. rhodesiense* sind näher miteinander verwandt als mit *T. b. gambiense*.

Entwicklung Bei der Infektion eines Wirbeltierwirtes werden bis zu 20.000 metazyklische, trypomastigote Trypanosomen mit dem Speichel der Tsetsefliege in die Haut übertragen (Abb. 2.22). Die Infektionsstadien verbleiben für ca. zwei Wochen in den Interzellularräumen in der Nähe der Einstichstelle und vermehren sich dort durch Längsteilung, später gelangen sie über das Lymphgefäßsystem in den Blutkreislauf. Die trypomastigoten Blutformen sind zunächst lang gestreckt, lebhaft beweglich und teilungsaktiv („long slender", Abb. 2.24, 2.25). Die Verdopplungszeit beträgt ca. sechs Stunden. Sie können innerhalb kurzer Zeit hohe Populationsdichten (bis 100.000 Erreger/ml Blut im Menschen und >1 Mio. Parasiten/ml Blut in Mäusen oder Ratten) erreichen und entziehen sich der Immunantwort langfristig durch Antigenvariation (s. u. und Box 2.1). Wenn eine hohe Parasitendichte erreicht ist, entwickeln sich die schlanken Formen zu intermediären und schließlich zu gedrungenen („short stumpy") trypomastigoten Formen, welche nicht mehr teilungsaktiv, aber infektiös für Tsetsefliegen sind (Abb. 2.25).

In der Tsetsefliege gelangen die Trypanosomen zunächst in den Kropf, wo sie sich an ihren neuen Lebensraum anpassen und anschließend in den Darm wandern. In den Mitteldarm der Tsetsefliege aufgenommene Short-Stumpy-Formen differenzieren sich zu lang gestreckten „prozyklischen Trypomastigoten", die sich vermehren. Nach ca. vier Tagen durchbrechen sie die peritrophische Membran, eine

Tab. 2.3 Übersicht über wichtige Trypanosomen und die von ihnen verursachten Krankheiten

Art/Unterart	Verbreitung	Wirbeltierwirt	Pathogenität	Insektenwirt	Entwicklung im Insekt
Salivaria					
Trypanosoma brucei brucei (Nagana)	Ostafrika	Rinder Equiden, Hunde	+ +++	*Glossina morsitans*	Zyklisch (Mitteldarm u. Speicheldr.)
T. b. rhodesiense (Schlafkrankheit/ Nagana)	Ostafrika	Wildhuftiere Rind, Schaf, Ziege Mensch (selten befallen)	+ + +++	*Glossina morsitans*	Zyklisch (Mitteldarm u. Speicheldr.)
T. b. gambiense (Schlafkrankheit)	Westafrika	Mensch Schwein, Hund	+++ +	*Glossina palpalis*	Zyklisch (Mitteldarm u. Speicheldr.)
T. evansi (Surra)	Nordafrika, Asien; Südamerika	Pferd, Kamel; Wasserbüffel, Hund	+++ ++	Tabaniden, *Stomoxys*	Mechanisch (MWZ)
T. equiperdum (Beschälseuche)	Weltweit	Pferd	++	–	–
T. congolense (Nagana)	Afrika	Wildhuftiere; Rind, Schaf, Ziege,Pferd	+ +++	*Glossina* (alle Arten)	Zyklisch (Vorderdarm)
T. vivax (Nagana)	Afrika, Süd-/Mittelamerika	Wild-Huftiere; Rind, Schaf, Ziege, Pferd	+ +++	*Glossina* (alle Arten) Tabaniden, *Stomoxys*	Zyklisch oder mechanisch (MWZ)
Stercoraria					
T. cruzi (Chagas)	Süd-/Mittelamerika	>150 Säugetierarten incl. Mensch	+++	Raubwanzen	Zyklisch (Mittel- und Enddarm)
T. rangeli	Süd-/Mittelamerika	Säugetiere	–	Raubwanzen	Zyklisch, Mittel- und Enddarm, Speicheldr.
T. theileri	Weltweit	Rind	–	Tabaniden, Zecken(?)	Zyklisch, Mittel- und Enddarm
T. melophagium	Weltweit	Schaf	+	*Melophagus ovinus*	Zyklisch, Mittel- und Enddarm
T. lewisii	Weltweit	Ratte	+	Flöhe	Zyklisch, Mittel- und Enddarm

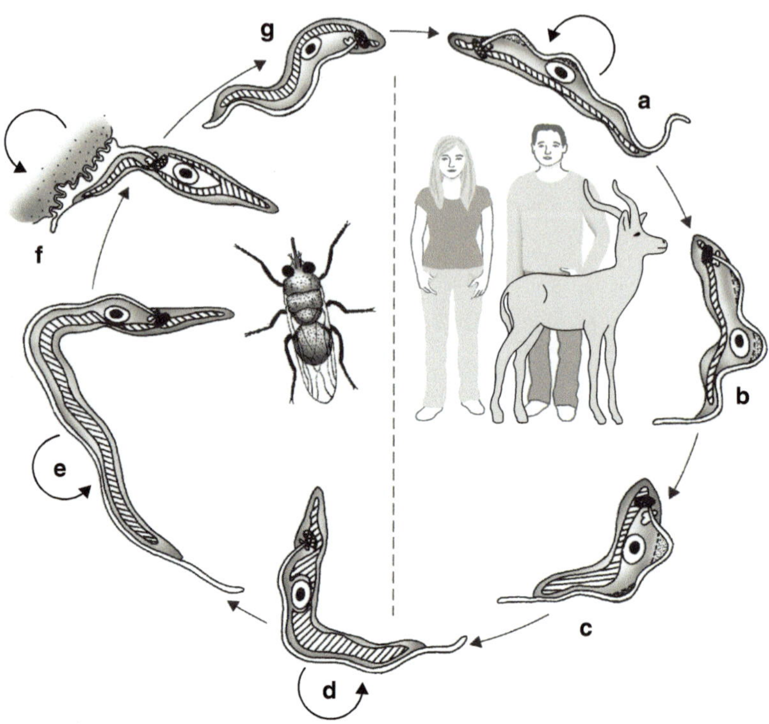

Abb. 2.22 Lebenszyklus von *Trypanosoma brucei* mit Darstellung der Mitochondrienfunktion. **a** Schlanke, trypomastigote Blutform. **b** Trypomastigote Intermediärform. **c** Gedrungene trypomastigote Blutform. **d** Prozyklische trypomastigote Darmlumenform. **e** Mesozyklische trypomastigote Form im ektoperitrophischen Raum. **f** Epimastigote Form, mit Flagellipodien an Mikrovilli von Speicheldrüsenzellen angeheftet. **g** Trypomastigote metazyklische Form im Glossinenspeichel. (Verändert nach Vickerman 1985)

chitinhaltige Struktur, die bei vielen hämatophagen Insekten den Darminhalt vom Darmepithel trennt. Sie siedeln sich dann im ektoperitrophischen Raum am Epithel des Mitteldarmes an, verlängern sich nochmals und sind teilungsaktiv. Die Nachkommen dieser „mesozyklischen Formen" durchdringen wieder die peritrophische Membran und wandern durch Kropf und Ösophagus in das Lumen der Speicheldrüsen, wo sie sich zu Epimastigoten (siehe Abb. 2.23) entwickeln. Diese sind mit typischen Fortsätzen ihrer Geißel, den Flagellipodien, an die Mikrovilli der Drüsenzellen angeheftet und teilen sich lebhaft. Sie entwickeln sich schließlich zur für den Wirbeltierwirt infektiösen trypomastigoten metazyklischen Form weiter. Die Entwicklung in der Fliege bis zur metazyklischen Form dauert insgesamt 3–5 Wochen, die Infektion bleibt lebenslang bestehen. In der Speicheldrüse findet Meiose statt, bei der haploide, Promastigoten-ähnliche Gameten gebildet werden, die dann miteinander fusionieren.

Abb. 2.23 Morphologie der trypomastigoten Form mit wenig aktivem Mitochondrium (**a**) und der epimastigoten Form mit hoch aktivem Mitochondrium (**b**) von *Trypanosoma brucei*. *ER* Endoplasmatisches Retikulum; *G* Geißel; *Go* Golgi-Apparat; *Gt* Geißeltasche; *K* Kinetoplast; *M* Mitochondrium; *Mt* Mikrotubuli; *N* Nucleus. Zur besseren Visualisierung der unter der Oberfläche verlaufenden Mikrotubuli wurde das Vorderende der trypomastigoten Form senkrecht zur Längsachse geschnitten. (Aus Dönges 1988, mit freundlicher Genehmigung des Verlages)

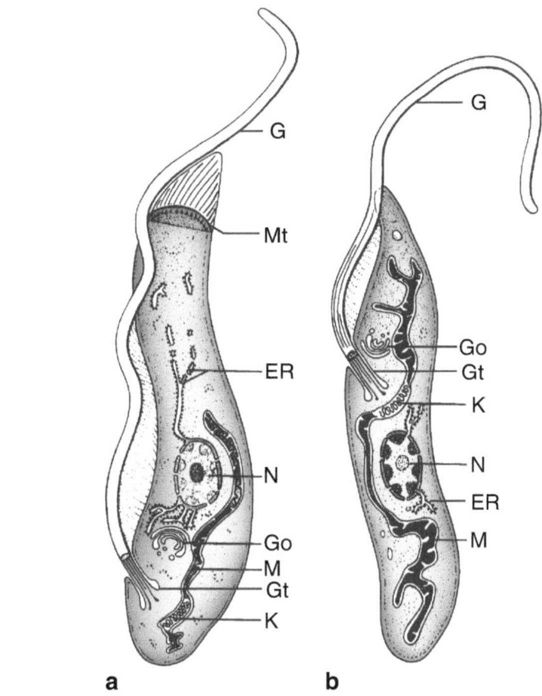

Abb. 2.24 Schlanke trypomastigote Blutform von *Trypanosoma brucei*, mit dem Vorderende über einem Erythrozyten liegend. (EM-Abbildung: Eye of Science)

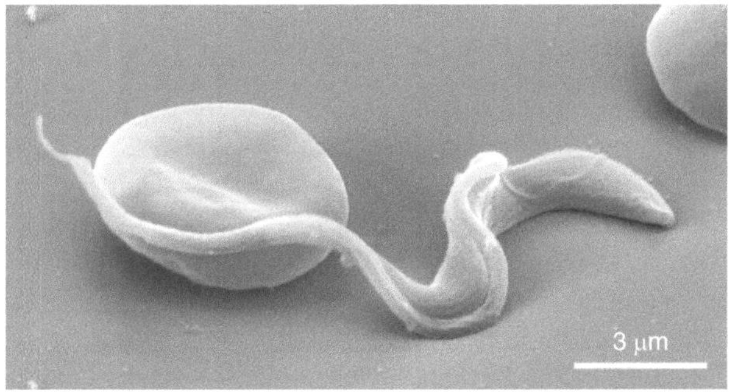

Morphologie Die schlanken, teilungsaktiven Trypomastigoten im Blut messen 1–2 × 20–30 µm. Die Geißel ragt über die Körperspitze hinaus. Der Kern ist oval und liegt zentral. Die gedrungene trypomastigote Blutform misst 3–5 × 15–25 µm. Die Geißel ist nur wenig länger als die Zelle. Die prozyklischen Formen im Mitteldarm der Tsetsefliegen haben ca. 40 µm Länge. Die metazyklischen Formen ähneln kleinen gedrungenen Blutformen.

Verbreitung und Wirtsspektrum Da die Biologie von *T. brucei* an Tsetsefliegen gebunden ist, kommt dieser Parasit nur im „Tsetsegürtel" Afrikas vor, dem breiten Bereich zwischen Sahara und dem südlichen Afrika. Die Prävalenz in Tsetsefliegen

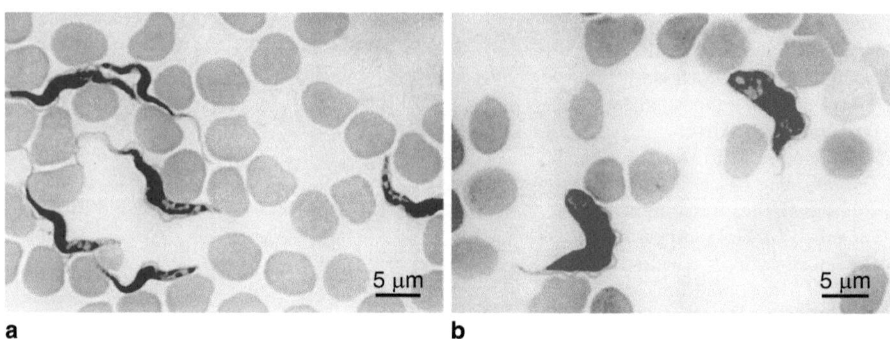

Abb. 2.25 Schlanke (**a**) und gedrungene (**b**) trypomastigote Blutform von *Trypanosoma brucei*. (Aufnahme: E. Vassella, M. Boshard)

ist äußerst gering. Meist sind nur 0,1 % der Fliegen befallen, sodass die Gefahr einer Infektion z. B. für Touristen relativ gering ist. *T. b. gambiense* wird übertragen durch Glossinen der *Palpalis*-Gruppe, die an feuchte Biotope, z. B. in Regenwaldgebieten Westafrikas, gebunden sind. Hauptwirt ist der Mensch; Reservoirwirte sind hauptsächlich Schweine und Hunde. *T. b. rhodesiense* wird durch Glossinen der *Morsitans*-Gruppe übertragen, die Savannenbiotope bevorzugen. Hauptwirte, in denen die Infektion meist latent verläuft, sind wild lebende Paarhufer wie der Buschbock oder die Kuhantilope, aber auch Schafe, Ziegen und Rinder. Der Mensch wird nur selten infiziert und ist damit nur ein unbedeutender Nebenwirt. Dies hängt damit zusammen, dass *Glossina morsitans*, der Hauptüberträger, den Menschen nur selten anfliegt. *T. b. brucei* wird ebenfalls durch Tsetsefliegen der *Morsitans*-Gruppe übertragen. Als Wirte dienen alle Huftiere sowie bestimmte Arten von Karnivoren (z. B. Hyänen, Löwen, Haushunde). Menschen sind mit *T. b. brucei* bis auf wenige Ausnahmen nicht infizierbar, da die Trypanosomen von zwei toxischen Serumfaktoren lysiert werden, die beide zu den High-Density-Lipoproteinen gehören und haptoglobinverwandtes Protein sowie Apolipoprotein I enthalten. Laborratten und Mäuse sind empfänglich, deshalb eignet *T. b. brucei* sich ausgezeichnet für experimentelle Studien. Die Infektion bei Rindern, Schafen und Ziegen verläuft meist symptomlos, während Hunde, Pferde und Esel oft daran sterben. Zebras verdanken ihre Ausbreitung in Afrika ihrer relativen Resistenz gegen Nagana und der Tatsache, dass sie von Tsetsefliegen aufgrund ihres Streifenmusters nur schlecht entdeckt werden können.

Glossinen, die am ersten Tag ihres Lebens Blut saugen, werden zu ca. 8 % mit Trypanosomen befallen, am zweiten Lebenstag nur noch zu 2 % und am dritten Tag findet keine Infektion mehr statt. Der Grund für diesen niedrigen Befall liegt darin, dass *T. brucei* etwa eine Stunde für die Umstellung von der anaeroben Energiegewinnung im Wirbeltierblut auf die aerobe im Insektendarm braucht. Diese Umwandlung findet im ventral gelegenen Kropf der Fliege statt, in den bei blutsaugenden Arthropoden das Blut zunächst geleitet wird (Abb. 4.19). Die peritrophische Membran ist vom Typ II (s. Abschn. 4.4.4), liegt bei der frisch geschlüpften Fliege also als kurzes Säckchen vor, das nach der ersten Blutmahlzeit gebildet wird und nur mit einer Geschwindigkeit von 1 mm/h in die Länge wächst. Blut kann bei jungen Fliegen dementsprechend zunächst nur sehr langsam aus dem Kropf in den Mitteldarm übernommen werden, was den Trypanosomen Zeit zur Anpassung verschafft. Bei älteren Fliegen ist die peritrophische Membran bereits länger oder vollständig ausgebildet, sodass das gesaugte Blut schneller in den Darm übernommen werden kann und den Trypanosomen weniger Zeit für die Umwandlung bleibt.

Schlafkrankheit Nach Schätzungen der WHO werden gegenwärtig jährlich etwa 10.000 Menschen neu mit *T. brucei* infiziert, die meisten davon in der demokratischen Republik Kongo (http://www.who.int/mediacentre/factsheets/fs259/en/). Die Schlafkrankheit hatte in früheren Jahren besonders in von Unruhen und Bürgerkriegen betroffenen Gebieten Afrikas wieder deutlich zugenommen, nachdem sie in der Mitte der 1970er-Jahre einen Tiefstand erreicht hatte (Abb. 2.26).

Nach dem infektiösen Stich vermehren sich die Trypanosomen zunächst lokal in Gewebsspalten der Haut, wobei sich eine entzündliche Schwellung entwickeln kann („Trypanosomenschanker"). Nach 1–3 Wochen treten die Parasiten ins Blut- und Lymphsystem über. Dann kommt es zu hohem Fieber, Kopf- und Gelenkschmerzen und Abgeschlagenheit sowie zu Lymphknotenschwellungen, besonders im Nacken, und zu Milz- und Lebervergrößerung, Ödemen und Durchfall. Ein wesentlicher Faktor im Krankheitsgeschehen ist eine generalisierte Gefäßentzündung, die u. a. zu tödlich verlaufender Herzmuskelentzündung führen kann. Die Gefäßentzündung bedingt aber auch eine Enzephalitis, die einige Tage bis mehrere Wochen nach den ersten Krankheitserscheinungen zum typischen Bild der Schlafkrankheit

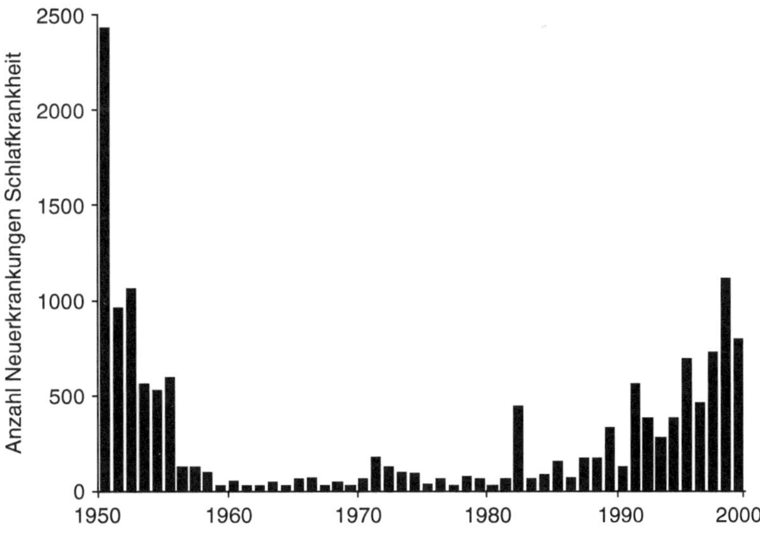

Abb. 2.26 Veränderungen der Prävalenz von Schlafkrankheit in der Zentralafrikanischen Republik zwischen 1950 und 2000. (Verändert nach Cattand et al. 2001)

Abb. 2.27 Historische Aufnahme einer Afrikanerin mit Schlafkrankheit im fortgeschrittenen Stadium. (Mit freundlicher Genehmigung von G. Stich)

führen kann. Zunächst fallen zentralnervöse Symptome wie Sprach- und Koordinationsstörungen auf, die sich zu Krämpfen, epileptischen Anfällen und Somnolenz (übersteigertem Schlafbedürfnis) entwickeln. Aber auch übersteigerte Sinneseindrücke und Aggressivität können auftreten. Mit fortschreitender Infektion werden die Patienten apathisch, verweigern die Nahrungsaufnahme, magern extrem ab und fallen im Endstadium schließlich ins Koma (Abb. 2.27). Ohne Behandlung führt die Infektion in der Regel zum Tod. Die *T. b. gambiense*-Infektion kann sich über 4–6 Jahre erstrecken, während die *T. b. rhodesiense*-Infektion einen fulminanten Verlauf hat und meist bereits nach 3–7 Monaten zum Tod führt.

Als Auslöser für die Symptome der späten Phase der Schlafkrankheit werden vor allem perivaskuläre Inflammation, d. h. Entzündungsprozesse in der Umgebung der Blutgefäße des Gehirns verantwortlich gemacht. Auch Veränderungen des Kininsystems scheinen eine Rolle zu spielen.

Dass die Schlafkrankheit epidemische Ausmaße annehmen kann, zeigen Ausbrüche in Zentral- und Ostafrika, bei denen um 1900 ca. 250.000 Menschen starben. Man geht heute davon aus, dass diese Ausbrüche auf massive Störungen des ökologischen Gleichgewichtes zurückgingen: Durch die Einfuhr europäischer Rinder hatte sich die Rinderpest ausgebreitet und die Bestände einheimischer Huftiere so stark dezimiert, dass weite Savannengebiete sich in Wald zurückverwandelten. Die besseren Brutbedingungen in Waldgebieten, gepaart mit einem Mangel an Blutwirten für die Tsetsefliegen, führten seinerzeit anscheinend zu vermehrten Infektionen des Menschen.

Bekämpfung Die Chemotherapie der Schlafkrankheit ist trotz einiger Fortschritte in den letzten Jahren unbefriedigend, da für die aufwendige Entwicklung neuer Medikamente kein Marktanreiz besteht. Ein Schwerpunkt der Bekämpfung liegt deshalb in der Kontrolle der Tsetsefliegen. Während man früher versuchte, die Brutbiotope der Fliegen durch Abholzen zu zerstören und die Wildtierfauna zu dezimieren, um Reservoirwirte auszuschalten, wurden später großflächig Insektizide versprüht. Solche aufwendigen und ökologisch bedenklichen Maßnahmen werden heute durch andere Methoden ersetzt. Man hat gute Erfolge damit erzielt, Tsetsefliegen mit insektizidimprägnierten Anflugzielen und Fallen zu bekämpfen, deren Attraktivität durch Duftlockstoffe erhöht wird.

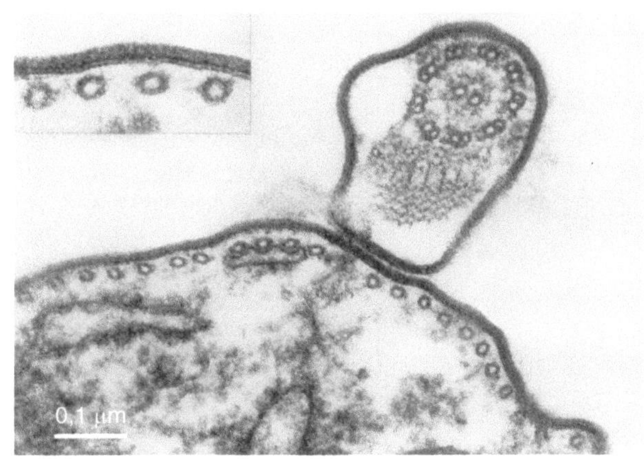

Abb. 2.28 Oberflächenmantel von *Trypanosoma brucei* im elektronenmikroskopischen Bild. Man beachte die elektronendichte, verschwommene Schicht variabler Glykoproteine auf Zellkörper und Geißel. Ausschnitt: Detail der Oberfläche mit deutlich sichtbarer Elementarmembran und darunterliegenden Mikrotubuli. (Aus Wyler 1990, mit freundlicher Genehmigung von J. Donelson)

Zell- und Immunbiologie Die Oberfläche der Blutstadien von *T. brucei* ist – mit Ausnahme der Flagellartasche – bedeckt mit einer durchgehenden, 12–15 nm dicken Schicht von ca. 10^7 Molekülen eines Glykoproteins mit einem Molekulargewicht zwischen 46 kD und 65 kD, des variablen Oberflächenantigens (VSG = „variant surface glycoprotein"; Abb. 2.28). *T. brucei* weist eine Vielzahl von VSG-Genen für diesen Typ von Proteinen auf, nur jeweils ein einziges wird jedoch exprimiert. Aufgrund neuer Genomdaten weiß man, dass das Genom ungefähr 2000 VSG-Gene enthält, von denen aber nur rund 400 vollständig sind. Die restlichen Fragmente bilden wahrscheinlich den Rohstoff für die Entwicklung neuer Gene.

Die VSG bestehen aus einem wenig variablen C-Terminus und einem hochvariablen N-Terminus, der jeweils spezifische B-Zell-Epitope aufweist. Sie sind mit einem Membrananker, der aus Glycosylphosphatidylinositol (GPI) besteht, im Plasmalemma inseriert (Abb. 2.29). GPI-Anker und Protein werden getrennt synthetisiert, an die Oberfläche gebracht und hier miteinander verbunden. Die VSG bilden an der Zelloberfläche einen dicht abschließenden Mantel und bieten dem Immunsystem ein einheitliches, sich wiederholendes Muster von B-Zell-Epitopen dar.

Die VSG induzieren ausgeprägte T-zell-unabhängige IgM-Antworten, die gegen Oberflächenepitope gerichtet sind. An die Parasitenoberfläche gebundene Antikörper aktivieren das Komplementsystem, was zur Erkennung durch Effektorzellen führt, die die Parasiten phagozytieren. Die in diesem Prozess wichtigsten Effektorzellen sind die Kupffer'schen Sternzellen der Leber. Diesem Mechanismus entzieht sich *T. brucei* durch **Antigenvariation,** bei der ständig neue Klone von Parasiten mit unterschiedlichen VSG entstehen (Abb. 2.30). Schon zu Anfang des 20. Jahrhunderts wurde beobachtet, dass die Dichte der Trypanosomen im Blut von Patienten mit Schlafkrankheit wellenförmig fluktuiert (Abb. 2.30, Ausschnitt). Etwa alle 6–10 Tage wird ein Peak erreicht. Die Gipfel der Parasitendichte kommen zustande, indem ein dominanter Trypanosomenklon mit einem spezifischen VSG sich stark vermehrt, während in geringerer Anzahl auch Trypanosomen mit anderen VSG existieren. Gegen das VSG des dominanten Klons kommen 5–7 Tage nach

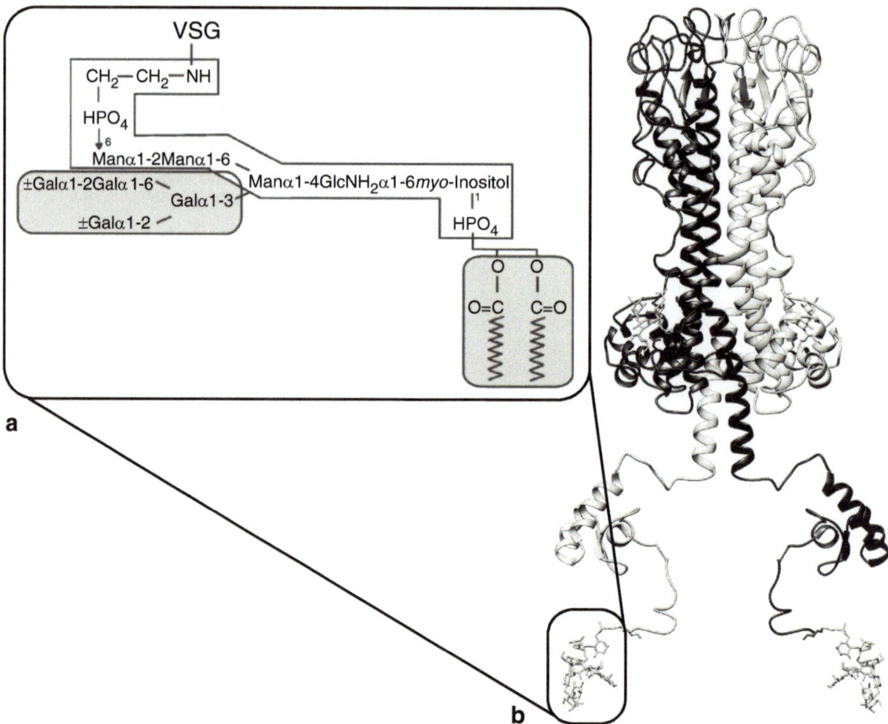

Abb. 2.29 Variables Oberflächenantigen (VSG) von *Trypanosoma brucei*. **a** Schematische Darstellung des Glycosylphosphatidylinositol-Membranankers eines VSG. (Nach Ferguson et al. 1988). **b** Röntgenstruktur zweier umeinander gewundener VSG-Moleküle mit ihren Membranankern. (Aus Bartossek et al. 2017 mit freundl. Genehmigung von M. Engstler)

dessen Erscheinen effiziente Antikörper zustande; diese Anlaufzeit benötigt das adaptive Immunsystem. Parasiten mit diesem VSG werden jetzt eliminiert und Klone mit anderen VSG können sich ausbreiten, bis effiziente Antikörperantworten gegen diese neuen Varianten einsetzen. Die Tatsache, dass die Trypanosomen der Antikörperantwort stets einen Schritt voraus sind, sichert das langfristige Überleben des Parasiten im Wirt und macht die Entwicklung von Impfstoffen sehr schwierig (s. auch Box 2.1). Die Trypomastigoten im Darm der Tsetsefliege haben einen ähnlichen Oberflächenmantel, der aus einem nichtvariierenden Protein, dem Procyclin, besteht. Bereits die metazyklischen Trypanosomen haben wieder eine VSG-Oberfläche.

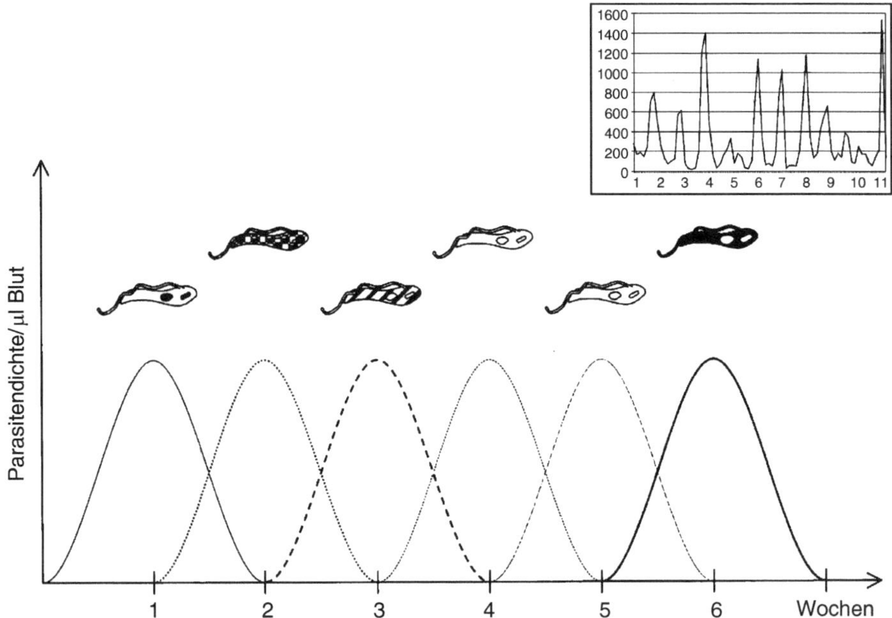

Abb. 2.30 Schematische Darstellung der Antigenvariation bei *Trypanosoma brucei*. Es entwickeln sich ständig Klone von *T. brucei*-Blutformen, die ein jeweils spezifisches variables Oberflächenantigen aufweisen. Nach ca. jeweils einer Woche werden diese Klone von der Antikörperantwort eliminiert und es wachsen neue Varianten zu hohen Dichten heran, bis Antikörperantworten auch gegen diese neuen Klone gebildet werden. Die Peaks sind nicht homogen, sondern bestehen jeweils aus mehreren Klonen. Ausschnitt: Parasitendichte im Blut eines Patienten. *X-Achse*: Wochen, *Y-Achse*: Parasitendichte pro µl

Box 2.1 Antigenvariation von T. brucei

Im Genom von *T. brucei* liegen etwa 2000 Gene bzw. Pseudogene oder Genfragmente mit Homologie zu variablen Oberflächenantigenen („variant surface glycoprotein" = VSG). Weniger als 20 % dieser Gene werden als intakt eingeschätzt. Es existieren zwei unterschiedliche Populationen von VSG-Genen: In verschiedenen Regionen der Chromosomen liegt die weitaus überwiegende Mehrzahl aller VSG-Gene – meist direkt hintereinander in Clustern von 3–250 (Pseudo-)Genen – an unterschiedlichen Stellen als „stille Kopien" („basic copies"). Diese können nicht direkt transkribiert werden. In der Nähe der meisten Telomere liegt eine „expression linked copy" (insgesamt 15–20), die potenziell exprimiert wird. Die gängige Hypothese besagt, dass aus stillen Kopien durch einen Mechanismus der Duplikation und Umlagerung in eine „expression site" in Telomernähe „expression linked copies" entstehen können.

Voraussetzung für die Expression eines VSG ist die Lage in einer expression site in der Nähe des Telomers eines Chromosoms. In direkter Nähe des VSG-Gens liegen acht andere Gene, die die Expression unterstützen (Abb. 2.31). Die Funktion der meisten dieser „expression site asscociated genes" (= ESAG) ist unklar, doch einige codieren für Proteine, die im Zusammenhang mit der Stoffwechselaktivität wichtig sind, z. B. für ein eisenbindendes Protein. In einem individuellen Trypanosom wird stets nur ein einziges VSG transkribiert und translatiert. Der Mechanismus, der dies bewirkt, ist bei Trypanosomen noch nicht exakt geklärt. Es wurde angenommen, dass sich im Zellkern nur jeweils eine einzige „VSG-Transkriptionsmaschinerie" befindet und die Verfügbarkeit dieses Proteinkomplexes darüber entscheidet, welches VSG transkribiert wird.

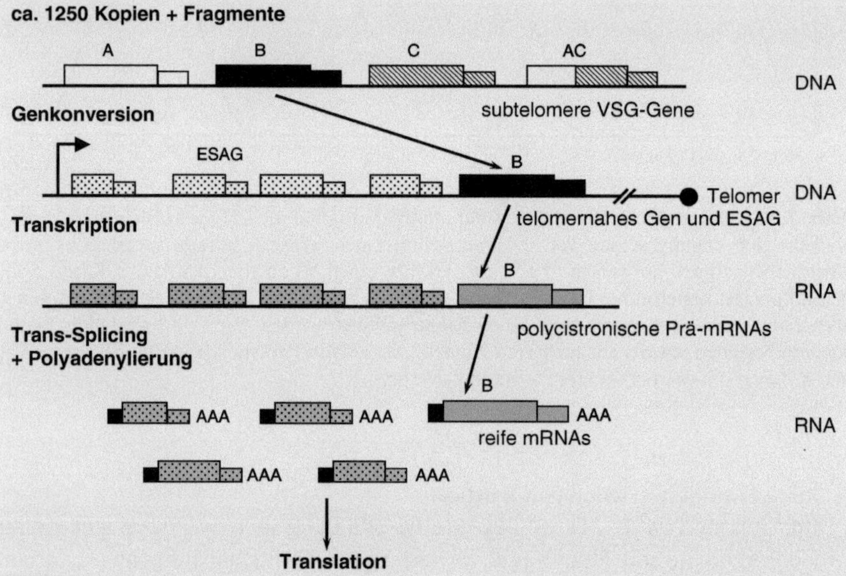

Abb. 2.31 Polycistronische Transkription und RNA-Prozessierung bei *Trypanosoma brucei*. (Verändert nach J. Donelson)

Man hat berechnet, dass bei ca. einer von 10^6 Zellteilungen ein neues VSG-Gen angeschaltet wird. Lange Zeit vermutete man, dass im Blut nur jeweils ein einziger VSG-Klon vorliegt. Durch „deep sequencing" konnte aber überzeugend gezeigt werden, dass gleichzeitig mehrere Trypanosomenklone mit unterschiedlichen VSG im Blut existieren.

Im Verlauf einer *T. brucei*-Infektion wird zunächst eine starke Aktivierung aller B-Zellen beobachtet, die unter anderem zu einem starken Anstieg unspezifischer B-Zell-Antworten führt. Diese Aktivierung wird als Immunevasion interpretiert, da spezifische Antikörperantworten verdünnt werden. Als ein weiterer wichtiger Evasionsmechanismus wird Immunsuppression angesehen. Während in der frühen Phase der Infektion entzündungsfördernde T-Zell-Antworten vom Th1-Typ vorherrschen, überwiegen in der späten Phase Th2-Antworten. Man nimmt an, dass für diesen Umschwung Makrophagen verantwortlich sind, die nach längerem Kontakt mit *T. brucei* alternativ aktiviert werden und durch Sekretion von Prostaglandin E2-Entzündungsantworten dämpfen. Auf diese Weise wird die Überlebenswahrscheinlichkeit der Parasiten erhöht, gleichzeitig aber auch die Schädigung des Wirtes durch überschießende Immunantworten verringert.

T. brucei vermeidet aber nicht nur Immunantworten, sondern profitiert anscheinend in gewissem Umfang von Produkten des Immunsystems, denn es wurde festgestellt, dass IFN-γ bei Blutformen als Wachstumsfaktor wirkt. In IFN-γ-ko-Mäusen erreichen die Parasiten deshalb nur geringere Dichten als in entsprechenden immunkompetenten Tieren. Auch wurde nachgewiesen, dass *T. brucei* auf der Parasitenoberfläche abgelagerte Antikörper in die Geißeltasche transportieren und dort phagozytieren kann, sodass die Abwehrmoleküle des Wirtes unter bestimmten Umständen eine Energiequelle für den Parasiten darstellen könnten.

2.5.4.2 *Trypanosoma congolense*

Dieses durch Tsetsefliegen übertragene Trypanosom befällt fast alle Arten von Wildwiederkäuern, die aber kaum erkranken, während Hauswiederkäuer meist schwer betroffen sind. Deshalb ist *T. congolense* der wichtigste Erreger der Nagana-Krankheit. Im Blut befallener Säugetiere liegen Trypomastigoten von 9–18 μm Länge vor, deren Geißel nicht oder nur unwesentlich über das Körperende hinausragen und die sich relativ träge bewegen. Hinweise auf Antigenvariation wie bei *T. brucei* liegen vor. Nach Aufnahme in die Insektenwirte wandeln sie sich in schlankere Formen um, die sich im Mitteldarm vermehren. Diese wandern über den Ösophagus in die obersten Partien der Mundwerkzeuge, wo sie sich zu Epimastigoten differenzieren, die sich lebhaft teilen. Die Weiterentwicklung zur trypomastigoten Infektionsform erfolgt ebenfalls in den Mundwerkzeugen. Die Dauer der Entwicklung in der Fliege beträgt 2–3 Wochen; typischerweise sind 10–15 % der Fliegen befallen. *T. congolense* nutzt ein breites Spektrum von Glossinenarten der *Palpalis*-, *Morsitans*- und *Fusca*-Gruppe (s. Abschn. 4.4.9.2.6 und Tab. 4.6) als Zwischenwirt, deshalb kommt dieser Nagana-Erreger in allen Verbreitungsgebieten von Tsetsefliegen vor.

Die **Nagana** (aus der Zulu-Sprache = Zustand des bedrückten Geistes) tritt in allen Verbreitungsgebieten von Tsetsefliegen auf. Deshalb ist intensive Viehzucht in weiten Gebieten Afrikas südlich der Sahara erschwert und Nagana ist die wirtschaftlich bedeutendste Viehseuche des afrikanischen Kontinents. Kennzeichen der Krankheit sind fortschreitender Konditionsverlust, starke Abmagerung und zunehmende Schwäche bis hin zum Tod. Es treten Blutungen im Endokard und Ödeme in Form sulziger Infiltrationen auf. Zentralnervöse Störungen existieren, stehen

Abb. 2.32 Westafrikanische Lagunenrinder. Diese Zwergrasse ist aufgrund eines intensiver reagierenden Immunsystems trypanotolerant. (Foto: P. Agbadje, mit freundlicher Genehmigung von W. Bernt)

jedoch nicht im Vordergrund. Zwischen unterschiedlichen Haustierrassen bestehen starke Unterschiede in der Empfänglichkeit. So sind die westafrikanischen Lagunen-, Baoulé- und N'Dama-Rinder (Abb. 2.32) oder die Guinea-Schafe aufgrund ihres angepassten Immunsystems (das korreliert ist mit kleinem Wuchs) weitgehend trypanotolerant, d. h., sie können die Infektion unter normalen Bedingungen begrenzen, erliegen ihr aber bei Futtermangel, Erkrankungen und anderen Stressbedingungen. Hingegen sind Zebu-Rinder und europäische Hochleistungsrassen hoch empfänglich.

2.5.4.3 *Trypanosoma vivax*

T. vivax (lat. „vivax" = lebhaft, langlebig) befällt eine Vielzahl von Wildwiederkäuern und Haustieren und nutzt Tsetsefliegen aller Arten als Insektenwirte. Die Biologie entspricht weitgehend *T. brucei*. Die trypomastigoten Blutformen sind 18–27 µm lang, lebhaft beweglich, haben eine lange, frei endende Geißel und sind am Hinterende birnenförmig verbreitert. Die Entwicklung in der Fliege erfolgt ausschließlich in den Mundwerkzeugen. Dort heften sich die Epimastigoten in Labrum und Hypopharynx mit ihrer Geißel an, vermehren sich und differenzieren sich zu trypomastigoten metazyklischen Formen. Bis zu 40 % einer Tsetsepopulation sind befallen. Die Entwicklungszeit in der Fliege ist bei günstigen Bedingungen bereits nach fünf Tagen abgeschlossen. Außerdem kann eine mechanische Transmission stattfinden, sodass *T. vivax* auch von Bremsen übertragen wird. Deshalb kommt *T. vivax* als einziger Nagana-Erreger auch außerhalb des Tsetsegürtels vor. Nach Südamerika, wo diese Art heute regional verbreitet ist, wurde *T. vivax* vermutlich mit infizierten Haustieren eingeschleppt. Größere Nagana-Ausbrüche sind dort jedoch selten. Die Krankheitserscheinungen bei Rindern und kleinen Wiederkäuern sind ähnlich wie bei *T. congolense*-Infektionen.

2.5.4.4 *Trypanosoma evansi*

T. evansi parasitiert in vielen Arten von Huftieren und ruft dort eine Krankheit hervor, die in arabischen Ländern als „Surra" und in Südamerika als „Mal de Caderas" bezeichnet wird. Der Parasit kommt aber auch in Nagetieren und Karnivoren vor. *T. evansi* ist von Afrika nördlich des Tsetsegürtels über Vorderasien bis nach Ostasien verbreitet und wurde in die Neue Welt eingeschleppt. Dieses Trypanosom wird mechanisch übertragen, d. h., Trypanosomen, die sich in Blutresten an den Mundwerkzeugen blutsaugender Insekten (meist Stechfliegen) befinden, werden passiv mit dem Stich übertragen. Sie durchlaufen aber keine Entwicklung im Insekt. In den meisten Gebieten sind Tabaniden die Vektoren, es kommen aber auch Tsetsefliegen, Wadenstecher und andere Fliegen in Betracht. In Südamerika können auch Vampirfledermäuse die Infektion übertragen und erkranken selbst daran. Von manchen Autoren wird *T. evansi* als Unterart von *T. brucei* angesehen, die sich durch Adaption an eine andere Übertragungsweise abgespalten hat. Die Blutstadien von *T. evansi* sind ca. 24 µm lang und haben ein freies Geißelende. Manche Stämme haben den Kinetoplasten verloren (sind dyskinetoplastisch).

Die „**Surra**" ist eine Nagana-ähnliche Erkrankung mit Fieber, zentralnervösen Störungen und extremer Abmagerung bei Pferden, Kamelen, Wasserbüffeln und Hunden. Bei Pferden kann ein Befall des Zentralnervensystems bereits zwei Wochen nach Infektion mit *T. evansi* vorliegen. Die Tiere zeigen dann eine fortschreitende Paralyse, ziehen die Hinterhand nach („Kreuzlähme") und haben schließlich Schwierigkeiten zu stehen. Pferde sind sehr anfällig und fast alle erliegen der Krankheit. Rinder und Schweine können zwar infiziert sein, zeigen aber kaum Symptome. Auch bei *T. evansi* sind variable Oberflächenantigene in ähnlicher Weise wie bei anderen *Trypanosoma*-Arten beschrieben worden.

Die aus Südamerika beschriebene Art *T. equinum* ist wahrscheinlich eine dyskinetoplastische Variante von *T. evansi*. Bei Pferden ruft der Erreger das „Mal de Caderas" hervor, ein Syndrom, bei dem die Kreuzlähme im Vordergrund steht.

2.5.4.5 *Trypanosoma equiperdum*

T. equiperdum (lat. „equus" = Pferd, „perdere" = verlieren) kommt weltweit bei Pferden vor und wird von Tier zu Tier beim Deckakt übertragen. Die verursachte Krankheit wird deshalb als Beschälseuche oder „Dourine" bezeichnet. Sie ist heute dank strenger Hygienemaßnahmen in den meisten Ländern Europas und Nordamerikas erloschen.

T. equiperdum entspricht hinsichtlich der Morphologie weitgehend *T. brucei* und besitzt häufig keinen Kinetoplasten. Auch für *T. equiperdum* wurde beschrieben, dass sie sich erst in jüngerer Zeit von *T. brucei* abgespalten hat und im Grunde eine Unterart dieses Parasiten darstellt. Die Vermehrung findet nach der Übertragung zunächst in den Schleimhäuten der Genitalien statt, wo Verdickungen und lokale Läsionen auftreten. Bei befallenen Stuten führt die Infektion zu Vaginalausfluss und kann Aborte auslösen. Später treten die Parasiten ins Blut über und im Unterhautgewebe entstehen Ödeme, die Trypanosomen enthalten. Die Haut zeigt charakteristische Quaddeln. Die Krankheit führt zu nervösen Störungen mit Lähmungen und verläuft meist chronisch; Todesfälle sind weniger häufig.

2.5.4.6 *Trypanosoma cruzi*

T. cruzi befällt mehr als 150 Arten von Säugetieren, u. a. den Menschen, und verursacht die Chagas-Krankheit. Die Infektion ist auf Mittel- und Südamerika beschränkt, es sind etwa 8 Mio. Menschen betroffen; ca. 12.500 Menschen sterben jährlich an Chagas (s. http://www.who.int/tdr/diseases-topics/chagas/en/). Die Chagas-Erkrankung tritt als eingeschleppte Krankheit auch in Ländern außerhalb Lateinamerikas auf, wie z. B. den USA, wo geschätzt 300.000 Menschen infiziert sind. Als Insektenwirte fungieren blutsaugende Raubwanzen, u. a. der Gattungen *Triatoma*, *Panstrongylus* und *Rhodnius*. Die Art *Triatoma infestans* ist der wichtigste Arthropodenwirt. Alle Wanzenstadien sind empfänglich. Die Übertragung erfolgt mit dem Kot und Urin der Insekten, der Parasit gehört deshalb zu den Stercoraria. Es existiert eine Vielzahl unterschiedlicher *T. cruzi*-Stämme und geografischer Varianten mit unterschiedlichen biologischen Eigenschaften.

Entwicklung und Morphologie Trypomastigote Infektionsstadien aus Kot und Urin blutsaugender Wanzen gelangen durch den Stichkanal, Wunden oder Schleimhäute in den Wirt, wenn dieser sich nach dem Insektenstich kratzt (Abb. 2.33). Manche Autoren berichten, dass eine sehr effiziente Übertragung auch erfolgen kann, indem oral aufgenommene Trypomastigoten in die Mundschleimhaut eindringen. Deshalb könnten mit Wanzenkot verunreinigte Lebensmittel eine Rolle bei der Übertragung spielen. Die Parasiten dringen in Makrophagen und makrophagenähnliche Zellen, Muskelzellen, Neurogliazellen oder andere Zelltypen ein und wandeln sich zu amastigoten Stadien von ca. 2 µm Durchmesser um, die sich durch Zweiteilung vermehren. Nach dem Eindringen befinden sich die Parasiten zunächst in einer parasitophoren Vakuole die durch Lysosomen angesäuert wird, nach 2–3 h zerstören sie diese und liegen dann frei im Zytoplasma. Die Wirtszellen können mit großen Mengen von Amastigoten gefüllt sein (Abb. 2.34b). Noch innerhalb der Zelle entwickeln sich die Amastigoten zu Trypomastigoten, die mit dem Aufplatzen der Wirtszelle frei werden und ins Blut gelangen. Sie sind ca. 20 µm lang, gedrungen, oft c-förmig gebogen und nur das Geißelende ist frei (Abb. 2.34a). Der Kinetoplast ist auffällig groß, sodass der Parasit an den Kopf eines Schusterhammers erinnert („Hammerkopftrypanosomen"). Die Trypomastigoten können weitere Zellen befallen oder von Wanzen aufgenommen werden.

Nach Aufnahme durch eine Raubwanze entstehen im Mitteldarm teilungsaktive epimastigote Formen. Diese Epimastigoten differenzieren sich im Enddarm zu trypomastigoten metazyklischen Formen, die mit Kot und Urin direkt nach der Blutmahlzeit abgegeben werden (Abb. 2.35). Das Verhalten bei der Defäkation ist ausschlaggebend für die Kompetenz als Vektor: Nur bei Wanzenarten, die während der Nahrungsaufnahme Kot oder Urin absetzen, können die Infektionsstadien in die Stichwunde gelangen. Die Infektionswahrscheinlichkeit steigt an, wenn die Wanze beim Weglaufen einen Kottropfen über die Stichwunde zieht oder der Wirt sich kratzt. Bettwanzen sind nicht als Überträger von *T. cruzi* geeignet, weil sie erst Kot absetzten, nachdem sie ihren Wirt verlassen haben.

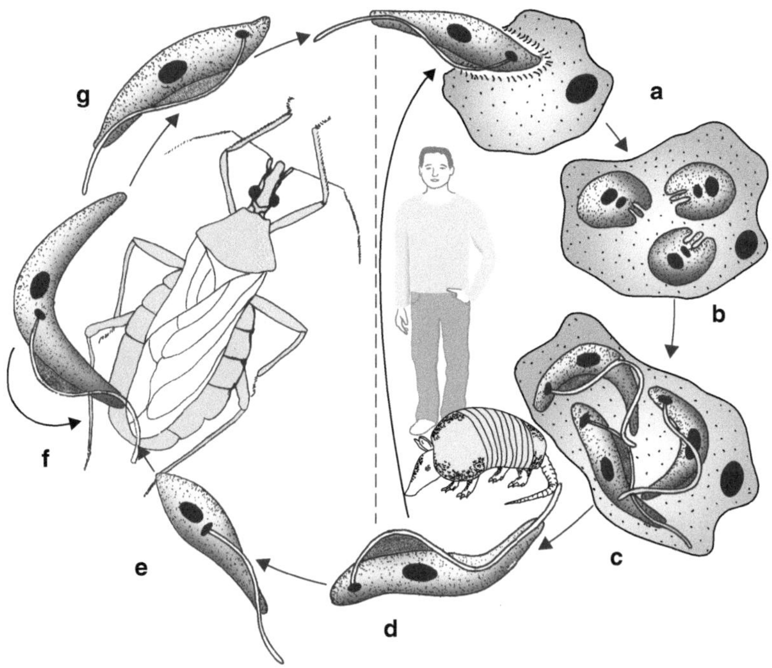

Abb. 2.33 Lebenszyklus von *Trypanosoma cruzi*. **a** Invasion einer Zelle durch eine trypomastigote, metazyklische Infektionsform aus dem Kot der Raubwanze. **b** Intrazelluläre Amastigote. **c** Umwandlung in intrazelluläre Trypomastigote. **d** Trypomastigote Form im Blut. **e, f** Epimastigote Insektenform. **g** Trypomastigote, metazyklische Form. (Kombiniert nach verschiedenen Autoren)

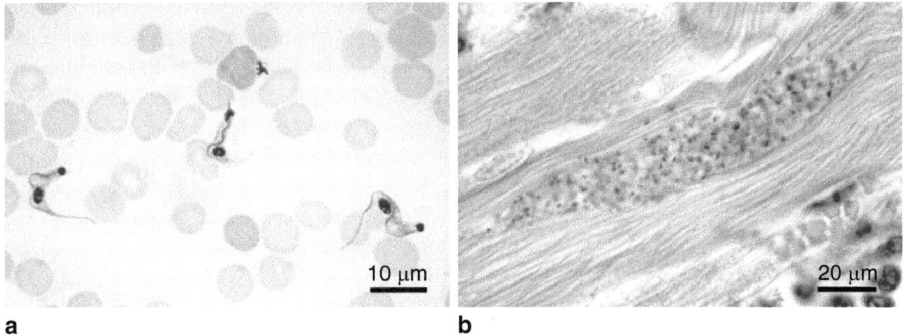

Abb. 2.34 Stadien von *Trypanosoma cruzi*. **a** Trypomastigote Blutformen, die typischen „Hammerkopftrypanosomen" mit ausgeprägtem Kinetoplasten und gebogenem Zellkörper. **b** amastigote Formen in einer Muskelzelle. (Aufnahmen: P. Kimmig)

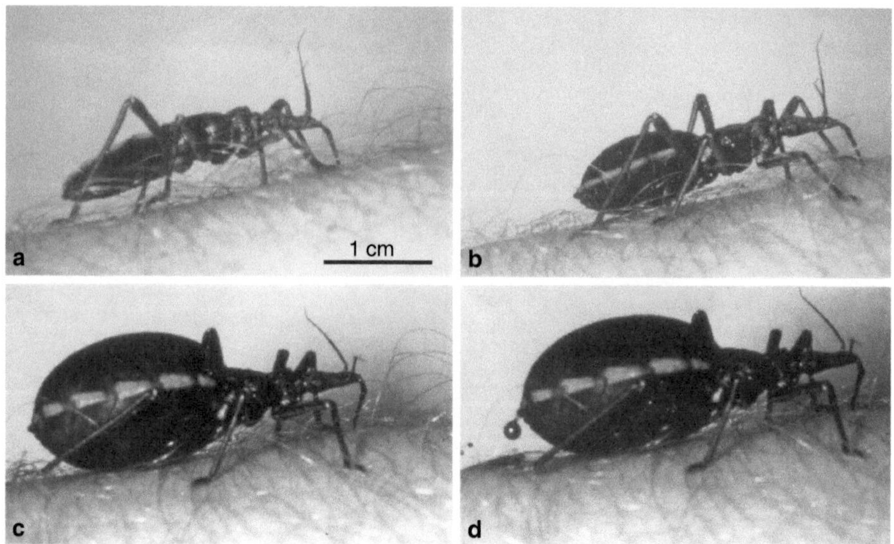

Abb. 2.35 Die Raubwanze *Dipetalogaster maximus*, ein Arthropodenwirt von *Trypanosoma cruzi*, bei der Blutmahlzeit. Nur Raubwanzenarten, die direkt nach der Blutmahlzeit Kot oder Urin absetzen, können *T. cruzi* übertragen. (Aufnahme: G. Schaub)

T. cruzi kann leicht mit *T. rangeli* verwechselt werden, einem apathogenen Trypanosom mit ähnlichem Verbreitungsgebiet, das ebenfalls von Raubwanzen übertragen wird.

Chagas-Krankheit Die nach Carlos Chagas (Abb. 2.36), dem Entdecker von *T. cruzi*, benannte Krankheit manifestiert sich zunächst durch ein lokales Ödem mit Entzündungserscheinungen in der Nähe des infektiösen Wanzenstiches (Abb. 2.37a). Dieses „Chagom" bleibt zwei bis drei Wochen bestehen. Da die Wanzen für ihren schmerzlosen Stich Augen- und Mundpartien als gut durchblutete, weiche Hautstellen bevorzugen („kissing bugs"), finden sich diese Chagome oft im Gesicht. In der akuten Phase der Infektion finden sich viele Trypomastigoten im Blut; zudem sind Zellen der Muskulatur (vor allem Herzmuskelzellen) und Makrophagen sowie makrophagenähnliche Zellen befallen. Es kommt zu Fieber, Atemnot, Lymphknotenschwellungen und Entzündungen des Gehirns (Encephalomyelitis) und Herzmuskels (Myocarditis).

Diese Phase der Vermehrung wird durch zelluläre Immunreaktionen begrenzt. Bei ca. 60 % der Infizierten werden dann keine klinischen Symptome mehr festgestellt; sie gelten als geheilt. Bei ca. 40 % der Patienten schließt sich eine chronische Phase an, in der die Trypanosomen jahrelang persistieren und vor allem chronische Herzerkrankungen hervorrufen. Dabei kann – bedingt durch chronische Entzündungen – das Herzmuskelgewebe soweit geschädigt werden, dass das Herz erweitert wird und besonders die Wand der Herzspitze papierdünn wird und

Abb. 2.36 Brasilianischer Geldschein mit der Abbildung von Carlos Chagas, des Entdeckers von *Trypanosoma cruzi,* und des Lebenszyklus des Parasiten

schließlich reißt, sodass Chagas-Patienten z. T. buchstäblich an „gebrochenem Herzen" sterben (Abb. 2.37b). Durch Schädigung der parasympathischen Ganglien der glatten Muskulatur kommt es in relativ seltenen Fällen auch zur Vergrößerung von Organen des Magen-Darm-Traktes, die als „Megabildungen" (Abb. 2.37c) bezeichnet werden. Dabei entstehen eine starke Erweiterung und Aussackung von Organen mit glatter Muskulatur, wahrscheinlich bedingt durch Funktionsstörungen der Peristaltik. Da bei Herzerkrankungen und Megabildungen Autoimmunantikörper nachweisbar sind, nahm man früher an, dass Autoimmunreaktionen Ursache der pathologischen Veränderungen seien. Nachdem in jüngerer Zeit mit sensitiven Methoden auch bei Langzeiterkrankten Parasiten nachgewiesen wurden, überwiegt die Ansicht, dass chronische Entzündungen, die durch die Parasiten ausgelöst werden (s. u.) ursächlich für die Gewebeschäden sind, während die Autoantikörper nur eine Folgeerscheinung darstellen. Die verfügbaren Medikamente wirken nur in der akuten Phase, können in der chronischen Phase die Parasiten aber nicht eliminieren.

Da *T. cruzi*-Stadien im Blut bei chronischen Infektionen aufgrund der geringen Parasitendichte im Blutausstrich häufig nicht nachweisbar sind, wendete man früher und z. T. noch heute die „Xenodiagnose" an. Dabei ließ man im Labor aufgezogene, *T. cruzi*-freie Raubwanzen, die ja sehr große Mengen von Blut aufnehmen können, an Patienten saugen. Das Auftreten von *T. cruzi*-Epimastigoten im Darm der Wanzen ist ein sicherer Hinweis auf die Chagas-Krankheit. Heute stehen zum Nachweis der Infektion moderne Antikörpertests zur Verfügung. Da die Gefahr einer Übertragung von *T. cruzi* mit Spenderblut besteht, müssen Blutkonserven aus potenziellen Endemiegebieten mit solchen Tests überprüft werden.

Eine wichtige Rolle als Reservoirwirte spielen das Opossum und der Hund, aber auch viele andere Tierarten, die den Wanzen als Blutwirte dienen. Da die Wanzen Spalten bewohnen und auf häufige Blutmahlzeiten angewiesen sind, sind die

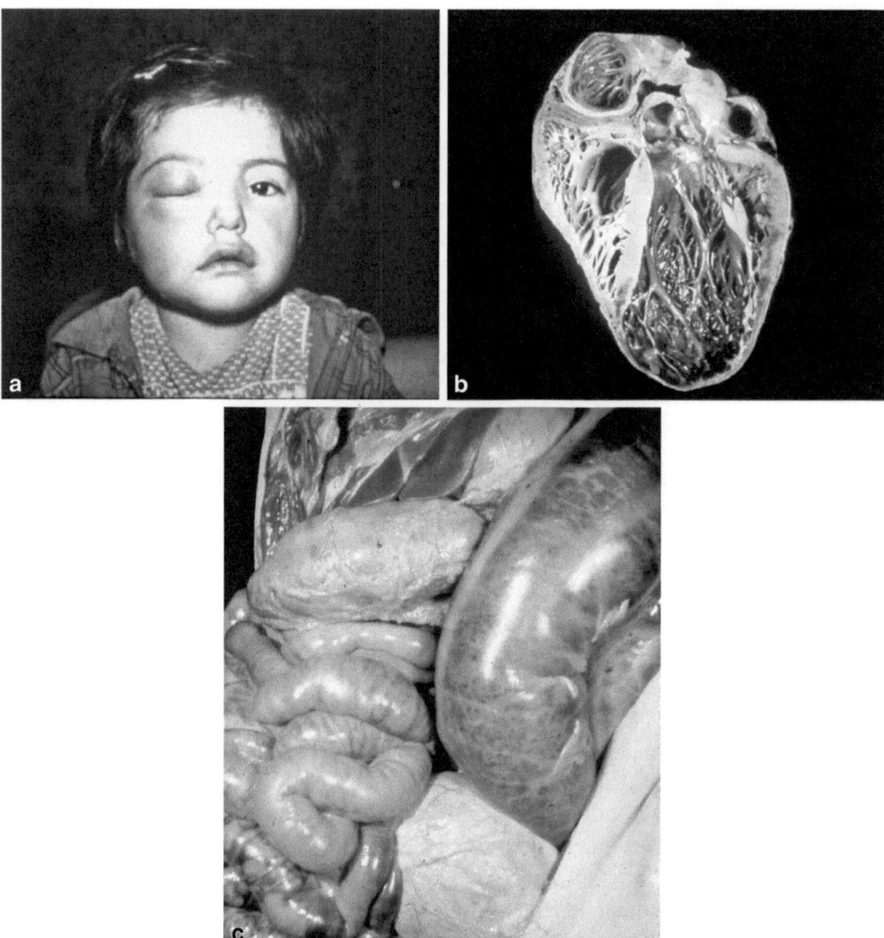

Abb. 2.37 Chagas-Erkrankung. **a** Lidödem (Chagom) nach Übertragung von *Trypanosoma cruzi* durch Raubwanzen. **b** Vergrößerung des Herzens mit verdünnter Herzwand an der Spitze. **c** Megabildungen des Verdauungstraktes. (Aufnahmen **a** und **b** aus dem Archiv der Abt. Parasitologie der Universität Hohenheim, Foto **c**: JS Olivera, erhalten von MA Miles)

Übertragungsbedingungen in ländlichen Gebieten ideal, wo in einfachsten Behausungen Menschen mit Reservoirwirten – z. B. Hunden oder Meerschweinchen – auf engstem Raum zusammenleben. Solche Gegebenheiten finden sich in den Verbreitungsgebieten in Mittel- und Südamerika, während in einigen Südstaaten der USA *T. cruzi* zwar in Tieren vorkommt, beim Menschen jedoch keine Chagas-Krankheit bekannt ist. Für eine Kontrolle der Chagas-Erkrankung ist eine Verbesserung der Wohnbedingungen essenziell.

Zell- und Immunbiologie Etwa 18 % der Gene von *T. cruzi* codieren für Oberflächenproteine, was die Bedeutung der Parasit-Wirt-Grenzfläche demonstriert. Eine große Anzahl von Proteinen gehört zu zwei Superfamilien von Muzinen (d. h. stark glykosylierten Proteinen, die ein wesentlicher Bestandteil von Schleim sind) bzw. von muzinassoziierten Oberflächenproteinen. Insektenformen und Wirbeltierformen von *T. cruzi* sind von jeweils spezifischen Sets von Muzinen bedeckt, die durch GPI-Anker in der Membran inseriert sind. Sie sind proteaseresistent und bilden einen Schutzmantel gegen Wirtsenzyme. Die große Variabilität der Muzine erinnert, ebenso wie der große Anteil von Pseudogenen und Genfragmenten, an die Vielfalt der VSG von afrikanischen Trypanosomen, die sich sehr wahrscheinlich aus solchen Molekülen entwickelt haben.

Die meisten dieser Oberflächenproteine sind stark glykosiliert, unter anderem auch mit Sialinresten. Die Parasiten können allerdings keine Sialinsäure synthetisieren und müssen diese vom Wirt beziehen. Sehr auffällig ist, dass allein 737 funktionale Gene für Transsialidasen codieren. Viele Mitglieder dieser GPI-verankerten Enzymfamilie können Sialinsäurereste von Glykoproteinen des Wirtes abschneiden und auf Oberflächenproteine des Parasiten transferieren (Abb. 2.38). Durch diese Reaktion werden Glykoproteine von *T. cruzi* komplettiert und sind dann beteiligt an der Invasion von Wirtszellen. Andere Proteine der Transsialidasefamilie haben die Transferfunktion verloren und spielen wahrscheinlich eine Rolle bei der Bindung an Wirtszellen. Auch GPI-verankerte Oberflächenproteasen (vom Typ der GP63-Protease, die bei der Invasion von Leishmanien eine wichtige Rolle spielt) sind mit 174 Proteinen sehr stark vertreten, ohne dass ihre Funktion bislang exakt bekannt ist.

Trypomastigoten *T. cruzi* können eine Vielzahl unterschiedlicher Zelltypen infizieren, darunter auch Nichtphagozyten, wie z. B. Muskelzellen. Für den Kontakt mit der Wirtszelle sind Fibronektin und Laminin wichtig, auf vielen Körperzellen vorkommende Proteine, die bei der Zell-Zell-Interaktion Funktionen haben. Eine Bindung an die Wirtszelle kann auch durch Muzine und durch Proteine der Transsialidasefamilie erfolgen.

Die Invasion wird durch Faktoren der Trypomastigoten eingeleitet, die in der Wirtszelle eine Erhöhung des Kalziumspiegels bewirken. Dabei wird dem Enzym Endopeptidase eine wichtige Rolle bei der Prozessierung eines bisher unbekannten Faktors zugeschrieben, der dann seinerseits die Wirtszelle stimuliert. Möglicherweise sind am Kalziumanstieg auch porenbildende Proteine des Parasiten involviert, die die Zellmembran schädigen und damit Reparaturmechanismen induzieren. Diese Mechanismen können eine Wanderung von Lysosomen und Autophagosomen zur Kontaktstelle bewirken. Diese Organellen umhüllen das sich bewegende Trypanosom und umgeben es schließlich als parasitophore Vakuole (s. Abb. 2.42). Etwa zwei Stunden nach der Invasion befreien die Trypanosomen sich aus der Vakuole. Dabei zerstören ein porenbildendes Protein von *T. cruzi*, die Protease Cruzipain und Transsialidasen die Membran, sodass die Parasiten später frei im Zytoplasma liegen. Es ist außergewöhnlich, dass Zellen, die eigentlich nicht zur Phagozytose befähigt sind (z. B. Muskelzellen), mit diesem Mechanismus Trypanosomen aufnehmen können. Der Prozess wird deshalb als „induzierte Phagozytose" bezeichnet.

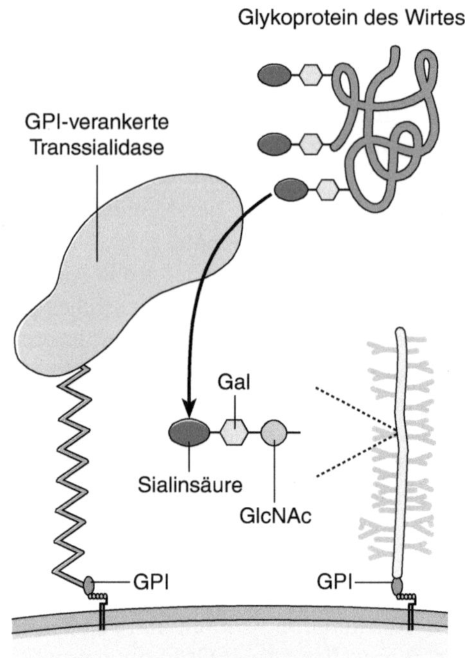

Abb. 2.38 Übertragung von Sialinsäuregruppen der Wirtszelle auf Glykoproteine von *Trypanosoma cruzi* durch Transsialidasen. (Aus: Buscaglia et al. 2006, mit freundlicher Genehmigung des Verlages)

Parallelen finden sich bei manchen intrazellulären Bakterien und bei Viren, die ebenfalls eine Aufnahme in nichtphagozytierende Wirtszellen bewirken können, indem sie bestimmte Rezeptoren der Wirtszelle ansprechen.

Der größte Teil der Parasiten während einer *T. cruzi*-Infektion ist intrazellulär lokalisiert. Der wichtigste Mechanismus zur Begrenzung der Infektion ist die Abtötung dieser intrazellulären Parasiten durch Aktivierung der Wirtszelle mit extern gebildetem IFN-γ. Dieses Zytokin befähigt viele Wirtszellen, NO und reaktive Sauerstoffprodukte zu produzieren, die die Parasiten abtöten. Wichtig für diesen Stimulus sind Makrophagen, deren Toll-like-Rezeptoren TLR2 und TLR9 durch GPI-Anker bzw. DNA von Trypanosomen angesprochen werden. Daraufhin induzieren sie in NK-Zellen und anderen Zellen die Produktion von IFN-γ (entsprechend Abb. 1.36). Diese Immunantworten führen zu Entzündungen, die auch das Wirtsgewebe nachhaltig schädigen können, sodass *T. cruzi* ausgeprägte immunpathologische Reaktionen induziert (s. Abb. 1.42 und 2.36). Die wenigen zirkulierenden Trypomastigoten werden durch komplementaktivierende Antikörper angegriffen, wobei allerdings ausgeprägte Unterschiede zwischen Parasitenstämmen bezüglich der Sensitivität gegen Komplement bestehen. Durch Antikörper opsonierte Trypanosomen können auch von verschiedenen Effektorzellen angegriffen und phagozytiert werden. *T. cruzi* hat im Gegensatz zu den „afrikanischen Trypanosomen" nicht die Fähigkeit, sich durch Variation der Oberflächenantigene Antikörperantworten zu entziehen.

Diesen Effektormechanismen setzen die Parasiten zahlreiche Evasionsmechanismen entgegen. In der akuten Phase der Infektion fällt ein starker Anstieg unspezifischer IgM-Antikörper auf, die die spezifische Antikörperantwort verdünnen. Diese Hyperimmunglobulinämie ist bedingt durch eine Vermehrung der B-Zellen um 250–1000 %. Auslöser ist ein von den Trypomastigoten sezerniertes Enzym (Prolin-Racemase), das als B-Zell-Mitogen wirkt. Die Fc-Enden von Antikörpern, die an die Oberfläche von Trypomastigoten gebunden haben, können durch eine vom Parasiten sezernierte Protease spezifisch abgeschnitten werden. Die auf der Oberfläche verbleibenden Fab-Fragmente haben einen maskierenden Effekt. Zusätzlich wurden auch weitere Wirtsproteine assoziiert mit der Oberfläche von Trypomastigoten gefunden, was für eine Verkleidung des Parasiten mit Wirtsmaterial spricht. Von *T. cruzi* wurden auch drei unterschiedliche Komplementinhibitoren beschrieben, ein Hinweis auf die potenzielle Bedeutung des Komplementsystems bei der Abwehr von *T. cruzi*.

Trypanosoma lewisii *T. lewisii* gehört zur Gruppe der Stercoraria und nutzt Ratten als Wirbeltier- und Flöhe (*Nosopsyllus fasciatus, Xenopsyllus cheopis* u. a.) als Insektenwirt. Die Infektion erfolgt mit metazyklischen Stadien aus dem Flohkot, den Ratten bei der Körperpflege aufnehmen oder indem sie infizierte Flöhe zerbeißen. Die Trypanosomen gelangen über die Mundschleimhaut ins Blut. Die trypomastigoten Blutformen haben eine Länge von ca. 30 µm. Ihre Geißel ragt weit über das Vorderende des Körpers hinaus. Die Vermehrung in der Ratte verläuft über multiple Teilungen im Blut, bei denen charakteristische Rosetten entstehen. Die Parasitämie steigt schnell auf sehr hohe Werte an, wird dann aber durch Antikörperantworten kontrolliert. Antigenvariation ist nicht bekannt. Nach einer Blutmahlzeit des Flohs dringen Trypomastigote in dessen Magenepithelzellen ein. Sie durchlaufen dort eine intrazelluläre Vermehrungsphase, um sich dann zu Epimastigoten und schließlich zu trypomastigoten Infektionsstadien zu entwickeln, die den Enddarm besiedeln.

Andere zu den Stercoraria gehörende Trypanosomen (s. Tab. 2.3) werden übertragen, indem der Wirbeltierwirt infizierte Arthropodenwirte zerbeißt und die metazyklischen Formen in die Mundschleimhaut eindringen.

2.5.5 Leishmanien

Parasiten der Gattung *Leishmania* benötigen in ihrem Lebenszyklus einen Wirbeltier- und einen Insektenwirt. Als Insektenwirte dienen Sandmücken (Familie Psychodidae, s. Abschn. 4.4.9.1.4), die an sehr trockene Lebensräume angepasst sind. Die Spezifität für den Säugetierwirt ist meist gering, sodass viele Leishmanien Erreger von Zoonosen sind. Leishmanieninfektionen des Menschen treten in 88 Ländern in allen bewohnten Kontinenten mit Ausnahme Australiens auf; die Anzahl neu infizierter Personen/Jahr wird auf 1,2 Mio. geschätzt, mit 20.000–30.000 jährlichen Todesfällen (s. http://www.who.int/tdr/diseases/leish/diseaseinfo.htm). In der Alten Welt fungieren Sandmücken der Gattung *Phlebotomus*, in der Neuen Welt solche der Gattung *Lutzomyia* als Insektenwirte. Diese blut- und pflanzensaftsaugenden winzigen Insekten (Länge 1,5–2,5 mm) brüten in verrottendem Substrat feuchter Kleinbiotope, wie z. B. in Höhlen von Nagetieren, Termitenbauten oder Erd- und Mauerspalten, wie sie auch in Trockengebieten häufig vorkommen. Nur die weibliche Sandmücke ernährt sich am Menschen und ist daher für die Übertragung der Krankheit verantwortlich.

Entwicklung Von einer Sandmücke können mehrere hundert Promastigote mit dem Speichel übertragen werden (Abb. 2.39, 2.40a). Diese Stadien werden von Phagozyten des Wirtes aufgenommen. In der frühen Phase der Infektion spielen neutrophile Granulozyten und dendritische Zellen vorübergehend eine Rolle (s. u.), später aber sind Makrophagen die wichtigsten Wirtszellen. In Gewebemakrophagen und Langerhans-Zellen der Haut wandeln sich die Parasiten in die amastigote Form um. Die Amastigoten liegen zunächst in einer parasitophoren Vakuole, danach bei manchen Leishmanienarten auch frei im Zytoplasma und vermehren sich durch Zweiteilung bis die Wirtszelle platzt. Auffällig ist in diesem Stadium ein sehr großes Lysosom, das als „multivesicular tubule" oder „Megasom" bezeichnet wird und möglicherweise Stoffwechselendprodukte speichert (Abb. 2.40b). Die frei

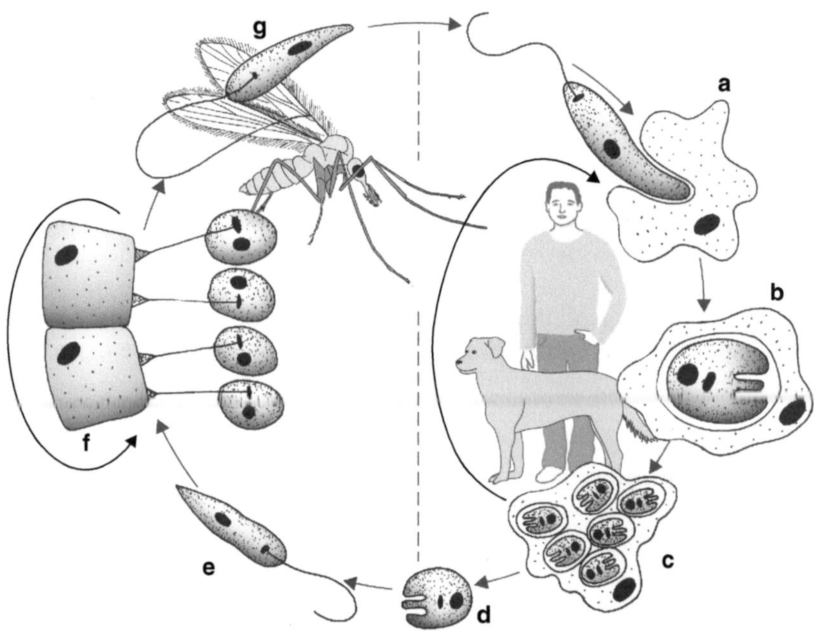

Abb. 2.39 Lebenszyklus von *Leishmania sp.* **a** Invasion eines Makrophagen durch metazyklische, promastigote Infektionsform. **b** Umwandlung in amastigote Form. **c** Vermehrung als amastigotes Stadium. **d** Frei gewordene amastigote Form. **e** Frei schwimmende promastigote Form aus dem Vorderdarm des Insekts. **f** Festsitzende Promastigote an Zellen des Vorderdarmes. **g** Frei schwimmende metazyklische, promastigote Form

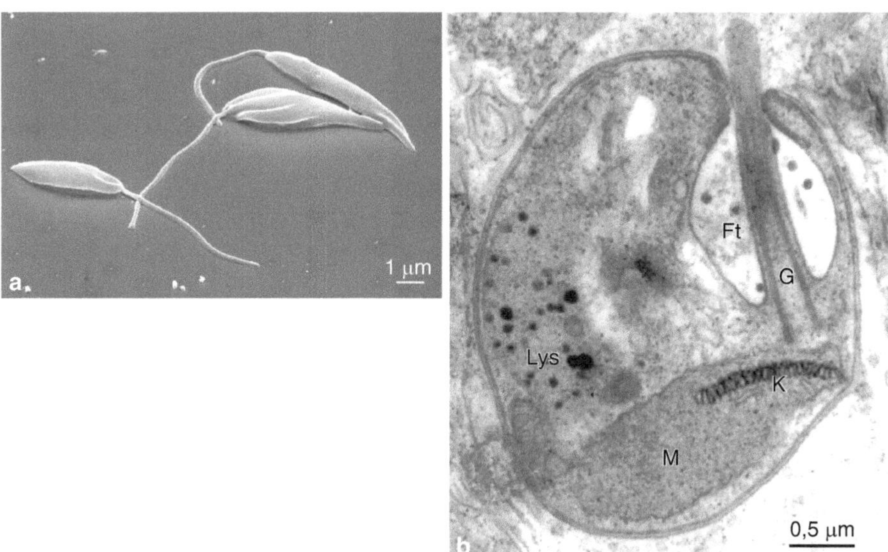

Abb. 2.40 Stadien von *Leishmania*. **a** Promastigote von *Leishmania major* (EM-Aufnahme: Lehrstuhl für Molekulare Parasitologie, Humboldt-Universität zu Berlin). **b** Amastigotes Stadium von *L. mexicana*: Schnitt durch die Flagellartasche mit Längsschnitt des Geißelstummels. *Lys* Lysosom, *Ft* Geißeltasche, *G* Geißelstummel, *K* Kinetoplast, *M* Mitochondrium. (Aus Naderer et al. 2004, mit freundlicher Genehmigung des Elsevier-Verlages)

werdenden Amastigoten befallen benachbarte Makrophagen oder gelangen über die Lymphbahnen in die Blutzirkulation. Manche Leishmanienarten bleiben beschränkt auf Makrophagenpopulationen der Haut oder Schleimhaut, während andere Arten Makrophagen von inneren Organen (Leber, Lunge, Milz, Knochenmark) befallen.

Werden freie Amastigote oder infizierte Wirtszellen von einer Sandmücke aufgenommen, wandeln sich die Amastigoten im Vorderdarm zu teilungsaktiven Promastigoten um, die zunächst frei schwimmend sind und sich später mit der Geißel am Darmepithel festheften. Sie teilen sich dort weiter und differenzieren sich schließlich zu frei schwimmenden metazyklischen Promastigoten, die zu den Mundwerkzeugen der Sandmücken wandern. Es gibt Hinweise auf sexuelle Vorgänge, ohne dass aber Einzelheiten bekannt sind. Die Entwicklungszeit im Insektenwirt beträgt ca. eine Woche. Infizierte Sandmücken haben – bedingt durch die Parasiten im Vorderdarm und in den Mundwerkzeugen – ein gestörtes Saugverhalten, das die Übertragung erleichtert (s. Abschn. 1.7.3.1).

Morphologie Die Promastigoten haben eine Länge von 15–25 µm und weisen eine relativ starke Geißel auf (Abb. 2.40a). Die Amastigoten sind rund bis oval mit einer Länge von 2–4 µm und haben einen nur elektronenmikroskopisch erkennbaren Geißelstummel (Abb. 2.40b).

Leishmaniose Es wurden 18 Arten und Unterarten von humanpathogenen Leishmanien mit unterschiedlicher geografischer Verbreitung und mit Präferenz für bestimmte Organe (Tab. 2.4) beschrieben. Zu Beginn der Infektion entwickelt sich ein Leishmaniom, d. h. eine temporäre entzündliche Schwellung am Einstichort, von der aus die Erreger sich in ihre bevorzugten Zielorgane, z. B. innere Organe, Haut oder Ohrknorpel, ausbreiten. Entsprechend der Bevorzugung bestimmter Organe resultiert ein Spektrum unterschiedlicher Krankheiten, das von der meist selbst ausheilenden Hautleishmaniose bis zur oft tödlich verlaufenden Eingeweideleishmaniose reicht. Der Verlauf von Leishmaniosen wird wesentlich von der Ausprägung und der Stärke der T-Helferzellantwort bestimmt (s. u.); deshalb treten Leishmaniosen als opportunistische Erkrankungen bei Menschen mit Aids oder Immunsuppression anderer Genese gehäuft auf. Einige wichtige Leishmanienarten und die Krankheiten werden weiter unten behandelt.

Zell- und Immunbiologie Die Oberfläche von Leishmanien ist von einer Glykokalix bedeckt, die aus lipidverankerten, stark verzuckerten Glykoproteinen besteht (Abb. 2.41). Bei den infektiösen Promastigoten – nicht aber bei Amastigoten – ist Lipophosphoglycan (LPG), ein stark glykosiliertes Molekül von ca. 9 kD, die wichtigste Oberflächenkomponente. Proteophosphoglycane (PPG) – ebenfalls li-

Tab. 2.4 Übersicht über wichtige humanpathogene *Leishmania*-Arten

Art/Unterart	Verbreitung	Krankheit	Reservoirwirt
Alte Welt			
Leishmania donovani	Indischer Subkontinent, Ostafrika, China	Viszerale Leishmaniose, „Kala-Azar"	Nicht bekannt
L. infantum	Mittelmeerländer, Irak, Iran, China	Viszerale L.	Hund, Fuchs, Schakal
L. major	Naher Osten, Afrika, Zentralasien, Iran/ländl. Gebiete	Kutane L., „Orientbeule"	Steppennager
L. tropica	Naher Osten, Nordafrika, Namibia/Stadt	Kutane L., „Orientbeule"	Hinweise auf Klippschliefer, Hund
L. aethiopica	Äthiopien, Kenia	Kutane L.	Klippschliefer
Neue Welt			
L. infantum (*chagasi*)	Lateinamerika	Viszerale L.	Hund, Fuchs, Opossum
L. mexicana	Zentralamerika	Kutane L., besonders am Ohr, „Chicleros Disease"	Waldnager
L. amazonensis	Amazonasgebiet	Kutane L.	Waldnager
L. braziliensis	Zentral- und Südamerika	Kutane L., mukokutane L. „Espundia"	Waldnager, Hund, Equiden
L. b. guyanensis	Guayana, Amazonasgebiet	Kutane L., mukokutane L.	Faultier
L. b. panamensis	Zentralamerika	Kutane L.	Faultier
L. b. peruviana	Hochlagen von Peru	Kutane L.	Hund

pidverankert – weisen in ihren Zuckerseitenketten ungewöhnliche Phosphatgruppen auf; viele dieser Moleküle werden sezerniert. Zu den lipidverankerten Oberflächenmolekülen besonders von Promastigoten gehört auch GP63, eine kleine Familie von stark glykosilierten Metalloproteasen von 63 kD. Ein großer Teil der Oberfläche von Amastigoten ist von kleinen GPI-verankerten Phospholipiden (GIPL) bedeckt, die neben einem GPI-Anker Zuckerseitenketten aufweisen und denen eine immunmodulatorische Funktion zugeschrieben wird. Zwischen diesen GPI-verankerten Molekülen sitzen integrale Membranproteine, die in Nahrungsaufnahme, Transport und Kommunikation mit der Wirtszelle involviert sind. Anders als bei *T. brucei* sind diese Funktionen nicht auf die Geißeltasche beschränkt.

Der Kontakt zwischen Leishmanien und Wirtszellen erfolgt durch Rezeptor-Ligand-Interaktionen, an denen verschiedenste Moleküle beteiligt sind. Nach Opsonierung durch Komplement oder Antikörper werden die Parasiten von Makrophagen erkannt und phagozytiert (siehe Abb. 2.42). Unabhängig von der Opsonierung

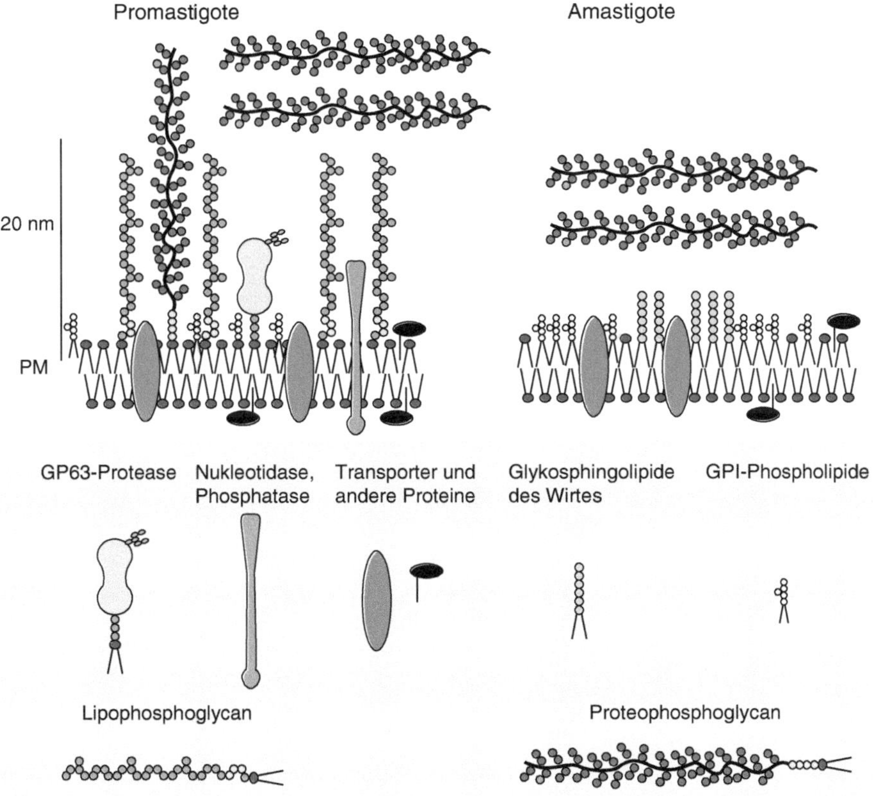

Abb. 2.41 Oberflächenkomponenten des pro- bzw. amastigoten Stadiums von Leishmanien. (Aus Naderer et al. 2004, mit freundlicher Genehmigung des Verlages)

kann eine Bindung aber auch über den Mannose-Fucose-Rezeptor und den Fibronektinrezeptor der Makrophagen erfolgen. Seitens der Leishmanien sind LPG und
GP63 an der Bindung beteiligt.

Leishmanien bieten eindrucksvolle Beispiele für die Ausnutzung von Immunantworten des Wirtes zu ihrem Vorteil. Die Aufnahme in Makrophagen wird erleichtert, da die Oberfläche promastigoter Infektionsformen Komplement bindet. Es
erfolgt aber keine Aktivierung des Komplementsystems, die zur Abtötung der Parasiten führen könnte, sondern die oberflächenständige GP63-Protease spaltet die
abgelagerte Komplementkomponente C3 zu inaktivem C3bi. Makrophagen erkennen mit ihren Komplementrezeptoren CR1 und CD11 dieses C3bi-Bruchstück und
phagozytieren daraufhin die Leishmanien. Diese Phagozytose aktiviert die Wirtszelle nur sehr schwach, möglicherweise mitbedingt durch die hemmende Aktivität
des LPG der Parasitenoberfläche. In der Wirtszelle liegen die Parasiten zunächst in
einer parasitophoren Vakuole, die aus dem Phagolysosom des Makrophagen gebildet wird und in der sie aufgrund verschiedenster Evasionsmechanismen überleben
können (s. Box 2.2).

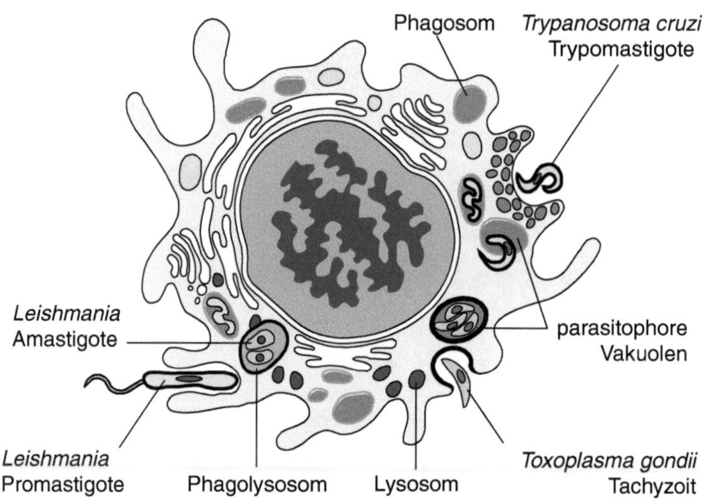

Abb. 2.42 Eindringen einzelliger Parasiten in ihre Wirtszelle. Leishmanien werden durch Phagozytose aufgenommen. *Trypanosoma cruzi* invadiert durch induzierte Phagozytose. *Toxoplasma
gondii* invadiert durch „gliding motility". Alle Parasiten liegen in einer parasitophoren Vakuole
verschiedenen Ursprungs, die *T. cruzi* kurz nach der Invasion wieder verlässt. (Aus Sacks und
Sher 2002, mit freundlicher Genehmigung des Verlages)

Box 2.2 Überleben von Leishmanien im Makrophagen

Von Makrophagen aufgenommene promastigote Leishmanien liegen innerhalb der Zelle zunächst in Phagosomen, die dann mit Lysosomen zu Phagolysosomen fusionieren. Überleben und Vermehrung in dieser parasitophoren Vakuole unterliegen einem mehrfachen Stress durch sauren pH, lytische Enzyme und oxidative Effektormoleküle der Wirtszelle. Diesem Stress begegnet der Parasit durch mehrere ineinandergreifende Mechanismen, die die Wirtszelle für ihn bewohnbar machen (Abb. 2.43). Lipophosphoglycan (LPG), eine komplex aufgebaute GPI-verankerte Oberflächenkomponente von ca. 9 kD, die auch in die parasitophore Vakuole entlassen wird, hemmt die Fusion mit Lysosomen. LPG und kleine GPI-verankerte Phospholipide der Amastigotenoberfläche (GIPL) haben eine hemmende Wirkung auf die Produktion von reaktiven Sauerstoffprodukten und NO, die beim Makrophagen durch eine Aufnahme von Partikeln ausgelöst wird. Die dennoch produzierten aggressiven Moleküle werden von entgiftenden Enzymen der Leishmanien (z. B. Catalase, Superoxiddismutase) und LPG abgefangen. Außerdem wird der pH-Wert innerhalb der parasitophoren Vakuole erhöht, indem vom Parasiten produzierte und in die Wandung der parasitophoren Vakuole eingelagerte Transportproteine Protonen ausschleusen. Unter diesen Bedingungen funktionieren die lysosomalen Verdauungsenzyme der Wirtszelle nur suboptimal, können aber von der zelloberflächenständigen Protease GP63 effizient angegriffen werden. Im Wirtsmakrophagen induziert die Infektion außerdem eine Produktion der entzündungshemmenden Zytokine IL-10 und TGF-β sowie von Prostaglandin E2. Diese setzen T-Zell-Antworten in der Umgebung herab und vermindern dadurch eine Aktivierung des Makrophagen durch externes IFN-γ. LPG setzt zudem die Produktion der entzündungsfördernden Zytokine IL-1ß und IL-12 gezielt herab. Amastigote vermindern die Expression von MHCII-Molekülen auf der Oberfläche der Wirtsmakrophagen, sodass Antigenpräsentation vermindert und eine Aktivierung von T-Helferzellen unterbunden wird. Eine Abtötung der intrazellulären Parasiten kann in einer derart modifizierten Zelle nur erfolgen, wenn die Wirtszelle durch externes IFN-γ aktiviert wird.

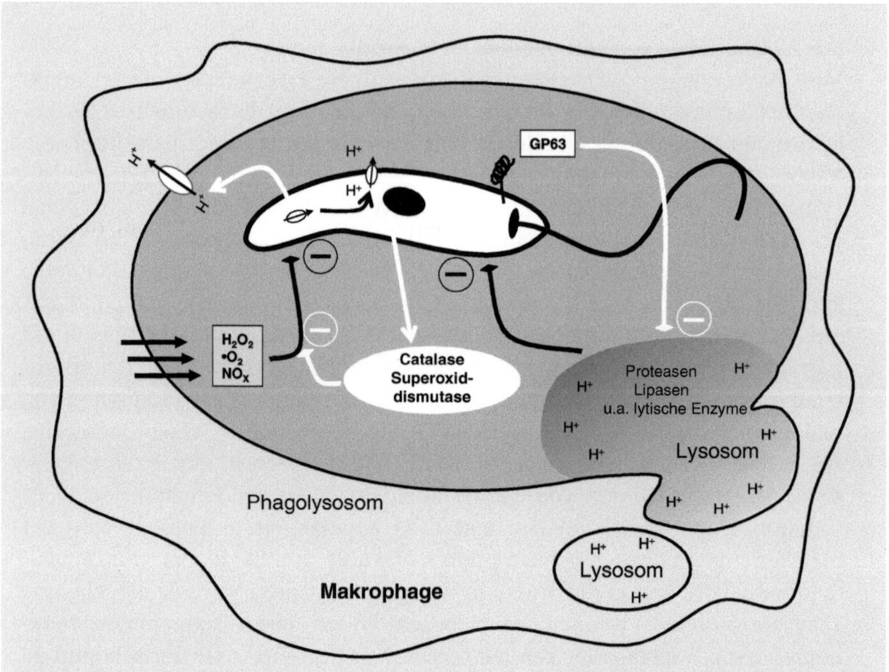

Abb. 2.43 Schema der *Leishmania*-Wirt-Interaktion innerhalb eines Makrophagen (Erklärung siehe Text)

Im Initialstadium der Infektion werden Promastigote zunächst auch von neutrophilen Granulozyten phagozytiert, die durch chemotaktische Faktoren an den Infektionsort gelockt werden und zunächst die häufigsten Zellen vor Ort sind. In dieser primären Wirtszelle können die Leishmanien überleben, ohne sich weiter zu differenzieren. Sie zögern dabei die Apoptose der Wirtszelle hinaus. Die schließlich durch Apoptose entstehenden Zelltrümmer und -vesikel mit den darin enthaltenen Parasiten werden von Makrophagen über Scavenger-Rezeptoren aufgenommen und verdaut, sodass die Leishmanien freigesetzt werden. Die Aufnahme von apoptotischem Material durch Scavenger-Rezeptoren löst im Makrophagen sehr starke deaktivierende Signale aus, sodass die Parasiten nicht angegriffen werden. Damit fungieren in der frühen Infektion die Neutrophilen als „Trojanisches Pferd". Dieser Effekt wird noch verstärkt, indem zahlreiche in die Einstichstelle inokulierte Promastigoten ebenfalls apoptotisch werden und einen deaktivierenden Effekt auf die Phagozyten haben. Zusätzlich hat der Speichel von Sandmücken einen immunsuppressiven Effekt, sodass eine Vielzahl von Faktoren zur Etablierung einer Infektion beiträgt.

Mit *L. major* infizierte Inzuchtstämme von Mäusen zeigen – ähnlich wie auch Menschen einer Population – sehr unterschiedliche Reaktionen auf eine Leishmanieninfektion. Als ein Extrem wurden empfängliche Mausstämme identifiziert (z. B. BALB/c), die eine schwere, in der Regel tödlich endende Form der Erkrankung erleiden. Andererseits gibt es Mausstämme, in denen die Infektion nach kurzer Zeit ausheilt (z. B. C57BL6). Ein wichtiger Unterschied zwischen diesen Mausstämmen liegt im Zytokinmilieu, das sich nach der Infektion im drainierenden Lymphknoten ausbildet. Von entscheidender Bedeutung ist dabei IL-12, welches innerhalb von Stunden von Makrophagen und dendritischen Zellen gebildet wird und natürliche Killerzellen (NK-Zellen) zur Produktion von INF-γ veranlasst, sodass sich T-Helferzellen vom Th1-Typ ausbilden (s. Abb. 1.37). Wenn hingegen in der Frühphase wenig IFN-γ vor Ort ist (bei empfänglichen Tieren), entwickeln sich Th2-Zellen, die u. a. IL-4 und IL-5 produzieren, jedoch kein IFN-γ. Für die Ausheilung der Infektion ist IFN-γ entscheidend, da es Makrophagen zur Produktion von reaktiven Sauerstoff- und Stickstoffmetaboliten aktiviert, welche die Leishmanien abtöten (s. Abb. 1.38). Stickoxid (NO) gilt als das wesentliche Reaktionsprodukt bei der Abtötung. Allerdings lassen sich im Mausmodell auch nach kompletter Ausheilung noch immer geringe Mengen von Leishmanien nachweisen; wahrscheinlich ist dies auch im Menschen der Fall. Die zuerst bei Leishmanieninfektionen der Maus erforschte Differenzierung von T-Zell-Antworten im Th1- und Th2-Subtyp und deren Regulation hat weitreichende Bedeutung für das Verständnis anderer Parasitosen, Infektionskrankheiten und Allergien.

Als weiterer Faktor, der die Empfänglichkeit bestimmt, wurde bei vergleichenden Untersuchungen von Mausstämmen ein Glykoprotein mit zwölf Transmembrandomänen identifiziert, das Aktivierungsfaktoren in den Kern des Makrophagen transportiert. Ein Polymorphismus von Nramp1 (für „natural resistance associated macrophage protein") ist mit einer Resistenz gegen mehrere intrazelluläre Pathogene von Makrophagen assoziiert (Leishmanien, Salmonellen, Mykobakterien). Bei Tieren des empfänglichen Phänotyps bewirkt der Austausch einer Aminosäure in einer Schlüsselposition einen Defekt der Produktion antimikrobieller Hydroxylradikale, sodass die Abtötung intrazellulärer Pathogene gehemmt ist.

Bei Leishmanien sind Techniken der Transfektion und des Genaustausches durch homologe Rekombination gut ausgearbeitet. Dabei wird zunächst ein Allel per in die Zelle elektroporierter linearer DNA durch eine Resistenzkassette ersetzt, in einem zweiten Schritt dann ggf. das zweite Allel ausgetauscht. Solche Untersuchungen haben Klarheit über die Funktion verschiedenster Virulenzfaktoren gebracht. Es wurden auch attenuierte (abgeschwächte) Mutanten hergestellt, denen lebenswichtige Gene fehlen, z. B. das Gen für Dihydrofolatreduktase/Thymidylatsynthase. Dadurch sind diese Leishmanien avirulent, können aber trotzdem schützende Immunantworten induzieren. Solche avirulenten Leishmanien werden in klinischen Versuchen auf Eignung als Impfstoffe getestet. Im Folgenden werden als Beispiele drei Leishmanienarten beschrieben, die ein jeweils charakteristisches Krankheitsbild hervorrufen.

2.5.5.1 *Leishmania tropica*

L. tropica ist ein Erreger von Hautleishmaniose (Orientbeule, Aleppobeule) des Menschen, die hauptsächlich in den Städten des Nahen und Mittleren Ostens verbreitet ist. Der Mensch ist der wichtigste und möglicherweise einzige Wirt, da bislang keine epidemiologisch bedeutsamen Reservoirwirte beschrieben wurden. Die Infektion wird durch *Phlebotomus sergenti* übertragen. Im typischen Fall entwickelt sich an der Einstichstelle zunächst eine lokale Schwellung (Leishmaniom)

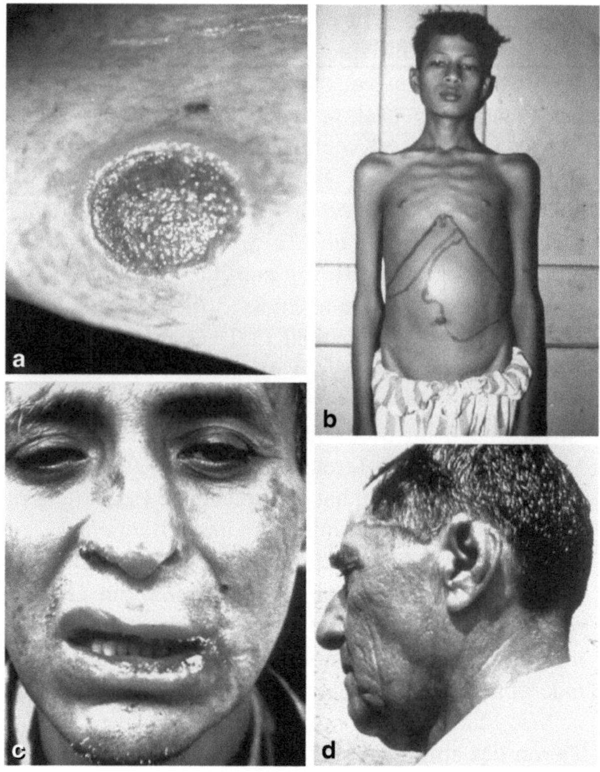

Abb. 2.44 Krankheitsbilder der Leishmaniose. **a** Orientbeule nach Infektion mit *Leishmania tropica*. **b** Kind mit Hepatosplenomegalie nach Befall mit *L. donovani* (Foto: W. Solbach). **c** Mukokutane Leishmaniose im Mundwinkel nach Infektion mit *Leishmania braziliensis*. **d** Deformation des Ohrknorpels bei Chiclero-Krankheit durch *L. mexicana*. (Aufnahmen **a**, **c**, **d**: aus dem Archiv der Abt. Parasitologie, Universität Hohenheim)

und dann eine juckende Papel, die ulzeriert und im Zentrum bindegewebig vernarbt, während die Entzündung am wallartig verdickten Rand fortschreitet (Abb. 2.44a). Es entsteht eine ringförmige Wunde, die mehrere Zentimeter Durchmesser erreichen kann, schließlich nach 6–12 Monaten vom Zentrum her ausheilt und dann eine charakteristische flache Narbe hinterlässt. Die Infektion induziert eine bleibende Immunität. Deshalb ist eine einfache Form der Impfung bekannt („Leishmanisation"), bei der Material vom Wundrand einer infizierten Person an einer kosmetisch unauffälligen Stelle in die Haut eingebracht wurde. Dort entwickelte sich die Orientbeule, heilte ab und es bestand dann keine Gefahr mehr, dass später im Gesicht eine entstellende Narbe entstand. Wegen der Gefahr einer Reaktivierung von Leishmaniose bei Immunsuppression ist diese Form der Impfung heute nicht mehr akzeptabel. Bei einer selteneren Form der Erkrankung – der diffusen, kutanen Leishmaniose – entstehen keine Geschwüre, sondern es liegen massenweise parasitenbeladene Makrophagen in knotenartig verdickten Bereichen der Haut, ohne dass es zu einer Entzündungsreaktion des Wirtes kommt.

2.5.5.2 *Leishmania donovani*

L. donovani verursacht die viszerale (= Eingeweide-)Leishmaniose oder „KalaAzar" (in Hindi „schwarze Krankheit", wegen der Verfärbung der Haut). Dieser Pa-

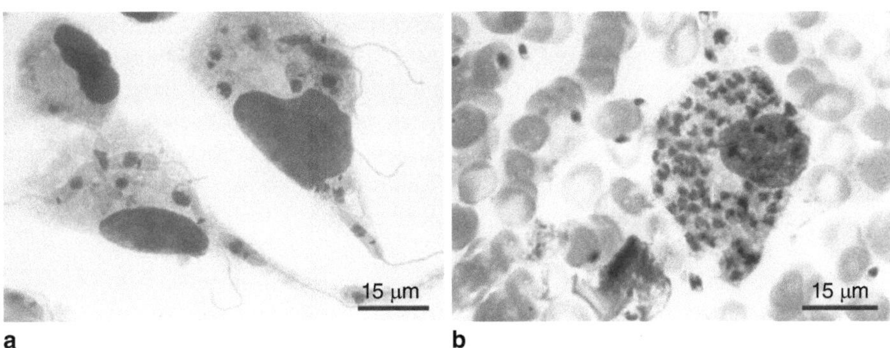

Abb. 2.45 Stadien von *Leishmania donovani*. **a** Promastigoten dringen *in vitro* in Makrophagen aus dem Peritoneum eines Goldhamsters ein. **b** Blutausstrich eines Goldhamsters mit Amastigoten in einem Makrophagen sowie einigen freien Amastigoten. (Aufnahmen: Archiv der Abt. Parasitologie, Universität Hohenheim)

rasit hat eine Präferenz für Makrophagen der inneren Organe, besonders von Milz, Leber und Knochenmark (Abb. 2.44b, 2.45). Die meisten Infektionen verlaufen unbemerkt. Nur bei einem Bruchteil infizierter Personen (<10 %) kommt es tatsächlich zum Ausbruch der Erkrankung. Nach einer Inkubationszeit von 3–6 Monaten treten Fieber, Blutarmut, Blutplättchenmangel und eine starke Vergrößerung der Milz auf, bedingt durch große Mengen leishmanienbeladener Makrophagen (Abb. 2.44b). Es kommt zu Auszehrung, Apathie und allgemeiner Immunschwäche. Der Tod tritt meist durch Sekundärinfektionen wie Tuberkulose, Masern oder Lungenentzündungen infolge von Immunschwäche ein, die durch Störungen der Blutbildung im befallenen Knochenmark bedingt wird. Unbehandelt verlaufen ca. 90 % der Erkrankungen tödlich. Bei wenigen Patienten tritt nicht die viszerale Verlaufsform, sondern das Hautleishmanoid auf, ein Krankheitsbild, das der wenig reaktiven diffusen kutanen Leishmaniose bei *L. tropica*-Befall entspricht.

Während für *L. donovani* keine wesentlichen Reservoirwirte bekannt sind, wird die in ihrer Biologie sehr ähnliche Art *L. infantum* von Hunden übertragen. Diese erkranken an einer ausgeprägten Hautleishmaniose mit Haarausfall und Geschwürbildungen, besonders im Bereich des Kopfes. Im Goldhamster lässt sich *L. donovani* gut halten, die Parasiten lassen sich hier in der stark vergrößerten Milz leicht nachweisen.

2.5.5.3 *Leishmania braziliensis* und *Leishmania mexicana*

L. braziliensis kann als Beispiel für die Vielzahl neuweltlicher Leishmanienarten gelten und ist Erreger der Mehrzahl von Hautleishmaniosen in Mittel- und Südamerika. Die Läsionen heilen schlecht und können über Jahre hinweg bestehen. Von den Primärläsionen der Haut ausgehend können sich Sekundärläsionen in den Schleimhäuten des Nasen-/Rachenraumes etablieren, die zur Zerstörung von tiefer gelegenen Bindegewebsschichten und Knorpelpartien führen (Abb. 2.44c). Bei dieser mukokutanen Leishmaniose, die sich nur bei einem Bruchteil der Patienten entwickelt, kommt es zur Erosion der Nasenscheidewand, des Gaumens und der Lippenpartie, sodass gravierende Entstellungen resultieren und Sekundärinfektionen unvermeidlich sind. Das Krankheitsbild wird als „Espundia" bezeichnet. Eine andere neuweltliche Leishmanienart, *L. mexicana*, ist spezialisiert auf Makrophagen der Ohrmuschel, sodass durch die Entzündungen der Ohrknorpel deformiert wird. Da Kautschuksammler in feuchten Waldgebieten bevorzugte Opfer sind, wird die Infektion als Chiclero-Krankheit bezeichnet (Abb. 2.44d).

2.5.6 Kontrollfragen zum Verständnis

1. Welche unterschiedlichen Formen, die durch die Lage des Geißelursprunges definiert sind, findet man bei den Kinetoplastea?
2. Wie ist das Genom von *Trypanosoma brucei* organisiert, welche Größe hat es und für wie viele Proteine codiert es?
3. Was ist der Kinetoplast und aus welchen Elementen besteht er?
4. Welche Besonderheit tritt bei der Prozessierung der Transkripte von Trypanosomatidae auf?
5. Welche Energiequelle nutzen Trypanosomatidae im Wirbeltierwirt, welche im Insektenwirt?
6. Welche menschliche Erkrankung und welche Viehseuche verursacht *Trypanosoma brucei*?
7. Welche unterschiedlichen Formen kann *Trypanosoma brucei* im Blutstrom annehmen?
8. Was ist die Ursache für die zentralnervösen Störungen bei *Trypanosoma brucei*-Infektionen?
9. Wie ist der Oberflächenmantel von *Trypanosoma brucei* aufgebaut?
10. Mit welchem Mechanismus entzieht *Trypanosoma brucei* sich der Immunantwort?
11. Weshalb kommt *Trypanosoma vivax* auch außerhalb Afrikas vor?
12. Welche Krankheit verursacht *Trypanosoma evansi*?
13. Wie wird *Trypanosoma equiperdum* übertragen?
14. Durch welchen Arthropodenwirt wird *Trypanosoma cruzi* übertragen?
15. Weshalb sind Bettwanzen nicht als Überträger von *Trypanosoma cruzi* geeignet?
16. Wie kommt es zur Schädigung des Herzmuskels bei *Trypanosoma cruzi*-Infektionen?
17. Welche GPI-verankerten Moleküle befinden sich auf der Oberfläche von *Trypanosoma cruzi*-Trypomastigoten?
18. Wie gelangt *Trypanosoma cruzi* in die Wirtszelle?
19. Welches sind die Arthropodenwirte von Leishmanien?
20. Welche Leishmanienstadien werden mit dem Speichel des Arthropodenwirtes übertragen?
21. Wie dringen Leishmanien in ihre Wirtszelle ein?
22. Welche sind die wichtigsten Wirtszellen von von Leishmanien?

23. Mit welchen Mechanismen überleben Leishmanien in ihrer Wirtszelle?
24. Welches klinische Bild der Leishmaniose wird durch *Leishmania tropica* verursacht?
25. Welche Todesursachen sind typisch für mit *Leishmania donovani* infizierte Personen?

2.6 Alveolata

- Oberflächenmembran unterlagert von Vesikeln (Alveolen) und Mikrotubuli, sodass eine komplexe Pellicula resultiert
- Haploid, mit Ausnahme der Zygote
- Apicomplexa typischerweise mit intrazellulärer Lebensweise
- Ciliophora meist Ektoparasiten, häufig von Fischen

Phylogenetische Analysen zeigen, dass die drei größten Unterstämme der Alveolata (Dinoflagellata, Apicomplexa, Ciliophora) aus einer gemeinsamen Vorläuferform entstanden sind, die als ausgestorben gilt (Abb. 2.46). Die hypothetischen Vorfahren der Alveolata dürften aufgrund des Besitzes von Plastiden zur Photosynthese befähigt gewesen sein, besaßen wahrscheinlich eine komplexe Oberfläche mit Pinozytoseorganellen, Extrusomen (Organellen, deren Inhalt ausgestoßen werden konnte), einen korbartigen Stützapparat in der Spitze der Zelle sowie zwei Geißeln und waren bis auf das Zygotenstadium haploid. Vermutlich war die Lebensweise räuberisch, indem die frühen Alveolata sich an Protozoen hefteten und sie aussaugten, eine Lebensweise, die man heute noch bei manchen Dinoflagellaten und ursprünglichen Gregarinen beobachtet.

Um die Morphologie der Alveolata, insbesondere ihre Oberflächenstruktur, besser verstehen zu können, ist es hilfreich, die rezenten Dinoflagellaten zu betrachten. Dies sind in Salz- und Süßwasser lebende Einzeller mit zwei Geißeln, die photosynthetisch aktiv, aber oft mixotroph räuberisch sind. Viele Arten leben in Symbiose

Abb. 2.46 Phylogenie der Alveolata. (Nach Leander und Keeling 2003)

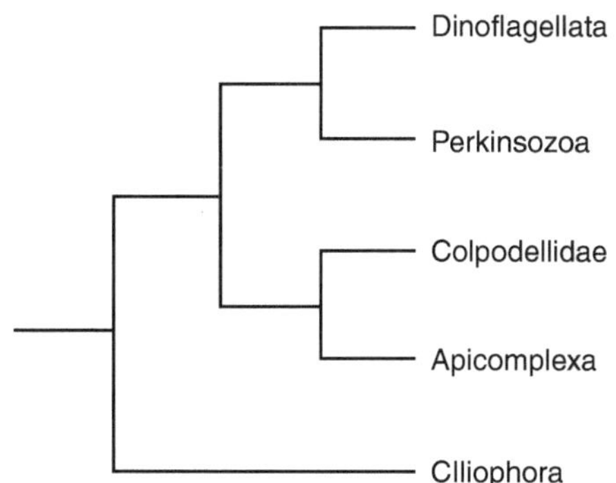

mit Tieren; die bekanntesten sind wohl die Zooxanthellen von Korallen. Die Oberfläche typischer Dinoflagellaten ist unterlagert von abgeflachten Vesikeln, Alveolae genannt, die bei manchen Taxa mit Zellulose gefüllt sind und einen Panzer bilden. Diese Füllsubstanz ist bei Apicomplexa und Ciliophora nicht mehr vorhanden, während die Membranen der Vesikel erhalten blieben und den „inner membrane complex" bilden. Zusammen mit der äußeren Elementarmembran entsteht damit eine typische Struktur aus drei Membranen, die von Mikrotubuli unterlagert ist (Abb. 2.47) und Pellicula genannt wird.

Die **Apicomplexa** umfassen ausschließlich obligat parasitische Formen mit z. T. hochkomplexen Lebenszyklen in ganz verschiedenen Taxa von Wirten, sodass wahrscheinlich frühe Formen zum Parasitismus übergegangen sind und Ursprung einer weiten Radiation waren. Charakteristische Merkmale der Apicomplexa sind der apikale Komplex, bestehend aus Conoid, Polringen, und spezialisierten Sekretionsorganellen, den Mikronemen, Rhoptrien und dichten Granula. Die Zelle enthält ein Mitochondrium und meist ein Plastidorganell, den Apicoplasten. Nährstoffe werden über Pinozytoseorganellen, die Mikroporen aufgenommen und in einer Nahrungsvakuole verarbeitet. Unter ihrer Oberfläche verlaufen Mikrotubuli, die der Zelle eine flexible Form verleihen und sie zu der typischen Bewegungsform der „gliding motility" befähigen. Sie besitzen keine Geißeln (Ausnahme: das Mikrogametenstadium einiger Arten). Die meisten **Ciliophora** sind frei lebend, oft räuberisch, während einige zum Ekto- oder Endoparasitismus auf Schleimhäuten übergegangen sind und auch Organismen der Pansenflora von Wiederkäuern stellen. Parasitische Wimpertierchen haben monoxene Zyklen und sind in der Regel wenig pathogen. Ihre bewimperte Oberfläche, der Kerndualismus und die Fähigkeit zur Konjugation zeigen, dass die Ciliophora sehr eigenständige Merkmale entwickelt haben. Im Verlauf ihrer Evolution ging ihr Plastidorganell verloren. Nur wenige Taxa der **Dinoflagellata** haben eine parasitische Lebensweise; sie werden hier nicht behandelt.

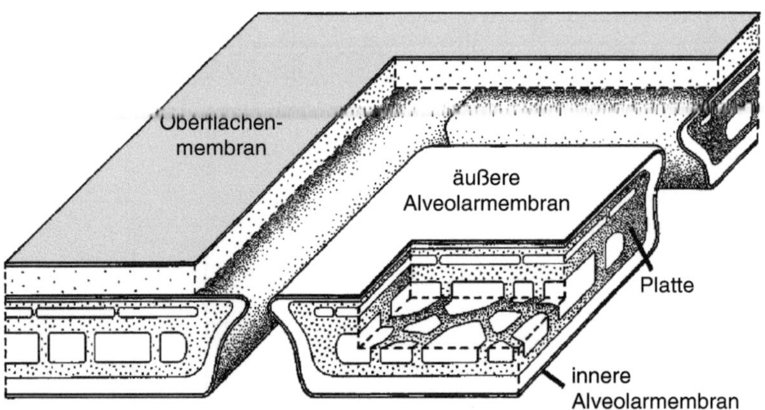

Abb. 2.47 Schematische Darstellung der Oberfläche von Alveolata. Die Plasmamembran ist unterlagert von Alveolen (= Vesikeln), die bei den Dinoflagellaten gefüllt, bei den Apicomplexa und Ciliophora aber leer sind, sodass eine Dreifachmembran resultiert. (Aus Hausmann et al. 2003, mit freundlicher Genehmigung der Schweizerbartschen Verlagshandlung)

2.6.1 Apicomplexa

- Obligate Endoparasiten von Wirbellosen und Wirbeltieren, intrazellulär oder eng an Wirtszellen assoziiert
- Monoxen oder heteroxen
- Apikalkomplex aus Conoid und Polringen, Rhoptrien, Mikronemen und dichten Granula
- Rudimentäres Plastidorganell (Apicoplast) in der Regel vorhanden
- Nahrungsaufnahme durch Mikropore (Pinozytoseorganell)
- Generationswechsel von Schizogonie, Gamogonie und Sporogonie
- Erreger wichtiger Krankheiten und Tierseuchen

Die Benennung dieser obligat intrazellulären Parasiten erfolgte nach dem charakteristischen apikalen Organellenkomplex. Dieser besteht aus dem Conoid, einer spiralförmig angeordneten Mikrotubulistruktur mit mehreren Polringen, und sekretorischen Organellen. Dazu zählen die keulenförmigen Rhoptrien, die kleinen Mikronemen und die dichten Granula. Die ursprünglichsten Formen der Apicomplexa leben in marinen Polychaeten; im Lauf der Evolution wurden höher entwickelte Wirte, meist Arthropoden, besiedelt und zweiwirtige Zyklen ausgebildet. Die

Tab. 2.5 Klassifikation der im Buch behandelten Apicomplexa. (Aus Tenter 2006, mit freundlicher Genehmigung des Parey Verlages)

Unterstamm Apicomplexa			
Klasse Gregarinea			
	Ordnung Eugregarinida		
		Fam. Monocystidae	*Monocystis*
		Fam. Gregarinidae	*Gregarina*
		Fam. Cryptosporidiidae	*Cryptosporidium*
Klasse Coccidea			
	Ordnung Eimeriida		
		Fam. Eimeriidae	*Eimeria* *Isospora*
		Fam. Sarcocystidae	*Sarcocystis* *Toxoplasma* *Neospora* *Cyclospora* *Besnoitia*
Klasse Haematozoea			
	Ordnung Haemosporida		
		Fam. Plasmodiidae	*Plasmodium*
	Ordnung Piroplasmida		
		Fam. Babesiidae	*Babesia*
		Fam. Theileriidae	*Theileria*

Gruppen, die ausschließlich Wirbeltiere besiedeln (z. B. *Cryptosporidium*), könnten diese direkt als Wirte erworben haben. Alternativ dazu könnten aber auch ehemals zweiwirtige Zyklen sekundär rückgebildet worden sein. Bei vielen Gruppen ist aufgrund der sehr langen Koevolution zwischen Wirt und Parasit die Pathogenität der Parasiten gering. Zu den Apicomplexa gehören aber auch Erreger sehr wichtiger Krankheiten von Menschen (z. B. Malaria, Toxoplasmose) und Haustieren (z. B. Kokzidiose, Piroplasmosen). Einige Arten, z. B. *Toxoplasma gondii* und *Cryptosporidium parvum,* sind zoonotisch. Tab. 2.5 zeigt die Systematik der im Text behandelten Apicomplexa.

2.6.1.1 Entwicklung und Morphologie

Entwicklung Im Lebenszyklus der Apicomplexa treten verschiedene Vermehrungsformen in festgelegter Abfolge auf: die ungeschlechtliche **Schizogonie**, die geschlechtliche **Gamogonie** und ungeschlechtliche **Sporogonie** (Abb. 2.48). Bei Gregarinen ist die Schizogonie teilweise sekundär rückgebildet. Die Apicomplexa durchlaufen in ihrer Entwicklung eine Vielzahl von Formwechseln. Die meisten Stadien sind haploid, lediglich die Zygote ist diploid. Das Geschlecht ist nicht genetisch festgelegt, deshalb können sich aus einem Parasitenklon, in Abhängigkeit von Faktoren der Umgebung, weibliche oder männliche Individuen entwickeln.

Das erste Invasionsstadium der Apicomplexa ist der wurmförmige **Sporozoit**, der in die Wirtszelle eindringt und sich zu einem Wachstumsstadium, dem **Trophozoiten,** umwandelt. Nachdem dieser Trophozoit herangewachsen ist, erfolgt eine ungeschlechtliche Vermehrung, die **Schizogonie.** Während dieses Prozesses können unterschiedliche Anzahlen von Nachkommen erzeugt werden, von zwei (Endodyogenie, wie bei *Toxoplasma)* bis zu mehr als 100.000 (Endopolygenie, wie

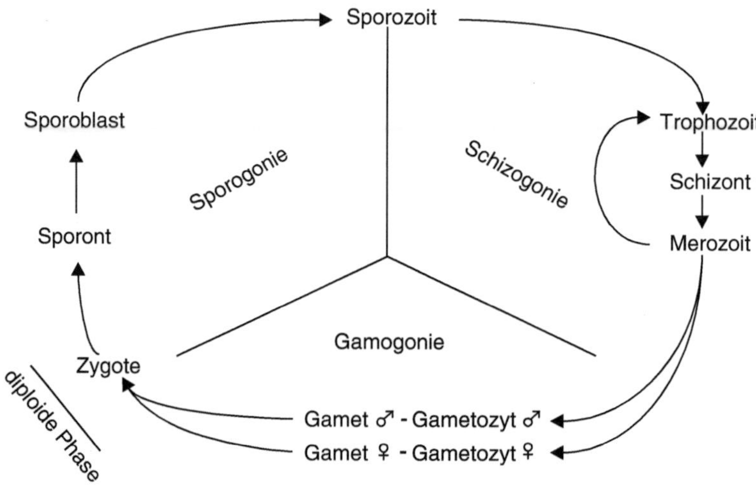

Abb. 2.48 Schematischer Lebenszyklus von Apicomplexa

bei *Sarcocystis)*. Dabei wird die DNA meist mehrfach repliziert und wandert in Form von Tochterkernen an die Peripherie des Organismus. In diesem Stadium wird der Parasit als **Schizont** bezeichnet. Die Tochterkerne umgeben sich mit Plasma und organisieren sich zu Einzelindividuen, den **Merozoiten,** von denen jedes einen kompletten Satz von Organellen entwickelt. Oft setzen die aus den Wirtszellen frei werdenden Merozoiten weitere Schizogoniezyklen in Gang, aus denen ebenfalls Merozoiten entstehen, sodass die Schizogonie oft eine Überschwemmungsvermehrung bewirkt. Die Merozoiten können sich aber auch in einem Vorgang, der als **Gamogonie** bezeichnet wird, zu geschlechtlich determinierten Geschlechtsvorläuferzellen, den **Gametozyten** weiterentwickeln. Die Gametozyten differenzieren sich zu weiblichen (Makro-) bzw. männlichen (Mikro-)Gameten. Bei den Gregarinen weisen die Gameten keine morphologischen Unterschiede auf (Isogamie), während bei den meisten Apicomplexa die weiblichen Gameten relativ groß, die männlichen hingegen klein und häufig begeißelt sind (Anisogamie). Aus der Fusion eines Mikrogameten mit dem Makrogameten entsteht die diploide **Zygote**. In ihr finden die Reduktionsteilungen und kurz darauf Mitosen statt; dieser Prozess wird als **Sporogonie** bezeichnet. Im Verlauf der Sporogonie entsteht der **Sporont**, der Zystenwandmaterial abscheidet. Er differenziert sich weiter zu **Sporoblasten**, die ihrerseits oft ebenfalls Zystenwandmaterial abscheiden. Die Sporoblasten teilen sich und bilden Sporozoiten.

Die Vielfalt der Tochterzellbildung bei den Apicomplexa lässt sich auf wenige Grundmuster zurückführen (Abb. 2.49). In der **Schizogoniephase** wird zunächst DNA repliziert und dann auf Tochterorganismen verteilt. Der einfachste Fall der Schizogonie ist eine Zweiteilung (**Endodyogenie**), bei der innerhalb der Mutterzelle unter vollständigem Verbrauch des Materials zwei Tochterindividuen entstehen. Bei der **typischen Schizogonie** erfolgt eine vielfache Replikation der DNA, nach der sich Tochterkerne an der Peripherie der Zelle organisieren. Sie teilen sich dort nochmals, umgeben sich mit Plasma, bilden Organellen aus und differenzieren sich zu Merozoiten. Bei der **Endopolygenie** entsteht durch vielfache Replikation des Kernmaterials zunächst ein stark gelappter oder strangförmiger, polyploider Kern. Im Zellinneren differenzieren sich Tochterorganismen, die an die Peripherie wandern und dort zu Merozoiten werden. Statt der sofortigen Merozoitenbildung kann zunächst auch eine Mehrfachteilung der randständig liegenden DNA erfolgen, sodass Tochterbezirke (**Zytomere**) entstehen, an deren Rand sich schließlich zahlreiche Merozoiten organisieren. Damit können in der Schizogoniephase in einer Generation sehr unterschiedliche Anzahlen von Nachkommen entstehen: Während bei *Toxoplasma* durch Endodyogenie in einem Teilungsschritt nur zwei Tochterindividuen gebildet werden, produzieren manche *Sarcocystis*-Arten simultan Zehntausende von Nachkommen. In der **Sporogoniephase** wird haploide DNA repliziert und mitotisch auf Tochterindividuen verteilt. Auch hier kann es zur Bildung von teilungsaktiven Tochterbereichen (Zytomeren) innerhalb einer Zelle kommen, sodass sehr große Anzahlen von Sporozoiten simultan entstehen können.

Morphologie Die Sporozoiten der Apicomplexa sind wurmförmig und haben eine Größe von 2–20 µm. Die intrazellulären Stadien, in denen ungeschlechtliche Ver-

Abb. 2.49 Schematische Darstellung der Grundmuster der Tochterzellbildung bei Apicomplexa. **a** Endodyogenie. Im Inneren der Mutterzelle werden zwei Tochterzellen gebildet. **b** Die an die Zellperipherie gewanderten Kerne mehrkerniger Schizonten teilen sich, ihre Tochterkerne umgeben sich mit Zytoplasma und bilden Tochterzellen. **c** Endopolygenie. An der Peripherie eines polyploiden Kerns entstehen gleichzeitig viele Tochterzellen. *N* Kern, *PN* polyploider Riesenkern, *TZA* Tochterzellanlage. (Aus Mehlhorn und Piekarski 2002, mit freundlicher Genehmigung von Spektrum Akademischer Verlag)

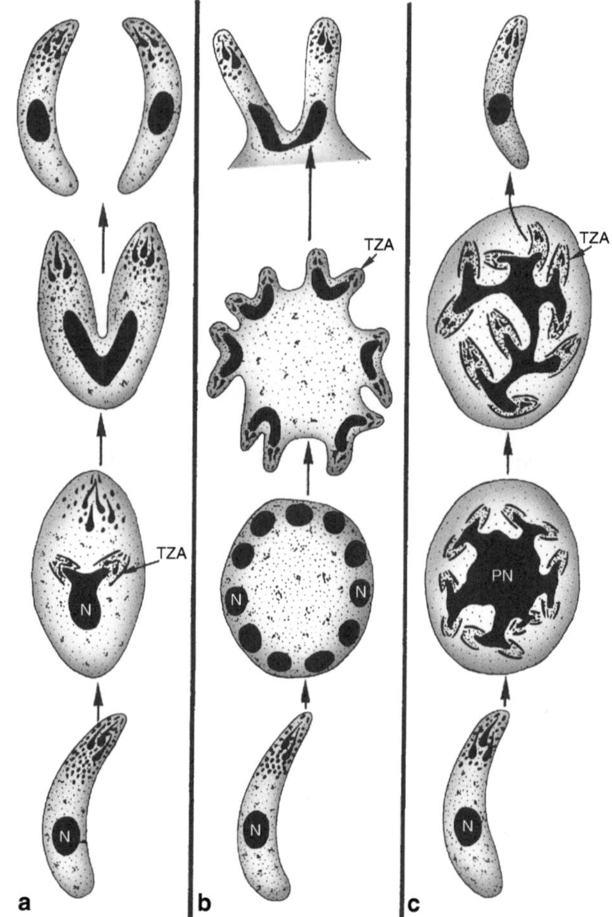

mehrung durch Schizogonie stattfindet, sind höchst unterschiedlich gestaltet und messen von wenigen µm bis zu über 1 cm (z. B. bei *Sarcocystis gigantea*); sie können wenige bis Hunderttausende von Einzelorganismen enthalten. Diese Merozoiten sind meist oval oder länglich und messen 2–7 µm. Die männlichen Gameten können unbegeißelt oder begeißelt sein. Bei den anisogamen Formen der Apicomplexa sind sie deutlich kleiner („Mikrogameten") als die weiblichen Gameten („Makrogameten"). Bei den durch Arthropoden übertragenen Apicomplexa sind die Zygoten als wurmförmiges Stadium ausgebildet, das Gewebeschranken passieren kann. Bei diesen Taxa werden unbeschalte Sporozoiten gebildet, die mit dem Speichel übertragen werden. Bei monoxenen Apicomplexa, deren Verbreitungsstadien der Umwelt ausgesetzt sind, bildet bereits die Zygote Zystenwandmaterial, sodass die sich in ihr entwickelnden Sporozoiten in einer resistenten Zyste vom Wirt entlassen werden.

Die Ausstattung unterschiedlicher Stadien der Apicomplexa mit Organellen variiert sehr stark. Viele der typischen Organellen finden sich in den Invasionsstadien (Sporozoiten, Merozoiten). Deshalb soll hier der Aufbau am Beispiel des Merozoiten besprochen werden (Abb. 2.50). Als Eukaryoten enthalten Apicomplexa einen Kern, einen Golgi-Apparat und raues endoplasmatisches Retikulum. Die Zellbe-

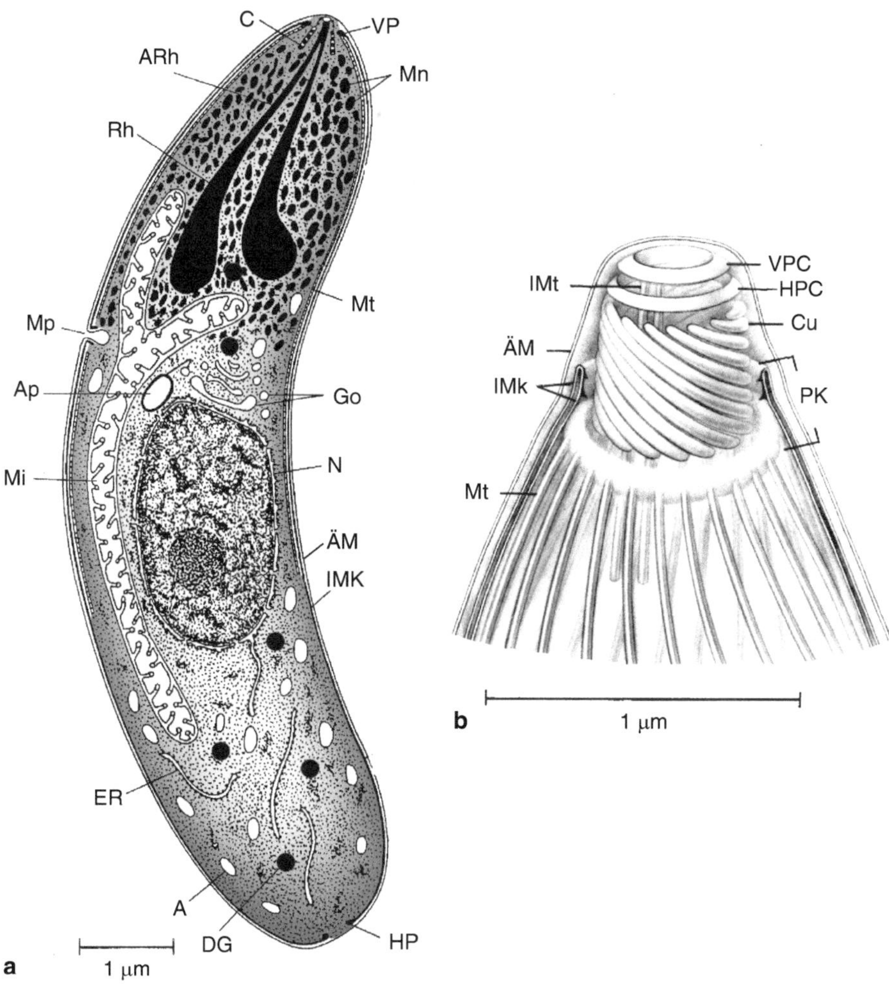

Abb. 2.50 Ultrastruktur des Merozoiten von Apicomplexa. **a** Längsschnitt, verändert aus Scholtyseck und Mehlhorn (1973). **b** Detaildarstellung des apikalen Komplexes eines Tachyzoiten von *Toxoplasma gondii*, aus Nichols und Chiappiano (1987), mit freundl. Genehmigung des Verlages. *A* Amylopektin, *ARh* Ausführgang der Rhoptrien, *Ap* Apicoplast, *ÄM* äußere Elementarmembran, *C* Conoid, *Cu* Conoiduntereinheit, *DG* dichte Granula, *ER* endoplasmatisches Retikulum, *Go* Golgi-Apparat, *HP* hinterer Polring, *HPc* hinterer Präconoidalring, *IMk* innerer Membrankomplex (flache Vesikel), *IMt* interne Mikrotubuli, *Mi* Mitochondrium, *Mn* Mikronemen, *Mp* Mikropore, *Mt* pelliculäre Mikrotubuli, *N* Kern, *Pk* Polringkomplex, *Rh* Rhoptrien, *VP* Vorderer Polring, *VPc* vorderer Präconoidalring

grenzung des Merozoiten wird von einer mehrschichtigen **Pellicula** gebildet. An das außen liegende Plasmalemma, das die gesamte Zelle bedeckt, schließt sich nach innen ein Komplex aus zwei eng aneinander liegenden Membranen an, die aus den für die Alveolata typischen Vesikeln gebildet wurden. Bestandteil der Pellicula sind auch unter der Oberfläche verlaufende Mikrotubuli, die der Zelle eine feste Gestalt geben und an der Bewegung beteiligt sind. Die Zellen können lebhafte Knick- und Gleitbewegungen durchführen. Die Mikrotubuli ziehen vom vorderen **Polring**, einer elektronendichten, kragenförmigen Struktur, die in die Spitze des Parasiten eingelagert ist, nach dorsal. Dort treffen sie auf den hinteren Polring. In die Pellicula ist lateral eine **Mikropore** (= Ultracytostom) eingelagert, eine Struktur, die dem Parasiten die Aufnahme von Wirtsmaterial in seine Nahrungsvakuole durch einen pinozytoseähnlichen Vorgang erlaubt. Das namengebende Merkmal der Apicomplexa, der **apikale Komplex** (lat. „apex" = Spitze), liegt im vorderen Bereich der Zelle und besteht aus mehreren Organellen. In der Spitze liegt bei den meisten, aber nicht allen Apicomplexa das **Conoid**, eine kegelförmige, hohle Struktur. Das Organell besteht aus spiralig angeordneten Mikrotubuli und zwei Ringen; es kann sich beim Eindringen in die Wirtszelle vorstrecken und zurückziehen. Durch die Spitze des Conoids ziehen die Ausführgänge der keulenförmigen **Rhoptrien** (gr. „rhopalikós" = keulenförmig), die elektronendichtes Material enthalten. Dabei handelt es sich z. T. um Sekrete, die bei der Zellinvasion abgegeben und in die Membran der Wirtszelle eingebaut werden. Eng mit den Rhoptrien assoziiert liegen im Apex zahlreiche **Mikronemen**, deren Inhalt ebenfalls beim Eindringen in Wirtszellen frei wird. Weitere Organellen sind die **Dichten Granula**, deren Produkte dazu beitragen, die Membran der parasitophoren Vakuole zu modifizieren, eines Vesikels, in dem der Parasit liegt (s. u.). Merozoiten haben als Reservestoff oft Amylopektingranula eingelagert, die aber nicht in Organellen eingeschlossen sind. Die meisten Apicomplexa haben ein funktionsfähiges Mitochondrium mit stark reduziertem Genom bis hin zu vollständigem Verlust der mitochondrialen DNA bei *Cryptosporidium*. In der Nähe des Mitochondriums liegt der **Apicoplast**, ein stark reduziertes und nicht mehr photosynthetisch aktives Plastidorganell mit einem Genom von 35 kb, das allerdings auch fehlen kann. Es wurde gezeigt, dass in diesem Organell essenzielle biochemische Reaktionswege ablaufen.

2.6.1.2 Genom und Zellbiologie

Die Größe des haploiden Genoms von Apicomplexa liegt zwischen 6,5 Mb (bei *Babesia microti*) und 63,5 Mb bei *Toxoplasma* (Tab. 2.6). Das Genom ist bei den bisher sequenzierten Erregern in 4–14 Chromosomen organisiert, die während der Mitose aber nicht kondensiert sind. Das Mitochondrium ist bei allen Apicomplexa aktiv, hat bei *Cryptosporidium* aber sein Genom verloren. *Cryptosporidium* hat auch seinen Apicoplasten eingebüßt. Die Transkription der Kerngene findet nicht polycistronisch statt, sondern wird genspezifisch reguliert. Die Expression zumindest mancher Proteine ist in hohem Maß posttranskriptionell reguliert, d. h., sie wird bestimmt durch Kontrolle der mRNA-Stabilität und/oder der Translation. Viele Stoffwechselwege von Apicomplexa sind spezifisch an den jeweils bevorzugten Wirt und die jeweilige Wirtszelle angepasst. Parasiten wie *Plasmodium* oder *Cryp-*

Tab. 2.6 Genomdaten wichtiger Apicomplexaparasiten

Organismus	Genomgröße (Mb)	Anzahl Chromosomen	Anzahl proteincodierender Gene
Cryptosporidium parvum	9,1	8	3887
Plasmodium falciparum	22,9	14	5268 (darunter 561 Apicoplastengene)
Plasmodium yoelii	23,1	14	5878
Toxoplasma gondii	63,5	14	7793
Theileria annulata	8,4	4	3792
Theileria parva	8,3	4	4035
Babesia microti	6,5	3	ca. 3500

tosporidium, die auf ein enges Spektrum von Wirtszellen spezialisiert sind, haben nicht benötigte Stoffwechselwege reduziert und übernehmen stattdessen Produkte vom Wirt. Der Metabolismus von Generalisten wie *T. gondii* ist dagegen als Anpassung an ein breites Spektrum verschiedener Wirte und Wirtszellen relativ komplex.

Der Apicoplast enthält ein eigenes, stark reduziertes, zirkuläres Genom von ca. 35 kb cyanobakteriellen Ursprungs. Das Organell entstand durch Aufnahme einer Rotalge, die ihrerseits ein Cyanobakterium als endosymbiontischen Prokaryoten beherbergte („doppelte Endosymbiose", Abb. 2.51). Aufgrund dieser Entstehungsgeschichte ist der Apicoplast von vier Membranen umgeben. Die weit überwiegende Mehrzahl der ehemals vom Plastidgenom codierten Gene sind im Verlauf der Evolution verloren gegangen oder in den Kern der Parasiten verlagert worden (bei *Plasmodium* ca. 10 % der kerncodierten Gene). Ein Teil dieser Proteine wird im Zytoplasma exprimiert und aufgrund einer spezifischen Transportsequenz („Transitpeptid") in den Apicoplasten gebracht, wo die Synthese von Isoprenoiden, bestimmten Fettsäuren und Häm stattfindet. Bei den meisten Apicomplexa ist der Apicoplast unabdingbar notwendig. Da die Stoffwechselwege dieses Organells bakteriellen Ursprungs und damit sehr unterschiedlich vom Metabolismus des Wirtes sind, stellen sie attraktive Zielstrukturen für die Entwicklung neuer Medikamente dar.

Für mehrere Apicomplexaparasiten, wie *Toxoplasma, Plasmodium* oder *Cryptosporidium*, sind moderne genetische Methoden verfügbar und die CRISPR/cas-Technologie wird vermutlich auch unkonventionelle Parasiten genetisch zugänglich machen. Mit solchen Techniken können viele zellbiologische Fragen elegant bearbeitet werden. So hat die Herstellung von Deletionsmutanten die Untersuchung von Proteinfunktionen sehr erleichtert. Die Expression fluoreszierender Hybridproteine erlaubt die Lokalisierung von Proteinen in der lebenden Zelle, sodass die Vorgänge der Zellinvasion, der Kommunikation zwischen Organellen und der Zellteilung beobachtet werden können. Fluoreszenzmarkierte Parasiten und solche, die die Firefly-Luciferase codieren, können durch Intravitalmikroskopie oder Biolumineszenz im Wirtstier lokalisiert werden.

Apicomplexa haben eine einzigartige Form der Fortbewegung, die **gleitendende Bewegung** („gliding motility") entwickelt. Sie sezernieren dazu am vorderen Zellpol unter anderem die Adhäsionsproteine MIC2 und M2AP ihrer Mikronemen, die in die Parasitenoberfläche inserieren und dort an einen Aktin-Myosin-Motor ankop-

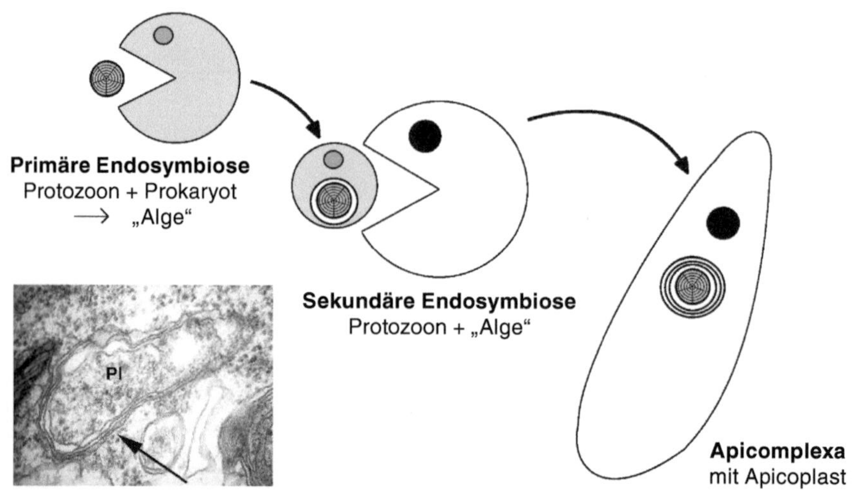

Abb. 2.51 Modell der Entstehung des Apicoplasten durch doppelte Endosymbiose. Durch Aufnahme einer Prokaryotenzelle durch eine Zelle ohne Endosymbionten entstand im ersten Schritt eine Rotalge mit einem Plastidorganell. Diese Alge wurde von dem Vorläufer der heutigen Alveolata aufgenommen. Die aufgenommene Zelle und ihr Genom wurden reduziert, aber die jeweiligen Membranen blieben erhalten. Es resultiert ein Apicoplast mit einer Vierfachmembran. *Detail*: TEM-Aufnahme des Apicoplasten von *Plasmodium falciparum*. *Pl* Plastidorganell, *Pfeil*: Vierfachmembran. (Foto aus Ralph et al. 2007, mit freundlicher Genehmigung von Nature Publishing Group)

peln (Abb. 2.52). Ein Teil des mikronemalen Proteins, der aus der Zelloberfläche hervorsteht, bindet an Liganden der Wirtszelle. Bewegen sich die Kopfdomänen des Myosinproteins nun entlang der Aktinfasern, setzen sie das in die Zelloberfläche inserierte Mikronemenprotein in Bewegung, das seinerseits eine Verschiebung des Parasiten relativ zur Oberfläche der Wirtszelle bewirkt. Nach diesem Schritt wird das Mikronemenprotein durch eine Protease abgeschnitten, die sich innerhalb der Parasitenmembran befindet. Aufgrund ihrer leicht gebogenen Form rotieren die Parasiten dabei um ihre Längsachse. So kann sich die Zelle mit bis zu 20 µm/s bewegen, also deutlich schneller als andere Zellen. Dieses Gleiten befähigt Invasionsstadien sogar zur Bewegung auf glatten Oberflächen, z. B. auf beschichteten Objektträgern, wobei das abgeschiedene Oberflächenmaterial in Form charakteristischer, spiralförmiger Kriechspuren nachweisbar ist (Abb. 2.53).

Die **Invasion der Wirtszelle** sowie auch der Austritt beruhen ebenfalls auf dem Mechanismus der gleitenden Bewegung. Zunächst orientieren sich die Invasionsstadien mit dem apikalen Pol zur Zellmembran (Abb. 2.54). Es erfolgt eine Bindung an die Wirtszelle – wahrscheinlich an sulfatierte Zuckergruppen – durch bislang nicht identifizierte Rezeptoren der Parasiten. Das Conoid streckt sich vor und die Rhoptrien und Mikronemen sezernieren Produkte in die Wirtszelle, wobei lipidähnliche Moleküle und Proteine in die Wirtszellmembran eingebaut werden und deren Fläche vergrößern, sodass eine Einbuchtung ins Zelllumen resultiert. Der Parasit bindet

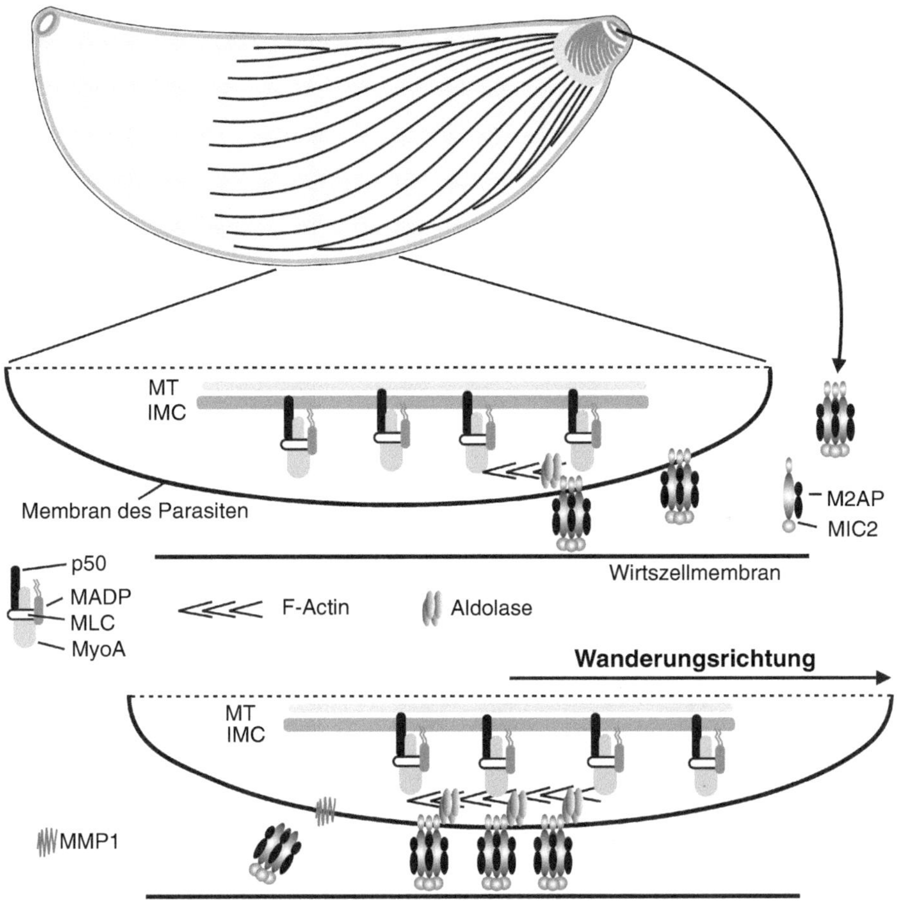

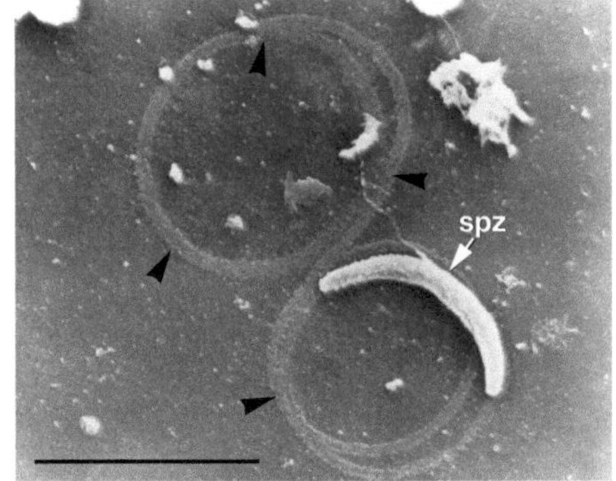

Abb. 2.52 Schematische Darstellung der gleitenden Bewegung von Apicomplexa, verändert nach Sibley (2004). Erklärung im Text. *IMC* Innerer Membrankomplex, *M2AP* MIC2-assoziiertes Protein, *MADP* Myosin-assoziiertes docking Protein, *MLC* Myosin leichte Kette, *MIC2* Micronemenprotein2, *MMP1* Rhomboidprotease, *MT* Mikrotubuli, *MyoA* Myosin A, *p50* Protein mit 50 KD

Abb. 2.53 Sporozoit (*spz*) von *Plasmodium berghei* mit Kriechspuren (*Pfeilköpfe*) auf dem Substrat. Maßstab: 10 µm. (EM-Aufnahme: J. Vanderberg)

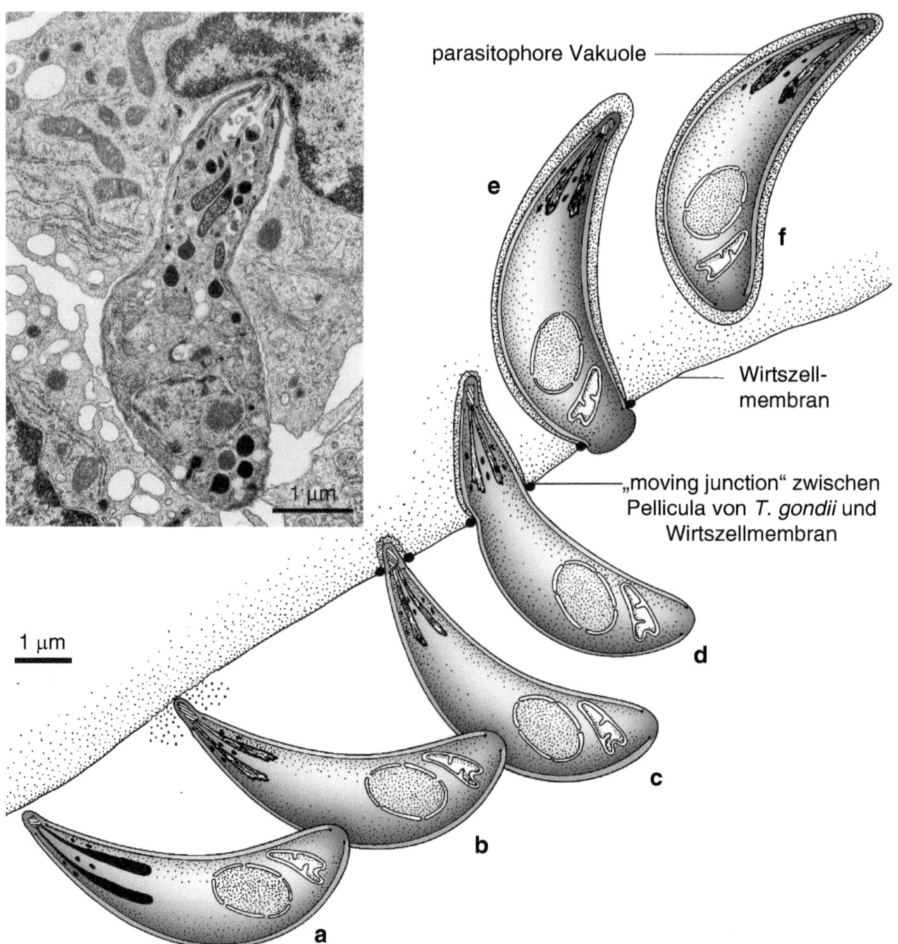

Abb. 2.54 Modell der Invasion einer Wirtszelle durch einen *Toxoplasma*-Tachyzoiten. Einzelheiten siehe Text. **a** Bindung **b** Vorstrecken des Conoids und Sekretion von Komponenten der Mikronemen und Rhoptrien. **c–e** Bildung einer „moving junction" zwischen Parasitenpellicula und Wirtszelloberfläche sowie Bildung der parasitophoren Vakuole. **f** Die Membran schließt sich und der Parasit liegt in der parasitophoren Vakuole. (Aus Wyler 1990, mit freundlicher Genehmigung von WH Freeman & Company). *Oben links*: Eindringen eines *T. gondii*-Tachyzoiten in eine Wirtszelle. (Aufnahme: BA Nichols)

an die modifizierte Wirtszellmembran und es einsteht eine ringförmige Kontaktzone („moving junction"), die durch gleitende Bewegung an das posteriore Ende der Parasitenzelle verschoben wird. Damit schiebt der Parasit sich in die Einbuchtung und sezerniert gleichzeitig weiteres Material, sodass die Membranblase erweitert wird und sich endlich hinter ihm schließt. Der Invasionsprozess dauert nur 10–30 s. Danach liegen die Invasionsstadien in einem neu geschaffenen Kompartiment der Wirtszelle, der **parasitophoren Vakuole**, deren Wandung hauptsächlich aus Parasitenmaterial besteht. Die parasitophore Vakuole der Apicomplexa fusioniert nicht mit Lysosomen, sodass die Parasiten vor Ansäuerung und den Verdauungsenzymen der Zelle geschützt sind. Die Wandung der Vakuole ist für kleine Moleküle bis 1,3 kD durchlässig, große Moleküle werden entweder zurückgehalten oder durch spezifische Transportproteine ein- und ausgeschleust. Die parasitophore Vakuole kann sekundär aufgelöst sein oder ihre Membran kann zu Wandstrukturen umgebaut werden.

Apicomplexa sind auxotroph in Bezug auf Purine, während Pyrimidine von einigen Taxa selbst synthetisiert werden können, *Cryptosporidium* z. B. ist jedoch auch in Bezug auf diese Komponenten vom Wirt abhängig. Auch Lipide müssen – in unterschiedlichem Ausmaß – von der Wirtszelle bezogen werden. Die Transportwege für solche essenziellen Komponenten sind wahrscheinlich hochspezifisch und werden als Zielstrukturen für die Entwicklung von Hemmstoffen betrachtet, die man als Medikamente einsetzen könnte.

2.6.1.3 Gregarinea

Die Parasiten der Klasse Gregarinea (lat. „gregarius" = zur Herde gehörig) sind die ursprünglichsten Apicomplexa und besiedeln den Darm oder innere Organe ihrer Wirte. Sie leben in unterschiedlichem Grad intrazellulär: Die Gametozyten einiger Taxa sind nur mit einem Halteorganell in oder an Darmepithelzellen verankert, während sich der größte Teil der Zelle im Darmlumen befindet. Andere Gregarinen sind vollkommen zur intrazellulären Lebensweise übergegangen. Die Gregarinen leiten sich von Formen ab, die in marinen Polychaeten parasitieren, und haben meist monoxene Lebenszyklen. Die Wirte der meisten Gregarinen sind Invertebraten, allerdings nutzen die Cryptogregarinen auch verschiedenste Wirbeltiere als Wirte. Nach neueren molekularen Daten wird jetzt auch die Familie Cryptosporidiidae und damit der humanpathogene Parasit *Cryptosporidium parvum* zu den Gregarinen gezählt.

Bei den typischen Gregarinen, zu denen die unten erwähnten Gattungen Monocystis und Gregarina gehören, ist die Schizogoniephase sekundär rückgebildet, sodass sich aus den Sporozoiten direkt Gametozyten entwickeln. Diese Gametozyten sind meist 100–300 m lang, können aber auch größer werden (bis 1 cm bei *Porospora gigantea* aus dem Hummer) und sind z. T. durch Plasmasepten untergliedert. Die Cryptosporidiidae sind wesentlich kleiner und ihre Lebenszyklen weisen eine Phase der Schizogonie auf. Die Gametozyten von Gregarinen lagern sich mit einem Individuum entgegengesetzten Geschlechtes zu einer Syzygie (gr. „syn" = zusammen, „zygon" = Joch, d. h. Gespann) zusammen. Diese umgibt sich mit einer gelatinösen Zystenhülle; es entsteht die Primärzyste, innerhalb derer die Gametozyten zunächst noch getrennt liegen. Jeder Gametozyt teilt sich anschließend in isogame Gameten. Gameten entgegengesetzten Geschlechts fusionieren miteinander und die entstandene Zygote differenziert sich zum Sporoblasten, der sich zur beschalten Sporozyste (= Sekundärzyste) mit darinliegenden Sporozoiten weiterentwickelt. Auf diese Weise entsteht bei den typischen Gregarinen eine Primärzyste, in der zahlreiche Sporozysten liegen, die ihrerseits jeweils mehrere Sporozoiten enthalten. Bei

C. parvum entstehen allerdings von diesem Schema abweichende kleine Zysten, in der vier Sporozoiten liegen.

2.6.1.3.1 *Monocystis agilis*

Diese ungegliederte Gregarine aus der Familie Monocystidae bewohnt die Samenblasen von Regenwürmern (z. B. *Lumbricus terrestris*) und ist so weitverbreitet, dass man kaum eine Population von Regenwürmern ohne diese Parasiten findet. Die Oligochaeten nehmen mit der Erde Sporozysten auf, aus denen im Darm die Sporozoiten freiwerden (Abb. 2.55). Diese durchdringen die Darmwand und wandern in Samenbildungszellen (Zytophoren) der Samenblasen im Bereich der Segmente 9–12 ein, wo sie intrazellulär zu Gametozyten heranwachsen. An der Oberfläche der Zytophoren differenzieren sich zunächst noch Spermatogonien zu fadenförmigen Spermien weiter, sodass manche parasitierten Zellen wie von Wimpern besetzt wirken. Die ausgewachsenen, lebhaft beweglichen Gametozyten befreien sich aus der Zelle und lagern sich paarweise parallel zu Syzygien aneinander. Durch Ausbildung einer gemeinsamen Zystenhülle entsteht die Primärzyste, innerhalb derer

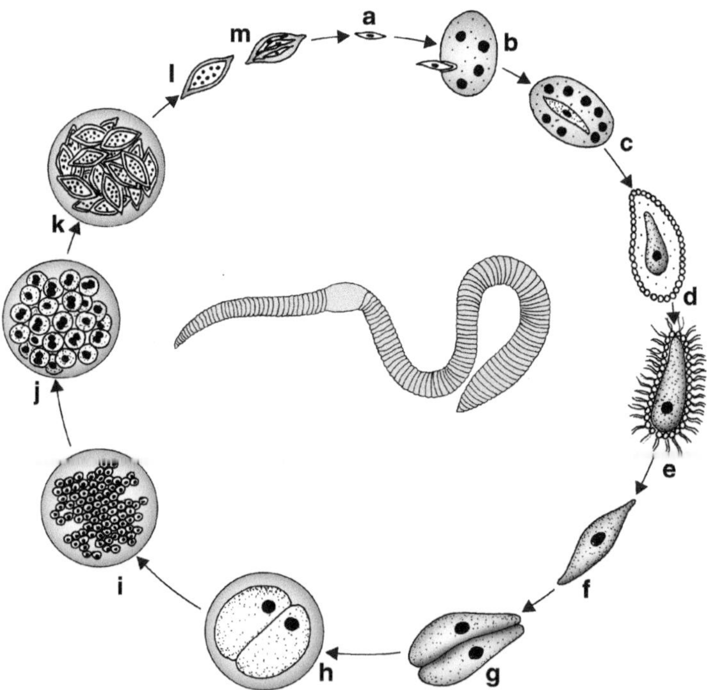

Abb. 2.55 Lebenszyklus von *Monocystis agilis* im Regenwurm. **a** Sporozoit. **b** Eindringen des Sporozoiten in eine Samenbildungszelle. **c, d, e** Heranwachsen des Gametozyten in der reifenden Samenbildungszelle. **f** Freier Gametozyt. **g** Syzygie. **h** Syzygie innerhalb der Primärzyste. **i** Isogameten innerhalb der Primärzyste. **j** Zygoten innerhalb der Primärzyste. **k** Sekundärzysten innerhalb der Primärzyste. **l** Sekundärzyste mit Sporoblasten. **m** Sekundärzyste mit Sporozoiten

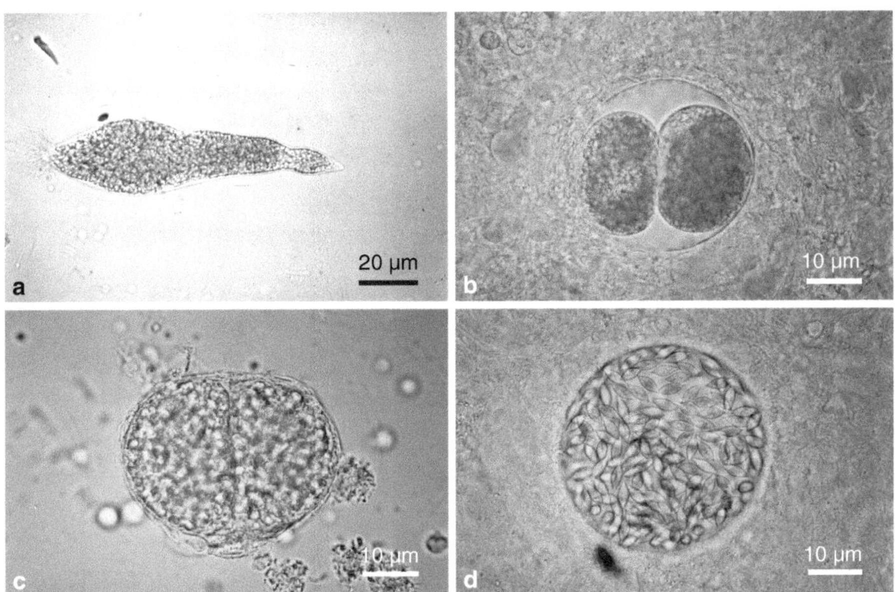

Abb. 2.56 Stadien von *Monocystis agilis*. **a** Gametozyt. **b** Syzygie. **c** Gametenbildung innerhalb der Primärzyste. **d** Primärzyste mit Sekundärzysten. (Aufnahmen: Archiv der Abt. Parasitologie, Universität Hohenheim)

durch multiple Kernteilungen Hunderte von amöboiden Gameten gleichen Aussehens gebildet werden (Isogameten, Abb. 2.56). Nach der Verschmelzung weiblicher und männlicher Gameten umgeben sich die Zygoten jeweils mit einer Zystenhülle. In diesen zitronenförmigen, etwa 5 µm langen Sporozysten entstehen je acht Sporozoiten. Bei Sektionen von Regenwürmern lassen sich die verschiedenen Stadien sehr gut darstellen. Die Sporozysten werden nach dem Tod der Regenwürmer frei. Eine Verbreitung erfolgt durch Vögel. In den Exkrementen fast jeder Amsel sind die charakteristischen Sporozysten zu finden.

2.6.1.3.2 *Gregarina polymorpha*

G. polymorpha (Fam. Gregarinidae) ist eine segmentierte Gregarine, die sich im Darm von Larven des Mehlkäfers *Tenebrio molitor* entwickelt. Bemerkenswert ist die Lokalisation der heranwachsenden Gametozyten, die zwar im Darmlumen liegen, aber intrazellulär verankert sind (Abb. 2.57a). Die Sporozoiten verankern sich in der Oberfläche einer Darmepithelzelle und entwickeln sich zu einem dreigliedrigen Gametozyten. Die Verankerung erfolgt mit dem apikalen Zellabschnitt, dem Epimeriten. Die nachfolgenden Abschnitte Protomerit und Deutomerit, die jeweils durch Plasmasepten voneinander abgesetzt sind, liegen im Darmlumen. Ältere Gametozyten lösen sich unter Verlust des Epimeriten von der Darmzelle und wachsen weiter heran. Der Darm der Mehlwürmer ist oft massenhaft mit zigarrenförmigen Gametozyten unterschiedlicher Größe besetzt. Bei der Syzygienbildung lagern sich

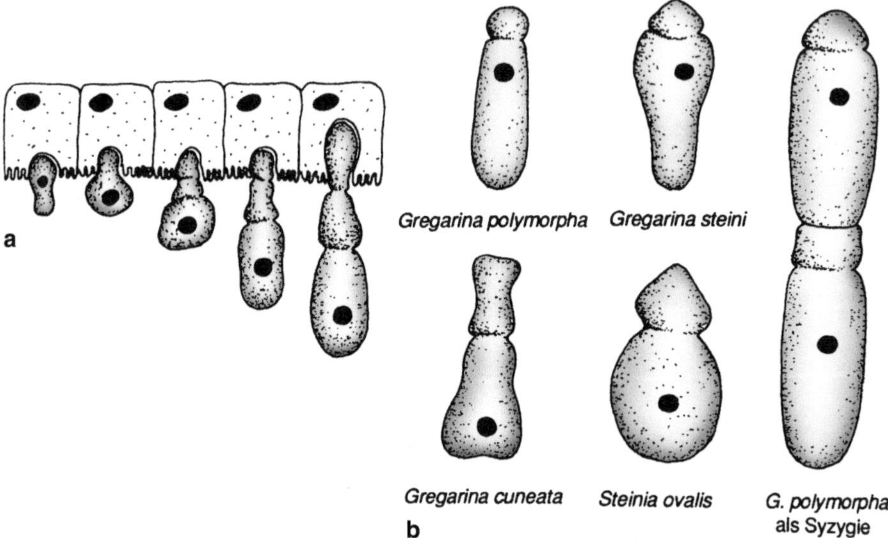

Abb. 2.57 Eugregarinen aus dem Insektendarm. **a** Insertion einer gegliederten Gregarine in eine Darmepithelzelle des Wirtes. **b** Gregarinen aus dem Darm des Mehlkäfers *Tenebrio molitor*. (Nach Smyth 1994, mit freundlicher Genehmigung von Cambridge Univ. Press)

diese zunächst paarweise hintereinander. Das vordere Individuum wird als Primit, das hintere als Satellit bezeichnet. Die Gametozyten runden sich dann ab und liegen als Syzygie in einer gemeinsamen Zystenhülle, in der Gametenbildung und Sporogonie analog zu *M. agilis* ablaufen. Die Häutungshormone des Wirtes scheinen die Differenzierung der Parasiten zeitlich so zu beeinflussen, dass mit der Häutung zum adulten Insekt infektionsfähige Sporozoiten vorliegen, was eine optimale Ausbreitung der Gregarinen gewährleistet. Im Mehlwurm parasitieren noch weitere Gregarinenarten (Abb. 2.57b), die optimale Bedingungen in jeweils unterschiedlichen Darmabschnitten finden.

2.6.1.3.3 *Cryptosporidium parvum*

Parasiten der Familie der Cryptosporidiidae wurden bislang zu den Coccidea gestellt, obgleich die Lokalisierung der Parasiten an der Oberfläche von Darmepithelzellen und ihr Fortpflanzungsmodus eher für eine Verwandtschaft mit den Gregarinen sprachen. Nachdem jetzt DNA-Sequenzen eindeutig diese Verwandtschaft belegten, wurde die Systematik aktualisiert und die Gattung *Cryptosporidium* zu den Gregarinen gestellt. Innerhalb der Gattung ist die Artabgrenzung im Fluss. Mit Stand von 2014 wurden insgesamt 44 Arten beschrieben, deren Wirtsspektren sich teilweise überlappen und von denen wiederum unterschiedliche Genotypen existieren. In Menschen wurden fast 20 unterschiedliche *Cryptosporidium*-Arten festgestellt und es wird vermutet, dass je nach Durchseuchung 20–90 % der Menschen in einer Population Kontakt mit dem Parasiten hatten, wobei in Entwicklungsländern ca. 20 % der Durchfallerkrankungen von Kindern auf Cryptosporidien zurückgeführt werden. Die hervorgerufenen schweren Durchfallerkrankungen gehören mit zu den wichtigsten Kinderkrankheiten. Die Infektion ist bei Immunkompetenten selbstlimitierend, führt bei Immunkompromittierten aber unter Umständen zum Tod. Die Biologie dieser Cryptosporidien ist sehr ähnlich, als typisches Beispiel wird *Cryptosporidium parvum dargestellt.*

C. parvum ist weltweit verbreitet und bekannt als bedeutender Erreger von Durchfällen bei Kälbern und schweren Durchfallerkrankungen bei Kindern und immunkompromittierten Menschen.

Entwicklung Die Infektion erfolgt durch Sporozoiten, die im Dünndarm aus Oozysten frei werden und an die Oberfläche der Mikrovilli von Darmepithelzellen adhärieren (Abb. 2.58). Sie drängen die Mikrovilli auseinander und werden von ihnen kelchartig umfasst. Basal bildet sich eine Haftzone, in der Pellicula und Wirts-

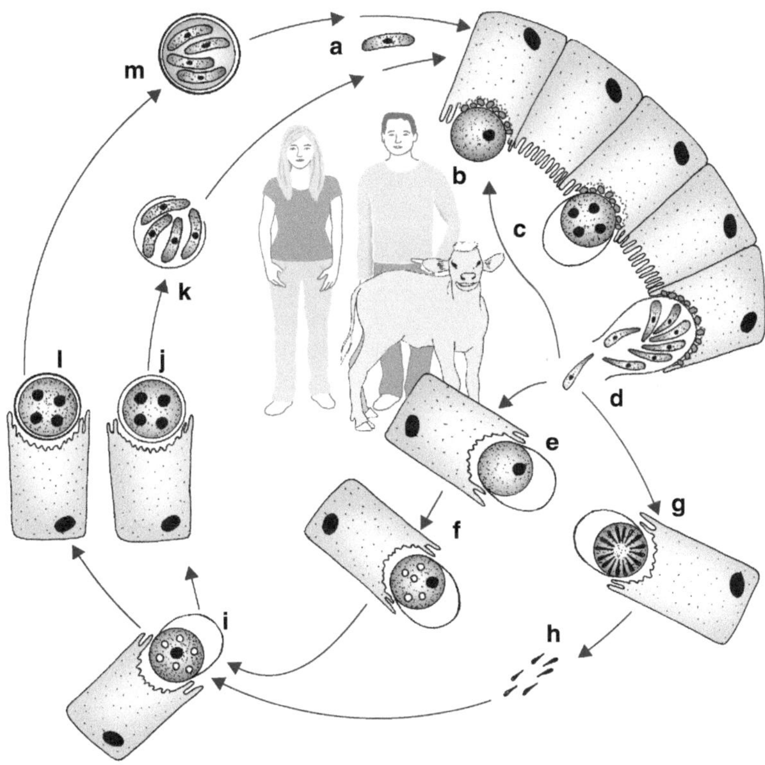

Abb. 2.58 Lebenszyklus von *Cryptosporidium parvum*. **a** Sporozoit. **b** Trophozoit an der Oberfläche einer Darmepithelzelle. **c** Schizont. **d** Merozoiten. **e** Makrogametozyt. **f** Makrogamet. **g** Mikrogametozyt. **h** Mikrogameten. **i** Zygote. **j** Sporont mit dünner Zystenhülle. **k** Dünnwandige Oozyste. **l** Sporont mit dicker Zystenhülle. **m** Dickwandige Oozyste. (Verändert nach Mehlhorn 1988)

zellmembran verschmelzen. Diese Lage wird als „intrazellulär, aber extrazytoplasmatisch", oder auch als „epizellulär" bezeichnet. Es entwickeln sich mehrere Generationen von Schizonten, die im elektronenmikroskopischen Bild wie Ballons an der Oberfläche der Wirtszellen liegen (Abb. 2.59). Aus den Merozoiten der zweiten Generation können Gametozyten und anschließend Makrogameten bzw. geißellose Mikrogameten entstehen, die eine Syzygie bilden. Die Sporogonie führt zur Bildung von Sekundärzysten (bislang in Anlehnung an die Kokzidien „Oozysten" genannt). Die Sporulation erfolgt noch innerhalb des Wirtes und führt zur Bildung von vier Sporozoiten/Oozyste. Es entstehen etwa 80 % dickwandige und 20 % dünnwandige Oozysten. Dickwandige Oozysten werden mit dem Kot ausgeschieden; sie sind sehr widerstandsfähig gegen Umwelteinflüsse sowie Chemikalien und bleiben bis zu zwei Jahre infektiös. Dünnwandige Oozysten entlassen die Sporozoiten noch im Darm, sodass massive Autoinfektionen erfolgen können, sofern das Immunsystem nicht limitierend wirkt.

Morphologie Die kugeligen Oozysten messen ca. 5 × 4,5 µm, die in ihnen liegenden Sporozoiten sind mit ca. 5 × 1 µm sehr klein. Bei dickwandigen Oozysten

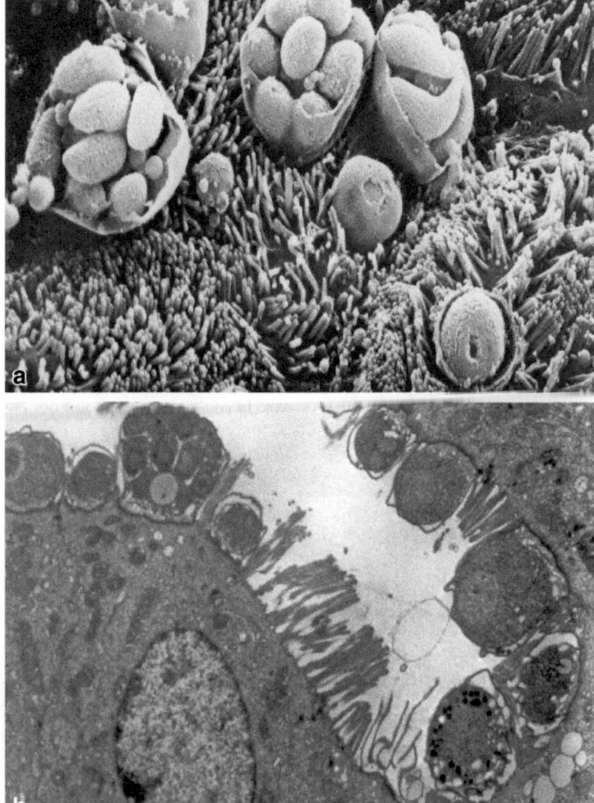

Abb. 2.59 *Cryptosporidium parvum*. **a** Stadien an der Oberfläche einer Darmzotte, sechs Tage nach experimenteller Infektion eines Schweines. Man beachte, dass die parasitophoren Vakuolen der großen Stadien aufgebrochen sind, sodass die Einzelerreger frei liegen. (EM-Aufnahme: Pohlenz) **b** Aufnahme mit verschiedenen Stadien zwischen den Mikrovilli im Darm eines Kalbes. (EM-Aufnahme: E. Göbel)

besteht die Wandung aus drei Membran- und zwei Chitinschichten, sie weist eine Nahtstelle auf, durch die die Sporozoiten frei werden. Dünnwandige Oozysten sind von nur einer Membran umgeben.

Zellbiologie   Das Genom des Iowa-Typ-II-Stammes von *C. parvum* ist in $2n = 8$ Chromosomen organisiert, es ist extrem reduziert und hat eine Größe von nur 9,1 Mb und eine Anzahl von ca. 3900 proteincodierenden Genen. Nur 5 % der Gene weisen Introns auf. *C. parvum* hat keinen Apicoplasten und weist nur ein rudimentäres Mitochondrium auf, dessen Genom verloren gegangen ist („Mitosom"). *C. parvum* weist keine variablen Antigene auf, wie sie z. B. bei Plasmodien vorhanden sind, und hat stark reduzierte Stoffwechselwege. Unter anderem fehlt der Stoffwechselweg für oxidative Phosphorylierung, sodass *C. parvum* seine Energie wahrscheinlich durch Glykolyse bezieht. Aminosäuren und Nukleotidvorstufen werden weitgehend über spezifische Transportmoleküle, deren Anzahl im Vergleich zu anderen Apicomplexa stark erhöht ist, vom Wirt bezogen. Cryptosporidien werden durch T-Zell-Antworten des Th1-Typs eliminiert, wobei die Produktion von IFN-γ eine wesentliche Rolle spielt.

Cryptosporidiose der Kälber   In Rinderzuchten (Durchseuchung in Deutschland: 14–100 %) kann der Neugeborenendurchfall der Kälber zu Gewichtsverlusten führen, die oft wirtschaftlich bedeutende Ausmaße annehmen. Kälber erkranken im Alter von wenigen Tagen nach einer Inkubationszeit von ca. vier Tagen für 2– 14 Tage. Die Infektion führt neben schweren gelblichwässrigen Durchfällen, deren Entstehung unklar ist, zu einer Atrophie der Mikrovilli, zu Verschmelzungen von Zotten und zu Entzündungserscheinungen in der Submukosa. Der Kot infizierter Kälber kann mehrere Mio. Oozysten pro Gramm Kot enthalten, sodass infizierte Tiere Milliarden von Oozysten ausscheiden. Diese sind sehr widerstandsfähig gegen unterschiedliche Umweltbedingungen. In Oberflächengewässern sind sie oft in großer Anzahl vorhanden und gelangen wegen ihrer geringen Größe sogar ins Grundwasser, wo sie weite Wege zurücklegen können. Bei der Trinkwassergewinnung überstehen sie die Aufbereitung des Rohwassers (Filtration, Chlorierung). Da die üblichen trinkwasserhygienischen Kriterien (z. B. Anzahl coliformer Keime, Nitratgehalt) keine Aussage über den Gehalt an infektionsfähigen Cryptosporidiennoozysten erlauben, wird eine Kontamination nur schwer bemerkt. Oft gelingt der Nachweis von Oozysten erst durch Untersuchung größerer Gewässerproben mit Filtrations- oder Sedimentationsverfahren.

Cryptosporidiose des Menschen   In Europa scheiden durchschnittlich 1,5 % der Menschen Cryptosporidiennoozysten aus, den größten Anteil davon stellen Kinder unter sechs Jahren. Bei einer Untersuchung in Ghana waren durchschnittlich 12,9 % der gesunden Bevölkerung infiziert. Cryptosporidiose gilt weltweit als zweitwichtigster Erreger von Durchfallerkrankungen bei Kindern. Bei immunkompetenten Menschen kommt es zu schweren, aber meist spontan ausheilenden Durchfällen. Bei Verunreinigung von Trinkwasser, z. B. mit Oberflächenwässern, die mit Kälberdung kontaminiert sind, oder bei Versagen von Filtersystemen können aber Durchfallepidemien größten Ausmaßes resultieren. So wurden bei einer trinkwasserbedingten Epidemie in Milwaukee, USA, 1993 mehr als 400.000 Durchfallkranke sowie 104 Todesfälle (meist Ältere und Immunsupprimierte) gezählt. Neben Durchfall werden auch Schwindel, leichtes Fieber, Bauchkrämpfe und Gewichtsverlust beobachtet. Diese Daten zeigen, dass *C. parvum* und verwandte Arten im Gegensatz zu früher geäußerten Meinungen bedeutende und schwer zu kontrollierende Durchfallerreger sind.

Eine besondere Bedeutung hat die Cryptosporidiose als opportunistische Erkrankung in Zusammenhang mit der Aidspandemie erlangt. In den USA waren bei zwei Studien 16 % durchfallerkrankter Aidspatienten mit Cryptosporidien infiziert, in Haiti lag die Rate infizierter Aidspatienten bei 41 %. Bei defektem Immunsystem kann sich *C. parvum* im Darmtrakt und in den Epithelien der Atemwege durch Autoinfektionen massenhaft vermehren. Die Infektion führt dann zu starken wässrigen Durchfällen, die schwer therapierbar sind. Manche Statistiken führen an, dass bei ca. 3 % aller mit Aids zusammenhängenden Todesfälle *C. parvum* die direkte Todesursache ist. Dabei ist zu berücksichtigen, dass man bei älteren Untersuchungen wahrscheinlich auch andere *Cryptosporidium*-Arten miterfasste, da eine Differenzierung noch nicht möglich war.

Die beim Menschen am häufigsten vorkommende Art ist *Cryptosporidium hominis*. Im Hund tritt *Cryptosporidium canis* auf, in der Katze *Cryptosporidium felis*. Sie infizieren häufig den Menschen, ebenso wie die Arten *Cryptosporidium meleagridis* des Truthahns, *Cryptosporidium ubiquitum* aus dem Rind oder *Cryptosporidium muris* der Maus. Dabei können die Ansitzstellen variieren, so parasitiert *C. muris* im Magen von Nagetieren und *Cryptosporidium bayleyi* kommt im Mikrovillisaum des Respirations- und des Magen-Darm-Traktes von Hühnern vor. Auch aus Echsen und Fischen wurden Cryptosporidien beschrieben. Die Biologie dieser Arten entspricht im Wesentlichen derjenigen von *C. parvum*.

2.6.1.4 Coccidea

Die Klasse der Coccidea (lat. „coccus" = Korn) enthält intrazelluläre Parasiten von Wirbellosen und Wirbeltieren. Typischerweise läuft ihre Entwicklung nach dem Grundmuster der Apicomplexa (Schizogonie, Gamogonie und Sporogonie) in Epithelzellen des Darmes oder in anderen darmassoziierten Zellen ab. Die Zygoten der Coccidea entstehen durch Fusion eines Makrogameten mit einem dreigeißeligen Mikrogameten. Die Zygote differenziert sich weiter zu einem Sporonten, der eine Zystenwandung ausbildet und sich in Sporoblasten teilt. Diese bilden ihrerseits jeweils ebenfalls eine Zystenwandung aus und teilen sich innerhalb der „Sporozyste" in Sporozoiten. Damit besteht das typische Übertragungs- und Dauerstadium der Coccidea aus einer Oozyste, in deren Innern mehrere Sporozysten mit jeweils mehreren Sporozoiten liegen (Abb. 2.60). Diese Struktur wird häufig mit einer russischen Matrjoschkapuppe verglichen.

Der Grundtyp des Lebenszyklus von Coccidea ist monoxen und spielt sich in Epithelzellen des Darmes oder in anderen darmassoziierten Zellen ab (z. B. bei *Eimeria*); die Wirtsspezifität ist bei vielen dieser Darmparasiten sehr hoch. Die „zystenbildenden Kokzidien" der Familie Sarcocystidae nutzen hingegen auch Zwi-

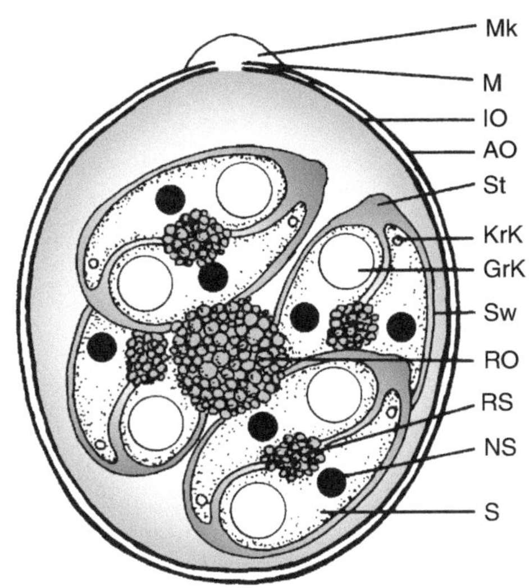

Abb. 2.60 Sporulierte Oozyste von *Eimeria*. *AO* Äußere Schicht der Oozystenwandung, *GrK* große refraktile Körper in Sporozoiten, *IO* innere Schicht der Oozystenwandung, *KrK* kleine refraktile Körper in Sporozoiten, *M* Mikropyle, *Mk* Mikropylenkappe, *NS* Kern des Sporozoiten, *RO* Restkörper der Oozyste, *RS* Restkörper der Sporozyste, *S* Sporozoit, *St* Stieda-Körper, *Sw* Sporozystenwandung

schenwirte. In diesen kommt es während der Schizogoniephase zur Bildung von Gewebezysten, die aus einer modifizierten Wirtszelle bestehen, in denen Hunderte oder Tausende von langlebigen Wartestadien liegen. Typischerweise ist hier der Zwischenwirt das Beutetier eines Räubers, der als Endwirt fungiert, nachdem er sich mit Gewebezysten infiziert hat.

2.6.1.4.1 Eimerien

Die Lebenszyklen von Parasiten der Gattung *Eimeria* (Ordnung Eimeriida, Fam. Eimeriidae) sind monoxen und an Zellen des Darmtraktes von Wirbeltieren und Wirbellosen gebunden. Die Gattung enthält mehr als tausend Arten, zu denen bedeutende Parasiten des Geflügels und anderer Nutztiere zählen, während der Mensch nicht von Eimerien infiziert wird. Die Gattung wurde als Schmelztiegel biologisch diverser Kokzidien beschrieben, sodass zukünftige molekulare Analysen die Taxonomie vermutlich stark verändern werden. Unter natürlichen Bedingungen werden häufig Jungtiere mit geringen Anzahlen von Oozysten infiziert, entwickeln eine selbstlimitierende Erkrankung und erwerben dabei eine Immunität gegen Reinfektionen. Werden jedoch nichtimmune Tiere mit größeren Anzahlen von Oozysten infiziert, wie dies bei industrieller Haltung der Fall sein kann, kommt es unter Umständen zu schweren Durchfällen und massiven Blutungen. Unter solchen Bedingungen können bedeutende Verluste auftreten. Die Parasiten sind nicht nur streng wirt-, sondern oft sogar ausgesprochen habitatspezifisch, d. h. sie besiedeln häufig sehr spezifisch nur bestimmte Regionen von Organen, z. B. bestimmte Darmabschnitte.

Entwicklung Die Infektion erfolgt durch orale Aufnahme von Oozysten, aus denen im Darm Sporozoiten schlüpfen (Abb. 2.61). Diese durchwandern zunächst mehrere Zellen und dringen dann unter Bildung einer parasitophoren Vakuole in Epithelzellen oder subepitheliale Zellen ein, runden sich ab und wachsen zu Schi-

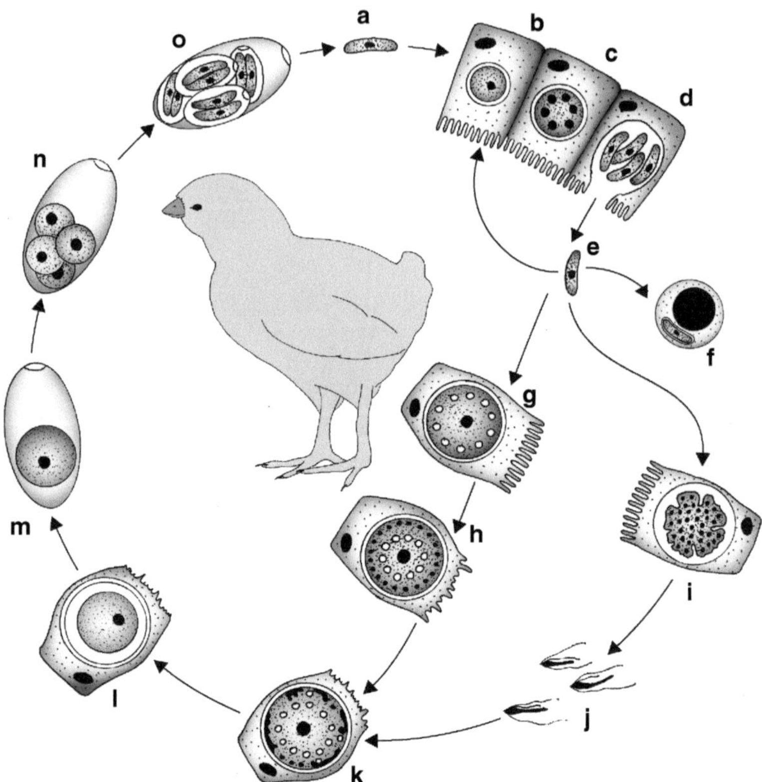

Abb. 2.61 Lebenszyklus von *Eimeria tenella*. **a** Sporozoit. **b** Trophozoit in Darmepithelzelle.
c Schizont. **d** Merozoiten. **e** Freier Merozoit. **f** Ruhestadium in intraepithelialem Lymphozyten.
g Makrogametozyt. **h** Makrogamet. **i** Mikrogametozyt. **j** Mikrogameten. **k** Zygote. **l** Intrazellulärer
Sporont. **m** Ausgeschiedener Sporont innerhalb der Oozyste. **n** Sporoblasten innerhalb der Oozyste. **o** Oozyste mit vier Sporozysten, die je zwei Sporozoiten enthalten. (Verändert nach Mehlhorn
1988)

zonten heran (Abb. 2.62). Die Anzahl der gebildeten Merozoiten ist artspezifisch
unterschiedlich. Nach einer ebenfalls artspezifischen Anzahl von Schizontengenerationen entstehen Gametozyten und schließlich Gameten. Mikrogametozyten
der Eimerien produzieren eine große Anzahl begeißelter Mikrogameten. Nach der
Befruchtung entwickelt sich aus der Zygote zunächst ein Sporont, der von einer
Zystenhülle umgeben ist und ausgeschieden wird. Die Sporulation erfolgt im Frei-
en bei geeigneter Temperatur und Feuchtigkeit innerhalb weniger Tage. Sporulierte
Oozysten sind äußerst widerstandsfähig und können mehrere Monate überleben.

Morphologie Die wurmförmigen Sporozoiten haben eine Länge von ca. 15 µm.
Die Größe der Schizonten variiert bei den meisten Arten zwischen 10 und 50 µm,
kann aber auch bis 240 µm erreichen. Die Merozoiten haben den für Apicomplexa
typischen Aufbau, weisen aber sehr große refraktile Körperchen auf, die wahr-

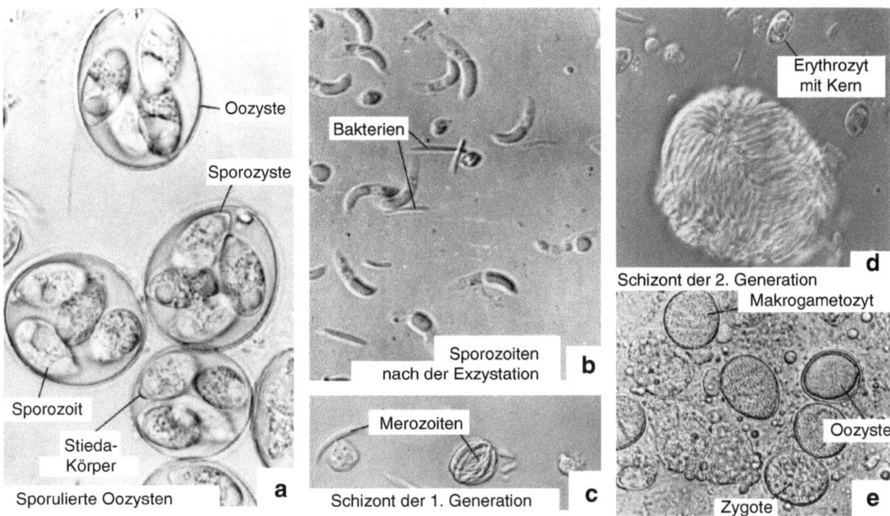

Abb. 2.62 Stadien von *Eimeria*. **a–e** Lichtmikroskopische Aufnahmen von *E. tenella*-Stadien. (Aufnahmen: R. Entzeroth)

scheinlich Reservestoffe enthalten (Abb. 2.63). Die Oozysten weisen eine zweischichtige Wandung auf. Bei *Eimeria tenella* besteht die äußere Schicht hauptsächlich aus langkettigen Alkoholen, während die innere Schicht ausschließlich aus einem stark vernetzten Glykoprotein aufgebaut ist. Eine vorgebildete Öffnung der Zystenwand, die Mikropyle, ist durch eine Polkappe verschlossen. Im Inneren liegen vier dünnwandige Sporozysten, die je zwei Sporozoiten enthalten. Auch die Sporozysten enthalten je eine präformierte Öffnung, die zunächst mit einem Pfropf, dem Stieda-Körperchen, verschlossen ist. Wie die Merozoiten enthalten auch die Sporozoiten auffällige refraktile Körperchen. Innerhalb der Oozyste und der Sporozysten liegen jeweils Restkörper. Die Morphologie der Oozysten ist ein wichtiges Bestimmungsmerkmal, wobei die Form, Größe, Farbe und Beschaffenheit zur Artdifferenzierung herangezogen werden.

Genom Genome der sieben Eimeriaarten des Huhns wurden sequenziert. Das nukleäre Genom des wirtschaftlich bedeutsamsten, *Eimeria tenella*, ist 51,8 Mb groß und codiert für 8603 Proteine. Es ist in $2n = 14$ Chromosomen organisiert. Das mitochondriale Genom umfasst 6,7 kb und enthält drei proteincodierende Gene, während das Genom des Apicoplasten ca. 35 kb groß ist. Als Besonderheit weisen Eimerien eine große Anzahl repetitiver Proteinsequenzen auf. Außerdem besteht ein großes Repertoire GPI-verankerter Oberflächenproteine, die zum Teil stadienspezifisch koexprimiert werden, sodass die einzelnen Eimerienstadien ein jeweils komplexes Muster von Oberflächenantigenen aufweisen dürften. Eine parallele Analyse des Transkriptoms von *Eimeria falciformis* und seines Wirtes, der Maus, zeigte, dass der Parasit in der Maus ein festgelegtes Differenzierungsprogramm durchschreitet, das nicht von Immunantworten des Wirtes beeinflusst wird.

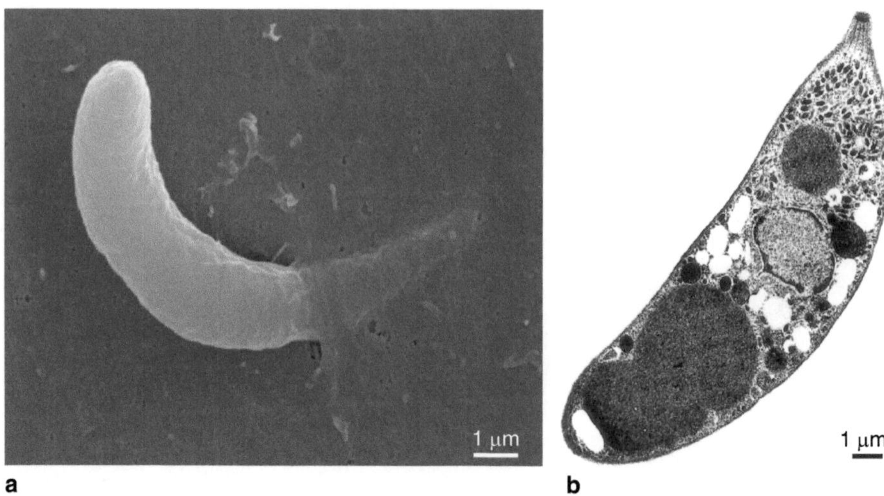

Abb. 2.63 **a** Sporozoit von *Eimeria falciformis* invadiert eine Wirtszelle. EM-Aufnahme: Lehrstuhl für Molekulare Parasitologie, Humboldt-Universität zu Berlin. **b** Längsschnitt durch einen Sporozoiten von *Eimeria tenella*. (EM-Aufnahme: Institute for Animal Health, Compton, UK, mit freundlicher Genehmigung)

Kokzidiose Die Infektion mit Eimeriaarten kann gravierende Erkrankungen bei Jungtieren hervorrufen. Die Parasiten haben eine artspezifisch unterschiedlich stark ausgeprägte Pathogenität. Der Verlauf einer Kokzidiose hängt deshalb von der Erregerspezies, der Infektionsdosis und der Kondition des infizierten Tieres ab. Unter Bedingungen der industriellen Tierhaltung kann Kokzidiose deshalb gerade bei hoher Bestandsdichte ein großes Problem darstellen. Bei den meisten Nutztierarten treten mehrere Arten von Eimerien auf (s. Tab. 2.7). Die Entwicklung der Eimerien ist nicht nur an eine spezifische Wirtsart, sondern oft auch an einen bestimmten Darmabschnitt gebunden. Besonders deutlich ist dies bei Eimerienarten des Geflügels aufzeigbar (Abb. 2.64).

Massive Infektionen mit pathogenen Arten verursachen starke Durchfälle und es treten – je nach Sitz der Parasiten – weitgehende Schäden der Epithelien oder Läsionen in tieferen Gewebeschichten auf. Es kommt zu starken Blutungen (z. B. „Rote Kükenruhr" bei Hühnereimerien), Fressunlust, Resorptionsstörungen, Gewichtsverlust und evtl. zum Tod. In der Geflügelwirtschaft können innerhalb kurzer Zeit ganze Bestände verenden. Stress, Futterumstellung, Umstallung und ähnliche Faktoren verstärken die Pathogenität der Infektion. Geringe Infektionsdosen lösen oft lediglich subklinische Befälle aus, hinterlassen aber eine weitgehende, artspezifische Immunität. Damit wird oft eine epidemiologische Stabilität erreicht.

Zell- und Immunbiologie Bislang ist es nur ansatzweise gelungen, Eimerien in Zellkultur zu züchten. Bei Einsatz von 1 Mio. Sporozoiten erzielt man in Kultur eine Oozyste, während bei natürlichen Infektionen aus einem Sporozoiten ca. 400.000

Tab. 2.7 Überblick über wichtige Eimeriidae

Art	Wirt	Organ	Anzahl Schizontengenerationen	Pathogenität	Mittlere Oozystengröße in µm
Eimeria bovis	Rind	Hinterer Dünndarm, Blinddarm, Dickdarm	2	++	23 × 20
E. zuernii	Rind	Hinterer Dünndarm, Blinddarm, Dickdarm	2	++	20 × 15
E. bakuensis	Schaf	Dünndarm	2	++	29 × 20
E. arloingi	Ziege	Dünndarm	2	+	29 × 21
E. debliecki	Schwein	Dünndarm	2	+	25 × 17
E. stiedai	Kaninchen	Gallengänge	6	+++	37 × 20
E. tenella	Huhn	Blinddärme	3(2)	+++	25 × 19
E. necatrix	Huhn	Mittlerer Dünndarm	3(4)	+++	20 × 17
E. acervulina	Huhn	Mittlerer Dünndarm	4	++	17 × 14
E. mivati	Huhn	Dünndarm, Dickdarm	4	+	16 × 13
E. truncata	Gans	Niere	?	+++	22 × 17
Isospora suis	Schwein	Dünndarm	3	+	21 × 19
I. belli	Mensch	Dünndarm	2	+	30 × 20

Oozysten entstehen. Dieses Manko behindert die Erforschung der ökonomisch außerordentlich relevanten Eimerien. Es ist gelungen, Reportergene in Eimerien einzuschleusen, ohne dass bislang allerdings stabile, genetisch veränderte Linien erzeugt werden konnten.

Bei Erstinfektionen von Nagern und Geflügel spielen T-Helferzellen eine wichtige Rolle für die Begrenzung der Parasiten. Von T-Zellen produzierte Zytokine, vor allem IFN-γ, tragen wesentlich zur Abtötung der Parasiten innerhalb der Wirtszelle bei. Für die Immunität gegen eine Folgeinfektion sind zytotoxische T-Zellen von besonderer Bedeutung. Antikörper haben keine Schutzwirkung. Neben ihrer Funktion als Effektorzellen spielen T-Zellen möglicherweise noch eine weitere wichtige Rolle bei Eimeriosen, indem sie als Transportvehikel dienen: Experimentell konnte nachgewiesen werden, dass Sporozoiten bei Infektionen mit *E. tenella* und anderen Eimerienarten am Ort der Invasion intraepitheliale Lymphozyten befallen. Diese können wandern und die Parasiten in andere Bereiche des Darms verfrachten.

Zur Kontrolle von Eimeriosen gibt es kommerziell erhältliche Impfstoffe auf der Basis attenuierter Parasiten. Der Grundgedanke ist dabei, zu einem frühen Zeitpunkt schwache Infektionen zu setzen, die nicht zur Erkrankung führen, aber einen Schutz induzieren. Deshalb werden z. T. selektionierte Stämme verwendet, denen – genetisch bedingt – eine Generation von Schizonten fehlt. Sie sind deshalb weni-

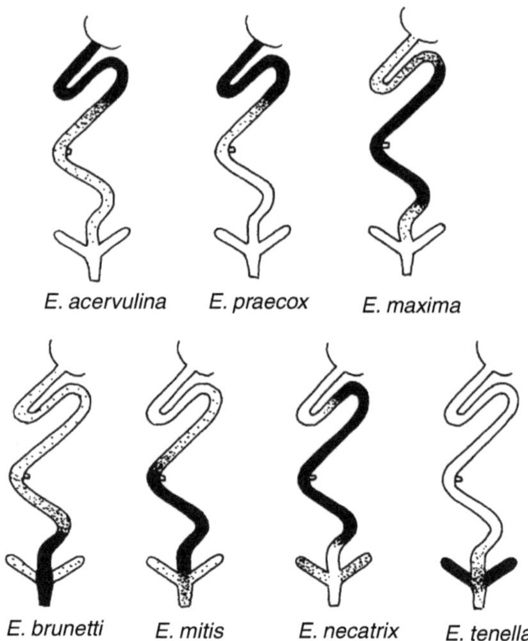

Abb. 2.64 Bevorzugte Ansiedlungsorte von Eimeriaarten im Darm des Huhnes. (Aus Ball et al. 1989, mit freundlicher Genehmigung des Verlages)

ger pathogen, induzieren aber Schutz. Eine solche Prophylaxe ist nur rentabel bei Zuchttieren oder Legehennen, nicht aber bei Masttieren. Impfungen auf der Basis rekombinanter Antigene sind im Experimentalstadium.

Eimeria tenella *E. tenella* ist die wichtigste pathogene Eimerienart des Huhnes, die in Massenhaltungen zu großen Verlusten durch die „Rote Kükenruhr" und zu verminderter Mastleistung führen kann. Die erste und zweite Schizontengeneration befällt Epithelzellen des mittleren Teils der Blinddärme; in den parasitierten Zellen werden jeweils bis zu mehreren Hundert Merozoiten gebildet. Die aus der zweiten Generation resultierenden Merozoiten wandern in subepitheliale Gewebe der Zotten ein und bilden eine dritte Schizontengeneration mit je 4–32 Merozoiten. Diese differenzieren sich in der nächsten Wirtszelle zu Gametozyten. Es existieren aber auch *E. tenella*-Stämme mit einer abweichenden Anzahl von Schizontengenerationen. Das Maximum der Oozystenausscheidung wird etwa am 7. Tag nach der Infektion erreicht. Die ausgeschiedenen Zysten sporulieren bei wärmeren Temperaturen innerhalb von zwei Tagen.

Die durch die erste Schizontengeneration verursachten Schäden der Blinddarmepithelien können meist durch den raschen Austausch der Epithelzellen kompensiert werden, die unter natürlichen Bedingungen alle 2–5 Tage ersetzt werden. Die zweite und dritte Schizogonie, die teilweise in tiefer liegenden Darmgeweben erfolgen, führen unter anderem zur Zerstörung von Kapillaren, sodass starke Blutungen und Resorptionsstörungen resultieren. Schwere Durchfälle, Blutverlust und bakterielle Sekundärinfektionen führen zur Schwächung der Tiere („Trauerhaltung") und zum Tod, sodass hohe Ausfälle die Folge sein können.

Insgesamt sind sieben Eimerienarten vom Huhn beschrieben, die ebenfalls Durchfallerkrankungen unterschiedlichen Schweregrades hervorrufen, wobei die Lokalisation im Darm und die Pathogenität artspezifisch sind (Abb. 2.64, Tab. 2.7). Eimerien sind in fast jedem Hühnerbestand vorhanden, es kommt aber darauf an, Jungtiere möglichst keiner großen Infektionsdosis auszusetzen. Zur Vorbeugung werden Küken und Junghühner mit Antikokzidia behandelt, die dem Futter routinemäßig beigemischt werden. Neben den jährlichen Kosten von ca. 3 Mrd. €, die für die Behandlung der weltweit jährlich produzierten ca. 39 Mrd. Masthähnchen anfallen, ist auch die Rückstandsbelastung durch Medikamente zu bedenken. Die Resistenzbildung, die gegen viele Medikamente auftritt, macht eine ständige Weiterentwicklung notwendig. Es werden Lebendvakzinen auf der Basis attenuierter Eimeriastämme vermarktet, die zur Impfung von Zuchthühnern eingesetzt werden (s. o.). Eine Impfung von Muttertieren kann dabei zum Schutz der Küken durch IgY-Antikörper führen, die im Eidotter enthalten sind.

Eimeria bovis Eine wichtige der insgesamt 21 verschiedenen Eimeriaarten des Rindes ist *E. bovis*, ein weltweit verbreiteter Parasit, der zur „Roten Ruhr" besonders bei Kälbern führt. Die Sporozoiten dringen in Endothelzellen der Lymphkapillaren im hinteren Dünndarmabschnitt ein und entwickeln sich innerhalb von 12–14 Tagen zu bis 300 μm großen Makroschizonten, in denen sich je bis zu 120.000 Merozoiten bilden. Diese entwickeln sich in Epithelzellen von Blinddarm und Dickdarm zu einer zweiten Schizontengeneration mit je 30–36 Merozoiten. Die Merozoiten dieser Generation werden zu Gametozyten. Die 2. Schizontengeneration und die Gametozyten bewirken die wesentlichen Schäden. Es kommt zu starken Durchfällen, zum großflächigen Verlust von Epithelien, zu Blutverlust und Resorptionsstörungen. Schwächung und der Tod durch Anämie und durch Exsikkose (Austrocknung) als Folgeerscheinung der Diarrhö können die Folge sein.

2.6.1.4.2 *Isopora* und *Cyclospora*

Die Biologie von Parasiten der Gattung *Isospora* entspricht weitgehend derjenigen von *Eimeria*. Oozysten der Gattung *Isospora* enthalten allerdings je zwei Sporozysten mit jeweils vier Sporozoiten. *Isospora belli*, der Erreger der Kokzidiose des Menschen, kommt besonders in wärmeren Gebieten vor und kann Durchfälle hervorrufen. In Stuhluntersuchungen konnte eine Prävalenz von 3–4 % nachgewiesen werden. Während die meisten Fälle subklinisch verlaufen, können – besonders bei Immunsupprimierten – auch schwere Erkrankungen mit Fieber, andauerndem Durchfall und Erschöpfung resultieren, die eventuell zum Tod führen. *Isospora suis* kann bei Ferkeln schwere Durchfallerkrankungen hervorrufen. Die Schizogoniephase erfolgt in Epithelzellen des Dünndarms. Nach drei Generationen von Schizonten erfolgt die Bildung von Gametozyten. Die Oozysten werden unsporuliert ausgeschieden und sporulieren innerhalb mehrerer Tage. Ferkel, die eine Infektion durchgemacht haben, sind gegen nachfolgenden Befall mit *I. suis* geschützt.

Cyclospora cayetanensis ist ein humanspezifischer Durchfallerreger mit monoxenem Lebenszyklus, der in tropischen und subtropischen Ländern verbreitet ist und besonders aus Südamerika bekannt geworden ist. Während die Infektion mit dieser Kokzidie bei Gesunden selbstlimitierend ist, kann sie sich bei Immunkompromittierten über längere Zeit hinziehen. Gelegentlich erfolgen Infektionen auch in Industrieländern durch importierte Agrarprodukte, die mit Oozysten kontaminiert sind.

2.6.1.4.3 *Toxoplasma gondii*

T. gondii gondii (gr. „toxon" = Bogen, „plasma" = Körper, wg. der bogenförmigen Gestalt; „gondii" von *Ctenodactylus gundi*, einem nordafrikanischen Nager, aus dem der Einzeller beschrieben wurde) gehört zu den „zystenbildenden Kokzidien" der Familie **Sarcocystidae**. *T. gondii* hat eminente Bedeutung als weltweit vorkommender Erreger der Toxoplasmose des Menschen und von Haustieren (vor allem des Schafs) und ist im Gegensatz zu vielen anderen Parasiten auch in Industrieländern noch weitverbreitet. Schätzungen zufolge weisen weltweit ca. 25 % aller Menschen Antikörper gegen *T. gondii* auf, wobei die Raten regional stark variieren. Endwirte sind Katzenartige (in Mitteleuropa Hauskatze, Wildkatze und Luchs). Als Zwischenwirte können fast alle Säugetiere – u. a. auch die Katze selbst – dienen, wobei eine wichtige Rolle der Maus zukommt. Auch viele Arten von Vögeln können infiziert sein, darunter auch Hühner. Das Genom des sequenzierten Stammes ME49B7 hat eine Größe von ca. 65 Mb, ist in $2n = 14$ Chromosomen organisiert und codiert für ca. 7800 Proteine. In Europa und Nordamerika gibt es hauptsächlich drei große Gruppen von *Toxoplasma*-Stämmen, zwischen denen nur selten Genaustausch stattzufinden scheint. In Südamerika und anderen Gebieten scheint die Parasitenpopulation deutlich diverser zu sein. Da die ungeschlechtliche Vermehrung in Zwischenwirtszellen auch in Zellkultur erfolgt, ist *T. gondii* zu einem Modellorganismus geworden, an dem intensiv über die Biologie von Apicomplexa geforscht wird.

Entwicklung Die Infektion des Endwirts Katze findet häufig statt, indem Bradyzoiten aus Gewebezysten eines infizierten Zwischenwirts in Darmepithelzellen eindringen. Sie vermehren sich durch Schizogonie, wobei vier Generationen von Schizonten auftreten (Abb. 2.65). Die Merozoiten der letzten Generation entwickeln sich zu Makrogametozyten oder zu Mikrogametozyten, die jeweils 24–32 begeißelte Mikrogameten bilden. Etwa 3–9 Tage nach der Infektion werden die ersten unsporulierten Oozysten mit dem Kot ausgeschieden. Diese Ausscheidung dauert etwa drei Wochen an. In Infektionsexperimenten schieden Katzen bis zu 100 Mio. Oozysten pro Tag aus. Folgeinfektionen werden von der Immunantwort begrenzt und sind daher deutlich weniger produktiv. Die Sporulation erfolgt bei Luftzutritt unter günstigen Bedingungen in 2–4 Tagen. Sporulierte Oozysten sind sehr widerstandsfähig gegen Umwelteinflüsse sowie gegen Bleiche, Säure und UV-Strahlung und können bei geeigneten Bedingungen bis zu fünf Jahre infektiös bleiben.

Die Infektion von Zwischenwirten kann sowohl durch sporozoitenhaltige Oozysten als auch durch Bradyzoiten erfolgen. Die Parasiten durchwandern das Darmepithel und dringen in subepitheliale Zellen ein, wobei unter experimentellen Bedin-

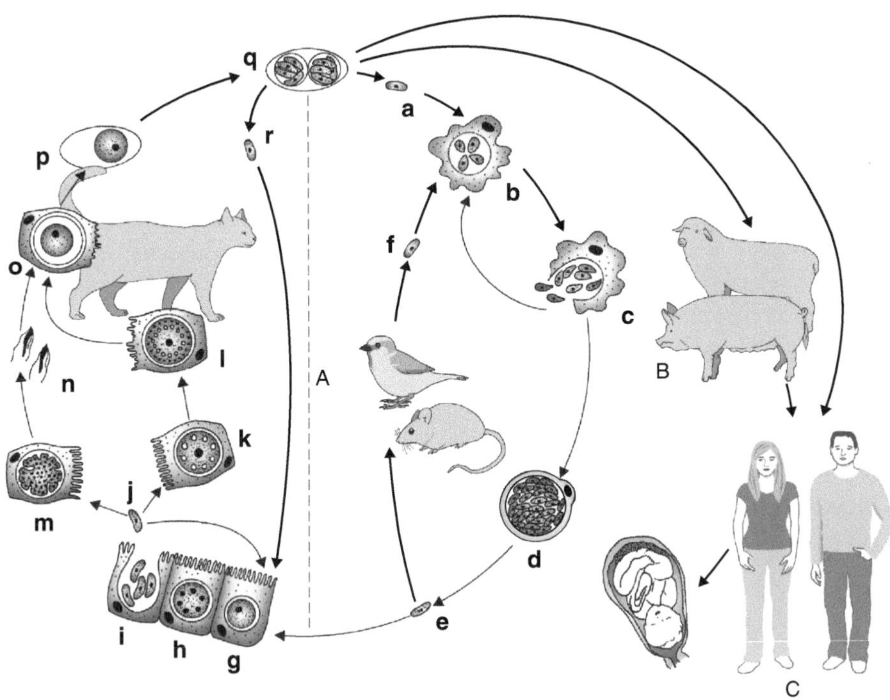

Abb. 2.65 Lebenszyklus von *Toxoplasma gondii*. **a** Sporozoit (Infektionsstadium für den Zwischenwirt). **b, c** Tachyzoiten im Makrophagen. **d** Bradyzoiten in Gewebezyste. **e** Bradyzoit. **f** Infektion von Zwischenwirten mit Bradyzoiten aus Gewebezysten. **g** Trophozoit in Darmepithelzelle. **h** Schizont. **i, j** Merozoiten. **k** Makrogametozyt. **l** Makrogamet. **m** Mikrogametozyt. **n** Mikrogameten. **o** Zygote. **p** Sporont innerhalb der Oozyste. **q** Sporulierte Oozyste mit 2 Sporozysten, die je vier Sporozoiten enthalten. **r** Sporozoit (Infektionsstadium für die Katze). *A* Typischer Lebenszyklus zwischen Katze und Beutetieren. *B* Infektion von Tieren außerhalb des Beutespektrums der Katze. *C* Infektion des Menschen mit Gefahr der Übertragung auf den Fetus

gungen alle kernhaltigen Zellen befallen werden können. Es erfolgt ungeschlechtliche Vermehrung durch Endodyogenie (s. Abb. 2.49) die zunächst in schneller Abfolge in verschiedenen Zelltypen abläuft. Da die Teilungsvorgänge alle 5–9 h erfolgen, werden die Organismen als „Tachyzoiten" bezeichnet (gr. „tachys" = schnell). Bei der raschen Vermehrung ist die Anzahl der Tachyzoitengenerationen nicht festgelegt. In dieser Phase werden freie Parasiten mit dem Blut verdriftet und können aktiv Gewebeschranken passieren, sodass sie unter anderem die Plazenta infizierter Mütter durchwandern, auf die Nachkommen übergehen und sich dort vermehren können. Bei der Toxoplasmose des Menschen gefährdet diese vertikale Transmission das ungeborene Kind („konnatale Toxoplasmose"). Innerhalb von Nagetierpopulationen ist sie vermutlich wichtig für die Weitergabe des Parasiten an die nächsten Wirtsgenerationen.

Die Vermehrung der Tachyzoiten im infizierten Wirt verlangsamt sich nach einigen Tagen unter dem Einfluss von Immunantworten. Es entstehen Bradyzoiten (gr. „bradys" = langsam), die sich in ihren Wirtszellen nur noch sehr langsam teilen. Gleichzeitig wird die Membran der parasitophoren Vakuole zu einer ca. 2 µm dicken Zystenwandung umgebildet. Die jetzt entstandenen Gewebezysten kommen in allen Organen vor, konzentrieren sich aber auf das Gehirn und die Skelett- oder Herzmuskulatur. Kürzlich konnte gezeigt werden, dass *T. gondii*-Tachyzoiten Endothelzellen infizieren können und auf diesem Weg die Blut-Hirn-Schranke durchbrechen können. Diese Gewebezysten können jahrelang überdauern – wahrscheinlich in Neuronen – und sind für den Endwirt Katze, aber auch für Zwischenwirte infektiös. Gewebezysten können neurologische Funktionen des Wirtes beeinflussen und das Verhalten von Nagern in Bezug auf Geruchswahrnehmung verändern: *T. gondii*-infizierte Mäuse und Ratten werden deutlich weniger von Katzenurin abgestoßen als Kontrolltiere, was als parasiteninduzierter Mechanismus zur Steigerung der Übertragung interpretiert wird (s. Abschn. 1.7.3.2).

Auch die Katze kann als Zwischenwirt fungieren, denn eine Infektion mit sporulierten Oozysten führt zur Bildung von Tachyzoiten und Gewebezysten. Bei diesem Infektionsmodus wandern Parasiten dann allerdings auch sekundär in Darmepithelzellen der Katze ein. Hier kommt es zur Schizogonie und Gamogonie und schließlich nach 20–36 Tagen zur Ausscheidung von Oozysten.

Morphologie Die Oozysten von *T. gondii* sind farblos und messen ca. 12,5 × 11 µm (Abb. 2.66). Sie weisen keine Mikropyle auf und enthalten je zwei Sporozysten (8,5 × 6 µm) mit je vier Sporozoiten und einem granulären Restkörper. Die Tachyzoiten sind von sichelförmiger Gestalt und messen ca. 6 × 2 µm. Die Gewebezysten sind rund, können bis zu 300 µm Durchmesser erreichen und haben eine ca. 2 µm dicke Wandung aus geschichtetem, fibrillär erscheinendem Material. Sie enthalten einige Hundert Bradyzoiten, die ähnlich groß sind wie Tachyzoiten.

Toxoplasmose des Menschen Bei immunkompetenten Individuen ist die Infektion in der Regel selbstlimitierend. Eine Erstinfektion mit *T. gondii* kann mehrere Tage andauerndes Fieber und Lymphknotenschwellungen verursachen, verläuft aber meist unbemerkt. Neue Daten aus Südamerika weisen darauf hin, dass dort relativ häufig auch bei sonst gesunden Personen Augenläsionen auftreten, die zu Erblindung führen können. In Deutschland schwankt die mittlere Befallsrate, festgestellt durch Antikörpernachweis, regional zwischen ca. 30 % und ca. 60 % der Bevölkerung. Weltweit sind je nach Ernährungsgewohnheiten und Hygienebedingungen zwischen 15 und 85 % der Erwachsenen befallen. Die Durchseuchung mit *T. gondii* steigt in Westeuropa im Menschen proportional mit dem Lebensalter um etwa 1 % pro Jahr, d. h., grob geschätzt sind 25-Jährige zu 25 %, 40-Jährige zu 40 % und 60-Jährige zu 60 % befallen. Die großen regionalen Unterschiede der Befallsraten stehen wahrscheinlich im Zusammenhang mit der Ernährung (z. B. abhängig davon, ob Fleisch gut durchgegart und wie sorgfältig Gemüse gewaschen wird). Vermutlich bedingt die zunehmende industrielle Erzeugung von Lebensmitteln einen Rückgang der Toxoplasmose, wie er z. B. in den USA beobachtet wird.

Schwangere, die bereits eine Erstinfektion durchgemacht haben, sind aufgrund ihrer Immunität gegen akute Toxoplasmose geschützt und der Fetus ist nicht gefähr-

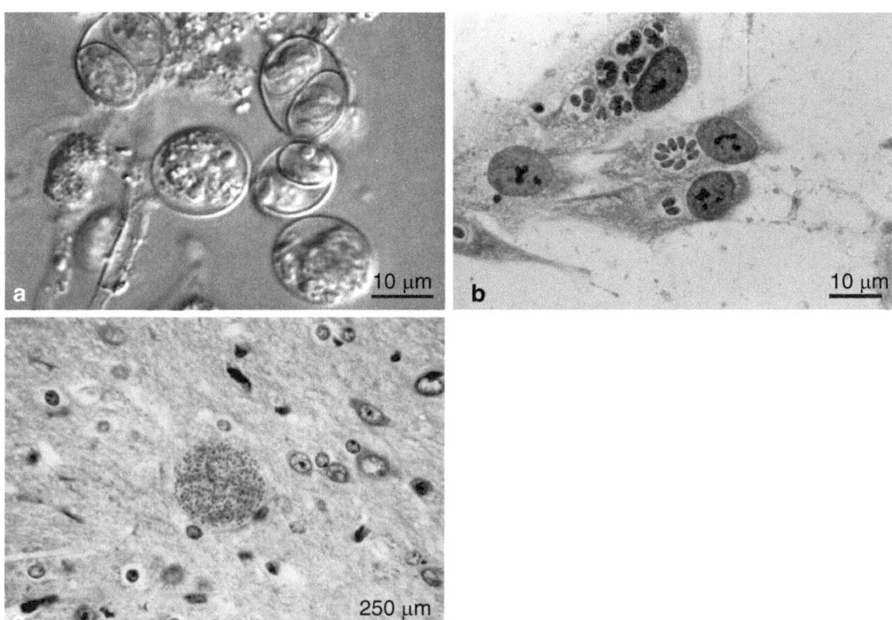

Abb. 2.66 Stadien von *Toxoplasma gondii*. **a** Sporulierte Oozysten aus Katzenkot. **b** Tachyzoiten in Fibroblasten in Zellkultur. **c** Gewebezyste im Gehirn einer Maus. (Aufnahmen: Archiv der Abt. Parasitologie, Universität Hohenheim)

det. Der Immunitätsstatus kann durch Analyse der Antikörperantworten bestimmt werden: Eine durchlaufene Infektion wird angezeigt durch toxoplasmaspezifische IgG-Antikörper, während bei einer akuten Infektion IgM-Antikörper vorliegen. Verfeinerte Tests zur Unterscheidung von akuten und chronischen Infektionen werden in vielen Ländern routinemäßig angewendet. Bei einer Erstinfektion gehen die Erreger in ca. 30 % der Fälle auf die Leibesfrucht über, wo sie hauptsächlich Nervengewebe befallen. Die Gefahr der Infektion nimmt proportional mit der Schwangerschaftsdauer zu. Je nach Alter des Ungeborenen werden unterschiedlich schwere Schäden hervorgerufen: Infektionen im 1. und 2. Schwangerschaftsdrittel führen häufig zu Aborten oder zur Geburt von Kindern mit schweren Missbildungen (Abb. 2.67). Es können Wasserkopf, Entzündungen der Ader- und Netzhaut des Auges (Chorioretinitis) sowie Gehirnschädigungen auftreten. Infektionen im 3. Schwangerschaftsdrittel rufen meist weniger weit gehende Schäden hervor. Nur 5–10 % *in utero*-infizierter Kinder mit einer „konnatalen Toxoplasmose" sind direkt bei der Geburt klinisch auffällig. Mehr als 50 % (manchen Schätzungen zufolge >90 %) erkranken jedoch im Verlauf des Heranwachsens an Chorioretinitis, die zu Blindheit führen kann, bleiben geistig zurück oder haben Nervenleiden, wenn die Erreger nicht chemotherapeutisch eliminiert werden. Schätzungen gehen davon aus, dass in Deutschland jährlich ca. 4500 Schwangere eine akute *T. gondii*-Infektion erleiden, sodass eine erhebliche Anzahl von Kindern betroffen ist (Abb. 2.68).

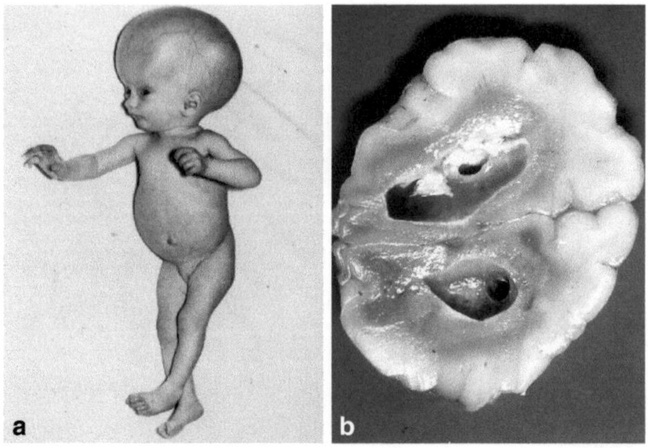

Abb. 2.67 Konnatale Toxoplasmose. **a** Kind mit
Hydrocephalus. Aus Dyke
(1960), mit freundlicher
Genehmigung von Else-
vier. **b** Querschnitt durch
ein menschliches Hydroce-
phalusgehirn mit deutlich
vergrößerten Ventrikeln.
(Aus Schrod et al. 1991, mit
freundlicher Genehmigung
des Hans Marseille-Verlages)

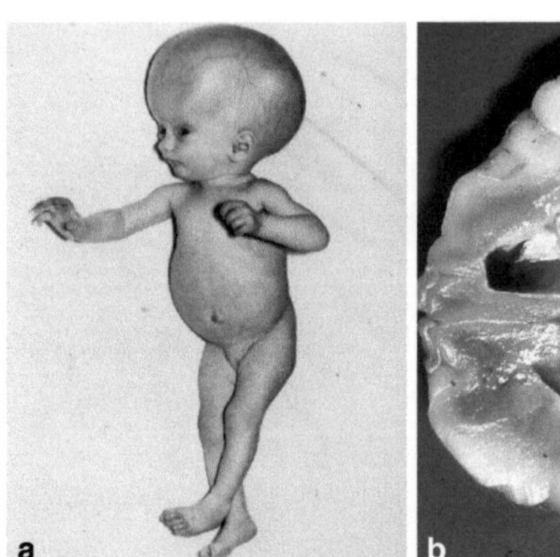

Bei akuter Infektion werden die Mutter (und damit gleichzeitig das Ungeborene) chemotherapeutisch behandelt oder es wird – bei Infektionen in der frühen
Schwangerschaft – ein Schwangerschaftsabbruch anheimgestellt. Kleinkinder mit
konnataler Infektion sollten behandelt werden, auch wenn sie klinisch unauffällig
sind, da auf diese Weise spätere Erkrankungen (z. B. Erblindung) verhindert werden
können.

Eine chronische Infektion mit *Toxoplasma*-Zysten wird in der Regel symptomlos toleriert, solange das Immunsystem funktioniert. Bei Personen mit defizienten
T-Zell-Antworten können *Toxoplasma*-Zysten im Gehirn reaktiviert werden. Bei
solchen Immundefizienten wandeln sich die Bradyzoiten in Tachyzoiten um. Diese
werden aus der Zyste frei und invadieren Zellen des umliegenden Gewebes, sodass
lokale Entzündungen resultieren. Weitgehende Schäden entstehen unter anderem,
wenn Gefäßwandzellen befallen werden und die Gefäße aufbrechen. Es kommt zu

Inzidenz Toxoplasmose

662.685 Geburten in Deutschland (2011)

28,26 % schwangerer Frauen sind antikörperpositiv (putativ immun), d. h., es gibt 71,74 % =
475.410 „Risikoschwangerschaften"

0,92 % Serokonversion während der Schwangerschaft = 4371 mütterliche Infektionen

29 % der Kinder von infizierten Müttern sind infiziert = 1268 infizierte Kinder

22 % der infizierten Kinder weisen bei der Geburt klinische Symptome auf (Wallon et al.
2013) = 279 an Toxoplasmose erkrankte Neugeborene

Abb. 2.68 Schätzung der Inzidenz der konnatalen Toxoplasmose in Deutschland im Jahr 2011,
nach Angaben des Robert Koch-Instituts Berlin. (Die Daten basieren auf Wilking et al. 2016 und
Wallon et al. 2013)

Blutungen und Thrombosen, die einen Sauerstoffmangel in nachgeordneten Gehirnbereichen bewirken, sodass das Gewebe abstirbt und große Nekrosen resultieren können (s. Abschn. 1.6.3 und Abb. 1.47). Früher trat eine solche *Toxoplasma*-Enzephalitis, die unbehandelt zum Tod führt, aufgrund reaktivierter Zysten in Mitteleuropa bei ca. jedem 4. Aidspatienten auf. Mittlerweile werden Aidspatienten prophylaktisch behandelt, wenn sie Antikörper gegen *T. gondii* haben. Auch bei Transplantatempfängern, die zur besseren Akzeptanz des Spenderorgans immunsupprimiert werden, kann eine Reaktivierung der Toxoplasmose auftreten. Ebenso ist ein Übergang von Toxoplasmen aus einem gespendeten Organ auf den Empfänger möglich.

Toxoplasmose von Tieren Toxoplasmose tritt bei allen Haus- und Nutztierarten auf. Für die Schafhaltung ist die Toxoplasmose ein gravierendes Problem, da Abortepidemien („seuchenhaftes Verlammen") auftreten können. Bei Schafen und Ziegen können Toxoplasmen auch mit der Milch übertragen werden. Schafbestände können bis zu 100 % durchseucht sein. Beim Schwein variiert die Durchseuchung in Abhängigkeit von den Haltungsbedingungen und ist in modernen Mastbetrieben <1 %, während im Mittel 19 % von Muttersauen infiziert sind. Zysten im Fleisch können drei Wochen bei 4 °C überleben. Beim Hund kann Toxoplasmose zu zentralnervösen Störungen führen, die schwer abgrenzbar von Tollwut sind. Bei Katzen treten Darm- und Augenerkrankungen auf, sind aber selten. Rinder weisen zwar Antikörper gegen Toxoplasmen auf, der Parasit ist aber durch Rindfleisch nicht übertragbar. Die Angaben über den Befall von Wildnagern sind unterschiedlich (>1 % bis zu 35 %). Aufgrund der geringen Wirtsspezifität von *T. gondii* in Bezug auf den Zwischenwirt erscheint eine Infektion fast aller Warmblüter möglich, allerdings ist nicht klar, welche Tiere – abgesehen von Nagern – für die Verbreitung des Parasiten relevant sind.

Zellbiologie Da die Tachyzoiten von *T. gondii* in Wirtszellen (z. B. in Fibroblasten) *in vitro* kontinuierlich gehalten werden können, ist dieser Parasit relativ gut untersucht. Die Spezifität in Bezug auf die Wirtszelle ist extrem gering, u. a. werden Neuronen, Makrophagen, Fibroblasten, Mikroglia-, Endothel- und Muskelzellen befallen. Dies spricht dafür, dass die Rezeptoren der Tachyzoiten weitverbreitete Oberflächenkomponenten erkennen. Die Zellinvasion erfolgt mit dem Mechanismus der gleitenden Bewegung (Abb. 2.52). Die Oberfläche von *T. gondii* ist besetzt mit einer Vielzahl unterschiedlicher GPI-verankerter Proteine, die an Adhäsion und Virulenz beteiligt sind. Sie gehören unterschiedlichen Proteinfamilien an, z. B. SAG („surface antigens"), SRS („SAG1-related sequences") und SUSA („SAG-unrelated surface antigens"). Das Muster dieser Proteine ist stadien- und artspezifisch, es wurde vermutet, dass diese Vielzahl unterschiedlicher Oberflächenantigene *T. gondii* in die Lage versetzt, unterschiedliche Zelltypen und Wirtsspezies zu infizieren.

In *T. gondii*-infizierten Zellen lagern sich, abhängig vom Parasitenstamm, Mitochondrien und endoplasmatisches Retikulum der Wirtszelle an die Membran der parasitophoren Vakuole an (Abb. 2.69). Dieser Prozess wird von dem Dichten-Granula-Protein MAF1 („mitochondrial association factor 1") vermittelt. Die Rekrutie-

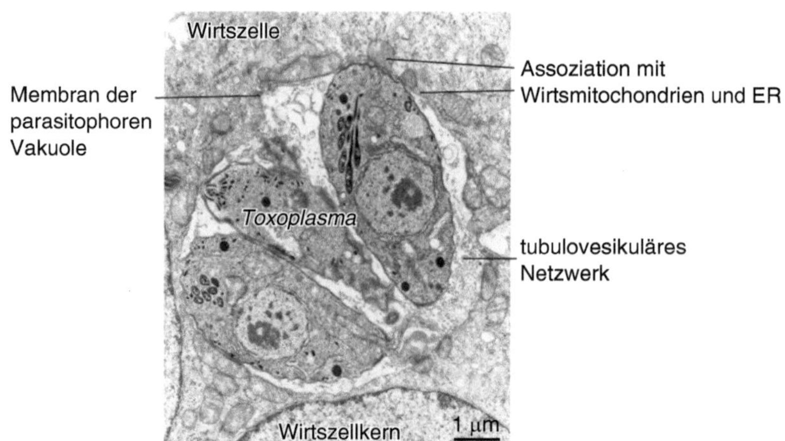

Abb. 2.69 Tachyzoiten von *Toxoplasma gondii* in einer parasitophoren Vakuole. Die Vakuole ist umgeben von Wirtszellmitochondrien und endoplasmatischem Retikulum, die der Parasit rekrutiert hat. (Aufnahme: I. Coppens)

rung von Organellen an die parasitophore Vakuole erlaubt dem Parasiten möglicherweise eine Aufnahme von Wirtskomponenten. Andererseits könnte die Rekrutierung des Mitochondriums auch mit der Rolle dieses Organells bei der angeborenen Immunantwort zusammenhängen. Das Innere der parasitophoren Vakuole ist erfüllt von einem tubulovesikulären Netzwerk (s. Abb. 2.69), d. h. mit einer Vielzahl röhrenförmigen, auch im Elektronenmikroskop nur bei starker Vergrößerung erkennbaren Strukturen, deren Funktion bislang unbekannt ist.

Die Stadienkonversion vom Tachyzoiten zum Bradyzoiten und die Bildung von Gewebezysten wird durch Zytokine aktivierter T-Zellen, vor allem IFN-γ bedingt. Direkter Auslöser für diese Umwandlung ist Stickoxid (NO), das als Effektormolekül von Wirtszellen produziert wird, wenn diese durch IFN-γ aktiviert werden. Außerdem verändert sich der Tryptophan- und der Eisenstoffwechsel infizierter Zellen nach IFN-γ-Aktivierung, sodass die Produktion dieser für die Parasiten essenziellen Komponenten gedrosselt wird. Experimentell lässt sich die Konversion von Tachyzoiten zu Bradyzoiten durch Zellstress unterschiedlichen Ursprungs herbeiführen. Die Stadienkonversion und die extrem langsame Vermehrung der Bradyzoiten scheinen also eine Reaktion auf den veränderten Stoffwechselzustand der Wirtszelle zu sein. Vermindert sich die IFN-γ-Produktion, wie z. B. im Fall von Aidspatienten aufgrund reduzierter Anzahlen von T-Helferzellen, kommt es wieder zur Bildung von Tachyzoiten und damit zur Reaktivierung der Infektion.

Immunbiologie Die Vorgänge bei der Infektion im Zwischenwirt sind im Mausmodell gut untersucht. Hier erfolgt der erste Parasit-Wirt-Kontakt im Darmepithel und der darunterliegenden Lamina propria. Als erste Zellen reagieren wohl dendritische Zellen und Makrophagen mit ihren Toll-like-Rezeptoren (TLR) und Nod-like-Rezeptoren (NLR) auf molekulare Strukturen der eindringenden Stadien und produzieren IL-12 und TNF-α, die ihrerseits NK-Zellen zur Produktion von IFN-γ stimulieren (s. Abb. 1.36). Damit wird ein Milieu geschaffen, in dem T-Helferzellen in die proinflammatorische Th1-Richtung polarisiert werden. Sie produzieren dann IFN-γ, das Zellen auf unterschiedlichem Weg zur Abtötung der intrazellulären Parasiten befähigt.

Infizierte Makrophagen können nach Zytokinaktivierung ihre intrazellulären Parasiten durch Produktion von NO und reaktiven Sauerstoffprodukten abtöten. Auch die oben im Zusammenhang mit der Stadienkonversion beschriebene IFN-γ-induzierte Verarmung an Tryptophan und Eisen trägt zur Abwehr in Zelltypen bei, die NO nicht oder nur in geringem Ausmaß produzieren können. Als wichtiger Mechanismus wurde außerdem die Induktion von p47-GTPasen durch IFN-γ beschrieben. Diese „immune related GTPases" (IRG) sind in der Maus, aber nicht im Menschen an der Reifung von Vesikeln innerhalb der Zelle beteiligt. Es wurde gezeigt, dass bei *T. gondii*-infizierten Zellen p47-GTPasen in die Membran der parasitophoren Vakuole eingebaut werden und diese zerstören, sodass die Parasiten absterben.

Im Mausmodell kann ein partieller Schutz gegen Belastungsinfektion mit *T. gondii* durch Immunisierung mit verschiedenen rekombinanten Einzelproteinen erzielt werden. Den besten Schutz (>96 % Reduktion der Anzahl von Gehirnzysten) ergaben aber Impfungen mit genetisch attenuierten Parasiten, denen ein oder mehrere Schlüsselproteine deletiert worden waren. Für Schafe existiert eine *T. gondii*-Lebendvakzine auf der Basis eines attenuierten Stammes, der die Fähigkeit zur Zystenbildung verloren hat, sich nur kurze Zeit begrenzt vermehrt und dabei schützende Immunantworten induziert. Diese Impfung schützt gegen Abort bei Schafen, sodass hohe Verluste durch Fehlgeburten vermieden werden können.

Auch beim Menschen wird eine Immunität gegen Folgeinfektionen ausgebildet. Deshalb sind werdende Mütter, die bereits vor der Schwangerschaft eine *Toxoplasma*-Infektion durchgemacht haben und deshalb Gewebszysten aufweisen, relativ gut gegen eine erneute Infektion geschützt und der Fetus ist nicht gefährdet.

Bei Katzen induziert eine *Toxoplasma*-Infektion einen bleibenden Schutz, sodass bei Folgeinfektionen nur noch wenige oder keine Oozysten mehr ausgeschieden werden. Aus diesem Grund wird die Impfung von Katzen immer wieder als Maßnahme diskutiert, um die Verbreitung der Toxoplasmose zu unterbrechen. Ein solcher Impfstoff ist bisher jedoch noch nicht auf dem Markt.

Dass *T. gondii* trotz solcher Immunantworten in seiner Wirtszelle überlebt, liegt an zahlreichen Immunevasionsmechanismen. Unter anderem blockieren die Parasiten den NFkB-Signaltransduktionsweg, der zur Bildung von IL-12 und TNF-α führt, sodass die Entstehung von Entzündungsantworten gehemmt wird. Die Parasiten inhibieren auch Signalkaskaden, die die Wirtszelle nach IFN-γ-Stimulation aktivieren. Einerseits werden dadurch Effektormechanismen herabreguliert (z. B. die Produktion von NO), andererseits wird die Präsentation von Antigenen durch MHC I und MHC II vermindert. *T. gondii* verhindert auf diesem Weg die Erkennung infizierter Zellen durch zytotoxische T-Zellen und die Induktion von T-Helferzell-Antworten. Zudem stimulieren die Parasiten in Makrophagen die Produktion von IL-10 und TGF-β sowie anderen Mediatoren, die Entzündungsantworten unterbinden. Gleichzeitig hat der Befall mit Toxoplasmen eine Unterdrückung der Apoptose zur Folge, sodass infizierte Zellen länger überleben.

Auch die oben erwähnten IRG, die in Zellen infizierter Nagetiere die parasitophore Vakuole zerstören, werden von *T. gondii* unterlaufen. Der Parasit produziert in seinen Rhoptrien eine Familie von ROP5-Proteinen, die in die Membran der parasitophoren Vakuole eingebaut werden und die Aktivierung der IRG verhindern. Dabei ist bemerkenswert, dass das Mausgenom mehr als 20 unterschiedliche IRG-Gene aufweist. Ähnlich divers ist aber auch das Repertoire der ROP5-Proteine des Parasiten, der 5–10 unterschiedliche Gene aufweist, die in jeweils mehreren Kopien im Genom vorliegen. Diese Gene unterscheiden sich stark zwischen *T. gondii*-Stämmen. Man vermutet, dass diese Diversität das Ergebnis eines „evolutionären Wettrennens" ist. Dabei wird der Zwischenwirt durch den vom Parasiten ausgehenden Evolutionsdruck ständig zur Bildung neuer IRG gezwungen, gegen die noch kein ROP5-Protein wirkt. Umgekehrt muss auch der Parasit neue ROP5-Proteine entwickeln, um neue IRG des Nagers effizient abzuwehren.

2.6.1.4.4 *Neospora caninum*

N. caninum ist weltweit verbreitet, wurde erst 1984 als Erreger von Erkrankungen beschrieben und hat eine ähnliche Biologie wie *T. gondii*, wobei Hundeartige als Endwirt fungieren. Infizierte Hunde scheiden unsporulierte, rund-ovale Oozysten mit einer Größe von 11×10 m aus, in denen sich innerhalb von drei Tagen zwei Sporozysten mit je vier Sporozoiten bilden (Abb. 2.70). Der Parasit nutzt ein sehr breites Spektrum an Zwischenwirten, wobei Huftiere eine besonders wichtige Rolle spielen. Von besonderer wirtschaftlicher Bedeutung ist die Infektion des Rindes, die bei einer großen Anzahl trächtiger Tiere zu Aborten führt. *N. caninum* wird deshalb als häufigster Erreger von Aborten des Rindes betrachtet. Auch eine geringere Milchproduktion oder ein geringfügiges Geburtsgewicht der Kälber kann resultieren. Eine Besonderheit der *N. caninum*-Infektion ist die effiziente vertikale Übertragung: Dieser Parasit kann im Rind auf diaplazentarem Weg über mehrere Generationen hinweg übertragen werden. Auch kann ein infiziertes Muttertier die Infektion über Jahre hinweg an Jungtiere mehrerer Würfe weitergeben. Deshalb könnte bei *N. caninum* der vertikale Infektionsweg epidemiologisch wichtiger sein als der horizontale, d. h. als die Infektion mit Oozysten.

Der Ablauf der intestinalen Vermehrung im Endwirt entspricht sehr wahrscheinlich den Prozessen bei *T. gondii*. Im Zwischenwirt erfolgt die ungeschlechtliche Teilung durch Endodyogenie, wobei eine akute Phase mit rascher Vermehrung durch Tachyzoiten abgelöst wird durch eine chronische Phase der Infektion, in der Gewebezysten gebildet werden. Diese sind mit bis zu 4 m Wandstärke relativ dickwandig, liegen hauptsächlich in neuronalem Gewebe und enthalten Bradyzoiten, die als Dauerstadien im Wirt persistieren. Durch intraperitoneale Injektion dieses Materials können die Parasiten auf Mäuse und andere Versuchstiere übertragen werden, in deren Gehirn sich Zysten ausbilden. Auch bei abortierten und neugeborenen Kälbern wurden solche *Neospora*-Gewebszysten beschrieben. Während die Infektion bei adulten Zwischenwirten relativ wenig Symptome hervorruft, verursacht die

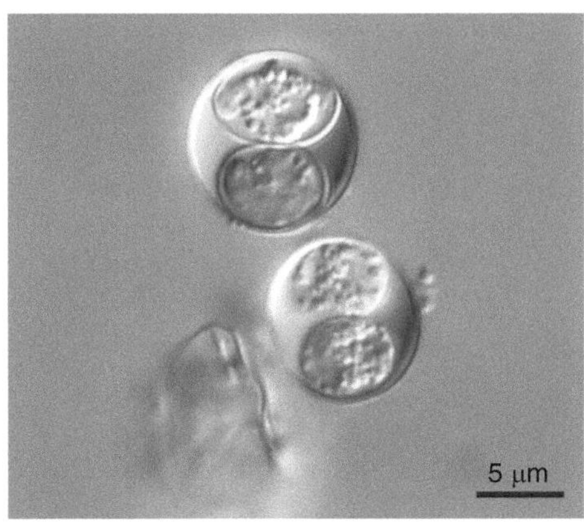

Abb. 2.70 Oozysten von *Neospora caninum*. (Aufnahme: Institut für Parasitologie der Universität Bern, mit freundlicher Genehmigung)

konnatale Infektion – wenn sie nicht zu Aborten führt – zentralnervöse und andere Störungen, die sich vor allem in Lähmungen äußern.

2.6.1.4.5 *Besnoitia besnoiti*

Der Erreger der Elefantenhaut bei Rindern ist hauptsächlich in tropischen und subtropischen Regionen verbreitet, kommt aber auch in Spanien, Portugal und Südfrankreich vor. Der Zyklus ist nicht bekannt. Wegen der Zugehörigkeit zu den zystenbildenden Kokzidien werden Karnivorenendwirte vermutet, konnten bisher aber nicht experimentell nachgewiesen werden. Eine Übertragung durch blutsaugende Arthropoden wird angenommen. Die Tachyzoiten entwickeln sich in Bindegewebsmakrophagen der Haut. Im akuten Stadium treten Fieber und Lymphknotenschwellungen auf. Später bilden sich bis zu 600 µm große ungekammerte, dickwandige Gewebszysten, die mit Zystozoiten angefüllt sind. Durch Bindegewebsverdickung, Haarausfall und Hautentzündungen kommt es dann zur sog. Elefantenhaut, was zur Qualitätsminderung des Leders und Schwächung der Tiere führt. Durch Zysten bedingte Veränderungen im Hoden können bei Bullen zu Sterilität führen.

2.6.1.4.6 *Sarcocystis*

Parasiten der Gattung *Sarcocystis* (gr. „sarx" = Fleisch, „kýstis" = Blase) haben einen obligatorischen Wirtswechsel zwischen fleischfressenden Wirbeltieren (= Endwirte) und Wirbeltieren aus deren Beutespektrum (= Zwischenwirte). Aus Wild- und Nutztieren wurden ca. 200 *Sarcocystis*-Arten beschrieben, die jeweils hochspezifisch an End- bzw. Zwischenwirte angepasst sind (s. auch Tab. 2.8). Die Pathogenität im Endwirt ist meist gering, aber die Zwischenwirte können bei starken Infektionen während der Schizogoniephasen schwer erkranken, sodass bei landwirtschaftlichen Nutztieren erhebliche Einbußen eintreten können. Hund, Katze und der Mensch sind Endwirt für jeweils mehrere *Sarcocystis*-Arten, die Haustiere als Zwischenwirte nutzen. Die Benennung von Arten erfolgt z. T. nach der Kombination von Zwischen- und Endwirten. Als Beispiel wird hier die Art *Sarcocystis suihominis* vorgestellt, die den Menschen als Endwirt und das Schwein als Zwischenwirt nutzt.

Tab. 2.8 Häufig vorkommende *Sarcocystis*-Arten

Art	Endwirt	Zwischenwirt	Muskelzyste (Länge)	Pathogenität
S. cruzi	Hund	Rind	500 um	+
S. tenella	Hund	Schaf	0,7 mm	+
S. arieticanis	Hund	Schaf	1 mm	+
S. capracanis	Hund	Ziege	2,5 mm	+
S. bertrami	Hund	Pferd	9 mm	+
S. miescheriana	Hund	Schwein	1,1 mm	+
S. hirsuta	Katze	Rind	8 mm	−
S. gigantica	Katze	Schaf	1,5 cm	−
S. muris	Katze	Hausmaus	Keine Angabe	−
S. hominis	Mensch	Rind	7 mm	−
S. suihominis	Mensch	Schwein	1,5 mm	+
S. dispersa	Eulen	Hausmaus	Keine Angabe	−
S. singaporensis	Python	Versch. Rattenarten	ca. 1 mm	+

Entwicklung Der Mensch infiziert sich durch Verzehr von ungenügend gegartem Schweinemuskelfleisch, das Gewebezysten von *S. suihominis* enthält. Die im Darm aus den Gewebezysten frei werdenden Parasitenstadien („Zystozoiten") invadieren Zellen des Darmepithels und differenzieren sich ohne zwischengeschaltete Schizogonie direkt zu Makro- und Mikrogametozyten, die Gameten bilden (Abb. 2.71). Nach der Befruchtung durch die begeißelten Mikrogameten werden Oozysten ausgebildet, in denen zwei Sporozysten mit jeweils vier Sporozoiten liegen. Die Ausscheidung der bereits sporulierten Oozysten im Stuhl setzt nach 9–10 Tagen ein und hält über einen Zeitraum von mehreren Monaten an.

Wenn Schweine kontaminiertes Futter aufnehmen oder oozystenhaltigen Kot fressen, durchdringen die Sporozoiten die Darmwand, invadieren Endothelzellen von Blutgefäßen der Leber und anderen Organen und bilden hier durch Endopolygenie zwei Generationen von Merozoiten. Merozoiten der letzten Generation befallen Muskelzellen vorwiegend von Zunge, Zwerchfell und Kaumuskulatur. Sie wachsen dort heran und teilen sich durch Endodyogenie. Die Wandung der parasitophoren Vakuole wird zu einer Zystenhülle umgebildet und es bildet sich eine Gewebezyste. An der Peripherie des Zysteninneren liegen teilungsaktive Zentren, die Metrozyten, aus denen durch Endodyogenie Tausende der nicht mehr teilungsaktiven, für den Menschen infektiösen Zystozoiten hervorgehen.

Morphologie Die Oozystenwandung ist sehr dünn, passt sich in ihrer Form den Sporozysten an und reißt oft bereits im Darm auf, sodass in Kotproben meist freie Sporozysten (Größe: $10 \times 13\,\mu m$) gefunden werden (Abb. 2.72). Die Gewebezysten sind spindelförmig, messen ca. $1500 \times 100\,\mu m$ und haben $13\,\mu m$ lange, haarartige Fortsätze auf der Oberfläche. Das Innere der Zysten, das mehrere Tausend Zystozoiten enthalten kann, ist durch Septen gekammert. Die bananenförmigen Zystozoiten sind 12–$15\,\mu m$ lang.

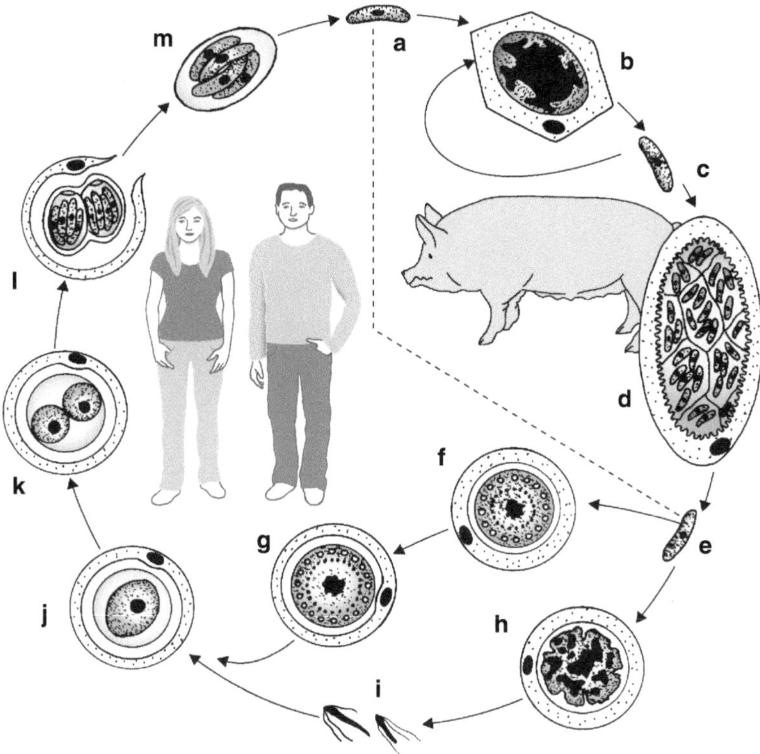

Abb. 2.71 Lebenszyklus von *Sarcocystis suihominis*. **a** Sporozoit. **b** Endopolygenie in Endothelzelle. **c** Merozoit. **d** Gewebezyste in Muskelzelle. **e** Zystozoit. **f** Makrogametozyt. **g** Makrogamet. **h** Mikrogametozyt. **i** Mikrogameten. **j** Zygote. **k** Sporoblasten. **l** Aus der Wirtszelle austretende dünnwandige Oozyste mit zwei Sporozysten, die je vier Sporozoiten enthalten. **m** Ausgeschiedene Sporozyste mit vier Sporozoiten. (Verändert nach Mehlhorn 1988)

Schadwirkung *S. suihominis* ist für den Menschen potenziell pathogen, obwohl es aufgrund der Tatsache, dass wir nur selten rohes Schweinefleisch in großen Mengen verzehren, kaum zu klinisch relevanten Erkrankungen kommt. Bei Selbstversuchen, in denen Freiwillige rohes, zystenhaltiges Schweinefleisch aßen, traten aber schwere Durchfälle auf, die eine Hospitalisierung der Probanden nötig machten. Für Zwischenwirte ist die Pathogenität von *Sarcocystis* hoch. Sie ist bedingt durch Fieber und Kapillarschäden, die besonders beim synchronen Aufbrechen der Schizonten in den Endothelien auftreten. Muskelzysten sind hingegen nur wenig pathogen. Nach massiven *Sarcocystis*-Infektionen erkranken Schweine schwer und können auch sterben; so führt die Aufnahme von 1 Mio. Sporozysten oder mehr regelmäßig zum Tod. Akute Infektionen können bei tragenden Tieren zu Aborten führen. Schwache Infektionen verursachen schlechtere Futterverwertung und damit ökonomische Schäden.

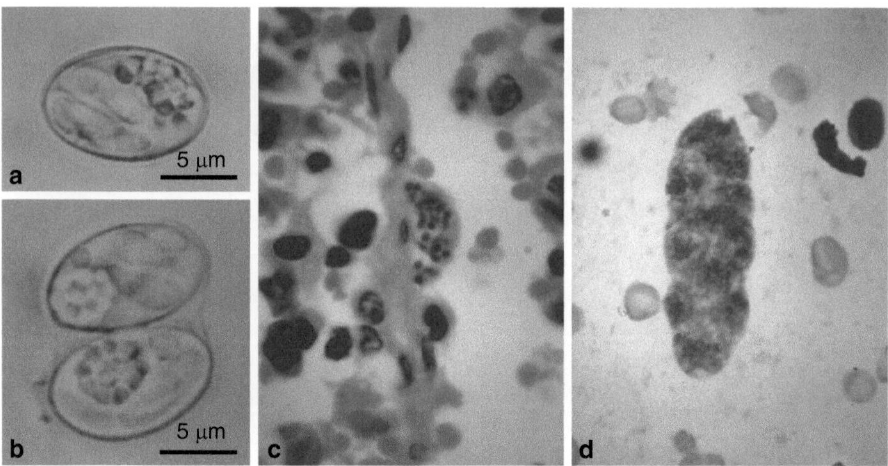

Abb. 2.72 Stadien von *Sarcocystis suihominis*. **a** Freie sporulierte Sporozysten. **b** Sporozysten innerhalb der dünnen Oozystenhülle. (Aufnahme: H. Rommel) **c** Schizont in einer Endothelzelle eines Schweins. (Aufnahme: A. O. Heydorn) **d** Gewebezyste. (Aufnahme: A. O. Heydorn)

Sarcocystis-Infektionen sind bei Wildtieren und konventionell gehaltenen Nutztieren weitverbreitet, bei geschlossener Haltung jedoch selten. Die Muskelzysten, die auch als „Miescher'sche Schläuche" bezeichnet werden, sind zum Teil sehr auffällig, so erreichen die Zysten von *Sarcocystis gigantea*, die typischerweise am Schlund von Schafen liegen, eine Größe von >1 × 0,5 cm. Aufgrund ihrer hohen Wirtsspezifität und der Pathogenität für den Zwischenwirt werden Oozysten von *S. singaporensis* zur biologischen Rattenbekämpfung verwendet. Diese Art nutzt Pythonschlangen als Endwirt, was die Produktion großer Mengen von Oozysten erlaubt. Wenn Ratten oozystenhaltige Köder aufnehmen, sterben sie später an inneren Blutungen, die mit den Schizogonien verbunden sind.

2.6.1.5 Haematozoea

Die Parasiten der Klasse Haematozoea haben einen obligaten Wirtswechsel zwischen blutsaugenden Arthropoden und Wirbeltieren. Die Befruchtung erfolgt im Darmlumen von Arthropoden und die Sporogonie führt zur Bildung von freien Sporozoiten, die mit dem Speichel der Arthropoden übertragen werden. Als Zwischenwirte dienen Wirbeltiere wie Echsen, Vögel oder Säugetiere. Dieses Muster legt nahe, dass sich die Haematozoea aus Darmparasiten blutsaugender Arthropoden entwickelten und deren Blutwirte als Zwischenwirte in den Lebenszyklus aufnahmen. Im Wirbeltier werden ganz unterschiedliche Zelltypen wie Endothelzellen, Makrophagen, Leberzellen, Leukozyten und Erythrozyten für die Schizogonie genutzt. Bei den Hämatozoen ist der Apikalkomplex reduziert, insbesondere das Conoid ist nur noch rudimentär. In der Ordnung Haemosporida sind die Endwirte blutsaugende Dipteren, während Reptilien, Vögel und Säugetiere als Zwischenwirte genutzt werden. Es besteht nur eine Familie, die Plasmodiidae. Aufgrund ihrer medizinischen Bedeutung als Malariaerreger des Menschen ist die Gattung *Plasmodium* von eminenter Bedeutung. In der Ordnung Piroplasmida, zu denen die Familien Babesiidae und Theileriidae gehören, nutzen die meisten Arten als Endwirte Schildzecken und Säugetiere als Zwischenwirte. Die Piroplasmen nehmen bei Huftieren die ökologische Nische der Plasmodien ein und rufen bedeutende Tierseuchen hervor.

2.6.1.5.1 Plasmodien

Die Gattung *Plasmodium* (gr. „plasmatos" = kleines Gebilde) wird in vier Untergattungen mit mehr als 170 Arten unterteilt. Die Biologie wird am Beispiel der fünf humanpathogenen Arten *Plasmodium vivax, Plasmodium ovale, Plasmodium malariae, Plasmodium knowlesi* und *Plasmodium falciparum* dargestellt (s. auch Tab. 2.9 und 2.10, http://www.who.int/tdr/diseases/malaria/default.htm), die alle Malaria hervorrufen. Allerdings variiert das Krankheitsbild je nach Erregerspezies, wobei *P. falciparum* die gefährlichste, weil sehr häufig tödlich verlaufende Infektion hervorruft. *P. knowlesi* unterscheidet sich von den anderen Arten, indem dieser Parasit zoonotisch ist und in Südostasien von Affen auf den Menschen übertragen werden kann. Deshalb wird dieser Parasit bei Plasmodien von Affen, Nagetieren und Vögeln am Ende des Abschnitts erwähnt.

Noch vor 150 Jahren war Malaria fast weltweit eine Krankheit von großer sozioökonomischer Bedeutung, ist heute aber vorwiegend auf warme Länder mit gering entwickelter Infrastruktur beschränkt. Auch hier ist sie seit der Jahrtausendwende durch große Bekämpfungsprogramme massiv zurückgedrängt worden, noch immer sterben aber jährlich mehr als 400.000 Menschen – meist Kinder in Afrika südlich der Sahara – an dieser Parasitose.

2.6.1.5.2 Entwicklung und Morphologie

Entwicklung Die humanpathogenen *Plasmodium*-Arten haben eine sehr ähnliche Entwicklung (Abb. 2.73), verursachen aber unterschiedliche klinische Bilder der Malariaerkrankung (Abb. 2.74). Die Infektion wird durch den Stich einer infizierten weiblichen Anophelesmücke verursacht; männliche Mücken sind Pflanzensaftsauger. Beim Stich werden 10–100 Sporozoiten mit dem Speichel injiziert. Sie erreichen innerhalb kurzer Zeit die Leber, durchwandern hier Makrophagen (Kupffer'sche Sternzellen) und invadieren Leberparenchymzellen. Innerhalb von

Tab. 2.9 Humanpathogene *Plasmodium*-Arten und die von ihnen verursachten Formen der Malaria

Plasmodienart	Krankheit	Fieberanfälle
Plasmodium vivax	Malaria tertiana	Abstand: 48 h, synchron
P. ovale	Malaria tertiana	Abstand: 48 h, synchron
P. malariae	Malaria quartana	Abstand: 72 h, synchron
P. knowlesi	zoonotische Malaria	Abstand: 24 h, synchron
P. falciparum	Malaria tropica	Abstand: 48 h, nichtsynchron

Tab. 2.10 Kerndaten zur Biologie der wichtigsten humanpathogenen Plasmodien

Art	Leberformen	Blutformen	Fieberanfälle	Präpatenz/ Inkubationszeit	Gametozyten	Entwicklung in der Mücke
P. vivax	8000–20.000 Merozoiten, Hypnozoiten	Meist 12–16 Merozoiten Schüffner'sche Tüpfelung, Erythrozyt vergrößert sich	Abstand: 48 h Rückfälle nach Monaten durch Hypnozoiten	8 Tage/ 12–18 Tage	Rund, innerhalb von 3 Tagen nach Beginn der Blutschizogonie	20 °C: 16 Tage 28 °C: 8–10 Tage
P. ovale	ca. 15.000 Merozoiten, Hypnozoiten	Meist 8 Merozoiten Schüffner'sche Tüpfelung, Erythrozyt vergrößert sich, manchmal oval	Abstand: 48 h Rückfälle durch Hypnozoiten	9 Tage/ 12–15 Tage	Rund	Keine Angabe
P. malariae	Keine Angabe zur Anzahl, Keine Hypnozoiten	Meist 8 Merozoiten, oft als „Gänseblümchen" Späte Trophozoiten manchmal bandförmig, Ziemann'sche Tüpfelung	Abstand: 72 h Rückfälle nach Jahren durch okkulte Blutformen	14 Tage/ 18–40 Tage	Rund	20 °C: 30–35 Tage 28 °C: 14 Tage und länger
P. falciparum	ca. 30.000 Merozoiten, keine Hypnozoiten	Meist 8–12 Merozoiten Ringformen klein, oft Doppelinfektion von Erythrozyten, ältere Ringe und Trophozoiten nicht im peripheren Blut	Nichtsynchron	5 Tage/ 7–15 Tage	Bogenförmig, meist 10 Tage oder später nach Beginn der Blutschizogonie	20 °C: 22 Tage 28 °C: 9–10 Tage

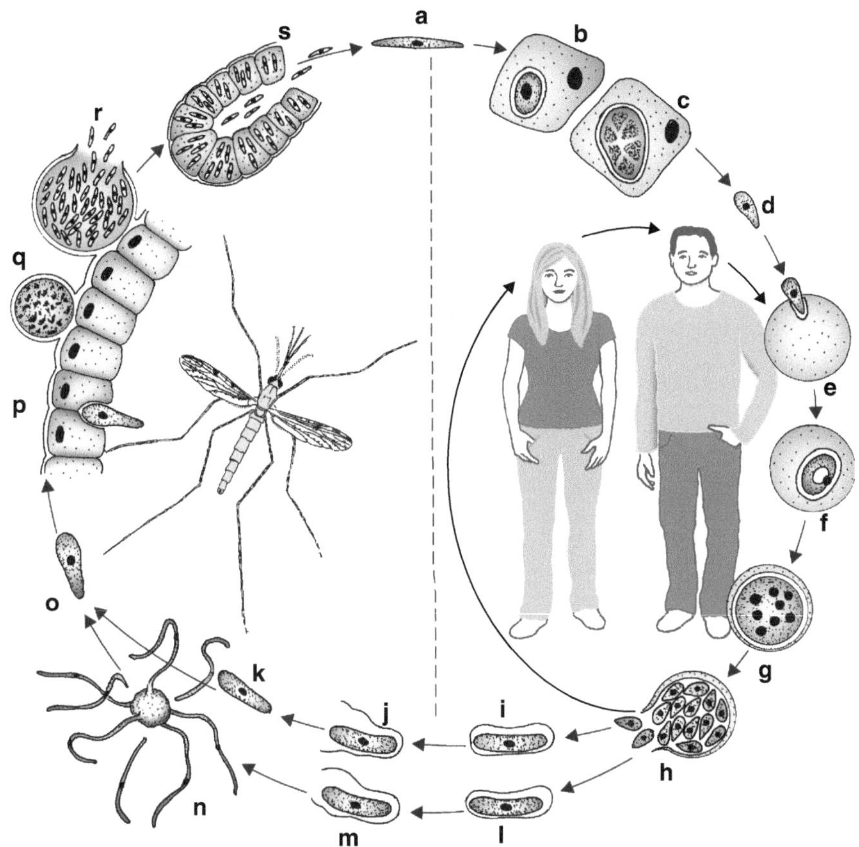

Abb. 2.73 Lebenszyklus von *Plasmodium falciparum*. **a** Sporozoit. **b** Trophozoit in Leberzelle. **c** Leberschizont. **d** Merozoit aus der Leberzelle. **e** Invasion eines Erythrozyten. **f** Siegelringstadium. **g** Schizont. **h** Merozoiten. **i, j** Makrogametozyt. **k** Makrogamet. **l, m** Mikrogametozyt. **n** Exflagellation, die zur Bildung der Mikrogameten führt. **o** Zygote. **p** Ookinet. **q** Oozyste. **r** Sporozoiten werden aus der Oozyste frei und wandern in die Speicheldrüse. **s** Übertragung der Sporozoiten mit dem Speichel. (Verändert nach Mehlhorn 1988)

6–16 Tagen wachsen sie in einer parasitophoren Vakuole im Hepatozyten heran und durchlaufen eine Schizogonie (**exoerythrozytäre Schizogonie**), die zur Bildung von 10.000–30.000 Merozoiten führt, abhängig davon, um welche Art es sich handelt. Bei *P. vivax* und *P. ovale* entstehen parallel zur Leberschizogonie Wartestadien (**Hypnozoiten**), die sich erst nach Monaten weiterentwickeln. Damit kommt es bei diesen Arten zu einer zeitlichen Staffelung der Produktion von Lebermerozoiten.

Von den infizierten Hepatozyten werden Pakete von Merozoiten, die von einer Membran umgeben sind (**Merosomen**), schubweise ins Blut entlassen. Die daraus freigesetzten Merozoiten dringen ausschließlich in Erythrozyten ein und setzen hier wiederholte Schizogonien in Gang (**erythrozytäre Schizogonie**). Aus jeder Schizo-

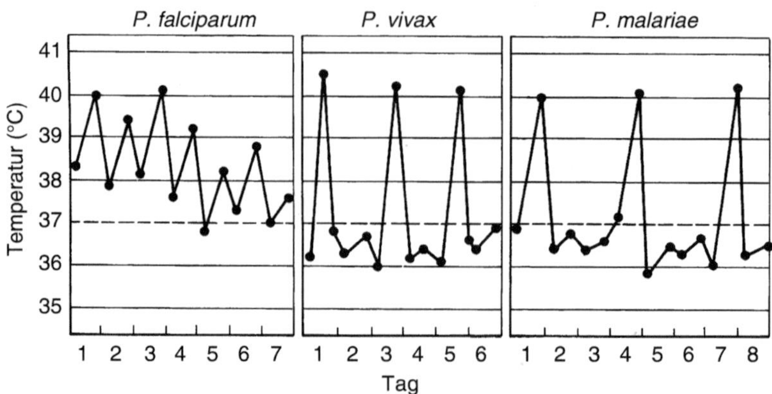

Abb. 2.74 Fieberverlauf bei *Malaria tropica, Malaria tertiana* und *Malaria quartana*. (Aus Lang 1993, mit freundlicher Genehmigung des Georg Thieme-Verlages)

gonie gehen jeweils 8–16 Merozoiten hervor, die neue Erythrozyten befallen. Eine erythrozytäre Schizogonie dauert in Abhängigkeit von der Art 48 oder 72 h und ist bei *P. vivax, P. ovale* und *P. malariae* streng synchronisiert, sodass die gesamte Parasitenpopulation in den Erythrozyten sich zeitgleich im selben Entwicklungsstadium befindet. Mehrere Tage oder Wochen nach Beginn der erythrozytären Schizogonie differenziert sich ein Teil der Merozoiten zu Gametozyten. Dann finden sich im Blut sowohl Schizogoniestadien als auch Gametozyten.

In geeigneten Überträgermücken bilden sich aus den Gametozyten – induziert durch die physiologischen Verhältnisse des Mückenmagens – innerhalb von nur ca. 10 min die Gameten. Bei den Mikrogametozyten wird diese Differenzierung als **Exflagellation** bezeichnet und geht mit einem dramatischen Gestaltwechsel einher: Jeder Mikrogametozyt bildet sehr schnell acht Plasmafortsätze aus, in die je ein Kern einwandert. Es schnüren sich Mikrogameten ab, die Makrogameten befruchten. Diese Befruchtung kann zur Durchmischung der genetischen Eigenschaften unterschiedlicher Stämme beitragen. Die gebildete bewegliche Zygote (**Ookinet**) wandert durch die Epithelzellen des Mückenmagens und etabliert sich zwischen Epithelzellen und Basalmembran. Der Ookinet wächst zu einer Oozyste heran, in der die Sporogonie abläuft. Dabei werden nach einer Reduktionsteilung etwa tausend Sporozoiten gebildet. In einer infizierten *Anopheles* können unter Laborbedingungen mehr als 100 Oozysten auftreten, sodass die Anzahl der Sporozoiten sehr groß sein kann. Die Entwicklung zum Sporozoiten wird durch höhere Außentemperaturen begünstigt und dauert eine bis mehrere Wochen. Die Sporozoiten wandern in die Speicheldrüsen der Mücke ein und sind jetzt für den Menschen infektiös.

Morphologie Die schlanken, lang gestreckten **Sporozoiten** von Plasmodien sind 10–15 µm lang. Nach dem Eindringen in die Leberzelle runden sie sich zu ca. 3 µm großen Organismen ab, die in der Folge zu 30–70 µm messenden Leberschizonten heranwachsen. Die aus der Leberschizogonie und den Blutschizogonien her-

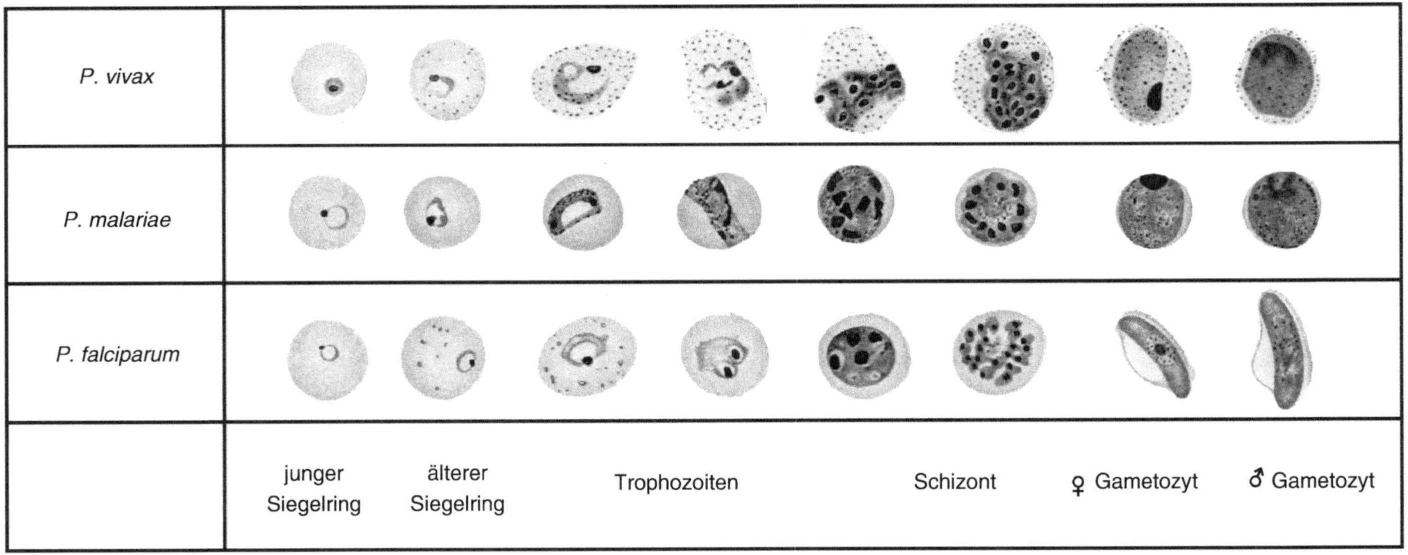

Abb. 2.75 Blutstadien humanpathogener Plasmodien. *Obere Reihe: Plasmodium vivax.* Man beachte die relativ starke Verformung des Erythrozyten und die Ausbildung einer Schüffner'schen Tüpfelung. *Mittlere Reihe: Plasmodium malariae.* Typisch ist die Bandform des Trophozoiten (muss nicht immer auftreten) und die Form des Schizonten („Gänseblümchen"). *Untere Reihe: Plasmodium falciparum.* Charakteristisch sind die kleinen Siegelringformen und die bananenförmigen Gametozyten. Im älteren Siegelringstadium und in dem jungen Trophozoiten treten Maurer'sche Spalten auf. Man beachte, dass sich im Blutausstrich üblicherweise nur Siegelringe und Gametozyten finden. *Plasmodium ovale* ist nicht gezeigt, weil die Stadien das gleiche Erscheinungsbild haben wie die von *P. vivax*. (Mit freundlicher Genehmigung der Bayer AG 1955)

vorgehenden **Merozoiten** sind ca. 1 µm lang und oval. Die sich entwickelnden Blutstadien haben arteigene Merkmale, aufgrund derer sie von geübten Personen differenziert werden können (Abb. 2.75, 2.77). Nach der Invasion des Erythrozyten besteht der Parasit zunächst aus einer Plasmablase mit zentraler Nahrungsvakuole und einem randständigen, gut anfärbbaren Kern. Nach dem mikroskopischen Bild Giemsa-gefärbter Präparate wird dieses Stadium als **Siegelring** bezeichnet. Mit zunehmender Vergrößerung des Plasmas werden die Plasmodien zum runden oder bandförmigen **Trophozoiten**, aus dem sich der **Schizont** und anschließend die Merozoiten entwickeln. In der Nahrungsvakuole des Parasiten liegt in Konglomeraten als unlösliches Abbauprodukt des Hämoglobins das Malariapigment Hämozoin, ein mit Proteinen assoziiertes Polymer des Häms. Die **Gametozyten** haben bei den meisten Arten runde Gestalt, sind bei *P. falciparum* aber halbmondförmig. Die Ookineten erreichen 18–24 µm Länge. Die Oozysten wachsen bis zu einer Größe von 80 µm heran und sind von einer dünnen Schicht fibrillären Materials umgeben.

2.6.1.5.3 Genom und Zellbiologie

Genom Der sequenzierte *P. falciparum*-Stamm 3D7 hat ein sehr AT-reiches haploides Kerngenom von 23 Mb, das in 14 Chromosomen organisiert ist. Hinzu kommt die extrachromosomale DNA des Mitochondriums (6 Kb) und des Apicoplasten (35 Kb). Das Apicoplastengenom codiert für 30 Proteine, aber weitere 551 Gene des Kerngenoms entstammen ursprünglich dem Plastidorganell. Insgesamt werden 5268 Proteine codiert, davon haben ca. 54 % Introns. Die Chromosomen von *P. falciparum* scheinen relativ instabil zu sein, da Längenpolymorphismen von Chromosomen sowie Umlagerungen und Vervielfachung von Genen z. B. bei unterschiedlichen Stämmen oder nach Haltung in Kultur häufig beobachtet werden. Es wurde berechnet, dass in einer Generation ca. 2 % aller Plasmodien ihr Genom verändern. Diese große genetische Plastizität begünstigt auch Antigenvariation und die Bildung von Resistenzen gegen Medikamente.

Genomanalysen zeigen, dass *P. falciparum* ungewöhnliche Wege des Energiestoffwechsels aufweisen muss, da wichtige konventionelle mitochondriale Enzyme fehlen (z. B. ATP-Synthasen). Auch fehlen bestimmte Transportproteine, sodass teilweise ungeklärt ist, auf welche Weise der Parasit Nährstoffe, die er nicht selbst synthetisiert, von der Wirtszelle bezieht. Weitere Fragen gibt die Regulation der Proteinsynthese auf: Da für mehrere Gene erhebliche Mengen von Transkripten nachgewiesen wurden, ohne dass das entsprechende Protein vorliegt, könnte die Kontrolle der Proteinexpression stärker auf der Ebene der mRNA-Prozessierung und/oder Translation erfolgen als auf Transkriptionsebene. Gene, die für bestimmte variable Antigene von *P. falciparum* codieren, liegen hauptsächlich in der Nähe der Telomere. Diese Bereiche der Chromosomenenden weisen ungewöhnliche repetitive Sequenzen auf, die möglicherweise Rekombination erleichtern und deshalb Grundlage der genetischen Flexibilität des Parasiten sind.

Zellbiologie Die Invasion der Leberzelle durch Sporozoiten ist weitaus komplexer als früher angenommen. Am Modell des Mausparasiten *P. yoelii* wurde nachgewiesen, dass die Sporozoiten aus Blutkapillaren auswandern, indem sie sich von Makrophagen phagozytieren lassen, die im Endothel der Leberkapillaren eingestreut sitzen. Sie durchwandern diese „Kupffer'schen Sternzellen" und erreichen dann Leberzellen, in die sie eindringen. Allerdings durchqueren sie zunächst mehrere Zellen, ohne dass eine parasitophore Vakuole gebildet wird, bis sie sich schließlich unter Bildung einer Vakuole in einer Leberzelle niederlassen, in der dann die Schizogonie beginnt. Die Invasion des Erythrozyten durch Merozoiten (Abb. 2.76) erfolgt durch den Mechanismus der gleitenden Bewegung. Vermutlich binden die Merozoiten an Glykophorin der Erythrozytenoberfläche. Sie induzieren die Bildung einer parasitophoren Vakuole, die durch Einbau von Proteinen und Lipiden des heranwachsenden Parasiten vergrößert und umgebaut wird. Der Parasit gestaltet seine Wirtszelle jetzt massiv um, indem zahlreiche Proteine durch die parasitophore Vakuole hindurch in das Wirtszellzytoplasma und auf die Oberfläche der Zelle geschleust werden. Bei *P. falciparum*-infizierten Erythrozyten entstehen im Zytosol des Erythrozyten spalten- und röhrenförmige Membransysteme, die schon früher als „Maurer'sche Spalten" beschrieben wurden. In diesen Membranen erfolgt der Transport von Parasitenproteinen an die Oberfläche des Erythrozyten. Die zum Export bestimmten Proteine besitzen nahe dem N-Terminus die Aminosäuresequenz PEXEL. Auf der Oberfläche interagieren Proteine von *P. falciparum* mit dem Ery-

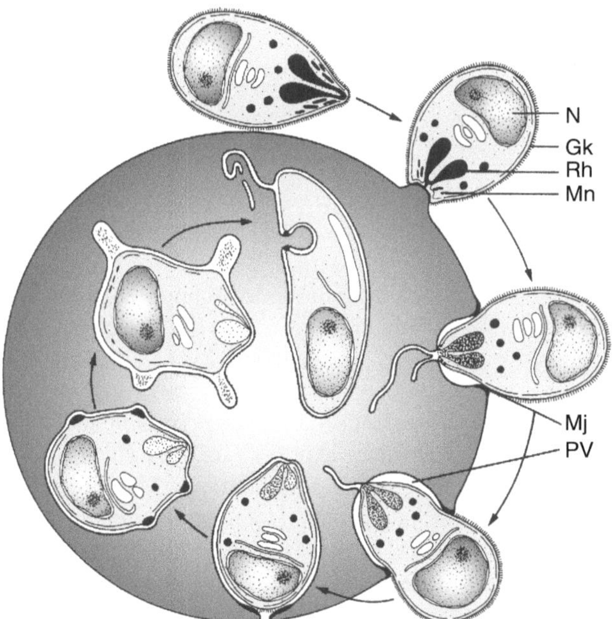

Abb. 2.76 Schritte der Invasion eines Erythrozyten durch einen *Plasmodium knowlesi*-Merozoiten. *Gk* Glykokalix. *Mj* Moving Junction. *Mn* Mikronemen. *N* Kern. *PV* Parasitophore Vakuole. *Rh* Rhoptrien. (Aus Hausmann et al. 2003, mit freundlicher Genehmigung der Schweizerbartschen Verlagshandlung)

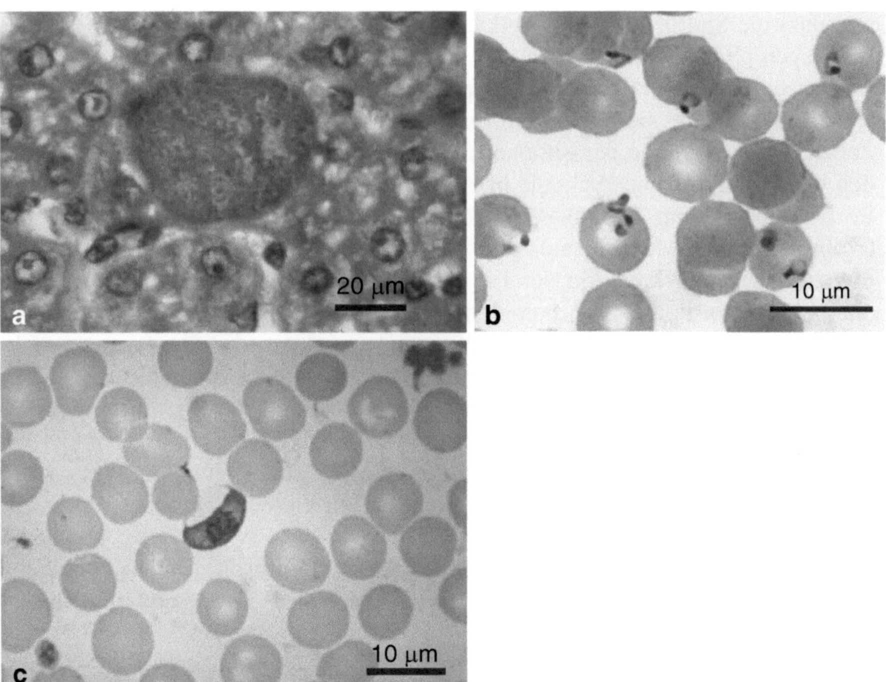

Abb. 2.77 Stadien von *Plasmodium falciparum*. **a** Leberschizont im histologischen Schnitt. **b** Siegelringe im Blut. **c** Gametozyt im Blutausstrich. (Aufnahmen: Archiv der Abt. Parasitologie, Universität Hohenheim)

throzytenzytoskelett und bilden Höcker, die ein Gerüst für Adhäsionsproteine des Parasiten sind, mit denen infizierte rote Blutkörperchen an das Endothel von Kapillaren binden (s. Box 2.4).

Die Parasiten nehmen durch die Mikropore Hämoglobin der Wirtszelle in ihre Nahrungsvakuole auf und gewinnen durch Abbau des Proteins mithilfe spezifischer Proteasen Aminosäuren. Als nichtverwertbarer Rest verbleibt die toxische Hämgruppe. Das Häm wird zusammen mit Proteinen und Lipiden in **Hämozoin**, ein unlösliches und daher ungiftiges Endprodukt, umgewandelt und als braune Schollen („Malariapigment") in der Nahrungsvakuole abgelagert. Nach dem Aufbrechen von Erythrozyten kann dieses freie Malariapigment von Makrophagen aufgenommen werden, die daraufhin dunkel erscheinen. Hämozoin wurde auch als Immunmodulator beschrieben, der einerseits Funktionen von Makrophagen und dendritischen Zellen herabreguliert, andererseits aber entzündungsfördernd sein kann. Eine Hemmung der Hämozoinbildung durch das Medikament Chloroquin und andere Quinoline führt zu einem Absterben der Plasmodien.

2.6.1.5.4 Geschichte und Bedeutung

Malaria ist eine der bedeutendsten Infektionskrankheiten, die auch heute noch in über 100 Ländern endemisch ist (Abb. 2.78). Es wurde 2015 geschätzt, dass 3,2 Mrd. Menschen dem Risiko einer Malariainfektion ausgesetzt sind, und dass jährlich 212 Mio. Menschen an Malaria erkranken und ca. 429.000 Menschen – vor allem Kinder in Afrika südlich der Sahara – an der Infektion sterben. Auch als importierte Infektion ist Malaria wichtig, z. B. werden in Deutschland jährlich ca. 1000 Fälle von Reisemalaria gezählt, es treten ca. 20 Todesfälle im Jahr auf. Humanpathogene Plasmodien werden von weiblichen Stechmücken der Gattung *Anopheles* übertragen, die 422 Arten umfasst. Etwa 70 Arten davon sind bedeutende Wirte (s. auch Arthropoden, Fam. Culidicae, Abschn. 4.4.9.1.1). Diese Arten können sehr unterschiedliche Brutgewässer nutzen, sodass Anophelen in fast allen Biotopen und Regionen vertreten sind. Wenn in solchen Gebieten die für die Entwicklung der Plasmodien in der Mücke nötige Minimaltemperatur erreicht wird, sind die Voraussetzungen für Malariaübertragung gegeben. Dies ist in vielen Gebieten Europas der Fall. In gemäßigten Breiten sind Höhenlagen ab 1500 m und in den Tropen ab 2500 m in der Regel wegen der Unterschreitung der Minimaltemperatur malariafrei. Abb. 2.78 zeigt die aktuelle Verbreitung von *P. falciparum* und *P. vivax*, auf die 50 % bzw. 43 % aller *Plasmodium*-Infektionen des Menschen zurückgehen.

Da in Europa die Malaria getilgt ist, ist uns oft nicht mehr bewusst, welchen außerordentlichen Einfluss die Infektion auf den Verlauf der Geschichte hatte. So wird behauptet, dass Rom durch seine sumpfige Umgebung besser geschützt war als durch die Waffen seiner Verteidiger und dass zahlreiche Feldzüge germanischer Völkerschaften und mittelalterlicher Kaiser nach Italien an der Malaria zerbrachen. Im Zweiten Weltkrieg verloren die USA in Südostasien angeblich mehr Soldaten durch Malariainfektionen als durch Feindeinwirkung und noch in jüngerer Zeit war Malaria eines der großen Probleme für die USA im Vietnam-Krieg. Plasmodien haben auch das Genom des Menschen nachhaltig geprägt: Da die Erkrankung einen starken Evolutionsdruck ausübt, konnten sich bestimmte Erbkrankheiten, die einen Schutz gegen Malaria verleihen, in endemischen Gebieten ausbreiten und sind dort auch heute noch häufiger nachweisbar (s. Abschn. 1.4.4).

Schon zu antiker Zeit kannte man den Zusammenhang von Malaria und stehenden Gewässern, ohne jedoch die Rolle der Mücken als Überträger zu kennen. Die Infektion wurde vielmehr auf die Ausdünstungen der Sümpfe zurückgeführt („Sumpffieber") und mit der schlechten Luft in Feuchtgebieten in Zusammenhang gebracht. Daher rührt die Bezeichnung „mal'aria" (ital. = schlechte Luft). Lange Zeit gab es keine effizienten Medikamente gegen die Infektion, deshalb waren die Einführung der Chinarinde aus Peru im frühen 17. Jahrhundert und die Extraktion des Chinins aus der Rinde des Baumes *Cinchona officinalis* (Fieberrinde) Meilensteine bei der Behandlung von Malaria. 1934 wurde das erste synthetische Malariamedikament durch Andersag, einen deutschen Chemiker, synthetisiert. Gegen dieses – wie auch gegen alle anderen nachfolgend auf den Markt gebrachten Medikamente – entwickelten die Parasiten aber aufgrund ihrer großen genetischen Flexibilität Resistenzen, sodass ständig neue Wirkstoffe produziert werden müssen. Im Jahr 2015 erhielt die chinesische Wissenschaftlerin Yu Tu den Nobelpreis für

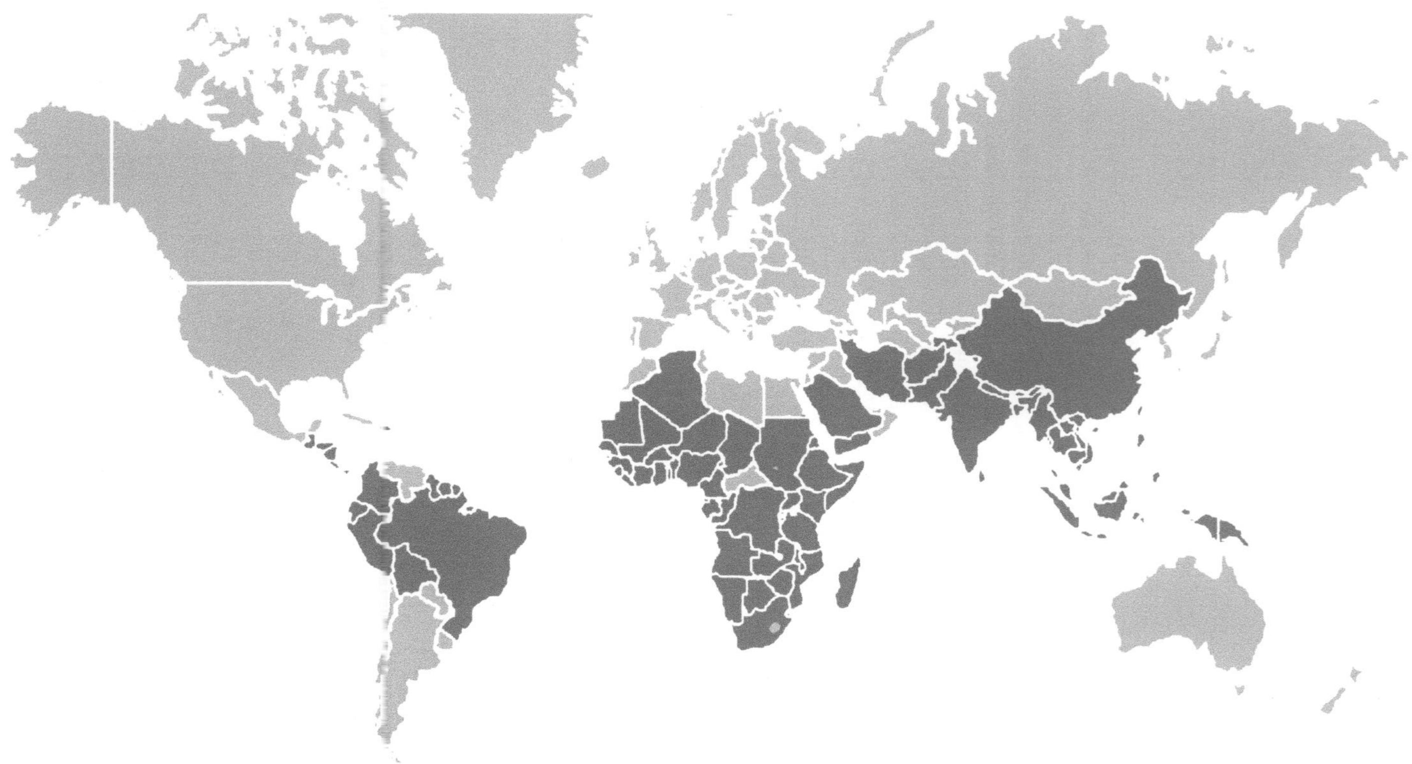

Abb. 2.78 Verbreitung von *P. vivax* und *P. falciparum*. (Aus WHO 2016 Global Malaria Mapper, mit freundlicher Genehmigung)

Medizin für ihre Arbeit zur Charakterisierung des Artemisinins, eines hoch wirksamen Pflanzenproduktes aus dem chinesischen Beifuß, einem Malariamedikament der traditionellen chinesischen Medizin. Wie kaum ein anderes Thema hat die Malaria Generationen von Wissenschaftlern beschäftigt, seit 1878 der französische Kolonialarzt Laveran zum ersten Mal *P. falciparum*-Stadien im Blut eines algerischen Soldaten beschrieb. Ronald Ross, ein nach Indien abgeordneter englischer Mediziner stellte 1897 fest, dass sich in *Anopheles stephensi* nach der Blutmahlzeit am Menschen Oozysten bildeten. Er entdeckte dann 1898, dass die Übertragung der Sporozoiten von *Plasmodium relictum* Infektionen beim Sperling auslöst. Fast zeitgleich erfolgten ähnliche Beobachtungen auch durch italienische Wissenschaftler. Erst 1948 beschrieben Short und Garnham die exoerythrozytäre Phase von Plasmodien. Erst 1951 waren die USA frei von Malaria und in Griechenland war der Parasit erst 1974 ausgerottet.

2.6.1.5.5 *Plasmodium vivax*, Erreger einer Malaria tertiana

P. vivax (lat. „vivax" = lange lebend, lebhaft) ruft eine Form der Malaria hervor, bei der die Intervalle zwischen den Fieberattacken 48 h betragen (Abb. 2.74). Als Besonderheit treten im Lebenszyklus Hypnozoiten auf. Dies sind in ihrer Entwicklung gehemmte Sporozoiten, die mehrere Monate bis Jahre nach der Erstinfektion reaktiviert werden können und zu Malariaattacken führen. Die Merozoiten befallen unreife Erythrozyten (Retikulozyten), sodass maximal ca. 2 % der Blutkörperchen infiziert sind. Befallene Erythrozyten sind leicht vergrößert und weisen Hämozoinablagerungen auf („Schüffner'sche Tüpfelung"). Die Schizogonie führt meist zu 12–16 Merozoiten. Die Gametozyten sind rund und treten bereits 3–5 Tage nach den ersten Fieberanfällen auf. Weitere Merkmale sind in Tab. 2.10 aufgeführt.

Von den humanpathogenen Plasmodien hat *P. vivax* die weiteste geografische Verbreitung und verursacht ca. 43 % aller Malariaerkrankungen. Da die Sporogonie von *P. vivax* in den *Anopheles*-Mücken noch bei relativ niedriger Temperatur abläuft, ist die 16 °C-Sommerisotherme (die z. B. Teile Sibiriens mit einschließt) die äußerste Verbreitungsgrenze. Die Hauptverbreitungsgebiete liegen innerhalb der 25 °C-Sommerisotherme, die die Mitte Deutschlands durchläuft. In Süddeutschland war *Malaria tertiana* früher weitverbreitet. Im Straßburger Hospital galt ein Anteil von 20 % Malariakranken als normal und schnellte in warmen Sommern mit Überschwemmungen des Rheintales auf bis zu 70 % hoch. In Stuttgart litten ab 1827 die Bewohner der Neckarvororte nach der Neckarbegradigung, bei der zunächst viele tote Flussarme als Brutplätze von Anophelen entstanden, sehr stark unter Malaria. Erst aufwendige Trockenlegungsarbeiten konnten die Epidemie beenden. Auch aus Norddeutschland gibt es Belege für ehemalige autochthone Vorkommen von Malaria. Am Oberrhein ging die Malaria erst nach den Rheinbegradigungen, die zu einer drastischen Absenkung des Grundwasserspiegels führten, in der Mitte des 19. Jahrhunderts zurück. Der Wegfall der *Anopheles*-Brutplätze führte zusammen mit verbesserter Hygiene zum Verschwinden der Malaria.

Die von *P. vivax* verursachte *Malaria tertiana* ist nicht direkt lebensbedrohend, verläuft aber dennoch sehr schwer. Die erythrozytären Formen haben ein synchronisiertes Wachstum mit einer Entwicklungszeit von 48 h, sodass die Fieberanfälle jeden zweiten Tag auftreten. Nach einer römischen Zählweise wurde der Tag des ersten Fieberanfalles als erster Tag, der darauffolgende fieberfreie als zweiter Tag und der Tag des nächsten Anfalles als dritter Tag gezählt, sodass der Name *Malaria tertiana* entstand. Die Fieberanfälle setzen oft unbemerkt ein, führen zu sehr hoher Temperatur (40–41 °C) und starkem Schüttelfrost und halten 6–12 h an. Unbehandelt kommt es nach 12–15 Anfällen zu einer Ausheilung der Krankheit. Durch die Hypnozoiten treten nach mehreren Monaten bis Jahren erneute Fieberschübe auf, sodass insgesamt eine langwierige Krankheit resultiert.

2.6.1.5.6 *Plasmodium ovale*, Erreger einer Malaria tertiana

P. ovale ist eine relativ seltene Art, die im tropischen Afrika auftritt und die viele Eigenschaften mit *P. vivax* gemeinsam hat, u. a. das Auftreten von Hypnozoiten. Die Erythrozyten vergrößern sich durch den Befall und werden labil, sodass sie beim Blutausstrich oft etwas lang gezogen werden und die namengebende ovale Form zustande kommt. Die Gametozyten sind rund. Die Dauer der Schizogonie beträgt 48 h, sodass eine *Malaria tertiana* resultiert, deren Verlauf etwas gutartiger als bei *P. vivax*-Infektionen ist.

2.6.1.5.7 *Plasmodium malariae*, Erreger der Malaria quartana

Merozoiten von *P. malariae* befallen nur reife Erythrozyten. Meist sind weniger als 1 % der Blutkörperchen befallen. Die Trophozoiten können eine typische, bandförmige Gestalt annehmen. Das Malariapigment liegt in fein verteilten Granula vor („Ziemann'sche Tüpfelung"). Oft sind innerhalb des Schizonten die jungen Merozoiten (meist acht) gleichmäßig an der Peripherie angeordnet, sodass eine regelmäßige Struktur resultiert, die auch als „Gänseblümchen" bezeichnet wird. Weder die Schizonten noch die runden Gametozyten, die meist erst mehrere Wochen nach den ersten Fieberschüben gebildet werden, verformen den Erythrozyten wesentlich.

Die Dauer der Schizogonie beträgt 72 h, sodass als Krankheit eine *Malaria quartana* zustande kommt. Das Fieber und der gesamte Verlauf sind etwas milder als bei *P. vivax*-Infektionen, die Krankheit dauert aber länger an. Eine häufiger beschriebene Komplikation von *Malaria quartana* ist eine Nierenentzündung, die durch Immunreaktionen bedingt wird. Obwohl bei *P. malariae* keine Hypnozoiten auftreten, kann es bis zu 50 Jahre nach Erstinfektion zu Rückfällen kommen. Diese werden auf okkulte Blutformen zurückgeführt. *P. malariae* verursacht 7 % aller Malariaerkrankungen und ist hauptsächlich in West- und Ostafrika sowie in Teilen Südostasiens und im Amazonasbecken verbreitet.

2.6.1.5.8 *Plasmodium falciparum*, Erreger der Malaria tropica

Merozoiten von *P. falciparum* (lat. „falx" = Sichel, „parere" = erscheinen) befallen Erythrozyten aller Altersstufen, deshalb können nahezu 50 % der Blutkörperchen parasitiert sein. Doppelbefälle von Erythrozyten treten relativ häufig auf. Es wurde berechnet, dass in einem Patienten bis zu 10^{12} Parasiten auftreten können, diese enorme Anzahl entspricht einer Biomasse infizierter Erythrozyten von ca. 500 g. Die Siegelringstadien von *P. falciparum* sind relativ klein (Abb. 2.75). Die Schizonten zerfallen meist in 8–12 Merozoiten. Die Gametozyten von *P. falciparum* sind halbmondförmig (wichtig als diagnostisches Merkmal!). Die Dauer der Schizogonie beträgt bei *P. falciparum* 48 h, allerdings ist das Wachstum nicht synchronisiert wie bei den anderen Malariaerregern. Folglich verursacht eine *Malaria tropica* meist hohes Fieber, ohne dass aber regelmäßige Fieberschübe auftreten. Es gibt auch fieberfreie Infektionen („algide Malaria"). Ein Hinweis auf eine chronische Malariainfektion ist u. a. auch eine starke Schwellung der Milz bis auf das 20-Fache der normalen Größe (Abb. 2.79). Diese Splenomegalie, erkennbar durch Abtasten der Milz, kann in epidemiologischen Untersuchungen als einfaches diagnostisches Merkmal verwendet werden.

P. falciparum ist hauptsächlich in den Tropen verbreitet, da die Entwicklung in der Mücke eine relativ hohe Temperatur erfordert. Die *Malaria tropica* ist die häufigste Plasmodieninfektion des Menschen (50 % aller Malariaerkrankungen) und ist aufgrund des häufig tödlichen Verlaufs eine der gefürchtetsten Tropenkrankheiten überhaupt. Weltweit treten zunehmend Resistenzen gegen Medikamente auf, sodass kontinuierlich neue Therapeutika und zur Prophylaxe einsetzbare Medikamente entwickelt werden müssen. Tropenreisende müssen sich deshalb über die Verbreitung von Malaria in ihrem Zielgebiet informieren und nach Anweisung eines kompetenten Tropenarztes gezielt prophylaktisch Medikamente einnehmen. Groß angelegte Bekämpfungsmaßnahmen, die auf der Kontrolle von Anophelen durch Versprühen von Insektiziden beruhten, führten in den 1950er- und 1960er-Jahren in vielen Gebieten fast zur Ausrottung von Malaria. Als sich in den Mückenpopulationen Insektizidresistenzen entwickelten, breitete sich die Malaria z. B. in Indien wieder aus. Seit der Jahrtausendwende ist Malaria durch verschiedene Bekämpfungsmaßnahmen drastisch zurückgegangen, so sank allein zwischen 2010 und 2015 die Anzahl jährlicher Neuinfektionen um 21 %. Einen wesentlichen Anteil an diesem Erfolg hatte die Verteilung insektizid-imprägnierter Moskitonetze, die Schlafende vor infektiösen Mückenstichen schützen.

Abb. 2.79 Kinder mit Splenomegalie, verursacht durch *Malaria tropica*. Das Foto wurde in einem westafrikanischen Dorf aufgenommen. Das zweite Kind von links hat einen Nabelbruch, der nicht durch Malaria bedingt ist. (Foto: R. Lucius)

Blutstadien von *P. falciparum* können *in vitro* bei niedrigem Sauerstoffgehalt kultiviert werden. Die Entdecker dieser Methode (Candle-jar-Technik) stellten ihre Kulturen in luftdichte Glasbehälter, in denen eine Kerze angezündet wurde. Bei Erlöschen der Kerze war der Sauerstoffgehalt optimal. Durch die Möglichkeit der *In vitro*-Kultur ist der Erreger zu einem gut untersuchten Organismus geworden.

Krankheitsgeschehen Der schwere und bei nichtimmunen Personen potenziell tödliche Verlauf der *P. falciparum*-Infektion ist wesentlich mitbedingt durch eine biologische Besonderheit des Parasiten: Ab dem Trophozoitenstadium binden infizierte Erythrozyten an die Endothelien von Kapillaren (**Zytoadhärenz**) oder verklumpen miteinander. Dies führt zur Verengung oder Blockade von Blutgefäßen, sodass Sauerstoffunterversorgung in zahlreichen Organen, besonders aber im Gehirn resultieren kann. Als einzige humanpathogene Plasmodienart induziert *P. falciparum* die Bildung kleiner, in der Erythrozytenmembran liegender Höcker (engl. „knobs"), die nur elektronenmikroskopisch sichtbar sind. Sie enthalten das vom Parasiten produzierte Oberflächenantigen PfEMP1 (für „*P. falciparum* exterior membrane antigen 1"), d. h. variable Adhäsionsproteine, die von *var*-Genen codiert werden. Die Bindung über PfEMP1 an Kapillarwände bewirkt, dass mit älteren Trophozoiten und Schizonten infizierte Erythrozyten nicht mehr im peripheren Blut zirkulieren (Abb. 2.80, 2.81). Sie vermeiden damit eine Passage der Erythrozyten durch die Milz, wo sie wegen ihrer veränderten Oberflächen aussortiert und zerstört werden würden.

Die Zytoadhärenz bedingt die besondere Gefährlichkeit der *Malaria tropica* und betrifft besonders Kapillaren von Gehirn, Herz, Lungen, Nieren und viszeralen

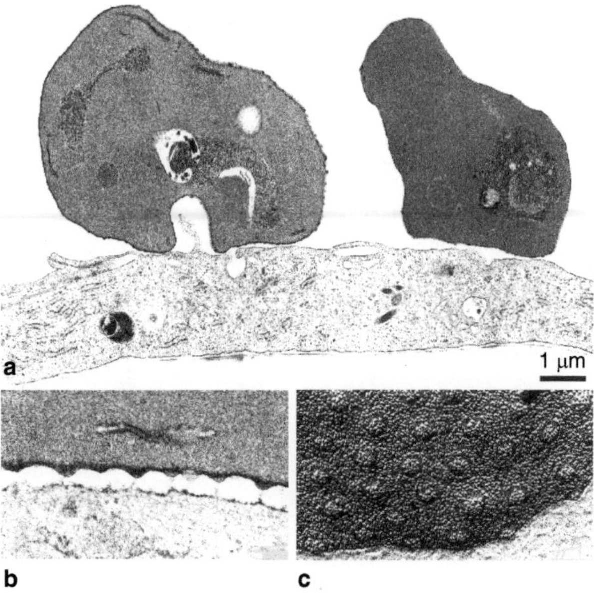

Abb. 2.80 Zytoadhärenz von *Plasmodium falciparum*-infizierten Erythrozyten. **a** Zwei Erythrozyten haften an einer Endothelzelle. **b** Größerer Ausschnitt aus **a**. Man beachte die Stränge von PfEMP1 zwischen den Höckern des Erythrozyten und der Membran der Endothelzelle. **c** Aufnahme von Höckern auf der Oberfläche eines infizierten Erythrozyten. (EM-Abbildungen: D. Ferguson, zur Verfügung gestellt durch Horrocks et al. 2005, mit freundlicher Genehmigung des Verlages)

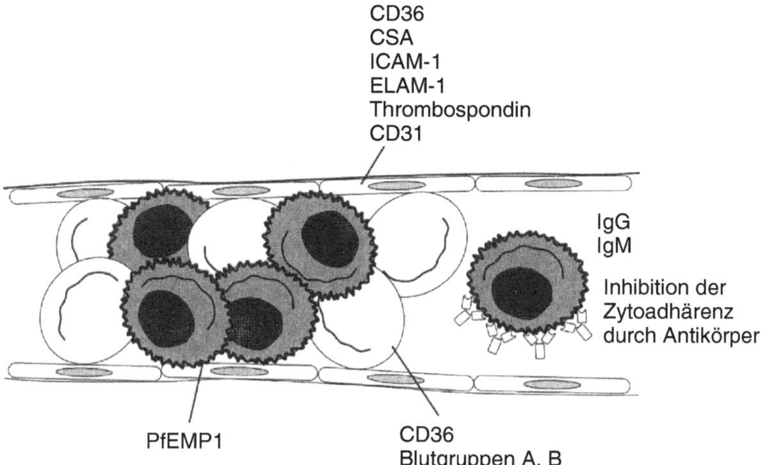

Abb. 2.81 Schematische Darstellung der Zytoadhärenz *Plasmodium falciparum*-infizierter Erythrozyten. Grau unterlegte Erythrozyten sind infiziert und exprimieren PfEMP1-Proteine, die an unterschiedliche Liganden auf Endothelzellen bzw. Erythrozyten binden. Antikörper gegen PfEMP1 können die Bindung blockieren und führen so zu klinischer Immunität. PfEMP1 „*Plasmodium falciparum* erythrocyte membrane protein 1", CD36, CSA, ICAM-1, ELAM-1, Thrombospondin und CD31 sind Liganden der Endothelzelloberfläche. CD36 und Blutgruppenantigene A und B sind Liganden der Erythrozytenoberfläche. Im Blutplasma vorhandenes IgG und IgM kann ebenfalls von PfEMP1 gebunden werden. (Verändert nach Schlichtherle et al. 1996, mit freundlicher Genehmigung des Verlages)

Organen, bei Schwangeren auch die Plazenta (Abb. 1.44). Die Verstopfung von Kapillaren führt zur Unterbrechung der Mikrozirkulation, was Sauerstoffunterversorgung und Ansäuerung des Blutes durch erhöhten CO_2-Gehalt („Azidose") zur Folge hat. Auch Ödeme und Blutungen in verschiedenen Organen treten auf. Eine sehr schwere Verlaufsform der *Malaria tropica* ist die zerebrale Malaria, bei der es durch Ausfall von Gehirnfunktionen zu Koordinationsstörungen, Verwirrtheit, Lähmungen, Koma und Tod kommen kann (s. Box 2.3). Die Beeinträchtigung anderer Organe führt z. B. zu Lungenödemen, Funktionsstörungen der Niere, Durchfall und Schmerzen. Der Massenbefall von Erythrozyten bedingt eine Hämolyse und damit Anämie. Eine weitere Verstärkung der Pathogenität erfolgt durch metabolischen Stress infolge der Ansäuerung des Blutes, sodass insgesamt das Krankheitsbild der „schweren Malaria" resultieren kann, die sehr häufig tödlich verläuft. *P. falciparum*-Infektionen in der Schwangerschaft führen häufig zu vermindertem Geburtsgewicht oder zu Tot- und Fehlgeburten.

Box 2.3 Zytoadhärenz und Antigenvariation bei *Plasmodium falciparum*

Erythrozyten mit jungen *P. falciparum*-Stadien (Siegelringen) zirkulieren im Blut, während infizierte, ältere rote Blutkörperchen an Endothelzellen von Kapillarwänden binden und sich so der Milzpassage entziehen. Diese Bindung wird bewirkt durch das Protein PfEMP1 (s. Abb. 2.82), das zu einer Familie von Adhäsionsproteinen von 200–350 kD der *var*-Genfamilie gehört. Bei dem sequenzierten *P. falciparum*-Stamm 3D7 liegen 59 *pfemp1*-Gene vor. PfEMP1 wird vom Parasiten exprimiert, durch das Membransystem der Maurer'schen Spalten auf die Oberfläche von infizierten Erythrozyten transportiert und dort in Höckern („knobs") verankert. Diese Höcker haben einen Durchmesser von ca. 80 nm und bestehen aus weiteren Parasitenproteinen, die mit Komponenten des Erythrozytenzytoskeletts verknüpft sind und zusammen mit ihnen eine Gerüststruktur für das Adhäsionsprotein bilden. Mit seinem hoch variablen extrazellulären N-Terminus interagiert PfEMP1 mit Wirtsmolekülen, z. B. mit CD36 und ICAM-1, auf der Oberfläche von Endothelzellen, Makrophagen, Erythrozyten und anderen Zellen. Auf diese Weise erfolgt eine Bindung an Wirtszellen („Zytoadhärenz"), die befallene Erythrozyten davor bewahrt, in der Milz zerstört zu werden.

Jeder Klon von *P. falciparum* exprimiert nur ein spezifisches PfEMP1-Molekül, dessen hoch variable Region die Bindung an unterschiedliche Liganden ermöglicht. Beispielsweise binden befallene Erythrozyten mit einem PfEMP1-Typ, der vorwiegend das Zellkontaktmolekül ICAM-1 erkennt, bevorzugt an Endothelzellen von Kapillaren des Gehirns, solche mit Bindungsvermögen für Chondroitinsulfat an Endothelien der Plazenta (Abb. 1.44, 2.81). Viele Klone binden an CD36, einen Rezeptor auf Endothelzellen von Kapillaren und auf Makrophagen, dessen Stimulation die Ausschüttung des entzündungshemmenden Zytokins IL-10 hervorruft. So vermeidet der Parasit nicht nur die Milzpassage, sondern erreicht gleichzeitig eine Suppression von Immunantworten.

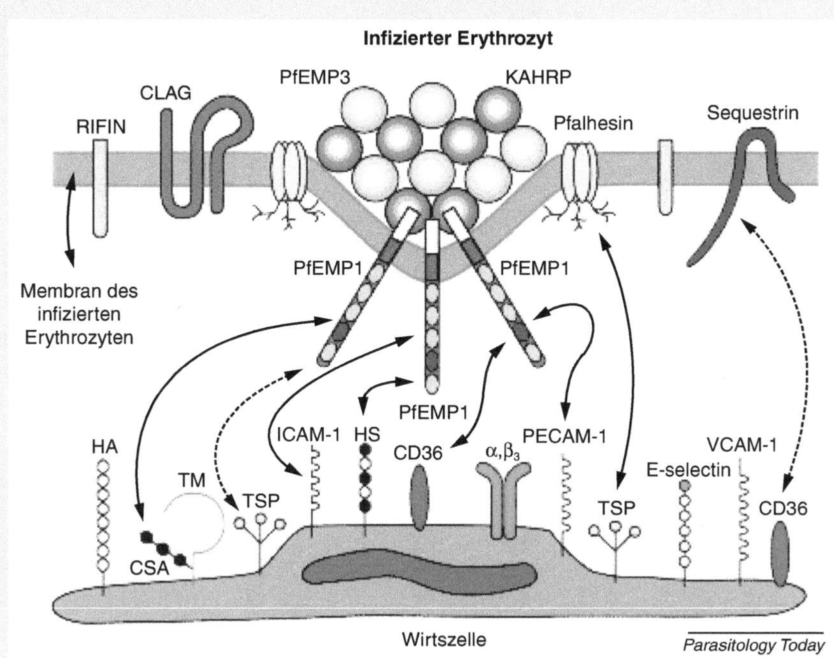

Abb. 2.82 Schema der Adhäsion *P. falciparum*-infizierter Erythrozyten an einer Wirtszellmembran, mit besonderer Berücksichtigung des Adhäsionsproteins PfEMP1 („*Plasmodium falciparum* erythrocyte membrane protein 1"). PfEMP1 ist durch die Plasmodienproteine PfEMP3 und KAHRP mit dem Zytoskelett des Erythrozyten verbunden und interagiert mit seiner extrazellulären Domäne mit unterschiedlichen Liganden der Wirtszelloberfläche. Details im Text. (Abbildung aus Cooke et al. 2000, mit freundlicher Genehmigung von Elsevier)

Die Bindung von PfEMP1 an Endothelzellen kann durch Antikörperantworten des Wirtes gegen das Adhäsionsprotein blockiert werden. Die nicht mehr adhärierenden infizierten Erythrozyten werden dann in der Milz eliminiert. Parasiten, die inzwischen auf Expression eines anderen PfEMP1-Proteins umgeschaltet haben, entgehen der Antikörperantwort und können sich vermehren. Daher wechseln die PfEMP1-Proteine eines *P. falciparum*-Klons sequenziell innerhalb von Wochen. Da außerdem in einer infizierten Person oft mehrere Parasitenklone gleichzeitig auftreten, kann das PfEMP1-Muster eines Malariapatienten sehr komplex sein und einem dynamischen Wandel unterliegen. Sobald ein Patient eine Antikörperantwort gegen die vorherrschenden lokalen PfEMP1-Typen entwickelt hat, weist er eine labile Immunität auf, die ihn vor schwerer Malaria schützt, ohne dass jedoch notwendigerweise die Parasitämie völlig unterbunden wird.

Evolution Mehrere Studien zeigen, dass *P. falciparum* sich erst vor relativ kurzer Zeit ausgebreitet hat und der Erreger vor etwa 10.000 Jahren aus einem einzigen Vorläuferstamm entstand. Es wurde nachgewiesen, dass der Parasit des Menschen eine monophyletische Linie ist, die von Gorillas auf den Menschen übergegangen ist. Begünstigt durch die Erwärmung nach der letzten Eiszeit, die zunehmende Bevölkerungsdichte mit Einführung des Ackerbaus und die zunehmende Anthropophilie von *Anopheles*-Mücken könnte eine rasche weltweite Ausbreitung erfolgt sein. Diese Hypothese ist konsistent mit der starken Pathogenität von *P. falciparum*, die im Gegensatz steht zur geringeren Pathogenität der anderen, schon länger an den Menschen adaptierten humanpathogenen Plasmodienarten.

Immunbiologie Wiederholte *P. falciparum*-Infektionen induzieren eine labile Immunität, die aufrechterhalten wird, wenn die betreffende Person kontinuierlich einer Übertragung des Parasiten ausgesetzt ist. Die meisten Erwachsenen, die in Malariagebieten leben, sind deshalb weitgehend vor klinisch manifester Erkrankung geschützt (Abb. 2.83). Sie werden zwar infiziert, aber ihr Immunsystem kann die Malaria kontrollieren. Bei solchen immunen Menschen ähnelt der Verlauf einer Malaria meist dem einer Grippe. Wenn eine Zeit lang Neuinfektionen ausbleiben, z. B. bei saisonaler Übertragung, sinkt der Immunschutz. Häufig wirkt der Schutz hauptsächlich gegen die lokalen Parasitenstämme, sodass eine Infektion mit fremden Stämmen zur Erkrankung führen kann. Bei Stress, z. B. durch andere Infektionen, oder bei Schwangerschaft geht die Immunität zurück.

Schützende Immunität gegen *Plasmodium* ist stadienspezifisch und hängt von vielen Komponenten der Immunantwort ab. Parasitenstadien induzieren durch ihren Gehalt an TLR-Agonisten, wie z. B. den GPI-Ankern zahlreicher Proteine, robuste

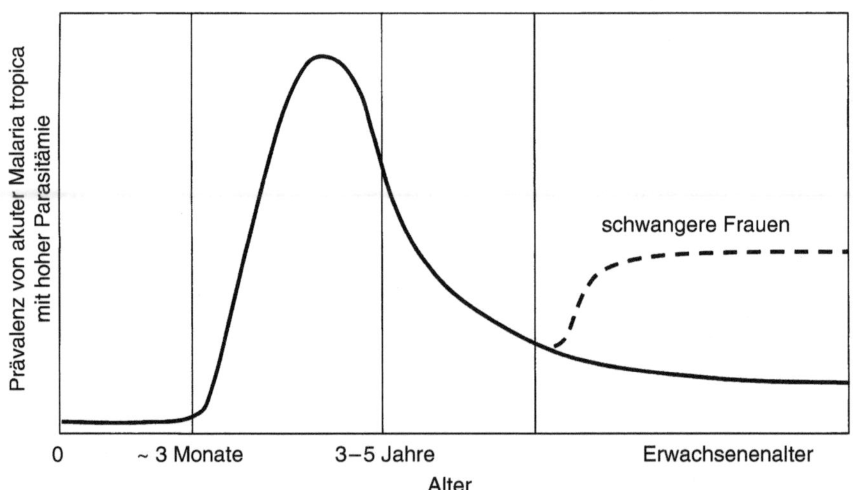

Abb. 2.83 Prävalenz von Malaria in unterschiedlichen Altersgruppen. (Verändert nach Wyler 1990)

angeborene Immunantworten. Diese resultieren in Entzündungsantworten, die die Parasiten abwehren, aber auch zu hohem Fieber führen. Es bestehen Hinweise darauf, dass die intrazellulären Leberstadien von Plasmodien durch zytotoxische T-Zellen abgetötet werden können. Im Gegensatz dazu ist der Schutz gegen extrazelluläre Stadien hauptsächlich auf Antikörper zurückzuführen Diese Antikörper wirken hauptsächlich durch Bindung an Sporozoiten und Merozoiten und verhindern so deren Bindung an Zielzellen oder sie opsonieren die Erreger für Effektorzellen. Deshalb kann eine Übertragung von Antikörpern aus dem Serum immuner Personen Kinder vor schwerer Malaria schützen. Antikörper gegen Gametozytenantigene können zwar dem Wirt nicht direkt helfen, interferieren aber mit dem Prozess der Befruchtung im Mückenmagen und unterbrechen so die Übertragung. Die Existenz solcher schützenden Immunantworten und die Tatsache, dass eine Impfung von Freiwilligen mit abgeschwächten Sporozoiten eine lang andauernde Immunität induzierte, sind die Motivation für eine Entwicklung von Malariaimpfstoffen. Trotz verschiedenster Ansätze ist bislang aber noch keine Vakzine gegen Malaria auf dem Markt (s. Box 2.5).

Gegen schützende Immunantworten haben Plasmodien effiziente Vermeidungsstrategien entwickelt. Als ein wichtiger Bestandteil der Immunevasion wird die intrazelluläre Lokalisation im Erythrozyten angesehen. Innerhalb von Erythrozyten sind die Parasiten für Antikörper unzugänglich. Außerdem können Erythrozyten als kernlose Zellen keine MHC-I-Antigene produzieren und damit keine Antigene der Parasiten präsentieren, die zur Abtötung der Zelle durch zytotoxische T-Zellen führen könnten. Ein sehr wichtiges Prinzip der Immunevasion von *P. falciparum* ist die Vermeidung der Milzpassage durch Zytoadhärenz (s. o.). Eine zentrale Rolle bei diesem Prozess hat das variable Oberflächenantigen PfEMP1, das auf der Oberfläche infizierter Erythrozyten exprimiert wird und eine Vielzahl von Liganden auf Endothelien von Blutgefäßen bindet (s. Box 2.3). Eine andere Strategie von *P. falciparum* besteht anscheinend in einer Desorientierung des Immunsystems. So erfolgt bei Malariaepisoden eine polyklonale Aktivierung von Lymphozyten, die vermutlich durch parasiteneigene Mitogene hervorgerufen wird. Darüber hinaus bilden Plasmodien große Mengen immundominanter Antigene, die irrelevante Antikörper induzieren, während relevante Epitope z. T. nur schwach immunogen sind (s. Box 2.4). Zudem induziert die Infektion eine deutliche Immunsuppression, aufgrund derer Malariapatienten nach akuten Attacken schlechter auf Impfungen ansprechen.

Der relativ langsame Aufbau schützender Immunantworten führt dazu, dass in Endemiegebieten Kinder sehr stark durch Malaria gefährdet sind, sodass in manchen Regionen bis zu 50 % der Kindersterblichkeit auf *Malaria tropica* zurückgeführt werden. Im ersten Lebensjahr besteht meist ein partieller Schutz vor Infektion, der auf mehrere Faktoren zurückgeht. In den ersten Monaten weisen Kinder noch einen Anteil fetalen Hämoglobins auf, das Plasmodien nur schlecht verwerten können. Zusätzlich können über mehrere Monate schützende IgG-Antikörper wirken, die von der Mutter diaplazentar übertragen wurden. Bei Kleinkindern wirken diese Schutzmechanismen nicht mehr und sie sind bis zum Aufbau eigener Immunantworten gegen Plasmodien stark gefährdet. In dieser Zeit müssen sie unter anderem effiziente Antikörperantworten gegen das Repertoire der PfEMP1-Proteine der lokalen *P. falciparum*-Stämme entwickeln, was bis etwa zum 5. Lebensjahr dauert (Abb. 2.83).

Box 2.4 Plasmodienantigene

Im Rahmen der Impfstoffforschung wurden zahlreiche Proteine von *P. falciparum* kloniert und molekular charakterisiert. Als Charakteristikum zeigte sich, dass sehr viele Proteine repetitive Bereiche aufweisen, die zwischen unterschiedlichen Stämmen des Parasiten variieren (Abb. 2.84). Eines der am intensivsten studierten Proteine ist das Circumsporozoitenprotein (CSP). Es hat eine Größe von 35 kD, ist mit einer hydrophoben Ankersequenz in die Oberflächenmembran inseriert und bedeckt die Sporozoitenoberfläche in einer homogenen Schicht. Auf die C-terminale Ankersequenz folgt eine Region, die zwischen verschiedenen Stämmen von *P. falciparum* stark variiert. Dann schließt sich eine hoch konservierte Domäne an, die als Rezeptor des Parasiten für Liganden der Leberzelloberfläche fungiert. Anschließend folgt im Zentrum des Proteins ein Bereich, der aus 41 Abfolgen des Tetrapeptids NANP besteht, wobei vier dieser Repeats leicht variieren und starke Antikörperantworten induzieren. N-terminal schließt sich wieder eine variable Region an. Einen ähnlichen Aufbau haben auch die CSP anderer Plasmodienarten. Andere Proteine haben bis zu mehreren Hundert Repeats, so z. B. das von Schizonten produzierte und in die parasitophore Vakuole abgegebene S-Antigen mit 100 Repeats von elf Aminosäuren. Obwohl die DNA-Sequenzen dieser Proteine nicht homolog sind, weisen diese Bereiche mancher Proteine strukturelle Ähnlichkeiten auf und induzieren starke, kreuzreagierende Antikörperantworten, die den Wirt allerdings nicht schützen. Man hat vermutet, dass diese Bildung irrelevanter Antikörper gegen diese repetitiven Bereiche das Immunsystem von der Produktion schützender Antikörperantworten ablenkt.

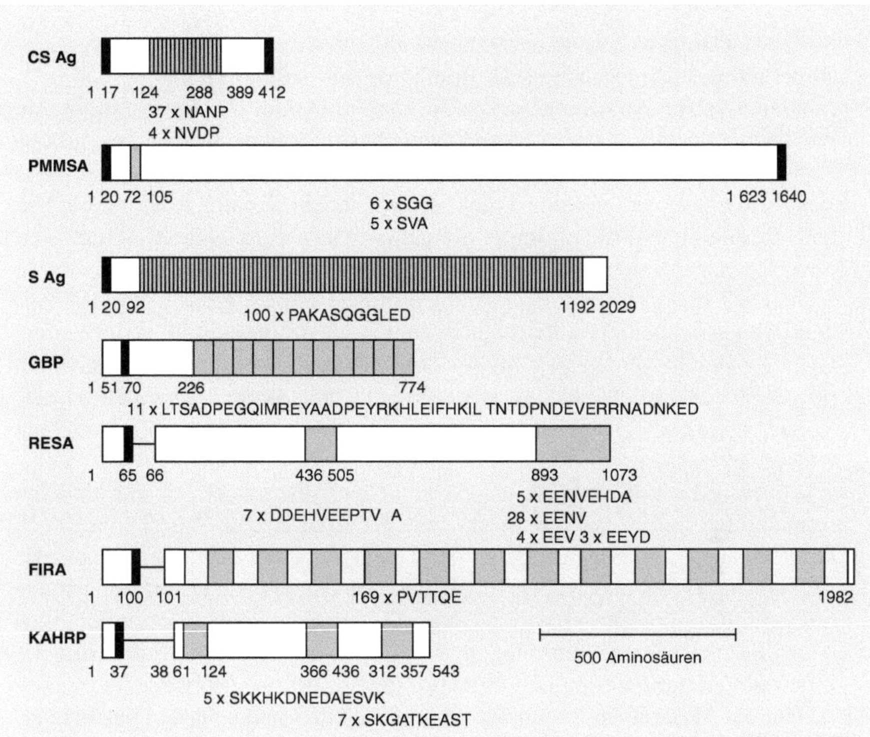

Abb. 2.84 Struktur der Gene verschiedener Proteine von *Plasmodium falciparum. Dunkle Bereiche*: repetitive Sequenzen. *Schwarze Boxen*: Signalsequenzen oder hydrophobe Ankersequenzen. (Verändert nach Kemp et al. 1987, mit freundlicher Genehmigung des Verlages)

Wegen dieser hohen Sterblichkeit ist *P. falciparum* ein bedeutender Selektionsfaktor. Personen, die besonders gut Immunantworten gegen bestimmte Plasmodienantigene aufbauen können, haben deshalb bessere Überlebens- und Fortpflanzungschancen. Das Potenzial, gegen bestimmte Antigene reagieren zu können, wird wesentlich mitbestimmt durch die Immunantwortgene des MHC-Systems, sodass der Selektionsdruck der Malaria zur bevorzugten Ausbildung bestimmter Immunantwortgene geführt hat. Andere Faktoren, die die Chance einer Malariainfektion herabsetzen, können in Malariagebieten ebenfalls ein Selektionsvorteil sein, selbst wenn sie für sich genommen eine Schadwirkung für den Menschen haben. Ein gutes Beispiel dafür sind die Sichelzellenanämie und andere Hämoglobinanomalien; auch erblich bedingter Mangel an Glukose-6-Phosphat-Dehydrogenase sowie Polymorphismen von Zytokingenen können einen Schutz vor Malaria bewirken (s. Abschn. 1.4.4).

Box 2.5 Der lange Weg zu einem Malaria-Impfstoff – Von Kai Matuschewski, Lehrstuhl für Molekulare Parasitologie, Humboldt-Universität zu Berlin

Jahrzehntelange Forschung und weltweite Initiativen zur Entwicklung von vielversprechenden Impfstoffkandidaten haben immer wieder beachtliche Fortschritte in Richtung einer Immunisierung gegen die weltweit wichtigste Vektor-übertragene Infektionskrankheit erzielt, Ein sicherer, erschwinglicher, und anhaltend wirksamer Impfstoff gegen Malaria mit einem Schutz von >80 % gegen klinische Erkrankung ist jedoch immer noch lange nicht in Sicht. Die Malaria-Impfstoffforschung profitiert dabei sogar von der Möglichkeit, mit experimentellen Impfstoffen immunisierte Freiwillige zu infizieren. Die Probanden werden eng überwacht und beim Auftreten von Parasiten im peripheren Blut mit einem zugelassenen Malariamittel behandelt. Dieses Vorgehen wird als „Kontrollierte menschliche Malaria-Infektion" bezeichnet und erlaubt es, bereits im frühen Stadium Impfstoff-Kandidaten in klinischen Tests zu prüfen – ein ungewöhnlicher Ansatz, der bei den anderen bedeutenden Infektionskrankheiten, wie HIV/AIDS und Tuberkulose, vollkommen ausgeschlossen ist. Bisher haben nur jedoch nur zwei experimentelle Impfstoffe, SPf66 und RTS,S/AS01, das ausschlaggebende fortgeschrittene Stadium der Klinischen Prüfung (Phase III) erreicht. Beide Formulierungen waren zwar sicher und immunogen, reduzierten jedoch jeweils das Risiko der klinischen Malaria nur partiell und auch nur für wenige Monate.

Um die Malaria-Impfstoffentwicklung zu beschleunigen und das ersehnte Ziel eines zugelassenen Impfstoffes doch noch im nächsten Jahrzehnt zu erreichen werden zwei unterschiedliche Strategien verfolgt. Ein naheliegender Ansatz ist auf den Teilerfolg von RTS,S/AS01 aufzubauen und durch die Auswahl weiterer Antigene einen verbesserten Kombinationsimpfstoff zu entwickeln. Die Formulierung dieses Impfstoffs wurde im Lauf von 25 Jahren schrittweise optimiert und induziert die höchsten Antikörpertiter in der Geschichte der Impfstoffforschung, dank des Adjuvants AS01. Die durch den Impfstoff induzierten Antikörper richten sich gegen das Hauptoberflächenantigen von *P. falciparum*-Sporozoiten, das CSP (für: *circumsporozoite protein*). Allerdings korrelieren die Antikörper nicht mit der Wirksamkeit des Impfstoffes, so dass systematische immunologische Untersuchungen notwendig sind um die schützenden Mechanismen zu identifizieren. Ein molekularer Impfstoff der nächsten Generation wird wahrscheinlich zusätzliche Zielantigene von Blutstadien des Parasiten und von Ookineten enthalten, die den *Anopheles*-Vektor kolonisieren. Die größten Hindernisse sind dabei die Auswahl geeigneter nicht-variabler Antigene auf der Oberfläche von Parasiten oder infizierten Erythrozyten, der Nachweis, dass die Entwicklung und Vermehrung von *P. falciparum* durch den Impfstoff entscheidend aufgehalten wird, sowie die Verträglichkeit mit der bestehenden Formulierung von RTS,S/AS01.

Ein zweiter, erfolgsversprechender Ansatz ist eine Impfung mit intakten Sporozoiten. Der komplexe Lebenszyklus von *Plasmodium* und der auffällig langsame Aufbau einer Teilimmunität gegen klinische Erkrankung in Malaria-endemischen Gebieten erfordern anspruchsvolle Lösungen. In der Tat waren die ersten und bislang effizientesten, experimentellen Impfstoffe lebende, attenuierte Sporozoiten. Studien in den 1970er-Jahren mit Freiwilligen, die mit bestrahlten, und deswegen attenuierten, Sporozoiten immunisiert worden waren, erbrachten eindrucksvolle Ergebnisse. Ähnliche Erfolge konnten 2009 in den Niederlanden mit unveränderten Sporozoiten bei gleichzeitiger Chemoprophylaxe (z. B. Chloroquin-Behandlung) erzielt werden. Die ursprünglichen Daten stammen dabei aus Mausmodellen, konnten dann aber außergewöhnlich gut bei Probanden nachvollzogen werden. Diese Vakzine führt oft zu komplettem Schutz und korreliert gut mit Effektor-Gedächtnis T-Zellen, so dass die schützende Immunität sich im wesentlichen gegen die Vermehrung der Parasiten in der Leber richten dürfte. Deshalb bleibt die Immunisierung mit lebend-attenuierten, stoffwechselaktiven Sporozoiten immer noch die Messlatte für die experimentelle Impfstoffforschung. Dieser Ansatz erfordert allerdings die Sektion infizierter *Anopheles*-Mücken und die Isolierung der Sporozoiten aus den Speicheldrüsen in Handarbeit, deren Konservierung in flüssigem Stickstoff und eine intravenöse Injektion, was in Malaria-endemischen Gebieten fast unüberwindbare Schwierigkeiten aufwirft. Deshalb sind noch wesentliche Forschungsanstrengungen notwendig, um Zellkulturen für Sporozoiten zu entwickeln und nachzuweisen, dass diese auch bei intramuskulärer Injektion schützend sind, bevor aktive Sporozoiten in einen zugelassenen Impfstoff für Kleinkinder und Kinder in SubSahara-Afrika weiterentwickelt werden können.

Ein Weg, der beide Ansätze zur Malaria-Impfstoffentwicklung verbindet, wäre eine weltweite Anstrengung zu einem besseren molekularen und zellulären Verständnis der Beobachtung, dass attenuierte Sporozoiten einen wesentlich besseren Schutz bieten als er in der Natur auftritt. Vergleichende systembiologische Daten könnten die Entwicklung einer Multi-Antigen-Vakzine ermöglichen, die eine komplexe Parasiteninfektion imitiert und unserem Immunsystem den entscheidenden Vorsprung vermittelt.

Ein effektiver Impfstoff gegen *P. vivax* scheint womöglich sogar einfacher zu entwickeln zu sein, da die Parasiten bei dieser Infektion nur zwischenzeitlich im Blut auftreten. Hier stellt die schubweise Reaktivierung von Hypnozoiten in der Leber jedoch eine neue Hürde dar. Eine effiziente *P. vivax*-Impfung muss vermutlich alle präerythrozytären Stadien ausschalten.

Da eine Ergänzung des Impfprogramms der Weltgesundheitsorganisation in Afrika (Expanded Programme on Immunization = EPI) mit einer wirksamen Malaria-Impfung immer noch ein weitentfernter Traum ist, sind die betroffenen Gesundheitssysteme nach wie vor auf die bewährten Maßnahmen der Malariakontrolle, wie Vektorkontrollprogramme, Expositionsprophylaxe (z. B. durch Insektizid-imprägnierte Moskitonetze) und schnelle Diagnostik und Behandlung angewiesen.

2.6.1.5.9 Plasmodien von Affen, Nagetieren und Vögeln

Zahlreiche Arten von Alt- und Neuweltaffen haben Plasmodien, die in ihrer Biologie z. T. den humanpathogenen Parasiten entsprechen und deshalb Bedeutung als Tiermodelle in der Forschung erlangt haben. *Plasmodium knowlesi* infiziert Javaneraffen (*Macaca fascicularis*) in Malaysia, tritt aber auch als Zoonose beim Menschen auf. Dort kann der Parasit eine fulminant verlaufende Infektion verursachen, die durch tägliche Fieberschübe geprägt ist, da die Replikation der Blutstadien lediglich 24 h dauert; es entstehen keine Hypnozoiten. *Plasmodium cynomolgi* wurde zuerst aus dem Makaken (*Macaca irus*) in Java beschrieben; die Biologie weist Parallelen mit *P. vivax* auf. Wegen der großen Ähnlichkeit beider Erreger war *P. cynomolgi* wichtig bei der Entwicklung des Primaquins, eines Medikaments, das auch Hypnozoiten abtötet.

Als den humanpathogenen Plasmodien nahestehendes Tiermodell für biomedizinische Studien wird häufig *Plasmodium berghei* verwendet, ein Malariaerreger der Galeriewaldratte *Grammomys surdaster*, die in Höhenregionen Zentralafrikas vorkommt. *P. berghei* lässt sich auf eine Vielzahl von Nagetieren übertragen. Die Empfänglichkeit verschiedener Nagetierarten und -altersstufen variiert erheblich. So verläuft die Infektion bei Mäusen und jungen Ratten aufgrund einer zerebralen Malaria tödlich, während alte Ratten nicht erkranken. Für parasitologische Kurse ist *P. berghei* gut geeignet. Neben den Blutschizonten kann auch die Ablagerung von Hämozoin in Makrophagen von Leber und Milz demonstriert werden. *Plasmodium yoelii*, *Plasmodium chabaudi* und *Plasmodium vinckei* sind drei weitere Arten aus afrikanischen Galeriewaldratten, die als Modellorganismen eingesetzt werden. Aufgrund seiner Bedeutung wurde das Genom von *P. yoelii* zeitgleich mit dem Genom von *P. falciparum* sequenziert.

Der bekannteste Erreger von Vogelmalaria ist *Plasmodium gallinaceum*, dessen natürlicher Wirt ein Dschungelhuhn in Südostasien ist. Diese Art lässt sich gut auf das Haushuhn und andere Hühnervögel übertragen und entwickelt sich in mehr als 30 Arten unterschiedlicher Gattungen von Stechmücken (u. a. Culex, Aedes, Anopheles). *Aedes aegypti*, eine leicht zu haltende Art, ist der beste experimentelle Zwischenwirt. Abweichend von der Biologie der humanpathogenen Plasmodien dringen die Sporozoiten von *P. gallinaceum* in Makrophagen der Haut ein, wo sich innerhalb von 48 h aus einem Sporozoiten ca. 200 Merozoiten bilden. Diese befallen weitere Makrophagen und erst diese Merozoiten der zweiten Generation infizieren Erythrozyten und setzen die Blutschizogonie und – später –

die Gamogonie in Gang. Parallel zur Blutschizogonie läuft eine exoerythrozytäre Schizogonie in Endothelzellen von Kapillaren aller Organe ab, die ebenfalls zur Bildung von Gametozyten führt. In den natürlichen Wirten verläuft die Erkrankung mild, während Hühner daran sterben können. *Plasmodium relictum* kommt vor allem bei Sperlingsvögeln und Tauben vor. Dieser Parasit hat bei der Erforschung des Lebenszyklus von Plasmodien eine wichtige Rolle gespielt. In Mitteleuropa sind Sperlinge zu 10–20 % befallen. Die Übertragung erfolgt durch *Culex*-Arten, die Biologie entspricht derjenigen von *P. gallinaceum*.

2.6.1.5.10 Piroplasmen

Die meisten Parasiten der Ordnung Piroplasmida (lat. „pirum" = Birne, gr. „plasma" = Körper), zu denen die Familien Babesiidae und Theileriidae gehören, befallen Säugetiere und nutzen als Endwirte Schildzecken. Für die Schizogonie werden Erythrozyten oder Lymphozyten genutzt. Die erythrozytären birnenförmigen Teilungsformen sind namengebend. Sie liegen ohne parasitophore Vakuole direkt im Plasma von Erythrozyten und bilden kein Pigment. Im Erythrozyten entstehen nur zwei oder vier Merozoiten, sodass dort keine typische Schizogonie vorliegt. Die Gametozyten wurden zum ersten Mal von Robert Koch beschrieben, und zwar aus Darmpräparationen von Zecken, die mit an *Theileria* infizierten Tieren gefüttert worden waren. Sie werden als Strahlenkörper bezeichnet und besitzen zwei hervorstehende Strukturen, die Mikrotubuli enthalten, aber nicht die Struktur von Flagellen haben. Zwei dieser Strahlenkörper verschmelzen zu einem Kineten, d. h. zu einem beweglichen, wurmförmigen Stadium, das sich in einer Darmzelle weiter differenziert und dann über die Hämolymphe andere Zellen der Zecke erreicht, in denen die Replikation erfolgt. Die Übertragung erfolgt mit dem Zeckenspeichel. Piroplasmen sind Erreger bedeutender Tierseuchen, besonders in den Tropen und Subtropen sowie in Südeuropa.

2.6.1.5.11 Babesien

Die Babesien sind eine heterogene Gruppe von Piroplasmen. Typisch für die meisten Arten ist der Ablauf von Schizogonie und Gamogonie ausschließlich in Erythrozyten des Wirbeltierwirtes. Außerdem können einige Arten in der Zecke transovariell auf Folgegenerationen übertragen werden. Babesien sind für die Viehwirtschaft in tropischen und subtropischen Ländern von großer Bedeutung, treten aber auch in gemäßigten Klimazonen auf. Im Folgenden werden zwei wirtschaftlich wichtige Arten als Beispiele für die Babesien aufgeführt.

Babesia divergens (s. Abb. 2.85) ist in Europa verbreitet und verursacht beim Rind die bedeutsame einheimische Weideparasitose „Weiderot" oder „Rotwasser", eine Infektion, die durch Hämoglobinurie gekennzeichnet ist. Der Erreger wird durch den Holzbock *Ixodes ricinus* übertragen; entsprechend der Hauptaktivitätszeiten dieser Schildzecke tritt die Piroplasmose vor allem im Frühjahr oder Frühherbst auf.

Weltweit ist *Babesia bovis*, Erreger der seuchenhaften Hämoglobinurie des Rindes, die bedeutendste Art. Sie kommt in Südeuropa, Asien, Afrika, Australien sowie in Mittel- und Südamerika vor. Überträgerzecken sind vor allem Arten der Gattung

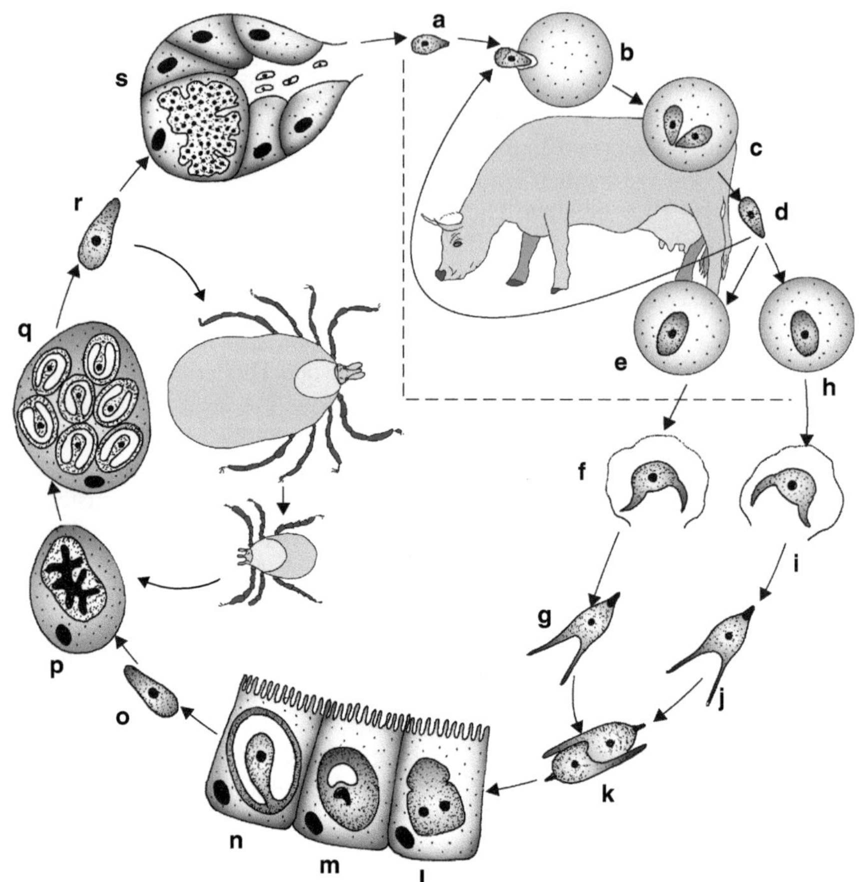

Abb. 2.85 Lebenszyklus von *Babesia divergens*. **a** Sporozoit. **b** Invasion eines Erythrozyten. **c** Zweiteilung. **d** Merozoit. **e** Makrogametozyt. **f, g** Strahlenkörper. **h** Mikrogametozyt. **i, j** Strahlenkörper. **k** Verschmelzung der Strahlenkörper. **l** Zygote. **m, n** Bildung des Kineten in Darmepithelzellen der Zecke. **o** Kinet. **p, q** Vielfachteilungen in Körperzellen mit Bildung weiterer Kineten, die auch auf Eizellen der Zecke übertragen werden können. **r** Kinet. **s** Sporozoitenbildung in der Speicheldrüse. (Verändert nach Mehlhorn 1988)

Boophilus. Bei diesen einwirtigen Zecken, deren Larven-, Nymphen- und Adultstadien auf einem Wirtsindividuum leben, ist die transovarielle Übertragung von besonderer Bedeutung, da erst die Nachkommen einen anderen Wirt erreichen und ihn infizieren können.

Weitere Babesienarten von Wiederkäuern, Karnivoren und Nagern sind in Tab. 2.11 aufgeführt. Als Besonderheit ist zu erwähnen, dass *B. divergens*, *B. bovis* und *B. microti* in seltenen Fällen bei Menschen Infektionen hervorrufen können. Bei solchen Infektionen besteht die Gefahr einer Fehldiagnose als Malaria, wobei Antimalariamittel nicht gegen Babesien wirken. *B. microti* ist den Theilerien in einigen

Aspekten ihrer Biologie ähnlich, hat das kleinste Kerngenom aller Apicomplexa und gehört innerhalb der Piroplasmida wahrscheinlich zu einer eigenen Gruppe.

Entwicklung und Morphologie Die Sporozoiten von Babesien befallen ausschließlich Erythrozyten (Abb. 2.85). Durch Zweiteilung entstehen birnenförmige Merozoiten von ca. 2×1 µm Größe, die weitere Erythrozyten befallen können (Abb. 2.86a). Außerdem entstehen auch morphologisch schwer unterscheidbare, rundliche Gametozyten. Wird infiziertes Blut von einer Zecke aufgenommen, differenzieren sich die Gametozyten noch innerhalb des Erythrozyten zu isogamen Gameten. Diese weisen mehrere kurze, dornartige Fortsätze auf. Sie werden aus dem Erythrozyten frei und zwei von ihnen verschmelzen zu einer Zygote, die Darmepithelzellen der Zecke invadiert. Im Inneren jeder Zygote entsteht dann ohne weitere Vermehrungsschritte ein bewegliches, wurmförmiges Stadium, der Kinet. Diese Kineten wandern über das Hämozöl vorzugsweise in Zellen des Ovars, aber auch anderer Organe ein. Hier erfolgen Vielfachteilungen, die zur Entstehung vieler Kineten führen, die weitere Vermehrungszyklen in verschiedenen Wirtszellen durchlaufen. Beginnt eine Zecke mit einer Blutmahlzeit, so invadieren Kineten Zellen der Speicheldrüse und es werden mehrere Tausend Sporozoiten gebildet. Bereits einen Tag nach Anheftung werden die infektiösen Sporozoiten mit dem Zeckenspeichel übertragen.

Kineten, die in eine Eizelle eingedrungen sind, stören die Embryonalentwicklung der Zecke nicht, sondern bilden schließlich im Darm der entstandenen Zecken-

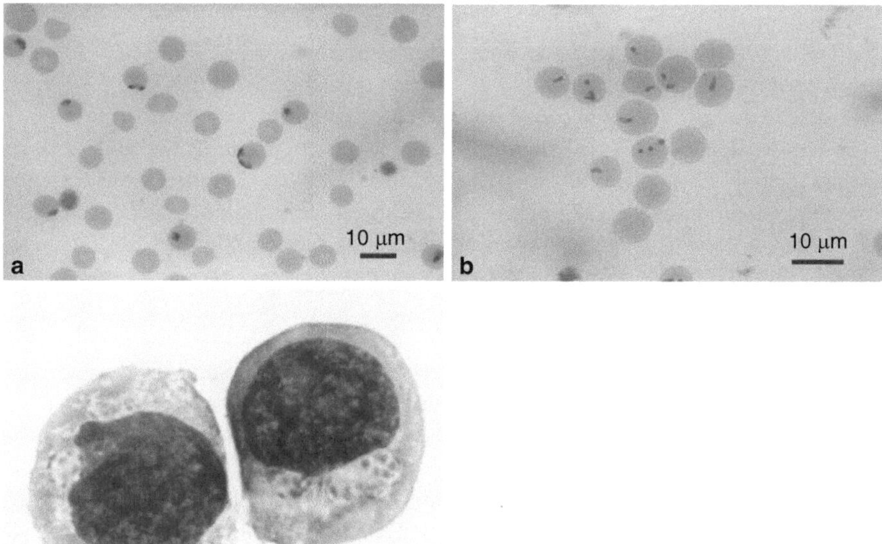

Abb. 2.86 Stadien von Piroplasmen im Blutausstrich. **a** Mit *Babesia divergens* befallene Erythrozyten. **b** Mit *Theileria parva* befallene Erythrozyten. (**a** und **b**: mit freundlicher Genehmigung von H. Mehlhorn). **c** T-Lymphozyten mit Befall durch *T. parva*. (Aufnahme: D. Dobbelaere)

larve Teilungsstadien, die den Kineten entsprechen. Sie können in Körperzellen weitere Teilungszyklen durchlaufen oder in der Speicheldrüse Sporozoiten bilden. Diese **transovarielle Übertragung** gewährleistet den Übergang der Babesien von einer Zeckengeneration auf die nachfolgenden. Auf diese Weise können Babesien sich über mehrere Generationen in einem Gebiet halten, auch wenn vorübergehend keine für die Parasiten empfänglichen Blutwirte zur Verfügung stehen.

Babesiose Bei Infektionen mit Babesien kommt es bei Rindern zu schwerer Anämie, hohem Fieber, Durchfall und Hämoglobinurie. Durch die Parasiten induzierte Stoffwechselveränderungen führen zu einer Hämolyse auch unbefallener Erythrozyten, sodass die Sauerstofftransportkapazität des Blutes drastisch reduziert ist. Als Kompensation dazu ist die Atemfrequenz deutlich erhöht. Durch Verklumpen und Adhärenz befallener Erythrozyten an Endothelzellen von Kapillaren kommt es zu Störungen der Mikrozirkulation und zu Schockzuständen, die oft direkte Todesursache sind. Auch von Babesien wurden variable Zytoadhärenzproteine (VESA1-Proteine) beschrieben, die in Höckern der Erythrozytenmembran lokalisiert sind. Der Verlauf der Babesiose ist bei Kälbern meist mild, bei erwachsenen Rindern sind schwere Verläufe verbunden mit rapidem Leistungsabfall dagegen häufig und es treten Todesfälle auf. In einigen Ländern sind deshalb Lebendvakzinen verfügbar, mit denen Jungtiere prophylaktisch immunisiert werden. Als Vorbeugung gegen Babesiose bekämpft man systematisch Zecken, indem die Rinder durch Besprühen oder Tauchbäder mit Acariziden behandelt werden.

Immunbiologie von Babesiosen Durchstandene Babesieninfektionen induzieren bei Rindern eine Immunität. Dieser Schutz kann durch Übertragung von Immunseren auf zuvor nichtimmune Tiere transferiert werden. Daraus ist zu schließen, dass antikörpervermittelte Mechanismen wesentlich am Immunschutz beteiligt sind. Die Wirkungsweise dieses Schutzes ist noch unklar. Kürzlich wurden Proteine der Merozoitenoberfläche und von Rhoptrien gentechnisch hergestellt, die Schutz gegen Belastungsinfektionen mit *B. bovis* hervorrufen konnten. Damit ist die Entwicklung von rekombinanten Vakzinen gegen Babesien nicht ohne Aussicht auf Erfolg. Gegen *Babesia canis* war eine Impfung des Hundes auf dem Markt, die auf Immunisierung mit sezernierten Antigenen beruhte, aber nur partiellen Schutz vermittelte.

2.6.1.5.12 Theilerien

Die Theilerien verursachen bei Hauswiederkäuern in Afrika, Südosteuropa und Asien Erkrankungen mit z. T. sehr großen Verlusten. Die Übertragung erfolgt durch mehrwirtige Schildzecken (s. Tab. 2.11), wobei die Theilerienarten jeweils spezifisch an eine Zeckengattung angepasst sind. Bei Infektion einer Zecke werden nach der Gamogonie nur die Zellen der Speicheldrüse befallen, wo die Sporogonie stattfindet. Deshalb ist im Gegensatz zu den Babesien keine Übertragung auf die Nachkommen der Zecke möglich. Beim nachfolgenden Saugakt werden alle Sporozoiten abgegeben, sodass die Zecke danach keine Theilerien mehr auf den Blutwirt überträgt. Im Folgenden wird die Biologie von *Theileria parva* (Abb. 2.87) und

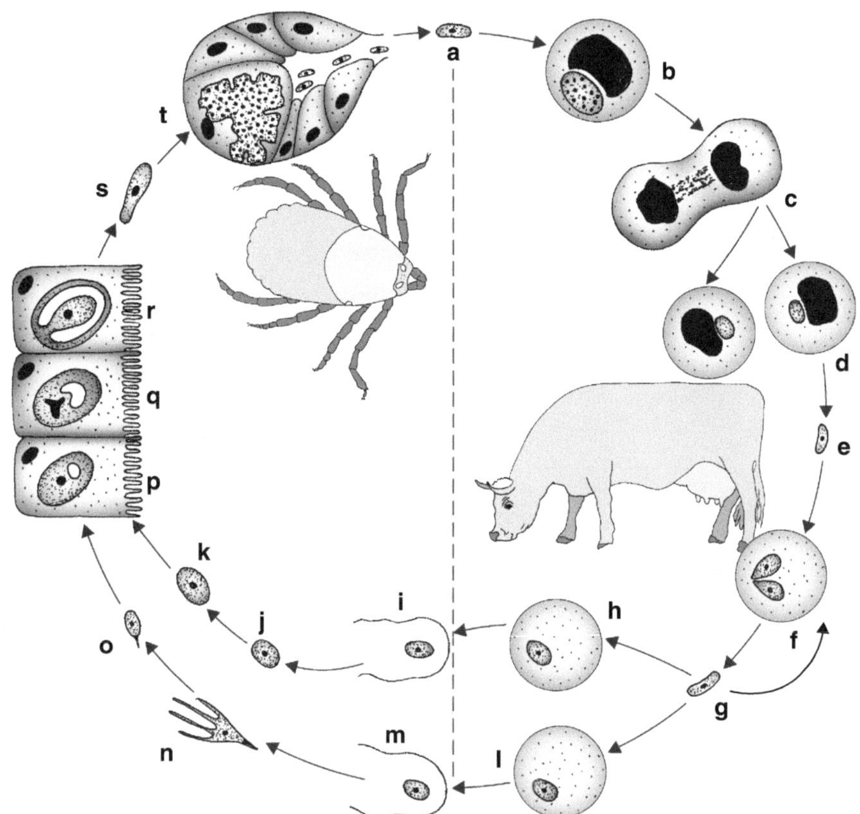

Abb. 2.87 Lebenszyklus von *Theileria parva.* **a** Sporozoit. **b** Schizont in einem Lymphozyten.
c, d Teilung des Lymphozyten mit zeitgleicher Teilung des Schizonten. **e** Merozoit. **f** Zweiteilung
im Erythrozyten. **g** Merozoit. **h, i, j** Makrogametozyt. **k** Makrogamet. **l, m, n** Mikrogametozyt.
o Mikrogamet. **p** Zygote in Darmepithelzelle der Zecke. **q, r** Kinetenbildung. **s** Kinet. **t** Bildung
von Sporozoiten in der Speicheldrüse. (Verändert nach Mehlhorn 1988)

Theileria annulata als Beispiel vorgestellt. Weitere Theilerien und die von ihnen
hervorgerufenen Krankheiten sind in Tab. 2.11 aufgeführt.

Theileria parva ist der Erreger des Ostküsten- bzw. des Korridorfiebers bei Rindern in Afrika südlich der Sahara (Abb. 2.87). Als Reservoirwirte fungieren Büffel.
Überträger sind die dreiwirtigen Zecken *Rhipicephalus appendiculatus* und *Rhipicephalus zambeziensis*. Das Ostküstenfieber gilt in einigen Verbreitungsgebieten
als verlustreichste Rinderkrankheit und macht weite Gebiete für eine intensive Rin-
derwirtschaft ungeeignet. Wegen dieser Bedeutung führte Robert Koch Studien zur
Übertragung der Theileriose durch und konnte den Lebenszyklus des Parasiten teilweise aufklären.

Theileria annulata ist im Mittelmeerraum, Nordafrika, dem Nahen und Mittleren Osten sowie Zentralasien weitverbreitet und ruft bei Rindern die „Mediterrane

Tab. 2.11 Übersicht über wichtige Piroplasmen

Art	Zwischenwirtszecke	Krankheit	Pathogenität	Verbreitung
Babesien/Endwirt				
Rind				
Babesia divergens	*Ixodes ricinus*	Rotwasser, Weiderot Babesiose bei Menschen	+	Europa
B. bovis	*Boophilus sp., Ixodes ricinus*	Seuchenhafte Hämoglobinurie	+	Weltweit in warmen Klimaten
B. bigemina	*Boophilus* sp.	Texasfieber	+	Weltweit in Tropen und Subtropen
B. major	*Haemaphysalis sp.*	Babesiose	−/+	Europa, Afrika, Südamerika
Schaf/Ziege				
B. motasi	*Rhipicephalus sp., Haemaphysalis sp.*	Babesiose	+/−	Südeuropa, Naher Osten, Vietnam
B. ovis	*Rhipicephalus sp.*	Babesiose	−/+	Südeuropa, Naher und Mittlerer Osten, Afrika, Südamerika
Hund				
B. canis	*Rhipicephalus sp., Haemaphysalis sp. Dermacentor sp.*	Babesiose	+	Weltweit
Nagetiere				
B. microti	*Ixodes sp.*	Babesiose bei Menschen	+	Weltweit
Theilerien/Endwirt				
Rind				
Theileria parva	*Rhipicephalus* sp.	Ostküsten-, Korridorfieber	+	Afrika südl. der Sahara
T. annulata	*Hyalomma sp.*	Mittelmeerküstenfieber	+	Mittelmeerraum, Nordafrika, Vorder- und Zentralasien
T. mutans	*Amblyomma* sp.	−	−	Afrika südl. der Sahara
Schaf, Ziege				
T. ovis	*Rhipicephalus sp., Dermacentor sp. Ixodes ricinus*	Theileriose	−	Europa, Mittlerer Osten, Asien, Afrika
T. hirci	*Hyalomma* sp.	Bösartige Theileriose	+	Südosteuropa, Afrika, Kaukasus, Indien
Pferd				
T. equi (früher *Babesia*)	*Hyalomma sp., Rhipicephalus sp. Dermacentor sp.*	Theileriose	+	Weltweit

Theileriose" oder „Tropische Theileriose" hervor. Für neu eingebrachte europäische Rinderrassen ist der Parasit hoch pathogen. Überträger sind Zecken der Gattung *Hyalomma*. Der Krankheitsverlauf entspricht insgesamt demjenigen von *T. parva*.

Entwicklung und Morphologie Die Sporozoiten von Theilerien dringen innerhalb von 10 min nach der Übertragung mit dem Zeckenspeichel in Lymphozyten ein, wo sie sich aus der parasitophoren Vakuole befreien und im direkten Kontakt mit dem Zytoplasma zu Schizonten von 10–15 µm Größe entwickeln (Abb. 2.86c). Bevorzugt werden von *T. parva* T-Lymphozyten befallen, während *T. annulata* auch B-Zellen infiziert. Die Schizonten transformieren die Lymphozyten, d. h., sie stimulieren ihre Wirtszelle zur Teilung, wobei sie sich synchron mit ihr ebenfalls teilen. Dazu sind sie mit der Teilungsspindel der Wirtszelle assoziiert. Wenn in der Mitose die Wirtschromosomen getrennt werden, wird auch der Schizont auf die Tochterorganismen verteilt. Dieser Mechanismus ist so effizient, dass in Kulturen >95 % aller Zellen mit *Theileria*-Stadien infiziert sind. In Lymphknoten liegen teilungsaktive infizierte Lymphozyten oft massenhaft vor. Die parasitierten Zellen sind gut anfärbbar; die in ihnen liegenden Schizonten werden im Fall der *T. parva*-Infektion als Koch'sche Kugeln bezeichnet. Man beobachtet hier zunächst Makroschizonten mit 5–20 großen Kernen, später bilden sich Mikroschizonten mit bis zu 100 kommaförmigen Merozoiten. Schließlich entstehen 8–12 Tage nach der Infektion aus den Schizonten zahlreiche 1–2 µm lange Merozoiten, die Erythrozyten befallen (Abb. 2.86b). Bis zu 40 % der Erythrozyten eines Wirtstieres können befallen sein. In den Blutkörperchen entwickeln sich auch runde Gametozyten.

Nehmen Zecken mit Blut infizierter Zwischenwirte Gametozyten auf, so bilden sich im Zeckendarm aus den Mikrogametozyten zunächst 8–12 µm lange Strahlenkörper, aus denen Mikrogameten entstehen. Ihre Fusion mit Makrogameten führt zur Bildung einer beweglichen Zygote, die eine Epithelzelle des Zeckendarmes invadiert. Innerhalb der Zygote entwickelt sich ein einzelner 14–22 µm langer Kinet. Dieser wandert zur Speicheldrüse und dringt hier in Follikelzellen ein. Wenn die Zecke ihre Blutmahlzeit beginnt, entwickeln sich vielkernige Zytomere und schließlich bis zu 50.000 kleine Sporozoiten, die mit dem Zeckenspeichel etwa drei Tage nach Saugbeginn abgegeben werden.

Theileriose Infektionen mit Theilerien resultieren bei empfänglichen Tieren in körperlichem Verfall mit hohem Fieber, Anämie und Gerinnungsstörungen, die zum Tod führen können. Die Pathogenität von *T. parva* variiert stammspezifisch. Jungtiere sind relativ resistent gegen die Infektion, bei adulten Tieren liegen die Verluste höher. Die hauptsächlichen pathogenen Effekte werden durch die intralymphozytäre Schizogonie hervorgerufen. Infizierte Lymphozyten vermehren sich ungehemmt, sodass nichtinfiziertes lymphoides Gewebe verdrängt wird. In der anschließenden Phase werden infizierte und nichtinfizierte Lymphozyten durch unspezifische Mechanismen abgetötet, sodass sich eine Lymphozytopenie entwickelt. Die Infektion induziert bei manchen Stämmen eine lebenslange Immunität, bei anderen eine Prämunität, sodass im Jugendalter erkrankte Tiere später geschützt sind. Damit kann eine epidemiologisch stabile Situation entstehen, bei der die Verluste in Viehherden insgesamt gering sind. Für die Vorbeugung von Infektionen hat die systematische Zeckenbekämpfung einen wichtigen Stellenwert.

Genom und Zellbiologie Die Genomsequenzierung von *T. annulata* und *T. parva* haben relativ kleine Genome von 8 Mb und 8,3 Mb mit 3792 bzw. 4035 proteincodierenden Genen ergeben, die in vier Chromosomen organisiert sind. Ähnlich wie bei Plasmodien liegen in den telomernahen Bereichen der Chromosomen zahlreiche Gene, die für hypervariable Proteine codieren. Im Fall von Theilerien werden einige dieser Proteine wahrscheinlich ins Wirtszellzytoplasma sezerniert und dürften eine Funktion bei der Transformation der Wirtszelle und damit für die Immunevasion der Parasiten haben.

Sporozoiten von *T. parva* befallen als primäre Wirtszellen T-Lymphozyten und transformieren sie, d. h., sie verleihen ihnen tumorähnliche Eigenschaften. Die Transformation ist reversibel und ist bedingt durch die Gegenwart der Parasiten. T-Zellen teilen sich normalerweise nur als Antwort auf einen Antigenstimulus. Eine solche spezifische Antigenstimulation kann bei *T. parva*-infizierten Zellen ausgeschlossen werden, vielmehr polen die Parasiten durch mehrere Eingriffe in die Signalwege ihre Wirtszelle zur Teilung um.

Ein wesentlicher Mechanismus der T-Zell-Aktivierung durch *T. parva* besteht in der konstitutiven Aktivierung des Transkriptionsfaktors NF-B. Dieses Protein ist ein zentraler Schalter in der Zellaktivierung und bewirkt die Expression von Genen des Zellzyklus, der inflammatorischen Immunantwort und der Hemmung von Apoptose. Es wird normalerweise nach Rezeptorstimulation der Zelle durch Zytokine oder andere Liganden aktiviert. Die konstitutive Aktivierung von NF-B wird auf indirektem Weg erreicht, indem Komponenten an der Oberfläche der *T. parva*-Schizonten den Proteinkomplex IKK aktivieren, der zwei Inhibitoren des Transkriptionsfaktors degradiert. Daraufhin kann NF-B in den Kern wandern und die simultane Transkription mehrerer Gene bewirken. Eine weitere Aktivierung wird anscheinend durch Beeinflussung des Phosphoinositid-3-Kinase-Signalweges erreicht. Außerdem wird vermutet, dass vom Parasiten produzierte DNA-bindende Proteine in den Zellkern wandern und dort die Genaktivierung gezielt beeinflussen. Aktuelle Arbeiten zeigen, dass eine Micro-RNA, das Oncomir *miR-155*, in infizierten Zellen hochreguliert ist. Eine ähnliche Hochregulation dieser Micro-RNA wurde auch bei verschiedenen Tumoren beobachtet und dort mit der Aufrechterhaltung eines veränderten Phänotyps in Verbindung gebracht.

2.6.2 Ciliophora

- Frei lebend oder parasitisch
- Oberfläche mit zahlreichen Wimpern (Zilien)
- Mikro- und Makronukleus
- Konjugation als Mechanismus des Genaustausches
- Nahrungsaufnahme durch Cytostom (Zellmund)

Die Ciliophora haben eine charakteristische Pellicula, die typischerweise eine Vielzahl von Wimpern (Zilien) trägt. Der Aufbau der Wimpern entspricht Flagellen. Meist sind sie in Reihen oder Kränzen angeordnet. Nahe der Wurzel jeder Wimper liegt in die Oberfläche eingesenkt ein Pinozytoseorganell, der Parasomalsack. Das Plasmalemma ist unterlagert von abgeflachten Alveolen, unter denen eine Proteinschicht verläuft, die durch Mikrotubuli verstärkt werden. Damit resultiert eine relativ formstabile Oberfläche. Die Zilien strudeln Nahrungspartikel zum Zytostom, wo sie phagozytiert und in Nahrungsvakuolen eingeschlossen werden. Diese Vakuolen zirkulieren durch die Zelle und Nahrungsreste werden an der Zytopyge (Zellafter) entleert. Die Osmoregulation erfolgt über kontraktile Vakuolen. Ciliophora haben einen Makronukleus, der Zellaktivitäten reguliert, sowie einen Mikronukleus, dessen genetisches Material bei der Konjugation ausgetauscht wird. Die Vermehrung erfolgt ungeschlechtlich durch Querteilung, die Verbreitung durch Zysten. Die parasitischen Formen besiedeln die Oberfläche (z. B. von Fischen) oder den Verdauungstrakt.

2.6.2.1 *Balantidium coli*

B. coli (gr. „balantion" = Geldbeutel, wegen der ovalen Form) lebt in der Regel als Kommensale in Blinddarm und Colon des Schweines und anderer Tiere sowie des Menschen, kann aber nach Resistenzminderung pathogen werden.

Entwicklung und Morphologie Die Übertragung erfolgt durch runde Zysten (Durchmesser 40–60 µm) mit kräftiger Wandung, die mit dem Kot ausgeschieden werden und unter günstigen Bedingungen mehrere Wochen im Außenmilieu überleben. Die daraus schlüpfenden Trophozoiten werden 50–200 µm groß und sind unregelmäßig oval (Abb. 2.88). Die Oberfläche ist mit Reihen synchron schlagender Wimpern besetzt, die dem Parasiten gerichtete Bewegungen erlauben. In der Nähe des Zellmundes (Zystosom), der am Grund einer schlitzförmigen Einsenkung liegt, stehen sie dichter und haben eine Funktion bei der Nahrungsaufnahme. Der Makronukleus ist lang gestreckt, der Mikronukleus unauffällig. Die Nahrung besteht aus Bakterien und Detritus.

Menschen können bei häufigem Kontakt mit infizierten Tieren erkranken, deshalb sind Berufsgruppen, die mit Schweinen umgehen (Metzger, Landwirte) häufiger infiziert. Die Erkrankung äußert sich in Diarrhöen („Balantidienruhr"). Bei

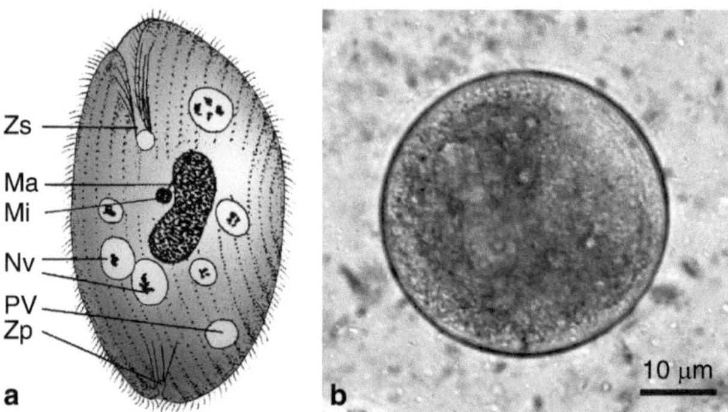

Abb. 2.88 *Balantidium coli*. **a** Schematische Zeichnung. *Zs* Zytostom, *Ma* Makronukleus, *Mi* Mikronukleus, *Nv* Nahrungsvakuolen, *PV* pulsierende Vakuole, *Zp* Zytopyge = Zellafter. **b** Zyste aus Schweinekot. (Aufnahme: B. Bannert)

schweren Infektionen können Massen von Balantidien auftreten und Entzündungen der Dickdarmschleimhaut sowie Geschwüre verursachen. Bei Affen in zoologischen Gärten kann der Erreger schwere Erkrankungen auslösen.

2.6.2.2 *Ichthyophthirius multifiliis*

I. multifiliis (gr. „ichthys" = Fisch, „phteiros" = Laus) ist ein weltweit verbreiteter Parasit von Nutz- und Zierfischen, der Haut und Kiemen besiedelt und die „Weißpünktchenkrankheit" verursacht. Es werden hauptsächlich Brut- und Jungfische befallen. Frei schwimmende, bewimperte, längliche Stadien von ca. 40 µm Länge, die Theronten, dringen in die Oberfläche des Wirtes ein (Abb. 2.89). Die Parasiten siedeln sich unterhalb der Epidermis an und wandeln sich in ein Wachstumsstadium um, den Trophonten. Dieser liegt in einer Pustel, die mit nekrotischem Wirtsmaterial und Schleim gefüllt ist, und befindet sich ständig in drehender Bewegung. In Abhängigkeit von der Umgebungstemperatur wachsen die Parasiten innerhalb von 2–20 Tagen zu 0,3–1 mm großen, ovalen Trophonten mit hufeisenförmigem Makronukleus und rundem Mikronukleus heran. Die Oberfläche ist mit Reihen von Wimpern besetzt (Abb. 2.90). An das Zytostom, mit dem Trophonten Leukozyten und Epithelzellen des Wirtes aufnehmen, schließt sich ein kurzer Zytopharynx an. In der Zelle fallen viele kontraktile Vakuolen auf. Der Kern des reifen Trophonten ist hoch polyploid. In diesem Stadium bricht der Parasit aus der Haut heraus und enzystiert sich am Grund des Gewässers oder an einer harten Oberfläche. Durch Teilungen entstehen jetzt bis zu 2000 Tochterorganismen (Tomite). Sie werden aus der Zystenhülle frei, tauschen durch Konjugation genetisches Material aus, differenzieren sich zu Thoronten und müssen innerhalb von 24 h einen Fisch befallen.

In den Kiemen sitzen die Parasiten meist direkt unterhalb des Epithels in der Nähe von Blutgefäßen und führen zu Entzündungen und Bindegewebsproliferati-

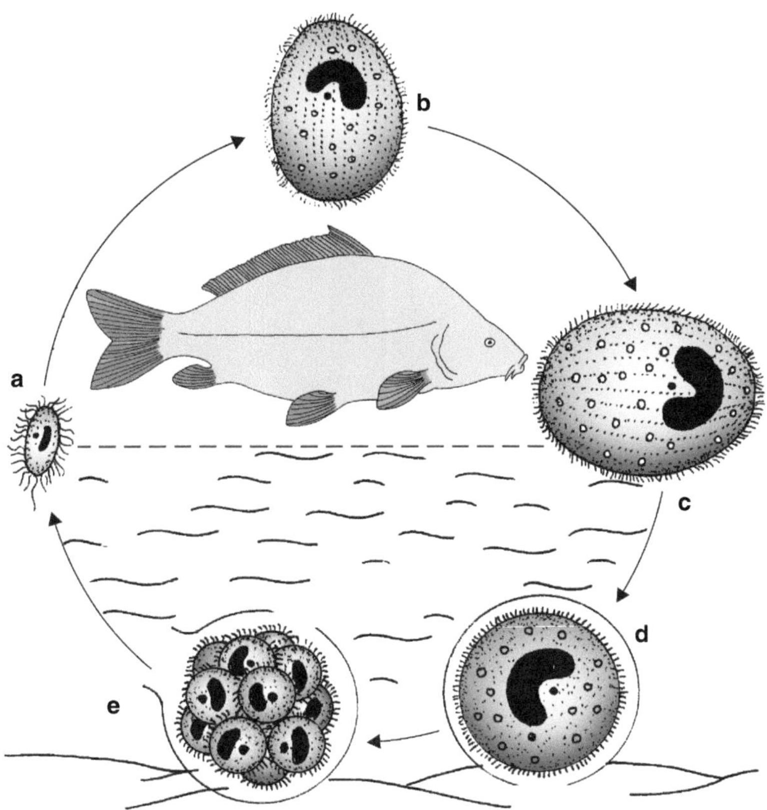

Abb. 2.89 Lebenszyklus von *Ichthyophthirius multifiliis*. **a** Theront. **b, c** Trophont. **d** Zyste. **e** Tomite, die aus der Zystenhülle frei werden

on, sodass Stoffaustausch und Osmoregulation behindert werden. Später können Nekrosen auftreten. Die Haut kann dicht mit weißen Punkten besetzt sein („Weißpünktchenkrankheit", Abb. 2.90b) und ihre Färbung verlieren (s. auch Abschn. 1.5). Bei dichtem Besatz und höheren Wassertemperaturen kann es bei sehr starkem Befall zum Massensterben der Fische kommen, das durch Versagen der Osmoregulation und Sekundärinfektionen bedingt ist. Fische, die eine Infektion durchstanden haben, weisen vorübergehend eine weitgehende Immunität gegen neuen Befall auf. Dabei ist interessant, dass dieser Schutz durch Antikörper der Fische zustande kommt, die an Oberflächenantigene der Zilien von Trophonten binden. Die Antikörperbindung veranlasst die Parasiten, den Wirt innerhalb von Minuten zu verlassen.

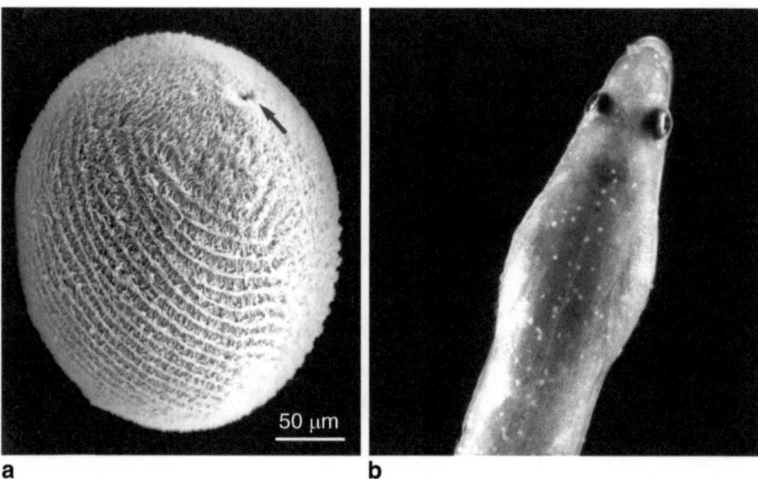

Abb. 2.90 *Ichthyophthirius multifiliis.* **a** Trophont; *Pfeil*: Zytostom. EM-Aufnahme: W. Foissner. **b** Junger Aal mit Weißpünktchenkrankheit. (Aufnahme: H. Taraschewski)

2.6.2.3 *Trichodina*

Auf den Kiemen und der Körperoberfläche fast aller Fische des Süß- und Salzwassers befinden sich in geringer Anzahl Ciliophora der Gattung *Trichodina*, die viele Arten umfasst. Die Parasiten sind kreisrund und hutförmig (Abb. 2.91a,b). Die Wimpern befinden sich in ständiger, strudelnder Bewegung. Dabei schlagen mehrere Wimperkränze in phasenverschobenen oder gegenläufigen Bewegungen und bieten im Mikroskop einen äußerst ästhetischen Anblick. Mit einem Haken-

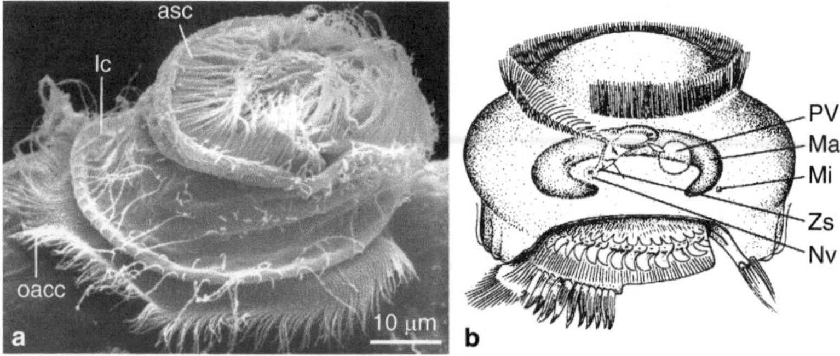

Abb. 2.91 Trophozoit von *Trichodina spec.* **a** Die schlagenden Wimperkränze sind sichtbar. *asc* adorale Wimpernspirale, *lc* laterale Wimpern, *oacc* äußerer adoraler Wimpernkranz. **b** Zeichnung von *T. myicola*, halbschematisch. Ein Teil des Vordergrundes ist durchsichtig dargestellt, um die Struktur der ventralen Wimpernkränze zu zeigen. *Zs* Zytostom, *Ma* Makronukleus, *Mi* Mikronukleus, *Nv* Nahrungsvakuole, *PV* pulsierende Vakuole. (Aus Hausmann et al. 2003, mit freundlicher Genehmigung der Schweizerbartschen Verlagshandlung)

kranz, der auch als Bestimmungsmerkmal dient, können sich die Trichodinen in der Schleimschicht und im Epithel verankern. Sie erreichen einen Durchmesser von ca. 60 µm. Bei starker Vermehrung kommt es zu einer Belästigung der Fische und bei bereits durch andere Krankheiten geschwächten Fischen können Todesfälle auftreten.

2.6.3 Kontrollfragen zum Verständnis

1. Aus welchen Organellen setzt sich der apikale Komplex zusammen?
2. Wie ist die Pellicula der Alveolata aufgebaut?
3. Welchen Ursprung hat der Apicoplast?
4. Welche drei Phasen in ihrem Lebenszyklus weisen die meisten Apicomplexa auf?
5. Wie heißt das Infektionsstadium der Apicomplexa?
6. Auf welchem Bewegungsmechanismus beruht die Zellinvasion bei den Apicomplexa?
7. In welchem Kompartiment liegen Apicomplexa nach erfolgter Invasion?
8. Welche Zellen besiedeln Gametozyten von *Monocystis agilis*?
9. Zu welchem Stadium lagern sich die Gameten von *Monocystis agilis* zusammen?
10. Wie sind die Trophozoiten von *Cryptosporidium* an ihre Wirtszelle (Welche?) assoziiert?
11. Beschreiben Sie den Aufbau der typischen Kokzidienoozyste.
12. Wie heißt der *Eimeria*-ähnliche Erreger beim Menschen?
13. Welchen Endwirt hat *Toxoplasma gondii*?
14. Wie heißen die frühen Entwicklungsstadien und wie die späten Entwicklungsstadien im Zwischenwirt von *Toxoplasma gondii*?
15. Weshalb ist frischer Katzenkot nicht infektiös in Bezug auf *Toxoplasma gondii*?
16. Wann sind Schwangere durch eine *Toxoplasma*-Infektion nicht gefährdet?
17. Weshalb ist *Toxoplasma gondii* für Immunkompromittierte gefährlich?
18. Welches ist die Hauptwirtszelle für *Toxoplasma gondii*-Dauerstadien?
19. Welche Schäden verursacht *Neospora caninum*?
20. Welche Stadien bildet *Sarcocystis suihominis* im Schwein aus?
21. Welche Formen von Malaria werden von den vier humanpathogenen Plasmodienarten ausgelöst?
22. Welche beiden Wirtszelltypen besiedeln humanpathogene Plasmodienarten?
23. Was versteht man unter exoerythrozytärer Schizogonie von Plasmodien?
24. Welche unterschiedlichen Entwicklungsstadien der Schizogoniephase von Plasmodien findet man in Erythrozyten?
25. Weshalb kommt Malaria in Deutschland nicht mehr vor?
26. Auf welche Typen von Erythrozyten ist *Plasmodium vivax* spezialisiert?
27. Wie entzieht sich *Plasmodium falciparum* der Milzpassage?
28. Wie heißt das Hauptoberflächenantigen der Sporozoiten von *Plasmodium*?

29. Welche Krankheitsbilder führen zu tödlichem Verlauf der Malaria tropica?
30. Wie heißen die langlebigen Stadien von *Plasmodium vivax*?
31. Nennen Sie drei Unterschiede in Bezug auf die Lebenszyklen von Plasmodien und Babesien.
32. Durch welchen Arthropodenwirt wird *Babesia divergens* übertragen?
33. Weshalb können Babesien sich über lange Zeit in Zeckenpopulationen halten?
34. Welche Krankheiten rufen Theilerien hervor?
35. Welche Wirtszellen nutzen Theilerien?
36. Welchen Hauptwirt hat *Balantidium coli*?
37. Wie wird *Ichthyophthirius* übertragen?

Literatur

Adl SM, Simpson AG, Farmer MA et al (2005) The new higher level classification of eukaryotes with emphasis on the taxonomy of protists. J Eukayot Microbiol 52:399–451
Adl SM, Simpson AG, Lance CE et al (2012) The revised classification of eukaryotes. J Eukaryot Microbiol 59:429–493
Baldauf SL (2003) The deep roots of eukaryotes. Science 300:1703–1706
Tenter A (2006) Klassifikation und Phylogenie parasitischer Eukaryota. In: Hiepe T, Lucius R, Gottstein B (Hrsg) Allgemeine Parasitologie. Parey, MVS, Stuttgart

Abschnitt 2.1
Corradi N, Seman M (2013) Latest progress in Microsporan Genome Research. J Eukarot Microbiol 60:309–312
Deplazes P, Eckert J, von Samson-Himmelstjerna G, Zahner H (2012) Lehrbuch der Parasitologie für die Tiermedizin, 3. Aufl. Enke, Stuttgart
Didier ES, Weiss LM (2006) Microsporidiosis: current status. Curr Opin Infect Dis 19:485–492
Katinka MD, Duprat S, Cornillot E et al (2001) Genome sequence and gene compaction of the eukaryote parasite *Encephalitozoon cuniculi*. Nature 414:450–453
Keeling P (2009) Five questions about microspora. PLoS Pathog 5(9):e489
Stentiford GD, Feist WF, Stone DM, Bateman KS, Dunn AM (2013) Microspora: diverse, dynamic and emergent pathogens in aquatic systems. Trends Parasitol 29:567–578
Vavra J, Lukes J (2013) Microspora and „the art of living together". Adv Parasitol 82:253–319

Abschnitt 2.2
Ankarlev J, Jerlström-Hultquist J, Ringquist E et al (2010) Behind the smile: cell biology and disease mechanisms of *Giardia* species. Nat Rev Microbiol 8:413–422
Cacciao SM, Ryan U (2008) Molecular epidemiology of giardiasis. Mol Biochem Parasitol 160:75–80
Gargantini PR, Serradell MD, Rios DN et al (2016) Antigenic variation in the intestinal parasite *Giardia intestinalis*. Science 319:1530–1533
Monis PT, Caccio SM, Thompson RC (2009) Variation in *Giardia*: towards a taxonomic revision of the genus. Trends Parasitol 25:93–100
Morrison HG, McArthur AG, Gillin FD et al (2007) Genetic minimalism in the early divergent intestinal parasite *Giardia lamblia*. Science 317:1921–1926
Müller N, Müller J (2016) *Giardia*. In: Walochnik J, Duchene M (Hrsg) Molecular parasitology: protozoan parasites and their molecules. Springer, Wien

Poxleitner MK, Carpenter ML, Mancuso JJ et al (2008) Evidence for karyogamy and exchange of genetic material in the binucleate intestinal parasite *Giardia intestinalis*. Science 319:1530–1533

Prucca CG, Rivero FD, Luján HD (2011) Regulation of antigenic variation in *Giardia lambia*. Annu Rev Microbiol 65:611–630

Roxström-Lindquist K, Palm D, Reiner D, Ringqvist E, Svard SG (2006) *Giardia* immunity – an update. Trends Parasitol 22:26–31

Ryan U, Cacciò SM (2013) Zoonotic potential of *Giardia*. Int J Parasitol 43:943–956

Abschnitt 2.3

Benchimol M (2004) Trichomonads under microscopy. Microsc Microanal 10:528–550

Carlton JM, Hirt RP, Silva JC et al (2007) Draft genome sequence of the sexually transmitted pathogen *Trichomonas vaginalis*. Science 315:207–212

Deplazes P, Eckert J, von Samson-Himmelstjerna G, Zahner H (2012) Lehrbuch der Parasitologie für die Tiermedizin, 3. Aufl. Enke, Stuttgart

Dessi D, Delogu G, Emonte E et al (2005) Long term survival and intracellular replication of *Mycoplasma hominis* in *Trichomona vaginalis* cells: Potential role of the protozoon in transmitting bacterial infection. Inf Imm 73:1180–1186

Fiori PF, Rappelli P, Dessi D et al (2016) Trichomonas. In: Walochnik J, Duchene M (Hrsg) Molecular parasitology: protozoan parasites and their molecules. Springer, Wien

Goodman RP, Freret TS, Kula T et al (2011) Clinical isolates of *Trichomonas vaginalis* concurrently infected by strains of up to four *Trichomonasvirus* species (Family Totaviridae). J Virol 85:4258–4270

Johnston VJ, Mabey DC (2008) Global epidemiology and control of *Trichomonas vaginalis*. Curr Opin Infect Dis 21:56–64

Letsch D (2016) Recent advances in the *Trichomonas vaginalis* field. Adv Parasitol 77:87–140 (F1000Res.5.pii: F1000 Faculty Rev-162 eCollection 2016 sequence)

Redon-Maldonaldo JG et al (1998) *Trichomonas vaginalis*: in vitro phagocytosis of lactobacilli, vaginal epithelial cels, leukocytes, and erythrocytes. Exp Parasitol 89:241–250

Schwebke JR, Burgess D (2004) Trichomoniasis. Clin Microbiol Rev 17:794–803

Sutton M, Sternberg M, Koumans L et al (2007) The prevalence of *Trichomonas vaginalis* infection among reproductive-age women in the United States, 2001–2004. Clin Infect Dis 45:1319–1326

Abschnitt 2.4

Eckert J (2005) Parasitologie. In: Fritz H et al (Hrsg) Medizinische Mikrobiologie. Thieme, Stuttgart

Lejeune M, Rybicka JM, Chadee K (2009) Recent discoveries in the pathogenesis and immune response toward *Entamoeba histolytica*. Future Microbiol 4:105–118

Lorenzi HA, Puiu D, Miller JR et al (2010) New assembly, reannotation and analysis of the *Entamoeba histolytica* genome reveal new genomic features and protein content Information. PLoS Negl Trop Dis 4(6):e716

Moona SN, Jiang MM, Petri WA (2013) Host immune responses to intestinal amoebiasis. PLoS Pathog 9(8):e1003489

Schuster FL, Visvesvara GS (2004) Free living amoeba as opportunistic and non-opportunistic pathogens of humans and animals. Int J Parasitol 34:1001–1027

Skappak C, Akerman S, Belga S et al (2014) Invasive amebiasis: a review of *Entaboeba* infections highlighted with case reports. Can J Gastroenterol Hepatol 28:355–359

Tannich E, Horstmann RD, Knobloch J, Arnold HH (1989) Genomic DNA differences between pathogenic and nonpathogenic *Entamoeba histolytica*. Proc Natl Acad Sci USA 86:5118–5122

Teixeira JE, Huston CD (2008) Evidence of a continuous endoplasmic reticulum in the protozoan parasite *Entamoeba histolytica*. Eukaryot Cell 7:1222–1226

Weedall GD, Clark CG, Coldkjaer P et al (2012) Genomic diversity of the human intestinal parasite *Entamoeba histolytica*. Genome Biol 13(5):R38

Wilson IW, Weedall GD, Hall N (2012) Host-parasite interactions in *Entamoeba histolytica* and *Entamoeba dispar*: what have we learnt from their genomes? Parasite Immunol 34:90–99

Wyler DJ (1990) Modern parasite biology. Freeman & Company, New York

Young JD, Cohn ZA (1988) How killer cells kill. Sci Am 258:38–44

Abschnitt 2.5

Aebischer A, Mrva M (2016) Leishmania. In: Walochnik J, Duchene M (Hrsg) Molecular parasitology: protozoan parasites and their molecules. Springer, Wien

Bafica A, Santiago HC, Goldszmid R et al (2006) TLR9 and TLR2 signaling together account for MyD88-dependent control of parasitemia in *Trypanosomacruzi* infection. J Immunol 177:3515–3519

Bartholomeu DC, de Pavia RM, Mendes TA et al (2014) Unveiling the intracellular survival gene kit of trypanosomtid parasites. PLoS Pathog 10:e1004399

Bartossek T et al (2017) Structural basis for the shielding function of the dynamic trypanosome variant surface glycoprotein coat. Nat Microbiol 2:1523–1532

Buscaglia CA, Campo VA, Frasch ACC, Di Noia JM (2006) *Trypanosoma cruzi* surface mucins: host dependent coat diversity. Nat Rev Microbiol 4:229–236

Cattand P, Jannin J, Lucus P (2001) Sleeping sickness surveillance: an essential step towards elimination. Trop Med Int Health 6:348–361

Cecflio P, Perez-Cabezas B, Santarem N et al (2014) Deception and manipulation: the arms of *Leishmania*, a successful parasite. Front Immunol 5:1–16 (Art. 480)

Clayton C (2016) *Trypanosoma*. In: Walochnik J, Duchene M (Hrsg) Molecular Parasitology: protozoan parasites and their molecules. Springer, Wien

Cross AAM, Kim HM, Wickstead B (2014) Capturing the variant surface glycoprotein repertoire (the VSGenome) of *Trypanosoma brucei* Lister 427. Mol Biochem Parasitol 195:59–73

Deplazes P, Eckert J, von Samson-Himmelstjerna G, Zahner H (2012) Lehrbuch der Parasitologie für die Tiermedizin, 3. Aufl. Enke, Stuttgart

Dönges (1988) Parasitologie. Thieme, Stuttgart

El-Sayed NM, Myler PJ, Blandin G et al (2005) Comparative genomics of trypanosomatid parasitic protozoa. Science 309:404–409

Ferguson MA, Homans SW, Dwek RA, Rademacher T (1988) The glycosylphosphatidylinositol membrane anchor of *Trypanosoma brucei* variant surface glycoprotein. Biochem Soc Trans 16:265–268

Fernades MC, Andrews NW (2012) Host cell invasion by *Trypanosoma cruzi*: a unique strategy that promotes persistence. FEMS Microbiol Rev 36:734–747

Hamilton PB et al (2004) Trypanosomes are monophyletic: evidence from genes for glyceraldehyde phosphate dhydrogenase and small subunit ribosomal RNA. Int J Parasitol 34:1393–1404

Horn D (2014) Antigenic variation in African trypanosomes. Mol Biochem Parasitol 195:123–129

Hughes AL, Piontkivska H (2003) Phylogeny of Trypanosomatidae and Bodonidae (Kinetoplastida) based on 18srNA: evidence for paraphyly of *Trypanosoma* and six other genera. Mol Biol Evol 20:644–652

Kennedy PG (2013) Clinical features, diagnosis, and treatment of human African trypanosomiasis (sleeping sickness). Lancet Neurol 12:186–194

Lai DH, Hashimi H, Lun ZR et al (2004) Adaptations of *Trypanosoma brucei* to gradual loss of kinetoplast DNA: *Trypanosoma equiperdum* and *Trypanosoma evansi* are petite mutants of T. brucei. Proc Nat Acad Sci USA 105:1999–2004

Maudlin I, Holmes PH, Miles MA (Hrsg) (2004) The trypanosomiases. CABI Publishing, Wallingford, Cambridge, S 614

Mugnier MR, Cross GA, Papavasiliou FN (2015) The *in vivo* dynamics of antigen variation in *Trypanosoma brucei*. Science 347:1470–1473

Naderer T et al (2004) Surface determinants of *Leishmania* parasites and their role in infectivity in the mammalian host. Cur Mol Med 4:649–665

Nagajyothi F, Machado FS, Burleigh BA et al (2012) Mechanisms of *Trypanosoma cruzi* persistence in Chagas disease. Cell Microbiol 14:634–643

Nunes MC, Dones W, Morillo CA et al (2013) Chagas disease: an overview of clinical and epidemiological aspects. J Am Coll Cardiol 62:767–776

Peacock L et al (2014) Meiosis and haploid gametes in the pathogen *Trypanosoma brucei*. Curr Biol 24:181–186

Rassi A, Rassi A, Marin-Neto JA (2010) Chagas disease. Lancet 375:1388–1402

Rubin SS, Schenkman S (2012) *Trypanosoma cruzi* trans-sialidase as a multifunctional enzyme in Chagas' disease. Cell Microbiol 14:1522–1530

Sacks D, Sher A (2002) Evasion of innate immunity by protozoan parasites. Nat Immunol 3:1041–1047

Simpson et al (2004) Mitochondrial proteins and complexes in *Leishmania* and *Trypanosoma* involved in U-insertion/deletion RNA editing. RNA 10:159–170

VanZandbergen G, Bollinger A, Wenzel A et al (2006) *Leishmania* disease development depends on the presence of apoptotic promastigotes in the virulent inoculum. Proc Natl Acad Sci U S A 103:13837

Vickerman K (1985) Developmental cycles and biology of pathogenic trypanosomes. Br Med Bull 41:105–114

Waller RF, McConville MJ (2002) Developmental changes in lysosome morphology and function of *Leishmania* parasites. Int J Parasitol 32:1435–1445

Wyler DJ (1990) Modern parasite biology. Freeman & Company, New York

Abschnitt 2.6

Allred DR, Al-Khedery B (2004) Antigenic variation and cytoadhesion in *Babesia bovis* and *Plasmodium falciparum*: different logics achieve the same goal. Mol Biochem Parasitol 134:27–34

Ball SJ et al (1989) Intestinal and extraintestinal life cycles of eimeriid coccidea. Adv Parasitol 28:1–54

Bayer AG (1955) The microscopic diagnosis of tropical diseases. Bayer AG, Leverkusen

Beeson JG, Brown GV (2002) Pathogenesis of *Plasmodium falciparum* malaria: the roles of parasite adhesion and antigenic variation. Cell Mol Life Sci 59:258–271

Borrmann S et al (2011) Declinig responsiveness of *Plasmodium falciparum* infections to artemisinin-based combination therapies on the Kenyan coast. PLoS ONE 6:e26005

Cavalier-Smith T (2014) Gregarine site-heterogeneous 18S rDNA trees, revision of gregarine higher classification, and the evolutionary diversification on Sporozoa. Europ J Protistol 50:472–495

Chapman HD, Barta JR, Blake D et al (2013) A selective review of advances in coccidiosis research. Adv Parasitol 83:93–171

Checkley W, White AC, Jaganath D et al (2015) A review of the global burden, novel diagnostics, therapeutics, and vaccine targets for *Cryptosporidium*. Lancet Infect Dis 15:85–94

Cloda PL, Koh WH, Thompson RCA (2015) Life without a host cell: what is *Cryptosporidium*? Trends Parasitol 31:614–624

Cooke EM, Wahlgren M, Coppel RL (2000) Falciparum malaria: sticking up, standing out and out-standing. Parasitol Today 16:416–420

Dobbelaere DAE, Rottenburg S (2003) *Theileria*-induced leucocyte transformation. Curr Opinion Microbiol 6:377–382

Dubey JP, Schares G (2011) Neosporosis in animals – the last five years. Vet Parasitol 180:90–108

Dyke SC (1960) Recent Advances in Clinical Pathology, 3. Aufl. J. and A. Churchill, London

Feachem RGA, Phillips AA, Hwang J, Cotter C et al (2010) Shrinking the malaria map: progress and prospects. Lancet 376:1566–1578

Francia ME, Striepen B (2014) Cell division in apicomplexan parasites. Nat Rev Microbiol 12:125–136

Gilbert RE, Freeman K, Lago EG et al (2008) Ocular sequelae of congenital toxoplasmosis in Brazil compared to Europe. Plos Negl Trop Dis 2(8):e277

Grigg ME, Bonnefy S, Hejl AB et al (2001) Success and virulence in *Toxoplasma* as the result of sexual recombination between two distinct ancestries. Science 294:161–165

Hausmann K et al (2003) Protistology. Schweizerbartsche Verlagshandlung, Stuttgart

Horrocks P et al (2005) PfEMP1 expression is reduced on the surface of knobless *Plasmodium falciparum* infected erythrocytes. J Cell Sci 118:2507–2518

Ingmundson A, Alano P, Matuschewski K, Silvestrini F (2014) Feeling at home from arrival to departure: protein export and host cell remodelling during *Plasmodium* liver stage and gametocyte maturation. Cell Microbiol 16:324–333

Kemp DJ et al (1987) Repetitive proteins and genes of malaria. Ann Rev Microbiol 41:181–208

Konradt C, Ueno N, Christian DA et al (2016) Endothelial cells are a replicative niche for entry of *Toxoplasma gondii* to the central nervous system. Nat Microbiol 1:16001

Krause PJ, Daily J, Telford SR et al (2007) Shared features in the pathobiology of babesiosis and malaria. Trends Parasitol 23:605–610

Lang W (1993) Tropenmedizin in Klinik und Praxis. Thieme, Stuttgart

Lang C, Gro U, Lüder CGK (2007) Subversion of innate and adaptive immune responses by *Toxoplasma gondii*. Parasitol Res 100:191–203

Leander BS, Keeling PJ (2003) Morphostasis in alveolate evolution. Trends Ecol Evol 8:395–402

Liu W et al (2010) Origin of the human malaria parasite *Plasmodium falciparum* in gorillas. Nature 467:420–425

Liu W et al (2014) African origin of the malaria parasite *Plasmodium vivax*. Nat Commun 5:3346

Maier AG et al (2009) Malaria parasite proteins that remodel the host erythrocyte. Nat Rev Microbiol 7:341–354

Marsolier J, Perichon M, DeBarry JD et al (2015) *Theileria* parasites secrete a prolyl isomerase to maintain host leukocyte transformation. Nature 520:378–382

Mehlhorn H (1988) Parasitology in Focus. Springer, Heidelberg

Mehlhorn H, Piekarski G (2002) Grundriss der Parasitenkunde. Spektrum, Heidelberg

Nacer A, Movila A, Sohet F et al (2014) Experimental cerebral malaria pathogenesis – hemodynamics at the blood brain barrier. PLoS Pathog 10:e1004528

Nichols BA, Chiappiano MI (1987) Cytoskeleton of *Toxoplasma gondii*. J Protozool 34:217–226

Perkins DJ, Were T, Davenport GC (2011) Severe malarial anemia: innate immunity and pathogenesis. Int J Biol Sci 7:1427–1442

Pernas L, Adomako-Ankomah Y, Shastri AJ et al (2014) *Toxoplasma* effector MAF1 mediates recruitment of host mitochondria and impacts the host response. PLoS Biol 12(4):e1001845

Ralph SA et al (2007) Tropical infectious diseases: metabolic maps and functions of the *Plasmodium falciparum* apicoplast. Nat Rev Microbiol 2:203–216

Ryan U, Fayer R, Xiao L (2014) *Cryptosporidium* species in humans and animals: current understanding and research needs. Parastitology 141:1667–1685

Schlichtherle IM et al (1996) Molecular aspects of severe malaria. Parasitol Today 12:329–332

Schnittger L, Rodriguez AE, Florin-Christensen M, Morrison DA (2012) *Babesia*: a world emerging. Infect Genet Evol 12:1788–1809

Scholtyseck G, Mehlhorn H (1973) Elektronenmikroskopische Befunde ändern das System der Einzeller. Naturwiss Rundsch 26:421–427

Schrod et al (1991) Konnatale Toxoplasmose. Pädiat Prax 43:117–125

Schuster FL, Ramirez-Avila L (2008) Current world status of *Balantidium coli*. Clin Microbiol Rev 21:626–638

Seeber F, Steinfelder S (2016) Recent advances in understanding apicomplexan parasites. F1000Res 5:F1000 Faculty Rev-1369. https://doi.org/10.12688/f1000research.7924.1

Shiels B, Langsley G, Weir W et al (2006) Alteration of host cell phenotype by *Theileria* annulata und *Theileria parva*: mining for manipulators in the parasite genomes. Int J Parasitol 36:9–21

Sibley D (2004) Intracellular parasite invasion strategies. Science 304:284–253

Smyth JD (1994) Introduction to animal parasitology, 3. Aufl. Cambrigde Univ Press, Cambridge

Solbach W, Lucius R (2005) Parasite evasion (incl. helminths). In: Kaufmann S, Steward M (Hrsg) Topley and Wilson – Microbiology and microbial infections. Edward Arnold Publishers, London

Tenter A (2006) Klassifikation und Phylogenie parasitischer Eukaryota. In: Hiepe T, Lucius R, Gottsein B (Hrsg) Allgemeine Parasitologie. Parey MVS, Stuttgart

Thera MA, Plowe CV (2012) Vaccines for malaria: how close are we? Ann Rev Med 63:345–357

Vinayak S, Pawlowic MC, Sateriale A et al (2015) Genetic modification of the diarrheal pathogen *Cryptosporidium parvum*. Nature 523:477–480

Wallon M et al (2013) Congenital *Toxoplasma* infection: monthly prenatal screening decreases transmission rate and improves clinical outcome at age 3 years. Clin Infect Dis 56:1223–1231

Weiss LM, Kim K (2013) *Toxoplasma gondii*. The model Apicomplexan – perspectives and methods, 2. Aufl. Elsevier, Amsterdam

White NJ, Pukrittayakamee S, Hien TT et al (2014) Malaria. Lancet 383:723–735

WHO (2016) Global Malaria mapper. www.who.int/malaria/publications/world_malaria_report/global_malaria_mapper/en. Zugegriffen: 28. April 2016

WHO (2016) http://www.who.int/mediacentre/factsheets/fs094/en/. Zugegriffen: 28. Apr. 2016

Wilking H et al (2016) Prevalence, incidence estimations, and risk factors of *Toxoplasma gondii* infections in Germany: a representative, cross-sectional, serological study. Sci Rep 6:22551

Wyler DJ (Hrsg) (1990) Modern parasite biology. Freeman & Company, New York

Parasitische Würmer (Helminthen) und Myxozoa

3

Inhaltsverzeichnis

3.1 Allgemeines zur Biologie vielzelliger Parasiten (außer Arthropoden)

Vielzellige Parasiten mit lang gestreckter Form und fehlenden oder reduzierten Körperanhängen werden als parasitische Würmer zusammengefasst und im medizinischen Sprachgebrauch als Helminthen (gr. „helmins" = Eingeweidewurm) bezeichnet. Zu ihnen zählen die Plathelminthen (Plattwürmer), die Nematoden (Fadenwür-

© Springer-Verlag GmbH Deutschland 2018

R. Lucius et al., *Biologie von Parasiten*, https://doi.org/10.1007/978-3-662-54862-2_3

mer), die Nematomorpha, die Acanthocephalen (Kratzer), und man kann auch die Blutegel hierher gruppieren. Helminthen sind also keine zoologische Gruppe, denn die hier zusammengefassten Würmer gehören zu ganz verschiedenen Taxa wie den Lophotrochozoa, den Nematoden oder sogar zu den Arthropoden (Abb. 3.1). Der Begriff „Helminthen" dient eher dazu, diese Parasiten von den Protozoen und den Arthropoden abzugrenzen.

Viele Helminthen sind groß und erreichen eine Länge von mehreren Zentimetern oder sogar Metern. Wegen ihrer Sichtbarkeit für das unbewaffnete Auge waren sie die ersten Pathogene, die von Wissenschaftlern beschrieben wurden. Helminthen haben eine sehr weite Verbreitung und befallen Milliarden von Menschen und Tieren. Sie bedingen schwerwiegende Erkrankungen, die aber in der Regel nicht direkt zum Tod führen. Deshalb hat man ihre Bedeutung lange unterschätzt und erst in den letzten Jahren sind vermehrt Forschungsprogramme für die von ihnen verursachten „neglected diseases" aufgelegt worden.

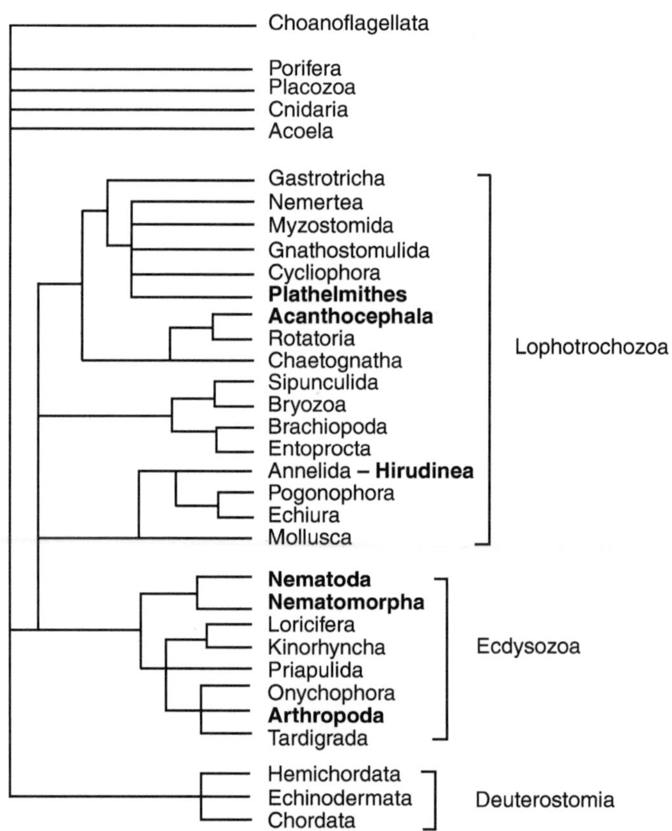

Abb. 3.1 Phylogenie der Metazoa. Hier behandelte Gruppen aus oder mit Parasiten **fett**. (Nach Blaxter 2003, einige Taxa weggelassen)

Trotz ihrer Heterogenität in Bezug auf die systematische Position weist die Biologie der parasitischen Würmer eine Reihe von Gemeinsamkeiten auf, die es sinnvoll machen, sie gemeinsam zu behandeln. Im Gegensatz zu Viren, Bakterien, pathogenen Pilzen und Protozoen vermehren sich Helminthen – von wenigen Ausnahmen abgesehen – nicht im Wirt. Ein Befall mit wenigen Würmern führt also nicht zu einer Massenvermehrung und der Etablierung einer Population im Endwirt, sondern zur Ausscheidung von Eiern oder Larvenstadien in die Umwelt. Von dort müssen diese in einen neuen Wirt gelangen, um ihre Entwicklung fortzusetzen. Eine solcher Befall ohne Vermehrung im selben Wirt wird als „Infestation" (im Gegensatz zur „Infektion") bezeichnet, allerdings wird der Begriff nur noch selten verwendet und deshalb im Folgenden vermieden. Die Schadwirkungen einer Helmintheninfektion sind üblicherweise mit der Wurmbürde eines Wirtes korreliert. Da sich die Würmer im Wirt ja nicht vermehren, beeinflussen sie die Intensität und Dauer der Exposition sowie die individuell variierende Fähigkeit, durch Immunantworten Infektionsstadien auszuschalten, die Wurmbürde und damit das Krankheitsbild. Wegen dieser Charakteristika werden die Helminthen im englischen Sprachgebrauch oft als „macroparasites" bezeichnet, im Gegensatz zu den „microparasites" (= Viren, Bakterien, pathogene Pilze, Protozoen), die sich im Wirt direkt vermehren.

Die unterschiedlichen Taxa der parasitischen Würmer haben auch in Bezug auf ihre Immunbiologie eine Reihe von Gemeinsamkeiten. Infektionen mit Helminthen induzieren typischerweise eine starke Vermehrung von eosinophilen Granulozyten und hohe Spiegel von Immunglobulin E, beides Komponenten der Abwehr gegen die Parasiten. Diese Besonderheit der Reaktion gegen Helminthen ist darauf zurückzuführen, dass die Würmer Immunantworten vom Th2-Typ (s. Abb. 1.37) induzieren, die eine relativ wenig aggressive Entzündung herbeiführen. Wahrscheinlich beruht dies auf der Tatsache, dass ihnen bestimmte molekulare Muster fehlen, die bei Infektionen mit Viren oder Bakterien die Immunantwort in aggressivere Richtungen polarisieren. Die Effizienz dieser Th2-Antwort variiert individuell – wie dies bei allen Immunantworten der Fall ist. Als Resultat variiert die Höhe der Wurmbürde innerhalb einer Wirtspopulation, sodass typischerweise die meisten Personen eine relativ geringe Anzahl von Würmern beherbergen, während einige Individuen stark befallen sind. Diese „wurmigen" und daher wahrscheinlich auch sehr kranken Individuen, sind sehr wichtig für die Ausbreitung der Parasitose. Die typische Ungleichverteilung wird als „negativ binominal" (s. Abb. 1.24) bezeichnet.

In der Diagnostik von Wurminfektionen spielt nach wie vor der direkte mikroskopische Nachweis durch Eier oder Larven eine große Rolle. Die Eier werden nach Anreicherungsverfahren bei darmbewohnenden Helminthen in Kotproben, bei anderen Parasiten in Urin oder Sputum und anderen Körperflüssigkeiten nachgewiesen. Abb. 3.2 zeigt eine Auswahl von in Kot nachweisbaren Helmintheneiern bzw. -larven aus einer Bestimmungstafel.

Weitere Gemeinsamkeiten der parasitischen Würmer sind ihre im Vergleich zu den Protozoen komplexeren Genome, ihre meist lange Lebensspanne und die Tatsache, dass sie nicht in Kultur vermehrt werden können. Dies hat dazu geführt, dass sie genetisch kaum zugänglich sind, sodass z. B. noch keine Mutanten zur Charakte-

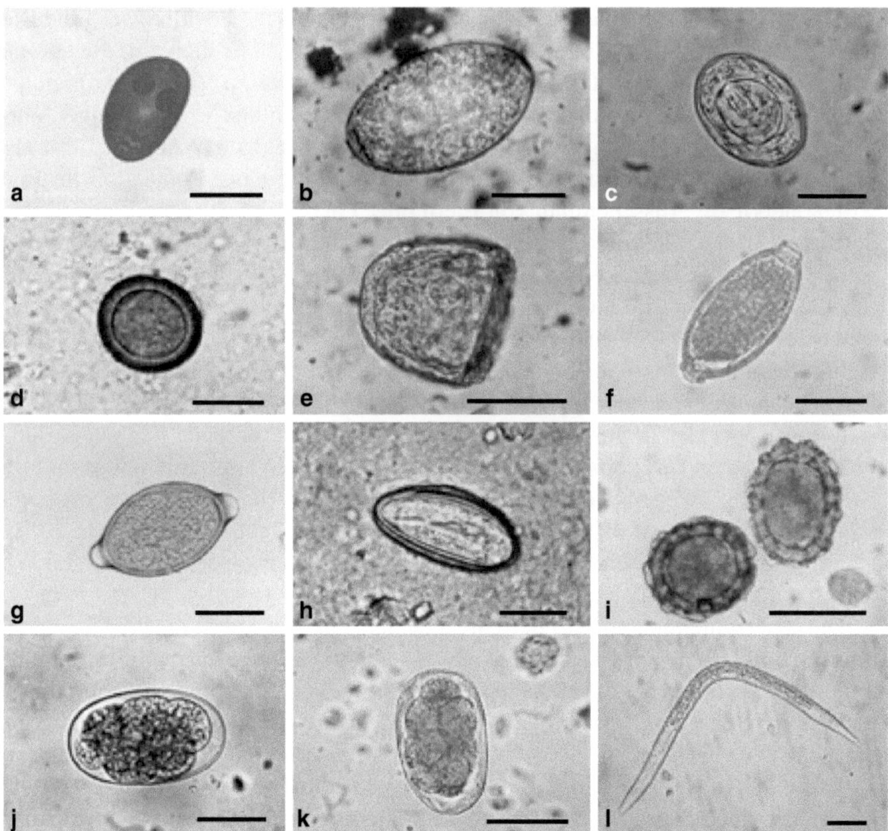

Abb. 3.2 In Kot nachweisbare Stadien (Eier und eine Larve) von parasitischen Würmern. **a** *Dicrocoelium dendriticum*. **b** *Fasciola hepatica*. **c** *Hymenolepis nana*. **d** *Taenia solium*. **e** *Moniezia expansa*. **f** *Capillaria aerophila*. **g** *Trichuris suis*. **h** *Enterobius vermicularis*. **i** *Ascaris lumbricoides*. **j** *Ancylostoma duodenale*. **k** *Haemonchus contortus*. **l** L1 von *Dictyocaulus viviparus*. (Foto mit freundlicher Genehmigung Janssen Animal Health, B2340 Beerse, Belgien. Foto l: Thomas Schnieder)

risierung von Proteinfunktionen hergestellt wurden. In dieser Situation hat man sich relativ viel mit der Wirtsreaktion gegen Wurminfektionen befasst, aber die Molekular- und Zellbiologie der Parasiten und die Parasit-Wirt-Interaktionen sind noch nicht so intensiv untersucht, wie dies angesichts der enormen Bedeutung der parasitischen Würmer wünschenswert wäre.

In diesem Kapitel werden anschließend an die Helminthen auch die Myxozoa behandelt. Hier handelt es sich um sehr stark reduzierte Cnidaria, die nur aus wenigen Zellen bestehen und deshalb früher meist bei den Protozoen mitbehandelt wurden. Als vielzellige Organismen stehen sie den Helminthen jedoch näher, obwohl keine Gemeinsamkeiten der Morphologie oder der Lebenszyklen bestehen.

3.2 Platyhelmintha – Plattwürmer

Die Plathelminthen oder Plattwürmer sind Teil der großen Gruppe der Lophotrochozoa (Abb. 3.1) und bestehen aus den überwiegend frei lebenden Strudelwürmern (Turbellaria), den ausschließlich parasitischen Saugwürmern (Trematoden), den parasitischen Bandwürmern (Zestoden) und einigen kleineren Gruppen. Die meisten sind dorsoventral abgeflacht, alle sind bilateralsymmetrisch und zwittrig. Sie besitzen drei Keimblätter, aber kein Zölom, sondern ein den Raum zwischen Entoderm und Ektoderm ausfüllendes Mesenchym (Parenchym). Es fehlen: eine feste Außenhülle, Atemorgane und ein Blutgefäßsystem.

Aus einer ihrer Ordnungen, den Rhabditophora, ging das monophyletische Taxon der Neodermata („Neuhäuter") hervor. Der Name beruht darauf, dass die aus dem Ei hervorgehende Larve bei Erreichen ihres Wirtes die bewimperten Epidermiszellen abwirft. Eine neue Körperbedeckung, die Neodermis, entsteht dann aus Zellen mesodermalen Ursprungs, deren Zellkörper mit dem Kern unterhalb der basalen Matrix liegen bleiben und mehrere Ausläufer zur Körperoberfläche entsenden. Dort verschmelzen sie oberhalb der basalen Matrix zu einem unbewimperten Synzytium (Abb. 3.3). Diese Körperumhüllung, das Tegument, ist stoffwechselaktiv,

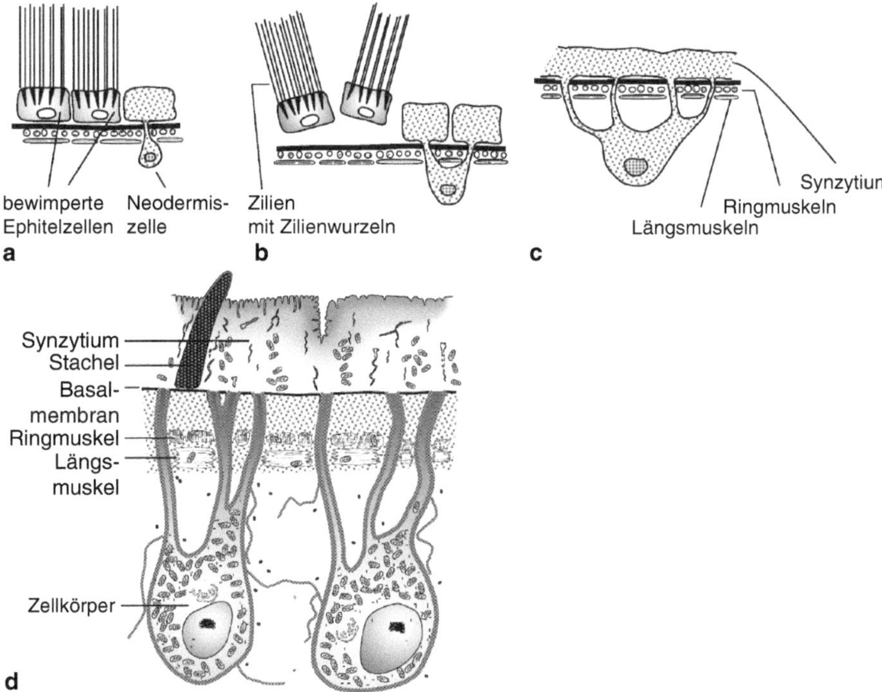

Abb. 3.3 Die Neodermis. **a–c** Schematische Darstellung der Entstehung. **d** Querschnitt durch die Neodermis einer digenen Trematoden

kann niedermolekulare Nährstoffe aufnehmen, Exkrete ausschleusen und Immunreaktionen hemmende Substanzen freisetzen. Neodermata besitzen ein komplexes
Reproduktionssystem, das sich aus vielen Organen zusammensetzt (Abb. 3.4).

Das **weibliche Reproduktionssystem** besteht unter anderem aus einem Ovar
und einem meist paarigen und fast immer follikulären Dotterstock (Vitellarium),
der Eischalenmaterial und Reservesubstanzen für die Eizelle liefert. Eine Eizelle
und mehrere Dotterzellen werden mit einem Spermium aus einer vorangegangenen
Befruchtung vereinigt. Dieses Spermium stammt aus dem Receptaculum seminis,
einer Aussackung des Oviduktes, in der die Spermien nach der Befruchtung gespeichert werden. Der Ovidukt erweitert sich zum Ootyp, einen Hohlraum, der von der
Mehlis'schen Drüse umgeben ist. Die in sein Lumen abgegebenen Sekrete spielen
möglicherweise eine Rolle bei der Freisetzung der Eischalenproteine aus den Dotterzellen, begünstigen deren Fusion durch alkalische Bedingungen und aktivieren
eine Phenoloxydase, welche die Eischalen-„Gerbung" bewirkt. Das Ei erhält durch
knetende Bewegungen der muskulösen Ootypwandung seine endgültige Form. Es
wird dann in den Uterus geschoben, in dem es u. U. nachdunkeln kann. Bei manchen Neodermatengruppen findet während des Transports durch den Uterus auch
die Embryonierung statt, bei anderen erst nach Ablage der Eier im Freien.

Die **männlichen Geschlechtsorgane** bestehen aus wenigen bis vielen Hoden
(Testes). Von ihnen ziehen Vasa efferentia zu einem unpaaren Vas deferens, das
sich kurz vor der Geschlechtsöffnung zu einer Samenblase (Vesicula seminalis) und
dann zu einem sackförmigen Zirrusbeutel erweitern kann, der einige Prostatadrüsen

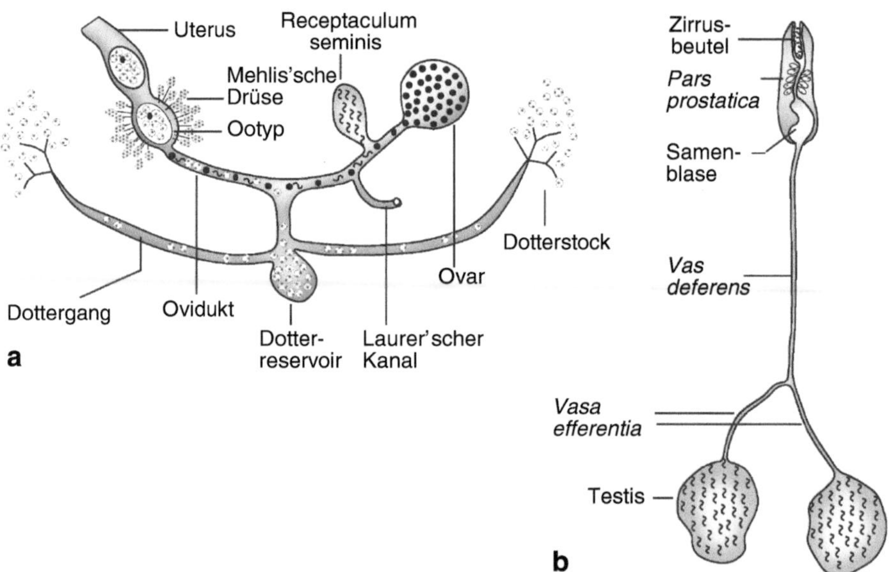

Abb. 3.4 Reproduktionssystem der Plathelminthen, am Beispiel der Digenea. **a** Weiblich.
b Männlich

und ein ausstülpbares Begattungsorgan, den Zirrus, enthält. Männlicher und weiblicher Ausfuhrgang münden meist in einem gemeinsamen Genitalatrium aus.

Das **Exkretionssystem** der Neodermata besteht aus Protonephridien, ableitenden Gängen und einer großen Exkretionsblase. Der Terminalbereich der Protonephridien besteht aus zwei Zellen, die mit vielen stabförmigen Fortsätzen ineinandergreifen und durch eine extrazelluläre Matrix verbunden sind (Abb. 3.5). In der Terminalzelle inseriert ein Zilienbündel, durch dessen Bewegung in diesem reusenartigen Filtrierapparat Unterdruck und Einstrom von Flüssigkeit aus dem umliegenden Parenchym erzeugt werden. Das schlagende Wimpernbündel ist im Mikroskop bei lebenden, kleinen Formen gut zu sehen und wird als Wimpernflamme bezeichnet. Die Anzahl und Anordnung der Wimpernflammen sind artspezifisch, besonders bei den Larvenformen der Saugwürmer, den Zerkarien. Die ableitenden Kanälchen mehrerer in typischer Gruppierung angeordneter Wimpernflammen vereinigen sich zu größeren und schließlich zu großen paarigen Kanälen, die meist in eine Exkretionsblase münden, die die Exkrete nach außen abgibt.

Die **Verwandtschaftsverhältnisse** innerhalb der Neodermata sind in Abb. 3.6 dargestellt. Der Schwerpunkt der Darstellung im folgenden Text liegt dabei auf den großen und wirtschaftlich bzw. medizinisch bedeutenden Gruppen Digenea und Cestoda, während sich an den kleineren Gruppen evolutionäre Übergänge zum Parasitismus gut darstellen lassen.

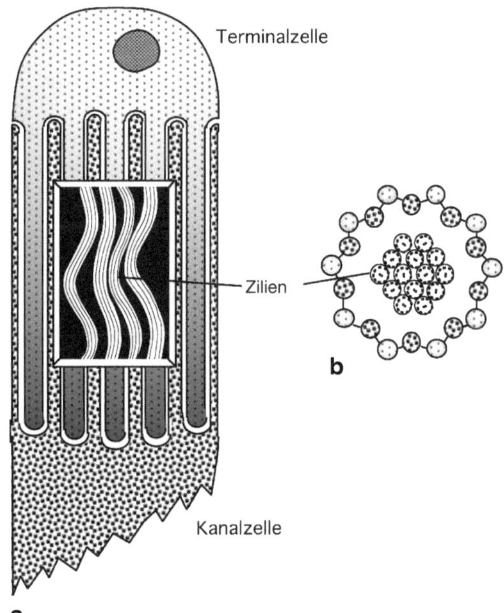

Abb. 3.5 Protonephridium der Neodermata, schematische Darstellung. **a** Terminalzelle und proximaler Abschnitt einer Kanalzelle mit Einblick in das Zilienbündel innen. **b** Querschnitt

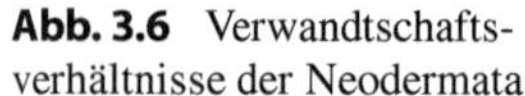

Abb. 3.6 Verwandtschaftsverhältnisse der Neodermata

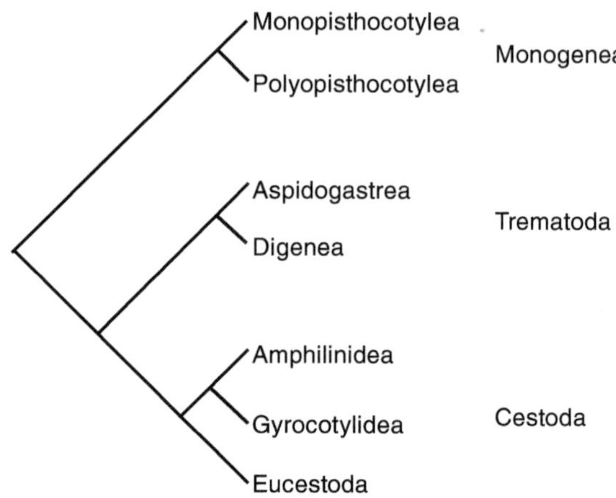

3.2.1 Trematoda – Saugwürmer

Die Klasse der Saugwürmer, besteht aus den beiden Unterklassen Aspidogastrea
und Digenea. Beide besiedeln Mollusken. Zusätzlich werden Wirbeltierwirte eingeschaltet, bei den Aspidogastrea teilweise nur fakultativ, bei den Digenea obligatorisch. Der große Unterschied zwischen den beiden Gruppen liegt darin, dass sich
die postembryonalen Larvenstadien der Digenea ungeschlechtlich vermehren, was
bei den Aspidogastrea nicht der Fall ist.

3.2.1.1 Aspidogastrea

Diese kleine Unterklasse der Trematoden umfasst nur etwa 80 Arten und wird auch
als Aspidobothrea oder Aspidocotylea bezeichnet. Sie sind Parasiten von Muscheln
und Schnecken, in denen sie geschlechtsreif werden. Bei etlichen Gattungen können
die Würmer aber auch in molluskenfressenden Fischen und Schildkröten, oft sogar erfolgreicher, weiterleben. In der Tat sind die meisten Vertreter aus dem Darm
von marinen Fischen beschrieben und die zugehörigen Mollusken noch gar nicht
gefunden worden. Ein Generationswechsel findet nicht statt, aus jedem Ei geht
ein adultes Individuum hervor. Das auffälligste Merkmal der Aspidogastrea ist die
mächtig entwickelte, durch Längs- und Quersepten in viele Sauggruben aufgeteilte
ventrale Haftscheibe, auf die auch der Name hindeutet (gr. „aspis" = Schild, „gas-
ter" = Bauch).

Einer der bekanntesten Vertreter ist *Aspidogaster conchicola* (lat. „concha" =
Muschel), ein holarktisch verbreiteter Parasit (Abb. 3.7a, b) von Süßwassermu-
scheln und -schnecken (*Unio, Viviparus* und anderen). Von der Molluske werden
gedeckelte, embryonierte, 130 × 49 µm große Eier ausgeschieden, die eine als Kotylozidium bezeichnete, unbewimperte oder spärlich bewimperte Larve enthalten
(Abb. 3.7c, d). Ihr auffälligstes Merkmal ist ein mächtiger endständiger Bauchsaugnapf, der sich später zur Haftscheibe der Adulti auswächst. Die Eier gelangen mit
dem Atemstrom in eine neue Muschel oder werden von einer Schnecke oral aufge-

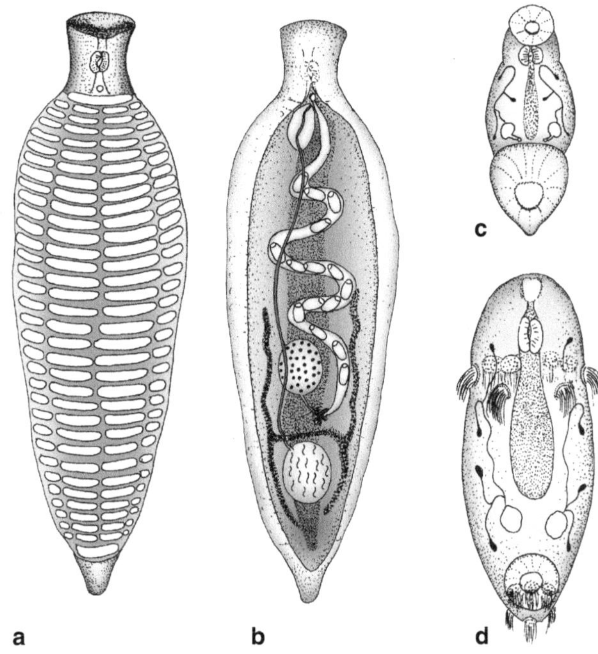

Abb. 3.7 Aspidogastrea. **a** *Aspidogaster conchicola* von ventral. **b** *A. conchicola* von dorsal (Laurer'scher Kanal nicht eingezeichnet). **c** Kotylozidium von *A. conchicola*. **d** Kotylozidium von *Cotylogaster* sp.

nommen. Hier schlüpft die Larve und entwickelt sich in Perikard oder Nierenhöhle zum Adultus. Auch verschiedene Fische und Schildkröten können die Würmer enthalten, wenn sie befallene Mollusken fressen. Der erwachsene Wurm ist 2–3 mm lang. Seine Ventralseite wird zum größten Teil vom Haftorgan eingenommen. Ein Mundsaugnapf fehlt, der Darm ist ein Blindsack. Es ist ein Ovar vorhanden, paarige lange Vitellarien und ein langer Uterus. Dazu kommen ein Testis sowie Zirrusbeutel mit Samenblase und Zirrus. Die gemeinsame Geschlechtsöffnung liegt vor dem ventralen Haftorgan.

3.2.1.2 Digenea

- Im adulten Zustand obligate Parasiten von Wirbeltieren, überwiegend in deren Darm
- Herkömmlich als Trematoden bezeichnet
- Infizieren im Allgemeinen zwei Zwischenwirte
- Lebenszyklus (meistens) ans Wasser gebunden und zwei schwimmfähige Larvenstadien (Mirazidium und Zerkarie) enthaltend
- Wechsel zwischen sexueller und asexueller Reproduktion
- Eier mit Operzulum (außer Schistosomen)
- Vermehrung vor allem im Larvenstadium

Digenea treten in allen Gruppen von Vertebraten auf. Sie sind meist nicht länger als 10 mm. Die gute Sichtbarkeit der Organe haben sie zu bevorzugten Objekten von Naturforschern gemacht, seit es das Mikroskop gibt. Der Name Digenea weist auf den Generationswechsel hin, der für diese Würmer charakteristisch ist (gr. „di" = zwei, „genea" = Abstammung, Entstehung). Es handelt sich dabei um eine Metagenese, d. h. die Aufeinanderfolge von geschlechtlicher (Adulti-) und ungeschlechtlicher (Larven-)Generation, wobei das Schwergewicht der Vermehrung auf der ungeschlechtlichen Generation, also im Larvenstadium, liegt. Mit Ausnahme der Blutsaugwürmer, der Schistosomoidea, bewohnen die meisten Digenea den Darm ihres Endwirtes. Wenn der Begriff „Trematoden" verwendet wird, sind immer Digenea gemeint.

3.2.1.2.1 Entwicklung und Morphologie

Entwicklung der Digenea Der Lebenszyklus der allermeisten Digenea schließt zwei Zwischenwirte und einen Endwirt ein (Abb. 3.8; auch hier bilden die Schistosomen erneut eine Ausnahme). Der erste Zwischenwirt ist in der Regel ein Mollusk, meistens eine Süß- oder Salzwasserschnecke, weniger häufig eine Landschnecke und sehr selten eine Muschel oder ein Polychaet. In Bezug auf diesen ersten Zwischenwirt besteht eine streng ausgeprägte Wirtsspezifität, ein Hinweis darauf, dass in der Evolution Mollusken als erste befallen und erst danach Vertebraten als Endwirte in den Lebenszyklus einbezogen wurden. Jedoch postulieren neuere, auf molekulare Daten gestützte Hypothesen, dass der gemeinsame Vorfahre der Neodermata ein Ektoparasit von Wirbeltieren war und die Molluskenzwischenwirte erst später Teil des Lebenszyklus wurden. Der zwischen Mollusk und Wirbeltier eingeschaltete zweite Zwischenwirt ist wahrscheinlich als letztes Glied hinzugekommen. Er ist typischerweise ein Tier aus der Nahrungskette des Endwirtes. Die Anzahl der Nachkommen eines erwachsenen Trematoden ist häufig deutlich geringer als die Zahl der asexuell produzierten Larven, die im ersten Zwischenwirt entstehen.

Die **Eier** werden mit dem Kot des Endwirtes (oder mit dessen Urin oder Sputum, je nach Ansiedlung des adulten Wurmes) ausgeschieden. Wenn die Eier unembryoniert abgegeben werden, entwickelt sich die erste Larve, ein aktiv schwimmendes, mit Zilien besetztes **Mirazidium**, im Wasser innerhalb der Eischale, schlüpft und infiziert den **ersten Zwischenwirt**. Wenn das Ei embryoniert abgegeben wird, enthält es bereits ein Mirazidium und muss vom ersten Zwischenwirt gefressen werden. Der Vorgang des Schlüpfens wird durch verschiedene Faktoren wie Licht, Temperatur, Sauerstoff oder Salinität gesteuert. Auf solche Reize hin sprengt die bewimperte Larve den Deckel und schlüpft aus der Schale. Beim Eindringen in den ersten Zwischenwirt wirft das Mirazidium das Wimperepithel ab, bohrt sich durch dessen Haut oder Darmwand, siedelt sich an einem Organ an und wird zur **Muttersporozyste**. Es können jetzt zwei verschiedene Modi der Vermehrung verwirklicht werden (Abb. 3.8). Aus den Keimballen, Agglomeraten von omnipotenten Zellen, die schon im Mirazidium vorhanden sind, entstehen entweder **Tochtersporozysten** oder **Redien**. Beide wandern in die Mitteldarmdrüse der Mollusken ein und bringen u. U. in gleicher Weise weitere Generationen hervor: Muttersporozyste, Tochter-

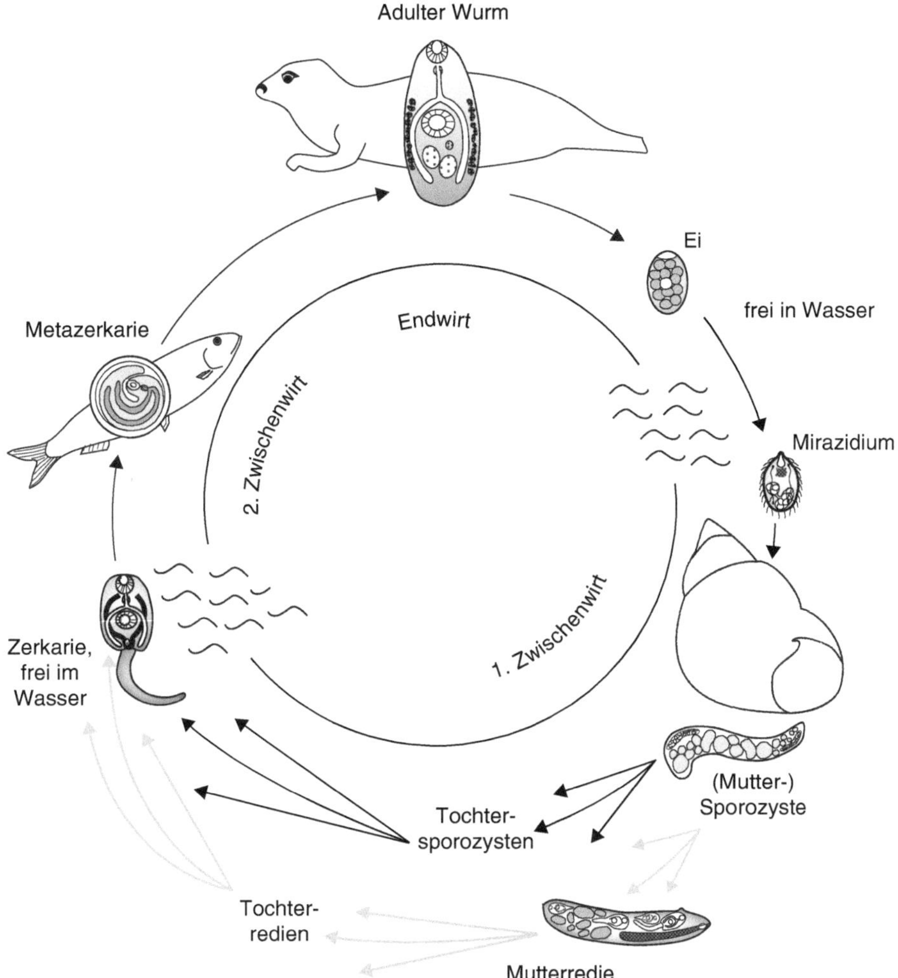

Abb. 3.8 Typischer Entwicklungszyklus eines digenen Trematoden (wassergebunden, marin). 1. Zwischenwirt: Wasserschnecke (hier die Gewöhnliche Strandschnecke *Littorina littorea*). Je nach Familienzugehörigkeit tritt innerhalb der Schnecke – von der Muttersporozyste ausgehend – entweder ein Sporozystenentwicklungsgang auf (*schwarze Pfeile*) oder ein Redienentwicklungsgang (*graue Pfeile*). Der 2. Zwischenwirt (hier Hering) ist ein Tier, das ins Nahrungsspektrum des Endwirtes (hier Seehund) gehört. *Wellensymbole*: frei schwimmende Larvenstadien, *Mehrfachpfeile*: ungeschlechtliche Vermehrung der Larvenstadien

und evtl. Enkelsporozysten (z. B. bei *Schistosoma, Dicrocoelium*) oder Sporozyste, Tochter- und Enkelredien (z. B. *Fasciola, Heterophyes*). Diese Stadien enthalten auch wieder Keimballen. Wenn die Mitteldarmdrüse vollständig ausgenutzt ist, sodass keine weitere Vermehrung von Sporozysten oder Redien erfolgt, werden aus den Keimballen **Zerkarien** gebildet. Diese verlassen ihren Mutterorganismus und werden von der Schnecke ausgeschieden. Die Ausscheidung erfolgt in großer Zahl oft zu festgelegten Zeiten oder unter bestimmten Bedingungen, die die Chance eines Kontaktes mit dem zweiten Zwischenwirt erhöhen. Der zweite Zwischenwirt wird schwimmend aufgesucht, sofern es sich um einen ans Wasser gebundenen Zyklus handelt und sofern ein zweiter Zwischenwirt eingeschaltet ist (er fehlt z. B. bei den Schistosomatoidea).

Aufgrund der vegetativen Vermehrung in Sporozysten und Redien können aus einem Mirazidium einige Zehntausend Zerkarien entstehen, die über Tage und Wochen hinweg von der Schnecke ausgeschieden werden. Wie weit diese durch die Parasitierung geschädigt wird oder nicht, hängt u. a. von ihrem Ernährungszustand und der Lokalisation der Larven ab. Oft verändert die Infektion die Stoffflüsse in der Schnecke und der Parasit kastriert seinen Wirt, sodass er keine oder weniger Eier produziert und die Ressourcen dem Parasiten zur Erzeugung von Zerkarien zur Verfügung stehen (s. Abschn. 1.7.2).

Während des Eindringens in einen **zweiten Zwischenwirt** (oder, im Fall der Schistosomen, in den Endwirt) wird der Zerkarienschwanz abgeworfen. Dann werden die anderen Larvalmerkmale nach und nach zurückgebildet und die Zerkarie wandert in Muskulatur, Hämozöl, Mitteldarmdrüse oder andere Organe ein, niemals dagegen in den Darm. Sie bildet aus Sekreten der zystogenen Drüsen eine hyaline, elastische Hülle aus und wird damit zur **Metazerkarie** (gr. „meta" = nach), die ebenfalls bei den Schistosomen nicht vorkommt und die ein Wartestadium darstellt und oral vom **Endwirt** aufgenommen werden muss. Dabei wird die Metazerkarienhülle bei der Passage durch Magen und Duodenum aufgelöst, der Präadultus wandert zu seinem endgültigen Ansiedlungsort, dem Dünndarm (manchmal jedoch auch in andere Organe wie Gallengang, Gallenblase, Atmungsorgane, Pankreas, Bursa fabricii von Vögeln, Niere, Auge oder Unterhautgewebe) und wird dann zum geschlechtsreifen Adultus.

Morphologie Das **Mirazidium** hat eine birnenförmige Gestalt (Abb. 3.9a–c). Die Körperoberfläche ist mit 4–5 Ringen von jeweils mehreren großen, zilientragenden Epithelzellen bedeckt. Das proximale Ende der Larve enthält eine Apikaldrüse, deren Sekret das Eindringen in den ersten Zwischenwirt (Mollusk) unterstützt. Außerdem liegen hier ein Zerebralganglion, oft zwei als Pigmentbecherozellen ausgebildete Augenflecke sowie ein oder zwei Paar Protonephridien. In der hinteren Körperhälfte liegen die Keimballen, aus denen Sporozysten oder Redien entstehen. Ein Darm und dementsprechend auch eine Mundöffnung fehlen vollständig. Beim Durchbohren der Molluskenepidermis wirft das Mirazidium seine bewimperten Epithelzellen ab, in der Folge verschwinden auch Drüsen, Augenflecke und das Zentralganglion und die Larve wird so zur Muttersporozyste.

Muttersporozysten (Abb. 3.9d) sind ovale, lang gestreckte, sackförmige, seltener verzweigte Gebilde ohne Bewegungsorganellen, Mundöffnung und Verdauungstrakt. In der Nähe des Vorderendes kann sich eine Geburtsöffnung befinden. Die Körperoberfläche trägt einen Mikrovillisaum, der so eng mit dem Wirtsgewebe verzahnt sein kann, dass ein Herauspräparieren äußerst schwerfällt. Ausgefüllt ist die Muttersporozyste mit sich ständig neu bildenden Keimballen. Es können

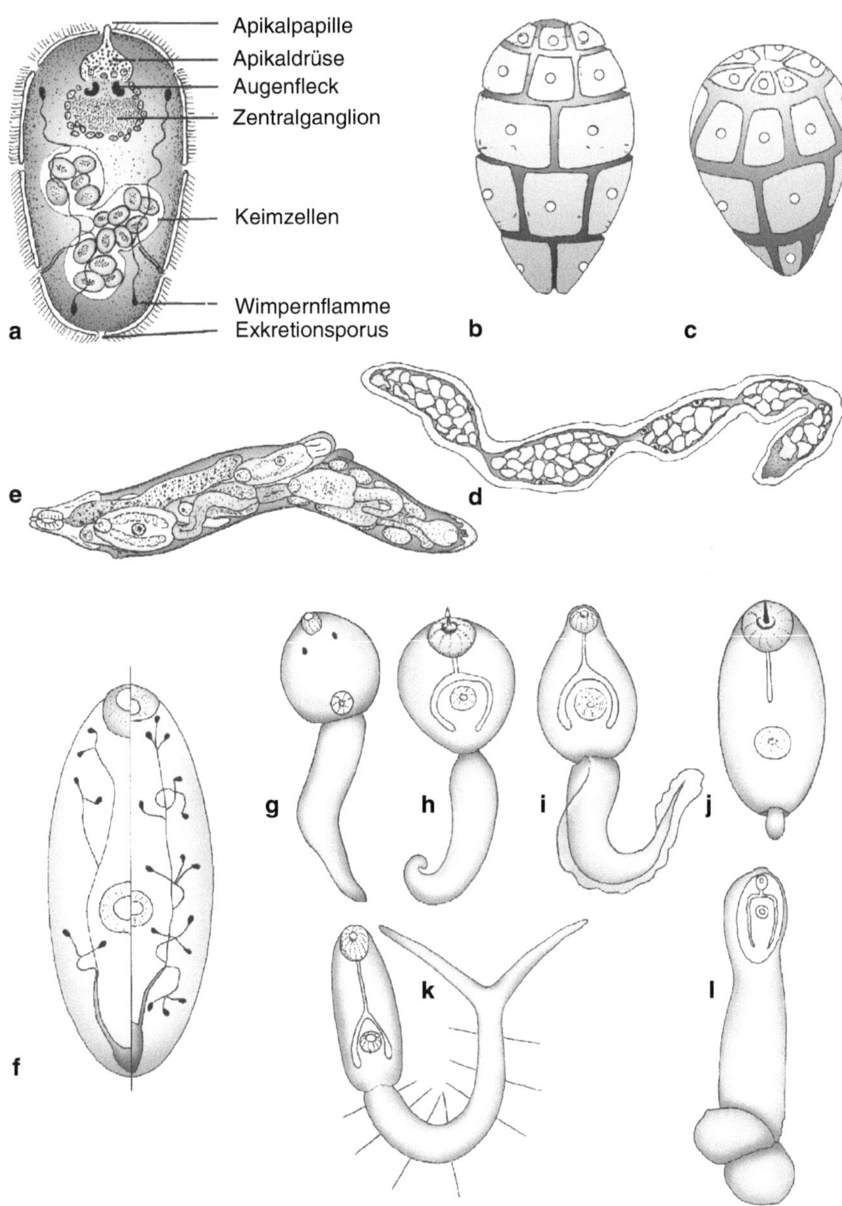

Abb. 3.9 Entwicklungsstadien der Digenea. **a** Bau eines Mirazidiums. **b** Epithelzellen eines Mirazidiums der Familie Fasciolidae mit 5 Reihen à 6, 6, 3, 4 und 2 Zellen, **c** Epithelzellen eines Mirazidiums der Familie Schistosomatidae mit 4 Reihen von 6, 8, 4 und 3 Zellen. Die Bewimperung der Zellen ist weggelassen. **d** Tochtersporozyste einer *Schistosoma*-Art. **e** Redie von *Fasciola hepatica* voller Zerkarien und Keimballen. **f** Schema des Exkretionssystems von Zerkarien, Wimpernflammenformel der linken Seite: $(2+2)+2$, der rechten Seite: $(3+3+3)+(3+3)$. **g–l** Zerkarientypen: **g** gymnozephal amphistom (*Paramphistomum*); **h** gymnozephal xiphidiozerk (*Dicrocoelium*); **i** gymnozephal lophozerk (*Psilochasmus*); **j** mikrozerk xiphidiozerk (*Paragonimus*); **k** furko-trichozerk (*Alaria*); **l** zystozerk furkozerk (*Azygia*)

sich daraus sowohl Tochtersporozysten als auch Redien entwickeln. Daraus entstehende Tochtersporozysten sind ähnlich wie die Muttersporozyste gebaut. Redien (benannt nach dem italienischen Biologen Redi) besitzen dagegen einen Verdauungstrakt mit Mundöffnung, Pharynx und kurzem Blinddarm (Abb. 3.9d). Diese sind in der Lage, Wirtsgewebe und unter Umständen sogar Larven anderer Trematodenarten zu fressen, die ebenfalls in der Schnecke parasitieren. Sie haben eine Geburtsöffnung und in manchen Taxa kurze Fortsätze, mit deren Hilfe sie sich im Gewebe der Mitteldarmdrüse vorwärts schieben können. Natürlich enthalten auch sie Keimballen. Die Keimballen von Tochtersporozyste und Redien wandeln sich zu Zerkarien (Abb. 3.9g–l).

Zerkarien (Abb. 3.9g–l) ähneln in der Ausbildung der Saugnäpfe und oft auch des Verdauungstraktes bereits dem Adultstadium, haben aber Larvalmerkmale, die eine Anpassung an die kurze frei lebende Phase im Wasser darstellen und der Wirtsfindung sowie dem Eindringen in die Gewebe des nächsten Wirtes dienen. Dies sind der Ruderschwanz, in arttypischer Weise auf der Körperoberfläche angeordnete Sensillen sowie Gruppen von Drüsen, die als Bohrdrüsen dienen oder deren Inhalt später die Metazerkarienhülle bildet. Augenflecke können vorhanden sein. Bei Arten, die Arthropoden als zweite Zwischenwirte nutzen, deren Kutikula sie anstechen und durchdringen müssen, ist ein apikaler Bohrstachel vorhanden. Dem Tegument fehlt der Mikrovillisaum der vorhergehenden Stadien. Stattdessen trägt es häufig Hautstacheln oder -schuppen. Das Protonephridialsystem ist nur an der lebenden Zerkarie zu beobachten, solange sich das Zilienbündel der Terminalzelle lichtmikroskopisch sichtbar bewegt. Diese Zilienbündel werden auch als „Wimpernflammen" bezeichnet und weisen eine gattungs-, oft auch arttypische Anordnung auf (Abb. 3.9f), die sich in einfachen Formeln ausdrücken lässt. Die ableitenden Kanäle münden in eine im Hinterkörper liegende, oft auffällig große und als V oder Y ausgebildete Exkretionsblase. Das Exkretionssystem kann dicht mit unregelmäßig geformten, lichtbrechenden Granula gefüllt sein, die möglicherweise osmoregulatorische Funktion haben. Die Anlage der Geschlechtsorgane des künftigen Adultus ist oft als Zellgruppe vor der Exkretionsblase zu erkennen. Der Schwanz ist das auffälligste Merkmal der Zerkarien. Seine unterschiedlichen Formen spiegeln sich in der Bezeichnung des Zerkarientyps wider (Tab. 3.1). Er enthält Muskulatur und beträchtliche Glykogenreserven, die wahrscheinlich eine Energiequelle für die Phase des Schwimmens darstellen.

Die **Adulti** der Digenea (Abb. 3.10) haben außerordentlich unterschiedliche Größen und Formen. Die meisten Arten sind Zwitter (Hermaphroditen), einige sind jedoch – wahrscheinlich sekundär – getrenntgeschlechtlich. Im Allgemeinen beträgt die Länge weniger als 1 cm, kann aber zwischen 0,5 mm und 8 cm variieren und im Extremfall können auch Größen von mehreren Metern erreicht werden. Meist dorsoventral abgeplattet, gibt es aber auch kugelig-runde oder fast fadenartige Formen. Üblicherweise sind zwei muskulöse Saugnäpfe vorhanden: Ein terminal oder subterminal liegender Mundsaugnapf am Vorderende, der die Mundöffnung umschließt, und ein weiter hinten gelegener ventraler Bauchsaugnapf, auch als Azetabulum bezeichnet, der nur Haftfunktion hat. Dieses sind distome Arten, wobei das lateinische „stomum" (= Mund) hier die Öffnung oder Höhlung der Saugnäpfe ver-

Tab. 3.1 Bezeichnung von Zerkarien nach Schwanzform und anderen Merkmalen

Bezeichnung	Wortstamm	Bedeutung	Schwanzform und anderes	Beispiele
Furkozerk	„furca" (lat.),	Gabel,	Schwanzende gegabelt	*Diplostomum,*
	„kérkos" (gr.)	Schwanz		*Schistosoma*
Mikrozerk	„mikrós" (gr.)	Klein	Schwanz stummelförmig	*Paragonimus*
Lophozerk	„lóphos" (gr.)	Hühnerkamm	Schwanz mit Flossensäumen	*Opisthorchis*
Zystozerk	„kýstis" (gr.)	Blase	Körper in großen Schwanz eingeschlossen	Familien bei Fischen
Gymnozephal	„gymnós" (gr.),	Nackt	Körper nackt (nicht von	*Fasciola*
	„kephalé" (gr.)	Kopf	Schwanz eingeschlossen, Schwanz ungeteilt)	
Xiphidiozerk	„xíphos" (gr.)	Schwert	Bohrstachel vor/über Mundsaugnapf	*Dicrocoelium*
Trichozerk	„thrix", „trichós" (gr.)	Haar	Schwanz mit langen Sinneshaaren	*Strigeidae*
Amphistom	„ámpho" (gr.),	Beide	Saugnäpfe an beiden	*Paramphistomum*
	„stóma" (gr.)	Mund	Enden (Vorder- u. Hinterende)	
Echinostom	„échinos" (gr.)	Igel	Mundsaugnapf von Stacheln umgeben	*Echinostoma*
Cercariaeum			Zerkarie ohne Schwanz	*Leucochloridium*

anschaulicht. Bei monostomen Formen fehlt der Bauchsaugnapf, bei amphistomen Arten ist er ganz an das Hinterende gerückt. Die **Körperoberfläche** ist eine Neodermis und kann mit Stacheln oder Schuppen besetzt sein. Unterhalb der Basalmembran liegen Längs- und Ringmuskeln. Der Raum zwischen Tegument und Organen ist von Parenchymzellen, kollagenartigen Fibrillen und Dorsoventralmuskeln ausgefüllt. Ein Zölom (Leibeshöhle) existiert nicht. Der **Verdauungstrakt** besteht aus Mundöffnung, muskulösem Pharynx, Ösophagus und zwei blind endenden Darmschenkeln. Ein Anus existiert nicht und so werden unverwertbare Nahrungsreste durch die Mundöffnung wieder ausgeschieden. Das **Nervensystem** ist von einem leiterartigen Typ und nur mit bestimmten Färbemethoden sichtbar zu machen, Vom Protonephridialsystem sind im erwachsenen Wurm bestenfalls die großen ableitenden Kanäle und die Exkretionsblase zu sehen.

Digenea sind bis auf wenige Ausnahmen Zwitter. Die **weiblichen Geschlechtsorgane** (Abb. 3.4a) setzen sich zusammen aus

- einem Ovar, das Eizellen produziert,
- paarigen, lateralen, follikulären Dotterstöcken (Vitellarien), die Dotter und Eischalenmaterial liefern, manchmal besteht ein blasenartiges Dotterreservoir,
- manchmal einem Kanal (Laurer'scher Kanal), der an der dorsalen Oberfläche mündet und eventuell zur Besamung dient,
- oft einem auffällig großen, mit Spermatozoen angefüllten Receptaculum seminis,
- dem Ootyp, der die Komponenten des Eies zusammenführt und dem Ei seine Form gibt, von der Mehlis'schen Drüse umgeben,

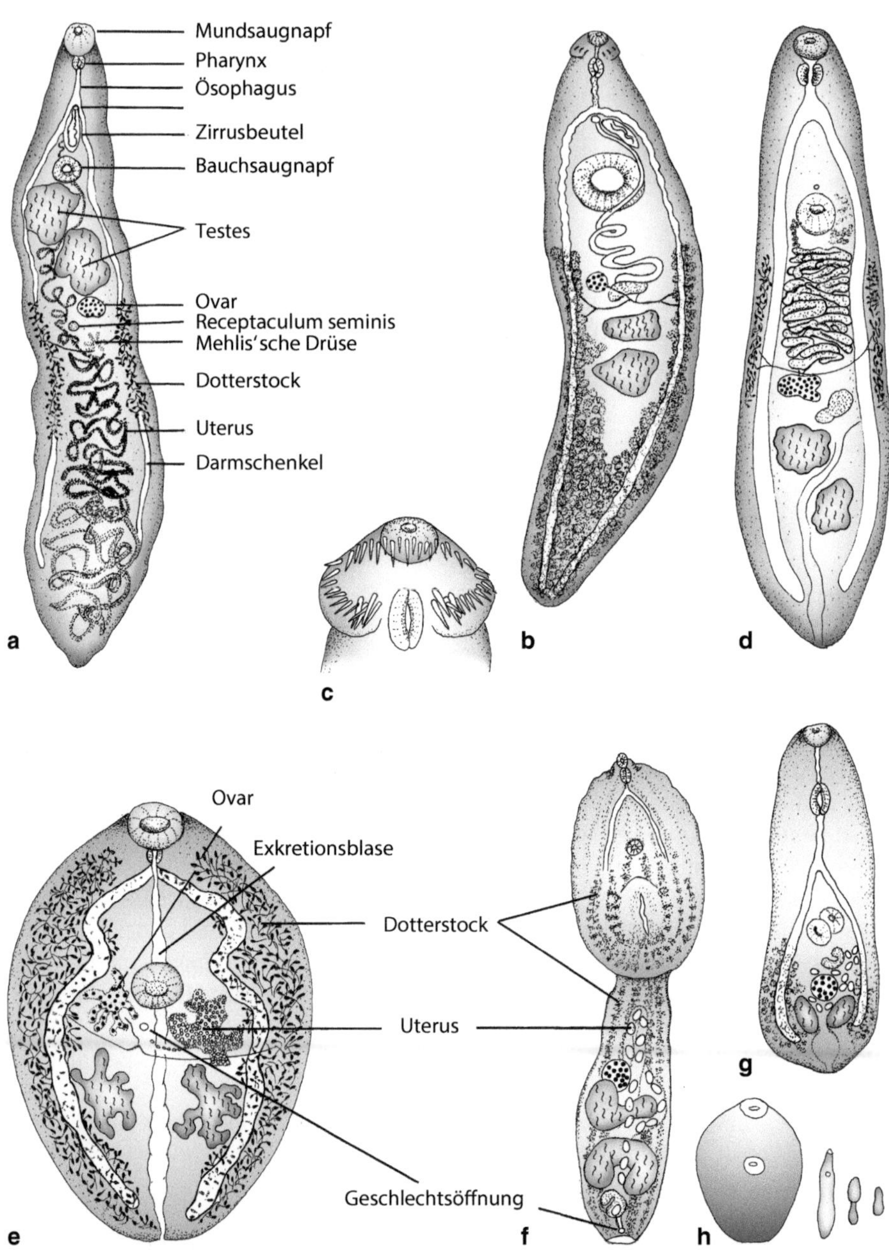

Abb. 3.10 Adulte Digenea. **a** *Dicrocoelium dendriticum*. **b** *Echinostoma hortense*. **c** Kopf-kragenstacheln einer *Echinostoma*-Art. **d** *Opisthorchis felineus*. **e** *Paragonimus westermani*. **f** *Diplostomum spathaceum*. **g** *Heterophyes heterophyes*. **h** Größenverhältnisse der dargestellten Arten in natürlicher Größe, von *links* nach *rechts*: *P. westermani*, *D. dendriticum*, *D. spathaceum*, *H. heterophyes*

- dem Uterus, der als langes Rohr in vielfachen Windungen zur Geschlechtsöffnung zieht,
- der Geschlechtsöffnung, die meist zwischen Darmgabelung und Bauchsaugnapf liegt.

Der Ausdruck „Dotterstock" ist übrigens irreführend, da dieses Organ nicht nur Reservematerial für den entstehenden Embryo, sondern Vorläufer der Eischalensubstanzen liefert, die in Granula der Dotterzellen enthalten sind. Diese Vorläufer sind lösliche, tyrosinreiche Proteine, deren Tyrosinreste in den reifenden „Dotterzellen" zu 3,4-Dihydroxyphenylalanin (DOPA) hydroxyliert werden. Im Ootyp werden die Granula aus den Dotterzellen entlassen und verschmelzen miteinander. Jetzt setzt ein als Chinontannierung (-gerbung) bezeichneter Prozess der Vernetzung von Vorläuferproteinen der Eischale ein, an dem eine ebenfalls in den Granula nachgewiesene Phenolase beteiligt ist. Sie oxidiert den Phenylrest von DOPA zu dem sehr reaktiven o-Chinon, welches dann mit weiteren Eischalenproteinen polymerisiert wird. Die Aktivierung der Phenolase im Ootyp erfolgt vermutlich durch Sekrete der Mehlis'schen Drüse. Ergebnis all dieser Vorgänge ist ein die Eischale bildendes, zunächst elastisches, später bei der Wanderung durch den Uterus erhärtendes und sich oft dunkel färbendes Sklerotin. Chinongegerbte Stoffe gehören zu den biologischen Substanzen mit der stärksten Widerstandsfähigkeit. Sie sind unlöslich in Wasser, Detergenzien, den meisten Säuren und Laugen. Zudem sind sie nur schwach antigen und unempfindlich gegenüber proteolytischen Enzymen. Daher können die Eier den Darmkanal des Endwirtes unverdaut passieren. Ein weiterer, in einem späten Reifestadium der Dotterzellen gebildeter Typ von Granula enthält glykogenartige Polysaccharide. Diese Granula verschmelzen, vergrößern sich stark und vereinigen sich zu zwei Vakuolen, die den Raum zwischen Eischale und Embryo füllen (s. Abb. 3.23c). Wahrscheinlich führt Depolymerisation der Polysaccharide ein osmotisch bedingtes Einströmen von Wasser, schließlich das Aufplatzen des Deckels und das Schlüpfen des Mirazidiums herbei.

Im **männlichen Geschlechtssystem** (Abb. 3.4b) sind üblicherweise zwei Testes vorhanden, die meist hinter dem Bauchsaugnapf liegen. In zwei Vasa efferentia werden die Spermien zum Vas deferens gebracht. Das Vas deferens erweitert sich kurz vor der gemeinsamen Geschlechtsöffnung zu einer Samenblase, auf die noch Prostatadrüse und ausstülpbarer Zirrus folgen. Alle drei sind fast immer von einem Zirrusbeutel umgeben. Die Befruchtung geschieht meistens wechselseitig, Selbstbefruchtung erfolgt offenbar dann, wenn wenige Würmer vorhanden sind. Die fadenförmigen Spermatozoen sind gekennzeichnet durch einen weit am (vermuteten) Hinterende gelegenen langen und dicken Kern und ein oder zwei (ungleich lange) Mitochondrien.

Die **Eier** der Digenea sind blassgelb bis dunkelbraun gefärbt und am schmaleren der beiden Pole mit einem Deckel (Operzulum) versehen. Deckellose Eier hat die Gattung *Schistosoma*. Die Eier gelangen, je nach Ansiedlungsort der adulten Würmer im Endwirt, mit dessen Kot, Urin oder Sputum ins Freie.

3.2.1.2.2 Systematik und Evolution

Die hier dargestellten verwandtschaftlichen Verhältnisse der Digenea beruhen auf der vollständig revidierten Klassifikation von Olson et al. (2003), die auf molekularbiologischen Analysen von 170 exemplarischen Taxa basiert. Die Autoren teilen die Digenea in lediglich zwei große Gruppen auf (Tab. 3.2):

1. die Diplostomida mit den Brachylaimoidea, Diplostomoidea und den die Blutbahn bewohnenden Schistosomatoidea und
2. die Plagiorchiida mit allen übrigen Digenea in 13 Superfamilien.

Betrachtet man die Evolution der Digenea, sprechen viele Argumente dafür, dass der ursprüngliche Lebenszyklus wassergebunden war. Bei den allermeisten Zyklen treten die Larven in aquatischen Umgebungen auf. Die Tatsache, dass fast alle Digenea als ersten Zwischenwirt einen Gastropoden nutzen, und die hohe Wirtsspezifität für die Schnecken weisen beide darauf hin, dass Gastropoden die ersten Wirte waren. Auch die überaus effiziente Ausnutzung der Schnecke, deren Leber fast vollständig durch Parasitengewebe ersetzt wird, sowie parasitäre Kastration und Riesenwuchs werden als Hinweise für eine sehr lange Zeit der Koevolution zwischen Parasit und Molluskenwirt interpretiert. Angesichts dieser engen Assoziation wird angenommen, dass Vorfahren der heutigen Trematoden im Paläozoikum vor ca. 570 Mio. Jahren als Adulti Mollusken befielen. Diese Vorformen verlegten dann ihre Larvalphase in die Mollusken, die Adultphase aber in Wirbeltiere. Als letzter Schritt wurde in einigen Lebenszyklen noch ein zweiter (sehr selten auch ein dritter) Zwischenwirt eingeführt, in dem sich die Metazerkarie entzystiert, um den Endwirt über die Nahrungskette zu erreichen. In den meisten Fällen ist die Metazerkarie ein Stadium mit geringer Pathogenität, die nur wenig Energie benötigt. Jedoch kann sie in der Lage sein, das Verhalten des Wirtes so zu beeinflussen, das die Übertragung begünstigt wird.

Tab. 3.2 Übersicht über das System der Digenea (Auswahl; nur im Text erwähnte Taxa sind benannt). (Nach Olson et al. 2003)

Ordnung	Unterordnung	Superfamilie	Familie	Gattung
Diplostomatida	Diplostomata	Schistosomoidea	Schistosomatidae	*Schistosoma, Sanguinicola*
		Diplostomoidea	Diplostomidae	*Diplostomum, Strigea*
		Brachylaimoidea	Leucochloridiidae	*Leucochloridium*
Plagiorchiida	Echinostomata	Echinostomatoidea	Fasciolidae	*Echinostoma, Fasciola*
	Pronocephalata	Paramphistomoidea	Paramphistomidae	*Paramphistomum*
	Opisthorchiata	Opisthorchioidea	Opistorchidae	*Opisthorchis*
			Heterophyidae	*Heterophyes*
	Xiphidiata	Gorgoderoidea	Paragonimidae	*Paragonimus*
			Dicrocoeliidae	*Dicrocoelium*

3.2.1.2.3 *Schistosoma* – Pärchenegel

Die Würmer der Gattung *Schistosoma* (gr. „schizein" = teilen, „soma" = Körper)
sind getrenntgeschlechtlich, wobei die männlichen Würmer die Weibchen mit ihren
verbreiterten seitlichen Körperrändern vollständig umfangen (Abb. 3.11). Die Schistosomen sind die medizinisch wichtigsten Trematoden. Die bedeutendsten Arten
sind *Schistosoma mansoni, Schistosoma haematobium* und *Schistosoma japonicum.*
In den Tropen Afrikas, Ostasiens und Südamerikas sind mehr als 200 Mio. Menschen
infiziert (http://www.who.int/mediacentre/factsheets/fs115/en/). Die Parasiten rufen
die Schistosomose hervor, eine Erkrankung, die nach dem Entdecker der Würmer,
Theodor Bilharz (1825–1862), manchenorts noch heute als Bilharziose bezeichnet
wird. Die Ordnung der Diplostomatida, zu denen die Schistosomen gehören, ist bei
Weitem keine einheitliche. Es gibt zum Beispiel Zyklen mit zwei, drei oder vier Wirten; es gibt Familien mit zwittrigen und zweigeschlechtlichen Adulten; einige bewohnen den Darm und andere leben im Blutgefäßsystem, einige entwickeln sich aus
Sporozysten und andere aus Redien. Die Schistosomatidae sind zusammen mit den
Sanguinicolidae und Spirorchidae (Überfamilie Schistosomatoidea Tab. 3.3) die einzigen Familien der Digenea, die in der Blutbahn leben. In diesen drei Familien gibt
es keinen zweiten Zwischenwirt, d. h., die Zerkarie ist für den Endwirt infektiös.

Die Familie Schistosomatidae enthält 15 Gattungen, die zum größten Teil in Vögeln und zum kleineren Teil in Säugetieren parasitieren, während eine Art ein aus-
tralisches Krokodil befällt. Die Gattung *Schistosoma* enthält sieben humanpathogene Arten und nur drei Arten, die Haustiere befallen. Die in Tab. 3.4 aufgeführten
Arten sind nur der besseren Übersicht halber nach geografischem Vorkommen und
nach Zwischenwirten angeordnet. Dies entspricht jedoch nicht ihrer Phylogenie. Es
ist bemerkenswert, dass die Schistosomen des Menschen keine monophyletische
Gruppe sind. Der Übergang auf den Menschen erfolgte mehrere Male.

Die Schistosomen unterscheiden sich von anderen Digenea durch mehrere auffällige Merkmale:

1. Sie sind getrenntgeschlechtlich, Männchen und Weibchen leben in Dauerkopula
   (daher auch der Name Pärchenegel).
2. Sie besiedeln die Blutgefäße und zwar artspezifische Abschnitte des Venensys-
   tems.

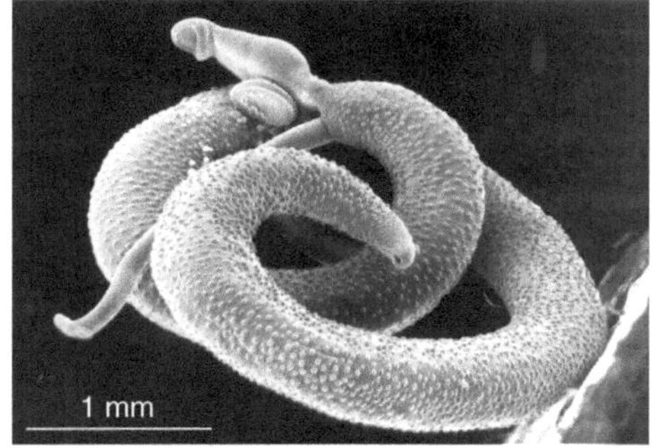

Abb. 3.11 *Schistosoma mansoni*, Pärchen in Dauerkopula. *Oben*: Vorderende
des Männchens. *Links*: Vorderende des Weibchens.
(Foto: Archiv des Lehrstuhls
für Molekulare Parasitologie, Humboldt-Universität zu
Berlin)

Tab. 3.3 Übersicht über Arten der Gattung *Schistosoma*

Art	Geogr. Verbreitung	Endwirte	Zwischenwirt (Gattung)
S. japonicum	Ost- und Südostasien	Mensch u. a. Säugetiere	Pomatiopsidae[a]
S. sinensium		Nager, Mensch	
S. malayensis		Nager, Mensch	
S. mekongi		Hund, Nager, Mensch	
S. ovuncatum		Nager	
S. indicum	West- und Südasien	Paarhufer	*Indoplanorbis*
S. nasale		Paarhufer	
S. spindale		Wiederkäuer, Mensch	
S. incognitum		Nager, Nutz- u. Haustiere, Mensch?	
S. mansoni	Afrika[b]	Mensch, Nager, Primaten	*Biomphalaria*
S. rodhaini		Nager, Karnivoren, Mensch	
S. edwardiense		Flusspferd	
S. hippopotami		Flusspferd	
S. margrebowiei		Paarhufer, Mensch	*Bulinus*
S. leiperi		Paarhufer	
S. matthei		Paarhufer, Primaten, Mensch	
S. intercalatum		Mensch, Nager	
S. haematobium		Mensch, Primaten	
S. guineensis		Mensch, Nager	
S. curassoni		Rind, Schaf u. a. Nutztiere	
S. bovis		Rind, Schaf u. a. Nutztiere	

[a] Mit Gattungen *Tricula, Robertiella, Neotricula, Oncomelania*, s. Fußnote in Tab. 3.4
[b] *S. mansoni*: auch in atlantiknahen Teilen Südamerikas, den Antillen und Westhaiti

3. Sie haben keinen zweiten Zwischenwirt und keine Metazerkarie, die Zerkarie ist also das für den Endwirt infektiöse Stadium.
4. Ihre Eier besitzen keinen Deckel.
5. Pathogen sind nicht die adulten Würmer, sondern die mit dem Blut in bestimmte Gewebe geschwemmten Eier bzw. die Stoffwechselprodukte der sich darin entwickelnden Mirazidien.
6. Im Gegensatz zu anderen Trematoden können sie über ein Jahrzehnt lang leben.

Entwicklung Die Eier werden vom weiblichen Wurm, der im Venensystem in Dauerkopula mit dem Männchen lebt (Abb. 3.11), unembryoniert abgelegt (Abb. 3.12). Sie enthalten zunächst eine Oozyte und 30–40 Dotterzellen. Ein Teil der Eier gelangt mithilfe lokaler Entzündungsprozesse, die das Wirtsgewebe durchlässig machen, aus den Venen in das Lumen des Darmes oder der Harnblase und mit Kot bzw. Urin in die Außenwelt. Ein anderer Teil bleibt in Kapillaren verschiedener Organe, meist der Leber, stecken und führt zu Entzündungen. Diese führen ihrerseits zu Vernarbungen, die eine Gewebsverhärtung (Fibrose) nach sich ziehen. Erst während seiner Körperwanderung reift das Mirazidium heran, das übrigens

Tab. 3.4 Humanpathogene *Schistosoma*-Arten

Art	Geografische Verbreitung	Zwischenwirt	Reservoirwirte	Lokalisation der Adulti	Eiform	Eizahl im Uterus	Ausscheidung der Eier mit …
S. mansoni	Afrika, Madagaskar, Westen von Südamerika, Karibik	Biomphalaria (Planorbidae, Lungenschnecken)	Primaten, Nagetiere	Mesenterialvenen des Dickdarmes	Oval mit Seitenstachel	1(–2)	Stuhl
S. haematobium	Afrika, Madagaskar, Naher Osten	Bulinus (Planorbidae)	Primaten	Venen des kleinen Beckens, vor allem der Harnblase	Oval mit Endstachel	10–100	Urin
S. intercalatum	Zentralafrika	Bulinus (Planorbidae)	Nagetiere	Venen von Rektum u. Colon sigmoideum	Spindelförmig mit Endstachel	5–50	Stuhl
S. japonicum	China, Indonesien, Philippinen	Oncomelania (Pomatiopsidae[a])	>40 Säugetierarten	Mesenterialvenen von Dünndarm (u. Dickdarm)	Rundlich mit rudimentärem Seitenstachel	50–200	Stuhl
S. mekongi	Laos, Kambodscha	Neotricula (Pomatiopsidae)	Hund	Wie *S. japonicum*	Wie *S. japonicum*	>50	Stuhl

[a] Früher Prosobranchia, heute Orthogastropoda > Caenogastropoda > Hypsogastropoda > Rissooidea

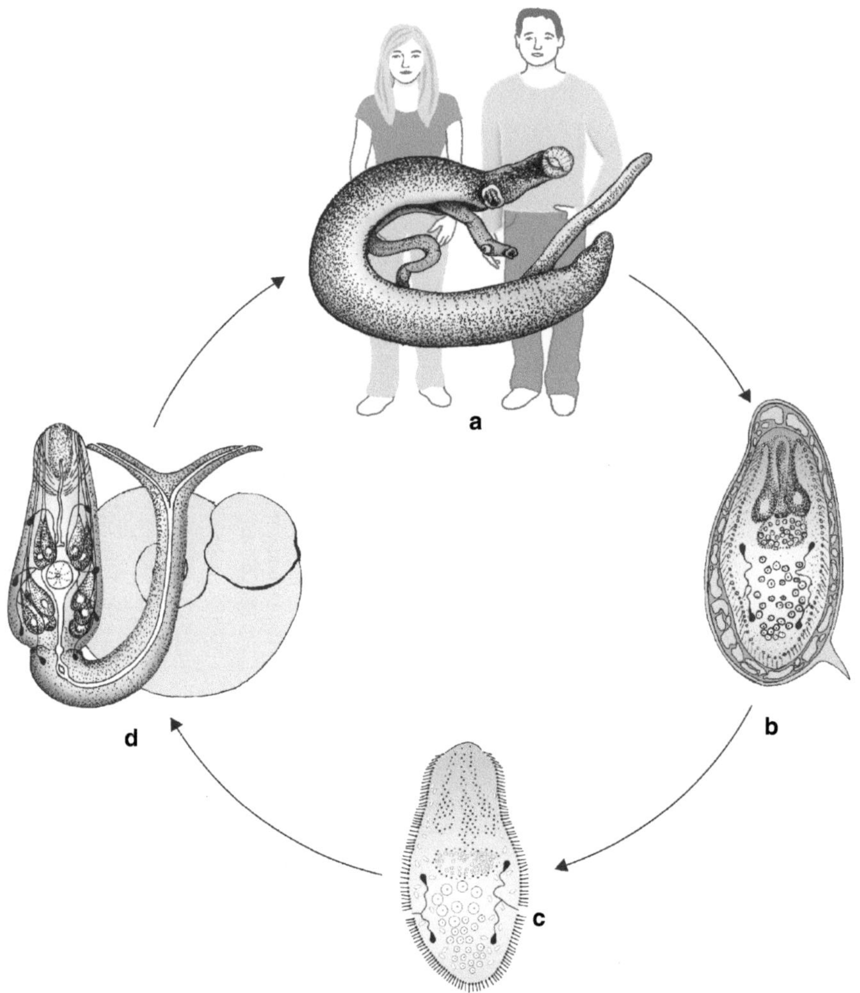

Abb. 3.12 Entwicklungszyklus von *Schistosoma mansoni*. **a** Wurmpärchen im Menschen. **b** Ei, **c** Mirazidium, **d** Zerkarie in der Schnecke *Biomphalaria glabrata*

bereits geschlechtlich differenziert ist. Es schlüpft wenige Minuten, nachdem das Ei in Süßwasser gelangt ist, durch Aufreißen der Eischale an unbestimmter Stelle. Das nur einige Stunden lebensfähige Mirazidium dringt je nach Art in geeignete Schnecken ein (Abb. 3.13e, g, i). In Muttersporozysten nahe der Penetrationsstelle entwickeln sich Tochtersporozysten, die dann zur Mitteldarmdrüse wandern und schließlich nach 3–7 Wochen Zerkarien (Abb. 3.12d) produzieren.

Zwischenwirte der *Haematobium*- und *Mansoni*-Gruppe sind zur Familie der Planorbidae gehörende Wasserlungenschnecken der Gattungen *Bulinus* und *Biomphalaria*. Beide kommen in höchst unterschiedlichen Gewässern vor, deren Tempe-

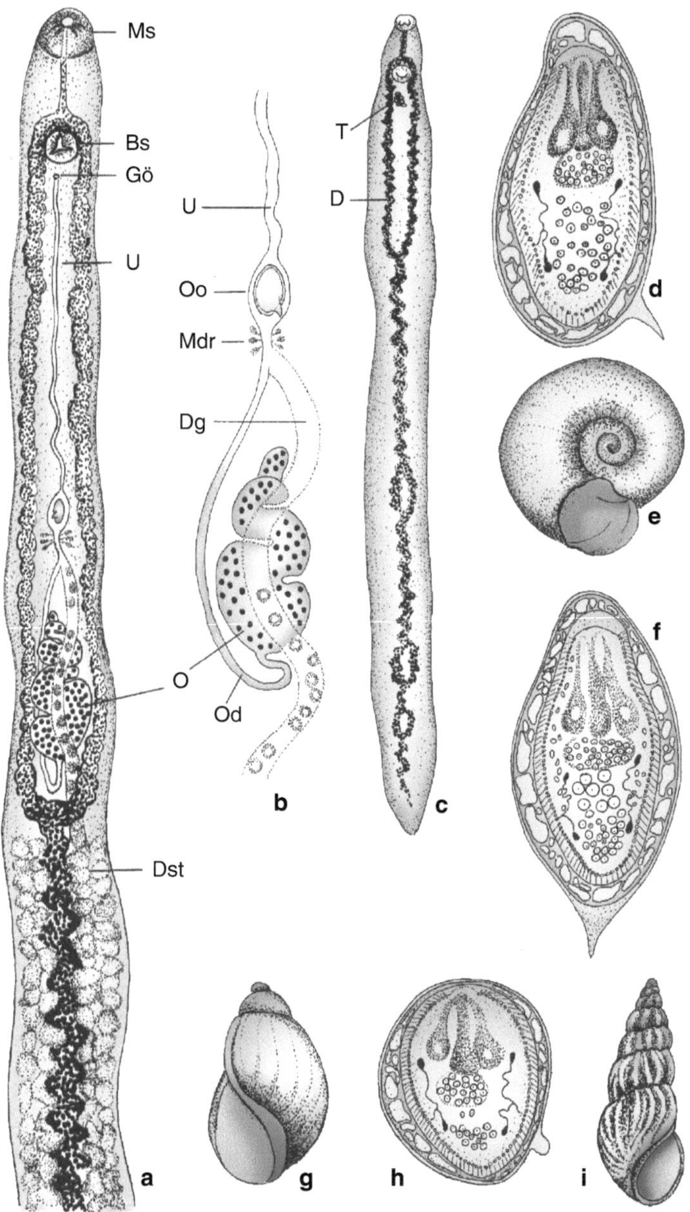

Abb. 3.13 Details humanpathogener Schistosomen. **a** Vorderende des Weibchens von *S. mansoni*. **b** Geschlechtsorgane des Weibchens. **c** Männchen von *S. mansoni* mit auseinandergebreiteten Körperrändern. **d, e** *S. mansoni*: embryoniertes Ei und Zwischenwirt *Biomphalaria glabrata* (Pulmonata). **f, g** *S. haematobium*: embryoniertes Ei und Zwischenwirt *Bulinus truncatus* (Pulmonata). **h, i** *S. japonicum*: embryoniertes Ei und Zwischenwirt *Oncomelania hupensis* (Opistobranchia). *Bs* Bauchsaugnapf, *D* Darm, *Dg* Dottergang, *Dst* Dotterstock, *Gö* Geschlechtsöffnung, *Mdr* Mehlis'sche Drüse, *Ms* Mundsaugnapf, *Od* Ovidukt, *Oo* Ootyp mit Ei, *O* Ovar, *T* Testes, *U* Uterus

ratur 20 °C nicht unterschreiten darf. *Biomphalaria* lässt sich im Labor leicht halten und vermehren, solange das Wasser kein Kupfer enthält. Da außerdem die weiße Maus ein guter Endwirt für *S. mansoni* darstellt, ist diese Schistosomenart die am weitaus häufigsten und gründlichsten untersuchte. Die Zwischenwirtschnecken der *Japonicum*-Gruppe sind Vorderkiemerschnecken. Die der Gattung *Oncomelania* sind nur 5–9 mm groß und leben amphibisch. Sie weiden auf feuchtem Boden am Rand von langsam fließenden Flüssen, Gräben, schmalen Bewässerungskanälen und Überflutungsgebieten, so z. B. Reisfeldern.

Die frei schwimmende Zerkarie nimmt keine Nahrung auf und muss nach spätestens sechs Stunden in die Haut des Endwirtes eingedrungen sein, den sie aufgrund von Wärme und bestimmten Fettsäuren lokalisiert. Sowohl das Festheften an der Haut wie auch die verschiedenen Schritte durch die Schichten der Haut werden durch Sekrete der vor und hinter dem Bauchsaugnapf gelegenen Azetabulardrüsen unterstützt. Noch vor dem Eindringen wird der Schwanz abgeworfen. Die Zerkarie bohrt sich an Haarfollikeln oder in Hautfalten in vom Wasser aufgeweichte Hautpartien ein. In ungefähr 30 h hat sie die Basalmembran der Epidermis erreicht und braucht dann noch einmal einen oder zwei Tage, um das Corium (Lederhaut) zu durchbohren. Während dieses Prozesses wird die Glykokalix abgeworfen und durch das Tegument des Adultus ersetzt.

Der junge Wurm, jetzt als Schistosomulum (Abb. 3.14) bezeichnet, ist ein sehr anfälliges Stadium und kann leicht vom Wirt zerstört werden. Wenn es dem Schistosomulum gelingt, ein Blut- oder Lymphgefäß zu erreichen, wird es in 3–4 Tagen bis zur Lunge getragen, wo es eine schlanke Gestalt annimmt. Über das linke Herz gelangen die jungen Würmer in den großen arteriellen Kreislauf und schließlich in die Pfortader. Die Männchen sind dann bereits geschlechtsreif. Sie müssen die später eintreffenden Weibchen in ihre Bauchfalte aufnehmen, damit auch sie ge-

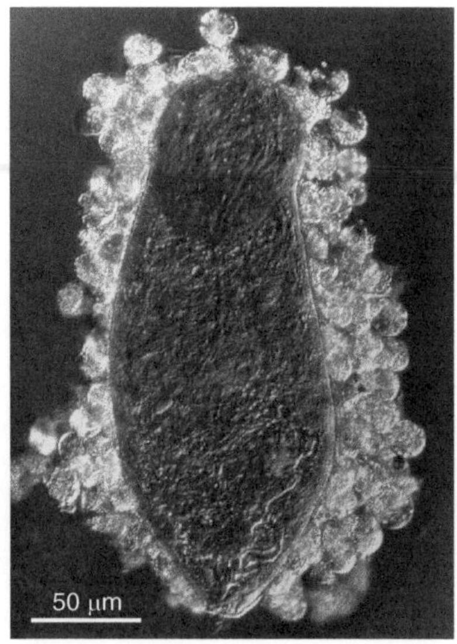

Abb. 3.14 *Schistosoma mansoni*. Antikörperbeschichtetes Schistosomulum mit anhaftenden Eosinophilen. Die Reaktion führt innerhalb von 24–48 h zum Tod des Parasiten. (Foto: Journal of Cell Biology 86:46–63 1980, mit freundlicher Genehmigung von Rockefeller University Press)

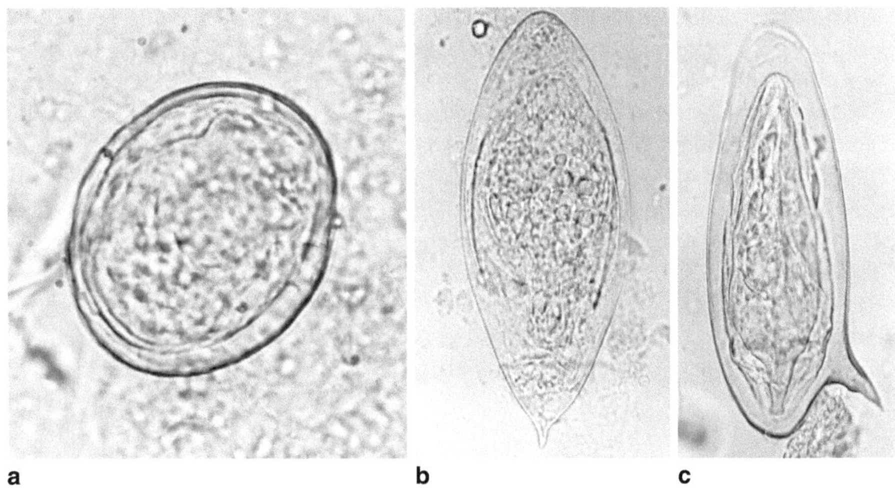

Abb. 3.15   Ei von *Schistosoma japonicum* (**a**), *Schistosoma haematobium* (**b**) und *Schistosoma mansoni* (**c**). (Foto: Archiv der Abteilung Parasitologie, Universität Hohenheim)

schlechtsreif werden können. Nach der Verpaarung wandert das Männchen mit dem Weibchen zu dem artspezifischen Ansiedlungsort. Dies sind die Mesenterialvenen *bei S. mansoni* und *S. japonicum* und die Harnblasenvenen bei *S. haematobium.* Eier von *S. mansoni* und *S. japonicum* werden nach ca. 35 Tagen mit dem Stuhl ausgeschieden, von *S. haematobium* nach ca. 70 Tagen mit Urin (Abb. 3.15).

Morphologie Die Eier sind ungedeckelt und haben einen mehr oder weniger stark ausgeprägten lateralen oder terminalen Stachel (Abb. 3.13d, f, h; Abb. 3.15), anhand dessen die humanpathogenen Arten unterschieden werden können. Die furkozerken Zerkarien besitzen als Besonderheit ein sogenanntes Apikal- oder Oralorgan anstelle eines echten Mundsaugnapfes. Es besteht aus einem drüsigen Anteil („Kopfdrüse") und einem umgebenden, kelchförmigen Muskel, der beim Eindringvorgang das Vorstülpen des Mundes unterstützt. Ein Pharynx existiert nicht. Der Bauchsaunapf ist nur mäßig groß. Der Darm der Zerkarie besteht lediglich aus zwei winzigen Aussackungen am Ende eines langen Ösophagus. Genitalanlagen fehlen. Es sind zwei Paar präazetabulare und drei Paar postazetabulare Bohrdrüsen vorhanden, deren Ausfuhrgänge das Oralorgan penetrieren. Augenflecken fehlen.

Die Adulti beider Geschlechter sind sehr viel länger als breit, die beiden Saugnäpfe liegen nahe beieinander am Vorderende. Einen Präpharynx und Pharynx gibt es nicht. Der Genitalporus befindet sich hinter(!) dem Bauchsaugnapf. Die zwei Darmschenkel vereinigen sich im Vorderkörper an artspezifisch festgelegter Stelle wieder zu einem unpaaren Stamm, der bis ans Hinterende zieht.

Das Weibchen (Abb. 3.13a) ist fadenförmig, länger als das Männchen und hat schwach ausgebildete Saugnäpfe und überhaupt eine schwach ausgebildete Muskulatur, da es sich kaum selber bewegen muss. Ein geschlängeltes, nach vorne hin schmaler werdendes Ovar liegt vor der Wiedervereinigung der Darmschenkel. Die Follikel eines unpaaren Dotterstockes füllen neben dem Darm den Körper vom Ovar bis zum Hinterende aus.

Das breitere und kürzere Männchen (Abb. 3.13c) hat einen kurzen, drehrunden Vorderkörper und einen langen, flachen und breiten Hinterkörper. Der Bauchsaugnapf ist groß und kräftig. Die dicht hinter ihm liegenden Testes bestehen aus mehreren (bei *S. mansoni* durchschnittlich sieben) eng aneinander gedrängten Bläschen. Das Männchen bildet durch Übereinanderschlagen der seitlichen Körperränder eine Bauchfalte, den Canalis gynaecophorus (= weibchentragender Kanal), in dem das längere und dünnere Weibchen liegt. Vorne, hinten und oft in der Mitte ragt es daraus hervor. Die Beobachtung, dass zwei Individuen eine Einheit bilden, war namengebend (gr. „schizein" = spalten, „soma" = Körper). Die Oberfläche der männlichen Würmer ist mit warzenartigen Strukturen besetzt, die vermutlich die Verankerung im Blutgefäß erleichtern.

Genom Die Genome von *S. mansoni*, *S. haematobium* und *S. japonicum* haben ähnliche Größen (363 Mb, 385 Mb, 397 Mb) und sind in $2n = 16$ Chromosomen organisiert, wobei die Ähnlichkeit zwischen *S. mansoni* und *S. haematobium* deutlich höher ist als die zu *S. japonicum*. Circa 40 % des Genoms bestehen aus Repeats, nur 4–5 % codieren für Proteine. Die Anzahl der putativen Proteine liegt zwischen 10.850 und 13.500 und es gibt mehr gemeinsame Orthologe mit Säugetieren als mit Nematoden. Circa 11 % der Gene sind polycistronisch organisiert, d. h., mehrere proteincodierende Gene werden von einem gemeinsamen Promotor reguliert. Die resultierenden Vorläufertranskripte werden dann – ähnlich wie bei Trypanosomen (s. Abschn. 2.5.2) – durch Trans-Splicing am 5′-Ende mit einer Leader-Sequenz versehen und anschließend translatiert. Mehr als 300 Gene codieren für Proteasen. Diese hohe Zahl ist wahrscheinlich auf deren wichtige Rolle bei der Invasion und beim Verdau von Blut als Proteinquelle zurückzuführen. Genomanalysen haben gezeigt, dass Schistosomen nicht zur de-novo-Synthese von Sterolen und Fettsäuren befähigt sind, sodass diese durch diverse Transportproteine vom Wirt bezogen werden müssen. Analysen der Stoffwechselwege zeigten eine reduzierte Fähigkeit zur Bildung von Aminosäuren und dass Kohlenhydrate als Energiequelle genutzt werden können. Wie erwartet zeigten Männchen eine stärkere Expression von Genen, die mit Muskelfunktionen in Verbindung stehen, die für Bewegung, Adhäsion und zum Umschließen des Weibchens notwendig sind, während Weibchen Gene für die Eiproduktion stark exprimieren.

Bei mäßigem bis schwerem Befall mit *S. japonicum* (weniger ausgeprägt bei *S. mansoni*) kommt es während des Beginns der Eireifung zum Katayama-Fieber, einer akuten, fiebrigen Erkrankung, die einige Tage oder Wochen anhält. Sie ist das Resultat von Kreuzreaktionen der Antigene von Würmern und Eiern.

Die gravierendsten und meist erst viele Jahre später auftretenden Symptome des Schistosomenbefalls werden nicht durch die adulten Würmer, sondern durch die Eier hervorgerufen, die von den Weibchen der äußerst langlebigen Parasiten über Jahre hinweg abgelegt werden. Es sind 100–300/Tag pro Weibchen bei *S. mansoni*, 20–200 bei *S. haematobium* und 500–3000 bei *S. japonicum*. Nur ungefähr

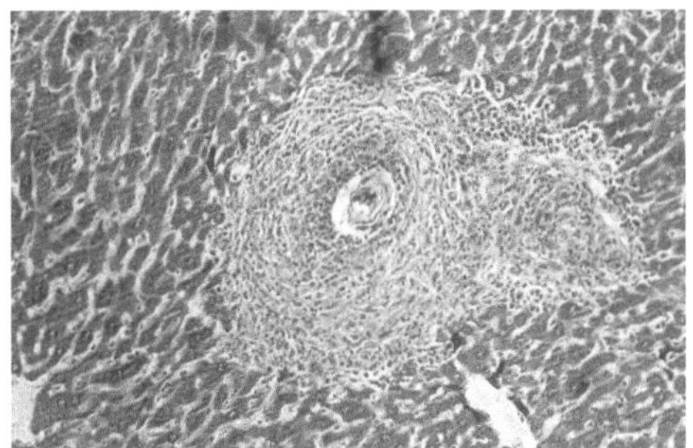

Abb. 3.16 *Schistosoma mansoni*. Querschnitt durch ein Ei in Mäuseleber mit Abwehrreaktion (Granulombildung). (Foto: Archiv der Abteilung Parasitologie, Universität Hohenheim)

der Hälfte der Eier gelingt es, ins Lumen von Darm oder Harnblase durchzubrechen und dann mit Stuhl oder Urin ausgeschieden zu werden. Die anderen bleiben entweder in diesen Geweben stecken oder sie werden (vor allem bei *S. mansoni* und *S. japonicum*) mit dem Pfortaderblut bis in die feinsten Venen der Leber geschwemmt. Das im Ei heranwachsende Mirazidium produziert während seiner 3- bis 4-wöchigen Lebensdauer im Endwirt antigenisch wirkende Proteine und Glykoproteine, die durch Mikroporen der Eischale austreten und die Bildung der typischen Schistosomen-Granulome induzieren. Diese mit bloßem Auge erkennbaren weißlichen kleinen Herde entstehen innerhalb von 4–8 Tagen in einem nichteitrigen Entzündungsprozess. Es sind scharf begrenzte Zellaggregate aus verschiedenen Leukozyten, die schließlich durch Narbengewebe ersetzt werden (Abb. 3.16). Die Granulome und das daraus entstehende Narbengewebe führen zu bindegewebiger Veränderung der Leber und ihrer Verhärtung (Leberzirrhose) mit Verengung der Gefäße. Es kommt zu Behinderung der Zirkulation, Pfortaderstauung, Leber- und Milzvergrößerung (Hepatosplenomegalie), zu Aszites und schließlich, wenn auch selten, zum Tod. Bei *S. japonicum* können End- und Dickdarmkarzinom auftreten. Auch werden bei dieser Art mit ihrer hohen Eiproduktion Eier bis ins Gehirn geschwemmt und führen, wenn starker Befall bereits im Kindesalter stattfindet, zur Verzögerung der physischen, sexuellen und geistigen Entwicklung. Die durch *S. haematobium* verursachte Urogenitalschistosomose ist durch Blutharnen (Hämaturie) und schmerzendes oder erschwertes Harnlassen gekennzeichnet und kann zu Blasenkrebs führen.

Immunbiologie Am Beispiel der Schistosomeninfektion lässt sich hervorragend zeigen, wie Parasiten einerseits durch das Immunsystem des Wirtes begrenzt werden, andererseits aber auch Immunantworten ihrer Wirte vermeiden, manipulieren und in ihrem Sinne ausnutzen. So resultiert ein Gleichgewicht zwischen Parasit und Wirt, das stark durch die individuelle Ausprägung der Wirtsantwort beeinflusst wird. Schistosomeninfektionen induzieren schützende Immunantworten, die sich gegen neu invadierende Schistosomula richten. Die bereits etablierten Würmer können solche Immunantworten hingegen abwehren. Die Immunität gegen Superinfektion beruht wohl im Wesentlichen auf dem Mechanismus der antikörpervermittelten zellulären Zytotoxizität, wobei IgE-Antikörper an die Oberfläche der Schistosomula binden und damit dieses Ziel für Eosinophile erkennbar machen.

Die Eosinophilen degranulieren und schädigen/zerstören die Schistosomula in einem länger andauernden Prozess (Abb. 3.14). Außerdem können auch aktivierte Makrophagen Schistosomula erfolgreich angreifen und abtöten.

Die gegen Larvenstadien gerichtete Immunität nutzt den etablierten Parasiten, da sie nachrückende Konkurrenten abwehrt und eine zu starke Infektion vermeidet. Allerdings ist der Schutz nicht 100 %ig, sodass sich – entsprechend der individuell unterschiedlich ausgeprägten Immunantwort der befallenen Personen – gelegentlich neue Würmer etablieren und damit eine individuell unterschiedliche Wurmbürde resultiert. Eine solche „Prämunität" (Immunität in Gegenwart einer bestehenden Infektion, engl. „concomitant immunity") reguliert die Populationsdichte der Parasiten. In Versuchstieren lässt sich eine Teilimmunität durch subletal radioaktiv oder mit UV-Licht bestrahlte Zerkarien herbeiführen, die nur einige Zeit überleben, währenddessen aber schützende Immunantworten induzieren. Impfungen auf der Basis rekombinanter Antigene sind noch im Erprobungsstadium.

Die lange Lebensdauer adulter Schistosomen ist unter anderem durch die ungewöhnliche Struktur ihrer Oberfläche bedingt (Abb. 3.17), die aus einer doppelten Elementarmembran besteht. Diese Struktur kommt wahrscheinlich zustande, indem die eigentliche Elementarmembran des Schistosomulums überlagert wird von Membranmaterial, das aus dem Zellinnern heraustransportiert wird und an der Oberfläche verschmilzt, sodass eine „Membranokalix" entsteht. Diese äußere der beiden Membranen ist äußerst fluide, sodass Schäden durch Immunangriffe sehr leicht repariert werden können. Außerdem werden Proteine und Glykolipide des Wirtes eingelagert. Eine solche Maskierung mit Wirtskomponenten erschwert eine Erkennung der Würmer durch das Immunsystem. Weitere Abwehrstrategien der Schistosomen bestehen darin, dass eine ihrer Proteasen das Fc-Ende von

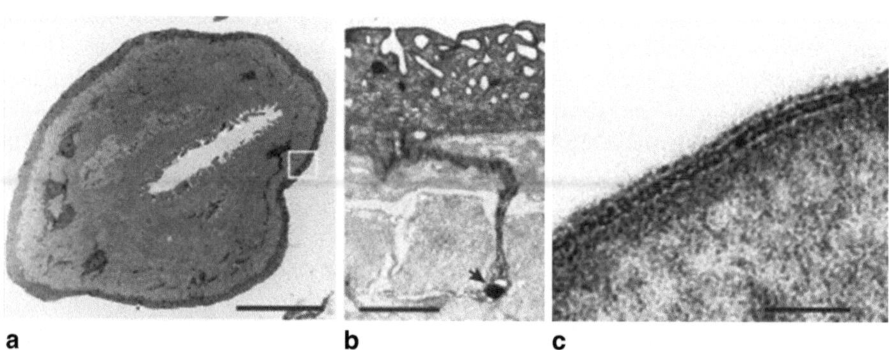

a b c

Abb. 3.17 Oberfläche von *Schistosoma mansoni*. In der geringsten Vergrößerung (**a**) ist das Tegument sichtbar als dunkles Band, das einen weiblichen Adultwurm umgibt (Maßstab = 20 µm). **b** zeigt die Vergrößerung des in **a** mit einem weißen Kasten bezeichneten Ausschnitts. Die Falten des Teguments vergrößern die Oberfläche. Der Pfeil zeigt auf ein multilammeläres Körperchen, das vom Zellkörper durch eine zytoplasmatische Verbindung an die synzytiale Oberfläche transportiert wird (Maßstab = 1 µm). **c** zeigt in stärkerer Vergrößerung die doppelte Elementarmembran des Teguments (Maßstab = 75 nm). (Aus Van Hellemond et al. 2006; mit freundlicher Genehmigung von Elsevier)

Antikörpern abschneidet, die an die Parasitenoberfläche gebunden haben. Schließlich können schädigende Komplementkomponenten von einem Parasitenprotein inaktiviert werden. Die im Gewebe feststeckenden Eier geben immunmodulierende Proteine ab, die Lymphozytenfunktionen hemmen und Entzündungen des weniger aggressiven Th2-Typs begünstigen (s. Abb. 1.37). Für die Reduktion der Entzündungen scheinen außerdem auch regulatorische T-Zellen eine wichtige Rolle zu spielen.

Schistosomen nutzen gleichzeitig das Immunsystem ihres Wirtes für den Transport der Eier durch das Wirtsgewebe in die Außenwelt. Dazu binden die Eier zunächst an das Endothel von Blutgefäßen, wo von ihnen entlassene Stoffe zu Entzündungen führen, die die Gefäßwände schädigen und durchlässig machen. Hierbei spielt das Zytokin TNF-alpha eine wichtige Rolle. Die Bewegungen der Peristaltik schieben das Ei ins Gewebe, wo es auch weiterhin Entzündungen hervorruft, die das angrenzende Gewebe permeabel machen. Die Peristaltik schiebt die Eier schließlich auch durch die Schleimhaut von Darm oder Blase in deren Lumen, von wo sie ausgeschieden werden.

Epidemiologie Schistosomose ist in 76 Ländern der Erde verbreitet, ungefähr 200 Mio. Menschen sind infiziert. Trotz großer Anstrengungen ist die Parasitose noch immer oder schon wieder im Zunehmen begriffen. Vor allem der in manchen afrikanischen Ländern heute betriebene Reisanbau sorgt für die Anlage immer neuer Bewässerungssysteme, in denen mehr Schnecken gedeihen als je zuvor. Bestimmend für das epidemiologische Geschehen ist der Kontakt des Menschen mit dem Wasser, der in tropischen und subtropischen Klimazonen ein wichtiger Teil des täglichen Lebens darstellt. Mit Kot oder Urin gelangen infektiöse Eier ins Wasser, bei vielen Tätigkeiten (Waschen, Baden, Fischen, Pflanzen) können die Zerkarien in die Haut eindringen. Kinder vom 5. bis zum 19. Lebensjahr sind die am häufigsten und die am stärksten befallene Bevölkerungsgruppe.

Reservoirwirte (Tab. 3.4) zur Aufrechterhaltung des Kreislaufs von *S. mansoni* sind Paviane, die in Afrika und Arabien zunehmend in Menschennähe auftreten. Nagetiere spielen dagegen wegen ihrer geringen Größe und verhältnismäßig kleinen Eizahl ihrer Würmer epidemiologisch kaum eine Rolle. *S. japonicum* kommt außer im Menschen in Nagetieren, Karnivoren, Huftieren u. a. vor, wobei besonders Rinder und Wasserbüffel als Arbeitstiere und Produzenten riesiger Mengen von Schistosomeneiern bedeutungsvoll sind. Ihr Ersatz durch Zugmaschinen, in China auch die Vorsichtsmaßnahme, ihren Kot in angeschnallten Plastikbeuteln aufzufangen, mag zur Reduzierung der Übertragung beisteuern.

Kontrolle Chemotherapie ist zwar heute mit modernen Medikamenten gut möglich, doch behandelte Personen infizieren sich meist schnell wieder. Deshalb wären in endemischen Gebieten jährlich durchgeführte Massenkampagnen nötig, wenn eine völlige Eliminierung des Wurmbefalls erreicht werden sollte. Mittlerweile gibt es in zahlreichen Ländern Massenbehandlungsprogramme, bei denen das sehr wirksame Medikament Praziquantel besonders Schulkindern verabreicht wird, oft in Kombination mit einem Medikament gegen Darmnematoden. Allerdings sind diese Programme nicht flächendeckend. Die besten Erfolgsaussichten bestehen daher in der Versorgung mit sicherem, d. h. zerkarienfreiem Wasser samt der Errichtung ausreichender sanitärer Anlagen und in breit angelegten Aufklärungskampagnen.

Zerkariendermatitis Zerkariendermatitis wird auch in gemäßigten Klimata durch Schistosomatiden hervorgerufen, die als Adulti in Wasservögeln parasitieren. Es handelt sich um die Gattungen *Trichobilharzia, Ornithobilharzia, Bilharziella* und *Austrobilharzia* (Letztere marin!), deren Zerkarien in die menschliche Haut eindringen können, sich jedoch nicht weiterentwickeln. Sie rufen schon bei einem zweiten Kontakt einen heftigen, mehrere Tage anhaltenden Juckreiz hervor. In Süddeutschland müssen daher in manchen Sommern Badeseen geschlossen werden.

Schistosomen von Nutztieren *Schistosoma matthei* ruft im Rind eine Abwehrreaktion hervor, durch die 18–40 Wochen p. i. ein großer Teil der Würmer eliminiert wird, sodass es meistens nicht zu schweren pathologischen Veränderungen kommt. Starke Infektionen können allerdings zum Tode führen. Schafe vermögen die Wurmbürde nicht zu regulieren. Sie erkranken in der Regel schwerer und Überlebende bleiben geschwächt oder sterben schließlich. *Schistosoma bovis* erzeugt überwiegend eine chronische Infektion mit undramatischen klinischen Veränderungen, die aber mit deutlicher Wachstumsverzögerung verbunden ist. Akuter Krankheitsverlauf ist selten. *Schistosoma nasale* besiedelt die Venen der nasalen Mukosa. Es bilden sich Eigranulome in den ersten 10 cm hinter dem Nasenloch und viel Granulationsgewebe mit blumenkohlartigem Wachstum. Starker Ausfluss ist die Folge, Rinder lassen ein typisches Schnarchen hören („snoring disease").

3.2.1.2.4 *Sanguinicola inermis*

Dieser Parasit aus der Familie Sanguinicolidae (Abb. 3.18) befällt karpfenartige Fische. Wie die nahe verwandten Schistosomatidae besiedelt er die Blutbahn (lat. „sanguis" = Blut, „cola" = Bewohner), legt unembryonierte und ungedeckelte Eier, die erst im Wirtsgewebe reifen, und hat eine für den Endwirt infektiöse Furkozerkarie. Auch hier fehlt also die Metazerkarie. Unterschiede zu Schistosomen bestehen darin, dass die Sanguinicolidae nicht getrenntgeschlechtlich sind, dass sie nicht auf das Venensystem beschränkt sind, sondern in Arterien oder in der Leibeshöhle von Süß- und Salzwasserfischen leben und dass die Zerkarie eine dorsale Körperflosse und Furkaflossen aufweist.

S. inermis parasitiert in der Kiemenarterie, der ventralen und dorsalen Aorta und im Herzen und ist ein ernst zu nehmender Krankheitserreger in Karpfenzuchten. Die breitdreieckigen Eier werden mit dem Blutstrom in alle Organe des Körpers geschwemmt, wo sie von Wirtsgewebe eingekapselt werden. Nur aus solchen, die im Kiemengewebe reifen, können die schlüpfenden Mirazidien ins Freie gelangen. Die im Zwischenwirt *Radix peregra* in Sporozysten entstehenden Zerkarien befallen direkt wieder den Endwirt. Schon zehn Zerkarien können den Tod von acht Tage alter Karpfenbrut hervorrufen. Spätere Schädigungen entstehen durch die die Blutgefäße zerstörenden adulten Würmer und vor allem die Eier. Sie blockieren

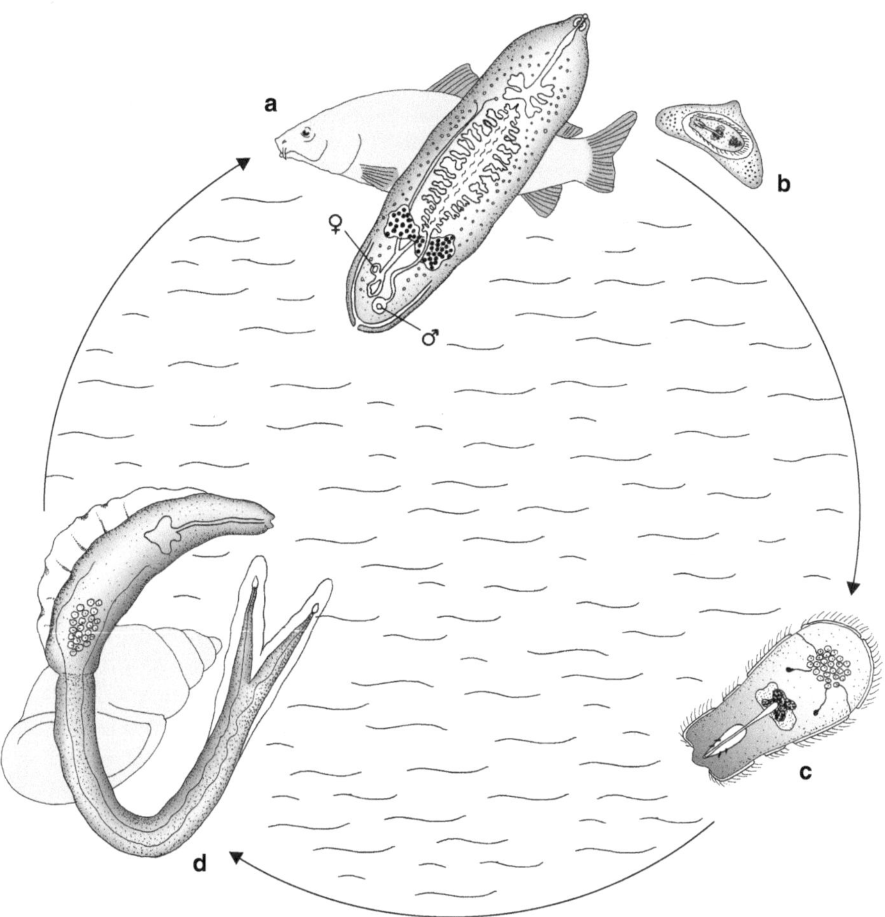

Abb. 3.18 Entwicklungszyklus von *Sanguinicola inermis*. **a** Adulter Wurm (in Arterien des Karpfens). **b** In den Kiemen des Fisches herangereiftes, ungedeckeltes Ei. **c** Mirazidium. **d** In einem Sporozystenentwicklungsgang entstehende furkozerke Zerkarie mit Rückenflosse aus dem einzigen Zwischenwirt *Radix peregra* (Pulmonata)

die Kiemenarterien und verursachen Thrombosen und Nekrosen des Kiemengewebes. Die dort ausschlüpfenden und das Gewebe durchdringenden Mirazidien lösen Blutungen aus, an denen 80–90 % der Karpfenbrut sterben können.

Die Familie **Spirorchidae** bildet die dritte, möglicherweise paraphyletische Familie der Schistosomatoidea. Wie die Sanguinicolidae sind sie zwittrig und wie alle drei Familien leben sie im Blutgefäßsystem und zwar in Arterien des Herzens, aber auch anderer Organe inklusive des Gehirnes von Süß- und Salzwasserschildkröten, bei denen sie schwere, zum Tode führende Schäden hervorrufen können. Die ungedeckelten, oft mit Polfäden versehenen Eier werden embryoniert mit dem Kot ausgeschieden. Zwischenwirte sind Schnecken.

Abb. 3.19 Infektion der Landlungenschnecke *Succinea putris* mit *Leucochloridium paradoxum*. Der linke Fühler ist mit pulsierenden Sporozyten gefüllt. (Foto: Archiv der Abteilung Parasitologie, Universität Hohenheim)

3.2.1.2.5 *Leucochloridium paradoxum*

L. paradoxum hat eine bemerkenswerte Biologie und gehört zur Superfamilie Brachylaimoidea (Tab. 3.2). Diese Familie hat nur einen Zwischenwirt, in dem die Zerkarie sich zur Metazerkarie weiterentwickelt. Sie muss vom Endwirt gefressen werden, damit der Lebenszyklus sich schließt. Die Adulti besiedeln die Kloake diverser Singvögel. Sie haben eine am Hinterende des Körpers gelegene Geschlechtsöffnung. Die embryonierten Eier werden mit dem Kot ausgeschieden und vom Zwischenwirt, der Landlungenschnecke *Succinea putris* (Bernsteinschnecke), die in feuchter Bodenvegetation auftritt, gefressen. In langen, verzweigten Sporozysten entstehen 100–300 schwanzlose „Zerkariaeen". Sie werden durch knetende Bewegungen in distale Verdickungen der Sporozysten transportiert und wandeln sich dabei unter Ausbildung einer dicken, gelatinösen Hülle zu Metazerkarien um. Diese „Brutsäcke" ragen bis in die Schneckenfühler hinein und dehnen sie enorm aus (Abb. 3.19). An der Spitze weisen sie bräunlich-grünliche Ringelungen auf. Bei Lichteinfall geraten die Brutsäcke in pulsierende Bewegung und haben so eine gewisse Ähnlichkeit mit einer Made oder Schmetterlingsraupe. Diese auffällige Erscheinung ist für manche Vogelarten so attraktiv, dass sie die Fühler der Wirtsschnecke abpicken. Auch die gelegentlich aus den Fühlern herausbrechenden und im Freien weiter pulsierenden Brutsäcke werden gefressen, sodass sich im Vogel adulte Würmer entwickeln können.

3.2.1.2.6 *Diplostomum spathaceum* und *Strigea strigis*

Trematoden der Superfamilie Diplostomoidea (Tab. 3.2), zu denen *D. spathaceum* gehört, sind Darmparasiten von Vögeln. Ihr Körper besteht aus zwei Abschnitten: Der Vorderteil ist flach oder löffelförmig und enthält die zwei Saugnäpfe, den Darmtrakt sowie einen Teil des Dotterstockes (Abb. 3.20). Im hinteren Körperteil befinden sich alle Geschlechtsorgane samt der terminal liegenden Geschlechtsöffnung. *D. spathaceum* ist ein Parasit von Lach- und Sturmmöwen. Die Art hat eine gewis-

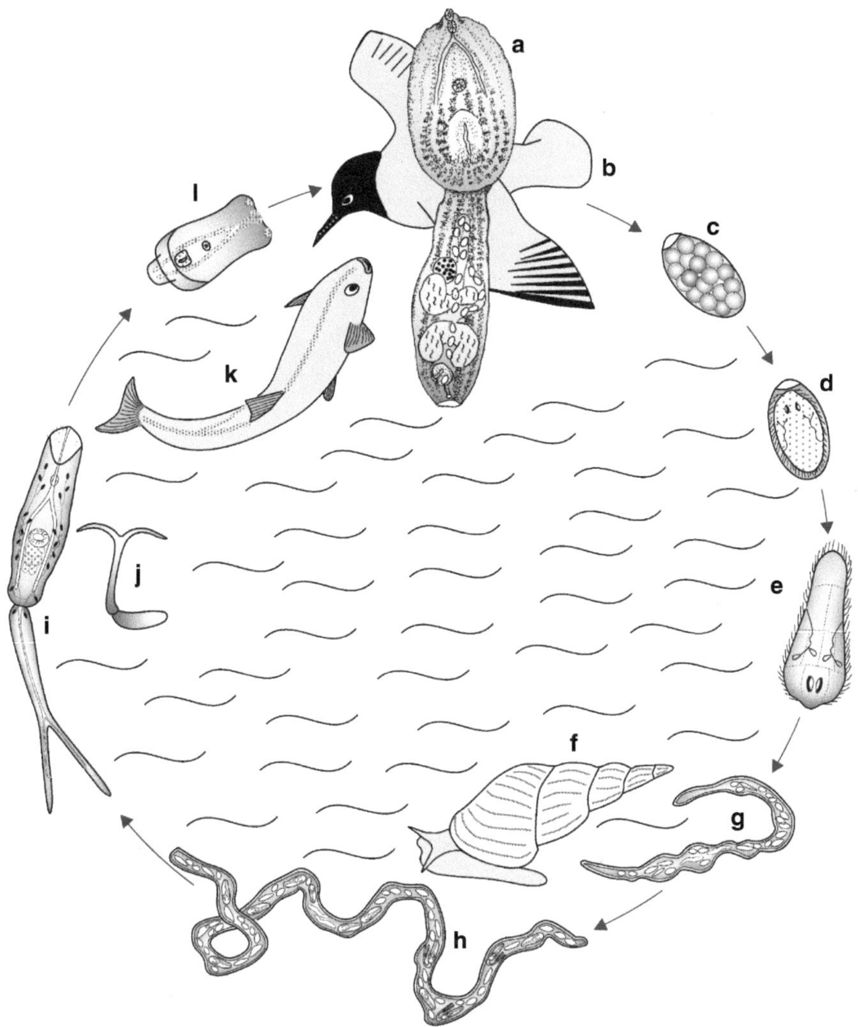

Abb. 3.20   Entwicklungszyklus von *Diplostomum spathaceum*. **a** Adulter Wurm. **b** Endwirt Lach-
möwe. **c** Unembryoniertes Ei. **d** Embryoniertes Ei. **e** Mirazidium. **f** 1. Zwischenwirt *Radix peregra*.
g Muttersporozyste. **h** Tochtersporozyste. **i** Zerkarie. **j** Zerkarie in Schwimmhaltung. **k** Süßwas-
serfisch. **l** Metazerkarie (Diplostomulum) aus dem Auge eines Fisches

se wirtschaftliche Bedeutung, weil die Metazerkarien in Fischen eine als Wurmstar
bezeichnete Erkrankung hervorrufen.

Entwicklung   Es werden unembryonierte Eier abgelegt, die im Wasser reifen. Die
Mirazidien dringen in die Lungenschnecke *Radix peregra* ein. In Sporozysten entstehen furko-trichozerke Zerkarien (Tab. 3.1 und Abb. 3.9i, j). Diese dringen, vorwiegend in der Region von Kiemen und Brustflossen, in diverse Süßwasserfische

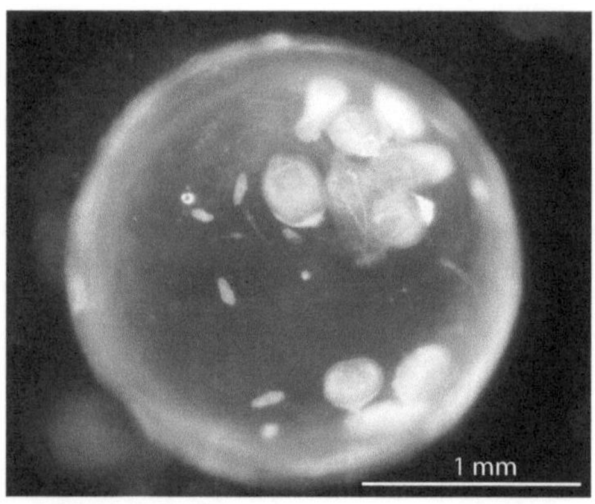

ein. Sie wandern durch subkutanes Bindegewebe und Muskulatur innerhalb von 24 h bis in die Augenlinse (Abb. 3.21). Die unenzystierte Metazerkarie, die als Diplostomulum bezeichnet wird, ist nach acht Wochen infektiös für den Endwirt.

Morphologie Die Adulti sind bis 4 mm lang (Abb. 3.10f). Der vordere Körperteil ist flachoval. Hier liegen neben dem Mundsaugnapf zwei kleine „Pseudosaugnäpfe" und zwischen Mund- und Bauchsaugnapf ein weiteres saugnapfähnliches Organ (tribozytisches Organ) mit sekretorischer Funktion von unbekannter Bedeutung. Der Hinterkörper ist länglich und drehrund. Der Dotterstock ist auf beide Körperabschnitte verteilt. Es sind nur bis zu fünf hellgelbe, $100 \times 60\,\mu$m große Eier vorhanden, die durch den Genitalporus an der hinteren Körperspitze ausgeschieden werden. Die furkozerke Zerkarie ist 220 µm lang. Die Metazerkarie hat eine Größe von ca. $400 \times 230\,\mu$m. Sie besteht hauptsächlich aus dem zukünftigen Vorderkörper des Adultus, der Mund- und Bauchsaugnapf sowie das relativ große tribozytische Organ enthält, das von den Anlagen der Darmblindsäcke umgeben wird. Der zukünftige Hinterkörper ist nur als kurzer Anhang ausgeprägt.

Schadwirkungen Die im Fisch über Kiemen und Pharynx wandernden Zerkarien zerstören das Gewebe. Fischbrut kann schon bei der Invasion von drei Larven sterben. Weiterhin erzeugt der Befall der Augenlinse Blindheit, sodass die Fische nicht mehr genügend Nahrung finden und wegen ihres veränderten Verhaltens leicht zur Beute von fischfressenden Vögeln werden. Besonders in großen Seen, in denen eine Schneckenbekämpfung nicht möglich ist, tritt in den Sommermonaten immer wieder ein seuchenhafter Befall einzelner Fischarten auf. Es existieren mehrere, bisher nicht oder nur teilweise beschriebene *Diplostomum*-Arten, deren Wirtsspektrum und Pathogenität nicht klar abgegrenzt sind.

Strigea strigis Die Strigeidae (Überfamilie Diplostomoidea), Darmparasiten verschiedener Vogelgruppen, haben mit den Diplostomidae die zweigeteilte Körperform, die Anordnung der Organe, den Besitz zweier Pseudosaugnäpfe und eines tribozytischen Organes sowie Entstehung und Aussehen der Larvenstadien gemeinsam. Die enzystierte Metazerkarie wird als Tetracotyle bezeichnet (wegen der vier „Saugnäpfe"). Bemerkenswert ist in der Gattung *Strigea* ein Vierwirtezyklus. *Strigea strigis* lebt in Eulen (Strigiformes). Erster Zwischenwirt sind Süßwasserlungenschnecken (Planorbiden). Im zweiten Zwischenwirt (Kaulquappen) entsteht ein nichtenzystiertes Stadium, in dem die zerkarientypischen Penetrationsdrüsen noch erhalten sind, die Mesozerkarie. Dritter Zwischenwirt mit enzystierter Metazerkarie sind froschfressende Tiere wie Ringelnatter, Igel und Frösche der Gattung *Rana*.

3.2.1.2.7 *Echinostoma hortense*

E. hortense ist ein Vertreter der Familie Echinostomatidae, die den Darm vor allem von Wasservögeln bewohnen, aber auch beim Menschen in Südostasien vorkommen. Die Familie trägt ihren Namen wegen eines nierenförmigen Kranzes von kräftigen Stacheln (Abb. 3.10c), der sich dorsal und lateral um die Region des Mundsaugnapfes zieht („echinos" = der Igel, im übertragenen Sinn „Stacheln", „stoma" = der Mund). Die Zerkarien der Familie Echinostomatidae sind gymnozephal (Tab. 3.1) und entwickeln sich in Redien. Erste Zwischenwirte sind Süß- oder Salzwasserpulmonaten, zweite Zwischenwirte Wasserwirbellose, also auch Schnecken und Wasserwirbeltiere (Fische, Amphibien).

E. hortense kommt in Japan und Korea sehr häufig beim Menschen vor. Örtlich sind bis zu 40 % der Bevölkerung befallen. Weitere Endwirte sind Ratten und Hund. Der erste Zwischenwirt im Entwicklungszyklus (Abb. 3.22) ist eine asiatische Unterart der Süßwasserlungenschnecke *Radix auricularia*. Aus Redien entstehen Zerkarien, die bereits den typischen Stachelkranz besitzen. Wie bei allen Echinostomatiden sind die Sammelgänge des Exkretionssystems mit großen lichtbrechenden Granula angefüllt. Die Zerkarien dringen in die Muskulatur verschiedener Süßwasserfische ein, wo sie sich enzystieren. Menschen infizieren sich, wenn sie Fische roh oder halbgar verzehren. Die Morphologie ist in Abb. 3.10b, c dargestellt. Erwachsene Würmer messen 7–11 × 1–1,5 mm. Es sind 26–28 Mundstacheln vorhanden. Die Eier sind blassgelb und mit 115 × 80 µm sehr groß.

Echinostomose in Südostasien wird durch sieben weitere *Echinostoma*-Arten verursacht, außerdem durch zwei Arten der Gattung *Echinochasmus* und mindestens je eine Art von *Echinoparyphium*, *Episthmium*, *Hypodereum* und *Paryphostomum*. Eigentliche Endwirte sind verschiedene Säugetiere, der Mensch wird nur durch Verzehr roher oder ungenügend gegarter Schnecken, Muscheln, Amphibien oder Fische infiziert, die Metazerkarien enthalten. Die an der Dünndarmmukosa festsitzenden Würmer rufen flache Geschwüre mit kleiner Entzündung hervor. Schwerer Befall kann zu Nekrosen führen. Hohe Parasitenbürden verursachen vage abdominale Beschwerden durch Blähungen. Bei Kindern kann es zu Diarrhöen, Leibschmerzen und Anämie kommen.

3.2.1.2.8 *Fasciola hepatica* – Großer Leberegel

Der Große Leberegel ist nicht nur der wichtigste Vertreter der Familie Fasciolidae (Tab. 3.2), sondern gehört auch zu den wichtigsten Parasiten der Wiederkäuer in gemäßigten Klimaten. Leider wird der Große Leberegel gerne als Paradebeispiel für die digenen Trematoden dargestellt. Dabei sind Wiederkäuer keine typischen Wirte

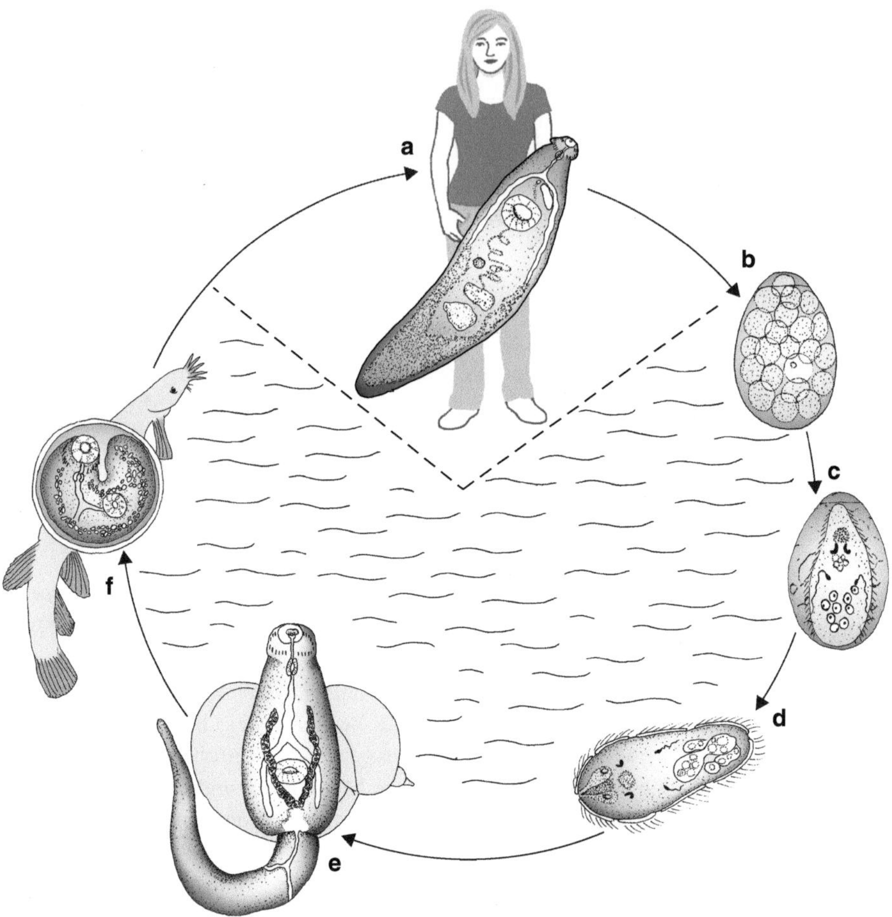

Abb. 3.22 Entwicklungszyklus von *Echinostoma hortense*. **a** Adulter Wurm (im Dünndarm des Menschen, s. auch Abb. 3.10b, c). **b** Unembryoniertes Ei. **c** Embryoniertes Ei. **d** Mirazidium. **e** In einem Redienentwicklungsgang entstehende echinostome Zerkarie aus dem ersten Zwischenwirt, einer asiatischen Unterart von *Radix auricularia* (Pulmonata). **f** Metazerkarie aus der Muskulatur des zweiten Zwischenwirtes, häufig asiatische Verwandte des Schlammpeizgers *Misgurnus fossilis*

für die Digenea, Gallengänge werden selten besiedelt. Die nicht in Tieren, sondern an Pflanzen sich enzystierende Metazerkarie ist eine Besonderheit und die morphologischen Strukturen des adulten Wurmes sind gegenüber denen der „typischen" Digenea stark verändert und lassen die üblichen Verhältnisse nicht oder nur schwer erkennen.

Entwicklung Die Eier werden unembryoniert mit dem Kot des Endwirtes ausgeschieden (Abb. 3.23). Im Wasser reifen in 2–3 Wochen Mirazidien heran, die schlüpfen und den ersten Zwischenwirt befallen. Dies ist in Europa die höchstens 13 mm hoch werdende Wasserlungenschnecke *Galba truncatula* der Familie

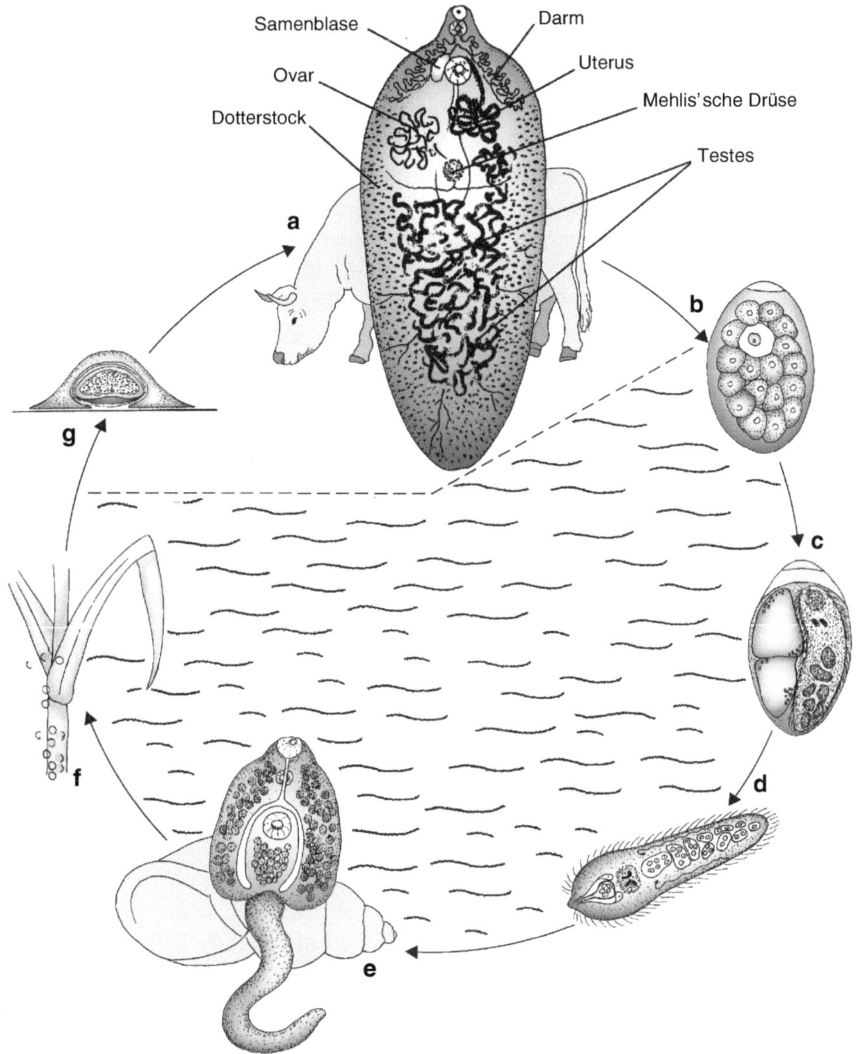

Abb. 3.23 Entwicklungszyklus von *Fasciola hepatica*. **a** Adulter Wurm (in Gallengängen von Wiederkäuern). Vom Darm ist nur der vorderste Teil gezeichnet. **b** Unembryoniertes Ei. **c** Embryoniertes Ei. **d** Mirazidium. **e** In einem Redienentwicklungsgang entstehende gymnozephale Zerkarie aus dem ersten Zwischenwirt *Galba truncatula* (Pulmonata). **f** Metazerkarie an Wasserpflanze. **g** Querschnitt durch Metazerkarie

Lymnaeidea, die an der Grenze zwischen Wasser und Luft Algenrasen abweidet. In der neuen Welt sind dies *Galba humilis* und *Fossaria bulamoides* in den USA, *Pseudosuccinella columella* in Südamerika. Wegen dieser Nahrung und Nahrungsaufnahme ist sie schwer im Labor zu halten. Über einen Redien-Entwicklungsgang entstehen nach mehr als sieben Wochen Zerkarien und verlassen die Schnecke. Sie enzystieren sich bevorzugt auf der Blattunterseite und grünen, untergetauchten Teilen von Wasserpflanzen, wobei eine halbkugelförmige Zyste mit mehrschichtiger Zystenwand entsteht. Die Metazerkarien bleiben in feuchtem Milieu lange, unter Umständen monatelang infektiös. Temperaturen unter dem Gefrierpunkt können ausgehalten werden, Trockenheit zerstört sie jedoch schnell. Mit den Pflanzen vom Endwirt aufgenommen, findet in Magen und Duodenum die Exzystierung aus der Zystenhülle statt. Die jungen Würmer durchbohren die Darmwand und, von der Leibeshöhle aus, die Leberkapsel. Sie wandern dann 6–8 Wochen im Leberparenchym umher, bevor sie in die Gallengänge eindringen und dort geschlechtsreif werden. Die Eier gelangen mit dem Gallensaft durch den Ductus choledochus in den Darm. Die Präpatenzzeit, also der Zeitraum bis zum Ausscheiden der Eier, beträgt 55–105 Tage. Pro Wurm und Tag sollen 5000–20.000 Eier produziert werden können.

Morphologie Die blattförmigen Würmer werden bis 5 cm lang und 1,3 cm breit (Abb. 3.24). Der Vorderteil des Körpers ist kegelförmig und enthält den Mundsaugnapf mit Pharynx und oberem Teil der Darmblindsäcke. Der größte Teil der hoch verzweigten Darmschenkel ist allerdings ohne besondere Färbemethoden nicht sichtbar. Im breiteren Bereich des Körpers liegt der Bauchsaugnapf, auch ein großer Zirrusbeutel und die Geschlechtsöffnungen sind sichtbar. Hinter dem Bauchsaugnapf befinden sich das Ovar und der eng aufgeknäuelte Uterus, der sich wegen der Masse der in ihm enthaltenen Eier dunkel hervorhebt. Zwischen und hinter diesen liegt die Mehlis'sche Drüse. Die zwei stark verzweigten Hoden liegen hintereinander hinter dem Ovar, wo sie einen großen Teil des Körpers ausfüllen. Im Totalpräparat ist mit bloßem Auge eine breite Randzone zu sehen, die von den Dotterstöcken eingenommen wird. Die Eier sind blassgelb und mit $132 \times 72\,\mu m$ sehr groß. Wenn sie in großer Zahl im Uterus liegen, erscheinen sie als dunkelbraune Masse.

Epidemiologie Der große Leberegel kommt auf allen Kontinenten vor. In Mitteleuropa tritt Befall vor allem in feuchten Niederungen auf, da *Galba truncatula* am Rande flacher, stehender oder kleiner, langsam fließender Gewässer vorkommt, aber auch in Überflutungszonen oder vorübergehenden Wasseransammlungen, die z. B. an Viehtränken durch die Tritte der Tiere verursacht werden. *G. truncatula* hat in solchen feuchten Biotopen ein außerordentlich hohes Vermehrungspotenzial. In

Abb. 3.24 *Fasciola hepatica*. Gefärbtes Totalpräparat. Organe s. Abb. 3.23a. (Foto: Archiv der Abteilung Parasitologie, Universität Hohenheim)

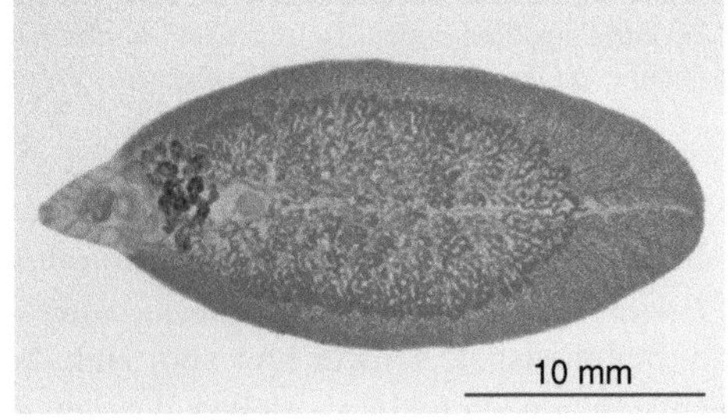

Deutschland werden auf gutem, feuchtem Grasland vor allem Rinder geweidet, die daher bei uns häufiger befallen sind als Schafe. Wo aber die Schafzucht vorherrscht, hat die Fasciolose eine große wirtschaftliche Bedeutung, weil Schafe wesentlich anfälliger gegenüber der Infektion sind.

F. hepatica hat keine strenge Wirtsspezifität. Er kann praktisch alle Nutztiere befallen, ebenso wie Hase und Kaninchen. In Frankreich tritt menschlicher Befall gelegentlich auf, weil dort die mit den Metazerkarien behaftete Echte Brunnenkresse (*Nasturtium officinale*) gerne in den natürlichen Biotopen, in denen sie mit Metazerkarien behaftet sein kann, gesammelt und gegessen wird.

Schadwirkungen Die mehrere Wochen lang im Leberparenchym wandernden jungen Würmer hinterlassen gewundene, mit Blut gefüllte Gänge, die später vernarben. In dieser akuten Phase kommt es bei Schafen zu Anämien, Gewichtsverlust und Apathie. Durch Blutungen kann schon in der 12. bis 20. Woche, also noch während der Präpatenz, der Tod eintreten. Bei Rindern verläuft dieser Teil der Infektion meist ohne sichtbare Schädigungen. Die chronische Phase beginnt mit dem Übertritt der Egel in die Gallengänge. Deren Epithelzellen vermehren sich, das Gewebe wird locker und durchlässig, sodass Bestandteile des Blutplasmas aus der Leber in den Gallengang übertreten können. Die Folge der dadurch entstehenden Albuminarmut im Blut sind Ödeme, die besonders auffällig an der Kehle sind (Flaschenhalssyndrom) und sich auch durch wässriges Fleisch bemerkbar machen. Jungrinder zeigen während der chronischen Phase ähnliche Symptome wie Schafe, sterben aber selten. Beim Rind wird in der Submukosa der Gallengänge Hydroxylapatit abgelagert. Die Gallengänge sind dann als fingerdicke, weiße Röhren von harter Konsistenz unter der Leberoberfläche zu sehen (Abb. 3.25). Eine Immunität ist beim Schaf kaum ausgeprägt. Die Infektion kann jahrelang bestehen, Re- und Superinfektionen sind möglich. Beim Rind führt Immunität zur Abstoßung adulter Würmer. Neuinfektionen haben dann niedrigere Wurmbürden und eine geringere Größe der Egel zur Folge.

Fasciola gigantica, eine Trematode von Wiederkäuern in Südasien, Südostasien und Afrika, hat so große Ähnlichkeit mit *F. hepatica,* dass anspruchsvolle molekulare Techniken zur korrekten Identifizierung nötig sind. Auch die Biologie und die Schadwirkungen sind gleich. *Fasciolopsis buski,* der Riesendarmegel, besiedelt den vorderen Teil des Dünndarms. Er befällt Mensch und Schwein in Ost- und Süd-

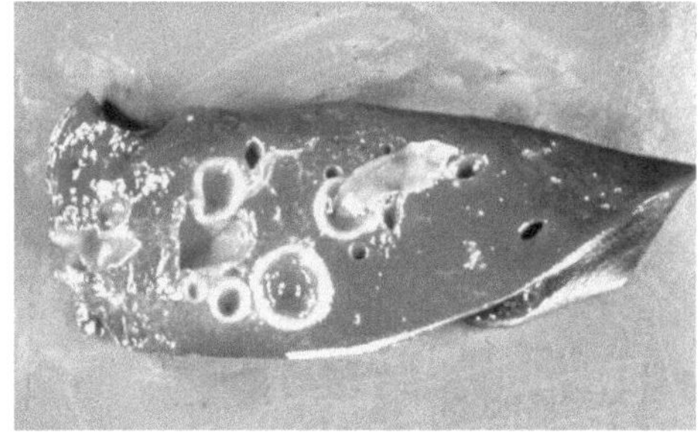

Abb. 3.25 Mit *Fasciola hepatica* befallene, aufgeschnittene Rinderleber. Man beachte die verdickten Wände der Gallengänge. *Rechts* tritt ein Wurm aus einem Gang hervor. (Foto: Archiv des Lehrstuhls für Molekulare Parasitologie, Humboldt-Universität zu Berlin)

ostasien. Zwischenwirt ist die Lungenschnecke *Polypylis* (früher bei der Gattung *Segmentina* eingeordnet) aus der Familie Planorbidae. Die Zerkarien enzystieren sich auf Wasserpflanzen. Menschlicher Befall wird vor allem durch Verzehr der zwiebelartigen Wurzel der sog. Wasserhyazinthe *Eleocharis tuberosa* verursacht, seltener durch Aufbeißen der hartschaligen Früchte der Wassernuss *Trapa natans*. Aber auch mit Metazerkarien besetzte Bambussprossen und andere Pflanzen können zur Infektion beitragen. Der adulte Wurm wird bis 8 cm lang und 1,5 cm breit. Der Darm ist nicht verzweigt, die Hoden sind verästelt, aber deutlich voneinander zu unterscheiden. Die Eier messen 140 × 85 µm. Pathologische Erscheinungen äußern sich ähnlich wie bei Echinostomatiden. Eine mit Hirschimporten eingeschleppte Art ist *Fascioloides magna*, der Amerikanische Riesenleberegel, der inzwischen in den Donauauen bei Hirschen vorkommt. Es wird ein Übergang des sehr pathogenen Wurmes auf Hauswiederkäuer befürchtet.

3.2.1.2.9 *Opisthorchis felineus* – Katzenleberegel und verwandte Arten

Der Katzenleberegel *O. felineus* ist ein den Gallengang bewohnender Parasit fischfressender Säugetiere wie Katze, Hund, Fuchs oder Fischotter, daneben auch des Menschen. Die Art tritt an stehenden oder langsam fließenden Gewässern Deutschlands (Brandenburg), Osteuropas, Russlands und Sibiriens auf. In manchen ländlichen Gebieten Russlands sind bis zu 85 % der Bevölkerung befallen. *O. felineus* ist ein Vertreter der Familie Opisthorchiidae, die in Leber, Gallenblase oder Gallengang aller Wirbeltiere außer Fischen parasitieren. Der Name *Opisthorchis* bedeutet, dass die Hoden (gr. „orchis") hintereinander (gr. „ophisto") im Körper angeordnet sind. Umgangssprachlich heißt der erwachsene Wurm auch Leberegel, was jedoch irreführend ist, da er nicht das Leberparenchym, sondern die Gallenblase bewohnt. Wie auch in der nahe verwandten Familie Heterophyidae (Tab. 3.2) werden ausgesprochen kleine Eier in embryoniertem Zustand abgelegt, lophozerke Zerkarien entstehen in Redien und Fische fungieren als zweite Zwischenwirte.

Entwicklung Obwohl hier eigentlich ein normaler „Wasserzyklus" vorliegt, werden wie bei „Landzyklen" die Eier fertig embryoniert ausgeschieden (Abb. 3.26). Diese enthalten Mirazidien, die in den ersten Zwischenwirt eindringen. Dazu müssen sie von diesem, der etwa 1 cm lang werdenden Vorderkiemerschnecke *Bithynia leachi*, gefressen werden. Sie hält sich gerne auch am Boden von Gewässern auf und kann so das abgesunkene Ei leicht mit der Nahrung aufnehmen. Aus Redien werden unreife Zerkarien ausgeschieden, die noch einige Zeit in der Mitteldarmdrüse der Schnecke verbleiben, bevor sie sie verlassen. Im Wasser nehmen die Larven eine charakteristische Schwebehaltung ein (Abb. 3.26d) und lassen sich, den leicht gebogenen Körper nach unten hängend, absinken („Tabakspfeifenhaltung"). Bei Berührung des Gewässerbodens oder fester Gegenstände schnellen sie sofort wieder nach oben. Diese permanenten Vertikalbewegungen erleichtern offenbar ein Zusammentreffen mit den zweiten Zwischenwirten, Fischen aus der Familie der Karpfenartigen, an die sie sich anheften. Der Schwanz wird abgeworfen und die Zerkarien dringen in subkutanes Bindegewebe oder Muskulatur ein, wo sie sich zu außerordentlich widerstandsfähigen Metazerkarien enzystieren, die

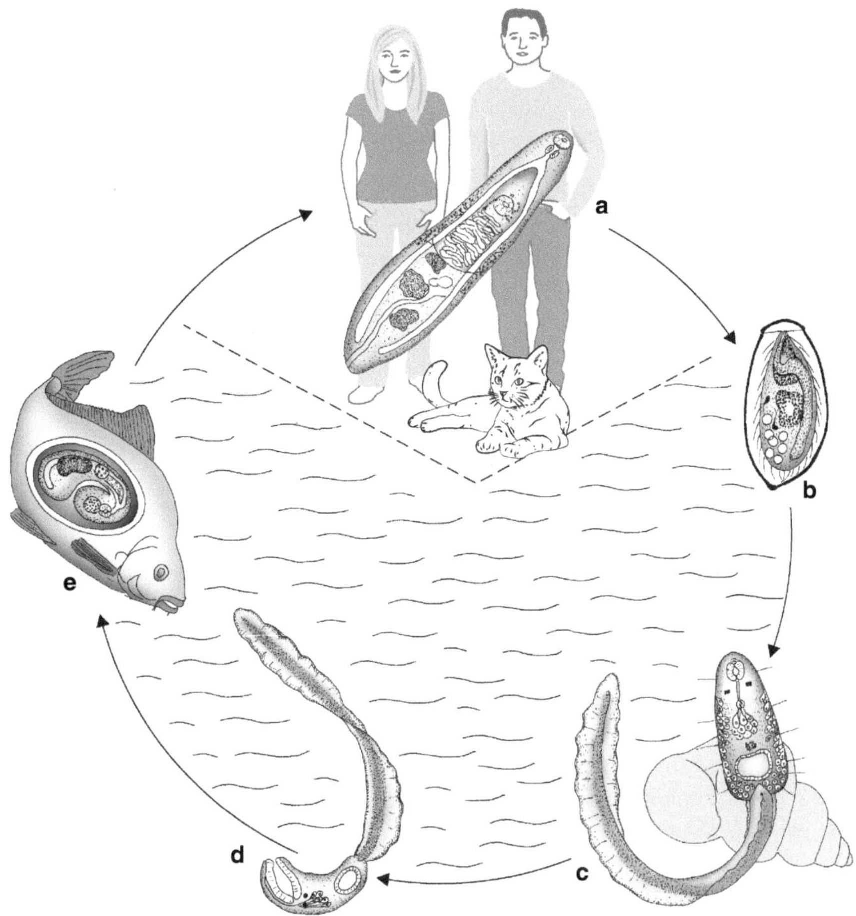

Abb. 3.26 Entwicklungszyklus von *Opisthorchis felineus*. **a** Adulter Wurm. **b** Embryoniert ausgeschiedenes Ei. **c** Lophozerke Zerkarie aus erstem Zwischenwirt *Bithynia leachi*, (Prosobranchia). **d** Zerkarie in „Tabakspfeifenhaltung“. **e** Metazerkarie aus der Muskulatur des zweiten Zwischenwirtes Karpfen

Kühlschranktemperaturen, Trocknen, Salzen und Marinieren längere Zeit aushalten. Vom Endwirt verzehrt, wandern die jungen Würmer vom Duodenum durch den Ductus choledochus in die Gallengänge der Leber ein, bei schwerem Befall auch in die Gallenblase und den Pankreasgang. Die Präpatenzzeit beträgt 3–4 Wochen, die Würmer sollen 25 Jahre im Menschen überleben können.

Morphologie *O. felineus* ist ein länglicher und schlanker Egel (Tab. 3.5; Abb. 3.27, 3.10d). Die langen und stark aufgedrillten Samenblasen liegen neben dem Bauchsaugnapf. Der Zirrus ist nicht von einem Zirrusbeutel umgeben. Der stark gefaltete Uterus nimmt einen beträchtlichen Teil des Körpers ein. Nach ihm folgen die Ovari-

Tab. 3.5 Kennzeichen der beim Menschen vorkommenden Arten der Gattung *Opisthorchis*

	O. felineus Katzenleberegel	*O. sinensis* Chinesischer Leberegel	*O. viverrini* Kein deutscher Name
Verbreitung	Russland, Ost-, Zentral- u. Mitteleuropa	Japan, Korea, China, Thailand, Vietnam	Thailand, Laos, Westmalaysia
Länge (mm)	5–12	10–25	7–12
Breite (mm)	Bis 3	3–5	2–3
Eigröße	26–30 × 11–15 µm	26–30 × 15–17 µm	Wie *O. sinensis*
Form der Testes	Kleeblattartig mit 4–5 breiten Lappen	Geweihförmig verzweigt	Kompakt mit 4–5 breiten Lappen
Erster Zwischenwirt	*Bithynia leachi*	*B. (Parafossarulus) manchourica, B. fuchsiana, Alocinma longicornis*	*B. siamensis, B. goniomphalus, B. laevis, B. funicularia*
Zweite Zwischenwirte	Karpfenartige	Karpfenartige	Karpfenartige

en und die zwei Hoden. Die lateralen Vitellarien haben ungefähr die gleiche Länge wie der Uterus. Die Darmblindsäcke führen zum distalen Ende des Körpers. Die Eier sind gelb bis dunkelbraun, das Operzulum ist durch einen deutlichen Wulst abgesetzt. Das schon in ihnen enthaltene Mirazidium enthält ein langes, schlauch- oder sackartiges Organ, wahrscheinlich eine Drüse. Die lophozerke Zerkarie (Tab. 3.1) hat zwei Augenflecken, einen sehr großen Mundsaugnapf, einen kurzen Ösophagus und winzigen Pharynx, ein Darm ist aber nicht vorhanden. Auffällig ist die große Exkretionsblase mit deutlichem Epithel. Vor ihr liegen die Zellen der Genitalanlage und davor der kleine Bauchsaugnapf. Pigmenteinlagerungen geben dem Körper eine gelblich-bräunliche Farbe. Der Schwanz ist mit einem dorsalen Flossensaum versehen, der um die Spitze herum und dann ventral bis zur Hälfte der Schwanzlänge weiterläuft.

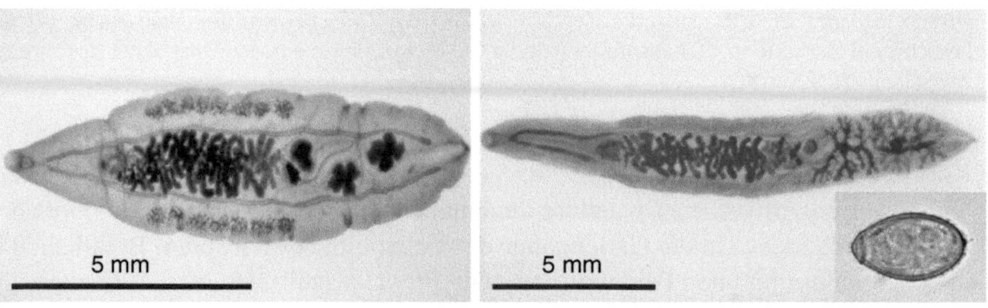

Abb. 3.27 Der Katzenleberegel *Opisthorchis felineus* (**a**) und der chinesische Leberegel *O. sinensis* (**b**) mit Ei. Gefärbte Totalpräparate. Beachte die sehr unterschiedliche Form der Testes im Hinterkörper und des davorliegenden Ovars. Vor dem Ovar das Receptaculum seminis. (Foto: Archiv der Abteilung Parasitologie, Universität Hohenheim)

Weitere *Opisthorchis*-Arten, die den Menschen befallen und in Südostasien häufig auftreten, sind *Opisthorchis sinensis* (Syn.: *Clonorchis sinensis*), der chinesische Leberegel, und *Opisthorchis viverrini,* u. a. aus Schleichkatzen (Viverriden, Tab. 3.5). Beide rufen die Opisthorchose hervor und befallen in manchen Gebieten, wo Gerichte aus rohem Fisch zubereitet werden, einen hohen Prozentsatz der Bewohner. Die nachfolgende Schilderung der pathologischen Veränderungen beziehen sich auf diese beiden Arten, dürften aber auch für *O. felineus* gelten.

Schadwirkungen Bei Befall mit rund 1000 Würmern treten unspezifische Krankheitserscheinungen wie Diarrhö, Leibschmerzen und Splenomegalie auf. Bei mehreren Tausend Würmern kommt es zu akuten Symptomen wie Leberschmerzen, Gelbsucht, Tachykardie und Gewichtsverlust. Die Gallengänge sind verdickt und sondern so viel Schleim ab, dass die Gallenflüssigkeit weiß erscheint. Im Bereich der Pfortader kommt es zu Bindegewebseinlagerungen, Hochdruck und Leberzirrhose, schließlich zu Gallensteinen, Gallengangs- und Gallenblasenentzündungen und in letzter Konsequenz auch zu Gallengangkrebs, der typischerweise erst im fünften bis siebten Lebensjahrzehnt auftritt und wahrscheinlich eine multifaktorielle Erkrankung darstellt, zu der sowohl Ernährungsmängel und immunologischer Status wie auch Karzinogene beitragen.

3.2.1.2.10 *Heterophyes heterophyes* – Zwergdarmegel

Der Zwergdarmegel des Menschen gehört in die Familie der Heterophyidae (Tab. 3.2), die aus sehr kleinen Trematoden des Darmtraktes von fischfressenden Vögeln und Säugetieren besteht. Mehrere Gattungen und Arten kommen regelmäßig oder akzidentell im Menschen vor. *H. heterophyes* tritt neben *H. dispar* und *H. aequalis* in Ägypten, Griechenland und dem mittleren Orient auf.

Entwicklung Die embryoniert ausgeschiedenen Eier werden von der 1 cm langen, turmförmig aufgewundenen, marinen Vorderkiemerschnecke *Pirenella conica* gefressen. Sie lebt in Brackwasserseen oder in Salzwasserlagunen, die während des Gezeitenwechsels trockenfallen. Die in Redien entstehenden lophozerken Zerkarien sind denen von *Opisthorchis* sehr ähnlich. Sie dringen in Fische der Küstenzonen ein, unter anderem in die Meeräsche *Mugil cephalus*, einen beliebten Speisefisch. Außer dem Menschen sind Hunde, Katzen, Seeadler, Reiher und andere fischfressende Tiere befallen. Die Würmer besiedeln Jejunum und vorderes Ileum.

Morphologie Die Adulti von *H. heterophyes* sind nur $2 \times 0{,}7$ mm groß (Abb. 3.10g). Eine Besonderheit der Familie ist, dass die Geschlechtsöffnung von einem muskulösen Genitalsaugnapf, dem Gonotyl, umgeben ist. Sein erhabener Rand ist mit winzigen, kammartigen Dornen von speziesspezifischer Form und Zahl besetzt. Mit ihrer Hilfe heften sich die Würmer bei der Paarung aneinander. Die Eier, die ebenfalls denen von *Opisthorchis* gleichen, messen 30×17 µm. Besonders in Ostasien, wo der Mensch von vielen Darmtrematoden befallen sein kann, sind die Eier schwer von denen der Opisthorchiiden zu unterscheiden.

Schadwirkungen Erst bei Anwesenheit von Tausenden von Würmern entstehen flache Geschwüre und milde Entzündungen, die sich durch Verdauungsbeschwerden oder Diarrhöen bemerkbar machen. Schwerwiegender ist, dass die Eier in Blutgefäße eindringen und zum Herzen und Zentralnervensystem getragen werden können. Durch Verschluss der Herzgefäße kann es zu vielfältigen Schädigungen kommen.

Weitere Heterophyidae Weitere Heterophyidae aus zahlreichen Gattungen und Arten kommen im Fernen Osten beim Menschen (und natürlich fischfressenden Tieren) vor: *Heterophyes nocens*, *Metagonimus yokogawai*, *Metagonimus takahashii* (die Gattung hat kein Gonotyl), *Haplorchis* mit mindestens vier Arten und viele andere. Die geringe Wirtsspezifität dieser Trematodenfamilie bringt es mit sich, dass sie mit zu den häufigsten der „food-borne parasitic infections" führt.

3.2.1.2.11 *Paramphistomum cervi* – Pansenegel

P. cervi (systematische Einordnung s. Tab. 3.2) kommt in Haus- und Wildwiederkäuern vor. Zwischenwirtsschnecken sind Planorbiden, z. B. *Lymnaea (Galba) truncatula*. Die Zerkarien sind gymnozephal (Tab. 3.1), werden in Redien gebildet und enzystieren sich im Freien ohne Beteiligung eines zweiten Zwischenwirtes. Obwohl in diesen Aspekten dem Großen Leberegel ähnlich, verweisen molekulare Analysen sie an eine völlig andere Stelle. Die Metazerkarien werden beim Weidegang zusammen mit Pflanzen aufgenommen. Ungewöhnlich ist die Weiterentwicklung im Endwirt: Die jungen Würmer saugen sich zunächst an der Duodenalschleimhaut fest. Nach 3–5 Wochen haben sie eine Größe von 2 mm erreicht, dann wandern sie zurück, werden im Pansen geschlechtsreif und beginnen nach 100 Tagen mit der Eiablage. Die adulten Würmer sind drehrund, zapfenförmig, werden 15 × 4 mm groß und haben einen gewaltigen Bauchsaugnapf, der subterminal am Hinterende liegt. Ob das muskulöse, viel kleinere Organ am Vorderende einen Pharynx oder einen Mundsaugnapf darstellt, ist ungeklärt. Die in breiten lateralen bis dorsalen Bezirken ausgedehnten Dotterstöcke überdecken teilweise die zwei großen, gelappten Hoden, das kleine Ovar dahinter und die in Schleifen liegenden Darmschenkel, die bis zum Bauchsaugnapf reichen. Die Eier ähneln denen von *F. hepatica*. Sie sind blassgelb, unembryoniert und messen 131–186 × 72–114 µm. In Europa treten in den gleichen Wirten noch die Arten *P. ichikawai*, *P. daubneyi*, *P. microbothrium* und *P. gotoi* auf.

Schadwirkungen treten im Wesentlichen während der intestinalen Phase und nur beim Befall mit mehr als 20.000 jungen Würmern auf. Die sich entwickelnde Duodenitis und Abomasitis (Abomasum = Labmagen) äußert sich in heftigem übel riechenden Durchfall bei schlechter Futteraufnahme, unregelmäßigem Wiederkäuen, starkem Durst, Apathie und leichtem Fieber. Die ruminale Phase beim Befall mit den geschlechtsreifen Würmern verursacht dagegen kaum noch Symptome.

3.2.1.2.12 *Paragonimus westermani* – Lungenegel

Der Lungenegel des Menschen aus der Familie der Paragonimidae kommt in Ost- und Südostasien in Menschen und in Krebse fressenden Säugetieren vor

(Abb. 3.28). Mehr als 50 Arten treten in den Tropen der ganzen Welt auf und nicht alle werden im Menschen geschlechtsreif. *P. westermani* wird in die letzte und sehr umfangreiche Ordnung der Plagiorchiida eingeordnet (Tab. 3.2), nämlich in die Unterordnung der Xiphidiata. Sie ist charakterisiert durch Xiphidiozerkarien (Tab. 3.1, Abb. 3.9h), die in Sporozysten entstehen und sich mithilfe ihres Mundstachels in die Kutikula eines Arthropodenzwischenwirtes einbohren.

P. westermani kann sowohl in diploider wie triploider (und gelegentlich tetraploider) Form existieren. Bei der diploiden Form ($2n = 22$ Chromosomen) sind zwei Adulti zusammen in einer Lungenzyste eingeschlossen und die Befruchtung ist gegenseitig. Die triploide Form ($3n = 33$ Chromosomen), in Ostasien sympatrisch mit

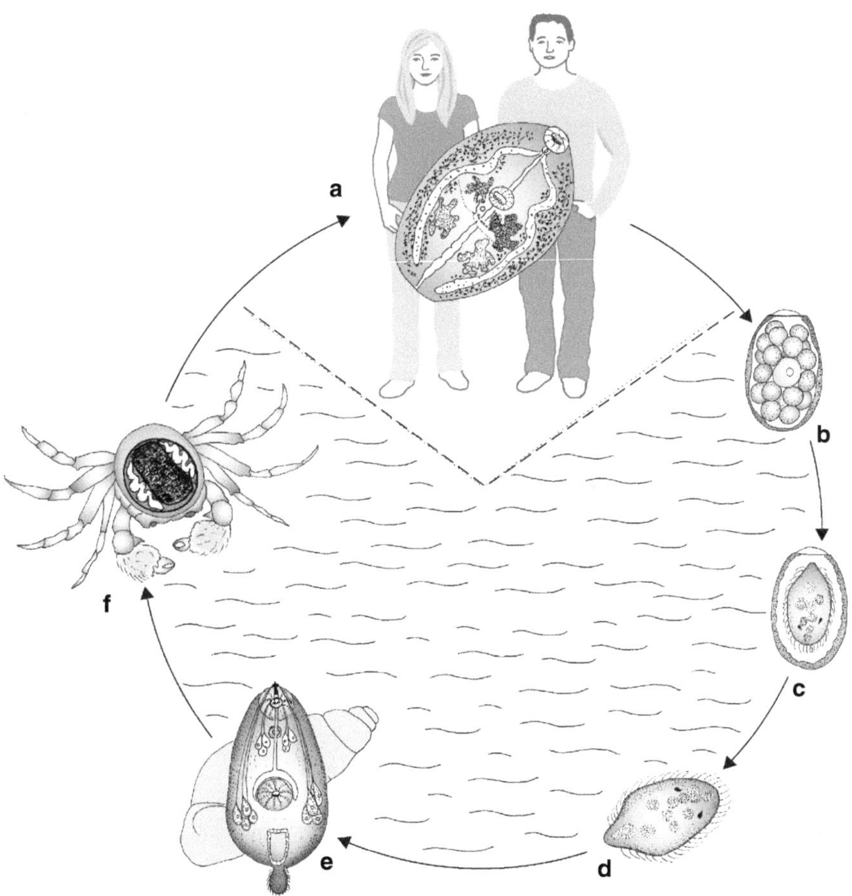

Abb. 3.28 Entwicklungszyklus von *Paragonimus westermani*. **a** Adulter Wurm (in Lunge des Menschen, s. auch Abb. 3.9e). **b** Unembryoniert ausgeschiedenes Ei. **c** Embryoniertes Ei. **d** Mirazidium. **e** In einem Redienentwicklungsgang entstehende mikrozerke Zerkarie aus erstem Zwischenwirt *Semisulcospira* sp. (Prosobranchia). **f** Metazerkarie (*schwarz*: Exkretionsblase, *geschlängelt*: Darmschenkel) aus Süßwasserkrebs

der diploiden Form auftretend, hat eine aberrante Spermiogenese und vermehrt sich deswegen parthenogenetisch. Der einzeln in einer Lungenzyste auftretende Adultus ist größer als bei der diploiden Form und produziert (relativ) mehr Eier.

Entwicklung Der Zyklus spielt sich im Süßwasser ab (Abb. 3.28). Erster Zwischenwirt sind bei *P. westermani* aus Malaysia, Thailand und den Philippinen Vorderkiemerschnecken der Familie Thiaridae (*Thiara, Melanoides*), bei der ostasiatischen Art (China, Japan, Korea und Taiwan) Pleuroceridae mit der Art *Semisulcospira libertina*. In Redien entstehen mikrozerke Zerkarien (Tab. 3.1), die aufgrund ihres stummelartigen Schwanzes schlechte Schwimmer sind und daher am Boden der Gewässer Krebse befallen. In deren Organen und Muskulatur finden sich die enzystierten Metazerkarien, die ein sehr charakteristisches Aussehen haben (Abb. 3.28f): Die beiden Schlaufen der leeren Darmschenkel legen sich um eine große Exkretionsblase, die durch eingelagerte Granula im Durchlicht schwarz erscheint.

Endwirte sind verschiedene Säugetiere, die Süßwasserkrebse erbeuten können. Der Mensch wird befallen, wenn er Süßwassergarnelen oder -krabben frisch, in Marinaden oder zu wenig lange eingesalzen zu sich nimmt. Nach der Exzystierung im Duodenum durchbohren die jungen Würmer die Darmwand und dann von der Leibeshöhle aus das Diaphragma. Von der Pleurahöhle aus erreichen sie die Lunge, wo sie von Bindegewebe eingekapselt werden. Dabei besteht eine offene Verbindung zu den Atemwegen und die Eier werden vom Flimmerepithel in die Bronchien transportiert, hochgehustet und entweder mit dem Sputum oder nach Abschlucken mit dem Darminhalt ausgeschieden. Besonders beim Menschen kommt es aber auch häufig zu „ektopischen" Ansiedlungen („ex" = außerhalb, „topos" = Ort). d. h. zum Befall anderer Organe, z. B. von Gehirn, Herz oder Rückenmark.

Morphologie Die dicken, ovalen Würmer (Abb. 3.9e) haben die Form einer Kaffeebohne und werden 8–12 mm groß. Vor den im hinteren Teil des Körpers gelegenen, tief gelappten Hoden befindet sich rechts das ebenfalls gelappte Ovar, links der eng aufgewundene Uterus und zwischen beiden die hinter(!) dem Bauchsaugnapf liegende Geschlechtsöffnung. Die mächtig ausgebildeten Dotterstöcke, welche die anderen Geschlechtsorgane fast verdecken, sind durch eine lang gestreckte, vom Körperende bis kurz hinter die Darmgabelung reichende Exkretionsblase geteilt. Die hellgelben, mit deutlichem Deckel versehenen Eier messen je nach Art 70–90 × 40–55 μm und werden unembryoniert abgelegt.

Schadwirkungen Lungenparagonimose beim Menschen ist eine chronische Erkrankung mit Husten, Auswurf eines bräunlichen Sputums, Atemnot und Kurzatmigkeit, bei schwerem Befall auch mit Fieber und Abmagerung. Die triploide Form von *P. westermani* ruft schwerere Lungensymptome hervor als die diploide. Eine weitere und oft gravierendere Form der Erkrankung entsteht durch extrapulmonal angesiedelte, ektopische Würmer. Dadurch entwickeln sich Abszesse, Flüssigkeitsansammlungen in der Bauch- oder Brusthöhle oder, bei Befall des Gehirns, epilepsieartige Symptome, Enzephalitis, Meningitis, Verkalkungen, Blindheit und

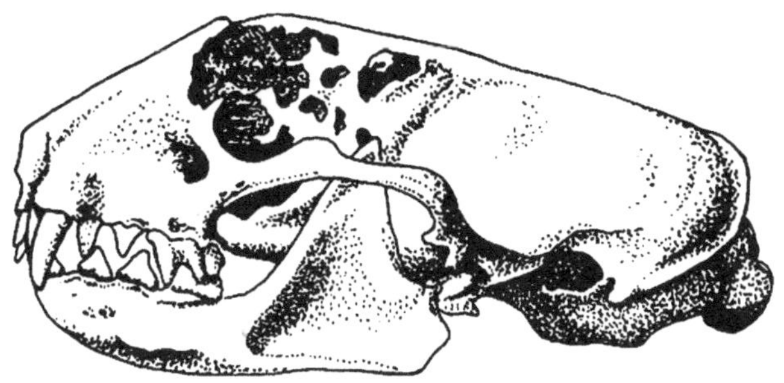

Abb. 3.29 Vom Befall mit *Troglotrema acutum* durchlöcherter Schädel eines Iltisses. (Zeichnung: Archiv der Abteilung Parasitologie, Universität Hohenheim)

Lähmungen. Ektopische Ansiedlungen werden auch durch Arten hervorgerufen, die normalerweise im Menschen nicht geschlechtsreif werden.

Weitere *Paragonimus*-Arten Es sind in der Vergangenheit rund 50 Arten beschrieben worden, von denen die Mehrzahl nicht valide sein dürfte, weil exakte Artdiagnosen meistens nicht vorgenommen wurden. Gut beschrieben und dokumentiert sind *Paragonimus africanus* und *Paragonimus uterobilateralis* aus westafrikanischen Ländern (Kamerun, Nigeria, Kongo, Gabun, Liberia, Elfenbeinküste), *Paragonimus mexicanus* (= *Paragonimus ecuadoriensis*?) aus Südamerika und, eher ein Problem in Karnivoren als im Menschen, *Paragonimus kellicotti* in Kanada und den USA.

Troglotrema acutum, der Nasensaugwurm, ist ein Vertreter aus der Familie Troglotrematidae, die in diversen Organen, selten aber im Darm ihrer Endwirte parasitieren. In Redien entstehen mikrozerke und mit einem Bohrstachel versehene Zerkarien, die im Wasser lebende Wirbellose oder niedere Wirbeltiere als zweite Zwischenwirte befallen.

T. acutum ist ein dicker, birnenförmiger, bis 4 mm langer und blutrot gefärbter Wurm, der in der Stirnhöhle von Marderartigen, vorwiegend des Iltis lebt. Seine Anwesenheit ruft zunächst Zerstörung der Schleimhautepithelien, dann der darüberliegenden Knochenpartien hervor, sodass der frei präparierte Vorderschädel durchlöchert ist (Abb. 3.29). Die Löcher sind durch eine bindegewebige Membran verschlossen. Befallene Iltisse halten selbst Wurmbürden von 100 und mehr Exemplaren ohne evidente körperliche Beeinträchtigung aus. Erster Zwischenwirt ist die in Quellbächen der Mittelgebirge lebende, nur 2,5 mm hohe Vorderkiemerschnecke *Bythinella dunkeri*, die mit einem Bohrstachel versehene mikrozerke Zerkarien entlässt. Sie befallen Frösche, in deren Muskulatur sie sich zu Metazerkarien enzystieren. Praktisch nicht zu unterscheidende Durchlöcherungen des Schädels werden übrigens auch von dem oft gleichzeitig anwesenden Nematoden *Skrjabingylus nasicola* hervorgerufen.

3.2.1.2.13 *Dicrocoelium dendriticum* – Kleiner Leberegel

Der Kleine Leberegel hat einen der faszinierendsten Entwicklungszyklen unter den Trematoden. Die Vertreter der Familie Dicrocoeliidae (Tab. 3.2) besiedeln Gallengänge, Gallenblase und Pankreasgang von Reptilien, Vögeln und Säugetieren. Fast alle Arten haben terrestrische Zyklen. Dementsprechend sind die Eier bei Ablage bereits embryoniert und müssen vom ersten Zwischenwirt gefressen werden, der eine Schnecke ist. Immer werden Arthropoden als zweite Zwischenwirte genutzt.

Der Lanzettegel, wie *D. dendriticum* auch heißt, lebt in den Gallengängen von Paarhufern und anderen pflanzenfressenden Tieren. Der Mensch kann zwar befallen werden, aufgrund des Infektionsmodus geschieht das jedoch selten. Der ursprünglich in Eurasien beheimatete Parasit kommt heute in vielen Ländern der Alten und Neuen Welt vor und tritt meistens in Trockenbiotopen auf.

Entwicklung Die vom Endwirt ausgeschiedenen Eier enthalten bei Ablage bereits ein fertig entwickeltes Mirazidium (Abb. 3.30). Die Eier werden von solchen Land-

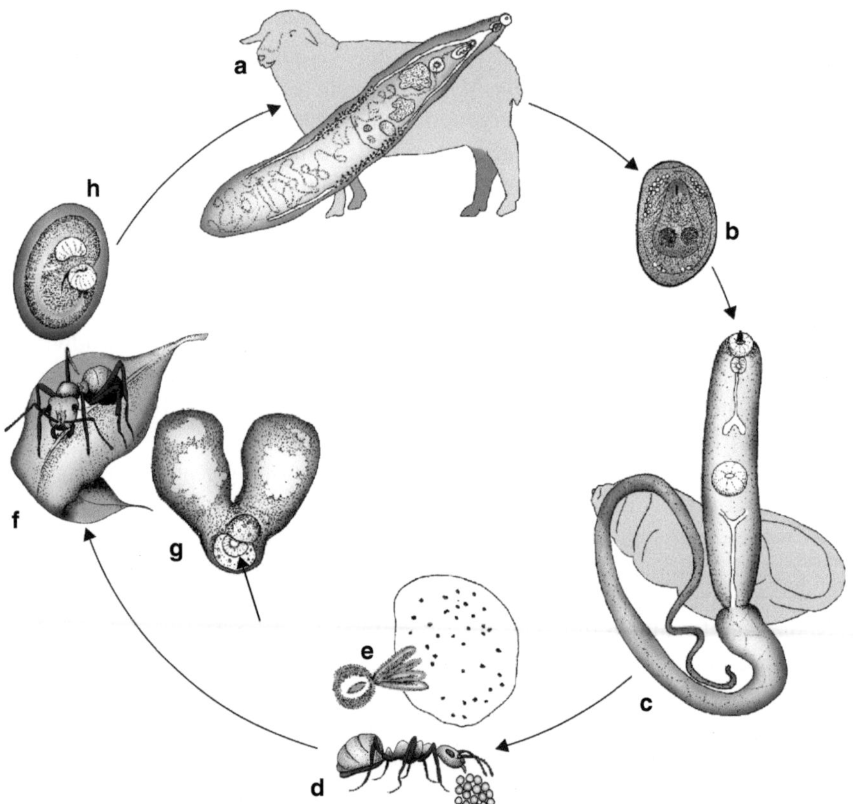

Abb. 3.30 Entwicklungszyklus von *Dicrocoelium dendriticum*. **a** Adulter Wurm (in Gallengängen von Wiederkäuern, s. auch Abb. 3.10a). **b** Embryoniert ausgeschiedenes Ei mit fertigem Mirazidium. **c** In einem Sporozystenentwicklungsgang entstehende xiphidiozerke Zerkarie aus dem ersten Zwischenwirt *Zebrina detrita* (Pulmonata). **d** Zweiter Zwischenwirt *Formica* sp. beim Fressen eines Schleimballens. **e** Herauspräparierter Kropf der Ameise mit melanisierten Durchtrittsstellen. **f** Festgebissene Ameise. **g** „Hirnwurm" im Unterschlundganglion der Ameise (Schnitt durch das Gehirn; Parasit: siehe *Pfeil*). **h** Metazerkarie aus Hinterkörper der Ameise

Abb. 3.31 Die Lungenschnecke *Zebrina detrita* (Zebraschnecke) mit „Schleimballen" von *Dicrocoelium dendriticum*. (Foto: Loos-Frank)

lungenschnecken gefressen, die vorwiegend von verrottenden Pflanzenteilen leben, sich also auch gerne von Pflanzenfresserkot ernähren. In Mitteleuropa sind dies die xerophile Zebraschnecke *Zebrina detrita* (Abb. 3.31) und Arten der Gattung *Helicella*. In feuchteren Gebieten Amerikas ist der favorisierte Wirt *Cochlicopa lubrica*. In der Schnecke entstehen in einem Sporozystenentwicklungsgang aus Tochtersporozysten gymnozephale Xiphidiozerkarien. Diese dringen in die Atemhöhle der Schnecke ein, wo jeweils ca. 100 Zerkarien in festen Schleim gehüllt und aus dem Atemloch der Schnecke ausgeschieden werden. Da die Schnecke bei diesem Vorgang bewegungslos bleibt, haften 5–10 weiße, 1 mm große Kugeln aneinander. Diese „Schleimballen" sehen aus wie das Eigelege einer Schnecke.

Die Schleimballen scheinen sehr attraktiv für bestimmte Ameisen der Gattung *Formica* zu sein, die im selben Habitat wie die Schnecken leben. Die Ameisen fressen die Schleimballen und im Kropf werfen die Zerkarien ihren Schwanz ab. Die Zerkarien durchbohren mithilfe ihres Stiletts unter drehenden Bewegungen die Wandung des Sozialmagens. Dabei verschließen sie das Gewebe hinter sich mit einem Sekret, das wahrscheinlich in der Exkretionsblase gebildet wird und sich dunkelbraun verfärbt (Abb. 3.32). Im Hämozöl der Ameise wandern die Zerkarien dann in den Kopf, wo eine von ihnen (sehr selten zwei) ins Unterschlundganglion eindringt. Da sie keine Metazerkarienhülle ausbildet, übersteht dieser „Hirnwurm" (Abb. 3.30g) die Magenpassage im Endwirt nicht und kann sich nicht zu einem Adultus weiterentwickeln. Die übrigen Zerkarien treten den Rückweg an und gelangen bis in den Hinterleib des Insektes. Dort enzystieren sie sich zu ovalen, knapp 0,5 mm großen Metazerkarien mit einer dicken, hyalinen Hülle (Abb. 3.32). Manchmal kann man ihren abgeworfenen Bohrstachel innerhalb der dicken Hülle erkennen. Große Ameisenarten, wie z. B. *Formica pratensis,* können bis zu 250 Metazerkarien enthalten.

Wenn nach 6–8 Wochen die Metazerkarien infektionsfähig sind, setzt bei der Ameise eine Verhaltensänderung ein. Zur Abendzeit steigt sie an niedrigen Pflanzen der Nestumgebung empor und klammert sich mit den Mandibeln, die vom (befallenen) Unterschlundganglion innerviert werden, daran fest. Dieser Krampf löst sich erst wieder in den Morgen- oder Vormittagsstunden, die Ameise ist tagsüber wieder

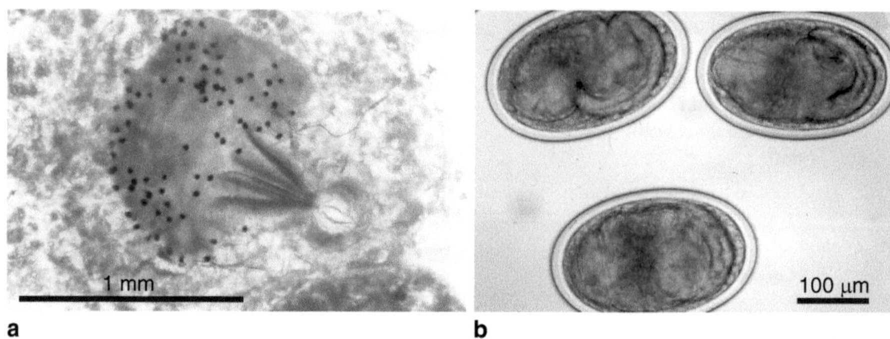

Abb. 3.32 Kropf (Sozialmagen) einer von *Dicrocoelium dendriticum* befallenen Ameise (**a**). Die *dunklen Punkte* sind die melanisierten Durchtrittsstellen der Zerkarien. *Rechts* davon die *Valvula cardiaca*, die den Kropf gegen den Darm hin abschließt. **b** Metazerkarien aus dem Hinterkörper der Ameise. (Foto: Loos-Frank)

aktiv. Jeden Abend wiederholt sich der Vorgang so lange, bis die Ameise entweder vom Endwirt mit der Pflanze gefressen wird oder am offensichtlich belastenden Befall, auch wohl während der ersten Nachtfröste im Herbst stirbt. Erst dies veränderte Verhalten, also das Festklammern an den Spitzen von Pflanzen, ermöglicht es den Endwirten, sich mit *D. dendriticum* zu infizieren, denn sie würden direkt am Boden herumlaufende Ameisen kaum erreichen.

Im Endwirt wandert der junge Wurm, nachdem die Metazerkarienhülle aufgelöst ist, durch den Ductus choledochus in die Gallengänge der Leber ein und wird dort geschlechtsreif. Die Präpatenzzeit beträgt mindestens neun Wochen. Es sei erwähnt, dass eine ähnliche Verhaltensänderung auch bei Ameisen vorkommt, die von dem insektenpathogenen Pilz *Entomophthora* hervorgerufen wird. Auch hier besteigen die Tiere Pflanzenspitzen, kleben allerdings mit den aus ihren Intersegmentalhäuten austretenden Pilzhyphen an der Pflanze fest und sterben im Laufe des nächsten Tages. An Pflanzen angeheftete Ameisen können also durchaus frei von *Dicrocoelium*-Metazerkarien sein.

Morphologie Die Eier von *D. dendriticum* sind klein (40 × 25 µm), dickwandig und dunkelbraun mit einem deutlichen Operzulum. Wenn sie abgegeben werden, enthalten sie bereits ein Mirazidium. Dieses hat eine granulierte Apikaldrüse im Vorderteil und der hintere Körperteil wird von zwei auffälligen Massen, den Keimballen ausgefüllt. Die Zerkarie (ca. 560 × 130 µm) ist gymnozephal und xiphidiozerk (Tab. 3.1). Apikal zum Mund befindet sich der für die Dicrocoeliidae typische Bohrstachel. Zwischen dem kleinen Mund- und dem großen Bauchsaugnapf befinden sich ein sehr kleiner Pharynx, ein langer Ösophagus und zwei sehr kurze Darmblindsäcke. Die Exkretionsblase ist lang und schmal. Der Schwanz (rund 700 µm lang) hat ein langes, spitz zulaufendes Ende. Der erwachsene Wurm misst 12 × 2 mm. Der mit zahlreichen zunächst gelben und später dunkelbraunen Eiern gefüllte Uterus nimmt einen großen Teil des Körpers ein. Die Ovarien liegen hinter den Hoden.

Epidemiologie *D. dendriticum* tritt in Mitteleuropa in trockenen Weidegebieten auf, bevorzugt an den Südhängen von Kalkgebirgen, wo die xerophile *Zebrina detrita* lebt. Infizierte Schnecken scheiden von Frühling bis Frühsommer, in geringerem Maße noch einmal im Herbst Schleimballen aus. Befallene, festgebissene Ameisen sind ebenfalls nur während der Vegetationsperiode zu finden. Endwirte sind überwiegend auf trockenen Wiesen grasende Säuger, in Europa vor allem Schafe. Andere Wirte können Pferd und Esel, Hase, Kaninchen und Murmeltier sein.

Schadwirkungen *D. dendriticum* ist weit weniger pathogen als etwa der Große Leberegel, da die Präadulten nicht durch das Leberparenchym wandern, sondern die Gallengänge vom Darm aus direkt über den Ductus choledochus erreichen. Bei starkem oder lange andauerndem Befall kommt es aber auch zu bindegewebigen Einlagerungen in den intrahepatischen Gallengängen, zu Appetitlosigkeit und Abmagerung und zu Leberzirrhose. Eine Wurmbürde von 15.000 Parasiten führt bei Schafen zum Tod. Aber auch bei Anwesenheit von wenigen Würmern wird eine äußerlich unveränderte Leber nicht mehr für den menschlichen Genuss zugelassen. Nach Verzehr einer befallenen Leber übrigens scheidet der Mensch ein bis zwei Tage lang Eier mit dem Stuhl aus, was einen echten Befall vortäuschen kann.

3.2.1.3 Kontrollfragen zum Verständnis

1. Was sind Plathelminthen und welche Gruppen gehören zu ihnen?
2. Was sind digene Trematoden?
3. Wie ist der typische digene Trematode gebaut?
4. Was ist charakteristisch für die Lebenskreisläufe digener Trematoden?
5. Welche Stadien treten im Zyklus der Digenea auf?
6. Wo liegt das Schwergewicht der Vermehrung bei den Digenea?
7. Welches Organ besiedeln adulte Digenea in den meisten Fällen?
8. Wer ist immer der zweite Zwischenwirt der Digenea?
9. In welchen Biotopen tritt *Fasciola hepatica* auf?
10. Spielt der Katzenleberegel eine Rolle für den Menschen? Wenn ja, weshalb?
11. Wie erreicht *Dicrocoelium dendriticum* seinen Endwirt?
12. Was wissen Sie über *Paragonimus westermani*?
13. Wodurch ruft *Diplostomum spathaceum* Schäden hervor?
14. Wodurch weichen Schistosomatiden von anderen Trematoden ab? (Mindestens 4 Antworten)
15. Was ist das pathogenste Stadium der Schistosomen?
16. Welches sind die wichtigsten Schistosomenarten des Menschen und wo treten die adulten Würmer auf?
17. Wie ist die Lokalisation der wichtigsten Schistosomenarten im Endwirt?
18. Welches sind die Zwischenwirte der wichtigsten Schistosomen?
19. Spielen Schistosomen in gemäßigten Klimaten eine Rolle und wenn ja, welche?

3.2.2 „Monogenea"

- Keine monophyletische Gruppe, bestehen aus Monopisthocotylea und Polyopisthocotylea
- Kleine Ektoparasiten vor allem von Fischen, seltener von Amphibien und Reptilien
- Lokalisation: Haut, Kiemen, seltener Mund, Nasenhöhlen, Harnblase, Harnleiter
- Kein Generationswechsel
- Nur ein Larvenstadium, das schwimmfähige Onkomirazidium
- Adulti und Larven mit hakenbesetztem Schwanzanhang (Zerkomer)

Monogenea leben größtenteils als Ektoparasiten ohne Wirtswechsel auf den Kiemen (Polyopisthocotylea) oder auf Haut, Flossen und Kiemen (Monopisthocotylea) von Fischen. Viele sind streng wirtsspezifisch. Oft besiedeln sie nur festgelegte Areale der Körperoberfläche wie Kiemenbögen, Kiemenfilamente, Mund- oder Kiemenhöhle sowie bestimmte Flossen oder Hautpartien. Sie kommen aber auch in inneren Organen und in anderen Vertebraten (Amphibien, Reptilien) vor. Ein einziger Vertreter parasitiert bei einem Säugetier: *Oculotrema hippopotami* im Auge des Flusspferdes (Abb. 3.33d). Für freilebende Wirte sind Monogenea so gut wie harmlos, nur bei Aquarienhaltung und in der Fischzucht kann es zu Massenvermehrung und zu Schädigungen der Wirte kommen.

Molekularbiologische Daten sprechen dafür, dass die Monopisthocotylea (hinterer Haftapparat als einheitliche Scheibe) und die Polyopisthocotylea (hinterer Haftapparat aus mehreren Elementen bestehend) getrennt voneinander entstanden sind, wobei die Erstgenannten die phylogenetisch älteren sein könnten. Da jedoch die Abgrenzung der beiden Gruppen voneinander bzw. der Einschluss einiger Familien widersprüchlich ist und derzeit keine Charakterisierungen vorliegen, werden die zwei Taxa im Folgenden zusammen dargestellt. – Die Monogenea erhielten ihren Namen, als sie noch für Verwandte der Digenea gehalten wurden, von denen sie sich durch die Ausbildung nur einer Generation (gr. „mónos" = allein, einzeln, „génos" = Geschlecht, Generation) unterscheiden.

Entwicklung und Biologie Es gibt keine Vermehrung im Larvenstadium, aus einem Ei entstehen also eine Larve und ein Adultus. Die Eier werden meistens unembryoniert abgelegt. Im Wasser reift darin das Onkomirazidium heran. Nach dem Schlüpfen sucht es schwimmend einen Wirt auf und wirft beim Auftreffen blitzschnell sein Wimpernkleid ab. Während einer Postlarvalphase wandeln sich die Merkmale zu den meistens vollkommen neuen Charakteristika des Adultstadiums um. Ein Beispiel für einen solchen einfachen Entwicklungszyklus ist *Entobdella solea* (Monopisthocotylea), ein Ektoparasit von Plattfischen (Abb. 3.34). Einige Monogenea können frei auf der Wirtsoberfläche umherkriechen und lassen sich

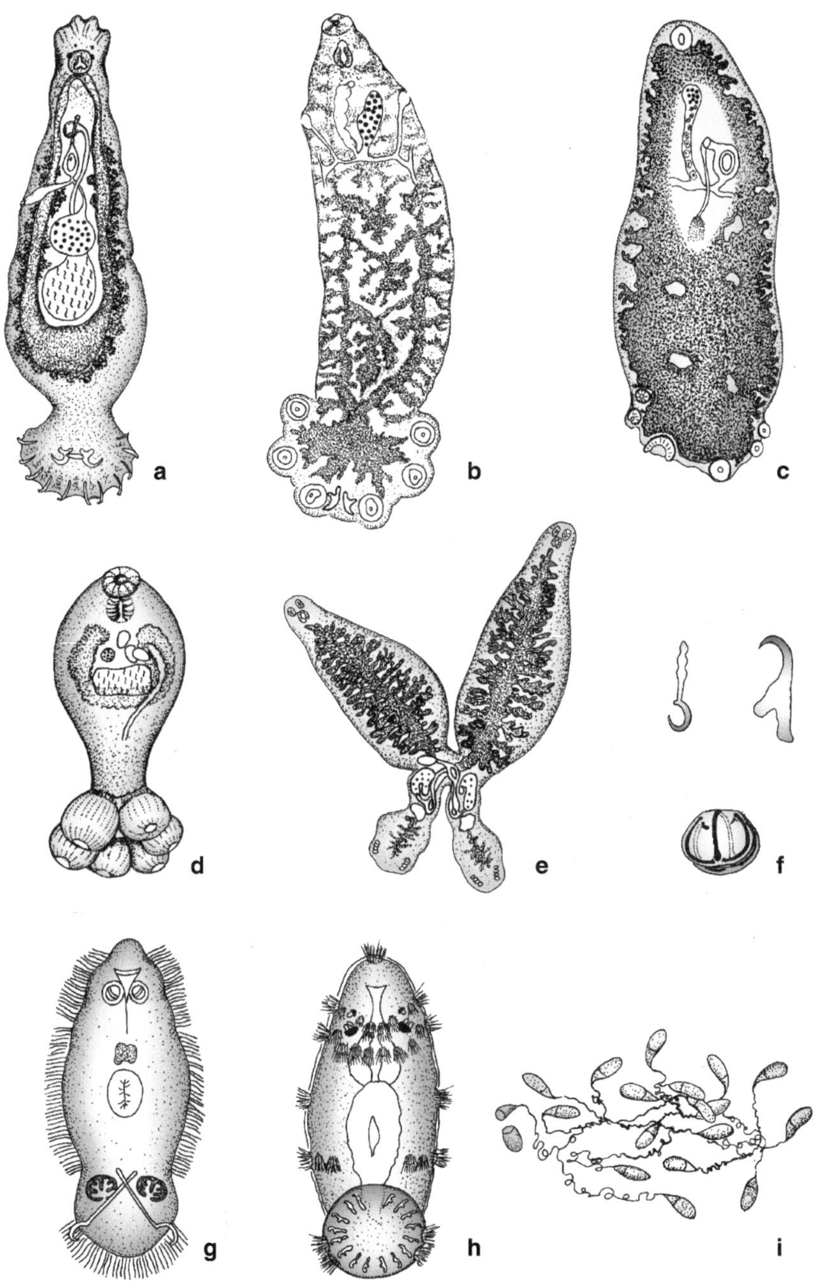

Abb. 3.33 „Monogenea". **a** *Dactylogyrus vastator* (in der Abbildung der einzige Vertreter der Monopisthocotylea. Alle anderen sind Polyopisthocotylea). **b** *Polystomum integerrimum*, Adultus aus Harnblase. **c** *P. integerrimum*, neotener Adultus aus Kieme (bei **b** und **c** Testis und Dotterstöcke nicht eingezeichnet). **d** *Oculotrema hippopotami* (Auge Flusspferd). **e** *Diplozoon paradoxum*. **f** Beispiele für Haken des Opisthaptors adulter Würmer. **g** Onkomirazidium von *D. paradoxum*. **h** Onkomirazidium von *Polystoma*. **i** Eigelege von *Diplozoon* sp.

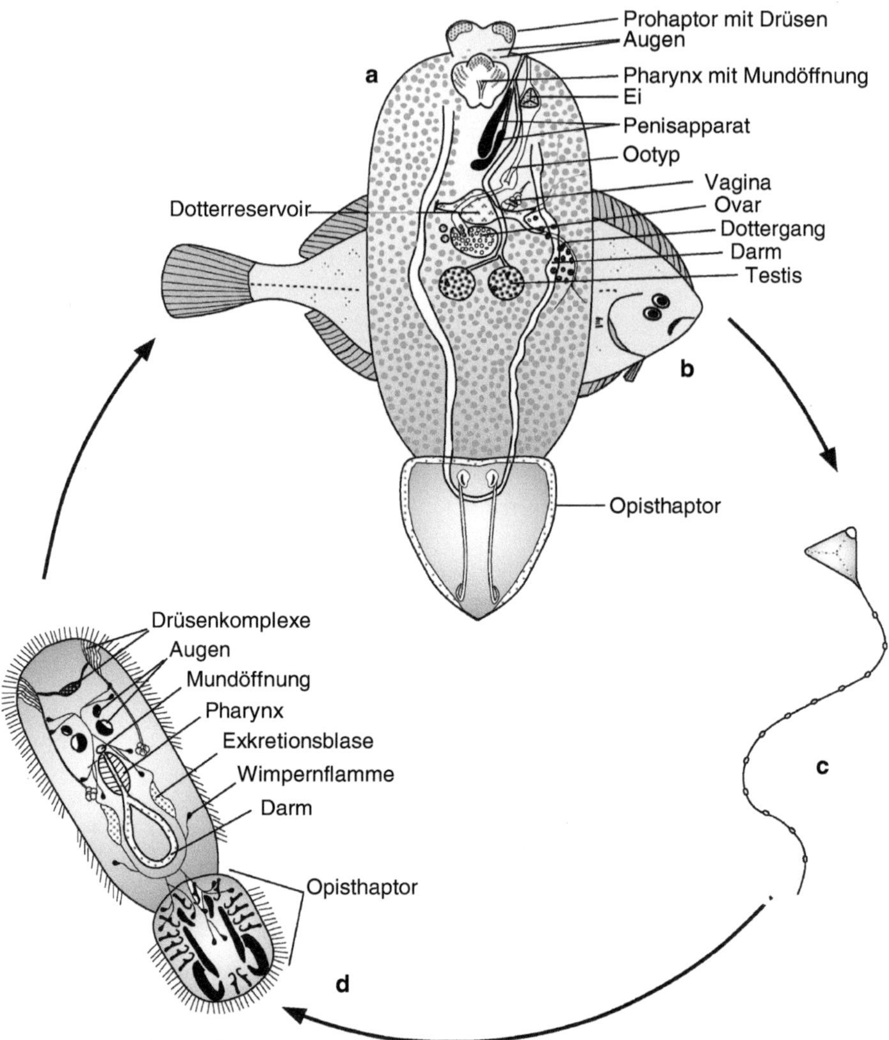

Abb. 3.34 Entwicklungszyklus von *Entobdella solea* (Monopisthocotylea, Capsalidae). **a** der adulte Wurm (ca. 5 mm lang), auf der Unterseite von **b** (Seezunge *Solea solea*) mit dem Opisthaptor voran unter einer Schuppe festgeheftet. **c** Ei in der Form eines Tetraeders (Seitenlänge 165 μm) mit Operzulum und langem Filament, mit klebrigen Partikeln besetzt, die das Ei zwischen Sandkörnern festhalten. **d** Onkomirazidium (frisch geschlüpft 250 μm lang), sucht schwimmend die Oberseite einer Seezunge auf und wechselt nach Eintritt der Geschlechtsreife auf die Unterseite des Plattfisches

von einem toten Fisch schnell abfallen. Andere sind mithilfe ihres Haftapparates am Hinterende fest verankert, während wieder andere von ulzerierendem Gewebe eingeschlossen werden. Als Nahrung dienen, je nach Lokalisation und Anheftungsmechanismus, Drüsenabsonderungen (z. B. Schleim), Epithelzellen oder, bei vielen

Polyopisthocotylea, das Blut des Wirtes. Einige besondere Entwicklungsformen seien hier vorgestellt:

Bei *Gyrodactylus*-Arten (Monopisthocotylea) haben die viviparen Vertreter dieser Kiemenparasiten eine höchst ausgeprägte Form der Progenese: Im Ootyp des Muttertiers entsteht ein Adultstadium, innerhalb dessen sich bereits ein neues Individuum befindet und in diesem wiederum ein weiteres, vergleichbar mit den russischen „Puppen in der Puppe". Jeweils nach der „Geburt", die in Abständen von nur einem Tag erfolgt, wird ein neues Ei in den Ootyp geschoben und wächst in 3–4 Tagen zu einem Adultus heran, in dem nach Ablage wiederum drei weitere Generationen von Nachkommen liegen. Auf diese Weise entsteht schnell eine riesige Population von Parasiten in einem Teich.

Bei *Polystomum integerrimum* (Polyopisthocotylea) aus der Harnblase von Fröschen sind zwei verschiedene Entwicklungen möglich, je nachdem, ob die Wirte im frühen oder im späten Kaulquappenstadium befallen werden. Im Normalfall stehen im Frühjahr, wenn die Elterngeneration der Parasiten in der Harnblase der überwinterten Frösche Eier ablegt und die Onkomirazidien schlüpfen, nur noch Kaulquappen zur Verfügung, die keine äußeren Kiemen mehr haben. In diesem Fall dringen die Wurmlarven über den Mund in die Kiemenhöhle ein, wo das postlarvale Wachstum beginnt. Nach der Metamorphose des Frosches und dem damit verbundenen Verlust auch der inneren Kiemen wandern die jungen Würmer über Mundhöhle und Darm in die Harnblase ein. Erst mit der Geschlechtsreife des Frosches (3 Jahre) entstehen Adulti (Abb. 3.33b), die 5–6 Jahre leben. Gerät allerdings ein Onkomirazidium an eine noch junge Froschlarve, setzt es sich auf deren äußeren Kiemen fest und wächst in der sich dann verschließenden Kiemenhöhle schon in 20–25 Tagen zu einem kleinen, neotenen Adultus heran. Diese selten auftretende sogenannte Kiemenform (Abb. 3.33c) unterscheidet sich morphologisch deutlich von der Harnblasen-Form.

Morphologie Die Monogenea zeichnen sich durch eine außerordentliche Formenvielfalt aus (Abb. 3.33), die durch unterschiedlichste Bauweisen der vorderen und hinteren Haftstrukturen sowie der inneren Organe bedingt ist. Adulti messen zwischen 0,03 und 20 mm. Das Onkomirazidium (Abb. 3.33g, h), benannt nach dem bewimperten Mirazidium der Digenea und den Haken (gr. „ónkos" = Dorn) auf dem hinteren Haftorgan, trägt vorne in der Mitte und hinten je einen manchmal unterbrochenen Gürtel von Zilien und besitzt meistens Augenflecke. Auffälligstes Charakteristikum der Monogenea ist das muskulöse Haftorgan am hinteren Ende des Körpers, der Opisthaptor (griech „ópisthen" = hinten, „hápto" = anheften). Er besteht bei den Monopisthocotylea, wie der Name sagt, aus einer einheitlichen Scheibe mit einem bis zwei (selten drei) Paar großer Haken und 12–16 randständigen Häkchen (Abb. 3.33a), bei den Polyopisthocotylea aus mehreren kleineren Saugnäpfen, die mit Häkchen oder Klammern besetzt sind (Abb. 3.33b, d). Die Haken des Opisthaptors sind sehr unterschiedlich gestaltet (Abb. 3.33f) und bilden ein wichtiges Merkmal für die Klassifikation. Auch am Vorderkörper befindet sich eine Haftstruktur (Prohaptor) in Form von Saugnäpfen, von Gruben oder von Drüsen, die durch gebündelte Ausfuhrgänge ein klebriges Sekret ausscheiden. Davon unabhängig kann ein Mundsaugnapf vorhanden sein. Der Pharynx ist oft ausstülpbar, der Darm entspricht dem der Larve. Er ist als Ring, seltener als Sack ausgebildet (Abb. 3.33a).

Das Protonephridialsystem mit lateralen, ab- und aufsteigenden Kanälen endet auf der Höhe des Pharynx in je einer seitlich gelegenen Exkretionsblase. Meistens existieren zwei Paar unterschiedlich große Augenflecke vor und neben dem Pharynx. Das hermaphroditische Geschlechtssystem mündet normalerweise medioventral in einem gemeinsamen Genitalporus hinter Ösophagus oder Darmbifurkation aus. Es sind ein Ovar in der Mitte des Körpers und paarige, mächtig entwickelte, follikuläre Dotterstöcke vorhanden. Ein Ductus genito-intestinalis kann den Ovidukt mit dem Darm verbinden (fehlt meistens bei Monopisthocotylea). Als Befruchtungsöffnung dient entweder eine medioventral gelegene Vagina oder zwei laterale Vaginen. Die im Ootyp gebildeten Eier gelangen von dort aus direkt durch einen Genitalporus oder durch einen Uterus in die Außenwelt. Das männliche Geschlechtssystem besteht meistens aus einem hinter dem Ovar gelegenen Testis, seltener aus vielen Testes und aus einem komplizierten System von Begattungsorganen. Die Befruchtung kann durch Übertragung von Spermatophoren geschehen. Bei *Diplozoon paradoxum*, das auf den Kiemen von Karpfenfischen parasitiert, fehlt ein Kopulationsorgan. Hier kommt es aber, nachdem sich die Larven auf den Kiemen angeheftet haben, zu einer Dauerkopula, indem sich zwei Tiere mittels druckknopfartiger Strukturen über Kreuz aneinanderheften und so untrennbar miteinander verwachsen (Abb. 3.33e). Die äußerst vielgestaltigen Eier der Monogenea sind zwischen 20 und 180 µm groß und meistens gedeckelt. Oft sind Filamente an einem oder an mehreren Polen vorhanden, die im Extremfall 20–25 mm lang sind (Abb. 3.33i und 3.34c). Mit klebrigem Sekret oder hakenförmigen Enden versehen, dienen sie der Verankerung am Gewässerboden oder am Wirt selber.

Schadwirkungen Wo in Aquakulturen Fische in unnatürlicher Dichte zusammenleben, wird die Ausbreitung der Parasiten und das Auftreten erheblicher Schäden begünstigt. So kann z. B. *Dactylogyrus vastator* (Monopisthocotylea) zu einer echten Gefahr in Karpfenzuchten werden, weil Populationen sich in 24 Tagen um das 60-Fache vermehren können. Der Parasit sitzt an der Spitze der Kiemenblättchen, deren Epithel mit Wucherungen und Verwachsungen reagiert. Es bilden sich breite Polster, die den Kiemendeckel abspreizen. Die Karpfen leiden unter erhöhter Anfälligkeit gegenüber bakteriellen Infektionen. Ein Verwandter dieses Parasiten, *Gyrodactylus salaris*, wurde in den 1979er-Jahren nach Norwegen eingeschleppt und hat sich dort als verheerendes Pathogen erwiesen. *G. salaris* ist seitdem in viele Flüsse vorgedrungen. Er hat dort zu riesigen ökonomischen Verlusten geführt und konnte nur bekämpft werden, indem man in kompletten Flusssystemen alle Fische mit Rotenon, einem Fische vernichtenden Mittel, quantitativ abtötete.

3.2.2.1 Kontrollfragen zum Verständnis

1. Welche Gruppe von Tieren sind die wichtigsten Wirte von Monogenea?
2. Welche Körperregionen ihrer Wirte werden von Monogenea üblicherweise befallen?

3. Wie verlaufen die Entwicklungszyklen typischer Monogenea?
4. Beschreiben Sie die Morphologie adulter Monogenea.
5. Welche Monogenea verursachen wirtschaftliche Schäden? Nennen Sie zwei Gattungen.
6. Welche Maßnahmen werden zur Bekämpfung von Monogenea angewendet?

3.2.3 Eucestoda – Bandwürmer

- Als Adulti Darmparasiten aller Wirbeltiere, meist in Fischen
- Kleiner Kopfteil (Skolex) mit ordnungsspezifischer Festhefteeinrichtung
- Körper (Strobila) in Proglottiden gegliedert (Ausnahme: Caryophyllidea)
- Stadien im Lebenszyklus: Adultus, Ei mit Onkosphäre oder Hexacanthlarve, Metazestode
- Infektion durch Nahrungsaufnahme
- Neodermis, deren Oberfläche mit Mikrotrichen besetzt ist
- Keine ungeschlechtliche Vermehrung (Ausnahme: einige Taeniidae)

Wie aus Abb. 3.6 ersichtlich, werden die Eucestoda gemeinsam mit zwei Gruppen, den Gyrocotylidea und den Amphilinidea zu den Cestoda zusammengefasst. Bandwürmer im eigentlichen Sinn, also lang und flach, sind nur die Eucestoda (gr. „eu" = gut, richtig). Sie haben einen polyzoischen Körper, d. h., sie bestehen aus vielen Einzelabschnitten oder Gliedern (Proglottiden) mit je einem zwittrigen Geschlechtsapparat (Abb. 3.35). Dagegen sind die Gyrocotylidea und die Amphilinidea monozoisch, d. h., sie haben einen einheitlichen, ungegliederten Körper mit einem einzigen Satz zwittriger Geschlechtsorgane. Alle drei Gruppen besitzen keinen Darm und haben ein netzförmiges Exkretionssystem. Die Adulti nutzen Wirbeltiere, meist Fische, als Endwirt. Die Eucestoda haben Lebenszyklen mit einem oder zwei Zwischenwirten. Die Lebenszyklen der Gyrocotylidea sind nicht bekannt, diejenigen der Amphilinidea schließen Crustaceen als Zwischenwirte ein. Im Folgenden werden als weitaus bedeutendste Gruppe nur die Eucestoda behandelt.

Die allermeisten Eucestoda oder „echten Bandwürmer" (gr. „eu" = gut, richtig) sind polyzoisch, also aus vielen Einzelabschnitten aufgebaut. Die meisten Bandwürmer sind Parasiten von Fischen, wobei fast die Hälfte der Ordnungen in den Knorpel- und Knochenfischen leben, aber alle Mitglieder höherer Gruppen wie Diphyllobothriidea, die Cyclophyllidea und die Familie der Mesocestoididae haben höhere Vertebraten (nie Fische) als Wirte. Die durch adulte Zestoden hervorgerufenen Schädigungen und damit ihre Bedeutung für den Menschen und seine Nutztiere halten sich in Grenzen. Wie bei allen im Darm lebenden „Würmern" treten nur bei sehr starkem Befall Schadwirkungen auf. Larvenstadien, die andere Organe befallen und erhebliche Probleme hervorrufen können, kommen lediglich in einer einzigen Familie der Cyclophyllidea, den Taeniidae, vor.

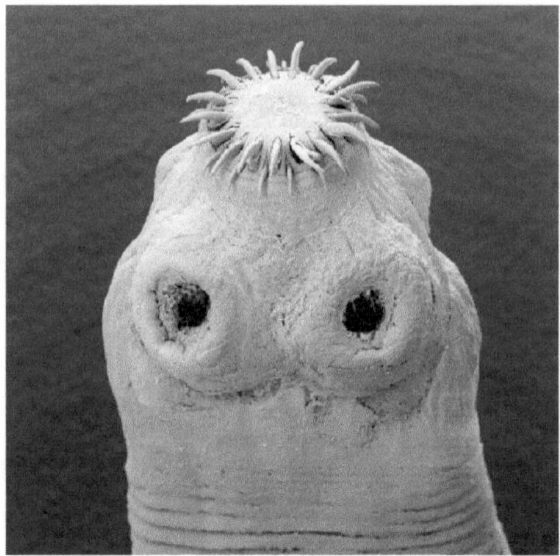

a

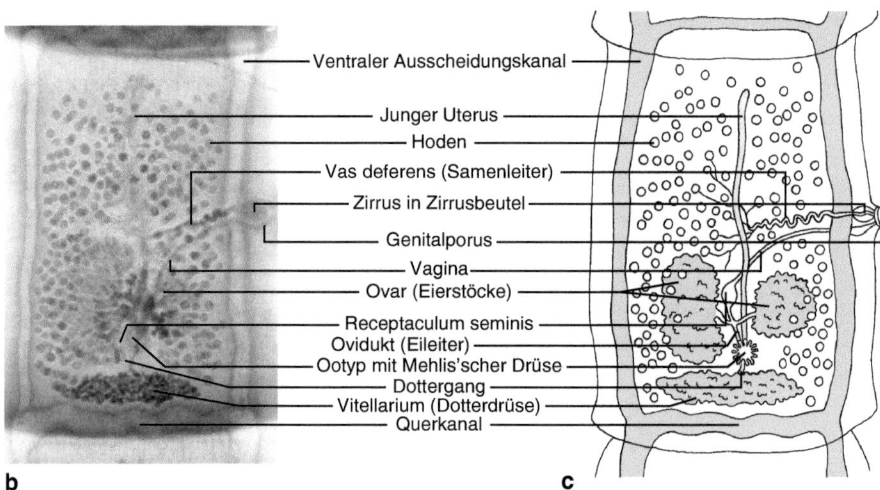

b

c

Abb. 3.35 **a** Skolex eines Bandwurms mit zwei Hakenkränzen und zwei der vier Saugnäpfe. Nach unten anschließend die beginnende Proliferationszone (*Hydatigera taeniaeformis*, EM-Abbildung: Eye of Science). **b, c** Gefärbte Proglottis von *Taenia polyacantha* mit entsprechender Zeichnung. Beachte: Bei dieser Art keine Testes hinter dem Dotterstock, Zirrusbeutel kugelig. (Foto: Loos-Frank)

3.2.3.1 Entwicklung und Morphologie

Entwicklung Im Wesentlichen gibt es bei den Bandwürmern drei Entwicklungsstadien, die direkt auseinander hervorgehen:

- das erste Larvenstadium, die Onkosphäre, auch Hexacanthlarve genannt,
- das zweite Larvenstadium, den Metazestoden,
- den adulten Wurm.

Die Larvenstadien der einzelnen Taxa (Tab. 3.6) unterscheiden sich hinsichtlich ihrer Morphologie und wurden daher sehr unterschiedlich benannt, oft gibt es sogar noch speziesspezifische Bezeichnungen für die Haupttypen der Metazestoden s. Abb. 3.36. Ungeschlechtliche Vermehrung von Larvenstadien existiert nur bei einigen Cyclophyllidea. End- und Zwischenwirt der Eucestoda infizieren sich durch orale Aufnahme der Larvenstadien. Grundlegend gibt es zwei Modi der Entwicklung:

- Bei den sogenannten viviparen Zestoden werden embryonierte Eier abgelegt, d. h., bereits im Uterus entsteht in der Eischale die Hexacanthlarve (gr. „hexa" = sechs, „acantha" = Dorn) oder **Onkosphäre** (gr. „oncos" = Haken, „sphaera" = Kugel). Das Ei mit der Onkosphäre wird mit den Exkrementen des Endwirtes abgegeben und muss von dem einzigen Zwischenwirt gefressen werden, der die Eischale mechanisch zerstört oder mittels der Enzyme seines Darmes auflöst. Die Onkosphäre penetriert die Darmwand und wandelt sich zum Metazestoden um. Wenn der infizierte Zwischenwirt vom Endwirt gefressen wird, siedelt sich der Metazestode in dessen Darm an und entwickelt sich zum erwachsenen Bandwurm. Dies ist bei allen Cyclophyllidea der Fall.
- Es werden unembryonierte Eier ausgeschieden, in denen erst im Wasser eine bewimperte und frei schwimmende Larve, das **Korazidium**, entsteht, das von einem ersten Zwischenwirt, einem Invertebraten, gefressen wird. Es durchdringt die Darmwand und entwickelt sich in dessen Leibeshöhle zu einem Prozerkoid, einer besonderen Form von Metazestoden. Wird der erste Zwischenwirt von einem zweiten Zwischenwirt gefressen, entwickelt sich in dessen Organen ein Plerozerkoid, das für den Endwirt infektiös ist. Dieser dreiwirtige Zyklustyp wird bei *Diphyllobothrium latum* beschrieben (s. Abb. 3.39).

Tab. 3.6 Einige wichtige Taxa der Eucestoda

Taxon	Endwirte	Morphologische Merkmale
Caryophyllidea	Karpfenartige und Welse	Monofossat, monozoisch
Diphyllobothriidea	Fischfressende Reptilien, Vögel, Säugetiere	Difossat mit Bothrien, polyzoisch
Mesocestoididae[a]	Greifvögel, Säugetiere	Tetrafossat mit Saugnäpfen, polyzoisch
Cyclophyllidea	Wirbeltiere ohne Fische	Tetrafossat mit Saugnäpfen, polyzoisch

[a] Stellung der Familie im System der Eucestoda unbekannt

Ist ein Wirt von sehr vielen Würmern infiziert, tritt oft das Phänomen des „crowding" auf. Die individuellen Würmer bleiben klein und die Anzahl der von ihnen täglich gebildeten Proglottiden und Eier sinkt. Dafür gibt es mehrere mögliche Ursachen:

1. Konkurrenz um Nährstoffe,
2. gegenseitige Wachstumshemmung durch sezernierte Produkte,
3. Immunkontrolle durch den Wirt,
4. Kombination(en) dieser Faktoren.

Morphologie Die **Eier** der Eucestoda sind rundlich und enthalten eine Ei- und ein bis mehrere Dotterzellen. Die „Eischale" ist von kompliziertem Aufbau. Während der Embryogenese bilden sich mehrere Hüllen und Hüllschichten, die auseinander hervorgehen und auch wieder verloren gehen können. Die **Onkosphäre** ist kugelförmig, am hinteren Pol befinden sich sechs in Paaren stehende Haken, von denen die mittleren zwei meist länger und schlanker als die lateralen sind. Vorhanden ist außerdem eine u-förmige Penetrationsdrüse mit zwei lateralen Öffnungen im Hakenbereich und weiterhin Hakenmuskulatur sowie Zellen, aus denen später der Skolex entsteht. Protonephridien sind bei den meisten Onkosphären vorhanden und Kalkgranula, wie sie ins Parenchym der Metazestoden und der Adulti eingelagert sind, gibt es ebenfalls. Im Zwischenwirt penetriert die Onkosphäre die Darmwand unter Nutzung von Enzymen aus einer Penetrationsdrüse. In der Leibeshöhle beginnt die Transformation zum **Metazestoden.** Metazestoden sind kugelförmige, ovale oder längliche Larven, geschlossen oder mit Leibeshöhle. Sie können sehr unterschiedlich ausgebildet sein (Abb. 3.36) und haben aufgrund von Kalkgranula in ihrem Parenchym ein weißes Erscheinungsbild. Sobald sie infektiös werden, besitzen sie einen vollständig ausgebildeten Skolex. Das distale Ende hat ein schwanzähnliches Anhängsel, das Zerkomer. Zu Beginn trägt der Metazestode noch die sechs Onkosphärenhaken am Zerkomer. Wird der infizierte Zwischenwirt vom Endwirt gefressen, wirft der Metazestode das Material hinter dem Skolex

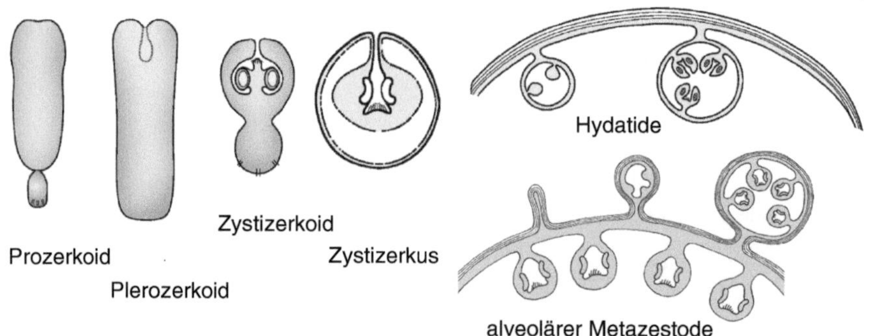

Abb. 3.36 Larvenformen des Eucestoda (schematisch)

ab oder resorbiert es und wächst im Darm des Endwirtes zum adulten Bandwurm heran.

Adultus Zestoden erreichen Längen zwischen wenigen Millimetern (*Hymenolepis*-Arten, *Echinococcus*) und mehreren Metern (*Taenia*) oder sogar 20 Metern (*Diphyllobothrium*). Sie sind lang gestreckt und dorsoventral abgeflacht. Nur in einer einzigen Ordnung, den Caryophyllidea, ist der Körper ungeteilt und enthält lediglich einen einzigen Satz zwittriger Geschlechtsorgane. Diesen monozoischen Zestoden stehen die polyzoischen gegenüber, bei denen die Geschlechtsorgane in serieller Wiederholung aneinandergereiht (Spathebothriidea) und zusätzlich, bei allen übrigen Ordnungen, durch äußerliche Abgrenzungen, die Proglottiden, voneinander getrennt sind. Die Gesamtheit der Progottiden ist die Strobila, die vorne sehr dünn ist und sich nach hinten verbreitert. Am Vorderende befindet sich der **Skolex**, eine kleine Erweiterung mit Haftorganen, aber natürlich ohne Mundöffnung, da ein Darm nicht existiert. Der Skolex dient der Verankerung in der Darmmukosa. Bei den Haftorganen handelt es sich je nach Ordnung entweder um Bothrien oder Bothridien (längsförmige Vertiefungen oder Saugnäpfe), Tentakeln (lange, fingerähnliche Anhänge) oder um echte Saugnäpfe (runde muskulöse Strukturen mit zentralem Einzug). Die Oberfläche des Skolex ist reich an sensorischen Zellen. Zusätzlich kann die Funktion der Haftorgane durch Häkchen auf Skolex, Bothrien oder Saugnäpfen unterstützt werden. Diese Haken bestehen aus einer keratinähnlichen Substanz und entwickeln sich aus spezialisierten Mikrotrichen. Sie sind ein nützliches taxonomisches Merkmal, fallen aber nach dem Tod des Wurmes sehr schnell ab. Auf den Skolex folgt eine Verschmälerung, die **Hals- oder Proliferationszone**. Hier entstehen sämtliche Zelltypen, die für den Aufbau der Organe einer Proglottis gebraucht werden. Die Zestoden sind meistens protandrische Zwitter („protos" = vorderster, „andros" = der Mann): In den vorderen Proglottiden reifen die männlichen Geschlechtsorgane heran, weiter hinten die weiblichen. Der letzte Teil der Strobila besteht dann aus graviden (trächtigen) Proglottiden, die vom mit Eiern gefüllten Uterus (Abb. 3.37) ausgefüllt sind und, meistens einzeln, in regelmäßigen Abständen abgestoßen und ausgeschieden werden. Die **Geschlechtsorgane** sind im Prinzip aufgebaut wie die der Plathelminthen. Allerdings besitzen die Bandwürmer in jeder Proglottis mehrere bis viele Testes (drei bei *Hymenolepis*, über tausend bei den Pseudophylliden und den großen *Taenia*-Arten). Es gibt eine der Zuführung von Spermien dienende Vagina. Die Cyclophyllidea besitzen keine Uterusöffnung.

In der Proglottis umgibt ein schwammartiges Parenchym die Organe. Es wird durch Bündel von Längsmuskulatur in die Rindenschicht (Cortex) und das Mark (Medulla) unterteilt. Verstreut im Parenchym liegen große Mengen von **Kalkgranula**, 10 μm bis über 30 μm große, konzentrisch geschichtete Strukturen, die hauptsächlich aus Calcium- und Magnesiumcarbonaten zusammen mit einer hydrierten Form von Calciumphosphat bestehen und möglicherweise eine Rolle bei der Entgiftung schädlicher Stoffe spielen. Die Kalkgranula machen im lebenden Tier ein Erkennen der Organe unmöglich. Da sie lichtbrechend sind, sehen alle Zestoden weiß aus.

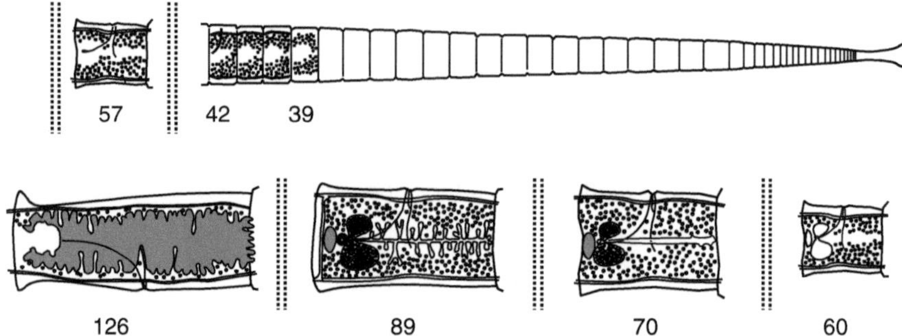

Abb. 3.37 Bildung der Geschlechtsorgane in einem Bandwurm, hier am Beispiel von *Taenia crasiceps*. Unsegmentierter Abschnitt hinter dem Skolex: Proliferationszone. Erstmals erkennbare Strukturen in nummerierten Proglottiden: *39* erste Testes, *42* Vagina, *57* Vagina, Vas deferens, *60* Ovar und (dahinter) Dotterstock, *70* Uterus, *89* Uterusverzweigungen, *126* gravider Uterus mit reifen Eiern

Das **Tegument** der Zestoden, eine Neodermis, hat besondere Funktionen. Einmal dient es dem Schutz vor Verdauungsenzymen und Immunreaktionen des Wirtes. Zum anderen müssen, da kein Darm vorhanden ist, alle Nährstoffe durch die Oberfläche des Parasiten absorbiert werden. Die Grundstruktur des Teguments ist derjenigen der Trematoden ähnlich. Allerdings ist die gesamte Oberfläche, selbst die der Saugnäpfe mit Mikrotrichen bedeckt, die eine Oberflächenvergrößerung bewirken. (Von Mikrovilli unterscheiden sich die Mikrotrichen durch eine abgeknickte, elektronendichte Spitze aus Keratin-ähnlichem Material.)

Das **Nervensystem**, mit normalen Färbemethoden nicht zu erkennen, besteht aus paarigen Gangliengruppen im Skolex und je einem lateral die Strobila durchziehenden Nervenstrang mit interproglottidealen Verbindungen. Sinneszellen sind besonders im Bereich von Skolex und Genitalöffnungen vorhanden.

Vom **Exkretionssystem** sind die im ganzen Parenchym verteilten Protonephridien nur im lebenden Wurm zu erkennen. Im Skolex ist es als Netzwerk ausgebildet, in der Medulla der Strobila als vier laterale Längskanäle, von denen die zwei ventralen ein größeres Lumen haben als die zwei dorsalen. Die ventralen Kanäle stehen durch einen Querkanal am Hinterrand jeder Proglottis strickleiterartig miteinander in Verbindung. Bei den Caryophyllidea und den Pseudophyllidea bildet das ganze Exkretionssystem ein Netzwerk, die Längskanäle fehlen dort.

3.2.3.2 Genom

Eine vergleichende Genomanalyse der vier Bandwurmarten *Echinococcus multilocularis*, *Echinococcus granulosus*, *Taenia solium* und *Hymenolepis microstoma* zeigt viele Gemeinsamkeiten, jedoch auch deutliche Unterschiede zwischen den Genomen der Bandwürmer und Digenea. Die *Echinococcus*-Arten haben eine Genomgröße von ca. 115 Mb, verteilt auf $2n = 18$ Chromosomen. Der Anteil repetitiver Sequenzen ist mit ca. 10 % recht gering, was vermutlich eine Kompression des Genoms auf ein Drittel im Vergleich zu den Trematoden ermöglicht hat. Die Zahl von möglichen proteincodierenden Genen ist vergleichbar mit derjenigen der Digenea (ca. 10.500). Ungefähr 13 % der proteincodierenden Gene sind polycistronisch organisiert. Wie auch bei den Digenea werden Transkripte dieser Gene mit einer Spliced-Leader-Sequenz versehen. Die Genomanalysen zeigen, dass Bandwürmer Fettsäuren und Cholesterol nicht *de novo* synthetisieren können. Stattdessen nehmen sie diese Komponenten von ihren Wirten auf, wozu Fettsäuretransporter, bandwurmspezifische fettsäurebindende Proteine und „Antigen B", ein Apolipoprotein, genutzt werden. Bandwürmer können Aminosäuren nur in beschränktem Umfang synthetisieren und nutzen Kohlenhydrate als Hauptenergiequelle. Die Expansion bestimmter Genfamilien, die für Entgiftungsenzyme codieren, lässt vermuten, dass die Würmer eigentlich hydrophobe, toxische Komponenten in Wasser löslich machen und ausscheiden.

3.2.3.3 Evolution und Herkunft der Lebenszyklen

Die Tatsache, dass Fische bei allen Euzestoden als Wirte dienen, suggeriert eine Herkunft der Euzestoden aus diesen Wirten. Phylogenetische Analysen lassen vermuten, dass die Parasiten vor 350–400 Mio. Jahren eine Ausbreitung mit Strahlenflossern (Actinopterygii) erfuhren und von dort über Fleischflosser (Sarcopterygii) auf terrestrische Wirbeltierwirte übergingen.

Die Theorien über das Entstehen der heutigen Lebenszyklen der Eucestoda unterscheiden sich substanziell. Es ist unklar, ob die Onkosphäre, die allen Eucestoda gemein ist, zuerst Vertebraten oder zunächst Invertebraten besiedelte. Da die Chancen eines Bandwurmes, seinen Lebenszyklus über die Nahrungskette zu vollenden, gering sind, musste das Reproduktionspotenzial in einem der Stadien verstärkt werden. Dieses hauptsächliche Reproduktionsstadium ist der adulte Wurm im Vertebratenwirt, der Tausende und bei den großen Arten manchmal Hunderttausende von Eiern pro Tag produziert. Dieser Wirt bietet dem Wurm ausreichend Platz eine annehmbare Größe zu erreichen, während die deutlich kleineren Zwischenwirte, wie kleine Krebse, Insekten und Milben, dies nicht tun. Diese Strategie steht in starkem Kontrast zu den Trematoden, wo die Adulti typischerweise klein sind und nur wenige Eier produzieren können, während ein wesentlicher Teil der Vermehrung in den recht großen Gastropodenzwischenwirten erfolgt.

3.2.3.4 Caryophyllidea

Diese Ordnung enthält monozoische Zestoden, d. h., die Bandwürmer haben einen ungeteilten Körper mit nur einem Satz von Geschlechtsorganen. Sie parasitieren im Darm von Süßwasserfischen. Ihre Zwischenwirte (und in einigen Fällen auch die Endwirte) sind Oligochaeten (Tubificidae), was es, wie bereits erwähnt, außerordentlich selten bei Zestoden gibt.

Die **Entwicklung** verläuft über embryoniert ausgeschiedene, dünnschalige, gedeckelte Eier, die von Süßwasseroligochaeten, vor allem aus den weitverbreiteten Gattungen *Tubifex* und *Limnodrilus* aufgenommen werden. Im Darm schlüpft die Onkosphäre, durchbohrt die Darmwand und siedelt sich im Zölom der Genitalsegmente oder in den Samenblasen als 5–15 mm langes Prozerkoid an. Es hat einen voll entwickelten Skolex mit zwei flachen Sauggruben, trägt ein dünnes Zerkomer und

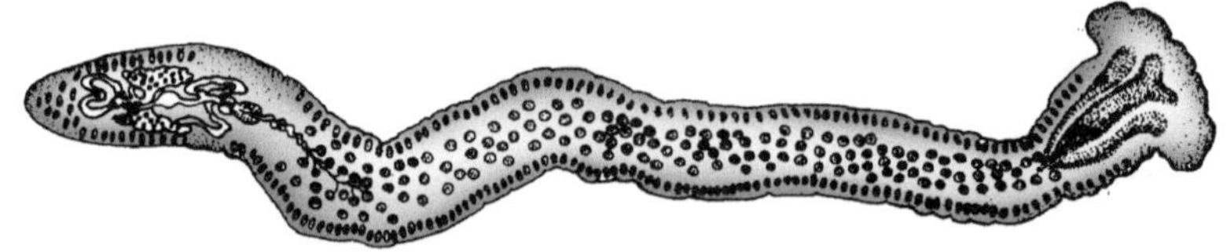

Abb. 3.38 Adultus von *Caryophyllaeus* sp.

enthält je nach Art bereits mehr oder weniger weit entwickelte Geschlechtsanlagen. Nach Aufnahme des Oligochaeten durch einen Fisch wirft das Prozerkoid sein Zerkomer ab und erreicht im Darm seine Geschlechtsreife. Ganz ungewöhnlich ist *Archigetes sieboldi*, bei dem ein monoxener Zyklus ausgebildet ist. Im Zölom des Anneliden lebt ein progenetisches Prozerkoid, ausgestattet mit einem Embryonalhaken tragenden Zerkomer. Eier können von dem Parasiten nicht ausgeschieden werden, weil sein Gonoporus verschlossen ist. Das immer mehr anschwellende Prozerkoid bringt den Oligochaeten zum Platzen; die frei werdenden Eier reifen im Wasser und können wieder von Tubificiden aufgenommen werden. Die **adulten Würmer** der Caryophylliden messen 0,9–95 mm und sind lang gestreckt und schmal, faden- oder bandförmig. Ihr Skolex entbehrt deutlicher Sauggruben oder Saugnäpfe (Abb. 3.38). Viele kleine Dotterstockfollikel und Testes füllen den Raum zwischen Halszone und den übrigen, im hinteren Teil des Körpers angeordneten Geschlechtsorganen.

Zu **Schädigungen** können Caryophylliden besonders in Karpfenzuchten führen. Starker Befall verursacht in kleinen Fischen Verstopfungen, Entzündung der Darmschleimhaut oder sogar Perforation. Bei der aus dem Osten eingeschleppten und in Westeuropa häufig gewordenen Art *Khawia sinensis* vermögen schon 35–45 Exemplare einen zweijährigen Karpfen zu töten.

3.2.3.5 Diphyllobothriidea

Die Ordnung ist erst kürzlich von den Pseudophyllidea abgetrennt worden. Dazu haben nicht nur molekularbiologisch gewonnene Erkenntnisse geführt (ohne dass indessen Klarheit über die genaue Stellung innerhalb der Ordnungen besteht), sondern auch die völlig anderen Endwirte. Während die einzigen Endwirte der Pseudophyllidea Knochenfische sind, kommen die Diphyllobothriidea vor allem in fischfressenden Wirbeltieren wie Waranen, Vögeln, Seehunden, Walen, Landraubtieren und dem Menschen vor.

3.2.3.5.1 *Diphyllobothrium latum*

Der Breite Fischbandwurm ist nicht nur berühmt wegen seiner enormen Länge von 8–20 m, sondern auch berüchtigt wegen seiner gelegentlichen, selektiven Aufnahme von Vitamin B12, die zu lebensgefährdender Anämie führen kann. Zwei weitere Arten können den Menschen befallen.

Zur **Entwicklung** (Abb. 3.39) werden zwei Zwischenwirte benötigt. Die gedeckelten Eier werden unembryoniert abgelegt und sind in diesem Zustand von

Trematodeneiern kaum zu unterscheiden. Innerhalb von 3–4 Wochen reift im Wasser ein **Korazidium** heran, das einer mit Wimpern besetzten Onkosphäre entspricht, die ein Paar Wimpernflammen besitzt. Das Korazidium sprengt den Deckel auf und schwimmt frei im Wasser. Es wird vom ersten Zwischenwirt, Copepoden der Gattungen *Diaptomus* und *Cyclops*, gefressen. In deren Leibeshöhle wächst es in 2–3 Wochen zum **Prozerkoid** heran, das einen halben Millimeter groß ist. Es ist eine solide, längliche Larve mit einem noch nicht ausgebildeten Skolex am eingezogenen Vorderende und einem rundlichen Zerkomer am Hinterende, auf dem noch die Onkosphärenhaken sitzen. Im Inneren befinden sich zahlreiche Bohrdrüsen, die am Vorderende ausmünden.

Nach Aufnahme des Copepoden durch einen planktonfressenden Fisch verliert das Prozerkoid beim Durchdringen der Darmwand das Zerkomer und wandelt sich zum höchstens 5 mm lang werdenden **Plerozerkoid**, das nun bereits den adultustypischen Skolex besitzt, der aber in das Vorderende eingezogen ist.

Das Plerozerkoid ist zwar in diesem Stadium nach zwei Monaten infektiös für einen Endwirt, normalerweise werden aber noch weitere und zwar Fische fressende Fische als Zwischenwirte eingeschaltet, bei denen das Plerozerkoid ebenfalls die Darmwand durchdringt und in Organen der Leibeshöhle weiterlebt, ohne dabei seine Gestalt zu verändern. Solche Stapelwirte, in denen keine Weiterentwicklung des Larvenstadiums stattfindet, werden auch als **paratenische Wirte** bezeichnet („parateino" = ausdehnen). Nach Aufnahme befallenen Fischfleisches durch den Endwirt (auch der Mensch ist möglich) siedelt sich der Wurm bevorzugt im vorderen Jejunum an und beginnt mit einem sehr schnell verlaufenden Wachstum. 70 % der gesamten Strobila entstehen schon innerhalb eines Tages. Nach 18 Tagen werden die ersten Eier ausgeschieden. Der Mensch beherbergt meistens nur einen Wurm, der viele Jahre leben kann.

Epidemiologisch spielen für die Übertragung auf den Menschen nur die großen Raubfische wie Hecht, Aalquappe, Barsch oder Kaulbarsch, seltener die Äsche eine Rolle. Der Fischbandwurm kommt beim Menschen überall dort vor, wo Gerichte aus rohem, nur schwach gesalzenem Fisch (Muskulatur, Leber, Rogen) gegessen werden. Dies ist wohl in Finnland besonders häufig der Fall. Dort waren noch in den 1970er-Jahren mehr als 10 % der Bevölkerung befallen, im ostsibirischen Lena-Becken sind es heute noch 800 von 100.000 Einwohnern. Da der Wurm durchschnittlich 5 cm/Tag wächst, bis zu einer Million Eier/Wurm pro Tag abgibt und nachgewiesenermaßen zehn Jahre leben kann, ist der Ausstoß von Eiern enorm und Gewässer können schnell kontaminiert werden. Neben dem Menschen können auch Hund und Katze befallen werden.

Morphologie Der Bandwurm ist bis zu 20 m lang, 15–20 mm breit und enthält über 4000 Proglottiden. Der Skolex ist fingerförmig und weist auf Dorsal- und Ventralseite je eine einfache Längsgrube auf. Die kleinen Follikel von Testes und Dotterstöcken erstrecken sich in zwei bandförmigen, lateral verlaufenden Bereichen, die den Mittelteil der Proglottis frei lassen (Abb. 3.39h). Das zweigelappte Ovar liegt am Hinterrand, davor zieht im Mittelteil der Uterus in engen Schleifen zum Vorderende. Hier befinden sich Samenblase, Zirrusbeutel und männliche

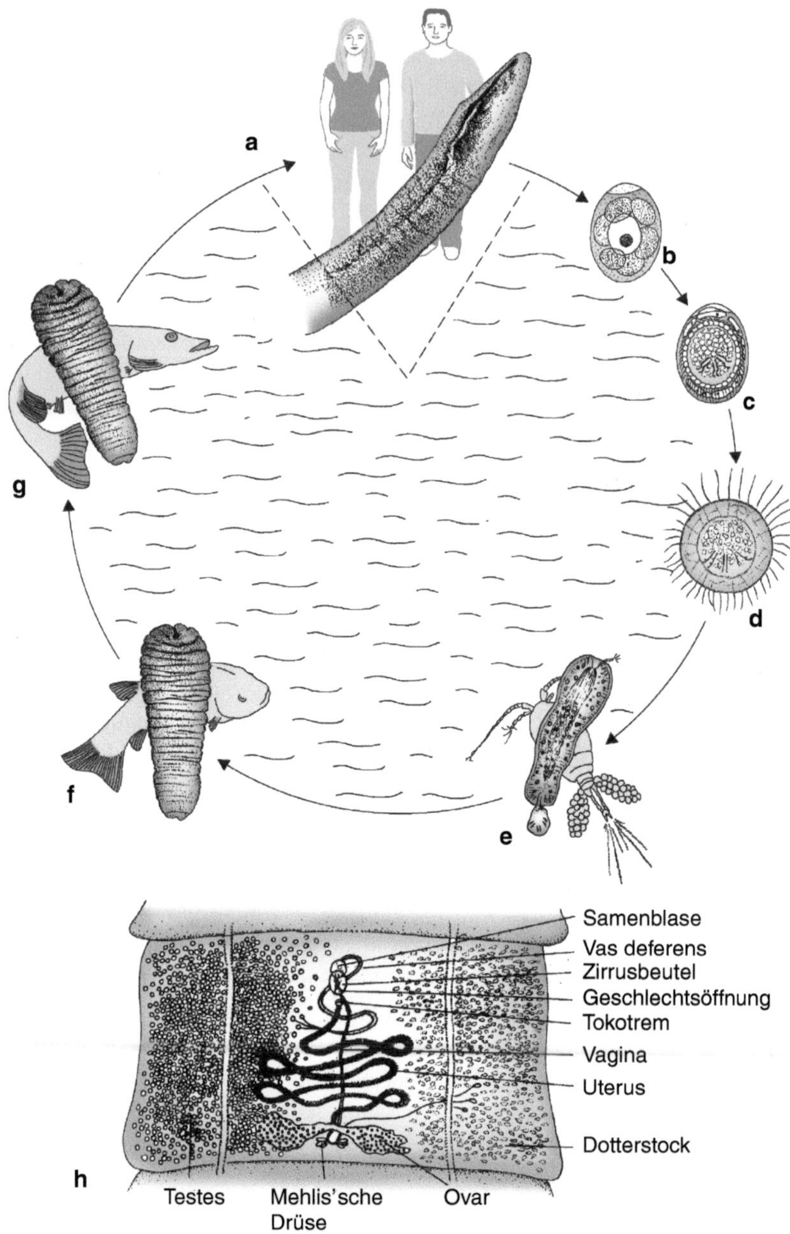

Abb. 3.39 Entwicklungszyklus und Morphologie von *Diphyllobothrium latum*. **a** Adultus aus Dünndarm des Menschen, am Skolex eine der zwei Sauggruben (Bothrien) sichtbar. **b** Gedeckeltes unembryoniertes Ei. **c** Embryoniertes Ei mit Onkosphäre. **d** Korazidium. **e** Prozerkoid in erstem Zwischenwirt (*Cyclops*, Copepode). **f** Plerozerkoid in zweitem Zwischenwirt (Weißfisch). **g** Dasselbe Individuum in paratenischem Wirt (Hecht). **h** Gravide Proglottis

Geschlechtsöffnung sowie Vaginalöffnung und die Geburtsöffnung, also die Ausmündung des Uterus, die als Tokotrem bezeichnet wird (gr. „tocos" = gebären, „trema" = Öffnung). Aus ihr werden die 60–66 × 40–49 µm großen, gelbbraunen, gedeckelten Eier ausgeschieden. Die entleerten Proglottiden lösen sich erst danach von der Strobila ab.

Schadwirkung In den meisten Fällen ist der Mensch nur mit einem Exemplar von *D. latum* infiziert und bemerkt den meist symptomlos bleibenden Befall oft lange Zeit, u. U. mehrere Jahre lang nicht. Bei einigen Personen können Mattigkeit, Schwindel oder Diarrhö auftreten. Nur in Ausnahmefällen kommt es zu einer lebensbedrohlichen Situation: Der Breite Fischbandwurm nimmt selektiv Vitamin B12 auf. Solange er sich, wie bei Bandwürmern üblich, im vorderen Dünndarmteil ansiedelt, schadet seine Anwesenheit nicht, weil im Jejunum sowieso kein B12 resorbiert wird. Wenn er allerdings, was ungefähr in 2 % der befallenen Personen vorkommt, im Ileum ansitzt, in dem die Resorption des Vitamins stattfindet, entzieht er dem Wirt so viel B12, dass es zu einer perniziösen Bandwurmanämie kommt, die unbehandelt tödlich verläuft. Eine schnelle Behandlung ist mit Cobalamin, dem Wirkstoff des B12, möglich. Echte Heilung ist aber nur durch vollständige Abtreibung zu erreichen.

Ligula intestinalis *L. intestinalis* ist ein bis 28 cm lang werdender Vertreter der Diphyllobothriidea, der als Adulttier bei fischfressenden Vögeln parasitiert, in ihnen jedoch selten angetroffen wird, da er im Endwirt sehr kurzlebig ist. Das Prozerkoid lebt in Copepoden, das Plerozerkoid in der Leibeshöhle von Karpfenverwandten. Dort wächst es auf die Länge von 2–60 cm(!) heran und kann durchschnittlich 14 %, im Maximum sogar ein Viertel des Gesamtgewichtes der Fische ausmachen (Abb. 3.40). Befallene Fische fallen durch den oft grotesk und unförmig angeschwollenen Bauch auf und werden in diesem Zustand natürlich leicht von Vögeln, die als Endwirte dienen, erbeutet. Durch den Befall wird das Größenwachstum der Fische behindert und aufgrund von Einwirkungen auf das Hormonsystem kommt es zu verminderter Reproduktion.

Abb. 3.40 *Ligula intestinalis*. Plerozerkoide in einem Weißfisch. (Foto: Archiv des Lehrstuhls für Molekulare Parasitologie, Humboldt-Universität zu Berlin)

Sparganose ist der Befall des Fehlwirtes Mensch mit Plerozerkoiden der Gattung *Spirometra*, die als Adultus in Katzen und anderen Raubtieren lebt. Erste Zwischenwirte sind auch hier Copepoden, als zweite Zwischenwirte fungieren aber nicht Fische wie bei *D. latum*, sondern Amphibien und Reptilien, in denen das als Sparganum bezeichnete Plerozerkoid auftritt. Die Spargana von *Spirometra erinacei* kommen in Ost- und Südostasien vor, die von *Spirometra mansonoides* in der Neuen Welt. Infektionen erfolgen am häufigsten durch unsauberes, copepodenhaltiges Trinkwasser. Die Prozerkoide aus den Kleinkrebsen werden im Menschen zu Plerozerkoiden. Der zweite, ebenfalls häufige Infektionsmodus ist der Verzehr von rohem Schlangen- oder Froschfleisch, das von Plerozerkoiden befallen ist. Im Menschen durchbohren die Larven die Darmwand und wandern durch diverse Organe des Körpers. Sie können bis 36 cm lang werden. Am häufigsten erscheinen sie als schmerzhafte, entzündliche Verdickungen unter der Haut des Abdomens. Abgestorbene Spargana hinterlassen degenerierende oder nekrotisierende Bezirke. Starker Befall, vor allem des Gehirns, kann zum Tod führen. Eine dritte Möglichkeit der Infektion ist das in einigen ostasiatischen Ländern als Therapeutikum geltende Auflegen von Frosch- oder Schlangenfleisch auf erkrankte Augen. Die Spargana wandern dabei in die Augenhöhle ein und rufen einen Exopthalmus (Hervorquellen des Augapfels) oder völlige Zerstörung des Auges hervor.

3.2.3.6 Mesocestoididae

Diese Familie, möglicherweise auch eine Ordnung, von Bandwürmern gibt hinsichtlich ihrer Stellung im System der Eucestoda bis heute Rätsel auf. Die Zestoden haben eine aberrante Morphologie und außerdem ist kein vollständiger Entwicklungszyklus bekannt, der Hinweise auf Verwandtschaften mit anderen Bandwurmfamilien liefern könnte. Es gibt nur eine einzige Gattung, deren Arten hauptsächlich in Karnivoren vorkommen (nur zwei in Greifvögeln), wobei in Mitteleuropa der Fuchs häufig befallen ist. Außerdem gibt es ca. 30 Fälle menschlicher Infektion vor allem in Ostasien.

Der Skolex (Abb. 3.41d) hat keine Haken und die vier Saugnäpfe sind extrem beweglich. Die Genitalöffnung ist ventromedian in der Mitte der Proglottis (Abb. 3.41a). Ein großer Zirrusbeutel ist auffällig (Abb. 3.41c). In graviden Proglottidien ist der letzte Abschnitt des Uterus als dickwandige Kapsel, Paruterinorgan genannt, ausgebildet (Abb. 3.41b). Es enthält Eier der jeweiligen Proglottis, hat eine hellrote Färbung und ist mit dem bloßen Auge in der abgeworfenen Proglottis sichtbar. Mit dem Kot ausgeschiedene, reife Proglottiden sind anfangs völlig regungslos, beginnen dann aber nach einigen Minuten sich zunächst mit dem Vorderende langsam schlängelnd zu bewegen, um dann in die Umgebung zu kriechen. Sie können an Grashalmen angeheftet gefunden werden. Die für den Endwirt infektiöse Larve wird Tetrathyridium genannt (Abb. 3.41e). Sie ist länglich, hat einen tief eingestülpten Skolex und kommt in allen Vertebraten außer Fischen vor.

Bei dem in Südwestdeutschland in ca. 20 % der Füchse auftretenden *Mesocestoides leptothylacus* erfolgt die Infektion mit Tetrathyridien aus der Feldmaus. Jedoch ist völlig unbekannt, wie diese Zwischenwirte sich infizieren, da die orale Aufnahme von Eiern in der Feldmaus, in anderen Nagern und weiteren Wirbeltie-

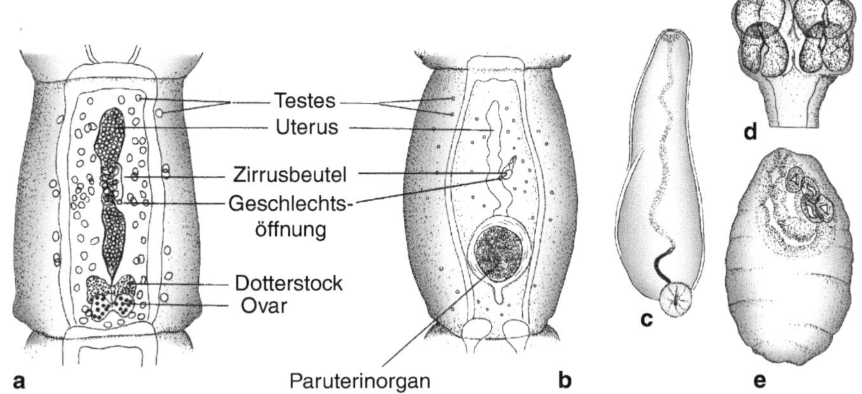

Abb. 3.41 *Mesocestoides leptothylacus*. **a** Unreife Proglottis, Vagina weggelassen. **b** Gravide Proglottis. **c** Zirrusbeutel mit langem dünnen Zirrus. Am unteren (eigentlich hinteren) Ende die gemeinsame Geschlechtsöffnung. **d** Skolex. **e** Tetrathyridium

ren keine Tetrathyridien hervorbringt. Daher ist es wahrscheinlich, dass ein erster Zwischenwirt, möglicherweise ein Arthropode, nötig ist um den Lebenszyklus zu komplettieren.

3.2.3.7 Cyclophyllidea

- Hoch entwickelte und große Ordnung der Eucestoda
- Parasiten von Wirbeltieren ohne Fische
- Vier Saugnäpfe
- Dotterstock hinter dem Ovar
- Geschlechtsöffnungen fast immer randständig
- Ungedeckelte Eier, bei Ablage Onkosphäre enthaltend
- Immer nur ein Zwischenwirt
- Metazestoden in Form von Zystizerkoiden in Invertebraten, als Zystizerkus in Vertebraten

Diese Ordnung ist die umfangreichste der Eucestoda. Namensgebendes Kennzeichen sind vier runde, muskulöse Saugnäpfe mit zentraler runder Grube. Zwischen ihnen kann sich ein muskulöses, konisches und einziehbares Rostellum befinden. Skolexhaken können auf dem Rostellum oder zwischen den Saugnäpfen angeordnet sein. Die Strobila ist durchgehend in Proglottiden organisiert und enthält einen, manchmal zwei zwittrige Sätze von Geschlechtsorganen. Die gemeinsame Genitalöffnung liegt am Seitenrand der Proglottis. Es gibt mindestens drei, meistens viele bis sehr viele Testes. Der kompakte Dotterstock liegt am Hinterrand der Proglottis, auf jeden Fall immer hinter dem kompakten Ovar. Eine Uterusöffnung fehlt, die Eier werden nach Ablösen der letzten graviden Proglottis meist durch Zersetzen frei (s. aber Taeniidae). Die embryoniert ausgeschiedenen Eier enthalten eine Onkosphäre.

Die Metazestoden der Cyclophyllidea weisen sehr unterschiedliche Formen auf, die viele verschiedene Namen erhalten haben. Im Folgenden werden sie auf zwei Grundtypen zurückgeführt. Das **Zystizerkoid** (Abb. 3.36) in wirbellosen Zwischenwirten besitzt einen in eine Höhlung zurückgezogenen Skolex und ein Zerkomer mit sechs Onkosphärenhaken. Der nur in Säugetieren vorkommende **Zystizerkus** (Abb. 3.36) dagegen hat einen in einer flüssigkeitsgefüllten Blase eingestülpten Skolex. Diese Form des Metazestoden wird im Zusammenhang mit den Taeniidae besprochen. Im Folgenden werden Arten aus drei der insgesamt 14 Familien der Cyclophyllidea besprochen, aus den Anoplocephalidae, den Hymenolepididae und den Taeniidae.

3.2.3.7.1 *Moniezia expansa*

Dieser Bandwurm von Schafen kann für Lämmer pathogen werden, indem Verdauungsstörungen, Koliken, Durchfälle (oder im Gegenteil Verstopfungen) auftreten, evtl. sogar Geschwürbildung an der Ansatzstelle der Würmer und Darmperforation, die zu Peritonitis und zum Tod führt. Lämmer verlieren ihre im Frühjahr erworbene Infektion spontan nach 4–5 Monaten und werden immun gegen erneuten Befall. Massiver *Moniezia*-Befall wird allerdings oft erst bei der Schlachtung entdeckt.

M. expansa ist ein Vertreter der Familie Anoplocephalidae, deren Skolex keine Haken trägt, dafür aber auffällige Saugnäpfe (gr. „an" = ohne, „hoplon" = Waffe, „cephalè" = Kopf). Anoplocephalidae sind Parasiten von Säugetieren, die insbesondere in Hasenartigen und Huftieren häufig vorkommen. Nur eine Art, *Bertiella studeri* tritt gelegentlich im Menschen auf. Zwischenwirte der Familie sind fast immer Milben der Ordnung Cryptostigmata (Oribatiden, Horn-, Moos- oder Käfermilben), die in Rinde, Laubstreu und Wurzelwerk leben.

Morphologisch ist die Gattung *Moniezia* durch sehr lange Würmer gekennzeichnet (bis zu 10 m), die extrem kurze und sehr breite Proglottiden und je zwei lateral angeordnete Sätze von Reproduktionsorganen aufweisen (Abb. 3.42a). Zwischen ihnen breitet sich der zunächst netzartig geformte Uterus aus, der später ein quergelagerter Sack wird. Eine Besonderheit sind die am Hinterrand der reifen und graviden Proglottiden in einer Reihe liegenden „interproglottidealen Drüsen" von unbekannter Funktion. Die Eier (Abb. 3.42f, g) sind andeutungsweise dreieckig und recht groß (63–78 µm). Die Eier der Anoplocephaliden enthalten in vielen Gattungen eine Embryophore, die als sogenannter piriformer Apparat ausgebildet ist (Abb. 3.42g). Wie der Name sagt („pirum" = Birne), besteht er aus einem runden Teil und einem sich verschmälernden, der wiederum aus zwei spitz ausgezogenen Fortsätzen. Die im Verhältnis zur Größe der Eier außerordentlich klein wirkende Onkosphäre liegt im breiten Teil des piriformen Apparates.

Die äußere, kräftige Eischale muss vom Zwischenwirt aufgebissen werden. Die Zwischenwirtsmilbe von *Moniezia*-Arten verschluckt den piriformen Apparat und in ihrem Darm schlüpft die Onkosphäre, durchdringt die Darmwand und siedelt sich im Hämozöl der Milbe als Zystizerkoid an. Diese Larve trägt ein langes, dün-

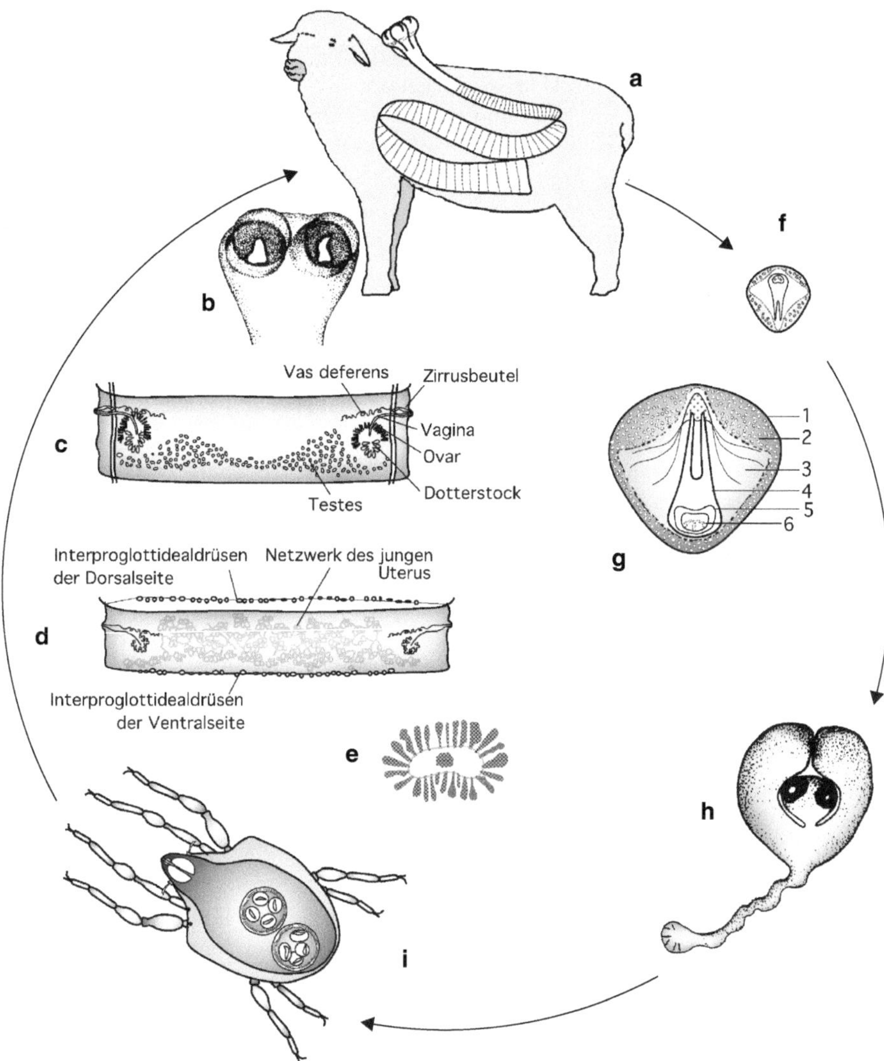

Abb. 3.42 Entwicklungszyklus und Morphologie von *Moniezia expansa*. **a** Adulter Wurm im Endwirt Schaf. **b** Skolex (beachte die schlitzförmigen Öffnungen der Saugnäpfe). **c** Reife Proglottis. **d** Subgravide Proglottis. **e** Komplex einer Interproglottidealdrüse. **f, g** Ei mit piriformem Apparat und Onkosphäre: *1* äußere Kapsel, *2* äußere Hülle mit fettartigen Tropfen, *3* innere, gelatinöse Hülle, *4* Embryophore (piriformer Apparat), *5* Onkosphärenmembran, *6* Onkosphäre. **h** Zystizerkoid (noch mit Onkosphärenhaken auf dem Zerkomer). **i** Oribatide (*Scheloribates* sp.) mit eingekapselten Zystizerkoiden. (**g** nach Caley 1975)

nes Zerkomer mit Onkosphärenhaken und ist für Schafe erst nach 15–18 Wochen infektiös. Die Präpatenzzeit im Endwirt beträgt 25–40 Tage. Zwei Arten kommen, kosmopolitisch verbreitet, in Hauswiederkäuern vor: Die bis 10 m lang werdende *M. expansa* vorwiegend im Schaf und die bis 6 m lang werdende *M. benedeni* vorwiegend im Rind.

Einer der ganz wenigen Zestoden, die nicht den Darm, sondern die Gallengänge bewohnen, ist der Anoplocephalide **Stilesia hepatica** aus Wiederkäuern Afrikas und Asiens.

3.2.3.7.2 *Hymenolepis* und *Rodentolepis*

Die Hymenolepididae sind eine außerordentlich gattungs- und artenreiche Familie, besonders aus Vögeln (v. a. Gänse- und Watvögeln) sowie aus Säugetieren (Insektivoren, Fledermäusen und Nagetieren) mit kleinen bis sehr kleinen Bandwürmern. Der Familienname bezieht sich auf die in einigen Gattungen vorhandenen, wie dünne Häutchen aussehenden Polfäden zwischen Eischale und Onkosphäre (gr.: „hymen" = Membran, „lepos" = Schale). Morphologisch sind die Hymenolepididae durch ein fast immer mit Häkchen besetztes Rostellum gekennzeichnet, weiterhin dadurch, dass meistens nur sehr wenige Testes vorhanden sind und dass die Genitalpori immer unilateral ausgebildet sind. Zwischenwirte der Hymenolepididae sind immer Insekten. In ihnen entstehen Zystizerkoide.

Hymenolepis diminuta *Hymenolepis diminuta*, im Deutschen als Rattenbandwurm bezeichnet, ist eine relativ große Art, und wird wegen der einfachen Haltung gern als Modellsystem genutzt. Die Würmer können in Einzelinfektionen bis 60 cm lang werden. Sie besitzen ein rudimentäres Rostellum (Abb. 3.43a), das jedoch keine Haken trägt. Im Labor werden als Zwischenwirte Mehlkäfer (*Tenebrio molitor)* oder die nur wenige Millimeter großen Reismehlkäfer (*Tribolium confusum)* benutzt. Die Eischale muss mit den Mundwerkzeugen des Käfers aufgebrochen werden, die Onkosphäre durchdringt die Darmwand und entwickelt sich im Hämozöl zum Zystizerkoid. Es ist mit einem schwanzartigen, schmalen Zerkomer versehen (Abb. 3.44g), das ca. zweimal so lang ist wie der den Skolex umhüllende, 300 × 150 μm große Körper. Bei jungen Larven sind auf dem Zerkomer noch die Onkosphärenhaken zu erkennen. Die Zystizerkoide sind nach 2–3 Wochen infektiös. Um diese Zeit verlieren befallene Mehlkäfer ihre Photophobie und Beweglichkeit, was dazu führt, dass Ratten sie leichter fressen können. Die Eiablage im Duodenum der Ratte beginnt zwischen dem 13. und 21. Tag nach Infektion. Die Eier (Abb. 3.43) sind 60–70 μm groß, ihnen fehlen die für die Familie typischen Polfäden. Wie die meisten Hymenolepididae hat *H. diminuta* nur drei Hoden, aber untypischerweise eine zweigeteilte Samenblase. Die Geschlechtsöffnung befindet sich seitlich. Menschen werden nicht oft befallen.

Rodentolepis nana *Rodentolepis nana* (Syn.: *Hymenolepis nana),* der weltweit verbreitete Zwergbandwurm des Menschen und anderer Primaten, ist ein beliebtes und tausendfach benutztes Modell für den Bandwurmbefall von Säugern, da er sich im Labor besonders leicht in Ratten und Getreidekäfern halten lässt. Bei Kindern

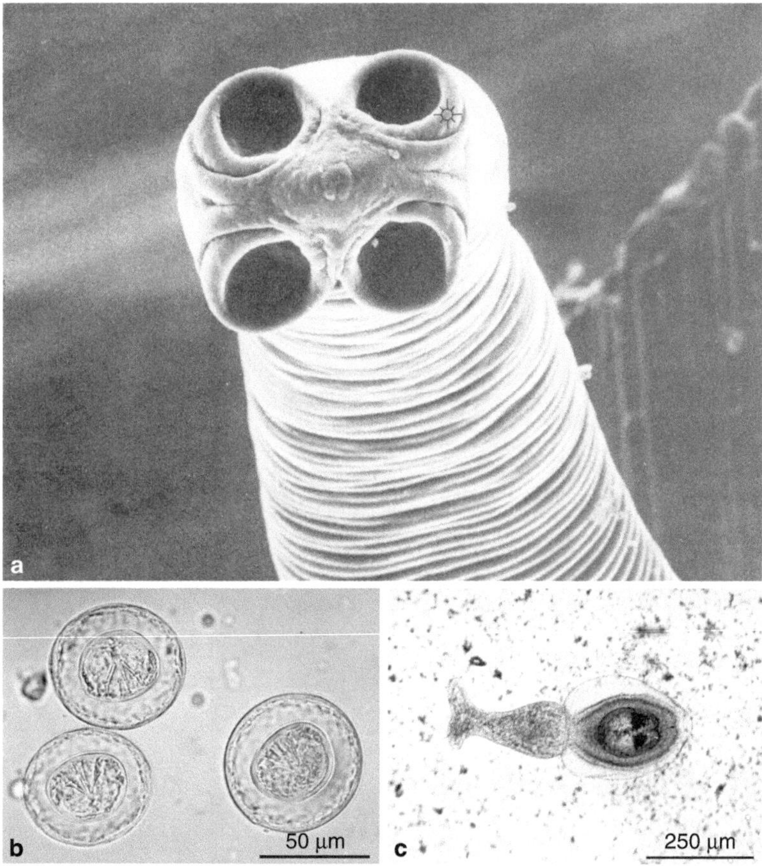

Abb. 3.43 *Hymenolepis diminuta* (Rattenbandwurm). **a** Skolex. **b** Eier. **c** Zystizerkoid aus Mehlkäfer. (**a** EM-Aufnahme: Ubelaker et al. 1973, mit freundlicher Genehmigung. **b**, **c** Archiv der Abteilung Parasitologie, Universität Hohenheim)

kommt er besonders häufig vor. Die Gattung *Rodentolepis* besitzt Skolexhaken und ihre Eier sind mit Polfäden ausgestattet (Abb. 3.44). Die Art hat ein rückziehbares Rostellum, das 18 gleichartige Haken von 16–18 µm Länge trägt (Abb. 3.44f). Die breitovalen Eier messen ca. 50 × 40 µm. *R. nana* erreicht nur eine Länge von 5–6 cm und eine Breite von 0,5–1 mm, die Morphologie entspricht aber der von *H. diminuta*.

R. nana hat bemerkenswerterweise zwei verschiedene Entwicklungsmöglichkeiten (Abb. 3.44): Bei dem für die Hymenolepididae normalen Infektionsmodus werden die Eier von Getreidekäfern und vielen anderen Insekten gefressen. In ihnen wächst innerhalb von drei Wochen das Zystizerkoid heran. Es ist dickwandig und besitzt ein herzförmiges Zerkomer, das etwas größer als der den Skolex um-

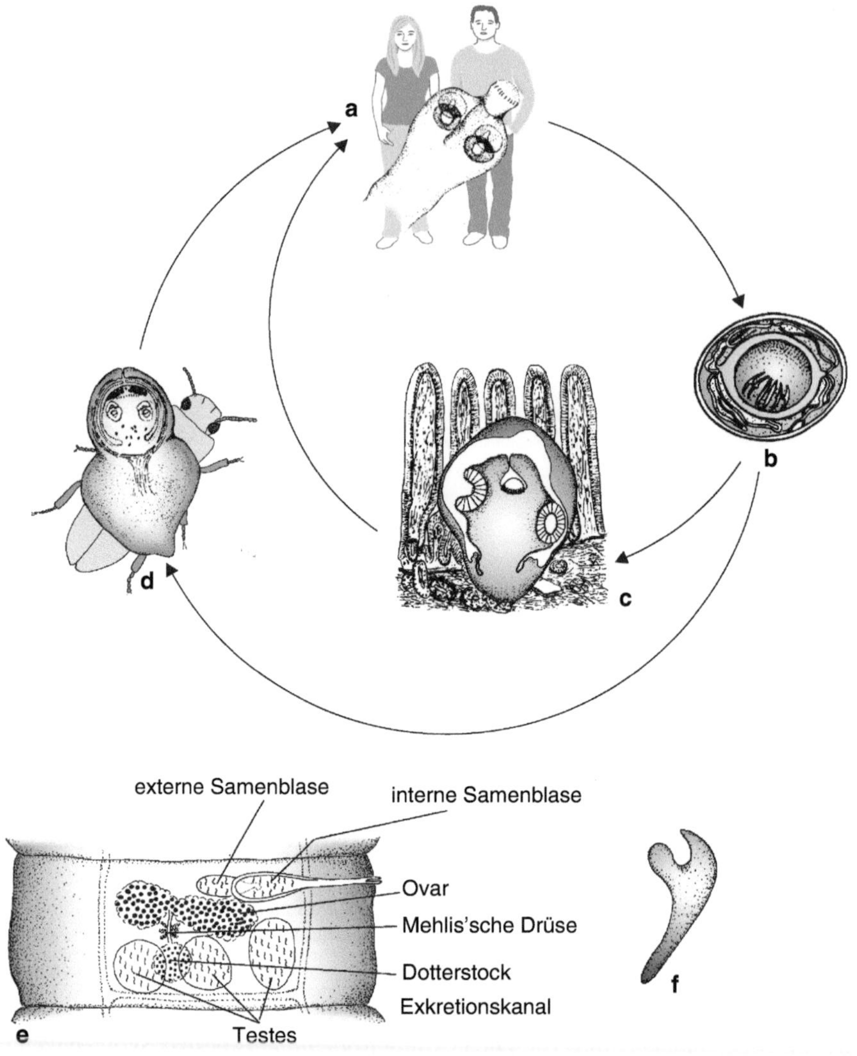

Abb. 3.44 Hymenolepididae. **a–d** Entwicklungszyklus von *Rodentolepis nana*. **a** Skolex des adulten Bandwurms (im Dünndarm des Menschen). Beachte: Skolexhaken vorhanden. **b** Ei mit Onkosphäre und Polfäden. **c** Zystizerkoid in Darmzotten. **d** Zystizerkoid in Hämozöl eines Käfers. **e** Reife Proglottis von *R. nana*. **f** Skolexhaken von *R. nana*

hüllende Körper ist (Abb. 3.45). Wenn Mäuse oder Menschen mit verschmutztem Mehl befallene Käfer aufnehmen, löst sich die Wandung der Larve auf. Der frei gewordene Skolex siedelt sich im Duodenum des Endwirtes an und beginnt mit der Ausbildung der Strobila. Die jungen Würmer wandern, bei der Maus nach 3–4 Ta-

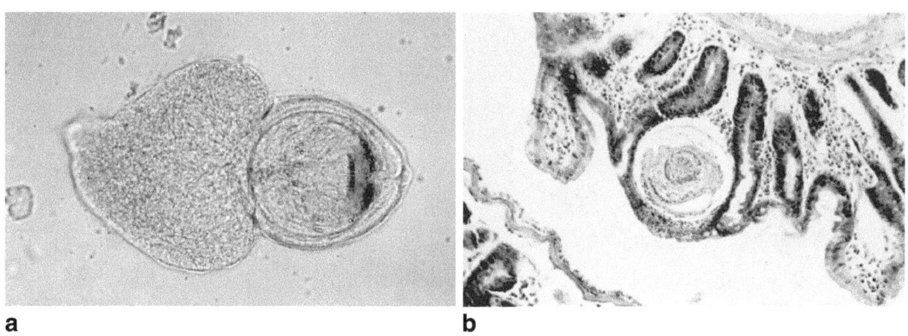

a   b

Abb. 3.45 *Rodentolepis nana*. **a** Zystizerkoid aus Käfer. **b** Zystizerkoid zwischen den Zotten des Duodenums einer Maus. (Foto: Archiv der Abteilung Parasitologie, Universität Hohenheim)

gen, ins hintere Ileum, wo sie geschlechtsreif werden und am 7. Tag p. i. mit der Eiausscheidung beginnen.

Der zweite und häufigere Infektionsmodus ist die Autoinfektion: Wenn ausgeschiedene Eier vom Endwirt selbst wieder oral aufgenommen werden, dringt die in der vorderen Dünndarmhälfte schlüpfende Onkosphäre in eine Darmzotte ein und wandelt sich hier zu einem Zystizerkoid um, das im Gegensatz zu demjenigen im Käfer dünnwandig ist und kein Zerkomer aufweist (Abb. 3.45b). Nach 4–6 Tagen verlässt die Larve die Darmzotte und setzt die Entwicklung zum erwachsenen Wurm im unteren Teil des Dünndarmes fort. Eier, die von solchen Würmen produziert wurden, können auch dünnwandige Zystizerkoide bilden, ohne zuvor mit dem Kot den Wirt zu verlassen. Auf diese Weise können aus einem einzigen Infektionsstadium viele adulte Würmer entstehen, was eine seltene Ausnahme unter den Helminthen darstellt. Diese Autoinfektion macht es schwer, den Zwergbandwurm zu kontrollieren, und *R. nana*-Infektionen sind daher häufig bei Kindern, die in schlechten hygienischen Bedingungen leben. Bei ihnen können starke Infektionen zu Erbrechen, Durchfall, Bauchschmerzen, Gewichtsverlust und unspezifischen Symptomen führen.

Nager werden bereits durch eine einzige in die Darmwand eingedrungene Onkosphäre gegen eine 1–2 Tage später erfolgende Belastungsinfektion mit Eiern (nicht mit Zystizerkoiden!) für mindestens drei Monate vollkommen immunisiert. Es ist unbekannt, ob im Menschen die gleichen rigiden Immunitätsprozesse ablaufen.

3.2.3.7.3 *Dipylidium caninum*

Der Gurkenkernbandwurm ist ein Vertreter der Cyclophyllidenfamilie Dipylidiidae, die ausschließlich Parasiten von Karnivoren enthält. Ihre Proglottiden enthalten zwei Sätze von Reproduktionsorganen. *D. caninum* kommt in Hund und Katze vor und nutzt Mallophagen (Haarlinge) oder Flöhe als Zwischenwirte. Haarlinge als hemimetabole Insekten mit beißenden Mundwerkzeugen können in jedem Entwicklungsstadium dem Fell anhaftende Bandwurmeier fressen. Bei Flöhen als holometabole Insekten sind es die mit beißenden Mundwerkzeugen ausgestatteten

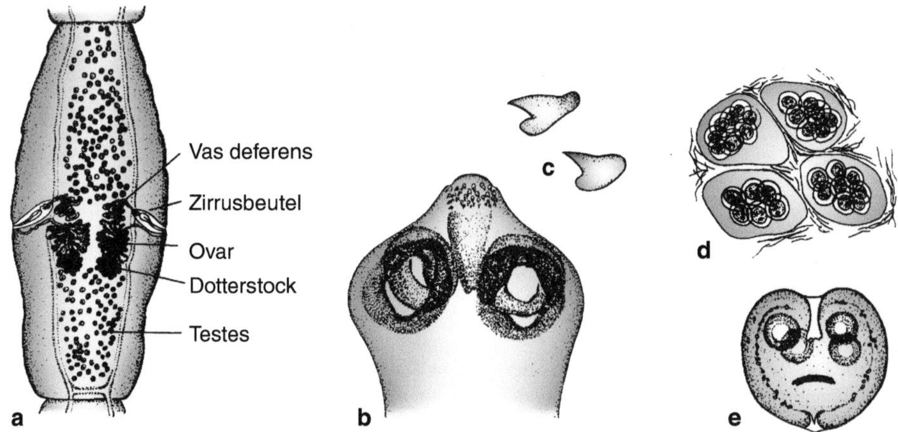

Abb. 3.46 *Dipylidium caninum.* **a** Reife Proglottis. **b** Skolex mit eingezogenem Rostellum. **c** Skolexhaken. **d** Eipakete im Uterus. **e** Zystizerkoid aus einem Mallophagen

Larven, die die Eier aufnehmen. Das in ihrem Hämozöl entstehende Zystizerkoid (Abb. 3.46e) überdauert die Metamorphose und gelangt in den Endwirt, wenn dieser die adulten Flöhe zerbeißt.

Die Proglottiden von *D. caninum* sind leicht von denen anderer Bandwürmer zu unterscheiden, da sie in der Mitte breiter als an den schmalen Enden sind, was ihnen das Aussehen von Gurkenkernen verleiht (Abb. 3.46a). Die beiden Geschlechtsöffnungen an der breitesten Stelle sind namengebend („di" = zwei, „pylä" = Öffnung). Die Würmer werden bis 50 cm, gelegentlich bis 80 cm lang. Ihr ausstülpbares Rostellum ist in spiraligen Reihen eng mit winzigen, rosendornähnlichen Haken von 5–15 µm Länge besetzt (Abb. 3.46b, c). Der Uterus wird als Netzwerk angelegt, dessen Maschen schließlich Eikapseln bilden, die je 10–30 Eier von 40–50 µm Größe enthalten (Abb. 3.46d).

3.2.3.7.4 Taeniidae

Diese Familie der Cyclophyllidea enthält die am höchsten entwickelten und wichtigsten adulten und larvalen Zestoden des Menschen. Adulte Taeniidae parasitieren in ganz bestimmten Säugetieren und in fast allen Fällen sind Säugetiere Zwischenwirte. Die weltweit verbreitete Familie besteht einerseits aus einer Gruppe von momentan drei Gattungen: (1) *Taenia* mit rund 40 Arten, (2) *Hydatigera* mit *Hydatigera taeniaeformis* und zwei weiteren Arten und (3) *Vesteria* mit zwei Arten. Diese drei Gattungen werden oft als Unterfamilie Taeniinae zusammengefasst, um sie andererseits von der ebenfalls zur Familie Taeniidae gehörenden Gattung *Echinococcus* zu unterscheiden. Differenzialdiagnostisches Kennzeichen ist der bei Larve und Adultus vorhandene Doppelkranz aus zwei verschiedenen Formen von Skolexhaken (Abb. 3.47, 3.48a–e).

Der Metazestode ist der nur in Säugetieren auftretende **Zystizerkus**, bei Schlachttieren auch als Finne bezeichnet. Vom Zystizerkoid unterscheidet sich

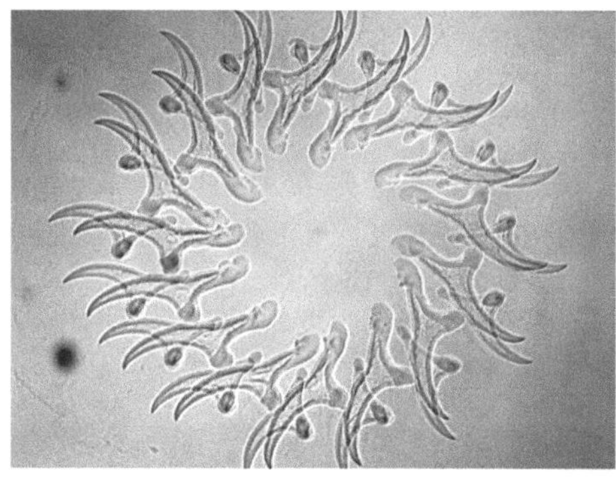

Abb. 3.47 *Taenia crassiceps*. Hakenkranz. Die großen Haken sind ca. 180 µm lang

der Zystizerkus dadurch, dass der Skolex in eine Höhlung eingestülpt ist, ähnlich einem eingestülpten Handschuhfinger (und nicht wie beim Zystizerkoid eingezogen wird, s. Abb. 3.36).

Endwirte der Taeniidae sind Landraubtiere, also Canidae, Felidae, Mustelidae, Ursidae, Hyaenidae, Procyonidae und Viverridae. Ausnahmen hiervon bilden die drei *Taenia*-Arten, die im Menschen vorkommen: *Taenia saginata*, *T. solium* und *T. asiatica*.

Zwischenwirte der Taeniidae sind diejenigen meist pflanzenfressenden Säugetiere, die in das Beutespektrum der Karnivoren-Endwirte gehören. Außerdem können

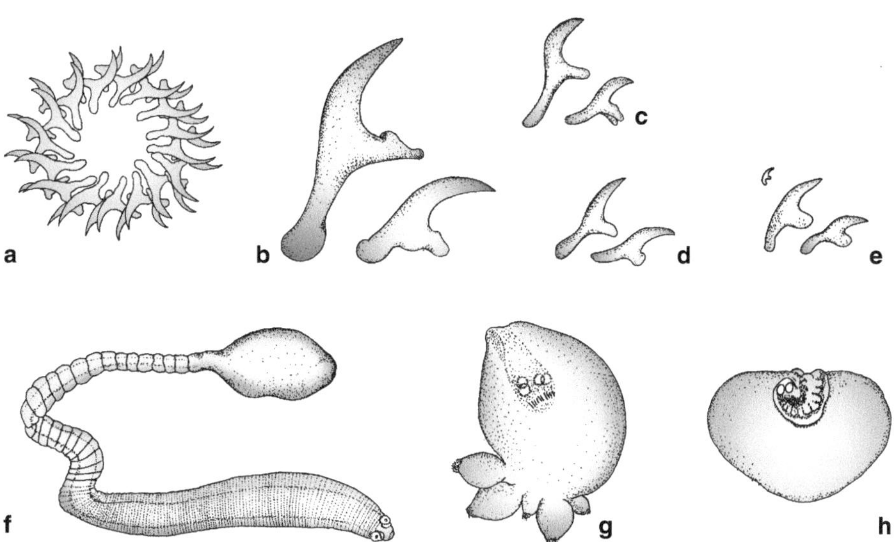

Abb. 3.48 Taeniidae. **a** Hakenkranz von *Taenia crassiceps*. **b–e** Je ein großer und ein kleiner Skolexhaken, alle in gleicher Vergrößerung von **b** *T. taeniaeformis*, **c** *T. hydatigena*, **d** *T. solium*, **e** *Echinococcus multilocularis* (stark vergrößert, nur der kleine Haken *links oben* im Größenverhältnis wie die übrigen). **f** Strobilozerkus von *T. taeniaeformis*. **g** Zystizerkus von *T. crassiceps*, sprossend. **h** Zystizerkus von *T. saginata*

die Larvenstadien der Gattung *Echinococcus* neben ihren normalen Zwischenwirten auch den Menschen befallen. Im Gegensatz zu den übrigen Cyclophyllidea tritt ungeschlechtliche Vermehrung im Larvenstadium in der Gattung *Taenia* nicht selten auf und ist bei *Echinococcus* sogar obligatorisch.

Entwicklung Die sich im Darm des Endwirtes von der Strobila ablösenden graviden Proglottiden wandern zum Dickdarm, verlassen meistens aktiv den Anus und können sich auch außerhalb des Wirtes noch eine Weile weiterbewegen. Dabei werden so gut wie alle Eier aus der Proglottis herausgepresst. Bei weniger beweglichen Arten verbleiben die Eier größtenteils in der Proglottis. Die Eier sind sehr lange lebensfähig und haben eine hohe Widerstandsfähigkeit gegenüber Umwelteinflüssen. Nur in heißem und trockenem Milieu überleben sie nicht lange. Sie werden bei der Aufnahme pflanzlicher Nahrung vom Zwischenwirt oral aufgenommen. Die Onkosphären durchdringen die Dünndarmwand, werden mit dem Blutstrom im Körper verdriftet und siedeln sich an speziesspezifischen Stellen wie Leber, Muskulatur, Leibeshöhle, Brusthöhle, Gehirn oder Unterhautbindegewebe an (Tab. 3.7), wo sie sich zu Zystizerken umwandeln. Bei ungefähr einem Viertel der Arten vermehren sich die Metazestoden ungeschlechtlich. Das Zwischenwirtsspektrum innerhalb einer Taenienart ist normalerweise recht weit. Es wird natürlicherweise begrenzt durch die Größe des Tieres, das vom Endwirt erbeutet werden kann. Wenn die Metazestoden im erbeuteten Zwischenwirt den Darm des Endwirtes erreichen, stülpen sich die Kopfanlagen aus, fixieren sich in der Darmschleimhaut und wachsen zum Adulttier heran. Die Taenienarten unserer einheimischen Karnivoren und ihre Zwischenwirte sind in Tab. 3.7 aufgeführt.

Morphologie Taenien sind wenige Millimeter *(Echinococcus)* bis viele Meter *(Taenia)* lang. Der Skolex besitzt kein Rostellum und trägt einen charakteristischen Kranz aus zwei alternierend stehenden, verschieden langen und verschieden geformten Haken. Ihre Anzahl, Länge und Form stellen wichtige Identifikationsmerkmale dar. Die männlichen Geschlechtsorgane (Abb. 3.35a, b) bestehen aus den Testes (ja nach Art 70–1200), die im zentralen, von den Exkretionskanälen begrenzten Bereich der Proglottis liegen, und dem seitlich nach außen ziehenden Vas deferens mit Zirrusbeutel und Zirrus am Rand der Proglottis.

Die weiblichen Geschlechtsorgane umfassen das zweigeteilte Ovar, dahinter den kompakten Dotterstock am Hinterrand der Proglottis und die hinter und neben dem Vas deferens nach außen ziehende Vagina (Abb. 3.35, 3.49). Die Vagina kann einen Sphinkter besitzen. Die gemeinsame Geschlechtsöffnung liegt, unregelmäßig alternierend, randständig. Der Uterus ist zunächst ein median gelegenes Rohr, das sich später in graviden Proglottiden verzweigt (Abb. 3.35, 3.49) und dann mit seinen proximalen Ästen bis in die davorgelegene Proglottis hineinreicht. Beim Ablösen des Gliedes entstehen daher regelrechte Löcher, aus denen die Eier durch die Eigenbewegung herausgedrückt werden.

Die Eier, je nach Größe der Art in Mengen von 10.000–100.000 in jeder Proglottis gebildet, sind rund- bis breitoval und zwischen 25 und 35 µm groß. Sie sind nur durch die Embryophore geschützt, eine braune, aus einzelnen Blöcken zusam-

Tab. 3.7 Übersicht über Wirte, Sitz und Form der Larve einheimischer *Taenia*-Arten (die Anmerkungen der letzten Spalte beziehen sich auf Deutschland)

Art	Endwirte	Zwischen-wirte	Sitz der Larve	Vermehrung der Larve	Besonderheiten und Bezeichnung der Larve
T. hydatigena	(Wolf) Hund	Ruminantia, Schwein	Mesenterium	Keine	Selten geworden (Cysticercus tenuicollis)
T. multiceps	(Wolf) Hund	Schaf	Gehirn	Ungeschlecht-lich	Selten geworden (Coenurus cerebralis)
T. ovis	(Wolf) Hund	Schaf	Muskulatur	Keine	Sehr selten
T. serialis	Hund, Fuchs	Hase, Kaninchen	Mesenterium	Ungeschlecht-lich	Selten (Coenurus serialis)
T. pisiformis	Hund, Fuchs	Hase, Kaninchen	Mesenterium, Leber (u. a.)	Keine	Selten
T. crassiceps	Fuchs, Hund	Nagetiere	Subkutanes Bindegewebe, Brusthöhle	Ungeschlecht-lich	Häufig
T. polyacantha	Fuchs, Hund	Nagetiere	Leibeshöhle	Keine	–
T. taeniaeformis	Katze	Nagetiere	Leber	Keine	Sehr häufig (Strobilozerkus)
T. martis	Marder	Nagetiere	Brust- u. Leibeshöhle	Keine	Zystizerken (frei liegend) in Bisam bis 20 cm lang
T. mustelae	Wiesel, Hermelin	Nagetiere	Leber	Keine	Zystizerken nur 1–2 mm groß

mengesetzte, radiär gestreifte Schicht, die wegen ihrer Dicke die Onkosphäre kaum erkennen lässt. In Magen und Duodenum des Zwischenwirtes zerbricht die Embryophore unter dem Einfluss von sauren und alkalischen Enzymen in ihre Bestandteile und entlässt die Onkosphäre. Die Eier sind bei allen Taeniiden so ähnlich, dass anhand ihrer Größe und Form keine Artdiagnose gestellt werden kann.

Der Zystizerkus besitzt kein Zerkomer. Er ist eine durchsichtige, flüssigkeitsgefüllte Blase, in die der Skolex mit den bereits voll ausgebildeten Haken eingestülpt und als weißer Punkt mit bloßem Auge sichtbar ist. Von diesem Grundbautyp, wie er z. B. bei *T. saginata* (Abb. 3.48h) und *T. solium* ausgeprägt ist, weichen die Larven vieler Arten im Aussehen ab (Abb. 3.36). Die unterschiedlichen Ausbildungen der Zystizerken führten in der Vergangenheit, als oft ihre Zugehörigkeit zu adulten Bandwürmern noch nicht bekannt war, zu eigenen Artnamen, die aber den Regeln der zoologischen Nomenklatur nicht entsprechen und heute nicht mehr benutzt werden sollten.

Adulte Taenien sind mit morphologischen Methoden nicht leicht zu bestimmen. Daher ist die Versuchung immer groß gewesen, Würmer mit abweichenden Merkmalen oder aus neuen End- oder Zwischenwirten als neue Arten zu beschreiben. Auf die Weise sind in Laufe der Zeit für die ca. 45 *Taenia*-Arten 130 Synonyme entstanden. Heutzutage bieten Genomdaten bessere Identifizierungsmöglichkeiten, sodass sicherlich manche Arten eingeschmolzen werden, dafür aber andere neu beschrieben werden.

Immunbiologie Adulte Bandwürmer sind – wahrscheinlich wegen ihres geringen Kontakts mit dem Immunsystem – meist relativ wenig immunogen. Da ihre Pathogenität begrenzt ist und sie mit Medikamenten leicht entfernt werden können, haben sie in der Forschung nicht den gleichen Stellenwert inne wie einige andere Parasiten. Metazestoden, die im Wirtsgewebe leben, können wohl nur aufgrund ausgeprägter Mechanismen der Immunevasion überleben. So produzieren sie z. B. eine Vielzahl von Faktoren, die das Komplementsystem inhibieren. Zudem enthält das Tegument von Metazestoden mehrere Scavenger-Proteine, wie z. B. die Glutathion-S-Transferase (GST) und Superoxiddismutase (SOD), die Wirtseffektormoleküle entgiften können. Zudem wird die Chemotaxis von Phagozyten und die Aktivierung von Lymphozyten des Wirtes inhibiert. Die Larvenstadien lösen im Wirt einen starken Abwehrmechanismus aus, der vor Superinfektionen schützt, ohne dass sie selbst von den induzierten Immunantworten eliminiert werden. So schützt z. B. die Infektion mit einer einzigen Onkosphäre von *Hydatigera taeniaformis* Mäuse vor einer Folgeinfektion. Diese effiziente Immunität wird ausgelöst von komplementfixierenden Antikörpern gegen Oberflächenproteine der Onkosphärenmembran. Auf Grundlage dieser robusten Immunmechanismen wurden Impfstoffe entwickelt, die auf rekombinanten Onkosphärenantigenen beruhen und Nutztiere gegen landwirtschaftlich bedeutende Taeniiden schützen. Diese Impfstoffe wurden jedoch noch nicht kommerzialisiert.

3.2.3.7.5 *Taenia saginata*, *Taenia solium* und andere Taeniinae

Taenia saginata Der Rinderfinnenbandwurm *T. saginata* (Abb. 3.49f–i) ist eine der drei Arten, die adult im Menschen und nicht in Karnivoren vorkommen. Leider wird der Parasit als Rinderbandwurm bezeichnet, sollte aber besser Rinderfinnenbandwurm heißen, da nicht der Bandwurm im Rind auftritt, sondern seine Finne. Die Art ist mit ihrem Zwischenwirt kosmopolitisch verbreitet worden. Sie stellt weniger ein gesundheitliches als ein fleischhygienisches Problem dar. *T. saginata* ist neben *T. asiatica* die einzige Art der Gattung, die im adulten Zustand keinen Hakenkranz besitzt. Die Haken werden im jungen Zystizerkus zunächst angelegt, gehen dann aber wieder verloren. Details der Morphologie werden im Vergleich zu *Taenia solium* in Tab. 3.8 aufgeführt.

Der Rinderfinnenbandwurm kommt bei 0,5 % der mitteleuropäischen Bevölkerung vor, selbst in Ländern mit ausgeprägter Hygienepolitik. Menschen beherbergen in der Regel nur einen Bandwurm pro Individuum und zeigen relativ wenige Symptome, obwohl Appetitlosigkeit, Mattigkeit, Kopfschmerz, diffuse Bauchschmerzen, Durchfälle und Verstopfung auftreten können. Nach einer Präpatenz von zehn Wochen bildet der Bandwurm 6 Proglottiden pro Tag, von denen jede

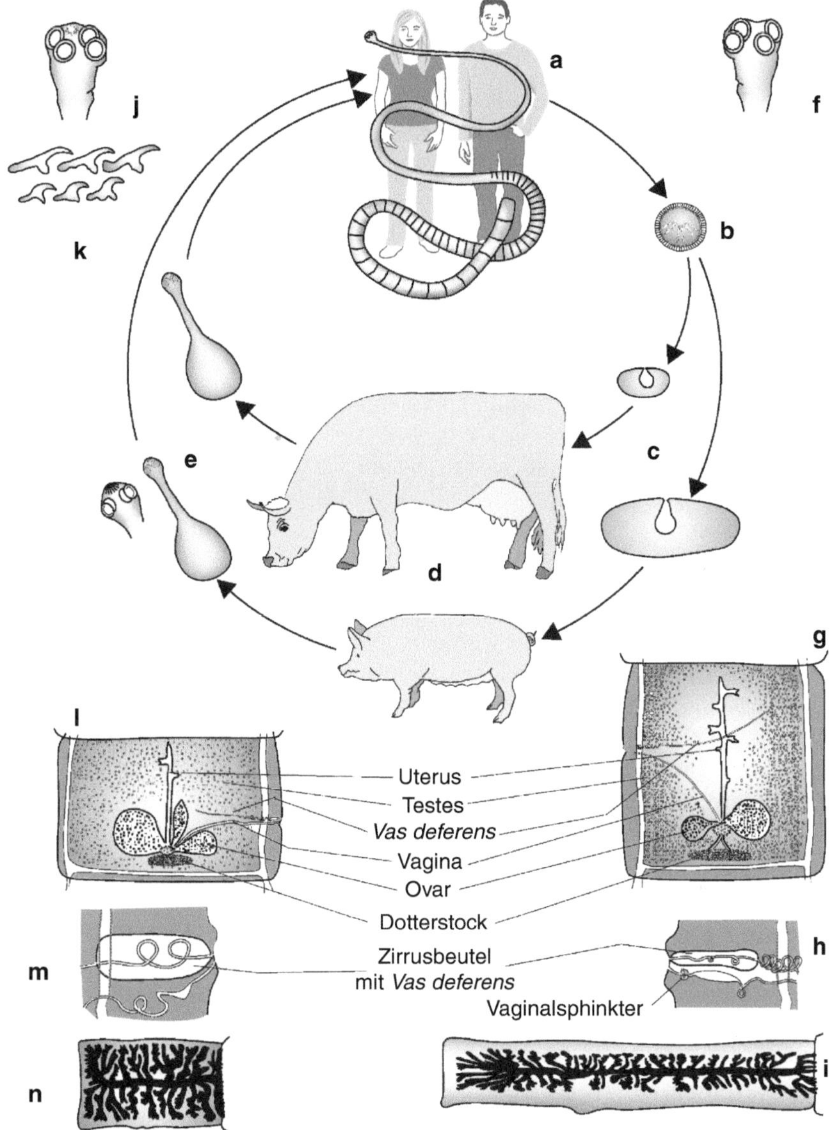

Abb. 3.49 *Taenia solium, T. saginata,* Entwicklungszyklus und Morphologie. **a** Mensch mit adultem Bandwurm (im Dünndarm). **b** Ei. *Innerer Kreis* und *Figuren* auf *rechter Seite* (**f, g, h, i**): *T. saginata. Äußerer Kreis* und *Figuren* auf *linker Seite* (**j, l, m, n**): *T. solium.* Die invaginierten Zystizerken (**c**) sind im gleichen Größenverhältnis dargestellt. **d** Zwischenwirte. **e** Ausgestülpte Zystizerken. Morphologie von *Taenia saginata:* **f** Skolex ohne Haken. **g** Unreife Proglottis. **h** Genitalöffnung (auf *linker Seite*). **t** Gravide Proglottis. Morphologie von *Taenia solium:* **j** Skolex. **k** Skolexhaken. **l** Unreife Proglottis. **m** Zirrusbeutel und Vaginaausgang (beachte im Vergleich dazu den Vaginalsphinkter von *T. saginata*). **n** Gravide Proglottis

Tab. 3.8 Morphologische Unterschiede zwischen *Taenia saginata* und *Taenia solium*

	T. saginata	*T. solium*
Adultus		
Deutscher Name	Rinderfinnenbandwurm	Schweinefinnenbandwurm
Skolex	Ohne Haken	Mit Haken
Gesamtlänge	10 m und mehr	3–4 m
Größe gravider Proglottiden	18–20 × 4–7 mm	9–12 × 6–7 mm
Proglottis: Länge:Breite	6:1	3:1
Form des Ovars	Normal (= zweiteilig)	Mit schmalem Extralappen am polaren Lobus
Anzahl der Uterusäste	Jederseits 20–30	Jederseits 7–12
Vagina	Mit Sphinkter	Ohne Sphinkter
Zystizerkus		
Größe	7–9 mm	6–15 mm
Aussehen	Gelblich weiß, derb	Weißlich, durchsichtig
Zwischenwirte	Ausschließlich Rind	Schwein (Mensch), experimentell auch andere Säugetiere
Alte Bezeichnung	*Cysticercus bovis, Cysticercus inermis*	*Cysticercus cellulosae, Cysticercus ocularis*

80.000–100.000 Eier enthält. Es wurde berichtet, dass die adulten Bandwürmer ein Lebensalter von 25 Jahren erreichen können und dass der Befall den Wirt stark ermattet. Noch vor dem Zweiten Weltkrieg konnte man in manchen Apotheken Finnen bestellen, die von Frauen zwecks Gewichtsreduktion eingenommen wurden. Das Rind ist unter normalen Verhältnissen nur schwach befallen, weil die Proglottiden bei ihren aktiven Kriechbewegungen schon im Darm und dann im Freien die meisten Eier verlieren, sodass nur wenige in den Zwischenwirt gelangen und in dem großen Schlachtkörper der Aufmerksamkeit bei der Fleischbeschau leicht entgehen. Die nach ca. zehn Wochen infektiös werdende Finne siedelt sich vor allem in der Masseter-, Zungen-, Zwerchfell- und Herzmuskulatur an. In Deutschland und seinen westlichen Nachbarländern sind 0,7–1,5 % der Rinder befallen. Die Tiere infizieren sich durch ungenügend geklärte Abwässer, die, in Flüsse eingeleitet, angrenzende Weiden überfluten. In Mastbetrieben können Kälber durch infiziertes Personal, an dessen Händen die Eier haften, infiziert werden. Die Finnen rufen so gut wie keine Reaktionen hervor, auch dann nicht, wenn sie absterben und verkalken.

Taenia solium *Taenia solium*, der Schweinefinnenbandwurm (nicht „Schweinebandwurm"!) ist die zweite Art, die als Adultstadium den Menschen infiziert (Abb. 3.49j, l–n). Sie konnte in Mitteleuropa mithilfe der Fleischbeschau eliminiert werden, vermutlich weil die wenig beweglichen Proglottiden ihre Eier nicht abgeben, bevor sie mit dem Stuhl ausgeschieden werden, und daher das koprophage (kotfressende) Schwein große Mengen von Eiern aufnimmt. Die zahlreich sich entwickelnden 1–2 cm großen Finnen sind dann beim Schlachten kaum zu übersehen. Details der Morphologie sind im Vergleich zu *Taenia saginata* in Tab. 3.8 aufgeführt.

T. solium besitzt keine streng ausgeprägte Spezifität für den Zwischenwirt. Außer dem Schwein und dem experimentell infizierbaren Goldhamster kann auch der Mensch die Zystizerken beherbergen. Sie siedeln sich nicht nur wie beim Schwein in der Muskulatur an, wo Symptome kaum hervorgerufen werden, sondern auch in anderen Organen. Bei 60 % aller Zystizerkosepatienten kommt es zu einem Befall des Gehirnes. Je nach Sitz des „Cysticercus cellulosae" in Hirnhäuten oder Hirnparenchym und je nachdem, ob die Larven noch leben oder bereits abgestorben und kalzifiziert sind, verursachen sie Hirnhautentzündungen und vermehrten Hirndruck und rufen damit gravierende neurologische Symptome hervor. Die Patienten leiden unter epilepsieartigen Erscheinungen, Kopfschmerzen, Erbrechen, Reizleitungsstörungen oder – bei Befall in jungen Jahren – Intelligenzminderung. Befall des Auges durch den „Cysticercus ocularis" hat Sehstörungen und im schlimmsten Fall Blindheit zur Folge.

Mit den Larven von *T. solium* sind hauptsächlich solche Menschen befallen, die selbst Bandwurmträger sind. Sie infizieren sehr häufig auch ihre Mitbewohner, da die winzigen Eier, besonders wenn die ausgeschiedenen Proglottiden vertrocknen und zerbröseln, leicht verwirbelt und oral aufgenommen werden. Die Zystizerkose des Menschen kommt in vielen Ländern vor, in denen Schweine privat gehalten und Schlachtungen ohne veterinärmedizinische Kontrolle vorgenommen werden, in denen keine oder ungenügende Abwasserreinigung stattfindet und in denen die hygienischen Verhältnisse allgemein schlecht sind. Aktuelle Schätzungen sprechen von 50 Mio. Fällen weltweit. Das geradezu klassische Land menschlicher Zystizerkose ist Mexiko. Auswertungen von Autopsien zeigten, dass die Prävalenz bei den Einwohnern von Mexiko City bei 1,4–3,6 % liegt, wobei allerdings der Befall meistens während des Lebens unentdeckt geblieben war.

Taenia asiatica *Taenia asiatica* befällt den Menschen, kommt im ostasiatischen Raum vor und ist erst um 1990 entdeckt worden. Wie molekulare Analysen zeigen, ist die asiatische Taenie mit *T. saginata* verwandt. Die Finnen besiedeln aber nicht das Rind, sondern die Muskulatur von Schweinen. Die Larven besitzen zwei Typen von Skolexhaken, einen äußeren Kranz mit mindestens 200 Haken, die nur knapp 7 μm lang sind, und einen inneren Kranz von wenigen bis 95 Haken, die bis 11 μm messen. Im Gegensatz zu *T. solium* kann der Mensch nicht von den Zystizerken befallen werden.

Wenn *T. saginata*, *T. asiatica* und *T. solium* so wie alle anderen *Taenia*-Arten ursprünglich Karnivoren als Endwirte hatten, ist die Frage, wie sie auf den Menschen übergehen konnten. Nach Meinung von Hoberg (2006) geschah dies, als die Vorfahren des *Homo sapiens* in Afrika begannen Antilopen zu jagen. Sie setzten sich den Zystizerken solcher Pflanzenfresser aus und wurden zu Wirten des adulten Bandwurms. Erst als der Mensch Asien und Europa vor 780.000–1,7 Mio. Jahren besiedelte, trennten sich die Arten *T. saginata* und *T. asiatica* und erst mit der Domestikation von Rindern und Schweinen wurden diese vor ca. 10.000 Jahren zu Zwischenwirten der Taenien des Menschen.

Taenia hydatigena *Taenia hydatigena* kommt als Adulttier im Dünndarm von Hunden und Füchsen, selten auch der Katze vor. Die Würmer können eine Länge von 2,50 m erreichen. Die Metazestoden können bei Hauswiederkäuern zu pathologischen Veränderungen führen, da die jungen Zystizerken zunächst durch das Leberparenchym wandern und dort ähnlich wie *Fasciola* blutgefüllte, gewundene Gänge hinterlassen, die später vernarben. Bei starkem Befall können vor allem Schaf- und Ziegenlämmer an schwerer Hepatitis oder Peritonitis sterben. Der ausgewachsene Metazestode hängt als auffällige, pflaumengroße, durchsichtige Blase gestielt an Mesenterien und Organen der Leibeshöhle.

Taenia multiceps *Taenia multiceps*, ein Bandwurm von Caniden, erreicht im Endwirt eine Länge von 1,20 m und hat einen sich ungeschlechtlich vermehrenden Metazestoden, der als Coenurus bezeichnet wird. Er ist eine große Blase, an deren Innenwand in mehreren dichten Gruppen kleine Zystizerken sprossen. Die im Gehirn angesiedelte Larve ruft in Schafen die „Drehkrankheit" hervor, die sich in Kreisbewegungen, schiefer Kopfhaltung oder Lähmungen besonders der Lämmer auswirkt und oft zum Tod führt. Die Verhaltensstörungen der infizierten Tiere erleichtern die Erbeutung durch den Endwirt.

Hydatigera taeniaeformis Der „Katzenbandwurm" kommt bei jeder frei laufenden und Mäuse fangenden Katze als bis zu 60 cm langer Adultus vor. Eine Vielzahl von Nagern, die in oder nahe menschlichen Siedlungsgebieten leben, tragen die Metazestoden. Diese hängen als ca. 2 cm große gelbliche Zyste an der Leber und sind von Bindegewebe umgeben. Sie enthalten eine ca. 10 cm lange Larve. Sie sieht segmentiert aus wie ein adulter Bandwurm und wird als Strobilozerkus (Abb. 3.48f) bezeichnet. Bei infizierten Katzen, kann man die gefüllten Proglottiden an den Haaren um den Anus herum erkennen. Katzen entwickeln keine Immunität und können sich daher nach einer Behandlung mit Anthelminthika wieder infizieren.

3.2.3.7.6 *Echinococcus*

Diese Gattung der Familie Taeniidae erhält ihre große Bedeutung dadurch, dass die sich ungeschlechtlich vermehrenden und zu enormer Größe heranwachsenden Metazestoden den Menschen befallen können und schwere Krankheiten verursachen. Wo diese Zoonose in Nutztieren als Zwischenwirten auftritt, ist sie durch den Menschen weltweit verbreitet worden. Die Biologie der Echinokokken entspricht derjenigen aller Taeniidae, d. h., Endwirte sind Karnivoren, Zwischenwirte sind deren pflanzenfressende Säugerbeutetiere. Die vegetative Vermehrung im Zwischenwirt ist bei allen Arten der Gattung *Echinococcus* obligatorisch. Adulte Würmer werden maximal 7 mm lang und haben drei bis höchstens sechs Proglottiden. Die Anordnung der Geschlechtsorgane entspricht prinzipiell derjenigen der Gattung *Taenia*. Es sind allerdings nur maximal 60 Testes vorhanden.

Die Anzahl der Arten und Stämme ist seit Einführung molekularer Methoden stark gestiegen (Tab. 3.9). Drei verschiedene Wachstumsformen der Larven sind bei den Arten zu unterscheiden: die zystische, die alveoläre und die polyzystische (Tab. 3.9).

3.2.3.7.7 *Echinococcus granulosus* und nah verwandte Arten

Der „Hundebandwurm", wie er im Deutschen etwas unpräzise genannt wird, stellt einen Artenkomplex dar. Daher sollte er korrekterweise *E. granulosus s. l.* (lat. „sensu lato" = im weiteren Sinne) genannt werden. Endwirte von *E. granulosus* sind Caniden (Wolf, Hund, Dingo, Schakal, Fuchs), in deren Dünndarm die kleinen adulten Würmer zu Tausenden zwischen den Zotten angeheftet liegen. Sie werden bis 5 mm lang und bilden meist nur drei Proglottiden aus, von denen nur die letzte zwischen den Zotten hervorragt. Die letzte Proglottis nimmt mehr als die Hälfte der gesamten Wurmlänge ein. Im Mittel sind 44 Testes vorhanden. Der reife Uterus darin ist lang gestreckt und weist seitliche Ausbuchtungen auf. Von den 24–32 Skolexhaken sind die großen 37 µm lang, die kleinen 29 µm. Zwischenwirte sind eine Vielzahl von Nutztieren.

Die Metazestoden verursachen zystische Echinokokkose. Sie bilden in der Leber, aber auch in der Lunge und anderen Organen große unilokuläre (d. h. einkammerige) Blasen, die große Flüssigkeitsmengen enthalten und einen Durchmesser von 20 cm erreichen können. Sie werden als Hydatiden bezeichnet (gr. „hydatinos" = wasserreich). Diese Zysten bestehen aus einer äußeren, 1 mm dicken Lamellarschicht und einer dünnen Keimschicht darunter, die nach innen hin Tochterblasen (Brutkapseln) bildet, aus deren Innenwand Enkelblasen und bis zu 30 Zystizerken sprossen (Abb. 3.50). Für sie ist der Ausdruck Protoskolizes eingebürgert. Von der Innenwand abgelöste Brutkapseln und Protoskolizes stellen den sogenannten Hydatidensand dar. Die **Schadwirkung** besteht darin, dass bei dem starken Wachstum der Hydatiden raumfordernde Prozesse verschiedene Organe schädigen können (Abb. 3.51). Der Druck auf die Gallengänge oder die Pfortader gefährdet dann den Gallenabfluss oder führt zu Aszites. Bei Sitz in der Lunge kommt es zu erheblicher Atemnot. In anderen Organen sind diejenigen Metazestoden besonders unangenehm, die sich an beengten Stellen ansiedeln, z. B. innerhalb eines Gelenks, eines Knochens oder des Wirbelkanals. Die von einer derben Bindegewebskapsel umwachsenen Hydatiden sind an sich operativ leicht zu entfernen. Kunstfehler führen allerdings wegen des starken Innendruckes der Blase leicht zu einer Überflutung des Operationsfeldes mit Hydatidensand und zu hämatogener Verschleppung. Aus jedem Protoskolex kann im Prinzip eine neue Hydatide entstehen. Solche Sekundärinfektionen sind dann wesentlich gravierender als die Primärinfektion. Um solche Komplikationen zu vermeiden, wird vor der Operation Alkohol in die Hydatiden injiziert, der die Metazestoden abtötet.

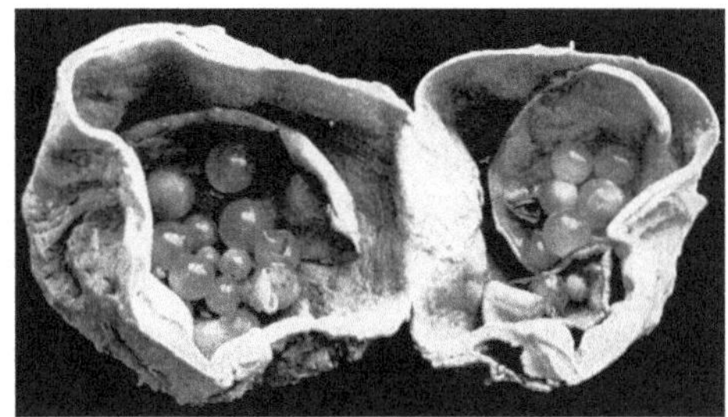

Abb. 3.50 *Echinococcus granulosus*. Hydatide mit Tochter- und Enkelblasen aus der Leber des Menschen. (Aus Piekarski 1954)

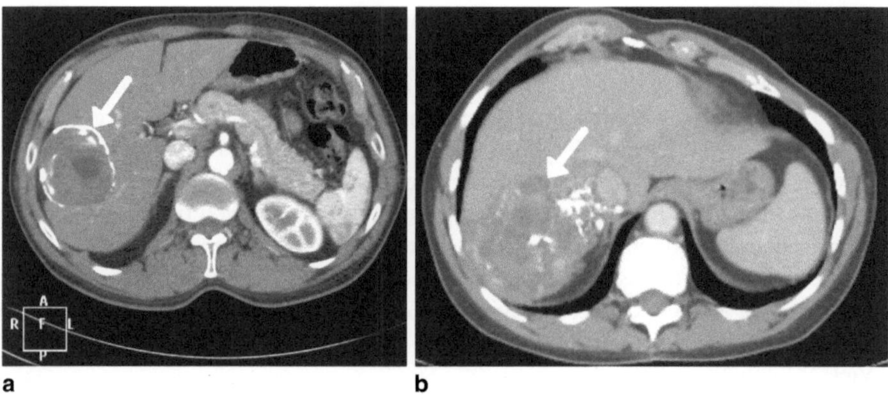

Abb. 3.51 Sonografie der menschlichen Leber mit Echinokokkenbefall. **a** Blasenförmige Hydatide von *E. granulosus* (*Pfeil*). **b** Kompakte Larvenmasse von *E. multilocularis* (*Pfeil*). (Foto: P. Kern)

Im *Granulosus*-Komplex sind bisher zehn Stämme identifiziert worden, von denen drei mittlerweile als eigenständige Arten angesehen werden (Tab. 3.9). Der G1-, G2- und G3-Stamm bilden die Art *E. granulosus s. str.* („sensu stricto" = im engeren Sinne). Der G1- oder Schafstamm ist der am weitesten auf der Welt verbreitete. Wo er auftritt, sind Menschen häufig befallen, weil in extensiv betriebener Schafzucht Hütehunde besonders leicht und unkontrolliert an das Fleisch (und damit an die Hydatiden) herankommen und sich infizieren. Die mit dem Kot ausgeschiedenen Eier werden bei engem Kontakt mit den Hunden leicht oral vom Menschen aufgenommen. Tab. 3.9 gibt einen Überblick über die Arten und ggf. Stämme des *E. granulosus*-Artenkomplexes und weiterer *Echinococcus*-Arten.

3.2.3.7.8 *Echinococcus multilocularis* und andere Echinokokken

Der Kleine Fuchsbandwurm verursacht eine sehr bedeutende Parasitose in Mitteleuropa. Die als alveoläre Echinokokkose bezeichnete Erkrankung im Menschen verläuft unbehandelt letal und ist auch mit verbesserten medikamentellen oder operativen Behandlungsmethoden selten zu heilen. **Endwirt** des Kleinen Fuchsbandwurms sind Rot- und Eisfuchs, in Deutschland sowie Polen der Marderhund und in der Nearktis auch der Kojote. Der Hund ist ebenfalls ein sehr guter Endwirt, spielt aber bei uns eine geringe Rolle, seit in endemischen Gebieten besser darauf geachtet wird, dass Hunde keine Mäuse fangen und vor allem nicht fressen. Die Katze sollte eigentlich, da sie meistens Zugang zum Freien hat und Mäuse fängt, eine besonders große Gefahrenquelle für den Menschen darstellen. *E. multilocularis* entwickelt sich bei ihr jedoch in der Regel weniger zahlreich als in Fuchs und Hund, sodass bei der geringeren Zahl von Eiern das Infektionspotenzial für den Menschen möglicherweise klein ist. Auch Waschbären und Luchse können als Endwirte fungieren.

Tab. 3.9 Arten und Stämme der Gattung *Echinococcus* (G = Genotyp, zystisch = unilokulär)

Art	Zwischenwirt	Stamm	Infektiös für Mensch	Larvenform	Endwirt(e)	Geografische Verbreitung
E. granulosus	Schaf, Rind, Schwein, Kamel, Ziege, Känguru	G1	Ja	Zystisch	Hund, Fuchs, Dingo, Schakal, Hyäne	Weltweit in Gebieten extensiver Schafzucht
	Schaf (Rind?)	G2	Ja	Zystisch	Hund, Fuchs	Tasmanien, Argentinien
	Wasserbüffel	G3	?	?	? Hund, Fuchs	Asien
	Kamel, Ziege	G6	Ja	Zystisch	Hund	Mittlerer Osten, Iran, Nepal, China, Afrika, Argentinien
	Schwein	G7	Ja	Zystisch	Hund	Europa, Asien, Südamerika
	?	G9	Ja	Zystisch	?	Polen
	Cerviden: Rentier, Elch	G8	(Ja)	Zystisch	Wolf, Hund	Nördliches Europa und Asien
	Cerviden: amerik. Elch, Weißwedelhirsch, Wapiti	G10	(Ja)	Zystisch	Hund, Kojote	Nordamerika
?	Antilopen u. a., Warzenschwein	?	?	Zystisch	Löwe	Afrika
E. equinus	Pferd u. a. Equiden	G4	Nein	–	Hund	Europa, Mittlerer Osten, Südafrika
E. ortleppi	Rind	G5	Ja	Zystisch	Hund	Europa, Russland, Indien, Sri Lanka, Südafrika, Südamerika?
E. multilocularis	Nagetiere (Hund, Affen)	–	Ja	Alveolär	Fuchs, Hund, Katze, Wolf	Gemäßigte Breiten der Alten u. Neuen Welt
E. shiquicus	Ochotona (Pfeifhase)	–	?	?	Hund	Tibet
E. oligarthrus	Nagetiere (*Dasyprocta leporina*)	–	(Ja)	Polyzystisch	Katze, Großkatze	Südamerika
E. vogeli	Nagetiere (*Cuniculus paca*)	–	Ja	Polyzystisch	„Waldhund"	Südamerika

Abb. 3.52 *Echinococcus multilocularis*. Adulter Wurm. (Foto: Archiv der Abteilung Parasitologie, Universität Hohenheim)

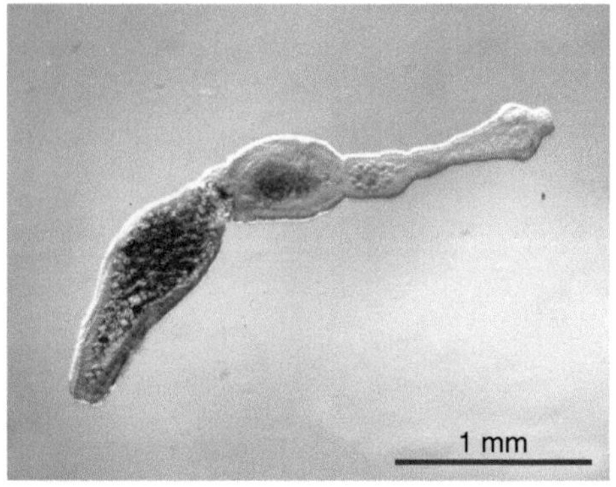

Der adulte Wurm wird maximal 3 mm lang und hat 3–5 Proglottiden. Die letzte Proglottis ist weniger als halb so lang wie die gesamte Wurmlänge. Im Mittel sind 22 Testes vorhanden (Abb. 3.52, 3.53a). Der gravide Uterus ist tubulär mit einer charakteristischen terminalen Verdickung am hinteren Ende des Organs. Von den 12–34 Skolexhaken messen die großen Haken 31 µm, die kleinen 27 µm. **Zwischenwirte** sind vor allem Wühlmausartige (Microtiden), und zwar vor allem die Feldmaus (*Microtus arvalis*), die Schermaus (*Arvicola terrestris*) und in zirkumpolaren Gebieten Lemminge. Ein Tier mit hoher Befallsrate im südwestdeutschen Endemiegebiet ist auch der Bisam (*Ondatra zibethicus*). Auffallend ist der seltene Befall von Muriden (Haus-, Wald- und Gelbhalsmaus), der sich deckt mit der Tatsache, dass die Labormaus schlecht mit *E. multilocularis* zu infizieren ist. Das Metazestodenstadium, so gut wie ausschließlich in der Leber lokalisiert, ist eine dichte, feste, gelblich-weiße, wie ein Schwamm aussehende Masse (Abb. 3.53d, e), die aus dicht an dicht liegenden, 1–10 mm großen Blasen oder Kammern besteht (lat. „multi" = viel, „loculus" = Kämmerchen). Die Wachstumsform wird als alveolär bezeichnet. Die einzelnen Kammern enthalten viele Protoskolizes (Abb. 3.53f, g) in einer gallertigen Substanz und gehen durch exogene Knospung auseinander hervor. Dabei bildet die Keimschicht zunächst solide, dünne Sprosse nach außen, die sich verdicken und schließlich eine Blase bilden (Abb. 3.36). Durch weitere Knospung wächst die Larvenmasse und dringt allmählich in alle Leberlappen vor. Man spricht von infiltrativem, krebsartigem Wachstum. Bei im Labor gehaltenen Zwischenwirten, die eine längere Lebenserwartung haben als Freilandtiere, wird allmählich das Lebergewebe völlig von der Larvenmasse ersetzt. Bei einer Infektion des Menschen, wird die Erkrankung meist erst nach zwei bis drei Jahrzehnten bemerkt.

Die **Verbreitung** von *E. multilocularis* reicht in der nördlichen Hemisphäre der Welt von Eurasien bis nach Japan. In Europa scheint momentan eine Ausbreitung nach Norden zu erfolgen. In der Neuen Welt tritt *E. multilocularis* in Kanada, Alaska und den nördlich zentralen Staaten der USA von Montana bis Ohio auf, wurde jedoch unlängst durch kommerzielle Fuchsjagten auch in andere Gebiete der USA eingeschleppt. Im Gegensatz zu *E. granulosus* sind bisher keine unterscheidbaren Stämme nachgewiesen worden.

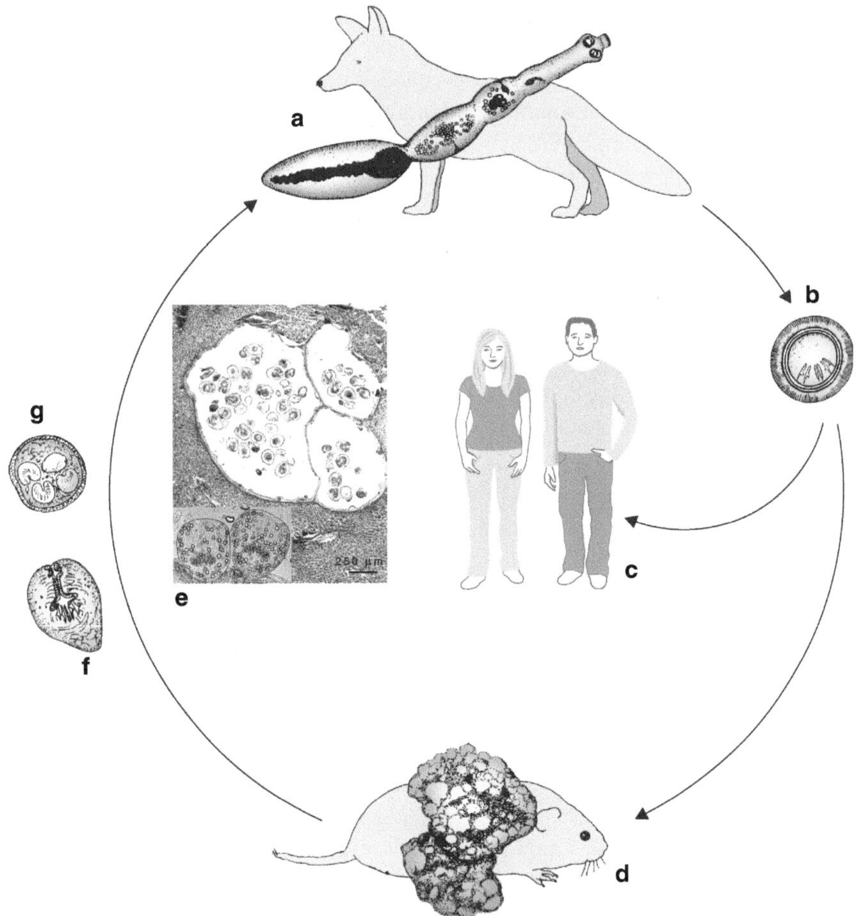

Abb. 3.53 Entwicklungszyklus von *Echinococcus multilocularis*. **a** Adulter Bandwurm aus Dünndarm des Fuchses. **b** Ei mit Onkosphäre. **c** Mensch als Fehlzwischenwirt. **d** Larvenmasse aus Leber einer Feldmaus. **e** Histologischer Schnitt durch Larvenmasse. **f, g** Protoskolizes aus **e**

Die **Schadwirkung** im Endwirt ist wie bei *E. granulosus* sehr gering. Im Gegensatz dazu ist die bei den Zwischenwirten oder dem Irrwirt Mensch auftretende alveoläre Echinokokkose gravierend. Zwischenwirte erliegen der Infektion mit *E. multilocularis*, da das Larvengewebe die ganze Leber durchdringt und ersetzt. Das Gleiche trifft nach jahrelang bestehender Infektion auch für den Menschen zu, deshalb ist die alveoläre Echinokokkose eine der gefährlichsten Parasitosen. Im Innern der riesigen Larvenmasse bildet sich oft durch Nekrose eine Zerfallshöhle mit Verkäsung und Verkalkung. Solche Stadien sind von *E. granulosus* schwer zu unterscheiden, zumal da sie beim Menschen meistens „steril" bleiben, d. h. keine Protoskolizes enthalten, deren Skolexhaken eine sichere Zuordnung erlauben würden. Frühdiagnosen auf serologischem Weg und mit bildgebenden Methoden sind heute möglich, Operationen allerdings nicht sehr erfolgreich, weil scheinbar gesundes Gewebe bereits befallen sein kann und aus kleinsten Larvenansammlungen und Keimschichtsprossen Jahre später wieder große Larvenmassen werden können. Die gegenwärtig angewandten Chemotherapeutika (Benzimidazole) haben nur eine wachstumshemmende Wirkung, nicht aber eine abtötende und müssen daher lebenslang eingenommen werden.

Echinococcus shiquicus *Echinococcus shiquicus* (Tab. 3.9) wurde erst vor Kurzem in Tibet identifiziert. Endwirt ist der tibetische Fuchs. Der adulte Wurm ähnelt morphologisch *E. multilocularis*, ist aber kleiner (1,5 mm), hat nur drei Proglottiden und mehr Testes (25–45). Die rund 22 Haken sind kleiner (21 bzw. 17 μm). Die Metazestoden in der Leber (offenbar seltener in der Lunge) des Pfeifhasen werden als Hydatiden von 10 mm Durchmesser, seltener als Ansammlung mehrerer Blasen beschrieben.

Echinococcus oligarthrus *Echinococcus oligarthrus* (Tab. 3.9) tritt in Südamerika auf. Endwirt sind die südamerikanischen Großkatzen (Jaguarundi, Jaguar, Puma u. a.) und die Hauskatze. Der adulte Wurm wird nur 3 mm lang und hat drei Proglottiden, von denen die letzte so lang ist wie der übrige Körper. Zwischenwirt sind das Aguti und andere Nagetiere. Die Larve bildet in Milz, Leber und Lunge polyzystische (= aus vielen Blasen bestehende) Hydatiden, in der Muskulatur eher Einzelblasen, die gekammert sind. Humaninfektionen sind außerordentlich selten.

Echinococcus vogeli *Echinococcus vogeli*, die zweite südamerikanische Art, ist ein Parasit des Waldhundes (Canidae, *Speothos venaticus*), möglicherweise auch des Haushundes. Der Adultus ist der größte der Gattung. Er wird 6–8 mm lang, die letzte Proglottis ist 6- bis 7-mal so lang wie der übrige Körper. Wichtigster Zwischenwirt ist das meerschweinchenverwandte Paka (*Cuniculus paca*). Die Larve bildet polyzystische Hydatiden in der Leber, weniger oft in der Lunge oder anderen Organen. Es sind 10–15 mm große Blasen, die einzeln, in kleinen Gruppen oder als dichte Ansammlung in der Leber auftreten und mit einer Laminarschicht von 10–30 μm versehen sind. Aus der inneren Schicht sprossen Brutkapseln und Protoskolizes. Das Paka wird gerne als Fleischlieferant gejagt und seine Innereien an Hunde verfüttert. Trotzdem sind Humaninfektionen selten.

3.2.3.8 Kontrollfragen zum Verständnis

1. Welche morphologischen Merkmale weist ein adulter Bandwurm auf?
2. Wo liegt bei den Eucestoda das Schwergewicht der Vermehrung?
3. Welche Stadien treten im Zyklus von *Diphyllobothrium latum* auf?
4. Wodurch kann *D. latum* für den Menschen gefährlich werden?
5. Welche Stadien treten im Zyklus der Cyclophyllidea auf?
6. Bei welchem Endwirt kommen Anoplocephalidae vor?
7. Wer sind die Zwischenwirte von *Moniezia*?
8. Was ist das Besondere im Lebenszyklus des Zwergbandwurms?

9. Wer sind die Zwischenwirte des Gurkenkernbandwurms?
10. Welche Gattungen gehören zur Familie der Taeniidae?
11. Wer sind die Endwirte der Taeniidae?
12. Wer sind die Zwischenwirte der Taeniidae?
13. Nennen Sie eine Art der Gattung *Taenia* mit ungeschlechtlicher Vermehrung.
14. Was fällt Ihnen zur deutschen Bezeichnung „Rinderbandwurm" ein?
15. Welche *Taenia*-Arten kommen im Menschen vor?
16. Welche dieser Arten können pathogen für den Menschen werden und weshalb?
17. Welche Form der Vermehrung tritt obligatorisch bei der Gattung *Echinococcus* auf?
18. Welches sind die Endwirte für *Echinococcus*?
19. Wieso ist *Echinococcus* für den Menschen von Bedeutung?
20. Welche *Echinococcus*-Arten kommen in Deutschland vor?

3.3 Acanthocephala – Kratzer

Die Kratzer (gr. „ácantha" = Stachel, „kephalé" = Kopf) sind ohne Ausnahme obligatorische Parasiten des Darmes von Vertebraten. Mehr als 1150 Kratzerarten sind bekannt, mehr als die Hälfte von ihnen kommt in Fischen, meistens des Süßwassers, vor. Sie können in Fischzuchten von wirtschaftlicher Bedeutung sein. Kratzer werden zu den Syndermata gestellt, die nur die Acanthocephalen und die Rädertierchen enthält. Der Name Syndermata leitet sich von dem synzytialen Tegument ab, das neben weiteren Merkmalen beiden Gruppen gemeinsam ist.

Entwicklung Acanthocephalen nutzen aquatische oder terrestrische Arthropoden als Zwischenwirte (Abb. 3.55). Wenn aber Arthropoden nicht in die Nahrungskette des Endwirtes gehören, wird ein paratenischer Wirt eingeschaltet. Die adulten Parasiten sind wurmförmig, darmlos und getrenntgeschlechtlich. Auffälligstes Merkmal ist die mit starken Haken besetzte und rückziehbare Proboscis (Rüssel), die der Anheftung an die Darmwand des Wirtes dient und bei manchen Arten wie ein Dübel die Parasiten in ihr verankert (Abb. 3.54). Weibliche Würmer haben frei flottierende Ovarien (Abb. 3.56f), in denen sich Eier (Abb. 3.56d) entwickeln. In ihnen reift noch innerhalb des Kratzerweibchens eine Larvenform heran, die als Acanthor bezeichnet wird. Das Ei muss ausgeschieden und von einem Arthropoden aufgenommen werden (Tab. 3.10). In dessen Darm schlüpft der Acanthor und bohrt sich durch die Darmwand. Die Larve, jetzt als Acanthella bezeichnet, wächst und es differenzieren sich alle Organe. Einmalig im Tierreich ist, dass sie sich dabei in einer Längsachse entwickeln, die um 90° gegenüber dem Acanthor gedreht ist (Abb. 3.56). Die Proboscis wird schon vollständig ausgebildet und am Ende des Wachstumsprozesses invaginiert. Die Acanthella ist damit zum infektiösen sogenannten Cystacanth geworden und gelangt durch orale Aufnahme des Zwischenwirtes in den Endwirt. Der Übergang zum Endwirt kann erleichtert werden durch eine Manipulation des Verhaltens des Zwischenwirts (s. Abschn. 1.7).

Abb. 3.54 Acanthocephala. Vorderenden mit Proboscis. *1 Neoechinorhynchus rutili. 2 Paratenuisentis ambiguus. 3 Acanthocephalus anguillae. 4 A. lucii. 5 Echinorhynchus truttae. 6 Pomphorhynchus laevis. B* Bulbus, *FW* fibröse Wand zwischen dem Tegument von Präsoma und Metasoma, *H* Hals, *P* Proboscis. (REM-Montage: Taraschewski)

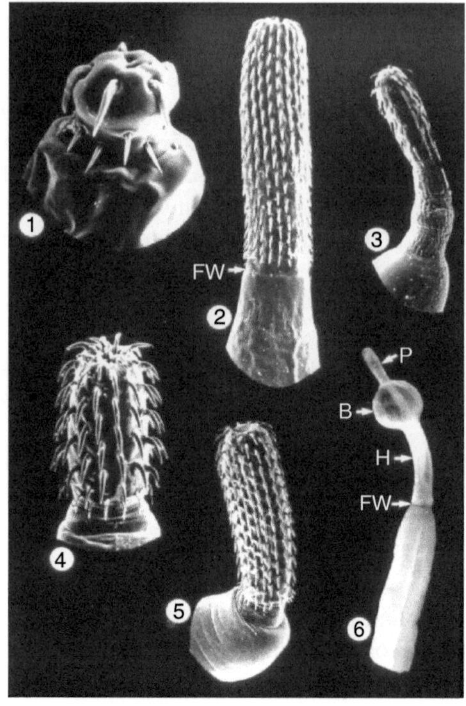

Paratenische Wirte spielen eine wichtige Rolle bei solchen Endwirten, die keine Arthropoden fressen. In den allermeisten Fällen sind dies niedere Wirbeltiere, in deren Leibeshöhle oder Organen der Cystacanth nach Durchdringen der Darmwand, enzystiert oder unenzystiert, unverändert erhalten bleibt. *Centrorhynchus*-Arten aus Greifvögeln und Eulen z. B. oder *Macracanthorhynchus*-Arten von Caniden und Feliden gelangen über kleine Echsen, Schlangen oder Amphibien, die sich ihrerseits durch Käfer infizieren, in ihre Endwirte. Bei *Corynosoma*-Arten aus Robben oder Fische fressenden Vögeln sind die paratenischen Wirte Fische, die sich über die Krebszwischenwirte infizieren. Darüber hinaus gibt es Acanthocephalen, die als Adulti zusammen mit ihrem Endwirt von einem fleischfressenden Tier aufgenommen werden und ihr Leben in dessen Darm fortsetzen können, ein Phänomen, das als postzyklischer Parasitismus bezeichnet wird. In Abb. 3.55 am Beispiel von *Plagiorhynchus cylindraceus* sind alle drei Möglichkeiten des Entwicklungszyklus eines Acanthocephalen dargestellt:

- ein kurzer Zyklus mit dem Star als Endwirt und der Rollassel *Armadillidium vulgare* (Crustacea, Isopoda) als Zwischenwirt,
- ein Dreiwirtezyklus mit dem paratenischen Wirt Spitzmaus, in der die Kratzer enzystiert im Mesenterium liegen und im Darm des Endwirtes Schleiereule geschlechtsreif werden,

Tab. 3.10 Übersicht über die Gruppen der Acanthocephalen (Auswahl)

Unterklassen	Endwirte	Zwischenwirte	Form der Eier	Einzelne Arten mit Endwirt (Zwischenwirt)
Archiacantho-cephala	Terrestrische Vögel und Säugetiere	Terrestrische Insekten, selten Myriapoden, oft paratenische Wirte	Oval, dick-schalig	*Moniliformis monili-formis* Nagetiere (Schaben)
				Macracanthorhynchus hirudinaceus Schwein (Käfer)
				Prosthenorchis elegans Neuweltaffen (Schaben)
Palaeacantho-cephala	Alle Wirbeltiere	Kleinkrebse: Isopoden, Amphipoden	Variabel	*Pomphorhynchus laevis* Fische (Gammariden), paratenische Wirte: Fische
				Polymorphus minutus Wasservögel (Gammariden)
				Filicollis anatis Enten (*Asellus aquaticus*)
Polyacantho-cephala	Südamerikani-sche Kaimane	?	Oval mit radialer Skulpturie-rung	*Polyacanthorhynchus caballeroi* und 3 weitere Arten (paratenisch: Buntbarsche)
Eoacantho-cephala	Fische (Amphi-bien, aquatische Reptilien)	Aquatische Insekten, Kleinkrebse: Ostracoden	Oval bis läng-lich oder mit polarer Verdickung der zweiten Membran	*Neoechinorhynchus rutili* Süßwasserfische (Muschelkrebse)

- eine postzyklische Transmission, bei der sich noch im Darm von getöteten Tieren (hier ein Igel) Würmer befinden und sich im Endwirt (aasfressende Vögel wie Krähe oder Elster) wieder ansiedeln und weiterleben.

Morphologie Acanthocephalen (Abb. 3.56a, b) sind starre, lang gestreckte, im lebenden Zustand etwas abgeflachte Würmer von weißem, ockergelbem oder orangefarbenem Aussehen. Weibchen sind größer als Männchen und können bis 6,5 cm lang werden, *Macracanthorhynchus hirudinaceus* allerdings 70 cm. Der Körper ist in zwei Abschnitte geteilt, das Präsoma und das Metasoma. Das Präsoma besteht aus der rückziehbaren und mit horizontalen Reihen großer Haken besetzten Proboscis (Abb. 3.56c), einem Hals und einer sackförmigen Proboscisscheide. In sie kann die Proboscis eingezogen werden (Abb. 3.56a, b). Sie trennt die beiden Hohlräume des Prä- und des Metasoma voneinander. Die Proboscis enthält ein Zerebralganglion und Invaginationsmuskeln. Paarige Aussackungen des Präsomateguments sind

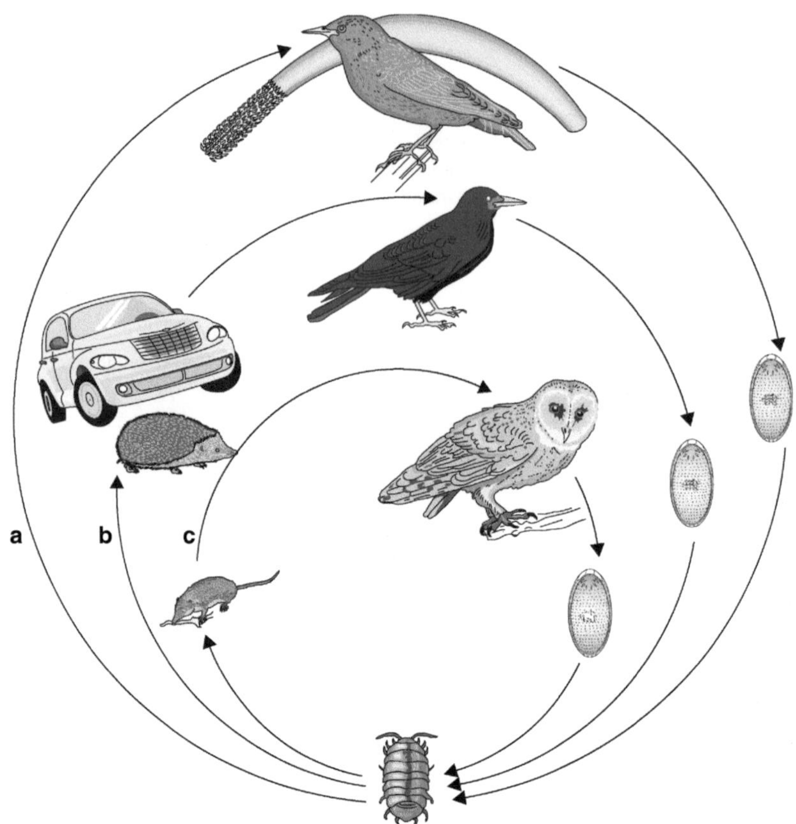

Abb. 3.55 Entwicklungszyklen von *Plagiorhynchus cylindraceus* (Acanthocephala) mit drei möglichen Wegen: **a** (*äußerer Kreis*): kurzer Zweiwirtezyklus mit Endwirt Star, Cystacanthlarve und Zwischenwirt Rollassel *Armadillidium vulgare* (Crustacea, Isopoda). **c** (*innerer Kreis*): Dreiwirtezyklus mit Spitzmaus als paratenischem Wirt und Schleiereule als Endwirt und **b** (*mittlerer Kreis*): postzyklische Transmission mit im Straßenverkehr getötetem Igel und mit aasfressenden Vögeln als Endwirte. Weitere Erklärungen im Text. (Nach Skuballa et al. 2010)

die in die Leibeshöhle hineinragenden Lemnisken (lat. „lemniscatus" = mit Bändern geschmückt). Sie dienen der hydraulischen Ausstülpung der Proboscis und offenbar auch der Speicherung von Lipiden, die am Präsomategument ausgeschieden werden und möglicherweise dessen Oberfläche vor der Wirtsabwehr schützen. Das Metasoma ist das, was als Körper wahrzunehmen ist. Es enthält im Wesentlichen die Genitalorgane. Ein kompaktes Ovar existiert nicht, sondern viele einzelne Ovarien flottieren frei in der Leibeshöhle. Die sich von ihnen abtrennenden Eier gelangen durch eine im Tierreich ganz einmalige Art und Weise ins Freie: Im Hinterkörper befindet sich ein kelchförmiges Organ, die Uterusglocke. An ihrer Basis werden in einem noch nicht genau bekannten Prozess die Eier so aussortiert, dass sie ins Freie gelangen, während die unreifen zurück in die Leibeshöhle wandern.

Im männlichen Geschlecht existieren meistens zwei kompakte Hoden (seltener einer) und eine oder mehrere paarige Zementdrüsen. Eine penisartige Struktur öffnet sich in eine muskulöse Bursa copulatrix, die bei der Kopulation ausgestülpt wird und das Weibchen durch Unterdruck festhält. Nach der Insemination wird die Vagina mit dem polymerisierten Sekret der männlichen Zementdrüsen mit einer „Kopulationskappe" bis zum Beginn der Eiablage verschlossen. Die Körperwandung ist ein synzytiales Tegument aus drei Schichten, in das kollagenes Fasermaterial eingelagert ist. Die äußere, sklerotisierte Schicht wird von regelmäßigen, dicht stehenden, schlauchartigen Krypten durchbrochen. Sie dienen der Oberflächenvergrößerung und über sie wird Nahrung aufgenommen. Im darunterliegenden Zytoplasma befindet sich ein wandungsloses Lakunensystem, das unterschiedlich angeordnete Hauptlängsstämme bildet. Nach innen folgt eine Ring- und eine Längsmuskelschicht, in deren zytoplasmatischem Anteil Kohlenhydrate gespeichert werden. Ein Darm fehlt. Nahrung in Form von Lipiden und lipophilen Verbindungen (z. B. Vitamin A) wird durch das Tegument im Bereich des Präsoma und über die bei Eoacanthocephalen und Palaeacanthocephalen perforierten Proboscishaken aufgenommen. Kohlenhydrate und Aminosäuren aus dem Lumen des Wirtsdarmes werden über das Metasoma absorbiert. Ein Exkretionssystem ist nur bei den

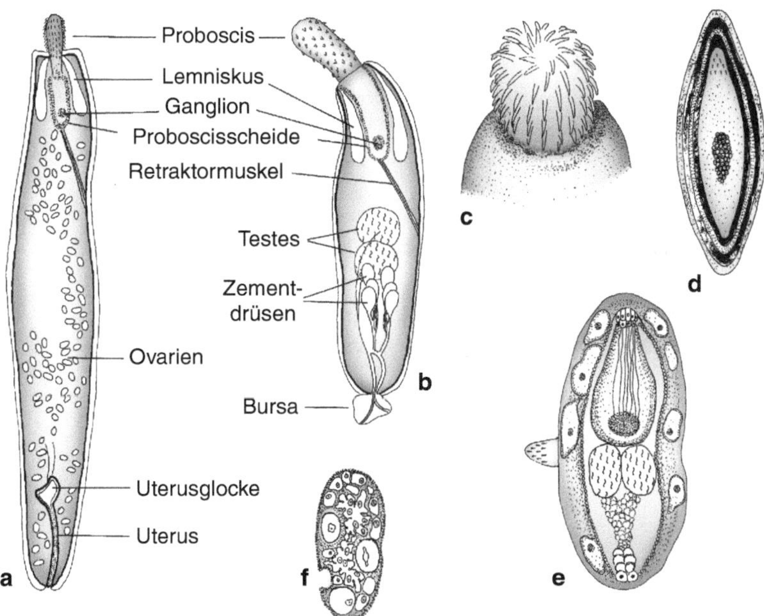

Abb. 3.56 Acanthocephalen. **a** Schema eines Weibchens mit flottierenden Ovarien (Eier nicht dargestellt). **b** Schema eines Männchens der Palaeacanthocephala. **c** Proboscis eines Kratzers. **d** Ei mit Acanthorlarve. **e** Acanthella (*außen links*: Apex des Acanthors). **f** Ovarium aus der Leibeshöhle des Weibchens

Archiacanthocephala ausgebildet. Es besteht aus Protonephridiengruppen, deren Exkretionskanäle sich mit dem Vas deferens oder dem Uterus vereinigen.

Die vom Endwirt mit dem Kot ausgeschiedenen Eier sind oval oder spindelförmig (Abb. 3.56d). Sie enthalten einen Embryo, den Acanthor, dessen Körperoberfläche mit feinen Dornen bedeckt ist und der von mindestens vier vom Embryo gebildeten Eihüllen umgeben ist.

Schadwirkungen Adulte Acanthocephalen verankern sich mit ihrer Proboscis entweder oberflächlich in der Darmwand ihrer Wirte und wechseln wiederholt den Anheftungsort, andere dringen tiefer in die Darmwand ein oder durchbohren sie sogar und „verdübeln" sich darin. Dann ist das sich bildende Wirtsbindegewebe von außen in Form von Knötchen zu erkennen. Im ungeeigneten Endwirt können solche Arten die Darmwand perforieren und sich in der Leibeshöhle ansiedeln, wo sie je nach Wirt unterschiedlich lange am Leben bleiben. Bei großen Mengen von Kratzern tritt gelegentlich Darmverschluss auf. Todesfälle allein durch Acanthocephalen in freier Wildbahn sind schwer zu verifizieren, werden aber für verschiedene Tiere angenommen, z. B. für Fische durch *Acanthocephalus*, für Rotkehlchen und Stare durch *Plagiorhynchus*, für Schwäne und Eiderenten durch *Polymorphus*. Besser dokumentiert sind Krankheits- und Todesfälle durch *Prosthenorchis* oder *Oncicola*, mit denen Zooaffen früher häufig infiziert waren. Heute wird streng auf die Eliminierung der Schabenzwischenwirte geachtet. Generell sind Acanthocephalen für Säuger stärker pathogen als für Fische. *Macracanthorhynchus hirudinaceus* etwa, der bei Schweinen vorkommende Riesenkratzer, kann zu Ferkelsterblichkeit führen. In Südostasien und China befällt er in seltenen Fällen auch den Menschen, wobei der Darm perforiert werden und eine Peritonitis entstehen kann.

3.3.1 Kontrollfragen zum Verständnis

1. Wodurch sind Kratzer morphologisch charakterisiert?
2. Welche Tiere sind die Endwirte von Kratzern?
3. Welches Organ besiedeln Kratzer?
4. Wie sind Kratzer im Gewebe ihrer Wirte verankert?
5. Welche Zwischenwirte haben Kratzer?
6. Welche Schadwirkungen haben Kratzer?

3.4 Hirudinea – Blutegel

Die Blutegel (engl. „leeches") sind Anneliden, zu deren Klasse Clitellata gehören. Bei diesen „Gürtelwürmern" (Blutegel und Regenwürmer) ist in der Gegend der Geschlechtsöffnung die Epidermis zu einem Clitellum umgebildet, das die sich paarenden Hermaphroditen mit einem Sekret umgibt und sie damit zusammenhält.

Die Hirudinea sind aquatische, amphibische oder auch terrestrische Ringelwürmer mit je einem Saugnapf am vorderen und hinteren Körperende. Sie leben räuberisch oder temporär parasitisch als Blutsauger an Vertebraten. Die Unterklasse der Hirudinea enthält zwei Ordnungen, die Rhynchobdellida (Rüsselegel) und die Arhynchobdellida (Kieferegel), zu der letzteren gehören die parasitologisch relevanten Blutegel.

3.4.1 *Hirudo medicinalis* – Medizinischer Blutegel

Der Medizinische Blutegel (Abb. 3.57) wurde schon im Altertum zum Blutschröpfen benutzt. Sein antihämostatisches und fibrinolytisches Speicheldrüsensekret Hirudin wird, nativ oder gentechnisch hergestellt, in der Medizin eingesetzt.

H. medicinalis ist ein Süßwasserbewohner, der in stehenden Gewässern oder in stillen Randzonen von Fließgewässern versteckt unter Pflanzen oder Steinen lebt. Er kann sich kriechend oder schwimmend vorwärtsbewegen. Junge Blutegel können Blut von Fröschen saugen, zur Erlangung der Geschlechtsreife ist aber Säugetierblut erforderlich.

Zur Nahrungsaufnahme heftet sich der Egel mit dem vorderen Saugnapf am Wirt fest und presst die drei halbmondförmigen, mit feinen Zähnchen bewehrten Kieferplatten seines Pharynx (Abb. 3.58) auf die Haut. Sie schneiden sich mit synchronen Drehbewegungen 1,5 mm tief ein und verletzen dabei oberflächliche Gefäße, aus denen mithilfe des muskulösen Pharynx 10–15 ml Blut aufgesogen wird. Es entsteht eine typische y-förmige Wunde, deren Narbe noch lange Zeit zu sehen ist. Zwischen den Kiefern münden die Speicheldrüsen aus, deren gerinnungshemmendes Sekret mit dem aufgenommenen Blut vermischt wird und außerdem in die Wunde gelangt, aus der nach dem Ablösen des Egels stundenlang noch weitere 20–50 ml Blut fließen. Ein narkotisierender Anteil des Sekretes bewirkt völlige Schmerzlo-

Abb. 3.57 *Hirudo medicinalis* (Blutegel). (Foto: Archiv des Lehrstuhls für Molekulare Parasitologie, Humboldt-Universität zu Berlin)

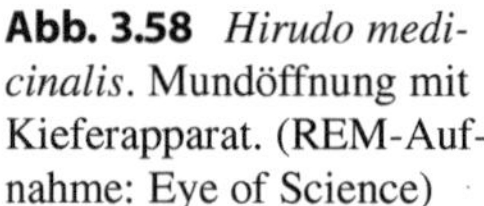

Abb. 3.58 *Hirudo medicinalis*. Mundöffnung mit Kieferapparat. (REM-Aufnahme: Eye of Science)

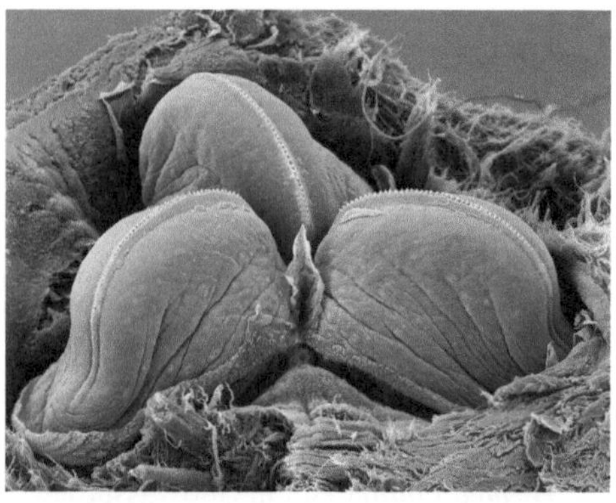

sigkeit beim Wirt. Da das Blut im Darm des Egels wegen der von ihm produzierten Proteaseinhibitoren extrem langsam abgebaut wird, braucht *H. medicinalis* nur selten Nahrung aufzunehmen, im Allgemeinen nach sechs Monaten, notfalls aber auch erst nach anderthalb Jahren.

Bei der Paarung legen sich die zwei protandrischen Zwitter umgekehrt mit den Ventralflächen aneinander, wobei der eine als Männchen, der andere als Weibchen fungiert. Bis zu einem knappen Jahr später werden die Eier, je 3–18, in 3–5 Kokons, die aus Clitellumsekret bestehen, in feuchtem Boden oder an festen Substraten im Wasser abgesetzt. Es entstehen zunächst echte Larven, die allerdings nie aus den Kokons frei werden. Die jungen Egel schlüpfen nach vier bis fünf Wochen aus oder überwintern auch in den Kokons. Sie werden erst nach drei Jahren geschlechtsreif und sind nachweislich mehr als 20 Jahre lebensfähig.

Morphologie *H. medicinalis* wird bis 15 cm lang, kann sich jedoch bis auf Olivengröße kontrahieren. Er ist dorsoventral abgeflacht, auf der Dorsalseite dunkelgrün mit stark variablen rotfleckigen Längsstreifen, auf der Ventralseite gelb und braun gefleckt. Im Unterschied zu Oligochaeten fehlt jegliche Beborstung. Der Körper besteht aus 33 Segmenten. Es ist je ein vorderer und ein hinterer Saugnapf vorhanden. Der vordere wird von den ersten vier, der hintere von den letzten sieben Segmenten gebildet. Die Segmente sind sekundär geringelt, der mittlere Ring ist mit auffälligen Sinnesknospen und von Segment 7–23 ventral mit den paarigen Exkretionspori des Metanephridialsystems versehen. Auf den vorderen Segmenten befinden sich fünf Paar aus vielen Sehzellen zusammengesetzte Augen. Das Clitellum ist äußerlich nicht erkennbar. Die Mundöffnung liegt im vorderen Saugnapf. Der von Kutikula ausgekleidete kurze Pharynx besteht aus starker Muskulatur. Er erweitert sich hinter dem Mund dreieckig. Von jeder Seite buchtet sich ein chitinisierter Kiefer, der die Form einer halben Linse hat, ins Lumen vor. Jeder Kiefer ist auf der Schneide mit Reihen von calcithaltigen Zähnchen besetzt. Im umgebenden Parenchym liegen einzellige Speicheldrüsen, die an der Pharynxspitze ausmünden. Der anschließende Mitteldarm, auch als Magen oder Kropf bezeichnet, ist mit acht paarigen, segmental angeordneten Divertikeln versehen, die das Lumen stark erweitern. Der After liegt dorsal vor dem hinteren Saugnapf. Die Leibeshöhle ist von mesodermalem Parenchym ausgefüllt, die Zölomsäcke werden dadurch zu engen Kanälen zusammengedrückt, die ein Blutgefäßsystem ersetzen. Die Zölomflüssigkeit enthält Hämoglobin. Der Gasaustausch geschieht durch die Körperoberfläche. Im weiblichen Geschlechtssystem sind paarige Ovarialschläuche vorhanden, die sich zu einer auf dem 11. Segment ausmündenden Vagina vereinigen. Die Hoden sind in Form von je neun Säckchen ausgebildet, die durch kleine Kanäle mit zwei lateralen Längskanälen verbunden sind. Vor der Öffnung auf dem 10. Segment erweitern sie sich zu Samenblasen und einem unpaaren, meist ausstülpbaren und als Penis fungierenden Atrium.

Hirudo verbana ist ein sehr naher Verwandter des Medizinischen Blutegels. Die Validität der Art wurde lange bestritten, konnte aber mittlerweile molekularbiologisch verifiziert werden. *H. verbana* ist lebhafter gefärbt als *H. medicinalis*, kommt aber in den gleichen Biotopen vor und hat die gleiche Biologie. Beide Egel wurden in so großen Mengen der Natur entnommen, dass sie in Mitteleuropa fast vor dem Aussterben standen und heutzutage auf der Roten Liste stehen.

Bedeutung für die Medizin Blutegel waren vier Jahrtausende lang ein beliebtes Mittel zum Aderlass, also zur Verminderung des Blutdrucks. Seit einiger Zeit erleben sie ein *Comeback* in der Medizin. Zum einen werden sie bei plastischen und rekonstruktiven Transplantationen postoperativ eingesetzt, um Blutstauungen zu verhindern, Blutfluss zu verbessern und so bessere Sauerstoffversorgung zu erreichen, zum andern wird das gerinnungshemmende Protein Hirudin ihres Speicheldrüsensekretes genutzt (s. Tab. 3.11).

1967 wurde Hirudin erstmals isoliert und charakterisiert. Ein rekombinant hergestelltes Hirudin ist bis auf eine Sulfatgruppe an einem Tyrosinrest identisch ist mit dem natürlichen, aus 65 Aminosäuren bestehenden Protein. Gegenüber dem Standardantikoagulans Heparin bindet Hirudin mit extrem hoher Spezifität an Thrombin und blockiert bereits in geringer Konzentration dessen Gerinnungswirkung. Auch benötigt Hirudin im Gegensatz zu Heparin keine Kofaktoren. Das relativ kleine Molekül kann daher viel besser als der große Komplex Heparin/Antithrombin III auch in schon vorhandene Blutgerinnsel eindringen und die Aktivität des darin gebundenen Thrombins hemmen. Weiterhin wird Hirudin nicht wie Heparin von Plasmaproteinen oder Fibrinmonomeren neutralisiert und schließlich scheint es nur schwach allergen zu wirken.

Überträgerfunktion Eine Zeit lang wurde vermutet, dass Blutegel bei der medizinischen Nutzung Krankheitserreger übertragen, nicht nur weil das aufgenommene Blut sehr langsam abgebaut wird und den Pathogenen das Überleben sichert, sondern auch weil die Herkunft der Blutegel praktisch nie bekannt ist. Es scheint jedoch keine Beweise für solche Infektionen zu geben. Trotzdem ist es heute verboten, Blutegel nach Gebrauch wiederzuverwenden, vor allem, um HIV zu verhindern. Dagegen fungieren verschiedene Blutegel als echte Zwischenwirte für Trypanosomen und Hämogregarinen von niederen Wirbeltieren, vor allem von Fischen (Tab. 3.11). Für den digenen Trematoden *Apatemon minor* (Strigeidae) dienen Arten der Gattung *Erpobdella* und *Helobdella* als zweite Zwischenwirte und der Egel

Tab. 3.11 Hirudinea als Überträger

Überträger	Parasit	Wirt
Arhynchobdellida		
Gnathobdellidae		
Hemiclepis	*Trypanosoma granulosum*	Aal (*Anguilla anguilla*)
Haemodipsa	*Trypanosoma theileri*-ähnliche Art	Wallaby
Leiobdella	*Trypanosoma cyclops*	Frösche (*Rana* sp.)
Rhynchobdellida		
Glossiphoniidae		
Batracobdelloides	*Trypanosoma mukasai*	*Tilapia* (Cichlidae)
	Babesiosoma mariae[a] *Cyrilia nili*[b]	*Clarias lazerae* (Nilwels)
Desserobdella	*Trypanosoma pipientis*	Frösche (*Rana* sp.)
	Trypanosoma fallisi	Kröten (*Bufo* sp.)
Placobdella	*Trypanosoma chrysemydis*	*Chelydra*
Piscicolidae		
Johnssonia	*Trypanosoma murmanensis*	Kabeljau (*Gadus morhua*),
Caliobdella		Heilbutt (*Hippoglossus*)
Piscicola	*Trypanoplasma borreli*	Karpfen (*Cyprimus carpio*)
	Cryptobia sp.	Schleie (*Tinca tinca*)

[a] Apicomplexa, Dactylosomatidae
[b] Haemogregarinidae

Haemopis sp. (Gnathobdellidae) ist sogar Endwirt für die Gattungen *Alloglossidium* und *Hirudicolotrema* (Digenea, Plagiorchiata). Das Infektionsstadium ist in beiden Fällen die Zerkarie.

3.4.2   Andere Hirudinea

Hirudinea können wegen der großen Menge Blutes, die sie aufnehmen, einen Wirt völlig aussaugen, wenn er von vielen Egeln auf einmal befallen wird. Schon wenige Exemplare von *Haementeria ghilianii* (Rhynchobdellida, Glossiphoniidae) in Südamerika, mit 30 cm Länge der größte aller Blutegel, können Haustiere töten. *Theromyzon tessulatum* aus der gleichen Familie befällt die Nasen- und Rachenschleimhäute von Enten und führt durch Verschluss der Atemwege gelegentlich zum Tod der Tiere. *Limnatis paluda* (Arhynchobdellida), meistens im Respirationstrakt von Wiederkäuern, wird hin und wieder in der Trachea des Menschen gefunden und verursacht Blutspucken. Besonders lästig sind Landegel aus der Familie Haemadipsidae (Arhynchobdellida), die in tropischen Urwäldern Südostasiens Menschen aufgrund von Erschütterungs- und chemischen Reizen wahrnehmen und sie in großer Geschwindigkeit aufsuchen.

3.4.3 Kontrollfragen zum Verständnis

1. Wo werden Blutegel im Tierreich eingeordnet?
2. Welches Merkmal spielt für die Einordnung eine Rolle und was hat es für Funktionen?
3. Welches Geschlecht saugt bei den Blutegeln Blut?
4. Wo leben die Larven der Blutegel?
5. Wie saugt *Hirudo medicinalis* Blut?
6. Wie oft muss der Medizinische Blutegel Blut saugen?
7. Welche Substanz ist für den Gebrauch des Blutegels in der Medizin verantwortlich und welche Wirkung hat sie?
8. Wo im Egel ist diese Substanz lokalisiert?
9. Wofür wird der Blutegel in der Medizin eingesetzt?

3.5 Nematoda – Faden- oder Rundwürmer

- Drehrund, langgezogener Körper, komplexe dreischichtige Kutikula
- Die Muskelausläufer ziehen zu den Nerven (und nicht anders herum wie bei anderen Tieren)
- Eine Kloake im männlichen Geschlecht
- Spermatozoen ohne Flagellen
- Das Fehlen von Ringmuskulatur
- Das Fehlen von Protonephridien

Fadenwürmer sind eine höchst erfolgreiche Tiergruppe und haben, bis auf heiße Quellen, sämtliche Lebensräume der Erde sowohl als frei lebende Vertreter wie auch als Pflanzen- und Tierparasiten besetzt. Es gibt wahrscheinlich mehr als 1 Mio. Nematodenarten, von denen bis jetzt nur rund 25.000 beschrieben sind. Etwa 50 % der beschriebenen Arten bewohnen marines Milieu, aus dem die Nematoden auch stammen, und 25 % den Boden. Rund 10 % sind Pflanzenschädlinge und 15 % Tierparasiten. Bei diesen gibt es übrigens keine Ektoparasiten, was sicherlich mit dem Fehlen von Körperanhängen zusammenhängt, die ein Festhalten auf Haut oder im Fell erlauben würden. Im Gegenteil sind Nematoden von bemerkenswert einförmiger drehrunder und spindelförmiger Gestalt.

Die Nematoden werden in das relativ neue Taxon der Ecdysozoa gestellt, sich häutende Tiere, das unter anderem die Arthropoden umfasst. Dies enthält bilateralsymmetrische, getrenntgeschlechtliche Protostomia, die a) sich unter dem Einfluss eines Ektosteroidhormons häuten, b) lokomotorische Zilien total verloren haben, c) eine dreischichtige Kutikula besitzen, d) einen Pharynx von myoepithelialer Struktur haben und e) eine Epikutikula, die eine Sekretion der äußeren Kutikulaschicht aus den Spitzen der epidermalen Mikrovilli darstellt. Die Verwandtschaft der Ecdysozoa und deren Stellung im System ist in Abb. 3.1 dargestellt.

Nematoden haben entscheidende Einflüsse zur Entwicklungsbiologie gegeben. An der Wende zum 20. Jahrhundert entdeckte der Würzburger Biologe Theodor Boveri an den Eiern des Pferdespulwurms *Parascaris equorum* die Reduktionsteilung, die Trennung von somatischen und generativen Zellen, das X-Chromosom und das Zentromer. Der Nematode, dem wir die meisten modernen Erkenntnisse verdanken, ist kein Parasit, sondern der kleine frei lebende *Caenorhabditis elegans*. Er ist in axenischen Kulturen züchtbar und dient weltweit als Modell für physiologische, genetische, biochemische und elektronenmikroskopische Untersuchungen. Sein Genom war das erste vollständig sequenzierte Metazoengenom und ist 100,3 Mb groß mit ca. 10.850 proteincodierenden Genen, die auf $2n = 12$ Chromosomen organisiert sind. Circa 15 % der Gene sind polycistronisch organisiert. Ihre frühen Transkripte werden durch Trans-Splicing verändert, indem an das 5′-Ende eine 22 bp-Sequenz, ein sogenannter Spliced Leader angefügt wird, die wahrscheinlich der Stabilisierung der mRNA dient. Erst dann erfolgt die Translation. Es gibt zwei verschiedene Spliced Leader: SL1 und SL2. Ein Gen-Silencing mittels RNAi gestattet eine Herabregulation der Genexpression von *C. elegans*, hat jedoch bis zum jetzigen Zeitpunkt in parasitischen Nematoden noch nicht effizient funktioniert.

3.5.1 Entwicklung und Morphologie

Entwicklung Die **Eier** der Nematoden werden entweder im Ein- bis Achtzellstadium abgelegt oder sie enthalten bereits das erste Juvenilstadium, das als Larve bezeichnet wird, ein Ausdruck, der streng genommen nicht korrekt ist, da keine grundlegenden Unterschiede zum Adultus bestehen und keine Metamorphose eingeschaltet ist. Die Nematoden durchlaufen vier „Larven"-Stadien, im Folgenden als L1 bis L4 bezeichnet. Eine L5, wie sie manchmal erwähnt wird, gibt es nicht, weil es in Wirklichkeit einen jungen Adultus darstellt. Alle vier Larvenstadien sind jeweils durch Häutungen voneinander getrennt. Wenn die alte Larvenhaut nicht abgeworfen wird, sondern die nächste Larve noch umgibt, spricht man von einer gescheideten Larve. Bei den Chromadorea (Tab. 3.12) ist die L3 das für den Endwirt infektiöse Stadium, nur bei tierparasitischen Dorylaimea ist es die mit einem Kopfstilett versehene L1. – Die meisten Nematoden sind ovipar, Viviparie ist selten. Sie kommt z. B. bei der Trichine und einigen Filarien der Familie Onchocercidae vor. Nematoden können eine monoxene Entwicklung haben, bei der nur ein Wirt genutzt wird (z. B. *Ascaris, Oxyuridae*), oder eine heteroxene, bei der ein Zwischenwirt eingeschaltet ist (z. B. Filarien).

Die Invasion des Wirtes erfolgt auf unterschiedliche Weise:

1. über orale Aufnahme embryonierter Eier (*Ascaris*), bereits entwickelter Larven (*Haemonchus*) oder eines Zwischenwirtes (*Dracunculus*),
2. über perkutane Invasion der Larven (*Ancylostoma*),
3. über Injektion von Larven durch blutsaugende Arthropoden (*Wuchereria*),

4. recht selten über pränatale Infektion des Fetus durch Larven (*Toxocara*)
5. über die orale Aufnahme so genannter paratenischer Wirte oder Stapelwirte, die nicht obligatorisch sind, in denen unverändert bleibende L3 angesammelt werden und die so die Infektion des Endwirtes erleichtern (*Anisakis*).

Im Wirbeltier erreichen die Larven den endgültigen Ansiedlungsort im einfachsten Fall, indem sie nach oraler Aufnahme sofort in den Darm gelangen (*Enterobius*). Häufig aber werden kompliziertere Wege eingeschlagen, indem die Larven aktiv oder passiv über verschiedene Organsysteme ihre endgültige Lokalisation erreichen (*Ascaris*).

Morphologie Die parasitischen Nematoden sind meistens farblos und haben Längen von 1,5 mm (*Trichinella spiralis*) bis 1 m (*Dioctophyme renale*) oder sogar 9 m (*Placentonema gigantissima* aus dem Pottwal). Sie sind lang gestreckt, drehrund, unsegmentiert und bilateralsymmetrisch. Mund- und Afteröffnung am Vorder- und Hinterende sind durch einen unverzweigten Darm verbunden (Abb. 3.59a, b). Die Leibeshöhle ist ein flüssigkeitsgefülltes Pseudozölom von hohem hydrostatischen Druck. Ein Zirkulationssystem fehlt. Zwei Exkretionskanäle verlaufen auf jeder Seite des Körpers und entleeren sich über eine Exkretionspore nahe dem Kopf. Geschlechtsdimorphismus ist üblich, die Weibchen sind meist größer als die Männchen. Zellkonstanz (Eutelie) ist bei kleinen Formen die Regel, und die synzytiale Struktur der meisten Gewebe bedeutet, dass bei Verletzungen keine Reparatur stattfinden kann.

Die Körperwandung der Nematoden besteht aus Kutikula, Epidermis und darunter einer Schicht aus Längsmuskeln. Die **Kutikula** ist meistens dreischichtig und kollagenreich und wird außen abgeschlossen durch eine sehr dünne Epikutikula und eine Schleimschicht. Die Kutikula wird von der Epidermis (fälschlich auch als „Hypodermis" bezeichnet) ausgeschieden und ist für Wasser und bestimmte Ionen, Nichtelektrolyte und organische Substanzen permeabel. Die Kutikula kann geringelt oder mit Längsrippen versehen sein oder Borsten und andere charakteristische Merkmale tragen. Systematisch wichtige Ausbildungen nimmt sie im Kopf- und Schwanzbereich als Zervikalalae („cervix" = Hals, „ala" = Flügel) oder Kaudalalae an (Abb. 3.59f, g). Die Epidermis ist bei kleinen Nematoden teilweise, bei großen vollständig synzytial. Sie stülpt sich dorsal, ventral und lateral ins Pseudozölom vor und bildet vier den ganzen Körper durchziehende Stränge (Abb. 3.59d). Die lateralen Stränge enthalten die Exkretionskanäle. Im dorsalen und ventralen Strang sind die zwei Hauptnervenzüge eingebettet.

In den Quadranten zwischen den Epidermissträngen liegt die somatische **Muskulatur**. Diese besteht aus einer einschichtigen Lage von Längsmuskeln. Jede Muskelzelle hat einen nach außen gerichteten kontraktilen Teil mit ausschließlich längs verlaufenden Muskelfilamenten und einen nach innen gerichteten nichtkontraktilen Teil, dessen Ausläufer in der dorsalen Körperhälfte mit den motorischen Neuronen des dorsalen Nervenstranges, in der ventralen Körperhälfte mit dem ventralen Nervenstrang in Verbindung treten (Abb. 3.42d). Es werden also nicht die Muskeln innerviert, sondern die Muskeln stellen ihrerseits den Kontakt zu den Nerven her. Außer in der Kopfregion, wo die Muskelzellen mit Nervenzellen des Gehirns in Verbindung treten und kreisende Bewegungen ermöglichen, erlaubt die Längsmuskulatur nur schlängelnde Bewegungen in der dorsoventralen Körperebene. Die Kutikula, das flüssigkeitsgefüllte und unter Druck stehende Pseudozölom und die Muskeln fungieren zusammen als hydrostatisches Skelett.

Der **Verdauungskanal** besteht aus drei Abschnitten,

1. dem von Kutikula ausgekleideten und daher der Häutung unterworfenen Mundraum und Pharynx,
2. dem entodermalen Darm und
3. dem kutikulären Endarm, der beim Männchen als Kloake ausgebildet ist.

Die Mundöffnung ist entweder von drei oder sechs Lippen umgeben, etwas erhabenen Strukturen (z. B. *Ascaris*) oder bilateralsymmetrisch (Filarien). Die Mundhöhle kann klein und unauffällig oder groß und geräumig sein. Der Pharynx, leider oft auch als Ösophagus bezeichnet, ist ein muskulöses, pumpendes Organ mit Kutikulaauskleidung, dreistrahligem Lumen, 3–5 Drüsenzellen und manchmal einem Klappenapparat, der den Rückfluss von Nahrung verhindert. Die unterschiedlichen Pharynxtypen (Abb. 3.59e) sind wichtige Bestimmungsmerkmale der Nematoden. Die Form des Pharynx („rhabditiform" = kurz, mit abgesetztem Bulbus, „filariform" = lang, ohne Einschnürung) wird auch zur Kennzeichnung von Larvenformen benutzt. Der Mitteldarm ist röhrenförmig und besteht aus einer einzigen Lage von Epithelzellen, meist mit einem Saum von Mikrovilli. Das Rektum der Männchen zieht von den Hoden her und entlässt die Spermien, weshalb es auch als Kloake bezeichnet wird.

Vom **Nervensystem** ist im lebenden oder fixierten Wurm nur das Gehirn als eine den Pharynx umgreifende Ringkommissur zu erkennen (Abb. 3.59a). Von ihr aus zieht der ventrale Nervenstrang nach hinten. Er bildet Ausläufer, die auf der entgegengesetzten Seite zu einem dorsalen Markstrang zusammenlaufen. Hautsinnesorgane, als Papillen bezeichnet und im Kopfbereich, am Schwanzende und in der Genitalregion konzentriert, fungieren als Chemo- und/oder Mechanorezeptoren (Abb. 3.59c). Beim Männchen sind sie am Hinterende in ihrer paarigen Anordnung besonders auffällig. Ebenfalls sichtbar sind auch die paarigen lateralen Amphiden oder Seitenorgane, komplexe sensorische Organe kurz hinter der Mundöffnung (Abb. 3.59c). Oft schwer zu sehen sind die paarigen Phasmiden von frei lebenden und parasitischen Nematoden im Schwanzbereich, die ähnlich wie Amphiden gebaut sind und die wahrscheinlich als chemosensorische Organe und Drüsen fungieren.

Das sogenannte **Exkretionssystem** der Nematoden ist in Wirklichkeit ein exkretorisch/sekretorisches System. Bei den Chromadorea besteht es aus je einem engen Kanal in den beiden lateralen Epidermissträngen. Die Kanäle sind durch einen medianen Gang mit zwei subventralen Drüsenzellen, einem Sinus und einem ventralen Exkretionsporus auf Höhe des Pharynx verbunden. Durch zwei Ausläuferkanäle nach vorne kommt die Form eines H zustande, beim Fehlen solcher vorderen Kanäle wird ein umgekehrtes U gebildet oder es ergeben sich auch unsymmetrische For-

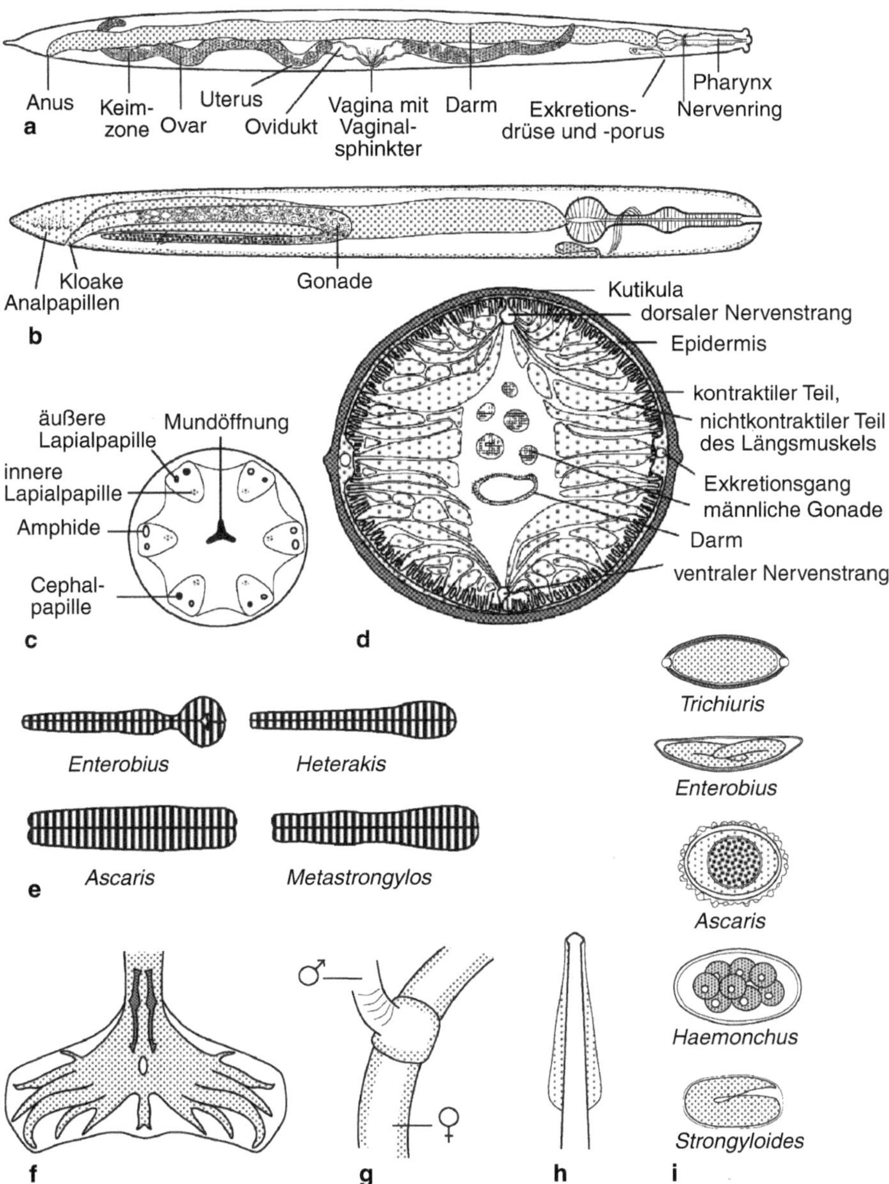

Abb. 3.59 Strukturen von Nematoden. **a** Schema eines didelphischen Weibchens. **b** Schema eines Männchens. **c** Vorderende eines Nematoden, Frontalansicht, 3-strahliger Typ der Ascaridomorpha. **d** Querschnitt durch ein *Ascaris*-Männchen. **e** Pharynxtypen. **f** Bursa copulatrix von *Trichostrongylus* (zwei Spicula). **g** Strongyloidea: Kopulationshaltung. Die Bursa copulatrix des Männchens umfasst das Weibchen an der Stelle von dessen Geschlechtsöffnung. **h** Zervikalalae von *Toxocara cati*. **i** Eitypen

men. Die Kanäle sind von Mikrovilli ausgekleidet. Dieses tubuläre System dient aber nicht wie die Protonephridien der Plathelminthen der Filtration, sondern der Osmoregulation und der Sekretion vor allem stickstoffhaltiger Endprodukte. Bei den Dorylaimea besteht die Einrichtung nur aus einer in der Körperhöhle liegenden Drüsenzelle, die mit einem kutikulär ausgekleideten, manchmal gewundenen Gang ventral nach außen mündet.

Die **Gonaden** der Nematoden sind lange, solide, in Schlingen gelegte Schläuche, die dünn beginnen und dann dicker werden (Abb. 3.59a, b). Die meisten Weibchen haben zwei Gonaden und werden als didelphisch bezeichnet, solche mit einer Gonade als monodelphisch. Den Anfangsteil bildet das Ovar. Es geht in den Ovidukt und anschließend in den Uterus und eine muskulöse Vagina über. Diese mündet in die ventral an unterschiedlichen Stellen des Körpers gelegene Vulva. Die meist einzige Gonade der Männchen beginnt mit einem Hodenteil, dann folgen Vesicula seminalis, Vas deferens und Ductus ejaculatorius. Die Ausmündung liegt zusammen mit dem Enddarm in der Kloake. Ein Zirrus ist nur bei den Trichinelloidea vorhanden. Beim Männchen treten, einzeln oder zusammen, sekundäre Begattungsorgane auf. So besitzen viele Chromadorea zwei Spicula (Abb. 3.59f, z. B. *Ascaris, Ancylostoma, Onchocerca*), während bei Dorylaimea und vielen Oxyuren ein Spiculum vorhanden ist. Diese stab- oder fadenförmigen, sklerotisierten Gebilde, die aus der Kloake herausgeschoben werden, dienen zur Verankerung der Geschlechtspartner in die Vulva des Weibchens. Bei den Männchen aller Strongyloidea ist das Hinterende mit einer Bursa copulatrix ausgestattet (Abb. 3.59f), einer breiten, durch sogenannte Rippen verstärkten Kutikularausstülpung der Dorsalseite, deren laterale Lappen nach ventral umgebogen sind und bei der Kopula den Körper des Weibchens umfassen (Abb. 3.59g).

Die **Spermatozoen** sind amöboid bewegliche Zellen ohne Flagellum und Akrosom, sie enthalten viele Mitochondrien. Der Kern ist von einer mehr oder weniger großen Zahl von Membranvesikeln umgeben. Die Kernmembran geht im Laufe der Spermiogenese verloren. Für die kriechenden Bewegungen ist das nematodenspezifische „major sperm protein" verantwortlich, das bei der Kontraktion des Pseudopodiums zu Filamenten polymerisiert und bei der anschließenden Relaxation wieder depolymerisiert wird. Die **Eier** der Nematoden sind von denen anderer parasitischer Würmer leicht zu unterscheiden, weil ihr Umriss eine Ellipse bildet, die beiden Pole mithin symmetrisch sind (wenn nicht in seltenen Fällen ein Operzulum ausgebildet ist (Abb. 3.59i)). Im Übrigen können sie dick- oder dünnschalig sein (und sind meistens sehr dauerhaft und widerstandsfähig). Bei *Trichuris* und den Capillarien enthält die Eischale an beiden Polen eine Öffnung, die je von einem dicken Pfropfen aus einem Netzwerk mikrofibrillärer Chitinfasern verschlossen ist (Abb. 3.2f, g).

3.5.2 Systematik

Innerhalb der Nematoden hat sich die **Systematik** aufgrund molekularer Daten gravierend gewandelt. Das hier benutzte System schließt molekularbiologische und morphologische Gesichtspunkte ein und wird nach Auffassung seiner Autoren Veränderungen nur noch bei kleineren Gruppen mit sich bringen. Es werden drei Subklassen gebildet: (1) die hauptsächlich marinen Enoplea (mit sehr wenigen Parasiten), (2) die Dorylaimea (hauptsächlich im Süßwasser und terrestrisch, mit relativ wenigen Parasiten) und, als umfangreichste, (3) die Chromadorea (mit marinen und terrestrischen Formen, darunter viele Parasiten). Tab. 3.12 gibt diese Systematik wieder, im Wesentlichen nur mit den bei Wirbeltieren parasitierenden und im vorliegenden Buch erwähnten Nematoden.

Tab. 3.12 Systematik der Nematoden. (Nach Hodda 2011, nur in diesem Buch erwähnte Parasiten)

Enoplea (Klasse)	Ursprüngliche Nematoden, keine Tierparasiten
Dorylaimea (Klasse)	
Dioctophymatida (Ordnung)	
Dioctophymatidae (Familie)	*Dioctophyme renale*
Trichocephalida (Ordnung)	
Trichinelloidea (Überfamilie)	
Capillariidae (Familiie)	*Calodium hepaticum*
Trichinellidae (Familie)	*Trichinella spiralis*
Trichuridae (Familie)	*Trichuris trichiura*
Chromadorea (Klasse)	
Rhabditida (Ordnung)	
Strongyloidea (Überfamilie)	
Ancylostomatidae (Familie)	*Ancylostoma duodenale, Necator americanus*
Strongylidae (Familie)	*Strongylus vulgaris*
Trichostrongylidae (Familie)	*Haemonchus contortus, Dictyocaulus viviparus*
Metastrongylidae (Familie)	*Angiostrongylus cantonensis*
Spirurida (Ordnung)	
Dracunculoidea (Überfamilie)	*Dracunculus medinensis*
Anguillicolidae (Überfamilie)	*Anguillicola crassus*
Oxyuroidea (Überfamilie)	*Enterobius vermicularis, Oxyuris equi*
Filaroidea(Überfamilie)	
Filariidae (Familie)	Tierparasiten
Onchocercidae	*Wuchereria bancrofti, Brugia* spp., *Onchocerca volvulus, Loa loa, Dirofilaria immitis*
Ascaridoidea (Überfamilie)	
Ascaridae (Familie)	*Ascaris lumbricoides, A. suum, Toxocara canis*
Anisakidae (Familie)	*Anisakis simplex*
Panagrolaimida (Ordnung)	
Strongyloididae (Familie)	*Strongyloides stercoralis*

3.5.3　Dorylaimea

Die Klasse der Dorylaimea enthält zwei parasitologisch relevante Ordnungen, die Dioctophymatida mit dem Riesennierenwurm des Hundes sowie die wichtige Ordnung Trichocephalida mit ihren Familien Capillariidae, Trichinellidae und Trichuridae.

3.5.3.1　*Dioctophyme renale*

Der Riesennierenwurm des Hundes, anderer Karnivoren und gelegentlich des Menschen kommt auf dem amerikanischen Kontinent, in Europa, Russland, China und Japan vor. Die rot gefärbten Würmer sind sehr groß, das Weibchen wird 1 m lang. Das kleinere Männchen (40 cm) hat eine endständige glockenförmige Bursa copulatrix und ein Spiculum. Die mit dem Urin ausgeschiedenen Eier besitzen zwei breite Polpfropfen und eine wabenartige Strukturierung der Oberfläche. Im Wasser entwickelt sich nach einem Monat innerhalb der Eihülle die mit einem Kopfstilett versehene infektiöse L1. Das Ei muss von einem aquatischen Oligochaeten, *Lumbriculus variegatus*, aufgenommen werden. Hier finden zwei Häutungen statt. Die bis 12 mm lange L3 ist frühestens nach 100 Tagen direkt für den Endwirt infektiös oder kann von einem paratenischen Wirt wie Frosch oder Fisch aufgenommen werden. Daher sind viele fischfressende Raubtiere, u. a. auch Robben, befallen. Im Endwirt durchbohren die Larven die Magenwandung. Die Häutung zum Adultus findet in der Leibeshöhle statt. Statt dann in eine Niere einzudringen, können die Würmer auch in der Leibeshöhle verbleiben und dort zu Entzündungsreaktionen führen. Normalerweise kommen Männchen und Weibchen nur in einer Niere vor, häufiger in der rechten als in der linken. Das Organ bildet schließlich nur noch eine mit Blut gefüllte Kapsel. Die andere Niere ist aber zur Kompensation fähig, sodass der Befall symptomlos bleiben kann. Beim Befall beider Nieren tritt der Tod ein.

3.5.3.2　Trichocephalida

Die Ordnung Trichocephalida weist eine Reihe von morphologischen Merkmalen auf, die den Familien Capillariidae, Trichinellidae und Trichuridae gemeinsam sind:

- Die L1 ist das infektiöse Stadium
- Ein Stilett in der Wand der Oesophagus, der Odontostyl
- Vorhandensein eines sekretorischen Organs, des Stichosoms
- Vorhandensein von zwei Hoden und nur einem Ovar
- Fehlen von Phasmiden
- Fadenförmige Spannungsrezeptoren (Metaneme) in oder in der Nähe der lateralen Epidermisleisten

3.5.3.2.1　Capillariidae

Die Capillariidae, auf Deutsch treffend als Haarwürmer bezeichnet, sind extrem lange und dünne Nematoden. Sie sind gefürchtete Parasiten besonders von Vögeln und haben Regenwürmer als Zwischenwirte. Die größte Rolle spielen Capillarien beim Geflügel, wo sie in Kropf, Ösophagus, Dünndarm und Blinddärmen vorkommen und besonders bei Jungvögeln ausgeprägte Gewebereaktionen hervorrufen können. Einige Arten haben Regenwürmer als Zwischenwirte, andere eine direkte Entwicklung. Infektiös für Wirt und Zwischenwirt ist das Ei mit der im Freien entstehenden L1, die im Regenwurm nur wächst, sich aber nicht häutet.

Calodium hepaticum (früher *Capillaria hepatica*), ein Parasit von Nagern und anderen Säugetieren, muss zunächst einen ersten Wirt durchleben, in dem die Würmer sich in der Leber zu Adulti entwickeln, die eine Größe von $100\,mm \times 200\,\mu m$ erreichen. Sie produzieren Eier, die in der Leber verbleiben und erst infektiös werden, wenn der Wirt stirbt und sich zersetzt bzw. wenn er von einem Räuber erbeutet wird. In diesem Fall werden die Eier mit dem Kot frei. Im Menschen kommen schwere Erkrankungen nach Infektion mit *Calodium*-Eiern aus Stadtratten vor. In Mailand waren 36 % von ihnen infiziert. Erstmals in Deutschland wurde ein stabiles Endemiegebiet in Sachsen-Anhalt entdeckt, wo sich 15 % der Rötelmäuse als befallen erwiesen.

3.5.3.2.2 *Trichinella*

Die Trichine (Abb. 3.60) ist neben dem Spulwurm der bekannteste Nematode des Menschen. Ihre medizinische Bedeutung war noch im 19. Jahrhundert sehr groß. Zwischen 1860 und 1890 hat es in Deutschland fast 15.000 Erkrankungen gegeben, von denen 6 % tödlich verliefen. Erst als Anfang des 20. Jahrhunderts unter dem Einfluss von Rudolf Virchow die Fleischbeschau eingeführt wurde, sank diese Zahl im Laufe von 50 Jahren auf null. Heute jedoch scheint die Trichinellose wieder auf dem Vormarsch zu sein. Zwischen 1991 und 2000 traten >20.000 Fälle allein in Europa auf. Einer der Gründe dafür sind suboptimale Gesundheitssysteme in osteuropäischen Ländern nach den Änderungen der politischen Systeme. In den USA ist die Prävalenz für Infektionen in der kommerziellen Tierproduktion von 1,41 % in 1900 auf 0,13 % Tierfälle in 1995 zurückgegangen.

Trichinen sind höchst ungewöhnliche Nematoden, da jedes befallene Wirtsindividuum zuerst als Endwirt fungiert, der kurzzeitig die adulten Würmer im Darm beherbergt, und danach als Zwischenwirt, in dem die L1 als Muskeltrichinen weiterleben und wieder für einen Endwirt infektiös werden können. Trichinen sind lebendgebärend, es gibt also keine Eier.

Seit der Benennung dieses bei Obduktionen in menschlicher Muskulatur gefundenen Parasiten als *Trichinella spiralis* im Jahr 1835 wurde angenommen, dass es weltweit nur diese eine Trichinenart gäbe. Erst im Jahr 1972 entdeckten russische Forscher *Trichinella pseudospiralis* mit nicht eingekapselten Muskellarven in Vögeln und Säugetieren und, in aufwendigen Kreuzungsexperimenten, zwei weitere neue Arten, *Trichinella nativa* und *Trichinella nelsoni*. Inzwischen sind acht in verschiedenen Gegenden der Welt verbreitete Trichinenarten (drei davon mit nichteingekapselten Muskelstadien) und drei Genotypen verstreut über die ganze Welt bekannt (Tab. 3.13). Die Folge ist, dass alle früher veröffentlichten Arbeiten über *T. spiralis* mit Vorsicht zu bewerten sind, weil es sich in Wirklichkeit um andere Arten gehandelt haben könnte. Es bedeutet aber auch, dass keine Untersuchungen mehr veröffentlicht werden sollten, wenn nicht angegeben ist, um welche Art es sich handelt und wie sie bestimmt wurde.

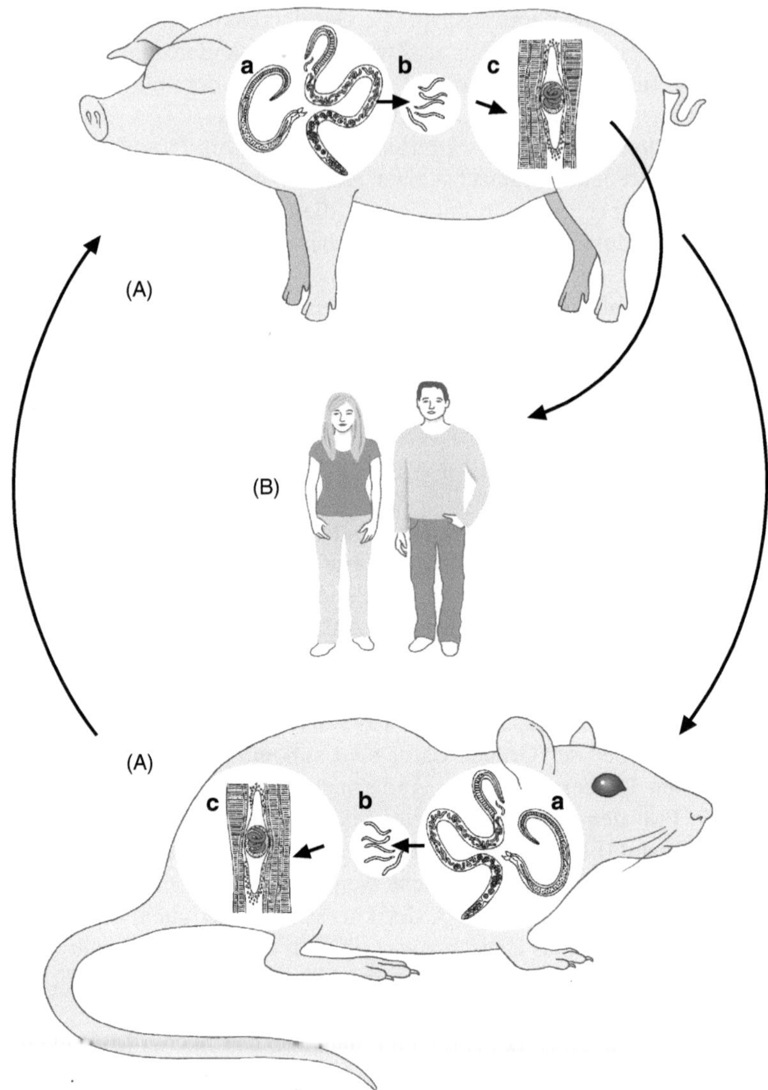

Abb. 3.60 Lebenszyklus von *Trichinella spiralis*. (*A, oben*) Schwein als End- und Zwischenwirt. (*A, unten*) Ratte als End- und Zwischenwirt. (*B*) Mensch als Irrwirt. **a** Weiblicher und männlicher Wurm. **b** Neugeborene L1-Larven. **c** Ammenzell-Erstlarvenkomplex in Skelettmuskelfaser. Der Zyklus wird geschlossen, wenn Schwein oder Ratte infiziertes Muskelfleisch aufnehmen. (Mit freundlicher Genehmigung von Wiley-VCH)

Unterschiede zwischen den einzelnen Trichinenarten wurden festgemacht an Parametern wie Larvenproduktion *in vitro*, Zeit bis zur Entstehung der Kapsel bei der Muskellarve, Resistenz der Muskellarve gegenüber Gefrieren, Anzahl und Art von Alloenzymen, schließlich auch Infektiosität für verschiedene Versuchstiere sowie

Tab. 3.13 Die Arten der Gattung *Trichinella* (ohne T6, T8 und T9)

Art	Genotyp	Wirte[a]	Typ des Lebenszyklus	Geografische Verbreitung	Kapsel
T. spiralis	T1	Schwein, Karnivoren, Ratten (selten Vögel)	Domestisch und silvatisch	Kosmopolitisch	+
T. nativa	T2 + T6	Karnivoren, Bär, Walross, auch Nager[b]	Silvatisch	Arktisch, subarktisch (holarktisch)	+
T. britovi	T3	Karnivoren, auch Pferd, Nager, Insektivoren	Silvatisch	Gemäßigte Zonen bis Westafrika	+
T. murrelli	T5	Karnivoren, Bär, Pferd	Silvatisch	Gemäßigte Zonen der Nearktis	+
T. nelsoni	T7	Karnivoren, Hyäne, Löwe, Warzenschwein	Silvatisch	Äthiopisch	+
T. pseudospiralis	T4	Vögel und Säuger	Silvatisch	Kosmopolitisch	–
T. papuae	T10	Säuger, Reptilien	Silvatisch	Papua-Neuguinea	–
T. zimbabwensis	T11	Säuger, Reptilien, Mensch?	Silvatisch	Afrika (Simbabwe)	–

[a] Immer auch Mensch, bei *T. zimbabwensis* allerdings fraglich
[b] Hochpathogen für Mensch

anamnestische Kriterien und Laborbefunde bei menschlichen Erkrankungen. Inzwischen sind Artdiagnosen mithilfe molekularbiologischer Methoden ausschlaggebend, die an einzelnen Muskellarven gewonnen werden müssen, weil Mischinfektionen möglich sind. Die folgende Darstellung bezieht sich, soweit nicht anders vermerkt, auf *T. spiralis* oder was dafür gehalten wurde.

Entwicklung Der Wirt infiziert sich durch die orale Aufnahme von Muskelfleisch, das die eingekapselte L1 enthält. Nach Verdauung der Muskulatur und der Kapsel bohren sich die Larven im vorderen Teil des Dünndarms in mehrere benachbarte Zellen des Schleimhautepithels hinein, das zu einem Synzytium umgebildet wird. Hier finden innerhalb von 30 h vier Häutungen, rasches Wachstum der Adulti und die Kopulation statt. Das Weibchen gebiert im Laufe von 1–6 Wochen ungefähr 1500 L1, die sich in das subepitheliale Bindegewebe einbohren und von dort mit dem Lymph- oder Blutstrom über rechte Herzkammer, Lunge und den großen Kreislauf in alle Körperorgane geschwemmt werden.

In der quer gestreiften Muskulatur, und zwar besonders solcher mit hohem Bewegungspotenzial (Zwerchfell, Augen-, Zungen- und Extremitätenmuskulatur), bohren sich die L1 in eine Muskelzelle ein. Hier vergrößern sie bis zum 20. Tag ihren Umfang um 39 % pro Tag. Gleichzeitig verwandelt sich die Wirtszelle im Laufe von 20 Tagen in einen von Blutkapillaren umsponnenen „Ammenzell-Erstlarvenkomplex" (Abb. 3.61d) mit einer dicken Bindegewebskapsel. Diese stark veränderte

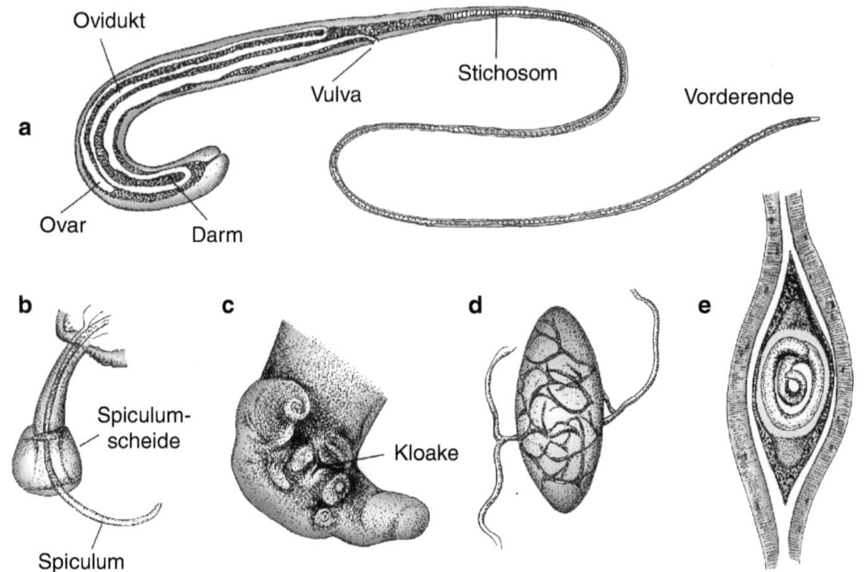

Abb. 3.61 Trichocephalida. **a** *Trichuris trichiura*, Weibchen. **b** *Trichuris trichiura*, Hinterende Männchen. **c–e** *Trichinella spiralis*: **c** Hinterende Männchen. **d** Muskellarve mit Ammenzell-Nährkomplex (von Blutkapillaren umsponnen). **e** Schnitt durch Muskeltrichine

Wirtszelle dient der Ernährung der Larve. Eine solche Kapselbildung findet nicht statt bei *T. pseudospiralis*, *T. papuae* und *T. zimbabwensis*. Nach 4–6 Wochen hat die Ammenzelle eine spindelförmige Gestalt von 180–950 μm Länge. Die Larve rollt sich in der Kapsel auf und wächst im Verlauf von acht Wochen auf 1 mm Länge heran (Abb. 3.61e, 3.62). Sie ist dann infektiös und bleibt es in vielen Tieren während der Dauer des Lebens ihrer Wirte. Im Menschen setzt vom 5. Monat an eine Verkalkung der Kapsel ein, sodass sie weiß erscheint und mit bloßem Auge gerade sichtbar ist. Larve und Ammenzelle sterben in solchen Fällen ab.

Morphologie Typisch für *Trichinella* ist der Bau des Pharynx, dessen hinterer Teil als Stichosom bezeichnet wird. Dies ist ein enges Rohr aus Myofilamenten und kutikulaabscheidenden Epithelzellen, an dem entlang ein bis drei Reihen großer Drüsenzellen, die Stichozyten (gr. „stíchos" = Reihe) angeordnet sind, die sich durch Poren in das Lumen öffnen. Das Stichosom spielt bei *T. spiralis* eine Rolle beim Eindringen in die Wirtszelle. Die L1-Larve hat ein Kopfstilett. Weibliche Würmer sind 4 mm lang, männliche mit 1,5 mm deutlich kleiner. Das Stichosom nimmt mehr als ein Drittel der gesamten Körperlänge ein. Die Bursa copulatrix des Männchens besteht nur aus zwei kurzen „fleischigen" Fortsätzen (Abb. 3.61c). Ein Spiculum fehlt.

Genom Das Genom von *T. spiralis* hat eine Größe von nur 64 Mb und ist daher deutlich kleiner als das von *C. elegans* (100,3 Mb). Der Gehalt an repetitiven Sequenzen liegt bei ca. 18 %. Es gibt ungefähr 15.800 proteincodierende Gene, die

Abb. 3.62 *Trichinella spiralis*; aus Muskelzysten verdaute L1. (EM-Foto: Eye of Science)

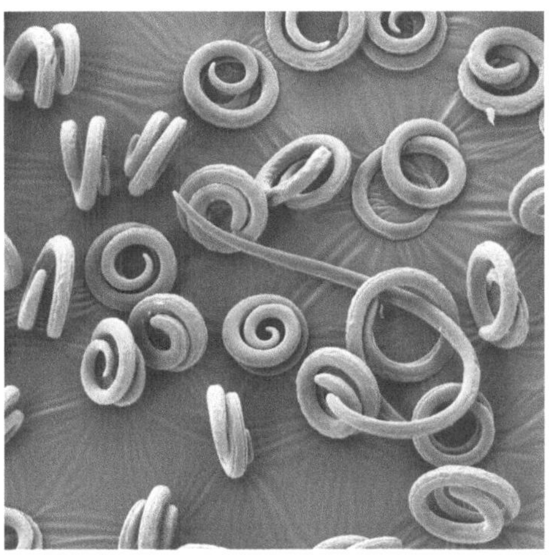

auf $2n = 6$ für die Weibchen und $2n = 5$ Chromosomen für die Männchen organisiert sind. Polycistronisch angeordnete Gene und Trans-Splicing scheinen zu existieren, aber *T. spiralis* fehlen die kanonischen Sequenzen für die zwei Spliced-Leader-Sequenzen, die in anderen Nematoden gefunden wurden.

Epidemiologie Die Trichinellose ist eine Zoonose, die an das Vorhandensein fleisch- und aasfressender Tiere gebunden ist. Es wird zwischen zwei Typen von Lebenszyklen unterschieden. Der **domestische** (oder urbane) **Zyklus** spielt sich zwischen dem Menschen und seinen Nutztieren ab. Hier sind Schweine, Ratten und (in China) Hunde als Fleischlieferanten involviert. In den domestischen Zyklus ist typischerweise *T. spiralis* eingebunden. Der zweite Typus, der **silvatische Zyklus** (lat. „silva" = Wald), spielt sich zwischen Tieren der freien Wildbahn ab, also allen frei lebenden Karnivoren inkl. Robben. Während die im urbanen Zyklus zirkulierende Trichinellose durch strenge Kontrollmaßnahmen weitgehend eliminiert werden konnte, stellen Tiere des silvatischen Zyklus immer dort eine Gefahr für den Menschen dar, wo keine oder eine unzureichende Fleischbeschau betrieben oder wo Fleisch roh oder unzureichend gegart verzehrt wird. Wildschwein und Bärenschinken sind hier von besonderer Bedeutung. Ein Geheimnis bleibt bis heute, warum Pferdefleisch nachgewiesenermaßen seit 1975 die Quelle von Epidemien in Italien und Frankreich war, wobei bis zu 600 Menschen infiziert wurden, in einigen Fällen mit Todesfolgen. Daran beteiligte Arten sind *T. spiralis*, *T. britovi* und *T. murrelli*. Als Pflanzenfresser sollten Pferde eigentlich frei von Trichinen sein, so wie auch Befall bei Rindern sehr selten nachgewiesen wird. Alle trichinösen Pferde stammten aus osteuropäischen Ländern oder den USA. Höchstwahrscheinlich sind Futterzusätze aus dem Fleisch befallener Tiere die Ursache. Seitdem wurden die Bestimmungen für die Fleischbeschau nochmals verschärft, besonders für Pferde.

Schadwirkungen Trichinenbefall macht sich in zwei Phasen bemerkbar. Die enterale Phase wird durch die Adulti im Darm hervorgerufen: Bei starker Infektion können in der ersten Befallswoche Bauchschmerzen, Erbrechen, Schwindel und Durchfall auftreten, werden jedoch immer erst retrospektiv mit dem Verzehr trichinenhaltigen Fleisches in Verbindung gebracht. Die parenterale Phase beginnt mit dem Eintritt der L1 in die Muskulatur. Symptome sind Ödeme an Augenlidern, Unterkiefer oder Knöcheln als Ausdruck allergischer Reaktionen. Dann treten Schmerzen der Skelettmuskulatur, Fieber, Schwäche und Kurzatmigkeit auf, gelegentlich Myokarditis (Herzmuskelentzündung), zentralnervöse Störungen und eine bis zu 80 % gesteigerte Eosinophilie. Die Krankheitserscheinungen halten bis zu einem Jahr an und verschwinden dann ohne bleibende Folgen, wenn es nicht bei primär geschwächten Personen zum Tode kommt. Eine gesicherte Diagnose wird durch Mukelbiopsie und Serologie gestellt.

Immunbiologie Darminfektionen mit Trichinen induzieren in Versuchstieren eine ausgeprägte Immunität, aufgrund derer Folgeinfektionen verkürzt und weniger produktiv sind. Bei Schweinen reduziert sich die Fruchtbarkeit der Trichinenweibchen einer Belastungsinfektion um 75 % gegenüber einer Kontrolle und eine Ansiedlung in der Muskulatur findet kaum statt. Dabei spielen zwei in Mäusen sehr gut untersuchte Mechanismen eine Rolle (s. Abschn. 1.6). Die „schnelle Ausstoßung" („rapid expulsion") entspricht einer allergischen Reaktion, bei der IgE-sensibilisierte Mastzellen in der Darmschleimhaut nach Stimulation durch Wurmantigene Histamin und andere Mediatoren ausschütten. Dies führt zur Anlockung von Effektorzellen sowie zu einer Verstärkung der Schleimproduktion durch Becherzellen und massiv verstärkter Darmperistaltik. In der Folge werden innerhalb von Stunden die noch lebenden Würmer in Schleim eingewickelt und durch die Peristaltik ausgetrieben. Andererseits kann aber auch durch Entzündungsantworten die spezifische ökologische Nische der Würmer so stark verändert werden, dass die Würmer 10–15 Tage nach der Infektion absterben und ausgeschieden werden.

3.5.3.2.3 *Trichuris trichiura*

Der Peitschenwurm des Menschen gehört zu den häufigsten Darmparasiten der Tropen und Subtropen. Weltweit sind schätzungsweise 900 Mio. Menschen befallen. Er besiedelt den Übergang von Dünn- zu Dickdarm. Das Weibchen ist 45–50 mm lang (Abb. 3.61a), das Männchen nur wenig kürzer. Der Name der Gattung („trichos" = Faden, „oura" = Schwanz) ist irreführend, denn fadenförmig ist in Wirklichkeit das Vorderende, das zwei Drittel der gesamten Körperlänge einnimmt und im Wesentlichen das Stichosom enthält. Mit diesem Vorderende liegt der Wurm eingebettet in das Darmepithel, dessen Zellen teilweise miteinander verschmelzen, sodass *T. trichiura* in einem Synzytium liegt, aus dem der Wurm wahrscheinlich seine Nährstoffe bezieht. Der Hinterkörper mit Darm und Geschlechtsorganen ist dick und kurz, sodass der ganze Wurm wie eine Peitsche aussieht (Abb. 3.61a). Das Männchen hat ein eingerolltes Hinterende mit einer glockenförmigen, distalen Spiculumscheide, aus der das Spiculum herausragt (Abb. 3.61b).

Die braunen, zitronenförmigen Eier messen $50 \times 22\,\mu m$, sind dickschalig und werden unembryoniert ausgeschieden. Sie enthalten an jedem Pol einen wie gelatinös aussehenden Pfropfen (Abb. 3.2). Diese Polpfropfen sind von großer Bedeutung im Prozess des Schlüpfens: Im Mausparasiten *Trichuris muris* wurde gezeigt, dass die im Ei liegende L1-Larve nur zum Schlupf aktiviert wird, wenn Bakterien oder Pilze des unteren Dünndarms Kontakt mit den Polpfropfen haben. Dieser Kontakt bewirkt ein Signal, das die im Ei liegende Larve zum Schlupf aktiviert. In den vom Menschen ausgeschiedenen Eiern entsteht bei genügender Feuchtigkeit in 3–4 Wochen die L1. Nach oraler Aufnahme und Schlüpfen der Larve finden alle Häutungen in der Mukosa des unteren Dünndarms statt. Die Präpatenz beträgt drei Monate.

Genom Ein Referenzgenom von *T. muris* (85 Mb) und eine Genomskizze von *T. trichiura* (75 Mb) und *T. suis* (80 Mb) zeigten, dass die Würmer je nach Art 9000 bis 15.000 proteincodierende Gene aufweisen. Bei allen Arten sind viele Proteasen vorhanden, was ihren Lebensstil als innerhalb des Darmepithels lebende Parasiten widerspiegelt. Außerdem wurden Homologien zum Genom des eng verwandten Nematoden *T. spiralis* gefunden, der eine ähnliche Nische im Darm besetzt.

Krankheitssymptome entwickeln sich erst bei Befall mit mehr als 100 Würmern. Es kommt dann zu Blutungen, Diarrhöen und manchmal zu einem Darmvorfall. Häufig tritt *T. trichiura* zusammen mit *Ascaris*, Hakenwürmern und *Entamoeba histolytica* auf. Es gibt über 60 weitere *Trichuris*-Arten in Tieren. Recht oft tritt z. B. *T. vulpis* im Hund auf. Auch Nutztiere sind befallen, unter anderem das Schaf mit *T. ovis* und das Schwein mit *T. suis*. Der Schweinepeitschenwurm hat eine gewisse Berühmtheit erlangt, da man die immunmodulierenden Fähigkeiten seiner Larven genutzt hat, um Menschen von chronischen Darmentzündungen zu heilen (s. Abschn. 1.6.5).

3.5.4 Chromadorea

Diese Nematodenklasse (Tab. 3.12) enthält in einer ihrer Ordnungen, den Rhabditida, die allermeisten der in Wirbeltieren parasitierenden Nematoden. Nicht unwesentlich hat zur Entstehung der parasitischen Lebensweise eine komplex aufgebaute, sehr widerstandsfähige Kutikula beigetragen. Charakteristische Strukturen der Rhabditida sind:

- die L3 als infektiöses Stadium,
- der Besitz von Phasmiden der Schwanzregion,
- Amphiden, die im Gegensatz zu denen der Dorylaimea auf den Lippen liegen,
- die Existenz von nur einem Hoden.

Die Ordnung Rhabditida wird heute in drei Unterordnungen eingeteilt:

- die Rhabditida mit den Hakenwürmern und ihren veterinärmedizinisch wichtigen Verwandten,
- die Spirurina mit Medinawurm, Madenwurm, den Filarien und den Spulwürmern,
- die Tylenchina, die als Parasiten nur den Zwergfadenwurm enthalten.

3.5.4.1 Rhabditida

Die erste Unterordnung der Chromadorea enthält frei lebende Nematoden und einige Überfamilien unsicherer Stellung, darunter die Strongyloidea (Tab. 3.12). Diese umfassen als wichtigste Familien die Ancylostomatidae, Strongylidae, Trichostrongylidae und Metastrongylidae, die wichtige human- und veterinärmedizinische Parasiten enthalten. Die Strongyloidea werden wegen der Bursa copulatrix der Männchen als Bursanematoden bezeichnet. Alle Strongyloidea bewohnen den Verdauungstrakt ihrer Wirte und haben keinen Zwischenwirt. Meistens findet vor Erreichen des endgültigen Ansiedlungsortes eine Körperwanderung statt. Ein besonders interessantes Phänomen in der Entwicklung ist die bei einigen Vertretern auftretende Hypobiose, eine Entwicklungsverzögerung oder Entwicklungshemmung während der Larvalphase im Wirt (s. *Haemonchus contortus*).

3.5.4.1.1 *Ancylostoma duodenale* und *Necator americanus* – Hakenwürmer

Die Hakenwürmer des Menschen sind von außerordentlich großer Bedeutung in den Tropen und Subtropen. Sie leben im Dünndarm, saugen Blut und haben eine ähnliche Biologie, aber unterschiedliche Verbreitungsschwerpunkte (Tab. 3.14). Rund 900 Mio. Menschen sind mit ihnen infiziert, 50.000–60.000 sterben pro Jahr als Folge der Infektion. *A. duodenale,* auch bekannt als Hakenwurm der Alten Welt, hat eine subtropische Verbreitung in Ländern der Alten Welt (Mittlerer Osten, Nordafrika, Indien und früher südliches Europa), *N. americanus* hat eine tropische Verbreitung (Amerika, Afrika unterhalb der Sahara, Südostasien, China und Indonesien).

Entwicklung Die im Zwei- bis Achtzellstadium abgelegten Eier werden mit dem Stuhl ausgeschieden (Abb. 3.63). Die daraus schlüpfende L1 und die L2 ernähren sich im Kot von Bakterien. Die gescheidete, filariforme L3 wandert in die obersten Bodenschichten ein. Bei Kontakt mit menschlicher Haut, meistens der Füße, dringt sie perkutan ein und wirft dabei die Haut der L2 ab. Beim Durchdringen der Haut trifft sie auf Blutgefäße und wird mit dem venösen Blutstrom in die Lunge ge-

Tab. 3.14 *Ancylostoma* und *Necator*

	Ancylostoma duodenale	*Necator americanus*
Verbreitung	Subtropisch: Südeuropa, Nordafrika, Mittlerer und Ferner Osten	Tropisch: südl. USA, Lateinamerika, Afrika südlich der Sahara, Indien, Südostasien, Ozeanien
Länge/Weibchen	10–13 mm	9–11 mm
Länge/Männchen	8–11 mm	7–9 mm
Mundkapsel	2 Paar dorsale, nach innen gerichtete Zähne	2 dorsale, nach unten gerichtete Schneidplatten
Vagina	Im hinteren Drittel	Kurz vor Körpermitte
Eigröße	50–80 × 36–42 μm	64–75 × 36–40 μm
Präpatenz	38–74 (53) d	44–56 d
Larvalentwicklung	Bei 22–26 °C	Bei 31–44 °C

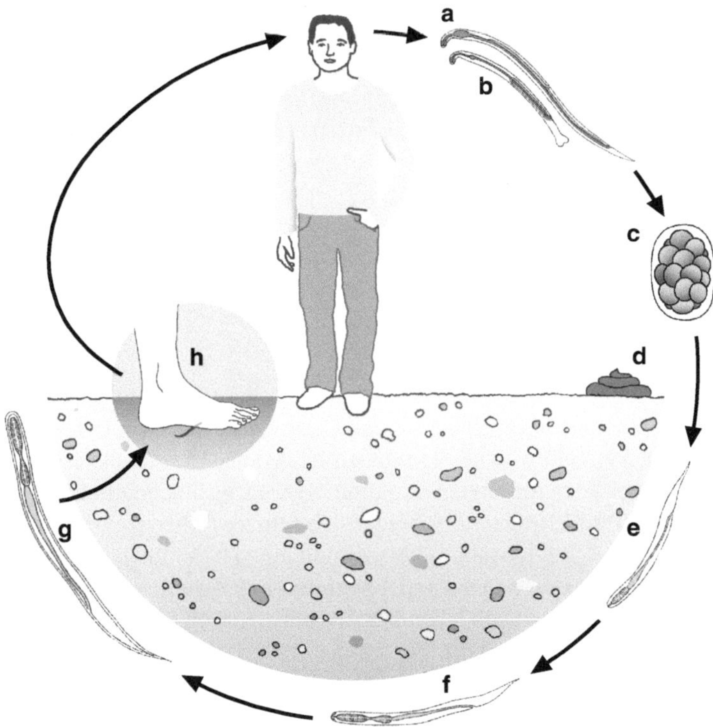

Abb. 3.63 Lebenszyklus von *Necator americanus*. **a** Weibchen. **b** Männchen. **c** Junges Ei, das sich im Kot entwickelt. **d** Kot. **e** L1. **f** L2. **g** L3. **h** Gescheidete L3 invadiert die Haut. Die Körperwanderung im Menschen ist nicht gezeigt. (Mit freundlicher Genehmigung von Wiley-VCH)

schwemmt, wo die dritte Häutung stattfindet. Nach Übertritt in die Alveolen wird sie in die Trachea geflimmert und abgeschluckt. Im Dünndarm häutet sie sich zum Adultus. Die Präpatenzzeit beträgt fünf bis acht Wochen. Bei *A. duodenale* ist auch orale Infektion möglich, dann findet keine Körperwanderung statt. *A. duodenale* kann fünf Jahre leben und produziert 25.000 Eier/Tag, während *N. americanus* zwar weniger Eier hervorbringt (10.000 Eier/Tag), dafür aber 15 Jahre lang leben kann. Adaptive Immunität entwickelt sich sehr langsam und ist schwer zu bestimmen.

Morphologie Die Weibchen sind etwa 1 cm lang und einen halben Millimeter dick. Die dünnschaligen Eier messen $60 \times 40\,\mu m$. Die Männchen sind etwas kürzer als die Weibchen. Ihre Bursa copulatrix hat kurze Rippen und ist relativ klein. Die beiden Spicula sind lang und dünn (Abb. 3.64c). Die Würmer besitzen eine große Mundkapsel mit abgeschrägter Öffnung. Bei *A. duodenale* enthält sie zwei Paar dorsale, nach innen gerichtete Zähne („Haken") (Abb. 3.64a), bei *N. americanus* zwei dorsale, nach unten gerichtete Schneidplatten (Abb. 3.64b).

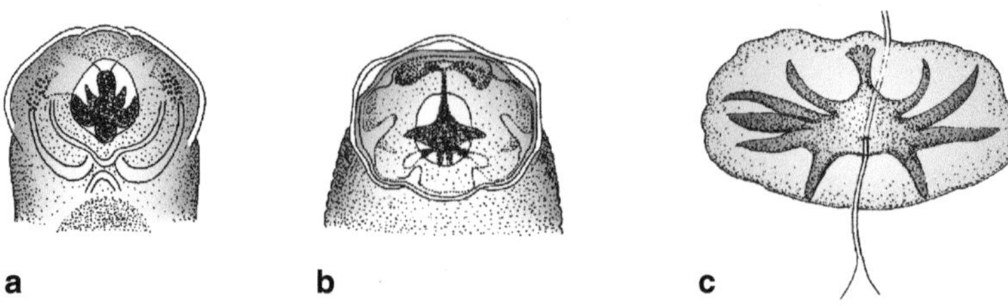

Abb. 3.64 Hakenwürmer (Ancylostomatidae). **a** Mundkapsel von *Ancylostoma duodenale* von vorn. **b** Mundkapsel von *Necator americanus* von vorn. **c** Bursa copulatrix von *A. duodenale*, Spicula oben abgeschnitten

Genom Das Genom von *N. americanus* ist vergleichsweise groß und besteht aus 244 Mb mit einem relativ kleinen Gehalt an repetitiven Sequenzen (23,5 %). Es codiert für ca. 19.200 Proteine, von denen höchstens 15 % transgespliced werden. Circa ein Drittel der vermuteten Proteine werden wahrscheinlich sezerniert. Die Expression der Transkripte unterscheidet sich sehr zwischen frei lebender und parasitischer Phase. Die frei lebende L3 exprimiert einen höheren Anteil von Genen, die auch bei anderen Nematoden gefunden wurden. Der Anteil von hakenwurmspezifischen Genen ist im parasitisch lebenden Adulten deutlich höher, was die Anpassung an den Parasitismus zeigt. Auffällig ist der hohe Anteil an Proteasen, die wahrscheinlich für das Eindringen und den Verdau des Blutes benötigt werden. Auch Proteaseinhibitoren sind zahlreich vorhanden, wahrscheinlich zum Schutz des Parasiten vor Verdauungsenzymen. Außerdem exprimieren Hakenwürmer mögliche Immunomodulatoren, die als mögliche Leitsubstanzen für entzündungshemmende Medikamente diskutiert werden.

Epidemiologie Die L3 leben in warmem, humusreichem und feuchtem Boden. Sie vertragen keine direkte Sonneneinstrahlung, kein Wasser und keinen Urin. Optimale Übertragungsbedingungen liegen dort vor, wo Defäkation in der Nähe von Wohn- und Arbeitsplätzen stattfindet, wo mit unbehandelten Fäkalien gedüngt wird und wo die Menschen barfuß gehen. Hakenwurmbefall ist am häufigsten bei Kindern sowie bei Kleinbauern und Plantagenarbeitern. *A. duodenale* kam früher, bevor er durch Hygienemaßnahmen eliminiert wurde, auch in Steinkohlebergwerken Mitteleuropas vor, in deren tieferen Schichten die erforderlichen warmen Temperaturen herrschen. Er wurde deswegen als Grubenwurm bezeichnet. Die Krankheit „Minenanämie" wurde von großer Bedeutung während des Baus des Gotthardtunnels (1872–1880), bei dem viele Arbeiter daran erkrankten oder sogar starben. Autopsien, die vom italienischen Parasitologen Edoardo Perroncito durchgeführt wurden, deckten *A. doudenale* als Ursache für die Todesfälle auf. Sein Buch *La malattia die minatori* wurde 1910 veröffentlicht.

Schadwirkungen Die in die Haut eindringenden L3 bewirken entzündliche Rötungen und heftigen Juckreiz. Die den Dünndarm besiedelnden L4 und die Adulti ziehen eine Darmzotte in ihre große Mundkapsel ein, verletzen sie mit ihren Zähnen oder Schneidplatten und saugen das austretende Blut ein. Sobald keines mehr nachfließt, wechseln sie die Darmzotte. Es treten Leibschmerzen auf, die eine schwere, zu operierende Krankheit vortäuschen können. Die blutsaugende Ernährungsweise der adulten Würmer führt zu permanentem Blutverlust. Die adulten Würmer nehmen ca. 20–30 µl Blut/Tag auf, hinzu kommt, dass die häufig gewechselten Anheftungsstellen nachbluten. Bei Befall von 500–1000 Würmern ist die Folge eine Eisenmangelanämie, die sich durch blasse Schleimhäute, aufgedunsenes Gesicht und geschwollene Füße äußert. Die Menschen leiden unter Abgespanntheit, Atemlosigkeit, Herzklopfen und kurzzeitigem Bewusstseinsverlust, unter Depressionen und geistiger Apathie. Bei Kindern kommt es zu Verzögerungen der körperlichen und geistigen Entwicklung. Normalerweise verlaufen die Infektionen chronisch, können aber zum Tod durch Herzversagen führen. Mortalität aufgrund der Anämie ist besonders bei Kindern ausgeprägt. Die große Bedeutung des Hakenwurms für die Gesundheit der Bevölkerung führt dazu, dass international große Anstrengungen betrieben werden, um einen Impfstoff zu finden, der sich gegen die proteolytischen Enzyme des Parasiten richtet, die er für den Verdau des Wirtsblutes benötigt.

Ancylostoma braziliense, *Ancylostoma ceylanicum* und selten *Ancylostoma caninum*, die Hakenwürmer von Hund und Katze, rufen beim Menschen das Symptom der *Larva migrans cutanea* oder des Hautmaulwurfs hervor, wenn die L3 in die Haut eindringt. Eine Weiterentwicklung findet nicht statt, die Larven bleiben aber Wochen bis Monate am Leben und kriechen durch die unterste Epidermisschicht von Fußsohlen und Zehen, wobei sie unregelmäßig gewundene, gerötete und heftig juckende Gänge hinterlassen.

3.5.4.1.2 *Strongylus vulgaris*

Die Strongylidae sind zum größten Teil Parasiten von Equiden. Sie lassen sich in zwei ökologische Gruppen einteilen, die „großen Strongyliden" mit *Strongylus equinus* und *Strongylus edentatus* und die „kleinen Strongyliden" mit rund 60 Arten, überwiegend der Gattung *Cyathostomum*. Die Würmer sind bis zu 5 cm lang, haben eine große Mundkapsel mit einem randständigen doppelten Blätterkranz.

Die **Entwicklung** verläuft wie bei *Ancylostoma* bis zur gescheideten, infektiösen L3, die oral vom Wirt aufgenommen wird. Bei den großen Strongyliden findet dann eine von Art zu Art unterschiedliche Körperwanderung statt (über Blutgefäße des Mesenteriums, Peritonealhöhle, Leber oder Pankreas), bis das präadulte Stadium die Zäkum-Kolon-Region erreicht und geschlechtsreif wird. Die Präpatenz ist dementsprechend sehr lang (6–12 Monate). Bei den kleinen Strongyliden wird die abgeschluckte L3 bis zum Zäkum oder Kolon getragen, häutet sich zur L4 und dringt dann in die Mukosa ein, wo sie 1–2 Monate verbleibt und nach Rückkehr ins Lumen und der letzten Häutung geschlechtsreif wird. Die Präpatenz dauert bis zu drei Monate. Die auch bei den kleinen Strongyliden auftretende Hypobiose wird bei *Haemonchus contortus* besprochen.

Krankheitserscheinungen werden hauptsächlich durch die Körperwanderung der großen Strongyliden verursacht und sind äußerst vielgestaltig (Entzündungen an Blutgefäßwänden, Leber oder der Leibeshöhlenwandung, Beeinträchtigung der Blutzirkulation). Bei Fohlen können schon 200 L3 von *S. vulgaris* zum Tod führen.

Bei den kleinen Strongyliden führen nur starker Befall und die in der Darmwand gehemmten Larven zu Schäden.

Aus der Unterfamilie Chabertiinae sind zu erwähnen: *Chabertia ovina*, sehr häufig bei Schaf und Ziege, Schäden an der Schleimhaut des Kolons verursachend, *Oesophagostomum dentatum* beim Schwein, mit Bildung von auffälligen schwärzlichen Knoten in Zäkum und Kolon, in denen die Häutung zur L4 erfolgt und, aus der Unterfamilie Syngaminae, der blutrot gefärbte, in Dauerkopula verpaarte *Syngamus trachea*, der in der Luftröhre von Sing- und Hühnervögeln parasitiert und häufig bei jungen Amseln vorkommt. In die Entwicklung können Regenwürmer als paratenische Zwischenwirte eingeschaltet sein.

3.5.4.1.3   *Haemonchus contortus* und verwandte Arten

Der Gedrehte oder Rote Magenwurm (Abb. 3.65) aus der Familie Trichostrongylidae ist ein Parasit von Schafen und Ziegen, seltener von Rindern. Angeblich gibt es keine Schafbestände, die vollständig frei sind von diesem Parasiten. *H. contortus* ist eine der Arten, die „parasitische Gastroenteritis" hervorruft, d. h. Krankheitssymptome durch Besiedlung des Magens oder des Darmes. Außerdem ist bei ihm das Phänomen der Hypobiose am besten und häufigsten untersucht worden. Weitere Gattungen der Familie (mit je 3–4 Arten), durch die eine Trichostrongylidose ausgelöst wird, sind *Ostertagia*, *Telodorsagia*, *Trichostrongylus*, *Cooperia* und *Nematodirus*.

Entwicklung Die im Morulastadium ausgeschiedenen Eier (Abb. 3.65c) embryonieren im Kot (Abb. 3.65d). Die beiden ersten Larvenstadien ernähren sich von Bakterien. Die in fünf Tagen entstehende, gescheidete L3 ist sehr aktiv, verlässt den Kot und vermag bei Feuchtigkeit an den Gräsern der Umgebung hochzukriechen. Oral vom Schaf aufgenommen, wirft sie die Scheide ab und häutet sich in den Krypten des Labmagens zur blutsaugenden L4. Diese Phase wird als histotrop bezeichnet (gr. „histós" = Gewebe, „trópos" = Wendung, Richtung). Danach findet im Lumen des Labmagens die Häutung zu den ebenfalls blutsaugenden Adulti statt. Die Präpatenz liegt zwischen 12 und 24 Tagen.

Abweichend von diesem normalen Entwicklungsverlauf kommt es in gemäßigten Breiten von Juli an zu einer gehemmten oder inhibierten Entwicklung („arrested development"), auch **Hypobiose** genannt (gr. „hypó" = unter, „bíos" = Leben): Zunehmende Mengen von L4 verbleiben vom Herbst an in ihrer histotropen Phase, sodass keine geschlechtsreifen Würmer mehr entstehen. Wenn die kurzlebigen Adulti der bestehenden Infektion größtenteils eliminiert sind, werden im Kot keine Eier mehr nachgewiesen. Der Wirt ist dann scheinbar parasitenfrei. Die inhibierten (gehemmten) Larven zeigen keine Stoffwechselaktivitäten und sind infolgedessen auch für Anthelminthika kaum erreichbar. In gemäßigten Klimaten macht sich Hypobiose von September an bemerkbar. Offenbar sind es unter anderem die niedriger werdenden Temperaturen, die auf die infektiösen L3 einwirken, denn die Erscheinung kann auch experimentell induziert werden durch Verfüttern von L3, die bei niedrigen Temperaturen konditioniert wurden. – Erst im Frühjahr wird die Entwicklung wieder aufgenommen und die Eizahlen steigen dramatisch an („Spring

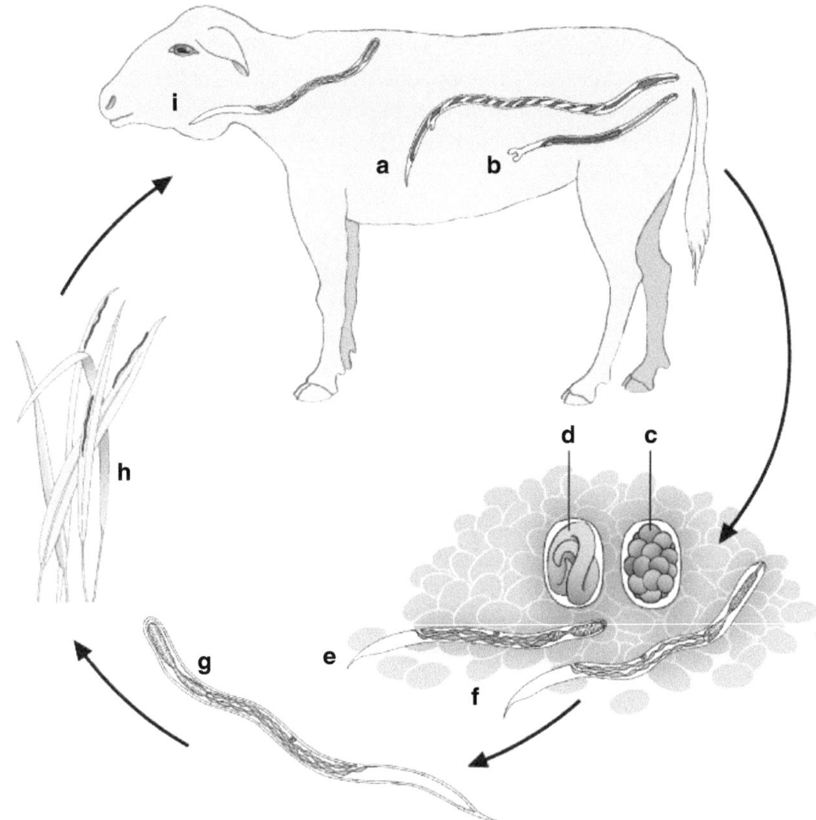

Abb. 3.65 Lebenszyklus von *Haemonchus contortus*. Weibchen (**a**) und Männchen (**b**) im Labmagen des Schafes. Junges (**c**) und voll entwickeltes (**d**) Ei im Kot. L1 (**e**) und L2 (**f**) in Kot. Die gescheidete L3 (**g**) verlässt den Kot und kriecht auf Pflanzen (**h**). Nach oraler Aufnahme durch das Schaf wird die Scheide abgeworfen und die L4 entsteht (**i**). (Mit freundlicher Genehmigung von Wiley-VCH)

Rise"). Bei trächtigen Mutterschafen geschieht das um den Geburtstermin herum („Periparturient Rise") und während der Laktation. Hypobiose wird aber auch genetisch kontrolliert. Wenn befallene Wirte aus einer bestimmten Temperaturzone in eine andere transferiert werden und dortige Weiden mit den Nematodeneiern kontaminieren, erhält sich bei Neuinfektionen dortiger Tiere trotz der anderen Temperaturbedingungen die Neigung zu der „alten" Hybobiosezeit.

Die Gründe sowohl für die Hypobiose selber wie auch für deren Beendigung sind noch immer nicht vollkommen aufgeklärt. Sie könnten immunologisch, also wirtsbedingt sein oder im Parasiten selber liegen, der vielleicht analog zur Diapause der Insekten das zeitliche Auftreten der Nachkommenschaft mit günstigen Umweltbedingungen koordiniert. Dafür würde sprechen, dass in ariden Gebieten die Hypobiose vor Beginn der Trockenzeit einsetzt und dass Eier erst wieder zu Anfang der Regenzeit ausgeschieden werden.

Epidemiologie Vor allem die Hypobiose ist dafür verantwortlich, dass im Frühjahr die Weiden massenhaft mit Eiern kontaminiert und die Lämmer mit hohen Wurmbürden infiziert werden. Eine entscheidende Rolle spielt auch die enorme Vermehrungsrate: Ein Weibchen soll pro Tag 5000–10.000 Eier ablegen können. Hypobiose tritt übrigens bei den meisten Trichostrongyliden der Weidetiere und einigen weiteren Wirten auf.

Morphologie *H. contortus* ist unter allen Trichostrongyliden der am leichtesten zu erkennende: Er ist im Leben rötlich gefärbt. Wie bei den Nematoden typisch sind die Weibchen länger als die Männchen (Abb. 3.66a). Bei dem 20–30 mm langen Weibchen erscheinen der blutgefüllte Darm rot und die Geschlechtsorgane weiß. Beide Organe sind spiralig umeinandergewunden (daher „Gedrehter Magenwurm"). Fast einen halben Millimeter hinter dem Vorderende ist ein Paar Zervikalpapillen (Abb. 3.66b) deutlich sichtbar. Und in der kleinen Mundhöhle entspringt der dorsalen Wand ein Häkchen (Abb. 3.66d). Beim Weibchen ist die Vulva im hinteren Körperviertel von einer auffälligen Vorwölbung, der Vulvaklappe, überdeckt (Abb. 3.66e). Die Bursa copulatrix der 18–21 mm langen Männchen ist unsymmetrisch. Der sehr kleine, sonst median angeordnete Dorsallobus ist zur Seite verschoben (Abb. 3.66c). Die beiden recht kurzen Spicula sind 490–540 µm lange, sehr kräftige Strukturen mit einem Endhaken. Die dünnschaligen, im Morulastadium abgelegten Eier (Abb. 3.66f) sind 80 × 45 µm groß.

Genom Das Genom von *H. contortus* ist 320 Mb groß und damit das bisher größte bekannte Nematodengenom. Die verwandtschaftliche Nähe dieser Art zu *C. elegans* macht Vergleiche interessant: Übereinstimmend mit einer weitgehend konservierten Syntenie zwischen den beiden Arten, ist auch die Zahl der proteincodierenden Gene von *H. contortus* und *C. elegans* ähnlich (21.800 bzw. 20.500), was zu einer deutlichen Verminderung der Gendichte bei *H. contortus* führt. Während bei *H. contortus* nur ca. 7 % des Genoms proteincodierend sind, sind es bei *C. elegans* 30 %. Die proteincodierenden Gene des Parasiten enthalten mehr und längere Introns. Während ca. 29 % des *H. contorus*-Genoms aus repetitiven Sequenzen besteht, sind es bei

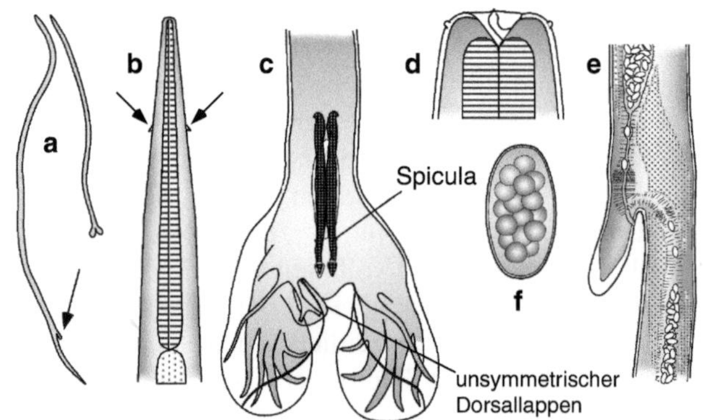

Abb. 3.66 a–f *Haemonchus contortus*. **a** Männchen und Weibchen im gleichen Maßstab. *Pfeil*: Vulvaklappe. **b** Vorderende mit Zervikalpapillen (*Pfeile*). **c** Bursa copulatrix und Spicula. **d** Mundhöhle mit Zahn. **e** Weibliche Geschlechtsöffnung mit Vulvaklappe. **f** Ei

C. elegans nur 16 %. Vergleichende Analysen haben, wie zu erwarten, eine deutliche Ausweitung der parasitenspezifischen Genfamilien gezeigt, die z. B. mit der Aufnahme und Verdauung von Blut in Zusammenhang stehen. Diese Fakten stehen im Kontrast zu der landläufigen Annahme, nach der Parasiten ein reduziertes Genom hätten.

Schadwirkungen Durch die L4 während der histotropen und der hypobiotischen Phase werden die säureproduzierenden Drüsenzellen des Labmagens zerstört. Die Folge sind erhöhter pH, verminderte Umwandlung von Pepsinogen in Pepsin und gestörte Eiweißverdauung, gesteigerte Ansiedlung von Bakterien, Entzündungserscheinungen, schließlich Verdauungsstörungen und verminderte Futteraufnahme. Weitere Schädigungen entstehen durch die blutsaugende Tätigkeit der L4 und der Adulti. Der Blutverlust beträgt ca. 50 µl pro Wurm und Tag. Bei Lämmern kann es so zu lebensbedrohender Anämie kommen. Die Elimination adulter Würmer ist mit wässrigen Diarrhöen verbunden. Lämmer erwerben erst etwa vom 6. Lebensmonat an eine Immunität, die sie in den kommenden Weideperioden zunehmend schützt, indem sie die Ansiedlung neu aufgenommener L3 verhindert, zu schnellerer Elimination der Adulti führt oder sich negativ auf deren Eiproduktion auswirkt. Eine solche Immunität kann man auch durch Impfung mit bestimmten aufgereinigten Glykoproteinen der Würmer induzieren, jedoch ist deren rekombinante Herstellung bisher noch nicht gelungen.

Bekämpfung Die Wirksamkeit der Jahrzehnte lang benutzten Benzimidazole (z. B. Albendazol©, Mebendazol©) und makrozyklischen Laktone (z. B. Ivermectin©) lässt spürbar nach, weil sich Resistenzen entwickelt haben. Eine vollständige Eliminierung von *H. contortus* wird daher wahrscheinlich nie gelingen. Eine Verminderung des Befalls kann durch geeignetes Weidemanagement erreicht werden (Jungtiere auf nichtkontaminierten Flächen grasen lassen). Auch der Einsatz von nematophagen Pilzen, deren Sporen verfüttert werden und deren Hyphen später im Kot die geschlüpften Wurmlarven festkleben und abtöten, wird vielleicht eines Tages in größerem Maßstab möglich sein. Schließlich zeichnet sich die Verwendung von tanninreichen Futterpflanzen, z. B. Esparsette (*Onobrychis viciifolia*) als komplementäre Kontrollstrategie ab.

Dictyocaulus viviparus *D. viviparus* parasitiert, anders als die erwähnten Trichostrongyliden, in der Lunge des Rindes. Bei dieser Art schlüpfen aus den Eiern, die von den Bronchien in die Trachea gelangen und dann abgeschluckt werden, bereits während der Darmpassage die L1. Die im Kot entstehenden L3 werden vorwiegend durch den Pilz *Pilobolus* verbreitet, indem sie auf oder in dessen Sporangien so weit weggeschleudert werden, dass sie von den streng koprophoben (kotmeidenden) Rindern leicht aufgenommen werden können. Neben der Chemotherapie kann ein Schutz gegen *D. viviparus* durch eine Impfung mit lebenden, durch Bestrahlung attenuierten L3-Larven vorgenommen werden. Diese Impfung induziert einen Schutz gegen frühe Wurmstadien, ist allerdings auf Auffrischung der Immunantwort durch natürliche Neuinfektion angewiesen.

3.5.4.1.4 *Angiostrongylus cantonensis* und verwandte Arten

Die Familie Metastrongylidae umfasst lungenbewohnende Parasiten von Tieren. *A. cantonensis* ist bedeutend, da er im Menschen eine Erkrankung hervorrufen kann, die als „tropische eosinophile Meningoenzephalitis" bezeichnet wird. Der Wurm wurde in chinesischen Nagetieren entdeckt und kommt heute in vielen tropischen Gegenden der Welt vor, vor allem in Südostasien, den pazifischen Inseln und der Karibik. Wichtigste Endwirte dieser Zoonose sind Ratten. Bei ihnen leben die adulten Würmer in Lungenarterie und rechtem Herzen, wohin sie nach einer Körperwanderung gelangen, die über das Gehirn führt. Aus den vom Weibchen abgelegten Eiern schlüpfen schon in der Lunge Drittlarven, die über die Trachea und, abgeschluckt, über den Darm das Freie erreichen. Mit dem Nagetierkot werden sie von Schnecken als bevorzugten Zwischenwirten aufgenommen. Roh verzehrte Schnecken sind die Infektionsquelle für den Menschen, vor allem die Achatschnecke *Achatina fulica,* die in manchen Ländern als Delikatesse gilt. Für Touristen in betroffenen Gegenden spielt möglicherweise auch larvenhaltiger Schneckenschleim eine Rolle, der mit ungewaschenem Salat oder Gemüse aufgenommen wird. Als paratenische Wirte kommen aber auch Frösche und Fische infrage.

Im Menschen können die Larven zwar das Gehirn erreichen und dort sogar erwachsen werden, eine Weiterwanderung zum endgültigen Ansiedlungsort erfolgt jedoch nicht. Für die Erkrankung sind im Gehirn absterbende Würmer verantwortlich. Bei starkem Befall treten Kopfschmerzen, steifer Nacken, Bewusstseinstrübung und, durch Gewebsverletzungen im Gehirn, meningitische Beschwerden auf. Diagnostisch ist Eosinophilie in der Zerebrospinalflüssigkeit entscheidend. Bei milder Symptomatik werden Schmerzmittel verabreicht, für schwere Fälle gibt es bis jetzt keine zuverlässigen Behandlungsmethoden.

Metastrongylus-Arten des Schweines, vor allem des Wildschweines, werden als „Große Lungenwürmer" bezeichnet. Sie besiedeln Bronchien und Bronchiolen. Bei allen Metastrongylidae sind Wirbellose als obligatorische Zwischenwirte eingeschaltet. Die mit dem Kot ausgeschiedenen L1 entwickeln sich in ihnen bis zur L3. Diese gelangen in den Endwirt, indem der Überträger gefressen wird. Die „Kleinen Lungenwürmer" der Gattungen *Protostrongylus, Muellerius* u. a. leben in den Bronchiolen von kleinen Wiederkäuern und hier sind die Zwischenwirte terrestrische Nackt- und Gehäuseschnecken.

Ein interessanter Metastrongylide ist *Skrjabingylus nasicola.* Der lebhaft rote, große Nematode (Weibchen fast 2 cm lang) bewohnt die Nasenhöhlen der Gattung *Mustela* (Hermelin, Mauswiesel, Mink und Iltis) und ruft nach langer Infektionsdauer ähnliche Knochenzerstörungen im Schädel hervor wie der Trematode *Troglotrema acutum* (Abschn. 3.2.1.2). Zwischenwirte sind auch hier Nackt- und Gehäuseschnecken. Spitzmäuse und Nagetiere dienen als paratenische Wirte.

3.5.4.2 Spirurida

Die zweite Unterordnung der Chromadoria enthält sehr heterogene Gruppen von Nematoden, die als Überfamilien oder als Infraordnungen geführt werden. Im Folgenden werden die biologisch interessanten und wirtschaftlich wichtigen Arten aufgeführt, ohne den Einteilungsprinzipien Aufmerksamkeit zu schenken.

3.5.4.2.1 *Dracunculus medinensis* und verwandte Arten

Der Medinawurm des Menschen, zur Überfamilie der Dracunculoidea (lat. „dracunculus" = kleiner Drache, wegen des brennenden Schmerzes, den die Wunde verursacht) gehörend, wird sehr wahrscheinlich der erste Erreger einer tropischen Parasitose sein, der vollständig ausgerottet sein wird. Seine Biologie ist aber so interessant, dass trotzdem auch in Zukunft kein Parasitologiebuch auf deren Darstellung verzichten wird.

Der Medinawurm ruft eine als Dracunculose bezeichnete Erkrankung hervor, die an aride Gebiete von Afrika bis ins östliche Indien gebunden ist. Die Methode zur Entfernung des Wurmes (Abb. 3.67c) ist in endemischen Gebieten seit Langem bekannt.

Die adulten Würmer haben einen starken Geschlechtsdimorphismus. Das Weibchen wird 70–80 cm lang, das Männchen dagegen nur 3 cm. Das lebendgebärende Weibchen hat seinen Sitz im Unterhautbindegewebe vor allem der Extremitäten. Ein Jahr nach der Infektion wird es gravide. Dann bildet sich über seiner im Kopfbereich lokalisierten Geschlechtsöffnung in der Wirtshaut eine Blase, die Tausende von L1 enthält (Abb. 3.67a) und aufbricht, sobald sie zum ersten Mal mit Wasser in Berührung kommt. Die Blase verwandelt sich in ein Geschwür, durch das bei weiteren Wasserkontakten immer wieder Larven entlassen werden. Sie werden von Copepoden, hauptsächlich der Gattung *Cyclops*, gefressen, in deren Hämozöl innerhalb von 14 Tagen zwei Häutungen stattfinden. Der Mensch infiziert sich beim Trinken von unsauberem Wasser, das die Kleinkrebse mit den infektiösen L3 enthält (Abb. 3.67b). In experimentell infizierten Endwirten erreichen die Larven über Darmwand und Mesenterium die Thorax- und Abdominalmuskulatur, wo sie bereits 15 Tage p. i. als Adulti zu finden sind.

Nach 3–4 Monaten sind die Weibchen befruchtet, von da an sterben die Männchen ab und werden eingekapselt. Vom 8. Monat an wandert das Weibchen zum Unterhautbindegewebe der Extremitäten, meistens des unteren Beinbereiches (Abb. 3.68). Es kommen nur ein bis drei, seltener mehr Weibchen zur Entwicklung. Die zwischen dem 11. und 13. Monat p. i. beginnende Larvenausschüttung hält 2–3 Wochen an, dann stirbt das Weibchen und das Geschwür heilt ab. Für die

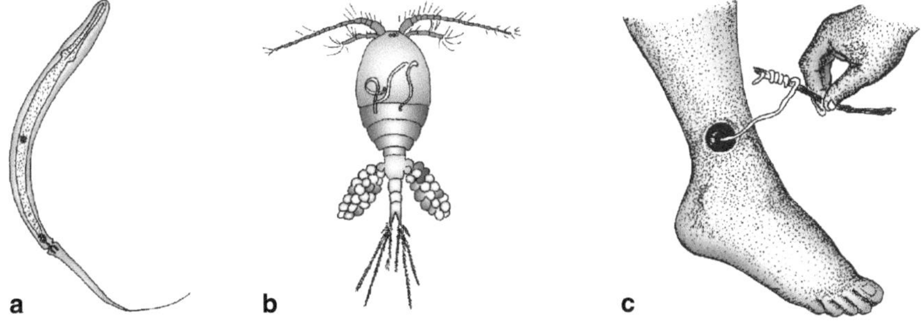

Abb. 3.67 *Dracunculus medinensis.* **a** Ins Wasser entlassene L1. **b** L3 im Hämozöl eines Copepoden. **c** Entfernung eines Weibchens

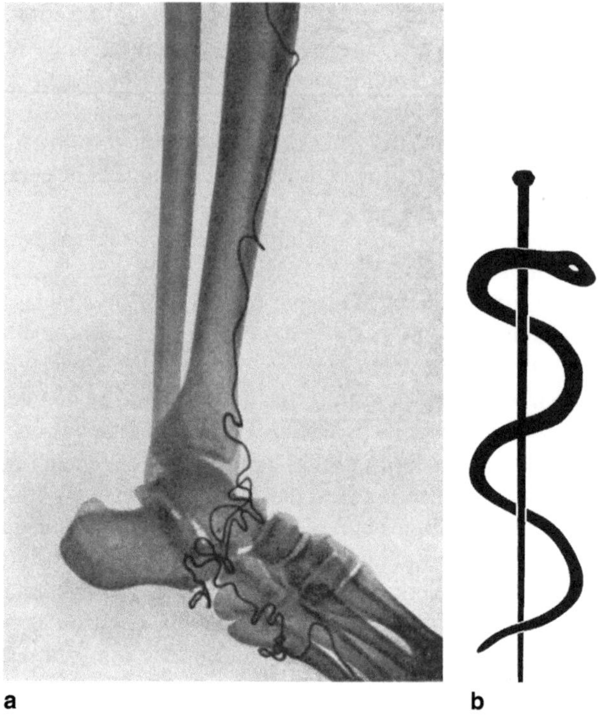

Abb. 3.68 *Dracunculus medinensis.* **a** Röntgenaufnahme eines Weibchens im menschlichen Bein. **b** Äskulapstab. (**a**: aus Piekarski 1954)

Epidemiologie ist von Bedeutung, dass außer dem Menschen keine bedeutenden weiteren Endwirte existieren und dass der Lebenszyklus des Medinawurms im jeweiligen Gebiet streng an die Jahreszeit gebunden ist. Die Infektion findet hauptsächlich während der Trockenzeit statt, wenn die Menschen in ländlichen Gebieten ohne geregelte Trinkwasserversorgung auf wenige natürliche, unter Umständen immer kleiner werdende Wasseransammlungen angewiesen sind, in denen dann Copepoden stark konzentriert auftreten. Jetzt erst werden auch die *Dracunculus*-Weibchen gravide und entlassen ihre L1 ins Wasser. So können sich in dieser Zeit die Kleinkrebse massenhaft infizieren und mit ungereinigtem Wasser getrunken werden.

Schadwirkungen Die Folgen der Dracunculose sind durchaus nicht so harmlos wie früher angenommen. Kurz vor Entstehen der larvenhaltigen Blase kommt es zu allergischen Reaktionen wie Fieber, Schwindel, Erbrechen und fleckiger Rötung der Haut. Normalerweise heilt das Geschwür folgenlos ab. Bei bakteriellen Sekundärinfektionen, die durch vorzeitig absterbende Weibchen oder durch deren unvollständige Entfernung entstehen, bilden sich allerdings Abszesse, chronische Gelenkentzündung, Versteifung der Gelenke und Sehnenscheidenentzündung. Die mittlere Krankheitsdauer beträgt dann 15 Wochen. Da sich keine schützende Immunität ausbildet, war in manchen Gegenden, z. B. in Südwest-Nigeria ein Viertel der arbeitenden Bevölkerung mindestens zehn Wochen/Jahr arbeitsunfähig.

Zur **Behandlung** wird auch heute noch eine uralte Methode zum Entfernen der Würmer angewendet. Sie besteht darin, das bei der Larvenablage aus der Wunde herausgestreckte Vorderende des Weibchens mit einem gespaltenen Hölzchen zu erfassen und sehr langsam während mehrerer Tage darauf aufzurollen (Abb. 3.67c). Wahrscheinlich ist das in Mesopotamien entstandene Symbol der Arzneikunst, der Äskulapstab (Abb. 3.68), auf die Entfernung des Medinawurms und nicht auf eine Schlange zurückzuführen. Die bei anderen Nematodeninfektionen of sehr gut wirkenden Benzimidazole und auch Ivermectin scheinen keine ausgeprägte Wirkung auf den Wurm zu haben, sodass man für die Bekämpfung auf Prävention durch Bereitstellung von sauberem Wasser setzt.

Bekämpfung 1986 hat ein globales Bekämpfungsprogramm begonnen. Nach und nach wurde in vielen betroffenen Ländern durch Filteranlagen, Bau von Brunnen oder Behandlung des Wassers mit geeigneten Chemikalien die Wasserversorgung sicherer gestaltet. Vor allem wurde überall die Bevölkerung aufgeklärt. Kontamination des Wassers durch befallene Personen und Neuinfektionen durch Trinken wurden auf diese Weise weitgehend oder vollständig unterbunden. Waren im Jahr 1986 weltweit noch 3,5 Mio. Menschen infiziert, so ist Asien inzwischen frei vom Medinawurmbefall und in Afrika ist die Zahl auf 22 Neuinfektionen in 2015 zurückgegangen. Allerdings ist jetzt im Tschad die Anzahl infizierter Hunde, die man früher für unbedeutende Nebenwirte hielt, stark angestiegen. Es steht zu befürchten, dass das Erregerreservoir in den Hunden die endgültige Ausrottung des Medinawurms massiv erschwert.

Anguillicola crassus Wie der Name sagt (lat. „anguilla" = Aal, „colere" = bewohnen), sind die Arten dieser mit Dracunculus verwandten Gattung Bewohner von Aalen, bei denen sie in der Schwimmblase leben. Zwischenwirte sind Kleinkrebse, zusätzlich können aquatische Insekten, Amphibien oder Fische als paratenische Wirte eingeschaltet werden. *A. crassus* ist ein aus Japan mit Besatzaalen eingeschleppter Parasit, der sich seit den 1980er-Jahren in Europa flächendeckend ausgebreitet hat und den einheimischen Aal stärker schwächt als seinen ursprünglichen Wirt, den japanischen Aal. Wahrscheinlich ist *A. crassus* am drastischen Rückgang unserer Aalpopulation beteiligt (s. auch Abschn. 1.3).

Gnathostoma spinigerum Diese Art lebt als Adultus im Magen von Karnivoren wie Hund und Katze, meist in Ostasien. Es ist der einzige Nematode, der zwei obligatorische Zwischenwirte benötigt, Copepoden und Süßwasserfische. Durch die Fische kann sich der Mensch mit den L3 infizieren, die sich in ihm jedoch nicht zur Geschlechtsreife entwickeln. Sie wandern als *Larva migrans visceralis* durch verschiedene Organe und können auch das Zentralnervensystem befallen und schwere Schädigungen bis hin zum Tod verursachen. Über kühlkettenimportierte Fische für das Sushigericht kann der Befall auch in westliche Länder verschleppt werden.

3.5.4.2.2 *Enterobius vermicularis* und andere Oxyuren

Der Madenwurm des Menschen (im Englischen „pin worm" oder „thread worm") ist weltweit verbreitet. Von den ca. 400 Mio. infizierten Menschen sind vor allem Kinder mit *E. vermicularis* befallen. Der Lebenszyklus ist im Gegensatz zu dem vieler anderer Spirurina monoxen, d. h., die **Entwicklung** spielt sich nur in einem Wirt ab. Das Weibchen lebt im Bereich von unterem Dünn- bis oberen Dickdarm inkl. Blinddarm und Appendix. Am Ende seines drei bis sechs Wochen dauernden Lebens wandert das Weibchen den Enddarm hinab bis zum Anus. Hier legt es seine 5000–17.000 Eier in den Perianalfalten ab und stirbt danach. Die Eier (Abb. 3.2h, Abb. 3.69c, d) bleiben wegen ihrer klebrigen Oberfläche leicht am Afterring haften. Sie enthalten bei Ablage bereits eine L1, die sich bei Sauerstoffzutritt schon nach sechs Stunden innerhalb des Eies zur infektiösen L3 häutet, das sogenannte Kaulquappenstadium (Abb. 3.69d). Werden solche Eier wieder vom selben Wirt oral aufgenommen, schlüpft die Larve im Duodenum und wandert zum Blinddarm, wobei sie sich zweimal häutet und geschlechtsreif wird. Die Männchen sterben nach der Kopulation ab.

Morphologie Die Überfamilie der Oxyuridea enthält mittelgroße Nematoden (Weibchen bis zu 13 mm lang, Männchen nur 1–4 mm). Morphologisch ist *E. vermicularis* wie alle Oxyuren im weiblichen Geschlecht gekennzeichnet durch ein lang ausgezogenes, spitzes Hinterende (Abb. 3.69a), das der Überfamilie ihren Namen gegeben hat („oxys" = spitzig, „oura" = Schwanz). Das Männchen hat ein eingerolltes Hinterende mit Kaudalalae und einem sehr kurzen, im Mittel 100 µm langen Spiculum (Abb. 3.69b). Die Eier messen 50–60 × 20–30 µm und sind an einer Seite abgeplattet (Abb. 3.69c, d)

Epidemiologie Die Epidemiologie ist durch das besonders bei Kindern sehr häufige Auftreten von Autoinfektionen gekennzeichnet. Die Bewegungen des Weibchens im Anus und Komponenten der Eioberfläche verursachen, vor allem nachts, heftigen Juckreiz. Kratzen und Anus-Finger-Mund-Kontakt führen zu erneutem Befall.

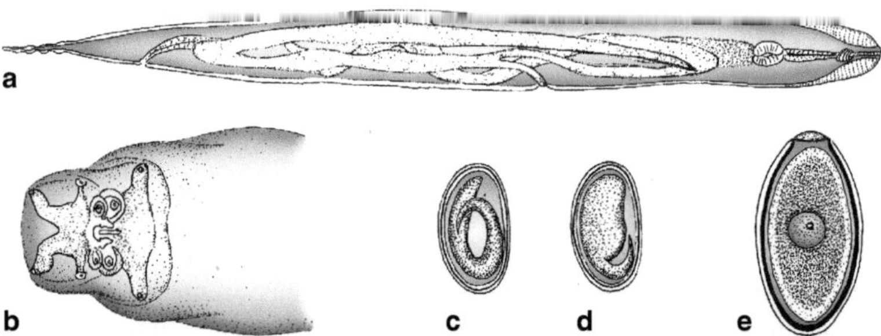

Abb. 3.69 **a** *Enterobius vermicularis*, Weibchen, didelphisch. **b** *E. vermicularis*, Hinterende Männchen (*in der Mitte* das sehr kleine Spiculum). **c** Frisch abgelegtes Ei. **d** Ei mit infektiöser L3 von *E. vermicularis*. **e** Ei von *Oxyuris equi*

Die hoch infektiösen Eier können aber auch sämtliche Gegenstände in den Wohnungen kontaminieren, weswegen *E. vermicularis* häufig als Familieninfektion auftritt. Der Befall wird oft auch bei beengten oder unhygienischen Wohnverhältnissen und in Kinderheimen oder Heimen für geistig Behinderte beobachtet. *Enterobius*-Arten aus Affen können den Menschen nicht infizieren.

Schadwirkung und Behandlung Die Diagnose erfolgt typischerweise durch ein Tesafilmabklatschpräparat. Dazu wird während der Zeit des stärksten Juckreizes ein Tesafilmstreifen auf die perianale Umgebung geklebt und die eventuell anhaftenden Eier werden im Mikroskop bestimmt. Im Stuhl sind die kleinen, weißgelblichen Würmer gut sichtbar. Die Infektion kann monatelang in einer Familie kursieren, wenn Haushaltsangehörige keine Symptomatik zeigen und deswegen nicht mitbehandelt werden. Sie sind dann die Infektionsquelle für die häufig beklagten, angeblich therapierefraktären Fälle. Der Befall ruft vor allem nächtlichen Juckreiz hervor. Durch ständiges Kratzen kann der Afterbereich entzündet sein. Der Schlafentzug führt zu Konzentrationsstörungen, Reizbarkeit und schulischer Minderleistung. Gelegentlich treten Bauchschmerzen auf. Die Würmer können auch in den Blinddarm, die Scheide oder den Eileiter eindringen und verursachen dort Appendizitis bzw. Vulvitis und Salpingitis. Die Behandlung ist mit geeigneten Medikamenten möglich, muss aber die ganze Familie oder Gruppe einschließen und u. U. wiederholt werden. Dazu sind strenge Hygienemaßnahmen notwendig wie sorgfältiges Händewaschen und Nägelputzen, täglicher Wechsel von Körper- und Bettwäsche, die bei mindestens 60 °C gewaschen werden muss. Berührung der Afterregion muss vermieden werden.

Weitere Oxyuren *Oxyuris equi* des Pferdes hat große Eier mit einem Polpfropf (Abb. 3.69e), die in einer schnell erstarrenden, viskösen Flüssigkeit am After abgelegt werden und heftigen Juckreiz sowie beeinträchtigende Beunruhigungen bewirken. Die Würmer sind deutlich größer als *E. vermicularis* (Weibchen 2,5–12 cm, Männchen 8–15 mm, die Unterschiede sind durch den lang ausgezogenen Schwanz des Weibchens bedingt). Bei *Passalurus ambiguus* des Kaninchens erfolgt Autoinfektion durch Coecotrophie (den obligatorischen Verzehr von Blinddarmkot) und führt zur Wachstumsbeeinträchtigung von Jungtieren. Als häufige Infektion von Labornagern tritt selbst unter streng kontrollierten Haltungsbedingungen häufig *Syphacia muris* im Blinddarm von weißen Mäusen und Ratten auf.

3.5.4.2.3 Filarien

Nematoden der Überfamilie Filarioidea werden im Allgemeinen als Filarien bezeichnet. Die Würmer sind lang und fadenförmig (lat. „filum" = Faden) und bewohnen Gewebe und Körperhöhlen ihrer Wirte, aber niemals den Darm. Sie legen keine Eier, sondern gebären L1-Larven, die als Mikrofilarien bezeichnet werden. Diese werden durch blutsaugende Arthropoden übertragen, meist durch Insekten und selten durch Acari. Während die Familie Filariidae Parasiten von veterinärmedizinischer Bedeutung enthält, schließt die Familie Onchocercidae alle wichtigen humanpathogenen Filarien ein.

3.5.4.2.4 Onchocercidae

Onchocercidae sind vom medizinischen Standpunkt aus gesehen die wichtigste Familie der Filarioidea, weil hier alle humanpathogenen Arten versammelt sind. Dies sind im Wesentlichen die Erreger der lymphatischen Filariose (*Wuchereria*, *Brugia*) und der Onchozerkose sowie die Gattungen *Loa* und *Mansonella* (Tab. 3.15). Filarieninfektionen des Menschen gehören zu den wichtigsten Tropenkrankheiten. Sie verursachen substanzielle Morbidität, aber so gut wie keine direkte Mortalität und werden deshalb in ihrer Bedeutung häufig unterschätzt. Die Krankheitsbilder sind stark von Immunpathologie geprägt und variieren deshalb sehr stark. Das Fehlen von schnell wirksamen und sicheren Medikamenten gegen Adultwürmer erschwert die Bekämpfung (Lebensdauern von zehn Jahren und mehr sind keine Ausnahme); Mikrofilarien können mit Medikamenten hingegen zeitweilig eliminiert werden.

Entwicklung Die Entwicklung im Arthropodenzwischenwirt beginnt mit der Blutmahlzeit. Die aufgenommenen L1, die Mikrofilarien, durchbohren die Darmwand des Überträgers und wandern in dessen thorakale Flugmuskulatur ein. Dabei verkürzen sie sich und werden zu einem kurzen, dicken *Sausage*-Stadium (Abb. 3.70). Es wird vermutet, dass dies notwendig ist, damit die in dem langen, dünnen Körper weit auseinandergezogenen Primordialanlagen aneinandergerückt werden und sich in normaler Form zu Organen differenzieren können. Nach zwei Häutungen

Tab. 3.15 Übersicht über die „Filarien" des Menschen

Erreger	Sitz der Adulti	Mikrofilarien	Geogr. Verbreitung	Überträger
Wuchereria bancrofti	Lymphsystem	Gescheidet, im Blut	Tropen von Asien, Afrika, China, Pazifik, S-Amerika (wenige Länder)	*Culex-*, *Aedes-*, *Anopheles-*Arten,
Brugia malayi	Lymphsystem	Gescheidet, im Blut	Indisch-malayischer Raum, Ostasien	*Mansonia-*, *Anopheles-*, *Aedes-*Arten
Brugia timori	Lymphsystem	Gescheidet, im Blut	Timor, Südostindonesien	*Anopheles barbirostris*
Onchocerca volvulus	Subkutanes, auch tiefer gelegenes Bindegewebe	Ungescheidet, in Bindegewebe der Haut	Tropisches Afrika, Süd- u. Mittelamerika	*Simulium-*Arten
Loa loa	Bindegewebe, bes. subkutan	Gescheidet, im Blut	Regenwaldgebiete Afrikas	*Chrysops-*Arten
Mansonella perstans	Körperhöhlen	Ungescheidet, im Blut	Angola bis Mosambik; Osten Südamerikas	*Culicoides-*Arten,
Mansonella ozzardi	Körperhöhlen	Ungescheidet, im Blut	Karibik, Mexiko bis Nordargentinien, Bolivien	*Culicoides-* und *Simulium-*Arten
Mansonella streptocerca	Unterhautbindegewebe	Ungescheidet, im Unterhautbindegewebe	Afrika: Ghana, Kongo	*Culicoides-*Arten

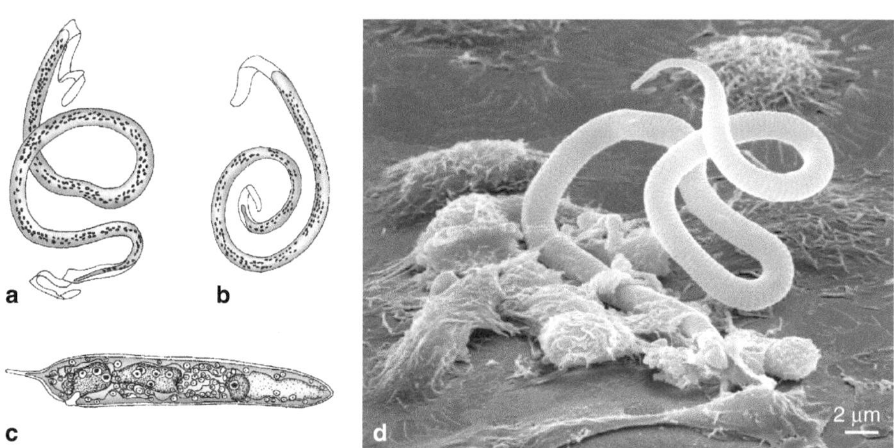

Abb. 3.70 Onchocercidae. **a** Gescheidete Mikrofilarie von *Wuchereria bancrofti*. **b** Gescheidete Mikrofilarie von *Loa loa*. **c** L2 von *W. bancrofti* (Sausage-Stadium) aus der Mücke. **d** Angriff von Peritonealmakrophagen einer Maus auf mit Antikörpern besetzte Mikrofilarien von *Acanthocheilonema viteae*. (REM-Aufnahme: Archiv des Lehrstuhls für Molekulare Parasitologie, Humboldt-Universität zu Berlin)

wandert die L3 in das Labium der Mundwerkzeuge ein und wird bei einem neuen Saugakt auf den nächsten Endwirt übertragen.

Bei einigen Filarienarten treten Mikrofilarien mit regelmäßiger Periodizität im peripheren Blut auf. Wenn dies nachts der Fall ist, sind sie nocturnal periodisch. Wenn sie tagsüber im peripheren Blut nachweisbar sind, werden sie diurnal periodisch genannt (lat. „diu" und „diurnus" = bei Tage). Während der übrigen Zeit halten sie sich in den Kapillaren der Lunge auf, wo die Sauerstoffspannung des Blutes am höchsten ist. Differenzialdiagnosen der Filarienerkrankungen können oft nur durch Bestimmung der Mikrofilarien gestellt werden, wobei das Blut natürlich zu der jeweils geeigneten Tages- oder Nachtzeit entnommen werden muss. Im gefärbten Ausstrich zeigen die Mikrofilarien artspezifische Charakteristika (Abb. 3.70a, b).

Morphologie Morphologisch sind die Onchocercidae durch eine bilateralsymmetrische Mundregion gekennzeichnet (Abb. 3.73f), durch eine nahe dem Vorderende liegende Vulva (Abb. 3.73g) und durch zwei ungleich lange Spicula im Männchen (Abb. 3.73h). Die meisten Filarien haben bakterielle, intrazelluläre Symbionten (s. Wolbachien, Box 3.1).

Immunbiologie und Pathologie der lymphatischen Filariosen und Onchozerkose Die bemerkenswerte Langlebigkeit (10 Jahre und länger) adulter Filarien im Menschen – trotz engsten Kontakts mit dem Immunsystem – beruht wahrscheinlich auf einer ausgeprägten Fähigkeit, Immunantworten zu vermeiden, zu unterlaufen und in ihre Steuerung einzugreifen. Die von *Onchocerca volvulus* gebildeten Knoten schirmen die Würmer vermutlich vor Immunzellen ab (s. Abb. 3.73, 3.74). Von anderen Filarien wurde beschrieben, dass sie Wirtsproteine, z. B. Albumin, in ihre Oberfläche integrieren und dadurch weniger effizient vom Immunsystem erkannt werden. Filarien können auch an ihre Oberfläche gebundene Antikörper durch eine spezifische Protease abschneiden und antioxidative Proteine sezernieren, die die Wirkung von Effektormolekülen der Immunantwort abfangen. Wie auch bei anderen Helmintheninfektionen bewirkt ein Befall mit Filarien typischerweise eine Verschiebung von Immunantworten in Richtung der weniger aggressiven Entzündung des Th2-Typs (s. Abb. 1.37). Diese Konstellation befördert vermutlich das Überleben der Würmer und vermindert gleichzeitig die Schädigung des Wirtes. Von der Nagetierfilarie *Acanthocheilonema viteae* wurden in diesem Zusammenhang immunmodulierende Proteine beschrieben, die eine Produktion des entzündungshemmenden Zytokins IL-10 induzieren und in Versuchstieren entzündliche Erkrankungen und Allergie vermindern.

Die meisten Personen in endemischen Gebieten beherbergen trotz hohen Infektionsdrucks maximal nur einige Dutzend Würmer. Die Populationsdichte der Parasiten wird wahrscheinlich durch eine Prämunität reguliert, die gegen Invasionslarven gerichtet ist. In Tiermodellen lässt sich diese Art von Immunität durch Implantation lebender Würmer nachweisen. Im Gegensatz zu etablierten Adulti können Mikrofilarien sehr effizient abgetötet werden, wenn Patienten Antikörper gegen Oberflächenantigene entwickeln. Es kommt dann zu einer antikörpervermittelten, eventuell durch Komplementaktivierung verstärkten Adhäsion von Phagozyten (Eosinophilen, Neutrophilen, Makrophagen), die toxische Produkte ausschütten. Diese töten Mikrofilarien ab und zerstören sie (Abb. 3.70d).

Die Krankheitsbilder bei Filariosen werden in der Regel nicht durch die Würmer selbst, sondern durch Immunreaktionen des Wirtes gegen die Parasiten verursacht („Immunpathologie"). Entsprechend der genetisch bedingten Unterschiede entstehen individuell unterschiedliche Immunantworten mit einem breiten Spektrum klinischer Bilder. Grob können sie in drei Reaktionstypen eingeteilt werden:

- Patienten tolerieren relativ hohe Dichten von Mikrofilarien, weisen herabmodulierte zelluläre Immunreaktionen (und Entzündungsreaktionen) und sehr hohe Spiegel von IgG4 auf. Bei Onchozerkosepatienten dieses Typs („generalisierte Onchozerkose") können Reaktionen gegen die Mikrofilarien im Auge zu Blindheit führen.
- Patienten entwickeln Entzündungsreaktionen gegen Infektionslarven und Mikrofilarien sowie sehr starke IgE-Antworten. Bei Infektionen mit *Brugia* und *Wuchereria* führen Entzündungen in den von Adulti und frühen Infektionsstadien bewohnten Lymphgefäßen zu Verwachsungen und Verklebungen, sodass Lymphstaus und chronische Ödeme entstehen, die sich zum Krankheitsbild der Elefantiasis (Abb. 3.72) weiterentwickeln. Bei Onchozerkosepatienten dieses Typs werden Mikrofilarien angegriffen und abgebaut, was aber zu schweren Hautentzündungen führt („lokalisierte Onchozerkose").
- Manche Personen in endemischen Gebieten scheinen in der Lage zu sein, eine Infektion von vornherein abzuwehren, sodass trotz Exposition keine Infektion

zustande kommt. Viele dieser Personen haben starke zelluläre Immunreaktionen und nur schwache Antikörperantworten.

Box 3.1 Wolbachien als Endosymbionten
Typischerweise enthalten Filarien gramnegative, bakterielle Endosymbionten der Gattung *Wolbachia* (Klasse Alphaproteobacteria, Ordnung Rickettsiales), die eigentlich Arthropoden infizieren. Sie leben intrazellulär in den Zellen der Epidermisleisten und infizieren von dort aus die Nematodenembryonen in den Reproduktionsorganen weiblicher Würmer. Im Gegensatz zu Arthropodenwolbachien, die die genetische Fitness ihrer Wirte mindern, sind diejenigen der Filarien echte Symbionten. Man geht davon aus, dass sie während der Evolution von den Arthopodenzwischenwirten übernommen wurden. Wie abhängig Filarien von ihren Symbionten sind, zeigt die Tatsache, dass eine geeignete Behandlung von Menschen mit Antibiotika (Doxyzykline) die Produktion von Mikrofilarien stoppt und schließlich die adulten Filarien tötet. Dieser Ansatz wurde erfolgreich für menschliche Filarieninfektionen eingesetzt und wird aktuell weiterentwickelt. Einige Filarienarten haben ihre Symbionten allerdings sekundär wieder verloren, wahrscheinlich weil essenzielle Bakteriengene in das Genom der Filarien übernommen worden sind.

Echte Endosymbionten wie die Filarienwolbachien werden bevorzugt an die Nachkommen weitergegeben, weil sie einen Evolutionsvorteil darstellen. Im Gegensatz dazu müssen parasitäre Wolbachien wie diejenigen der Arthropoden ihre Wirte manipulieren, um ihre Weitergabe an die Nachkommen und die Ausbreitung in der Population zu erreichen. Zentral ist dabei die Tatsache, dass Wolbachien nur über eine Infektion des Wirtseies, aber nicht über die wesentlich kleineren und fragilen Spermien in Embryonen gelangen können. Unter diesen Umständen ist es günstig, die Anzahl weiblicher Wirte zu erhöhen, Arthropodenwolbachien haben dazu eine Vielzahl raffinierter Strategien entwickelt, mit denen sie z. B. das Geschlechterverhältnis ihrer Wirte verschieben und Parthenogenese oder eine zytoplasmische Inkompatibilität früher Embryonen verursachen. Bis jetzt gibt es keine Nachweise dafür, dass Wolbachien in Filarien eine ähnliche Wirkung haben.

3.5.4.2.5 *Wuchereria bancrofti* und *Brugia*

Arten der beiden sehr ähnlichen Gattungen aus der Familie Onchocercidae rufen die „lymphatische Filariose" des Menschen hervor: *Wuchereria bancrofti* in den tropischen Regionen Asiens, Afrikas, Chinas und Amerikas sowie im Pazifik, *Brugia malayi* in Süd- und Südostasien und *Brugia timori* auf Timor. Sie werden von Stechmücken übertragen (Abb. 3.71). Insgesamt sind in mehr als 80 Ländern der Erde rund 120 Mio. Menschen mit lymphatischen Filarien befallen, viele davon leiden unter der schlimmsten Folge der Infektion, der Elefantiasis (Abb. 3.72), die

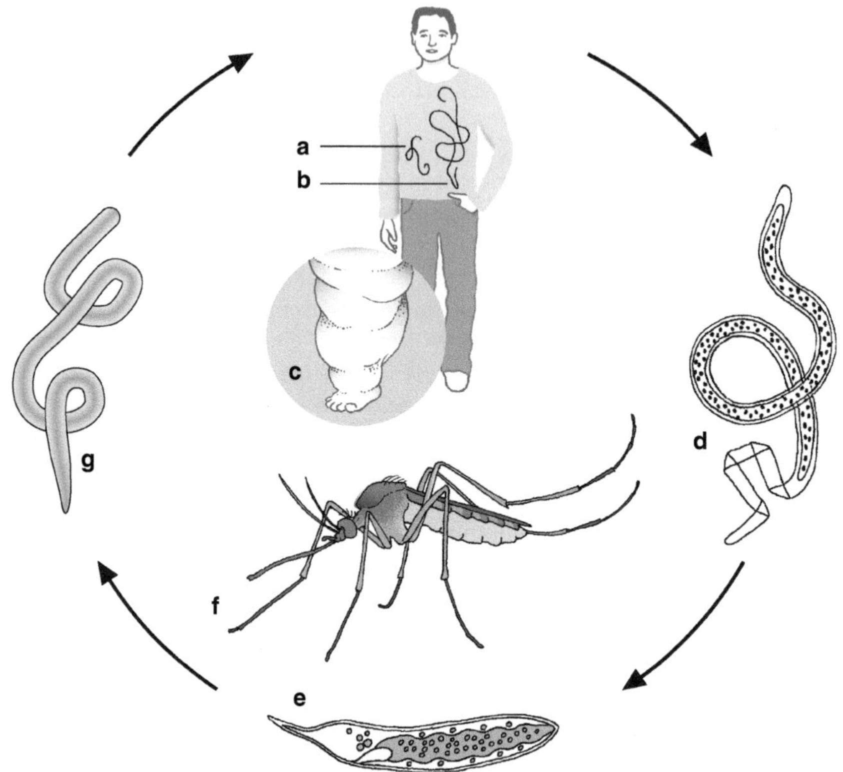

Abb. 3.71 Lebenszyklus von *Wuchereria bancrofti*. **a** Männchen und **b** Weibchen in Lymphgefäßen der Extremitäten. **c** Elefantiasis eines Beines. **d** Gescheidete Mikrofilarie. **e** Wurststadium in Flugmuskulatur der Wirtsmücke (**f**). **g** L3-Larve. (Mit freundlicher Genehmigung von Wiley-VCH)

sich – durch Lymphstau bedingt – in extremer Vergrößerung der Gliedmaßen oder anderer Körperteile äußert und ein normales Leben unmöglich macht.

Entwicklung Die adulten Würmer leben in den großen Lymphgefäßen, überwiegend denen der Extremitäten. Ihre Lebensdauer beträgt 5–15 Jahre. Die vom Weibchen abgelegten Mikrofilarien, die höchstens ein Jahr alt werden, wandern ins Blutgefäßsystem ein. Ihre Anwesenheit im Blut wird als Mikrofilarämie bezeichnet. Die Mikrofilarien treten mit regelmäßiger Periodizität im peripheren Blut auf. In den meisten Verbreitungsgebieten ist dies nachts der Fall (zwischen 22 Uhr und 2 Uhr, „nocturnal periodisch"). In manchen Gebieten sind sie als Anpassung an tagaktive Überträgermücken überwiegend tagsüber im peripheren Blut nachweisbar („diurnal periodisch"). Die Periodizität stimmt mit den jeweiligen Aktivitätsphasen der übertragenden Stechmücken der Gattungen *Culex, Mansonia, Aedes, Anopheles* und – nur für *W. bancrofti* – *Coquillettidia* überein.

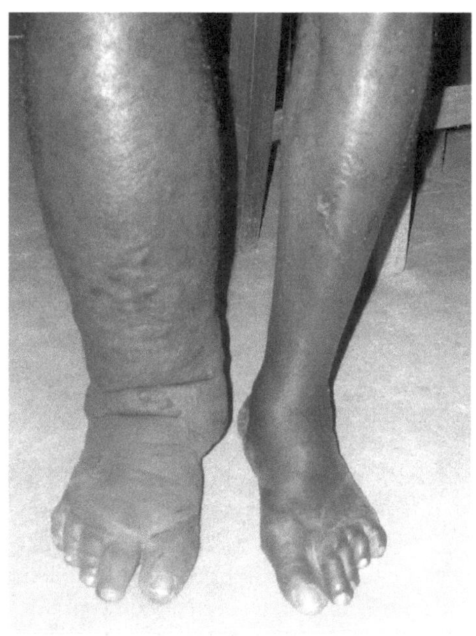

Abb. 3.72 *Wuchereria bancrofti*. Lymphödem des Beines (Elefantiasis). (Foto: Achim Hörauf)

In der Stechmücke lässt die Mikrofilarie ihre Scheide beim Durchdringen der Mitteldarmwand zurück und wandert in die Thoraxmuskulatur, wo die weitere Entwicklung nach 7–10 Tagen abgeschlossen ist. Die beim Stechakt auf den Menschen übertragenen L3 suchen ein Lymphgefäß auf, häuten sich zweimal, wachsen dabei zu Adulti heran und paaren sich. Ansitzorte der Adulti sind meist die großen Lymphgefäße der Beine, gelegentlich auch der Arme oder anderer Körperteile. Die Präpatenzzeit vom Stich der Mücke bis zum Erscheinen der ersten Mikrofilarien im Blut dauert bei *W. bancrofti* etwa neun Monate und bei *Brugia* drei Monate.

Morphologie Als Adulti sind sich die drei Arten sehr ähnlich. Die Weibchen erreichen bei einer Dicke von 0,2–0,3 mm eine Länge von 65–100 mm, die Männchen werden nur $40 \times 0,1$ mm groß. Die Mikrofilarien (Abb. 3.70a) können im gefärbten Blutausstrich differenziert werden. Sie sind gescheidet und messen 290 µm (*W. bancrofti*), 222 µm (*B. malayi*) und 310 µm (*B. timori*).

Genom Als erstes Filariengenom wurde dasjenige von *Brugia malayi* sequenziert, da diese Filarie in manchen Stämmen von Mäusen gehalten werden kann, was den Zugriff auf das benötigte Material erleichtert. Das Genom hat eine Größe von 90 Mb, einen Gehalt an Repeats von 15 % und zwischen 14.500 und 17.800 vorhergesagte proteincodierende Gene, die auf $2n = 10$ Chromosomen organisiert sind. Circa 15 % dieser Gene sind polycistronisch organisiert, wobei jeweils 2–5 Gene von einem Promotor gesteuert werden. Trans-Splicing tritt auf. Die Daten zeigen eine deutliche Anpassung an das parasitische Leben. Zum Beispiel ist die Kutikula von *B. malayi* deutlich weniger komplex als die von *C. elegans* (82 im Vergleich zu 180 Kollagengene) und die Fähigkeit zur *De novo*-Synthese von Purinen und Riboflavin ist verloren gegangen, wie der Verlust von Schlüsselgenen zeigt. Diese Bestandteile müssen entweder von Wolbachien oder vom Wirt übernommen werden. Im Gegensatz dazu wurde eine Familie von sezernierten Proteinen ausgeweitet, die Immunantworten modulieren. Unter anderen produziert *B. malayi* zytokinartige Proteine und exprimiert antioxidative Enzyme, die über die Oberfläche abgegeben werden und sie vermutlich gegen einen oxyradikalen Angriff von Immunzellen schützen.

Epidemiologie 90 % der auf der Welt von lymphatischer Filariose betroffenen Menschen sind mit *W. bancrofti* befallen, 40 % in Indien, ein Drittel in Afrika. Für die gegenwärtig noch immer wachsende Ausbreitung der *Wuchereria*-Filariose trägt besonders *Culex pipiens quinquefasciatus* bei. Die Brutplätze dieser weltweit in den Tropen vorkommenden Mücke sind stark verschmutzte Abwässer und sogar Grubenlatrinen, sodass besonders häufig die Bewohner eng besiedelter Slumgebiete infiziert sind. Im Gegensatz dazu nutzt *B. malayi* überwiegend Überträgermücken der Gattung *Mansonia*, die auf saubere, von Pflanzen besiedelte Brutgewässer angewiesen sind. Daher ist die Verbreitung auf ländliche Gebiete konzentriert.

Pathogenese Während in endemischen Gebieten ca. ein Drittel der exponierten Bevölkerung resistent ist, führt die Infektion bei den anderen Personen zunächst zu Mikrofilarämie mit Fieber, Kopf- und Gelenkschmerzen. Die Hälfte dieser Patienten behält über lange Zeit Mikrofilarien im Blut und bleibt relativ symptomlos, während es bei den anderen 3–16 Monate p. i. zu Entzündungen von Lymphknoten und Lymphgefäßen kommt. Über längere Zeit hinweg führen diese Entzündungen an Armen oder Beinen, Skrotum, Vulva oder weiblicher Brust zu Verklebungen und Verwachsungen der Lymphgefäße und Beeinträchtigung der Klappenfunktion. Es resultieren Lymphstau und chronische, teilweise monströse Lymphödeme, die sich schließlich bindegewebig verändern. Dieses Krankheitsbild wird als Elephantiasis bezeichnet. Auch Hautveränderungen, die zum Teil auf Sekundärinfektionen beruhen, können auftreten. Zur Elefantiasis kommt es nur bei jahrelanger Exposition. Mikrofilarien im Blut sind dabei häufig nicht nachzuweisen und Schmerzen treten kaum auf, so dass die Entzündungen auf Reaktionen gegen Infektionslarven zurückgeführt werden. Wegen der grotesken Deformationen sind solche Menschen stark behindert und haben große soziale Probleme. Obwohl viele Personen in endemischen Gebieten asymptomatisch sind, sind subklinisch Schädigungen der Lymphgefäße häufig und ca. 40 % der erwachsenen Bevölkerung können Nierenschäden mit Ausscheidung von Eiweiß und Blut haben.

3.5.4.2.6 *Onchocerca volvulus*

O. volvulus, der Erreger der Flussblindheit des Menschen, kommt in Afrika, vor allem im Volta-Becken, in geringerer Dichte auch östlich bis zum Sudan und Tansania und südlich davon bis Angola vor. Diese Filarie hat außerdem kleine Verbreitungsgebiete im Norden von Südamerika, in Mittelamerika und im Jemen. Onchozerkose spielt jedoch in der Neuen Welt eine verhältnismäßig geringe Rolle, weil Erblindung dort selten ist oder auf einfache Weise verhindert werden kann. In Afrika dagegen waren vor dem Beginn eines großen Bekämpfungsprogramms ganze Ortschaften nicht mehr existenzfähig und mussten aufgegeben werden, weil der Anteil erwerbstätiger Erwachsener durch Erblindung zu stark reduziert war. Weite Landstriche fruchtbaren Kulturlandes und zahlreiche Siedlungen entlang großer Flüsse wurden in der Vergangenheit von der Bevölkerung verlassen.

Entwicklung Die Entwicklung (Abb. 3.73) schließt Nematocera der Familie Simuliidae (Kriebelmücken) als Zwischenwirte ein. Diese Poolsauger, die kurze, breite Mundwerkzeuge haben (s. Abb. 4.28 und 4.30), nehmen mit ihrem Stich Lymphe, Zell- und Gewebsflüssigkeit und somit auch die Mikrofilarien aus dem Unterhautbindegewebe auf. In der Thoraxmuskulatur der Simulien entwickeln sie sich über das L2-Stadium bis zu den infektiösen L3, die beim Stich auf den Menschen übertragen werden. Hier häuten sie sich zur L4 und wandern dann etwa ein Jahr lang aktiv in Unterhautbindegewebe und Lymphsystem, bevor sich die Weibchen zu mehreren (im Durchschnitt 2,3) zusammenfinden und in von Bindegewebe gebildeten, linsen- bis haselnussgroßen Knoten, den Onchozerkomen (Abb. 3.74), geschlechtsreif werden. Männchen können dagegen zeitlebens durch das Bindegewebe der Unterhaut wandern und so die Weibchen in den Knoten begatten. Die Lebensdauer eines Weibchens beträgt 9–11 Jahre. Dabei produziert es 700–1500 Mikrofilarien/Tag. Die Larven verlassen die Knoten und sind dann hauptsächlich in der Haut, aber auch in anderen Geweben und in Körperflüssigkeiten anzutreffen. Mehr als 100 Mio. Mikrofilarien können in Menschen mit schwerer Infektion vorhanden sein.

Morphologie Wie bei allen Filarioidea ist die Mundregion symmetrisch (Abb. 3.73f). Die Weibchen sind 20–70 cm lang und haben eine nahe dem Vorderende liegende Geschlechtsöffnung (Abb. 3.73g). Die Männchen messen 3–12 cm. Ihr Hinterende ist eingerollt, die zwei Spicula sind ungleich lang (Abb. 3.73h). Die Adulti liegen aufgeknäuelt (lat. „volvere" = verdrehen) in Knoten unter der Haut und im muskulären Bindegewebe. Die ungescheideten Mikrofilarien messen $300 \times 8\,\mu m$ (Abb. 3.73e). Sie halten sich nicht im Blut auf, sondern im Unterhautbindegewebe. Eine Periodizität ist wie bei allen gewebsbewohnenden Mikrofilarien nicht vorhanden.

Epidemiologie Die Simulien sind durch ihre Brutbiologie an rasch fließendes, sauerstoffreiches Wasser gebunden. Daher tritt die Flussblindheit immer an Flussläufen auf. Kriebelmücken sind tagaktiv und sehr hartnäckige Blutsauger, die sich nicht leicht verjagen lassen. Sie können kilometerweit fliegen, aber auch über sehr weite Strecken vom Wind verdriftet werden.

Ein Stamm von *O. volvulus* wird in der westafrikanischen Savanne von mehreren Simulienarten übertragen, die zum *S. damnosum*-Komplex gehören (zur Biologie von Simulien s. auch Abschn. 4.4.9.1.2). Dieser Savannenstamm ist stärker pathogen als der in ostafrikanischen Waldgebieten, der von Kriebelmücken des

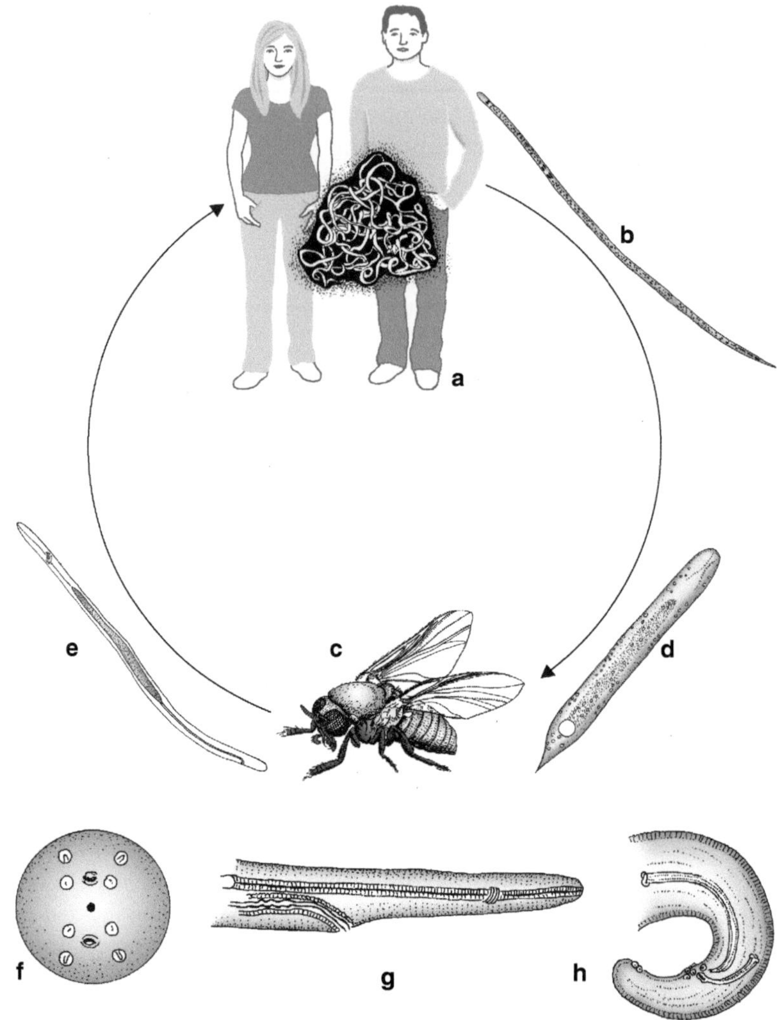

Abb. 3.73 Entwicklungszyklus und Morphologie von *Onchocerca volvulus*. **a** Adulte Weibchen und Männchen in Bindegewebsknoten des Menschen. **b** Mikrofilarie aus der Haut. **c** Kriebelmücke (*Simulium*). **d** L2 („Wurststadium"). **e** Infektiöse L3. **f** Mundregion der Adulti. **g** Vorderende des Weibchens mit Vagina. **h** Hinterende des Männchens mit den ungleich langen Spicula

S. naevei-Komplexes übertragen wird. Seine Überträger sind an Flüsse gebunden, die bestimmte Süßwasserkrebse beherbergen. Auf ihnen heften sich die Larven und Puppen von *S. naevei* fest, eine Erscheinung, die als Phoresie bezeichnet wird. In Lateinamerika wird die Onchozerkose, dort als „Robles' disease" bezeichnet, vom *S. ochraceum*- und, weniger wichtig, vom *S. metallicum*-Komplex übertragen. *O. volvulus* kommt hier überwiegend auf Kaffeeplantagen in 460–1400 m Höhe vor, konnte aber in den letzten Jahren fast vollständig ausgerottet werden.

Schadwirkungen Schadwirkungen sind mit der Anzahl der Knoten korreliert, obwohl die Onchozerkome selbst keine Symptome verursachen. Das pathogene Agens der Onchozerkose sind ausschließlich die absterbenden Mikrofilarien und ihre Zahl erhöht sich natürlich mit der Zahl der Knoten bzw. der Weibchen. In Afrika befinden sich die Onchozerkome (Abb. 3.74) hauptsächlich im unteren Teil des Körpers, weil die Simulien bevorzugt Beine und untere Körperpartien anfliegen. In Lateinamerika stechen die Kriebelmücken wegen der dichteren Kleidung in den kühlen Bergregionen eher am Oberkörper. Trotzdem ist Erblindung seltener, weil die chirurgische Entfernung der Knoten (Nodulektomie), von trainierten Laien durchgeführt, gute Erfolge zeigt. – Die Onchozerkome selber sind schmerzlos. Aber bald nach ihrem Erscheinen tritt **Onchodermatitis** auf, die mit Juckreiz beginnt. Es folgen papelförmige, entzündliche Veränderungen der Haut, Verlust des elastischen Anteiles der Haut und Pigmentstörungen. Typische Krankheitsbilder sind Leopardenhaut (Pigmentstörungen), Elefantenhaut (entzündliche Verdickung) oder Hanging Groin, d. h. Hautlappen, die in der Leistengegend bis zur Mitte der Oberschenkel herabhängen können. Eine schwere Form der Onchodermatitis ist die selten vorkommende, lokalisierte Onchozerkose, die als Sowda bezeichnet wird (nach einem arabischen Wort für schwarz, wegen der hyperpigmentierten Hautstellen). Diese meist auf Körperregionen in der Nähe von Knoten begrenzte Hautentzündung geht einher mit Hyperpigmentierung und Hautverdickung (Abb. 3.74). Neuerdings wird Onchozerkose auch in Verbindung gebracht mit einer epileptischen Erkrankung („nodding

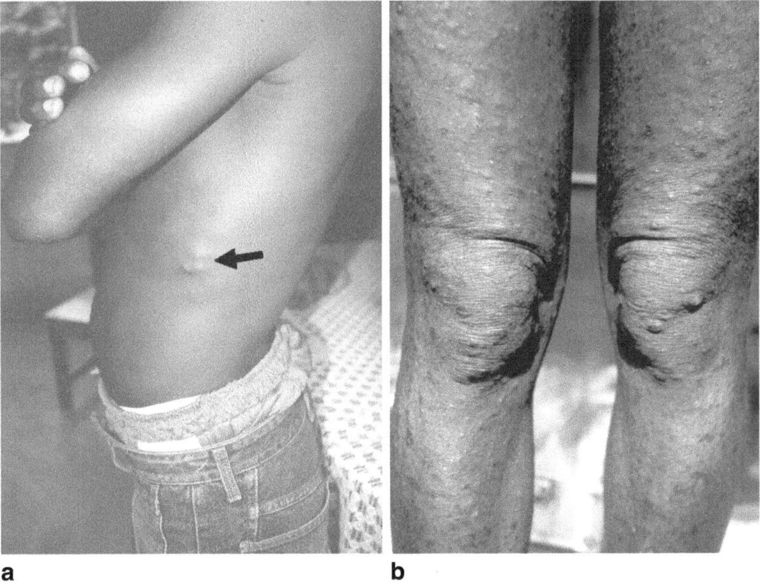

Abb. 3.74 *Onchocerca volvulus*. **a** Hautknoten (Onchozerkom). **b** Krankheitsbild Sowda. (Fotos: Dietrich Büttner)

syndrome"), die möglicherweise durch Antikörper gegen *O. volvulus*-Antigene ausgelöst wird, die mit Nervengewebe kreuzreagieren.

Die durch *O. volvulus* hervorgerufene **Erblindung** hat ihre Ursache in Mikrofilarien, die in die Hornhaut und alle anderen Teile des Auges eindringen und dort absterben. Die Folge sind eine zunächst vorübergehende Trübung der Cornea (Schneeflockenkeratitis), die bei chronischem Verlauf weiß und undurchsichtig wird, sowie Entzündungen von Iris und Retina und eine Atrophie des Sehnervs. Diese Prozesse sind irreversibel und führen zur Erblindung. In der westafrikanischen Savanne tritt Blindheit häufig auf, seltener in Regenwaldgebieten und im ostafrikanischen Verbreitungsgebiet.

Bekämpfung In sieben Ländern des Volta-Beckens begann 1974 ein breit angelegtes internationales Bekämpfungsprogramm der WHO, das nach großem Erfolg 2002 an die nationalen Regierungen übergeben wurde. Zunächst wurden mit einem ausgefeilten System Insektizide in die Simulienbrutplätze der Flüsse verbracht, um die Zahl der aquatischen Kriebelmückenlarven zu verringern. Bereits 1980 setzte eine Insektizidresistenz ein, sodass andere Stoffgruppen benutzt werden mussten. Reinvasion infizierter Simulien aus unbehandelten Gebieten machte es notwendig, weitere Länder im Westen und Süden einzubeziehen. Zur Zeit der maximalen Ausdehnung des Programms wurden >22.000 Flusskilometer regelmäßig überwacht und durch eine Flotte von Starrflügelflugzeugen und Helikoptern mit Insektiziden behandelt. 1990 stellte die Firma Merck, Sharp & Dohme für die Abtötung von Mikrofilarien im Menschen das bis dahin schon in der Veterinärmedizin erfolgreich verwendete Präparat Ivermectin kostenlos zur Verfügung, nachdem mehrere umfangreiche Studien die Unbedenklichkeit des Medikaments bewiesen hatten. Es war inzwischen klar, dass die adulten Würmer durch Ivermectin nicht angreifbar waren, sodass die Behandlung jedes Jahr einmal durchgeführt werden musste. Im Jahr 2002 waren fast 50 Mio. Dosen Ivermectin verteilt worden. Bis jetzt sind 25 Mio. Hektar Land von der Onchozerkose befreit. Momentan wird die Bekämpfung noch in einigen wenigen Ländern weitergeführt. Auch in Lateinamerika ist die Onchozerkose weitgehend eliminiert.

Weitere Möglichkeiten der Bekämpfung oder wenigstens der Verminderung des Infektionspotenzials von *O. volvulus* bestehen einmal darin, dass die Rinderfilarie *O. ochengi* einen gewissen Schutz zu verleihen vermag, wenn im Gebiet Simulien mit dieser Art befallen sind. Die Larven von *O. ochengi* rufen offenbar, obwohl sie sich im Menschen nicht weiterentwickeln, eine partielle Kreuzimmunität gegen *O. volvulus* hervor. Eine weitere vielversprechende Aussicht bietet eine Behandlung mit bestimmten Antibiotika, die wie Makrofilarizide, also adulte Filarien abtötende Medikamente, wirken, weil sie in den Würmern die Wolbachien vernichten, die offenbar lebensnotwendig für *O. volvulus* sind (s. Box 3.1).

Weitere *Onchocerca*-Arten Viele weitere *Onchocerca*-Arten kommen, auch außerhalb Afrikas, in Nutz- und Wildtieren vor. Von gewisser veterinärmedizinischer Bedeutung sind die weltweit auftretenden *Onchocerca cervicalis* und *Onchocerca reticulata* im Pferd, während die beim Rind parasitierenden Arten *Onchocerca gut-*

turosa, *Onchocerca lienalis* (weltweit), *Onchocerca gibsoni* (Nordamerika, Indien, Australien) und *Onchocerca armillata* (Afrika, Indien) sowie *Onchocerca ochengi* und *Onchocerca dukei* (Afrika) nur schwach pathogen sind.

3.5.4.2.7 *Loa loa*

Die Wanderfilarie *Loa loa* (Familie Onchocercidae), der Erreger der Kamerunbeule oder Kalabarschwellung des Menschen, kommt in Regen- und Galeriewäldern Westafrikas und des Kongobeckens vor, weniger häufig auch im südlichen Sudan und Uganda.

Entwicklung Die adulten Würmer leben im Unterhautbindegewebe des Menschen. Die vom Weibchen geborenen Mikrofilarien (298 × 7,5 µm) sind gescheidet (Abb. 3.70b). Sie gelangen über das Lymphsystem in den Blutstrom und sind diurnal periodisch. Die Mikrofilarien werden von den Weibchen tagaktiver Tabaniden (Bremsen), vor allem *Chrysops silacea* und *C. dimidiata* bei der Blutmahlzeit aufgenommen. In ihrem abdominalen Fettgewebe entstehen in 10–12 Tagen die L3, die über das Hämozöl in die Region der Mundwerkzeuge wandern, beim Stich das Labium durchbrechen und in die vom Insekt geraspelte Hautwunde gelangen. Hier wird also ausnahmsweise ein in Blutgefäßen lebender Organismus nicht durch Kapillar-, sondern durch Poolsauger übertragen. Die Entwicklung von *Loa loa* im Menschen bis zur Geschlechtsreife dauert ein Jahr oder mehr.

Die adulten Würmer (Weibchen 57 mm, Männchen bis 34 mm lang) wandern im Unterhautbindegewebe des Körpers mit einer Geschwindigkeit von etwa 2,5 cm/Tag. Dabei sind sie immer wieder unter der Haut als geschlängelte Erhebungen zu sehen, werden oft aber erst entdeckt, wenn sie die Augenbindehaut durchwandern. *Loa loa* soll bis zu 17 Jahren lebensfähig sein.

Schadwirkungen Die wandernden Würmer werden meist gut toleriert und oft nicht einmal bemerkt. Frühestens drei Monate p. i. treten, bevorzugt an Unterarmen, Handrücken und Gesicht, Beulen auf, verschwinden aber nach circa drei Tagen und können an anderer Stelle wieder erscheinen. Es sind Ödeme von ca. 10 cm Durchmesser, die heftig jucken oder schmerzen, und deswegen lästig oder behindernd sein können. Sie sind wahrscheinlich die Reaktion auf Stoffwechselprodukte der Würmer. Wenn das Auge durchwandert wird, treten kurzzeitige Symptome wie Anschwellen des Lides, Rötung der Bindehaut, Augenbrennen und Juckreiz auf. Absterbende Würmer verkalken und werden in kleinen Abszessen ausgeschieden. Bei der Bekämpfung von Onchozerkose durch Verteilung von Ivermectin ist zu beachten, dass *Loa loa*-Patienten ein erhöhtes Risiko für schwere Nebenwirkungen haben, da der Nematode die Blut-Hirn-Schranke schädigen kann.

Von verhältnismäßig geringer medizinischer Bedeutung sind die Onchocercidae der Gattung *Mansonella* (Tab. 3.15). Nur *M. ozzardi* ruft bei der Urbevölkerung schwere Gelenkschmerzen hervor, die als wichtiges Gesundheitsproblem angesehen werden.

3.5.4.2.8 *Dirofilaria immitis*

Der Herzwurm *Dirofilaria immitis* (Familie Onchocercidae) ist ein Parasit von Hunden, seltener von Katzen und von anderen Karnivoren. Er tritt praktisch weltweit auf, u. a. auch im Mittelmeergebiet. Die im weiblichen Geschlecht bis 30 cm langen Würmer (Männchen bis 20 cm) leben in der Lungenarterie und dem Herzen, gelegentlich auch in Bronchien, Augen und Gehirn. 7–9 Monate p. i. treten ungescheidete Mikrofilarien im Blut auf. Zwischenwirte sind über 60 Arten aus verschiedenen Gattungen von Stechmücken (Culicidae). Die Larven entwickeln sich in den Malpighischen Gefäßen der Mücke. Unterhalb von 14–18 °C finden keine Larvenentwicklung und keine Übertragung statt. Deshalb wird sich in gemäßigten Breiten der Zyklus kaum etablieren können.

Im Endwirt bleibt schwacher Befall symptomlos. Erste Anzeichen der **Herzwurmkrankheit** sind chronischer Husten, Atemnot, Erbrechen, Lethargie und durch Wurmansammlung hervorgerufene Verstopfung der kaudalen Hohlvene. Normalerweise sind beim Hund 7–15 Würmer vorhanden. Bei höherem Befall – es können bis zu 300 Adulti sein – kommt es zum Tod. Bei Katzen ist das Krankheitsbild uneinheitlich oder insgesamt milder. *D. immitis* kann auf Menschen übertragen werden, jedoch sterben die Würmer im Herzen ab, bevor sie geschlechtsreif werden. Wenn sie in Lungengefäße eingeschwemmt werden, kann es zu Infarkt der Lungenperipherie, zu Fieber, Husten und blutigem Auswurf kommen. Meist aber bleiben die Infektionen symptomlos oder werden nur zufällig beim Röntgen entdeckt. *D. immitis* ist die ökonomisch bedeutendste Filarie, da wegen der Behandlung von Hunden in den Südstaaten der USA Chemotherapeutika dort einen großen Markt haben.

Eine weitere Hundefilarie ist *Dirofilaria repens*, die gehäuft in Italien und Russland, aber auch in Frankreich, Griechenland, Spanien, Portugal und Ungarn auftritt. Sie verursacht bei Hunden juckende Hautveränderungen, Hautknoten und Hautabszesse. Zwischenwirte sind *Anopheles*- und *Aedes*-Arten. Auch diese Filarie kann den Menschen befallen. Die um absterbende Würmer sich bildenden Knoten können an vielen Stellen des Körpers auftreten.

3.5.4.2.9 Nagetierfilarien in der Forschung

O. volvulus und die Erreger der lymphatischen Filariosen, *Wuchereria* und *Brugia*, sind streng wirtsspezifisch für den Menschen. Lediglich *Brugia malayi* lässt sich unter bestimmten Bedingungen in Mäusen halten. Daher müssen Forschungsfragen in Tiermodellen bearbeitet werden, d. h., man untersucht Infektionen von geeigneten Versuchstieren mit spezifisch an diese Wirte angepassten Filarien. Erst seit Beginn des 1990er-Jahre ist mit *Litomosoides sigmodontis* eine Filarienart bekannt, die sich in der Maus halten lässt. Eine nahe verwandte Art, *L. carinii*, besiedelt die Pleurahöhle der aus Südamerika stammenden Baumwollratte. Beide Filarienarten nutzen als Zwischenwirt die mesostigmatische Milbe *Bdellonyssus bacoti*, die unter aufwendigen Sicherheitsvorkehrungen daran gehindert werden muss, auf Laborpersonal überzugehen. Relativ häufig wird auch *Acanthocheilonema viteae* verwendet, die im Unterhautbindegewebe von Wüstenrennmäusen (*Meriones unguiculatus*) lebt und von argasiden Zecken der Gattung *Ornithodoros* übertragen wird. Aufgrund der grundsätzlich gleichen Biologie von Nagetier- und Primatenfilarien lassen sich aus diesen Tiermodellen begrenzte Rückschlüsse auf die Infektion des Menschen ziehen.

3.5.4.2.10 Filariidae

Die Familie der Filariidae enthält nur Parasiten von Tieren, so etwa *Parafilaria multipapillosa*, die von Fliegen übertragen wird und in Unterhaut und Muskulatur von Pferden große, nichtschmerzende und wieder abheilende Ödeme und Knoten hervorruft; oder die Gattung *Stephanofilaria* mit noch nicht identifizierten Zwischenwirten (auch hier wahrscheinlich Fliegen), deren Eier und L1 in nässenden Hautläsionen des Rindes, den „Sommerwunden", zu finden sind.

Weitere, mit den Filarioidea verwandte Überfamilien sind die Thelazoidea und die Habronematoidea. *Thelazia gulosa* ist der „Augenwurm" des Rindes. Die bis 2 cm langen Nematoden parasitieren in Konjunktivalsack und Drüsenausfuhrgängen des Auges. Die vom lebendgebärenden Weibchen ausgeschiedenen L1 werden von Fliegen (meistens Gattung *Musca*) aufgenommen. Die infektiöse L3 wird via Proboscis wieder übertragen. Bei Befall von mehr als 10 Würmern kommt es zu Konjunktivitis, Photophobie und auffälligem Tränenfluss, schlimmstenfalls zu Hornhautentzündung oder -geschwür. *Habronema muscae* und andere *Habronema*-Arten im Magen von Pferden werden ebenfalls von verschiedenen Musciden übertragen. Die mit dem Kot ausgeschiedenen dünnschaligen Eier mit einer L1 werden von den Fliegen aufgenommen. Nach Entwicklung bis zur L3 und Verschlucken ganzer Fliegen erreichen die Larven direkt den Pferdemagen oder aber die L3 werden von den Überträgern auf Hautwunden aufgebracht, wo sich die Hauthabronematose, auch als „Sommerwunden" bezeichnet, entwickelt. Die Larven dort werden nicht geschlechtsreif.

3.5.4.2.11 *Ascaris* – Spulwurm

Ascaris lumbricoides, der Spulwurm des Menschen (Überfamilie Ascaridoidea), ist einer der bekanntesten Parasiten überhaupt. Mehr als 1,2 Mrd. Menschen sind mit diesem Parasiten befallen, hauptsächlich in Tropen und Subtropen, und ca. 60.000 Personen sterben jährlich an der Infektion. Seine eindrucksvolle Größe – das Weibchen kann 30–40 cm lang werden – und sein gelegentliches Erscheinen im Stuhl haben seit Menschengedenken für Aufmerksamkeit gesorgt. So wird er bereits im Papyrus Ebers (um 1540 v. Chr.) erwähnt.

A. suum, der Schweinespulwurm, wird als eng verwandte Zwillingsart aufgefasst. Experimentelle Kreuzübertragungen sind möglich, natürliche sind molekularbiologisch nachgewiesen, kommen aber offenbar nicht häufig vor.

Entwicklung In den bei Ablage ungefurchten Eiern setzt die Zygotenbildung erst bei Sauerstoffzutritt ein, wenn das Ei ins Freie gelangt ist (Abb. 3.75). Im Ei findet die Häutung zur infektiösen L3 statt. Es ist also nicht die L2 infektiös, wie noch vor einigen Jahren gelehrt wurde. Die Entwicklungsdauer in tropischem Milieu beträgt 8–10 Tage, in gemäßigtem Klima 16–18 Tage. Nach oraler Aufnahme des Eies schlüpft die L3 im Dünndarm, durchdringt die Darmwand und wird mit dem Blutstrom in die Leber geschwemmt, wo 1–2 Tage p. i. die Häutung zur L4

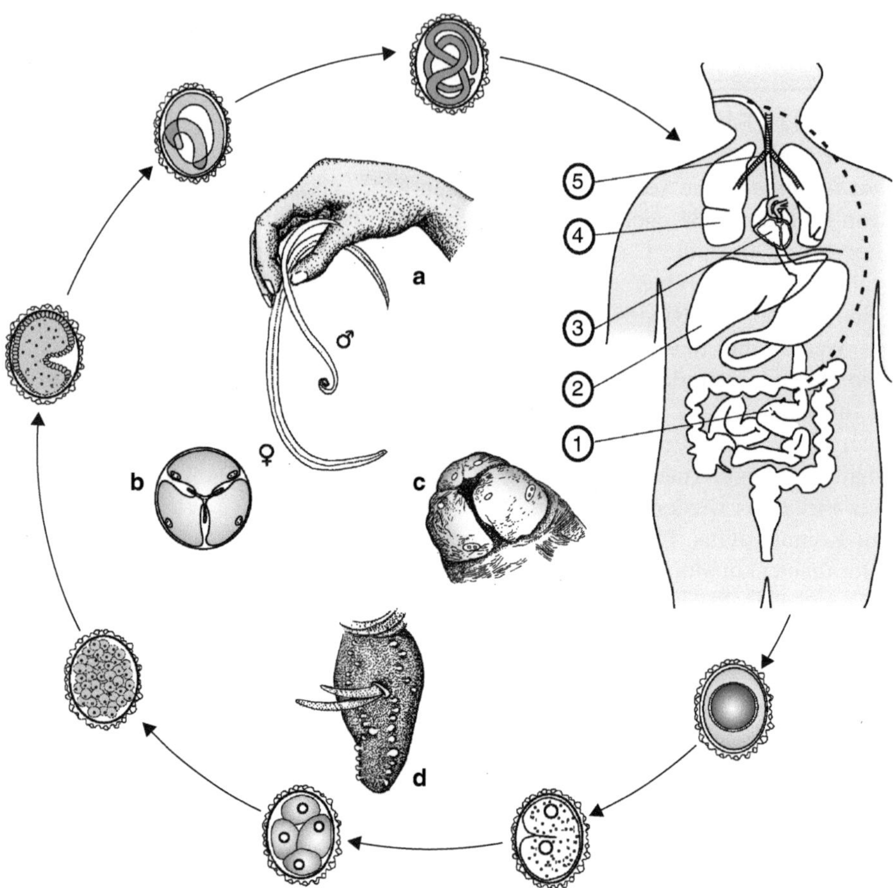

Abb. 3.75 Entwicklungszyklus von *Ascaris lumbricoides*. Vom Menschen ausgeschiedene Eier entwickeln sich im Freien innerhalb der Eischale bis zur infektiösen L3, die oral aufgenommen werden muss. Weg im Menschen: *1* L3 schlüpft im Dünndarm. *2* Larve wird beim Durchdringen der Darmwand mit venösem Blut über Pfortader in Leber geschwemmt, dort Häutung zur L4. *3* Transport über Vena cava in rechte Herzkammer und *4* in Lunge. *5* Durchbruch in Alveolen, Hochhusten in Trachea. Nach Abschlucken Transport bis Dünndarm und letzte Häutung. **a** Hand mit männlichem Spulwurm (kleiner, dünner, eingerolltes Hinterende) und Weibchen (länger, dicker). **b** Mundregion mit drei Lippen, Cephalpapillen und Pharynxquerschnitt. **c** Kopfregion. **d** Hinterende des Männchens mit den beiden Spicula

und Wachstum stattfinden. Von dort aus gelangt sie über die rechte Herzkammer 6–9 Tage p. i. in die Lunge, durchbricht die Wandung der alveolären Kapillaren und ist 12 Tage p. i. im Bronchialschleim nachzuweisen. Mit diesem werden die Larven zur Trachea transportiert und abgeschluckt. Im Dünndarm findet die Häutung zum Adultstadium statt. Eier erscheinen 60–75 Tage p. i. im Stuhl. Die Würmer leben ein bis anderthalb Jahre.

Morphologie Die sehr großen Würmer (Abb. 3.75a) haben im Leben eine schwach rosa Farbe, was ihnen tatsächlich, wie im Namen angedeutet, eine gewisse Ähnlichkeit mit einem Regenwurm (*Lumbricus terrestris*) verleiht. Die Mundöffnung ist von drei Lippen umgeben (Abb. 3.75b, c). Die lateralen Exkretionskanäle sind mit bloßem Auge als helle Linien zu erkennen. Die Weibchen sind 20–35 cm lang, bei einer Dicke von 3–6 mm. Ihre Vagina liegt im vorderen Körperdrittel. Die beiden Ovarien des Weibchens, die ein Zehnfaches der Körperlänge messen, enthalten rund 27 Mio. Eier, von denen pro Tag ca. 200.000 abgelegt werden. Die Eier (Abb. 3.2i) sind breitoval, dickschalig, durch phenolische Substanzen braun gefärbt und tragen ein nur im Rasterelektronenmikroskop sichtbares Operzulum. Zwei Typen treten in den Fäzes auf: Befruchtete Eier messen ca. 60 × 45 µm und weisen auf ihrer Oberfläche genoppte Ablagerungen klebriger Mucopolysaccharide auf, die vom Uterus gebildet werden. Unbefruchtete Eier sind länger und etwas schmaler. Die Männchen sind 15–31 cm lang und etwas dünner als die Weibchen. Sie haben ein schwach eingerolltes Schwanzende, aus dem manchmal die zwei Spicula herausragen, die 2 mm lang sind (Abb. 3.75d).

Epidemiologie Die embryonierten Eier können bei Feuchtigkeit und Schutz vor UV-Licht, also im Boden oder unter dichter Vegetation, zwei, möglicherweise sogar vier Jahre infektiös bleiben. Auch gegenüber Chemikalien sind sie außerordentlich widerstandsfähig, werden aber durch Trockenheit abgetötet. Besonders in Gebieten mit mangelnder Fäkalienbeseitigung ist der Boden angereichert mit Eiern. Auch die Düngung von roh verzehrtem Gemüse mit menschlichen Fäkalien trägt zu den Humaninfektionen bei. Am Boden spielende Kinder sind naturgemäß am stärksten gefährdet und, obwohl die Ascaridose häufig als Familieninfektion auftritt, auch am stärksten infiziert.

Schadwirkungen Die wandernden Larven können zu vorübergehenden allergischen Reaktionen wie Rotfleckung der Haut führen. Während der Lungenpassage kommt es zur „Ascaris-Pneumonie", die sich in Fieber, Husten, starker Schleimproduktion und asthma-ähnlichen Anfällen äußert. Die erwachsenen Würmer im Darm können Koliken, Schwindel und Erbrechen auslösen und verhindern die optimale Verwertung der Nahrung, vor allem der Laktose. Akute Komplikationen entstehen, wenn Darmlumen, Gallen- oder Pankreasgang durch Adultwürmer blockiert werden oder wenn Würmer die Darmwand durchbrechen. In bereits sensibilisierten Personen sind bei erneutem Kontakt heftige allergische Reaktionen möglich. Als besonders unangenehm wird es empfunden, wenn Würmer in den Magen zurückwandern und durch die Magensäure zu heftigen Bewegungen veranlasst werden, was offenbar zu starkem Unwohlsein führt, oder wenn sogar Würmer erbrochen werden.

Der Schweinespulwurm *Ascaris suum* hat eine erhebliche wirtschaftliche Bedeutung, da er sowohl in der Weide- wie der Stallhaltung, in Aufzucht- und Mastbetrieben trotz anthelminthischer Behandlung mit hoher Prävalenz auftreten kann. Biologie und Pathologie sind die gleichen wie bei *A. lumbricoides*, nur dass die pathologischen Veränderungen viel deutlicher ins Auge fallen. Dies sind vor allem die sogenannten Milchflecken in der Leber, 1–2 mm große Granulome und Nekrosen als Reaktion auf die Anwesenheit der Larven, und Blutungen in der Lunge, die beim Übertritt der Larven in die Alveolen entstehen. Die Askaridose wirkt sich besonders als Entwicklungsverzögerung bei Jungtieren aus, weil sie Verdauungsstörungen sowie Entzug von Nährstoffen und Vitaminen hervorruft.

Genom Das Genom von *Ascaris suum* hat eine Größe von 273 Mb und codiert für ca. 18.500 Proteine. Trotz seiner Größe, hat es nur einen sehr kleinen Anteil an repetitiven Sequenzen (4,4 %). Wie auch in anderen Ascariden ist die Organisation des Genoms recht eigen, da sich die Zahl der Chromosomen zwischen somatischen und Keimzellen unterscheidet. Das Genom der Keimbahnzellen von *A. suum* besteht aus 19 Autosomen und fünf X-Chromosomen, $2n = 38A + 10X$ in Weibchen und $2n = 38A + 5X$ in Männchen. Ein hoch regulierter Prozess der Chromatinverminderung während der Differenzierung der somatischen Zellen führt zu einem Verlust von Heterochromatin, was die DNA der Keimbahn um ca. 25 % reduziert. Der Vorgang ist begleitet von einer Reduktion der Chromosomenzahl und der Bildung neuer Telomere. Vergleiche zwischen verschiedenen Ascariden haben gezeigt, dass das Genom der Keimbahnzellen deutlich weniger konserviert ist, als das der somatischen Zellen. Dies lässt vermuten, dass die Reduktion des Chromatins eventuell eine ausbalancierte Expression von Genen gestattet, die für die normale Entwicklung somatischer Zellen nötig sind, während gleichzeitig auch schnelle und tief gehende evolutive Änderungen der Keimbahn möglich sind.

3.5.4.2.12   *Toxocara canis* – Hundespulwurm

Der Spulwurm des Hundes und Fuchses hat eine weltweite Verbreitung und humanmedizinische Bedeutung, weil der Mensch die Larven beherbergen kann, die sich in ihm aber nicht weiterentwickeln können. Er gehört ebenfalls in die Familie der Ascarididae.

T. canis hat meist einen einwirtigen Lebenszyklus ähnlich wie *Ascaris*. Auch die Migrationsmuster der Larve durch den Körper und der Ort der Paarung sind dieselben. Die folgenden Eigenschaften jedoch sind spezifisch für *Toxocara* (Abb. 3.76):

- Generell sind nur Welpen bis zu einem Alter von 3–5 Monaten befallen.
- Bei älteren Tieren gelangen die Larven zwar noch bis zur Lunge, werden dann aber zum Herzen zurückgetragen und hämatogen verschleppt. In quer gestreifter Muskulatur, Niere, Leber und Zentralnervensystem verlassen sie die Blutbahn und werden von Granulomen umgeben. Diese in ihrer Weiterentwicklung gehemmten „somatischen" Larven sind mehrere Jahre lebensfähig.
- Bei infizierten trächtigen Hündinnen werden sie etwa sechs Wochen nach der Befruchtung reaktiviert und wandern über die Plazenta in die Feten ein, in deren Leber sie bis zur Geburt verbleiben. Danach setzen sie in den Welpen ihren normalen Weg über Lunge und Trachea in den Dünndarm fort und beginnen in drei Wochen alten Tieren mit der Eiablage. Welpen können auch galaktogen (= mit Milch übertragen) infiziert werden.

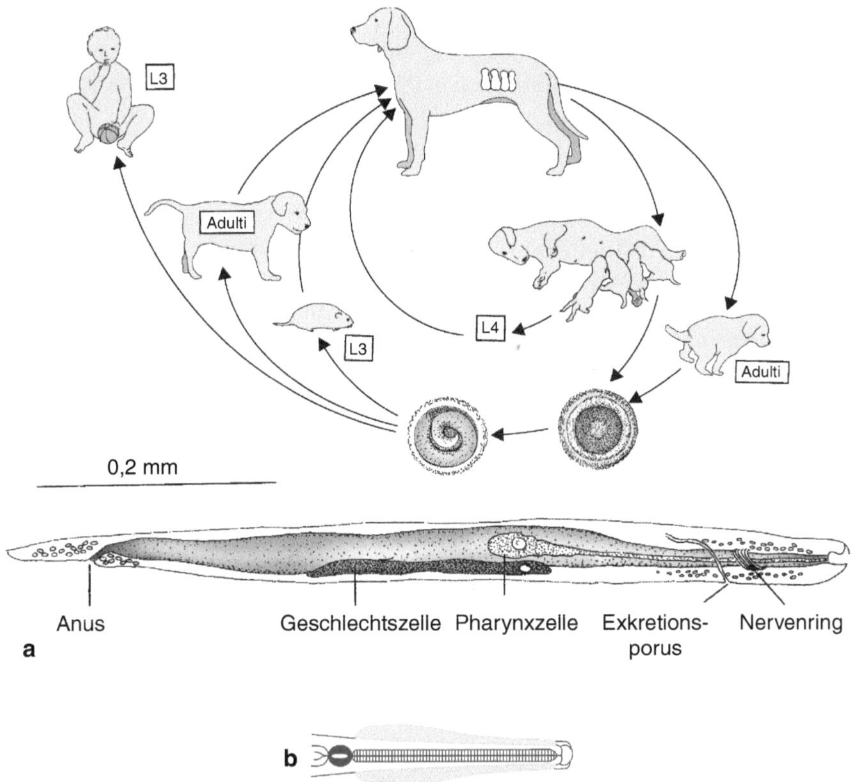

Abb. 3.76 Lebenszyklus von *Toxocara canis*. *L* Larvenstadien, Details siehe Text. **a** Infektiöse L3. **b** Kopfregion des Adultus mit Zervikalalae

- Zusätzlich kann sich das Muttertier beim Putzen der Jungen mit L4 infizieren, die teilweise von den Welpen mit dem Kot ausgeschieden werden.
- *T. canis* kann auch durch den Verzehr von paratenischen Wirten (einige Säuger, z. B. Nager) verbreitet werden, in denen keine Weiterentwicklung zum Adultus geschieht. Nach dem Durchdringen der Darmwand wandern die Larven in verschiedene Organe ein, wo sie mehrere Jahre infektiös und am Leben bleiben. Die geschieht auch im Menschen. Die Larve führt hier zu einer Erkrankung, die als *Larva migrans* bekannt ist.

Morphologie Das Vorderende der Adulti weist laterale Zervikalflügel von 2–2,5 mm Länge auf, die nach hinten hin spitz zulaufen (Abb. 3.76b). Die weiblichen Würmer sind 6,5–10 cm, die männlichen 4–6 cm lang. Die Männchen besitzen zwei flache Spicula. Die kugelförmigen, dickschaligen Eier messen 75–90 µm und haben eine Oberfläche mit netzartiger Struktur.

Epidemiologie Es gibt Schätzungen, nach denen in westlichen Ländern 15 % der Hunde und fast 100 % der Welpen befallen sind. Werden Welpen nicht frühzeitig mehrere Male mit Anthelminthika behandelt, können sie zu erheblicher Kontamination der Umwelt beitragen. Pränatale und galaktogene Infektionen von Junghunden können auch ohne Neubefall der Mutter in mehreren Würfen nacheinander stattfinden, da immer wieder inhibierte Larven aus dem Reservoir im Muttertier aktiviert werden. Darüber hinaus produziert ein *T. canis*-Weibchen 25.000–85.000 Eier pro Tag. Wahrscheinlich erhalten auch Füchse die Infektionskette aufrecht. Ob Nagetiere, bei denen im Experiment die Larven inhibiert werden und lange überleben, in der Natur als paratenische Wirte eine Rolle spielen, ist nicht untersucht. Der **Mensch** kann durch eierausscheidende Hunde infiziert werden, wenn nicht ständig ältere, bereits embryonierte, infektiöse Eier mit dem Kot gründlich entfernt werden. Eine Gefahr, vor allem für Kinder, stellen auch Sandkästen auf Kinderspielplätzen dar, die von Hundebesitzern als „wilde Klos" für ihre Tiere benutzt werden. Die in feuchtem Boden zwei Jahre lang infektiös bleibenden Eier können beim Spielen leicht verschluckt werden.

Schadwirkungen Im Hund treten je nach Wurmbürde die gleichen Symptome wie bei *Ascaris*-Befall im Menschen auf. Welpen können schwere Entwicklungsschäden zeigen oder sterben. Wenn Menschen die infektiösen Eier aufnehmen, kommt es wie in anderen paratenischen Wirten nicht zur Weiterentwicklung, sondern die L3 wird zur *Larva migrans visceralis*, also einer in den Organen wandernden Larve. Sie ruft, solange sie lebt, kaum Gewebsreaktionen hervor. Milde Infektionen bleiben unbemerkt, lassen sich jedoch durch serologische Methoden nachweisen. Absterbende Larven führen zu Entzündungen mit Granulombildung, die sich jedoch erst bei starkem Befall durch eine Fülle unspezifischer Symptome bemerkbar machen. Besonders gravierend ist der Befall des Auges. Schon eine einzige Larve führt zu Granulomen der Netzhaut oder zu Entzündungen des inneren Auges und kann Ursache von Erblindung sein.

Weitere Ascarididae *Toxocara cati* (Syn.: *Toxocara mystax*) der Katze hat eine Biologie wie *T. canis*, aber ohne transuterine, sehr wohl aber mit laktogener Übertragung, wenn sich das Muttertier während der späten Trächtigkeit infiziert. Der Mensch kann ebenfalls befallen werden. Die Bedeutung ist möglicherweise größer als bisher angenommen, da die Identifizierung nicht leicht ist und der Parasit oft für *T. canis* gehalten wird. *Toxascaris leonina* kommt bei Katze, Hund und anderen Karnivoren vor. *Baylisascaris procyonis* des Waschbären ist in Deutschland häufig und kommt im Menschen als *Larva migrans* vor. Bei *Parascaris equorum*, dem Pferdespulwurm mit gleicher Biologie und Schadwirkung wie bei den anderen *Ascaris*-Arten, werden die Weibchen bis zu 40 cm lang. *Heterakis gallinarum* (Heterakoidea) bei Hühnervögeln ist interessant dadurch, dass hier ein Parasit der Überträger eines Parasiten sein kann, des parasitischen Einzellers *Histomonas meleagridis* (s. Abschn. 2.3.3). Die bis 15 mm langen Würmer leben in den Blinddärmen und können bei schwerem Befall Typhlitis (Blinddarmentzündung) hervorrufen. Sie sind leicht erkennbar an dem Präkloakalsaugnapf des Männchens.

Der Zyklus kann monoxen verlaufen oder es können Regenwürmer als paratenische Wirte eingeschaltet sein. Die Familie Ascarididae aus der gleichen Überfamilie enthält als wichtigsten Vertreter *Ascaridia galli* im Dünndarm von Huhn und Taube. Bei Bodenhaltung von Hühnern kommt *A. galli* sehr häufig vor.

3.5.4.2.13 *Anisakis*

Eng verwandt mit den Ascariden sind die Anisakidae, die als „Heringswürmer" eine lebensmittelhygienische Bedeutung haben. In den USA haben sie als „sushi worm" in den letzten Jahren große Bekanntheit erlangt. Ein wichtiger Vertreter ist *Anisakis simplex*. Die Adulti parasitieren im Magen von Robben bzw. Walen. In den von ihnen ausgeschiedenen Eiern entwickelt sich eine gescheidete L2, die im Wasser schlüpft und von diversen Kleinkrebsen aufgenommen wird. In ihnen wächst die Larve bis zur infektiösen L3 heran. Meeressäuger können sich theoretisch über die befallenen Kleinkrebse direkt infizieren, normalerweise ziehen sie sich aber den Befall zu, indem sie paratenische Wirte in Form von Fischen fressen, in denen sich die 2–3 cm langen Larven in Leber, Muskulatur oder Geweben der Leibeshöhle unverändert einkapseln. Die letzte Häutung findet im Endwirt statt.

Menschen werden nach Verzehr von ungenügend geräuchertem oder mariniertem Fisch befallen. In Europa ist dies meist Hering (z. B. in Form von Matjes) und in Amerika sind es Thunfisch und andere Fische, die als Sushi zubereitet werden. Die Würmer erreichen im Menschen die Geschlechtsreife fast nie, sondern sind als L4 im Magen, seltener im Darm anzutreffen. Die 2–3 cm langen Larven sind sehr schwer aufzufinden. Ihre Anwesenheit kann symptomlos bleiben, es können aber auch schon wenige Stunden nach der Aufnahme allergische Reaktionen oder, als „akutes Abdomen", schwere Bauchschmerzen auftreten, die unter Umständen sogar lebensbedrohlich sind und eine sofortige operative Entfernung der Parasiten erfordern. Der klinische Befund zeigt dann entzündete Abschnitte des Verdauungstrakts mit intensiven eosinophilen Infiltraten bzw. Granulomen.

Anisakidose tritt vor allem in Ländern auf, in denen Fisch roh verzehrt wird (Sushi, Sashimi); Tiefgefrieren von Fisch für mehrere Stunden in der Verarbeitungskette tötet die Würmer ab. Aber selbst durchgarter Fisch mit *Anisakis*-Befall kann Beschwerden verursachen, da die Würmer sehr starke, hitzestabile Allergene enthalten. Bei sensibilisierten Personen kann es deshalb zu sehr starken allergischen Reaktionen kommen.

Durch molekulargenetische Analysen wurden in den letzten Jahren weitere *Anisakis*-Arten nachgewiesen, wie *Anisakis physeteris*, *Anisakis typica* und *Anisakis pegreffi*, die vermutlich dasselbe pathogene Potenzial haben wie *A. simplex*. Ein weiterer Vertreter der Familie Anisakidae, der Robbenwurm *Pseudoterranova decipiens*, kann den Menschen in ähnlicher Weise wie *A. simplex* infizieren.

3.5.4.3 **Panagrolaimida**

Diese sehr kleine Unterordnung der Rhabditia bezieht ihre Berechtigung im Wesentlichen aus molekularbiologischen Daten. Die meisten Vertreter sind frei lebend oder mit Pflanzen assoziiert. Die Strongyloididae (Vorsicht, ähnlich klingende Namen treten in der Unterordnung der Rhabditina auf!) sind die einzigen Parasiten.

3.5.4.3.1 *Strongyloides stercoralis*

Der Zwergfadenwurm des Menschen ist ein die Mukosa des oberen Dünndarms bewohnender Parasit der Tropen und Subtropen, der jedoch in gemäßigten Klimaten auch bei Patienten mit immunsuppressiver Behandlung auftritt. Er kann unter bestimmten Bedingungen zum Tod führen.

Entwicklung *S. stercoralis* hat keinen Zwischenwirt. Der Lebenszyklus ist durch einen Generationswechsel und die Fähigkeit zur Autoinfektion gekennzeichnet (Abb. 3.77). Die **parasitische Phase** beginnt mit dem perkutanen Eindringen filariformer L3 aus kontaminiertem Boden. Sie werden mit der Blutbahn zu Lunge und Trachea getragen und abgeschluckt. Im Dünndarm häuten sie sich zweimal zu parthenogenetisch sich vermehrenden Weibchen. Eier sind selten im Stuhl nachzuweisen, da noch im Darm rhabditiforme L1 schlüpfen, die ausgeschieden werden. Ein kleiner Prozentsatz von ihnen kann sich im Darm zu Drittlarven weiterentwickeln, die zum Ausgangspunkt für Autoinfektionen werden, indem sie in die Mukosa des Kolons oder in die Analhaut eindringen und, wieder über eine Körperwanderung, den Darm erreichen, wo erneut Weibchen entstehen. Auf diese Weise kann eine kleine, den Wirt kaum schädigende Wurmpopulation als chronische Infektion jahrzehntelang im Körper aufrechterhalten werden. Bei immundefizienten oder immunsupprimierten Personen kann es zu einer als Hyperinfektion bezeichneten Erscheinung kommen, bei der sich die Anzahl der noch im Darm gebildeten infektiösen Larven dramatisch erhöht und der ganze Körper von ihnen überschwemmt wird. Solche disseminierten (in alle Organe verstreuten) Hyperinfektionen verlaufen, wenn sie nicht frühzeitig entdeckt und behandelt werden, tödlich. Die **frei lebende Phase** beginnt mit den im Dünndarm geschlüpften und ausgeschiedenen rhabditiformen L1. Sie können zwei Wege einschlagen. Entweder entwickeln sich im Freien nach zwei Häutungen infektiöse, weibliche, filariforme L3, die einen neuen Wirt befallen, oder es entstehen nach vier Häutungen Adulti beiderlei Geschlechts, die sich erneut (wie oft, ist fraglich) im Freien vermehren können.

Morphologie Die den Darm besiedelnden parthenogenetischen, Weibchen (Abb. 3.77a) sind nur 2,1–2,7 mm lang. Ihre Mundhöhle ist klein und der Pharynx filariform. Zwei Uteri ziehen von vorne und hinten zu der im hinteren Körperdrittel gelegenen Vulva. Die wenigen, dünnschaligen, bei Ablage bereits embryonierten Eier messen 54 × 32 µm. Frei lebende Weibchen (Abb. 3.77b) sind um ein Drittel kleiner als parasitische, haben einen rhabditiformen Pharynx und enthalten zahlreiche Eier von 70 × 40 µm. Die Männchen (Abb. 3.77c), ebenfalls rhabditiform, sind 0,8–1 mm lang und haben die Gestalt eines J. Die im Stuhl ausgeschiedene, rhabditiforme L1 (Abb. 3.77e) misst 180–240 µm, die infektiöse, filariforme L3 (Abb. 3.77d) wird 490–630 µm lang. Die Eier sind dünnschalig und enthalten eine u-förmig gekrümmte Larve mit dickem Vorderende.

Schadwirkung Bei massiver Infektion können während der Lungenpassage der Larven pneumonieartige Erscheinungen mit trockenem Husten auftreten. Eine

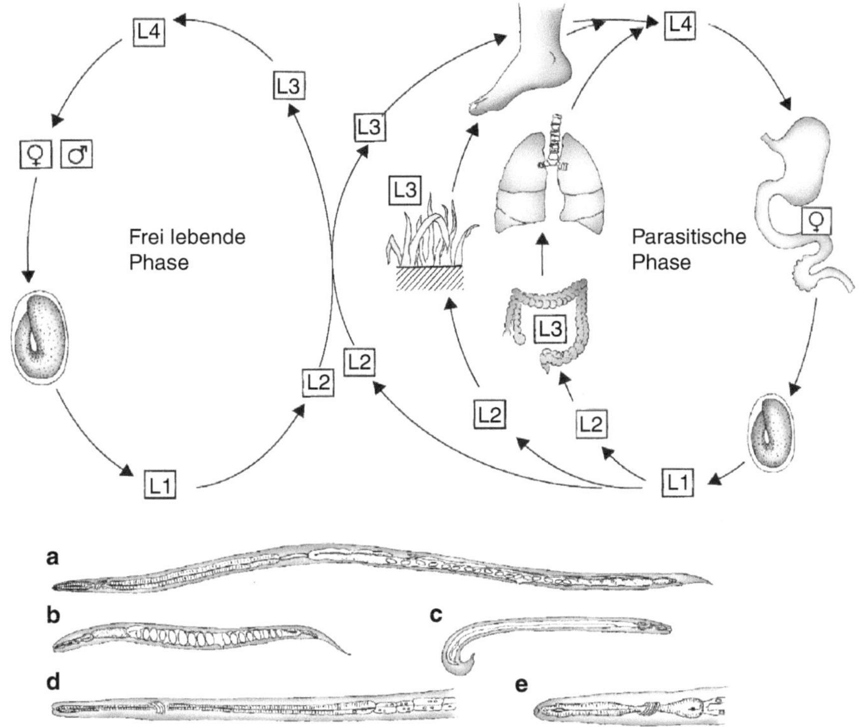

Abb. 3.77 Entwicklungszyklus von *Strongyloides stercoralis*. *L* Larvenstadien. **a** Parasitisches Weibchen. **b** Frei lebendes Weibchen. **c** Frei lebendes Männchen. **d** Vorderende der filariformen Larve. **e** Vorderende der rhabditiformen Larve

Darmsymptomatik bei chronischer Strongyloidose fehlt meistens oder ist milde. Häufig tritt Afterjucken durch in die Analhaut eindringende Larven auf. Die eigentliche Gefahr des *Strongyloides*-Befalls sind die gefürchteten Hyperinfektionen. Sie treten nicht oder jedenfalls nicht bevorzugt, wie oft angenommen, als opportunistische Infektion bei Krankheiten auf, die mit einer Schwächung des Immunsystems einhergehen, und sind sogar bei Aidspatienten nicht häufiger als bei anderen Personen. Vielmehr ist wahrscheinlich eine immunsuppressive Behandlung mit Corticosteroiden verantwortlich für die disseminierte Strongyloidose, da diese Substanzen als Verwandte der Häutungshormone den im Darm schlüpfenden Larven eine schnellere Entwicklung erlauben, als sie unter normalen Bedingungen vonstattengeht. Die bei Hyperinfektionen massenhaft im Darm anwesenden Weibchen und die im Körper wandernden Larven führen zu heftigen, wässrigen Diarrhöen, Verdauungsinsuffizienz, Ödemen, schwerer Pneumonie, gelegentlich zu Hirnhautentzündungen und sogar zum Tod, da Behandlungen selten erfolgreich sind.

3.5.5   Kontrollfragen zum Verständnis

1. Wo leben Nematoden?
2. Welches sind die morphologischen Charakteristika der Nematoden?
3. Wie ist der typische Aufbau der Nematodeneier?
4. Welche Stadien treten im Lebenszyklus parasitischer Nematoden auf?
5. Nennen Sie 5 Arten oder Gattungen von Nematoden.
6. Wer ist der Zwischenwirt der Trichinen?
7. Welches Stadium der Trichinen ist pathogen?
8. Wie macht sich der Medinawurm beim Menschen bemerkbar?
9. Ist Befall mit dem Medinawurm für andere Menschen ansteckend?
10. In welcher Bevölkerungsgruppe tritt *Enterobius vermicularis* am häufigsten auf?
11. Wer ist der Zwischenwirt von *E. vermicularis*?
12. Welche „Filarien" des Menschen kennen Sie?
13. Welches sind die Zwischenwirte der „Filarien"?
14. Was sind Mikrofilarien?
15. Was ist die Flussblindheit und durch welchen Nematoden wird sie hervorgerufen?
16. Wo tritt Flussblindheit auf?
17. Wer ist der Zwischenwirt des Spulwurms?
18. Welche Bedeutung hat *Toxocara canis* für den Menschen?
19. Was ist Anisakiose?
20. Welche für parasitische Nematoden ungewöhnliche Vermehrungsart tritt bei *Strongyloides stercoralis* auf?

3.6   Nematomorpha

Die Saitenwürmer, als „unendlich" lange Würmer, die aus Insekten austreten, oder als im Wasser zu findende Wurmknäuel, wurden früher von Parasitologen kaum beachtet. Sie genießen erst in jüngster Zeit viel Aufmerksamkeit. Ihre Biologie hatte Rätsel aufgegeben, weil es schwer zu erklären war, wie die von ihnen parasitierten terrestrischen Tiere, z. B. Laufkäfer, Fangschrecken, Heuschrecken, Schaben oder Grillen je mit den im Wasser lebenden Larven in Kontakt kommen können. Inzwischen ist klar, dass paratenische Wirte eine zentrale Rolle im Lebenszyklus der Nematomorphen spielen und dass darüber hinaus ein als Paratenese bezeichnetes Phänomen auftritt.

Die Nematomorphen bilden ein sehr kleines Phylum der Ecdysozoa (s. Abb. 3.1) und sind nahe mit den Nematoden verwandt. Bis jetzt sind nur ca. 300 Arten bekannt. Sie bestehen aus zwei Ordnungen, den Gordiida, die hauptsächlich in terrestrischen Insekten parasitieren und sich danach frei im Süßwasser aufhalten, und den Nectonematida des Salzwassers mit der vorerst einzigen Gattung *Nectonema*, deren Wirte dekapode Krebse sind. Von der Biologie dieser Gattung ist sonst aber kaum etwas bekannt.

Es gibt vier Entwicklungsstadien bei den Saitenwürmern:

1. die Larve im Wasser,
2. die Zyste im paratenischen Wirt,
3. den subadulten Wurm in terrestrischen Insekten, die als Endwirte aufzufassen
   sind,
4. den Adultus im Wasser.

Die **Larve** entsteht aus im Wasser abgelegten Eiern. Sie ist mikroskopisch klein
(50–150 µm) und – anders als bei den Nematoden – eine echte Larve mit einem
von den Adulti völlig unterschiedlichen Aussehen. Ihr Vorderkörper besitzt einen
ausstülpbaren Mundkegel mit in Ringen angeordneten Haken und 2–3 zentralen
Stiletten. Der davon abgesetzte, geringelte Hinterkörper enthält neben einem reduzierten Darm eine große Speicheldrüse. Die Larven der Gordiida (die Lebenszyklen
mariner Saitenwürmer sind nicht vollständig aufgeklärt) leben nur 10–20 Tage wenig beweglich oder semisessil im Wasser.

Die **Zyste** entsteht, wenn die Larve oral aufgenommen wird oder sich aktiv in
paratenische Wirte einbohrt und mit dem Sekret einer Drüse des Hinterkörpers umgibt. Von den Larven befallen werden kann ein weites Spektrum von aquatischen
Organismen, z. B. Eintagsfliegen-, Zuckmücken-, Köcherfliegenlarven, Kleinkrebse, Schnecken oder Fische. Die Zyste kann in den paratenischen Wirten mehrere
Monate überdauern, bleibt auch während der Metamorphose unverändert bestehen
und ruft keine Schädigungen hervor. Im Normalfall wird der paratenische Wirt als
Larve oder Imago von einem der omnivoren oder räuberischen Endwirte gefressen.
Wenn aber Tiere wie Schnecken, Frösche oder Fische die Zyste enthalten, müs-
sen weitere paratenische Wirte eingeschaltet werden, die solche großen Zystenwirte
ganz fressen oder nach ihrem Tod das zerfallende Gewebe mit der Zyste aufnehmen.
Dabei handelt es sich dann um die erwähnte Paratenese.

Der **subadulte Wurm** im Endwirt (in der Literatur verwirrenderweise als Larve
bezeichnet) wächst in dessen Hämozöl zu voller Länge heran. Gegen Ende dieser Phase findet eine Häutung statt, bei der die dünne permeable Kutikula der
Larve, durch welche Nährstoffe aufgenommen werden können, durch eine dicke,
undurchlässige Kutikula ersetzt wird, die ausschließlich schützende Funktion hat.
Die Gordiiden rufen kurz vor Eintritt der Geschlechtsreife im Gehirn ihres Endwirtes Änderungen hervor, die den Arthropoden bei (zufälliger) Annäherung an Bäche,
Tümpel, Pfützen etc. ins Wasser zwingen (s. auch Abschn. 1.7.3). Hier verlässt der
Wurm über After oder Gelenkhäute den Wirt. Der Endwirt muss dabei nicht, kann
aber sterben.

Die **Adulti** (wie auch schon die älteren subadulten Würmer in den Endwirten)
weisen morphologisch viele Gemeinsamkeiten mit den Nematoden auf, aber sie
sind sehr lang (5–10 cm oder sogar bis 2 m), sehr dünn (0,5–3 mm), gelblich bis
bräunlich gefärbt und drahtartig zäh wie eine dünne Geigensaite (deutscher Name!). Das gerundete Vorderende ist durch einen dunklen Ring gekennzeichnet.
Das Hinterende ist entweder rund oder tief gekerbt mit zwei bis drei Loben. Eine

Mundöffnung fehlt meistens, der Darm ist undifferenziert oder rückgebildet, sein Ausgang fungiert in beiden Geschlechtern als Kloake.

Saitenwürmer leben nur 4–6 Wochen ohne Nahrungsaufnahme frei im Wasser und suchen in dieser Zeit einen Geschlechtspartner. Bei der Paarung schlingen sich die Männchen um die längeren Weibchen und bilden ein deutlich sichtbares Knäuel, das die früheren Beobachter an den gordischen Knoten der Sage erinnerte und der zuerst beschriebenen Gattung *Gordius* den Namen gab. Die Eier der Gordiida werden zu Millionen in langen gallertigen Laichschnüren in Süßwasser, die von *Nectonema* einzeln in Meerwasser abgelegt.

Gordiiden sorgen immer wieder für Beunruhigung, wenn sie im häuslichen Bereich in Kloschüsseln, Bade-, Dusch- oder Waschbecken gefunden werden. Dorthin gelangen sie mit ihren Insektenendwirten, wenn etwa Schaben oder Heimchen in der Toilette „entsorgt" werden und der Wurm seine Wirte dort verlässt. Angst verursacht es auch, wenn Leute glauben, sie hätten die Würmer via After oder Harnröhre ausgeschieden, seien also von ihnen befallen gewesen. Der Mensch kann zwar mit verschmutztem Wasser Saitenwürmer verschlucken und die können den Körper auf natürlichem Weg heil wieder verlassen, aber hierbei handelt es sich lediglich um Pseudoparasitismus. Keinesfalls verursachen Nematomorphen jemals irgendwelchen Schaden.

3.6.1 Kontrollfragen zum Verständnis

1. Wo leben Nematomorpha?
2. Wie heißt die bekannteste Gattung?
3. Mit wem sind sie verwandt?
4. Wer sind ihre Endwirte?
5. Wie kommen die Nematomorphen zurück in ihr ursprüngliches Habitat?

3.7 Myxozoa

- Sehr stark reduzierte Cnidaria
- Sporen mit Polkapseln und ausschleuderbaren Polfäden
- Wirtswechsel zwischen Wirbellosen und Wirbeltieren (meist Fischen)
- Bildung komplexer Sporen in Wirbellosen und Wirbeltieren
- Sexuelle Vermehrung in Wirbellosen

Die Myxozoa (gr. „mýxa" = Schleim; „zoon" = Lebewesen) sind Parasiten, die typischerweise nur aus einer sehr begrenzten Anzahl von Zellen bestehen und deshalb früher oft zu den Protozoen gestellt wurden. Ihre Lebenszyklen weisen einen Wirtswechsel zwischen aquatischen Evertebraten (meist Anneliden) und Vertebraten (meist Knochenfischen) auf. Charakteristisch für diesen Stamm sind Sporen mit Polkapseln, die einen Polfaden enthalten. Aufgrund der strukturellen Ähnlichkeit dieser Polkapseln zu den Nematozysten der Cnidaria (Nesseltiere) wurde eine verwandtschaftliche Beziehung zu dieser Gruppe vermutet, die aber nach vielen Diskussionen erst kürzlich durch molekulargenetische Analysen eindeutig bestätigt wurde. Obwohl neue Daten zeigen, dass es sogar wurmförmige Myxozoa gibt (*Buddenbrockia plumatellae*), sollte man die Myxozoa nicht zu den Helminthen zählen. Sie werden aber am Schluss dieses Großkapitels behandelt, weil eine Besprechung bei den Protozoen oder Arthropoden noch weniger passend wäre.

Die meisten Myxozoa-Arten wurden aus Knochenfischen beschrieben, die Parasiten treten aber auch bei Knorpelfischen, Reptilien und Amphibien auf. Neuere Studien weisen sogar auf ein Vorkommen bei Vögeln und Spitzmäusen hin. Mehrere der ca. 1200 bekannten Arten sind Erreger wirtschaftlich bedeutender Fischkrankheiten, die Fische töten, ihr Wachstum hemmen oder das Fleisch ungenießbar machen. Die Myxozoa befallen Epithelien des Magen-Darm- oder des Urogenitalsystems (coelozoische Arten) oder solide Gewebe (histozoische Arten). Der Stamm der Myxozoa wird in zwei Klassen unterteilt: Der Lebenszyklus der **Myxosporea** alterniert zwischen Fischen und Anneliden. Die **Malacosporea**, von denen nur vier Arten bekannt sind, parasitieren als Endwirt Bryozoen (Moostierchen) und rufen in Fischen Entzündungen von Schwimmblase und Niere hervor.

3.7.1 Entwicklung und Morphologie

Entwicklung Sehr ungewöhnlich an dem Lebenszyklus der Myxozoa ist die Tatsache, dass in beiden Wirten als Übertragungsstadium Sporen gebildet werden. Die Meiose findet in Wirbellosen statt, wo sich anschließend **Actinosporea-Sporen** (Abb. 3.78a, b) bilden, während in Wirbeltieren auf ungeschlechtlichem Weg **Myxosporea-Sporen** (Abb. 3.78c, d) entstehen. Die Entwicklung im Vertebratenwirt ist bei Vertretern der Myxosporea zwar ausführlich untersucht worden, manche Details sind aber immer noch unklar. Außerdem scheinen viele Abwandlungen vorzuliegen, sodass die Entwicklung an einem konkreten Beispiel, dem sehr gut untersuchten Erreger der Drehkrankheit von Salmoniden, *Myxobolus cerebralis,* dargestellt wird (siehe unten).

Die Myxozoa haben eine sehr ungewöhnliche Weise der Zellvermehrung, die **Endogenie** (Abb. 3.79), die bislang noch nicht in allen Einzelheiten verstanden ist. Dabei werden innerhalb einer Primärzelle mehrere Kerne gebildet, die eine Aufgabenteilung haben: die „vegetativen Kerne“, welche Stoffwechselfunktionen regulieren, und die „generativen Kerne“, welche die Keimbahn darstellen. Die generativen Kerne umgeben sich mit Zytoplasma und Membranen und werden so zu generativen „Sekundärzellen“, die jeweils innerhalb einer Vakuole der Primärzelle liegen. Durch Teilung entsteht aus einer Sekundärzelle ein Zellpaar: Eine dieser zwei Zellen behält dabei die Funktion der generativen Zelle, die andere wird zur Perizyte (= „umhüllende Zelle“). Diese Zellpaare können:

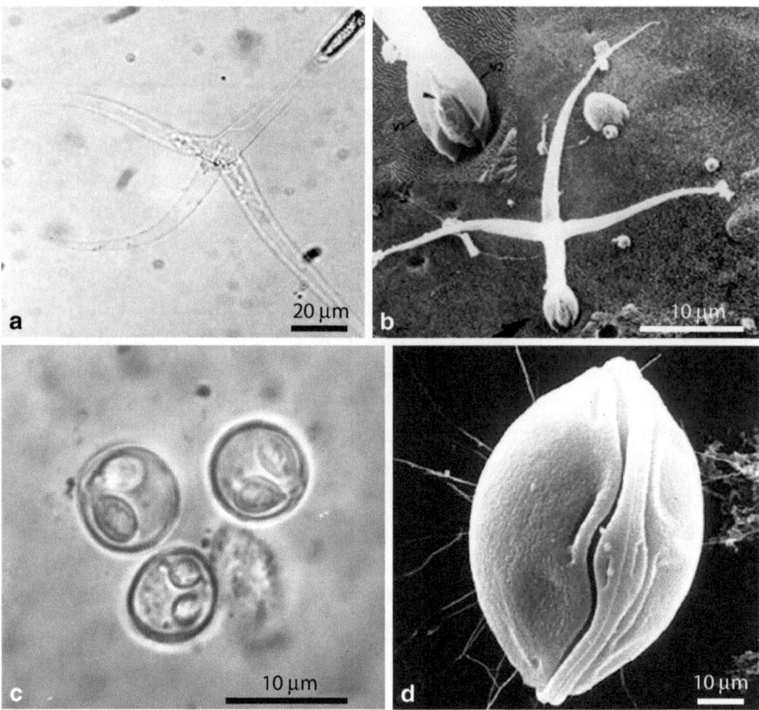

Abb. 3.78 Sporen von *Myxobolus cerebralis*. *Oben*: Actinosporea-Sporen, *unten*: Myxosporea-Sporen. **a** Phasenkontrastaufnahme einer Triactinomyxon-Spore. **b** REM-Aufnahme einer Triactinomyxon-Spore mit Detailaufnahme vom Schlüpfen des vielkernigen Sporoplasmas aus dem Schaft der Spore. **c** Mikroskopische Aufnahme. **d** REM-Aufnahme. (Fotos **a**, **b** und **d**: M. El-Matbouli; Foto **c**: J. Lom)

- entweder aus der Primärzelle und der Wirtszelle frei werden, neue Wirtszellen befallen und damit weitere Vermehrung bewirken
- oder innerhalb der Primärzelle verbleiben und sich hier zu Sporoblasten entwickeln, aus denen Sporen hervorgehen.

Der Vorgang der Endogenie kann sich auch innerhalb der Sekundärzelle und weiterer Zellgenerationen wiederholen, sodass mehrfach ineinander geschachtelte Zellen entstehen.

Morphologie Die **Trophozoiten** der Myxozoa sind amöboide Zellen von unterschiedlicher Größe. Im reifen Zustand – dann als Plasmodium bezeichnet – enthalten sie somatische und generative Kerne, generative Zellen sowie Sporoblasten und Sporen unterschiedlichen Entwicklungszustands. Diese Stadien können eine Größe von mehreren mm erreichen. Die **Myxosporea-Sporen** haben meist 10–20 µm Durchmesser. Die Schale setzt sich aus zwei bis sieben Klappen zusammen, die häufig eine artspezifische Strukturierung oder Fortsätze aufweisen. Die Spore ent-

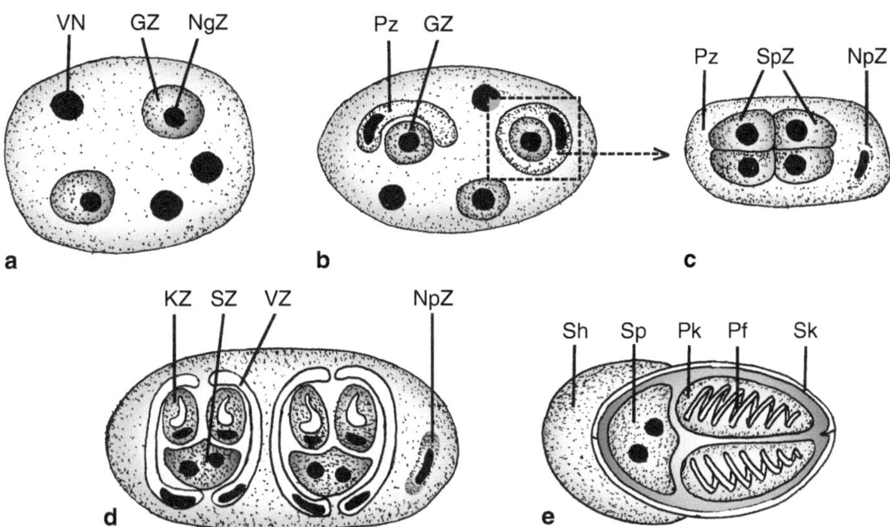

Abb. 3.79 Entstehung von Myxosporea-Sporen innerhalb eines Myxozoa-Plasmodiums durch Endogenie. **a** Vielkerniger Trophozoit mit vegetativen Kernen und generativen Zellen. **b** Vereinigung von zwei generativen Zellen zu einem Sporoblasten, wobei die ernährende Perizyte die sporogone Zelle umgibt. **c** Weiterentwicklung der sporogonen Zelle innerhalb der Perizyte. **d** Entwicklung von zwei Sporen innerhalb der Perizyte. **e** Reife Spore mit zwei Polkapseln und zweikernigem Sporoplasma, umgeben von einer zweiklappigen Schale und einer Schleimhülle (entstanden aus der Perizyte). *GZ* generative Zelle, *KZ* kapsulogene Zelle, *NgZ* Kern der generativen Zelle, *NPz* Kern der Perizyte, *Pf* Polfaden, *Pk* Polkapsel, *Pz* Perizyte, *Sp* Sporoplasma, *SpZ* sporogone Zelle, *Sh* Schleimhülle, *Sk* Schalenklappe, *SZ* Sporoplasma bildende Zelle, *VZ* valvogene Zelle, *VN* vegetativer Kern. (Verändert nach Moser und Kent 1994; mit freundlicher Genehmigung des Verlages)

hält eine bis sieben Polkapseln und das infektiöse, meist zweikernige Sporoplasma. Im Innern der birnenförmigen Polkapseln liegt je ein ausschleuderbarer Polfaden spiralig aufgerollt. Das **Actinosporea-Stadium** ist eine dreistrahlige, meist anker- oder sternförmige Struktur, die eine Größe von 200 µm erreichen kann. Die Spore enthält mehrere Polkapseln. Ihre sehr dünnwandigen, ausgezogenen Fortsätze verlangsamen das Absinken im Wasser. Im Inneren liegt eine Endospore, die ein vielkerniges Sporoplasma enthält.

3.7.2 *Myxobolus cerebralis*

M. cerebralis, ein Vertreter der Myxosporea, ist ein Parasit der in Europa und Nordasien verbreiteten Bachforelle (*Salmo trutta*). In diesem Wirt ist der Parasit wenig pathogen, ruft jedoch bei anderen Salmoniden die Drehkrankheit („whirling disease") hervor, unter anderem bei der Regenbogenforelle (*Oncorhynchus mykiss*)

und dem atlantischen Lachs (*Salmo salar*). Der Lebenszyklus schließt den Oligochaeten *Tubifex tubifex* als Endwirt ein (Abb. 3.80).

Eine Infektion des Wirtsfisches erfolgt nach Kontakt der ankerförmigen Actinosporea-Sporen mit Haut, Kiemenepithel oder Mundhöhle. Dabei nutzt das Sporoplasma mit den in ihm liegenden 64 Keimzellen unter anderem die Sekretions-
öffnungen von Schleimzellen der Haut als Eintrittspforte. Das Sporoplasma desin-
tegriert und die frei werdenden Keimzellen invadieren umliegende Wirtszellen in
Epidermis und Unterhaut, wo Vermehrung durch Endogenie stattfindet, die oben
erläutert wird (Abb. 3.79). Die dabei entstehenden Zellpaare, jeweils aus einer um-
hüllenden und einer inneren Zelle bestehend, werden durch Platzen der Wirtszelle

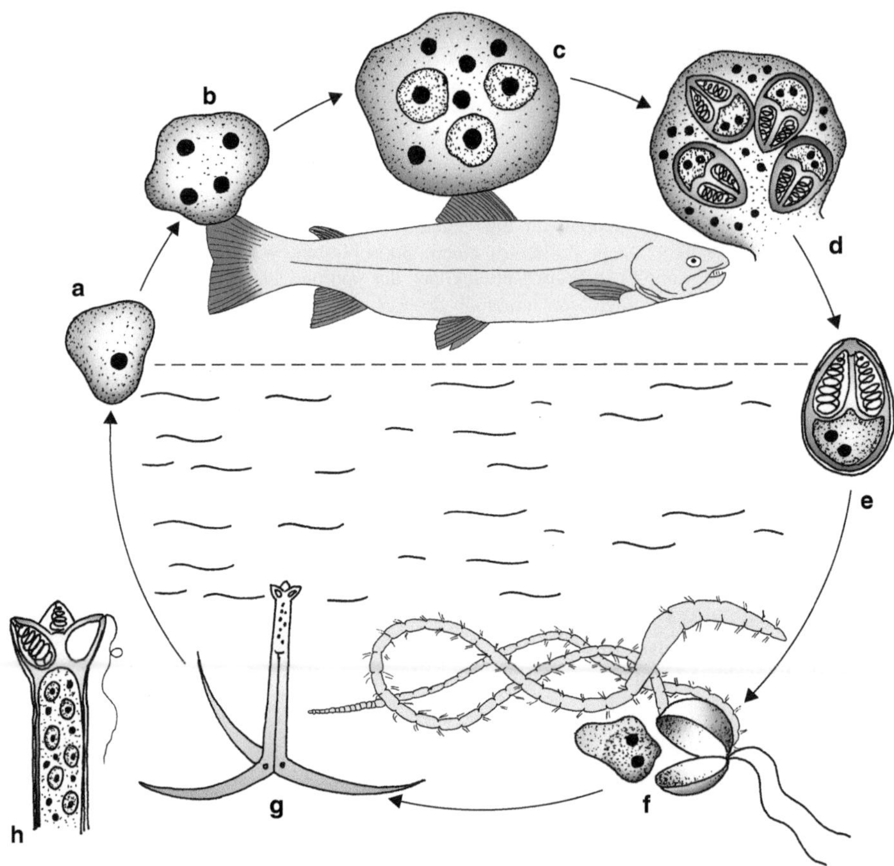

Abb. 3.80 Entwicklungszyklus von *Myxobolus cerebralis*. **a, b** Aus dem vielkernigen Sporoplasma des Triactinomyxon-Stadiums entwickeln sich zunächst einkernige Trophozoiten, aus denen
später vielkernige Plasmodien entstehen. **c** Plasmodium mit vegetativen Kernen und generativen
Zellen. **d** Sporen im Plasmodium. **e** Myxosporea-Spore. **f** Myxosporea-Spore entlässt im Darm von
Tubifex zweikerniges Sporoplasma. **g** Triactinomyxon-Stadium. **h** Schaft des Triactinomyxon-Stadiums mit vielkernigem Sporoplasma innerhalb einer Endospore (Ausschnittsvergrößerung)

frei. Sie befallen neue Zellen in der Umgebung oder wandern über die peripheren Nerven in das Zentralnervensystem. Nach vier Tagen treten Endogenievermehrungsstadien im Nervengewebe auf, hauptsächlich im ZNS und der Hirnhaut. Nach etwa 20 Tagen finden sich im Knorpelgewebe von Schädel und Wirbelsäule große, vielkernige Zellen, die als „Plasmodien" bezeichnet werden und in denen endogene Zellvermehrung und Sporogonie stattfinden.

Beim ersten Schritt der Sporogonie, der Bildung des Sporoblasten, umwächst innerhalb des Plasmodiums eine Zelle, die **Perizyte**, eine andere generative Zelle, die dadurch zur **sporogonen Zelle** wird. Die Perizyte hat wahrscheinlich eine Ernährungsfunktion und wird später zur Schleimhülle. Aus der sporogonen Zelle entwickeln sich in mehreren Teilungsschritten Zellen, die später die **Schalenklappen**, die **Polkapseln** und das **Sporoplasma** bilden. Durch Zerfall des Plasmodiums werden dann die Sporoblasten mit den in ihnen liegenden Myxosporea-Sporen frei. Die Myxosporea-Sporen von *M. cerebralis* sind linsenförmig und haben einen Durchmesser von ca. 10 µm. Innerhalb von zwei Schalenklappen liegen zwei Polkapseln mit aufgewundenen Polfäden und das zweikernige Sporoplasma.

Die Infektion des Oligochaeten erfolgt durch orale Aufnahme der kugelförmigen oder ovalen Myxosporen, die aus dem Vertebratenwirt stammen. Dabei wird der **Polfaden** ausgeschleudert, der die Spore am Darmepithel verankert, sodass das in der Spore enthaltene infektiöse Sporoplasma den Wirt infizieren kann. Es schließt sich eine extrazelluläre Vermehrungsphase im Darmepithel an, gefolgt von einer meiotischen Bildung von Gameten, deren Fusion zu Zygoten und anschließend der Bildung der Sporen. Auch diese Entwicklung erfolgt in Sporoblasten durch Endogenie. Die Sporen liegen zunächst zusammengefaltet im Sporoblasten, entfalten sich im Wasser aber zur durchscheinenden Actinosporea-Spore, die im Wasser schwebt, sodass die Chance auf Kontakt mit einem Fisch erhöht wird. Die Actinosporea-Sporen können eine Länge von 145 µm erreichen, während die drei Arme eine Spannweite von 195 µm aufweisen. Interessanterweise können infizierte *Tubifex*-Individuen lebenslang Triactinomyxon-Stadien ausscheiden, was die Bekämpfung des Erregers erschwert.

Etwa 2–3 Monate nach Infektion durch Actinosporea-Stadien treten bei den Salmoniden die klassischen Symptome der Drehkrankheit auf. Das Wachstum der Plasmodien in der Knorpelsubstanz führt zu Missbildungen des Skeletts. Durch Schäden am Labyrinthorgan der Fische kommt es zu Gleichgewichts- und Orientierungsstörungen, sodass die Fische im Kreis schwimmen oder sich aberrant bewegen. Stark befallene Fische nehmen keine Nahrung mehr auf. Durch den Befall der Wirbel kann die Innervierung der Haut gestört werden, sodass die Melanophoren nicht mehr korrekt gesteuert werden und die Haut kaudal der Läsion dunkel ist („blacktail disease"). Jungfische sind besonders betroffen und erliegen häufig dem Befall. Bei Fischen, die schwere Infektionen überleben, treten Verkrümmungen der Wirbelsäule und Verwachsungen auf (Abb. 3.81).

Während *M. cerebralis* für seinen natürlichen Wirt, die in Europa und Nordasien verbreitete Bachforelle (*Salmo trutta*) kaum pathogen ist, resultieren in der nah verwandten, nach Europa eingeführten Regenbogenforelle (*Oncorhynchus mykiss*) virulente Infektionen. *M. cerebralis* wurde in den 1950er-Jahren in die USA ein-

Abb. 3.81 Regenbogenforelle mit Wirbelsäulenverkrümmung und missgebildeten Kiemendeckeln als Folge einer überstandenen *Myxobolus cerebralis*-Infektion. (Foto: M. El-Matbouli)

geschleppt. Dort kommt es zu Epidemien, bei denen bis zu 90 % der Individuen der dort weitverbreiteten Populationen der Regenbogenforelle sterben. Auch andere Salmoniden sind empfänglich, darunter manche Populationen des atlantischen Lachs (*Salmo salar*), aber der Parasit ist in diesem Wirt nur wenig pathogen. Für die kommerzielle Fischzucht, aber auch für die Sportfischerei in einigen Flusssystemen in den Weststaaten der USA stellt der Parasit ein großes wirtschaftliches Problem dar. Bislang existiert keine effiziente Chemotherapie, sodass man in der Fischzucht auf Hygienemaßnahmen angewiesen ist. Da die individuelle Empfänglichkeit der Fische innerhalb von Populationen stark variiert, streben Forschungsprojekte die Zucht resistenter Forellen bzw. Lachse an.

3.7.3   *Tetracapsuloides bryosalmonae*

Der Erreger der *Proliferative Kidney Disease* (PKD) war bis zur Klärung seiner taxonomischen Einordnung als der PKX-Organismus bekannt. Heute weiß man, dass der Parasit *T. bryosalmonae* zusammen mit *Buddenbrockia plumatellae* und zwei weiteren Arten die Klasse der Malacosporea bildet, die als Invertebratenwirte Bryozoen (Moostierchen) befallen. *T. bryosalmonae* parasitiert besonders Nieren- und Milzgewebe von Salmoniden und auch des Hechtes (*Esox lucius*). In der frühen Phase der Infektion treten die Trophozoiten als freie Parasiten im Blut auf, wo durch Endogenie eine Massenvermehrung erfolgt. Später finden sich massenhaft extrazelluläre Stadien in der Schwimmblase und im Niereninterstitium. Danach besiedeln die Parasiten die Epithelien der Nierentubuli und bilden schließlich im Lumen der Tubuli kleine Sporoblasten, in denen jeweils 1–2 Sporen entstehen, die mit dem Harn abgegeben werden. Bedingt durch Immunreaktionen kommt es besonders in Schwimmblase und Niere zu Entzündungen und Blutungen, zur Bildung von Granulomen, zu Nekrosen und zur Auflösung der Nierentubuli. Durch die Vergrößerung der Niere und der Milz sowie Aszites ist das Abdomen der Fische aufgetrieben. Die Tiere haben weiße Kiemen, bedingt durch die Zerstörung des hämopoetischen Gewebes der Nieren und nachfolgende Anämie, die Augen treten hervor und es kann zu einer dunklen Verfärbung der Haut kommen.

Bei der PKD handelt es sich um eine saisonale Krankheit, die in der nördlichen Hemisphäre im Sommer bei > 15 °C auftritt und große wirtschaftliche Ausfälle nach sich zieht. Die Mortalitätsrate beträgt bei schweren Infektionen bis zu 100 %, ist aber meist durch Sekundärinfektionen bedingt. Fische, die Erstinfektionen überleben, sind resistent gegen weitere Infektionen.

3.7.4 Kontrollfragen zum Verständnis

1. Welche beiden Typen von Sporen existieren im Zyklus der Myxozoa?
2. Mit welchen Organismen sind Myxozoa verwandt?
3. Auf welche Weise führt die Endogenie zur Bildung von Tochterzellen?
4. Welche Strukturen entstehen aus valvogenen Zellen von *Myxobolus cerebralis*?
5. Welchen Zwischenwirt hat *Myxobolus cerebralis*?
6. Welche Krankheit verursacht *Myxobolus cerebralis* bei Salmoniden?
7. Welches Organ von Fischen wird besonders betroffen von der *Tetracapsuloides byosalmonae*-Infektion?

Literatur

Abschnitt 3.2.1

Arango Barrientos M, Carrasco AU (2012) Paragonimiasis. N Engl J Med 366:165

Blaxter ML (2003) Nematoda: genes, genomes and the evolution of parasitism. Adv Parasitol 54:101–195

Berriman M, Haas BJ, LoVerde PT et al (2009) The genome of the blood fluke *Schistosoma mansoni*. Nature 460:352–358

Colley DG, Bustinduy AL, Secor WE et al (2014) Human schistosomiasis. Lancet 238:2253–2264

Han ZG, Brindley PJ, Wang SY, Chen Z (2009) *Schistosoma* genomics: new perspectives on schistosome biology and host-parasite interaction. Annu Rev Genomics Hum Genet 10:211–240

Hathaway RP, Herlevich JC (1976) A histochemical study of egg shell formation in the monogenetic trematode *Octomacrum lanceatum* Mueller, 1934. Proc Helm Soc Wash 42:272–274

Loker ES, Brant SV (2006) Diversification, dioecy and dimorphism in schistosomes. Trends Parasitol 22:521–528

Olson PD, Cribb TH, Tkach VV et al (2003) Phylogeny and classification of the Digenea (Platyhelminthes: Trematoda). Int J Parasitol 33:733–755

Park J, Kim K, Kang S et al (2007) A common origin of complex life cycles in parasitic flatworms: evidence from the complete mitochondrial genome of *Microcotyle sebastis* (Monogenea: Plathyhelminthes). BMC Evol Biol 7:11

Petney TN, Andrews RH, Saijunta W et al (2013) The zoonotic, fishborne liver flukes *Clonorchis sinensis, Opisthorchis felineus* and *Opisthorchis viverrini*. Int J Parasitol 44:1031–1046

Rollinson R, Chappel LH (2001) Flukes and snails re-visited. Parasitology, Bd. 123. Cambridge University Press, Cambridge (Supplement)

Sripa B, Brindley JP, Mulvenna J et al (2012) The tumorigenic liver fluke *Opisthorchis viverrini* – multiple pathways to cancer. Trends Parasitol 28:395–407

Tolan RW (2011) Fascioliasis due to *Fasciola hepatica* and *Fasciola gigantica* infection: an update on this 'neglected' neglected tropical disease. Lab Med 42:107–116

Toledo R, Fried B (Hrsg) (2014) Digenetic trematodes. Springer, New York

Van Hellemond JJ et al (2006) Functions of the tegument of schistosmes: clues from the proteome and lipidome. Int J Parasitol 36:691–699

Abschnitt 3.2.2

Hayward C (2005) Monogenea polyopisthocotylea (ectoparasitic flukes). In: Rohde K (Hrsg) Marine parasitology. CSIRO Publishing, CABI, Melburne, Wallingford, S 55–63

Rohde K (2011) Monogenea – ectoparasitic flukes (flatworms): monogenea polyopisthocotylea and monopisthocotylea. Version 1. Clinical Sciences. (Medical Publishing Internet)

Whittington ID (2005) Monogenea Monopisthocotylea (ectoparasitic flukes). In: Rohde K (Hrsg) Marine Parasitology. CSIRO, CABI, Melbourne, Wallingford, S 63–72

Abschnitt 3.2.3

Bakke TA, Cable J, Harris PD (2007) The biology of gyrodactylid monogeneans. The „russiandoll killers". Adv Parasitol 64:161–376

Eckert J, Deplazes P (2004) Biological, clinical and epidemiological aspects of echinococcosis, a zoonosis of increasing concern. Clin Microbiol Rev 17:107–135

Caley J (1975) In vitro hatching of the tapeworm *Moniezia expansa* (Cestoda: Anaplocephala) and some properties of the egg membranes. Z Parasitenkd 45:335–346

Garcia HH, Rodriguez S, Friedland JS, Cysticercosis Working Group in Peru (2014) Immunology of *Taenia solium* taeniasis and human cysticercosis. Parasite Immunol 36:388–396

Hoberg EP (2006) Phylogeny of *Taenia*: Species definitions and origins of human parasites. Parasitol Int 55(Suppl):S23–S30

Knapp J, Nakao M, Yanagida T, Okamoto M, Saarma U, Lavikainen A, Ito A (2011) Phylogenetic relationships within *Echinococcus* and *Taenia* tapeworms (Cestoda: Taeniidae): an inference from nuclear protein-coding genes. Mol Phylogenet Evol 61:628–638

Loos-Frank B (2000) An update of Verster's 1969 "Taxonomic revision of the genus *Taenia* Linnaeus (Cestoda)" in table format. Syst Parasitol 45:155–183

Macnish MG, Morgan UM, Behnke JM, Tompson RC (2002) Failure to infect laboratory rodent hosts with human isolates of *Rodentolepis* (= *Hymenolepis*) *nana*. J Helminthol 76:37–43

McManus DP (2013) Current status of the genetics and molecular taxonomy of *Echinococcus* species. Parasitology 140:1617–1623

Nakao M, Lavikainen A, Iwaki T et al (2013a) Molecular phylogeny of the genus *Taenia* (Cestoda: Taeniidae): proposals for the resurrection of *Hydatigera* Lamarck, 1816 and the creation of a new genus *Versteria*. Int J Parasitol 43:427–437

Nakao M, Lavikainen A, Yanagida T, Ito A (2013b) Phylogenetic systematics of the genus *Echinococcus* (Cestoda: Taeni idae). Int J Parasitol 43:1017–1029

Olson PD, Tkach VV (2005) Advances and trends in the molecular systematics of the parasitic Plathyhelminthes. Adv Parasitol 58:165–243

Piekarski G (1954) Lehrbuch der Parasitologie. Springer, Heidelberg

Tsai IJ, Zarowiecki M, Holroyd N et al (2013) The genomes of four tapeworm species reveal adaptations to parasitism. Nature 496:57–63

Ubelaker JE et al (1973) Surface topography of *Hymenolepis diminuta*. J Parasitol 59:667–671

Abschnitt 3.3

Herlyn H, Piskurek O, Schmiz J et al (2003) The syndermatan phylogeny and the evolution of acanthocephalan endoparasitism as inferred from 18S rDNA sequences. Mol Phylogenet Evol 26:155–164

Lasek-Nesselquist E (2012) A mitogenomic re-evaluation of the bdelloid phylogeny and relationships among the Syndermata. PLoS ONE 7(8):e43554

Skuballa J et al (2010) The avian acanthocephalan *Plagiorhynchus cylindraceus* (Palaeoacan-
thocephala) parasitizing the European hedgehog (*Erinaceus europaeus*) in Europe and New
Zealand. Parasitol Res 106:431–437

Verweyen L, Klimpel S, Palm HW (2011) Molecular phylogeny of the Acanthocephala (class
Palaeacanthocephala) with a paraphyletic assemblage of the orders Polymorphida and Echi-
norhynchida. PLoS ONE 6(12):e28285

Weber M, Wey-Fabrizius AR, Podsiadlowski L et al (2013) Phylogenetic analyses of endoparasitic
Acanthocephala based on mitochondrial genomes suggest secondary loss of sensory organs.
Mol Phylogenet Evol 66:182–189

Abschnitt 3.4

Hildebrandt JP, Lemke S (2011) Small bite, large impact – saliva and salivary molecules in the
medical leech, Hirudo medicinalis. Naturwissenschaften 98:995–1008

Siddall ME, Desser SS (1991) Merogonic development of *Haemogregarinaballi* (Apicomplexa:
Adeleina: Haemogregarinidae) in the leech *Placobdellaornata* (Glossiphoniidae), its transmission to a chelonian intermediate host and phylogenetic implications. J Parasitol 77:426–
436

Siddall ME, Desser SS (1992) Alternative leech vectors for frog and turtle trypanosomes. J Parasitol 78:562–563

Siddall ME, Desser SS (2001) Developmental stages of *Haemogregarina delagei* in the leech
Oxytonostomatypica. Can J Zool 79:1897–1900

Abschnitt 3.5

Anderson RC (2000) Nematode parasites of vertebrates. Their development and transmission. CA-
BI, Wallingford, New York

Bachmann-Waldmann C, Jentsch S, Tobler H, Mueller F (2004) Chromatin diminuation leads
to rapid evolutionary changes in the organization of the germline genomes of the parasitic
nematodes *A. suum* and *A. univalens*. Mol Biochem Parasitol 134:53–64

Blaxter M, Koutsovoulos G (2014) The evolution of parasitism in nematoda. Parasitology 25:1–14

Cotton JA, Bennuru S, Grote A et al (2016) The genome of *Onchocerca volvulus*, agent of river
blindness. Nat Microbiol 2:16216

Crump A, Morel CM, Omura S (2012) The onchocerciasis chronicle: from the beginning to the
end? Trends Parasitol 28:280–288

Dold C, Holland CV (2011) *Ascaris* and ascariasis. Microbes Infect 13:622–637

Foth BJ, Tsai IJ, Reid AJ et al (2014) Whipworm genome and dual-species transcriptome analysis
provide molecular insights into an intimate host-parasite interaction. Nat Genet 46:693–700

Ghedin E, Wang S, Spiro D et al (2007) Draft genome of the filarial nematode parasite *Brugia
malayi*. Science 317:1756–1760

Gottstein B, Pozio E, Noeckler K et al (2009) Epidemiology, diagnosis, treatment, and control of
trichinellosis. Clin Microbiol Rev 22:127–145

Hayes KS, Bancroft AJ, Goldrick M et al (2010) Exploitation of the intestinal microflora by the
parasitic nematode *Trichuris muris*. Science 328:1391–1394

Hodda M (2011) Phylum Nematoda Cobb 1932. In: Zhang Z-Q (Hrsg) Animal biodiversity: An
outline of higher-level classification and survey of taxonomic richness. Zootaxa 3148:63–95

Hotez PJ, Diemert D, Bacon KM (2013) The human hookworm vaccine. Vaccine 31(Suppl.
2):B227–B232

Jex AR, Liu S, Li B, Young ND et al (2011) *Ascaris suum* draft genome. Nature 479:529–533

Jex AR, Nejsum P, Schwarz EM et al (2014) Genome and transcriptome of the porcine whipworm
Trichuris suis. Nat Genet 46:701–706

Laing R, Kikuchi T, Martinelli A, Tsai IJ et al (2013) The genome and transcriptome of *Haemonchus contortus*, a key model parasite for drug and vaccine discovery. Genome Biol 14:R88

Lee D (Hrsg) (2002) The biology of nematodes. Taylor & Francis, London, S 1–648

Leles D, Gardner SL, Reinhard K, Iñiguez A, Araujo A (2012) Are *Ascaris lumbricoides* and *Ascaris suum* a single species? Parasites Vectors 5:42

McSorley HJ, Hewitson JP, Maizels RM (2013) Immunomodulation by helminth parasites: defining mechanisms and mediators. Int J Parasitol 43:301–310

Meldal BHM, Dbenham MJ, De Ley P et al (2007) An improved molecular phylogeny of the nematoda with special emphasis on marine taxa. Mol Phylogen Evol 42:622–636

Mitreva M, Jasmer DP, Zarlenga DS et al (2011) The draft genome of the parasitic nematode *Trichinella spiralis*. Nat Genet 43:228–235

O'Regan NL, Steinfelder S, Venugopal G, Rao GB, Lucius R, Srikantam A, Hartmann S (2014) *Brugia malayi* microfilariae induce a regulatory monocyte/macrophage phenotype that suppresses innate and adaptive immune responses. PLoS Negl Trop Dis 8(10):e3206

Piekarski (1954) Lehrbuch der Parasitologie. Springer, Heidelberg

Pineda MA, Lumb F, Harnett MM, Harnett W (2014) ES-62, a therapeutic anti-inflamatory agent evolved by the filarial nmatode *Acanthocheilonema viteae*. Mol Biochem Parasitol 194:1–8

Rebollo M, Bockarie MJ (2013) Towards the elimination of lymphatic filariasis by 2020.: treatment update and impact assessment for the endgame. Expert Rev Anti Infect Er 11:723–731

Smythe AB, Sanderson MJ, Nadler SA (2006) Nematode small subunit phylogeny correlates with alignment parameters. Syst Biol 55(6):972–992

Summers RW, Elliott DE, Urban JF Jr. et al (2005) *Trichuris suis* therapy in Crohn's disease. Gut 54:87–90

Taylor MJ, Hoerauf A, Townson S et al (2014) Anti-*Wolbachia* drug discoveryand development: safe macrofilaricidesfor onchocerciasis and lymphatic filariasis. Parasitology 141:119–127

Telford MJ, Bourlat SJ, Ecocnomou A et al (2008) The evolution of the ecdysozoa. Philos Trans R Soc Lond Ser B 363:1529–1537

Zrzavy J (2001) The interrelationships of metazoan parasites: a review of phylum- and higher-level hypotheses from recent morphological and molecular phylogenetic analyses. Folia Parasitol (Praha) 48:81–103

Abschnitt 3.6

Biron DG, Ponton F, Marche L et al (2006) Suicide of crickets harbouring hairworms: a proteomics investigation. Insect Mol Biol 15:731–742

Hanlet B, Thomas F, Schmidt-Rhaesa A (2005) Biology of the phylum nematomorpha. Adv Parasitol 59:243–305

Abschnitt 3.7

Feng JM, Xiong J, Zhang JY et al (2014) New phylogenomic and comparative analyses provide corroborating evidence that Myxozoa is Cnidaria. Mol Phylogenet Evol 81:10–18

Fox J, Siddall ME (2015) The road to cnidaria: history of phylogeny of the myxozoa. J Parasitol 101:269–274

Gruhl A, Chamura B (2012) Development and myogenesis of the vermiform *Buddenbrockia* (Myxozoa) and implications for cnidarian body plan evolution. Evodevo 3:10

Moser M, Kent ML (1994) Myxosporea. In: Kreier JP (Hrsg) Parasitic protozoa, 2. Aufl. Bd. 8. Academic Press, San Diego

Sarker S, Kallert DM, Hedrick RP, El-Matbouli M (2015) Whirling disease revisited: pathogenesis, parasite biology and disease intervention. Dis Aquat Org 114:155–175

Arthropoda – Gliederfüßer

4

Inhaltsverzeichnis

© Springer-Verlag GmbH Deutschland 2018

R. Lucius et al., *Biologie von Parasiten*, https://doi.org/10.1007/978-3-662-54862-2_4

4.1 Einleitung

Die Arthropoda oder Gliederfüßer werden oft mit Superlativen beschrieben, denn >85 % der beschriebenen 1,8 Mio. Tierarten sind Arthropoden (gr. „arthron" = Gelenk, „poús", „podos" = Fuß, Bein). Sie besiedeln alle Ökosysteme, vom Hochgebirge bis zum Meeresgrund und haben eine entsprechende Vielfalt von Formen entwickelt. Die Arthropoden setzen sich aus den folgenden Gruppen zusammen: den Spinnentieren (Arachnida, mit Pycnogonida und Euchelicerata), den Tausendfüßern (Myriapoda), den Krebstieren (Crustacea) und den Insekten (Hexapoda; Abb. 4.1). Sie werden als monophyletisch aufgefasst, die Beziehungen untereinander sind aber immer noch strittig.

Arthropoden haben einen gegliederten Körper, der von einer Kutikula bedeckt ist. Sie fungiert als Exoskelett und bietet damit Schutz und Anheftungsflächen für Muskulatur. Flexible Kutikulaverbindungen zwischen den Segmenten des Körpers und den Extremitäten ermöglichen Beweglichkeit. Der Hauptbestandteil der Kutikula ist das Polysaccharid Chitin, das zweithäufigste Polymer der Erde, nach Zellulose. Die Oberfläche des Exoskeletts besteht aus einer dünnen, sehr harten und undurchlässigen, nichtchininhaltigen Schicht (Epikutikula) und einer dickeren, elastischen, permeablen, aus mehreren Lagen aufgebauten inneren Schicht (Endokutikula), die hauptsächlich aus Protein und Chitin besteht. Die Endokutikula kann verstärkt und gehärtet werden, indem entweder Kalzit eingelagert wird (bei vielen marinen Krebsen) oder Proteine durch kovalente Kreuzvernetzung sklerotisiert werden (bei Insekten und Spinnentieren). Das Exoskelett kleidet auch den Vorder- und den Enddarm sowie die Tracheen aus, die für den Sauerstoffaustausch sorgen.

Das harte Exoskelett hat viele Vorteile, wie z. B. Schutz gegen Umwelteinflüsse, vor mechanischer Verletzung und vor Pathogenen. Außerdem erlaubt es eine außerordentliche morphologische Plastizität, hat aber auch wesentliche Begrenzungen:

- Es begrenzt die Größe der Tiere: Die größten Arthropoden sind meeresbewohnende Krabben mit einem Gewicht von maximal 6,4 kg, während die meisten Arthropoden klein sind. Die größten Insekten wiegen ca. 100 g, während die kleinsten, wie z. B. manche Milben und parasitische Wespen, nur eine Länge von 0,25 mm erreichen und trotz ihres komplexen Aufbaus nicht mehr wiegen als der Kern einer großen Zelle.

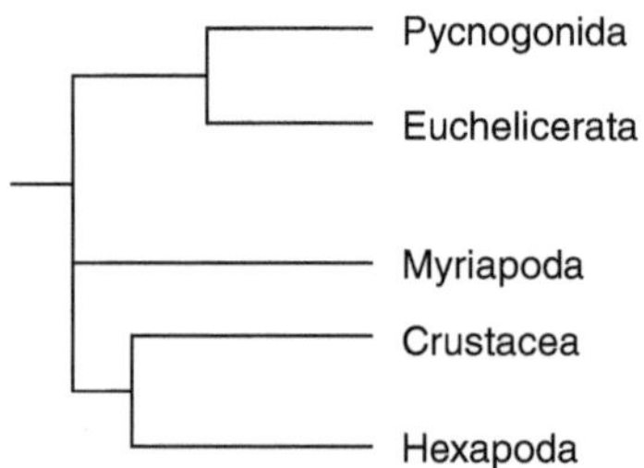

Abb. 4.1 Phylogenie der Arthropoden. (Nach Giribet und Edgecombe 2012)

- Es ist starr und kann nicht gedehnt werden, deswegen muss es mittels Häutungen abgeworfen und ersetzt werden. Dazu werden die inneren Schichten der Kutikula durch Enzyme verdaut, um die alte Oberfläche von der darunterliegenden neuen Kutikula zu trennen. Nach der Häutung schluckt der Arthropode Luft oder Wasser, um die flexible Kutikula auszudehnen, bis sie aushärtet. Der Häutungsprozess („Ecdysis") wird durch ein komplexes Zusammenspiel spezifischer Hormone gesteuert, ähnlich wie bei Nematoden. Zusammen mit anderen bilden diese Tiere deshalb die Gruppe der Ecdysozoa (Häutungstiere; s. auch Abb. 3.1).
- Es muss von Sinnesorganen („Sensillen") durchdrungen werden, um Reize der Außenwelt aufzunehmen. Die wichtigsten Sinnesorgane im parasitologischen Zusammenhang dienen zur Wirtsfindung oder zur Auffindung von Geschlechtspartnern mittels Pheromonen.

Das Problem des Gasaustausches haben die Arthropoden auf unterschiedliche Weise gelöst. Insekten und Tausendfüßer atmen mit Tracheen, d. h. kleinen, sich verzweigenden Röhren, durch die Sauerstoff in alle Körperteile diffundiert. Dieser Gasaustausch kann sehr effizient sein und funktioniert selbst bei den kleinen Unterschieden im Partialdruck von Gasen, wie sie zwischen den Gewebeästen der Tracheen und der Außenwelt bestehen. Tracheen versorgen den Insektenmuskel, eines der aktivsten Gewebe im Tierreich, mit Sauerstoff. Aquatische Arthropoden atmen entweder mit Kiemen oder per Diffusion durch die Kutikula. Arachnida (Milben, Zecken, Spinnentiere) nutzen Buchlungen, die eingestülpte Kiemen sind.

Die Arthropoden sind eine Schlüsselgruppe der Parasitologie, denn sie sind (1) direkte Parasiten von Wirbeltieren und Wirbellosen, (2) Zwischenwirte und Vektoren von Parasiten und (3) Wirte für verschiedenste Parasiten. In ihrer Rolle als Parasiten sind sie meist Ektoparasiten (z. B. Läuse, Flöhe, Zecken, Milben) und fliegende Blutsauger (z. B. Mücken, Tsetsefliegen) und nur wenige sind wirkliche Endoparasiten geworden, wie z. B. die Larven einiger Dipteren (z. B. Dasselfliegen).

4.1.1 Vektorkonzepte

Eine der wichtigsten Rollen in der Parasitologie spielen die Arthropoden als Vektoren, die Erreger, fast immer durch Blutsaugen, auf neue Wirte übertragen. Außer Parasiten werden aber von blutsaugenden (hämatophagen) Arthropoden auch zahllose Viren und Bakterien übertragen. Parasiten haben viele Mechanismen entwickelt, um das Verhalten ihrer Arthropodenwirte im Sinne einer effizienteren Übertragung zu manipulieren (s. Abschn. 1.7.3). Während in einigen Gruppen von Arthropoden alle Stadien Blut saugen (z. B. Zecken, Läuse, Wanzen), nehmen bei vielen Dipteren nur die Weibchen Blut auf, um Proteine für die Produktion von Eiern zu gewinnen (z. B. bei Mücken, Gnitzen, Bremsen). Bei Tsetsefliegen saugen hingegen beide Geschlechter Blut.

Zwischen ektoparasitischen Arthropoden und den durch sie übertragenen Pathogenen bestehen unterschiedlich enge Beziehungen. Einerseits können Erreger mechanisch zwischen Wirtsindividuen übertragen werden, ohne dass eine Entwicklung stattfindet. In diesem Fall ist der Arthropode ein reiner Vektor und die Übertragung findet zufällig statt. Zum Beispiel haben omnivore Insekten, die in menschlichen Behausungen oder Tierställen leben (wie die Stubenfliege oder Küchenschaben) und Zugang zu Exkrementen und Lebens- bzw. Futtermitteln haben, das Potenzial der fäko-oralen Transmission von Infektionsstadien. Parasitenstadien, wie etwa Amöbenzysten, könnten an den Mundwerkzeugen, den Tarsen oder Körperoberflächen zunächst anhaften und später abgestreift werden. Übertragung kann aber auch zufällig durch blutsaugende Arthropoden stattfinden, die Erreger an ihren Mundwerkzeugen verschleppen. Hier kommen in erster Linie Insekten mit großen Mundwerkzeugen in Betracht, die schnell den Wirt wechseln, wie z. B. Bremsen und der Wadenstecher *Stomoxys calcitrans*. Obwohl mechanische Übertragung von Pathogenen durch hämatophage Insekten vielfach durch Laborexperimente belegt ist, spielt sie in der Natur wahrscheinlich nur eine geringe Rolle. Als wesentlicher begrenzender Faktor wird hier die Überlebensfähigkeit von Pathogenen in der Außenwelt angesehen.

In den meisten Fällen einer Übertragung von Parasiten durch Ektoparasiten fungiert der Arthropode als echter (Zwischen-)Wirt, in dem eine Entwicklung und/oder Vermehrung stattfindet, bevor Infektionsstadien auf den nächsten Wirt übergehen. Meist bezeichnet man parasitenübertragende Arthropoden von vornherein als Zwischenwirte, was allerdings unkorrekt ist, wenn hier die sexuelle Entwicklung des Parasiten stattfindet, wie z. B. bei Leishmanien, Trypanosomen oder Plasmodien. In diesen Fällen ist der Arthropode der Endwirt, hier kann man aber zur Vermeidung von Komplikationen von „Arthropodenwirten" sprechen. Eine echte Zwischenwirtfunktion besteht z. B. im Fall von Filarien wie *Onchocerca* oder *Wuchereria*. Es gibt verschiedene Mechanismen einer solchen Übertragung, die unterschiedlich komplex sind:

- **Transmission durch orale Aufnahme des Vektors:** Dies ist die einfachste Form der Übertragung, bei der nur ein einziger Wirt infiziert wird, indem der Vektor gefressen wird. Zum Beispiel nehmen Flohlarven Eier des Hundebandwurms *Dipylidium caninum* auf, die sich zu Metazestoden entwickeln und nach der Metamorphose zum Adultfloh auf den Hund übertragen werden, wenn dieser bei der Fellpflege die Ektoparasiten zerbeißt. Borrelia-Spirochäten, die Läuserückfallfieber verursachen, werden übertragen, wenn infizierte Flöhe zwischen den Fingern des menschlichen Wirtes zerquetscht werden und anschließend Schleimhäute infizieren.
- **Transmission während oder nach der Blutmahlzeit:** Zyklisch alimentär übertragene Parasiten erreichen ihren Arthropodenwirt, indem dieser Blut eines infizierten Wirbeltieres aufnimmt. Es gibt aber verschiedene Wege, auf denen die Parasiten vom Arthropoden in einen neuen Wirbeltierwirt gelangen, wobei oft eine Übertragung auf mehrere Wirtsindividuen erfolgt:
  - **Vermehrung im Darm und Transmission mit dem Kot des Vektors:** In diesem Fall entwickeln die Parasiten sich nur im Darmlumen oder in Zellen des Arthropodendarms. *Rickettsia prowazekii* entwickelt sich in Läusen in

den Zellen des Darmepithels, die nach 8–10 Tagen platzen und die Bakterien in den Kot entlassen. Infizierter Lauskot ist bis zu drei Monate infektiös und die Bakterien gelangen durch Kratzwunden oder Schleimhäute in den Wirt. Ein anderes Beispiel dieser Kategorie ist *Trypanosoma cruzi*. Hier entwickeln sich die metazyklischen Trypanosomen im Darm der Raubwanze und werden während des Blutsaugens bei der Diurese (Abgabe überflüssiger Flüssigkeit) oder mit dem Kot abgegeben. Anschließend gelangen die Infektionsstadien in den Wirt, wenn der Kot beim einsetzenden Jucken in die Stichwunde gerieben wird oder die Parasiten über Schleimhäute eindringen.

— **Vermehrung im Darm des Vektors und Infektion durch Stich:** Nach Aufnahme mit einer Blutmahlzeit des Arthropoden entwickeln manche Parasiten sich im Darm weiter und werden dann mit dem nächsten Stich übertragen. Dies trifft z. B. zu auf Leishmanien, die im Mitteldarm der Sandmücke eine komplexe Entwicklung durchlaufen, um dann als infektiöse Stadien den Vorderdarm aufzusuchen. Hier verändern sie dessen chitinöse Struktur derart, dass der Wirt nur schwer Blut saugen kann und deshalb häufiger Wirte aufsuchen muss, was die Übertragung erleichtert. Ganz ähnlich erfolgt die Übertragung von Trypanosomen durch Tsetsefliegen, wobei manche Arten eine Entwicklungsphase in der Speicheldrüse durchlaufen, bevor sie über die Mundwerkzeuge abgegeben werden.

— **Penetration des Vektordarms und Übertragung durch Stich:** Viele Parasiten bleiben nicht im Darm des Arthropodenwirts, sondern penetrieren dessen Epithel, um sich dann an unterschiedlichen Stellen weiterzuentwickeln. Gametozyten von Plasmodien werden noch im Darm der Wirtsmücke zu Gameten und fusionieren zur Zygote, die dann das Darmepithel durchwandert, um sich unter der Lamina propria anzusiedeln. Die in den Oozysten entstehenden zahlreichen Sporozoiten müssen das Hämozöl durchwandern, um in die Speicheldrüsen zu gelangen. Sie werden mit dem Speichel in den Wirbeltierwirt abgegeben, wobei die Parasiten die Blutmahlzeit behindern, sodass infizierte Mücken häufiger Wirte anfliegen und damit die Übertragungseffizienz steigt. Larven (Mikrofilarien) von Filarien wie *Onchocerca* oder *Wuchereria* werden von ihrem Vektor mit der Blutmahlzeit aufgenommen und penetrieren dessen Mitteldarmepithel, um sich in der Flugmuskulatur zur Infektionslarve zu entwickeln. Diese wandert dann in die Mundwerkzeuge ein und bricht während der Blutmahlzeit am nächsten Wirt durch die dünne Intersegmentalkutikula, um durch den Stichkanal in das Wirbeltier zu gelangen. Im Gegensatz zu einzelligen Parasiten findet bei den parasitischen Würmern im Arthropodenwirt keine Vermehrung statt.

Die Fähigkeit von Arthropoden zur Übertragung von Parasiten hängt von einer Vielzahl von Faktoren ab, unter anderem: (1) von physiologischen und immunologischen Faktoren, die zusammenfassend als Vektorkompetenz bezeichnet werden, (2) von Wirtspräferenz und Wirtsspezifität des Arthropoden, die bestimmen, wie häufig eine bestimmte Wirbeltierart aufgesucht wird, (3) von Aspekten der Populationsbiologie des Vektors (dargestellt in Box 4.1). Physiologische Faktoren beinhalten unter anderem die Verdauungsenzyme und den zeitlichen Verlauf der Verdauung einer Blutmahlzeit sowie Bindungsstellen des Darmepithels, an denen Parasiten andocken können. Bei den Immunmechanismen von Arthropoden handelt es sich um unspezifische Immunität, die nach dem Schlüssel-Schloss-Prinzip ein Spektrum hoch konservierter Pathogenmoleküle erkennt und darauf schnell reagiert, ohne dass ein Gedächtnis ausgebildet wird (s. Abschn. 1.6.1), Dazu gehören Phagozytose, antimikrobielle Peptide wie Cecropin, Attacin und Defensine sowie eine proteolytische Kaskade, die zur Einkapselung von Fremdkörpern mit Melanin führt.

Box 4.1 Vektorkapazität

Die wichtigste Methode, um die Bedeutung von unterschiedlichen Überträgerspezies zu vergleichen, ist die Quantifizierung der Übertragung. Am einfachsten kann man Schätzungen erstellen, indem man die Rate der Stiche (Stiche pro Zeiteinheit) mit der Infektionsrate (Anteil der infizierten Vektoren an der Gesamtpopulation) kombiniert. Man erhält dann die Rate infektiöser Stiche, üblicherweise berechnet pro Monat oder Jahr. Ein präziseres Maß ist die Vektorkapazität, die auf dem MacDonald's-Modell der Malariatransmission basiert. Die Vektorkapazität gibt die Anzahl von Sekundärinfektionen pro Tag an, die ausgehend von einer Primärinfektion in einer empfänglichen Wirtspopulation resultiert. Dies kann durch folgende Gleichung ausgedrückt werden:

$$C = \frac{ma^2p^n}{-\log p'},$$

wobei m = Anzahl der Vektorindividuen pro Wirtsindividuum, a = Anzahl der Blutmahlzeiten je Vektorindividuum auf einem Wirtsindividuum, p = die tägliche Überlebensrate des Vektors und n = die Inkubationsperiode sind. Es ist extrem schwierig, aus natürlichen Übertragungssituationen experimentelle Daten zu all diesen Parametern zu erhalten. Deshalb wird die Vektorkapazität hauptsächlich benutzt, um die relative Bedeutung verschiedener Aspekte der Biologie von Vektor und Parasit für die Epidemiologie einer Erkrankung zu prüfen. Die Vektorkapazität wird sehr stark von der Lebensdauer des Vektors beeinflusst, besonders vom Anteil der Vektorpopulation, der lange genug lebt, um einen Parasiten übertragen zu können. Wichtig ist auch die Stichrate in Bezug auf eine spezifische Wirtsart, im Fall des Menschen also die Anthropophilie eines Vektors. Es ist zu bemerken, dass C die *tägliche* Rate des Auftretens von sekundären Infektionen ist, während der bekannte epidemiologische Faktor R_0 die *Gesamtzahl* von sekundären Infektionen angibt, die ausgehend von einer primären Infektion entstehen. Das Vektorkapazitätsmodell wird verwendet, um potenzielle Effekte von Interventionen (z. B. Versprühen von Kontaktinsektiziden, um die Lebensdauer von Vektoren zu verringern) oder des Klimawandels auszuloten (s. z. B. Ceccato et al. 2012).

4.1.2 Auswirkungen des Blutsaugens

Selbst wenn Arthropoden keine Pathogene auf einen Wirt übertragen, kann das Blutsaugen doch erhebliche Auswirkungen haben. Diese können von Beunruhigung durch das Kitzeln bei der Aufnahme von Sekreten (z. B. durch die „Augenfliege") und Hautirritationen durch Stiche bis zu Gewichtsverlust und Anämie bei Menschen und Tieren, Depression bei Personen und ökonomische Einbußen durch Rückgang des Tourismus reichen. Die mit dem Speichel injizierten Proteine und anderen biologisch wirksamen Agenzien führen zu Immunreaktionen, die sich bei fortdauernder Exposition von Hypersensitivitätsreaktionen des verzögerten Typs über allergische Reaktionen bis hin zu Reaktionslosigkeit entwickeln können. Blutsaugen kann aber auch zu verzögerter Entwicklung und höherer Sterblichkeit führen, wie das Beispiel des Flohbefalls bei jungen Vögeln in stark infizierten Nestern zeigt (s. Abschn. 1.3). Umgekehrt können Minderungen der Immunreaktivität durch Stressfaktoren zu stärkerem Parasitenbefall führen. In der Tierhaltung etwa kann es z. B. durch zu hohe Temperaturen, ungeeignetes Futter, Infektionen, Verletzungen, Laktation des Muttertiers und sogar psychischen Stress zu starker Populationsvergrößerung von Ektoparasiten mit entsprechend stärkerer Schädigung der Wirte kommen. Man spricht dann von Faktorenerkrankungen.

4.1.3 Kontrollfragen zum Verständnis

1. Was sind die hauptsächlichen Vor- und Nachteile eines Exoskeletts?
2. Wie ist das Exoskelett von Arthropoden aufgebaut und welches sind seine wichtigsten Komponenten?
3. Welches sind die vier wichtigsten Gruppen der Arthropoden?
4. Was misst die Vektorkapazität?
5. Geben Sie zwei Beispiele von Pathogenen, die mit dem Kot des Vektors übertragen werden.

4.2 Acari

- Frei lebende oder parasitische, meist sehr kleine Spinnentiere
- Körper aus Komplex der Mundwerkzeuge (Gnathosoma) und ungegliedertem Idiosoma mit Darm und Reproduktionsorganen
- Ein Paar Stigmen (Ausnahme: Astigmata)
- Sechsbeinige Larve, mehrere achtbeinige Nymphen, achtbeinige Adulte
- Parasitische Formen meistens als Ektoparasiten

Die Acari (Milben und Zecken) stellen die größte Gruppe der Spinnentiere dar und sind diejenige mit der größten biologischen Vielfalt. Im deutschen Sprachgebrauch gibt es keine umfassende Bezeichnung für alle Acari, es wird vielmehr zwischen den größeren Zecken und kleineren Milben unterschieden. Knapp 45.000 Spezies von Acari sind beschrieben, es wird aber geschätzt, dass es bis zu 20-mal so viele auf der Erde gibt. Sie sind allgegenwärtig, da sie so gut wie jeden Lebensraum besiedelt haben, von arktischen und alpinen Schneefeldern bis hin zu Tiefen des Ozeans bis zu 5000 m unter dem Meeresspiegel und bis zu 10 m tief in den Boden hinein. Als bodenbewohnende Organismen bilden sie 7 % der Trockenmasse aller dort lebenden Invertebraten. Milben sind oft sehr oder extrem klein, so z. B. die Follikelmilbe, die die Haarfollikel von Menschen bewohnt. Die größten Vertreter sind mit Blut gefüllte Zecken mit einer Länge bis zu 3 cm. Milben sind Räuber, Saprophagen, Pflanzenschädlinge oder Parasiten sowie Kommensalen bei Pflanzen und Tieren. Ausbreitung und Ortswechsel geschehen oft mithilfe von Phoresie (Anheftung an Überträgerwirt). Die Vielfalt an Biotopen und Lebensweisen der Milben drückt sich in einem immensen Reichtum von Formen, von Entwicklungswegen und nicht zuletzt von Arten aus. Eine ihrer Ordnungen, die in ihrer Gesamtheit parasitisch lebenden Zecken, spielen auch als Krankheitsüberträger eine sehr große Rolle.

Als Spinnentiere haben die Acari im Adult- und Nymphenstadium acht Beine. Zusammen mit den Araneae (Webspinnen) können die Acari von anderen Spinnenartigen leicht durch die Abwesenheit somatischer Segmentierung unterschieden werden. Bei Spinnen sind allerdings Kopf und Thoraxregion verschmolzen zum Cephalothorax, der die Mundwerkzeuge und Beine trägt. An diesen ist das Abdomen über einen schmalen Stiel geknüpft. Bei den Acari gibt es hingegen keine solche Unterteilung. Stattdessen haben sie einen kompakten Körper ohne Segmentierung und ohne einen separaten Kopf. Die Phylogenie und höhere Klassifikation der Acari (Zecken und Milben) ist aus verschiedenen Gründen schwierig: Sie sind hoch entwickelt und haben einige ihrer äußerlichen Merkmale, wie die primäre Segmentierung, verloren. Es gibt nur sehr wenige homologe morphologische Strukturen innerhalb der gesamten Gruppe; oft stimmen morphologische und molekularbiologische Analysen nicht überein. Im Moment wird ein monophyletischer Ursprung der Acari angenommen. Jedoch sind Fachleute sich z. B. bezüglich der Anzahl der Ordnungen und deren Namen nicht einig. Die Taxonomie auf der Ebene der Familien, Gattungen und Arten befindet sich im Fluss und die Bestimmung erfordert meist eine sehr gewissenhafte Präparation und Mikroskopie. Viele Arten und sogar Familien werden immer noch beschrieben.

Tab. 4.1 zeigt eine Zusammenfassung der Acari-Klassifikation. Es gibt zwei klar abgegrenzte Untergruppen, höchstwahrscheinlich beide monophyletisch, die Anactinotrichida (Ordnungen Mesostigmata und Metastigmata) und die Actinotrichida (Ordnungen Cryptostigmata, Prostigmata und Astigmata). Die Namen spiegeln die An- oder Abwesenheit des doppelbrechenden Actinopilin der Kutikula wider, besonders in der Achse einiger Setae (Haare), sichtbar in polarisierendem Licht. Beide Gruppen haben alternative, aber nicht sehr geeignete Namen, da die Parasitiformes (= Anactinotrichida) nicht besonders viele parasitische Gruppen enthalten und die

Tab. 4.1 Übersicht über die parasitologisch relevanten Taxa der Acari

Überordnung Ordnung	Zahl, Lage der Stigmen	Lebensweise	Parallel benutzter Name	Gattungen (Auswahl)
Anactinotrichida			Parasitiformes	
Mesostigmata	2, zwischen Coxa III und IV	Frei lebend und parasitisch	Teilw.: Gamasida	*Varroa, Dermanyssus, Ornithonyssus*
Metastigmata	2, hinter Coxa IV[a] und zwischen III und IV[b]	Obligatorisch parasitisch	Ixodoidea	*Ixodes, Dermacentor, Rhipicephalus, Argas, Ornithodoros, Otobius*
Actinotrichida			Acariformes	
Cryptostigmata	Fehlend oder 2	Frei lebend	Oribatida	*Scheloribates*
Prostigmata	2, auf Gnathosoma oder auf vorderem Idiosoma	Frei lebend und parasitisch	Actinedida	*Pyemotus, Acarapis, Demodex, Cheyletiella, Psorergates, Myobia, Neotrombicula*
Astigmata	Fehlend	Frei lebend und parasitisch	Acaridida, Sarcoptiformes	*Chorioptes, Psoroptes, Otodectes, Sarcoptes, Knemidocoptes*

[a]Ixodidae
[b]Argasidae

Acariformes (= Actinotrichida) auf keinen Fall die Einzigen sind, die „milbenartige" Form haben.

Der taxonomische Rang der Gruppen in Tab. 4.1 variiert bei verschiedenen Autoren zwischen Überordnung, Ordnung, Überfamilie und Familie. Innerhalb der Actinotrichida sind die Endeostigmata nicht aufgeführt, da hier keine parasitisch lebenden Formen auftreten.

4.2.1 Entwicklung und Morphologie

Entwicklung Außer dem Ei können sechs Stadien auftreten, die jeweils durch Häutungen auseinander hervorgehen (Abb. 4.2):

- eine sechsbeinige Prälarve, die immer in der Eihülle verbleibt und reduziert ist,
- eine sechsbeinige Larve,
- drei achtbeinige Nymphenstadien ohne äußerliche Geschlechtsorgane (Proto-, Deuto- und Tritonymphe),
- der voll entwickelte achtbeinige Adultus.

Je nach systematischer Zugehörigkeit können Jugendstadien fehlen oder als Sonderformen ausgebildet sein.

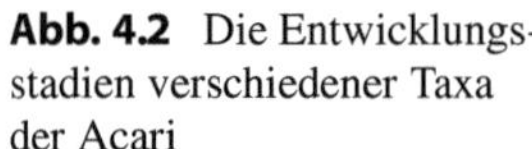

Abb. 4.2 Die Entwicklungsstadien verschiedener Taxa
der Acari

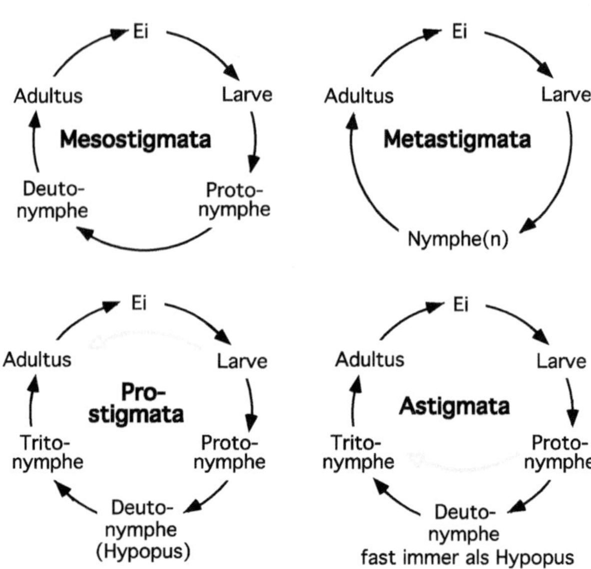

Morphologie Die meisten Acari sind Kleinformen, deren Länge bei weniger als
1 mm liegt, einige sind deutlich größer. Der Körper der Acari besteht aus einem
Komplex von Mundwerkzeugen, dem Gnathosoma, und einem ungegliederten Idiosoma (griech „gnáthos" = Gebiss, „so¯ma" = Körper, „ídios" = dem Einzelnen
gehörend; Abb. 4.3a). Das Gnathosoma ist vom Idiosoma durch eine Nahtzone (Su-
tur) abgetrennt. Antennen sind nicht vorhanden.

Im **Gnathosoma** (Abb. 4.3) bilden die in der Mitte verschmolzenen Coxen der
Pedipalpen eine Verlängerung, das Hypostom. Es begrenzt das Gnathosoma ventral

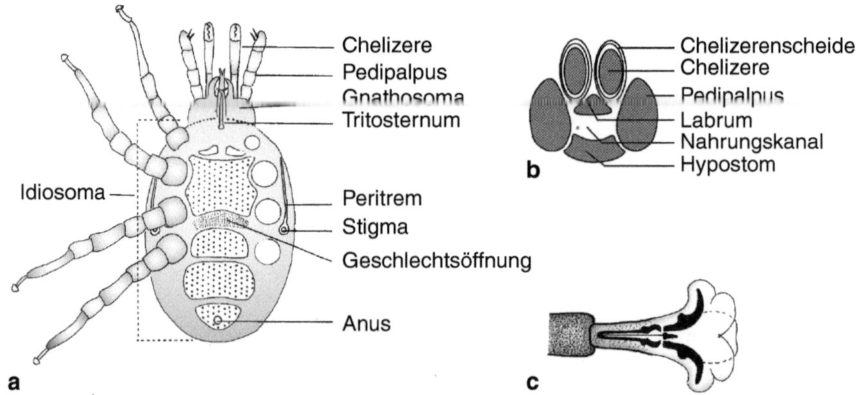

Abb. 4.3 Acari, Mesostigmata. **a** Schema eines Weibchens von ventral. **b** Schema eines Gnathosoma im Querschnitt. **c** Prätarsus

und bildet dorsal eine Rinne für die Nahrung und den Speichel. Über dem Hypostom befinden sich die Chelizeren und zwischen beiden ein Labrum (Oberlippe; Abb. 4.3b). Die Chelizeren liegen in je einer langen, manschettenartigen Hautduplikatur, der Chelizerenscheide, die ein weites Vorstoßen und Rückziehen dieser Mundwerkzeuge erlaubt (Abb. 4.3b). Die Chelizeren sind ursprünglich wie Zangen gebaut, die mit ihren Scheren-„Fingern" Greiffunktion ausüben, indem ein beweglicher Teil (*Digitus mobilis*) gegen den feststehenden Teil (*Digitus fixus*) arbeitet. Die Chelizeren können aber vielfältig abgewandelt sein und stilett-, säbel-, meißel- oder kammartige Formen haben. Die distalen Pedipalpenglieder erfüllen Tastfunktionen. Das Gnathosoma ist kein Kopf, da es kein Zentralganglion oder „Gehirn" enthält.

Das **Idiosoma** weist keine Segmentierung auf. Dementsprechend korrespondieren die größeren dorsalen und ventralen sklerotisierten Kutikulaplatten, die als Schilde bezeichnet werden und deren Form und Anzahl sich bei jedem Stadium ändert, nicht mit den Tergiten und Sterniten anderer Arthropoden. Der Körper und sämtliche Extremitäten weisen Sinnesborsten von großer Formenvielfalt, die Setae, auf (lat. „saeta" = Borste, Tierhaar). Sie dienen als Rezeptoren für Umweltreize. Ihre Anzahl, Gestalt und Verteilung spielen eine eminente Rolle in der Systematik und Bestimmung.

Am Idiosoma setzen die **vier Beinpaare** an (als I, II, III, IV bezeichnet), die ersten zwei sind nach vorn, die anderen zwei nach hinten gerichtet. Das erste Beinpaar hat meistens Tastfunktion und ist oft länger als die übrigen. Wie bei allen Spinnentieren besitzen die Beine ein Glied mehr als bei den Insekten, das Genu (lat. „genu" = Knie). Von proximal nach distal ergibt sich die Abfolge Coxa, Trochanter, Genu, Femur, Tibia, Tarsus. Dem Tarsus sitzt ein Prätarsus auf, der Haftfunktion hat und je nach Verwandtschaftsgruppe und Lebensraum sehr verschiedenartig gestaltet sein kann. Im Inneren ist das Idiosoma vom Darm dominiert. Ein verbundenes Synganglion fungiert als zentrales Nervensystem.

Die **Geschlechtsöffnung** liegt ventral, die Position ist jedoch zwischen Geschlechtern und taxonomischen Gruppen verschieden.

Stigmen sind respiratorische Poren, die sich am Idiosoma befinden und deren Lage oder Fehlen das Kriterium für Namengebung und Klassifikation der Großgruppen darstellt (Tab. 4.1). Die Stigmen der Meso- und Metastigmata sind umgeben von einer sichtbaren Sklerotisierung der Kutikula, dem Peritrem (griech. „perí" = um … herum, „trēma" = Öffnung). Bei den Mesostigmata zieht es als schmales Band nach vorne, bei den Zecken hat es die Form einer Scheibe.

Sinnesorgane sind (1) einfache Augen aus Rhabdomeren und Retinula, die in mehreren Milbengruppen vorkommen, besonders auffällig bei den Zecken, und (2) Sinnesborsten, mit denen Körper und Beine reichlich bedeckt sind. Sie fungieren als Mechano-, Chemo- und Thermorezeptoren und haben viele verschiedene Formen und Namen.

4.2.2 Mesostigmata

- In der Mehrzahl frei lebend, parasitische Arten auf Landwirbeltieren, einige im Respirationstrakt
- Stigmen zwischen Coxen III und IV, fehlend bei den Larven
- Entwicklungsstadien: sechsbeinige Larve, Protonymphe, Deutonymphe, Adultus

Vertreter der Ordnung Mesostigmata leben räuberisch oder saprophytisch in Boden und Pflanzenstreu, als Kommensalen und Parasiten bei Wirbellosen und Wirbeltieren und als Vorratsschädlinge. Viele von ihnen sind nidicol (Nester besiedelnd) und zum Parasitismus und Blutsaugen übergegangen. Dabei wurden die Chelizeren zu stechenden Werkzeugen, mit deren Hilfe Haut oder Gewebe angebohrt wird. Die Überfamilie Dermanyssoidea enthält alle in oder auf Wirbeltieren parasitierenden Familien. Die meisten der ektoparasitischen Vertreter sind hämatophag.

Entwicklung Vier Stadien treten auf: sechsbeinige Larve, achtbeinige Proto- und Deutonymphe und Adultus. Eine Tritonymphe fehlt. Bei parasitischen Dermanyssoidea besteht eine Tendenz zur Abkürzung der Entwicklung, indem das Ei oder auch die Larve im Weibchen verbleiben und erst die Protonymphe frei wird.

Morphologie Mesostigmata messen 0,2–2 mm. Das Erscheinungsbild ist in Abb. 4.3a dargestellt. Die Chelizeren sind weit vorschiebbar bzw. rückziehbar und bei parasitischen Formen stilettförmig mit reduziertem *Digitus mobilis*. Die Prätarsi der Beine bestehen aus einem zusammenfaltbaren Haftlappen (Pulvillus), der zwischen den beiden Krallen ausgefahren wird und die Berührung mit dem Substrat vermittelt, wenn der Fuß aufgesetzt wird. Beim Zurückziehen des Fußes wird der Pulvillus wieder zusammengefaltet. Ventral am Idiosomavorderrand inseriert eine zwei- oder dreispitzige Borste, das Tritosternum, die als Sinnesorgan dient (Abb. 4.3a). Die Lage des Stigmenpaares zwischen (griech. „mésos" = der mittlere) den Coxen III–IV ergibt den Namen der Ordnung. Eine charakteristische Form hat das Peritrem (griech. „perí" = um … herum, „trēma" = Öffnung), eine mit dem Stigma verbundene kreisförmige Kutikularstruktur, die das Stigma umgibt und sich dann als Rinne von der Atemöffnung aus unterschiedlich weit nach vorne zieht.

4.2.2.1 *Dermanyssus gallinae*

Die Rote Vogelmilbe kann in der Intensivhaltung von Geflügel, aber auch in der Ziervogelhaltung zu einer erheblichen Plage werden. Auch ein Übergang auf Menschen und andere Tiere ist möglich, vor allem wenn die ursprünglichen Wirte nicht zur Verfügung stehen. Die Larve nimmt keine Nahrung auf. Nymphen und Adulti sind nach der Blutmahlzeit rot gefärbt. Die Milbe ist nachtaktiv, am Tage hält sie sich in Ritzen und Spalten auf und ist dann nur schwer zu entdecken. Bei starker Vermehrung kommt es im Geflügelbestand zu Unruhe, Schreckhaftigkeit und durch Blutverlust zu beträchtlicher Leistungsminderung. Kleinere Tiere können von der Milbe vollkommen ausgesogen werden und sterben ohne vorherige Anzeichen von Krankheit. Beim Menschen kann eine juckende Dermatitis entstehen, die zwar gut zu behandeln ist, jedoch nur dann ganz verschwindet, wenn die Hauptwirte behandelt oder entfernt werden. Die Weibchen messen 0,7 × 0,4 mm und haben einen das ganze Idiosoma bedeckenden Dorsalschild und drei Ventralschilde.

Ornithonyssus bacoti (Syn. *Bdellonyssus*), die Tropische Rattenmilbe, die ebenfalls auf den Menschen übergehen kann, ist der vorigen Art morphologisch sehr ähnlich. Eine zuverlässige Identifikation ist nur Spezialisten möglich. Die Milbe fungiert als Zwischenwirt der Filarie *Litomosoides carinii* (Nematoda), die als Tiermodell für menschliche Filarien dient und in Baumwollratten gehalten wird. *O. bacoti* ist auch ein Reservoirwirt und Vektor des koreanischen hämorrhagischen Fiebers des Menschen. In der Terrarienhaltung von Reptilien kommen Arten der Gattung *Ophionyssus* vor. Auch sie sind nachtaktiv und schwer zu finden. Kleine oder junge Reptilien können völlig ausgesaugt werden. *Pneumonyssus simicola* ist sehr häufig in der Lunge von Rhesusaffen, verursacht dort aber keine Krankheitserscheinungen. Im Nasenaffen wirkt sie dagegen hoch pathogen und kann zum Tod führen. *Sternostoma tracheaculum* tritt bei uns in Zuchten von Kanarienvögeln, Gouldsamadinen, Finken und Zeisigen auf. Die Milben besiedeln Trachea und Bronchien, bei schwerem Befall auch die Lunge. Bei starkem Befall kommt es zu einer hörbaren Kurzatmigkeit, Atmen mit offenem Schnabel und auch Tod der Tiere.

4.2.2.2 *Varroa destructor*

Die inzwischen weithin bekannte Milbe ist der Erreger einer in den 1970er-Jahren nach Europa eingeschleppten Milbenseuche (Varroose) der Bienen. Die Art wurde erst im Jahr 2000 von der schon 1904 beschriebenen *Varroa jacobsoni* abgetrennt. Beide sind harmlose Parasiten der östlichen Honigbiene *Apis cerana*. Dann ist es *V. destructor* allerdings gelungen, auf die echte Honigbiene *A. mellifera* überzugehen, die ihr bessere Reproduktionsbedingungen bietet. Von den Philippinen aus, wo dies geschah, wurde sie mit Bienen nach Japan und Russland verschleppt, dann in den 1960er- und 1970er-Jahren nach Europa, in den späten 1970ern nach Südamerika und 1987 in die USA. Die durch Varroose verursachten Verluste an Bienenbestand und Bestäubung sowie vermehrter Personalaufwand und Kosten für die Bekämpfung stellen für die Bienenhaltung einen beträchtlichen finanziellen Faktor dar.

Varroamilben haben ein ungewöhnliches Aussehen. Die Weibchen (Abb. 4.4f) sind breiter als lang (1,1 × 1,6 mm), dunkelbraun, flach gewölbt und mit starken, dornartigen Setae besetzt. Die Beine, mit denen sie sich auf fliegenden Bienen festhalten müssen, sind ungewöhnlich kräftig. Das Peritrem ist nach außen gerichtet. Das heteromorphe Männchen (Abb. 4.4g) ist in der Aufsicht rundlich, wird nur 0,8 mm im Durchmesser groß und ist nur schwach sklerotisiert. Seine Chelizeren sind modifiziert zur Übertragung der Spermatophore.

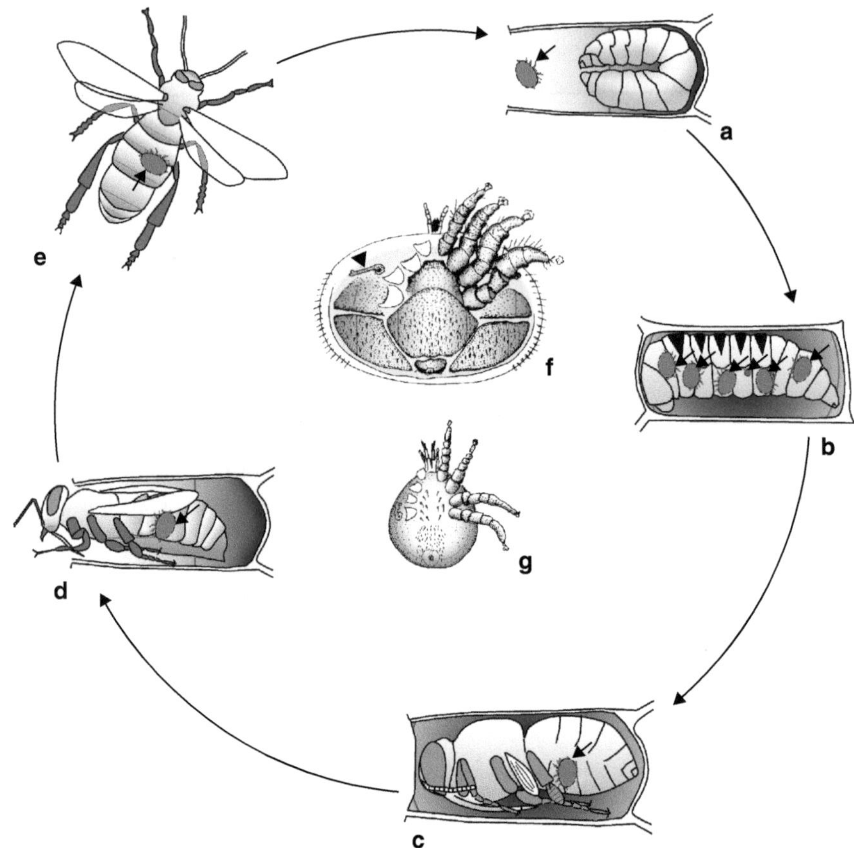

Abb. 4.4 Der Lebenszyklus von *Varroa destructor*. **a** Weibliche Milbe dringt in Brutwabe einer Biene ein. **b** Aus den abgelegten Eiern werden ein Männchen und bis zu sechs Weibchen geschlechtsreif. **c** Die Kopulation erfolgt noch in der verschlossenen Brutwabe. **d** Die befruchteten Milbenweibchen gelangen beim Schlüpfen der Biene ins Freie. **e** Das Varroa-Weibchen muss vor der Eiablage an einer Flugbiene Hämolymphe saugen. **f** Weibchen von *Varroa jacobsoni*. **g** Männchen von *Varroa jacobsoni*. *Pfeile*: Milben auf Bienenstadien. *Pfeilkopf*: Peritrem

Das *Varroa*-Weibchen muss zunächst an der sich entwickelnden Biene Hämolymphe saugen, bevor es seine Eier in die Brutwaben von Arbeiterinnen und Drohnen kurz vor deren Verdeckelung ablegen kann. Als Erstes wird ein haploides (unbefruchtetes) Ei gelegt, aus dem ein Männchen entsteht, und danach bis zu sechs diploide weibliche Eier. Die Kopulation der adulten Milben findet noch in der verschlossenen Wabe statt. Die Männchen sterben danach ab, ohne Nahrung aufgenommen zu haben. Die Larve verbleibt in der Eihülle. Erst Proto- und Deutonymphen saugen Hämolymphe an der Bienenlarve (Abb. 4.4c). Dies kann den Proteingehalt in der Hämolymphe um bis zu 50 % mindern und beeinflusst so die Lebensdauer und Gesundheit der Biene sehr stark. Außerdem können Bakterien-

und Virusinfektionen durch die Milbe übertragen werden. Die Pathologie ist stark von der Zahl der Milben pro Zelle abhängig. Der gesamte Prozess vom Ei bis zum Adultstadium dauert für beide Geschlechter sechs bis sieben Tage. Die *Varroa*-Weibchen gelangen dann zusammen mit der erwachsenen Biene ins Freie. Bis zu sechs von ihnen klammern sich im Haarkleid der Bienen zwischen den abdominalen Segmenten fest und können so, vor allem mit Drohnen, in andere Völker verschleppt werden. In Drohnenwaben schlüpfen wegen der längeren Entwicklungsdauer (24 Tage) mehr adulte Milben als in denen der Arbeiterinnen (21 Tage). Ausschneiden und Vernichten der gedeckelten Drohnenbrut kann daher zur Bekämpfung der Milben im Stock beitragen. Im Herbst kommt es leicht zu Verlusten im Bienenvolk, wenn die Aufzucht von Drohnen eingestellt wird und die Milben nur noch Arbeiterinnenzellen befallen können. Ohne Bekämpfung stirbt ein Bienenvolk, meistens im Winter, wenn mehr als etwa 30 % der Arbeiterinnen befallen sind. Zunehmende Resistenz gegen Therapeutika erschwert die chemische Kontrolle der Varroose. Nichtchemische Kontrollmethoden sind sehr arbeitsaufwendig und können den Parasiten nicht vollständig eliminieren.

4.2.3 Metastigmata (= Ixodida oder Ixodoidea)

- Alle Entwicklungsstadien obligat blutsaugend bei Landwirbeltieren
- Stigmen hinter Coxen IV, fehlend bei Larven
- Hypostom ventral mit Widerhaken versehen
- Peritrem rundlich oder oval, Stigma umgebend
- Haller'sches Organ dorsal auf Tarsus I
- Stadien: sechsbeinige Larve, Nymphe(n), Adultus
- Vektoren vieler Krankheiten

Die Metastigmata sind die einzige Ordnung der Acari, die ausschließlich aus obligaten, blutsaugenden Parasiten besteht. Die Zecken (engl. „ticks") sind die größten Vertreter der Acari, vollgesogene Weibchen tropischer Arten können bis 3 cm messen. Fast 900 Arten sind von verschiedensten Wirten bekannt. Einige Zecken sind lebhaft gefärbt, die meisten sind jedoch braun oder gelbbraun. Zecken sind Erreger von Toxikosen und Dermatitiden und übertragen Viren, Rickettsien, Borrelien, Protozoen und Nematoden auf Mensch oder Tier.

Die Forschung an Zecken ist weitgehend von derjenigen der übrigen Acari getrennt verlaufen, was unter anderem zu unterschiedlichen Benennungen homologer Strukturen geführt hat. So wird das Gnathosoma als *Capitulum*, sein proximaler, meistens verbreiterter Bereich als *Basis capituli* und der Dorsalschild als *Scutum* bezeichnet.

Die Zecken werden in drei Familien eingeteilt, die biologisch und morphologisch große Unterschiede aufweisen: die Ixodidae oder Schildzecken mit 14 Gattungen, die Argasidae oder Lederzecken mit fünf Gattungen und die Nuttalliellidae, von denen bisher nur eine Art (*Nuttalliella namaqua*) aus dem südlichen Afrika bekannt ist.

Morphologie Zecken weisen die typischen Merkmale der Anactinotrichida auf (Abb. 4.5): Die Coxen der Beine sind frei beweglich. Die Prätarsi tragen wie bei den Mesostigmata zwei Krallen und einen Pulvillus, ein weiches, kissenartiges Polster, das als Adhäsionsstruktur dient. Besonderheiten bestehen in folgenden Merkmalen: Das Hypostom (Abb. 4.5c, f, g, i) ist auf seiner Dorsalseite als Rinne ausgebildet. Ventral ist es mit nach rückwärts gerichteten Zähnen besetzt. Die Zähne sind symmetrisch angeordnet. Beim Herausdrehen aus der Haut ist es also gleichgültig, ob dies links oder rechts herum geschieht. Die Chelizeren (Abb. 4.5c, e) sind nur zweigliedrig. Sie sind nicht zum Greifen eingerichtet, sondern arbeiten mit nach außen gerichteten Zähnen seitwärts und dienen zum Aufschneiden der Wirtshaut. Die Zecken sind Poolsauger, d. h., sie nehmen Blut, Lymphe und Zellflüssigkeit zusammen auf.

Auf dem Tarsus des ersten Beinpaares befindet sich ein wichtiges sensorisches Organ, das **Haller'sche Organ** (Abb. 4.5d). Es besteht aus einer vorderen Grube und einer hinteren Kapsel, beide mit Sinnesborsten versehen. Das Organ registriert Wirtsgerüche, Feuchtigkeit und Temperatur. Eine unter den Arthropoden einzigartige Bildung ist das paarige **Gené'sche Organ** der Weibchen dorsal unter dem Vorderrand des *Scutum*. Aus der Falte, die *Capitulum* und Rückenschild trennt, werden bei der Eiablage zwei hornförmige, dünnwandige, mit Sekret gefüllte Säcke ausgestülpt, die bei ventralwärts abgewinkeltem *Capitulum* jedes aus der vorne ventral gelegenen Geschlechtsöffnung (Abb. 4.5b) austretende Ei ergreifen und in pulsierenden Bewegungen mit einem wachsartigen Sekret aus ihren Drüsenzellen einschmieren. Das „Wachs" verhindert Wasserverlust und Pilzbefall. Zusätzlich kommt das Ei auch mit den Areae porosae (Abb. 4.5c) in Kontakt, die Antioxidantien ausscheiden, durch die ein Abbau der Sekrete aus dem Gené'schen Organ verhindert wird.

Das *Scutum* (Abb. 4.5a) ist der einzige Rückenschild. Es fehlt bei den Argasiden. Die Stigmen (bei den Larven fehlend) sind von einem rundlichen Peritrem umgeben (Abb. 4.5b). Ihre Lage hinter (griech. „metá" = nach, hinter) dem vierten Beinpaar der Schildzecken war namengebend für die Ordnung.

Klassifikation von Zecken Die zwei Hauptfamilien der Zecken, die Ixodidae (Schildzecken) und die Argasidae (Lederzecken), können recht einfach unterschieden werden. Die diagnostischen Merkmale der Argasidae sind, dass das Capitulum von oben nicht sichtbar ist, das Scutum nicht vorhanden ist und der Körper in einer lederartigen und oft warzigen Oberfläche überzogen ist. Das Peritrem ist unauffällig und liegt vor der Coxa des ersten Beinpaares. Im Gegensatz dazu ist das Capitulum der Ixodidae nach vorn gerichtet und von oben sichtbar, ein deutliches Scutum ist vorhanden, das bei Männchen den ganzen, bei Weibchen den anterioren Rücken bedecken kann. Die Peritreme sind größer und liegen hinter der Coxa IV. Die Argasiden sind vor allem auf Vögeln zu finden, doch einige wichtige Arten befallen

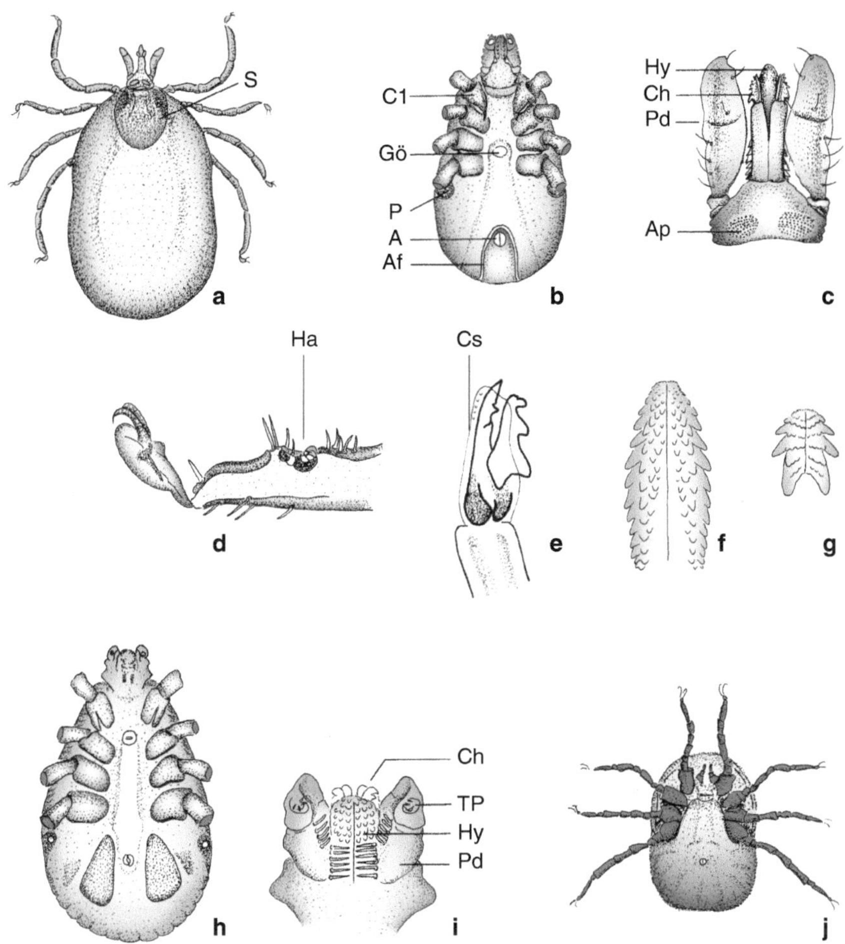

Abb. 4.5 Metastigmata (Zecken). **a** *Ixodes ricinus*, Weibchen von dorsal. **b** *I. ricinus*, Weibchen von ventral. **c** *Capitulum* mit Mundwerkzeugen von dorsal von *I. persulcatus*. **d** Tarsus einer Ixodide mit Haller'schem Organ. **e** Chelizere einer Schildzecke. **f** Hypostom des Weibchens von *I. ricinus*. **g** Hypostom des Männchens von *I. ricinus*. **h** *Rhipicephalus sanguineus*, Männchen von ventral. **i** *Capitulum* von ventral von *R. sanguineus*. **j** *Ornithodoros moubata*, Weibchen von ventral. *A* Anus, *Af* Analfalte, *Ap* Area porosa, *C I* Coxa I, *Ch* Chelizere, *CS* Chelizerenscheide, *Gö* Geschlechtsöffnung, *Ha* Haller'sches Organ, *Hy* Hypostom, *P* Peritrem, *Pd* Pedipalpus, *S* Scutum, *TP* Tarsus des Pedipalpus

auch Säuger inklusive des Menschen und verbreiten so Krankheiten. In der Regel ziehen sie sich tagsüber in dunkle Verstecke im oder in der Nähe des Nestes ihres Wirtes zurück („nidicol"), um bei Dunkelheit für relativ kurze Zeit Blut zu saugen. Im Gegensatz dazu sind die Ixodiden vor allem auf Säugern und frei liegend auf Pflanzen zu finden, wenn sie neue Wirte suchen. Unterschiede zwischen Ixodiden und Argasiden sind in Tab. 4.2 aufgeführt.

Tab. 4.2 Die wichtigsten Charakteristika der Zecken

	Ixodidae	Argasidae
Lebensweise	Überwiegend nicht nidicol	Nidicol
Geschlechter	Weibchen größer als Männchen	Gleich groß
Capitulum	Von oben sichtbar	Von oben nicht sichtbar (außer bei Larve)
Beschilderung	1 Dorsalschild (Scutum), bei Weibchen nur vorderen Teil des Idiosoma bedeckend, bei ♂ den gesamten Rücken ♂ mit verschiedenen Ventralschilden	Fehlt
Idiosomaoberfläche	Glatt	Lederig, warzig
Stigmen	Hinter Coxen IV	Zwischen Coxen III und IV
Peritrem	Rundlich, oval oder elliptisch	Rund, klein, unauffällig
Hypostom	Kräftig mit starken Zähnen	Schmal mit schwachen Zähnen
Pedipalpentarsus	In Tibia eingezogen	Vorhanden
Pulvillus des Prätarsus I–IV	Vorhanden	Fehlt bei Nymphen und Adultus
Coxaldrüsen	Fehlen	Zwischen Coxa I und II (fehlen bei Larve)
Area porosa	Vorhanden	Fehlt
Lage der Augen	Lateral auf Scutum	Meist über und zwischen Coxen II und III

Entwicklung Wie alle Acari haben auch die Zecken eine sechsbeinige Larve. Auf sie folgt ein Nymphenstadium bei den Ixodidae, dagegen zwei bis acht gleichartige Nymphen bei den Argasidae. Larve, Nymphen und Weibchen müssen Blut aufnehmen. Die Befruchtung geschieht durch Spermatophoren, die vom Männchen mithilfe der Chelizeren auf die Geschlechtsöffnung des Weibchens platziert werden und aktiv eindringen.

Zeckenstich und Speichel Beim Stich reißen die horizontal arbeitenden Chelizerenfinger die Epidermis der Wirtshaut auf. Das Hypostom wird nachgeschoben und bewirkt mit seinen nach rückwärts gerichteten Zähnen eine Verankerung in der Haut. Aus der entstehenden Wunde werden Blut und Gewebeflüssigkeit eingesogen. Die Palpen dringen nicht in den Stichkanal ein, sondern werden seitlich abgebogen und auf die Hautoberfläche gelegt. Bei Ixodiden beginnt 5–30 min später die bis drei Tage dauernde Ausscheidung eines bestimmten Anteils der Speicheldrüsensekrete, der als Zement bezeichnet wird. Er erhärtet um Hypostom und Chelizeren herum und dient der Verankerung in der Haut. Bei den Argasiden als Kurzzeitsaugern wird kein Zement gebildet.

Die paarige, alveoläre Speicheldrüse nimmt einen großen Teil des Körpers der Zecken ein. Sie besteht aus verschiedenen Zelltypen mit unterschiedlichen Funktionen. Ihre Sekrete erfüllen außer der Zementbildung mehrere Aufgaben: Wie bei allen hämatophagen Arthropoden muss die **Blutgerinnung** verhindert werden. Das geschieht (1) durch Vasodilatatoren, die Muskelrelaxation der Blutgefäße bewirken und den Blutfluss verstärken, (2) durch Verhinderung der Thrombozytenaggregation und (3) durch Hemmung der Protease Thrombin, die normalerweise am Ende der Koagulationsphase die Blutplättchen aktiviert und zur Bildung von Fibrin führt. Alle dafür erforderlichen Substanzen sind bei Zecken nachgewiesen und charakterisiert worden. Weiterhin müssen vor allem Schildzecken, die sehr lange Kontakt mit dem Wirt haben, **Entzündungen** vermeiden, die den Saugakt beeinträchtigen und ein Abstoßen der Zecke verursachen könnten. So muss z. B. die Adhäsion und transendotheliale Wanderung von Neutrophilen verhindert werden. Auch Histamin und Serotonin, beides wichtige Entzündungsfaktoren, müssen gebunden und unwirksam gemacht werden können. Substanzen zur Inhibition der Komplementkaskade, die im Zeckendarm zu Lyse führen könnten, sind ebenfalls gefunden worden. Speicheldrüsensekrete sind auch für **Immunität** gegenüber Zecken verantwortlich und bewirken die Induktion von Immunantworten, die eine Reduktion der Anzahl saugender Weibchen, verminderte Blutaufnahme bei verlängertem Saugakt und reduzierte Fruchtbarkeit bzw. erhöhte Mortalität der Zecken bewirken. Zur Verhinderung solcher Wirkungen setzen Zecken Mechanismen ein, die zur Verringerung der T-Zell-Proliferation, der Bildung der Zytokine Interleukin-2 und Interferon-γ sowie der Produktion des Makrophagenzytokins Interleukin-1, des Tumor-Nekrose-Faktors und von Antikörperantworten führen. Da Komponenten des Zeckenspeichels immunogen sind, hat man einzelne Proteine auf ihre Eignung als Impfstoffe überprüft. Das Zukunftspotenzial solcher Vakzinen geht aus der Tatsache hervor, dass ein kommerziell erhältlicher, rekombinanter Impfstoff gegen *Boophilus microplus*, den Überträger von *Babesia bovis*, in Australien entwickelt wurde.

4.2.3.1 Ixodidae – Schildzecken

Die Schildzecken mit ca. 700 Arten in 14 Gattungen sind weltweit verbreitet und fehlen nur in der Arktis und Antarktis. Es sind Tiere mit einer starken, glatten Kutikula, die bei den Weibchen zu einem kleinen dorsalen Schild reduziert ist (Abb. 4.5, 4.6). Besonders tropische Schildzecken sind durch Interferenzfarben der Kutikula und darunter abgelagertes Guanin lebhaft gefärbt. Die meisten Schildzecken sind Bewohner offener Habitate wie Grasland, Busch oder Wald und können als Freilandzecken bezeichnet werden. Die Wirtsspezifität variiert vom Generalisten bis hin zu stark koevolutionären Beziehungen.

Die Ixodidae sind Langzeitsauger, denn alle Entwicklungsstadien brauchen mehrere Stunden, bis sie ihre Mundwerkzeuge in die Haut eingebohrt haben, und mehrere Tage, bis sie die benötigte Nahrungsmenge aufgenommen haben. Weibchen größerer *Amblyomma*-Arten können während der Blutmahlzeit von weniger als 1 cm auf 2,5 cm Länge und von 0,04 bis 4 g (auf das Hundertfache!) an Gewicht zunehmen.

Die Lebenszyklen von Zecken sind komplex und weisen reguläre Wechsel zwischen blutsaugender und frei lebender Form inklusive Wechsel des Wirtes auf. Der Zeitabschnitt auf dem Wirt, der bei den meisten Arten weniger als 10 % des

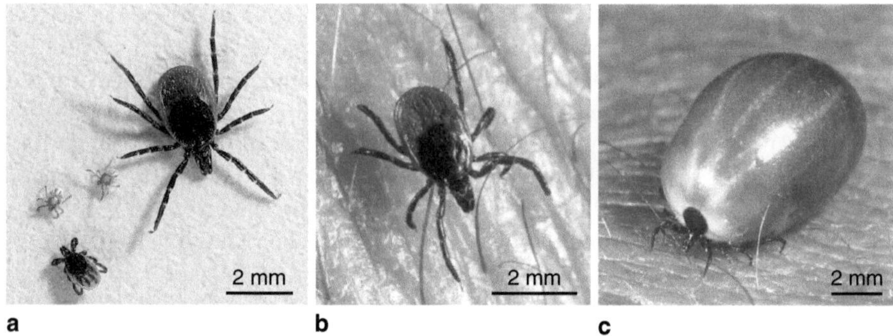

Abb. 4.6 *Ixodes ricinus*. **a** Junges Weibchen mit Nymphe und zwei Larven. **b** Junges Weibchen auf der Suche nach einer Einstichstelle. **c** Vollgesogenes Weibchen. (Fotos: Heiko Bellmann)

gesamten Zeckenlebens ausmacht, ist an das Blutsaugen angepasst, während die Stadien außerhalb des Wirtes auf das Überleben während der Entwicklung und auf das Finden neuer Wirte fokussiert sind. Zecken, die für jedes neue Entwicklungsstadium (Larve, Nymphe und Adultus) ein neues Wirtsindividuum aufsuchen, werden als **dreiwirtig** bezeichnet. Zu ihnen gehören alle Arten der Gattung *Ixodes* und die meisten Arten der Gattungen *Amblyomma*, *Haemaphysalis* und *Dermacentor*. Wenn Larve und Nymphe auf demselben Wirt bleiben und erst die Adulti ein weiteres Wirtsindividuum befallen, wird von **zweiwirtigen** Zecken gesprochen. Dieser Modus kommt bei Arten der Gattung *Rhipicephalus* und *Hyalomma* vor. Bei **einwirtigen** Zecken (*Boophilus* und einige Arten von *Dermacentor*) saugen alle Stadien auf demselben Wirtsindividuum.

Die Paarung findet bei der Gattung *Ixodes* meistens im Freien statt, das Männchen stirbt danach. Bei den anderen Schildzecken paart sich das Männchen auf dem Wirt mit mehreren Weibchen. Das vollgesogene Weibchen lässt sich vom Wirt abfallen und macht in der Vegetation eine Ruhephase (Diapause) durch, in deren Verlauf die Blutmahlzeit verdaut wird und die Eier reifen. Für die Entwicklung der Eier, das Schlüpfen der Brut und die Häutung sind sehr genaue mikroklimatische Bedingungen erforderlich. Die Wirtsfindung freilandbewohnender Zecken ist sehr riskant. Zecken legen, im Gegensatz zu vielen Insekten, nur sehr kurze Wege zurück und verharren an geeigneten Stellen, um auf einen neuen Wirt zu warten. Passierende Wirte werden wahrgenommen und für den Übergang auf den Wirt ist physischer Kontakt notwendig. Dementsprechend ist die Mortalität während der Phase der Wirtssuche sehr hoch, was durch große Anzahlen von Nachkommen kompensiert wird. Zeckenweibchen können zwischen 2000 und 20.000 Eier legen.

4.2.3.1.1 *Ixodes*

Ixodes ricinus, der Holzbock (Abb. 4.5a, b, 4.6, 4.7) ist die häufigste einheimische Zecke in gemäßigten Klimaten Europas und tritt in geringen Dichten in Nordafrika auf.

a   b

Abb. 4.7 *Ixodes ricinus*. Vorderende von vorne. Unten Hypostom, darüber die Chelizeren, seitlich von ihnen die Pedipalpen. Auf dem Capitulum die beiden Areae porosae. **a** Blick auf die
Mundwerkzeuge von oben. **b** Hypostom von unten gesehen. (EM-Aufnahme: Eye of Science)

Vollgesogene Weibchen werden 11 mm groß. Bevorzugte Biotope des Holzbocks
sind Waldränder, Buschzonen und dichte Krautvegetation. Die relative Feuchtigkeit der Mikroumgebung muss mindestens 80 % betragen. Der Holzbock hat einen
dreiwirtigen Lebenszyklus. Als Wirte, an denen er Blut saugt, dienen über 300 verschiedene Wirbeltiere. Die wirtesuchenden Stadien klettern in der Vegetation nach
oben und erwarten mit ausgebreitetem ersten Beinpaar, auf dem sich das Haller'sche
Organ befindet, einen vorbeikommenden Blutwirt. Da die Stadien ihrer Größe entsprechend mehr oder weniger hoch auf Pflanzen emporsteigen, sind Larven am
häufigsten auf Eidechsen, Nagetieren und Musteliden anzutreffen, Nymphen auf
Vögeln (besonders Amsel), Eichhörnchen, Igel und Reh, die Adulti auf verschiedenen großen Säugern. Alle Stadien kommen auch am Menschen vor. *I. ricinus* kann
den Lebenszyklus unter günstigen Umständen innerhalb eines Jahres vollenden.
Meistens allerdings überwintern die gehäuteten Stadien, sodass adulte Individuen
erst im dritten Jahr entstehen.

I. ricinus ist der bedeutendste Vektor der von einem Virus verursachten Früh-
sommer-Meningoenzephalitis (FSME), der wichtigsten arthropodenübertragenen
Krankheit in Europa. Sie ist relativ selten, da nur jede 50. bis 100. Zecke befallen ist, kann aber zu schweren Schäden oder zum Tod führen. Die Infektion ist
in Süddeutschland verbreitet, Hochrisikogebiete liegen in Südwestdeutschland und
um Passau herum. Eine Impfung gegen FSME ist auf dem Markt. *Ixodes persulcatus* verbreitet das Virus in Osteuropa und Asien.

I. ricinus ist außerdem der Hauptvektor der durch Spirochäten verursachten Lyme-Borreliose in Europa. Mitglieder desselben Artenkomplexes, besonders *Ixodes scapularis*, die Schwarzbeinige Zecke oder Hirschzecke, und *Ixodes pacificus*,
die Westliche Schwarzbeinige Zecke, verbreiten die Borreliose in Nordamerika.
Borrelia-Spirochäten, die von jungen Zeckenstadien erworben werden, können die

Häutungen überstehen und bis zum Adultus erhalten bleiben. Die Erreger der Lyme-Borreliose gehören zum Komplex *Borrelia burgdorferi* s. l. („sensu lato" = im weiteren Sinne) mit den humanpathogenen Arten – oft auch als Genospezies bezeichnet – *Borrelia burgdorferi* s. s. („sensu stricto" = im engeren Sinne), *Borrelia afzelii* und *Borrelia garinii*. Von weiteren acht Arten ist Humanpathogenität nicht gesichert. In Hochendemiegebieten können bis zu 40 % der Zecken befallen sein. Als Erregerreservoire dienen Nagetiere und Vögel. Auch Hunde leiden an der Infektion. An der Lyme-Borreliose erkranken in Europa jährlich 60.000–100.000 Menschen. Der Befall äußert sich – nicht immer – zunächst als um die Stichstelle sich ausbreitende Wanderröte (Erythema migrans). Wenn Borreliose nicht frühzeitig erkannt und behandelt wird, können jahre- und jahrzehntelange chronische Gelenkbeschwerden, Komplikationen des ZNS und/oder Herzmuskelschäden die Folge sein. Die Gefahr einer Infektion kann durch schnelles Entfernen der Zecke vermindert werden.

I. ricinus und weitere Ixodidae sind Überträger von Piroplasmen der Gattungen *Babesia* (s. Abschn. 2.6.1.5.11 und Tab. 2.11), die vor allem in Tropen und Subtropen für Weidetiere eine große wirtschaftliche Bedeutung besitzen. Zur Überträgerfunktion siehe auch Tab. 4.3.

Von der Igelzecke *Ixodes hexagonus* sind in Deutschland 95 % aller Igel befallen. Sie ist durch eine Farbe zwischen gelb und hellorange gekennzeichnet. Auch bei Hunden und Marderartigen kommt sie vor. *Ixodes canisuga* parasitiert am häufigsten auf dem Rotfuchs, oft auch auf Iltis und Steinmarder, seltener auf dem Hund. *Ixodes trianguliceps* tritt bei Nagetieren und Spitzmäusen auf. *Ixodes arboricola* ist eine bei höhlenbrütenden Vögeln Mittel- und Nordeuropas (Meisen, Sperlingen, Spechten, Star u. a.) häufig anzutreffende Art. Die Australische Paralysezecke *Ixodes holocyclus* verursacht bei Mensch und Tier eine lebensbedrohende Toxikose. Angeblich kann schon ein Stich ein Rind töten.

4.2.3.1.2 *Dermacentor*

Dermacentor-Arten fallen durch die emailleartige hellblaue Musterung auf (Abb. 4.8), besonders im männlichen Geschlecht mit dem großen Rückenschild und durch „Girlanden", d. h. ein Kranz von Ausbuchtungen auf ihrem posterioren Körperende. Die meisten Arten sind dreiwirtig. *Dermacentor marginatus*, die Schafzecke, kommt lediglich in warmen, trockenen Gegenden Deutschlands vor (südlicher Rheingraben, Main), vor allem dort, wo Schafe geweidet werden. Sie befällt im Adultstadium große, herbivore Säugetiere, vor allem Schafe. *Dermacentor reticulatus*, die Auwaldzecke, morphologisch von *D. marginatus* nur schwer zu unterscheiden, hat eine ähnliche Verbreitung, obwohl sie häufiger in waldartigeren Habitaten gefunden wird. Sie kommt herdartig in Südwestdeutschland sowie zwischen Leipzig und Wittenberg vor. Außer an herbivoren Nutz- und Wildtieren saugt das Adultstadium von *D. reticulatus* an Hunden und gewinnt als Überträger von *Babesia canis* zunehmend an Bedeutung.

Die wichtigste *Dermacentor*-Art kommt in Nordamerika vor, im Osten besonders die Hundezecke *Dermacentor variabilis*, die einen großen silbernen Fleck hinter dem Capitulum hat und die Rocky-Mountain-Hundezecke *Dermacentor an-*

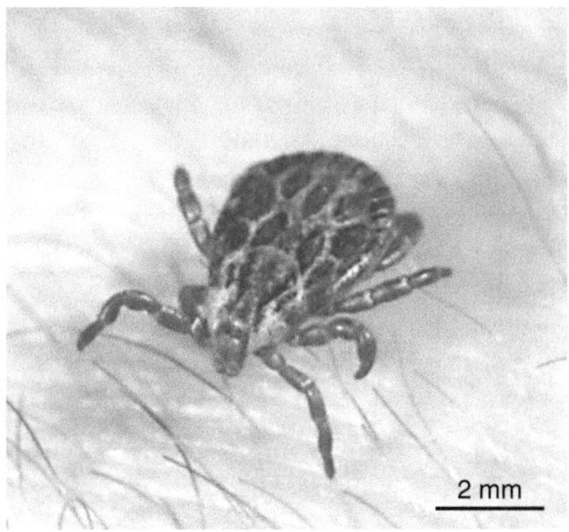

Abb. 4.8 *Dermacentor* sp. Adultes Weibchen. (Foto: Heiko Bellmann)

dersoni im Westen mit einem weißen Schild. Beide übertragen das Rocky Mountain Spottet Fever (*Rickettsia rickettsii*) und die Tularämie (*Francisella tularensis*). Zur Überträgerfunktion siehe auch Tab. 4.3.

4.2.3.1.3 Rhipicephalus

Rhipicephalus-Arten findet man in Europa und Afrika. Die meisten sind dreiwirtige Zecken, d. h., Larve, Nymphen und Adultus verlassen den Wirt zur Häutung bzw. zum Ablegen der Eier in der Umgebung. Die Braune Ohrenzecke *Rhipicephalus appendiculatus* aus Ost- und Südafrika ist ein bedeutender Parasit von Haustieren. Obwohl sie eine dreiwirtige Zecke ist, befallen bemerkenswerte Mengen von Adulti und frühen Stadien denselben Wirt, meist in den Ohren, bei stark infizierten Wirtstieren, aber auch an anderen Stellen. *R. appendiculatus* überträgt in Ostafrika das Ostküstenfieber (*Theileria parva*) auf Rinder und Antilopen und das Virus der Nairobi-Schafkrankheit. Die Zecke ist ein wichtiger Vektor des Afrikanischen Zeckenstichfiebers im südafrikanischen Veld, wo auch Menschen befallen werden. *Rhipicephalus zambeziensis* ist ein wichtiger Arthropodenwirt von *Theileria parva*.

Abb. 4.9 *Rhipicephalus sanguineus* (Braune Hundezecke), adultes Weibchen. (Foto: EM-Aufnahme: Eye of Science)

Die Braune Hundezecke *Rhipicephalus sanguineus* (Abb. 4.5h, i, 4.9) stammt ursprünglich aus Afrika, kommt weltweit zwischen dem 50. Grad nördlicher und dem 35. Grad südlicher Breite vor und tritt seit einigen Jahrzehnten auch in Deutschland auf. Bei uns wird sie über Tierheime, Hundeschulen etc. verbreitet. Sie ist die einzige Schildzecke, die sich das ganze Jahr über in geschlossenen Räumen vermehren und zu einer erheblichen, nur schwer zu bekämpfenden Plage werden kann, da bis zu vier Generationen pro Jahr entstehen können. Im Gegensatz zu anderen Schildzecken wartet sie nicht auf einen Wirt, sondern sucht ihn aktiv auf. Die Zecke ist leicht an ihrer rotbraunen Farbe und an den tief gekerbten Coxen des ersten Beinpaares erkennbar. Zur Überträgerfunktion siehe auch Tab. 4.3.

4.2.3.1.4 *Amblyomma*

Diese großen und schön gefärbten Zecken haben auffallend große Mundwerkzeuge, die tiefe Wunden verursachen können, welche eine Eintrittspforte für Sekundärinfektionen bilden können. Viele Arten sind in den Tropen wirtschaftlich wichtig, wie z. B. *Amblyomma variegatum*, die den Erreger der Herzwasserkrankheit von Wiederkäuern, *Ehrlichia ruminantum*, überträgt. In Savannengebieten des südlichen Afrikas befallen *Amblyomma hebraeum*-Larven und Nymphen den Menschen und übertragen Afrikanisches Zeckenbissfieber (*Rickettsia conori*). Das Zentrum der Artbildung ist die Neue Welt, wo die Hälfte aller Arten vorkommt. Zwei Arten, die eher nördlich verbreitete *Amblyomma americanum* (Lone Star Tick, Nord- und Südamerika) und die eher südlich verbreitete *Amblyomma cajennense* (Cayenne-Zecke, Süd- und Mittelamerika), befallen Menschen und übertragen das Rocky Montain Spotted Fever (*Rickettsia rickettsi*). Zur Überträgerfunktion siehe Tab. 4.3.

4.2.3.2 Argasidae – Lederzecken

Die Lederzecken (Abb. 4.5j) umfassen ca. 200 Arten in fünf Gattungen. Die zwei wichtigsten Gattungen sind *Argas* und *Ornithodoros*. Mit wenigen Ausnahmen kommen sie in den Tropen und Subtropen vor. Es sind nidicole Zecken (lat. „nidus" = Nest, „colere" = bewohnen), deren Wirte, terrestrische Wirbeltiere, oft kolonieweise in Nestern, Erdbauten, Höhlen, Felsklippen oder anderen geschützten Habitaten leben. Die Lederzecken besitzen keinen Rückenschild, der Körper ist vollständig oder in Mustern mit warzenartigen Erhebungen bedeckt, das Gnathosoma ist bei Nymphen und Adulti von oben nicht zu sehen. Da sie ständigen Zugang zu den Wirten haben, sind die Argasiden mit Ausnahme der Larven Kurzzeitsauger; das lange, schmale Hypostom ist entsprechend verhältnismäßig schwach ausgeprägt und die Beine sind relativ lang und dünn, da sie nicht zum Festkrallen auf dem Wirt benötigt werden. Die schnelle Aufnahme großer Mengen Blutes (das 5–10 -Fache des Körpergewichts) wird durch die Ausscheidung von überschüssiger Flüssigkeit während und nach der Mahlzeit über Coxaldrüsen ermöglicht. Paarungen und Eiablage erfolgen jeweils nach einer Blutmahlzeit abseits des Wirtes. Bis zu sechs Blutmahlzeiten können aufgenommen werden. Darauf folgen jeweils eine Paarung und Eiablage. Die Anzahl der Eier nimmt dabei stetig ab. Im Ganzen werden sehr viel weniger Eier produziert als bei Ixodiden.

Tab. 4.3 Einige von Zecken übertragene Krankheiten

Erreger (Krankheitsname)	Wirte (Reservoirwirte)	Geografische Verbreitung	Überträger
Viren			
Frühsommer-Meningoenzephalitis (FSME)	Mensch (Nager)	Eurasien	*Ixodes ricinus*
Colorado-Zeckenfieber	Mensch	USA	*Dermacentor andersoni* u. a. Ixodidae
Nairobi-Schafkrankheit	Schaf (Mensch)	Afrika	*Rhipicephalus appendiculatus*
Bakterien: Spirochaetaceae			
Borrelia burgdorferi, B. garinii, B. afzelii, B. valaisiana, B. lusitaniae, B. spielmanii (Lyme-Borreliose)	Mensch (Hund und andere)	Paläarktis	*Ixodes ricinus, I. persulcatus*
Borrelia duttoni (Zeckenrückfallfieber)	Mensch	Afrika	*Ornithodoros* spp.
Bakterien: Rickettsiaceae			
Rickettsia rickettsi (Rocky Mountain Spotted Fever)	Mensch	Amerika	*Dermacentor andersoni, Amblyomma* sp. u. a. Ixodidae
Rickettsia conori (Zeckenbissfieber)	Mensch	Mittelmeer- und Schwarzmeergebiete	*Rhipicephalus sanguineus*
Rickettia africae (Afrikanisches Zeckenstichfieber)	Mensch	Afrika, Inseln des indischen Ozeans, Karibik	*Amblyomma hebraeum, A. variegatum Rhipicephalus appendiculatus*
Coxiella burneti (Q-Fieber)	Mensch (viele Säugetiere)	Weltweit	*Dermacentor marginatus*
Ehrlichia chaffensis (Humane monozytäre Ehrlichiose)	Mensch	USA, bisher selten in Europa	*Amblyomma, Dermacentor*
Ehrlichia canis (Monozytäre Hunde-Ehrlichiose)	Hund (Mensch?)	Mittelmeerraum, Subtropen, Tropen	Ixoxidae
Ehrlichia ruminantium	Wiederkäuer	Tropen	*Amblyomma variegatum*
Anaplasma phagocytophilum (Humane granulozytäre Ehrlichiose)	Mensch	USA, Europa	Europa: *I. ricinus*
Francisella tularensis (Tularämie, Hasenpest)	Mensch, Hasenartige, Nager	Nordamerika, Skandinavien Osteuropa	*Dermacentor* spp., *Ixodes ricinus* (+ verschiedene Insekten)
Protozoen: Piroplasmida			
Babesia spp. (Babesiose)	Rind	Tropen, Subtropen, Europa	*Ixodes, Haemaphysalis, Rhipicephalus, Boophilus*

Tab. 4.3 Einige von Zecken übertragene Krankheiten

Erreger (Krankheitsname)	Wirte (Reservoirwirte)	Geografische Verbreitung	Überträger
Babesia caballi, Theileria (*Babesia*) *equi*	Pferd	südl. Paläarktis, Afrika	*Dermacentor, Hyalomma, Rhipicephalus*
Babesia canis mit 4 Unterarten (Hundebabesiose)	Hund	Europa, Nordafrika	*Dermacentor reticulatus* u. a. Ixodidae
Theileria spp. (Theileriose)	Rind	Afrika	Ixodidae
Helminthen: Nematoden			
Acanthocheilonema viteae	Nagetiere (Gerbillidae)	Urspr.: Nordafrika bis Zentralasien	*Ornithodoros* spp.
Litomosoides	Nagetiere (u. a. Maus)	Subtropen und Tropen	*Ornithonyssus*

Die Gattung *Argas* kommt vor allem in ariden Regionen vor und parasitiert auf Fledermäusen und vorwiegend solchen Vögeln, die Nistkolonien oder gemeinsame Ruhegruppen bilden. Die meisten von ihnen sind Bewohner von Stein- und Felsspalten, wo sie sich verstecken, um von dort aus ihren Wirt aufzusuchen. Dabei verbleiben die Larven für einige Tage auf dem Wirt. *Argas persicus* befällt wilde Vögel und Geflügel und wurde über die ganze Welt verbreitet. Sie kann Vögel durch Ausbluten töten und ist ein wichtiger Vektor für *Borrelia anserina*, den Erreger der Vogelborreliose. *Argas reflexus*, die einheimische Taubenzecke, kann auf den Menschen übergehen, wenn Haustauben ihre Nester verlassen oder in Gebäuden verwildern. Sie ist kein Krankheitsüberträger, aber die Reaktionen auf den Stich können äußerst unangenehm sein und bis zu Kreislaufbeschwerden führen.

Die Gattung *Ornithodoros* enthält mehr als 110 Arten relativ großer Zecken. Sie befallen Reptilien, Vögel und Säuger. *Ornithodoros savignyi*, auf Englisch als „sand tampan" bezeichnet, kommt von Afrika bis Sri Lanka vor. Sie kommt, anders als die meisten anderen Argasiden, im Freien vor und lebt in ariden Gebieten in lockerem Sandboden, wo Tiere sich unter Büschen und Bäumen ausruhen. Die Zecken saugen nachts, oft in gewaltiger Anzahl, in Wüsten- oder Halbwüstenhabitaten an Tier und Mensch und verursachen manchmal Paralyse oder Tod. Die berüchtigte *Ornithodoros moubata* (Abb. 4.5j) stellt einen Artenkomplex mit wahrscheinlich vier Arten dar. *O. moubata* ist anthropophil (in Menschennähe lebend). Die Adulti bewohnen in Afrika Boden, Ritzen und Spalten von Hütten, die aus Gras oder Lehm bestehen. Ähnlich wie Triatominen werden sie leicht von Haus zu Haus übertragen. Die Larve häutet sich ohne Nahrungsaufnahme zur Nymphe. Im Gegensatz dazu bewohnt *O. moubata porcinus* die Höhlen von Warzenschweinen, Stachelschweinen und Ameisenbären. Beide Arten haben wilde bzw. an den Menschen gebundene Populationen. Diese peridomestischen Populationen übertragen *Borrelia duttoni* (Zeckenrückfallfieber) auf Menschen und Afrikanische Schweinepest, eine ursprünglich auf Afrika beschränkte Virusinfektion, auf Schweine. In der Neuen Welt sind *Ornithodoros hermsi, Ornithodoros parkeri* und *Ornithodoros turicata* Vektoren von drei gleichnamigen *Borrelia*-Arten, die Zeckenrückfallfieber auslösen. Zur Überträgerfunktion siehe Tab. 4.3.

Otobius Die Gattung *Otobius* enthält nur zwei Arten. *Otobius megnini*, die Stachelige Ohrenzecke, stammt ursprünglich aus der Neuen Welt, von wo aus sie nach Indien und Afrika verbreitet und zu einem bedeutenden Schädling von Pferden, Rindern und anderen Nutztieren wurde. Sie ist eine einwirtige Zecke, Larve und Nymphen parasitieren im Ohr von Haustieren, Vögeln, Hasen, Primaten, gelegentlich auch des Menschen. Die letzte Nymphe lässt sich vom Wirt abfallen und häutet sich zum Adulttier, das keine Nahrung mehr aufnimmt. Die Weibchen legen ohne vorherige Blutmahlzeit Eier ab.

4.2.3.3 Schadwirkung und Überträgerfunktion von Zecken

Zeckenstiche führen besonders bei schwer befallenen Tieren zu Blutungen, Ödemen, Entzündungen, ausgedehnten Narbenbildungen und Haarausfall an den betroffenen Stellen. Das durch den Juckreiz bedingte Scheuern und Kratzen verschlimmert die Symptome und verstärkt die Möglichkeit von sekundären bakteriellen Entzündungen. Die Speicheldrüsensekrete von knapp 10 % aller Schild- und Lederzecken rufen außerdem bei Mensch und Tier Toxikosen wie die Zeckenparalyse hervor. Dabei kann schon der Stich einer einzigen Zecke den Tod hervorrufen.

Zecken spielen eine herausragende Rolle als Vektoren für eine Fülle von human- und veterinärmedizinisch bedeutsamen Erkrankungen. Wichtige von Zecken übertragene Erreger und die entsprechenden Erkrankungen siehe Tab. 4.3.

4.2.4 Cryptostigmata – Moosmilben

Die auch Oribatida genannte Ordnung enthält ausschließlich frei lebende, Pilze fressende oder saprophage Milben in Bodenstreu, oberen Erdschichten und Baumborken. Sie sind stark sklerotisiert und dunkel gefärbt. In der Parasitologie spielen die „Moosmilben" eine Rolle als Zwischenwirte der Zestodenfamilie Anoplocephalidae (s. Abschn. 3.2.3.7.1). Eine der vielen Überträgergattungen ist *Scheloribates*.

4.2.5 Prostigmata (= Actinedida oder Trombidiformes)

- Sehr heterogene, nicht monophyletische Gruppe
- Zwei Stigmen auf Gnathosoma oder auf vorderem Idiosoma
- In der Mehrzahl frei lebend
- Manche sind Ekto-, selten Endoparasiten von Wirbeltieren und Wirbellosen
- Setae oft gefiedert
- Stadien: Larve, Deuto- und Tritonymphe, Adultus, Zyklus oft mit Abkürzungen

4.2.5.1 *Pyemotus tritici*

Diese Art wird als Beispiel für Milben erwähnt, die nicht auf Wirbeltieren parasitieren und dennoch zur Plage werden können. *P. tritici* sticht Larven von verschiedenen Getreideschädlingen an (Kornkäfer, Getreidemotte, Strohwespe), injiziert Speicheldrüsensubstanzen, die das Insekt paralysieren, und saugt es aus. Auch für den Menschen ist das Gift hoch toxisch und ruft schwere Dermatitiden hervor, wenn z. B. Stroh verwendet wird, das massiv von Getreidemotten befallen ist und diese ihrerseits von den Milben. Sobald alle Motten vernichtet sind, gehen die hungrigen Milben auch auf den Menschen über. Bei einer landwirtschaftlichen Ausstellung in den USA mussten 1700 Besucher ambulant behandelt werden.

4.2.5.2 *Acarapis woodi*

Die „Tracheenmilbe" erweckt durch übereinander geschachtelte Rückenschilder den Eindruck echter Segmentierung. Sie war, bevor *Varroa destructor* bei der Honigbiene auftrat, der einzige bis dahin bekannte Erreger einer Milbenseuche von Bienen. Die Milbe lebt in den die Thoraxmuskulatur versorgenden Tracheen, die sich mit Eiern und Klebsekret, erhärtender Hämolymphe, Kot und Exuvien füllen und so die Sauerstoffzufuhr unterbinden. Im Zuge der Varroose-Bekämpfung hat der Befall mit *A. woodi* an Bedeutung verloren.

4.2.5.3 *Demodex* – Haarbalgmilben

Die Familie Demodecidae enthält winzige Milben, die auf und in der Haut von Säugern, inklusive des Menschen, leben. Einige wurden auf Haut von Organen, wie z. B. der Zunge, dem Schlund oder den Nasenhöhlen, gefunden. Möglicherweise besitzt jedes Säugetier seine eigene *Demodex*-Art, ggf. sogar mehrere Arten in

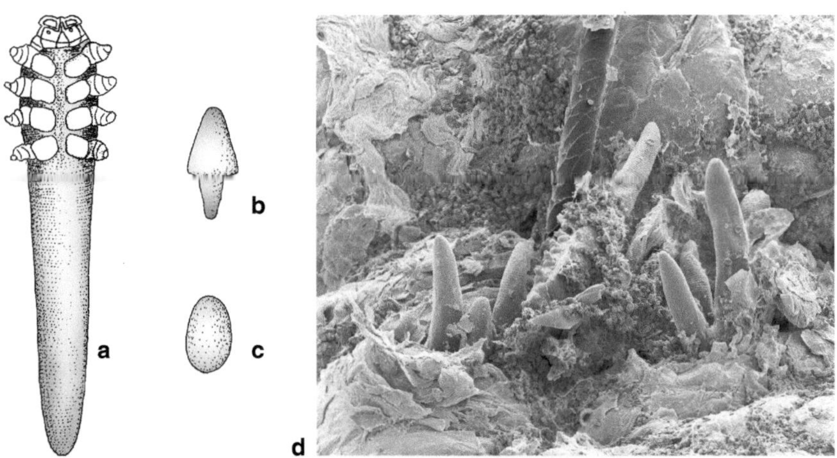

Abb. 4.10 Acari, Prostigmata. **a** *Demodex folliculorum*-Weibchen von ventral. **b** Ei von *D. folliculorum*. **c** Ei von *D. brevis*. **d** *Demodex canis*, kopfüber in einem Haarfollikel eines Hundes steckend. (EM-Aufnahme: Eye of Science)

verschiedenen Körperbereichen. *Demodex* hat ein von allen Milben auffällig abweichendes Aussehen. Das sehr lange Opisthosoma ist fein quergeringelt und verleiht den Milben zusammen mit den extrem kurzen Beinen ein wurmförmiges Aussehen (griech. „démas" = Gestalt, „dēx" = (Holz-)Wurm).

Der Mensch wird von zwei *Demodex*-Arten bewohnt. Beide kommen nebeneinander in der Gesichtshaut vor. In den Haarfollikeln lebt *Demodex folliculorum* (Weibchen 430 × 52 μm), in den Talgdrüsen der Flaumhaare die kürzere *Demodex brevis* (Weibchen 200 × 50 μm). Die Milben fressen, indem sie ihre nadelartigen Chelizeren durch das Epithel stechen und den Inhalt der darunterliegenden Zellen aussaugen. Die beiden Arten treten bei 60–80 % der Bevölkerung auf und meistens wissen die Personen selbst nichts von dem Befall. Es besteht aber ein gewisser Zusammenhang zwischen *Demodex*-Befall und Follikulitis (Entzündung der Haarfollikel) sowie Blepharitis (Entzündung der Augenlider). Auch bei Tieren verursacht *Demodex* sehr selten Krankheitssymptome. Allerdings können einige *Demodex*-Arten von Nutztieren zu Problemen führen. So ruft *Demodex canis* des Hundes (Abb. 4.10d) gelegentlich ausgedehnte, kaum heilbare Hautveränderungen und Haarausfall hervor.

4.2.5.4 Trombiculidae – Herbstgrasmilben

Die Larven der trombiculiden Milben sind als Herbstgrasmilben bekannt und verursachen starken Juckreiz und Hautreaktionen bei ihrem Wirt. In Europa befällt *Neotrombicula autumnalis*, die eine Vielzahl von Vögeln und Säugern parasitiert, Menschen zur Erntezeit im frühen Herbst – aus diesem Grund auch ihr Name. Die Trombidiose, auch als Stachelbeerkrankheit oder Erntekrätze bekannt, bleibt zwar ohne weitere Folgen, stellt aber eine außerordentlich lästige Plage für Mensch und Tier dar. Die Herbstgrasmilbe hat eine besondere Entwicklung: Die Adulti und die Deutonymphe (Abb. 4.11c, e) sind frei lebend und räuberisch, während die Larve parasitisch lebt. Die Adulti sind bis 2 mm große, dicht mit gefiederten Haaren besetzte, meist intensiv rot gefärbte Milben, die auch als Samtmilben bezeichnet werden. Die heteromorphe Larve parasitiert dagegen auf Wirbeltieren. Proto- und Tritonymphe (Abb. 4.11b, d) sind hypobiotisch und verbleiben in der Haut des jeweils vorigen Stadiums.

Die 200–300 μm große Larve (engl. „chigger") ist oval, orangerot bis blassgelb, hat kurze, kräftige Chelizeren und Pedipalpen und einen kleinen Rückenschild (Abb. 4.11a). Nach dem Schlüpfen aus dem Ei erklettert die Larve einen Grashalm und wartet auf einen passierenden Wirt, um dort die Haut bei Nagetieren um die Ohren herum, bei Vögeln in der Nähe der Augen und bei Hunden sowie Katzen zwischen den Zehen aufzusuchen. Die Wirtsspezifität ist gering. Beim Menschen werden Hautstellen mit eng anliegender Kleidung aufgesucht. Der Saugakt dauert beim Menschen mehrere Stunden, bei anderen Tieren aber bis zu mehreren Tagen. Dabei bildet sich ein als Stylostom bezeichnetes, 300 μm langes, erhärtendes Saugrohr aus, das die Larve in der Haut verankert. Es entsteht, indem abwechselnd durch ein lysierendes Speicheldrüsensekret aufgelöstes Wirtsgewebe eingesogen und in die entstehende Vertiefung ein zweites, erhärtendes Sekret injiziert wird. Vorwiegend wird Lymphe aufgenommen, Blut dagegen höchstens zufällig, sodass

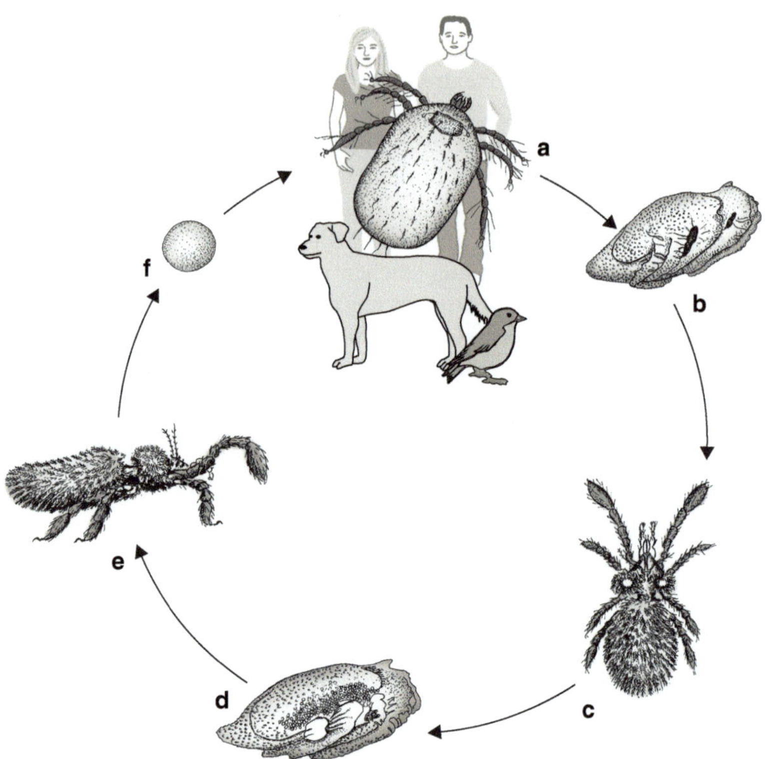

Abb. 4.11 Der Lebenszyklus von *Neotrombicula autumnalis*. **a** Parasitische, vollgesogene Larve auf dem Menschen. **b** Hypobiotische Protonymphe. **c** Frei lebende Deutonymphe. **d** Hypobiotische Tritonymphe. **e** Adulte Milbe. **f** Ei. (Nach Jones 1951)

die Larven fast farblos bleiben. Rund 24 h nachdem sich die vollgesogenen Larven abfallen lassen (und im Boden ihre Entwicklung fortsetzen), beginnt ein sehr starker, besonders bei Bettwärme extrem störender Juckreiz, der bis zu sieben Tage anhält. Wegen des zeitlichen Auseinanderklaffens von Stich und Auftreten der Symptome ist oft unklar, wann und in welchem Biotop der Befall stattgefunden hat, der in Deutschland von Juli bis Mitte Oktober in Freiland und Gärten auftritt. Bevorzugte Aufenthaltsorte der Larven sind sehr niedrige Vegetation (<5 cm Höhe), Moos in Rasenflächen oder Terrassen und gemulchte Beete. Bis jetzt gibt es keine wirksamen Bekämpfungsmethoden.

Larven der Gattung *Leptotrambidium* übertragen in Ost- und Südostasien das Tsutsugamushi-Fieber (Erreger: *Orientia tsutsugamushi*, Rickettsiaceae), eine Naturherdinfektion kleiner Säuger, in die der Mensch nur zufällig eingeschlossen wird und die bei ihm zum Tod führen kann. Der Erreger wird in den Milben transovariell übertragen.

4.2.6 Astigmata (= Acaridida oder Sarcoptiformes)

- Zwei Gruppen: Acaridia frei lebend, meist mit heteromorpher Deutonymphe (Hypopus), Psoroptidia größtenteils ektoparasitisch
- Stadien: Larve, Proto-, Deuto- und Tritonymphe, Adultus
- Stigmen fehlen
- Coxen mit der Ventralfläche verschmolzen
- Oft mit Geschlechtsdimorphismus

Die Astigmata stellen eine recht einheitliche Gruppe von Milben dar, ohne sichtbare Schilde und ohne Stigmen und Tracheen. Sie sind meist kleiner als 1 mm. Die Coxen sind ganz in die Ventralfläche des Idiosoma einbezogen, sodass nur noch ihre vorderen und hinteren Begrenzungen als „Apodeme" sichtbar sind. Die Männchen besitzen entweder ein Paar Saugnäpfe, das beiderseits des Afters liegt und der Befestigung am Weibchen dient, oder Haftstrukturen an den Beinen. Bei den meisten parasitischen Arten umklammert das Männchen eine weibliche Tritonymphe, eine Begattung findet aber noch nicht statt. Die Astigmata sind in zwei Gruppen eingeteilt. Die erste sind die frei lebenden und hier nicht näher behandelten Acaridia. Die zweite Gruppe sind die Psoroptidia, die außer den frei lebenden Hausstaubmilben fast ausnahmslos Ektoparasiten enthalten, die im Gefieder und Fell von Vögeln und Säugern leben. Einige können ihre Wirte schädigen, indem sie Räude hervorrufen.

4.2.6.1 *Psoroptes, Chorioptes, Otodectes* – Räudemilben

Bei den Psoroptidia, zu denen diese Milben gehören, handelt es sich ausnahmslos um Parasiten. Sie rufen bei Tieren Räude hervor. Die Adulti weisen einen deutlichen Geschlechtsdimorphismus auf. Die Männchen verpaaren sich bereits mit einem der Nymphenstadien. Dabei heften sich die Partner mithilfe von Zapfen am Hinterende druckknopfartig aneinander. Die eigentliche Kopulation findet erst nach der Häutung zum Adultus statt. Die Prätarsen der Psoroptidia sind napf- oder glockenförmig und sitzen auf kurzen oder langen, gegliederten oder ungegliederten „Stielen" (Abb. 4.12b).

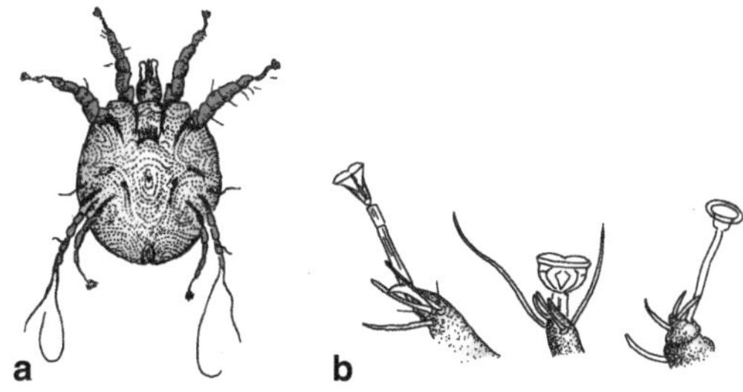

Abb. 4.12 Acari, Astigmata. **a** *Psoroptes ovis*, Weibchen von ventral. **b** Prätarsen von *Psoroptes* (*links*), *Chorioptes* (*Mitte*), *Sarcoptes* (*rechts*)

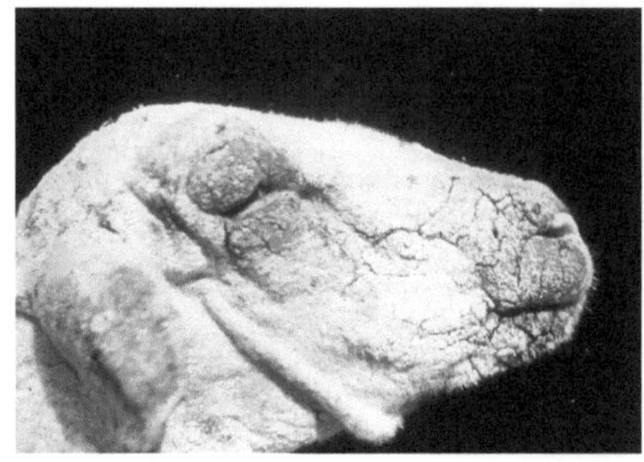

Abb. 4.13 Räude. Befall eines Schafs mit *Psoroptes ovis*. (Foto: Archiv des Lehrstuhles für Molekulare Parasitologie, Humboldt-Universität zu Berlin)

Psoroptes ovis ist der Erreger der Schafräude (Abb. 4.12a, 4.13). Er sticht mit stilettartigen Chelizeren die Haut an und nimmt Lymphe auf. Austretende Lymphe und die Exsudate der Entzündungsreaktionen rufen ein Verkleben des Fells hervor. Die Wolle fällt flächenhaft aus. Starker Juckreiz und Scheuern führt darüber hinaus zu Krusten-, Borken- und Faltenbildung der Haut und bei längerem Bestehen zu Abmagerung. Die Weibchen werden 560–670 µm groß und können 48 h außerhalb des Wirtes überleben. Der Befall mit *Psoroptes ovis* ist melde- und behandlungspflichtig.

Psoroptes cuniculi verursacht die Ohrräude der Kaninchen. Es kommt zu Borkenbildungen, die die ganze Ohrmuschel ausfüllen und auch auf andere Partien des Kopfes und Nackens übergehen können. Die starken Entzündungsreaktionen greifen nicht selten auf Mittelohr, Innenohr, Hirnhäute und Gehirn über.

Weitere Räudeerreger bei Nutz- und Haustieren sind *Chorioptes bovis* als der häufigste Ektoparasit des Rindes oder *Otodectes cynotis* als der Erreger einer Ohrräude bei Hund und Katze. Die Milben reißen mit den Chelizeren Epidermiszellen auf, die sie zusammen mit anderen festen und flüssigen Hautbestandteilen zu sich nehmen.

4.2.6.2 *Sarcoptes scabiei* – Krätzmilbe

Der Erreger der Krätze des Menschen lebt nicht auf, sondern in der Haut (griech. „sarx" = Fleisch). Verwandte Arten kommen in Vögeln und Säugetieren vor. Sie sind alle sehr klein und rundlich und haben stummelförmige Beine (Abb. 4.12b). *S. scabiei* kommt in morphologisch nicht unterscheidbarer Form beim Menschen und einer Reihe von Haus- und anderen Tieren vor. Entsprechend der Wirtsart, von der sie stammen, werden diese Formen als „Varietät" oder „Stamm" bezeichnet, z. B. *S. scabiei var. hominis* (vom Menschen), *S. scabiei var. suis* (vom Schwein) usw. (Abb. 4.14). Varietäten sind nur teilweise streng wirtsspezifisch und können z. B. kurzzeitig auf den Menschen übergehen, rufen aber nur schwache Symptome hervor. Bei den Tieren kann der Befall aber dramatische Formen annehmen und sich in hochgradiger Borkenbildung und totalem Haarausfall äußern.

Die Jugendstadien und die jungen Adulti von *Sarcoptes scabiei* graben lediglich flache Taschen in die Haut. Erst die 300–400 µm großen Weibchen beginnen

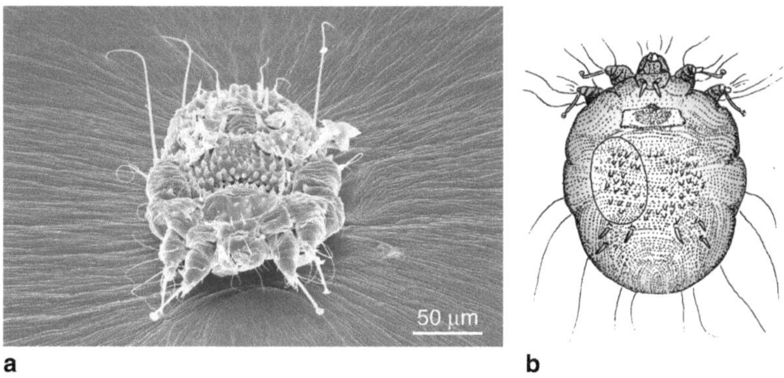

Abb. 4.14 Weibchen von *Sarcoptes scabiei var. suis*. **a** Von vorn/oben, einige Rückenborsten abgebrochen. **b** Von dorsal mit Ei. (**a**: EM-Aufnahme: Lehrstuhl für Molekulare Parasitologie, Humboldt-Universität zu Berlin)

eine Stunde nach der Kopulation einen parallel zur Hautoberfläche verlaufenden, luftgefüllten, daher optisch hell erscheinenden Gang durch die toten Zellen der Hornschicht zu graben. Der mithilfe der Chelizeren und extraoraler Verdauung erzeugte Gang reicht bis an den unteren Rand der Epidermis, deren lebende Zellen gefressen werden. Er verlängert sich um 0,5–5 mm/Tag. Ein Weibchen produziert insgesamt 40–50 Eier, pro Nacht sind es ein bis zwei. Sie blockieren den Gang, sodass die Larven sich an der Schlupfstelle nach außen durchbohren müssen. Bis zu einer neuen Generation dauert es jeweils 10–14 Tage. Prädilektionsstellen der Krätzmilbe sind die Innenseite der Finger und Handgelenke, Achselhöhlen, Abdomen und Penis, bei Kindern Handteller und Fußsohlen. Symptome sind starker Juckreiz mit Läsionen. Sekundäre bakterielle Infektionen sind häufig.

Bei immunkompetenten Menschen lassen sich meistens kaum mehr als 50 Weibchen, selten bis zu 400 finden und die typischen Hautreaktionen – Juckreiz, der besonders nachts sehr heftig ist – setzen erst vier Wochen nach Beginn der Infektion ein. Die Population stirbt dann ohne Behandlung nach ca. 100 Tagen unter Hinterlassen einer wahrscheinlich lebenslangen Immunität ab. Wenn es gelegentlich bei immuninkompetenten Menschen zur Neuinfektion kommt, führt die vorangegangene Sensibilisierung bereits nach 1–3 Tagen zu einer Dermatitis mit starkem Juckreiz. Dabei kommt es aber durch eine Überempfindlichkeitsreaktion aufgrund zellulärer Immunität zu einer so starken Produktion von Lymphe, dass die Grabgänge überschwemmt werden und die Population schon nach wenigen Tagen ausstirbt. – Eine Theorie besagt, dass Krätze als Pandemie (also eine weltweit auftretende Epidemie) ungefähr alle 20 Jahre um die Erde läuft, weil sie in jedem Gebiet erst wieder auftreten kann, wenn genügend junge Menschen ohne Immunität befallen werden können.

Eine Sonderform der Krätze stellt die Krankheitsform der *Scabies norvegica* dar, die zuerst aus norwegischen psychiatrischen Kliniken beschrieben wurde. Sie tritt auch auf bei Patienten mit Mangelernährung, Avitaminose, Lepra, Diabetes, Leukämie, immunsuppressiver Behandlung sowie bei Menschen mit Analgesien (fehlender Schmerzempfindung). *Scabies norvegica* ist durch Massenbefall charakterisiert. 100.000–1.000.000 Milben können in einer Person vorkommen. Trotzdem fehlt bei dieser Sonderform der Krätze jeglicher Juckreiz, was darauf schließen lässt, dass bei normalem Befall das Kratzen, mit dem die Betroffenen reagieren, eine wichtige Rolle bei der mechanischen Beseitigung der Milben spielt. *Scabies norvegica* äußert sich in Haarausfall und Hyperkeratose (Borkenbildung), die auf den gesamten Körper übergehen kann.

Krätze ist nur bei längerem und engem Körperkontakt ansteckend, sehr leicht also bei Geschlechtsverkehr, nicht aber bei bloßem Berühren befallener Menschen. Trotzdem bestehen bei Auftreten von Krätze für Gemeinschaftseinrichtungen strenge Vorschriften. Der Verdacht muss gemeldet und Tilgungsmaßnahmen müssen unverzüglich eingeleitet werden. Befallenes Personal darf erst wieder arbeiten, wenn nach Behandlung absolute Milbenfreiheit nachzuweisen ist. Wichtige epidemiologische Verbreitungslinien sind also intrafamiliäre, sexuelle und solche in Langzeitpflegeeinrichtungen. Als Mittel zur sicheren Diagnose gibt es nur den Nachweis lebender Milben, entweder im Hautgeschabsel oder durch die Nadelprobe. Therapie ist mit bestimmten Acariziden möglich.

4.2.6.3 *Knemidocoptes mutans* – Kalkbeinmilbe

Die Kalkbeinmilbe der Hühnervögel aus der Familie der Sarcoptidae ist vivipar und lebt in der Epidermis der federlosen Partien der Beine. Das Weibchen misst 370–480 µm. Wie bei *Sarcoptes* führt der Befall zu starker Borkenbildung, Bewegungshemmung und Störungen des Allgemeinbefindens. In fortgeschrittenem Stadium kann es merkwürdigerweise zu pathologischen Veränderungen der inneren Organe kommen. *Knemidocoptes pilae* tritt bei Papageienvögeln auf und ist eine häufige Krankheitsursache bei Wellensittichen. Borkenbildungen am Schnabelansatz und an der Kloake sind Folge der Infektion.

4.2.7 Kontrollfragen zum Verständnis

1. Welche weit bekannten Parasiten gehören zu den Acari?
2. Zu welcher übergeordneten Arthropodengruppe gehören die Acari?
3. Welches sind die wichtigsten morphologischen Merkmale der Acari?
4. Welche Lebensweise haben die Acari und welche Lebensräume besiedeln sie?
5. Welche Stadien treten im Leben der Acari auf?
6. Wo hält sich die Rote Vogelmilbe tagsüber auf?
7. Wer ist der wichtigste Erreger der Bienenseuche?
8. Welche Milben besiedeln den Haarbalg des Menschen?
9. Was ist ein Hypopus?
10. Nennen Sie zwei Familien der Zecken.
11. Welche Eigenschaften von Zeckenspeichel erleichtern das Blutsaugen?
12. Nennen Sie fünf von Zecken übertragene Krankheiten.
13. Weshalb konnte sich die Braune Hundezecke auch in Europa ausbreiten?
14. Worin unterscheidet sich die Biologie von Schild- und Lederzecken?

15. Was ist Räude?
16. Welche Stadien der Herbstgrasmilbe sind freilebend, welche parasitisch?
17. Welche Acari rufen Räude bei Tieren hervor?
18. Wie heißt der Erreger der Krätze des Menschen?
19. Wie wird Krätze übertragen?

4.3 Crustacea – Krebstiere

- Unterstamm der Arthropoden, wassergebundene Lebensweise mit Ausnahme der Isopoda und Pentastomida
- Die meisten Arten marin und frei lebend
- Extremitäten meist als Spaltbeine ausgebildet

Die Crustacea oder Krebstiere (>67.000 Arten) sind hauptsächlich marin (Krabben, Hummer, Seepocken, Garnelen), einige kommen aber im Süßwasser und die Isopoda sogar an Land vor. Die Gruppe beinhaltet Parasiten von Vertebraten (meist von Fischen, selten von Amphibien) und Invertebraten. Sowohl Kommensalismus wie auch Ekto- und Endoparasitismus kommen vor. Viele der Parasiten weisen starke morphologische Abwandlungen auf, bei einigen von ihnen ist nur noch im ersten Larvenstadium, dem Nauplius, die Zugehörigkeit zu den Crustacea erkennbar. Bei den Pentastomiden handelt es sich um die am stärksten abgewandelte Gruppe, die keine Naupliuslarve besitzt. Krebstiere sind Zwischenwirte für einige wichtige Parasiten wie den Lungenegel *Paragonimus westermani*, den Bandwurm *Diphyllobothrium* und den Guineawurm *Dracunculus medinensis*.

Die höher entwickelten Formen haben drei Körperregionen: Kopf, Thorax und Abdomen. Kopf und Thorax sind oft zum Cephalothorax verschmolzen. Vom Hinterrand des Kopfteils, dem Cephalon, geht ein Rückenschild aus, der Carapax, der auch noch den Thorax bedecken kann. Thorax und Abdomen sind aus unterschiedlich vielen Segmenten zusammengesetzt und tragen Beine von unterschiedlicher Form und Funktion, die zwischen den Gruppen stark variieren. Crustaceen besitzen zwei Paar Antennen (Antennula und Antenna) und an den darauffolgenden Kopfsegmenten Mandibeln, die erste und die zweite Maxille und mindestens fünf Paar Anhänge. Bis auf die Antennula sind alle Extremitäten Spaltbeine, d. h., sie besitzen einen inneren und einen äußeren Ast, Endopodit und Exopodit.

Das harte Exoskelett schützt das Tier und muss, wie bei allen Arthropoden, gehäutet werden. Es gibt mehrere Larvenstadien, die sich innerhalb der Crustacea stark unterscheiden. Die Naupliuslarve, die den meisten Krebstieren gemeinsam ist, besitzt ein unpaares Auge und drei Paar Schwimmbeine. Die Anpassung an den parasitären Lebensstil variiert von Ektoparasiten, die frei lebenden Formen sehr ähnlich sind, bis hin zu Endoparasiten, die stark reduzierte oder keine Anhänge mehr besitzen. In diesem Abschnitt werden zwei Beispiele von „klassischen" parasitären Krebstieren vorgestellt, der Ektoparasit *Argulus* (Fischlaus) und die wirklich außerordentliche *Sacculina*, die nur noch in ihrem Naupliusstadium als Krebstier zu erkennen ist. Darüber hinaus werden die Pentastomiden, die jetzt auch zu den Crustacea gezählt werden, ausführlicher behandelt.

4.3.1 *Argulus foliaceus* – Karpfenlaus

Parasitische Copepoden von Fischen (Fischläuse) wurden in letzter Zeit mit der zunehmenden Bedeutung der Aquakultur immer bekannter, besonders bei Forelle und Lachs. Die Gattung *Argulus* findet man in der ganzen Welt. Sie ist ein Vertreter der Branchiura, der Fisch- oder Karpfenläuse (lat. „branchiae" = Kiemen, „urere" = verbrennen, entzünden), die innerhalb der Klasse Maxillopoda eine artenarme Unterklasse mit ca. 150 Arten bilden. Ihre Angehörigen leben als temporäre Ektoparasiten auf Fischen, fast nur des Süßwassers. Alle Entwicklungsstadien müssen Blut aufnehmen, das Weibchen auch zwischen den einzelnen Eiablagen; alle sind schwimmfähig und können zeitweise ihren Wirt verlassen.

Die gemeine Fischlaus oder Karpfenlaus *A. foliaceus* (Abb. 4.15) ist in gemäßigten Klimata Europas beheimatet, kommt aber auch weltweit in Aquarien und Fischteichen vor und ist zu einer echten Plage geworden. Sie wird hauptsächlich auf Karpfen, besonders an den Flossen und um die Flossenbasis herum gefunden, wo sie sich von Schleim und abgestorbenen Schuppen ernährt oder die Haut durchsticht, um Blut aufzunehmen. Adulte Weibchen verlassen den Wirt im Abstand von einigen Tagen, um bis zu 1000 Eier in 2–4 Schnüren auf festem Boden unter Wasser abzulegen. Ein Nauplius ist nicht vorhanden, aus dem Ei schlüpft bereits ein Copepoditstadium, das schon einen Carapax und alle Extremitäten des Adultus besitzt, wenn auch noch nicht in endgültiger Form. Nach zehn Häutungen wird das Tier geschlechtsreif. Die Entwicklung bis zum Adultus dauert 34–80 Tage.

A. foliaceus ist dorsoventral abgeflacht und 3–7 × 2,5–5 mm groß. Weibchen sind größer als Männchen. Der Cephalothorax wird von einem großen, scheibenförmigen Carapax bedeckt. Es gibt zwei Paar Antennen und ein Augenpaar. Die erste Maxille ist zu einem großen, runden und beweglichen Saugnapf umgebildet. Zwischen Augen und Saugnapf formen Labrum (Oberlippe) und Labium (Unterlippe) ein Mundrohr, aus dem ein Stachel ausgefahren werden kann. Ein Paar winziger Labialstacheln injiziert ein gerinnungshemmendes Enzym in die Wunde. Der Thorax trägt vier Paar Schwimmbeine. Der hintere Körper, das Urosom, besteht aus abgerundeten Lappen, die an ihren Rändern mit kleinen Stacheln besetzt sind.

Argulus ist in der freien Natur fast nie ein Problem, in Zuchtteichen können aber Hunderte bis Tausende von Karpfenläusen auf einem Fisch sitzen und durch Blutverlust und Beunruhigung zu Abmagerung oder Tod führen. Bei länger festsitzenden Parasiten reagiert die Haut mit ringförmigen Schleimhautwucherungen, die nekrotisieren oder, besonders im Bereich der Kiemen, verpilzen. Außerdem überträgt *Argulus* mehrere Viren und Bakterien, die Erreger von Fischkrankheiten sind.

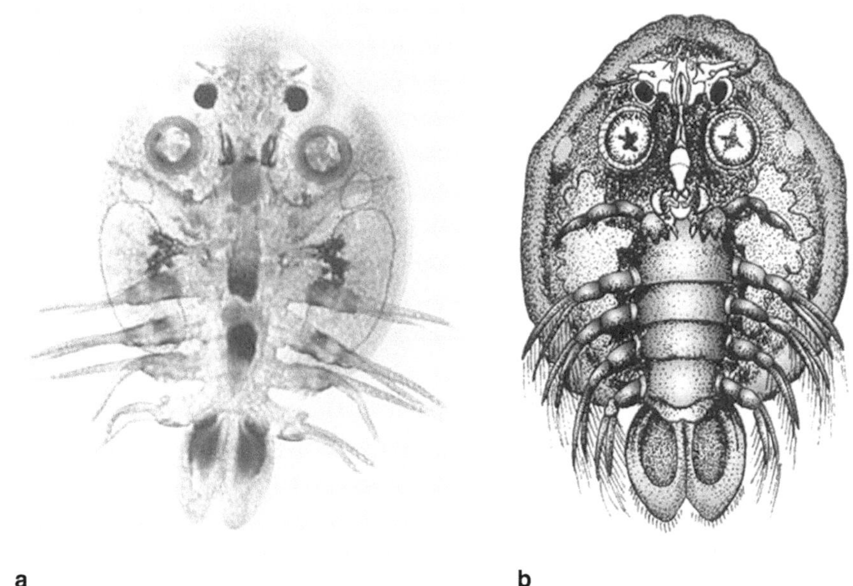

a   b

Abb. 4.15 *Argulus foliaceus*. **a** Dorsale Ansicht. **b** Ventrale Ansicht. (**a**: Foto: Chris Williams)

4.3.2 *Sacculina carcini*

Wie die Karpfenlaus gehört die merkwürdige *S. carcini* zu den Maxillopoda und innerhalb derer zu der Gruppe der Cirripedia (Rankenfußkrebse), die verwandt mit Entenmuscheln und Seepocken sind. Die Rhizocephala sind obligatorische Endoparasiten einer Vielzahl von Krebsen und weisen von allen Arthropoden die am weitesten gehende Anpassung an den Parasitismus auf. *S. carcini* ist ein kastrierender Parasit der Strandkrabbe *Carcinus maenas*, deren Populationen bis zu 50 % befallen sein können (s. auch Abschn. 1.2.2).

Die Infektion einer Strandkrabbe erfolgt durch eine weibliche Cyprislarve von *Sacculina* (Abb. 4.16). Diese heftet sich an eine Extremität des Wirtes und sucht nach einer dünnen Stelle der Kutikula am Grund einer Borste oder an einem Gelenk. Sie wirft dann Thorax und Extremitäten ab, während ihre inneren Strukturen sich umorganisieren und ein neues Organ, das Kentrogon, bilden. Dieses enthält einen hohlen Stachel, das Kentron, der sich durch die Kutikula des Wirtes bohrt und eine Ansammlung von Zellen, das Vermigon, in die Krabbe entlässt. Aus den Zellen des Vermigons bildet sich ein wurzelartiges, den gesamten Körper der Wirtskrabbe durchziehendes Geflecht, die Interna. Diese durchbricht am Abdomen die Kutikula und bildet unter der Schwanzklappe der Krabbe eine große, gelbweißliche, sackartige Vorwölbung, die Externa. Da sie sich an der Stelle befindet, wo nicht infizierte Krabbenweibchen ihre Eier tragen, löst sie beim Wirt Brutpflegeverhalten aus, d. h., sie wird gegen Feinde verteidigt und ihr wird frisches Wasser zugestrudelt. Männ-

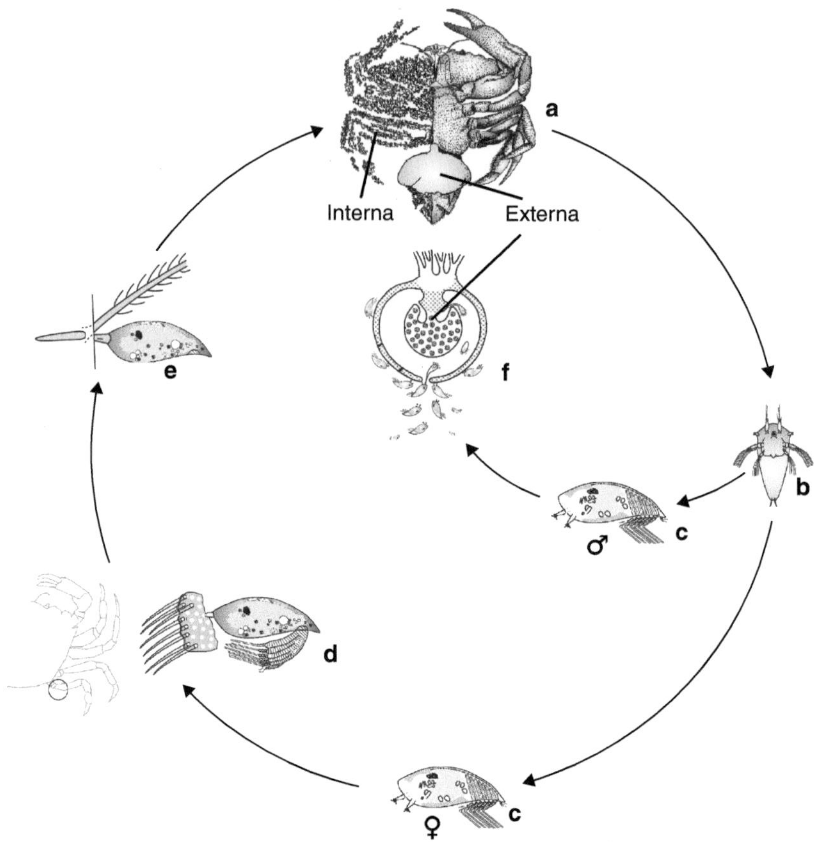

Abb. 4.16 Lebenszyklus von *Sacculina carcini*. **a** Infizierte Krabbe mit Interna und Externa. **b** Naupliuslarve. **c** Cyprislarven. **d** Cyprislarve mit sich entwickelndem Kentrogon. **e** Das Kentron durchbricht am Grund einer Borste die Kutikula, um Zellen („Vermigon") zu injizieren. **f** Junge Externa wird durch männliche Cyprislarven befruchtet

liche Krabben werden unter dem Einfluss des Parasiten auf das Hormonsystem des Wirtes feminisiert und dienen ebenfalls als Wirte. Die Externa enthält den Eierstock des endoparasitischen Krebses. Die Befruchtung erfolgt durch männliche Cyprislarven, die in die Externa eindringen und mit dem Eierstock verschmelzen. Aus den befruchteten Eiern entstehen Naupliuslarven, die sich zu weiblichen und männlichen Cyprislarven weiterentwickeln.

4.3.3   Pentastomida – „Zungenwürmer"

- Obligate Parasiten des Respirationstraktes von Wirbeltieren, bes. von Reptilien
- Getrenntgeschlechtlich, Weibchen größer als Männchen
- Heteroxener Lebenskreislauf
- Zwischenwirte sind Invertebraten und Vertebraten

Pentastomiden oder „Zungenwürmer" haben eine wurmförmige Gestalt, gehören aber zu den Arthropoden. Ihre mitochondriale DNA und der Bau von Spermien zeigen eine nahe Verwandtschaft mit den Branchiuren (Crustacea), sodass sie heute als mit diesen gleichwertiges Taxon aufgefasst werden, auch wenn sie morphologisch sehr unterschiedlich sind. Bei den Pentastomiden (gr. „penta" = fünf, „stoma" = Mund, wegen der Gestalt ihrer Larven) sind keine frei lebenden Arten beschrieben. Man geht deshalb davon aus, dass die parasitische Lebensweise bei ihnen zu extremen Abwandlungen geführt hat.

Biologie und Entwicklung   Alle Zungenwürmer bewohnen den Respirationstrakt ihrer fleischfressenden Wirbeltierwirte. Rund 90 % der ca. 110 Arten kommen in Reptilien, überwiegend Schlangen vor, die wenigen anderen Arten leben in Amphibien, Vögeln und Säugern. Die Adulti können je nach Art eine Länge von wenigen Millimeter bis 15 cm erreichen. Ihre Oberfläche ist meist geringelt, wobei die Ringelung aber nicht einer inneren Segmentierung entspricht. Sie verankern sich mit zwei Paaren von Haken, die manchmal auf warzenartigen Fortsätzen sitzen (Abb. 4.17b), im Gewebe des Wirtes. In der Regel sind die Lebenskreisläufe der Pentastomiden heteroxen, manche Arten haben aber eine direkte Entwicklung oder sind so flexibel, dass beide Optionen bestehen.

Die meist in riesigen Zahlen im Uterus der Pentastomiden heranreifenden Eier werden mit Nasenauswurf, Speichel oder Kot ausgeschieden und enthalten bei Ablage ein Jugendstadium, dessen Habitus entfernt an Tardigraden (Bärtierchen) erinnert (Abb. 4.17f). Das Ei (Abb. 4.17e) muss vom Zwischen- oder Endwirt oral aufgenommen werden, die „Primärlarve" schlüpft und durchdringt den Darm. Bei den darauffolgenden Larvenstadien verändern sich alle Körperstrukturen. Pentastomiden zeigen eine bemerkenswerte Plastizität der Entwicklung, sogar innerhalb einer Gattung. Allein im artenreichen Genus *Raillietiella,* das Parasiten von Echsen in tropischen und subtropischen Gebieten enthält, kommen Lebenskreisläufe vor, die Insekten, Amphibien oder Reptilien als obligatorische Zwischenwirte einschließen, sowie Zyklen mit zusätzlichen Autoinfektionen. In Insektenzwischenwirten sind die Pentastomidenlarven von lockeren Hämozytenansammlungen, in Vertebratenzwischenwirten von Bindegewebe eingekapselt. Alle Häutungen finden darin statt. Erst die infektiöse letzte Larve befreit sich aus der Hülle. Beim Nasenwurm des Hundes, *Linguatula serrata,* kriecht sie als „Wanderlarve" in Bauch- und Brusthöh-

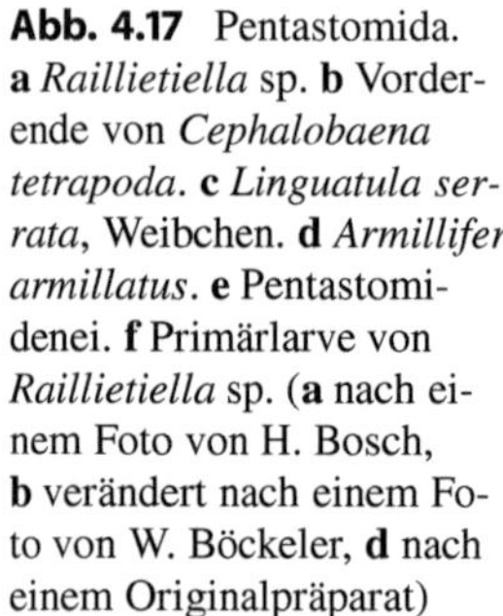

Abb. 4.17 Pentastomida.
a *Raillietiella* sp. **b** Vorderende von *Cephalobaena
tetrapoda*. **c** *Linguatula serrata*, Weibchen. **d** *Armillifer
armillatus*. **e** Pentastomi-
denei. **f** Primärlarve von
Raillietiella sp. (**a** nach einem Foto von H. Bosch,
b verändert nach einem Foto von W. Böckeler, **d** nach
einem Originalpräparat)

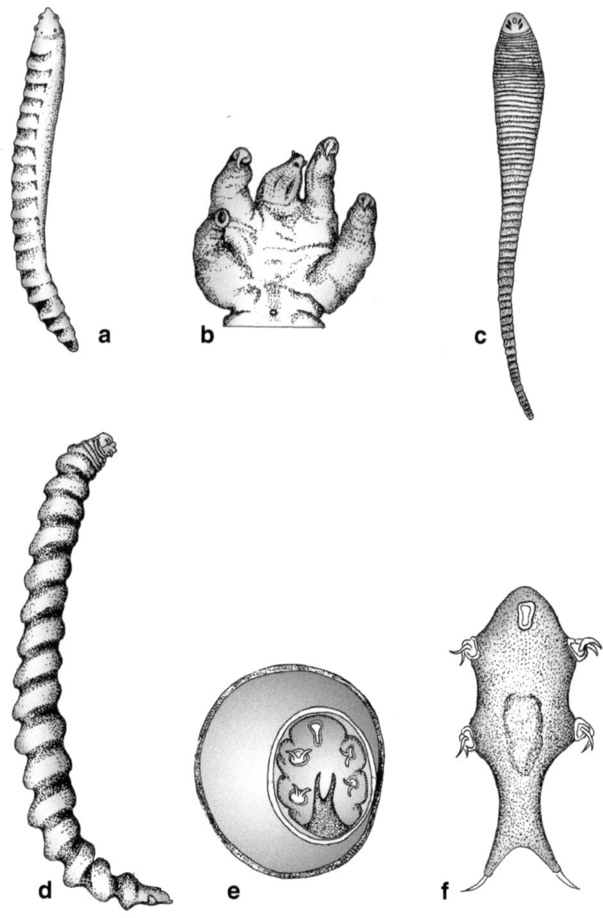

le des Wiederkäuerzwischenwirts umher. Die Infektionslarve erreicht den Endwirt,
wenn der Zwischenwirt gefressen wird. Im Endwirt finden weitere Häutungen und,
oft lange bevor die letzte Häutung erfolgt ist, die Kopulation statt. Die Präpatenzzeit
ist meistens mehrere Monate, die gesamte Lebensdauer mehrere Jahre lang.

Morphologie Die weißen, gelblichen oder roten Parasiten sind lang gestreckt und
entweder drehrund oder dorsoventral abgeflacht. Die flachen Formen mit verbrei-
tertem Vorderende haben zu dem nicht mehr benutzten Namen Linguatuliden (lat.
„lingua“ = Zunge) geführt. Die Länge reicht von wenigen Millimetern bis 14 cm.
Der Körper ist deutlich oder undeutlich zweigeteilt. Der sehr kurze vordere Teil
trägt jederseits der Mundöffnung zwei Paar in Hakentaschen gebildete einspitzi-
ge Krallen. Bei manchen Arten wird durch Mund und Hakentaschen der Eindruck
von fünf Öffnungen erweckt, was zum heute gültigen Namen (gr. „pénte“ = fünf,
„stóma“ = Mund) führte. Bei *Cephalobaena tetrapoda* (Abb. 4.17b) befinden sich

Krallen und Mundöffnung auf fingerförmigen Fortsätzen, sodass der Vorderkörper wie eine Hand aussieht.

Der lange Hinterkörper ist äußerlich meistens sehr fein und eng geringelt (Abb. 4.17c). Bei der Gattung *Armillifer* (Abb. 4.17d) bestehen die Ringe aus wenigen Wulsten. Der Hinterkörper enthält den Darm und die Gonaden. Der Darm mit kutikularisiertem Anfangs- und Endteil zieht von der Mundöffnung bis zum After an der hinteren Körperspitze. Die Gonaden liegen über dem Darm. Im weiblichen Geschlecht bestehen sie aus einem unpaaren Ovar, Ovidukt, paarigen *Receptacula seminis* und dem Uterus. Der männliche Geschlechtsapparat enthält meist einen großen Hoden (zwei bei *Linguatula*), Samenblase, paarige Ejakulationsbulbi und einen paarigen Begattungsapparat mit Spiculum und Zirrus. Ein Zirkulations-, Respirations- und ein erkennbares Exkretionssystem fehlen. Der Hautmuskelschlauch ist von einer mehrschichtigen Kutikula umgeben. Auf Papillen liegende Sinnesorgane sind neben der Mundregion und an der männlichen Geschlechtsöffnung sichtbar. Die Eier sind rundlich und entweder dickschalig (Abb. 4.17e) oder mit breiter Hyalinschicht.

Schadwirkungen Die meisten Berichte über Schädigungen durch Adulti betreffen Labor- oder Zoohaltungen, wo sich über monoxene Entwicklung starke Parasitenbürden bei Reptilien aufbauen können. Gefäßverletzungen und deutlich runde Narben des Lungengewebes mit erhabenem Rand sind Zeichen früherer Ansitzstellen. Häufig als Naturherdinfektion anzutreffen ist *Linguatula serrata*. In manchen Regionen der Türkei sind 53 % der Hunde infiziert. Die bis zu 13 cm langen graviden Weibchen verursachen in den Nasenhöhlen durch Gewebezerstörung Reizungen und bakterielle Sekundärinfektionen mit sehr schmerzhaften Folgen. Die Tiere zeigen wässrigen, manchmal blutigen Ausfluss, niesen heftig und reiben sich ständig die Nase. Hier täuschen Sekretionsprodukte der Parasiten, von denen stationäre Larven und Adulti membranös eingehüllt sind, pathologisch gewuchertes Wirtsgewebe vor und üben wahrscheinlich eine immunsuppressive Wirkung aus. Bei gelegentlichen Infektionen des Menschen mit *L. serrata* kommt es zwar zum Ansitz im oberen Respirationstrakt, meistens aber nicht zur Geschlechtsreife. Die Symptome sind ähnlich wie beim Hund, erlöschen aber nach einiger Zeit, da die Parasiten nach und nach ausgestoßen werden.

Juvenilstadien in Säugetierzwischenwirten können mehr oder weniger schwere Krankheitserscheinungen hervorrufen, so bei der Gattung *Armillifer*, die im Adultzustand in den Lungen afrikanischer Schlangen parasitiert, z. B. der Gabunviper. Die Jugendstadien liegen, bindegewebig eingekapselt, vor allem in der Leber von Beutetieren der Schlangen. Bei Menschen kann die Aufnahme von Eiern zu viszeraler Pentastomidose führen, die Aufnahme von Infektionslarven zu einem Befall des Nasen- und Rachenraums.

4.3.4   Kontrollfragen zum Verständnis

1. In welche Körperabschnitte sind die meisten Crustacea gegliedert?
2. Was ist *Argulus foliaceus* und bei wem parasitiert er?
3. Was ist die Nahrung von *Argulus foliaceus*?
4. Woran ist bei *Sacculina carcini* die Zugehörigkeit zu Krebsen erkennbar?
5. Bei wem parasitiert *Sacculina carcini*?
6. Wie heißt das von außen sichtbare Stadium von *S. carcini* und was stellt es dar?
7. Bei wem parasitieren Pentastomiden?
8. Welches Organ besiedeln Pentastomiden?
9. Welche Zwischenwirte haben Pentastomiden?
10. Welche Schadwirkungen haben Pentastomiden?

4.4   Insecta – Insekten

- Körper (gewöhnlich sichtbar) unterteilt in Kopf, Thorax und Abdomen
- Kopf mit einem Paar von Antennen, Mandibeln und Maxillen
- Drei einästige Beinpaare am Thorax
- Oft zwei Paar Flügel (am Mesothorax und Metathorax)
- Entwicklung entweder unvollständige oder vollständige Metamorphose

Zur Klasse der Insekten oder Hexapoden zählen >1,8 Mio. Arten. Die meisten parasitisch lebenden Insekten sind Blutsauger (hämatophag), es gibt aber auch Insekten, deren Larven als echte Endoparasiten leben, wie z. B. die der Dasselfliegen. Der Name Insecta (lat. „insectum" = eingeschnitten) weist auf die „Einschnitte" hin, welche die Tagmata Kopf, Thorax und Abdomen voneinander trennen. Der Name Hexapoda bezieht sich auf die sechs Beine. Zu den Insekten gehören die primär flügellosen Collembola (Springschwänze), Protura, Diplura und Archaeognatha. Die Mehrzahl der Taxa besitzt aber Flügel am Thorax, die allerdings sekundär verloren gehen können. Der Erfolg der Insekten beruht einerseits auf Merkmalen, die sie mit anderen Arthropoden teilen, wie z. B. der Besitz eines Exoskeletts, während die Entwicklung des Fluges eine spezifische Errungenschaft dieser Gruppe ist. Von großer Bedeutung sind parasitische Insekten auch, da sie zahlreiche Krankheiten erregende Viren, Bakterien, Protozoen und Helminthen übertragen. Von einigen Ausnahmen abgesehen werden Erreger nur von blutsaugenden Insekten übertragen. Dabei können zweierlei Mechanismen unterschieden werden: erstens die mechanische Transmission, bei der die nur äußerlich an den Mundwerkzeugen anhaftenden Erreger in einen neuen Wirt gelangen (Bremsen, einige Fliegen), und zweitens die zyklisch alimentäre Transmission, bei der die Erreger mit aus Blut, Lymphe oder Zellflüssigkeit bestehender Nahrung (lat. „alimentum") aufgenommen werden, im

Insekt einen Teil ihres Lebenszyklus durchlaufen und sich dort vermehren (z. B, in Läusen, Flöhen, Mücken, Tsetsefliegen).

4.4.1 Entwicklung

Eine wichtige Eigenschaft der Insekten ist die Metamorphose, die in zwei Ausprägungen auftritt: Unvollständig (hemimetabol) und vollständig (holometabol). Die Jugendstadien der hemimetabolen Insekten haben noch keine Flügel und keine äußeren Geschlechtsorgane, gleichen aber den Adulti, haben denselben Lebensraum und haben die gleichen Nahrungs- und Fressgewohnheiten wie die Imagines. Wichtig ist, dass das frisch aus dem Ei geschlüpfte Jugendstadium z. B. der Kleiderlaus oder einer blutsaugenden Wanze bereits dasselbe Überträgerpotenzial hat wie die Imago. Die Jugendstadien der hemimetabolen Insekten werden oft als Nymphen bezeichnet. Bei den holometabolen Insekten dagegen wird nach mehreren echten Larvenstadien während einer Metamorphose ein Ruhestadium, die Puppe, gebildet, das meistens unbeweglich ist und keine Nahrung aufnimmt. Aus der Puppe geht das erwachsene Insekt hervor. Larven, Puppe, Imago der Holometabola unterscheiden sich nicht nur im Aussehen; auch Nahrung, Nahrungserwerb und Lebensraum sind anders als bei den Imagines. Die Flohlarve etwa ernährt sich von vertrocknetem Blut und Kleinorganismen, während die Adulti an Warmblütern Blut saugen.

4.4.2 Systematik

Die Phylogenie, und damit auch die Systematik der Insekten, ist noch immer Gegenstand der Forschung und es gibt kein übereinstimmend akzeptiertes System. Die ersten Insekten waren die flügellosen Apterygota, die als Parasiten nicht relevant sind. Die größte Gruppe, die Fluginsekten oder Pterygota, haben Flügel und beinhalten Gruppen, die bei Wirbeltieren Blut saugen oder an anderen Wirbellosen parasitieren, wie z. B. die Diptera (zweiflügelige Fliegen) oder Hymenoptera (Hautflügler; Biene, Ameisen, Wespen). Viele dieser Hymenoptera, besonders die zahlreichen parasitischen Wespen, werden als Parasitoide und nicht als „Parasiten" bezeichnet, da sie ihren Wirt töten. Sie werden in diesem Buch nicht behandelt. Die ursprünglichsten Fluginsekten sind die Palaeoptera, die die Flügel nicht über dem Abdomen zusammenfalten können. Hierzu gehören die Ephemeroptera (Eintagsfliegen) und Odonata (Libellen). Ihnen folgen die Neoptera (Tab. 4.4), die buchstäblich neue Flügel besitzen, die über dem Abdomen zusammengefaltet werden können (mit der Ausnahme von Schmetterlingen und Motten). Das erste große Taxon der Neoptera, die Exopterygota (Hemimetabola), enthält Insekten mit unvollständiger Metamorphose, unter anderem Thripse (hier nicht behandelt), Läuse und Wanzen. Die Endopterygota oder Holometabola weisen eine vollständige Metamorphose mit einem Puppenstadium in ihrer Entwicklung auf. In diese Gruppe gehören Flöhe und Dipteren.

Tab. 4.4 Parasitologisch relevante Taxa der Neoptera

		Andere Namen
Exopterygota		Hemimetabola
Phthiraptera		Tierläuse
	Amblycera	Haftfußmallophagen
	Anoplura	Echte Läuse
	Rhynchophthirina	Elefantenläuse
	Ischnocera	Kletterfußmallophagen
Hemiptera		Schnabelkerfe
	Heteroptera	Wanzen
	– Reduviidae	Raubwanzen
	– Cimicidae	Plattwanzen
	– Polyctenidae	Fledermauswanzen
Endopterygota		Holometabola
	Siphonaptera	Flöhe
	Diptera	Zweiflügler

4.4.3 Morphologie

Bei den hemimetabolen Insekten gleichen die Jugendstadien, als Nymphen bezeichnet, den Imagines bis auf die zunächst fehlenden Flügelanlagen und die äußeren Geschlechtsmerkmale. Im Gegensatz dazu besitzen die holometabolen Insekten je nach Gruppe sehr unterschiedliche Larvenstadien mit beißend-kauenden Mundwerkzeugen. Flöhe und Zweiflügler haben apode Larven (griech. „a-" = ohne, „pūs" = Fuß, Bein) ohne gegliederte Extremitäten. Sie sind eucephal (griech. „eu" = gut ausgeprägt, „kephalē" = Kopf) mit deutlich ausgeprägter und stark sklerotisierter Kopfkapsel bei Flöhen und niederen Dipteren (Nematoceren). Die höheren Dipteren (Brachyceren) haben acephale Larven mit reduzierter, oft eingezogener Kopfkapsel („Maden"). Larven können polypod sein und drei Paar Thorakalbeine und zwei bis fünf Paare von abdominalen Stummelbeinen haben, wie Käfer und Schmetterlinge. Auch einige Dipterenlarven, z. B. von Kriebelmücken, haben solche auffälligen abdominalen Stummelbeine.

Die Puppen der Holometabolen treten in drei Formen auf: die *Pupa exarata*, bei der die Körperanhänge unbeweglich und nicht mit dem Körper verklebt sind. Bei der *Pupa obtecta* sind die Körperanhänge durch erhärtete Exuvialflüssigkeit am Körper festgeklebt. Die *Pupa coarctata* ist von der Kutikula des vorigen Stadiums, dem Puparium umgeben.

Die **Imagines** bestehen aus den drei Tagmata Kopf, Thorax und Abdomen. Der adulte Kopf trägt Komplexaugen, Mundwerkzeuge und ein Fühlerpaar. Die ursprünglichen Mundwerkzeuge sind vom beißend-kauenden Typ (Abb. 4.18a) und bestehen aus einem oberen unpaaren Labrum (Oberlippe), paarigen Mandibeln, die zum Kauen verwendet werden, dem Hypopharynx, der aus der Basis des Labiums hervorgeht und beim Bewegen der Nahrung hilft, und paarigen Maxillen mit einem inneren Anhängsel (Lacinia) und der äußeren Galea. Den Boden der Mundhöhle bildet das Labium. Außerdem gibt es maxilläre Palpen, die zum Tasten genutzt

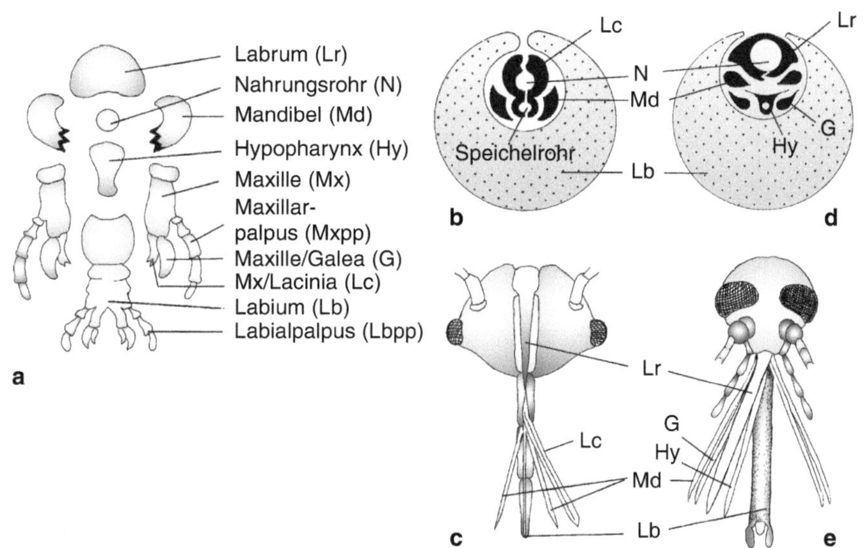

Abb. 4.18 Mundwerkzeuge von Insekten. **a** Schema beißend-kauender Mundwerkzeuge. **b** Wanze. Querschnitt. **c** Wanze von vorn. **d** Stechmücke, Querschnitt. **e** Stechmücke von vorn

werden. Diese Mundwerkzeuge sind bei blutsaugenden Insekten stark modifiziert und bilden einen schmalen Rüssel, der in den verschiedenen Gruppen aus unterschiedlichen Teilen zusammengesetzt ist, aber immer dazu dient, in die Wirtshaut einzustechen. So ist z. B. bei den Wanzen die Lacinia für das Einstechen verantwortlich und formt dazu zwei Röhren für Blut und Speichel (Abb. 4.18b, c). Mücken hingegen saugen mit einem hohlen Labrum Blut und injizieren den Speichel über den Hypopharynx (Abb. 4.18d, e), während der Einstich von dünnen Mandibeln und der maxillären Galea gemacht wird (Abb. 4.18e). Diese Mundwerkzeuge sind umgeben und geschützt von einem starken Labium, das nicht in die Haut des Wirtes eindringt.

Der Thorax besteht aus den drei Segmenten Pro-, Meso- und Metathorax mit Dorsalplatten, dem Pro-, Meso- und Metanotum. Jedes Segment trägt ein Paar Beine, die aus fünf Abschnitten bestehen, von der Basis zur Spitze: Coxa, Trochanter, Femur, Tibia, Tarsus. Außerdem enthält der Thorax kräftige Bein- und eventuell Flugmuskulatur. Zwei Flügelpaare setzen an Meso- und Metathorax an, wenn sie nicht als sekundäre Anpassung an den Parasitismus verloren gegangen sind, wie bei Läusen, Flöhen und manchen Lausfliegen. Bei den Diptera ist das zweite Flügelpaar zu Schwingkölbchen (Halteren) umgewandelt, d. h. stummelförmigen, gyroskopartigen Strukturen, die das Insekt über seine Position während des Fluges informieren. Das Abdomen enthält den Hauptteil der Verdauungs- und die Geschlechtsorgane.

4.4.4　Anpassungen an die blutsaugende Lebensweise

Insekten saugen Blut auf zwei unterschiedliche Weisen: Die Kapillarsauger stechen mit langen, dünnen Mundwerkzeugen relativ gezielt Kapillaren an und nehmen ausschließlich Blut auf (z. B. Mücken, Tsetsefliegen). Die Poolsauger verletzen mit breiten, gezähnten oder mit Stacheln versehenen Mundwerkzeugen die Haut (Bremsen, Gnitzen, Sandmücken, Kriebelmücken) und saugen den in der Wunde zusammenlaufenden Sumpf (engl. = „pool") aus Zellflüssigkeit, Lymphe und Blut auf. Der Darm (Abb. 4.19) setzt sich zusammen aus dem ektodermalen, d. h. chitinös ausgekleideten Vorder- und Enddarm (die beide mit gehäutet werden müssen) und dem entodermalen Mitteldarm mit einem Epithel, an das sich Parasiten auf verschiedenste Weise anheften. Der Mitteldarm beginnt mit einer Epithelduplikatur, der *Valvula cardiaca*, an der sich bei vielen Insekten die den Mitteldarm auskleidende peritrophische Membran ausbildet.

Besonders erwähnt sei der bei den niederen Diptera (Nematocera = Mücken) zum Vorderdarm gehörende Kropf, der oft mit einem langen, ins Abdomen reichenden und dort unter dem Mitteldarm liegenden Blindsack versehen ist. Von den Weibchen aufgenommenes Blut wandert in den Mitteldarm, während zuckerreicher Nektar in den Kropf geleitet wird, der als eine Art Tank fungiert und Zucker in den Darm immer dann abgibt, wenn er benötigt wird. Bei Tsetsefliegen speichert dieses Kropf unverdautes Blut.

Die **peritrophische Membran** (griech. „perí" = herum, „trophé" = Nahrung), besser als peritrophische Matrix bezeichnet, ist eine nichtzelluläre, chitinhaltige Schicht des Mitteldarms, die dem Schutz des Darmepithels dient und unverdaute Nahrungsanteile pelletiert. Sie stellt außerdem wegen ihrer extrem feinen Struktur für viele Parasiten eine schwer zu überwindende Barriere dar. Sie entsteht im Wesentlichen durch zwei Modi: Beim Typ I (Imagines blutsaugender Nematoceren) wird bei jeder neuen Blutaufnahme vom Darmepithel auf ganzer Länge des Mitteldarms eine Flüssigkeit abgegeben, die dann kondensiert. Sie hüllt den Blutbolus ein und löst sich später wieder auf. Beim Typ II (Dipterenlarven und Imagines der Cyclorrhapha) wird die peritrophische Membran kontinuierlich und schon vor Be-

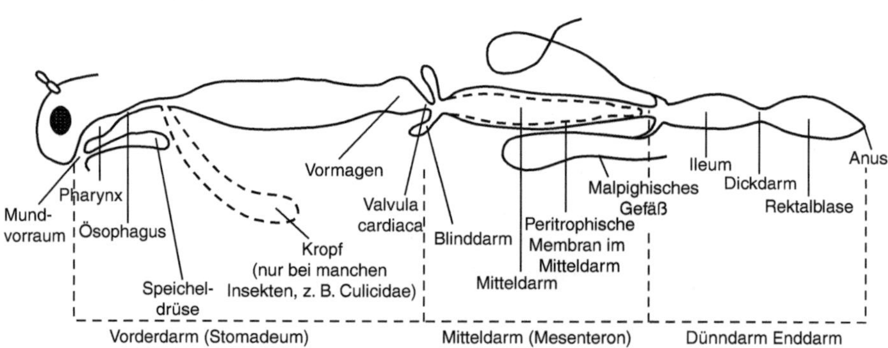

Abb. 4.19　Der Verdauungskanal von Insekten

ginn der Blutmahlzeit in der *Valvula cardiaca* gebildet und liegt zunächst als kurzer, erst allmählich länger werdender Sack vor. Eine peritrophische Membran fehlt bei Flöhen, etlichen Läusen und den meisten Wanzen.

Im Übrigen ist Blut eine unvollständige Nahrung für Wachstum und Reproduktion. Hemimetabole hämatophage Insekten brauchen daher Symbionten, von denen lebensnotwendige Zusatzstoffe geliefert werden. Meistens sind es Bakterien, die in bestimmten Zonen des Darms oder in spezialisierten Zellbereichen, den Myzetomen, zu finden sind, von denen aus sie bei der Eibildung auf die Nachkommenschaft weitergegeben werden. Da holometabole hämatophage Insekten die benötigten Substanzen während der Larvalphase aus der völlig anderen Nahrung aufnehmen, brauchen sie meist keine Symbionten.

4.4.5 Immunbiologie von Insektenstichen

Hämatophage Insekten injizieren bei der Blutmahlzeit eine Vielzahl gerinnungshemmender, schmerzstillender, gefäßerweiternder und immunmodulierender Substanzen. Diese Produkte entfalten nicht nur pharmakologische Wirkungen, sondern induzieren auch gleichzeitig Immunreaktionen und sind das Ziel von Abwehrmechanismen. Nur in seltenen Fällen sind solche Immunantworten aber schützend und viele Kurzzeitsauger (z. B. Stechmücken) unterlaufen die Zeitspanne bis zur Auslösung der ersten Immunreaktionen, sodass sie von einer eventuell wirksamen Wirtsabwehr wohl nicht wesentlich gestört werden.

Bei häufiger Exposition verändern sich die Wirtsreaktionen im Verlauf der Zeit in typischer Weise. Wenn Individuen kontinuierlich immer wieder gestochen werden, treten zu Anfang des Befalls meist keine, dann aber relativ heftige Reaktionen auf, die nachfolgend abflauen und schließlich in eine Reaktionslosigkeit übergehen können. Ein gutes Beispiel sind Personen in Gegenden mit sehr hohen Dichten an Stechmücken (z. B. Lappland), die zu Anfang sehr unter der Mückenplage leiden, nach monatelangen häufigen Stichen aber schließlich nicht mehr bemerken, dass sie gestochen werden. Die Veränderung des Reaktionsmusters zeigt typischerweise folgenden Ablauf:

1. Induktionsphase (mehrere Tage bis Wochen), es treten noch keine Immunreaktionen auf.
2. Überempfindlichkeitsreaktionen vom verzögerten Typ, es entwickeln sich massive Zellinfiltrate innerhalb von 24–48 h nach dem Stich.
3. Überempfindlichkeitsreaktionen vom Soforttyp, es entwickeln sich Juckreiz, Schwellung und eine lokale Eosinophilie innerhalb von 20 min, gefolgt von einer Überempfindlichkeitsreaktion vom verzögerten Typ.
4. Reine Überempfindlichkeitsreaktionen vom Soforttyp, nur kurz andauernd.
5. Reaktionslosigkeit.

Die Überempfindlichkeitsreaktionen vom verzögerten Typ gehen zurück auf eine Sensibilisierung von T-Zellen durch Speichelantigene. Gedächtnis-T-Zellen, die bei wiederholtem Kontakt durch spezifisches Antigen stimuliert werden, produzieren Zytokine, die ihrerseits zur Rekrutierung und Aktivierung verschiedener Leukozyten führen. Es resultieren Granulome, die sich als verhärtete, schmerzende Bereiche in der Haut darstellen und erst im Verlauf mehrerer Tage oder sogar Wochen wieder auflösen.

Eine wiederholte Exposition führt unter anderem zur Bildung spezifischer IgE-Antikörper, die Überempfindlichkeitsreaktionen vom Soforttyp ermöglichen, den „allergischen Reaktionen" im engeren Sinne. Hier schütten durch IgE sensibilisierte Basophile oder Mastzellen nach Antigenkontakt Substanzen aus, welche die Gewebspermeabilität erhöhen (z. B. Histamin) sowie Entzündungszellen chemotaktisch anlocken und aktivieren. Es entwickeln sich Schwellung, Rötung und Juckreiz sowie ein Zellinfiltrat. Die Reaktion kann auf die Umgebung des Stiches beschränkt bleiben (Papelbildung), es kann aber auch zu einer systemischen Reaktion bis hin zum anaphylaktischen Schock kommen. Nach langer Exposition kann eine Reaktionslosigkeit einsetzen, deren Ursachen noch nicht exakt bekannt sind.

4.4.6 Phthiraptera – Tierläuse

- Obligate, stationäre, streng wirtsspezifische Ektoparasiten
- Hemimetabol
- sekundär flügellos
- drei Jugendstadien
- Eier (Nissen) werden an Haare oder Federn geklebt

Die Ordnung der Phthiraptera (griech. „phtheíro" = beschädigen, „ápteros" = flügellos), im Deutschen zur Unterscheidung von Blattläusen als Tierläuse bezeichnet, enthält sekundär flügellose, hemimetabole, permanente Ektoparasiten von Vögeln und Säugetieren. Die Ordnung ist nicht monophyletisch, sondern es gab innerhalb der frei lebenden Psocodea (Staub- oder Rindenläuse und Tierläuse) mehrere Übergänge zum Parasitismus. Der Körper der Tierläuse ist dorsoventral abgeplattet, die Fühler sind wenigliedrig. Die drei Segmente des Thorax sind mehr oder weniger verschmolzen. Die Beine enden in Klauen, die spezialisiert und genau an das Wirtshaar oder die -feder angepasst sind. Das Abdomen hat neun deutlich abgegrenzte Segmente. Komplexaugen fehlen oder sind stark rückgebildet. Ocellen sind nicht vorhanden. Die an Haar oder Fell festgeklebten Eier sind of charakteristisch gemustert und tragen einen skulpturierten Deckel (Operzulum) mit Mikropylen (winzigen Atemlöchern). Durch sie hindurch saugt die schlupfbereite Larve Luft an und sprengt damit das Operzulum ab. Es gibt drei Nymphenstadien. Symbionten, die bei Arthropoden mit ausschließlicher Blutnahrung notwendig sind, werden transovariell mit den Eiern auf die nächste Generation übertragen.

Systematik Die herkömmliche Einteilung der Phthiraptera in Mallophaga (Haar- oder Federlinge), Anoplura (echte Läuse) und Rhynchophtirina (Elefantenläuse) gilt heute nicht mehr. Vielmehr setzen sich die „Mallophagen" aus zwei monophyletischen Gruppen zusammen, den Amblycera (Haftfußmallophagen) und den für fortschrittlicher gehaltenen Ischnocera (Kletterfußmallophagen). Das bedeutet, dass innerhalb der Phthiraptera vier gleichwertige Unterordnungen existieren.

4.4.6.1 „Mallophagen" – Federlinge, Haarlinge

Die Federlinge oder Haarlinge (engl. „biting lice") haben ihre größte Artenvielfalt auf Vögeln erreicht, bei denen rund 3000 Arten auftreten. Dagegen gibt es nur etwa 300 Arten, die im Haarkleid von Säugtieren leben. Zu den Säugetieren, die keine Haarlinge beherbergen, gehören Mensch, Winterschläfer (zu kalt!), Schwein, Nager, Maulwurf und Fledermäuse. Die früheren „Mallophagen" (gr. „mallos" = Wolle, „phagein" = fressen) bestehen aus zwei distinkten Gruppen, den Amblycera (Haftfußmallophagen) und den Ischnocera (Kletterfußmallophagen). Weil es zwischen beiden viele Gemeinsamkeiten gibt, werden sie hier gemeinsam besprochen.

Beide Gruppen parasitieren Vögel und Säuger; 57 % der Arten der Amblycera befallen Säuger und 43 % Vögel; 13 % der Ischnocera parasitieren Säuger und 87 % Vögel. Beide Gruppen sind streng wirtsspezifisch und oft an bestimmte Körperpartien ihrer Wirte angepasst. Die Ischnocera fressen vor allem an den flaumigen Bereichen der Federn oder an weichem Fell und sind ortsspezifisch. Im Gegensatz dazu sind die Amblycera weniger spezialisiert und mobiler, sie fressen an Federn, Talgdrüsen und nehmen manchmal auch Blut auf mittels zum Schneiden modifizierter Madibeln. Außerhalb des Wirtes können die Parasiten höchstens einige Stunden leben. Um nicht abgestreift zu werden, haken sich besonders die Ischnocera mit ihren Madibeln, die eine Riffelung an ihrem inneren Rand aufweisen, auf dem Wirt fest. Diese Riffelung passt exakt zur Mikrostruktur der Federn oder zu den Haaren des Wirtes. Viele Vögel bewohnende Arten werden von parasitischen Fliegen oder weniger häufig von anderen Insekten von Wirt zu Wirt übertragen (Phoresie), indem sie sich auf diesen festhaken. Der Übergang von einem zum anderen Wirt kann auch durch engen Körperkontakt erfolgen. So besitzt z. B. der Kuckuck nicht die bei seinen Zieheltern auftretenden Federlinge, sondern hat drei eigene Mallophagenarten, die er erst im adulten Zustand bei der Paarung erwirbt.

Entwicklung Die hemimetabole Entwicklung mit ihren drei Häutungen dauert je nach Art 18–37 Tage. Alle Stadien ernähren sich in der Regel von Feder- oder Haarsubstanz, die abgebissen wird. Bei den Amblycera gibt es einige Arten, die ausschließlich oder zusätzlich Blut und Serum aufnehmen. Parthenogenetische Vermehrungsweise ist von der Gattung *Bovicola* bekannt.

Morphologie Mallophagen messen zwischen 0,8–1,4 mm. Im Unterschied zu den Anoplura

- ist der Kopf mindestens so breit wie der Thorax,
- bestehen die Mundwerkzeuge aus beißend-kauenden Mandibeln (Abb. 4.20e),

- sind Meso- und Metathorax häufig verschmolzen,
- bilden die zehn Segmente des Abdomens fast immer eine mehr oder weniger glattrandige Kontur.

Viele Ischnocera sind lang gestreckt und schmal (Abb. 4.20a), was sie in der Vogelfeder vielleicht vor dem Putzen schützt. Bei manchen Arten wirkt der Kopf wegen innerer Kutikularversteifungen auf Höhe der Antennen zweigeteilt. Die Männ-

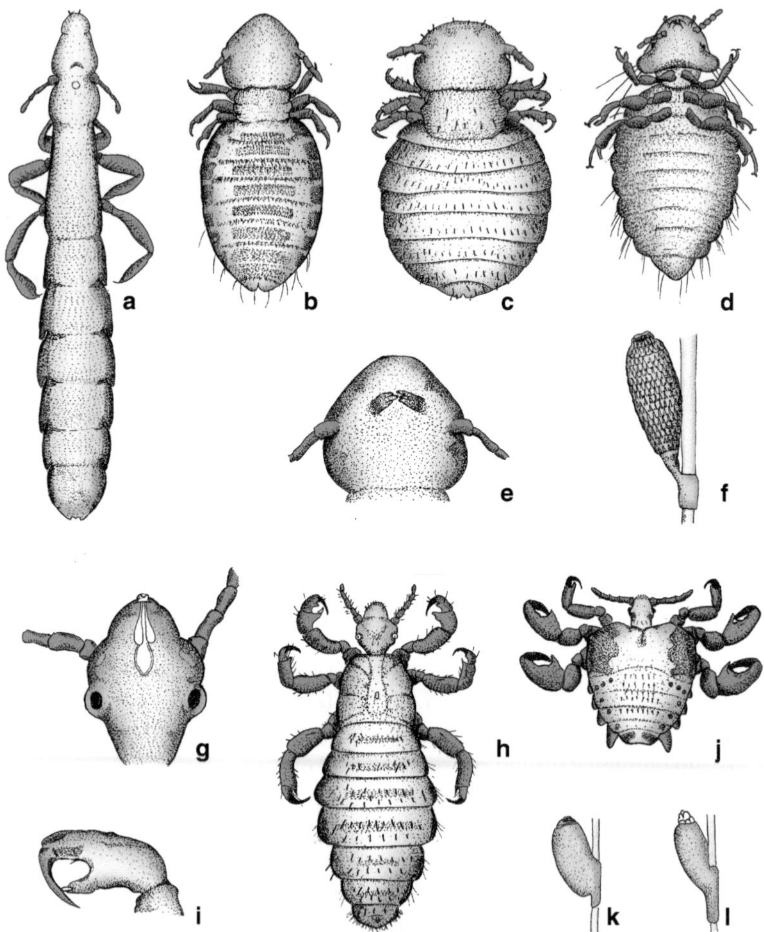

Abb. 4.20 Phthiraptera. **a–c** „Mallophagen" Ischnocera: **a** *Columbicola columbae*. **b** *Bovicola bovis*. **c** *Trichodectes canis*. **d** *Menopon gallinae* (Amblycera). **e** Kopf einer Ischnocere von dorsal mit den durchscheinenden Mandibeln. **f** Ei von *Trimenopon hispidus* des Meerschweinchens. **g–l** Anoplura: **g** Kopf einer Laus mit durchscheinenden Mundwerkzeugen (stechend-saugend). **h** *Pediculus humanus*. **i** Klammerapparat der Beine aus Tibia und dem dornartigen Tarsus. **j** *Pthirus pubis*. **k** Ei von *P. h. capitis*. **l** Ei von *P. pubis*

chen sind kleiner als die Weibchen. Die auffällig skulpturierten Eier (Abb. 4.20f) sind oval, die im Deckgefieder abgelegten Eier vieler Ischnocera zigarrenförmig.

Schadwirkungen Nur bei Übervermehrung entstehen Fraßspuren am Feder- oder Haarkleid. Ständiges Kratzen führt dann zu blutigen, nackten Hautpartien. Durch die andauernde Beunruhigung kommt es bei Nutztieren auch zu Leistungsminderung. *Bovicola bovis* (Ischnocera, Trichodectidae) des Rindes (Abb. 4.20b) ruft eine Faktorenerkrankung hervor, die bei schlechten Haltungsbedingungen vor allem im Winter oder bei ständiger Stallhaltung auftritt. *Bovicola ovis* des Schafes führt zum „Spinnen" oder „Zwirnen", bei dem die von den Haarlingen abgebissenen Haare beim Scheuern zusammengedreht werden und büschelweise ausfallen, bis große, kahle und später verkrustende Stellen entstehen. Der wirtschaftliche Schaden kann hoch sein. *Menopon gallinae*, die Schaftlaus (Abb. 4.20d), und *Eomenacanthus stramineus*, die Körperlaus des Haushuhns (Amblycera, Menoponidae), nehmen außer Federsubstanz auch Blut auf, indem sie die Federkiele anbeißen. Bei Küken führt starker Befall mit *E. stramineus* zum Tod. *Gliricola porcelli* des Meerschweinchens kann in Versuchstierhaltungen zu starkem Juckreiz und Ekzemen der Haut führen.

Überträgerfunktion Von einigen Amblycera werden Nematoden der Familie Onchocercidae auf Wildgeflügel übertragen. Die Ischnocera des Hundes und der Katze (*Trichodectes canis* und *Felicola subrostratus*) sind (außer Flöhen) Zwischenwirte des Bandwurms *Dipylidium caninum* (s. Abschn. 3.2.3.7.3).

4.4.6.2 Rhynchophthirina – Elefantenläuse
Die Elefantenläuse tragen ihren Namen nicht nur wegen ihres Wirtstieres, sondern auch weil der Vorderkopf zu einem langen, schmalen „Rüssel" ausgezogen ist. Er verankert die in tiefen Hautfalten verborgenen Läuse kopfunter in der Haut des Wirtes. Das Weibchen reckt bei der Eiablage sein Abdomen an einem Haar hoch und klebt die Eier mit einem Stiel so daran fest, dass die Operzula nach unten gerichtet sind. Es gibt nur eine Familie mit den drei Arten *Haematomyzus elefantis* auf afrikanischem und asiatischem Elefanten, *Haematomyzus hopkinsi* auf dem Warzenschwein (*Phacocoerus aethiopicus*) und *Haematomyzus porci* auf dem Buschschwein (*Potamochoerus porcus*). Die Imagines werden 3 mm groß. Ihre Tarsen tragen keine Klammereinrichtung.

4.4.6.3 Anoplura – Echte Läuse
Die Echten Läuse (engl. „sucking lice") sind stationäre Ektoparasiten und kommen ausschließlich auf plazentalen Säugetieren vor, bei Vögeln fehlen sie vollständig. Es gibt ungefähr 490 Anoplurenarten in neun Familien, von denen eine, die Echinophthiridae, sogar auf Robben vorkommt. Als stationäre, flügellose Parasiten, die auch physiologisch an das Blut des jeweiligen Wirtes angepasst sind, haben die Anopluren eine hohe Wirtsspezifität. Die Grenzen einer Wirtsgattung werden so gut wie nie überschritten. Alle drei Jugendstadien müssen wenigstens einmal Blut saugen, die Imagines mehrmals pro Tag.

Morphologie Adulte Anoplura (gr. „an" = ohne, „hoplon" = Waffe, „ur" = Schwanz, da sie im Gegensatz zu Hymenopteren nicht mit dem Hinterende stechen) messen 0,5–8 mm. Der Kopf ist schmaler als der Thorax (Abb. 4.20h). Er verschmälert sich vor den Antennenansätzen und den nur bei wenigen Arten vorhandenen Augen zu einem Kegel. Die meist fünfgliedrigen Fühler sind immer stabförmig. Die Mundwerkzeuge sind zum Stechen und Saugen umgestaltet und in den Kopf eingerollt, wenn sie nicht im Einsatz sind (Abb. 4.20g). Sie lassen sich mit den Mundwerkzeugen anderer blutsaugender Insekten nur schwer homologisieren. Es sind drei übereinanderliegende Stechborsten, zwischen denen ein Nahrungs- und ein Speichelkanal verläuft. Beim Beginn des Saugaktes wird zunächst der Mundkegel mit kreisförmig angeordneten Haken vorgestülpt und tief in der Wirtshaut verankert. Danach wird der Stachel vorgestoßen, unter Umständen mehrmals, bis ein Blutgefäß erreicht ist.

Die drei Thoraxsegmente sind verschmolzen. Die Beine tragen kräftige Klauen, die aus der dornartig vorspringenden Tibia und dem dagegen artikulierenden, krallenförmigen Tarsus bestehen (Abb. 4.20j). Das Abdomen setzt breit am Thorax an und ist bei den Männchen hinten kegelförmig zugespitzt, während es bei den Weibchen zweilappig ausläuft. Es ist dorsal und ventral schwach sklerotisiert, wodurch große Dehnung bei der Blutaufnahme möglich ist. Die Seitenwände der einzelnen Segmente treten wulstartig hervor. Die Männchen sind etwas kleiner als die Weibchen. Das erste Beinpaar oft breiter und der Tibial-„Daumen" wesentlich größer als bei den folgenden Beinpaaren. Ein Myzetom, das ventral des Magens liegt, enthält Symbionten. Die perlweißen Eier (auch Nissen genannt) werden, wie die der Amblycera und Ischnocera, einzeln an Haare geklebt (Abb. 4.20k, l), ihre Oberfläche ist glatt. Es gibt drei Nymphen (= Larvenstadien). Vom Ei bis zur Imago dauert es drei Wochen. Als stechend-saugende Insekten rufen Läuse mit ihren Speicheldrüsensekreten Juckreiz hervor. Kratzen führt dann zu ausgedehnten Hautverletzungen und Sekundärinfektionen.

Systematik Die drei beim Menschen auftretenden Läuse sind: Kopflaus und Kleiderlaus (zwei Unterarten von *Pediculus humanus*) sowie die Scham- oder Filzlaus (*Pthirus pubis*). Die Kleiderlaus *P. h. humanus* und die Kopflaus *P. h. capitis* sind experimentell in der Lage, sich zu kreuzen, tun dies aber nicht in der Natur. Die Kleiderlaus ist wahrscheinlich erst vor 30.000–114.000 Jahren bei der Ausbreitung des modernen *Homo sapiens* in nichtafrikanische Teile der Welt und bei vermehrtem Gebrauch körperbedeckender Bekleidung entstanden. Kopfläuse treten gelegentlich an behaarten Stellen des Körpers auf, aber umgekehrt sind Kleiderläuse nie nachweislich auf dem Kopf zu finden. Die Überträgerfunktion der Kleiderlaus (Fleckfieber, Wolhynisches Fieber und Läuserückfallfieber) hängt möglicherweise nur damit zusammen, dass sie sich in Textilfasern nicht gut festhalten kann und deshalb leichter von Mensch zu Mensch übergehen kann als die Kopflaus.

4.4.6.3.1 *Pediculus humanus capitis*

Die Kopflaus des Menschen ist etwas schmaler, heller und kleiner als die Kleiderlaus (Länge Weibchen 2,4–3,6 mm, Männchen 2,3–3,0 mm), aber die Maße überlappen. Die von Tarsus und Tibiafortsatz gebildeten Klauen sind so gut an den Querschnitt des menschlichen Haupthaares angepasst, dass ein Abfallen nicht möglich ist. Die Kopflaus kann nur bei direktem Kontakt mit dem Haar eines anderen Menschen auf ein anderes Wirtsindividuum überwechseln. Die Eier, auch als Nissen bezeichnet, werden an ein Haar in Hautnähe angeklebt, vorwiegend im Nackenbereich und hinter den Ohren etwa 1 cm von der Haut entfernt in kühleren Klimaten, in warmen Klimaten ca. 15 cm entfernt. Die Klebsubstanz besteht aus Proteinen ähnlich dem Keratin der Haare und ist wasserunlöslich. Ein Weibchen produziert während seines 30–35 Tage dauernden Lebens etwa 270 Nissen. Erst die nach 17 Tagen erscheinenden Imagines verlassen das Haar ihres Wirtes bei enger Berührung der Köpfe. Sehr selten werden sie auch mit Mützen, Haarbürsten etc. übertragen. Außerhalb des Wirtes überleben sie höchstens zwei Tage. Kopfläuse übertragen keine Infektionen, auch wenn sie experimentell dazu in der Lage sind. Schädigung wird vor allem durch die juckenden Bisse und den Effekt der Proteine und anderer Moleküle im Speichel ausgelöst.

Es gibt einige Mythen rund um den Befall mit Kopfläusen. Kopflausbefall ist nicht mit unhygienischen Verhältnissen, mit Herkunft aus Einwanderungsländern oder gar mit langen Haaren in Verbindung zu bringen. Läuse werden fast nur in Gemeinschaftseinrichtungen, vor allem Kindergärten und Schulen, erworben. Der Befall mit Kopfläusen ist eine der am weitesten verbreiteten „ansteckenden" Kinderkrankheiten der Welt und stellt auch in Ländern mit hoch entwickelter Hygiene ein nicht unerhebliches Problem dar (s. Abb. 4.21). Die effektivste Kontrolle besteht im Auskämmen mit einem enggezahnten Nissenkamm, auch wenn häufig Insektizide genutzt werden; hinzu kommt die Schwierigkeit, dass zunehmende Resistenzen gegen geeignete Chemotherapeutika auftreten. Ausführliche Informationen des Robert-Koch-Institutes über Behandlung von Kopfläusen sind im Internet zu erhalten (www.rki.de/DE/Content/InfAZ/K/Kopflaus/Kopflaus.html). Vor mehr als 100 Jahren bereits wurde festgestellt, dass bei Kopfläusen das Geschlechterverhältnis zu-

Abb. 4.21 Aushang in einem Berliner Kinderhort (Februar 2017)

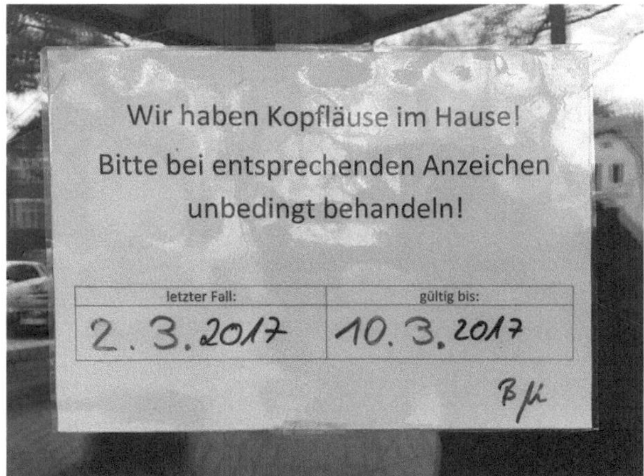

gunsten der Weibchen verschoben ist. Dies könnte mit dem Befall von Wolbachien zusammenhängen (s. Abschn. 3.5.4.2.3, Box 3.1), der bei allen Anopluren vorhanden ist und von dem dieser Effekt bekannt ist.

4.4.6.3.2 *Pediculus humanus humanus*

Die Kleiderlaus ist im Durchschnitt etwas dunkler, breiter und größer als die Kopflaus (Länge Weibchen: 2,4–3,5 mm, Männchen: 2,1–2,6 mm). Das Weibchen saugt zweimal pro Tag je 1 mg Blut und legt in diesem Zeitraum zehn Eier täglich, 300 während seines rund 40 Tage dauernden Lebens. Wegen der geringen Behaarung des menschlichen Körpers ist die Kleiderlaus für Anheftung und Eiablage auf die Textilien der Bekleidung angewiesen und sucht die nackte Haut nur auf, um Blut zu saugen. Die Bindung an Kleidung hat zur Folge, dass es in gemäßigten Klimaten in der kalten Jahreszeit zu Massenvermehrungen kommt. Da Textilfasern unterschiedliche Durchmesser haben, ist ein Festklammern der Laus nicht in der gleichen effektiven Weise wie am Kopfhaar eines Wirtes möglich. Die Läuse werden deshalb nicht nur leicht herausgeschüttelt, sondern können auch mit Kleidung, Bett- und Wolldecken auf andere Personen übergehen. Aus diesen Gründen ist *P. h. corporis* ein erfolgreicher Überträger von Krankheiten geworden. In hochzivilisierten Ländern ist Kleiderlausbefall nur noch ein Problem von Menschen, die keinen festen Wohnsitz haben und ihre Kleidung nicht waschen können. In der Vergangenheit traten Kleiderlausbefall und die drei durch *P. humanus* übertragenen Krankheiten (siehe unten) in den gemäßigten Klimaten so gut wie ausschließlich während Winter-, Kriegs- und Krisenzeiten auf. Befall mit Kleiderläusen äußert sich in strichförmigen Kratzspuren mit bakteriellen Entzündungen und in bräunlicher Pigmentierung und Verdickung, der sogenannten Vagabundenhaut.

4.4.6.3.3 *Pthirus pubis*

Die Scham- oder Filzlaus, umgangssprachlich auch „Sackratte" oder „Papillon d'Amour" (Abb. 4.20j, l, 4.22), lebt auf Körperhaaren mit größerem Durchmesser, bevorzugt des Schambereiches, gelegentlich auf Achsel- oder Brusthaaren, bei starkem Befall auch an den Wimpern. Sie ist ebenso streng stationär wie *Pediculus h. capitis* und geht nur bei engem Kontakt der entsprechenden Körperpartien auf andere Personen über, wird also in aller Regel sexuell übertragen.

P. pubis ist deutlich größer als die Kopf- oder Kleiderlaus, 1,5–2 mm lang und abgeflacht. Morphologisch ist die ein wenig krebsähnlich aussehende Schamlaus dadurch gekennzeichnet, dass Thorax und Abdomen eine breitrundliche Einheit bilden, dass die Beinpaare und Krallen nach hinten hin auffällig größer und stärker werden und dass das 5. bis 8. Abdominalsegment laterale, ebenfalls nach hinten hin größer werdende zapfenartige Fortsätze trägt. Innerhalb der 3- bis 4-wöchigen Lebensspanne werden etwa 30 Eier (Abb. 4.22b) abgelegt.

Die Schweinelaus *Haematopinus suis* kann bei hoher Befallsintensität zu Blutverlust, Hautschäden und zu Entwicklungsstörungen führen. Der Befall ist als Faktorenerkrankung einzustufen.

Abb. 4.22 **a** *Pthirus pubis* (Filzlaus). **b** Ei von *P. pubis*. (EM-Aufnahmen: Eye of Science, mit freundlicher Genehmigung)

4.4.6.4 Läuse als Krankheitsüberträger

Ausschließlich die Kleiderlaus *P. h. humanus* überträgt Krankheiten. Die wichtigste übertragene Krankheit, das Klassische oder Epidemische **Fleckfieber**, wird durch *Rickettsia prowazekii* hervorgerufen und ist eine reine Anthroponose, d. h., dass sie keine tierischen Reservoire hat. Die Krankheit geht mit hohem Fieber, Kopf- und Gliederschmerzen sowie einem feinfleckigen Hautausschlag einher. Bedrohlich ist u. a. die Beteiligung des Gehirns und des Herzmuskels. Unbehandelt führt sie in der Hälfte der Fälle zum Tod. Der Erreger wird nicht mit dem Stich, sondern mit dem Kot auf einen neuen Wirt übertragen. *R. prowazekii* bleibt über mehrere Tage in den Fäkalien und in der toten Laus über mehrere Wochen infektiös. Die Inkubationszeit beträgt 10–14 Tage. Eine erneute Infektion ist weniger schlimm aufgrund einer gewissen erworbenen Immunität. Die bei der Krankheit entstehende hohe Körpertemperatur veranlasst die Läuse zum Überwandern auf andere Personen. Bei beengten Verhältnissen wie in Lazaretten oder Lagern und wenn im Winter mit Läusen verseuchte Decken und Kleidung Verstorbener übernommen wurden, kommt es zu rapider Ausbreitung der Epidemie. Der Russlandfeldzug Napoleons ist hauptsächlich am Massensterben durch Fleckfieber gescheitert. Und noch im Zweiten Weltkrieg hat die Infektion zu hohen Verlusten bei den kämpfenden Truppen geführt, bis ab 1940 eine Läusebekämpfung mit DDT möglich wurde. Heute spielt Fleckfieber bei den guten hygienischen Verhältnissen und vor allem wegen der erfolgreichen Antibiotikatherapie keine große Rolle mehr und existiert nur noch sporadisch in Berggegenden Afrikas, Südamerikas und Asiens.

Es sei angemerkt, dass es bei der Übersetzung aus dem Englischen ins Deutsche oft zur Verwechslung von zwei sehr unterschiedlichen Erkrankungen kommt. „Fleckfieber" ist im Englischen „typhus". Das deutsche Wort „Typhus" dagegen, also eine Salmonelleninfektion, heißt auf Englisch „typhoid fever". Daher ist der Ausdruck „Fleckfieber" vorzuziehen.

Wolhynisches Fieber oder Schützengrabenfieber wird durch *Bartonella* (Syn. *Rickettsia) quintana* hervorgerufen. Die Epidemiologie gleicht der des Fleckfiebers, der Erreger wird auch über die Fäkalien der Kleiderlaus verbreitet, die Infektion ist aber gutartig. Die Symptome sind plötzliches, hohes Fieber, starke Kopfschmerzen, Schmerzen in Rücken und Beinen und ein Ausschlag. Es dauert nur fünf Tage an („Quintana-Fieber") und ist nicht tödlich. Die Erholung dauert jedoch mindestens einen Monat und Rückfälle sind häufig. Es tritt häufig in städtischen Umgebungen unter Alkoholkranken und Obdachlosen auf. Bei Immundefizienten kann es auch zu einer schweren systemischen Erkrankung, der bazillären Angiomatose, kommen.

Läuserückfallfieber wird durch *Borrelia recurrentis* verursacht. Die Spirochäten vermehren sich in der Hämolymphe der Kleiderlaus und werden nur durch Zerquetschen der Läuse frei. Sie werden dann bei Entstehen des Juckreizes in die Stichwunde eingerieben. Die Erkrankung tritt auch heute noch, überwiegend in tropischen Breiten, im Zusammenhang mit Kriegs- und Krisenzeiten auf. Sie führt zu schwerer Gelbsucht, Veränderungen des mentalen Zustands, schweren Blutungen und zur Gefahr von Herzattacken. Unbehandelt beträgt die Letalität 10–40 %.

4.4.7 Heteroptera – Wanzen

- Hemimetabol
- Fünf Nymphenstadien
- Größtenteils Pflanzensauger, einige sind Blutsauger bei Wirbeltieren
- Blutsauger in beiden Geschlechtern
- Reduviidae (Raubwanzen): Überträger von *Trypanosoma cruzi* in Tropen der Neuen Welt
- Cimicidae (Plattwanzen) mit der Bettwanze des Menschen: Keine Überträgerfunktion

Die Wanzen bilden eine Unterordnung der „hemimetabolen" Hemiptera oder Schnabelkerfe. Zu ihnen gehören auch viele Pflanzenschädlinge wie Pflanzenläuse, Schildläuse und Zikaden. Alle Hemiptera haben sehr ausgeprägte stechende Mundwerkzeuge, mit denen sie Gewebe, meist von Pflanzen, anderen Insekten, und in einigen Gruppen auch das Blut von Vögeln und Säugern einsaugen. Diese Gruppe enthält drei Familien von Ektoparasiten, die Reduviidae (Raubwanzen, engl. „assasin bugs"), die Cimicidae (Platt- oder Bettwanzen) und die Polyctenidae (Parasiten von Fledermäusen; Tab. 4.4, Abb. 4.23). Dreimal haben sich innerhalb der Wanzen unabhängig voneinander Blutsauger bei Wirbeltieren entwickelt, zu Überträgern sind aber nur Vertreter der Reduviidae geworden.

Morphologie Wichtigste Gemeinsamkeit der Heteroptera ist der Stechrüssel, mit dem Pflanzen oder Tiere angestochen werden. Bei den Heteroptera wird er in Ruhe-

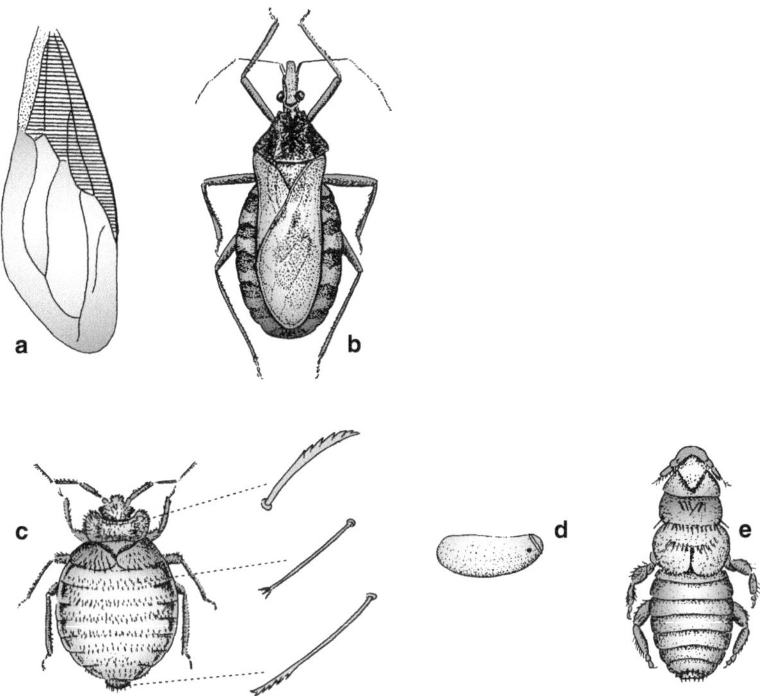

Abb. 4.23 Heteroptera. **a** Vorderflügel einer Wanze (schraffiert das Corium, punktiert der Clavus). **b** *Triatoma infestans* (Reduviidae). **c** *Cimex lectularius, rechts* Form der Borsten an verschiedenen Partien des Körpers. **d** Ei der Bettwanze. **e** Fledermauswanze (Polyctenidae) von dorsal mit Ctenidien

lage unter den Kopf geschlagen. Die Fühler sind lang und dünn. Ihren Namen haben die Heteroptera (griech. „héteros" = ein anderer, „pterón" = Flügel) erhalten, weil Wanzen nicht, wie etwa die Käfer, vollständig harte Deckflügel (Elytren) haben, sondern der proximale Teil der Vorderflügel hart ist, während der distale Teil ebenso wie die Hinterflügel membranös ist. Heteroptera sind abgeflacht. Der Kopf ist vorne spitz in eine 3- bis 4-gliedrige Proboscis ausgezogen, in der sich der **Stechrüssel** befindet. Er besteht aus einem oben offenen Labium (Unterlippe), in dem sehr dünne Mandibeln und die zwei stärkeren Maxillen liegen, die innen einen größeren Hohlraum als Nahrungsrohr und einen engeren als Speichelrohr bilden (Abb. 4.18b, c). Nur die eigentlichen Stechborsten, bestehend aus zwei schmalen Stiletten (Laciniae der Maxille und die Mandibeln) werden eingestochen. Das Pronotum ist auffällig groß und trapezoid, vom Thorax ist nur der dreieckige Dorsalschild des Mesothorax als Scutellum zu sehen (Abb. 4.23b).

4.4.7.1 Triatominae – Raubwanzen

Die meisten tropischen Raubwanzen (engl. = „assasin bug") leben räuberisch, indem sie andere Insekten anstechen und aussaugen. Auffälligste morphologische

Merkmale sind die großen knopfförmigen Augen an dem schmalen Kopf und die oft lebhaft gefärbten Querbänder des Abdomens, die neben den in Ruhe übereinander gelegten Flügeln frei bleiben. Nur die Angehörigen der Unterfamilie **Triatominae** sind von einem nestbewohnenden Lebensstil zum Blutsaugen an Warmblütern übergegangen, eine häufige evolutive Route für Ektoparasiten. Es gibt ca. 120 Arten der Triatomen. Sie werden zwischen 5 und 45 mm lang und treten vor allem in Amerika auf. Alle Arten sind obligate Blutsauger und bei über der Hälfte wurde eine Empfänglichkeit für *Trypanosoma cruzi* gezeigt, den Erreger der Chagas-Krankheit des Menschen (s. Abschn. 2.5.4.6). Wegen der Ähnlichkeit ihrer Biologie werden aber alle amerikanischen Arten als potenzielle Vektoren für Chagas betrachtet. Allerdings sind nur die folgenden fünf Arten medizinisch relevant: *Triatoma infestans, Triatoma dimidiata, Triatoma brasiliensis, Rhodnius prolixus* und *Panstrongylus megistus*. Von diesen ist *T. infestans* der wichtigste Überträger.

Die 100–600 Eier, die ein Weibchen in kleinen Gruppen zwischen den Blutmahlzeiten ablegt, sind oval, gedeckelt und spezifisch skulpturiert, bei der Ablage weiß, später rosarot werdend. Jedes der fünf Larvenstadien, auch als Nymphen bezeichnet, muss wenigstens eine größere oder mehrere kleine Blutmahlzeiten zu sich nehmen, längere Hungerperioden sind aber durchaus möglich. Beim letzten Nymphenstadium sind die Flügelanlagen sichtbar. Die Entwicklung vom Ei zum Adultus dauert bei den kleineren Arten wie *R. prolixus* 3–4 Monate, bei den meisten anderen jedoch 5–8 Monate. Die Nymphen beanspruchen denselben Lebensraum wie die Adulti.

Triatomen bewohnen Hohlräume, Ritzen und Spalten von Tierhöhlen und sind in Nestern von Nagern, Gürteltieren, Fledermäusen, Vögeln, Faultieren oder Beutelratten zu finden. Von diesen Habitaten aus war es nicht weit bis zum Menschen, dem größten „höhlenbewohnenden Tier". Besiedelt werden von einigen Arten auch Behausungen – oft schon, bevor sie überhaupt bezogen werden –, die aus einfachen Naturmaterialien wie luftgetrockneten Ziegeln, rohem Holz und Dächern aus Palmwedeln bestehen und mit ihren Hohlräumen Unterschlupfmöglichkeiten in Hülle und Fülle bieten. Die Aktivitätsphasen der Triatomen richten sich nach den Ruhegewohnheiten der jeweiligen Wirte, was bedeutet, dass die anthropophilen (= „den Menschen liebenden") Arten nächtlich aktiv sind und in dieser Zeit auf Nahrungssuche gehen, während sie sich tagsüber in ihre Verstecke zurückziehen. Fortbewegung geschieht eher durch Laufen als durch Fliegen. Die Adulti sowie das 5. Nymphenstadium nehmen je nach Größe der Art 300–1000 mg Blut auf. Am häufigsten stechen die Parasiten im Gesicht, da es von den schlafenden Personen nicht zugedeckt wird, und dort am liebsten an den weichen Partien um die Augen oder Lippen, was ihnen auch den Namen „kissing bugs" eingetragen hat. Triatomen sind relativ große Insekten und benötigen ca. 30 min, um sich komplett vollzusaugen, sodass sie im Gegensatz zu den Diptera nicht in der Lage sind, schnell wegzufliegen und so der Abwehr durch den Wirt zu entgehen. Wie bei allen erfolgreichen hämatophagen Insekten, die zu Überträgern geworden sind, ist ihr Stich nicht schmerzhaft und wird während des Schlafens nicht bemerkt. Sie sind bemerkenswert erfolgreich im Auffinden von Blutgefäßen, selbst unter dem Schuppenkleid von Reptilien. Deshalb kann man zur Blutabnahme bei diesen Tieren hungrige Raubwanzen einsetzen.

Nachdem das Insekt begonnen hat Blut zu saugen, wird das Abdomen abgeschnitten. Kopf und Thorax saugen weiterhin Blut, das dann in einem Gefäß aufgefangen werden kann.

Überträgerfunktion Triatomen infizieren sich mit *Trypanosoma cruzi* durch eine Blutmahlzeit an einem infizierten Tier oder Menschen. Die Erreger vermehren sich in Darm und Infektionsstadien werden mit dem Kot oder Urin abgegeben (s. Abschn. 2.5.4.6). Erfolgreiche Transmission auf den Wirbeltierwirt setzt voraus, dass die Wanzen noch während der Nahrungsaufnahme einen ersten Kot- bzw. Urintropfen absetzen. Dieser wird entweder von der Wanze beim Weglaufen über die Wunde gezogen oder die metazyklischen Trypanosomen werden beim schnell einsetzenden Juckreiz in den Stichkanal oder in weiche Hautpartien eingerieben. Findet die Defäkation erst nach Verlassen des Wirtes statt, ist eine Übertragung kaum möglich. Die Verbreitung der Chagas-Krankheit in den letzten 100 Jahren geht einher mit der veränderten Landnutzung, wie z. B. der Rodung für die Landwirtschaft, die den Menschen vermehrt in Kontakt mit silvatischen Wanzenarten und kleinen tierischen Wirten gebracht hat. Bei der Bekämpfung der Wanzen haben Aufklärung der ländlichen Bevölkerung, Verbesserung der Wohnbedingungen, Absammeln der Triatomen und Sprühen der Innenräume mit Pyrethroiden in vielen Gegenden Lateinamerikas sehr gute Erfolge erzielt. Die Verhinderung von Infektionen mit *T. cruzi* wird allerdings dadurch erschwert, dass der Erreger ein großes Reservoir in vielen frei lebenden Tieren hat (s. auch Abschn. 2.5.4.6).

4.4.7.2 Cimicidae – Plattwanzen

Die Plattwanzen sind obligatorische, temporär blutsaugende Parasiten einer sehr heterogenen Gruppe von Wirten. Wahrscheinlich haben sie ihre parasitische Lebensweise auf Vögeln entwickelt und deshalb kommen sie heute noch bei elf verwandtschaftlich weit voneinander entfernten Vogelarten vor. Die große Mehrheit ist jedoch mit Flughunden und Fledermäusen assoziiert. Nur ein einziges weiteres Säugetier, der Mensch, wird natürlicherweise von zwei Arten der Gattung *Cimex* befallen. Einige der ca. 100 Arten sind Plagen von Geflügel und führen zu schweren Irritationen, Anämie und Gewichtsverlust durch ihre häufigen Stiche. Plattwanzen, die mit Fledermäusen assoziiert sind, können einige Arten von Trypanosomen übertragen.

Cimex lectularius Die Bettwanze *Cimex lectularius* (Abb. 4.23c) ist ein Parasit von Mensch, Hühnern, Fledermäusen und gelegentlich von Haustieren. Sie kam ursprünglich im südlichen Europa und Mittleren Osten vor, ist aber heute kosmopolitisch. Experimentell ist sie mit vielen Blutparasiten infizierbar, fungiert aber nie als natürlicher Vektor. Eine Erklärung hierfür mag sein, dass die Bettwanze erst zu einer Zeit von ihren eigentlichen Wirten, höhlenbewohnenden Fledermäusen, auf Menschen übergegangen ist, als beide sich dasselbe Quartier teilten. Die Zeitspanne seither hätte dann zu einer gegenseitigen Anpassung von Erregern und Insekt nicht ausgereicht. Auch die Übertragung des HIV und der Hepatitis B durch die Bettwanze konnte so gut wie ausgeschlossen werden. *C. lectularius* ist gut auf Kaninchen oder Mäusen zu züchten und bildet dort sogar mehr Eier als beim Menschen.

Mit Bettwanzen befallene Wohnungen haben einen sehr typischen, intensiven und unangenehmen Geruch. Er rührt von Duftdrüsen her, die bei allen Cimiciden zwischen Coxa II und III liegen und deren Sekrete hauptsächlich aus Aldehyden bestehen. Möglicherweise dienen sie der Abwehr von Fressfeinden. Bettwanzen verstecken sich tagsüber und saugen nachts Blut; sie finden ihren Wirt auf chemo- und thermotaktischem Weg, dies aber erst wenige Zentimeter vor dem Ziel. Sie verstecken sich daher nahe dem schlafenden Wirt in Ritzen und Spalten, aber auch hinter Tapeten oder Postern, in Büchern oder in Lüftungssystemen. Bettwanzen hinterlassen charakteristische braune Kotflecke in der Nähe ihres Unterschlupfes, wo sie sich oft durch Pheromonwirkung zusammenfinden. Die alte Mär, dass sich Bettwanzen von der Zimmerdecke gezielt auf ihre schlafenden Opfer fallen lassen, hängt damit zusammen, dass sie nur ganz kurze Strecken kopfunter an waagerechten Flächen laufen können. Bettwanzen saugen vornehmlich an freier Haut, vor allem im Gesicht, am Nacken und an den Armen von schlafenden Personen. Es dauert fünf bis zehn Minuten, bis sich die Bettwanze vollständig vollgesaugt hat. An den häufig in Linien angeordneten Stichstellen der Bettwanze entwickeln sich charakteristische breite, unregelmäßig geformte Quaddeln mit scharf abgesetzten Rändern, die oft Wochen brauchen, um wieder abzuheilen. Alle fünf bis zehn Tage nehmen Nymphen und Adulti Blut zu sich, aber auch Hungerperioden von einem Jahr können überstanden werden. Die Eier, 3–7 pro Tag, werden in Ritzen und Spalten abgelegt, sie überleben maximal drei Monate. Die Entwicklungsdauer ist temperaturabhängig; Wanzen fressen nicht bei Temperaturen unter 13 °C. Mit dem Einsatz von Insektiziden seit der 2. Hälfte des 20. Jahrhunderts nahm die Bedeutung der Bettwanze ab, jedoch wurde sie gerade in Industrieländern aufgrund der hohen Mobilität und der Zunahme informeller Wohnverhältnisse in den letzten Jahren zu einer Plage in manchen Großstädten, vor allem in Hotels und Wohngruppen.

Morphologie Die Eier sind länglich und leicht gebogen (Abb. 4.23d). Sie werden mit der konvexen Unterseite auf ein Substrat geklebt. Die Imagines sind 3–6 mm lang, breitoval und dorsoventral abgeflacht („Tapetenflunder"). Sie haben große, seitlich hervorstehende Augen, viergliedrige, schlanke Antennen und den üblichen, in Ruhelage unter dem Kopf getragenen Stechrüssel. Der schmale Kopf sitzt in einer konkaven Einbuchtung des Thorax, dessen erster Tergit, das Pronotum, flügelartige, laterale Erweiterungen besitzt. Das Mesonotum oder Scutellum ist ein mit der Spitze nach hinten gerichtetes Dreieck, das Metanotum ist von den Schüppchen der verkümmerten Vorderflügel verdeckt. Hinterflügel fehlen ganz. Das Abdomen ist mit breiten Tergiten und Sterniten bedeckt, auf der Ventralseite befindet sich im ersten bis vierten Sternit ein schwach sklerotisierter, als Hungerfalte bezeichneter Mittelteil, der bei Blutaufnahme eine Dehnung erlaubt. Der Körper ist von einem dichten Haarkleid aus drei verschieden geformten, sehr charakteristischen Borsten bedeckt.

Höchst bemerkenswert ist das Geschlechtssystem der Cimiciden. Beim Weibchen dient die Geschlechtsöffnung nur der Eiablage. Die Befruchtung geschieht mittels einer traumatischen Insemination: Das Männchen durchbohrt mit einem sklerotisierten Stachel, in dem der Penis liegt, die Kutikula einer beim Weibchen ventral am Hinterrand eines Sterniten zu sehenden Einbuchtungen des Paragenitalorgans, die sich je nach Cimicidengattung in unterschiedlicher Lage befindet. Darunter liegt die Spermalege, eine Art Kissen aus Zellen, die Hämozyten enthält. Die Spermien werden in dieses Kissen injiziert. Von dort aus gelangen sie auf noch unbekanntem Weg in Konzeptakeln rechts und links des Ovars und besamen die Eizellen. Bis jetzt ist nicht geklärt, worin die Kosten dieser Kutikularverletzung für das Weibchen und worin der Nutzen für die Fortpflanzung liegen.

Cimex hemipterus *Cimex hemipterus*, die Tropische Bettwanze, ebenfalls vorwiegend am Menschen blutsaugend, kommt nur in Afrika, Asien und Lateinamerika vor. Sie hat dieselbe Biologie wie *C. lectularius,* ist aber etwas größer und schlanker sowie toleranter gegenüber höheren Temperaturen. Die nahe verwandte *Cimex columbarius,* die Taubenwanze, befällt Tauben und den Schwarzen Fliegenschnäpper in Nordeuropa. Bei Überpopulation oder Abwandern der Tauben aus ihren Nestern kann sie auch auf Menschen übergehen und dann manchmal zu einer lästigen Plage werden.

4.4.7.3 Polyctenidae – Fledermauswanzen

Die Fledermauswanzen (Abb. 4.23e) sind obligate und stationäre Parasiten auf tropischen Fledermäusen und Flughunden. Auch bei ihnen sind die Flügel verkümmert, sie sind schmaler als Plattwanzen und die Fühler sind kürzer. Am Hinterrand von Kopf, Pro- und Mesonotum tragen sie Kutikularkämme, die Ctenidien, die ihnen den Namen gegeben haben (griech. „polý" = viel, „kteis", „ktenós" = Kamm) und die der Verankerung im Fell dienen. Auch bei den Polycteniden findet traumatische Insemination statt. Die Parasiten sind vivipar.

4.4.8 Siphonaptera – Flöhe

- Obligatorische Ektoparasiten bei Säugern und Vögeln
- Blutsaugend in beiden Geschlechtern
- Drei beinlose Larvenstadien, von organischem Material in der Neststreu der Wirte lebend, und Puppe
- Überträger von Pestbakterien

Flöhe sind in beiden Geschlechtern blutsaugende Ektoparasiten von nestbewohnenden Vögeln und Säugern. Von den rund 2500 Floharten kommen 93 % auf Säugetieren und nur 7 % auf Vögeln vor. Siphonaptera (gr. „siphon" = Rohr, „a" = ohne, „pteron" = Flügel) sind global verbreitet, wo immer ihre Wirte anwesend sind, von der Tundra bis zu Bergspitzen und von der Wüste bis zu Regenwäldern. Die

Imagines sind laterolateral abgeflacht. Einige Arten sind mit legendärem Sprungvermögen begabt. Flohstiche können Allergien erzeugen. Der Wirt kann auch durch Blutentzug geschädigt werden. Flöhe gelten als nächste Verwandte der Mecoptera (Schnabelfliegen).

Entwicklung und Biologie Adulte Flöhe sind selten permanent auf ihrem Wirt anzutreffen, sondern halten sich eher auf dem Boden der Nester oder Bauten auf und besuchen den Wirt nur zur Blutaufnahme. Dort oder im regelmäßig aufgesuchten Umgebungsradius des Wirtes vollzieht sich der Lebenszyklus der Flöhe. Als eine Anpassung an extreme Umgebungen, wie etwa bei arktischen Wirten, findet die gesamte Entwicklung auf dem Wirt statt.

Die Eier werden in einzelnen Schüben zwischen den Blutmahlzeiten abgelegt, beim Katzenfloh *Ctenocephalides feli*s z. B. rund 25/Tag im Laufe von 3–4 Wochen, was sich zu 700–900 Eiern insgesamt summiert. Der Lebenszyklus einiger Arten, z. B. der Kaninchenflohs *Spilopsylla cuniculi,* ist eng mit dem Reproduktionszyklus des Wirtes gekoppelt, indem Trächtigkeitshormone den Parasiten zur Eiablage stimulieren, sodass die nächste Generation von Flöhen die jungen Kaninchen befallen kann. Die Eier fallen in die Streu von Nest oder Höhle des Wirtes. Dort nehmen die Larven mit ihren beißend-kauenden Mundwerkzeugen organische Substanzen auf, die zu einem großen Teil aus eingetrocknetem Blut bestehen, das von den Imagines stammt. Deren Magen fasst nur 0,5 µl, es wird aber die 10- bis 20fache Menge aufgenommen und sofort unverdaut wieder ausgeschieden. Blut tritt auch aus den Stichwunden der Adultflöhe aus. Diese Beziehung zwischen Adultflöhen und Larven bedingt, dass Flöhe bevorzugt bei nest- und höhlenbewohnenden Tieren vorkommen und bei solchen fehlen, deren Brutplätze nur aus lockeren Materialien bestehen oder die wechselnde Schlafplätze benutzen. Keine Flöhe treten also bei Affen, Elefanten, Kängurus und, mit bestimmten Ausnahmen, bei frei lebenden Huftieren und Katzenartigen auf.

Die Drittlarve spinnt aus Speicheldrüsensekret einen Kokon und verpuppt sich darin. An dem Kokon kleben feine Partikel des Untergrunds fest, sodass er schwer von der Umgebung zu unterscheiden ist. Die Puppenruhe dauert wenige Tage bis drei Wochen. Ihr Ende ist meistens zeitlich nicht festgelegt, sondern wird durch äußere Einflüsse, vor allem Wärme, CO_2 und Erschütterung, herbeigeführt, kann also bei Flöhen von Zugvögeln bis zu deren Rückkehr im folgenden Frühjahr dauern. Das erste Tier, das ein genutztes Nest aufsucht, kann dann von sehr vielen Flöhen gleichzeitig befallen werden. In menschlichen Wohnungen kann der Schlupfvorgang auch durch den Druck menschlicher Füße ausgelöst werden. Die großen Sprünge von Flöhen werden mit den Hinterbeinen ermöglicht, ein Kissen aus dem hochelastischen Protein Resilin speichert die dazu benötigte Energie im Metathorax.

Die Imagines saugen in kurzen Abständen (alle 15–20 min beim sehr gut untersuchten Kaninchenfloh *Spilopsylla cuniculi*). Beim Menschen sind oft Gruppen der papelförmigen Stichstellen nebeneinander zu beobachten.

Adulte Flöhe sind nur in Ausnahmefällen wirtsspezifisch. Das wichtigere Kriterium der Wahl eines Wirtes ist offenbar Form und Struktur seines Nests oder seiner

Höhle. So hat der Kaninchenfloh auf Inseln vor der englischen Atlantikküste als weiteren Wirt den Papageitaucher, der sich dort mit den Kaninchen die Erdhöhlen teilt. Und der „Menschenfloh" *Pulex irritans*, an sich ein Parasit von Musteliden und Caniden, kommt erst sekundär auf Mensch, Schwein und Schaf vor. Allerdings ist die Eiproduktion am effektivsten, wenn Flohweibchen den primären Wirt befallen, und der primäre wird im Vergleich mit dem sekundären Wirt bevorzugt befallen.

Morphologie Adulte Flöhe sind kleine Insekten, werden 1–6 mm lang und sind leicht an ihrer Flügellosigkeit und dem seitlich abgeplatteten Körper zu erkennen, mit dem sie sich gut in Fell oder Gefieder des Wirtes fortbewegen können. Die starken hinteren Sprungbeine werden genutzt, um einen vorbeikommenden Wirt zu erreichen (Abb. 4.24a). Flöhe sind stark sklerotisiert und daher dunkelbraun bis schwarz. Die Thorakal- und Abdominaltergite überdecken sich dachziegelartig (Abb. 4.24b). In vielen Gattungen gibt es auf dem Kopf und den posterioren Rändern der Thoraxsegmente kammartige, nach hinten gerichtete Kutikularauswüchse, die Ctenidien (Abb. 4.24b, d, e), die die Haftung an Fell oder Federn des Wirtes unterstützen. Körper und Beine sind von oft langen Borsten bedeckt, die ebenfalls nach hinten zeigen. Der **Kopf** ist kielförmig. Augen fehlen oder sind einlinsig. Die Fühler werden in tiefe seitliche Gruben eingelegt und bestehen aus drei Basisgliedern und einer oval verbreiterten Fühlerkeule aus 9–10 eng aneinandergerückten Gliedern. Der untere Rand des Kopfes kann mit einem Genalctenidium ausgestattet sein (lat. „gena" = Wange), so bei der Gattung *Ctenocephalides* (Abb. 4.24b, d). Die in Ruhelage nach hinten abgebogenen Mundwerkzeuge sind stechend-saugend. Ihnen fehlen die Mandibeln (Abb. 4.24g, h). Die drei eigentlichen Stechborsten bestehen aus den zwei speichelführenden Lacinien der Maxille und einem aus dem Labrum hervorgegangenen langen Fortsatz, dem Epipharynx als Nahrungskanal (Abb. 4.24g, h). Sie werden gehalten von den nicht eingestochenen fünfgliedrigen Labialtastern. Die Maxillartaster vor den Stechborsten werden leicht für Antennen gehalten. Ein breites zugespitztes Element, der Maxillarlobus, überdeckt hinten jederseits die Basis der Mundwerkzeuge.

Der **Thorax** ist vom Kopf nicht deutlich abgesetzt. Ein Pronotalctenidium ist z. B. bei *Ctenocephalides* (Abb. 4.25) und *Ceratophyllus* vorhanden und fehlt bei *Pulex* (Abb. 4.24f). Das letzte Beinpaar, länger als die zwei ersten, stellt die Sprungbeine dar. Kräftige Krallen dienen der wirksamen Verankerung in Fell- oder Federkleid.

Das **Abdomen** besteht aus acht sichtbaren Segmenten (Abb. 4.24b und 4.25), von denen das letzte dorsal eine Sensillenplatte von bislang unbekannter Bedeutung trägt (Abb. 4.25). Der Hinterrand des Abdomens ist beim Weibchen mehr oder weniger gerundet und zeigt außerdem im aufgehellten Präparat eine oder zwei kommaförmige Spermatheken. Die Männchen, insgesamt kleiner als die Weibchen, haben ein dorsal schräg abgeflachtes Hinterende. Im Innern ihrer Abdomen liegen lange, in großer Spirale aufgewundene, chitinisierte Bänder, die zum Aedeagus (Penis) gehören.

Die nichtparasitischen **Larven** (4–6 mm) sind lang gestreckt (Abb. 4.24c), weißlich und spärlich mit langen Haaren bedeckt. Sie haben keine Beine, aber eine

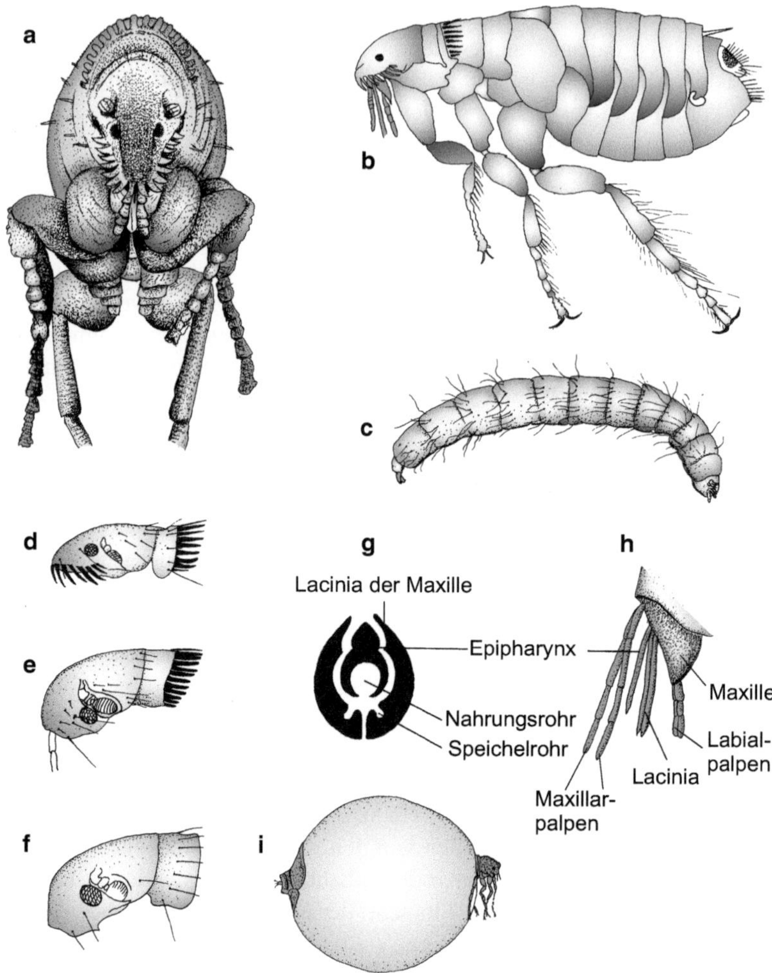

Abb. 4.24 Siphonaptera. **a** *Ctenocephalides felis* von vorn. Nach einem Foto von P. Arnold. **b** Flohweibchen von lateral. **c** Flohlarve. **d** Kopf von *Ctenocephalides felis*. **e** Kopf von *Ceratophyllus gallinae*. **f** Kopf von *Pulex irritans*. **g** Schema der Mundwerkzeuge quer. **h** Mundwerkzeuge von lateral, stark gespreizt. **i** *Tunga penetrans*, trächtiges Weibchen

deutliche Kopfkapsel (Abb. 4.24c), die kurze, eingliedrige Antennen und kauende Mundwerkzeuge, aber keine Augen trägt. Am 11. Abdominalsegment sitzt ein Paar ungegliederte, fußartige Anhänge (Nachschieber). Die Larven leben von organischen Substanzen, wobei von adulten Flöhen abgegebenes unverdautes Blut einen wichtigen Anteil darstellt.

Schadwirkungen Flohstiche rufen durch Juckreiz und ständiges Kratzen Hautverletzungen und sekundäre bakterielle Infektionen hervor. Beunruhigung bei starkem

Befall führt zu Nervosität und Abmagerung. Vor allem bei kleinen oder jungen Tieren kann wegen des Blutverlustes Eisenmangelanämie auftreten. In Vogelnestern führt starker Flohbefall unter Umständen zum Tod von Jungtieren (s. Abschn. 1.3). Für Flohallergie, die bei Hunden gelegentlich auftritt und sich in fleckiger Rötung der Haut äußert, ist wahrscheinlich eine Überempfindlichkeitsreaktion mit Bildung von IgE-Antikörpern verantwortlich. Immunisierung gegen Flöhe ist möglich. Ein Antigen aus dem Darm des Katzenflohs bewirkt bei experimentell infizierten Hunden geringeren Befall und geringere Eiproduktion als bei unbehandelten Kontrollhunden.

4.4.8.1 *Pulex irritans*

Der sogenannte Menschenfloh kommt auf frei lebenden Raubtieren, Schweinen, Hirschen und Tapiren sowie dem Menschen vor. *P. irritans* kann Pest und Erysipeloid (Rotlauf) übertragen. Dieser Floh ist auch Zwischenwirt des Bandwurmes *Dipylidium caninum*. Seit Einführung des Staubsaugers, durch den auf dem Fußboden lebende Larven und Puppen wirksam entfernt werden, ist *P. irritans* in Mitteleuropa so gut wie ganz aus den Wohnungen verschwunden. Er kann aber in Viehställen durchaus zur Plage werden. Er besitzt keine Ctenidien auf dem Kopf und nur eine Reihe von Borsten auf jedem abdominalen Segment.

4.4.8.2 *Ctenocephalides* – Hunde- und Katzenflöhe

Der Katzenfloh *Ctenocephalides felis* (Abb. 4.25) ist in Mitteleuropa zum eigentlichen Menschenfloh geworden, weit mehr als der Hundefloh *Ctenocephalides canis* oder der „Menschenfloh" *P. irritans*. Der Katzenfloh befällt neben Hund, Katze, Rind und Schaf auch viele frei lebende Tiere. In Kälberaufzuchtbetrieben und sogar in der Geflügelhaltung kann er bei Massenvermehrung zu Anämien führen. Er hat eine Generationsdauer von 18–30 Tagen. Die Angaben über sein Vermehrungspotenzial bei Menschenblut als ausschließlicher Nahrung differieren beträchtlich, scheinen aber auf jeden Fall geringer zu sein als bei Katzenblut. Der Hundefloh kommt im Wesentlichen bei Hund, Katze und Fuchs vor, in Deutschland aber kaum noch im häuslichen Bereich. Die Gattung (griech. „kteis", „ktenós" = Kamm, „kephalé" = Kopf) hat ein Pronotalctenidium aus jederseits 8–9 Zähnen und ein Genalctenidium aus jederseits 7–8 Zähnen. *C. felis* und *C. canis* unterscheiden sich in der Form des Kopfes (länger in *C. felis*) und in der Anzahl der Stacheln auf der hinteren Tibia (sechs bei *C. felis*, acht bei *C. canis*; Abb. 4.24d, 4.25).

Xenopsylla cheopis, der Pestfloh, hat, wie der Name sagt, beim Auftreten der Pest eine entscheidende Rolle gespielt (s. unten). Er ist eigentlich ein Floh der Ratten. Er besitzt keine Ctenidien.

4.4.8.3 *Tunga penetrans* – Sandfloh

Der Sandfloh ist im weiblichen Geschlecht ein sehr unangenehmer stationärer Parasit von Mensch, Hund, Rind, Schwein und anderen Tieren. Er ist ein sehr gutes Beispiel für evolutionäre Anpassungen der Morphologie und Lebensweise von Flöhen. Es sind zehn Arten bekannt, von den zwei, *Tunga penetrans* und der erst kürzlich beschriebene *Tunga trimamillata*, Menschen befallen, indem sie sich in

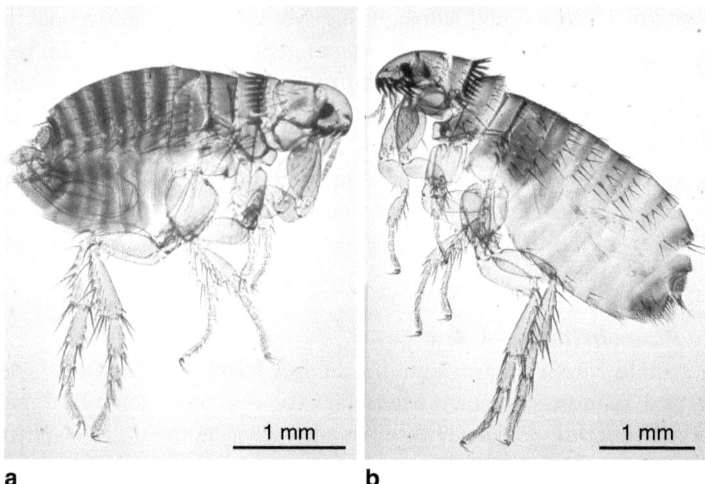

Abb. 4.25 *Ctenocephalides felis* (Katzenfloh). **a** Männchen (mit Kopulationsapparat im Hinter-körper). **b** Weibchen. (Foto: Archiv der Abteilung Parasitologie, Universität Hohenheim)

die Haut einbohren („Tungiose"). Ursprünglich stammen sie aus Süd- und Mittelamerika, treten jetzt aber auch im tropischen Afrika auf. Es werden nur zwei Larvenstadien gebildet, die sich in Sand und lockerem Boden in Arealen entwickeln, die von Wirten frequentiert werden. Die winzigen Adulti (<1 mm, keine Ctenidien) heften sich meist an die Füße von Säugetieren, meist Menschen und Schweine. Beide Geschlechter saugen Blut, aber das Männchen stirbt nach der Paarung. Nach der ersten Blutmahlzeit gräbt das Weibchen den schmalen Kopf mithilfe der Maxillen in die Haut bis hart ans Corium ein, meist in einer Hautfalte oder unter Zehennägeln. Nur die Spitze des weiblichen Abdomens mit einer Atemöffnung, dem Anus und der Genitalöffnung (zur Eiablage) ragen noch heraus. Es schwillt enorm an, indem hypertrophierende Riesenzellen der Epidermis der Intersegmentalhaut zwischen dem zweiten und dritten Abdominalsegment diesen Teil des Körpers bis zur Größe einer Erbse dehnen, was etwa einer tausendfachen Vergrößerung entspricht (Abb. 4.24i). Nach etwa drei Wochen stirbt das Weibchen und wird meist abgestoßen. Der Befall ist nicht nur äußerst schmerzhaft und stark juckend, sondern es können auch nach dem Tod des Weibchens, wenn es in die Haut eingebettet bleibt, schwere Entzündungen auftreten.

4.4.8.4 Von Flöhen übertragene Krankheitserreger

Flöhe übertragen Viren, Bakterien, Protozoen und den Bandwurm *Dipylidium caninum*, aber ihre Überträgereigenschaften sind mit Ausnahme von Pest, Murinem Fleckfieber und Myxomatose, nicht besonders gut untersucht.

Die **Pest**, durch das Bakterium *Yersinia pestis* verursacht, ist eine Zoonose, die durch >100 Floharten zwischen rund 20 Nagerarten und einigen Hasenartigen übertragen wird. Einige dieser Wirte sind resistent gegen die Infektion, andere erliegen ihr. Epizootien (der für Tiere benutzte Parallelbegriff von Epidemie) treten immer nur bei hoher Populationsdichte, also bei koloniebildenden Nagern und anderen Kleinsäugern auf. Der Übergang auf den Menschen findet statt, wenn Flöhe ihre domestischen oder peridomestischen Wirte durch die Pest verlieren. Anschließend kann dann eine Übertragung von Mensch zu Mensch erfolgen, wie dies in den verheerenden mittelalterlichen Pestzügen der Fall war. Der Rattenfloh *Xenopsylla cheopis* und die besonders empfindlichen Ratten spielen dabei die wichtigste Rolle. Ein anderes Pestreservoir stellt allerdings auch der Hund dar. In Tansania wurden in von der Pest befallenen Dörfern bei 5,5 % klinisch gesunder Hunde signifikant erhöhte Antikörper gegen *Y. pestis* gefunden. Die Tiere wiesen eine hohe Prävalenz von Katzenflöhen auf. In Amerika wird auch *C. felis* als potenzieller Überträger gewertet.

Flöhe infizieren sich durch eine Blutmahlzeit und wenn diese unter 27 °C abkühlt, exprimiert *Y. pestis* eine Koagulase, die das aufgenommene Blut gerinnen lässt. Dies geschieht, wenn der Floh seinen sterbenden Wirt verlässt. Die Bakterien vermehren sich im Vorderdarm. Wenn der Floh einen neuen Wirt gefunden hat und die Temperatur wieder steigt, exprimiert *Y. pestis* Fibrinolysin, was zur (teilweisen) Auflösung des Gerinnsels führt. Wenn der Floh jetzt Blut saugt, werden beim Einstich Bakterien übertragen. Die Blockade des Proventriculus, bewirkt durch die sich vermehrenden Bakterien und das koagulierte Blut, behindert aber die Blutaufnahme, was zu häufigen Saugversuchen und damit einer Steigerung der Übertragung führt. Mehr als die Hälfte der Flöhe stirbt an der Infektion. Die Übertragung erfolgt wahrscheinlich auch durch Zerbeißen der Flöhe oder durch Einreiben des erregerhaltigen Kots in die Wunde. In Pestkontrollprogrammen ist es wichtig, nicht nur Nager zu bekämpfen, sondern auch Flöhe mit Insektiziden zu eliminieren, da sonst eine vermehrte Übertragung auf den Menschen erfolgen kann, weil die Flöhe ihre sterbenden Wirte verlassen.

Bisher hat es drei große und verheerende Pestepidemien gegeben, die als Pandemien auf die gesamte Alte oder auch auf die Neue Welt übergegriffen haben (542 n. Chr., 14.–17. Jahrhundert und 1892 bis ca. 1900). Die zweite dieser Pestwellen hat die europäische Bevölkerung um ein Drittel reduziert. Heutzutage noch auftretende Fälle von Pest wie an der Westküste der USA oder in Indien sind als Überbleibsel der dritten Pandemie anzusehen.

Murines Fleckfieber, auch endemisches Fleckfieber genannt, ist eine durch *Rickettsia typhi* verursachte Zoonose von Ratten und Mensch. Überträger sind der tropische Rattenfloh *Xenopsylla cheopis* und andere kosmopolitische Floharten, die den Erreger mit dem Kot ausscheiden. Die Infektion geht im Menschen nach einer Inkubationszeit von 5–18 Tagen mit hohem Fieber und starken Kopfschmerzen einher, verläuft bei 2 % der Patienten aber tödlich. Sie ist entsprechend der Vermehrung der Flöhe besonders an die Sommermonate gebunden. Nördlich von Los Angeles (USA) werden vermehrt Fälle von murinem Fleckfieber festgestellt, das durch *C. felis* von seropositiven Katzen und Opossums auf den Menschen übertragen wird.

Rickettsia felis ist der Erreger einer dritten Zoonose, die durch Flöhe, und zwar durch den Katzenfloh, übertragen wird und weltweit auftritt. Die Erkrankung verläuft wie Fleckfieber (verursacht durch *Rickettsia prowazekii*), ist aber gutartig.

Bartonella henselae, ein gramnegatives Stäbchenbakterium, mit den Rickettsien verwandt, ist der Erreger der erst 1990 entdeckten Katzenkratzkrankheit. Der Vektor ist wie *R. felis* der Katzenfloh, neuerdings mehren sich aber auch Nachweise in Zecken, meistens *Ixodes ricinus*. Hunde können ebenfalls infiziert sein. Der Erreger wird (hauptsächlich?) durch Kratzwunden von Katzen auf den Menschen übertragen. Meistens entstehen nur papulöse Primärläsionen, die zu Abszessbildung neigen, seltener Fieber und Allgemeinsymptome. Nach 2–4 Monaten erfolgt eine Spontanheilung. Bei HIV-Patienten ist der Verlauf der „bazillären Angiomatose" sehr viel schwerer.

Flöhe sind auch Zwischenwirte für **Bandwürmer**. *Dipylidium caninum*, der Gurkenkernbandwurm (s. Abschn. 3.2.3.7.3), und wahrscheinlich selten *Hymenolepis nana* seien genannt. Es infizieren sich die Flohlarven mit Bandwurmeiern, aus denen sich eine Metazestode entwickelt. Diese übersteht die Metamorphose und wird vom Endwirt aufgenommen, wenn er adulte Flöhe während der Fellpflege zerbeißt.

4.4.9 Diptera – Zweiflügler

- Nur ein Flügelpaar, zweites Paar durch „Halteren" ersetzt
- Mundwerkzeuge der Adulti saugend oder stechend, niemals kauend
- Beinlose, augenlose Larven mit kauenden Mundwerkzeugen
- Puppe vorhanden

Die Dipteren (griech. „di" = Zwei, „pteron" = Flügel) sind eine große Ordnung von holometabolen Zweiflüglern mit >150.000 Arten, die in nahezu jedem Lebensraum anzutreffen sind. In etlichen Familien sind die Imagines Blutsauger und damit Überträger wichtiger Krankheiten von Menschen und Haustieren. In anderen Familien leben die Larven endoparasitisch im Gewebe von Landwirbeltieren und rufen die Myiose (= Myiasis, griech. „myia" = Fliege) hervor.

Kennzeichen der Dipterenimagines sind ein einziges Flügelpaar, während die Hinterflügel zu Halteren (Schwingkölbchen) umgewandelt sind, kleinen, knopfartigen Strukturen, die als Gyroskop eingesetzt werden und schwierige Flugmanöver erleichtern. Im Zusammenhang damit stehen eine starke Ausbildung des Mesothorax und Reduktion des Pro- und Metathorax. Dementsprechend ist auch nur ein Rückenschild erkennbar, der aus zwei Teilen besteht, dem großen Scutum und dahinter dem kleinen dreieckigen Scutellum. Die Mundwerkzeuge sind stechend-saugend oder leckend. Die Labialtaster der Dipteren sind an die Spitze der Unterlippe gerückt und zu besonders geformten Anhängen, den Labellen, umgebildet. Die höheren Dipteren haben ihre Mandibeln verloren. Die Larven der Dipteren sind grundsätzlich beinlos und haben beißend-kauende Mundwerkzeuge. Sie haben gänzlich andere Lebensräume als die Adulti, außer bei den am höchsten entwickel-

Tab. 4.5 Ausgewählte Gruppen der Diptera (nur parasitologisch relevante Taxa)

Niedere Dipteren (= Nematocera, Mückenverwandte)			
Culicomorpha	Culicoidea	**Culicidae** (Stechmücken)	
	Chironomoidea	**Simuliidae** (Kriebelmücken)	
		Ceratopogonidae (Gnitzen)	
Psychodomorpha	Psychodoidea	Psychodidae (Schmetterlingsmücken)	**Phlebotominae** (Sandmücken)
Höhere Dipteren (= Brachycera, Fliegenverwandte)			
Tabanomorpha		**Tabanidae** (Bremsen)	
Muscomorpha (Cyclorrhapha)	Muscoidea	**Muscidae** (Echte Fliegen)	
		Calliphoridae (Schmeißfliegen)	
		Sarcophagidae (Fleischfliegen)	
		Oestridae (Dasselfliegen)	
	Hippoboscoidea	**Glossinidae** (Tsetsefliegen)	
		Hippoboscidae (Lausfliegen)	
		Nycteribiidae (Fledermausfliegen)	
		Streblidae	

ten Dipteren, die lebende Larven gebären, die sich sofort verpuppen. Die Puppen aller Dipteren sind umgeben von der Hülle des letzten Larvenstadiums.

Die höhere Klassifikation der Diptera ist im Umbruch, da man erreichen will, dass die Hauptfamilien und Gruppen monophyletisch sind. Alte Unterteilungen in Nematocera und Brachycera im alten Sinne werden gegenwärtig durch genauere Terminologie ersetzt. Für dieses Buch bietet sich jedoch an, die alten Gruppierungen zunächst beizubehalten, da sich Unterschiede der Biologie gut darstellen lassen und neue Bezeichnungen noch im Fluss sind (s. Tab. 4.5).

Die Dipteren werden in zwei große Gruppen eingeteilt: (1) die niederen Diptera (nicht monophyletisch) = Nematocera oder Mückenverwandte mit verschiedenen Familien, die wichtigste Vektoren verschiedenster Pathogene enthalten, und die (2) (monophyletischen) Brachycera, die Fliegenverwandten mit den Schwebfliegen und Bremsen bis hin zu den weithin bekannten Stubenfliegen, Schmeißfliegen und Tsetsefliegen.

Die Nematocera und einige niedere Brachycera sind orthorrhaph, d. h., die Puppenhülle dieser „Spaltschlüpfer" reißt als Längsspalt auf (griech. „orthós" = geradlinig, „rhaphé" = Naht). Alle höheren Brachycera sind cyclorrhaph. Ihre Puppenhülle öffnet sich kreisförmig als Deckel am vorderen Pol. Bei allen orthorrhaphen Dipteren saugen nur die Weibchen Blut, bei den cyclorrhaphen beide Geschlechter. Das System der hier behandelten Gruppen ist in Tab. 4.5 aufgeführt.

4.4.9.1 Niedere Dipteren – Nematocera

Die Mückenverwandten sind im Allgemeinen kleine, zart wirkende, schwach sklerotisierte Insekten. Der Name der Unterordnung besagt zwar, dass die Fühler fadenförmig seien (griech. „nēma" = Faden, „kéras" = (Horn) Fühler), aber für die Zugehörigkeit entscheidend ist nicht die Form, sondern der Bau der Fühler. Sie bestehen aus zwei Basalgliedern und 6–39 Geißelgliedern. Die Larvalentwicklung spielt sich häufig im Wasser ab oder ist zumindest an Feuchtigkeit gebunden. Die Larven der meisten Familien haben eine ausgeprägte Kopfkapsel (eucephal) und beißend-kauende Mundwerkzeuge. Immer werden mehr als drei Larvenstadien ausgebildet. Die bei einigen Gruppen aktiv beweglichen Puppen sind Mumienpuppen, aus denen die Imago durch einen Spalt ausschlüpft (orthorrhaph). Die Mundwerkzeuge sind stechend-saugend (Abb. 4.18c, e). Als Nahrung dienen in beiden Geschlechtern zuckerhaltige Pflanzensäfte. Bei blutsaugenden Gruppen stechen nur die Weibchen und das Blut wird nur zur Bildung der Eier benötigt. Der Begriff „Wirt" bezieht sich also nur auf die Blutspender des Weibchens.

Die blutsaugenden Weibchen einiger niederer Diptera sind die wichtigsten Vektoren, da sie eine große Vielfalt von Viren, Bakterien und Parasiten übertragen und diese Pathogene für Wirbeltierwirte, einschließlich des Menschen und seiner Haustiere, eine außerordentlich große Bedeutung haben.

4.4.9.1.1 Culicidae – Stechmücken

- Hämatophage, holometabole Insekten
- Nur Weibchen saugen Blut bei Wirbeltieren
- Überträger von Arboviren, *Plasmodium* und der Filarien *Wuchereria* und *Brugia*
- Vier apode, eucephale Larvenstadien, im Wasser von Kleinstorganismen lebend
- Puppen schwimmen aktiv

Die Stechmücken oder Moskitos sind notorische Lästlinge und als Überträger vieler Krankheitserreger von eminenter Bedeutung. Der Name kommt von lateinisch „culex" = Mücke, derjenige der Gattung *Anopheles* von griechisch „an" = nicht, „opheléo" = nützen. Weltweit gibt es 3500 Stechmückenarten in ca. 43 Genera. Manche Arten bestehen aus Artenkomplexen (siehe Box 4.2), so dass die Bestimmung von Spezies sich schwierig gestalten kann. Von den drei Unterfamilien sind die Toxorhynchitinae nichtblutsaugend, nur die Weibchen der Anophelinae und Culicinae sind hämatophag. Sie nehmen Blut hauptsächlich von Vögeln oder Säugetieren zu sich. Bezogen auf die große Anzahl der Arten gibt es hingegen verhältnismäßig wenige, die am Menschen Blut saugen. Wegen ihrer medizinischen Bedeutung wurde viel Wissen über ihre Biologie, Physiologie und neuerdings auch Molekularbiologie generiert, besonders seit *Anopheles gambiae* (*An. gambiae*) und *Aedes aegypti* (= *Stegomyia aegypti*) zu Modellorganismen geworden sind und ihr Genom sequenziert wurde.

Entwicklung und Biologie Stechmücken brüten in allen Formen von stehenden Gewässern, wobei jede Art ihre eigenen, spezifischen Anforderungen hat. Brutgewässer können Gräben, Teiche, Seen, pflanzenbewachsene Uferzonen fließender

Gewässer oder Trittsiegel von Tieren sein ebenso wie Reisfelder und Brackwasser. Einige Arten sind „Containerbrüter" und legen ihre Eier in natürlichen oder durch Menschen geschaffenen kleinsten Wasseransammlungen, wie z. B. in alten Autoreifen (z. B. *Ae. albopictus*) oder leeren Dosen (z. B. *Ae. aegypti*), ab. Einige wichtige Virusüberträger nutzen Blattachseln, Höhlungen in Epiphyten oder Astlöcher als Brutgewässer, wie z. B. *Ae. africanus*, ein Überträger des Gelbfiebers. Der wichtige Filarienüberträger *Culex quinquefasciatus* brütet mit Vorliebe in Wasser, das mit menschlichen Fäkalien verunreinigt ist oder Haushaltsabwässer enthält.

Die Eiablage findet nach dem Verdauen einer Blutmahlzeit statt, bei einigen Arten kann die erste Eiablage aber auch erfolgen, ohne dass vorher ein Blutwirt aufgesucht wurde. Die Eier werden entweder direkt auf der Wasseroberfläche abgelegt (*Anopheles, Culex*) oder können auch kurz über der Wasserlinie abgelegt werden, in der Erwartung von starken Regengüssen, wie z. B. bei *Aedes* sp., die dann als Hochwassermoskitos bekannt sind. Bei *Mansonia* werden die Eier an die Blattunterseite von Wasserpflanzen geklebt, wo die Larven den Sauerstoff direkt aus den Luft führenden Gefäßen von Wasserpflanzen erhalten. *Culex* sondert ein sehr gut charakterisiertes Pheromon auf der Spitze der Eier ab, das andere Weibchen veranlasst, ihre Eier an der gleichen Stelle zu platzieren. Die Larven leben von Kleinstorganismen, die mithilfe einer Mundbürste eingestrudelt werden. Die Puppe ist im Gegensatz zu den meisten anderen Insekten aktiv beweglich. In Ruhelage hängt sie an der Wasseroberfläche, bei Störung lässt sie sich absinken und schnellt mit ruckartigen Bewegungen wieder nach oben.

Die Adulti haben gut definierte Aktivitätsperioden, um sich in Schwärmen zu paaren oder nach Blut- oder Zuckermahlzeiten zu suchen. Die Imagines von *Anopheles*-Arten sind im Allgemeinen nachtaktiv, manche nur zu bestimmten Nachtstunden. Die Periodizität der Mikrofilarien von Filarien, wie z. B. *Wuchereria bancrofti,* ist an diese Aktivitätsmuster der Stechmücken anpasst, sodass die Übertragung der Nematoden optimiert wird. Die meisten Arten der Gattungen *Culex* und *Aedes* sind tagaktiv.

Weibliche Moskitos nutzen chemische Reize (z. B. CO_2, Octenol, Lactat und die „Schweißfuß"-Chemikalie Methanethiol), Infrarotstrahlung und optische Orientierung, um ihren Wirt zu finden. Sie fliegen entlang eines Duftgradienten im Zickzack auf den Wirt zu, wobei sie sich an der Veränderung der Duftkonzentration orientieren.

Nach eingenommener Blutmahlzeit sucht das Weibchen einen Ruheplatz, um das Volumen durch schnelle Diurese zu reduzieren und später zu verdauen. Mit der Verdauung der Blutmahlzeit geht die Reifung der Eier einher, die bei tropischen Arten 2–3 Tage dauert. Gewöhnlich werden vier oder fünf Gelege produziert. Die Lebensdauer adulter Mücken beträgt in warmen Ländern 1–2 Wochen oder noch weniger. Die Stellen, an denen Stechmücken Blut saugen, und die, an denen sie zum Verdauen der Blutmahlzeit ruhen, sind oft unterschiedlich. Für die Bekämpfung von Krankheitsüberträgern ist es daher wichtig zu wissen, ob der jeweilige Vektor endo- oder exophag, endo- oder exophil ist, ob also Nahrungsaufnahme und Ruhephasen innerhalb oder außerhalb des Hauses stattfinden. Die Behandlung von Innenräumen mit Insektiziden ist wirkungslos, wenn die im Gebiet vorkommende Überträgerin exophile Gewohnheiten hat.

Adulti der beiden Unterfamilien können leicht durch ihre Ruheposition unterschieden werden: Bei den Anophelinae werden Proboscis und Körper in einer geraden Linie gehalten und stehen in einem Winkel von ungefähr 40° von der Unterlage ab, sodass Mücke und Unterlage wie die Schenkel eines „A" aussehen (Eselsbrücke: „A" für Anopheles). Bei den Culicinae (z. B. *Culex* und *Aedes*) biegt die Mücke Abdomen und Proboscis ab, sodass das Insekt die Form eines „C" hat („C" für Culex) (Abb. 4.26j, m).

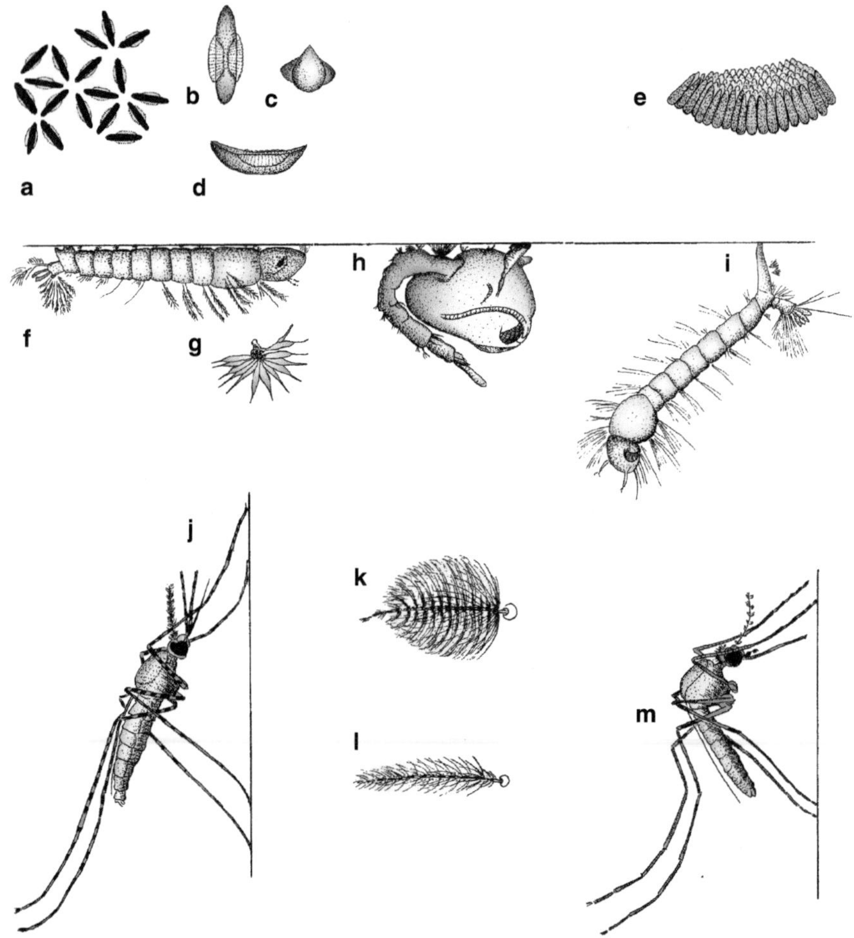

Abb. 4.26   Culicidae. **a** Auf dem Wasser schwimmende Eier der Gattung *Anopheles*. **b** Ei von *Anopheles* in Aufsicht. **c** Ei vom Pol her gesehen. **d** Ei von der Seite. **e** Eifloß der Gattung *Culex*. **f** *Anopheles*-Larve an Wasseroberfläche geheftet, Kopf um 180° gedreht. **g** Palmhaar der Rückenseite. **h** Puppe der Culiciden. **i** Larve von *Culex*, hängend an Wasseroberfläche. **j** *Anopheles*-Weibchen in Ruhestellung. **k** Fühler des Culicidenmännchens. **l** Fühler des Culicidenweibchens. **m** *Culex*-Weibchen in Ruhestellung

Morphologie Die meisten Imagines (Abb. 4.26j, m, 4.27) sind 3–6 mm lang und haben große Komplexaugen. Die Fühlergeißel hat 13–14 Glieder, deren Basis behaart ist. Diese Borsten sind beim Männchen sehr lang (Abb. 4.26k), ihre Fühler werden daher als Flaschenbürstenfühler bezeichnet. Aufgrund der gebogenen Borsten wirken die Antennen wie Parabolspiegel, die die artspezifischen Flügelschläge der Weibchen orten. Die Flügel können bis zu 250-mal pro Sekunde schlagen und produzieren ein für das menschliche Ohr charakteristisches schwirrendes Geräusch. Beim Weibchen sind die Antennen dagegen kurzborstig (Abb. 4.26l). Anhand dieses Unterschiedes lassen sich die Geschlechter schon mit bloßem Auge unterscheiden.

Die Stechmücken sind Kapillarsauger, ihre Mundwerkzeuge sind dementsprechend lang und dünn. Die schlanken Maxillen und Mandibeln bilden eine nadelartige Struktur (Abb. 4.18e), wobei das Labium als Scheide dient (Abb. 4.18d, e). Muskeln am Grunde der Mundwerkzeuge können beide Mandibeln relativ zueinander verformen, sodass sich der Nahrungsschlauch biegen und die Kapillare finden kann (Abb. 4.27). Nur Weibchen saugen Blut, um Eier ablegen zu können. Während der Blutmahlzeit werden mehr als 20 Substanzen mit dem Speichel in den Wirt abgegeben, u. a. Analgetika und Gerinnungshemmer. Bei den Männchen sind Maxillen und Mandibeln reduziert oder Letztere fehlen ganz. Das vom Weibchen aufgenommene Blut gelangt sofort in den Mitteldarm, Pflanzensäfte dagegen werden zunächst in den Kropf geleitet. Beine und Flügeladern sind dorsal und ventral dicht mit hellen und dunklen Schüppchen bedeckt, deren Anordnung besonders bei *Anopheles* taxonomisch wichtige Muster ergeben.

Die **Eier** der Anophelinae aggregieren flach auf dem Wasser zu typischen Sternchenformen (Abb. 4.26a), weil ihr Exochorion, die äußere Schicht der Eihülle, lateral zu Schwimmkammern ausgezogen ist (Abb. 4.26b–d). Die Eier der Gattung *Culex* sind am schmaleren Vorderende hydrophob und drängen sich daher, aufrecht auf dem Wasser stehend, zu „Flößen" zusammen (Abb. 4.26e).

Die **Larven** sind deutlich in Kopf, Thorax und Abdomen unterteilt (Abb. 4.26f, i). Der gut sklerotisierte Kopf trägt kurze, schlanke Antennen, Komplexaugen, beißend-kauende Mundwerkzeuge und eine aus dem Labrum hervorgehende paarige, vielborstige Mundbürste. Die Thoraxsegmente sind zu einer Einheit verschmolzen. Das Abdomen besteht aus sieben Einzelsegmenten. Auf

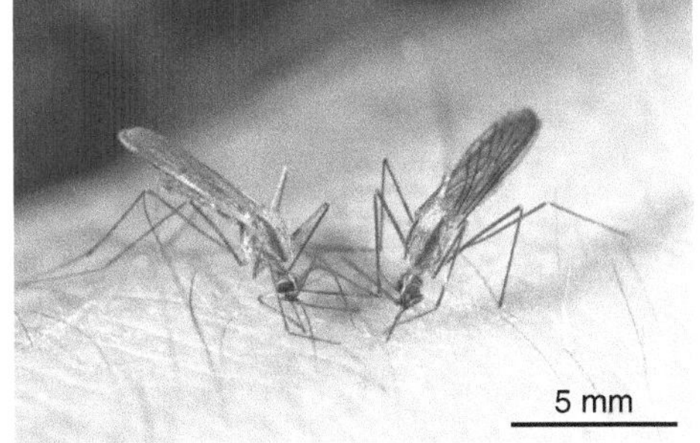

Abb. 4.27 *Anopheles* sp. Weibchen beim Stechakt. (Foto: Heiko Bellmann)

dem verschmolzenen achten und neunten Segment befindet sich das einzige Stigmenpaar. Bei den Culicinae liegt dies am Ende eines schräg nach hinten gerichteten dorsalen Atemrohrs. Seine Ausrichtung bewirkt die schräg herabhängende Lage dieses Larventyps (Abb. 4.26i). Larven der Gattung *Anopheles* hängen sich mit dem Rücken nach oben waagerecht an die Wasseroberfläche (Abb. 4.26f). Dies wird ermöglicht durch

- zwei pilzförmige, kleine, ein- und ausstülpbare Fortsätze am dorsalen Vorderrand des Thorax,
- durch je ein Paar dorsolateraler „Palmhaare" (Abb. 4.26g) auf Abdominalsegmenten 2–7, welche die Wasseroberfläche durchstoßen und sich auf ihr ausbreiten,
- durch die in der Dorsalfläche des letzten Abdominalgliedes liegenden Stigmen.

Die *Anopheles*-Larve muss dementsprechend, um mit ihren Mundbürsten die Wasseroberfläche erreichen und Partikel von ihr abbürsten zu können, den Kopf um 180° drehen.

Die **Puppe** (Abb. 4.26h) der Stechmücken ist kommaförmig gebaut. Der dicke Teil wird vom Thorax mit den großen Flügelscheiden gebildet, zwischen die der Kopf eingezogen ist. An den Thorax fügt sich das schmale, gebogen getragene Abdomen an, das am Ende zwei flache Anhänge, die Paddel, aufweist, die es der Puppe ermöglichen, auf eine garnelenähnliche Weise zu schwimmen, indem sie das Abdomen zuckend bewegt. Die Puppe hängt sich mithilfe zweier dorsaler Atemhörner, von denen jedes ein Stigma enthält, am Thorax an die Wasseroberfläche.

Die Unterschiede zwischen *Anopheles* und *Culex* sind sehr hübsch in einem Lehrgedicht des Parasitologen Friedrich Fülleborn (1866–1933) am Hamburger Tropeninstitut dargestellt, wobei sich lautmalerisch Wörter mit „a" auf Anopheles und mit „u" auf Culex beziehen.

Malariamücken
Malaria machen Anophelen, die
uns besonders abends quälen. Von
Culex aber wird gestochen
zu jeder Stund ununterbrochen.

Die Eier liegen flach verteilt,
wenn An. vom Eierlegen eilt.
Aufrecht zu Schiffchen eng verbunden
sind Culex-Eier stets gefunden,

Schon wenn sie noch im Kinderteich,
erkennst Anopheles du gleich,
die waagrecht in dem Wasser ruht,
herunter hängt die Culex-Brut.

Sitzt grad die Mücke an der Wand,
mit schwarz geflecktem Flügelrand,
hast du Anopheles entdeckt.
Culex ist krumm und ungefleckt

Sind lang die Palpen bei der Frau,
dann weißt du es gleich ganz genau:
Du hast Anopheles erspäht.
Durch kurze Culex sich verrät.

Da nur das böse Weibchen sticht,
so kümmert uns das Männchen nicht.
Ein Federfühler schmückt den Mann,
ein borst'ger zeigt das Weibchen an.

Box 4.2 Artenkomplexe

Das Phänomen des „Anophelismus ohne Malaria", also das Vorkommen einer scheinbar als Überträger geeigneten Mückenart, die jedoch nicht als Vektor fungiert, hat im Laufe der Zeit zur Entdeckung von Artenkomplexen geführt, deren Mitglieder sich äußerlich nicht unterscheiden, aber reproduktiv isoliert sind und in Bezug auf Biologie (z. B. Brutgewässer), Verhalten (z. B. Wirtspräferenz) oder Empfänglichkeit für Parasiten unterschiedlich sind. Solche Artenkomplexe existieren in vielen Organismengruppen, wurden jedoch bei blutsaugenden Insekten besonders gut untersucht. In der Vergangenheit war eine Differenzierung der Arten nur mithilfe von Enzymelektrophoresen, Analysen von Kohlenwasserstoffen der Kutikula oder anhand des Bandmusters der polytänen Riesenchromosomen in den larvalen Speicheldrüsen möglich, während heute DNA-Sequenzen genutzt werden, unter anderem auch DNA-Barcodes.

Viele wichtige Vektoren sind Mitglieder von Artenkomplexen, z. B. der wichtigste Überträger von *Plasmodium falciparum* in Afrika südlich der Sahara, die Stechmücke *An. gambiae*. Diese Art gehört zu einem Komplex von mindestens sieben Arten. Sechs solcher Komplexe von *Anopheles* sind bekannt, darunter der *An. gambiae*- und der *An. maculipennis*-Komplex. Sie enthalten jeweils vier bis acht Arten, die unterschiedliche Verbreitungen, Vektorkapazitäten und Bruthabitate wie Süß- oder Salzwasser haben.

Ein weiteres Beispiel ist der *Culex pipiens*-Komplex, der ursprünglich aus Afrika stammt, sich offenbar in einer Phase der lebhaften Speziation befindet und sich auf alle Kontinente außer der Antarktis verbreitet hat. Der Komplex umfasst die Art *Cx. pipiens* mit zwei „Formen", *pipiens* und *molestus*, sowie den wichtigsten Vektor für Filarien, *Culex quinquefasciatus*, und drei weitere

Arten. In der pazifischen Inselwelt hat der *Aedes scutellaris*-Komplex mit mehr als 35 Formen eine dramatische Radiation erfahren.

Die Forschung über Artenkomplexe war richtungweisend für das Verständnis der Evolution von Arten, besonders in Hinblick auf Genfluss, die Modellierung der geografischen Verteilung von Allelfrequenzen und verschiedene Modi der Artbildung. Solche theoretischen Studien profitieren von der Fülle von im Feld erhobenen Daten, wie sie im Fall der blutsaugenden Insekten vorliegen.

Schadwirkungen So gut wie alle Menschen sind gegen Mückenstiche sensibilisiert. Daher setzen allergische Reaktionen, durch IgE-Antikörper initiiert, in Form einer rundlichen Rötung sofort ein. Länger anhaltende Papeln beruhen auf einer Reaktion vom verzögerten Typ, die durch zellvermittelte Immunantworten hervorgerufen wird. Bei Menschen in Gebieten mit hohem Mückenvorkommen (z. B. Lappland) stellt sich oft eine Toleranz ein.

Bekämpfung und Resistenz von Stechmücken In vielen Gebieten der Erde, in denen Malaria, Filariose und Viruserkrankungen wie Dengue ein Gesundheitsproblem darstellen, müssen Mücken und ihre Brut bekämpft werden. Gegen die Imagines werden in endemischen Gebieten Moskitonetze benutzt, die mit umweltresistenten, niedrig dosierten, für Mensch und Tier ungefährlichen Pyrethroiden imprägniert sind, oder die Innenwände von Häusern werden mit Insektiziden besprüht. Weiterhin können Larven mit ins Wasser eingebrachten larvizid wirkenden Substanzen abgetötet werden, u. U. in Kombination mit *Bacillus thuringiensis israelensis,* oder sie und die Puppen werden durch Aufbringen von Öl oder schwimmenden Polystyrolkügelchen daran gehindert, sich an die Wasseroberfläche zu heften und Nahrung aufzunehmen. Auch die Weibchen werden so an der Eiablage gehindert. Ebenfalls vermag das Einsetzen von Fischen, wie z. B. *Gambusia affinis,* die Anzahl der Larven zu vermindern. Zunehmende Schwierigkeiten resultieren aus der wachsenden Insektizidresistenz der Mücken und ihrer Brut vor allem in solchen Gebieten der Welt, in denen seit den 1950er-Jahren intensive Bekämpfungsmaßnahmen durchgeführt wurden. Auch Pyrethroidresistenzen sind bekannt geworden. Einer der neuesten Ansätze ist die Kontrolle durch Ausbringung genetisch veränderter Moskitos (s. Box 4.3). Langfristig ist die Trockenlegung von Feuchtgebieten das wirksamste Mittel der Mückenbekämpfung, durch die viele Gegenden der Welt malariafrei wurden.

Box 4.3 Stechmückenkontrolle durch genetische Veränderungen
Zur Verbesserung der Kontrolle von durch Mücken übertragenen Erkrankungen hat man verschiedene „genetische" Ansätze entwickelt, in der Hoffnung, die Kosten und die Umweltbelastung konventioneller Kontrollmaßnahmen zu verringern. Dabei will man veränderte Stechmücken freisetzen, die die

Wildtyppopulation schwächen oder einer Resistenz gegen ein Pathogen (z. B. *Plasmodium*) zur Ausbreitung verhelfen. Die Freisetzung genetisch veränderter Organismen bedarf natürlich einer gründlichen Diskussion der eventuellen ethischen Implikationen. Zwei unterschiedliche Angehensweisen stehen im Vordergrund:

1) Schwächung des Reproduktionspotenzials von Vektorpopulationen durch Unterdrückungsstrategien wie die Ausbringung steriler Männchen („sterile insect technique" = SIT) oder Freisetzung von Insekten, die ein dominant letales Gen aufweisen (RIDL). SIT erfordert Massenaufzucht von Insekten, die dann chemisch oder durch Bestrahlung sterilisiert und anschließend entlassen werden. Für Aufzucht und Ausbringung wird eine ausgefeilte und teure Infrastruktur benötigt, darüber hinaus besteht aber auch das grundsätzliche Problem, dass die ausgebrachten Insekten weniger fit sind als die Wildtyppopulationen. Trotz dieser Nachteile gelang mit SIT die vollständige Tilgung der Schmeißfliege *Cochliomyia hominivorax*, eines Rinderparasiten, in Nordamerika (s. Abschn. 4.4.9.2.3). RIDL erfordert die stabile Transfektion eines Letalitätsgens in eine Laborpopulation, die nach Freilassung den Nachwuchs der ausgebrachten Insekten tötet. Ein Ansatz ist dabei die Verwendung eines reprimierbaren Expressionssystems, das die Selektion von Männchen erlaubt und den weiblichen Nachwuchs freigelassener Insekten tötet.
2) Ersatz der existierenden Mückenpopulationen durch Stämme, die aufgrund genetischer Veränderungen resistent gegen Erreger sind. Die stabile Transfektion mit Resistenzgenen ist technisch gesehen mit Endonucleasesystemen wie CRISPR/cas9 machbar. Die Herausforderung besteht allerdings darin, den manipulierten Insekten einen Selektionsvorteil mitzugeben, sodass das Resistenzgen sich in der Zielpopulation ausbreitet. Alternativ wird auch diskutiert, Mücken mit genetisch veränderten *Wolbachia pipientis* zu infizieren, die Resistenzgene in die Mücke einbringen. Diese transovariell übertragenen Bakterien induzieren in ihrem Wirt eine Form von Sterilität, die als zytoplasmatische Inkompatibilität bezeichnet wird. Dadurch wird die Überlebensfähigkeit der F1-Generation von Kreuzungen zwischen infizierten Männchen und nichtinfizierten Weibchen (oder Weibchen, die mit einem anderen Wolbachienstamm infiziert sind) herabgesetzt. Dank dieses natürlich vorkommenden Phänomens würden sich die genetisch veränderten Wolbachien und damit das Resistenzgen in einer Mückenpopulation ausbreiten.

Von Stechmücken übertragene Krankheitserreger Stechmücken sind zweifellos die wichtigsten Vektoren von Pathogenen, sie übertragen außer dem Malariaerreger *Plasmodium* auch ungefähr 100 Arten von Arboviren (von „*Ar*hropod *bo*rne virus") sowie Filarien auf den Menschen.

Malariaerreger werden von mehreren Mückengattungen übertragen, *Plasmodium*-Arten der Vögel oder Nagetiere von Vertretern der Culicinae, die Plasmodien des Menschen ausschließlich von der Gattung *Anopheles*. Von den etwa 450 *Anopheles*-Arten sind etwa 70 Vektoren, wobei ca. 40 Arten epidemiologisch wichtig sind.

Das **Gelbfieber** ist eine Zoonose waldbewohnender Affen in Afrika und Lateinamerika, wobei ca. 90 % der Fälle in Afrika auftreten. Die WHO schätzt die Anzahl der Erkrankungen auf 200.000 und die Anzahl der Todesfälle auf 30.000 jährlich. In Afrika fungieren mehrere *Aedes*-Arten als Vektoren, wobei die Art *Ae. aegypti* in einem urbanen Zyklus das Virus von Mensch zu Mensch überträgt. In Zentral- und Südamerika überträgt die baumbrütende Stechmücke *Haemagogus* das Virus von Affen auf den Menschen. Durch transovarielle Übertragung des Virus von einer Mückengeneration auf die nächste besteht ein lang andauerndes Erregerreservoir.

Denguefieber („Knochenbrecherfieber") ist in den Tropen weitverbreitet (nach WHO-Schätzungen 100 Mio. Erkrankungen jährlich), es existieren vier Serotypen des Virus, die hohes Fieber, starke Muskelschmerzen, Kopfschmerzen und Erschöpfung verursachen. Eine schwere Verlaufsform, das dengue-hämorrhagische Fieber, tritt nur bei wenigen Patienten auf. Wichtigster Vektor ist weltweit *Ae. aegypti*, wobei in Südostasien *Ae. albopictus* als Überträger fungiert. Diese Mücke wurde mit gebrauchten Autoreifen nach Zentral- und Nordamerika eingeschleppt und hat sich auch in Europa verbreitet. Seit 2011 werden regelmäßig Brutpopulationen der „Asiatischen Tigermücke" auch in Deutschland berichtet, sodass sich Dengue auch hier ausbreiten könnte.

Zahlreiche Viren, die durch Stechmücken von Wildtieren auf den Menschen oder seine Haustiere übertragen werden, verursachen Enzephalitis. Eines der wichtigsten dieser Viren ist Auslöser der **Japanischen Enzephalitis** und wird durch *Ae. tritaeniorhynchus* übertragen, die in Asien verbreitete Reisfeldmücke. Menschen sind bei den meisten viral bedingten Hirnentzündungen Irrwirte, da die Viren sich für eine erfolgreiche Übertragung nicht stark genug vermehren. Eine Ausnahme ist das **O'Nyong-nyong**-Fieber in Afrika, das von *An. gambiae* und *Anopheles funestus* zwischen Menschen übertragen wird, die die einzigen bekannten Wirte sind.

Mehrere durch Stechmücken übertragene Viren haben sich in den letzten Jahren stark ausgebreitet, wie z. B. **Chikungunya** (von Ostafrika und Asien nach Europa) und **West Nile Virus** (WNV, von Ostafrika nach Europa und Nordamerika), die Affen und Nagetiere bzw. Vögel als Reservoirwirte nutzen. Das **Zika-Virus** ist benannt nach einem Fundort, dem Zika-Wald in Uganda, kommt aber auch in Gebieten Asiens endemisch vor. Nach einem Ausbruch in Polynesien 2013 sprang es über nach Brasilien, wo es von der WHO zu einem „Öffentlichen Gesundheitsnotstand internationalen Ausmaßes" erklärt wurde. Mitte 2016 erreichte es Florida. Das Virus verursacht eine fiebrige Erkrankung, ist aber bedeutsam, weil es mit Mikrozephalie (Kleinhirnigkeit) und anderen neurologischen Erkrankungen bei Neugeborenen einhergeht. Außerhalb Afrikas wird es hauptsächlich durch die Containerbrüter *Ae. albopictus* und *Ae. aegypti* übertragen.

Schließlich werden von Stechmücken auch **Nematoden** übertragen, als wichtigste die humanpathogene lymphatische Filariose *Wuchereria bancrofti*. Vektoren sind die Angehörigen des *C. pipiens*-Komplexes, insgesamt sind ca. 100 Mio. Menschen mit der Filarie infiziert. Als Vektoren sind aber auch die Gattungen *Culex*, *Aedes*, *Mansonia* und *Coquillettidia* involviert. Geänderte epidemiologische Verhältnisse bei der Filariose sind oft auf Eigenschaften der Mücken zurückzuführen. So ist *Wuchereria bancrofti* im Laufe der letzten Jahrzehnte immer mehr zu einer urbanen Infektion geworden, da die weitverbreitete und ungemein häufige *C. p. quinquefasciatus* mit besonderer Vorliebe in den Slums der Großstädte brütet, wo Abwassersysteme schlecht funktionieren oder fehlen, was der Mücke millionenfache Brutmöglichkeiten bietet. Eine weitere von Stechmücken übertragene Filarie ist *Dirofilaria immitis* des Hundes, seltener der Katze und des Menschen. Die Larvenstadien entwickeln sich in den Malpighischen Gefäßen der Mücke.

4.4.9.1.2 Simuliidae – Kriebelmücken

- Imagines fliegenähnlich
- Weibchen saugen Blut an Säugetieren und Vögeln
- Überträger von *Onchocerca volvulus* des Menschen
- Entwicklung an Fließgewässer gebunden
- Meistens sieben Larvenstadien
- Apode, eucephale Larven leben im Wasser von Kleinstorganismen
- Puppen in selbst gesponnenem, auf Unterlage geklebtem Kokon

Die Kriebelmücken (engl. „black flies") sind im weiblichen Geschlecht gefürchtete Lästlinge und Verursacher der Simulientoxikose. Sie sind Überträger von Protozoen und von mehreren Filarien von Tieren, vor allem aber der durch *Onchocerca volvulus* hervorgerufenen Flussblindheit des Menschen. Die Kriebelmücken sind kleine, sehr dunkel gefärbte, plumpe Insekten von fliegenartigem Aussehen, deren Vorkommen an Fließgewässer gebunden ist.

Es gibt knapp 1800 Arten, die auf der ganzen Welt und in allen Klimazonen, einschließlich der Regenwälder und Tundren, verbreitet sind. Viele der wichtigsten Überträgerarten sind Mitglieder von Artenkomplexen wie dem *S. damnosum*-Komplex im tropischen Afrika und dem Jemen, dem *S. neavei*-Komplex in Ostafrika oder den neotropischen *S. metallicum*-, *S. ochraceum*- und *S. exiguum*-Komplexen.

Entwicklung und Biologie Für die Eiablage kriechen die Weibchen in fließende Gewässer, um die Eier auf sorgfältig ausgewählten Substraten abzulegen, meist Steinen oder Pflanzen. In der *S. neavei*-Gruppe in Ostafrika werden die Larven auf Süßwasserkrebse der Gattung *Potamonautes* geheftet. Ungewöhnlich für Dipteren ist die wechselnde Anzahl der Larvenstadien, sogar innerhalb einer Art. Am häufigsten treten sieben auf, es können aber sechs bis elf sein. Die Larven kleben ein kleines Kissen aus Speicheldrüsensekret auf das Substrat und verankern sich mit einem abdominalen Hakenkranz daran. Wenn sie sich ablösen und im Wasserstrom driften, vermögen klebrige Seidenfäden sie an anderer Stelle erneut festzuhalten. Nahrungspartikel werden mit fächerförmigen Mundbürsten eingefangen (Abb. 4.28d) und samt einem darauf ausgebreiteten Schleimsekret aus Unterlippendrüsen zur Mundöffnung geführt. Die Larve liegt mit dem Hinterende stromaufwärts, sodass sichergestellt ist, dass immer Wasser über Körper und Kopf fließt. Die letzte Larve spinnt auf einer Unterlage einen vorne offenen und stromaufwärts zeigenden pantoffelförmigen Kokon aus Speicheldrüsensekreten, in dem sich die Puppe mit dorsalen Stacheln und abdominalen Haken verankert (Abb. 4.28f, g). Nur ihre Kiemen ragen heraus.

Adulte Kriebelmücken sind tagaktiv und die Weibchen suchen ihre Wirte im Freien auf. Auf der Suche nach Wirten und geeigneten Eiablageplätzen können erhebliche Distanzen zurückgelegt werden. Die Entfernungen reichen von wenigen bis zu 600 km in der afrikanischen Savanne, wobei sie von Windströmungen unterstützt werden und sich optisch an Flussläufen orientieren.

Beim 3–6 min dauernden Stechvorgang wird ungefähr eine dem Körpergewicht entsprechende Blutmenge aufgenommen. Wie bei allen Poolsaugern verbleibt auf

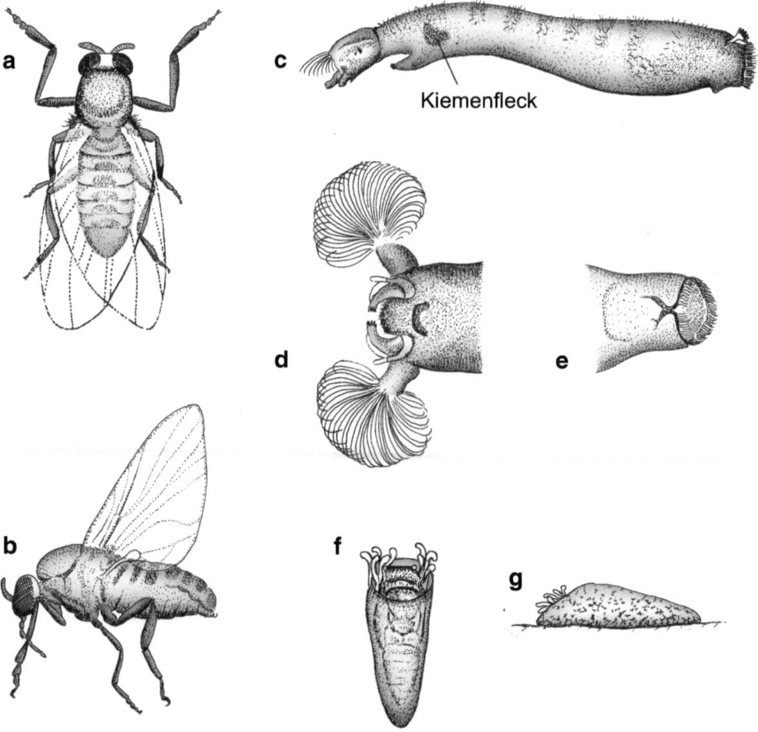

Abb. 4.28 Simuliidae. **a** *Simulium* sp. Weibchen von dorsal. **b** Weibchen von lateral. **c** Letztes Larvenstadium. **d** Vorderende der Larve mit Mundbürsten. **e** Hinterende der Larve mit Hakenkranz. **f** Puppe in Kokon von dorsal. **g** Puppenkokon von lateral

dem Wirt ein kleiner Blutstropfen an der Stelle des Bisses zurück. Blutmahlzeiten werden im Abstand von mehreren Tagen eingenommen. Viele bei Säugern stechende Simulien bevorzugen bestimmte Körperregionen, so die Arten des *S. damnosum*-Komplexes die Beine, die mittelamerikanische *S. ochraceum* Kopf und Rumpf des Menschen, die bei uns heimische Art *S. ornatum* den Bauch von Rindern. Dies sind auch die Stellen, an denen die Mikrofilarien der Onchocercen gehäuft im Unterhautbindegewebe auftreten, sodass sich die Wahrscheinlichkeit einer Übertragung erhöht.

Morphologie Die 1,4–6,0 mm großen Imagines (Abb. 4.27a, b, 4.29) sehen Fliegen sehr ähnlich (lat. „simulare" = vorspiegeln), da sie dunkel gefärbt sind, einen plumpen Körperbau und kurze Antennen aus 7–9 dicht aneinandergedrängten Geißelgliedern haben. Charakteristisch ist das hochgewölbte Scutum des Thorax. Die Komplexaugen nehmen den größten Teil des Kopfes ein und spiegeln damit ihre Bedeutung bei der Paarung und Wirtsfindung wider. Die Proboscis ist kurz und breit, die Simulien sind Poolsauger. Die Stechborsten aus Labrum, Hypopharynx, zwei Mandibeln und Maxillen sind an den Spitzen gezähnt. In Ruhelage schmiegen sie sich eng an das breite, mit dicken Labellen versehene Labium an (Abb. 4.30). Die Flügel sind länger als das Abdomen und sehr breit, ihr unterer proximaler Rand ist in charakteristischer Weise ausgebuchtet. Die Beine sind meist relativ lang und werden oft zum Abtasten des Untergrundes benutzt. Die altweltlichen Simulien sind schwarz, einige neotropische gelblich bis orangerot.

Die Eier haben eine dreieckig-ovale Form. Die Larven sind eucephal, kaum sichtbar segmentiert, ohne deutliche Trennung von Thorax und Abdomen und vor dem Hinterende keulenförmig aufgetrieben (Abb. 4.28c). Der Kopf trägt ein Paar kleiner Linsenaugen, kurze Antennen, zwei fächerförmige Mundbürsten (Abb. 4.28d) und beißend-kauende Mundwerkzeuge (Abb. 4.30). Am Thorax befindet sich ein nach vorn gehaltener Fußstummel („Brustfuß") mit einem Kranz winziger Häkchen an der Spitze. Ein zweiter ähnlicher, aber etwas größerer Hakenkranz befindet sich am posterioren Körperende (Abb. 4.28e). Das letzte Larvenstadium kann anhand des dunklen Kiemenflecks der sich entwickelnden Puppe erkannt werden (Abb. 4.28c). Die Puppe befindet sich in einem Kokon (Abb. 4.28f) und trägt an ihrem Vorderende ein Paar arttypisch gestalteter Büschelkiemen (Abb. 4.28f, g).

Abb. 4.29 Simulien (Kriebelmücken). (Foto: Archiv der Abteilung Parasitologie, Universität Hohenheim)

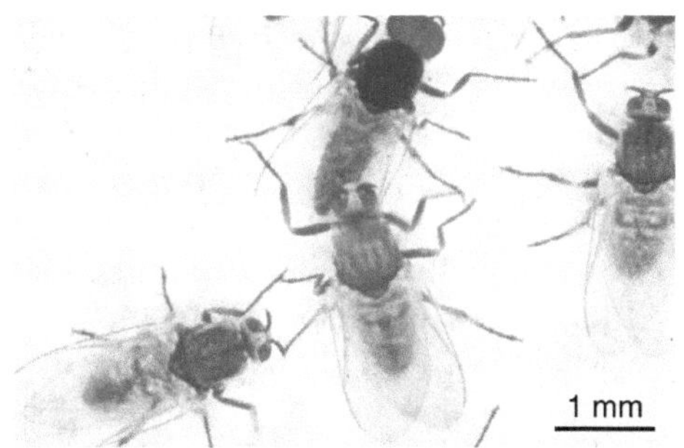

Abb. 4.30 Mundwerkzeuge
einer Kriebelmücke, (*Si-
mulium* sp.) *Mitte* (breit):
Mandibel (die zweite ist
nicht sichtbar); *darunter*
(breit): Labium und damit
verwachsener Hypopharynx
(mit Speichelrohrausgang in
der Mitte); *zu beiden Seiten*
(schmal, gesägt): Maxil-
len; *außen* (2 kissenförmige
Strukturen): Labrum. (EM-
Aufnahme: Eye of Science,
mit freundlicher Genehmi-
gung)

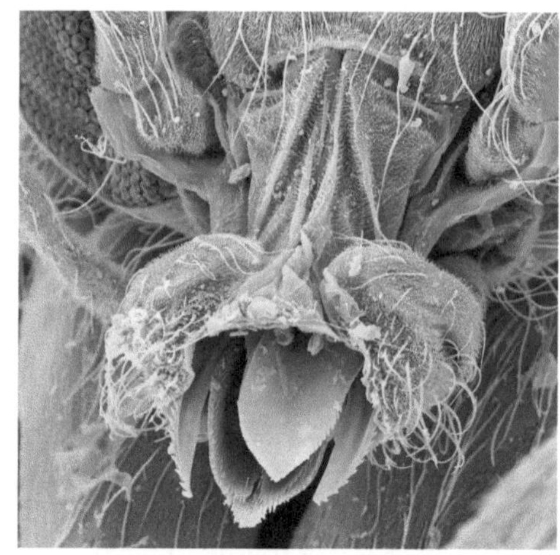

Schadwirkungen Der Stich von Simulien hinterlässt bei den insgesamt größeren
Arten temperierter Zonen einen kleinen Blutstropfen. Die Stiche haben bei sensibilisierten Personen eine unangenehme oder manchmal sogar dramatische Wirkung.
Es können sich stark juckende, höchst schmerzhafte Schwellungen und oft ein
ausgedehntes Ödem des befallenen Körperteils entwickeln. Das Toxin der Speicheldrüsen einiger Arten führt zu Kopfschmerzen, Lähmung des Atemzentrums,
Veränderungen der Blutgefäßwandung, Verminderung roter und weißer Blutkörperchen und Herabsetzen der Gerinnungsfähigkeit des Blutes. Dies kann schon durch
den Stich eines einzigen Weibchens hervorgerufen werden, wenn vorher bereits eine Sensibilisierung stattgefunden hatte. Bei Weidetieren in gemäßigten Zonen tritt
solche Simulientoxikose auf, wenn es im Frühjahr unter bestimmten klimatischen
Bedingungen zu einem Massenschlüpfen von Imagines kommt. In kleinen Herden
kann der Befall innerhalb von 2–48 h zum Tod aller Tiere führen. Herden von mehr
als 200 Tieren sind weniger gefährdet, weil sich die Stiche auf viele Tiere verteilen.

Überträgerfunktion Simulien übertragen Protozoen und Filarien, aber interessanterweise gibt es keine Hinweise auf eine signifikante Übertragung von Viren oder
Bakterien, wie die bei anderen niederen Dipteren mit beißend-kauenden Mundwerkzeugen stattfindet. Die wichtigsten übertragenen Parasiten sind:

- der Einzeller *Leucocytozoon* (Apicomplexa), ein Blutparasit von Geflügel. *Leucocytozoon smithi* überträgt die wirtschaftlich bedeutende „Putenmalaria", *Leucocytozoon simondi* eine ähnliche Erkrankung von Enten.
- Simulien sind obligatorische Zwischenwirte der bei Mensch und Tier in gemäßigten bis tropischen Klimazonen vorkommenden Filariengattung *Onchocerca*.
  Von besonderer Bedeutung ist die in Afrika und einigen Ländern Süd- und Mit-
  telamerikas auftretende Flussblindheit, die durch *Onchocerca volvulus* hervorgerufen wird (s. Abschn. 3.5.4.2.6). Die Larvalentwicklung findet in der Flugmuskulatur statt.

- Die in der Neuen Welt auftretende humanpathogene Filarie *Mansonella ozzardi* (die auch von Gnitzen übertragen werden kann) sowie *Dirofilaria ursi*, ein Parasit von Bären.

Kontrolle Der Hauptansatzpunkt für Kontrollmaßnahmen in Afrika und Südamerika sind die in Fließgewässern lebenden Larven. Diese sind sehr empfindlich gegen niedrige Dosen chemischer Insektizide und des biologischen Agens *Bacillus thuringiensis israelensis*, die stromaufwärts von Brutstellen ins Wasser eingebracht werden. Die Larven filtern die in optimalen Korngrößen eingebrachten Partikel aus dem Wasser und reichern sie an, ohne dass die Begleitfauna wesentlich in Mitleidenschaft gezogen wird. Eines der ehrgeizigsten und erfolgreichsten Vektorkontrollprogramme wurde ab 1974 zur Bekämpfung von Simulien in Westafrika durchgeführt und führte zu einem drastischen Rückgang der Onchozerkose (s. Abschn. 3.5.4.2.6).

4.4.9.1.3 Ceratopogonidae – Gnitzen oder Bartmücken

- Kleinste hämatophage Insekten
- Weibchen saugen an Landwirbeltieren
- Überträger von Apicomplexaparasiten, Filarien und Arboviren
- Vier Larvenstadien
- Apode, eucephale Larven leben in feuchtem Substrat von Kleinstorganismen

Die Gnitzen (engl. „biting midges") enthalten Überträger von Viren, Protozoen und Filarien. Es gibt rund 5000 Arten, die mit Ausnahme der Arktis auf allen Kontinenten auftreten. Die Weibchen der meisten Arten sind räuberisch oder ektoparasitisch an anderen Insekten. Nur Arten in vier Genera sind zum Blutsaugen an Wirbeltieren übergegangen (*Culicoides, Austroconops, Leptoconops* und die Untergattung *Lasiohelea* der Gattung *Forcipomyia*) und stellen höchst unangenehme Lästlinge dar. Die Gattung *Culicoides* ist mit über 1000 Arten die umfangreichste und parasitologisch bedeutendste. Sie kommt in allen Faunenregionen der Welt vor und fehlt nur im Süden von Südamerika und auf Neuseeland. Rund 50 ihrer Arten spielen eine Rolle als Überträger von Viren und Parasiten. Die ca. 150 *Leptoconops*-Arten kommen in tropischen und subtropischen Regionen vor und haben wegen ihrer Stiche, obwohl sie kein Pathogene übertragen, eine große Bedeutung als Schädlinge.

Biologie Adulte *Culicoides* sind dämmerungs- oder nachtaktiv, während *Leptoconops* am Tag stechen. Der Flug von Gnitzen hat selten eine Reichweite von >500 m, sie können aber große Entfernungen zurücklegen, wenn sie in höheren Luftschichten verdriftet werden, was für die Ausbreitung von Viruserkrankungen wichtig sein kann. Wegen ihrer geringen Größe können sie durch die Maschen von Moskitonetzen schlüpfen. Weibchen und Männchen fressen Nektar und nur die Weibchen saugen Blut für die Produktion der Eier. Manche Arten können auch einen ersten Schub Eier legen, ohne Blut aufgenommen zu haben, vermutlich eine Anpassung an wirtsarme Umgebungen. Gnitzen stechen Vögel und Säugertiere. Anders als Stechmücken suchen sie aber nicht nackte Hautstellen auf, sondern „vergraben" sich in Fell, Haaren oder Federn, sodass ein Abstreifen schwierig ist. Die Begattung findet in Schwärmen statt. Die Larven entwickeln sich in unterschiedlichsten feuchten Biotopen, z. B. in faulendem Pflanzenmaterial, dem Boden von Salzmarschen oder Mangrovesümpfen, an Ufern von Flüssen und Teichen, schlammigen Rändern von Weiden oder in Kuhfladen. Die Gnitzen haben vier Larvenstadien mit deutlich ausgebildeter Kopfkapsel. Sie können Dichten von >1000 Individuen/m^2 erreichen. Die Larven leben von Kleinorganismen oder von sich zersetzendem Pflanzenmaterial. In gemäßigten Klimaten kann das vierte Larvenstadium überwintern.

Morphologie Die Gnitzen sind die kleinsten aller blutsaugenden Insekten und messen nur 0,5–3 mm. Sie sind dunkel gefärbt und plump. Die schlanken Antennen haben 10–13 Geißelglieder. Beim Männchen sind die Fühler lang behaart. Dieses Charakteristikum hat der Familie den Namen gegeben („kéras" = Horn, Fühler, „pōgōn" = Bart, i. S. von stark behaart). Sie haben große Komplexaugen, die über der Basis der Antennen fast zusammenstoßen. Die Mundwerkzeuge sind kurz, mit Zähnen an den Spitzen der Mandibeln und Maxillen. Die Mandibeln verletzen die Haut des Wirtes scherenartig, während die Maxillen die Mundwerkzeuge in der richtigen Position halten. Die Gnitzen sind Poolsauger, die Blut und Lymphe aus der mit den Mandibeln geschaffenen Verletzung aufnehmen. Der Thorax ist dorsal gewölbt und überdacht den Kopf etwas. Die Flügel werden in Ruhelage flach auf dem Abdomen gehalten; sie haben of kontrastreiche dunkle und milchweiße Flecken, wie z. B. bei *Culicoides*. Die Muster der Flügel unterscheiden sich oft zwischen den Arten.

Die Larven der Gattung *Culicoides* haben gleichförmige Körpersegmente und ein Paar hintere Pseudopodien. Sie erreichen eine Länge von 6 mm. Das letzte Abdominalsegment trägt eine kiemenartige Struktur, die eine osmoregulatorische Funktion hat (die Atmung erfolgt über die Hautoberfläche). Die Puppe ist 2–4 mm lang, der Cephalothorax trägt ein Paar Atemhörner, die um das distale Ende herum eine Reihe von offenen Stigmen besitzen. Das letzte Abdominalsegment weist ein paar hornartige Fortsätze auf.

Schadwirkung und Übertragung von Erregern Gnitzen sind höchst unangenehme Lästlinge. Einige tropische Arten treten in solchen Massen auf und stechen so hartnäckig, dass der Tourismus darunter leidet. *Culicoides pulicaris* in England ruft nach Sensibilisierung bei Pferden eine saisonal auftretende Allergie hervor.

Gnitzen sind als Überträger von 66 Viren, 15 Protozoen und 26 Arten von Filarien beschrieben worden. Ihre Überträgerfunktion wird durch ihre geringe Größe eingeschränkt, da sie nicht mehr als 0,4 µl Blut saugen können. Die Chance, dass sich darin Erreger befinden, ist gering, wird aber durch ungeheure Populationsdichte des Vektors ausgeglichen.

Auf den Menschen wird nur ein Virus durch Gnitzen übertragen, das in einigen tropischen Gebieten der Neuen Welt auftretende **Oropouche-Fieber**. *Culicoides*-Arten übertragen mehrere Viren, die bei Haustieren wirtschaftlich bedeutende Krankheiten hervorrufen.

Das **Bluetongue-Virus** (BTV) verursacht, hauptsächlich bei Schafen, Fieber, Ödeme, Schleimhauterosionen und Geschwüre sowie Atembeschwerden und kann zu Aborten und Missgeburten führen. Mortalität und Letalität können hoch sein. Der Erreger wurde zuerst aus Südafrika beschrieben, hat sich inzwischen aber weltweit ausgebreitet und ist seit 2006 auch in Deutschland nachgewiesen.

Das **African Horse Sickness Virus** (AHSV, Pferdesterbe) tritt hauptsächlich in Afrika südlich der Sahara auf und verursacht bei Pferden und anderen Equiden eine Sterblichkeit von bis zu 90 %.

Das **West-Nil-Virus** (WNV) stammt ursprünglich aus Uganda und befällt hauptsächlich Vögel. Es ist jetzt weltweit verbreitet, wobei die wichtigsten Vektoren Stechmücken sind, in den USA sind aber auch *Culicoides*-Arten Überträger. Gelegentlich werden auch Menschen und Pferde befallen. Dabei treten meist grippeähnliche Symptome auf, z. T. hat die Krankheit aber auch einen tödlichen Ausgang, vor allem bei primär geschwächten und alten Personen.

Das **Schmallenberg-Virus** (SBV) wurde erst 2011 in Deutschland und anschließend in vielen anderen europäischen Ländern aus Schafen, Rindern und Ziegen beschrieben. Es verursacht fiebrige Erkrankungen, die bei trächtigen Tieren zu Missbildungen des Fetus und zu Aborten führen.

Zu den von Gnitzen übertragenen Protozoen gehören *Haemoproteus* und *Leucocytozoon caulleryi*. Auch *Hepatocystis kochi*, ein Parasit von Altweltaffen, ruft eine malariaähnliche Infektion hervor. Weiterhin stellen Ceratopogoniden die Zwischenwirte für mehrere Filarien dar, so von *Mansonella perstans*, *Mansonella streptocerca* und *Mansonella ozzardi* des Menschen und von *Onchocerca*-Arten des Rindes und Pferdes.

4.4.9.1.4 Phlebotominae – Sandmücken

- Kleine, zarte Insekten
- Saugen Blut bei Reptilien, Vögeln und Säugetieren
- Apode, eucephale Larven, in verrottendem pflanzlichen Substrat lebend
- Vier Larvenstadien
- Überträger von Viren, Bakterien und Protozoen der Gattung *Leishmania*

Sandmücken sind kleine, behaarte Insekten mit dünnen, langen Beinen. Sie bilden eine Unterfamilie der Schmetterlingsmücken (Psychodidae) und können von anderen Dipteren leicht durch die Haltung ihrer nach hinten oben zeigenden, etwas abgespreizten Flügel unterschieden werden („Engelsflügelhaltung"). Sandmücken sind Überträger aller Arten der Gattung *Leishmania* (s. Abschn. 2.5.5). Verbreitungsgebiete sind die Tropen und Subtropen der Alten und der Neuen Welt. Es gibt

ungefähr 700 Arten in sieben Gattungen, von denen über die Hälfte in der Neuen
Welt vorkommen.

Circa 70 Arten übertragen Leishmanien auf den Menschen und andere Säugertiere, wobei in der Alten Welt die Gattung *Phlebotomus* als Vektor fungiert, während
in den Neotropen *Lutzomyia* den Parasiten überträgt. Die in der Alten Welt weitverbreitete Gattung *Sergentomyia* ernährt sich hauptsächlich von Reptilienblut.

Entwicklung und Biologie Die Weibchen müssen gewöhnlich vor jeder Eiablage Blut saugen. Im Vergleich zu den Stechmücken, Simuliden und Gnitzen ist nur
vergleichsweise wenig über die Entwicklung von Sandmücken bekannt, da die Entwicklungsstadien nur sehr selten in der freien Natur gefunden werden. Die vier
Larvenstadien brauchen kapillar gebundene Feuchtigkeit und müssen mit ihrem
Körper feuchtes Substrat berühren können, suchen bei zu großer Feuchtigkeit jedoch andere Stellen auf. Sie ernähren sich von verrottendem pflanzlichen Material.
Gemäß diesen Anforderungen sind Brutplätze in ariden Zonen Nagetier- und Termitenbauten, Klippschlieferhöhlen, von Reptilien bewohnte Erdlöcher, Tierställe,
Scheunen oder Müllplätze oder die feuchte Blätterstreu von Tropenwäldern. Larven
und Puppen können in subtropischen Gebieten eine Phase der Entwicklungsruhe
einlegen, wie z. B. der mediterrane Vektor *Phlebotomus ariasi*.

Beim Stich wird ein stark gefäßerweiterndes Peptid injiziert, sodass Blut aus einem verletzten Gefäß in die Wunde austritt, das dann aufgesogen wird. Weibchen
und Männchen nehmen außerdem zuckerhaltige Pflanzensäfte auf. Die Adulti fliegen in der Dämmerung oder nachts, stechen aber, wenn sie tagsüber gestört werden.
Sie fliegen ihren Wirt an und bewegen sich dann mit kleinen Sprüngen vorwärts,
wobei nur auf exponierten Hautpartien Blut gesaugt wird. Deshalb befinden sich bei
kutaner Leishmaniose die meisten Läsionen an exponierten Stellen. Blut wird in den
Mitteldarm geleitet, Pflanzensäfte werden zunächst im Kropf gespeichert, bevor sie
später im Darm verdaut werden. Leishmanien heften sich an das Mitteldarmepithel
bevor eine peritrophische Membran um die Blutmahlzeit herum ausgebildet wird.
Die weitere Entwicklung findet im Vorderdarm statt, wo die Parasiten das Ventilsys-
tem stören, sodass infizierte Sandmücken häufiger stechen, was die Chancen einer
Übertragung erhöht.

Morphologie Die Imagines (Abb. 4.31a) messen nur 1–4 mm. Sie sind normalerweise hell- bis dunkelbraun oder selten auch schwach grau wie der Hauptüberträger
der viszeralen Leishmaniose *Phlebotomus argentipes*. Körper, Kopf und Flügel sind
sehr stark behaart, was ihnen, zusammen mit den großen Flügeln, das Aussehen
kleiner Schmetterlinge verleiht und zur Einordnung in die Psychodidae (Schmetterlingsmücken) geführt hatte. Die langen Antennen haben 16 Segmente. Der Name
Phlebotomen deutet an, dass die Insekten nicht stechen (griech. „phleps", „phle-
bós" = Blutgefäß, „tomé" = Schnitt), sondern eher „sägen". Sie sind Poolsauger,
die mit breiten und kurzen, nur 0,15–0,75 mm messenden Mundwerkzeugen eine
Wunde in die Haut raspeln. Sie nehmen die bei der Verletzung austretende Flüssigkeit aus Blut, Lymphe und Zellsaft auf. Die kurze breite Proboscis besteht aus
Labrum, paarigen Mandibeln mit Laciniae und dem innerhalb des Labiums liegen-

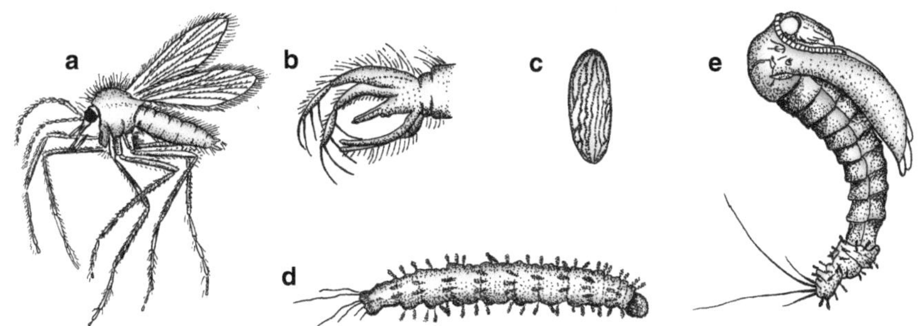

Abb. 4.31 Phlebotomidae. **a** Weibchen von *Phlebotomus*. **b** Kopulationsanhänge am Hinterende des Männchens. **c** Ei von *P. papatasi*. **d** Larve. **e** Puppe aufrecht in alter Larvenhaut stehend

den Hypopharynx. Die Mandibeln sind an der Spitze sägeartig gezähnt und die Laciniae haben nach außen zeigende Zähne. Große, fünfgliedrige Maxillarpalpen tragen viele Sensillen auf dem 3. Segment, das während der Nahrungsaufnahme mit dem Wirt in Kontakt ist. Der Thorax ist gebuckelt und trägt die schmalen und etwas zugespitzten Flügel. Die Äderung ist mit feinen Schüppchen besetzt. Sie werden in Ruhelage v-förmig über dem Körper getragen („Engelsflügelhaltung"). Die Männchen tragen einen mächtigen Klammerapparat am Hinterende (Abb. 4.31b).

Die Eier sind langoval, auf einer Seite etwas abgeflacht und haben eine skulpturierte Oberfläche (Abb. 4.31c). Die eucephalen Larven tragen wenige keulenförmige, gefiederte Körperhaare und am letzten Abdominalsegment lange, schräg nach oben gerichtete Borsten, ein Paar bei der Larve 1, zwei Paare bei den Larven 2 bis 4. Die Puppe steht in aufrechter Haltung in der letzten, nicht vollständig abgestreiften Larvenhaut (Abb. 4.31e). Die Beine und die sie bedeckenden großen Flügelanlagen stehen vom Körper ab.

Schadwirkung und Überträgerfunktion Auf Phlebotomenstiche reagiert der Mensch mit Schmerz und heftigem Juckreiz. Unter Umständen treten Unwohlsein und kurzzeitige Depressionen mit Fieber auf. Phlebotomenarten, die ausgesprochen häufig stechen, wie *Phlebotomus papatasi* im Mittleren Osten, können höchst unangenehme Lästlinge sein. Nicht sensibilisierte Personen können einen fleckig roten Hautausschlag entwickeln, der dort als „Harara" (arabisch = Hitze) bekannt ist und wochenlang anhalten kann. Zur Bekämpfung von peridomestischen Sandmückenarten (wie z. B. *P. argentipes*, *P. papatasi* und *L. longipalpis*) werden Kontaktinsektizide eingesetzt, die in Wohnhäusern und Stallungen versprüht werden.

Phlebotomen übertragen Viren, Bakterien und sind obligatorische Zwischenwirte für Leishmanien:

- **Papatasi-Fieber** (Dreitagefieber) ist eine fiebrige Erkrankung des Menschen, die von einem Phlebovirus ausgelöst wird und 3–4 Tage anhält. Die Infektion ist gutartig und äußert sich in Fieber, Bindehautentzündung sowie Kopf-, Rücken- und Gelenkschmerzen. Das Virus kommt im Mittelmeerraum und östlich davon bis China vor. Es persistiert in der Insektenpopulation wahrscheinlich hauptsächlich durch transovarielle Übertragung. Weitere von Phlebotomen übertragene Viruserkrankungen sind Toskana-Fieber in der Alten Welt und in der neuen Welt beispielsweise das Punta-Toro-Virus.

- **Oroya-Fieber** (Peruanische Warze) wird durch das Bakterium *Bartonella bacilliformis* verursacht. Diese seltene Erkrankung tritt in den Hochanden von Peru, in Ecuador und Kolumbien auf. Sie kann entweder ca. vier Wochen nach dem infektiösen Stich zu einem massiven Befall der Erythrozyten mit potenziell tödlichem Verlauf oder zu Hautläsionen führen.
- Die wichtigsten von Sandmücken übertragenen Pathogene sind **Leishmanien**, die in Tropen und Subtropen der Alten und Neuen Welt auftreten (s. Abschn. 2.5.5). In der Alten Welt sind die wichtigsten Vektoren *P. papatasi* und *P. sergenti*, in Lateinamerika hauptsächlich Sandmücken der Gattung *Lutzomyia*. In Europa hat sich das Verbreitungsgebiet von Sandmücken in den letzten Jahren nach Norden ausgedehnt, was eine Ausbreitung der Leishmaniose nach sich ziehen könnte.

4.4.9.2 Höhere Dipteren – Brachycera

Neuere Arbeiten haben die Klassifikation der höheren Dipteren stark verändert, sodass jetzt eine Vielzahl von Gruppen als Brachycera zusammengefasst werden. Bei diesen neu definierten Brachycera sind in Bezug auf Parasitismus oder Überträgerfunktion nur wenige evolutionäre Trends zu erkennen. Dazu zählt die sekundäre Entwicklung des Blutsaugens bei Weibchen und Männchen sowie die Entwicklung des Larvalparasitismus bei den Dasselfliegen.

Die Brachycera sind – im Gegensatz zu den niederen Dipteren – meist robust wirkende Insekten, deren Larven als beinlose Maden ausgebildet sind und eine reduzierte oder keine Kopfkapsel besitzen. In den höheren Gruppen ist die Entwicklung nicht mehr an Wasser gebunden. Die ursprünglicheren Brachyceren sind orthorrhaph, d. h., dass sie als Spaltschlüpfer aus einer Tönnchenpuppe ausbrechen, während jüngere Gruppen cyclorrhaph, d. h. Deckelschlüpfer, sind. Trotz ihres Namens (gr. „brachýs" = kurz, „kéras" = Fühler) ist für die Zugehörigkeit nicht die Form der Antennen, sondern die Anzahl ihrer Glieder ausschlaggebend, die zwischen drei und acht liegt. Die Mundwerkzeuge sind leckend-saugend, seltener stechend-saugend. Generell werden die Larven in feuchten Substraten und in Pflanzen gefunden, einige leben räuberisch von anderen Insekten.

4.4.9.2.1 Tabanidae – Bremsen

- Große, kräftige Insekten mit sehr großen Augen
- Weibchen saugen Blut an Huftieren und Mensch
- Apode, acephale Larven leben im Boden von Kleintieren
- 6–13 Larvenstadien
- Obligatorische Überträger der humanpathogenen Filarie *Loa loa*

Die Bremsen (engl. „horse flies", „clegs") sind große (6–30 mm lang), blutsaugende Insekten. Die Familie enthält rund 4500 Arten verteilt von tropischen bis zu gemäßigten Klimazonen, sie fehlen aber in Wüstengebieten und einigen ozeanischen Inselgruppen. In Mitteleuropa sind ca. 100 Arten vertreten. Tabaniden sind angepasst an das Blutsaugen bei großen Vertebraten und auch dem Menschen. Die Gattungen mit medizinischer Bedeutung sind *Chrysops* und die Tabaninae mit *Tabanus*, *Hybomitra* und *Haematopota*. Sie können unangenehme Lästlinge für Mensch und Vieh sein und sind als mechanische Überträger von Viren, Bakterien und Protozoen sowie als zyklisch alimentäre, also echte Zwischenwirte der Filarie *Loa loa* bekannt. Die Tabanidae sind manchmal als Tabanomorpha arrangiert, um sie von der Menge anderer Brachycera, den Muscomorpha, zu unterscheiden.

Entwicklung und Biologie Bremsen sind tagaktive und außerordentlich gewandte Flieger, die kurzzeitig Geschwindigkeiten bis zu 40 km/h erreichen können. In Mitteleuropa sind sie an heißen, sonnigen Tagen besonders lästig. Nur die Weibchen sind hämatophag. Sie nehmen je nach Größe bis zu 200 mg Blut auf. Sie orten ihre Wirte vor allem optisch durch deren Bewegung mit ihren riesigen Augen (Abb. 4.32a, b). Bei ihren Versuchen, Blut zu saugen, sind sie höchst hartnäckig und lassen sich nicht abwehren. Wenn sie gestört werden, wechseln sie sofort auf eine andere Körperstelle oder den nächsten Wirt über. Zusammen mit dem Bau ihrer Mundwerkzeuge macht dieses Verhalten sie zu guten mechanischen Überträgern einer großen Zahl von Erregern. Die Lebensdauer beträgt nur zwei bis vier Wochen. Die Männchen, sofern sie überhaupt bekannt sind, ernähren sich von Pollen und Pflanzensäften.

Die Eier (Abb. 4.32c) werden bevorzugt in feuchten Biotopen abgelegt, oft auf Pflanzen, die aus dem Wasser ragen. Nach ca. 6 Tagen schlüpfen die Larven und fallen ggf. ins Wasser. Die Anzahl der Larvenstadien variiert, sogar intraspezifisch, zwischen 6 und 13. Das letzte Stadium kann überwintern, sodass der Lebenszyklus über ein Jahr benötigen kann, um abgeschlossen zu werden. Die Larven vieler Arten sind räuberisch und fressen Invertebraten wie Schnecken, Regenwürmer oder sogar Kaulquappen. Die Puppen vieler Arten leben in trockeneren Bereichen der larvalen Habitate, andere aber auch in aquatischer Vegetation.

Morphologie Die Imagines (Abb. 4.32a) gehören zu den größten Fliegenverwandten. Sie messen bis zu 3 cm. Die einheimische Pferdebremse (*Tabanus sudeticus*) wird 24 mm, die Rinderbremse (*Tabanus bovinus*) 20 mm lang. Der Kopf ist breiter als lang und scheint fast nur aus den riesigen, beim Männchen in der Mitte zusammenstoßenden Augen zu bestehen, deren Hinterrand, zugleich der Hinterrand des Kopfes, oft breiter als der Thorax und konkav geformt ist. Im Leben schillern die Augen, vor allem bei *Chrysops* und *Haematopota,* in lebhaften, gattungstypischen Band- oder Zickzackmustern. Die Fühler sind schlank, ihre Geißel besteht aus fünf Gliedern, von denen das basale oft verbreitert ist, und sie zeigen nach vorn. Die nächsten Glieder werden distal immer schmaler, sodass sie zugespitzt wirken. In den Mundwerkzeugen (Abb. 4.32b) dieser Poolsauger vereinigen sich leckend-saugende und stechende Eigenschaften. Die sechs Stechborsten (dünner Hypopharynx,

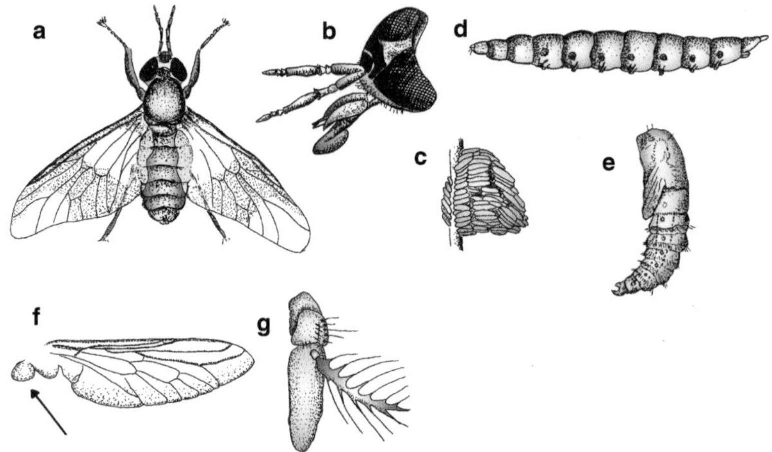

Abb. 4.32 Brachycera. **a** Tabanidae: Imago von *Chrysops*. **b** Kopf von *Chrysops*. **c** Eigelege einer Tabanide. **d** Tabanidenlarve (Kopf *links*). **e** Tabanidenpuppe. **f** Flügel einer höheren Fliege mit Calyptra (*Pfeil*). **g** Fühler einer höheren Fliege mit Fühlerborste (Arista)

breites Labrum, je zwei breite Mandibeln und Maxillen) schneiden eine blutende Wunde. Beim Stich werden die kissenförmigen Labellen auf der Haut ausgebreitet. Sie sind auf der Unterseite mit „Pseudotracheen" versehen, dicht nebeneinander angeordneten, nach unten offenen Rinnen, die sich mit austretendem Blut füllen. Bei schnellem Wechsel von einem Wirt zum anderen sickern Blut und eventuell Erreger aus den Pseudotracheen in die neue Stichwunde. Die Flügel, in Ruhelage übereinandergelegt, weisen bei einigen Gattungen ein lebhaftes, arttypisches Bänder- oder Fleckenmuster auf. Die Eier werden zu 200–1000 als charakteristisch geschichtete Massen abgelegt. Sie sind zunächst weiß, dunkeln dann aber stark nach. Die Larven (Abb. 4.32d) sind vorn schmaler als hinten und haben eine reduzierte, rückziehbare Kopfkapsel mit vertikal arbeitenden Mandibeln. Am Hinterende tragen sie einen kurzkegelförmigen Siphon mit Stigmen. Reife Larven werden zwischen 15–30 mm lang. Die Puppen besitzen schon deutlich sichtbare Flügelscheiden (Abb. 4.32e).

Schadwirkungen und Überträgerfunktion Die breiten Stechborsten der Tabaniden können in der Haut Nerven verletzen. Nur in solchem Fall ist der Stich sehr schmerzhaft. Da Bremsen aber lautlos anfliegen, wird ein schmerzloser Stich meistens erst bemerkt, wenn der Juckreiz einsetzt. Um die Einstichstelle herum bildet sich eine unregelmäßig geformte Quaddel. Für Tiere ist die Belästigung durch Bremsen Ursache für Nervosität samt allen damit verbundenen Folgen. Dazu kommt ein Blutverlust, der sich auf 100 ml/Tier pro Tag belaufen kann. Die Stichwunden bluten außerdem nach und locken andere Insekten an, die ihrerseits Krankheitserreger übertragen können.

Tabaniden sind Zwischenwirte für Filarien und mechanische Überträger verschiedener Protozoen, Bakterien und Viren:

- Die Filarie *Loa loa,* ein Nematode der der Familie Onchocercidae (s. Abschn. 3.5.4.2.7), wird in West- und Zentralafrika, seltener in Teilen Ostafrikas, von mindestens zwei Bremsenarten, *Chrysops silacea* und *Chrysops dimidiata*, auf den Menschen übertragen. Hier liegt übrigens der seltene Fall vor, dass im Blut lebende Parasitenstadien, die Mikrofilarien, von einem Poolsauger übertragen werden. Tabaniden der Gattung *Tabanus* und *Hybomitra* sind Zwischenwirte der Filarie *Elaeophora schneideri* des Maultierhirsches *Odocoileus hemionus* und anderer Cerviden in Nordamerika.
- Die Protozoen *Trypanosoma evansi*, Erreger der Surra, *Trypanosoma equinum*, Erreger der Kreuzlähme in Südamerika, sowie *Trypanosoma vivax*, ein Erreger der Nagana, können mechanisch an den Stechborsten von Bremsen übertragen werden.
- Tabaniden sind, meistens neben anderen Arthropoden, mechanische Überträger von Viren (infektiöse Anämie der Pferde) und der Bakterien *Bacillus anthracis* (Anthrax), *Francisella tularensis* (Tularämie), *Leptospira interrogans* (Leptospirose) und *Borrelia burgdorferi* (Borreliose).

4.4.9.2.2 Muscidae – Echte Fliegen

- Larven leben von verrotteten pflanzlichen Substanzen oder Pflanzenfresserkot
- Drei Larvenstadien
- Nur *Stomoxys* als obligatorische Blutsauger, in beiden Geschlechtern

Die Muscidae sind eine große Familie der Brachycera und beinhalten u. a. unsere Stubenfliege *Musca domestica* wie alle Arten der Gattung *Musca* mit leckendsaugenden Mundwerkzeugen sowie auch Gattungen mit sekundär entwickelten, stechend-saugenden Mundwerkzeugen. Auch wenn die meisten sich nicht wie andere Vektoren oder Zwischenwirte von Blut ernähren, sind einige Musciden mit leckendsaugenden Mundwerkzeugen dennoch Zwischenwirte von Nematoden und mechanische Vektoren von Viren, Bakterien, Pilzen und Protozoen. Diese Arten saugen Sekrete von Säugetieren z. B. um die Augen herum auf und tragen entsprechende Namen, die die Gewohnheit zum Ausdruck bringen, wie z. B. die Gesichtsfliege (*Musca autumnalis*) und die Schafskopffliege (*Hydrotaea irritans*) genau wie auch die bekannte Stubenfliege (*Musca domestica*). Hämatophage Fliegen mit stechendsaugenden Mundwerkzeugen sind in den Gattungen *Stomoxys*, *Haematobia* und *Haematobosca* zu finden. *Stomoxys calcitrans*, der weltweit vorkommende Wadenstecher, tritt immer in der Nähe von Rinder- und Pferdeställen oder -weiden auf und fliegt auch den Menschen an. Der Stich ist sehr schmerzhaft, weil der gesamte Stechrüssel aus Labrum, Hypopharynx und Labium eingestochen wird. Bei hoher Dichte können Schäden durch Blutverlust und Beunruhigung eintreten. Eine weitere einheimische Art ist *Haematobia irritans*, die Kleine Stechfliege, die aus Europa stammt und nach Nordamerika eingeschleppt wurde. Sie lebt in hoher Dichte auf Rindern, die Weibchen verlassen den Wirt nur zur Eiablage. *Haematobosca stimulans*, die Große Weidenstechfliege, ist ebenfalls eng mit dem Rind assoziiert, verlässt ihren Wirt aber häufiger und ähnelt im Verhalten dem Wadenstecher.

Biologie Die adulten Fliegen nehmen, soweit sie nicht Blut saugen, proteinreiche Flüssigkeit wie Augen- und Nasensekrete auf, wobei sie sich überaus hartnäckig zeigen und nur schwer zu verscheuchen sind. Sie saugen an großen Säugetieren und selten am Menschen. Wie bei allen cyclorrhaphen Dipteren saugen Männchen und Weibchen Blut, bei *Stomoxys calcitrans* sollen dies zweimal täglich ca. 15 mg Blut sein. Viele Musciden legen ihre Eier auf Pflanzenfresserkot und verrottendes organisches Material ab, das die Larven fressen, daher sind sie eine Plage besonders in Ställen von weidenden Haustieren. Zur Verpuppung zieht sich die Drittlarve an trockenere Stellen zurück.

Morphologie Echte Fliegen messen 5–8 mm, haben relativ große Komplexaugen und die Antennen bestehen aus drei unterschiedlich geformten Segmenten, von denen das letzte eine Borste, die Arista, trägt (Abb. 4.32g). Die Mundwerkzeuge nicht-blutsaugender Musciden (z. B. Stubenfliege) habe ein kissenförmiges Labellum mit Pseudotracheen auf der Unterseite, in die Flüssigkeiten durch Kapillarwirkung eingesogen werden, um dann die Mundöffnung zu erreichen. Die Mundwerkzeuge werden beim Fressen nach vorn ausgestreckt und wischen Flüssigkeit auf, während die Fliege sich vorwärtsbewegt. Bei *Stomoxys* und *Haematobia* ist das Labellum stark sklerotisiert. Bei Stomoxys ragen die Mundwerkzeuge deutlich sichtbar nach vorn (Abb. 4.33a). Zur Nahrungsaufnahme raspelt die Fliege die Haut des Wirtes zunächst mit Zähnchen an der Spitze der Proboscis auf und senkt dann die gesamte starre Struktur in die Wunde, um Blut aufzusaugen. Die Tarsen weisen ein Paar Klauen und einen kissenähnlichen Pulvillus auf, was den Fliegen die Fortbewegung auf glatten, senkrechten Flächen oder sogar kopfüber erlaubt. Die Weibchen einiger Musciden haben einen teleskopartigen, rückziehbaren Ovipositor, mit dem sie die Eier in feuchtes Substrat legen. Es entwickeln sich drei Larvenstadien. Diese Maden sind vorn zugespitzt und am Hinterende mehr oder weniger abgeplattet (Abb. 4.33c). Sie haben keine Beine und keine Kopfkapsel (Abb. 4.33c) und besitzen ein Paar gebogener, sklerotisierter Mundhaken, mit denen sie weiches Material aufnehmen können. Am Hinterende befindet sich Paar von rundlichen Stigmenplatten, die wie zwei Augen anmuten (Abb. 4.33b) und gattungs- bzw. artspezifisch gebaut sind. Jede Platte enthält wenigstens drei gewundene oder gerade Schlitze mit vielen winzigen Öffnungen (Abb. 4.33e–j). Meistens ist in der Mitte oder am Rand eine wie ein Knöpfchen oder ein Loch aussehende Struktur vorhanden, die von der Stigmenplatte des vorigen Larvenstadiums übrigbleibt. Die Puparien sind tonnenförmige, hartschalige Gebilde.

Überträgerfunktion Mechanisch übertragen Musciden eine Fülle von Viren, Bakterien, Pilzen und Protozoen. Die Übertragung erfolgt dabei nicht notwendigerweise mit den Mundwerkzeugen, sondern es werden auch Infektionsstadien an den Fuß-

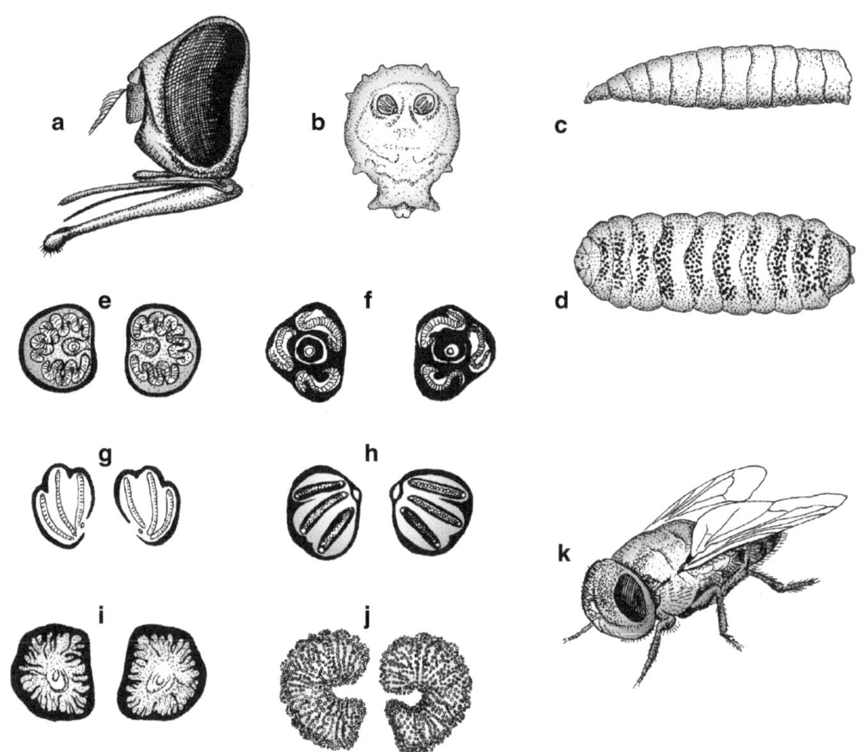

Abb. 4.33 Brachycera, höhere Fliegen. **a** Kopf von *Stomoxys calcitrans.* Mundwerkzeuge von oben nach unten: Maxillarpalpen, Labrum, Hypopharynx. Labium. **b** Drittlarve von *Lucilia sericata,* Ansicht von hinten. **c** Drittlarve von *Calliphora cuprina* (Kopf *links*). **d** Ventralansicht der Drittlarve von *Oestrus ovis.* **e–j** Stigmenplatten der Larven von **e** *Musca domestica,* **f** *Stomoxys calcitrans,* **g** *Sarcophaga* sp., **h** *Lucilia sericata,* **i** *Hypoderma bovis,* **j** *Oestrus ovis.* **k** Imago von *Oestrus ovis* (beachte: stark reduzierte Mundwerkzeuge)

ballen der Insekten verschleppt. Angesichts der hohen Populationsdichten und der Tatsache, dass viele Musciden Kot aufsuchen, können sie bei fäko-oralen Infektionen eine Rolle spielen.

Als echter Zwischenwirt der im Magen von Pferden parasitierenden Nematoden *Habronema muscae* und *Draschia megastoma* (s. Abschn. 3.5.4.2.10) fungiert die Stubenfliege *Musca domestica.* Ihre Drittlarven nehmen aus dem Pferdekot die L1 des Wurmes auf und geben ihn nach Entwicklung zur L3 und Wanderung zur Proboscis der adulten Fliege auf neue Wirte weiter, wenn sie an deren Maul- und Nüsternbereich sitzen. Auch der Wadenstecher kann als Überträger fungieren, wobei infizierte Fliegen ein verändertes Verhalten aufweisen, indem sie feuchte Oberflächen bevorzugen.

Auch für weitere Nematoden sind Musciden Zwischenwirte: *Musca autumnalis* ist Zwischenwirt für *Thelazia*-Arten und die Filarie *Parafilaria bovicola. S. calcitrans* ist Zwischenwirt unter anderem von *Setaria cervi,* einer Filarie, die die

Leibeshöhle von Rindern bewohnt. Die Kleine Stechfliege *H. irritans* überträgt die Filarie *Stephanofilaria stilesi* auf Rinder und deren wild lebende Verwandte sowie Hirsche, wobei in der westlichen USA und Kanada 80–90 % der Tiere in einer Herde befallen sein können.

4.4.9.2.3 Calliphoridae – Schmeißfliegen

- Imagines fliegenähnlich, nie hämatophag
- Larven leben von totem oder lebendem Fleisch
- Larven einiger Gattungen als obligatorische Parasiten (Myiasiserreger)

Die Calliphoridae oder Schmeißfliegen (engl. „blow flies"), im Volksmund Brummer genannt, sind große, plumpe, metallisch und oft farbig schimmernde Fliegen (griech. „kállos" = Schönheit, „phoréo" = tragen), die etwas größer sind als Stubenfliegen. Es gibt um die 1100 Arten. Die Imagines legen ihre Eier meist an toten Tieren ab, wobei in der forensischen Medizin aus dem Entwicklungsstadium der Larve auf den Todeszeitpunkt geschlossen werden kann. Einige Arten legen ihre Eier auch in Wunden lebendiger Tiere, die sich entwickelnden Larven verursachen Myiasis. Die Larven sind Maden, die vorn zugespitzt sind und ein abgeplattetes Hinterende haben, an dem die zwei Stigmenplatten zu sehen sind (Abb. 4.33b). Da adulte Schmeißfliegen generell schwer zu identifizieren sind, bilden die Stigmen der Drittlarven ein wichtiges diagnostisches Merkmal (Abb. 4.33e–j).

Schmeißfliegen der Gattung *Calliphora* sind blau schimmernd (engl. „blue bottles"). Die Larven (Abb. 4.33c) leben nicht parasitisch, können aber, wenn die Eier an Wunden abgelegt oder die Larven mit Fleisch verzehrt werden, Wundmyiasen bzw. Pseudomyiasen hervorrufen.

Schmeißfliegen der Gattung *Lucilia* haben goldgrüne bis bronzefarbene Imagines (engl. „green bottles"). Die Larven von *Lucilia sericata* sind in Mitteleuropa der Erreger einer Hautmyiase, die vor allem bei Schafen von wirtschaftlicher Bedeutung ist. Darüber hinaus aber wurden sie – und werden heute auch wieder – in der Humanmedizin zur Behandlung chronischer, nichtheilender Wunden benutzt: Die leicht in sterilen Kulturen zu züchtenden Larven produzieren proteolytische Enzyme, unter anderem Kollagenase, die nekrotisches Gewebe auflösen, das dann von den Larven aufgenommen und verdaut wird. Gesundes Gewebe wird dabei nicht angegriffen. Wahrscheinlich beschleunigen auch die Ausscheidung von Allantoin und der extrem hohe pH den Heilungsprozess. – Die Larven von *Lucilia bufonivora* sind obligatorische Parasiten von Kröten, bei denen sie sich von der Nasenhöhle bis ins Gehirn hineinfressen und den Tod des Tieres bewirken.

Von sehr großer wirtschaftlicher Bedeutung ist *Lucilia cuprina*. Die Larven sind Erreger der Hautmyiase bei Schafen in Afrika und Australien. Die Weibchen legen ihre Eier häufig an der von Kot verschmutzten Gegend um die Schwanzwurzel von Schafen, wo die Haut tief gefaltet und feucht ist. Schon die Erstlarven scheiden ein komplexes Gemisch von Proteasen aus, die zur schnellen Entstehung tiefer Wunden und großflächiger Entzündungen führen, an denen die Wolle plackenweise ausfällt. Sekundärinfektionen sind häufig. Durch zerstörte Kapillaren gelangen Ausscheidungsprodukte der Larven in die Blutbahn und befallene Tiere sterben innerhalb von Tagen an Hyperammonämie, sobald die NH_4-Konzentration des venösen Blutes 200 mol/L überschreitet. Die Myiase tötet allein in Australien bis zu drei Millionen Schafe jedes Jahr und verschlingt durch Produktionsverlust und Bekämpfungsmaßnahmen jährlich 150 Mio. A\$.

Die Larven der amerikanischen *Cochliomyia hominivorax* (engl. „screw worm") sind obligate Parasiten von Säugetieren und haben im Süden der USA bis zur Mitte des 20. Jahrhunderts enorme Schäden bei Rindern mit hoher Letalität hervorgerufen. Die Eier werden an Wunden abgelegt und die Larven bohren sich 2–5 cm tief in gesundes Gewebe ein. Die Ausrottung der Plage war das erste erfolgreiche Beispiel von großflächiger Schädlingsbekämpfung durch Freilassung sterilisierter Insekten. Die leicht zu züchtenden Larven wurden fabrikmäßig zu Milliarden bis zur späten Puppe herangezogen, mit γ-Strahlen behandelt und in leicht aufbrechenden Papierkartons von Flugzeugen aus über den betroffenen Weidegebieten abgeworfen. Von bestrahlten Männchen begattete Weibchen können keine Nachkommen mehr erzeugen. Die 1956 begonnenen Maßnahmen haben den ganzen Süden der USA fliegenfrei gemacht und werden heute in Mexiko fortgesetzt, um Neueinwanderung zu verhindern. *C. hominivorax* wurde 1988 aus ungeklärter Ursache nach Nordafrika eingeschleppt. Sofort einsetzende Bekämpfungsmaßnahmen mit aus Mexiko eingeflogenen sterilisierten Fliegen erreichten eine vollständige Eliminierung der Plage.

In der Alten Welt nehmen Arten der Gattung *Chrysomyia* eine ähnliche Nische wie *C. hominivorax* ein. Die Weibchen legen ihre Eier in Wunden oder am Rand von Körperöffnungen ab. Die Larven fressen aggressiv lebendes Gewebe, bevor sie sich nach 3–4 Tagen zur Verpuppung fallenlassen. Die Larven anderer Gattungen leben in Tiernestern, z. B. von Vögeln, und fressen an den heranwachsenden Jungen. Die Art *Auchmeromyia senegalensis* lebt in Tierbauten, befällt aber auch Menschen, die Hütten mit Lehmboden bewohnen. Die von ihnen verursachte Myiasis ist untypisch, indem die Maden nicht im Gewebe des Wirtes leben, sondern ihn nur zeitweilig aufsuchen um Blut zu saugen.

4.4.9.2.4 Sarcophagidae – Fleischfliegen

Die Fleischfliegen sind bis 15 mm große Fliegen, deren Thorax und Abdomen eine auffällige, schwarzgraue Musterung aufweist, auf dem Thorax in drei dunklen Längsstreifen, auf dem Abdomen bei der Gattung *Sarcophaga* in Schachbrettform, bei der Gattung *Wohlfahrtia* mit symmetrisch angeordneten Einzelflecken. Die Tarsen tragen stark entwickelte Pulvillen. Das Weibchen ist vivipar und legt anstelle von Eiern Erstlarven ab. Die Larven sind wie die der Musciden gebaut, die Stigmenplatten (Abb. 4.33g) allerdings sehr tief in den Hinterleib eingezogen.

Wohlfahrtia magnifica kommt in Zentral- und Osteuropa, dem Mittelmeergebiet und Kleinasien vor. Ihre Larven sind obligatorische Parasiten, vor allem des Schafes, aber auch des Menschen. Die Larven werden bevorzugt an Körperöffnungen abgelegt, bei Menschen überwiegend an Ohren und Nase, seltener am Auge. Die Maden fressen sich tief in gesundes Gewebe hinein, können in die Nasenhöhlen, im Ohr bis zum Knorpel vordringen und dann Taubheit hervorrufen bzw. zu völliger Zerstörung des Augapfels führen. Gelegentlich treten Todesfälle auf.

4.4.9.2.5   Oestridae – Dasselfliegen

- Imagines farbig behaart, mit verkümmerten Mundwerkzeugen
- Larven durchweg als obligatorische Endoparasiten
- Vier Unterfamilien mit Larven unter der Haut, im Bauch oder der Nase:
  - Cutebrerinae (neuweltliche Dasselfliegen)
  - Oestrinae (Nasen- und Rachendasseln)
  - Gasterophilinae (Magendasseln)
  - Hypoderminae (echte Dasselfliegen)

Die Imagines (Abb. 4.33k) der Oestridae (engl. „bot flies") sind mit einem farbigen „Pelz" besetzt, oft in breiten Bändern auf dem Abdomen, sodass die Insekten hummelähnlich wirken. Ihr kurzer, rundlicher Kopf setzt breit an den Thorax an, die Augen sind im Verhältnis zu anderen Fliegen recht klein und lassen einen breiten Kopfteil zwischen sich frei. Die Fühler sind tief eingezogen und die Arista ist unbeborstet. Mundwerkzeuge sind stark rückgebildet, sodass keine Nahrung aufgenommen werden kann. Dementsprechend leben sie meistens nur einige Tage. Die Calyptra ist groß bis sehr groß, das Abdomen kurz, sofern nicht die Legeröhre ausgestülpt ist. Die Männchen sind wenig bekannt. Die Larven aller vier Unterfamilien leben als obligate Parasiten in Landwirbeltieren. Durch toxische Endprodukte und Nahrungsaufnahme zerstören sie das jeweils besiedelte Gewebe und spielen daher bei Nutztieren eine Rolle. Ihre Larven haben eine ganz andere Form als die der Fliegen. Sie sind in der Aufsicht oval und haben stark vorgewölbte Segmente, auf denen in bandförmigen Mustern Warzen oder Dornen angeordnet sind (Abb. 4.33d). Die Schlitze in den Stigmenplatten sind meistens stark vervielfältigt und laufen auf die Nabe zu (Abb. 4.33j).

Die **Cutebrerinae** sind die neuweltlichen Dasselfliegen, die meisten Arten sind Parasiten von Nagetieren und Hasenartigen. Ihr wichtigster Vertreter ist *Dermatobia hominis*, eine schwarz und dunkel orangerot gefärbte Fliege, die im nördlichen Teil Südamerikas bis Mexiko vorkommt und an Menschen, Rindern, Hunden, Schweinen und Affen parasitiert. Das Weibchen klebt bis zu 28 zigarrenförmige Eier an Culiciden, Musciden und Zecken, gelegentlich auch an Vegetation. Die Erstlarven schlüpfen bei plötzlichem Temperaturanstieg, wie er durch Kontakt mit der Haut eines Warmblüters entsteht. Sie bohren sich in die Haut ein und verursachen dort kleine Dasselbeulen. Die Larve ist dabei stark modifiziert, mit einem knolligen Vorderende mit rückwärts gerichteten Stacheln und einem schlanken Hinterende mit terminalen Stigmen, durch die die Larve atmet. Das Hinterende wird durch ein Loch in der Haut nach außen gestreckt. Die Wunde wird nur selten mit Bakterien infiziert, da im Darm der Larve enthaltene Bakterien in die Wunde abgegeben werden und bakteriostatische Stoffe produzieren, die das Wachstum anderer Bakterien verhindern. Nach 5–10 Wochen verlässt die Drittlarve die Beule und verpuppt sich im Erdreich. *D. hominis* verursacht bedeutende wirtschaftliche Schäden, da der Wert der Häute von Rindern durch die entstandenen Löcher gemindert ist. Ein Befall mit 1000 Larven kann den Tod hervorrufen.

Die Magendasseln der Unterfamilie **Gasterophilinae** sind Parasiten im Magen-Darm-Trakt von Unpaarhufern (Pferden, Nashörnern) und Elefanten. Die Adulti sind groß (9–35 mm) und gelblich bis braun, sie ähneln häufig Honigbienen. Sie sind kurzlebig, haben keine Mundwerkzeuge und können daher keine Nahrung aufnehmen. Die Eier werden an arttypischen Stellen des Vorderkörpers an Haare geklebt, nur bei *Gasterophilus pecorum* an Gräser. Bei der Eiablage biegen die Weibchen von *Gasterophilus intestinalis* das Abdomen nach vorne unter den Thorax, fliegen auf den Wirt zu und legen so noch im Flug die Eier an Haaren der Beine ab. Durch Aufnahme von Pflanzen bzw. Ablecken der Beine gelangt die Larve 1 zum Maul. Je nach Art bohrt sie sich in die Zunge, die Innenseite des Mauls oder das Zahnfleisch ein, die Larve 2 entwickelt sich in Pharynx/Ösophagus, Duodenum oder Rektum. Die Larven sind dort, manchmal in dichten Ansammlungen, mit dem Kopf am Epithel angeheftet und leben von Gewebsflüssigkeit, saugen aber kein Blut. Die Drittlarve wird ausgeschieden und verpuppt sich für 20–30 Tage im Boden. Die Erstlarven rufen Schluck- und Kaubeschwerden hervor oder verursachen in der Wangenhaut das Streifensommerekzem (*Gasterophilus inermis*). Die Zweit- und Drittlarven in Magen, Duodenum oder Rektum führen zu Entzündungen und Störungen der motorischen und sekretorischen Funktionen. Sowohl frühe wie späte Stadien können bei Massenbefall zum Tod führen.

In der Unterfamilie der **Hypoderminae** finden sich die echten Dasselfliegen, auch Biesfliegen genannt. Sie parasitieren im Larvalstadium bei pflanzenfressenden Säugern. Von wirtschaftlicher Bedeutung sind zwei beim Rind auf der Nordhalbkugel vorkommende Arten, *Hypoderma bovis*, weltweit mit einer nördlicheren Verbreitung als H*ypoderma lineatum*, die in wärmeren Ländern auftritt. Die honigbienenartigen Adulti (6–11 mm) von *H. bovis* fliegen während der Eiablage mit einem charakteristischen Geräusch, auf das Rinder mit dem gefürchteten „Biesen" reagieren. Sie fliehen in panischer Angst und beachten keine Hindernisse mehr, sodass sie sich in Gräben die Beine brechen oder an Stacheldrahtzäunen Verletzungen zuziehen können. Die Eier werden von den Weibchen an die Haare geklebt, die von *H. bovis* in Mitteleuropa von Juni bis September jeweils einzeln an ein Haar der hinteren Körperpartie, die von *H. lineatum* von Mai bis Juni zu 3–20 pro Haar an die Vorderpartie liegender Rinder. Nach vier Tagen schlüpfen die Erstlarven, dringen in die Haut ein und wandern zunächst in das epidurale (auf der harten Hirn- und Rückenmarkshaut gelegene) Fettgewebe der Brust- und Lendenwirbel ein (*H. bovis*) oder in das lockere Bindegewebe der Submukosa des Ösophagus (*H. lineatum*), wo sich beide während einer Ruhepause in großer Zahl ansammeln. Von dort aus wandern sie zum endgültigen Ansiedlungsort unter der Rückenhaut, die sie nach 8–9 Monaten erreichen. Sie drehen ihre Stigmen (Abb. 4.33j) einem selbstgeschaffenen Loch in der Haut zu und häuten sich in ein bis zwei Monaten zur 30 mm langen Drittlarve. Um jede Larve bildet sich die 4–6 cm große bindegewebige, mit eitrigem Exsudat gefüllte Dasselbeule. Sekundärinfektionen werden durch parasiteneigene, bakteriostatische Substanzen verhindert. Vom Frühjahr an verlassen die zuletzt dunkel gefärbten Larven ihren Wirt durch das Hautloch, das schnell zuheilt, graben sich oberflächlich in den Boden ein und verbringen dort eine Puppenruhe von 1–2 Monaten.

Bei gewaltsamem Entfernen und Zerstören der Larven aus den Dasselbeulen kann es zum anaphylaktischen Schock kommen. Die Erstlarven von *H. bovis* im Wirbelkanal führen zu Blutungen, Ödemen und Schädigungen der Spinalganglien, Behandlungen zu diesem Zeitpunkt zu Lähmungen der Hinterhand. Erstlarven von *H. lineatum* im Ösophagus verursachen Entzündungen, Ödeme und schlimmstenfalls völligen Verschluss des Organs. Die bindegewebigen Dasselbeulen hinterlassen nach dem Gerben 1–3 mm große Löcher im wertvollsten, weil zusammenhängenden Rückenteil des Leders und mindern den zu erzielenden Preis.

Die Unterfamilie der **Oestrinae** (griech. „oístros" = Bremse) wird von den Nasen- und Rachenbremsen gebildet, die im larvalen Zustand Parasiten von Huf- und Beuteltieren sind. *Oestrus ovis* kommt vorwiegend beim Schaf vor, beim Pferd *Rhinoestrus purpureus* (beides Nasenbremsen). Rachenbremsen treten nur bei frei lebenden Paarhufern auf. Die Weibchen schießen die 1 mm langen Erstlarven im Flug an Nase oder Lippen des Wirtes ab, von wo aus sie aktiv in Nasenhöhlen oder Rachen einwandern. Dort häuten sie sich bis zur Drittlarve, die 30 mm groß sein kann (Abb. 4.33d). Sie wird ausgehustet oder ausgeniest und verpuppt sich im Boden Der Befall äußert sich in wässrig bis blutig eitrigen Entzündungen mit Nasenausfluss, Niesen, Husten und Kurzatmigkeit bis zu Erstickungsanfällen. Die Tiere magern ab und fallen dadurch auf, dass sie den Kopf heftig schütteln und schleudern. Bei starkem Befall kommt es auch zu Todesfällen. Gelegentlich legt das Weibchen bei einem blitzschnellen Kontakt auch Larven im menschlichen Auge ab. Sie können sich dort zwar nicht weiterentwickeln, es kommt aber zu heftigen Schmerzen und Bindehautentzündungen.

4.4.9.2.6 Glossinidae – Tsetsefliegen

- Obligatorische Blutsauger in beiden Geschlechtern
- lebendgebärend, Larve 3 verpuppt sich im Boden
- Nur in Afrika mit Gattung *Glossina* vertreten
- Überträger von Protozoen der Gattung *Trypanosoma*

Die Glossinidae oder Tsetsefliegen sind eng verwandt mit drei weiteren Familien (Hippoboscidae, Nycteribiidae, Streblidae), die alle gemeinsam haben, dass sie (1) obligatorisch in beiden Geschlechtern hämatophag sind und (2) dass sich die Larve im Abdomen des Weibchens bis zum dritten Larvenstadium entwickelt, das

Tab. 4.6 Die drei Untergattungen von *Glossina*

Gruppe (Subgenus)	Artenzahl	Größe (mm)	Krankheitstyp	Biotop	Arten (nur Beispiele)
fusca (Austenia)	13	10–13,5	Nagana	„forest flies": Regenwälder und ihre Ausläufer, Baumsavannen	*G. fusca*, *G. nigrofusca*, *G. brevipalpis*
palpalis (Nemorhina)	5	6,5–11	Schlafkrankheit, Nagana	„riverine flies": Regenwälder und ihre Ausläufer, an Wadis und Seeufern bis weit in die Savannen hinein	*G. palpalis*, *G. fuscipes*, *G. tachinoides*
morsitans (Glossina)	5	7,5–11	Nagana, Schlafkrankheit	„savannah flies": alle Savannentypen bis nahe an Wüstenränder	*G. morsitans*, *G. swynnertoni*, *G. pallidipes*

sich sofort nach der Geburt verpuppt. Diese Gruppe wurde Pupipara genannt, wird jetzt jedoch als Hippoboscoidea bezeichnet.

Die Familie Glossinidae enthält nur eine einzige Gattung *Glossina*. Sie tritt nur auf dem afrikanischen Kontinent und in zwei kleinen Herden im Südwesten der arabischen Halbinsel auf. Äußerlich sieht Glossina den echten Fliegen ähnlich. Die 23 Arten bestehen aus drei Gruppen (Tab. 4.6), die sich durch deutlich ausgeprägte Merkmale der äußeren Genitalien in beiden Geschlechtern, durch ihre Biotopansprüche und ihre Verbreitung unterscheiden. Afrika ist nur nördlich der Sahara und im Süden und Südwesten frei von Tsetsefliegen. Der gesamte mittlere und südöstliche Teil, ein 11 Mio. km^2 großes Gebiet, wird von Glossinen besiedelt und als *Fly Belt* bezeichnet. Überall dort tritt die Schlafkrankheit des Menschen und die entsprechende Viehseuche („Nagana") auf, die die Haltung und effektive Nutzung von Rindern erheblich erschwert.

Biologie und Entwicklung Die Imagines sind überwiegend diurnal und ruhen in der Vegetation, bis sie eine Blutmahlzeit suchen. Da sich beide Geschlechter ausschließlich von Blut ernähren und die Larven nur innerhalb des Weibchens entwickeln, ist der gesamte Lebenszyklus von Wirbeltierblut abhängig. Die Adulti müssen jeden zweiten Tag fressen und machen beim Flug ein hörbares Geräusch. Die Wirtsfindung geschieht auf größere Entfernung durch optische Reize. Alle sich schnell bewegenden Objekte wie Tiere, Fahrräder und Autos werden verfolgt. In der Nähe spielen dann Formen, Farben und vor allem olfaktorische Reize eine Rolle. Besonders attraktiv sind Bestandteile des Rinderurins und der Atemluft. Für die Arten der verschiedenen Gruppen sind Gerüche unterschiedlich attraktiv. Die in der Savanne verbreitet *Morsitans*-Gruppe ist sehr viel sensibler in Bezug auf Komponenten von Rinderurin als die gestrüppbewohnende *Palpalis*-Gruppe, die vor allem auf Kohlenstoffdioxid reagiert. Olfaktorische Reize können Tsetsefliegen über weitere Entfernungen anziehen, wenn deutliche Geruchsfahnen bestehen.

Die Hauptnahrungsquelle bildet Säugetierblut, aber auch Reptilien sind von Bedeutung. Die einzelnen Arten haben zwar Nahrungspräferenzen, sind aber flexibel und können sich bei Verschwinden einer Wirtspopulation schnell auf andere Wirte einstellen, wobei die Tiere bei der ersten Blutmahlzeit weniger wählerisch sind als bei den späteren. Dies erklärt auch das epidemische Auftreten von Schlafkrankheit in Ostafrika am Ende des 19. Jahrhunderts, das mehrere Hunderttausend Opfer forderte: Die aus Europa eingeschleppte Rinderpest (eine Viruserkrankung) führte zu einem massiven Sterben einheimischer Wildtiere und ökologischen Veränderungen, sodass Glossinen vermehrt auf Menschen als Blutwirte überwechselten.

Überraschenderweise werden einige große Säuger nicht angegriffen, dazu gehört auch das Zebra. Hier besagt eine Theorie, dass die Komplexaugen der Tsetsefliegen das Streifenmuster von Zebras nicht gut auflösen können, sodass diese nicht optimal erkannt werden. Auch Menschen sind eigentlich kein favorisiertes Ziel. Die am häufigsten beim Menschen anzutreffenden Arten sind *Glossina palpalis*, *Glossina tachinoides* und *Glossina fuscipes*. Von diesen sind 80 % Männchen, Weibchen saugen eher an größeren Säugern.

Meistens wird ein Weibchen nur einmal befruchtet. Die Spermien bleiben dann lebenslang in Spermatheken erhalten. In den je zwei Ovariolen des paarigen Ovariums wird alle 9–10 Tage nur ein Ei gebildet und in den Uterus geschoben. Hier finden zwei Häutungen statt. Die Larve ernährt sich von dem Sekret einer „Milchdrüse", das ihre Mundpartie umspült. Die Drittlarve wird am zehnten Tag mit 5 mm Länge geboren. Dieser Entwicklungsvorgang wird als adenotrophe Viviparie bezeichnet (griech. „adén" = Drüse, „trophé" = Ernährung). Die Larve gräbt sich in die Erde, wo sich innerhalb der zu einem Puparium erstarrten und sich schwarz färbenden Larvenhaut die Imago entwickelt. Sie sprengt nach ca. 30 Tagen das Puparium und arbeitet sich zur Oberfläche. Sowohl für das Ein- wie für das Ausgraben muss der Boden eine gewisse Feuchtigkeit enthalten und locker und krümelig sein. Diese Bedingung ist nur erfüllt, wo er beschattet und einigermaßen humusreich ist, das heißt, wo er durch verrottende Vegetation angereichert wird und wo ein Niederschlag von mindestens 500 cm/Jahr vorhanden ist. Die Lebensdauer des Weibchens beträgt 3–4 Monate, was zur Bildung und Ablage von höchstens zwölf Larven ausreicht.

Es gibt drei **Symbionten** bei Glossinen. Das obligatorisch symbiontische Proteobakterium *Wigglesworthia glossinidia* ist intrazellulär in einem Myzetom (besser: Bakteriom) des vorderen Darmes angesiedelt. Es liefert der Fliege lebensnotwendige Vitamine. Seine Entfernung mit Antibiotika beeinträchtigt Fruchtbarkeit und Schlupffähigkeit der Puppe. *Sodalis glossinidius*, ebenfalls ein Proteobakterium, lebt in Epithelzellen des Mitteldarmes und begünstigt, wenigstens in bestimmten *Glossina*-Arten, wahrscheinlich die Etablierung von Trypanosomen im Darm der Fliege. Die Auswirkungen des dritten Symbionten, einer in Keimzellen und somatischem Gewebe auftretenden *Wolbachia pipientis*-ähnlichen Rickettsie, auf die Populationsstruktur der Tsetsefliegen sind noch nicht abschätzbar.

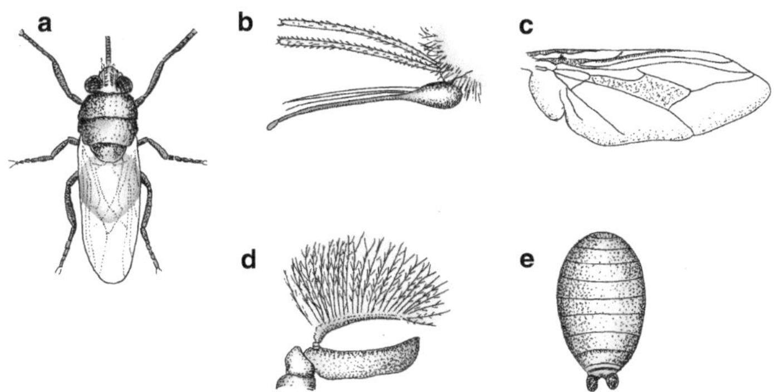

Abb. 4.34 Tsetsefliegen. **a** *Glossina*. **b** Mundwerkzeuge (gespreizt dargestellt, von *oben* nach *unten* die zwei Maxillarpalpen, Labrum, Hypopharynx, Labium). **c** Flügel einer Glossine (*punktiert*: die beilförmige Discoidalzelle). **d** Glossinenfühler mit dorsal behaarter Arista. **e** Puparium

Morphologie Die Imagines (Abb. 4.34a) werden 6–14 mm lang. Die langen, schmalen Flügel werden übereinandergeschlagen und überragen das Abdomen. Dies hat der Gattung wahrscheinlich den Namen gegeben (griech. „glóssa" = Zunge; Abb. 4.34a). Weitere familientypische Merkmale sind (1) die gefiederten Haare, mit denen die Arista dorsal besetzt ist und die mit vielen chemo-, hydro- und Thermorezeptoren ausgestattet sind (Abb. 4.34d), (2) in der Flügeläderung eine bestimmte, als Discoidalzelle bezeichnete Fläche, die bei den Glossinen wie eine Axt geformt ist (Abb. 4.34c), (3) die waagerecht nach vorn getragene Proboscis und (4) schließlich die dünnen, langen Stechborsten, die aus Labrum, Hypopharynx und Labium bestehen und in Ruhelage zwischen die beiden stechrüssellangen Maxillarpalpen gehoben werden (Abb. 4.34b). Das Labium ist an der Spitze fein gezähnt, um die Wirtshaut einzuschneiden. Die Mundwerkzeuge weisen an ihrer Basis eine Auftreibung auf (Abb. 4.34b), die Muskeln enthält, um sie zu bewegen. Die Glossinen stechen entweder direkt eine Kapillare an oder verursachen eine Wunde, um einen Pool von Blut zu erhalten. Die beiden Geschlechter ähneln sich sehr, können jedoch anhand einer knopfartigen Struktur unterhalb der letzten beiden Segmente des männlichen Abdomens, dem Hypopygium, unterschieden werden.

Die im Boden verborgene Drittlarve ist geringelt, apod und acephal. Sie weist am Hinterende zwei große, knopfartige Verdickungen auf, die modifizierte Stigmen tragen und als Atemhörner bezeichnet werden. Das Puparium, aus der erstarrenden Larvenhaut gebildet, hat die gleiche äußere Form, ist aber etwas kürzer (Abb. 4.34e).

Schadwirkungen und Überträgerfunktion Im Gegensatz zu anderen blutsaugenden Fliegen haben Tsetsefliegen üblicherweise geringe Populationsdichten und treten daher selten als Lästlinge in Erscheinung. Glossinen sind zyklisch alimentäre Vektoren der durch Trypanosomen hervorgerufenen Schlafkrankheit und Nagana in Afrika (s. Abschn. 2.5.4.1). Während die Infektionsraten der Glossinen mit *T. vi-*

vax und *T. congolense* 10–15 % betragen, liegen sie bei *T. brucei* nur bei 0,1 %. Die wesentliche Bedeutung der Tsetsefliegen liegt in ihrer Rolle als Überträger von Nagana, die in weiten Gebieten Afrikas noch immer ein Entwicklungshindernis darstellt, während heute die Schlafkrankheit des Menschen stark zurückgegangen ist.

Bekämpfung In der Vergangenheit versuchte man Tsetsefliegen durch großflächiges Versprühen von Insektiziden per Flugzeug und Auslichtung der Brutbiotope, besonders von Galeriewäldern, zu kontrollieren. Heute werden lokale Bekämpfungsmaßnahmen eingesetzt: (1) Versprühen von Insektiziden mit der Sequential Aerosol Technique, d. h. mit reduzierten Volumina und niedrigen Konzentrationen, (2) Verwendung insektizidimprägnierter Duftstofffallen, häufig z. B. von blauen Stoffschirmen, da Glossinen durch blaue Farbe angelockt werden, (3) Sterile Insect Technique (SIT) durch Freisetzung im Labor aufgezogener Tsetsemännchen, die mit Gammastrahlung sterilisiert wurden. Bei Paarung mit diesen Männchen produzieren Weibchen keinen Nachwuchs, da sie sich nur einmal im Leben paaren.

4.4.9.2.7 Hippoboscidae – Lausfliegen

- Lebendgebärende obligatorische Blutsauger an Säugetieren und Vögeln
- Imagines zeitlebens geflügelt, Flügel abwerfend oder (selten) ungeflügelt
- Larve bzw. Puppe nur bei *Melophagus* nicht vom Wirtstier abfallend
- Keine große Bedeutung als Überträger

Die Lausfliegen (engl. „louse flies") sind robuste, primär geflügelte, selten ungeflügelte stationäre oder temporäre Ektoparasiten mit kräftigen Krallen. Der Name setzt sich aus griech. „híppos" = Pferd und „bósco" = ernähren zusammen. Es gibt drei Unterfamilien mit unterschiedlichen Wirtspräferenzen.

Biologie und Entwicklung Die meisten Hippobosciden schlüpfen als geflügeltes Insekt aus der Puppe und suchen fliegend einen Wirt. In aller Regel bleiben sie dann stationär, wobei einige Arten die Flügel abwerfen und andere sie behalten (s. auch Abschn. 1.2.2). Sie bewegen sich sehr behände im Fell- oder Federkleid, sind aber wegen ihrer kräftigen Krallen schwer daraus zu entfernen. Die geflügelte *Hippobosca equina* wechselt blitzschnell zwischen Pferd und Reiter hin und her und sticht dabei durchaus auch den Menschen. *Craterhina pallida* des Mauerseglers saugt ebenfalls gelegentlich Blut am Menschen, wenn die Vögel im frühen Herbst ihre Nester verlassen. Die am besten untersuchte Art *Melophagus ovinus* des Schafes ist flügellos, so dass die Infektion durch Körperkontakt in der Schafherde erfolgt. Bei dieser Art wird zum ersten Mal eine Larve abgelegt, wenn das Weibchen zwei Wochen alt ist. Im Laufe seines vier bis fünf Monate langen Lebens

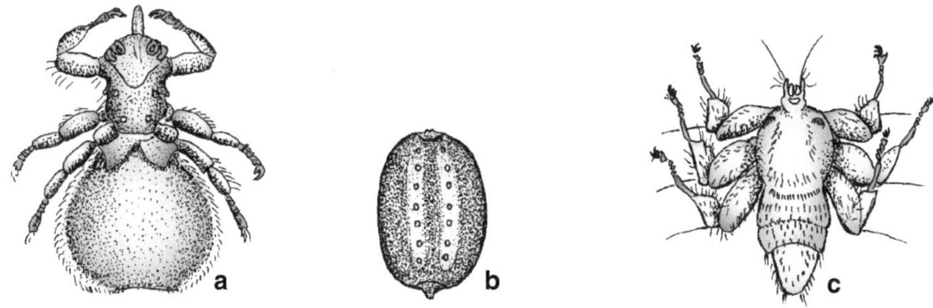

Abb. 4.35 „Pupipara". **a** Imago von *Melophagus ovinus* (Hippoboscidae). **b** Puparium von *M. ovinus*. **c** Imago von *Lystropodia* (Nycteribiidae)

gebiert es dann noch ungefähr 14 weitere Larven. Die rundlich-ovalen, schwarzgefärbten Puppen der Schaflausfliege (Abb. 4.35b) kleben im Fell der Schafe. Bei allen anderen Hippobosciden fallen die Larven zu Boden oder werden von den Weibchen dort abgelegt. Lausfliegen sind auf häufige Blutaufnahme angewiesen und verursachen durch ihre Bewegungen und den Juckreiz an der Stichstelle erhebliche Beunruhigung. Durch Scheuern und Kratzen kommt es bei der Schaflausfliege zu Beschädigung des Fells und zu bakteriellen Sekundärinfektionen. Die Schaflausfliege überträgt den wenig pathogenen Parasiten *Trypanosoma melophagium*.

Morphologie Lausfliegen sind dorsoventral abgeflacht und haben auffällig kräftige Beine mit großen Krallen (Abb. 4.35a). Der flache Kopf ist nur bei den Hippoboscinae frei beweglich, bei den anderen Unterfamilien jedoch mehr oder weniger tief in den Vorderrand des Thorax eingezogen, sodass Seitwärtsbewegungen nicht möglich sind. Die Augen liegen weit auseinander. Von den in tiefe Gruben eingelegten Antennen ist bestenfalls die verzweigte oder spatelförmige Arista sichtbar. Der Stechrüssel wird in Ruhelage eingezogen, sodass nur die waagerecht getragenen Maxillarpalpen von oben sichtbar sind. Der Thorax ist flach. Die Flügel werden bei einigen Lipopteninae nach Erreichen des Wirtes nahe der Basis abgeworfen, bei der 4–6 mm langen *Melophagus ovinus* sind sie zu Stummeln reduziert und die Halteren fehlen ganz. Die übrigen Hippoboscinae und alle Ornithomyinae sind während des gesamten Imaginallebens geflügelt.

4.4.9.2.8 Nycteribiidae, Streblidae – Fledermausfliegen

Beide Familien sind vivipare, stationäre Parasiten von Fledermäusen, die meisten in den Tropen und Subtropen.

Die **Nycteribiidae** oder Fledermausfliegen (griech. „nykterís" = Fledermaus), von denen in Mitteleuropa vier Gattungen auftreten, lassen die Zugehörigkeit zu den Dipteren überhaupt nicht mehr erkennen. Die flügellosen Imagines (Abb. 4.35c) werden lediglich 2–4 mm groß. Der extrem kleine, schmale Kopf ist auf den Thorax zurückgeschlagen. Der flache Thorax trägt dorsal am Vorderrand ein Paar dunkelbrauner, halbmondförmiger Ctenidien (s. Flöhe), die wie die Augen des Insekts wirken. Der Körper hängt zwischen langen Beinen und verleiht den bizarren Insek-

Abb. 4.36 Nycteribiide einer afrikanischen Fledermaus. (Aufnahme: D. Viertel und G. Wibbelt, IZW Berlin)

ten einen spinnenförmigen Habitus (siehe Abb. 4.36). Die Entwicklung verläuft wie bei den Lausfliegen.

Die **Streblidae** haben keinen deutschen Namen, können aber auch als Fledermausfliegen bezeichnet werden. Es sind sehr kleine Insekten, die Coxen setzen weit oben an, sodass die Beine abgespreizt werden. Die Augen fehlen oder sind zurückgebildet, die Flügel meistens gut entwickelt. Puparien finden sich oft unter den Schlafplätzen der Fledermäuse. Bei der Gattung *Ascodipteron* tritt ausgeprägter Sexualdimorphismus auf. Das Männchen hat reduzierte Mundwerkzeuge und nimmt während seines kurzen Lebens keine Nahrung auf. Das Weibchen wirft nach Aufsuchen des Wirtes seine Flügel ab, bohrt sich mit seinen stark modifizierten Mundwerkzeugen in die Haut ein und zieht Kopf und den nunmehr beinlosen Thorax völlig in das stark vergrößerte madenartige Abdomen ein, von dem nur noch die Stigmen und die Geschlechtsöffnung aus einer Öffnung herausschauen. Wahrscheinlich nimmt das Weibchen nur seröse Flüssigkeit als Nahrung zu sich.

4.4.10 Kontrollfragen zum Verständnis

1. Welches sind die Körperabschnitte der Insekten, wie viele Flügel, wie viele Beine haben sie?
2. Welche Rolle spielen Insekten in der Parasitologie?
3. Welche zwei grundsätzlichen Entwicklungstypen gibt es bei den Insekten?
4. Welches sind die Wirte der früheren „Mallophagen" (heute Amblycera und Ischnocera)?
5. Welche Läuse hat der Mensch?
6. Welche dieser Läuse sind Krankheitsüberträger?
7. Welche (früher sehr wichtigen) Krankheiten werden von Läusen übertragen? (Nennen Sie Krankheiten und Pathogene.)
8. Welche Wanzen leben parasitisch? (Nennen Sie Arten oder Familien.)
9. Wer überträgt die Chagas-Krankheit und wo tritt sie auf?

10. Welche Gruppe von Tieren wird nur relativ selten von Flöhen befallen?
11. Welche Flöhe kommen beim Menschen vor?
12. Wie verläuft die Entwicklung von Flöhen?
13. Welche Krankheiten werden von Flöhen auf den Menschen übertragen?
14. Welche Parasitosen werden durch Stechmücken übertragen?
15. Wie verläuft die Entwicklung von Stechmücken?
16. In welchen Biotopen findet die Entwicklung der Kriebelmücken statt?
17. Welche Erreger werden von Kriebelmücken übertragen?
18. Wo kommen Tsetsefliegen vor?
19. Was übertragen Tsetsefliegen?
20. Welche Insekten haben eine obligat parasitische Phase in Wirbeltieren?
21. Welche Insekten werden mit dem deutschen Begriff „Fliegen" bezeichnet?
22. Wo legen die Verwandten der Stubenfliege ihre Eier ab?
23. Mit welcher Art von Mundwerkzeugen nehmen diese Fliegen ihre Nahrung auf und welche Ausnahmen kennen Sie?
24. Was sind Schmeißfliegen; wo brüten sie?
25. Welche wirtschaftliche wichtige Dasselfliege kennen Sie und welche Schäden verursacht sie (wo? bei welchem Wirt?)?

Literatur

Abschnitt 4.1
Ceccato et al (2012) A vectorial capacity product to monitor changing malaria transmision potential in endemic regions of Africa. J Trop Med 2012:595948
Giribet G, Edgecombe GD (2012) Reevatuating the arthropod tree of life. Ann Rev Entomol 57:167–186
Minelli A, Boxshall G, Fusco G (Hrsg) (2013) Arthropod biology and evolution: molecules, development, morphology. Springer, Berlin, Heidelberg
Tree of Life Web Project. http://tolweb.org/. Zugegriffen: 28 April 2016
Wiegmann BM, Trautwein MD, Winkler IS et al (2011) Episodic radiations in the fly tree of life. Proc Natl Acad Sci USA 108:5690–5695

Abschnitt 4.2
Barker SC, Murrell A (2004) Systematics and evolution of ticks with a list of valid genus and species names. Parasitology 129:15–36
Currier RW, Walton SF, Currie BJ (2012) Scabies in animals and humans: history, evolutionary perspectives, and modern clinical management. Ann Ny Acad Sci 1230:E50–E60
Dabert M, Witalinski W, Kazmierski A et al (2010) Molecular phylogeny of acariform mites (Acari, Arachnida): strong conflict between phylogenetic signal and long-branch attraction artifacts. Mol Phylogenet Evol 56:222–241
Dantas-Torres F (2010) Biology and ecology of the brown dog tick, *Rhipicephalus sanguineus*. Parasites Vectors 3:26
Dobson ADM, Randolph SE (2011) Modelling the effects of recent changesin climate, host density and acaricide treatments on population dynamics of *Ixodes ricinus* in the UK. J Appl Ecol 48:1029–1037
Fischer K, Holt D, Currie B, Kemp D (2012) Scabies: important clinical consequences explained by new molecular studies. Adv Parasitol 79:339–373

Guglielmone AA, Robbins RG, Apanaskevich DA et al (2010) The Argasidae, Ixodidae and Nut-talliellidae (Acari: Ixodida) of the world: a list of valid species names. Zootaxa 2528:1–28

Jones BM (1951) The growth of the harvest mite, trombicula autumnalis Shaw. Parasitology 41:229–248

Rosenkranz P, Aumeier P, Ziegelmann B (2010) Biology and control of *Varroa destructor*. J Invertebr Pathol 103(Suppl 1):S96–S119

Roy L, Dowling APG, Chauve AM, Buronfosse T (2009) Delimiting species boundaries within *Dermanyssus* Dugès, 1834 (Acari: Dermanyssidae) using a total evidence approach. Mol Phylogenet Evol 50:446–470

Tree of Life Web Project. http://tolweb.org/. Zugegriffen: 28 April 2016

Abschnitt 4.3

Almeida WO, Christoffersen ML, Amorim DS, Eloy ECC (2008) Morphological support for the phylogenetic positioning of Pentastomida and related fossils. Biotemas 21:81–90

Glenner H, Høeg JT, O'Brien JJ, Sherman DT (2000) Invasive vermigon stage in the parasitic barnacles *Loxothylacus texanus* and *l. panopaei* (Sacculinidae): closing of the rhizocephalan life-cycle. Mar Biol 136:249–257

Høeg JT, Maruzzo D, Okano K et al (2012) Metamorphosis in balanomorphan, peduculated and parasitic barnacles: a video-based analysis. Integr Comp Biol 52:337–347

Johnson SC, Treasurer AW, Bravo S et al (2004) A review of the impact of parasitic copepods on marine aquaculture. Zool Stud 43(2):229–243

Lavrov DV, Brown WM, Boore JL (2004) Phylogenetic position of the Pentastomida and (pan)crustacean relationships. Proc Royal Soc Lond B 271:537–544

Margulis L, Chapman MJ (2010) Kingdoms and domains: an illustrated guide to the phyla of life on earth, 4. Aufl.

Torrissen O, Jones S, Asche F et al (2013) Salmon lice-impact on wild salmonids and on salmon aquaculture. J Fish Dis 36:171–194

Walker PD (2008) *Argulus*, the ecology of a fish pest. Radboud Repository, Nijmegen

Abschnitt 4.4

Aksoy S (2003) Control of tsetse flies and trypanosomes using molecular genetics. Vet Parasitol 115:125–145

Alphey A, Benedict M, Bellini R et al (2010) Sterile insect methods for the control of mosquito borne disease: an analysis. Vector Borne Zoonotic Dis 10:295–311

Bruce WN, Decker GC (1958) The relationship of stable fly abundance to milk production in dairy cattle. J Econ Entomol 51(3):269–274

Colwell DD, Hall MJR, Scholl PJ (2006) The oestrid flies: biology, host-parasite relationships, impact and management. CABI, Cambridge

Dittmar K, Porter ML, Murray S, Whiting MF (2006) Molecular phylogenetic analysis of nycteri-biid and streblid bat flies (Diptera: Brachycera, Calyptratae): implications for host associations and phylogeographic origins. Mol Phylogenet Evol 38:155–170

Giribet G, Edgecombe GD (2013) Phylogeny of arthropods. In: Arthropod biology and evolution: molecules, development, morphology. Springer, Heidelberg, S 17–40

Ishiwata K, Sasaki G, Ogawa J et al (2011) Phylogenetic relationships among insect orders based on three nuclear protein-coding gene sequences. Mol Phylogenet Evol 58(2):169–180

Johnson KP, Yoshizawa K, Smith VS (2004) Multiple origins of parasitism in lice. Proc R Soc Lond Ser B 271(1550):1771–1776

Kettle DS (1995) Medical and veteriary entomology, 2. Aufl. CAB International, Oxfordshire

Kutty SN, Pape T, Pont A et al (2008) The Muscoidea (Diptera: Calyptratae) are paraphyletic: evidence from four mitochondrial and four nuclear genes. Mol Phylogenet Evol 48:639–652

Lane RP, Crosskey RW (Hrsg) (1993) Medical insects and arachnids. Chapman & Hall,

Lehane M (2005) The biology of blood-sucking in insects. Cambridge University Press, Cambridge, S 321

Lyal CHC (1985) Phylogeny and classification of the Psocodea, with particular reference to the lice (Psocodea: Phthiraptera). Syst Entomol 10(2):145–165

Maroli M, Feliciangeli MD, Bichaud L et al (2013) Phlebotomine sandflies and the spreading of leishmaniasis and other diseases of public health concern. Med Vet Entomol 27:123–147

Marquardt WC (Hrsg) (2004) Biology of disease vectors, 2. Aufl. Elsevier, Amsterdam, S 785

Misof B, Liu S, Meuseman K et al (2014) Phylogenomics resolves the timing and pattern of insect evolution. Science 346:763–767

Pampiglione S, Fioravanti ML, Gustinelli A et al (2009) Sand flea (*Tunga spp.*) infections in human and domestic animals: state of the art. Med Vet Entomol 23:172–186

Reinhardt K, Siva-Jothy MT (2007) Biology of the bed-bugs (Cimicidae). Annu Rev Entomol 52:351–374

Rothschild M, Ford B (1964) Breeding of the rabbit flea (*Spilopsyllus cuniculi* Dale) controlled by the reproductive hormones of the host. Nature 210:103–104

Service M (2012) Medical entomology for students, 5. Aufl. Cambridge University Press, Cambridge

Tian Y, Zhu W, Li M et al (2008) Influence of data conflict and molecular phylogeny of major clades in Cimicomorphan true bugs (Insecta: Hemiptera: Heteroptera). Mol Phylogenet Evol 47(2):581–597

Veracx A, Raoult D (2012) Biology and genetics of human head and body lice. Trends Parasitol 28:563–571

WHO (2007) Anopheline species complexes in South and South-East Asia. NLM Classification No. QX 515. WHO, Genf. ISBN 978-9290222941

Yeates DK, Wiegmann B, Coartney GW et al (2007) Phylogeny and systematicsof Diptera: two decades of progress and prospects. Zootaxa 1668:565–590

Yoshizawa K, Johnson KP (2006) Morphology of male genitalia in lice and their relatives and phylogenetic implications. Syst Entomol 31(2):350–361

Abschnitt 1.1

1. Parasiten sind Lebewesen, die in oder auf einem artfremden Wirt leben, von ihm Nahrung beziehen und ihn schädigen.
2. Protozoen, Helminthen, Arthropoden.
3. Bei der Symbiose haben beide Partner einen Nutzen von der Beziehung, beim Parasitismus überwiegt der Nutzen für den Parasiten.
4. Temporäre Parasiten: Stechmücken, Bremsen. Stationäre Parasiten: Helminthen, Räudemilben, Dasselfliegenlarven.
5. Monoxene Parasiten haben nur einen Wirt, heteroxene Parasiten mehrere.
6. Die sexuelle Phase.
7. Ein Wirt, in dem sich Parasitenstadien akkumulieren, um dann einen Endwirt zu erreichen.
8. Ein Parasit mit hoher Wirtsspezifität ist hochspezifisch nur an eine einzige oder an wenige Wirtsarten angepasst.
9. Patenzzeit.
10. Zoonosen sind von Tier zu Mensch und von Mensch zu Tier übertragbare Infektionskrankheiten.
11. Zyklisch alimentäre Übertragung findet statt, wenn ein Parasit vom Wirt mit der Nahrung aufgenommen wird und ein Teil seines Lebenszyklus im Wirt abläuft (z. B. Übertragung von *Trypanosoma brucei* durch die Tsetsefliege).

Abschnitt 1.2

1. Organismen mit kleinem Genom replizieren sich schnell, mit zunehmender Genomgröße verläuft die Fortpflanzung langsamer.
2. *Crowding*-Effekt; Prämunität.
3. Reduktion der Flügel bei Lausfliegen; Reduktion der Beine bei endoparasitischen Milben.

© Springer-Verlag GmbH Deutschland 2018
R. Lucius et al., *Biologie von Parasiten*, https://doi.org/10.1007/978-3-662-54862-2

4. *Sacculina carcini* weist im Adultstadium keine Extremitäten und keine anderen morphologischen Merkmale von Krebstieren auf.
5. Große parasitische Würmer können die Strategie der Massenproduktion von Eiern verfolgen.
6. Parthenogenese hat den Nachteil, dass aufgrund fehlenden sexuellen Austausches mit einem Partner keine Durchmischung zweier Genome stattfindet.

Abschnitt 1.3

1. Flohbefall von Höhlenbrütern führt zu erhöhter Sterblichkeit der Jungtiere.
2. Populationen von Moorschneehühnern können zusammenbrechen bei intensiver Übertragung des Darmnematoden *Trichostrongylus tenuis*.
3. Eingeschleppte Arten haben einen Fitnessvorteil gegenüber einheimischen Arten, wenn sie keine Parasiten in ihr neues Verbreitungsgebiet mitbringen und nicht empfänglich sind für die ansässigen Parasiten (Beispiel: Strandkrabbe in Nordamerika).
4. Der Europäische Aal ist wenig resistent gegen den aus Ostasien eingeschleppten Aalparasiten *Anguillicola crassus*.

Abschnitt 1.4

1. Die pathogene Wirkung von Parasiten zwingt ihre Wirte, einen Teil ihrer Energie in Abwehrreaktionen zu investieren.
2. Wirte üben einen Selektionsdruck auf die Parasiten aus, indem ihre Abwehrreaktionen die Parasiten zur Ausbildung von Evasionsmechanismen zwingen.
3. Intraspezifische Konkurrenten konkurrieren nicht nur um die gleiche ökologische Nische (z. B. Habitat und Nahrung), sondern auch um Sexualpartner.
4. Parasiten sind wesentlich stärker von ihrem Wirt abhängig, da sie nicht ohne ihn leben können, wohingegen der Wirt ohne Parasiten besser überleben kann.
5. Parasiten sind genetisch flexibler als ihre Wirte, da ihre Anzahl größer ist und ihre Genome kleiner sind.
6. Die „Red-Queen-Hypothese" besagt, dass Pathogene und Wirte sich in einem ständigen „Rüstungswettlauf" befinden, bei dem trotz ständiger Veränderungen der Genome keine Seite einen endgültigen Vorteil erringt.
7. Die Bienenmilbe *Varroa destructor* wechselte von der östlichen Honigbiene *Apis cerana* auf die europäische Honigbiene.
8. Resistenzen werden durch die Ausbreitung von Resistenzallelen in Populationen sehr effizient verbreitet.
9. In einer Population selten vorhandene Allele gehen nicht leicht verloren, wenn sie aufgrund ihrer Besonderheit einen Schutz vor Pathogenen bieten, die auf häufig vorkommende Wirtstypen spezialisiert sind.
10. Sichelzellenanämie, Thalassämie, Mangel an Glukose-6-Phosphat-Dehydrogenase, Ovalozytose.

Abschnitt 1.5

1. Ornamente signalisieren dem Geschlechtspartner Gesundheitszustand und genetische Fitness.
2. Das Handicap-Prinzip besagt, dass ein Männchen von Weibchen als besonders attraktiv eingeschätzt wird, wenn es aufwendige Ornamente ausbildet, die für das Überleben eher von Nachteil sind.
3. Ansteckung mit Infektionserregern; schlechte Ausübung der Brutpflege; schlechte genetische Qualitäten.
4. Die lebhafte Färbung des Stichlingmännchens signalisiert dem Weibchen Gesundheit und gute Gene.
5. Die Passfähigkeit von MHC-Genen eines potenziellen Partners kann durch Analyse von Gerüchen eingeschätzt werden.

Abschnitt 1.6

1. Das angeborene Immunsystem reagiert kurzfristig auf ein enges Spektrum molekularer Strukturen von Pathogenen (PAMPs = pathogen associated patterns).
2. Intrazelluläre Parasiten können von ihrer Wirtszelle abgetötet werden, wenn diese durch externe Zytokine aktiviert wird oder wenn benachbarte aktivierte Effektorzellen mit ihren Effektormolekülen die Parasiten in der infizierten Zelle abtöten.
3. Darmhelminthen können mit dem Mechanismus der „Rapid-Expulsion" durch einen allergieähnlichen Mechanismus ausgetrieben werden.
4. Insektenspeichel induziert bei wenig Exposition zunächst allergische Reaktionen vom verzögerten Typ, bei häufigem Kontakt allergische Reaktionen vom Soforttyp und bei extrem häufiger Exposition kann Reaktionslosigkeit auftreten.
5. Herzmuskelentzündung bei Chagas-Erkrankung.
6. Die Niere.
7. Durch Bildung eines Knotens, wie z. B. bei *Onchocerca volvulus*.
8. Beispiel für Verkleidung mit Wirtsantigenen: adulte Schistosomen; Beispiele für Antigenvariation: Trypanosomen, Plasmodien, *Giardia*.
9. Bei immungeschwächten Personen kann Toxoplasmose reaktiviert werden, d. h., Hirnzysten führen zu lokalen Läsionen, die tödlich verlaufen können.
10. In epidemiologischen Studien und Tiermodellen wurde beschrieben, dass Infektionen mit manchen parasitischen Würmern zu einer Abschwächung von allergischen Erkrankungen führen.

Abschnitt 1.7

1. „extended phenotype".
2. Ammenzell-Erstlarvenkomplex bei Infektion mit *Trichinella spiralis;* Zyste von *Toxoplasma gondii*, Xenom von Microspora.
3. Hormonelle Kastration (durch Eingriffe in den Hormonhaushalt) oder mechanische Kastration (durch Fressen der Gonaden).
4. Mit Trematoden infizierte Schnecken können größer werden als infektionsfreie Individuen durch parasitäre Kastration, die Energie von der Reproduktion in das Wachstum umlenkt.
5. *Taenia crassiceps* verweiblicht männliche Tiere durch Eingriff in den Hormonstoffwechsel (Umwandlung von Testosteron in Östrogen).
6. Da feminisierende Microspora vertikal übertragen werden (vom Muttertier auf die Eier), ermöglicht die erhöhte Anzahl von Weibchen eine bessere Verbreitung der Parasiten.
7. Bei gestörten Saugmechanismen unternehmen blutsaugende Arthropoden häufiger Saugversuche und fliegen mehr Wirtsindividuen an.
8. Mit Metazestoden des Bandwurmes *Echinococcus granulosus* befallene Feldmäuse sind generell geschwächt. Bei infektionen mit *Taenia multiceps* bewirkt ein Metazestode im Gehirn des Schafes Desorientierung und "Drehkrankheit". Solche Tiere fallen Beutegreifern leicht zum Opfer.
9. Mäuse und Ratten mit *Toxoplasma-gondii*-Infektion finden aufgrund eines veränderten Aversionsverhaltens Katzenurin attraktiv.
10. Mit Cystacanthlarven infizierte Flohkrebse bevorzugen helle Wasserschichten und zeigen ein verändertes Fluchtverhalten, sodass sie leichter von Enten erbeutet werden.
11. Der Hirnwurm, eine Metazerkarie ohne Zystenhülle im Unterschlundganglion der Ameise.

Abschnitt 2.1

1. Microspora sind entfernt verwandt mit Pilzen.
2. Die Infektion von Wirtszellen durch Microspora erfolgt durch Ausschleudern des Polfadens, durch den ein Sporoplasma einwandert.
3. Die vergrößerten Wirtszellen bei Microsporainfektionen heißen Xenome.
4. *Nosema apis* verursacht die Bienenruhr.
5. *Nosema apis* bildet dünnwandige und dickwandige Sporen aus, die im selben Wirtstier infektiös sind bzw. eine Umweltpassage überstehen und eine andere Biene infizieren.
6. Bei immunsupprimierten Personen treten u. a. auf: *Encephalitozoon cuniculi, Enterocytozoon bieneusi, Micosporidium africanum.*

Abschnitt 2.2

1. *Giardia* besitzt 4 Paare von Geißeln.
2. *Giardia* heftet sich am Darmepithel mit einer Saugscheibe fest.
3. *Giardia* strudelt mit dem dicksten Flagellenpaar Nahrungspartikel in den Schlitz auf der Ventralseite, wo sie durch Pinozytose aufgenommen werden.
4. Das *Variant Surface Protein* (VSP) von *Giardia lamblia* ist in der Oberflächenmembran verankert, ist reich an Cysteinen, hat repetitive Bereiche mit und bindet Metallionen.
5. *Giardia* entgeht der Immunantwort durch Antigenvariation.
6. *Giardia lamblia* kann durch Antikörperantworten (IgA) eliminiert werden.
7. Durch fäco-orale Infektion mit Zysten.

Abschnitt 2.3

1. *Trichomonas vaginalis* lebt in den Genitalschleimhäuten des Menschen und wird durch Geschlechtsverkehr übertragen.
2. *Trichomonas tenax* lebt in der Mundhöhle des Menschen.
3. *Trichomonas vaginalis* bewegt sich mit einer Schleppgeißel und vier Zuggeißeln.
4. *Trichomonas vaginalis* besitzt Hydrogenosomen.
5. Trichomoniasis ist in den meisten Fällen mit Chlamydieninfektion assoziiert.
6. Bei Vögeln kann *Trichomonas gallinae* Todesfälle verursachen.
7. *Histomonas meleagridis* wird in Eiern des Spulwurms *Heterakis gallinarum* von einer Pute zur anderen übertragen und verursacht die Schwarzkopfkrankheit oder Typhlohepatitis.
8. Infektion mit *Tritrichomonas foetus* kann bei Rindern zum Absterben von Feten und Unfruchtbarkeit führen.
9. *Entamoeba fragilis* wird wahrscheinlich, ähnlich wie *Histomonas meleagridis*, durch Nematoden übertragen und zwar durch *Enterobius vermicularis*.

Abschnitt 2.4

1. Amöben bewegen sich fort mit Pseudopodien und zwar Lobopodien, Filopodien oder Acanthopodien.
2. *Entamoeba histolytica* ist ursprünglich weltweit verbreitet, kommt heute aber hauptsächlich in den Tropen vor.
3. *Entamoeba dispar* exprimiert aufgrund von Mutationen nicht die oberflächenständige Cysteinprotease CP5.
4. In den Blutkreislauf gelangte Entamöben setzen sich in der Leber fest und entfalten dort ihre lytische Wirkung.
5. Die Übertragungsstadien von *Entamoeba histolytica* sind vierkernige Zysten.

6. Das reduzierte Organell heißt Mitosom.
7. Die Fähigkeit zur Gewebsinvasion von *Entamoeba histolytica* beruht auf einem zelloberflächenständigen Lektin, Amoebapore-Proteinen und Cysteinproteasen.
8. Acanthamöben können Legionellen beherbergen.

Abschnitt 2.5

1. Kinetoplastida-Parasiten können auftreten als trypomastigote, epimastigote, promastigote und amastigote Formen.
2. Das Genom von *Trypanosoma brucei* ist organisiert in elf Chromosomen und ca. 100 Klein- und Minichromosomen. Es hat eine Größe von ca. 36 Mbp und codiert für ca. 9100 Gene.
3. Der Kinetoplast ist eine Ansammlung mitochondrialer DNA, die aus *Maxicircles* und *Minicircles* besteht.
4. Bei Trypanosomatidae tritt als Besonderheit der Prozessierung von Transkripten das Trans-Splicing auf, ein Vorgang, bei dem eine *Spliced-Leader*-Sequenz von 39 bp an das 5'-Ende der Einzeltranskripte angehängt wird.
5. Im Wirbeltierwirt benutzen Trypanosomatidae Zucker als Energiequelle, im Insektenwirt Prolin.
6. *Trypanosoma brucei* verursacht die Viehseuche Nagana und die Schlafkrankheit des Menschen.
7. *Trypanosoma brucei* kann im Blutstrom als *Long-Slender-* und *Short-Stumpy*-Form vorliegen.
8. Ursache für die zentralnervösen Störungen bei *Trypanosoma-brucei*-Infektionen sind perivaskuläre Entzündungen, die durch komplementaktivierende Immunkomplexe induziert werden.
9. Der Oberflächenmantel von *Trypanosoma brucei* besteht aus variablen Glykoproteinen (VSG), die mit einem GPI-Anker in der Oberflächenmembran verankert sind.
10. *Trypanosoma brucei* entzieht sich der Immunantwort durch Antigenvariation.
11. *Trypanosoma vivax* kann mit den Stechborsten blutsaugender Insekten mechanisch übertragen werden.
12. *Trypanosoma evansi* verursacht bei Huftieren die Surra.
13. *Trypanosoma equiperdum* wird durch den Deckakt zwischen Pferden übertragen.
14. *Trypanosoma cruzi* wird durch Raubwanzen übertragen.
15. Die Bettwanze kann NICHT als Überträger von *Trypanosoma cruzi* dienen, da sie erst auf dem Weg zu ihrem Unterschlupf Kot absetzt.
16. Antigene von Parasiten der chronischen Infektion aktivieren Immunantworten, die das umliegende Herzmuskelgewebe schädigen.
17. Auf der Oberfläche von *Trypanosoma cruzi*-Trypomastigoten finden sich die GPI-verankerten Enzyme Transsialidase und gp63-Proteasen.
18. *Trypanosoma cruzi* gelangt durch induzierte Phagozytose in die Wirtszelle.

19. Sandmücken der Gattung *Phlebotomus* (Alte Welt) und *Lutzomyia* (Neue Welt).
20. Mit dem Speichel der Arthropodenwirte werden promastigote Leishmanien in den Wirbeltierwirt übertragen.
21. Leishmanien lassen sich durch Phagozytose von ihrer Wirtszelle aufnehmen.
22. Die wichtigsten Wirtszellen von Leishmanien sind Makrophagen.
23. Leishmanien überleben in ihrer Wirtszelle, indem sie den *Oxidative Burst* hemmen, reaktive Sauerstoffprodukte mit Entgiftungsenzymen abfangen, den pH des Phagolysosoms heraufsetzen und Wirtsenzyme proteolytisch zerstören.
24. *Leishmania tropica* verursacht verschiedene Formen der Hautleishmaniose.
25. Mit *Leishmania donovani* infizierte Personen sterben an banalen Erkrankungen, da ihr Immunsystem durch die Leishmanieninfektion gestört ist.

Abschnitt 2.6

1. Der apikale Komplex setzt sich zusammen aus Conoid, Rhoptrien, Mikronemen und Dichten Granula.
2. Die Pellicula der Apicomplexa besteht aus einem Komplex von drei Elementarmembranen und darunter verlaufen Mikrotubuli.
3. Der Apicoplast ist ein Plastidorganell, das durch doppelte Phagozytose erworben wurde.
4. Die meisten Apicomplexa weisen in ihrem Lebenszyklus die Phasen Schizogonie, Gamogonie und Sporogenie auf.
5. Das Infektionsstadium der Apicomplexa ist der Sporozoit.
6. Die Bewegung der Apicomplexa beruht auf der „gleitenden Bewegung".
7. Nach erfolgter Infektion liegen die meisten Apicomplexa in einer parasitophoren Vakuole.
8. *Monocystis agilis* besiedelt Samenbildungszellen der Samenblase von Regenwürmern.
9. Zwei isogame Gameten von *Monocystis agilis* lagern sich zu einer Syzygie zusammen.
10. Die Trophozoiten von *Cryptosporidium* liegen intrazellulär, aber extrazytoplasmatisch an der Oberfläche von Darmepithelzellen.
11. Die Oozyste von Kokzidien beherbergt in ihrem Inneren mehrere Sporozysten, in denen wiederum Sporozoiten liegen.
12. Der *Eimeria*-ähnliche Erreger des Menschen heißt *Isospora belli*.
13. *Toxoplasma gondii* hat als Endwirt Katzenartige.
14. Die frühen Entwicklungsstadien von *Toxoplasma gondii* im Zwischenwirt heißen Tachyzoiten, die späten Bradyzoiten.
15. Im frischen Katzenkot sind die Oozysten von *Toxoplasma gondii* noch nicht sporuliert.
16. Schwangere sind durch eine *Toxoplasma*-Infektion nicht gefährdet, wenn sie bereits früher infiziert wurden.

17. Reaktivierung von *Toxoplasma*-Zysten kann bei Immunkompromittierten zur Entstehung von Nekrosen im Gehirn führen, die unbehandelt zum Tod führen können.
18. Die Hauptwirtszelle für *Toxoplasma*-Dauerstadien sind Neuronen.
19. *Neospora caninum* verursacht Aborte beim Rind.
20. Im Schwein bildet *Sarcoystis suihominis* zunächst Schizonten in Endothelzellen und dann Gewebezysten in Muskelzellen aus.
21. Die Malaria tertiana wird ausgelöst von *Plasmodium vivax* und *P. ovale*; Malaria quartana wird ausgelöst von *P. malariae* und die Malaria tropica wird ausgelöst durch *P. falciparum.*
22. Humanpathogene Plasmodienarten besiedeln Hepatozyten und Erythrozyten.
23. Unter exoerythrozytärer Schizogonie versteht man die ungeschlechtliche Teilung von Plasmodien im Hepatozyten.
24. In Erythrozyten findet man als Schizogoniestadien Siegelringe, Trophozoiten, Schizonten und Merozoiten.
25. *Plasmodium vivax* kommt in Deutschland nicht mehr vor, weil die Übertragung durch Trockenlegung von *Anopheles*-Brutplätzen unterbrochen wurde.
26. *Plasmodium vivax* ist spezialisiert auf junge Erythrozyten (Retikulozyten).
27. *Plasmodium falciparum* entzieht sich der Milzpassage durch Zytoadhärenz. Diese wird verursacht durch das Adhäsionsprotein PfEMP1 auf der Oberfläche von befallenen Erythrozyten.
28. Das Hauptoberflächenantigen der Sporozoiten von *Plasmodium* heißt Zirkumsporozoitenantigen („circumsporozoite antigen" = CSP).
29. Malaria tropica kann tödlich verlaufen bei Auftreten von zerebraler Malaria, Übersäuerung des Blutes, metabolischem Stress und/oder Anämie. Eine Kombination dieser Krankheitsbilder wird als „schwere Malaria" bezeichnet.
30. Die langlebigen Leberstadien von *Plasmodium vivax* heißen Hypnozoiten.
31. Plasmodien besiedeln Hepatozyten und Erythrozyten, Babesien nur Erythrozyten. Plasmodien werden durch Mücken übertragen, Babesien durch Zecken. Babesien werden im Arthropdodenwirt transovariell übertragen, Plasmodien nicht.
32. *Babesia divergens* wird durch den Holzbock *Ixodes ricinus* übertragen.
33. Babesien können sich aufgrund transovarieller Übertragung über lange Zeit in Zeckenpopulationen halten.
34. Theilerien rufen bei Wiederkäuern Theileriose hervor, eine Krankheit, die ähnlich wie Malaria verläuft.
35. Theilerien nutzen als Wirtszellen zunächst Lymphozyten und später Erythrozyten.
36. Der Hauptwirt von *Balantidium coli* ist das Schwein.
37. Frei schwimmende, bewimperte Stadien (Theronten) binden an die Oberfläche des Fischwirtes und invadieren die Schleimhaut.

Abschnitt 3.2.1

1. Plattwürmer. Dazu gehören die (paraphyletischen) Strudelwürmer („Turbellarien") und die parasitischen Trematoda mit Digenea und Aspidogastrea sowie die Cestoda mit Gyrocotyloidea, Amphilinidea und Eucestoda.

2. Parasiten mit einer ungeschlechtlich sich vermehrenden Generation in Mollusken (meistens Schnecken) und einer geschlechtlichen Generation in Wirbeltieren.

3. Mund- u. Bauchsaugnapf, geteilter, blind endender Darm, zwei Hoden, ein Ovar, paariger Dotterstock, Uterus lang und unverzweigt.

4. Ein wassergebundener Zyklus mit schwimmenden Infektionsstadien (Mirazidium, Zerkarie), ungeschlechtliche Vermehrung im ersten Zwischenwirt und ein zweiter Zwischenwirt. In diesem Metazerkarie. Adultus im Endwirt.

5. Ei, Mirazidium, Mutter- und Tochtersporozyste bzw. Muttersporozyste und Redie (beide oder eine von ihnen), Zerkarie, Metazerkarie, Adultus.

6. Auf der ungeschlechtlichen Vermehrung in der Schnecke.

7. Den Darm.

8. Ein Tier, das in das Nahrungsspektrum des Endwirtes gehört, in Ausnahmefällen (*Fasciola*) auch eine Pflanze.

9. In Feuchtbiotopen, d. h. feuchten Wiesen, an Rändern von Abflussgräben (bzw. in der dort lebenden Schnecke *Galba truncatula*).

10. Ja, ruft durch den Befall der Gallengänge im schlimmsten Fall Gallengangskrebs hervor.

11. Durch (unwillentliches) Fressen von festgebissenen Ameisen, in denen sich die Metazerkarien befinden.

12. Lungenegel, im Fernen Osten. Endwirte krebsfressende Säugetiere und Mensch. Zyklus im Süßwasser. Lungenbeschwerden. Gefährlich bei „ektopischer" Ansiedlung.

13. Durch Befall des Auges mit Metazerkarien im 2. Zwischenwirt, dem Fisch. Tiere können kein Futter mehr finden. Auch die im Körper dorthin wandernden Zerkarien können Schäden verursachen.

14. 1. Getrenntgeschlechtlich, 2. blutbahnbewohnend, 3. kein zweiter Zwischenwirt, 4. Eier nicht gedeckelt.

15. Eier sind pathogenes Agens.

16. *S. mansoni*, in Afrika und Teilen von Südamerika, *S. haematobium* in Afrika, *S. japonicum* in Fernost.

17. *S. mansoni*: Mesenterialvenen des Dickdarmes, *S. haematobium*: Venen des kleinen Beckens, bes. Blase, *S. japonicum*: Mesenterialvenen vom Dick- und Dünndarm.

18. *S. mansoni*: *Biomphalaria*, stehende u. langsam fließende kleine Gewässer, *S. haematobium*: *Bulinus*: Gewässer wie *Biomphalaria, S. japonicum*: *Oncomelania* (Vorderkiemerschnecke) amphibisch am Rande von Gewässern, in Überflutungsgebieten und Reisfeldern.

19. Bei uns ist es zu kalt, Schnecken können hier nicht leben. Eine Rolle spielen höchstens Vogelschistosomen, deren Zerkarien in unsere Haut eindringen und heftigen Juckreiz hervorrufen können (Badedermatitis).

Abschnitt 3.2.2

1. Fische.
2. Hautoberfläche, besonders die Oberfläche der Kiemen und Flossen.
3. Zwittrige Adulti produzieren Eier, aus denen ein frei schwimmendes Onkomirazidium schlüft, das sich an einem Wirt zum Adultus entwickelt.
4. Abgeplattet, muskulöses Haftorgan mit Häkchen und/oder Saugscheiben am Hinterende („Opisthaptor"), zwittriges Reproduktionssystem, ringförmiger Darm.
5. *Dactylogyrus*, *Gyrodactylus*.
6. Quantitative Eliminierung der Fischfauna und Neubesetzung der Gewässer, im Fall von *Dactlogyrus salaris*.

Abschnitt 3.2.3

1. Weiß, lang, flach, aus vielen Gliedern (Proglottiden) bestehend. Vorne Skolex zum Festheften im Darm. Zwittrige Geschlechtsorgane protandrisch.
2. In den Eiern, die in Massen produziert werden.
3. Ei, Korazidium, Prozerkoid, Plerozerkoid, Adultus.
4. Durch Vitamin-B12-Entzug und die daraus resultierende perniziöse Bandwurmanämie, die unbehandelt tödlich verläuft.
5. Ei, Onkosphäre, Metazestode (Zystizerkoid oder Zystizerkus), Adultus.
6. Nagetiere, Nutztiere wie Rind, Schaf, Pferd.
7. Cryptostigmatische Milben (Horn-, Moos- oder Käfermilben).
8. Zwei Entwicklungsmöglichkeiten: über Käfer als Zwischenwirt oder über Ansiedlung in Darmzotte.
9. Flöhe und Mallophagen mit Zystizerkoid.
10. Nur zwei: *Taenia*, *Echinococcus*.
11. Karnivoren, bei drei Arten Mensch.
12. Pflanzenfressende Beutetiere der Endwirte, beim Menschen Nutztiere Rind und Schwein.
13. *Taenia multiceps*, *Taenia crassiceps*.
14. Die Bezeichnung ist nicht präzise, gemeint ist mit dieser Bezeichnung immer der Rinderfinnenbandwurm *T. saginata*.
15. *T. saginata* = Rinderfinnenbandwurm, *T. asiatica* = asiatische Taenie, *T. solium* = Schweinefinnenbandwurm.
16. *T. solium*, weil im Menschen Entwicklung zum Zystizerkus möglich, mit neurologischen Folgen.

17. Ungeschlechtliche Vermehrung im Larvenstadium.
18. Karnivoren (Hund, Wolf etc.).
19. Mensch kann sich über orale Aufnahme von Eiern infizieren. Larven vermehren sich bei ihm ungeschlechtlich wie im natürlichen Zwischenwirt. Bei *E. granulosus* sind die riesigen „Hydatiden" operabel, bei *E. multilocularis* in der Leber nicht.
20. *E. multilocularis*. *E. granulosus* ist so gut wie verschwunden.

Abschnitt 3.3

1. Glatter, ungeteilter drehrunder Körper, vorne auffällige Proboscis mit Stacheln.
2. Wirbeltiere, hauptsächlich Fische.
3. Darm.
4. Durch ihre mit Haken besetzte Proboscis.
5. Arthropoden, meist Krebstiere.
6. Punktuelle Verletzungen der Darmwand.

Abschnitt 3.4

1. Unter die Clitellata, die zusammen mit den Oligochäten eine Gruppe der Annelida bilden.
2. Das Clitellum, eine Epidermisregion an den Genitalsegmenten. Ihre Drüsenzellen produzieren einen Schleim, der bei der Paarung die Geschlechtspartner und dann die abgelegten Eier umhüllt.
3. Die Blutegel sind (wie die Regenwürmer) Hermaphroditen.
4. Im Kokon. Sie werden nie frei.
5. Er hat im Pharynx drei mit Zähnchen besetzte halbmondförmige Kieferplatten, die in die Haut einsägen. Das austretende Blut wird mit dem Pharynx eingesogen.
6. Alle sechs Monate, notfalls noch seltener.
7. Hirudin, ein sehr wirksames blutgerinnendes Sekret (Antikoagulans). Es bindet an Thrombin und blockiert dessen Gerinnungswirkung. Es kann sogar in bereits bestehende Blutgerinnsel eindringen und sie auflösen.
8. In den Speicheldrüsen.
9. Überall dort, wo Blutgerinnung und Blutstau verhindert und wo optimale Sauerstoffversorgung gewährleistet werden muss.

Abschnitt 3.5

1. In Wasser und Boden, als Schädlinge an Pflanzen, als Parasiten in Tieren.
2. Lang gestreckt, drehrund, vorne und hinten und/oder spitz zulaufend, zähe Kutikula.
3. Zwei gleich gestaltete Pole.
4. Ei, Jugendstadien, die fälschlicherweise als Larven bezeichnet werden: L1 bis L4 und die getrenntgeschlechtlichen Adulti.
5. Spulwurm (*Ascaris lumbricoides*), Trichine (*Trichinella spiralis*), Madenwurm (*Enterobius vermicularis*), Medinawurm (*Dracunculus medinensis*), Filarien: *Wuchereria, Onchocerca.*
6. Das gleiche Individuum wie der Endwirt.
7. Die Muskeltrichine, d. h. die L1, die in quer gestreifte Muskulatur eindringt.
8. Bei Kontakt mit Wasser entsteht am Vorderende des trächtigen Weibchens in der Haut von Bein (oder Arm) eine Wunde (Blase), aus der das Weibchen den „Kopf" herausstreckt und seine Larven ablegt.
9. Nein. Die Infektion erfolgt nur durch orale Aufnahme der Zwischenwirte (Kleinkrebse).
10. Bei Menschen (Kinder) in Gemeinschaftseinrichtungen (Kindergärten, Pflegeheimen, evtl. auch Schulen), weil strenge Hygienemaßnahmen kaum durchführbar sind.
11. Es gibt keinen. Der Mensch infiziert sich immer wieder mit den von ihm ausgeschiedenen Eiern.
12. *Wuchereria bancrofti, Brugia malayi, Onchocerca volvulus, Loa loa, Mansonella*-Arten.
13. Blutsaugende Arthropoden, meistens Insekten.
14. Die für den Zwischenwirt infektiösen Erstlarven. Sie können gescheidet sein (noch in der Eihülle steckend) oder ungescheidet.
15. Onchozerkose, durch *O. volvulus* hervorgerufen. Die im menschlichen Gewebe wandernden Mikrofilarien können bis ins Auge vordringen und zu Erblindung führen.
16. Afrika, vor allem Volta-Becken, kleinere Teile Südamerikas.
17. Hat keinen.
18. Als ungeeigneter Wirt kann im Menschen eine *Larva migrans visceralis* auftreten, die vor allem im Auge Schädigungen hervorruft.
19. Der Befall des Magens (seltener des Darms) mit L4 von *Anisakis simplex* od. *Pseudoterranova decipiens* durch Verzehr von Fischen (Hering, Anchovis). Mensch ist Fehlwirt. Bei ihm u. U. starke Beschwerden.
20. Wechsel von 1. ungeschlechtlicher Generation im Menschen mit Auto- und gefährlicher Hyperinfektion und 2. von geschlechtlicher Generation im Freien.

Abschnitt 3.6

1. Frei in Süß- oder Salzwasser.
2. *Gordius.*
3. Mit den Nematoden.
4. Terrestrische Insekten.
5. Durch Verhaltensänderungen werden die Endwirte gezwungen, Wasser aufzusuchen, wo die adulten Würmer sie verlassen.

Abschnitt 3.7

1. Im Lebenszyklus der Myxozoa existieren Aktinosporeasporen und Myxosporen.
2. Myxozoa sind mit Coelenteraten verwandt.
3. Bei der Endogenie umgeben sich innerhalb einer Mutterzelle Kerne mit Membranen und werden zu generativen Zellen, aus denen später Myxosporen hervorgehen.
4. Die Schalenklappen.
5. *Myxobolus cerebralis* hat den Zwischenwirt *Tubifex tubifex*, einen Polychäten.
6. Bei Salmoniden verursacht *Myxobolus cerebralis* die Drehkrankheit („whirling disease").
7. Besonders betroffen von *Tetracapsuloides bryosalmonae* sind die Schwimmblase und die Niere von Fischen.

Abschnitt 4.1

1. Vorteile: Schutz vor Umgebungseinflüssen und mechanischer Schädigung. Nachteile: Größenbegrenzung, bei Wachstum sind Häutungen notwendig, Sensorische Organe müssen nach außen verlagert werden.
2. Dünne, nicht permeable und chitinlose Außenschicht (Epikutikula) und dicke, elastische, durchlässige, mehrschichtige Innenschicht aus Chitin mit einigen Proteinen.
3. Vier Hauptgruppen: Euchelicerata, Hexapoda, Crustacea und Myriapoda.
4. Die Anzahl von Sekundärinfektionen, die in einer empfänglichen Wirtspopulation an einem Tag von einem Vektor übertragen wird.
5. *Trypanosoma cruzi* (mit Kot von Raubwanzen), *Rickettsia prowazekii* von Körperläusen.

Abschnitt 4.2

1. Milben, Zecken.
2. Chelicerata = Spinnentiere.

3. Körper einheitlich, nicht in Pro- und Opisthosoma geteilt. Gnathosoma als besondere, die MWZ tragende Bildung. Sechsbeinige Larve.
4. Leben nicht nur auf dem Land, sondern auch in Süß- und Salzwasser, als Pflanzenschädlinge und als echte Parasiten.
5. Prälarve (im Ei verbleibend), Larve, Proto-, Deuto-, Tritonymphe, Adultus.
6. In Ritzen und Spalten, nahe des Schlafplatzes der Vögel.
7. *Varroa destructor* (Mesostigmata).
8. *Demodex folliculorum, D. brevis.*
9. Eine heteromorphe Deutonymphe bei den Astigmata, oft phoretisch, ohne MWZ und Nahrungsaufnahme.
10. Ixodiae, Argasidae.
11. Gerinnungshemmend, gefäßerweiternd, schmerzhemmend, immunmodulierend.
12. Borreriose, FSME, Rocky Mountain Spotted Fever, Babesiose, Theileriose.
13. Klimaerwärmung, Mitbringen von Hunden aus endemischen Gebieten.
14. Schildzecken sind Langzeitsauger, die Weibchen legen nur ein Mal Eier. Lederzecken sind Kurzzeitsauger mit mehreren Gelegen.
15. Räude: Haut- und Haarveränderungen bei Tieren durch Befall mit Milben.
16. Adultus und Deutonymphe sind freilebend, Larve lebt parasitisch.
17. Psoroptes, Chorioptes, Otodectes.
18. *Sarcoptes scabiei.*
19. Durch Körperkontakt.

Abschnitt 4.3

1. Cephalothorax und Abdomen.
2. *Argulus foliaceus* („Fischlaus") ist ein Ektoparasit von Süßwasserfischen, besonders von Karpfen.
3. *Argulus foliaceus* saugt Blut.
4. Nur noch an der Naupliuslarve.
5. In der Standkrabbe *Carcinus maenas.*
6. Die Externa, einen Brutsack, in dem nach der Befruchtung durch ein männliches Trichogon neue Nauplien entstehen.
7. Bei Repitilien (besonders Schlangen), Vögeln, Säugetieren.
8. Respirationstrakt, besonders Lungen, seltener Nasopharygealtrakt.
9. Insekten oder vom Endwirt gefressene Wirbeltiere.
10. Adulti: gravierend nur *Linguatula serrata* in Nasenhöhle des Hundes. In Wirbeltierzwischenwirten, auch im Menschen, können eingekapselte Jugendstadien z. B. von *Armillifer* vielfältige Krankheitserscheinungen hervorrufen.

Abschnitt 4.4

1. Kopf, Thorax, Abdomen, vier Flügel (zwei bei Dipteren), sechs Beine.
2. Sie sind Überträger von Parasiten: z. B. Malaria, Trypanosomen, Filarien. Oder sie sind selbst Parasiten (z. B. Flöhe, Läuse, Dasselfliegenlarven bei Tieren).
3. Hemimetabolie, Holometabolie.
4. Vögel und Säugetiere.
5. *Pediculus h. humanus* (Kopflaus), *P.h. corporis* (Kleiderlaus), *Pthirus pubis* (Schamlaus).
6. Nur Kleiderlaus.
7. Fleckfieber, Erreger *Rickettsia prowazekii.*
8. Cimicidae (Plattwanzen), Reduviidae (Raubwanzen).
9. Südamerikanische Reduviiden, z. B. *Triatoma infestans.*
10. Vögel.
11. *Pulex irritans* (in Mitteleuropa selten geworden), *Ctenocephalides felis* (Katzenfloh), *Tunga penetrans* (Sandfloh).
12. Holometabol, Larven leben hauptsächlich von Blut, das von den Imagines unverdaut ausgeschieden wird.
13. Die Pest, *Rickettsia typhi*, *Rickettsia felis*, *Bartonella hanselae.*
14. Malaria (*Plasmodium*), lymphatische Filariosen (*Wuchereria, Brugia*).
15. Holometabol, Entwicklung im Wasser, Larven und Puppen frei schwimmend.
16. Larven und Puppen in Fließgewässern.
17. *Onchocerca volvulus.*
18. Afrika, im „fly belt".
19. Trypanosomen (Schlafkrankheit, Mensch), Nagana (eine Rinderseuche).
20. Oestriden (Dasselfliegen).
21. Tsetsefliegen, Lausfliegen, echte Fliegen (Muscidae), Schmeißfliegen (Calliphoridae), Dasselfliegen (Oestridae).
22. In verrottendem Pflanzenmaterial, d. h. u. a. in Pflanzenfresserkot.
23. Mit leckend-saugenden Mundwerkzeugen. Ausnahme sind die Stechfliegen, z. B. *Stomoxys calcitrans.*
24. Calliphoriden, sie brüten in lebendem oder totem Fleisch.
25. *Hypoderma bovis.* Die in der Haut von Rindern lebende Drittlarve durchbohrt die Haut und hinterlässt bleibende Löcher im gegerbten Leder.

Sachverzeichnis